VORLESUNGEN

ÜBER

DIE THEORIE

DER

ELLIPTISCHEN FUNCTIONEN

NEBST EINER EINLEITUNG

IN DIE

ALLGEMEINE FUNCTIONENLEHRE,

VON

DR. LEO KOENIGSBERGER,

PROFESSOR AN DER UNIVERSITÄT ZU HEIDELBERG.

ERSTER THEIL

MIT 62 HOLZSCHNITTEN IM TEXT.

LEIPZIG,

DRUCK UND VERLAG VON B. G. TEUBNER.

1874.

Vorrede.

Der erste Theil meiner Vorlesungen über die Theorie der elliptischen Functionen, die ich im Wesentlichen in der Gestalt veröffentliche, wie ich sie in den letzten Jahren an der hiesigen Universität gehalten, behandelt ausführlich die von Riemann gegebenen Grundlagen der Functionentheorie und baut in systematischer Weise die Lehre von den algebraischen, trigonometrischen und elliptischen Functionen auf. Mit den letzteren Transcendenten beschäftigen sich die Vorlesungen eben dieses Theiles eingehend, indem sie eine Discussion und Eintheilung der elliptischen Integrale liefern, die Umkehrung derselben mit Hülfe der elliptischen Transcendenten und der ϑ-Functionen behandeln und eine ausführliche Theorie dieser Jacobi'schen Transcendenten entwickeln. Der zweite Theil meiner Vorlesungen beginnt mit der Behandlung des Abel'schen Theorems, dem sich die Frage nach den allgemeinsten Beziehungen zwischen elliptischen Integralen und die Entwicklung der Transformationstheorie anreiht; die Multiplication und Division der elliptischen Functionen nebst der Behandlung der algebraischen Fragen, welche die Modular- und Multiplicatorgleichungen betreffen und die Theorie der elliptischen Functionen mit den andern mathematischen Disciplinen verbinden, bilden den Schluss dieses Bandes.

Heidelberg im Mai 1874.

Der Verfasser.

Inhaltsverzeichniss des ersten Theiles.

Erste Vorlesung.

Herleitung der reellen und imaginären Zahlen und der für dieselben geltenden Rechnungsregeln.

Zweite Vorlesung.

Definition der Functionen complexer Variabeln und Aufstellung der für dieselben charakteristischen Bedingungsgleichungen.

Dritte Vorlesung.

Die Eindeutigkeit und Vieldeutigkeit der Functionen.

Vierte Vorlesung.

Die Riemann'sche Fläche für mehrdeutige Functionen.

Fünfte Vorlesung.

Die Verwandlung der n-fach zusammenhängenden Riemann'schen Fläche in eine einfach zusammenhängende.

Sechste Vorlesung.

Das Integral von Functionen complexer Variabeln.

Siebente Vorlesung.

Analytische Ausdrücke und allgemeine Eigenschaften der Functionen und ihrer Integrale in eindeutigen Bereichen.

Achte Vorlesung.

Analytische Ausdrücke und allgemeine Eigenschaften der Functionen und ihrer Integrale in mehrdeutigen Bereichen.

Neunte Vorlesung.

Algebraische Functionen.

Zehnte Vorlesung.

Der Logarithmus und die Exponentialfunction.

Elfte Vorlesung.

Das trigonometrische und elliptische Integral.

Zwölfte Vorlesung.

Darstellung eindeutiger Functionen durch unendliche Producte.

Dreizehnte Vorlesung.

Die elliptischen Integrale der ersten, zweiten und dritten Gattung und die Beziehung des allgemeinen elliptischen Integrales zu diesen.

Vierzehnte Vorlesung.

Reduction des allgemeinen elliptischen Integrales auf die Integrale der drei Gattungen.

Fünfzehnte Vorlesung.

Die Periodicitätsmoduln der elliptischen Integrale.

Sechszehnte Vorlesung.

Die Umkehrung des elliptischen Integrales erster Gattung.

Siebzehnte Vorlesung.

Ueber periodische Functionen im Allgemeinen.

Achtzehnte Vorlesung.

Entwickelung der Eigenschaften der ϑ-Functionen.

Neunzehnte Vorlesung.

Entwickelung der Eigenschaften der elliptischen Functionen, die verschiedene Darstellung dieser und der allgemeinen doppeltperiodischen Functionen.

Zwanzigste Vorlesung.

Die Eigenschaften der elliptischen Normalintegrale erster, zweiter und dritter Gattung.

Erste Vorlesung.

Herleitung der reellen und imaginären Zahlen und der für dieselben geltenden Rechnungsregeln.

Wie die Wahrnehmung örtlicher Unterschiede erst mit Hülfe der Ortsveränderung zu Stande kommt, welche ihrerseits wieder die Anschauung des „neben einander“ als a priori gegeben voraussetzt, so hat die Wahrnehmung zeitlicher Unterschiede die ebenfalls a priori vorhandene Anschauung des „nach einander“ zur Grundlage, von der aus wir sodann unmittelbar zur Entwickelung der Zahlen geführt werden. Wir gelangen zu dem Begriffe der ganzen Zahlen dadurch, dass wir uns der Wiederholung ein und derselben geistigen Thätigkeit, ausgeübt an gegebenen Substraten der Erscheinungswelt, an Objecten sinnlicher Wahrnehmung bewusst werden; das einmalige geistige Auffassen eines einzelnen Körpers, z. B. einer Kugel, würde uns noch nicht zur Zahl führen, erst die Wahrnehmung einer Reihe ein gemeinsames Merkmal besitzender, also in gewissen Beziehungen gleichartiger Körper — gleichartig entweder bloss an Form, oder auch an Farbe, an Materie etc. — wird die Wiederholung derselben geistigen Thätigkeit involviren und den Begriff der benannten ganzen Zahlen liefern, den Begriff von zehn Kugeln oder von zehn rothen Kugeln oder von zehn rothen hölzernen Kugeln etc. Sind wir nun auf diese Weise zu verschiedenen Reihen benannter Zahlen und zu verschiedenen benannten Einheiten gelangt, so führt die Vergleichung dieser Reihen, d. h. die Abstraction von den gemeinsamen Merkmalen der Glieder je einer Reihe zu dem Begriffe der unbenannten Zahl, indem man als gemeinsames Merkmal all' der beobachteten Erscheinungen eben nur noch das geistig auffasst, dass sie sich überhaupt nach einander beobachten lassen. Ist man so durch die Erfahrung zur Auffassung einer bestimmten endlichen Anzahl von unbenannten ganzen Zahlen gelangt, so kann man durch Wiederholung derselben geistigen Thätigkeit an weiteren reellen Substraten für die Beobachtung oder auch an nur gedachten Objecten die Reihe der ganzen Zahlen bis in's Unendliche vermehren, und es werden somit diejenigen arithmetischen Gebilde geschaffen, welche man Zahlen nennt, und denen im eigentlichen Sinne allein dieser Name zukommt. Nennt man nun Summe zweier Zahlen eine Zahl, welche aus ebenso vielen Einheiten besteht als die beiden Zahlen zusammengenommen, wobei der Satz der Unabhängigkeit einer Summe von der Reihenfolge der Summanden als aus der Erfahrung entlehnt betrachtet wird, ferner Differenz zweier Zahlen eine solche, welche mit der zweiten zu einer Summe vereinigt die erste giebt, Product diejenige Zahl, welche aus einer der Zahlen durch Summation so entstanden gedacht wird, wie die andere Zahl durch Summation aus der Einheit hervorgegangen ist, endlich den Quotienten zweier Zahlen eine solche Zahl, die durch Vereinigung mit der zweiten zu einem Producte die erste giebt, so sind damit die für die oben definirten Zahlen eingeführten arithmetischen elementaren Grundoperationen festgestellt, und es ergeben sich auf bekannte Weise hieraus die verschiedenen weiteren aus diesen abgeleiteten Rechnungsoperationen, sowie die Begriffe der gebrochenen, rationalen und irrationalen Grössen, denen man ebenfalls noch den Namen der Zahlen beilegt. Hiermit ist jedoch das gesammte Grössengebiet, so lange nur Substanzen, d. h. für sich denkbare Gegenstände das gezählte sind, erschöpft; sollen jedoch auch Relationen zwischen je zweien Gegenständen das gezählte sein können, so lässt sich das Grössengebiet noch erweitern. Gehen wir von einer bestimmten Raumanschauung aus*), indem wir auf einer geraden Linie von einem festen Punkte aus nach einer Richtung hin die oben definirten Zahlen als Strecken auf eine willkürliche Einheit bezogen abtragen, so werden, wenn wir dieselbe Construction von jenem festen Anfangspunkte aus nach der andern Seite hin ausführen und als Vergleichungsmerkmal immer nur die Länge der aufgetragenen Linien in's Auge fassen, zwei gleich lange Stücke zu beiden Seiten des Anfangspunktes durch dieselbe

---

*) Wir können jedoch auch von rein arithmetischem Standpunkte aus zu weiteren Zahlengattungen gelangen; erwägt man nämlich, dass die Definition des Begriffes einer Differenz zweier ganzen Zahlen der naturgemässen Beschränkung unterworfen war, dass der Subtrahendus kleiner als der Minuendus sein musste, so wird in bekannter Weise ein neuer Zahlenbegriff entwickelt werden, wenn wir diese Bedingung fallen lassen, und man wird die Regeln für die Addition, Subtraction, Multiplication und Division dieser Zahlen daraus herleiten können, dass man z. B. festsetzt, es sollen die Rechnungsregeln der Multiplication der ganzen positiven Zahlen, dass nämlich eine Summe mit einer Zahl multiplicirt wird, indem man jedes Glied der Summe mit jener Zahl multiplicirt, und dass der Werth eines Productes von der Anordnung der Factoren unabhängig ist, auch für diese neue Zahlengattung bestehen bleiben. Da jedoch auch, wie oben gezeigt wird, wenn wir gewisse Relationen zwischen zwei Gegenständen zählen, die Erfahrung jene Grössengattung zur Anschauung bringt, und die Rechnungsregeln für dieselben naturgemäss aus Raumbetrachtungen sich ergeben, so werden wir auch diese neuen Grössen als unmittelbar durch Abstraction aus der Erscheinungswelt entnommen betrachten und in der oben angedeuteten Weise die Berechtigung ihrer Einführung in die Arithmetik, sowie die Rechnungsregeln, welche sie befolgen, begründen können.

Grösse in einer nach der obigen Definition aufgestellten Grössenreihe repräsentirt sein. Ziehen wir jedoch nicht bloss die Länge dieser Stücke, sondern auch die Richtung derselben, von dem festen Anfangspunkte aus genommen, in Betracht, so werden sich gleiche Stücke zu beiden Seiten offenbar nicht mehr als dieselbe Grösse einer Reihe darstellen lassen, und es wird sich fragen, wie jetzt, wo Relationen zwischen je zwei Substanzen das gezählte sind, eine arithmetische Darstellungsweise gefunden werden kann. Bezeichnen wir eine Linie, deren Länge a ist, wenn diese nach der Richtung hin liegt, nach welcher wir die ursprüngliche Grössenreihe entstehen lassen, jetzt, wo als zweites Merkmal die Richtung in Betracht gezogen wird, kurz durch a, die Linie von derselben Länge nach der entgegengesetzten Richtung hin genommen mit (a), so wird man, um in arithmetischer Form Beziehungen zwischen a und (a) zu erhalten, aus der reinen Raumanschauung unmittelbar ersichtliche geometrische Eigenschaften aufsuchen müssen, welche die arithmetischen Gesetze jener Grössen bestimmen. Zu dem Zwecke erweitern wir den Begriff der vorher definirten Summe dahin, dass die Summe zweier Linien die Entfernung desjenigen Punktes vom festen Anfangspunkte bedeute, zu welchem man gelangt, wenn man die beiden gegebenen Linien nach einander ihrer Länge und Richtung nach durchläuft. Es folgt aus dieser Definition unmittelbar, dass, wenn man das Zeichen $+$ für die geometrische Addition braucht (worin auch das für die arithmetische Addition der früher definirten Grössen gebrauchte enthalten ist) für

$$OA = a, \quad AB = (b) \quad \text{und} \quad b < a$$

Fig. 1.

C' — A' — B' — O — B'' — B — A

$$a + (b) = OB = a - b$$

ist, wo das Minuszeichen auf der rechten Seite im Sinne der früher definirten Subtraction aufzufassen ist; ist dagegen $AB' = (b)$ und $b > a$, so wird

$$a + (b) = OB' = (b - a),$$

und ebenso, wenn $OA' = (a')$, $A'B' = b'$ und $b' < a'$ ist,

$$(a') + b' = OB' = (a' - b'),$$

dagegen, wenn $OA' = (a')$, $A'B'' = b'$ und $b' > a'$ ist,

$$(a') + b' = OB'' = b - a',$$

endlich wenn $OA' = (a')$, $A'C' = (c')$,

$$(a') + (c') = OC' = (a' + c');$$

woraus unmittelbar zu ersehen ist, dass, wo nach denselben oder nach entgegengesetzten Seiten gerichtete Linien additiv mit einander verbunden sind, man jederzeit zu dem richtigen Resultate gelangt, wenn man alle nach der einen Seite gerichtete Strecken mit dem Zeichen +, die nach der entgegengesetzten Seite gerichteten mit dem Zeichen — behaftet und in der additiven Zusammenstellung diese Zeichen als Operationszeichen zwischen den Grössen, die sie verbinden, in dem früheren Sinne auffasst, wobei nur noch die aus den obigen Gleichungen unmittelbar sich ergebende Rechnungsregel hinzukommt, dass, wenn die zusammengestellten Grössen dasselbe Zeichen haben, das Resultat der Addition erhalten wird, wenn man die absoluten Grössen addirt und dem Resultat das gemeinsame Vorzeichen giebt, während bei entgegengesetztem Zeichen die kleinere der absoluten Zahlen von der grösseren abzuziehen und das Resultat mit dem Vorzeichen der grösseren zu versehen ist. Somit ist eine neue Gattung benannter Grössen, unmittelbar aus der Raumanschauung hergenommen, in die Arithmetik eingeführt, und wenn man noch bemerkt, dass wir zu ähnlichen Relationen in Bezug auf früher definirte Grössen und zu denselben Gesetzen auch durch die Beobachtung unendlich vieler anderer Eigenschaften und Beziehungen als der Länge und Richtung geradliniger Strecken gelangen könnten, so wird die Reihe der mit dem — Zeichen versehenen unbenannten Zahlen in der That als eine neue Gattung unbenannter arithmetischer Grössen aufzufassen sein. Um nun für diese neue Art von Grössen sowohl unter einander als auch verbunden mit den früher definirten eine Multiplication festzustellen, erweitern wir die vorher für diese Operation gegebene Definition und lassen wieder, indem wir uns $-a$ so aus der positiven Einheit entstanden denken, dass man dem $a$fachen Werthe der letzteren das entgegengesetzte Vorzeichen giebt, das Product aus dem einen Factor so entstehen, wie der andere aus der positiven Einheit entstanden ist; eine Definition des Productes, welche die früher für positive Zahlen gegebene in sich schliesst, dasselbe eindeutig bestimmt und, was keiner weiteren Ausführung bedarf, die Multiplicationsregeln für positive und negative Zahlen unmittelbar liefert.

Wie wir von der erweiterten Definition der geometrischen *Addition* ausgehend durch Abstraction von der speciellen Raumanschauung zur Reihe der negativen Zahlen gelangt sind, so wird die Definition der geometrischen *Multiplication* der Reihe der imaginären (complexen) Zahlen ihre Entstehung geben.*) Lassen wir nämlich als

*) Wollte man von rein arithmetischem Standpunkte aus zu weiteren neuen Zahlengattungen gelangen, so würde man, wie früher durch Ausdehnung der Subtraction auf Fälle, in denen der Subtrahend den Minuend übertraf, die negativen Grössen eingeführt wurden, jetzt durch Ausdehnung der Multiplication auf die Fälle, in denen das Quadrat einer Grösse einen negativen Werth annimmt, und durch die Festsetzung, dass die für positive ganze Zahlen gültigen Rechnungsregeln auch für die neue Grössengattung bestehen bleiben, zu den imaginären Zahlen gelangen.

Definition des geometrischen Productes zweier vom Nullpunkt ausgehenden, in Länge und Richtung verschiedenen und in einer durch die Fundamentallinie gelegten Ebene befindlichen Linien die Identität mit einer Linie gelten, welche durch Vervielfältigung der absoluten Länge und Drehung um einen Winkel so aus dem einen Factor entstanden ist, wie der andere aus der positiven Längeneinheit — eine Definition der Multiplication, welche die früher gegebenen in sich schliesst, — so wird es sich fragen, wie sich, wenn wir uns auf einer Geraden von einem festen Punkte O aus nach rechts hin die positive, nach links die negative Längeneinheit aufgetragen denken, die der absoluten Länge nach der Einheit gleiche Strecke der Länge und Richtung nach ausdrückt, wenn diese Richtung dadurch bestimmt wird, dass man von der Fundamentallinie in dieselbe durch eine einen rechten Winkel betragende Drehung gelangen soll, welche für einen auf der Ebene stehenden und nach der positiven Seite der Fundamentallinie hin sehenden Beobachter von der rechten zur linken vor sich geht.

Fig. 2.

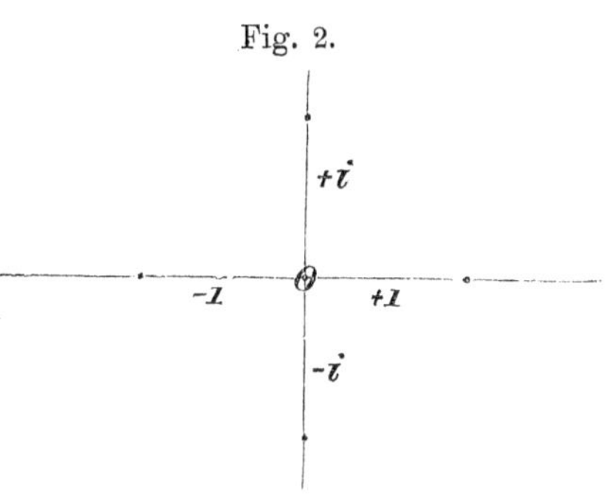

Sei nun (1) der gesuchte Ausdruck für die Längeneinheit in jener Richtung, so wird offenbar -1 so aus (1) entstehen, wie (1) aus $+1$ entstanden ist, d. h. aber nach der Definition des geometrischen Productes nichts anderes, als dass -1 dem Producte aus (1) in (1) äquivalent ist, oder indem wir uns des Multiplicationszeichens bedienen, dass

$$-1 = (1) \cdot (1)$$

ist; bezeichnet man nun den *reellen* Zahlen analog (wie die vorher besprochenen positiven und negativen Zahlen im Gegensatz zu den jetzt zu definirenden genannt werden) die Zahl, die mit sich selbst multiplicirt -1 giebt, mit $\sqrt{-1} = i$, so ist i der Ausdruck für die auf der nach oben gerichteten, zur Fundamentallinie senkrecht stehenden Linie aufgetragene Längeneinheit und daher $-i$ der für die auf der entgegengesetzten Seite befindliche Einheit. Für jede andere in der positiven Ordinatenrichtung gelegene Linie a folgt aber unmittelbar, dass, weil (a) aus a entsteht, wie i aus 1,

$$(a) = a \cdot i$$

ist, wo die Bedeutung des Multiplicationszeichens zwischen a und i in dem angegebenen Sinne aufzufassen ist. Wird endlich die Linie r auf einer beliebigen durch O gehenden Richtung aufgetragen so, lässt sich diese durch Beibehaltung der früher aufgestellten Definition der geometrischen Summe, auch der Länge und Richtung nach ausdrücken, indem man sowohl längs OA als auch auf dem Wege OBA von O nach A gelangt und somit

$$(OA) = a + bi$$

findet, wenn $OB = a$, $BA = b$ gesetzt wird, wobei aus dem Vorhergehenden unmittelbar einleuchtet, wie das Summenzeichen zwischen dem *reellen* Theile a und dem *imaginären* Theile bi der *complexen* Grösse $a + bi$ geometrisch zu deuten ist. Bezeichnet man den Winkel, welchen $OA = r$ mit der positiven Richtung der Fundamentallinie macht, mit φ, so ergiebt sich aus

Fig. 3.

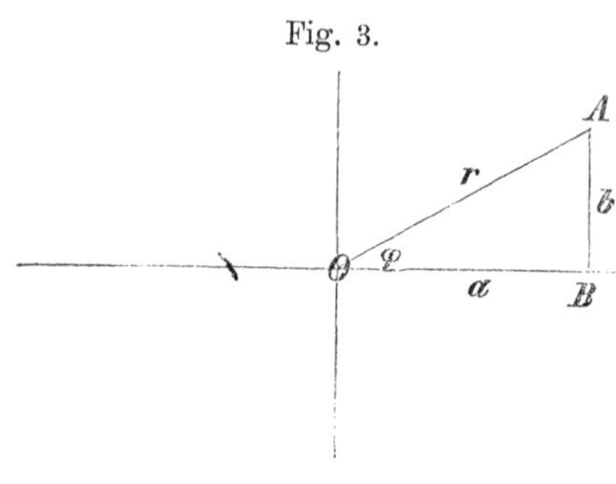

$$a = r\cos\varphi, \qquad b = r\sin\varphi$$

unmittelbar

$$(OA) = r(\cos\varphi + i\sin\varphi),$$

worin

$$r = \sqrt{a^2 + b^2}$$

$$\cos\varphi = \frac{a}{\sqrt{a^2+b^2}}, \qquad \sin\varphi = \frac{b}{\sqrt{a^2+b^2}}$$

ist, und die Quadratwurzel als absolute Länge jener Linie mit positivem Zeichen zu nehmen ist; r wird der *Modul* oder der *absolute Betrag* jener complexen Grösse, φ die *Amplitude* derselben genannt.

Abstrahiren wir wiederum von der speciellen Raumanschauung, so wird uns eine neue Gattung von Grössen von der Form $a + bi$ geliefert, die aus zwei in Bezug auf die Addition unter einander irreductiblen Einheiten 1 und i bestehen und die positiven und negativen reellen Zahlen als specielle Fälle unter sich enthalten. Es wird somit die Berechtigung der Einführung jener Grössen in die reine Arithmetik unzweifelhaft sein, wenn wir nachweisen können, dass die für complexe Zahlen aus der geometrischen Anschauung mit Hülfe der oben erweiterten Definition der Addition und Multiplication sich ergebenden Rechnungsregeln genau mit den für positive ganze Zahlen aufgestellten übereinstimmen.

Nun wird aber die Summe der beiden durch die complexen Grössen

$$(OA) = x + yi, \qquad (OB) = \xi + \eta i$$

repräsentirten Linien nach dem Obigen durch eine Gerade dargestellt, welche den Anfangspunkt mit demjenigen Punkte C verbindet, zu welchem man gelangt, wenn man nach einander die Strecken (OA) und (OB) oder (AC) der Länge und Richtung nach zurücklegt, und da, wie unmittelbar aus der Figur zu ersehen,

$$(OC) = x + \xi + i(y + \eta)$$

als Diagonale des von den gegebenen Linien gebildeten Parallelogramms ist, so folgt, dass complexe Grössen addirt werden, indem

Fig. 4.

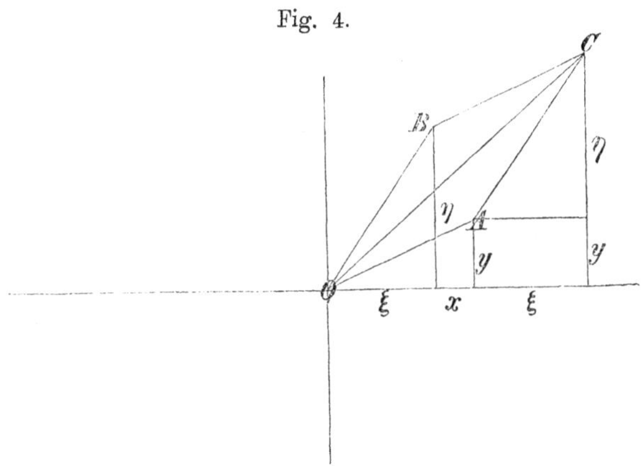

man ihre reellen und rein imaginären Theile für sich zusammenfasst, und ferner, dass der absolute Betrag einer Summe zweier complexen Grössen, nämlich OC, kleiner ist als die Summe der absoluten Beträge der einzelnen Grössen OA und OB. Die Ausdehnung auf die Summation einer beliebigen Anzahl von Linien oder complexen Grössen ergiebt sich von selbst und führt zu (OD') als Summe von (OA), (OB), (OC) und (OD) vermöge der aus der Figur unmittelbar ersichtlichen Construction, indem man $AB' = OB$, $B'C' = OC$ und

Fig. 5.

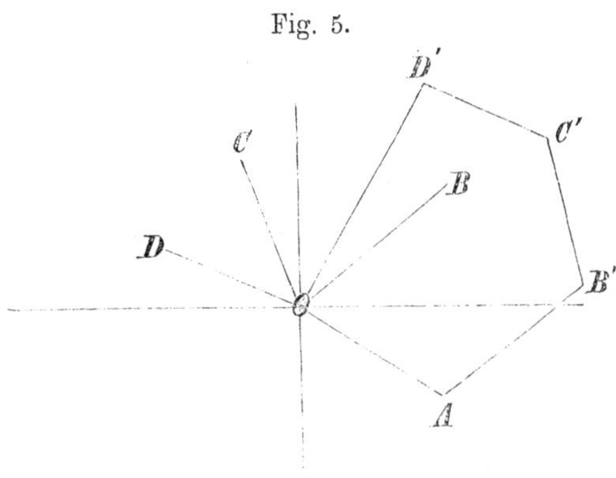

endlich $C'D' = OD$ macht; ebenso bedarf die Regel von der Subtraction complexer Grössen nach dem Obigen keiner weiteren Erläuterung.

Sind ferner zwei complexe Grössen

$$(OA) = x + yi = r(\cos a + i \sin a)$$
$$(OB) = \xi + \eta i = \varrho(\cos \alpha + i \sin \alpha)$$

mit einander zu multipliciren, so wird als Product nach der früher gegebenen Definition der Multiplication eine complexe Grösse

$$(OC) = X + Yi = R(\cos A + i \sin A)$$

zu construiren sein, welche ebenso aus (OB) entstanden ist wie (OA) aus der positiven Einheit. Sei nun $OE = +1$, so ist (OA) aus

Fig. 6.

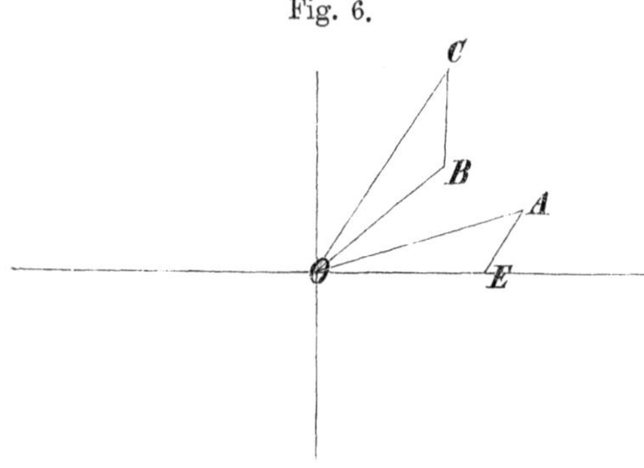

OE durch Drehung um den Winkel a und Vervielfältigung der absoluten Längeneinheit um das $r$fache hervorgegangen; es wird somit auch (OB) um den Winkel a zu drehen und der absolute Betrag in den $r$fachen zu verwandeln sein, so dass

$$(OC) = X + Yi = r\varrho\,[\cos(a + \alpha) + i \sin(a + \alpha)]$$

oder

$$r(\cos a + i \sin a) \times \varrho(\cos \alpha + i \sin \alpha) = r\varrho\,[\cos(a + \alpha) + i \sin(a + \alpha)]$$

wird, d. h. es ist bei der Multiplication complexer Grössen eine jede derselben als ein Binom aufzufassen und die Multiplication nach den für reelle Binome aufgestellten Rechnungsregeln auszuführen. Zu gleicher Zeit folgt aber aus der obigen Gleichung, dass der absolute Betrag eines Productes complexer Grössen dem Producte der absoluten Beträge der einzelnen Grössen gleich ist, und aus der Figur erhellt, dass das aus dem Producte und dem einen Factor gebildete Dreieck dem aus dem anderen Factor und der Einheit gebildeten ähnlich ist.

Die Regel für die Division complexer Grössen ergiebt sich hieraus unmittelbar in der Form

$$\frac{r(\cos a + i \sin a)}{\varrho(\cos \alpha + i \sin \alpha)} = \frac{r}{\varrho}\,[\cos(a - \alpha) + i \sin(a - \alpha)],$$

während die positive und die negative ganzzahlige Potenz einer solchen Grösse durch die Gleichungen

$$[r(\cos a + i \sin a)]^m = r^m (\cos ma + i \sin ma)$$

und

$$[r(\cos a + i \sin a)]^{-m} = \frac{1}{[r(\cos a + i \sin a)]^m} = \frac{1}{r^m}(\cos ma - i \sin ma)$$

bestimmt ist.

Definirt man endlich die n^{te} Wurzel aus $A + Bi$, welche durch

$$\sqrt[n]{A + Bi} = (A + Bi)^{\frac{1}{n}} = [r(\cos a + i \sin a)]^{\frac{1}{n}}$$

bezeichnet wird, als diejenige complexe Zahl

$$x = \varrho(\cos \alpha + i \sin \alpha),$$

welche in die n^{te} Potenz erhoben $A + Bi$ giebt, so folgt

$$\varrho^n(\cos n\alpha + i \sin n\alpha) = r(\cos a + i \sin a)$$

oder

$$\varrho^n \cos n\alpha = r \cos a, \qquad \varrho^n \sin n\alpha = r \sin a,$$

oder wie durch Quadrirung und Addition der Gleichungen ersichtlich ist,

$$\varrho = r^{\frac{1}{n}}, \qquad \alpha = \frac{a + 2k\pi}{n},$$

worin k eine beliebige ganze Zahl bedeutet. Der sich hieraus für x ergebende Ausdruck lautet

$$x = r^{\frac{1}{n}}\left(\cos \frac{a + 2k\pi}{n} + i \sin \frac{a + 2k\pi}{n}\right)$$

und nimmt offenbar n und nur n von einander verschiedene Werthe an, die man sämmtlich erhält, wenn man k die Reihe der Zahlen

$$0, 1, 2, \ldots n - 1$$

durchlaufen lässt. Da aber für $r = 1$ und $a = 0$ nach der obigen Formel

$$\sqrt[n]{1} = \cos \frac{2k\pi}{n} + i \sin \frac{2k\pi}{n}$$

wird, welche n Werthe die n^{ten} Einheitswurzeln genannt werden, und der oben aufgestellte allgemeine Ausdruck für x sich auch in die Form setzen lässt

$$x = r^{\frac{1}{n}}\left(\cos \frac{a}{n} + i \sin \frac{a}{n}\right)\left(\cos \frac{2k\pi}{n} + i \sin \frac{2k\pi}{n}\right),$$

so folgt

$$[r(\cos a + i \sin a)]^{\frac{1}{n}} = r^{\frac{1}{n}}\left(\cos \frac{a}{n} + i \sin \frac{a}{n}\right)\sqrt[n]{1},$$

worin unter $r^{\frac{1}{n}}$ der eindeutig bestimmte reelle positive Werth der n^{ten} Wurzel aus r verstanden ist.

Nachdem aus der Herleitung der complexen Zahlen bei gehöriger Ausdehnung der Definitionen der einzelnen Rechnungsoperationen die Berechtigung entnommen worden, mit denselben nach den für positive ganze Zahlen aufgestellten Rechnungsregeln zu verfahren und dieselben somit als eine neue Zahlengattung in die reine Arithmetik einführen zu dürfen, mag noch hinzugefügt werden, dass ebenso, wie man die positiven und negativen Zahlen durch Punkte auf der Fundamentallinie repräsentiren kann, welche die Endpunkte der entsprechenden Strecken bilden, und umgekehrt diese Punkte eindeutig durch die reellen Zahlen dargestellt werden, man auf Grund der vorher besprochenen arithmetischen Darstellungsweise einer der Länge und Richtung nach fest bestimmten, in der Fundamentalebene vom Anfangspunkte aus sich erstreckenden Linie jeder complexen Grösse den Punkt der Ebene zuordnen kann, welcher den Endpunkt der entsprechenden Linie bildet, und dass umgekehrt jedem Punkte eine bestimmte complexe Zahl zugehört.

Es liegt nun endlich noch nahe, zu untersuchen, ob die Darstellung einer vom Anfangspunkt ausgehenden, aber nicht in der bisher betrachteten Ebene gelegenen Linie, wenn dieselbe als Function der Länge, des Winkels, welchen die Projection derselben auf die Fundamentalebene mit der Fundamentallinie macht, und endlich des mit der Verticalen zur Fundamentalebene gebildeten Winkels aufgefasst wird, einer neuen Gattung arithmetischer Grössen ihre Entstehung giebt. Indem wir die oben aufgestellte Definition der geometrischen Summe festhalten, wird, wenn die auf der Verticalen zur Fundamentalebene aufgetragene Längeneinheit, als Function ihrer Länge und Lage aufgefasst, mit i' bezeichnet wird, der Ausdruck jener Linie

$$a + bi + ci'$$

sein, wenn c das vom Endpunkte der Linie auf die Fundamentalebene gefällte Perpendikel und a und b die Coordinaten des Fusspunktes dieses Perpendikels bedeuten, während $1, i, i'$ in Bezug auf die Addition irreductible Einheiten sind, d. h. Einheiten, zwischen denen keine homogene lineare Relation mit reellen Coefficienten besteht, da offenbar die aus den drei Componenten zusammengesetzte Strecke nie den Werth Null annehmen kann, wenn nicht jede dieser Componenten verschwindet. Sollen nun Grössen dieser Art eine Einführung in die reine Arithmetik gestatten, so muss die Rechnung mit ihnen nach den für die bereits behandelten Zahlen aufgestellten Rechnungsregeln — indem wir die Gültigkeit gemeinsamer Rechnungsregeln für alle arithmetischen Grössen als eine nothwendig zu erfüllende Bedingung festhalten — zu Resultaten führen, welche nicht den für reelle und complexe imaginäre Zahlen gefundenen Hauptsätzen der Arithmetik widersprechen, und es müssen somit auch zwei Zahlen derselben Gattung, nach den Regeln für mehrgliedrige Ausdrücke mit einander multiplicirt, eine Zahl derselben Gattung liefern, welche nicht verschwinden kann, wenn nicht einer der Factoren Null wird. Da aber nach der oben gemachten Annahme

$$i^2 = \varrho_0 + \varrho_1 i + \varrho_2 i', \qquad i'^2 = \sigma_0 + \sigma_1 i + \sigma_2 i'$$
$$i i' = \tau_0 + \tau_1 i + \tau_2 i'$$

ist, worin

$$\varrho_0, \varrho_1, \varrho_2, \sigma_0, \sigma_1, \sigma_2, \tau_0, \tau_1, \tau_2$$

positive oder negative Zahlen oder Null bedeuten, so wird durch formelle Ausführung der Multiplication zweier Grössen dieser Gattung

$$\begin{aligned}(a_0 + a_1 i + a_2 i')\,(\alpha_0 + \alpha_1 i + \alpha_2 i') \\ = a_0\alpha_0 + (a_1\varrho_0 + a_2\tau_0)\alpha_1 + (a_1\tau_0 + a_2\sigma_0)\alpha_2 \\ + i\,[a_1\alpha_0 + (a_0 + a_1\varrho_1 + a_2\tau_1)\alpha_1 + (a_1\tau_1 + a_2\sigma_1)\alpha_2] \\ + i'\,[a_2\alpha_0 + (a_1\varrho_2 + a_2\tau_2)\alpha_1 + (a_0 + a_1\tau_2 + a_2\sigma_2)\alpha_2]\text{*)}\end{aligned}$$

sein, und das Product wird verschwinden, wenn man die reellen Zahlen

$$a_0, a_1, a_2, \alpha_0, \alpha_1, \alpha_2$$

so wählen kann, dass die Gleichungen

$$\begin{aligned}a_0\alpha_0 + (a_1\varrho_0 + a_2\tau_0)\alpha_1 + (a_1\tau_0 + a_2\sigma_0)\alpha_2 = 0 \\ a_1\alpha_0 + (a_0 + a_1\varrho_1 + a_2\tau_1)\alpha_1 + (a_1\tau_1 + a_2\sigma_1)\alpha_2 = 0 \\ a_2\alpha_0 + (a_1\varrho_2 + a_2\tau_2)\alpha_1 + (a_0 + a_1\tau_2 + a_2\sigma_2)\alpha_2 = 0\end{aligned}$$

befriedigt werden, oder dass die Determinante

$$\begin{vmatrix} a_0 & a_1\varrho_0 + a_2\tau_0 & a_1\tau_0 + a_2\sigma_0 \\ a_1 & a_0 + a_1\varrho_1 + a_2\tau_1 & a_1\tau_1 + a_2\sigma_1 \\ a_2 & a_1\varrho_2 + a_2\tau_2 & a_0 + a_1\tau_2 + a_2\sigma_2 \end{vmatrix}$$

verschwindet. Da dieselbe aber als homogene Function dritten Grades in a_0, a_1, a_2 für jede beliebige Wahl der Grössen ϱ_0, ϱ_1, ϱ_2, σ_0, σ_1, σ_2, τ_0, τ_1, τ_2 zu jedem reellen Werthesystem von a_1 und a_2 mindestens einen reellen Werth von a_0 liefert, und sich für die so getroffene Wahl von a_0, a_1, a_2 auch ein reelles System von Werthen für die Grössen α_0, α_1, α_2 ergiebt, so folgt, dass für reelle, endliche Werthe der Grössen a_0, a_1, a_2, α_0, α_1, α_2 das Product

$$(a_0 + a_1 i + a_2 i')\,(\alpha_0 + \alpha_1 i + \alpha_2 i')$$

verschwinden kann, was jedoch der für reelle Zahlen bestehenden Grundregel widerstreitet, dass ein Product nur dann den Werth Null annimmt, wenn einer der Factoren verschwindet.**)

---

*) wobei

$$me.m_1e_1 = mm_1ee_1$$

vorausgesetzt wird, wenn e und e_1 zwei der obigen Einheiten, m und m_1 reelle Zahlen bedeuten.

**) Wendet man die oben benutzten Schlüsse auf das Product zweier complexen imaginären Zahlen

$$(a_0 + a_1 i)\,(\alpha_0 + \alpha_1 i)$$

an, so erhält man als Bedingung dafür, dass dasselbe verschwindet,

$$\begin{vmatrix} a_0 & -a_1 \\ a_1 & a_0 \end{vmatrix} = 0$$

oder

$$a_0^2 + a_1^2 = 0,$$

welche sich nur durch $a_0 = a_1 = 0$ erfüllen lässt, so dass von complexen imaginären Zahlen die oben ausgesprochene Grundregel befolgt wird.

Somit ist ersichtlich, dass diese Mannigfaltigkeit von drei Dimensionen nicht in der reinen Arithmetik zulässige Grössengattungen liefern kann, wenn wir als Bedingung der Zulässigkeit die feststellen, dass die für reelle Zahlen gültigen Rechnungsregeln auch für die andern Zahlengattungen bestehen bleiben, und dass daher für die Punkte im Raume nicht ähnliche Repräsentanten existiren, welche arithmetische Grössen bedeuten, wie wir sie für die Punkte der Fundamentalebene in den complexen imaginären Zahlen oben kennen gelernt haben.

Zweite Vorlesung.

Definition der Functionen complexer Variabeln und Aufstellung der für dieselben charakteristischen Bedingungsgleichungen.

Wenn man mit x eine Grösse bezeichnet, welche nach und nach alle möglichen Werthe annimmt, deren jedem je ein oder mehrere Werthe einer andern reellen Grösse y, welche sich mit x ändert, entsprechen, so wird y eine reelle Function der reellen Variabeln x genannt, und wenn, während x alle zwischen zwei festen Gränzen gelegenen Werthe stetig durchläuft, auch y sich stetig ändert*), so heisst jene Function innerhalb dieses Intervalles stetig oder continuirlich. Die Betrachtung der den unendlich kleinen Incrementen der unabhängigen reellen Variabeln entsprechenden Functionalveränderungen bildet den Gegenstand der Infinitesimalrechnung, deren Hauptlehren hier als bekannt vorausgesetzt werden, und es mag nur erwähnt werden, dass die Einleitung zur Lehre vom Unendlich-Kleinen und Unendlich-Grossen der Fundamentalsatz bildet, dass jeder Function einer reellen Variabeln auch wirklich ein Differentialquotient zugehöre, d. h. dass das Verhältniss der Incremente der Function und der Variabeln nur in einzelnen Punkten einer endlichen Strecke unendlich oder Null oder durch endliche Sprünge unstetig sein könne, im Uebrigen jedoch einen von dem unendlich kleinen Zuwachs der Variabeln unabhängigen endlichen Werth habe, wenn nicht die Function selbst innerhalb jener Strecke beständig unendlich oder constant ist, oder innerhalb eines endlichen Intervalles unendlich viele Maxima und Minima oder auch endlich auf einer noch so kleinen Strecke jenes Bereiches endliche Stetigkeitssprünge besitzt.**) War nun auch

---

*) d. h. nach der Definition der Stetigkeit einer Function, wenn sich ein auch noch so kleiner Zuwachs δ des x angeben lässt, so beschaffen, dass das zugehörige Increment der y kleiner ist als eine beliebig klein gegebene Grösse, und das Increment unter dieser Gränze bleibt, wenn δ positiv oder negativ genommen noch unter den gefundenen Werth erniedrigt wird.

**) Es wird des Folgenden wegen nicht überflüssig sein, durch eine kurze Behandlung des von Riemann für diese Art von Functionen gegebenen Beispiels die Natur dieser Unstetigkeiten zu erläutern.

die Definition von y als Function von x unabhängig von jeder analytischen Formel, die zwischen y und x besteht, gegeben und von einer Herleitung der Functionalwerthe, die willkührlich den Werthen der unahängigen Variabeln zugeordnet werden sollten, aus einem allgemeinen, in Operationszeichen darstellbaren analytischen Ausdrucke

---

Die durch den Ausdruck

$$f(x) = \frac{(x)}{1} + \frac{(2x)}{4} + \frac{(3x)}{9} + \cdots = \sum_{n=1,\ldots\infty} \frac{(nx)}{n^2}$$

definirte Function der reellen Variabeln x, in welcher (nx) den Ueberschuss von nx über die ihm am nächsten liegende (grössere oder kleinere) ganze Zahl bedeutet und den Werth Null haben soll, wenn es der Mittelwerth zweier auf einanderfolgender ganzen Zahlen ist, wird, wie leicht zu sehen, für jedes x einen bestimmten endlichen Functionalwerth annehmen, weil die Reihe

$$\frac{1}{1} + \frac{1}{4} + \frac{1}{9} + \cdots$$

eine convergente und (nx) seinem absoluten Werthe nach kleiner als die Einheit ist. Bezeichnet nun p eine ganze ungrade und n eine ganze zu p relativ prime Zahl, dann wird mit Beachtung der oben für (nx) aufgestellten Definition

$$\begin{aligned} f\left(\frac{p}{2n}\right) = {} & \frac{\left(\frac{p}{2n}\right)}{1} + \frac{\left(\frac{2p}{2n}\right)}{4} + \cdots + \frac{\left(\frac{(n-1)p}{2n}\right)}{(n-1)^2} + \frac{\left(\frac{(n+1)p}{2n}\right)}{(n+1)^2} + \cdots + \frac{\left(\frac{(2n-1)p}{2n}\right)}{(2n-1)^2} \\ & + \frac{\left(\frac{(2n+1)p}{2n}\right)}{(2n+1)^2} + \cdots + \frac{\left(\frac{(3n-1)p}{2n}\right)}{(3n-1)^2} + \frac{\left(\frac{(3n+1)p}{2n}\right)}{(3n+1)^2} + \cdots + \frac{\left(\frac{(4n-1)p}{2n}\right)}{(4n-1)^2} \\ & + \frac{\left(\frac{(4n+1)p}{2n}\right)}{(4n+1)^2} + \cdots + \frac{\left(\frac{(5n-1)p}{2n}\right)}{(5n-1)^2} + \frac{\left(\frac{(5n+1)p}{2n}\right)}{(5n+1)^2} + \cdots\cdots\cdots \\ & + \cdots\cdots\cdots\cdots\cdots\cdots \end{aligned}$$

sein, während, wenn α eine kleine reelle Grösse bedeutet, der nach der positiven oder negativen Abscissenlinie hin dem vorigen benachbarte Functionalwerth durch den Ausdruck

$$\begin{aligned} f\left(\frac{p}{2n} + \alpha\right) = {} & \frac{\left(\frac{p}{2n} + \alpha\right)}{1} + \cdots + \frac{\left(\frac{(n-1)p}{2n} + (n-1)\alpha\right)}{(n-1)^2} \\ & + \frac{\left(\frac{np}{2n} + n\alpha\right)}{n^2} + \cdots + \frac{\left(\frac{(2n-1)p}{2n} + (2n-1)\alpha\right)}{(2n-1)^2} \\ & + \frac{\left(\frac{2np}{2n} + 2n\alpha\right)}{(2n)^2} + \cdots + \frac{\left(\frac{(3n-1)p}{2n} + (3n-1)\alpha\right)}{(3n-1)^2} \\ & + \frac{\left(\frac{3np}{2n} + 3n\alpha\right)}{(3n)^2} + \cdots + \frac{\left(\frac{(4n-1)p}{2n} + (4n-1)\alpha\right)}{(4n-1)^2} \\ & + \frac{\left(\frac{4np}{2n} + 4n\alpha\right)}{(4n)^2} + \cdots + \frac{\left(\frac{(5n-1)p}{2n} + (5n-1)\alpha\right)}{(5n-1)^2} + \frac{\left(\frac{5np}{2n} + 5n\alpha\right)}{(5n)^2} + \cdots \\ & \cdots\cdots\cdots\cdots\cdots\cdots \end{aligned}$$

abgesehen worden, so wird doch andererseits in der Theorie der Fourrier'schen Reihen nachgewiesen, dass jede innerhalb eines bestimmten Intervalles nur in einer endlichen Anzahl von Punkten durch endliche Sprünge unstetige Function einer reellen Variabeln, die auch, wenn sie innerhalb des betrachteten Intervalles integrationsfähig ist, in einzelnen Punkten unendlich gross werden darf, sich

---

gegeben ist, je nachdem α positiv oder negativ genommen wird. Berücksichtigt man nunmehr, dass für sehr kleine α

$$\lim\left(\frac{2knp}{2n} + 2kn\alpha\right) = 0$$

und

$$\lim\left(\frac{(2k+1)np}{2n} + (2k+1)n\alpha\right) = \mp\frac{1}{2}$$

wird, je nachdem α positiv oder negativ ist, so folgt durch Vergleichung der beiden Functionalwerthe

$$\lim f\left(\frac{p}{2n}+\alpha\right) = f\left(\frac{p}{2n}\right) \mp \frac{1}{2}\left[\frac{1}{n^2} + \frac{1}{(3n)^2} + \frac{1}{(5n)^2} + \cdots\right]$$

oder mit Hülfe der bekannten Reihe für $\frac{\pi^2}{8}$, unter der Voraussetzung, dass $\alpha > 0$ ist,

$$\lim f\left(\frac{p}{2n}+\alpha\right) = f\left(\frac{p}{2n}\right) - \frac{\pi^2}{16n^2}$$

und

$$\lim f\left(\frac{p}{2n}-\alpha\right) = f\left(\frac{p}{2n}\right) + \frac{\pi^2}{16n^2},$$

woraus unmittelbar hervorgeht, dass für jeden rationalen Werth von x, der in den kleinsten Zahlen ausgedrückt ein Bruch mit dem gradzahligen Nenner $2n$ ist, ein endlicher Stetigkeitssprung von der Grösse $\frac{\pi^2}{8n^2}$ stattfindet, dass jedoch, weil jener negative oder positive Zuwachs beim Gränzübergange sich nur dadurch ergab, dass in den gekürzten Ausdrücken jener einzelnen Brüche der Nenner eine grade Zahl war, für alle andern x die Gleichung

$$\lim f(x+\alpha) = \lim f(x-\alpha) = f(x)$$

statthat d. h. die Function continuirlich ist. Da man aber zwischen je zwei noch so enge Gränzen beliebig viele rationale Brüche einschalten kann, welche in den kleinsten Zahlen ausgedrückt einen gradzahligen Nenner haben, so folgt, dass jene Function die Eigenschaft hat, zwischen noch so engen Gränzen beliebig oft von einem endlichen Werthe zu einem andern zu springen, wobei jedoch wohl zu beachten, dass die Zahl der Sprünge, deren Werth eine gegebene Grösse übersteigt, in einem endlichen Intervalle stets eine endliche ist. Denn soll

$$\frac{\pi^2}{8n^2} > k$$

sein, so folgt

$$n < \frac{\pi}{2\sqrt{2k}},$$

und daraus die Richtigkeit der obigen Behauptung, da es in einem endlichen Intervalle nur eine endliche Anzahl rationaler Brüche giebt, deren Nenner unter einer gegebenen endlichen Gränze liegen; offenbar wird n um so grösser sein für jene Strecke durch eine unendliche trigonometrische Reihe bis auf die Unstetigkeitsstellen vollständig darstellen lässt, und dass es somit, wie Riemann sich ausdrückt, einerlei ist, ob man die Function einer reellen Variabeln als eine willkührlich festgestellte Abhängigkeit zwischen zwei reellen Grössen oder als eine durch bestimmte mathematische Grössenoperationen bedingte definirt; beide Begriffe sind in Folge des oben erwähnten Theorems einander congruent. Wesentlich anders jedoch verhält es sich mit Functionen complexer Variabeln. Ordnet man nämlich einem bestimmten Werthe von

$$z = x + yi$$

einen bestimmten Werth von

$$f(z) = u + vi$$

zu und fixirt für irgend einen unendlich benachbarten Werth der unabhängigen Variabeln den zugehörigen unendlich benachbarten der abhängigen, so wird das Verhältniss der Incremente dieser beiden Variabeln

$$\frac{df(z)}{dz} = \frac{\frac{\partial f(z)}{\partial x}dx + \frac{\partial f(z)}{\partial y}dy}{dx + i dy}$$

und somit nicht unabhängig von dem Differential der Variabeln sein, indem es von $\frac{dy}{dx}$ oder von der Richtung abhängt, in welcher man die Variable z sich ändern lässt. Es ist jedoch aus der obigen Gleichung

---

können, je kleiner k wird, und es werden sich somit in einem beliebigen endlichen Intervalle so viel Stetigkeitsunterbrechungen auffinden lassen, als man will, wenn man nur die Gränze, über welche hinaus die jenen Unstetigkeitsstellen zugehörigen endlichen Sprünge liegen sollen, klein genug wählt.

Um eine präcisere Vorstellung von der Gestalt der jene Function darstellenden Curve zu erhalten, bemerke man, dass jedes einzelne Glied der die Function definirenden Reihe eine unstetige Function von x ist, indem

$$(nx),$$

je nachdem sein Werth um unendlich wenig kleiner oder grösser als eine um $\frac{1}{2}$ vermehrte ganze Zahl ist, die resp. Werthe $\frac{1}{2}$ und $-\frac{1}{2}$ annimmt, während es beim Ueberschreiten jenes Werthes selbst der Definition gemäss verschwindet. So werden die einzelnen Glieder jener Reihe an unendlich vielen und verschiedenen Stellen endliche Sprünge erleiden, und durch die Addition der einzelnen Glieder der vorangegangenen Untersuchung gemäss die Stetigkeitsunterbrechungen so übereinandergeschoben werden, dass, wenn man sich jene Function graphisch dargestellt denkt, bei ungenauer Betrachtung innerhalb eines gegebenen endlichen Intervalles nur eine endliche Anzahl von Stetigkeitsunterbrechungen zu bemerken ist, bei genauerer Besichtigung der Curve dagegen immer mehr, aber immer kleinere Sprünge in jenem Intervalle hervortreten, oder dass, um es noch anders auszudrücken, bei gehöriger Vergrösserung beliebig viel Stetigkeitsunterbrechungen von beliebiger Kleinheit sichtbar sein werden.

zu ersehen, dass dann und nur dann der Quotient jener Differentialien von dz unabhängig sein wird, wenn

$$(1) \quad \frac{\partial f(z)}{\partial y} = i \frac{\partial f(z)}{\partial x}$$

ist, und nur mit solchen Abhängigkeiten, die Cauchy *monogene Functionen* genannt, die wir jedoch mit Riemann kurzweg als *Functionen* bezeichnen werden, wollen wir uns im Folgenden beschäftigen, wenn wir auch die Existenz gewisser Punkte und Linien der z-Ebene zulassen, in welcher die Function der Differentialgleichung (1) nicht genügt.*)

Zerlegt man $f(z)$ in seinen reellen und imaginären Theil, so zerfällt (1) in die beiden Differentialgleichungen

$$(2) \quad \frac{\partial u}{\partial x} = \frac{\partial v}{\partial y} \qquad \frac{\partial u}{\partial y} = -\frac{\partial v}{\partial x},$$

oder, wie aus nochmaligem Differentiiren dieser beiden Gleichungen nach x und y hervorgeht, in

$$(3) \quad \frac{\partial^2 u}{\partial x^2} + \frac{\partial^2 u}{\partial y^2} = 0 \qquad \frac{\partial^2 v}{\partial x^2} + \frac{\partial^2 v}{\partial y^2} = 0,$$

nothwendige und hinreichende Bedingungen für den reellen und imaginären Theil von $f(z)$, wenn diese Grösse eine Function der complexen Variabeln z sein soll.

Bevor wir nun zur geometrischen Interpretation dieser Bedingungen übergehen, soll untersucht werden, welche Bedeutung dieselben für Functionen zweier Variabeln x und y haben, welche durch einen bestimmten analytischen Ausdruck gegeben sind. Offenbar wird die nothwendige Bedingung dafür, dass in dem analytischen Ausdrucke die Variabeln x und y nur in der Verbindung $x + yi$ vorkommen sollen, in Folge der Beziehungen

$$\frac{\partial f(x+yi)}{\partial x} = \frac{df(x+yi)}{d(x+yi)}$$

$$\frac{\partial f(x+yi)}{\partial y} = i \frac{df(x+yi)}{d(x+yi)}$$

wieder, wie schon aus der obigen Betrachtung hervorgeht,

$$\frac{\partial f(z)}{\partial y} = i \frac{\partial f(z)}{\partial x};$$

es wird aber auch umgekehrt, wenn eine Function $f(x, y)$ der Bedingung

*) Wenn im Folgenden kurzweg von Functionen innerhalb gewisser Gebiete der z-Ebene die Rede ist, so soll stets die Gültigkeit der obigen Differentialgleichung für alle Punkte des betrachteten Bereiches vorausgesetzt werden; wenn sich Punkte oder Linien in jenem Raume vorfinden, in denen $\frac{df(z)}{dz}$ nicht von dz unabhängig ist, so wird dies ausdrücklich bemerkt, und diese Punkte und Linien werden nach ihren anderweitigen Eigenschaften charakterisirt werden.

$$\frac{\partial f(x,y)}{\partial y} = i\,\frac{\partial f(x,y)}{\partial x}$$

genügt, vermöge der Substitution $z = x + yi$ der Differentialquotient von

$$f(x,y) = f(z - yi, y)$$

nach y genommen

$$\frac{\partial f(z-yi,y)}{\partial y} = -\,i\,\frac{\partial f(z-yi,y)}{\partial(z-yi)} + \left(\frac{\partial f(z-yi,y)}{\partial y}\right),$$

worin der eingeklammerte Ausdruck den partiellen Differentialquotienten nach dem alleinstehenden y bedeutet, vermöge der obigen Bedingung verschwinden, und somit $f(z - yi, y)$ die Variable y nicht mehr enthalten, also in eine reine Function von z übergehen. Die oben aufgestellten Bedingungsgleichungen (1) oder (2) oder (3) sind daher zugleich *die nothwendigen und hinreichenden Bedingungen dafür, dass ein analytischer Ausdruck von x und y nur von der Variabeln $x + yi$ abhängig ist.* So genügt z. B. die Function

$$f(x,y) = \sin x\left(\frac{e^{y} + e^{-y}}{2}\right) + i\cos x\left(\frac{e^{y} - e^{-y}}{2}\right)$$

wegen

$$\frac{\partial f(x,y)}{\partial y} = \sin x\left(\frac{e^{y} - e^{-y}}{2}\right) + i\cos x\left(\frac{e^{y} + e^{-y}}{2}\right)$$

$$\frac{\partial f(x,y)}{\partial x} = \cos x\left(\frac{e^{y} + e^{-y}}{2}\right) - i\sin x\left(\frac{e^{y} - e^{-y}}{2}\right)$$

der Gleichung (1) und wird in der That nach den später zu gebenden Definitionen der trigonometrischen Functionen complexer Grössen durch $\sin(x + yi)$ dargestellt.

Wir gehen nunmehr zur geometrischen Deutung jener Eigenschaft der Functionen complexer Variabeln über, nach welcher eine Grösse w eine Function von z genannt wird, wenn $\frac{dw}{dz}$ von dz unabhängig ist. Denken wir uns die complexen Zahlenwerthe durch Punkte der Fundamentalebene repräsentirt und wählen der bessern Uebersicht wegen für die z- und w-Variable zwei verschiedene Ebenen, so wird, wenn zweien dem Werthe z unendlich benachbarten Werthen z_1 und z_2 der unabhängigen Variabeln die beiden dem Werthe w unendlich benachbarten Functionalwerthe w_1 und w_2 entsprechen, die Annahme, dass $\frac{dw}{dz}$ von dz unabhängig ist, für die sechs Werthe der Function und ihrer Variabeln die Beziehung liefern

$$\frac{w_1 - w}{z_1 - z} = \frac{w_2 - w}{z_2 - z},$$

oder unter der Voraussetzung, dass $\frac{dw}{dz}$ in dem betrachteten Punkte z weder Null noch unendlich wird,

$$\frac{w_2 - w}{w_1 - w} = \frac{z_2 - z}{z_1 - z}.$$

Zieht man nun zu ww_2 und ww_1 der Länge und Richtung nach zwei Parallelen durch O, so erhält man

$$w_2 - w = W_2 \qquad w_1 - w = W_1,$$

wie in ähnlicher Weise

$$z_2 - z = Z_2 \qquad z_1 - z = Z_1,$$

Fig. 7.

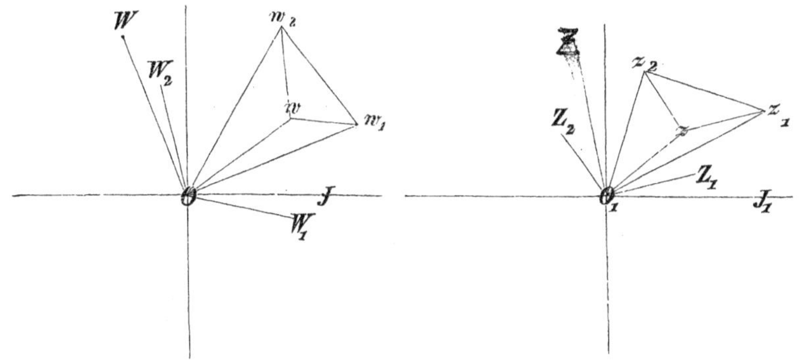

so dass die obige Gleichung in

$$\frac{W_2}{W_1} = \frac{Z_2}{Z_1}$$

übergeht; construirt man ferner nach den in der ersten Vorlesung gemachten Andeutungen die Quotienten der entsprechenden complexen Grössen, so erhält man

$$W = Z,$$

wenn für

$$OJ = O_1 J_1 = 1$$

diese Punkte durch die Bedingungen definirt werden

$$O\,W_2 : O\,W_1 = O\,W : O\,J$$
$$O_1\,Z_2 : O_1\,Z_1 = O_1\,Z : O_1\,J_1$$

und

$$\sphericalangle\, W_2\,O\,W_1 = \sphericalangle\, W\,O\,J$$
$$\sphericalangle\, Z_2\,O_1\,Z_1 = \sphericalangle\, Z\,O_1\,J_1,$$

so dass, weil aus $W = Z$

$$O\,W = O_1\,Z \text{ und } \sphericalangle\, W\,O\,J = \sphericalangle\, Z\,O_1\,J_1$$

folgt, sich endlich

$$O\,W_2 : O\,W_1 = O_1\,Z_2 : O_1\,Z_1$$

und

$$\sphericalangle\, W_2\,O\,W_1 = \sphericalangle\, Z_2\,O_1\,Z_1$$

ergiebt. Aus der Parallelität und Gleichheit der einzelnen Linien ersieht man nun aber auch, dass

$$w w_2 : w w_1 = z z_2 : z z_1$$

und

$$\sphericalangle\, w_1 w w_2 = \sphericalangle\, z_1 z z_2$$

ist, und dass daher die beiden unendlich kleinen Dreiecke $w_2 w w_1$ und $z_2 z z_1$ einander ähnlich sind.

Wenn man somit zu einem ebenen geometrischen Gebilde dadurch sein entsprechendes construirt, dass man zu jedem Punkte des erstern, indem man denselben durch die zugehörige complexe Zahl darstellt, den resultirenden Werth einer beliebig vorgelegten Function $f(z)$ als den dem ersteren entsprechenden Punkt fixirt, so werden die entsprechenden Gebilde in den kleinsten Theilen ähnlich sein (zwei entsprechende Curven in denselben werden sich unter demselben Winkel schneiden), die Punkte ausgenommen, in denen die Ableitung von $f(z)$ verschwindet oder unendlich gross wird.

Suchen wir z. B. mit Hülfe der oben betrachteten Function

$$f(z) = \sin x \left(\frac{e^y + e^{-y}}{2}\right) + i \cos x \left(\frac{e^y - e^{-y}}{2}\right)$$

diejenigen Curven, welche einer in der Entfernung a zur X-Achse und einer in der Entfernung b zur Y-Achse parallelen Linie der z-Ebene entsprechen, so wird, da der reelle und imaginäre Theil der Function $f(z)$ die Coordinaten X, Y des dem Punkte $x + yi$ entsprechenden Punktes werden sollen,

$$X = \sin x \left(\frac{e^y + e^{-y}}{2}\right), \qquad Y = \cos x \left(\frac{e^y - e^{-y}}{2}\right)$$

zu setzen sein, und man erhält daher für $y = a$

$$X = \sin x \left(\frac{e^a + e^{-a}}{2}\right) \qquad Y = \cos x \left(\frac{e^a - e^{-a}}{2}\right),$$

oder durch Elimination von x

$$\frac{X^2}{\left(\frac{e^a + e^{-a}}{2}\right)^2} + \frac{Y^2}{\left(\frac{e^a - e^{-a}}{2}\right)^2} = 1;$$

ebenso ergiebt sich für $x = b$

$$X = \sin b \left(\frac{e^y + e^{-y}}{2}\right) \qquad Y = \cos b \left(\frac{e^y - e^{-y}}{2}\right)$$

und durch Elimination von y

$$\frac{X^2}{\sin^2 b} - \frac{Y^2}{\cos^2 b} = 1.$$

Es entsprechen somit den zur x-Achse parallelen Linien Ellipsen, den zur y-Achse parallelen Hyperbeln, und zwar schneiden sich nach dem oben bewiesenen allgemeinen Satze je eine Ellipse und eine Hyperbel unter einem rechten Winkel, da die entsprechenden Graden auf einander senkrecht stehen; dass dieses in der That der Fall ist, geht daraus hervor, dass jene Ellipsen und Hyperbeln confocale Kegelschnitte sind.

Nachdem nun die geometrische Bedeutung der oben für jede Function von z gefundenen charakteristischen Bedingungen

$$\frac{\partial u}{\partial x} = \frac{\partial v}{\partial y} \qquad \frac{\partial u}{\partial y} = -\frac{\partial v}{\partial x}$$

entwickelt worden, mag schliesslich noch bemerkt werden, dass aus der Gleichung

$$\frac{d f(z)}{dz} = \frac{\frac{\partial u}{\partial x} + i\frac{\partial v}{\partial x} + \left(\frac{\partial u}{\partial y} + i\frac{\partial v}{\partial y}\right)\frac{dy}{dx}}{1 + i\frac{dy}{dx}} = \frac{\partial u}{\partial x} + i\frac{\partial v}{\partial x}$$

und der aus den obigen Bedingungen leicht sich ergebenden Beziehung

$$\frac{\partial}{\partial y}\left[\frac{\partial u}{\partial x} + i\frac{\partial v}{\partial x}\right] = i\frac{\partial}{\partial x}\left[\frac{\partial u}{\partial x} + i\frac{\partial v}{\partial x}\right]$$

unmittelbar ersichtlich ist, dass

$$\frac{d f(z)}{dz} = f'(z)$$

und somit auch sämmtliche Ableitungen in der oben festgestellten Bedeutung Functionen der complexen Variabeln z sein werden, und dass daher die in der Differentialrechnung für Functionen reeller Variabeln und ihre Ableitungen entwickelten Resultate der Rechnung, da dieselben lediglich daraus hergeleitet werden, dass der Quotient der Incremente der Function und der unabhängigen Variabeln von dem Differential der letzteren unabhängig wiederum eine Function der Variabeln ist, auch für Functionen complexer Variabeln ihre Geltung behalten.

Dritte Vorlesung.

Die Eindeutigkeit und Vieldeutigkeit der Functionen.

Nachdem der Begriff der Function einer complexen Variabeln durch analytische Bedingungsgleichungen präcisirt worden, wird es nöthig sein, die Functionen nach einem bestimmten Eintheilungsprincipe zu classificiren, welches hier die Anzahl der *einem* Werthe der unabhängigen Variabeln zugehörigen Functionalwerthe sein soll. Man nennt *eindeutige* Functionen solche, welche in ihrem ganzen Umfange*) für jeden Punkt der Ebene, einzelne Punkte ausgenommen, nur *einen* Werth haben, alle andern Functionen *mehrdeutige*. Es ist nun unmittelbar einzusehen, dass, wenn man von einem Punkte der z-Ebene ausgehend auf einem continuirlichen Wege eine eindeutige Function von z bis zu einem andern Punkte der Ebene hin stetig sich verändern lässt, diese Function, auf welchem Wege auch die Werthveränderung vor sich geht, in demselben Endpunkte auch wieder denselben Werth annehmen wird, da sie in jedem Punkte eben nur *einen* Werth hat, oder dass Curven der z-Variable, die sich zwischen denselben zwei Punkten hin erstrecken, auch Functionalcurven entsprechen, welche dieselben zwei Punkte derjenigen Ebene mit einander verbinden, in welcher die Functionalwerthe dargestellt werden. Ebenso folgt, dass für einen geschlossenen Weg der unabhängigen Variabeln eine eindeutige Function ihren ursprünglichen Werth wieder annimmt, oder die Functionalcurve ebenfalls eine geschlossene ist. Lässt man z. B. die Variable z zwischen den Punkten $+1$ und -1 drei verschiedene Wege, die Fundamentallinie, welche x-Achse sein soll, und die beiden Halbkreise durchlaufen, deren Mittelpunkt der Nullpunkt und deren Radius die Einheit ist, so wird die Function

$$w = z^2$$

offenbar im ersten Falle die Doppelgerade $w = x^2$ von $+1$ zu 0 und von 0 zu $+1$ zurück beschreiben, während für die Halbkreise der Variablen, wenn dieselbe durch

---

*) Die Bedeutung des Umfanges einer Function wird erst im Laufe der nächsten Vorlesungen klar hervortreten; für jetzt wäre sie nur für den Fall ersichtlich, dass die Function durch einen analytischen Ausdruck gegeben ist.

$$z = \cos\alpha + i\sin\alpha$$

dargestellt wird, die Function die Form

$$w = (\cos\alpha + i\sin\alpha)^2 = \cos 2\alpha + i\sin 2\alpha$$

annimmt, somit für $\alpha = 0$ und $\alpha = \pi$ sowohl als für $\alpha = 0$ und $\alpha = -\pi$ wieder den Werth $+1$ hat, ihre Functionalcurve daher ein um den Anfangspunkt mit dem Radius 1 gelegter ganzer Kreis ist. Ist dieser ganze Kreis der Weg der Variabeln z, so wird die Functionalcurve der congruente Doppelkreis.

Wesentlich anders verhält es sich mit mehrdeutigen Functionen, bei denen verschiedene Wege zu verschiedenen Resultaten führen können; so werden z. B. für die Function

$$w = \sqrt{z}$$

die eben betrachteten Variabelncurven zwischen den Punkten $+1$ und -1 im ersten Falle die Functionalcurve $w = \sqrt{x}$, d. h. die gebrochene gerade Linie aOb liefern, wenn wir das positive Wurzelzeichen auf dem ganzen Wege gelten lassen, während für die Halbkreise der Variabeln die Function

$$w = \cos\frac{\alpha}{2} + i\sin\frac{\alpha}{2}$$

für $\alpha = 0, \pi$ und für $\alpha = 0, -\pi$ Viertelkreise darstellt, die sich von a nach b und von a nach c erstrecken, so dass die Endpunkte der beiden letzten Functionalcurven nicht dieselben sind, d. h. verschiedene Wege der Variabeln zu verschiedenen Werthen für die Function führen. Ebenso leicht ist einzusehen, dass, wenn die Variable z von $+1$ ausgehend einen Kreis um O als Anfangspunkt mit der Einheit als Radius beschreibt, die Function

Fig. 8.

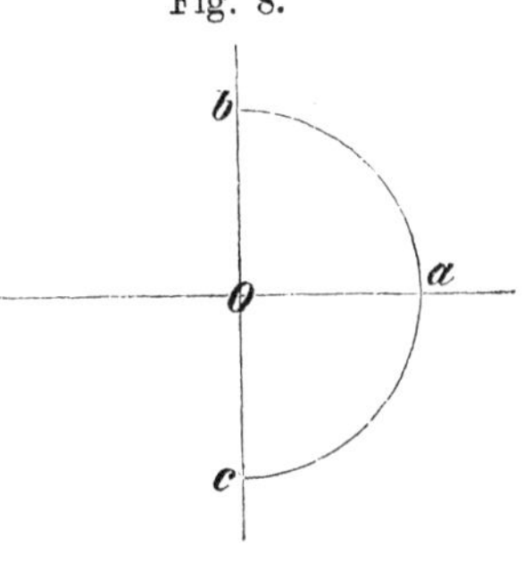

$$w = \cos\frac{\alpha}{2} + i\sin\frac{\alpha}{2}$$

für $\alpha = 2\pi$ den Werth $w = \cos\pi = -1$ annimmt, während für $\alpha = 0$ $w = +1$ war, so dass daher die geschlossene Curve der Variabeln nicht wieder zu einer geschlossenen Functionalcurve führt; eine Umkreisung des Nullpunktes führt somit für die Function $\sqrt{z}$ eine Zeichenänderung herbei und dasselbe würde, was einer weiteren Auseinandersetzung nicht bedarf, für die Function

$$\sqrt{z-k}$$

bei einer Umkreisung des Punktes k eintreten.

Untersuchen wir nunmehr allgemein, wann zwei verschiedene, zwischen denselben beiden Punkten sich erstreckende Wege der Variabeln z für eine mehrdeutige Function dieselben oder verschiedene Werthe liefern, oder, was dasselbe ist, wann jenen beiden Variabelnlinien zwei Functionalcurven entsprechen, die entweder den Anfangspunkt und Endpunkt oder nur den Anfangspunkt mit einander gemein haben, so wird, wie wir nachher zeigen werden, darin auch die Beantwortung der Frage, wann geschlossenen Wegen der Variabeln wiederum geschlossene Functionalcurven entsprechen, mit enthalten sein.

Seien A und B Anfangs- und Endpunkt der zu betrachtenden Wege der Variabeln, deren complexe Zahlenwerthe durch a und b dargestellt sein mögen, und w_a einer der Werthe der Function $w = f(z)$ im Punkte A, von dem ausgehend die Function durch continuirliche Aenderung auf einer bestimmt gewählten Variabelncurve α, auf welcher singuläre Punkte von sogleich näher anzugebender Beschaffenheit nicht liegen sollen, im Punkte B den Werth w_b erlangt, so werden, wenn die Variable z einen dem α unendlich benachbarten Weg zwischen den Punkten A und B beschreibt, auch die Functionalwerthe den der ersten Linie entsprechenden Werthen unendlich benachbart sein, und es wird somit, wie eine leichte Ueberlegung zeigt, die Function wiederum im Punkte B den Werth w_b annehmen müssen.

Es würde erlaubt sein, diese Schlüsse für beliebige von A nach B führende, sich aneinander reihende Wege weiter fortzuführen, wenn nicht auf einem der Wege Punkte liegen, die eine continuirliche Aenderung der Functionalwerthe möglich machen, ohne dass die entsprechenden Functionalcurven in ihrem ganzen Verlaufe sich unendlich nahe aneinander zu schliessen brauchen. Sei nämlich

Fig. 9.

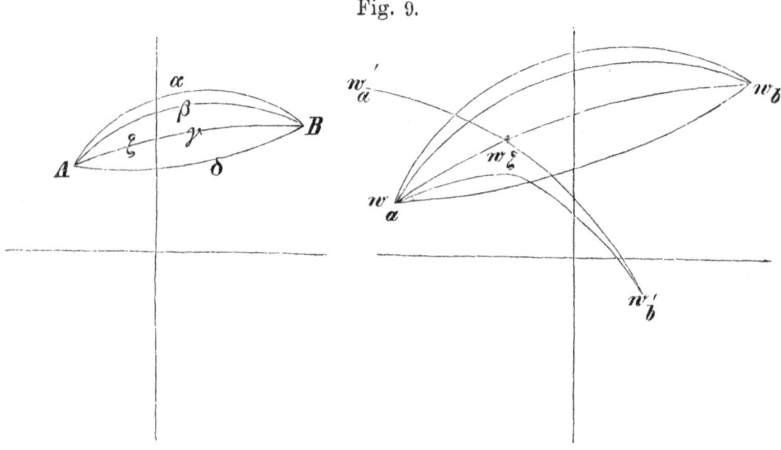

$z = \zeta$ ein mehrfacher Punkt der Function, d. h. ein Punkt, für welchen mehrere der im Allgemeinen verschiedenen Werthe der mehrdeutigen Function einander gleich werden, und γ ein von A nach B führender Weg, welcher durch ζ geht, so wird offenbar noch ein anderer Functionalwerth w'_a für den Punkt A existiren, so beschaffen, dass zwei der Curve γ entsprechende Functionalcurven $(w_a w_b)$ und $(w'_a w'_b)$ sich in dem dem Punkte ζ zugehörigen Werthe w_ζ schneiden. Wenn nun während der Bewegung der Variablen von A nach ζ die Function stetig die Strecke $w_a w_\zeta$ beschreibt, wird die weitere continuirliche Veränderung der Function ganz von unserm Belieben abhängen, indem ein stetiges Fortschreiten sowohl auf der Curve $w_\zeta w_b$ als auch auf $w_\zeta w'_b$ möglich ist, und man wird somit, wenn der Werth der Variablen durch einen mehrfachen Punkt der Function geht, durch continuirliche Veränderung ganz nach Willkühr zu verschiedenen Functionalwerthen geführt werden können. Lassen wir aber die Variable z einen dem Wege γ unendlich benachbarten Weg δ zwischen den Punkten A und B durchlaufen, und die Function entsprechend continuirlich sich ändern, so ist es möglich, dass sich die Functionalcurve entweder der Linie $w_a w_\zeta w_b$ oder $w_a w_\zeta w'_b$ unendlich nahe anschliesst, und man erkennt somit, dass, wenn in dem von zwei Wegen α und δ eingeschlossenen Raume ein mehrfacher Punkt der Function enthalten ist, diese beiden Wege nicht zu demselben Resultate für die Function zu führen brauchen, die in demselben Punkte beginnenden Functionalcurven also verschiedene Endpunkte haben können. Betrachtet man Wege, deren Endpunkt mit ihrem Anfangspunkte zusammenfällt, so kann man jenes Resultat auch so aussprechen, dass geschlossene Wege der Variablencurve, wenn diese mehrfache Punkte der Function einschliessen, zu verschiedenen Functionalwerthen führen können, oder dass ihnen nicht ebenfalls geschlossene Functionalcurven zu entsprechen brauchen.

Ist auch aus der vorigen Auseinandersetzung noch nicht ersichtlich, ob noch andere singuläre Punkte als jene mehrfachen ähnliche Werthveränderungen hervorrufen können, so ist doch so viel erwiesen, dass, so lange wenigstens die Function in dem betrachteten Raume stetig*) und endlich ist, ein Uebergehen in ein zweites Continuum von Functionalwerthen nur dann möglich ist, wenn die Variable durch einen Punkt geht, indem die verschiedenen Continua sich treffen, d. h. durch einen mehrfachen Punkt, und es bleiben daher zur Vervollständigung der Untersuchung nur noch solche Punkte in Betracht zu ziehen, in welchen die Function aufhört, stetig und endlich zu sein.

---

*) Wobei die Definition der Stetigkeit von Functionen complexer Variabeln aus der oben für Functionen reeller Variabeln aufgestellten sich unmittelbar ergiebt, wenn man nur an Stelle der Incremente der Variabeln und der Function die Moduln derselben setzt.

Wir werden nun im Folgenden zwei verschiedene Arten von Unstetigkeiten oder Discontinuitäten unterscheiden. Wird nämlich der Functionalwerth in irgend einem Punkte der Ebene, von welcher Seite aus man auch continuirlich in diesen Punkt gelangen mag, unendlich gross oder vielmehr sein reciproker Werth Null, so sagt man, die Function erleidet in diesem Punkte eine *Discontinuität erster Gattung*, dagegen wird eine *Discontinuität zweiter Gattung* einer Function zugeschrieben, wenn verschiedene Richtungen, in denen man zu diesem Punkte gelangt, zu verschiedenen Functionalwerthen für diesen Punkt führen.*) So finden wir z. B. die erste Art der Unstetigkeit bei den Functionen $\frac{1}{z-a}$ im Punkte $z=a$ oder bei $\frac{1}{\sqrt{z}}$ im Punkte $z=0$, während z. B. die Function $e^{\frac{1}{z}}$ im Punkte $z=0$ eine Discontinuität zweiter Gattung erfährt, indem, wenn δ eine sehr kleine positive Grösse bedeutet, die Ausdrücke

$$e^{\frac{1}{\delta}} \text{ und } e^{\frac{1}{-\delta}}$$

für $\delta=0$ die Werthe ∞ und 0 annehmen, somit verschiedene Gränzen ergeben, je nachdem man sich auf der positiven oder negativen reellen Achse dem Nullpunkte unendlich nähert.

Was nun die Werthveränderungen einer mehrdeutigen Function auf verschiedenen, zwischen demselben Anfangs- und Endpunkte gelegenen Wegen betrifft, welche singuläre Punkte der obigen Art einschliessen, so wird, wenn $f(z)$ im Punkte a eine Stetigkeitsunterbrechung erster Gattung erleidet, also $\frac{1}{f(z)}$, von welcher Seite man sich auch dem Punkte a unendlich annähert, stets den Werth Null annimmt, unmittelbar eingesehen, dass, wenn zwei Wege der angegebenen Art für $f(z)$ zu verschiedenen Resultaten führen, dies auch für $\frac{1}{f(z)}$, welche Function für $z=a$ continuirlich ist, geschehen würde, d. h. nach dem Vorigen, dass $z=a$ für $\frac{1}{f(z)}$, also auch für $f(z)$ ein mehrfacher Punkt sein müsste, wie dies in der That bei $\frac{1}{\sqrt{z}}$ der Fall ist, und somit wird sich das Gesammtresultat dahin zusammenfassen lassen, dass

verschiedene zwischen demselben Anfangs- und Endpunkte sich erstreckende Wege nur dann zu verschiedenen Werthen einer mehrdeutigen Function führen können, wenn in dem von ihnen eingeschlossenen Raume ein mehrfacher Punkt oder ein Unstetigkeitspunkt zweiter

---

*) Eine präcisere Definition dieser Punkte findet sich für eindeutige Functionen in der siebenten, für mehrdeutige in der achten Vorlesung.

Gattung) enthalten ist; und denselben Bedingungen und nur unter diesen wird einem geschlossenen Wege der Variabeln nicht immer eine geschlossene Functionalcurve zu entsprechen brauchen.*

Diese beiden Fragen lassen sich jedoch unmittelbar auf einander zurückführen. Denn, wenn angenommen wird, dass auf den zu betrachtenden Wegen selbst keine singulären Punkte liegen und von A aus die Wege α und β (s. die vorige Figur) die Function zu demselben Werthe führen, so werden offenbar, wenn man die Function zuerst von A nach B auf dem Wege α und dann von B nach A auf dem Wege β stetig sich ändern lässt, die Werthe der letzten Reihe sich denen der ersten continuirlich, nur in umgekehrter Reihenfolge als von A nach B auf dem Wege β anschliessen, und man wird somit auf dem durch α und β gebildeten geschlossenen Wege zu dem ursprünglichen Functionalwerthe nach A zurückkommen. Führen jedoch zwei Wege α und δ zu verschiedenen Werthen der Function, so dass ein continuirlicher Uebergang der Werthe des einen Weges in die des andern nicht mehr vorhanden ist, so wird, während der Weg δ von B nach A genommen die Function vom Werthe w'_b zu w_a zurückführt, derselbe Weg den Werth w_b, zu welchem man beim Durchlaufen von α gelangt ist, zu einem andern Werthe w''_a führen, weil, wenn der im Punkte A erlangte Werth wieder w_a wäre, die mit w_b und w'_b beginnenden, längs dem Wege δ sich ergebenden Continua der Functionalwerthe im Punkte A gleiche Werthe erlangen würden, dieser Punkt somit ein mehrfacher Punkt der Function sein müsste; es nimmt daher die Function auf diesem geschlossenen Umlaufe nicht wieder denselben Werth an, und die Frage, ob verschiedene Wege der Variabeln zwischen denselben beiden Punkten zu demselben Functionalwerthe führen, lässt sich somit mit der Frage nach der Werthveränderung der Function, welche dem zugehörigen geschlossenen Umkreise entspricht, identificiren, während sich die letztere Untersuchung in jedem vorliegenden Falle nach Bedürfniss folgendermassen vereinfachen lässt. Sei nämlich $a m \mu a$ ein von a zu diesem Punkte zurückführender geschlossener Weg, für den die Werthveränderung der Function untersucht werden soll, so wird, wenn $\alpha, \beta, \gamma, \ldots$ singuläre Punkte der betrachteten Art sind, jeder durch a gehende geschlossene Weg $a n \nu a$, der mit $a m \mu a$ einen Raum einschliesst, innerhalb dessen sich keine singulären Punkte befinden, dieselbe Werthveränderung der Function im Punkte a er-

*) So wird z. B. die Umkreisung des Discontinuitätspunktes zweiter Gattung $z = 0$ der Function

$$\sqrt{z \,.\, e^{\frac{1}{z}}}$$

dieselbe zu ihrem entgegengesetzten Werthe führen, Fälle, welche später ausführlich behandelt werden.

geben. Denn der geschlossene Weg $a m \mu a \nu n a$ oder Weg $a m \mu a + a \nu n a$, welcher einen von singulären Punkten freien Raum einschliesst und somit keine Werthveränderung hervorbringt, wird, wenn er in seinem ersten Theile den Functionalwerth w_a in w'_a überführt, in seinem zweiten Theile w'_a stetig in w_a sich verändern lassen, und

Fig. 10.

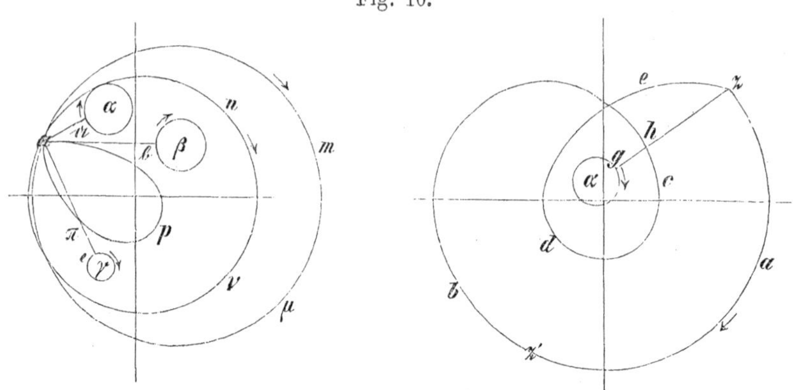

es werden daher die beiden Wege $a m \mu a$ und $a n \nu a$ in der durch die Pfeile angegebenen Richtung genommen w_a durch continuirliche Aenderung in w'_a überführen, also dieselbe Werthveränderung der Function im Punkte a ergeben; dagegen wird der Weg $a p \pi a$ zu andern Functionalwerthen im Punkte a führen können, da derselbe mit $a m \mu a$ singuläre Punkte einschliesst. Zur Untersuchung der Werthveränderung des Functionalwerthes auf geschlossenen Curven wird es somit gestattet sein, die von dem fraglichen Punkte ausgehenden Umkreise beliebig soweit zusammenzuziehen, als nicht in jenem Raume befindliche singuläre Punkte überschritten werden. Es mag noch ausdrücklich bemerkt werden, dass man die Untersuchung eines beliebigen krummlinigen geschlossenen Weges auf die von geradlinigen oder krummlinigen Wegen, welche den Ausgangspunkt mit den einzelnen singulären Punkten verbinden, und von unendlich kleinen Kreisen, welche die singulären Punkte umgeben, reduciren kann, so dass der Weg $a m \mu a$ äquivalent ist dem Wege

$$a \mathfrak{a} (\alpha) \mathfrak{a} a \mathfrak{b} (\beta) \mathfrak{b} a \mathfrak{i} (\gamma) \mathfrak{i} a,$$

wenn (α), (β), (γ) die in der Richtung der Pfeile durchlaufenen Kreisperipherieen bedeuten; dass aber diese Aequivalenz stattfindet, geht wieder unmittelbar daraus hervor, dass diese beiden Wege einen Raum einschliessen, der von singulären Punkten frei ist. Ebenso leicht ist ersichtlich, wie man zum Zwecke der Untersuchung der Werthveränderung einer Function einen geschlossenen Weg, der mehreremal einen oder mehrere singuläre Punkte umkreist, auf einfachere Wege zurückführen kann. Denn sei z. B. in der zweiten der obigen Figuren für die vom Punkte z ausgehende und den Weg $zabcdez$ durchlaufende Variable die Werthveränderung der Function zu untersuchen, für welche α ein singulärer Punkt sein soll, so wird, wenn zg eine von z in die Nähe von α führende Linie vorstellt, der Weg $zabhz$ äquivalent sein dem in der Richtung des Pfeiles genommenen Wege $zhg(\alpha)ghz$, und demselben Wege äquivalent der Weg $zhcdez$, wobei zu beachten, dass durch Hinzufügen der beiden unmittelbar hinter einander zu durchlaufenden Strecken zh und hz zu dem gegebenen den Punkt α doppelt umkreisenden Wege keine Aenderung hervorgebracht wird, weil man von z aus zum Punkte h durch continuirliche Aenderung mit demselben Werthe zurückkommt, mit dem man von diesem Punkte ausging; man wird somit den gegebenen Weg durch den einfacheren $zg(\alpha)(\alpha)gz$ ersetzen können, welcher sich also, um es allgemein auszudrücken, aus den resp. Verbindungslinien mit den singulären Punkten und unendlich kleinen Kreisen zusammensetzt.

Die oben gewonnenen Resultate lassen unmittelbar einsehen, dass bei der Aufsuchung des Werthunterschiedes einer Function, welchen dieselbe beim Durchlaufen zweier zwischen demselben Anfangs- und Endpunkte sich erstreckenden Wege erleidet, nur die Veränderung derselben auf einem geschlossenen Wege und auf einem der beiden gegebenen Wege zu untersuchen ist, wenn der letztere mit zwei verschiedenen Anfangswerthen der Function zurückgelegt wird; da nämlich der Weg zaz', wie aus den früheren Betrachtungen hervorgeht, durch $zaz'bzbz'$ ersetzt werden darf, und der geschlossene Weg $zaz'bz$, wenn der umgränzte Raum singuläre Punkte enthält, die Function zu einem andern Anfangswerthe zurückführen kann, so wird nur die Werthveränderung der Function auf dem Wege zbz' zu untersuchen sein, je nachdem dieselbe mit dem einen oder andern Functionalwerthe in z die continuirliche Aenderung beginnt. So wird z. B. bei Untersuchung des Unterschiedes der auf den beiden Wegen zaz' und $zdcbz'$ der obigen Figur sich ergebenden Functionalwerthe der Weg zaz' durch $zaz'bcdzdcbz'$ ersetzt werden können und daher der doppelten in der Richtung des Pfeiles genommenen Umkreisung des Punktes α und dem Wege $zdcbz'$ äquivalent sein, so dass man den zweiten der dem Punkte z' zugehörigen Functionalwerthe erhält, wenn man die Function vom Punkte z aus zu diesem zurück den singulären Punkt α in der Richtung des Pfeiles doppelt umkreisen und mit dem so erlangten Functionalwerthe den ersten der beiden gegebenen Werthe von z nach z' beschreiben lässt.

Fig. 11.

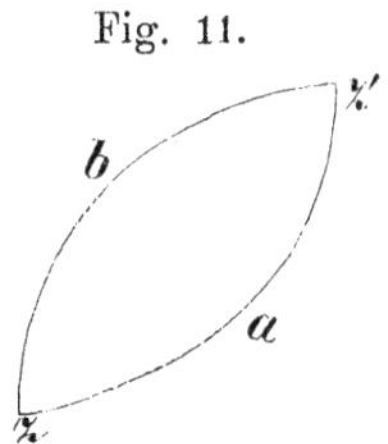

Die im Vorhergehenden angestellte Untersuchung über die für

geschlossene Wege sich ergebenden Werthveränderungen, worauf alle übrigen Fragen zurückgeführt worden sind, hat, wenn singuläre Punkte sich innerhalb des eingeschlossenen Raumes befanden, eine solche Aenderung nur als möglich hingestellt, und in der That ist es leicht einzusehen, dass eine solche Werthveränderung nicht nothwendig ist; denn beschreibt man z. B. um die beiden mehrfachen Punkte a und b der Function

$$w = \sqrt{(z-a)(z-b)}$$

einen geschlossenen Umfang, der von z ausgehend zu demselben Punkte zurückführt, so wird derselbe nach dem Vorigen durch den Weg $zp(a)pzq(b)qz$ ersetzt werden können, und da jeder der Wege $zp(a)pz$ und $zq(b)qz$, wie aus dem Anfange dieser Vorlesung leicht zu entnehmen, einen dem Ausgangswerthe entgegengesetzten Functionalwerth liefert, so wird die gesammte continuirliche Aenderung längs jener geschlossenen Curve zu demselben Werthe zurückführen. Aber auch die Umkreisung eines einzelnen singulären Punktes braucht nicht eine Werthveränderung der Function herbeizuführen; so wird z. B. beim Umkreisen des Nullpunktes längs einer geschlossenen Curve, welche den Punkt $z = a$ ausschliesst, für die Function

Fig. 12.

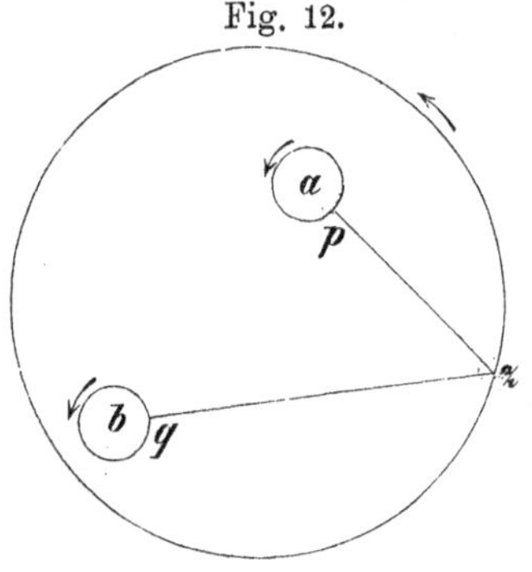

$$w = z\sqrt{z-a},$$

die für jeden Punkt der Ebene zwei verschiedene Werthe hat mit Ausnahme der Punkte $z = 0$ und $z = a$, welche mehrfache Punkte der Function sind, eine Aenderung des Functionalwerthes nicht eintreten, weil der eine Factor z als eindeutige Function der Variabeln seinen Werth wiedererlangt, und $\sqrt{z-a}$, da der mehrfache Punkt $z = a$ dieses Factors ausserhalb jenes Raumes liegt, ebenfalls keine Werthveränderung erleidet.

Man nennt nun einen singulären Punkt, bei dessen Umkreisung auf einer geschlossenen Curve, welche nicht noch andere singuläre Punkte einschliesst, die Function ihren Werth ändert, einen *Verzweigungspunkt*, und sagt, eine mehrdeutige Function ist *in einem bestimmten Bereiche eindeutig*, wenn innerhalb dieses Raumes sich keine Verzweigungspunkte befinden.

Vierte Vorlesung.

Die Riemann'sche Fläche für mehrdeutige Functionen.

Für die Untersuchung der Eigenschaften mehrdeutiger Functionen ist es zweckmässig, sich durch Herstellung einer andern Fläche für die Variable als der Ebene von der Beschränkung zu befreien, dass nur innerhalb gewisser Bereiche sich erstreckende Wege dieselben Functionalwerthe liefern; um jedoch eine klare Einsicht in die dazu nöthige, für das ganze Folgende fundamentale Betrachtung zu gewinnen, wird es wesentlich sein, einige Worte über die in der Ebene unendlich entfernten Punkte mit Bezug auf die vorher angestellten Untersuchungen vorauszuschicken.

Denkt man sich sämmtliche Verzweigungswerthe einer Function $f(z)$ durch die entsprechenden Punkte der Fundamentalebene repräsentirt, so können zwei wesentlich von einander verschiedene Fälle eintreten; es können entweder sämmtliche Verzweigungspunkte der Function nur über einen endlichen Raum der z-Ebene vertheilt sein, wobei wir es jedoch zulassen, dass $z = \infty$ für $f(z)$ oder besser ausgedrückt $y = 0$ für $f\left(\frac{1}{y}\right)$ ein Verzweigungspunkt ist, oder es ziehen sich die Verzweigungspunkte vom Endlichen aus in endlichen Intervallen in's Unendliche hinein. Fassen wir nun den ersten dieser beiden Fälle in's Auge und untersuchen die Veränderung des Functionalwerthes beim Durchlaufen eines sämmtliche im Endlichen liegenden Verzweigungspunkte einschliessenden Kreises, dessen Mittelpunkt der Nullpunkt ist, so wird sich ein für die nachfolgende geometrische Anschauung bemerkenswerthes Resultat ergeben.

Bewegt sich nämlich die z-Variable auf dieser Kreisperipherie, deren Punkte durch

$$z = r(\cos\varphi + i\sin\varphi)$$

dargestellt sein mögen, so wird, wenn

$$z = \frac{1}{y}, \qquad f(z) = f\left(\frac{1}{y}\right) = \varphi(y)$$

gesetzt wird, die y-Variable in ihrer Ebene einen Kreis um den Nullpunkt beschreiben, dessen Peripheriepunkte durch den Ausdruck

$$y = \frac{1}{r}(\cos\varphi - i\sin\varphi) = \frac{1}{r}\big(\cos(-\varphi) + i\sin(-\varphi)\big)$$

gegeben sind, also in der constanten Entfernung $\frac{1}{r}$ vom Anfangspunkte der Coordinaten mit der Winkelgrösse $-\varphi$ auf einander folgen. Da nun der in der z-Ebene gezogene Kreis sämmtliche im Endlichen liegenden Verzweigungspunkte der Function $f(z)$ einschliesst, so wird, wie aus dem reciproken Verhältniss der absoluten Beträge der Variabeln z und y unmittelbar hervorgeht, der entsprechende Kreis der y-Ebene sämmtliche jenen Punkten entsprechenden Verzweigungspunkte der der Function $f(z)$ gleichen Function $\varphi(y)$ ausschliessen, und eine Umkreisung des Nullpunktes dieser Ebene wird somit nach dem Früheren, da $\varphi(y)$ innerhalb dieses Kreises vom Nullpunkte abgesehen nicht noch andere Verzweigungspunkte besitzen kann, den Werth von $\varphi(y)$ verändern, wenn $y = 0$ ein Verzweigungspunkt dieser Function ist, sonst unverändert lassen. Wir schliessen daraus, dass, weil $\varphi(y)$ und $f(z)$ identisch sind, und $z = \infty$ dem Werthe $y = 0$ entspricht, jener Kreis, also auch auf Grund früherer Auseinandersetzungen *jede sämmtliche im Endlichen liegenden Verzweigungspunkte von $f(z)$ umschliessende Curve bei ihrer Umkreisung keine Veränderung der Function hervorruft, wenn $z = \infty$ in dem oben festgestellten Sinne aufgefasst für dieselbe kein Verzweigungspunkt ist, wenn dies jedoch der Fall ist, den Functionalwerth ändert, vorausgesetzt, dass die Verzweigungspunkte der Function, von dem unendlich entfernten Punkte abgesehen, sich nicht in's Unendliche erstrecken.*

Dieser Satz führt uns nun unmittelbar zu einer geometrischen Anschauungsweise, die wir mit Vortheil den weiteren Betrachtungen zu Grunde legen werden. Stellt man sich nämlich die Ebene der Variabeln z als Kugel mit unendlich grossem Radius vor und fixirt in der Unendlichkeit auf der Kugel den Punkt $z = \infty$, welcher Werth das Reciproke von $z = 0$ sein soll, so wird offenbar jener geschlossene Umkreis, innerhalb dessen sämmtliche im Endlichen befindlichen Verzweigungspunkte liegen, von der andern Seite der unendlich grossen Kugel betrachtet, nur den einen möglichen Verzweigungspunkt $z = \infty$ einschliessen, und es wird sich somit mit Hülfe dieser Anschauung der oben bewiesene Satz von selbst ergeben, dass eine Veränderung des Functionalwerthes bei Umkreisung aller Verzweigungspunkte lediglich davon abhängt, ob der Unendlichkeitspunkt ein Verzweigungspunkt ist oder nicht. Wir werden daher auf Grund der unmittelbaren geometrischen Evidenz jenes Satzes als Ort der Variabeln z im Folgenden stets eine Kugel mit unendlich grossem Radius zu Grunde legen und wollen, um die Functionalwerthe von dem durchlaufenen Wege unabhängig zu machen, eine Zerschneidung jener Kugel vornehmen, für welche die Schnittlinien die neuen Grenzen werden, ohne dass die entstehende Fläche in getrennte Stücke zerfällt.

Seien nämlich $a, b, c, d, \ldots$ Verzweigungspunkte einer mehrdeutigen Function $f(z)$, so ist unmittelbar ersichtlich, dass, wenn man diese Punkte mit dem unendlich entfernten Punkte verbindet

Fig. 13.

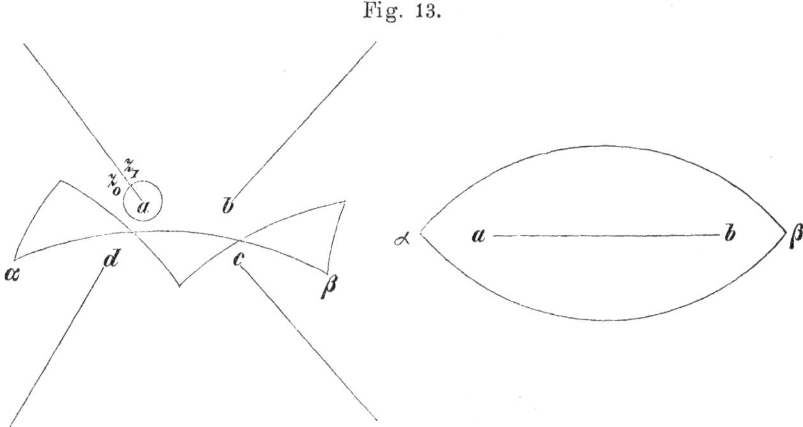

und diese Verbindungslinien als nicht überschreitbare Gränzen der Kugel ansieht, je zwei von einem bestimmten Punkte ausgehende und zu demselben Endpunkte β führende Wege der Variabeln z dieselbe Functionalveränderung hervorbringen, indem der von ihnen eingeschlossene Raum keinen Verzweigungspunkt enthält; ebenso könnte man auch in gewissen Fällen, wie z. B. bei der oben betrachteten Function

$$w = \sqrt{(z-a)(z-b)}$$

die beiden Verzweigungspunkte a und b mit einander verbinden und die Verbindungslinie ab als nicht überschreitbare Gränzlinie der Kugel auffassen, weil nach dem Früheren zwei die beiden Verzweigungspunkte a und b einschliessenden Wege zu demselben Resultate führen; dass der unendlich entfernte Punkt dieser Function kein Verzweigungspunkt ist, folgt hieraus unmittelbar.

Sei nun in der ersten der obigen Figuren z_0 ein der a-Linie unendlich benachbarter Punkt, und Z_0 einer der verschiedenen zugehörigen Functionalwerthe, so wird, wenn wir auf irgend einem Wege der durch jene Schnittlinien begränzten Fläche zu dem Punkte z_1 gelangen, welcher auf der andern Seite der a-Linie dieser und dem Punkte z_0 unendlich benachbart liegt, der sich ergebende Functionalwerth Z_1 als mit dem Werthe Z_0 zu *einem Zweige* der Function gehörig zu betrachten sein, indem mit dem stetigen Fortschreiten der Variabeln stetige Aenderungen der Function von Z_0 bis Z_1 hin verbunden sind. Doch würde durch Anwendung dieser Methode der Zerschneidung der Kugel einerseits derselbe Zweig der Function für die beiden auf der Kugelfläche unendlich benachbarten Werthe der Variabeln z_0 und z_1 zwei um eine endliche Grösse von einander verschiedene Werthe besitzen, indem ein Hinübertreten über die a-Linie von z_1 aus für $z = z_0$ zu einem zweiten von dem ersten um ein Endliches verschiedenen Functionalwerthe führt, andererseits wäre durch Einführung jener Linien als Gränzlinien der Kugel die freie Beweglichkeit der unabhängigen Variabeln gehindert, da alle diejenigen Wege ausgeschlossen sind, welche eine jener Linien schneiden.

Aus diesem Grunde hat Riemann eine andere Methode angegeben, um mehrdeutige Functionen zu eindeutigen Functionen des Ortes ihrer Variabeln zu machen, und auf deren Auseinandersetzung will ich im Folgenden näher eingehen, nachdem ich dieselbe an der speciellen Function

$$w = \sqrt[n]{z}$$

durchgeführt, deren n Werthe für jeden Punkt erhalten werden, wenn man in

$$z = r(\cos\varphi + i\sin\varphi),$$

also in

$$\sqrt[n]{z} = r^{\frac{1}{n}}\left(\cos\frac{\varphi}{n} + i\sin\frac{\varphi}{n}\right)$$

der Reihe nach für die Amplitude φ die Grössen

$$\varphi,\ \varphi + 2\pi,\ \varphi + 4\pi,\ \ldots\ldots\ \varphi + 2(n-1)\pi$$

substituirt, welche $n-1$ Umkreisungen des Nullpunktes entsprechen; diese Werthe sind somit durch die Ausdrücke dargestellt

$$r^{\frac{1}{n}}\left(\cos\frac{\varphi}{n} + i\sin\frac{\varphi}{n}\right),$$

$$r^{\frac{1}{n}}\left(\cos\frac{\varphi+2\pi}{n} + i\sin\frac{\varphi+2\pi}{n}\right),\ \ldots\ldots\ r^{\frac{1}{n}}\left(\cos\frac{\varphi+2(n-1)\pi}{n} + i\sin\frac{\varphi+2(n-1)\pi}{n}\right)$$

oder wenn

$$\alpha = \cos\frac{2\pi}{n} + i\sin\frac{2\pi}{n}$$

gesetzt wird, durch

$$r^{\frac{1}{n}}\left(\cos\frac{\varphi}{n} + i\sin\frac{\varphi}{n}\right),$$

$$\alpha r^{\frac{1}{n}}\left(\cos\frac{\varphi}{n} + i\sin\frac{\varphi}{n}\right),\ \alpha^2 r^{\frac{1}{n}}\left(\cos\frac{\varphi}{n} + i\sin\frac{\varphi}{n}\right),\ \ldots\ldots\ \alpha^{n-1} r^{\frac{1}{n}}\left(\cos\frac{\varphi}{n} + i\sin\frac{\varphi}{n}\right)$$

Da nun die Function in jedem ihrer Punkte im Allgemeinen n von einander verschiedene Werthe hat, so denken wir uns als Ort für die Variable z n übereinanderliegende, mit denselben unendlich vielen Werthen der Variabeln z bedeckte, unendlich benachbarte Kugeln mit unendlich grossem Radius (*Blätter*), die wir sämmtlich in dem Verzweigungspunkte $z = 0$, in welchem die n verschiedenen Functionalwerthe einander gleich werden, zusammenheften; wird dann von $z = 0$ aus nach einer Seite hin bis zum unendlich entfernten Punkte ein Schnitt, welcher *Verzweigungsschnitt* genannt wird, durch die n Kugeln hindurch geführt, so mag die rechte und linke Seite einer jeden Kugel nach der rechten und linken Seite eines Beobachters bestimmt werden, der im Nullpunkte auf den Kugeln stehend sein Auge nach dem Schnitt hin gerichtet hält. Wenn wir nun mit einem bestimmten Functionalwerthe von dem Punkte 1 (s. Fig.) der linken Seite des ersten Blattes ausgehen und in einer den Nullpunkt umschliessenden Curve die Function stetig sich ändern lassen, so

Fig. 14.

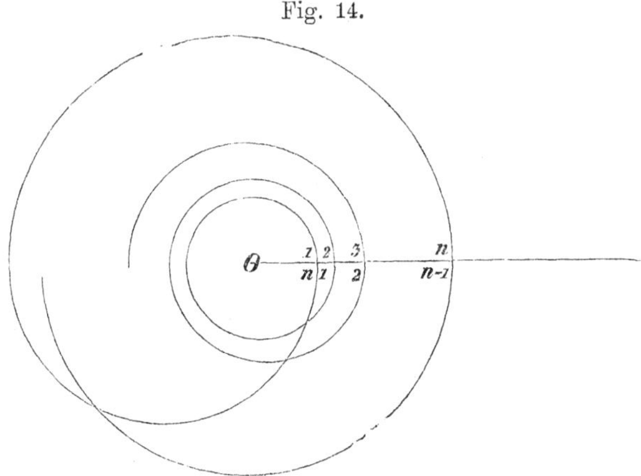

wird dieselbe, sobald sie den Punkt 1 der rechten Seite des ersten Blattes erreicht, also einen geschlossenen Umfang beschrieben hat, nunmehr bei stetiger Aenderung im Ueberschreiten der Linie zu einem, demselben Ausgangspunkte angehörigen, aber von dem ersten verschiedenen Functionalwerthe gelangen und somit für die Variable die Möglichkeit eines stetigen Uebertretens in das zweite Blatt, welches den Ort der Variabeln für die αfachen Functionalwerthe des ersten darstellen soll, erheischen.*) Dies wird nun offenbar erreicht, wenn wir die rechte Seite des ersten Blattes längs dem ganzen Verzweigungsschnitte mit der linken des zweiten Blattes zusammenheften, und da bei einer nochmaligen Umkreisung von Neuem eine Aenderung des Functionalwerthes in das αfache der Functionalwerthe

*) Wobei zu bemerken, dass die in der Figur neben einander befindlichen Punkte übereinander zu denken sind.

für die Variabeln des zweiten Blattes eintritt, so werden wir wiederum die rechte Seite des zweiten Blattes mit der linken des dritten zusammenheften u. s. w., so dass je n übereinander liegende, demselben z entsprechende Punkte Repräsentanten der Variabeln für die zugehörigen n verschiedenen Functionalwerthe sind. Da endlich für eine nochmalige Umkreisung des Nullpunktes die Amplitude in

$$\varphi + 2n\pi$$

übergeht, und somit der Functionalwerth wieder den Anfangswerth

$$r^{\frac{1}{n}}\left(\cos\frac{\varphi}{n} + i\sin\frac{\varphi}{n}\right)$$

annimmt, so werden wir die rechte Seite des n^{ten} Blattes längs dem Verzweigungsschnitte mit der linken Seite des ersten Blattes zusammenheften müssen, damit in der nunmehr hergestellten Riemann'schen Fläche der Function $\sqrt[n]{z}$ die stetigen Wege der Variabeln keiner weiteren Beschränkung unterliegen, und jedem Punkte derselben nur *ein* Functionalwerth entspricht, wobei zu beachten, dass jedem arithmetischen Werthe von z n übereinanderliegende Punkte dieser Riemann'schen Fläche angehören.

Nachdem die Construction der Riemann'schen Fläche dieser speciellen Function durchgeführt worden, wird die folgende allgemeine Auseinandersetzung leichter verständlich sein. Ist $f(z)$ eine Function, welche in jedem ihrer Punkte im Allgemeinen n von einander verschiedene Werthe hat, wobei n eine endliche Zahl bedeuten soll, so mag, wenn α einen Verzweigungspunkt dieser Function darstellt, ein einmaliger Umlauf der Variabeln um diesen Punkt, ohne dass andere Verzweigungspunkte mit eingeschlossen sind, den einen von den einem bestimmten, aber beliebigen Punkte, der kein mehrfacher Punkt sein soll, angehörigen Functionalwerthen f_1 in f_a verwandeln, ein nochmaliger Umlauf mag f_a in f_b überführen u. s. w., bis endlich nach einer gewissen Reihe von Umläufen der Functionalwerth f_h in den Ausgangswerth f_1 übergeht.*) Ist mit diesen Werthen die Reihe der n Functionalwerthe für diesen Punkt noch nicht erschöpft, und z. B. f_k einer der noch übrigen Werthe, so mag ein

---

*) Dass f_h, wenn es in einen der schon bei der Umkreisung vorgekommenen Functionalwerthe übergehen soll, sich in f_1 verwandeln muss, geht daraus hervor, dass, wenn es z. B. in f_b überginge, ein einfacher Umlauf um den Verzweigungspunkt α die Function von den beiden verschiedenen Functionalwerthen f_a und f_h in denselben Werth f_b überführen müsste, und somit der beliebig gewählte Ausgangspunkt, da verschiedene Functionalwerthe nach Durchlaufen desselben Weges einen gemeinsamen Werth annehmen, ein mehrfacher Punkt sein würde, welcher Fall oben ausgeschlossen wurde.

Umlauf um jenen einen singulären Punkt z. B. f_k in f_l und f_l in f_k überführen u. s. w., so dass sich für die n einem bestimmten Punkte zugehörigen Functionalwerthe eine Reihe cyclischer Uebergänge von der Form

$$\begin{pmatrix} f_1 & f_a & \ldots & f_g & f_h \\ f_a & f_b & \ldots & f_h & f_1 \end{pmatrix}, \quad \begin{pmatrix} f_k & f_l \\ f_l & f_k \end{pmatrix}, \ldots$$

ergiebt, von denen einzelne auch aus *einem* Elemente bestehen können. Sei β ein zweiter Verzweigungspunkt, so mag bei demselben Ausgangswerthe f_1 die Reihe der Cyclen, welche diesem Punkte zugehören,

$$\begin{pmatrix} f_1 & f_{a'} & \ldots & f_{h'} \\ f_{a'} & f_{b'} & \ldots & f_1 \end{pmatrix}, \quad \begin{pmatrix} f_{k'} & f_{l'} & f_{m'} \\ f_{l'} & f_{m'} & f_{k'} \end{pmatrix}, \ldots .$$

sein, worin die Grössen

$$f_{a'}, f_{b'}, \ldots f_{k'}, \ldots$$

die früheren Functionalwerthe nur in anderer Reihenfolge genommen darstellen, und so mögen zuvörderst alle den einzelnen Verzweigungspunkten zugehörigen Cyclen ermittelt werden. Man nehme nun wieder zur Darstellung der Riemann'schen Fläche der vorgelegten Function n unendlich benachbarte Kugeln mit unendlich grossem Radius, fixire auf den einzelnen Blättern jenen beliebig gewählten festen Punkt und bezeichne die n Blätter nach dem Index der jenem Punkte entsprechenden Functionalwerthe. Führt man nun durch diejenigen Blätter, welche dem ersten Cyclus des Punktes α angehören, von α nach dem unendlich entfernten Punkte einen Schnitt, ohne einen andern Verzweigungspunkt zu treffen, und heftet die rechte Seite des 1ten an die linke des a^{ten}, die rechte des a^{ten} an die linke des b^{ten}, u. s. w., endlich die rechte des h^{ten} an die linke des 1ten; führt ferner eine ebensolche Schnittlinie von α aus durch das k^{te} und l^{te} Blatt und heftet die rechte Seite des k^{ten} an die linke des l^{ten} und die rechte des l^{ten} an die linke des k^{ten}, u. s. w., stellt endlich die entsprechende Verbindung für alle Blätter und alle Verzweigungspunkte her, so werden, wenn man von dem beliebig gewählten Punkte des ersten Blattes mit dem Functionalwerthe f_1 ausgeht, die weiteren von den Wegen der Variabeln vorgeschriebenen continuirlichen Aenderungen der Function fest bestimmt sein, und es werden somit für alle Punkte der n Blätter bestimmte Functionalwerthe sich ergeben. Fügt man endlich noch hinzu, dass, wenn für einen Verzweigungspunkt die den einzelnen Gruppen von Blättern zugehörigen Functionalwerthe, von denen stets einer einer ganzen Gruppe gemeinsam ist, ebenfalls einander gleich sind, die Blättergruppen selbst noch aneinander zu heften sind, damit auch ein continuirlicher Uebergang durch die gleichen Functionalwerthe von einer Gruppe zur andern möglich ist, so wird, wie an einem Beispiel nachher noch ausführlich gezeigt werden soll, die vorgelegte mehrdeutige Function eine eindeutige Function des Ortes ihrer Variabeln sein, indem nunmehr alle Wege zwischen zwei Punkten der Riemann'schen Fläche zu demselben Functionalwerthe führen.*) Dass jeder beliebige Weg auf der Riemann'schen Fläche auch wirklich die zugehörige Functionalveränderung liefert, geht unmittelbar aus dem früher bewiesenen Satze hervor, dass sich jeder geschlossene Weg durch die Aufeinanderfolge von geschlossenen, die Verzweigungspunkte einzeln umkreisenden Wegen ersetzen lässt, so dass ein richtiges Zusammenheften der Blätter der Riemann'schen Fläche an den einzelnen Verzweigungspunkten auch für jeden Weg das algebraische Ergebniss mit der geometrischen Repräsentation identificiren wird. Endlich mag noch erwähnt werden, dass der im unendlich entfernten Punkte durch die analytischen Eigenschaften der Function fixirte Zusammenhang unter den Blättern thatsächlich schon von selbst durch die bezüglich der im Endlichen liegenden Verzweigungspunkte vollführte Construction hergestellt ist, indem früher nachgewiesen worden, dass eine Umkreisung sämmtlicher im Endlichen liegenden Verzweigungspunkte als identisch mit einer Umkreisung des unendlich entfernten Punktes anzusehen ist, vorausgesetzt, dass die Verzweigungspunkte von dem Punkte $z = \infty$ abgesehen sich auf einen endlichen Raum der Ebene vertheilen und nicht in unendlicher Anzahl sich in's Unendliche hinein erstrecken.

Anstatt wie es die oben auseinandergesetzte allgemeine Methode der Zerschneidung der Riemann'schen Fläche vorschreibt, einen Verzweigungsschnitt vom Verzweigungspunkte aus in die Unendlichkeit zu führen, wird es in speciellen Fällen vorzuziehen sein, die Riemann'sche Fläche durch die Verbindungslinie zweier Verzweigungspunkte den gestellten Bedingungen gemäss umzugestalten, und es werden sich die nothwendigen und hinreichenden Bedingungen dafür leicht ergeben. Seien nämlich a und b zwei Verzweigungspunkte der Function, und verwandle ein Verzweigungsschnitt, von a nach b geführt, längs welchem die Blätter passend verbunden sind, die mehrdeutige Function in eine eindeutige (in dem oben angegebenen Sinne und innerhalb eines Raumes, in dem ausser a und b keine

*) Es ist des Folgenden wegen nicht überflüssig zu bemerken, dass, wenn auch die verschiedenen Blätter einer Riemann'schen Fläche in den Verzweigungspunkten, in denen sie aneinander geheftet sind, gleiche Functionalwerthe haben, dies doch nicht für die längs einem Verzweigungsschnitte freilich auch aufeinander liegenden Punkte der einzelnen Blätter der Riemann'schen Fläche statt hat, da sie nicht sämmtlich mehrfache Punkte der Function sind, und man wird sich somit den Verzweigungsschnitt als eine Reihe übereinander liegender, aber mit einander nur im Verzweigungspunkte in Berührung stehender Geraden zu denken haben, von denen je eine immer den continuirlichen Uebergang von einem Blatte zum andern vermittelt.

andern Verzweigungspunkte der Function liegen), so werden offenbar, wenn k Blätter längs dem Verzweigungsschnitte zusammenhängen, für jeden der einem beliebigen Punkte angehörigen k Werthe der Function als Ausgangswerth geschlossene Umkreise, welche a und b einschliessen, keine Functionalveränderung hervorbringen; aber diese nothwendige Bedingung wird auch die hinreichende sein; denn da

Fig. 15.

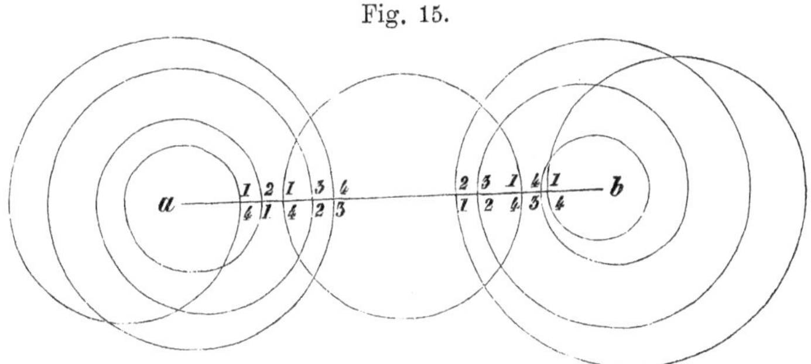

eine die Punkte a und b einschliessende, in einem der k Blätter befindliche geschlossene Curve, innerhalb welcher keine andern Verzweigungspunkte liegen, nach dem Vorhergehenden durch zwei die Punkte a und b einzeln umschliessende Umkreise ersetzt werden kann, so wird, wenn z_0 der betrachtete Ausgangspunkt ist, und der erste geschlossene Weg $f_1(z_0)$ in $f_2(z_0)$ überführt, der zweite $f_2(z_0)$ in $f_1(z_0)$ übergehen lassen müssen, wobei in beiden Fällen, wie aus dem Früheren hervorgeht, die Umkreisung in derselben Drehungsrichtung auszuführen ist; dasselbe wird für jeden der k Ausgangswerthe

$$f_1(z_0),\ f_2(z_0),\ \ldots\ f_k(z_0)$$

stattfinden müssen, und es folgt somit, dass in den beiden Verzweigungspunkten bei verschiedener Drehungsrichtung die Functionalveränderungen, d. h. der Cyclus, identisch sein müssen, dass sich somit, wie man sich aus der obigen Figur unmittelbar überzeugt, die Verbindung der Blätter derart wird herstellen lassen, dass man längs der Linie ab als Verzweigungsschnitt die untere Hälfte des Blattes 1 (worunter die in der gegebenen Ansicht unterhalb ab liegende gemeint ist) an die obere Hälfte von 2, die untere von 2 an die obere von 3, die untere von 3 an die obere von 4, u. s. w., endlich die untere von k an die obere von 1 heftet, indem durch diese Aneinanderreihung in der That die Identität der beiden Cyclen bei verschiedener Drehungsrichtung hergestellt wird. Zugleich folgt aber noch aus der Figur unmittelbar, dass auch der nothwendig zu erfüllenden Bedingung von selbst genügt wird, dass die geschlossenen Wege, welche keinen der beiden Verzweigungspunkte a und b einschliessen, auch keine Functionalveränderung hervorbringen; denn entweder schneidet ein solcher geschlossener Umkreis den Verzweigungsschnitt gar nicht, und dann versteht es sich von selbst, da die Linie in ein und demselben Blatte verläuft, oder er tritt so oft unterhalb ab als oberhalb und wird dann, wenn er z. B. vom ersten Blatte oberhalb ab ausgehend beim Durchschneiden des Verzweigungsschnittes in das vierte Blatt tritt, bei der Rückkehr in den oberhalb ab gelegenen Raum wieder in das erste Blatt zurückführen.

Wenn sich in einem Verzweigungspunkte ein Cyclus von k Functionalwerthen ergiebt, d. h. längs einem durch jenen Punkt gehenden Verzweigungsschnitte k Blätter zusammenhängen, so wird dieser Punkt ein *Verzweigungs- oder Windungspunkt* $k - 1^{\text{ter}}$ *Ordnung* genannt, wobei natürlich derselbe Punkt, wenn sich die n Elemente in Cyclen von $k, l, m, \ldots$ Elementen sondern, zu gleicher Zeit ein Windungspunkt $k - 1^{\text{ter}}$, $l - 1^{\text{ter}}$, $m - 1^{\text{ter}}$, u. s. w. Ordnung sein kann.

Vorausgesetzt nun, dass es uns aus den bekannten Eigenschaften einer gegebenen Function gelingt, die einzelnen Windungspunkte und die dazu gehörigen Cyclen zu ermitteln, so wäre im Vorigen eine allgemeine Methode für die Construction der Riemann'schen Fläche gegeben, von deren Punkten als Ort der unabhängigen Variabeln eine gegebene mehrdeutige Function eindeutig abhängt, und wir wollen nur noch zum Schlusse dieser Vorlesung die obigen Auseinandersetzungen und Methoden durch ein etwas complicirteres Beispiel erläutern.

Sei

$$w = (z - a)\sqrt[m]{\frac{z - b}{z}} + \sqrt[n]{z - c}$$

die zu untersuchende mehrdeutige Function, und mögen drei beliebige Werthe der drei Wurzelgrössen

$$(z - a)\sqrt[m]{z - b}, \quad \sqrt[m]{z}, \quad \sqrt[n]{z - c}$$

resp. mit

$$\xi, \quad \eta, \quad \zeta$$

bezeichnet werden, so lassen sich nach der ersten Vorlesung, wenn

$$\alpha = \cos\frac{2\pi}{m} + i \sin\frac{2\pi}{m} \quad \text{und} \quad \beta = \cos\frac{2\pi}{n} + i \sin\frac{2\pi}{n}$$

gesetzt wird, die $m \, . \, n$ verschiedenen Werthe jener Function w in der Form darstellen:

$$\begin{array}{llll}
w_1 = \frac{\xi}{\eta} + \zeta, & w_{m+1} = \frac{\xi}{\eta} + \beta\zeta, & \ldots\ldots & w_{(n-1)m+1} = \frac{\xi}{\eta} + \beta^{n-1}\zeta \\
w_2 = \alpha\frac{\xi}{\eta} + \zeta, & w_{m+2} = \alpha\frac{\xi}{\eta} + \beta\zeta, & \ldots\ldots & w_{(n-1)m+2} = \alpha\frac{\xi}{\eta} + \beta^{n-1}\zeta \\
\vdots & \vdots & & \vdots \\
w_m = \alpha^{m-1}\frac{\xi}{\eta} + \zeta, & w_{2m} = \alpha^{m-1}\frac{\xi}{\eta} + \beta\zeta, & \ldots\ldots & w_{nm} = \alpha^{m-1}\frac{\xi}{\eta} + \beta^{n-1}\zeta.
\end{array}$$

Da aus dem Vorhergehenden unmittelbar folgt, dass $z = \infty$ kein Verzweigungspunkt ist, so wird es sich somit nur um die Untersuchung der zu den Verzweigungspunkten $z = b,\ 0,\ c$ gehörigen Cyclen handeln. Eine einmalige Umkreisung des Punktes b in positiver Drehungsrichtung wird aber ξ mit der m^{ten} Einheitswurzel α behaften, und es werden somit die Werthe $w_1,\ w_2, \ldots\ w_m$ der Reihe nach in einander übergehen; dasselbe gilt von den Gruppen einer jeden Verticalreihe, und es ergeben sich somit für den Verzweigungspunkt b die folgenden Cyclen

$$\begin{pmatrix} \omega_1 & \omega_2 & \ldots & \omega_{m-1} & \omega_m \\ \omega_2 & \omega_3 & \ldots & \omega_m & \omega_1 \end{pmatrix},$$

$$\begin{pmatrix} \omega_{m+1} & \omega_{m+2} & \ldots & \omega_{2m-1} & \omega_{2m} \\ \omega_{m+2} & \omega_{m+3} & \ldots & \omega_{2m} & \omega_{m+1} \end{pmatrix}, \ldots \begin{pmatrix} \omega_{(n-1)m+1} & \omega_{(n-1)m+2} & \ldots & \omega_{nm-1} & \omega_{nm} \\ \omega_{(n-1)m+2} & \omega_{(n-1)m+3} & \ldots & \omega_{nm} & \omega_{(n-1)m+1} \end{pmatrix}.$$

Wird dagegen der Nullpunkt einmal umkreist, so wird η die m^{te} Einheitswurzel α zum Factor erhalten, also $\frac{\xi}{\eta}$ den Factor $\frac{1}{\alpha}$ oder α^{m-1}, und es wird somit w_1 in w_m, w_m in $w_{m-1}, \ldots\ w_2$ in w_1 übergehen; dasselbe wird wiederum für die andern Gruppen einer jeden Verticalreihe gelten, so dass wir für den Verzweigungspunkt $z = 0$ die Cyclen erhalten

$$\begin{pmatrix} w_1 & w_m & w_{m-1} & \ldots & w_2 \\ w_m & w_{m-1} & w_{m-2} & \ldots & w_1 \end{pmatrix} \ldots \begin{pmatrix} w_{(n-1)m+1} & w_{nm} & w_{nm-1} & \ldots & w_{(n-1)m+2} \\ w_{nm} & w_{nm-1} & w_{nm-2} & \ldots & w_{(n-1)m+1} \end{pmatrix}.$$

Der Verzweigungspunkt $z = c$ endlich wird bei einmaliger Umkreisung für ξ als Factor die n^{te} Einheitswurzel β liefern, und es werden sich somit die aus den Horizontalreihen bestehenden Cyclen ergeben:

$$\begin{pmatrix} w_1 & w_{m+1} & \ldots & w_{(n-2)m+1} & w_{(n-1)m+1} \\ w_{m+1} & w_{2m+1} & \ldots & w_{(n-1)m+1} & w_1 \end{pmatrix} \ldots \begin{pmatrix} w_m & w_{2m} & \ldots & w_{(n-1)m} & w_{nm} \\ w_{2m} & w_{3m} & \ldots & w_{nm} & w_m \end{pmatrix}.$$

Nachdem nun die Cyclen für die einzelnen Verzweigungspunkte gefunden, wird es leicht sein, nach der früher gegebenen Methode die Construction der $n \,.\, m$ blättrigen Riemann'schen Kugelfläche auszuführen. Bemerkt man nämlich, dass z. B. die beiden zu den Verzweigungspunkten b und 0 gehörigen Cyclen

$$\begin{pmatrix} w_1 & w_2 & \ldots & w_{m-1} & w_m \\ w_2 & w_3 & \ldots & w_m & w_1 \end{pmatrix} \text{ und } \begin{pmatrix} w_1 & w_m & w_{m-1} & \ldots & w_2 \\ w_m & w_{m-1} & w_{m-2} & \ldots & w_1 \end{pmatrix}$$

übereinstimmen, wenn die Drehungsrichtungen für die resp. Umläufe entgegengesetzt genommen werden, so folgt aus dem Vorhergehenden, dass man diese m Blätter, wie die beistehende Figur zeigt, längs einem von b nach 0 gezogenen Verzweigungsschnitte zusammenheften kann, und dasselbe wird von je zwei entsprechenden Cyclen von m Elementen der beiden Verzweigungspunkte b und 0 gelten, so dass somit immer je m Blätter längs dem Verzweigungsschnitte $b0$ zusammenhängen. Was endlich den Punkt $z = c$ betrifft, so ziehe man von diesem Punkte aus einen Verzweigungsschnitt nach dem unendlich entfernten Punkte und hefte längs demselben je n Blätter, wie es die oben aufgestellten Cyclen bestimmen, aneinander.

Dass nun aber, wie aus den obigen allgemeinen Auseinandersetzungen hervorgeht, der für den unendlich entfernten Punkt hier-

Fig. 16.

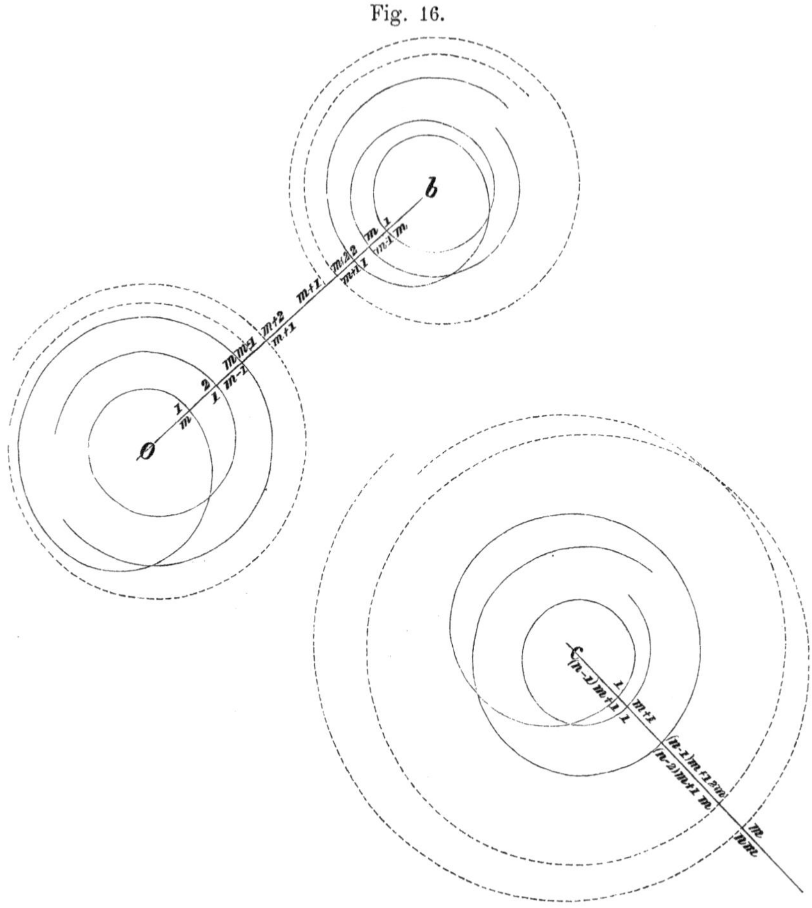

durch fixirte Zusammenhang der Kugeln in der That ein richtiger ist, ergiebt sich aus der Untersuchung der Verzweigung für den Punkt $z = \infty$ oder $z' = 0$, wenn

$$z = \frac{1}{z'}$$

gesetzt wird; für diese Substitution geht nämlich unsere Function in

$$w = \frac{1 - az'}{z'} \sqrt[m]{1 - bz'} + \sqrt[n]{\frac{1 - cz'}{z'}}$$

über und lässt durch ihre Form unmittelbar erkennen, dass $z' = 0$, also $z = \infty$ ein $n$facher Verzweigungspunkt ist, für welchen, wie aus der obigen Werthezusammenstellung hervorgeht, die folgenden Cyclen statthaben:

$$\begin{pmatrix} w_1 & w_{(n-1)m+1} & \cdots & w_{m+1} \\ w_{(n-1)m+1} & w_{(n-2)m+1} & \cdots & w_1 \end{pmatrix} \cdots \begin{pmatrix} w_m & w_{nm} & \cdots & w_{2m} \\ w_{nm} & w_{(n-1)m} & \cdots & w_m \end{pmatrix}.$$

Man erkennt, dass die Cyclen für den unendlich entfernten Punkt und $z = c$ bei entgegengesetzter Drehungsrichtung dieselben sind, und es lässt sich somit in der That ein Verzweigungsschnitt von $z = c$ nach $z = \infty$ legen, längs dem die Blätter in der angegebenen Weise zusammenhängen.

Hierdurch ist die Riemann'sche Kugelfläche für jene Function w, welche im Allgemeinen für jeden Werth der Variabeln mn verschiedene Werthe liefert, der geometrische Ort von Punkten geworden, von denen w eindeutig abhängt.

Fünfte Vorlesung.

Die Verwandlung der $n$fach zusammenhängenden Riemann'schen Fläche in eine einfach zusammenhängende.

Nachdem in der letzten Vorlesung die $n$blättrige Riemann'sche Fläche als geometrischer Ort von Punkten, von welchen die ursprünglich $n$deutige Function jetzt eindeutig abhängt, definirt und die allgemeine Methode zu ihrer Construction angegeben worden, wird es nöthig sein, um später Unterbrechungen zu vermeiden, an dieser Stelle einige weitere geometrische Betrachtungen anzustellen, deren analytische Bedeutung erst nachher bei Einführung der complexen Integrale klar hervortreten wird.

Man nennt Theile einer Fläche *zusammenhängend*, wenn man von einem Punkte des einen Theiles zu einem Punkte des andern durch einen continuirlichen Zug auf der Fläche gelangen kann, ohne die Begränzung der Theile zu schneiden, und sagt, ein zusammenhängender Theil einer Fläche ist *vollständig* begränzt, wenn man nicht von einem Punkte dieses Theiles zu einem Punkte des anstossenden Theiles gelangen kann, oder besser, wenn man nicht von einem Punkte desselben zu der Gränze der ganzen Fläche gelangen kann, ohne die Begränzungslinien jenes Stückes selbst zu treffen, wobei wir ein für allemal im Folgenden voraussetzen werden, dass nur solche Begränzungslinien in Betracht gezogen werden, welche nicht durch Verzweigungspunkte gehen. Soll diese Definition des vollständig begränzten Flächenstückes auch auf geschlossene Flächen*), wie z. B. die ganze Riemann'sche Fläche es ist, anwendbar sein, so muss die geschlossene Fläche dadurch zu einer begränzten gemacht werden, dass wir irgend einen Punkt derselben durch eine unendlich kleine geschlossene Linie aussondern, welche dann die Begränzungslinie der gesammten Fläche bilden wird. Aus dieser letzten geometrischen Anschauung geht aber unmittelbar hervor, dass, wenn eine Begränzungslinie ein Flächenstück einer geschlossenen Riemann'schen Fläche nicht vollständig begränzt, es möglich sein wird,

*) Geschlossene Flächen sollen solche genannt werden, welche den unendlichen Raum in zwei nicht zusammenhängende Theile zerlegen, d. h. in zwei Continua von Punkten, in welchen man von dem einen stetig zu dem andern nur dadurch gelangen kann, dass man jene Fläche durchschneidet.

von jedem Punkte dieses Flächenstückes zu jedem Punkte der Fläche (als Gränze derselben), also auch von einem der einen Seite der Begränzungslinie unendlich benachbarten Punkte zu dem auf der andern Seite derselben unendlich nahe liegenden in einem continuirlichen Zuge auf der Fläche zu gelangen, ohne die Begränzungslinie zu treffen, oder anders ausgesprochen, einen Punkt der einen Seite der Begränzungslinie mit dem unendlich benachbarten Punkte der andern Seite derselben, ohne die Grenzlinie zu schneiden, durch eine continuirliche Linie zu verbinden; dass umgekehrt, wenn dies möglich ist, das Flächenstück der geschlossenen Fläche nicht vollständig begränzt ist, ist unmittelbar einleuchtend, da die beiden zu verschiedenen Seiten der Begränzungslinie liegenden Punkte zu verschiedenen Flächenstücken gehören*), und mit der Existenz jenes continuirlichen Zuges angenommen wird, dass man, ohne die Begränzungslinie zu überschreiten, von dem einen Flächenstück in das andere gelangen kann.

Vor allen Dingen wird es leicht sein, sich von dem verschiedenen Charakter einzelner Flächen in Bezug auf die Art und Anzahl der Linien zu überzeugen, welche die vollständige Begränzung von Theilen derselben bilden. So wird jede innerhalb des in *einem* Blatte der Riemann'schen Fläche vollständig begränzten Flächenstückes $a\,b\,c\,d\,O$ befindliche geschlossene Curve $a'b'c'd'$ wieder einen Flächen-

Fig. 17.

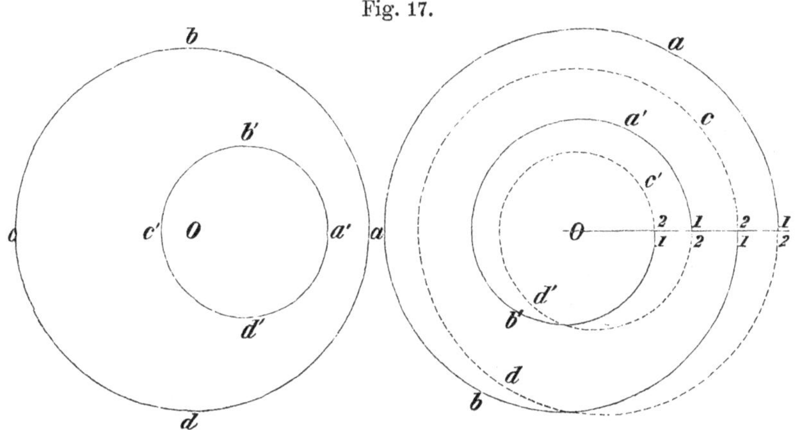

theil vollständig begränzen, und dasselbe wird bei der zweiblättrigen Fläche, deren Verzweigungspunkt O ist, stattfinden, da jede geschlossene Linie diesen Punkt garnicht oder zweimal umkreist, und es daher nicht möglich ist, von Punkten innerhalb der Curve $a'b'c'd'$ zu der Gränze

*) Wobei natürlich nur von einfachen Begränzungslinien und nicht von Doppellinien die Rede ist, wie es die später zu definirenden Querschnitte sein werden, die in ihren beiden Seiten Gränzen desselben Flächenstückes sind.

der ganzen Fläche $a\,b\,c\,d$ zu gelangen, ohne die Begränzungslinie jenes Theiles zu durchschneiden. Ebenso wird endlich die geschlossene zweiblättrige Riemann'sche Fläche mit den beiden Verzweigungspunkten a und b und dem Verzweigungsschnitte $a\,b$, durch die im ersten Blatte befindliche, in sich zurücklaufende Curve p in zwei Theile zerlegt, von denen der eine das abgewandte unendliche Kugelstück des ersten Blattes ist, der andere aus dem übrigen Theile des ersten Blattes und dem ganzen zweiten Blatte besteht, und für jedes dieser beiden Flächenstücke ist unmittelbar zu sehen, dass man, ohne die Gränzlinie p zu überschreiten, nicht zwei dieser Linie unendlich benachbarte, also in dem ersten Blatte befindliche Punkte durch einen continuirlichen Zug mit einander verbinden kann, und dass somit die beiden Flächentheile vollständig begränzt sind.*)

Fig. 18.

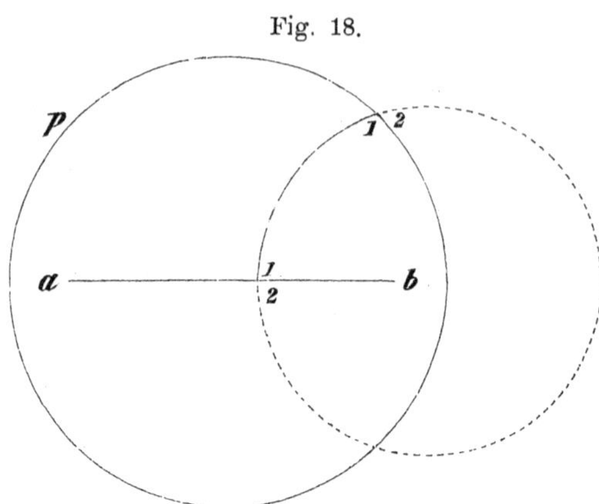

Wesentlich anders wird es sich mit der von den Curven $a\,b\,c\,d$ und $a'\,b'\,c'\,d'$ begränzten, in einem Blatte gelegenen Ringfläche verhalten, indem eine innerhalb jenes Raumes befindliche geschlossene Curve $a''\,b''\,c''\,d''$ keineswegs hindert, von irgend einem Punkte der zu beiden Seiten derselben anstossenden Theile, ohne diese Curve selbst zu überschreiten, in continuirlichem Zuge zu den Gränzen der gegebenen Ringfläche zu gelangen und somit keinen Flächentheil jenes Ringes vollständig begränzt.

Fig. 19.

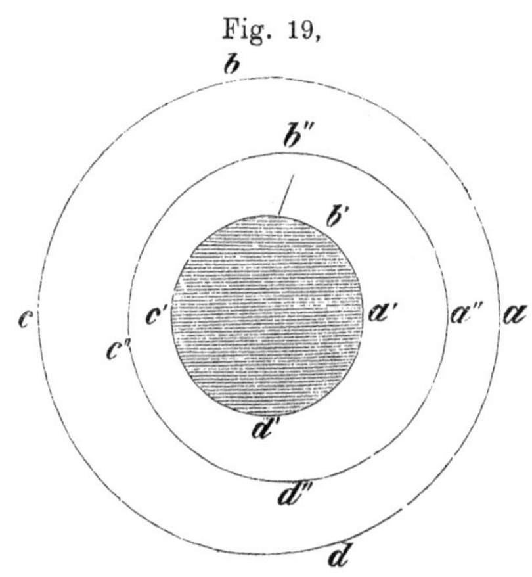

Aehnlich gestaltet es sich für das durch die geschlossene Linie p begränzte Flächenstück einer geschlossenen doppelblättrigen Fläche mit den drei Verzweigungspunkten a, b, c, von denen aus drei Ver-

*) Wir werden von nun an, wenn nur zwei Blätter einer Function in Betracht kommen, die im ersten Blatte verlaufende Linie ausziehen, während wir die im zweiten Blatte liegende punktiren.

zweigungsschnitte nach dem unendlich entfernten Punkte gelegt sind, längs denen das erste und zweite Blatt zusammenhängen; denn es lässt sich, wie aus der Figur unmittelbar zu ersehen, der Punkt α

Fig. 20.

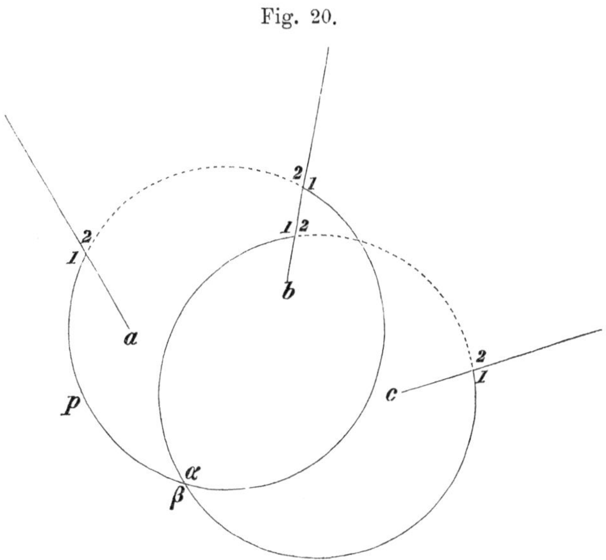

auf der einen Seite der p-Linie mit dem unendlich benachbarten Punkte β auf der andern Seite dieser Linie durch einen continuirlichen Zug, welcher die Begränzungslinie p nicht schneidet, verbinden, und es ist somit das von p begränzte Flächenstück nicht vollständig begränzt.

Man nennt nun nach Riemann diejenigen Flächen, in welchen *jede* geschlossene Linie einen Flächentheil *vollständig* begränzt, einfach zusammenhängende, und solche, in denen dies nicht stattfindet, *mehrfach zusammenhängende*, und es soll das Ziel der nachfolgenden Untersuchung sein, durch Einführung gewisser Schnitte jede mehrfach zusammenhängende Fläche in eine einfach zusammenhängende zu verwandeln.

Um vor allen Dingen eine Eintheilung der mehrfach zusammenhängenden Flächen zu gewinnen, müssen wir den folgenden Hülfssatz vorausschicken:

Wenn ein System von geschlossenen Curven a, auf welchen kein Verzweigungspunkt liegt, mit einem System von eben solchen Curven b ein Continuum von Punkten einer Riemannschen Fläche vollständig begränzt, wenn ebenso das erste System der Curven a mit einem ebensolchen System von Curven c ein anderes Continuum von Punkten derselben Fläche vollständig begränzt, so wird das System der Curven b mit dem System der Curven c die vollständige Begränzung des-

jenigen Continuums von Punkten bilden, welches aus den beiden Punktecomplexen zusammengesetzt ist, wenn diejenigen Punkte ausgeschlossen werden, die jenen beiden gemeinsam sind.

Wäre nämlich jenes dritte Continuum durch die b und c Linien nicht vollständig begränzt, so müsste es nach den obigen Auseinandersetzungen möglich sein, ohne Ueberschreitung der Gränzlinien zu der Begränzung der gegebenen Fläche zu gelangen, oder, wenn dieselbe geschlossen ist, zwei zu beiden Seiten der b- oder c-Linien unendlich nahe liegende Punkte durch einen continuirlichen Zug auf der Fläche mit einander zu verbinden, ohne die Begränzungslinien zu treffen. Dass dies aber nicht der Fall ist, folgt unmittelbar aus dem Anblick der drei möglichen Fälle der Lagen der a, b, c Curven, in denen sich die in Frage kommenden Räume ausschliessen, einschliessen oder zum Theil decken. Denn da im ersten Falle sämmtliche Punkte der beiden Räume dem neuen Raume angehören und nur diese, so

Fig. 21.

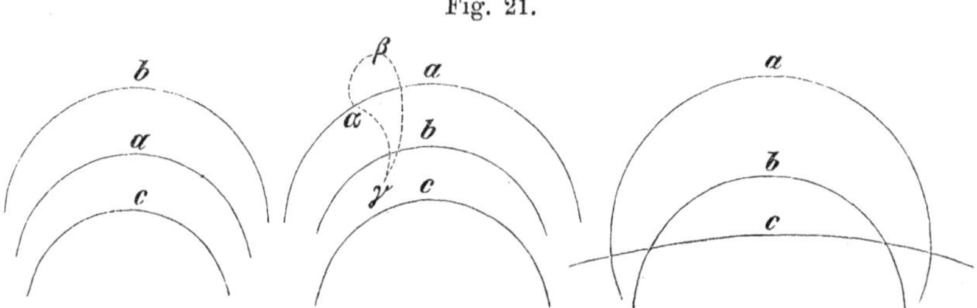

müsste ein Uebergang zur Begränzung der Fläche oder ein continuirlicher Zug von einer Seite der Gränzlinie zur andern von den zwischen a und b oder zwischen a und c befindlichen Punkten aus möglich sein; da jedoch die Räume der Voraussetzung nach vollständig begränzt waren, so könnte dies nur, wenn der Uebergang nicht durch die Gränzlinien b und c geschehen sollte, durch Punkte der a-Linie stattfinden, welche Annahme unzulässig ist, da die Linie a, auf welcher der Voraussetzung nach keine Verzweigungspunkte liegen, offenbar nach ihren beiden Seiten hin nur in die Flächenräume ab oder ac führt, und man somit beim Ueberschreiten derselben in dem betrachteten Flächenraume verbleibt. Im zweiten Falle ist leicht einzusehen, dass, weil der Raum bc ein Theil des vollständig begränzten Raumes ac ist, man von Punkten des Raumes bc aus zu Punkten, welche ausserhalb ac oder innerhalb ab liegen, nur gelangen kann, wenn eine der Gränzlinien b oder c überschritten wird. Denn da man von γ aus, weil ab ein vollständig begränzter Raum ist, nach α nur durch Ueberschreiten der Gränzlinien a oder b gelangen kann, also, da b und c nicht durchschnitten werden sollen, von γ ungehindert nach β muss kommen können, andererseits aber dies letztere wegen der vollständigen Begränzung des Raumes ac auch nicht möglich ist, so wird man von γ aus in ausserhalb des Raumes bc gelegene Theile nur durch Ueberschreiten der Gränzlinien b oder c gelangen können und somit der Raum bc ein vollständig begränzter sein. Endlich ergiebt sich unmittelbar aus den beiden vorigen Fällen auch für den dritten Fall die Richtigkeit des ausgesprochenen Satzes, der nur noch an zwei einfachen Beispielen erläutert werden soll. So werden in der doppelblättrigen Fläche mit den drei Doppelpunkten a, b, c, in welcher die Curven p und q sowohl als q und r einen Theil dieser Riemann'schen Fläche vollständig begränzen, da man, ohne die Begränzungslinien zu durchschneiden, aus dem Flächentheil nicht heraustreten kann, auch die Curven p und r die vollständige Begränzung eines Continuums von Punkten bilden, und es werden ebenso in der doppelblättrigen Fläche mit zwei Verzweigungspunkten a und b, welche durch einen Verzweigungsschnitt mit einander verbunden sind, die Curven q und r einen Raum vollständig begränzen, da p und q sowohl als p und r die vollständige Begränzung von Räumen dieser Riemann'schen Fläche bilden, und zwar liegt der von p und q begränzte Raum, wie unmittelbar zu sehen, im ersten Blatte, während die von p und r, sowie von q und r begränzten Räume aus den entsprechenden Räumen des ersten Blattes und dem gesammten zweiten Blatte bestehen.

Fig. 22.

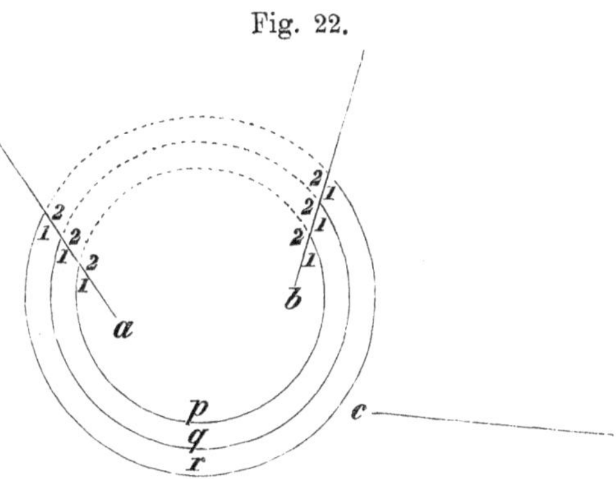

Fig. 23.

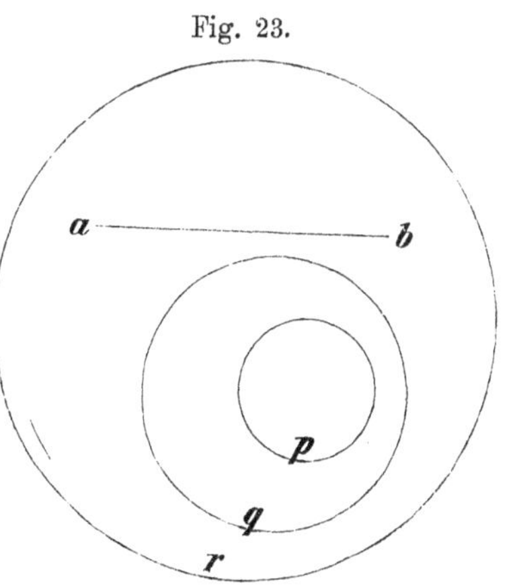

Bevor wir nun zur Eintheilung der mehrfach zusammenhängenden Flächen übergehen, wird es nöthig sein, zu zeigen, dass dieselben von wesentlich verschiedener Natur sein können; denken wir uns nämlich einerseits ein begränztes Stück einer einfachen Riemann-schen Kugelfläche und aus demselben einen Theil herausgeschnitten, und andererseits ein ebensolches Stück, aus dem zwei derartige Theile abgetrennt worden, welche in der Figur durch Schraffirung angedeutet sind, so werden sich in der ersten Fläche geschlossene Linien a ziehen lassen, welche für sich ein Flächenstück vollständig begränzen und auch solche Linien b, welche für sich allein noch nicht die vollständige Begränzung eines Flächentheiles bilden, jedoch mit jeder beliebigen andern Linie c, welche nicht schon für sich ein Flächenstück vollständig begränzt, einen solchen Flächentheil abschliessen; in der zweiten Fläche dagegen giebt es zwar auch Linien a von der angegebenen Beschaffenheit, doch wird je eine Linie b, welche für sich

Fig. 24.

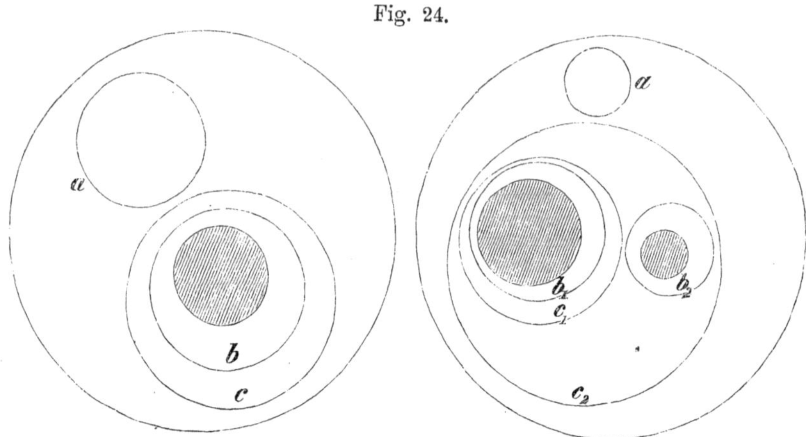

noch keinen Flächenraum vollständig begränzt, nicht mit allen geschlossenen Linien derselben Art die vollständige Begränzung eines Flächentheiles bilden, wie z. B. b_2 und c_1, während b_1 und c_1 einen solchen Theil vollständig abschliessen. Wenn man jedoch in dieser Fläche von zwei geschlossenen Curven ausgeht, welche weder für sich noch mit einander einen Flächentheil vollständig begränzen wie b_1 und b_2, so sieht man unmittelbar ein, dass jede geschlossene Curve der angegebenen Art, z. B. c_1 oder c_2 mit b_1 oder b_2 oder b_1 und b_2 zusammen die vollständige Begränzung eines Flächentheiles bildet; zugleich ergiebt sich aber aus den vorliegenden Figuren, dass diese Eigenschaft nicht bloss gewissen Linien b, b_1, b_2 zukommt, sondern dass je eine oder je zwei andere geschlossene Linien, die weder für sich noch mit einander einen Flächenraum vollständig begränzen, einzeln oder beide zugleich mit jeder andern die vollständige Begränzung eines Flächentheiles bilden. Diese letztere Eigenschaft ist aber, wie jetzt mit Benutzung des oben bewiesenen Hülfssatzes gezeigt werden soll, eine allen Riemannschen Flächen und denen, welche durch Abtrennung einzelner Stücke aus der Riemannschen Fläche entstanden sind, eigenthümliche. Denn *seien*

$$a_1\ a_2\ a_3 \cdot \cdot \cdot \cdot a_n$$

n geschlossene Curven, welche weder für sich noch unter einander einen Flächentheil vollständig begränzen, die jedoch zum Theil oder alle zu-

sammen mit jeder beliebigen geschlossenen Curve k, die nicht schon für sich ein Flächenstück vollständig einschliesst, die vollständige Begränzung eines Flächenraumes bilden, so soll gezeigt werden, dass je n beliebige andere Curven

$$b_1\, b_2 \cdots b_n\,,$$

von derselben Beschaffenheit wie die a-Curven, ebenfalls mit einer jeden geschlossenen Linie k ein Continuum von Punkten vollständig begränzen.

Es ist nämlich leicht einzusehen, dass, wenn

$$a_1\, a_2 \cdots a_n$$

geschlossene Curven bedeuten, welche weder einzeln noch unter einander einen Flächenraum vollständig begränzen, eine dieser Curven durch eine andere Curve b ersetzt werden kann, welche nicht schon selbst die vollständige Begränzung eines Flächenstückes bildet. Denn stellen wir uns unter k eine beliebige aber bestimmte geschlossene Linie vor, die keinen Flächentheil abschliesst, so wird

$$k \text{ mit } a_1\, a_2 \cdots a_n$$

zum Theil oder mit allen zusammen ein Flächenstück vollständig begränzen, und dasselbe wird für die specielle Linie b gelten; giebt es nun ein gemeinsames a_r für die Begränzungen beider Flächentheile, so wird also

$$a_r \text{ mit } k a_1\, a_2 \cdots a_{r-1}\, a_{r+1} \cdots a_n$$

und

$$a_r \text{ mit } b a_1\, a_2 \cdots a_{r-1}\, a_{r+1} \cdots a_n$$

also auch nach dem vorigen Hülfssatze

$$k \text{ mit } b a_1\, a_2 \cdots a_{r-1}\, a_{r+1} \cdots a_n$$

ein Flächenstück vollständig begränzen, und dasselbe bleibt bestehen, wenn unter den a, welche mit irgend einem k zu einer vollständigen Begränzung verbunden sind, und denen, welche mit b zu einer Begränzung zusammengehören, sich nicht a_r befindet, indem dann k jedenfalls auch mit denjenigen a, welche in dem Eliminationsresultate enthalten sind, eine Fläche vollständig begränzt. Nachdem nun aber gezeigt worden, dass man statt einer der Linien $a_1\, a_2 \cdots a_n$ eine andere geschlossene Linie b setzen kann, welche für sich keinen Flächentheil begränzt und zwar statt derjenigen der Linien a, welche auch unter den mit b zu einer Begränzung verbundenen Linien a enthalten ist, wird es leicht sein, die Richtigkeit des oben ausgesprochenen Satzes zu erweisen, dass die Linien

$$a_1\, a_2 \cdots a_n$$

durch den Complex der Linien

$$b_1\, b_2 \cdots b_n$$

ersetzt werden können, wenn diese letzteren weder einzeln noch unter einander einen Flächenraum vollständig begränzen. Denn ersetzt man z. B. zuerst a_r durch b_1, so wird jede geschlossene Linie

$$k \text{ mit } b_1\, a_1\, a_2 \cdots a_{r-1}\, a_{r+1} \cdots a_n$$

ein Flächenstück vollständig begränzen, und dasselbe wird also auch b_2 thun, wobei jedoch zu bemerken ist, dass unter den mit b_2 zur vollständigen Begränzung verbundenen Linien nothwendig auch eins der oben stehenden a enthalten sein muss, weil b_1 mit b_2 der Voraussetzung nach nicht die vollständige Begränzung eines Flächenstückes bilden darf; daraus folgt aber wieder nach dem vorigen Satze, dass eine dieser a-Linien durch b_2 ersetzt werden kann; schliesst man so weiter, so ergiebt sich unmittelbar, dass jede geschlossene Linie k, die nicht selbst ein Flächenstück abschliesst, mit den Linien

$$b_1\, b_2 \cdots\cdot b_n$$

zum Theil oder mit allen zusammen einen Flächenraum vollständig begränzt. So wird man z. B. den Complex der Linien $a_1\, a_2 \cdots a_n$ durch die Linien $a'_1\, a'_2 \cdots a'_n$ ersetzen können, wenn a'_1 mit a_1, a'_2 mit $a_2, \cdots a'_n$ mit a_n einen Flächentheil vollständig begränzen, da, wie leicht zu sehen, die Linien $a'_1\, a'_2 \cdots\cdot a_n{}'$ weder einzeln noch mit einander ein Flächenstück vollständig abschliessen. Denn wenn einige der a' z. B.

$$a'_\alpha\, a'_\beta \cdots\cdot a'_\mu$$

eine solche Begränzung bilden, so wird, weil

$$a'_\alpha \text{ mit } a'_\beta \cdots\cdot a'_\mu, \text{ und } a'_\alpha \text{ mit } a_\alpha$$

einen Flächentheil begränzen, auch

$$a_\alpha\, a'_\beta \cdots\cdot a'_\mu$$

dasselbe leisten, ebenso

$$a_\alpha\, a_\beta \cdots\cdot a'_\mu$$

u. s. w., endlich

$$a_\alpha\, a_\beta \cdots\cdot a_\mu,$$

was nicht sein sollte. Dasselbe würde stattfinden, wenn z. B. (und diesen Fall werden wir brauchen)

$$a'_1 \text{ mit } a_1 \text{ und } a_n,\; a'_2 \text{ mit } a_2 \text{ und } a_n,\; \cdots\cdot a'_{n-1} \text{ mit } a_{n-1} \text{ und } a_n$$

einen Flächenraum vollständig begränzen, indem auch dann

$$a'_1\;\; a'_2 \cdots\cdot a'_{n-1}\;\; a_n$$

n geschlossene Linien sein müssen, welche weder einzeln noch mit einander die vollständige Begränzung eines Flächenstückes bilden. Denn wenn einige der a' mit oder ohne a_n eine solche Begränzung bilden z. B.

$$a'_\alpha\;\; a'_\beta \cdots a'_\mu \text{ oder } a'_\alpha\;\; a'_\beta \cdots a'_\mu\;\; a_n,$$

so würde, weil

$$a'_\alpha \text{ mit } a'_\beta \cdots a'_\mu \text{ oder } a'_\alpha \text{ mit } a'_\beta \cdots a'_\mu\, a_n \text{ und } a'_\alpha \text{ mit } a_\alpha \text{ und } a_n$$

Flächentheile vollständig begränzen, auch

$$a_\alpha \, a'_\beta \cdots a'_\mu \, a_n$$

und nach ähnlichen Schlüssen

$$a_\alpha \, a_\beta \cdots a'_\mu \, a_n ,$$

endlich

$$a_\alpha \, a_\beta \cdots a_\mu \, a_n$$

die vollständige Begränzung eines Flächentheiles bilden müssen, was nicht der Fall sein sollte.

Auf Grund des eben bewiesenen Satzes aber, dass die Eigenschaft einer Fläche, die darin besteht, dass jede in ihr befindliche geschlossene Curve mit n geschlossenen Linien, welche weder für sich noch unter einander die Begränzung eines Flächenstückes bilden, einen Theil der Fläche vollständig begränzt, von der Wahl dieser n Curven unabhängig ist, d. h. dass diese Eigenschaft der Fläche bestehen bleibt, welche n andere Curven von derselben Beschaffenheit man auch an die Stelle der ersteren setzen mag, lässt sich nunmehr die folgende, fest bestimmte Definition von n-fach zusammenhängenden Flächen aufstellen:

Eine Fläche wird eine $n+1$-fach zusammenhängende genannt, wenn sich in ihr n geschlossene Curven ziehen lassen, welche weder für sich noch unter einander einen Flächentheil vollständig begränzen, mit denen aber (zum Theil oder mit allen zusammen) jede andere geschlossene Curve die vollständige Begränzung eines Flächenstückes bildet.

Es ist mit Hülfe des vorigen Satzes einerseits unmittelbar zu erkennen, dass die wesentlich auf der beliebigen Wahl der n geschlossenen Curven beruhende Definition eine völlig bestimmte ist, da die in Rede stehende Eigenschaft, wenn sie irgend einem Systeme von n Curven zukommt, nach dem vorher gewonnenen Resultate auch für ein jedes derartiges System bestehen bleibt, andererseits folgt leicht, dass die Klasse der $n+1$-fach zusammenhängenden Flächen von der Klasse der n-fach oder $n+2$-fach zusammenhängenden vollständig getrennt ist, indem auf der n-fach zusammenhängenden Fläche n geschlossene Curven stets einen Flächentheil vollständig begränzen, und auf der $n+2$-fach zusammenhängenden nicht beliebige $n+1$ geschlossene Curven stets die vollständige Begränzung eines Flächenstückes bilden dürfen, wie es bei der $n+1$-fach zusammenhängenden Fläche der Fall ist.

Nachdem somit eine Eintheilung der mehrfach zusammenhängenden Flächen gewonnen ist, gehen wir unmittelbar zu der Lösung der für die Theorie der Functionen fundamentalen Aufgabe über, die mehrfach zusammenhängenden Flächen durch passend geführte Schnitte in einfach zusammenhängende zu verwandeln, und werden, um diese Zerschneidung in einer für alle Riemannschen Flächen gültigen Form darstellen zu können, wieder, wie diese schon früher geschehen, annehmen, dass bei vollständig geschlossenen Riemannschen Flächen ein beliebiger Punkt derselben durch eine unendlich kleine Linie ausgeschlossen werde, welche als Gränze der ganzen Fläche zu betrachten sein wird.

Gehen wir von bestimmten einfachen Fällen aus, so ist für die erste der beistehenden mehrfach zusammenhängenden Flächen unmittelbar klar, dass, wenn zwei Gränzpunkte der Fläche α und β mit einander verbunden und die beiden Seiten dieser Verbindungslinie $\alpha\beta$ als Gränzlinien der neuen Fläche aufgefasst werden, diese Ringfläche in eine einfach zusammenhängende verwandelt wird, da jede geschlossene, in der neuen Fläche liegende Linie einen Flächentheil vollständig begränzt, wobei jedoch zu bemerken, dass jene Verbindungslinie zwei Gränzpunkte der Fläche nicht so mit einander verbinden

Fig. 25.

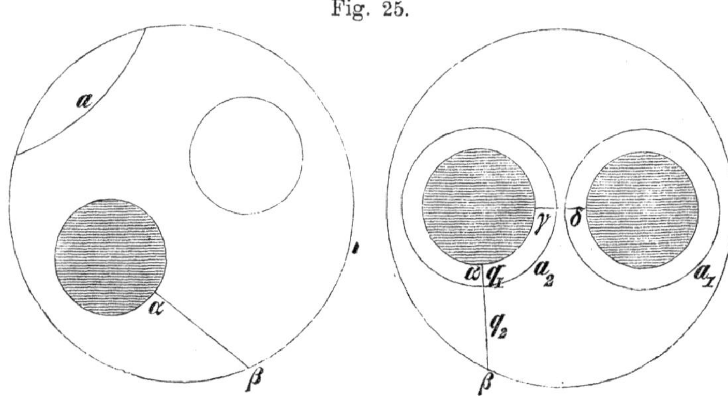

darf, dass durch diese Linie wie z. B. durch a eine Zerstückelung der genannten Fläche eintritt; und ebenso wird in der zweiten Figur die dreifach zusammenhängende Fläche durch die Schnitte $\alpha\beta$ und $\gamma\delta$ in eine einfach zusammenhängende verwandelt werden.

Definiren wir nun allgemein als *Querschnitt* der mehrfach zusammenhängenden Riemannschen Fläche eine Verbindungslinie zweier Gränzpunkte derselben, welche der Bedingung unterworfen ist, die Gränze der Fläche nur in diesen beiden Punkten zu treffen und die Fläche nicht zu zerstückeln d. h. dieselbe in zwei an beide Seiten des Querschnittes anstossende Theile zu zerlegen, die mit einander im Zusammenhange stehen, so soll der nachstehende wichtige Satz bewiesen werden:

Eine $n+1$-fach zusammenhängende Fläche F wird durch einen Querschnitt in eine n-fach zusammenhängende F' verwandelt, wenn festgesetzt wird, dass die durch allmählige Zerschneidung entstehenden Begränzungstheile für die weitere Zerschneidung bereits als Begränzung gelten, und somit ein Querschnitt keinen Punkt mehrfach durchschneiden, wohl aber in einem seiner früheren Punkte enden kann;

jede einfach zusammenhängende Fläche dagegen wird durch einen solchen Querschnitt zerstückelt d. h. in zwei nicht zusammenhängende Theile zerlegt.

Zum bessern Verständniss des Beweises dieses Satzes will ich die Richtigkeit desselben erst für eine specielle Gattung von Querschnitten erweisen und den zu machenden Auseinandersetzungen entsprechend die Construction der Querschnitte für die doppelblättrige Riemannsche Fläche mit den drei Verzweigungspunkten α, β, γ für zwei verschiedene Lagen der Verzweigungsschnitte beifügen; stellen dann in den folgenden Figuren a_1 und a_2 zwei geschlossene Curven vor, die weder für sich noch mit einander einen Flächentheil vollständig begränzen, A irgend einen beliebigen Punkt, welcher der früheren Annahme zufolge die unendlich kleine Begränzung der geschlossenen Fläche bildet, q_1 q_2 den noch genauer zu definirenden Querschnitt und l eine beliebige, den Querschnitt nicht schneidende geschlossene Linie, so wird, wenn man in der allgemeinen Auseinandersetzung die Zahl 2 statt n setzt und die Construction an diesen beiden Figuren verfolgt, das folgende Raisonnement leicht verständlich sein, wenn noch bemerkt wird, dass die im ersten Blatte befindlichen Linien ausgezogen, die im zweiten Blatte liegenden punktirt sind.

Seien $a_1\, a_2 \ldots a_n$ n geschlossene Curven einer $n + 1$ fach zusammenhängenden Fläche F, die weder einzeln noch unter einander einen Flächentheil vollständig begränzen, so wird man von gegenüberliegenden Punkten der Curve a_n aus, ohne die Begränzungslinien $a_1\, a_2 \ldots a_{n-1}$ zu schneiden, zwei Linien q_1 und q_2 continuirlich nach zwei Punkten der Gränze der Riemann'schen Fläche führen können, welche in dem gewählten Beispiel, da die Begränzung nur aus dem Punkte A besteht, beide in diesen Punkt hineinführen, während dies z. B. in den früher behandelten Ringflächen nicht der Fall sein wird. Wird diese Linie q_1 q_2 noch der Bedingung unterworfen, dass sie sich selbst nicht schneidet, was sich offenbar in jedem Falle erreichen lässt, so kann sie der obigen Definition gemäss als ein bestimmter Querschnitt der $n + 1$-fach zusammenhängenden Riemann'schen Fläche F angesehen werden*), und es wird sich für's erste darum handeln, nachzuweisen, dass, wenn dieser Querschnitt in seinen beiden Seiten als neue Begränzungslinie der gegebenen Fläche F aufgefasst wird, welche in ihrer neuen Begrän-

*) da die aus q_1 und q_2 bestehende Linie zwei Begränzungspunkte verbindet, sich selbst nicht schneidet und endlich auch die Fläche nicht zerstückelt, weil die Linie a_n, ohne den Querschnitt zu schneiden, von einem Punkte der einen Seite desselben in einem continuirlichen Zuge zu dem gegenüberliegenden auf der andern Seite führt; es ist hierdurch zugleich die Existenz eines Querschnittes einer $n + 1$-fach zusammenhängenden Fläche nachgewiesen.

zung mit F' bezeichnet werden soll, diese letzte Fläche nur n-fach zusammenhängend ist, d. h. dass jede geschlossene Curve der Fläche F' mit irgend welchen $n-1$ geschlossenen, weder einzeln noch unter sich einen Flächentheil von F' vollständig einschliessenden Linien die vollständige Begränzung eines Flächenstückes bildet. Als solche $n-1$ Linien wird es offenbar erlaubt sein, die Curven

Fig. 26.

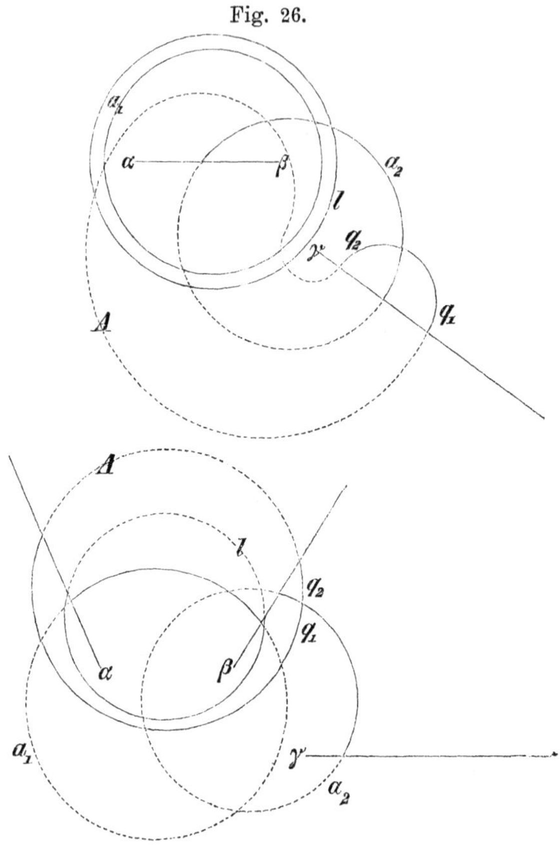

$a_1\, a_2 \ldots a_{n-1}$ anzusehen, da dieselben einerseits der Voraussetzung nach von dem Querschnitte nicht getroffen werden und somit ganz und gar der neuen Fläche F' angehören, andererseits aber auch weder einzeln noch mit einander einen Flächentheil der neuen Fläche F' vollständig begränzen; und zwar folgt dieses letztere unmittelbar daraus, dass, weil jene Curven der Annahme nach nicht die vollständige Begränzung eines Theiles der Fläche F bildeten, es möglich sein musste, von Punkten des in Rede stehenden Theiles an die Begränzung der gegebenen Fläche F zu gelangen, und daher, da F' aus F nur durch Einführung einer neuen Gränzlinie hervorgegangen, sich die Begränzung von F' um so eher erreichen lassen muss, weil das Treffen der ursprünglichen, jetzt noch fortbestehenden Begränzung nur durch jenen Querschnitt gehindert werden könnte, welcher selbst Begränzungslinie geworden ist. Um somit nachzuweisen, dass F' eine n-fach zusammenhängende Fläche ist, wird es nur nöthig sein, sich davon zu überzeugen, dass die $n-1$ Curven $a_1\, a_2 \ldots a_{n-1}$ zum Theil oder alle zusammen mit jeder geschlossenen, in der Fläche F' gelegenen Linie l einen Theil derselben vollständig begränzen. Nun ist aber der Voraussetzung nach das Continuum von Punkten, welches von der Linie l in Gemeinschaft mit einem Theile oder der Gesammtheit der Curven $a_1\, a_2 \ldots a_{n-1}\, a_n$ abgeschlossen wird, ein vollständig begränztes, und es ist leicht zu erkennen, dass unter den Gränzlinien dieses abgeschlossenen Raumes die Linie a_n selbst nicht vorkommen kann, weil sowohl von der einen als von der andern Seite dieser Linie ein continuirlicher Zug q_1 und q_2 nach der Begränzung der Fläche F geführt ist, ohne die übrigen Gränzlinien zu schneiden. Es bilden daher nur die Curven $a_1\, a_2 \ldots a_{n-1}\, l$ die vollständige Begränzung jenes Continuums, insofern man nicht von Punkten desselben an die Begränzung von F gelangen kann; man ist aber auch eben so wenig im Stande, die für F' neu hinzukommende Begränzungslinie, nämlich den Querschnitt $q_1\, q_2$, zu erreichen; denn wäre dies der Fall, so könnte man, an dem Querschnitt angekommen, an diesem entlang, da derselbe keine der Linien $a_1\, a_2 \ldots a_{n-1}\, l$ schneidet, zur Begränzung von F gelangen, was, wie eben gezeigt worden, nicht möglich ist. Es ist somit ersichtlich, dass die Linie l mit einem Theil oder der Gesammtheit der Linien $a_1\, a_2 \ldots a_{n-1}$ ein Continuum von Punkten einschliesst, von dem aus es nicht möglich ist, an die Begränzung von F' zu gelangen, d. h. einen Flächentheil von F' vollständig begränzt, und da l eine jede beliebige geschlossene, in der Fläche F' befindliche Linie vorstellt, so wäre nachgewiesen, dass die $n+1$-fach zusammenhängende Fläche F durch Einführung eines Querschnittes, welcher zwei zu beiden Seiten von a_n einander gegenüber liegende Punkte durch einen die andern Linien $a_1 \ldots a_{n-1}$ nicht schneidenden continuirlichen Zug mit der Begränzung der Fläche F verbindet, in eine n-fach zusammenhängende Fläche F' verwandelt wird.

Der eben behandelte specielle Fall der Zerlegung einer Fläche vermittels eines Querschnittes von der vorher angegebenen Beschaffenheit regt die Frage an, ob jeder beliebige Querschnitt stets mindestens *eine* von n geschlossenen Curven schneiden muss, wenn diese weder einzeln noch unter einander einen Theil der Fläche F vollständig begränzen. Dass dies aber in der That der Fall, ist leicht einzusehen; denn angenommen der Querschnitt träfe keine dieser n Linien, so ziehe man von einem Punkte desselben zu dem gegenüberliegenden eine continuirliche Linie auf der Fläche F (was möglich ist, da der Querschnitt die Fläche nicht zerstückelt), und es würde dann diese $n + 1^{te}$ geschlossene Linie, welche nicht für sich einen Flächentheil vollständig abgränzt*), mit jenen n geschlossenen Linien einen Flächenraum vollständig begränzen, was nicht angeht, da der Querschnitt zwei gegenüberliegende Punkte dieser Linie, ohne diese selbst und die andern n Linien zu treffen, durch einen continuirlichen Zug mit der Gränze der Fläche verbindet; es wird somit der Querschnitt mindestens eine jener n geschlossenen Linien schneiden müssen.

Durch diese Bemerkung ist aber der Weg vorgezeichnet, den der Beweis des oben ausgesprochenen allgemeinen Satzes zu nehmen hat. Denn angenommen es wäre der Zusammenhang der Fläche F durch Einführung eines Querschnittes als neuer Gränzlinie der so entstehenden Fläche F' nicht erniedrigt, so müssten sich in F' n geschlossene Linien ziehen lassen, welche weder einzeln noch unter einander einen Theil dieser Fläche vollständig begränzen; wäre dies aber der Fall, so könnte man von Punkten dieses Raumes nach den Begränzungen der Fläche F' gelangen, ohne die Gränzlinien selbst zu überschreiten, und da die Begränzungen von F' aus den Gränzlinien von F und dem Querschnitt bestehen, und dieser letztere die geschlossenen Linien nicht trifft, wenn nöthig, an dem Querschnitt entlang, ohne Gränzlinien zu schneiden, jedenfalls an die Begränzung der Fläche F kommen; dies ist jedoch desshalb unmöglich, weil dann in der Fläche F n geschlossene Curven existiren würden, welche weder einzeln noch untereinander einen Theil dieser Fläche F vollständig begränzen, und von denen keine von dem Querschnitte getroffen wird, eine Annahme, die dem vorher bewiesenen Satze widerspricht; es wird somit in der Fläche F' höchstens $n - 1$ Curven geben, welche weder einzeln noch mit einander einen Flächentheil vollständig begränzen, die Fläche F' also höchstens n-fach zusammenhängend sein. Und nur soweit ist auch der Satz richtig, so lange der Querschnitt als eine zwei Gränzpunkte verbindende und die Fläche nicht zerstückelnde Linie aufgefasst wird; unterwirft man denselben jedoch noch der oben ausdrücklich hinzugefügten Bedingung, dass derselbe nur *zwei* Punkte mit der Gränze der Fläche gemein hat (indem er im andern Falle aus mehreren solchen Querschnitten besteht), so lässt sich auch zeigen, dass die neue Fläche genau n-fach zusammenhängend ist, oder dass ein Querschnitt eine $n + 1$-fach zusammenhängende Fläche nicht in eine Fläche von niedrigerem Zusammenhange als dem n-fachen verwandeln kann. Denn wäre der Zusammenhang der neuen Fläche F' ein $n - k$-facher, so würden sich in F' nur $n - k - 1$ geschlossene Curven ziehen lassen, welche weder einzeln noch unter

*) weil der Querschnitt von ihren beiden Seiten nach der Begränzung der Fläche F führt.

einander einen Theil von F' vollständig begränzen, mit jeder andern in F' liegenden geschlossenen Curve aber, die nicht ein besonderes Flächenstück abschliesst, die vollständige Begränzung eines Flächentheils von F', also auch von F bilden, weil die Gränzen von F zugleich auch Gränzen von F' sind. Nimmt man nun noch zu jenen $n - k - 1$ Curven eine $n - k^{te}$ b hinzu, welche von einem Punkte des Querschnittes ausgehend zu dem gegenüberliegenden Punkte derselben zurückführt*), so behaupten wir, dass jede geschlossene Linie l der Fläche F, welche nicht selbst bereits ein Flächenstück abschliesst, mit einem Theile oder der Gesammtheit der Curven

$$a_1\, a_2 \,\ldots\, a_{n-k-1}\, b$$

einen Flächentheil von F vollständig begränzt. Für eine den Querschnitt nicht schneidende Linie l nämlich ist dies unmittelbar ersichtlich, da dieselbe in F' liegt und daher mit $a_1\, a_2 \ldots a_{n-k-1}$ einen Flächentheil von F' also auch von F vollständig begränzen muss, und es bleiben somit nur noch diejenigen geschlossenen Linien l zu betrachten übrig, welche vom Querschnitte getroffen werden. In diesem Falle ist aber leicht einzusehen, dass, wenn α und β die beiden einzigen Gränzpunkte vorstellen, welche der ganz im Innern der Fläche verlaufende Querschnitt verbindet, man die Linie l in jedem Falle entweder durch eine geschlossene in F' befindliche Linie schneiden kann, welche, ohne selbst einen Flächentheil abzuschliessen, mit l die vollständige Begränzung eines Flächenstückes von F bildet, oder durch allmälige Erweiterung zu einer die Linie b umschliessenden, den Querschnitt nicht schneidenden Curve auszudehnen im Stande ist, welche mit l und b einen Raum von F vollständig begränzt. Wird die so erhaltene, ganz in F' befindliche Linie mit l' bezeichnet, so muss nach der Annahme

$$a_1\, a_2 \,\ldots\, a_{n-k-1}\, l'$$

ein Flächenstück von F' also auch ein solches von F vollständig umgränzen; nun bildeten aber auch ll' oder $ll'b$ die Begränzung eines Flächentheiles, und es müssten daher auch $a_1\, a_2 \ldots a_{n-k-1}\, b$ mit jeder geschlossenen Linie l einen Flächenraum von F vollständig begränzen, was, da F $n+1$-fach zusammenhängend ist, nur stattfinden kann, wenn $k = 0$, d. h. der Zusammenhang von F' ein n-facher ist.

Nachdem somit bewiesen worden, dass eine jede $n+1$-fach zusammenhängende Fläche durch einen beliebigen Querschnitt in eine $n$fach zusammenhängende und daher durch n Querschnitte in eine

---

*) Dass diese Linie b weder für sich noch mit einer der Linien $a_1\, a_2 \ldots a_{n-k-1}$ einen Flächenraum von F vollständig begränzt, geht daraus hervor, dass der Querschnitt von beiden Seiten der Linie b, ohne eine jener $n - k - 1$ Linien a zu schneiden, nach der Begränzung der Fläche führt.

einfach zusammenhängende Fläche verwandelt wird, erübrigt nur noch zu zeigen, dass eine einfach zusammenhängende Fläche durch einen Querschnitt in zwei nicht zusammenhängende Flächentheile zerlegt wird, wie dies für die beistehende dreifach zusammenhängende Fläche, welche durch die Querschnitte p_1 und p_2 in eine einfach zusammenhängende verwandelt ist, in der That durch den Querschnitt q ge-

Fig. 27.

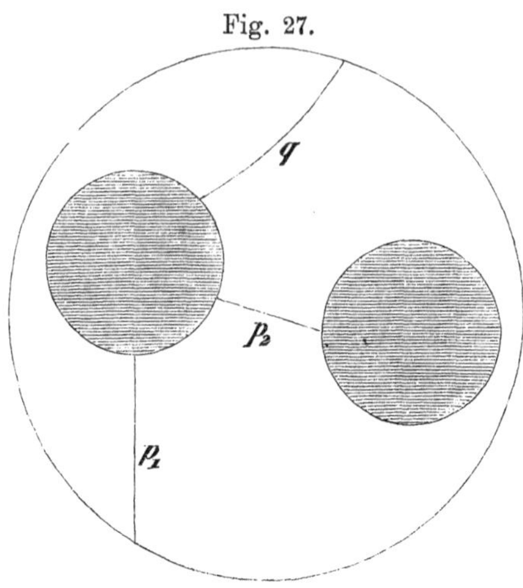

schieht. Wären nämlich die beiden dem Querschnitte anliegenden Flächentheile noch zusammenhängend, so liesse sich ein Punkt der einen Seite des Querschnittes, ohne den Gränzlinien der Fläche zu begegnen, mit dem gegenüberliegenden der andern Seite desselben durch einen continuirlichen Zug verbinden, und man würde diese Verbindungslinie als eine geschlossene Linie der einfach zusammenhängenden Fläche auffassen können, welche dieselbe in zwei Theile derart zerlegt, dass man von beiden Seiten jenes continuirlichen Zuges, wenn man dem Querschnitte folgte, zu den Gränzen der Fläche gelangte, was dem Begriffe der einfach zusammenhängenden Fläche widerspricht, in welcher eine geschlossene Linie einen Flächentheil vollständig begränzen muss.

Ist nun die mehrfach zusammenhängende Fläche durch Querschnitte in eine einfach zusammenhängende verwandelt, in welcher jetzt jeder der Querschnitte und zwar beide Seiten desselben als Gränzen der Fläche aufzufassen sind, so wird es möglich sein müssen, die gesammte neue Begränzung der einfach zusammenhängenden Fläche in *einem* Zuge zu durchlaufen; denn sei α ein Punkt der Begränzung, von dem aus man discontinuirlich zum nächsten Begränzungspunkte β übergehen müsste, so könnte man α mit β durch einen die Begränzung nicht schneidenden, continuirlichen, im Innern der Fläche liegenden Zug p verbinden, welcher als Querschnitt der einfach zusammenhängenden Fläche aufgefasst dieselbe nach der letzten oben gemachten Bemerkung zerstückeln müsste; man sieht jedoch unmittelbar, dass man von γ zu δ in einem continuirlichen Zuge, der sich an dem Querschnitte und der Begränzungslinie entlang zieht, ohne die-

Fig. 28.

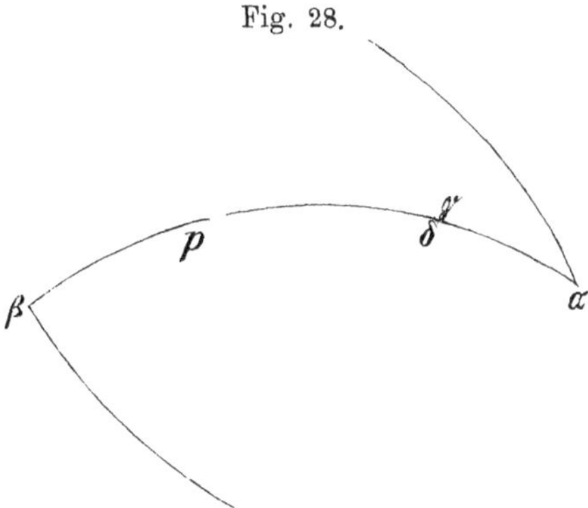

selbe zu schneiden, gelangen kann, dass somit ein derartiger Querschnitt p nicht möglich ist, und die gesammte Begränzung daher eine continuirliche Linie bilden muss.

Sechste Vorlesung.

Das Integral von Functionen complexer Variabeln.

Nachdem wir gezeigt, wie Riemann die Fläche einer vieldeutigen Function in den geometrischen Ort der Variabeln einer eindeutigen Function verwandelt, und einige Betrachtungen über den Zusammenhang dieser Flächen und deren Zerlegung durch Querschnitte, deren Bedeutung schon in dieser Vorlesung klar hervortreten wird, daran geknüpft haben, müssen wir jetzt, bevor wir auf eine Besprechung der Entstehungsweise der Functionen und deren Classificirung eingehen, eine genaue Untersuchung derjenigen arithmetischen Gebilde vorausschicken, welche aus der unendlich oft wiederholten Grundoperation der Addition hervorgehen, nämlich der complexen Integrale und unendlichen Reihen, und welche von den einfachsten Functionen abgesehen, wie wir später sehen werden, die Grundlage für die Neubildung der Functionen liefern werden.

Sind z_0 und z_1 zwei im Endlichen liegende Punkte, und werden auf einer fest gegebenen Curve zwischen diesen beiden Punkten, die jedoch nicht unendlich viele Ecken haben darf, $n - 1$ Punkte

Fig. 29.

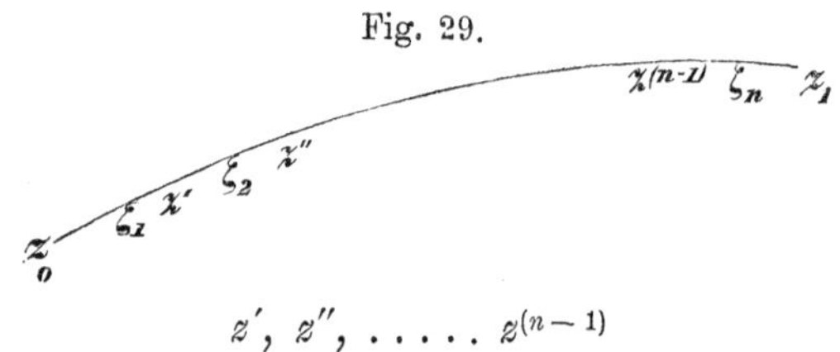

$$z', z'', \ldots\ldots z^{(n-1)}$$

eingeschaltet, ausserdem innerhalb eines jeden Intervalles willkürlich ein Punkt fixirt, dessen Lagen durch

$$\zeta_1, \zeta_2, \ldots\ldots \zeta_n$$

bezeichnet werden sollen, so soll, wenn $f(z)$ eine Function von z bedeutet, welche der Bedingung unterworfen ist, für keinen Punkt jener Linie unendlich zu werden, während sie für eine endliche Zahl von Punkten jener Curve endliche Stetigkeitssprünge machen darf, der Gränzausdruck

$$\lim_{n=\infty} \left\{(z'-z_0)f(\zeta_1)+(z''-z')f(\zeta_2)+\ldots+(z_1-z^{(n-1)})f(\zeta_n)\right\}$$

das auf dem vorgelegten Integrationswege*), welcher durch die Curve zwischen z_0 und z_1 dargestellt ist, genommene bestimmte complexe Integral zwischen den Gränzen z_0 und z_1 genannt und mit

$$\int_{z_0}^{z_1} f(z)\, dz$$

bezeichnet werden, wobei der Integrationsweg selbst noch in irgend welcher Weise angedeutet werden muss.

Die erste Frage wird nun offenbar die sein, ob jene Definition des bestimmten Integrales überhaupt einen Sinn hat, d. h. ob der obige Ausdruck nicht unendlich gross wird oder bei der vollständig willkürlich gelassenen Wahl der eingeschalteten Zwischenwerthe

$$z', z'', \ldots z^{(n-1)}, \zeta_1, \zeta_2, \ldots \zeta_n$$

mit anderen Lagen derselben oscillirt. Dass nun aber der Werth jenes Ausdruckes ein endlicher ist, wird, weil der absolute Betrag einer Summe kleiner als die Summe der absoluten Beträge und daher

$$\mathrm{mod}\int_{z_0}^{z_1} f(z)\, dz < \lim_{n=\infty}\{\mathrm{mod}[(z'-z_0)f(\zeta_1)] + \cdots + \mathrm{mod}[(z_1 - z^{(n-1)})f(\zeta_n)]\}$$

ist, unmittelbar ersichtlich sein; denn, wenn der grösste absolute Betrag, den die Function auf dem Integrationswege, auf welchem sie nicht unendlich werden sollte, annimmt, mit M bezeichnet wird, so lässt sich die obige Ungleichheit in die folgende umsetzen

$$\mathrm{mod}\int_{z_0}^{z_1} f(z)\, dz < \lim_{n=\infty}\{M[\mathrm{mod}(z'-z_0) + \mathrm{mod}(z''-z') + \cdots + \mathrm{mod}(z_1 - z^{(n-1)})]\},$$

und da die Grössen

$$\mathrm{mod}(z'-z_0),\ \mathrm{mod}(z''-z'),\ \ldots\ \mathrm{mod}(z_1 - z^{(n-1)})$$

die geradlinigen Entfernungen der Punkte z' von z_0, z'' von z', ... z_1 von $z^{(n-1)}$ bedeuten, und daher die Summe aller dieser Moduln für $n = \infty$ die Länge l des gegebenen Integrationsweges darstellt, so erhält man

$$\mathrm{mod}\int_{z_0}^{z_1} f(z)\, dz < M \cdot l,$$

und somit für das Integral selbst einen endlichen Werth, wenn vorausgesetzt wird, dass die Länge l des Integrationsweges selbst endlich ist d. h. der Integrationsweg sich weder in das Unendliche

*) wobei nach der obigen Voraussetzung im Folgenden nur von solchen Integrationswegen die Rede sein wird, welche nicht in noch so kleinen Theilen unendlich viele Ecken haben.

erstreckt noch zwischen den beiden im Endlichen liegenden Endpunkten unendlich viele Windungen hat.

Dass aber auch keine Oscillation der Werthe des bestimmten Integrales für die verschiedene Wahl der eingeschalteten Punkte eintritt, wird man aus der leicht ausführbaren Zerlegung des complexen Integrales in seinen reellen und rein imaginären Theil ersehen können. Denn zählt man die Bogenlängen der Integrationscurve vom Punkte z_0 aus und betrachtet die Coordinaten x und y als reelle Functionen jener Länge s, so dass

$$x = \varphi(s) \quad y = \psi(s)$$
$$z = x + yi = \varphi(s) + i\psi(s)$$

ist, so wird, wenn für eine bestimmte Wahl jener eingeschalteten Punkte

$$z_0 \, z' \, z'' \ldots z^{n-1} \, z_1 \, \zeta_1 \, \zeta_2 \ldots \zeta_n$$

und

$$s_0 \, s_1 \, s_2 \ldots s_{n-1} \, s_n \, \sigma_1 \, \sigma_2 \ldots \sigma_n,$$

worin $s_0 = 0$ ist, und $s_n = l$ die Länge der ganzen Integrationscurve vorstellt, zusammengehörige Werthe bedeuten, und

$$f[\varphi(s) + i\psi(s)] = F(s) + iF_1(s)$$

gesetzt wird, der oben aufgestellte Gränzausdruck für das bestimmte Integral die Form annehmen

$$\lim_{n=\infty} \sum_1^n{}^k \{\varphi(s_k) + i\psi(s_k) - \varphi(s_{k-1}) - i\psi(s_{k-1})\} \{F(\sigma_k) + iF_1(\sigma_k)\}.$$

Durch Trennung des Reellen vom Imaginären ergiebt sich, wenn

$$\frac{\varphi(s_k) - \varphi(s_{k-1})}{s_k - s_{k-1}} = \varphi'(s_{k-1})$$
$$\frac{\psi(s_k) - \psi(s_{k-1})}{s_k - s_{k-1}} = \psi'(s_{k-1})$$

gesetzt, ausserdem berücksichtigt wird, dass, weil

$$\varphi'(s) = \frac{dx}{ds}, \quad \psi'(s) = \frac{dy}{ds}$$

die cosinus und sinus der Winkel bedeuten, welche die Tangenten mit der positiven x-Achse machen, in Folge der Annahme, dass die Curve nicht unendlich viele Ecken haben darf,

$$\varphi'(s_{k-1}) = \varphi'(\sigma_k), \quad \psi'(s_{k-1}) = \psi'(\sigma_k)$$

genommen werden darf*), und endlich

$$\varphi'(s)F(s) - \psi'(s)F_1(s) \text{ mit } \chi(s)$$
$$\varphi'(s)F_1(s) + \psi'(s)F(s) \text{ mit } \chi_1(s)$$

*) indem dadurch nur ein unendlich kleiner Unterschied von dem ursprünglichen Werthe hervorgebracht wird, während für unendlich viele Ecken dieser Unterschied ein endlicher sein kann.

bezeichnet werden, für das bestimmte Integral die nachfolgende Form:

$$\lim_{n=\infty} \sum_1^n {}^k (\chi \sigma_k)\,(s_k - s_{k-1}) + i \lim_{n=\infty} \sum_1^n {}^k \chi_1\,(\sigma_k)\,(s_k - s_{k-1})$$

oder

$$\int_0^l \chi(s)\,ds + i \int_0^l \chi_1(s)\,ds,$$

welche Ausdrücke, wie aus der Lehrevon den reellen bestimmten Integralen bekannt ist, unabhängig von der Lage der auf der reellen Strecke zwischen 0 und l eingeschalteten Werthe, auch wenn $\chi(s)$ und $\chi_1(s)$ in einer endlichen Anzahl von Punkten jener Strecke endliche Discontinuitäten haben, sich einem festen endlichen Gränzwerthe unendlich nähern, weil für keinen Werth des Intervalles zwischen 0 und l $\chi(s)$ und $\chi_1(s)$ unendlich gross werden, indem eine Discontinuität durch den Durchgang durch das Unendliche den Functionen $F(s)$ und $F_1(s)$ zufolge der für $f(z)$ gemachten Voraussetzung nicht zukommen kann. Es ist somit unter den oben für $f(z)$ und die Integrationscurve gemachten Beschränkungen die Endlichkeit des Integrales und die Unabhängigkeit von der Wahl der eingeschalteten Werthe erwiesen.

Wir erweitern nunmehr die Definition des complexen Integrales, indem wir $f(z)$ nicht mehr der Beschränkung unterwerfen, auf dem ganzen Integrationswege endlich zu bleiben, sondern auch Discontinuitätspunkte zulassen, in denen die Function unendlich wird. Seien

$$\alpha_1,\ \alpha_2,\ \ldots\ \alpha_k$$

derartige Punkte, so soll von nun an unter

$$\int_{z_0}^{z_1} {}_c\, f(z)\,dz,\text{*)}$$

über die vorgelegte Integrationscurve c genommen, der Gränzwerth verstanden werden, den die folgende Summe der complexen Integrale

$$\int_{z_0}^{\alpha_1-\delta_1} {}_c\, f(z)\,dz + \int_{\alpha_1+\varepsilon_1}^{\alpha_2-\delta_2} {}_c\, f(z)\,dz + \int_{\alpha_2+\varepsilon_2}^{\alpha_3-\delta_3} {}_c\, f(z)\,dz + \cdots + \int_{\alpha_k+\varepsilon_k}^{z_1} {}_c\, f(z)\,dz$$

als Function der auf dem Integrationswege liegenden Grössen

$$\delta_1,\ \varepsilon_1,\ \delta_2,\ \varepsilon_2,\ \ldots\ \delta_k,\ \varepsilon_k$$

aufgefasst, annimmt, wenn sich eben diese Grössen der Null nähern, und wir werden jenem Integrale einen Sinn und eine feste Bedeutung zuschreiben, wenn jener Ausdruck sich einem von jenen Grössen δ und ε unabhängigen Werthe nähert. Ebenso soll das Integral

---

*) indem wir die Bezeichnung des Integrationsweges dem Integrale beisetzen.

$$\int_{z_0 \atop c}^{\infty} f(z)\, dz,$$

über eine von z_0 in die Unendlichkeit sich erstreckende Curve c genommen, als der Gränzausdruck definirt werden, dem sich

$$\int_{z_0 \atop c}^{z_1} f(z)\, dz$$

als Function von z_1 betrachtet, nähert, wenn z_1 auf der vorgelegten Curve c fortschreitend sich in die Unendlichkeit bewegt, und wir werden auch diesem Integrale wieder einen bestimmten Sinn unterlegen, wenn jener Gränzwerth eine von z_1 unabhängige Grösse wird.

Aus der Definition des complexen Integrales geht unmittelbar hervor, dass, wenn

$$\alpha, \beta, \gamma, \cdots \mu$$

eine Reihe irgendwo auf dem Integrationswege eingeschalteter Punkte bilden,

$$\int_{z_0 \atop c}^{z_1} f(z)\, dz = \int_{z_0 \atop c}^{\alpha} f(z)\, dz + \int_{\alpha \atop c}^{\beta} f(z)\, dz + \cdots + \int_{\mu \atop c}^{z_1} f(z)\, dz$$

ist, indem die unendliche Summe, welche das Integral definirt, nur in eine Reihe von Einzelsummen zerlegt worden ist. Ebenso augenscheinlich ist die Richtigkeit des Satzes, dass die Umkehrung der Integrationsgränzen bei Beibehaltung des Integrationsweges einen dem ursprünglichen Werthe des Integrales entgegengesetzten Integralwerth liefert. Denn da

$$\int_{z_0 \atop c}^{z_1} f(z)\, dz = \lim_{n=\infty} \left\{ (z' - z_0) f(\zeta_1) + (z'' - z') f(\zeta_2) + \cdots + (z_1 - z^{(n-1)}) f(\zeta_n) \right\}$$

und

$$\int_{z_1 \atop c}^{z_0} f(z)\, dz = \lim_{n=\infty} \left\{ (z^{(n-1)} - z_1) f(\zeta_n) + (z^{(n-2)} - z^{(n-1)}) f(\zeta_{n-1}) + \cdots + (z_0 - z') f(\zeta_1) \right\}$$

ist, weil es für den Werth eines Integrales gleichgültig ist, welche Zwischenwerthe man einschaltet, so folgt die Richtigkeit unmittelbar, und es ist somit auch für complexe Integrale die Gültigkeit der beiden Sätze erwiesen, aus denen allein in der Theorie der reellen Integrale alle weiteren Sätze abgeleitet werden.

Für die Theorie der complexen Integrale tritt jedoch noch eine fundamentale Frage hinzu, die dadurch entsteht, dass der Integrationsweg selbst als wesentliches Element in die Definition dieser Integrale hineingezogen worden, und die für die Theorie der reellen Integrale, in denen der Integrationsweg stets die reelle Abscissenachse ist, gegenstandslos war; es wird nämlich zu untersuchen sein, ob verschiedene Integrationswege zwischen demselben Anfangs- und Endpunkte auch verschiedene Resultate geben können, in welcher Form sich die Differenz dieser Resultate darstellt und endlich, welche Verwandlung mit der Riemann'schen Fläche vorzunehmen ist, damit beliebige Wege zwischen denselben Punkten dasselbe Resultat liefern; alle diese Fragen werden sich unmittelbar beantworten lassen, wenn wir einen Satz über die Reduction eines gewissen Doppelintegrals auf ein einfaches Integral vorausgeschickt haben werden, auf dessen Beweis wir nunmehr eingehen wollen.

Sind $P(x,y)$ und $Q(x,y)$ zwei reelle oder imaginäre Functionen der reellen Variabeln x und y, welche für jeden Punkt eines vollständig begränzten Theiles einer gegebenen Riemann'schen Fläche bestimmt gegebene Werthe haben und für alle Punkte dieser Fläche endlich und stetig sind), während ihre partiellen Ableitungen nach x und y in einzelnen Punkten unendlich werden dürfen, so soll gezeigt werden, dass das Flächenintegral*

$$\int\int\left(\frac{\partial Q(x,y)}{\partial x} - \frac{\partial P(x,y)}{\partial y}\right) dx\,dy,$$

ausgedehnt auf alle Punkte jener völlig begränzten Fläche, sich auf das Linienintegral

$$\int (P(x,y)\,dx + Q(x,y)\,dy)$$

zurückführen lässt, welches über die gesammte Begränzung jener Fläche in einem Sinne zu nehmen ist, wie er später näher festgestellt werden soll.

Was nämlich das erste jener Doppelintegrale

$$\int\int \frac{\partial Q(x,y)}{\partial x}\,dx\,dy^{**})$$

betrifft, so wird man nach der Definition eines reellen Doppelintegrales zur wirklichen Ausführung der Integration die Fläche in unendlich schmale Streifen zerlegen müssen, von denen jeder zu einem constanten y gehört; da die Fläche jedoch im Allgemeinen aus mehreren Blättern bestehen wird, so werden diese parallelen Linien durch

*) wie z. B. der reelle und imaginäre Theil einer endlichen und stetigen Function von z für einen Theil der dieser Function zugehörigen Riemann'schen Fläche.

**) welches man sich, wenn $Q(x,y)$ eine imaginäre Function der reellen Variabeln x und y von der Form

$$Q_1(x,y) + i\,Q_2(x,y)$$

ist, in die Summe

$$\int\int \frac{\partial Q_1(x,y)}{\partial x}\,dx\,dy + i\int\int \frac{\partial Q_2(x,y)}{\partial x}\,dx\,dy$$

zerlegt denken kann, für deren einzelne Theile die obige Behandlung gestattet ist.

alle Blätter hindurch zu führen sein und daher zu einem constanten y

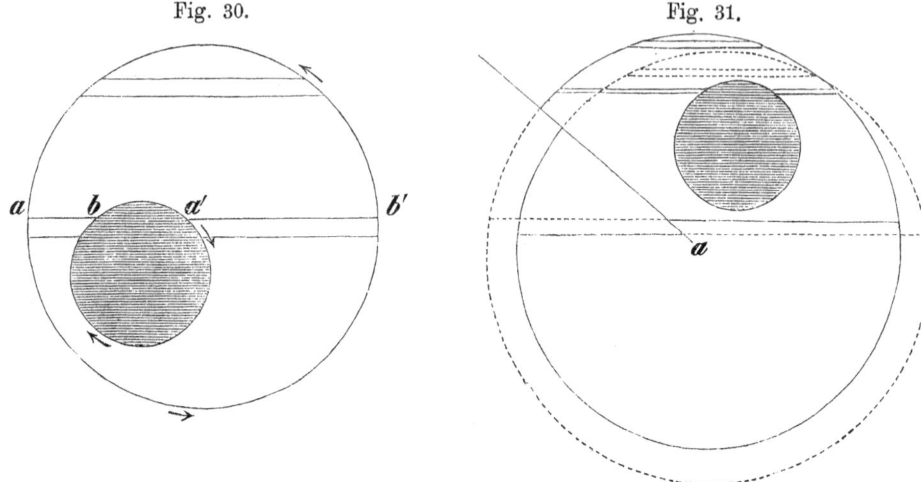

Fig. 30. Fig. 31.

mehrere unter einander liegende Parallelstreifen gehören können, wobei bemerkt sein mag, dass, wenn sich in jenem Raume ein Verzweigungspunkt befindet, eine der Parallellinien durch diesen Verzweigungspunkt hindurch geführt werden soll. Von den beistehenden Flächen sei die erste eine Ringfläche einer einfachen Kugelschale, in der zweiten bilde eine geschlossene Linie um den Verzweigungspunkt a und eine im ersten Blatte liegende geschlossene Linie die vollständige Begränzung eines Flächenstückes, während in der dritten diese letzte Linie durch eine ebenfalls den Verzweigungspunkt umkreisende Linie ersetzt ist.

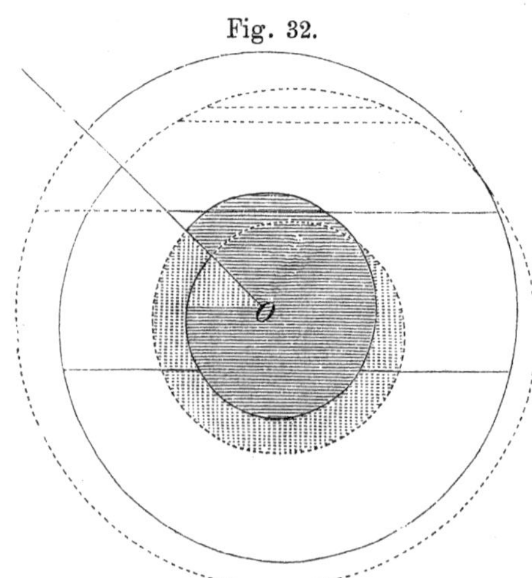

Fig. 32.

Die nach x ausgeführte Integration jenes Doppelintegrales wird nunmehr bekanntlich die Summe der Einzeldifferenzen des unbestimmten Integrales

$$\int \frac{\partial Q(x,y)}{\partial x}\, dx$$

oder der Grösse $Q(x,y)$ für den Austritt und Eintritt eines beliebigen solchen Streifens in die vorgelegte Fläche sein, in der ersten der obigen Figuren also für das zu dem unteren der beiden Parallelstreifen gehörige y die Differenz der Werthe von $Q(x,y)$ in b und a vermehrt um die Differenz der Werthe in b' und a', und es bleibt dies auch noch richtig, wenn die Ableitung der Function $Q(x,y)$ nach x genommen in jenem Raume eine Stetigkeitsunterbrechung erfährt.*) Da nun die vorgelegte Fläche, wie oben angenommen worden, vollständig begränzt sein sollte, so darf es nach der früher gegebenen Definition vollständig begränzter Flächen nicht möglich sein, von Punkten des abgegränzten Raumes, ohne die Begränzungslinien zu treffen, an die Gränzen der gesammten Fläche zu gelangen, von der jenes abgegränzte Stück ein Theil ist, und es wird somit eine jede jener Parallellinien, wenn sie einmal durch Ueberschreiten der Begränzungslinie in die Fläche eintritt, auch aus jenem Flächentheil nicht wieder austreten können, ohne die Gränzlinie zu schneiden, mit andern Worten, es wird ein solcher Parallelstreifen ebenso oft in die vollständig begränzte Fläche mit Durchschneiden der Begränzungslinien eintreten als austreten, was für die obigen drei Flächen unmittelbar klar ist.

Seien nun die zu einem beliebigen, aber bestimmt gedachten y gehörigen Werthe des x an den Ein- und Austrittsstellen in der Richtung der wachsenden positiven x genommen

$$x_1,\ x',\ x_2,\ x'',\ \ldots,$$

---

*) Denn wenn für ein bestimmtes y zwischen den Integrationsgränzen a und b des Integrals

$$\int_a^b \frac{\partial Q(x,y)}{\partial x}\,dx$$

ein Werth $x = \alpha$ existirt, für den

$$\frac{\partial Q(x,y)}{\partial x}$$

unendlich wird, während $Q(x,y)$ selbst endlich und stetig ist, so wird nach der Definition eines solchen bestimmten Integrales

$$\int_a^b \frac{\partial Q(x,y)}{\partial x}\,dx = \lim_{\varepsilon=0,\ \varepsilon_1=0}\left\{\int_a^{\alpha-\varepsilon} \frac{\partial Q(x,y)}{\partial x}\,dx + \int_{\alpha+\varepsilon_1}^b \frac{\partial Q(x,y)}{\partial x}\,dx\right\}$$

oder

$$\int_a^b \frac{\partial Q(x,y)}{\partial x}\,dx = \lim_{\varepsilon=0,\ \varepsilon_1=0}\left\{Q(\alpha-\varepsilon,y) - Q(a,y) + Q(b,y) - Q(\alpha+\varepsilon_1,y)\right\}$$

sein, woraus, weil vermöge der Endlichkeit und Stetigkeit der Function $Q(x,y)$

$$\lim^{\varepsilon=0,}{}_{\varepsilon_1=0}\left\{Q(\alpha-\varepsilon,y) - Q(\alpha+\varepsilon_1,y)\right\} = 0$$

ist,

$$\int_a^b \frac{\partial Q(x,y)}{\partial x}\,dx = Q(b,y) - Q(a,y)$$

folgt.

und somit die Werthe der Function $Q(x,y)$

$$Q(x_1, y),\ Q(x', y),\ Q(x_2, y),\ Q(x'', y), \cdots,$$

so wird das noch auszuführende Integral

$$\int [-Q(x_1, y) + Q(x', y) - Q(x_2, y) + Q(x'', y) - \cdots] dy$$

über alle diejenigen y auszudehnen sein, welche der Begränzungslinie der Fläche entsprechen, wobei die Grössen x_1, x', x_2, x'', ... mit den y variiren. Wir wollen aber die Form dieses Integrales noch dadurch ein wenig ändern, dass wir die verschiedenen Vorzeichen der Q-Functionen mit den entsprechenden dy in der folgenden Weise zusammenfassen. Denken wir uns nämlich auf derjenigen Seite der xy-Ebene stehend, auf welcher man, nach der positiven x-Achse hinsehend, die positive y-Achse zur Linken hat, und nun die Begränzungslinie der Fläche so durchlaufen, dass stets die vollständig begränzte Fläche zur linken Hand liegt (also in der ersten der obigen Flächen in der Richtung der Pfeile), so wird, wenn man die unendlich kleine Veränderung des y beim Fortschreiten auf der Begränzungslinie mit δy bezeichnet, offenbar überall, wo ein Flächenstreifen in die betrachtete Fläche eintritt, δy negativ, und wo derselbe austritt, diese Grösse positiv sein, und daher, da dy wesentlich positiv war, die obige Summe sich jetzt in die Form setzen lassen

Fig. 33.

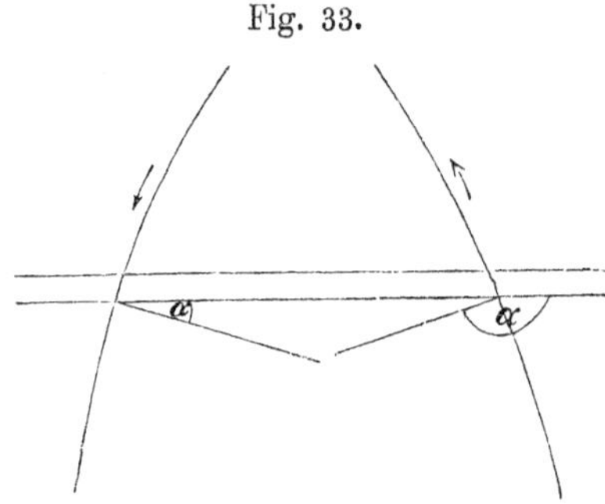

$$\int [Q(x_1, y) + Q(x', y) + Q(x_2, y) + Q(x'', y) + \cdots] \delta y$$

oder

$$\int Q(x, y) \delta y,$$

worin das Integral über alle Punkte der Begränzungslinie auszudehnen ist. Wir können diesem Integrale noch eine etwas andere Form geben, wenn wir bemerken, dass, wenn man den Winkel, welchen die nach dem Innern der Fläche gerichtete Normale der Begränzungscurve mit der positiven Abscissenachse macht, mit α bezeichnet, in jedem Falle

$$\delta y = -ds \,.\, \cos \alpha$$

ist; denn da beim Eintreten eines Parallelstreifens in die Fläche $\cos \alpha$ positiv und δy negativ, während beim Austreten $\cos \alpha$ negativ und δy positiv ist, wie aus der beistehenden Figur unmittelbar zu ersehen, so wird der bekannten Beziehung

$$\frac{dy}{ds} = \cos \alpha$$

durch die angegebene Form genügt, und es wird somit das obige Integral auch in den Ausdruck

$$-\int Q(x,y)\cos\alpha\, ds$$

umgesetzt werden können, dessen Bedeutung unmittelbar klar ist, sobald man sich die x und y, welche in Q und $\cos\alpha$ enthalten sind, mit Hülfe der Gleichung der Begränzungslinie durch s ausgedrückt denkt. Das eben erhaltene Resultat liefert also die Gleichung

$$\int\int\frac{\partial Q(x,y)}{\partial x}\,dx\,dy = \int Q(x,y)\,\delta y = -\int Q(x,y)\cos\alpha\, ds.$$

Was nun das zweite Doppelintegral

$$\int\int\frac{\partial P(x,y)}{\partial y}\,dx\,dy$$

betrifft, so wird sich dasselbe ohne Werthveränderung*) durch Umkehrung der Integrationsreihenfolge in die Form bringen lassen

$$\int\int\frac{\partial P(x,y)}{\partial y}\,dy\,dx,$$

und es bedarf keiner nochmaligen Auseinandersetzung, dass, wenn die Fläche durch Streifen, welche der y-Achse parallel sind, in Elementarstreifen zerlegt wird, aus denselben Gründen wie vorher folgt, dass, wenn die Begränzungslinie der Fläche in derselben Richtung durchlaufen wird wie zuvor, beim Eintreten eines Streifens δx positiv

*) Es wird nicht überflüssig sein, an dieser Stelle ein Wort über die Bedeutung von Doppelintegralen und die Berechtigung ihrer Integrationsreihenfolge hinzuzufügen für den Fall, dass die Function unter dem Doppelintegral für eine innerhalb der Gränzen enthaltene Werthecombination discontinuirlich wird. Sei

$$\int_{x_0}^{x_1}\int_{y_0}^{y_1} f(x,y)\,dy\,dx$$

ein Doppelintegral mit constanten Gränzen (worin offenbar keine Beschränkung liegt) und $f(x,y)$ eine im Punkte $x=\xi$, $y=\eta$ discontinuirliche Function, so ist

Fig. 34.

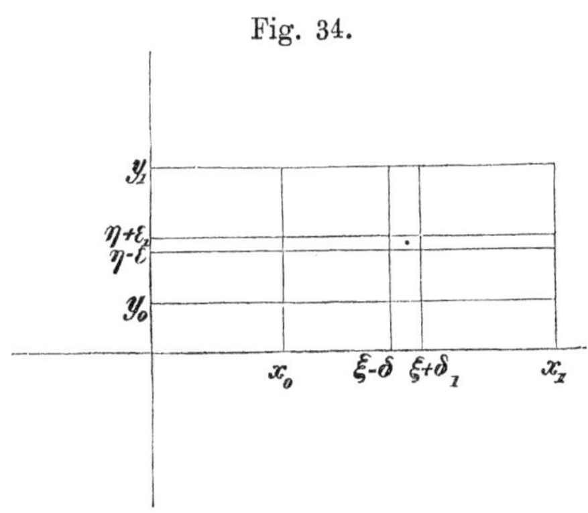

die Definition des mit der obigen Integrationsreihenfolge genommenen Integrals bei Ausschliessung des einen unendlich kleinen singulären Rechtecks und beim Austreten negativ ist, und sich somit jenes Doppelintegral in das einfache Integral

$$-\int P(x,y)\,\delta x$$

umformen lässt; da ferner wieder

$$\delta x = ds.\cos\beta,$$

wenn β den Winkel bedeutet, welchen die Richtung der in das Innere der Fläche gezogenen Normale mit der positiven y-Achse bildet, so geht das obige Integral in

$$-\int P(x,y)\cos\beta\,ds$$

über, und wir erhalten somit für das zweite Doppelintegral die Transformation

$$\int\int\frac{\partial P(x,y)}{\partial y}\,dx\,dy = -\int P(x,y)\,\delta x = -\int P(x,y)\cos\beta\,ds,$$

und daher durch Zusammensetzung beider die Beziehung

$$\int\int\left[\frac{\partial Q(x,y)}{\partial x} - \frac{\partial P(x,y)}{\partial y}\right]dx\,dy =$$

$$\int[Q(x,y)\,\delta y + P(x,y)\,\delta x] = -\int[Q(x,y)\cos\alpha - P(x,y)\cos\beta]\,ds,$$

durch welche Gleichung das auf der linken Seite derselben stehende Flächenintegral auf ein Linienintegral, über die Begränzungslinien der Fläche genommen, reducirt ist, für welches die Richtung der Integration nach der obigen Auseinandersetzung so zu nehmen war, dass man beim Durchlaufen der Gränzlinien die eingeschlossene Fläche stets links behielt.

$$\int_{x_0}^{x_1}\int_{y_0}^{y_1} f(x,y)\,dy\,dx = \int_{x_0}^{x_1}\int_{y_0}^{\eta-\varepsilon} f(x,y)\,dy\,dx + \int_{x_0}^{\xi-\delta}\int_{\eta-\varepsilon}^{\eta+\varepsilon_1} f(x,y)\,dy\,dx +$$

$$\int_{\xi+\delta_1}^{x_1}\int_{\eta-\varepsilon}^{\eta+\varepsilon_1} f(x,y)\,dy\,dx + \int_{x_0}^{x_1}\int_{\eta+\varepsilon_1}^{y_1} f(x,y)\,dy\,dx,$$

worin ε, ε_1, δ, δ_1 unendlich kleine Grössen bedeuten.

Nach derselben Definition wird

$$\int_{y_0}^{y_1}\int_{x_0}^{x_1} f(x,y)\,dx\,dy = \int_{y_0}^{y_1}\int_{x_0}^{\xi-\delta} f(x,y)\,dx\,dy + \int_{y_0}^{\eta-\varepsilon}\int_{\xi-\delta}^{\xi+\delta_1} f(x,y)\,dx\,dy +$$

$$\int_{\eta+\varepsilon_1}^{y_1}\int_{\xi-\delta}^{\xi+\delta_1} f(x,y)\,dx\,dy + \int_{y_0}^{y_1}\int_{\xi+\delta_1}^{x_1} f(x,y)\,dx\,dy,$$

und man sieht unmittelbar, dass, weil in den letzten vier Integralen der zweiten Gleichung wegen der Continuität der Function $f(x,y)$ zwischen den resp. Integrationsgränzen die Umkehrung der Integrationsreihenfolge erlaubt ist, mit Hülfe einfacher Zerlegung die Identität jener beiden Doppelintegrale, wenn die beiden Seiten der obigen Gleichungen überhaupt einen Sinn haben d. h. sich einem festen, endlichen, von den unendlich kleinen Grössen ε, ε_1, δ, δ_1 völlig unabhängigen Werthe nähern.

Da nun $P(x, y)$ und $Q(x, y)$ complexe Functionen der reellen Variabeln x und y sein durften, so wird es erlaubt sein

$$Q(x, y) = if(x + yi),\ P(x, y) = f(x + yi)$$

zu setzen, wenn $f(x + yi)$ eine Function einer complexen Variabeln ist, für welche der betrachtete Theil der ihr zugehörigen Riemann-schen Fläche mit dem Stücke der vorgelegten Fläche identisch ist, und welche ausserdem der Bedingung unterworfen ist, *in jenem völlig abgegränzten Theile dieser Fläche stetig und endlich zu sein;* in diesem Falle geht aber die obige Gleichung in

$$\int\int\left[i\,\frac{\partial f(x+yi)}{\partial x} - \frac{\partial f(x+yi)}{\partial y}\right] dx\,dy = \int f(x+yi)\,[\delta x + i\delta y]$$

über, und somit, wenn angenommen wird, dass $f(x + yi)$ sich in allen Punkten der eingeschlossenen Fläche der Differentialgleichung gemäss

$$\frac{\partial f(x+yi)}{\partial y} = i\,\frac{\partial f(x+yi)}{\partial x}$$

ändert, und

$$x + yi = z$$

gesetzt wird,

$$\int f(z)\,dz = 0,$$

wenn das Integral über die Begränzungslinien jenes vollständig begränzten Theiles der Riemann'schen Fläche, in dem oben angegebenen Sinne genommen, ausgedehnt wird, vorausgesetzt, dass die Function $f(z)$ innerhalb jenes Raumes endlich und stetig ist.

Der Fall aber, dass jenes vollständig abgegränzte Flächenstück Punkte oder Linien enthält, in denen die Function unstetig oder unendlich wird oder sich nicht mehr der Differentialgleichung der complexen Functionen gemäss ändert, lässt sich leicht dadurch mit dem obigen in Verbindung bringen, dass man diese singulären Punkte oder Linien durch jene unendlich nahe gelegenen Curven umschliesst, welche den Raum, in dem jene singulären Punkte oder Linien liegen, vollständig begränzen, und diese Linien mit zu den Begränzungslinien des von dem vorher vollständig abgegränzten übrig bleibenden Flächenstückes rechnet, indem jetzt das Gesammtintegral über alle diese Begränzungslinien genommen den Werth Null haben muss. Denn es ist einerseits der nunmehr übrig gebliebene Raum wieder ein vollständig begränzter, da von dem vorher allseitig begränzten Raume nur Punkte abgesondert sind, zu denen man nur durch Ueberschreiten der neuen Gränzlinien gelangen könnte, andererseits erfüllt die Function in dem abgegränzten Raume alle oben ausgesprochenen Bedingungen, und es wird daher das Linienintegral über die gesammte Begränzung genommen verschwinden, wenn festgehalten wird, dass wir die Begränzungslinien in einer solchen Richtung zu umkreisen haben, dass sich die eingeschlossene Fläche stets zur Linken befindet*). So wird sich in der beistehenden Figur, in der α ein

Fig. 35.

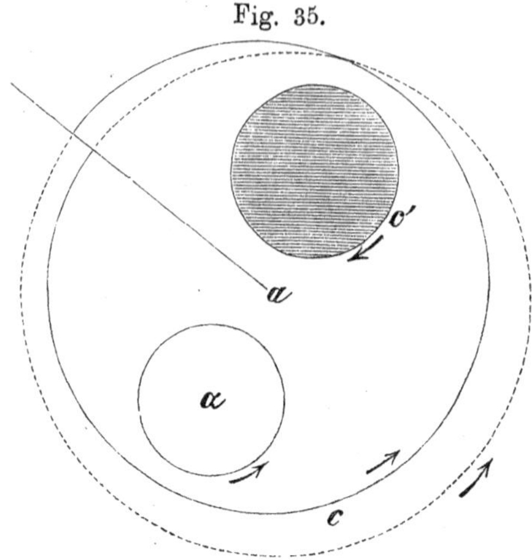

Unstetigkeitspunkt, während die Function in dem übrigen Raume endlich und stetig**) ist, die Beziehung ergeben:

$$\int\limits_{(c)} f(z)\,dz + \int\limits_{(c')} f(z)\,dz + \int\limits_{(-\alpha)} f(z)\,dz = 0,$$

*) Wir wollen hervorheben, dass, wenn sich innerhalb des ursprünglich gegebenen, vollständig begränzten Flächentheils ein Punkt oder eine Linie befindet, in welchen sich die Function nicht der Differentialgleichung

$$\frac{\partial f(z)}{\partial y} = i\,\frac{\partial f(z)}{\partial x}$$

gemäss ändert, während sie sonst für diesen singulären Punkt endlich, beim Ueberschreiten der singulären Linie stetig bleibt, das längs jener diesen Punkt oder diese Linie unendlich nahe umschliessenden Curve genommene Integral verschwinden muss, und somit die Ausschliessung jener singulären Punkte unnöthig ist. Denn wird jene Differentialgleichung nur für einen *Punkt* nicht befriedigt, so folgt daraus, dass $f(z)$ in diesem Punkte endlich sein soll, unmittelbar, dass

$$\int f(z)\,dz$$

in einer um diesen Punkt gezogenen unendlich kleinen Curve genommen verschwindet, und handelt es sich andererseits um eine singuläre *Linie*, so werden sich die längs der, jener Linie sich unendlich nahe anschliessenden, Curve zu beiden Seiten in entgegengesetzter Richtung verlaufenden Integrale wegen der Stetigkeit der Function bis auf eine Grösse zerstören, die beliebig klein gemacht werden kann. Kämen somit in jenem Bereiche einzelne Punkte vor, in denen die Function unstetig wird, ohne unendlich zu werden, also durch einen endlichen Stetigkeitssprung vieldeutig wird, so würden ebenfalls nach dem eben Gesagten diese Unstetigkeitspunkte ganz unbeachtet bleiben dürfen; ob solche Punkte überhaupt existiren können, wird später untersucht werden.

**) Wir haben schon in der zweiten Vorlesung bemerkt, dass, wenn nicht ausdrücklich das Gegentheil ausgesprochen wird, von einer Function von z angenommen werden soll, dass sie in allen Punkten des betrachteten Raumes sich der Differentialgleichung der Functionen complexer Variabeln gemäss ändert.

worin die ersten beiden Integrale in der Richtung der Pfeile über die Curven c und c' zu nehmen sind, das letzte über die unendlich kleine um α beschriebene Curve in der entgegengesetzten Richtung des Pfeiles, was durch $(-\alpha)$ bezeichnet werden soll; da nun aber über denselben Integrationsweg nur in verschiedener Richtung genommene Integrale sich nur im Vorzeichen unterscheiden, so folgt

$$\int_{(c)} f(z)\,dz + \int_{(c')} f(z)\,dz = \int_{(\alpha)} f(z)\,dz,$$

wo das letzte Integral jetzt über die unendlich kleine Umschliessungscurve des Punktes α so zu nehmen ist, dass man beim Durchlaufen derselben die unendlich kleine Kreisfläche zur Linken hat, wobei bemerkt werden mag, dass die Gestalt der Begränzungscurve von α ganz beliebig ist, da jede andere mit der ersteren einen Raum völlig abgränzen würde, der keine Unstetigkeitspunkte enthält, und sich somit für die beiden Integrale, über die beiden unendlich kleinen Curven in derselben Richtung genommen, gleiche Werthe ergeben würden. Genau dieselben Schlüsse werden im allgemeinen Falle zu dem Satze führen, *dass, wenn der völlig abgegränzte Raum Unstetigkeitspunkte enthält, das über die Begränzung dieses Flächentheils ausgedehnte Integral der Summe der über die unendlich kleinen, die Unstetigkeitspunkte umgebenden Curven genommenen Integrale gleich ist, wenn alle diese Curven derart durchlaufen werden, dass man die unendlich kleinen ausgeschlossenen Flächen zur Linken hat.*

Wenn wir es mit einem einfach zusammenhängenden Theile der der Function $f(z)$ zugehörigen Riemann'schen Fläche zu thun haben, so wird jede geschlossene Curve einen Flächenraum vollständig begränzen, und wir können daher den obigen Satz in einfacherer Form für diese Gattung von Flächen so aussprechen:

*Jedes geschlossene Linienintegral einer einfach zusammenhängenden Fläche ist Null, wenn innerhalb des abgegränzten Raumes die Function endlich und stetig ist**).

Mit Hülfe der eben erhaltenen Resultate werden wir nunmehr die Frage beantworten können, ob sich Räume angeben lassen, innerhalb deren Integrale, welche auf verschiedenen Integrationswegen von demselben Anfangspunkte zu demselben Endpunkte hin genommen sind, zu demselben Resultate führen. Denn seien in einem einfach zusammenhängenden Theile einer Riemann'schen Fläche zwei Integrationswege von z_0 nach z_1 gezogen, so werden beide zusammen

*) wobei bemerkt werden kann, dass sich innerhalb dieses Flächenraumes Punkte und Linien befinden dürfen, in welchen sich die Function nicht der Differentialgleichung der Functionen complexer Variabeln gemäss ändert, wenn nur die Function in jenen Punkten endlich und beim Ueberschreiten jener Linien stetig ist.

eine geschlossene Linie bilden, welche einen Raum vollständig abgränzt, und daher, wenn $f(z)$ in dem eingeschlossenen Raume endlich und stetig ist,

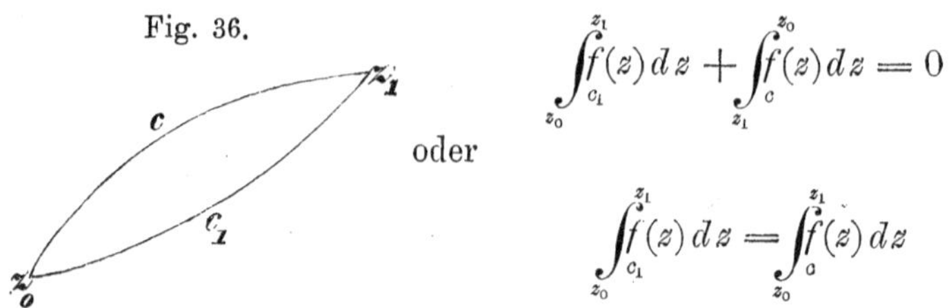

Fig. 36.

$$\int_{z_0}^{z_1} {}_{c_1} f(z)\,dz + \int_{z_1}^{z_0} {}_{c} f(z)\,dz = 0$$

oder

$$\int_{z_0}^{z_1} {}_{c_1} f(z)\,dz = \int_{z_0}^{z_1} {}_{c} f(z)\,dz$$

sein; *es führen also verschiedene, zwischen denselben Gränzen genommene Integrationswege eines einfach zusammenhängenden Theiles einer Riemann'schen Fläche zu demselben Resultate, wenn die Function in dem von den Wegen vollständig begränzten Raume endlich und stetig ist.* Ist dieses letztere jedoch nicht der Fall, sondern sind $\alpha, \beta, \gamma, \ldots$ Unstetigkeitspunkte der Function, dann wird dem oben bewiesenen Satze zufolge*)

Fig. 37.

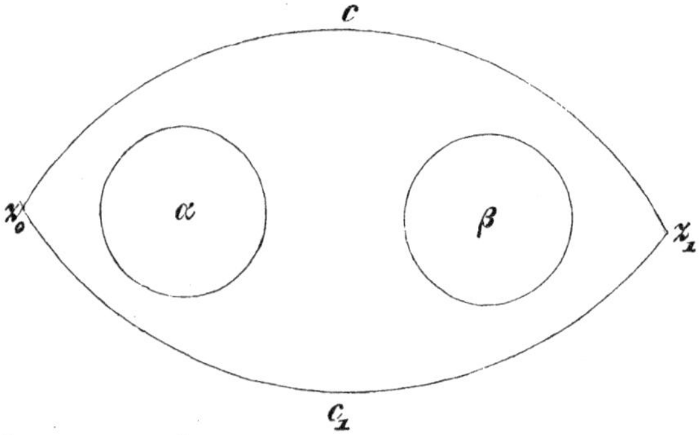

c

z_0 α β z_1

c_1

$$\int_{z_0}^{z_1} {}_{c_1} f(z)\,dz + \int_{z_1}^{z_0} {}_{c} f(z)\,dz = \int_{(\alpha)} f(z)\,dz + \int_{(\beta)} f(z)\,dz + \cdots$$

oder

$$\int_{z_0}^{z_1} {}_{c_1} f(z)\,dz = \int_{z_0}^{z_1} {}_{c} f(z)\,dz + \int_{(\alpha)} f(z)\,dz + \int_{(\beta)} f(z)\,dz + \cdots,$$

und *somit das Resultat der Integration auf dem Wege c_1 durch das auf dem Wege c erhaltene und durch die um die einzelnen Unstetigkeitspunkte genommenen Integrale ausgedrückt sein.*

Man sieht somit, dass für *einfach zusammenhängende* Flächen die Frage nach den Werthen der geschlossenen und der zwischen zwei

---

*) wobei zu beachten, dass sowohl c und c_1 als auch die unendlich kleinen Curven um α und β sich um Verzweigungspunkte mehrmals herumwinden können.

Punkten auf verschiedenen Wegen ausgeführten Integration eine unmittelbare Beantwortung findet; es lassen sich aber mit Hülfe der gewonnenen Resultate noch einige andere für die spätere Einführung der transcendenten Functionen wichtige Punkte erledigen. Es ist nämlich zu untersuchen, ob der Ausdruck

$$\int_{z_0}^{z} f(z)\,dz,$$

wenn die obere Gränze z einen bestimmten, aber beliebigen Punkt darstellt, eine Function von z ist, oder was nach der Definition einer Function dasselbe ausdrückt, ob die Differenz der beiden Integrale

$$\int_{z_0\,c'}^{z+dz} f(z)\,dz \text{ und } \int_{z_0\,c}^{z} f(z)\,dz,$$

das erste auf irgend einem Wege c' genommen, das zweite auf einem Wege c, im Verhältniss zur Grösse dz von dz unabhängig ist. Nehmen wir nun an, dass die beiden Integrationswege sich innerhalb eines einfach zusammenhängenden Flächentheiles befinden, in dessen Punkten $f(z)$ stetig und endlich ist, so wird die auf dem Wege c' ausgeführte Integration dasselbe Resultat liefern als dasjenige, zu welchem man auf dem zwischen demselben Anfangs- und Endpunkte verlaufenden Wege c und c'' gelangt, und es wird somit nach der Definitionsgleichung des complexen Integrales

Fig. 38.

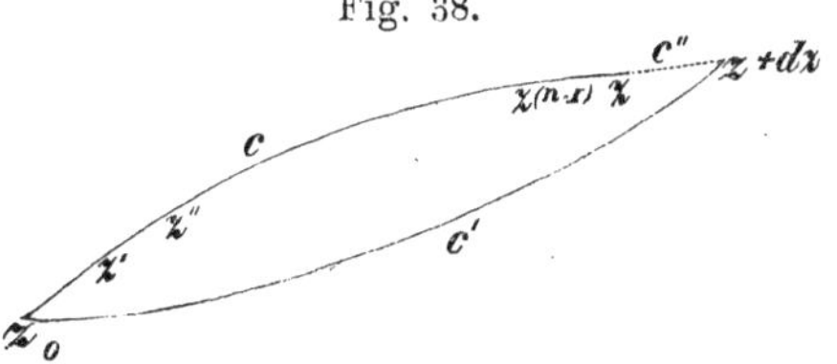

$$\int_{z_0\,c'}^{z+dz} f(z)\,dz = \lim_{n=\infty}\left[(z'-z_0)f(z_0) + \cdots\cdots + (z - z^{(n-1)})\,f(z^{(n-1)})\right]$$
$$+ (z+dz-z)\,f(z),$$

gesetzt werden können, worin $z', z'', \ldots z^{(n-1)}$ die zwischen z_0 und z eingeschalteten Zwischenwerthe bedeuten, und für die Argumente der Function $f(z)$ die Anfangspunkte der einzelnen Strecken gewählt sind; da nun aber

$$\int_{z_0\,c}^{z} f(z)\,dz = \lim_{n=\infty}\left[(z'-z_0)\,f(z_0) + \cdots\cdot + (z - z^{(n-1)})\,f(z^{(n-1)})\right]$$

ist, so folgt, dass die Differenz der beiden obigen Integrale den Werth

$$f(z)\,dz$$

hat, und dass somit

$$\frac{\int\limits_{z_0,\,c'}^{z+dz} f(z)\,dz - \int\limits_{z_0,\,c}^{z} f(z)\,dz}{dz} = f(z),$$

also von dz unabhängig ist. Wir finden daher, *dass das Integral*

$$\int\limits_{z_0}^{z} f(z)\,dz$$

innerhalb eines einfach zusammenhängenden Raumes, der weder Unstetigkeitspunkte noch Unendlichkeitspunkte der Function einschliesst, eine Function von z ist, dass der Differentialquotient dieses Integrals durch die Function unter dem Integralzeichen dargestellt wird, und dass daher das Integral selbst, als Function von z aufgefasst und vorausgesetzt, dass alle in Frage kommenden Integrationswege in jenem Raume verlaufen, *endlich,* wie am Anfange der Vorlesung gezeigt worden, *stetig,* weil die Differenz benachbarter Werthe

$$f(z)\,dz$$

also eine unendlich kleine Grösse ist, und endlich *eindeutig* ist, da, wenn man z in jenem Raume irgend einen geschlossenen Umkreis beschreiben lässt, das hinzukommende geschlossene Integral den Werth Null hat, und somit das Integral seinen ursprünglichen Werth wiedererlangt.

Die für das Integral

$$\int\limits_{z_0}^{z} f(z)\,dz$$

innerhalb eines einfach zusammenhängenden Flächentheiles der zur Function $f(z)$ gehörigen Riemann'schen Fläche gefundenen Sätze, lassen sich aber, wie nunmehr gezeigt werden soll, unmittelbar auf mehrfach zusammenhängende Flächentheile und somit auf die ganze Riemann'sche Fläche der Function $f(z)$ übertragen, in der sich Unstetigkeits- und Unendlichkeitspunkte der Function befinden, wenn wir von der in der fünften Vorlesung behandelten Zerschneidung der mehrfach zusammenhängenden Flächen Gebrauch machen.

Sei nämlich S ein vollständig begränzter, mehrfach zusammenhängender Theil einer Riemann'schen Fläche der beliebig vorgelegten Function $f(z)$, so umschliesse man die in diesem Theile gelegenen Punkte und Linien, in denen die Function unstetig oder unendlich wird, mit unendlich nahe gelegenen geschlossenen Curven, welche als weitere Begränzungen jenes Theiles der Riemann'schen Fläche aufgefasst werden sollen, und zerlege nun die neue mehrfach zusammenhängende begränzte Fläche nach früheren Methoden in eine einfach zusammenhängende S', in welcher die eingeführten Querschnitte an ihren beiden Seiten als Begränzungslinien der neuen Fläche S' zu betrachten sind; dann ist unmittelbar einzusehen, dass einerseits jede geschlossene Curve der Fläche S' in Folge des einfachen Zusammenhanges derselben für sich einen Flächenraum vollständig begränzt und dass andererseits eine solche Linie keinen Unstetigkeits- oder Unendlichkeitspunkt umschliessen kann, da sie im entgegengesetzten Falle nicht allein, sondern mit einer oder mehreren der jene Punkte umschliessenden Curven einen Raum vollständig begränzen würde. Es folgt daraus, dass jedes geschlossene Integral der Fläche S' den Werth Null hat, und dass sämmtliche zwischen denselben beiden Punkten sich erstreckende Integrationswege dieser Fläche auch zu demselben Resultate führen; und übertragen wir die eben gemachten Auseinandersetzungen auf die gesammte, nach dem Früheren als vollständig begränzt aufzufassende Riemann'sche Fläche F der Function $f(z)$, so folgt, dass das Integral

$$\int_{z_0}^{z} f(z)\,dz\,^{*)}$$

im Allgemeinen für beliebige Wege auf der Riemann'schen Fläche F zu einem bestimmten z verschiedene Wege liefern kann, also im Allgemeinen mehrdeutig sein wird, dass dagegen das Integral nach den eben gemachten Auseinandersetzungen für alle diejenigen Integrationswege, welche auf der, nach Absonderung der Unstetigkeits- und Unendlichkeitspunkte durch Querschnitte zerschnittenen und nunmehr einfach zusammenhängend gewordenen Fläche F' liegen, zu jedem z denselben Integralwerth liefert und daher nach dem Früheren in der Fläche F' eine eindeutige Function von z ist.

Wenn somit die Riemann'sche Fläche F einer mehrdeutigen Function $f(z)$ dieselbe zu einer eindeutigen Function der Punkte dieser Fläche macht, so liefert die nach Absonderung der Unstetigkeits- und Unendlichkeitspunkte mit Hülfe von Querschnitten in eine einfach zusammenhängende Fläche F' verwandelte Fläche F den geometrischen Ort der Punkte, von denen

$$\int_{z_0}^{z} f(z)\,dz$$

eine eindeutige Function ist.

Mit Hülfe dieses Resultates wird es aber nun möglich sein, den Werth eines beliebigen, auf der mehrfach zusammenhängenden Fläche F hinlaufenden Integrales durch die Summe des entsprechenden, zwischen demselben Anfangs- und Endpunkte auf F' genommenen Integrales und der Producte gewisser constanter Grössen in ganze

*) wenn z_0 ein beliebiger, nicht singulärer Punkt ist.

Zahlen auszudrücken, die durch die Beschaffenheit des Integrationsweges fest bestimmt sein werden; und um diese Reduction übersichtlich darstellen zu können, wollen wir die mehrfach zusammenhängende Fläche nach einer ganz bestimmten, später in der Theorie der Transcendenten weiter anzuwendenden Methode durch Querschnitte in eine einfach zusammenhängende zerlegen.

Sei F eine beliebig gegebene Riemann'sche Fläche, welche $n + 1$-fach zusammenhängend und nach Früherem als geschlossen zu betrachten ist, und sei a_1 eine geschlossene Linie auf derselben, welche einen Flächenraum nicht vollständig begränzt, so kann diese Linie jedenfalls als ein erster Querschnitt der Fläche F aufgefasst werden, da die Gränze einer geschlossenen Riemann'schen Fläche ein beliebig ausgesonderter Punkt derselben sein sollte und ausserdem, wie leicht zu sehen, die Fläche F durch a_1 nicht zerstückelt wird, weil man vermöge der Eigenschaft von a_1, nicht die völlige Begränzung eines Flächentheiles zu bilden, zwei gegenüberliegende Punkte derselben, ohne die Begränzungslinie zu schneiden, durch einen continuirlichen Zug mit einander verbinden kann. Sei diese stetige Verbindungslinie die Curve b_1, so wird diese offenbar als ein zweiter Querschnitt der gegebenen Fläche betrachtet werden dürfen,

Fig. 39.

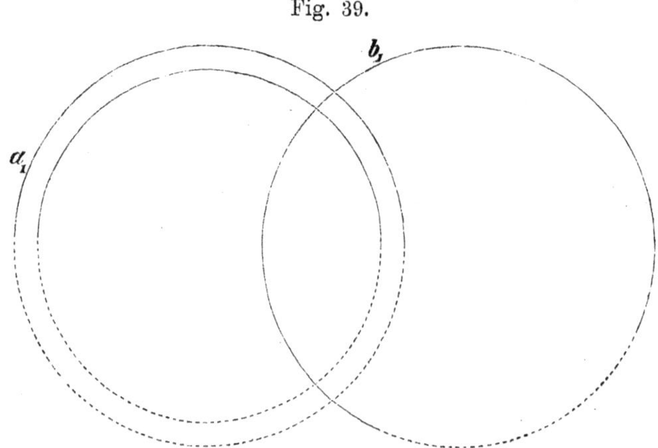

weil einerseits b_1 selbst von einem Gränzpunkte der n-fach zusammenhängenden Fläche, für welche die beiden Seiten des Querschnittes a_1 zu Gränzen geworden sind, zu einem andern Gränzpunkte führt, andererseits eine dem Querschnitte a_1 unendlich benachbarte Linie zwei gegenüberliegende Punkte von b_1 durch einen continuirlichen Zug mit einander verbindet, ohne die Gränzlinien zu schneiden. Dadurch ist nun die ursprüngliche Fläche F in eine $n - 1$-fach zusammenhängende verwandelt worden, deren gesammte Begränzung — und dies ist für das Folgende als besonders wesentlich hervorzuheben — aus den beiden Seiten dieser beiden Querschnitte besteht und daher, wie aus der beistehenden Figur unmittelbar zu ersehen, in einem continuirlichen Zuge durchlaufen werden kann. Zieht man nun ferner in der $n-1$-fach zusammenhängenden Fläche eine geschlossene Linie a_2, welche nicht einen Theil dieser neuen Fläche vollständig abgränzt, und verbindet einen Punkt dieser Linie durch einen continuirlichen Zug c_1 mit einem Punkte der Linie b_1,

Fig. 40.

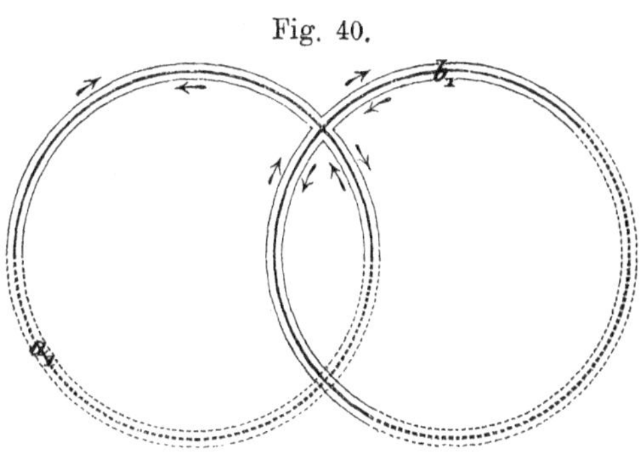

so wird der Zug c_1 und a_2 zusammen als ein Querschnitt der $n-1$-fach zusammenhängenden Fläche zu betrachten sein; denn es führt diese zusammenhängende Linie von einem Begränzungspunkte der Fläche, nämlich von einem Punkte der Linie b_1 aus, ohne sich zu durchschneiden, zu einem Punkte von sich selbst zurück und zerlegt die Fläche in zwei, noch miteinander in Zusammenhang stehende Theile; denn da die Linie a_2 nicht die vollständige Begränzung eines Theiles der $n-1$-fach zusammenhängenden Fläche bilden sollte, so muss es möglich sein, von beiden Seiten dieser Linie an die Begränzung der Fläche gelangen zu können, welche aus den beiden Seiten der zwei ersten Querschnitte besteht; aber die beiden Treffpunkte mit dieser Begränzung lassen sich offenbar, weil nach der vorher gemachten Bemerkung die ganze Begränzung sich in *einem* Zuge durchlaufen lässt,

Fig. 41.

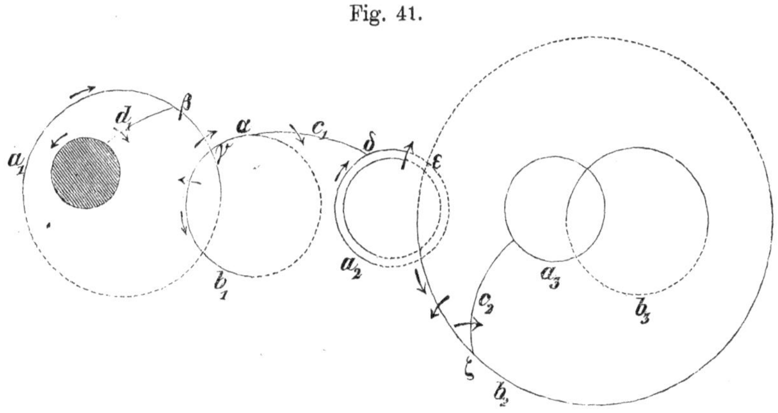

durch zwei continuirliche, an der Begränzung unendlich nahe hinlaufende Linien mit einander verbinden, von denen die eine die Linie c_1 treffen wird, die andere nicht; diese letztere mit jenen beiden nach der Begränzung führenden Linien zusammengenommen wird somit einen geschlossenen Zug von einem Punkte jener Linie a_2 zu dem gegenüberliegenden liefern, welcher die Begränzung der $n-1$-fach zusammenhängenden Fläche nicht schneidet, und daher c_1 und a_2 zusammengenommen ein Querschnitt jener Fläche sein. Sei b_2 ein continuirlicher Zug, welcher zwei gegenüberliegende Punkte des Querschnittes a_2 mit einander verbindet, so können wir denselben offenbar als Querschnitt der neuen $n-2$-fach zusammenhängenden Fläche ansehen, da er einerseits in dieser Fläche hinlaufend zwei gegenüberliegende Punkte von a_2, also zwei Gränzpunkte derselben mit einander verbindet, andererseits aber auch die $n-2$-fach zusammenhängende Fläche nicht zerstückelt, da man z. B. auf der innern Seite von a_2 in einem dieser Linie unendlich benachbarten Zuge von einem Punkte von b_2 zu dem gegenüberliegenden gelangen kann. Somit ist jetzt die Fläche $n-3$-fach zusammenhängend geworden, und wenn man wieder eine geschlossene Linie a_3 zieht, welche einen Flächentheil der neuen Fläche nicht vollständig begränzt und b_2 und a_3 durch c_2 verbindet, so leuchtet wiederum ein, dass a_3 und c_2 zusammen einen Querschnitt der $n-3$-fach zusammenhängenden Fläche bilden, indem sich die beiden Seiten jener vier geschlossenen Linien a_1, b_1, a_2, b_2 und der Linie c_1, wie unmittelbar aus den für die Linien a_1 und b_1 gemachten Auseinandersetzungen hervorgeht, wenn man noch zwei zu den beiden Seiten von c_1 unendlich benachbarte Linien hinzunimmt, wieder in einem continuirlichen Zuge durchlaufen lassen. Fährt man so fort, bis die Fläche in eine einfach zusammenhängende verwandelt ist, so sieht man, dass jeder neue Querschnitt c_{k-1} und a_k auch noch einen weiteren Querschnitt b_k nach sich zieht, so dass wir eine gerade Anzahl von Querschnitten erhalten werden, und daher die *Zahl, welche den Zusammenhang einer geschlossenen Riemann'schen Fläche angiebt, eine ungerade sein muss.**)

Die eben durchgeführte Zerlegung war nur für den Fall ent-

*) Es mag hier noch bemerkt werden, dass man offenbar eine von α aus nach α zurücklaufende geschlossene Curve in der $n-1$-fach zusammenhängenden Fläche ziehen kann, welche mit dem aus c_1 und a_2 bestehenden Querschnitte, aber nicht für sich, einen Theil der $n-1$-fach zusammenhängenden Fläche vollständig begränzt, indem man nur eine solche Linie jenem Querschnitte unendlich nahe zu legen braucht; dass diese letztere Linie aber auch als Querschnitt der $n-1$-fach zusammenhängenden Fläche wird betrachtet werden können, geht daraus hervor, dass dieselbe zwei zusammenfallende Gränzpunkte, ohne die Fläche zu zerstückeln, mit einander verbindet, und sich somit wie früher eine Linie b_2 von einem Punkte dieser Linie zu dem gegenüberliegenden, ohne die Begränzungslinien der Fläche zu schneiden, wird ziehen lassen; man wird daher eine $n+1$-fach zusammenhängende Fläche auch durch n Querschnitte, von denen jeder in einem Punkte des vorhergehenden beginnt und in demselben Punkte endigt, in eine einfach zusammenhängende zerlegen können.

wickelt, dass wir es mit einer geschlossenen Riemann'schen Fläche zu thun haben; werden jedoch Gränzen derselben dadurch eingeführt, dass die Unstetigkeits- und Unendlichkeitspunkte sowie der unendlich entfernte Punkt durch geschlossene Linien ausgesondert werden, so zerlege man zuerst die geschlossene Fläche nach der oben angegebenen Methode in eine einfach zusammenhängende und ziehe nunmehr von je einer die singulären Punkte umschliessenden Curve eine Linie in der neuen Fläche nach irgend einem Punkte der Begränzung derselben (wie z. B. die in der obigen Figur nach einem Punkte der Curve a_1 gezogene Linie d_1), so jedoch, dass diese Linien sich unter einander nicht schneiden; es werden dann die auf diese Weise sich ergebenden Curven $d_1, d_2 \dots$ wieder Querschnitte der zuletzt erhaltenen und durch Einführung jener neuen geschlossenen Linien wieder mehrfach zusammenhängend gewordenen Fläche sein und diese offenbar in eine einfach zusammenhängende Fläche zerlegen, da eine Umkreisung jener Lücken durch diese Querschnitte gehindert ist, und jede andere geschlossene Curve schon nach der ersten Zerlegung einen Flächenraum vollständig begränzte*).

Gehen wir nun von dieser Art der Zerlegung aus und stellen jetzt die Frage, wie sich die Werthe der auf beliebigen Wegen zwischen denselben beliebigen beiden Punkten einer Riemann'schen Fläche genommenen Integrale zu einander verhalten. Sei l irgend ein Querschnitt der Fläche F' und der Werth des Integrales von z_0 bis z_1 auf dem Wege m der Fläche F gesucht, so wird dieses der Definition der bestimmten Integrale gemäss aus der Summe der Producte der Differenzen der aufeinanderfolgenden Werthe der Variabeln und der zugehörigen Functionalwerthe bestehen, während das Integral zwischen denselben Gränzen in der einfach zusammenhängenden Fläche F' genommen, da dasselbe für beliebige Wege auf dieser Fläche denselben Werth annimmt, aus der Summe der drei, in der vorher angegebenen Weise zusammengesetzten Integrale bestehen wird, welche längs den

*) Ist die Riemann'sche Fläche nach ihrer Zerschneidung und der Aneinanderheftung der Blätter bereits eine einfach zusammenhängende, so dass dieselbe gar keine Querschnitte enthält — welcher Fall, wie oben bereits an einem Beispiel gezeigt worden, bei n-blättrigen Flächen mit mehreren Verzweigungspunkten in der That eintreten kann — und werden nunmehr die etwaigen Unstetigkeitspunkte oder der unendlich entfernte Punkt durch unendlich kleine geschlossene Curven ausgeschieden, so wird man, um die neue mehrfach zusammenhängende Fläche wieder in eine einfach zusammenhängende zu verwandeln, wie bei jeder Ringfläche, deren Begränzungen in unserm Falle nur aus jenen unendlich kleinen Curven bestehen, die Zerlegung zu bewerkstelligen haben. Es mag ferner an dieser Stelle noch ausdrücklich bemerkt werden, dass alle vorherigen Auseinandersetzungen nur eine Bedeutung gewinnen, wenn die Riemann'sche Fläche aus einer endlichen Anzahl von Blättern mit einer endlichen Anzahl von Verzweigungspunkten besteht.

Wegen $z_0 \alpha p \beta z_1$ genommen sind, wenn p eine zwischen den beiden, dem Querschnitte unendlich nahe gelegenen Punkten α und β in der Fläche F' sich erstreckende Linie darstellt; es wird somit das in F von z_0 nach z_1 genommene Integral um das längs dem geschlossenen Wege p der Fläche F' in der durch den Pfeil bezeichneten Richtung genommene Integral kleiner sein als das von z_0 nach z_1 in der Fläche F' sich erstreckende. Genau dasselbe findet aber auch statt, wenn der Integrationsweg von z_0 nach z_1 den Querschnitt l in einem andern Punkte schneidet; ist dann nämlich der in F' verlaufende, beide Seiten des Querschnitts verbindende Integrationsweg q, und sind r und s dem Querschnitt l unendlich nahe sich hinziehende, nach α und β führende Linien, so bilden die Linien p, q, r, s zusammengenommen eine geschlossene, in der einfach zusammenhängenden Fläche F' befindliche Linie, welche weder Unstetigkeits- noch Unendlichkeitspunkte einschliesst, und es wird daher das über diese Linie genommene Integral

Fig. 42.

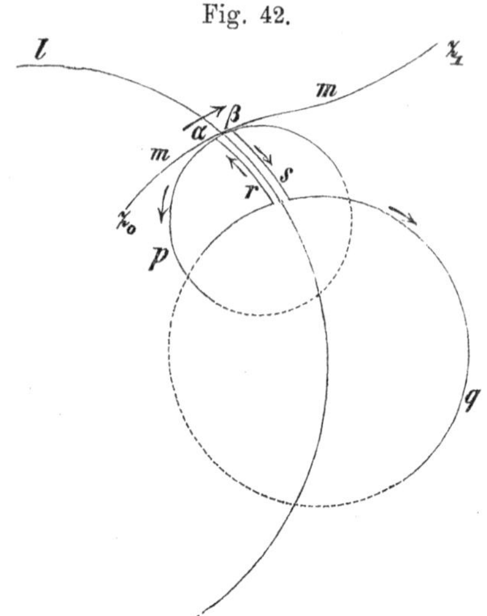

$$\int f(z)\,dz$$

den Werth Null haben; da jedoch r und s in entgegengesetzter Richtung durchlaufen werden, und die Werthe von $f(z)$ zu beiden Seiten des Querschnittes unendlich benachbart sind, so werden sich die auf die r und s Linien bezüglichen Integrale herausheben*), und mit Berücksichtigung der verschiedenen Integrationsrichtung, in denen p und q, wie die Pfeile andeuten, durchlaufen werden, zeigt sich somit, dass die in gleicher Richtung über die geschlossenen Linien p und q genommenen Integrale denselben Werth geben, vorausgesetzt freilich, dass wir die Uebergangsstelle über den Querschnitt l nur so weit vorrücken lassen, bis ein zweiter Querschnitt etwa den ersten trifft. Wir finden daher, *dass jedes von z_0 nach z_1 in der Fläche F genommene Integral, dessen Integrationsweg den Querschnitt l einmal schneidet, jenem eindeutigen in F' zwischen den Gränzen z_0 und*

*) was auch geschehen würde, wenn ein Theil des Querschnittes mit dem Verzweigungsschnitte zusammenfiele, weil die beiden Seiten desselben verschiedenen Kugeln angehören, deren Functionalwerthe über den Verzweigungsschnitt hinüber stetig in einander übergehen.

z_1 *genommenen Integrale gleich ist vermindert um das von irgend einem Punkte des Querschnittes — in der oben bezeichneten Ausdehnung desselben — zu dem gegenüberliegenden Punkte in der angegebenen Richtung in F' genommene Integral.* Wir können aber eben dieses Resultat noch etwas anders aussprechen; während nämlich vorher gezeigt worden, dass das Integral

$$\int_{z_0}^{z} f(z)\,dz$$

auf der Fläche F' genommen eine stetige Function von z ist, indem einer Zunahme von z um ein in F' befindliches dz ein Differential des Integrals von dem Werthe $f(z)\,dz$ entsprach, würde für die durch jenes Integral definirte Function von z, wenn die Integrationswege immer noch auf F' verzeichnet werden, einem Differential dz der Fläche F, welches über den Querschnitt l hinwegführte, ein endlicher Zuwachs in Form jenes geschlossenen, in der vorgezeichneten Richtung über p genommenen Integrals entsprechen, und wir können daher sagen, dass jenes auf F' genommene Integral längs dem Querschnitte l eine Discontinuität erleidet, die im Laufe jenes Querschnittes in der angegebenen Ausdehnung constant ist; eben dieser Stetigkeitssprung des in F' genommenen Integrales liefert die Differenz der Werthe des zwischen z_0 und z in F' und des zwischen eben diesen Gränzen auf dem directen Integrationswege auf F genommenen Integrales.

Die eben gemachten Auseinandersetzungen sind für jeden Querschnitt der Fläche F gültig und lassen sich offenbar unmittelbar auf Integrationswege in der Fläche F übertragen, welche mehrere der Querschnitte eine beliebige Anzahl mal schneiden; es wird sich somit zur Ermittlung der Integralwerthe beliebiger Integrationswege auf der Fläche F mit Hülfe des zwischen denselben Gränzen in F' genommenen Integrals nur darum handeln, die Stetigkeitssprünge des letzteren an den einzelnen Querschnitten d. h. die in F' verlaufenden Integrale zu berechnen, welche von einem Querschnittspunkte zu einem gegenüberliegenden führen und welche, wie wir wissen, innerhalb einer Strecke, in welcher kein anderer Querschnitt den ersten trifft, gleichwerthig sind. Zur Herleitung dieser Werthe gehen wir zu unserm früher aufgestellten speciellen Querschnittssystem zurück.

Behandeln wir zuerst den Fall besonders, in welchem $f(z)$ keine auszuschliessenden Punkte hat*), so wird die Riemann'sche Fläche durch die früher mit $a_1, b_1, c_1, a_2, b_2, c_2, \ldots$ bezeichneten Linien in eine einfach zusammenhängende verwandelt werden, und es wird sich darum

*) oder, wie wir nach den Auseinandersetzungen der folgenden Vorlesung richtiger sagen müssen, nur solche Punkte besitzt, die nicht ausgeschlossen zu werden brauchen.

handeln, die in F' genommenen Integrale zu ermitteln, welche von einem Querschnittspunkte zum gegenüberliegenden führen. Was nun die Linien c angeht, so ist klar, dass man z. B., um von α auf der einen Seite von c_1 zu α auf der andern Seite dieser Linie zu gelangen, an den Schnitten a_1 und b_1 unendlich nahe hingehen und diese, wie oben gezeigt worden, in geschlossener Linie an ihren beiden Seiten und zwar in entgegengesetzter Richtung durchlaufen kann. Da sich in Folge dessen die einzelnen Elemente des Integrals zerstören, indem die Function zu beiden Seiten des Querschnitts und in Punkten, welche demselben unendlich nahe liegen, unendlich benachbarte Werthe hat, so wird somit das Ueberschreiten des c_1-Querschnittes gar keine Discontinuität hervorbringen, und man wird denselben daher als nicht vorhanden betrachten dürfen; genau dasselbe gilt aber von allen c-Querschnitten, indem man z. B. für c_2 nur a_2 und b_2 in ihren beiden Seiten zu durchlaufen und c_1 zu durchschneiden hat, wodurch aber nach den eben gemachten Auseinandersetzungen eine Werthveränderung nicht eintritt. Für den Querschnitt a_1, in dessen ganzer Ausdehnung der Stetigkeitssprung derselbe bleibt, wird der Werth desselben offenbar durch das über die Curve b_1 ausgedehnte Integral*) dargestellt werden können, welches wir mit A_1 bezeichnen wollen, während der Stetigkeitssprung für den Querschnitt b_1 der über die Curve a_1 ausgedehnte Integral B_1 sein wird, wenn das Ueberschreiten der Querschnitte und die Integration längs jenen Curven in den durch die Pfeile in der obigen Figur angegebenen Richtungen vollzogen wird. Ebenso wird das Ueberschreiten von a_2 das Integral A_2, über b_2 genommen, liefern u. s. w., so dass sich für jeden der n Querschnitte, deren Zahl, wie früher gezeigt worden, eine gerade ist, als zugehöriger Stetigkeitssprung des in F' genommenen Integrals ein Werth ergiebt, welcher in der Reihe

$$A_1, B_1, A_2, B_2, \ldots\ldots$$

enthalten ist, und es lässt sich daraus mit Hülfe der oben für den Querschnitt l gemachten Auseinandersetzungen unmittelbar erkennen, dass ein beliebiger auf der Fläche gezogener Integrationsweg einen Integralwerth w liefern wird, welcher sich von dem zwischen denselben Gränzen auf der Fläche F' genommenen und für alle auf dieser Fläche liegenden Wege eindeutigen Werthe w' nur um ganze Vielfache jener für die Stetigkeitssprünge gefundenen geschlossenen Integrale unterscheidet, so dass

$$w = w' + m_1 A_1 + n_1 B_1 + m_2 A_2 + n_2 B_2 + \ldots,$$

worin $m_1, n_1, m_2, n_2, \ldots$ ganze positive oder negative Zahlen bedeuten, die unmittelbar daraus sich ergeben, wie oft jener Weg auf

*) eigentlich durch das über eine der Curve b_1 unendlich benachbarte Linie genommene Integral.

der Fläche F und in welcher Richtung derselbe die einzelnen Querschnitte schneidet; man sieht zugleich, dass *zu den in F' erlangten eindeutigen Integralwerthen nur Multipla von höchstens so vielen, von dem Integrationswege unabhängigen, festen Grössen hinzutreten, als Querschnitte nöthig sind, um die Fläche in eine einfach zusammenhängende zu verwandeln.*

Gehen wir endlich zu dem allgemeinen Falle über, in dem auch Punkte der Function existiren, die in der früher angegebenen Weise ausgeschlossen werden sollen, und vermöge deren neue Querschnitte $d_1, d_2, \ldots$ eintreten, so wird, wenn wir zuerst die Annahme machen, d_1 sei der einzige durch singuläre Punkte hinzugekommene Querschnitt, und verbinde jene ausschliessende Linie mit dem Querschnitte a_1, bei Ueberschreitung der Linie d_1 in der Richtung des Pfeiles ein Stetigkeitssprung sich ergeben, dessen Werth durch das in der Richtung des Pfeiles auf der ausschliessenden Curve genommene Integral dargestellt wird, welches mit D_1 bezeichnet werden mag. Für den Querschnitt c_1 werden die früheren Auseinandersetzungen nur dadurch modificirt, dass bei der doppelten Umkreisung der Querschnitte a_1 und b_1 der Querschnitt d_1 einmal und zwar, wie leicht zu sehen, in der Richtung des Pfeiles geschnitten wird, so dass sich die übrigen Integralelemente wieder zerstören und sich daher für die in der Richtung des Pfeiles angedeutete Ueberschreitung von c_1 der Stetigkeitssprung D_1 ergiebt. Ferner wird das Ueberschreiten des Querschnittes a_1 in dem in der Figur zwischen β und γ gelegenen kleineren Theile wieder das über b_1 genommene Integral A_1 liefern, zu dem jedoch noch der durch das Schneiden von c_1 in einer dem Pfeile entgegengesetzten Richtung hervorgebrachte Stetigkeitssprung $-D_1$ hinzutritt, während ein Ueberschreiten von a_1 in dem übrigen zwischen β und γ gelegenen Theile offenbar nur den Integralwerth A_1 liefert; ebenso wird ein Ueberschreiten des Querschnittes b_1 in dem zwischen α und γ gelegenen kleineren Theile den Stetigkeitssprung B_1 bewirken, während für den übrigen Theil desselben Querschnittes sich $B_1 - D_1$ ergiebt. Das Ueberschreiten von c_2 wird, wie man sich leicht durch Umkreisen der beiden Ränder der Querschnitte a_2 und b_2 überzeugt, wieder D_1 liefern, und es wird sodann der für den kleineren Theil $\delta\varepsilon$ von a_2 entstehende Stetigkeitssprung A_2, der für den übrigen Theil geltende $A_2 + D_1$ sein, während der Querschnitt b_2 für den kleineren Theil $\varepsilon\zeta$ den Werth B_2, für den grösseren $B_2 - D_1$ liefert u. s. w., so dass das Ueberschreiten der fünf Querschnitte

$$d_1,\ a_1,\ b_1,\ a_2 + c_1,\ b_2$$

wieder nur fünf neue geschlossene Integrale

$$D_1,\ A_1,\ B_1,\ A_2,\ B_2$$

einführt, aus welchen sich durch additive Verbindung jeder durch

Ueberschreiten jener Querschnitte hervorgebrachte Stetigkeitssprung zusammensetzen lässt. Genau dieselben Betrachtungen lassen sich auf die noch übrigen Querschnitte anwenden, und ebensowenig wird an diesen, wie leicht zu sehen, irgend etwas geändert, wenn wir statt eines solchen neu hinzukommenden Querschnittes d_1 mehrere d_1, d_2, d_3, ... voraussetzen, so dass sich somit *jedes Integral auf der Fläche* F *wieder aus dem zwischen denselben Gränzen genommenen Integrale der Fläche* F' *durch Hinzufügen von ganzen Vielfachen eben so vieler Grössen* $D_1, D_2, .. A_1, B_1, A_2, B_2, ...$ *), *als Querschnitte existiren, wird herleiten lassen.* Man nennt diese geschlossenen Integrale

$$D_1, D_2, \ldots A_1, B_1, A_2, B_2, \ldots$$

die *Periodicitätsmoduln* des Integrals

$$\int_{z_0}^{z} f(z)\, dz^{**}),$$

weil sich sämmtliche Werthe des zwischen z_0 und z auf der Fläche F genommenen Integrales in der Form

$$\int_{F\,z_0}^{z} f(z)\, dz = \int_{F'\,z}^{z_0} f(z)\, dz + \mu_1 D_1 + \mu_2 D_2 + \cdots + m_1 A_1 + n_1 B_1 + m_2 A_2 + n_2 B_2 + \cdots$$

darstellen lassen, und daher, wenn die obere Gränze z des Integrals als von dem Werthe des ganzen Integrales abhängig aufgefasst wird, die neue unabhängige Variable alle diese unendlich vielen, um ganzzahlige Vielfache bestimmter constanter Grössen von einander verschiedenen Werthe annehmen darf, ohne dass z selbst sich ändert, und gerade diese Eigenschaft wird später von uns die Periodicität genannt werden.

---

*) Es ist wesentlich an dieser Stelle zu bemerken, dass, wenn die Grössen D_1, D_2, ... Null sind, d. h. die um die einzelnen Unstetigkeits- oder Unendlichkeitspunkte der Function genommenen geschlossenen Curvenintegrale verschwinden, diese singulären Punkte bei der Zerlegung der Fläche nicht mehr auszuschliessen sind, weil dann Integrationswege zwischen denselben Punkten, welche einen Raum begränzen, der singuläre Punkte der bezeichneten Art enthält, zu demselben Resultate führen.

**) wobei zu beachten ist, dass die Periodicitätsmoduln selbstverständlich nicht von der untern Gränze z_0 des Integrals abhängen.

Siebente Vorlesung.

Analytische Ausdrücke und allgemeine Eigenschaften der Functionen und ihrer Integrale in eindeutigen Bereichen.

Die Einführung des complexen Integrales giebt ein Mittel an die Hand, um aus gegebenen charakteristischen Eigenschaften einer Function die Werthbestimmung derselben durch analytische Ausdrücke, welche in unendlichen Reihen bestehen, für sämmtliche Punkte der Riemann'schen Fläche herzuleiten und aus jenen analytischen Formen die allgemeinen Eigenschaften der Functionen überhaupt zu ermitteln.

Sei c eine in *einem* Blatte der Riemann'schen Fläche der Function $\varphi(t)$ der complexen Variabeln t gelegene einfach geschlossene Curve, innerhalb welcher sich kein Verzweigungspunkt der Function befindet — in welchem Falle die Function *in diesem Bereiche eindeutig* genannt wurde — und werde der von der Curve c sowie von den ebenfalls einfach geschlossenen, innerhalb jenes Raumes gelegenen Curven $c_1, c_2, \ldots$ begränzte Raum betrachtet, so wird, wenn das System der Curven

$$c, \; c_1, \; c_2, \; \ldots .$$

mit C bezeichnet wird, und

$$\alpha_1, \; \alpha_2, \; \ldots . \; \alpha_k, \; z^{*})$$

die einzigen in diesem Raume befindlichen Discontinuitätspunkte sind, die wir mit unendlich kleinen Curven umgeben wollen, so dass auch der übrig bleibende Raum, in welchem $\varphi(t)$ endlich und stetig ist, wiederum vollständig begränzt ist, nach den Sätzen der letzten Vorlesung

$$(1) \quad \int\limits_{(C)} \varphi(t)\, dt = \int\limits_{(\alpha_1)} \varphi(t)\, dt + \int\limits_{(\alpha_2)} \varphi(t)\, dt + \cdots + \int\limits_{(\alpha_k)} \varphi(t)\, dt + \int\limits_{(z)} \varphi(t)\, dt$$

sein, wobei die Integrationsrichtung so zu wählen, dass die einzelnen

*) wobei angenommen wird, dass sich keiner dieser singulären Punkte auf den Curven $c, c_1, c_2, \ldots .$ selbst befindet.

Flächentheile stets zur Linken liegen*). Fügt man nunmehr die Annahme hinzu, dass $\varphi(t)$ im Punkte z derartig unstetig sein soll, dass sich

$$\lim_{t=z}\{(t-z)\,\varphi(t)\}$$

derselben endlichen Gränze nähere, von welcher Seite aus man auch in den Punkt $t=z$ kommen mag, so wird das letzte Integral der rechten Seite der Gleichung (1) in die Form

$$\int\limits_{(z)}\varphi(t)\,(t-z)\,\frac{dt}{t-z}=\lim_{t=z}\{(t-z)\,\varphi(t)\}\int\limits_{(z)}\frac{dt}{t-z}$$

gebracht werden können, wobei die den Punkt z umgebende Curve durch einen *einfachen*, unendlich kleinen Kreis ersetzt werden kann, weil die Function $\varphi(t)$ in jenem völlig begränzten Bereiche keinen Verzweigungspunkt besitzen sollte. Nun ist aber das unendlich kleine Kreisintegral um z leicht zu erhalten, wenn man

$$t-z=r\,(\cos\varphi+i\sin\varphi)$$

setzt, in welchem Falle

$$\int\limits_{(z)}\frac{dt}{t-z}=i\int\limits_0^{2\pi}d\varphi=2\pi i$$

wird, und es geht somit die Gleichung (1) in

$$(2)\qquad 2\pi i\lim_{t=z}\{(t-z)\,\varphi(t)\}=\int\limits_{(C)}\varphi(t)\,dt-\int\limits_{(\alpha_1)}\varphi(t)\,dt-\cdots\cdots-\int\limits_{(\alpha_k)}\varphi(t)\,dt$$

über.

Sei nun $f(t)$ eine innerhalb des oben angenommenen Bereiches ebenfalls eindeutige Function von t, die gleichfalls in den Punkten $\alpha_1,\ \alpha_2,\ \ldots\ \alpha_k$ unstetig wird, in allen übrigen Punkten jenes Bereiches jedoch stetig, so wird

$$\frac{f(t)}{t-z}$$

für $\varphi(t)$ gesetzt werden können, weil diese Function sämmtliche für $\varphi(t)$ angenommenen Eigenschaften besitzt, wie unmittelbar aus der Endlichkeit des Werthes

$$\lim_{t=z}\left\{(t-z)\,\frac{f(t)}{t-z}\right\}=f(z)$$

zu ersehen ist, und es wird somit die Gleichung (2) die Form annehmen

*) Dasselbe würde offenbar auch von einem durch einfach geschlossene, in *einem* Blatte verlaufende Curven vollständig begränzten Raume gelten, innerhalb dessen sich kein Verzweigungspunkt befindet, für den aber Verzweigungspunkte innerhalb der einzelnen Curven existiren können, wenn nur die zugehörigen Verzweigungsschnitte sich ganz innerhalb der resp. Curven hinziehen.

$$(3)\quad f(z) = \frac{1}{2\pi i}\int\limits_{(C)} \frac{f(t)}{t-z}\,dz - \frac{1}{2\pi i}\int\limits_{(\alpha_1)} \frac{f(t)}{t-z}\,dt - \cdots - \frac{1}{2\pi i}\int\limits_{(\alpha_k)} \frac{f(t)}{t-z}\,dt;$$

da aber dieselbe Gleichung für jeden andern Punkt z jenes Bereiches sich herleiten lässt, so werden wir in (3) einen Ausdruck gewonnen haben, welcher die f-Function für jeden Werth der Variabeln, welcher in jenem eindeutigen Bereiche derselben liegt, mit Hülfe derjenigen Werthe ausdrückt, welche die f-Function auf den Gränzcurven $c, c_1, c_2 \ldots$, und den die singulären Punkte umschliessenden Linien annimmt.

Wird die Function $f(z)$ für keinen Werth jenes Bereiches unstetig, so werden die um die α Punkte genommenen Integrale aus (3) herausfallen, und sich in diesem Falle

$$(4) \ldots\ldots\ldots\ldots\quad f(z) = \frac{1}{2\pi i}\int\limits_{(C)} \frac{f(t)}{t-z}\,dt,$$

ergeben, wo das längs dem Curvensysteme C genommene Integral, wenn jenes aus einer einfachen geschlossenen Curve besteht, auch durch ein anderes ersetzt werden darf, welches längs einer im Innern jenes eindeutigen Raumes befindlichen, einfach geschlossenen Curve genommen wird, die nur den Punkt z noch umschliessen muss, da diese beiden geschlossenen Integrale wegen der Eindeutigkeit und Stetigkeit der Function

$$\frac{f(t)}{t-z}$$

in dem übrig bleibenden Raume nach früheren Auseinandersetzungen denselben Werth haben.

Die aus (4) resultirende Gleichung

$$f(z+dz) = \frac{1}{2\pi i}\int\limits_{(C)} \frac{f(t)}{t-z-dz}\,dt$$

giebt mit (4) verbunden

$$+ dz) - f(z) = \frac{1}{2\pi i}\int\limits_{(C)} \left\{\frac{f(t)}{t-z-dz} - \frac{f(t)}{t-z}\right\} dt^{*}) = \frac{1}{2\pi i}\int\limits_{(C)} \frac{f(t)}{(t-z-dz)(t-z)}\,dz\,dt,$$

*) Dass die algebraische Summe complexer Integrale, deren Integrationsweg derselbe ist, gleich dem Integrale der algebraischen Summe der einzelnen unter den Integralen befindlichen Functionen ist, wollen wir an dieser Stelle durch einen Satz begründen, den wir später in der eben aufzustellenden Form noch weiter brauchen werden. Es soll nämlich gezeigt werden, dass, *wenn die absoluten Beträge der complexen Glieder einer Reihe selbst eine convergente Reihe bilden, die Reihe der complexen Grössen unabhängig von der Reihenfolge der Glieder convergirt* (was für Integrale, wenn die Function unter dem Integral auf dem Integrationswege endlich bleibt, nach den ersten Betrachtungen der sechsten Vorlesung stets der Fall ist). Sind nämlich die Glieder der Reihe reell, positiv und negativ, so folgt der Satz, dass diese Reihe von der Anordnung der Glieder

und man erhält somit für die erste Ableitung der Function $f(z)$ den Ausdruck

$$(5) \quad \ldots\ldots\ldots\ldots \quad f'(z) = \frac{1}{2\pi i}\int\limits_{(C)} \frac{f(t)}{(t-z)^2}\, dt.$$

---

unabhängig convergent ist, wenn die Reihe aller Glieder, positiv genommen, convergirt, einfach aus der Ueberlegung, dass, wenn wir mit

$$a_1,\ a_2,\ \ldots\ldots$$

die positiven, mit

$$b_1,\ b_2,\ \ldots$$

die negativen Glieder der vorgelegten Reihe bezeichnen, die Reihe in einer bestimmten Anordnung der Glieder genommen, nichts anderes bedeutet als den Ausdruck

$$\lim_{n=\infty}\left\{\sum_1^m a_m + \sum_1^n b_n\right\},$$

in welchem zwischen n und m eine irgendwie festgesetzte Beziehung besteht; eine Veränderung dieser Beziehung liefert eine andere Anordnung der Glieder. Da aber der Voraussetzung gemäss

$$\lim_{k=\infty}\sum_1^k a_k - \lim_{k=\infty}\sum_1^k b_k$$

eine convergente Reihe bildet, also

$$\sum_1^k a_k = P \text{ und } -\sum_1^k b_k = Q$$

an sich positive, endliche Zahlen bedeuten, so wird für jede Relation zwischen m und n der erste obige Gränzausdruck offenbar in

$$P - Q$$

übergehen, also eine endliche, von der Anordnung der Glieder unabhängige Summe haben, während, wenn jene Voraussetzung nicht statthat, also die Reihen

$$\lim_{k=\infty}\sum_1^k a_k \text{ und } \lim_{k=\infty}\sum_1^k b_k$$

divergente sind, die Differenz dieser beiden Unendlichkeiten, wenn sie überhaupt endlich ist, von der Art des Unendlichwerdens beider d. h. von der Beziehung zwischen m und n abhängig ist.

Bestehen nun die einzelnen Glieder der vorgelegten Reihe aus reellen und imaginären Theilen, so folgt aus der Annahme, dass die absoluten Beträge dieser Glieder eine convergente Reihe bilden, dass, wenn mit

$$\alpha_k + \beta_k i$$

das allgemeine Glied der Reihe bezeichnet wird, nicht bloss

$$\lim_{k=\infty}\sum_1^k \sqrt{\alpha_k^2 + \beta_k^2}$$

sondern auch

$$\lim_{k=\infty}\sum_1^k (\alpha_k) \text{ und } \lim_{k=\infty}\sum_1^k (\beta_k),$$

Ebenso folgt

$$f''(z) = \frac{1 \,.\, 2}{2\pi i} \int\limits_{(c)} \frac{f(t)}{(t - z)^3} \, dt,$$

u. s. w., allgemein

$$(6) \; \ldots\ldots \quad f^{(n)}(z) = \frac{1 \,.\, 2 \ldots\ldots n}{2\pi i} \int\limits_{(c)} \frac{f(t)}{(t - z)^{n+1}} \, dt,$$

und *es sind daher die Function $f(z)$ und alle ihre Ableitungen für alle Punkte des betrachteten Raumes durch Integrale ausgedrückt, für welche nur die Werthe der Function am Rande jenes Raumes gegeben zu sein brauchen;* man sieht ausserdem, dass die Ableitungen aus dem die Function selbst darstellenden Integrale durch Differentiation unter dem Integralzeichen nach der Grösse t erhalten werden.

Zugleich lässt sich aber aus den für die Function und die Ableitungen eben gefundenen Ausdrücken ein für den weiteren Fortschritt dieser Untersuchungen wichtiger Schluss ziehen. Aus (6) ist nämlich unmittelbar zu ersehen, dass $f^{(n)}(z)$ für alle z jenes völlig begränzten Raumes endlich ist, weil die Function unter dem Integralzeichen der Voraussetzung nach auf der Integrationscurve nie unstetig wird, und ausserdem stetig, weil die Ableitung endlich ist, und dass daher *die Ableitungen einer in einem bestimmten Bereiche eindeutigen, endlichen und stetigen Function auch sämmtlich eindeutig, endlich und stetig sind**).

Um die für eindeutige Functionen gefundenen Integralausdrücke zu verallgemeinern, sei wieder $f(t)$ eine in dem durch die Curve c vollständig begränzten Bereiche eindeutige Function von t, welche in den Punkten

$$\alpha_1, \; \alpha_2, \; \ldots\ldots \; \alpha_k$$

dieses Bereiches unstetig wird, auf dem Rande dagegen stetig ist, und $\psi(t)$ ebenfalls eine in dem Bereiche der Curve c eindeutige Function von der Beschaffenheit, dass dieselbe für alle t jenes Bereiches (den Rand eingeschlossen) stetig bleibt, und dass ferner, wenn

$$\psi(t) = t'$$

gesetzt, und t als Function von t' aufgefasst wird, für alle diejenigen t', welche sich als Functionalwerthe von $\psi(t)$ für die t' jenes Be-

---

worin (α_k) und (β_k) die absoluten Beträge der Grössen α_k und β_k bedeuten, endliche Gränzen haben, und hieraus ergiebt sich wiederum genau wie oben, dass die vorgelegte Reihe in beliebiger Anordnung der Glieder, diese Anordnung wieder definirt in der oben festgesetzten Art, eine von dieser Anordnung unabhängige endliche Convergenzgränze besitzt, weil die reellen und imaginären Theile sich nicht zerstören können, und diese Reihen einzeln nach dem Vorigen in jeder Anordnung gegen denselben endlichen Werth hin convergiren.

*) Dass die Ableitungen eindeutig sind, geht aus deren Definition und der Eindeutigkeit der Function in dem vorgelegten Bereiche hervor, übrigens werden spätere Betrachtungen diesen Satz noch näher präcisiren.

reiches ergeben, t eine für diesen Bereich der t' eindeutige Function ist*), die für die Punkte dieses Raumes nicht unendlich wird, dann wird, wenn z irgend einen beliebigen, aber bestimmten Punkt jenes Raumes vorstellt, die Function

$$\frac{f(t)}{\psi(t) - \psi(z)}$$

ebenfalls in dem ursprünglichen Bereiche eindeutig sein, weil jede in jenen Bereich fallende geschlossene Curve Zähler und Nenner zu demselben Werthe zurückführt, und da ferner der Nenner vermöge der aus dem Obigen unmittelbar folgenden Bedingung, dass $\psi(t)$ nicht für zwei Punkte jenes Raumes denselben Werth annehmen kann**), nur für $t = z$ verschwindet, der Zähler dagegen in jenem Bereiche stets endlich bleibt, so werden die Unstetigkeitspunkte der neuen Function

$$\alpha_1, \ \alpha_2, \ \ldots \ \alpha_k, \ z$$

sein und somit genau wie oben die Gleichung folgen

$$\int\limits_{(C)} \frac{f(t)}{\psi(t) - \psi(z)}\,dt = \int\limits_{(\alpha_1)} \frac{f(t)}{\psi(t) - \psi(z)}\,dt + \cdots + \int\limits_{(\alpha_k)} \frac{f(t)}{\psi(t) - \psi(z)}\,dt + \int\limits_{(z)} \frac{f(t)}{\psi(t) - \psi(z)}\,dt,$$

worin die um die Unstetigkeitspunkte $\alpha_1, \alpha_2, \ldots \alpha_k, z$ genommenen Integrale in beliebigen, diese Punkte umschliessenden, unendlich kleinen Curven zu nehmen sind.

Nun ist aber für ein um z genommenes unendlich kleines Kreisintegral

$$\int\limits_{(z)} \frac{f(t)}{\psi(t) - \psi(z)}\,dt = f(z) \int\limits_{(z)} \frac{1}{\frac{\psi(t) - \psi(z)}{t - z}} \frac{dt}{t - z} = \frac{f(z)}{\psi'(z)} \int\limits_{(z)} \frac{dt}{t - z},$$

da $\psi(t)$ eine in jenem t-Bereiche eindeutige und stetige Function und daher nach dem oben gefundenen Satze ihre Ableitung immer endlich ist, und ausserdem, wenn $\psi(t) = t'$ gesetzt wird, für die der Voraussetzung nach in dem entsprechenden t'-Bereiche eindeutige Function t

---

*) anders ausgesprochen darf die für die Function $\psi(t)$ existirende Riemann'sche Fläche innerhalb jenes c-Bereiches keinen Verzweigungspunkt haben, so dass einem einfach geschlossenen Umlaufe des t auch ein geschlossener Umlauf der t'-Variable entspricht; aber es soll auch ferner nach obiger Annahme einem geschlossenen Umlaufe der t'-Variable innerhalb des entsprechenden t'-Bereiches ein geschlossener Umlauf von t entsprechen.

**) denn, wenn $\psi(t)$ für zwei Punkte des t-Raumes denselben Werth annähme oder dasselbe t' lieferte, so würde einem geschlossenen Umlaufe des t'-Bereiches ein nicht geschlossener des t-Bereiches entsprechen, d. h. es würde t als Function von t' aufgefasst, nicht eine für jenen t'-Bereich eindeutige Function dieser Variabeln sein.

$$\frac{dt}{dt'} = \frac{1}{\frac{dt'}{dt}} = \frac{1}{\psi'(t)}$$

nicht unendlich, d. h. $\psi'(t)$ auch nicht Null sein kann; es wird sich somit

$$\int\limits_{(z)} \frac{f(t)}{\psi(t) - \psi(z)}\, dt = 2\pi i \, \frac{f(z)}{\psi'(z)}$$

ergeben, so dass die oben erhaltene Gleichung in

$$(7) \quad \frac{f(z)}{\psi'(z)} = \frac{1}{2\pi i}\int\limits_{(C)} \frac{f(t)}{\psi(t) - \psi(z)}\, dt - \frac{1}{2\pi i}\int\limits_{(\alpha_1)} \frac{f(t)}{\psi(t) - \psi(z)}\, dt - \cdots - \frac{1}{2\pi i}\int\limits_{(\alpha_k)} \frac{f(t)}{\psi(t) - \psi(z)}\, dt,$$

oder wenn $f(t)$ in jenem Bereiche keine Unstetigkeitspunkte hat, in

$$(8) \; \ldots\ldots\ldots\ldots \quad \frac{f(z)}{\psi'(z)} = \frac{1}{2\pi i}\int\limits_{(C)} \frac{f(t)}{\psi(t) - \psi(z)}\, dt$$

übergeht.

Die Bedingungen, denen $\psi(t)$ unterworfen war, dass es nämlich in dem betrachteten t-Bereiche eine eindeutige Function dieser Variabeln, und dass diese letztere in dem entsprechenden Functionalbereiche eine eindeutige Function von $\psi(t)$ selbst sein sollte, oder dass, wenn

$$\psi(t) = t', \quad t = \chi(t')$$

gesetzt wird, die Verzweigungspunkte der Function $\psi(t)$ und $\chi(t')$ ausserhalb jener beiden t und t' Bereiche liegen sollen, lassen sich noch einfacher und übersichtlicher aussprechen, wenn wir erst einige Worte über die sogenannte Abbildung der Flächen vorausgeschickt haben werden.

Es war in der zweiten Vorlesung gezeigt worden, dass, wenn man zu einem Gebilde dadurch sein entsprechendes construirt, dass man zu jedem Punkte des ersteren vermöge einer beliebig vorgelegten Function von z den für jenen Punkt sich ergebenden complexen Werth dieser Function als den entsprechenden Punkt fixirt, die beiden Gebilde in den kleinsten Theilen ähnlich sind ausgenommen in den Punkten, für welche die Ableitung der Hülfsfunction verschwindet oder unendlich gross wird. Sind nun zwei einfach zusammenhängende Theile zweier Riemann'schen Flächen durch eine Function von z so auf einander bezogen, dass jedem Punkte des einen ein und nur ein Punkt des andern entspricht, so nennt man den einen Theil das Abbild des andern, und ich will im Folgenden einige Beispiele für die Abbildung von einfach zusammenhängenden Flächen auf eine um den Nullpunkt mit dem Radius 1 gezogene Kreisfläche behandeln, welche in ihrer Verschiedenartigkeit das klar machen sollen, worauf es bei der Abbildung der Flächen wesentlich ankommt, und die selbst im Folgenden zur Anwendung kommen werden.

Suchen wir zuerst die unendliche positive Halbebene (also den oberhalb der Abscissenachse gelegenen Theil) auf eine um den Nullpunkt mit dem Radius 1 gezogene Kreisfläche abzubilden, so ist leicht zu sehen, dass, wenn z_0 und z_0' irgend zwei fest angenommene conjugirte Punkte der z-Ebene bedeuten, von denen der erste auf der positiven Seite sich befindet, die Function

Fig. 42.

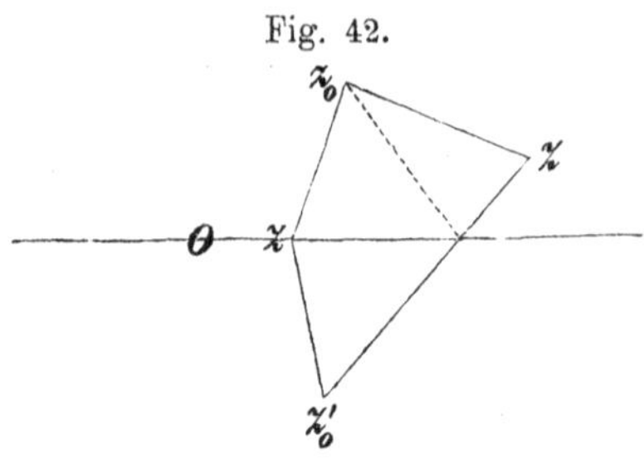

$$z' = \frac{z - z_0}{z - z_0'},$$

das Verlangte leistet; denn bedeutet z einen Punkt der Hauptachse, so ist für diesen

$$\text{mod}\,(z - z_0) = \text{mod}\,(z - z_0'),$$

und daher

$$\text{mod}\, z' = 1,$$

d. h. es beschreibt für die Bewegung des z-Punktes auf der unendlichen Hauptachse z' eindeutig die Peripherie eines mit dem Radius 1 um den Nullpunkt gezogenen Kreises. Ist dagegen z ein beliebiger anderer Punkt der positiven Halbebene, so ist stets

$$\text{mod}\,(z - z_0) < \text{mod}\,(z - z_0'),$$

d. h.

$$\text{mod}\, z' < 1,$$

und es entspricht daher jedem Punkte der Halbebene ein und nur ein Punkt der innern Kreisfläche; da aber z ebenfalls eine in dem ganzen Bereiche der z'-Ebene eindeutige Function dieser Variabeln ist, so ist nachgewiesen, dass die obige linear gebrochene Function von z die positive Halbebene auf die Kreisfläche mit dem Radius 1 in den kleinsten Theilen ähnlich abbildet.*)

Sei ferner eine mit dem Radius r um den Punkt a beschriebene Kreisfläche gegeben, und für diese durch die Function

$$z' = \frac{z - a}{r}$$

---

*) Wollte man die Beziehungen zwischen den entsprechenden Coordinaten der Halbebene und des Kreises herstellen, so brauchte man nur

$$z_0 = \alpha_0 + \beta_0 i, \quad z_0' = \alpha_0 - \beta_0 i, \quad z = x + yi, \quad z' = x' +' yi$$

zu setzen, und erhält aus der obigen Gleichung durch Trennung des Reellen und Imaginären

$$x' = \frac{(x - \alpha_0)^2 + (y^2 - \beta_0^2)}{(x - \alpha_0)^2 + (y + \beta_0)^2},$$

$$y' = \frac{-2\beta_0 (x - \alpha_0)}{(x - \alpha_0)^2 + (y + \beta_0)^2}.$$

das entsprechende Gebilde gesucht, so ist unmittelbar zu sehen, dass, weil für die Peripherie des Kreises

$$\text{mod}\,(z - a) = r$$

wird, für die diesen Punkten entsprechenden Punkte

$$\text{mod}\, z' = 1,$$

d. h. die z'-Curve eine mit dem Radius 1 um den Nullpunkt beschriebene Kreislinie ist. Ausserdem ist klar, dass jedem Punkte im Innern der einen Fläche ein und nur ein Punkt im Innern der andern Fläche entsprechen wird, dass somit der um den Nullpunkt mit dem Radius 1 beschriebene Kreis das Abbild des gegebenen Kreises ist.

Für eine sich um einen Verzweigungspunkt a m-fach windende Kreisfläche wird das durch die Function

$$z' = \left(\frac{z - a}{r}\right)^{\frac{1}{m}}$$

bestimmte, entsprechende Gebilde, weil auf dem Rande

$$\text{mod}\,(z - a) = r, \quad \text{also} \quad \text{mod}\, z' = 1$$

ist, eine mit dem Radius 1 um den Nullpunkt gezogene Kreislinie zur Gränzlinie haben, und es wird, wenn für den Rand

$$z' = \cos\varphi' + i \sin\varphi', \quad z - a = r(\cos\varphi + i\sin\varphi)$$

gesetzt wird,

$$\cos\varphi' + i\sin\varphi' = \cos\frac{\varphi}{m} + i\sin\frac{\varphi}{m}$$

sein, und daher die Variable z', während z die vollständige, m-fach gewundene Umkreisung macht, ihren Kreisrand nur einmal beschreiben; dasselbe gilt offenbar für jeden im Innern der Fläche um den Verzweigungspunkt herum gewundenen Kreis, und es ist daraus zu ersehen, dass jedem Punkte eines der beiden Gebilde, der m-fach um a gewundenen und der einfachen um den Nullpunkt beschriebenen Kreisfläche, wieder ein und nur ein Punkt des andern Gebildes entspricht.

Wird endlich für eine Lemniscatenfläche, deren Mittelpunkt im Anfangspunkt der Coordinaten, und für welche das Product der von den Brennpunkten (zwei in der Entfernung $+1$ und -1 vom Anfangspunkte auf der Abscissenachse gelegenen Punkten) nach der Peripherie geführten Radien gleich α ist, diejenige Function gesucht, welche diese Fläche auf einen mit dem Radius 1 um den Nullpunkt beschriebenen Kreis abbildet, so wird aus der für die Peripheriepunkte der Lemniscate gültigen Gleichung

(a) . . . $\text{mod}\,(z - 1)\,\text{mod}\,(z + 1) = \text{mod}\,(z^2 - 1) = \alpha$ *)

*) indem mod $(z - 1)$ und mod $(z + 1)$ die Entfernungen eines Punktes z von den Punkten $+1$ und -1 angeben.

unmittelbar folgen, dass die Abbildungsfunction

$$\text{(b)} \quad \ldots\ldots\ldots\ldots \quad z' = \frac{1}{\alpha}(z^2 - 1)$$

für die Peripheriepunkte des neuen Gebildes

$$\mod z' = 1$$

liefert, und somit wieder der Lemniscatenfläche eine mit dem Radius 1 um den Nullpunkt beschriebene Kreisfläche zugeordnet wird. Es ist ferner leicht zu erkennen, dass jedem Punkte z der Lemniscatenfläche ein und nur ein Punkt der inneren Kreisfläche entsprechen wird, da z' eine eindeutige Function von z ist, und das Innere der Lemniscate von den Punkten erfüllt wird, für welche das Product der Entfernungen von den Brennpunkten kleiner als α ist. Doch das Umgekehrte findet im Allgemeinen nicht statt; untersucht man nämlich, wann auch stets jedem Punkte der Kreisfläche ein und nur ein Punkt der Lemniscatenfläche entspricht oder nach Früherem, wann z als Function von z' aufgefasst, keinen in die Kreisfläche fallenden Verzweigungspunkt besitzt, so folgt aus

$$z = \sqrt{\alpha z' + 1},$$

dass der einzige Verzweigungspunkt dieser Function

$$z' = -\frac{1}{\alpha}$$

ist und daher für $\alpha > 1$ innerhalb, für $\alpha < 1$ ausserhalb, für $\alpha = 1$ in die Peripherie jener mit dem Radius 1 um den Nullpunkt beschriebenen Kreisfläche fällt; es wird somit für die den beiden letzten Grössenverhältnissen des α entsprechenden Lemniscaten, d. h. be-

Fig. 43.

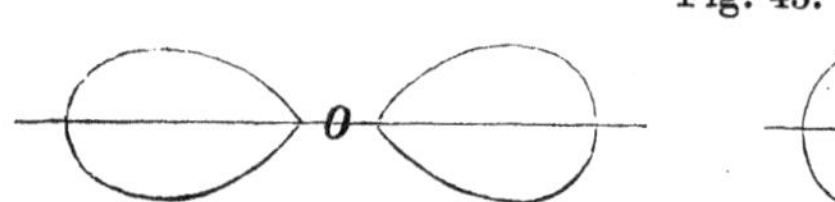

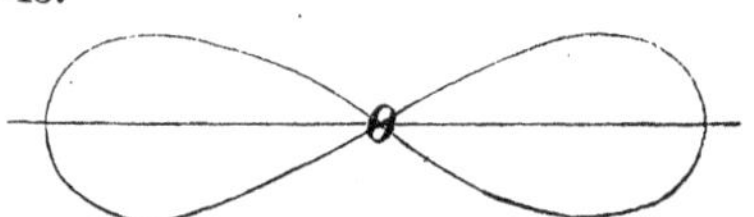

kanntlich für die aus gesonderten Theilen bestehende oder mit einem Doppelpunkt versehene Lemniscate, die durch die Gleichung (b) definirte Function z' die Abbildung eines der beiden Theile derselben auf jene Kreisfläche liefern *), und es bleibt somit nur noch für die aus einem einfachen Flächenstück bestehende Lemniscate, für welche $\alpha > 1$ ist, die Bestimmung der Function übrig, welche die von derselben begränzte Fläche auf einem mit dem Radius 1 um den Nullpunkt beschriebenen Kreis abbildet. Dass dies aber die Function

Fig. 44.

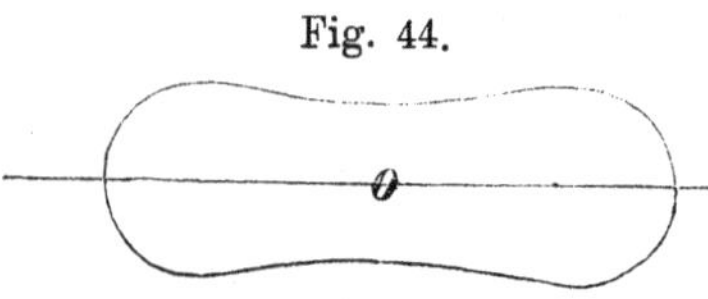

*) Für den Fall, dass der Verzweigungspunkt auf der Peripherie des abgebildeten Kreises liegt, leuchtet die Behauptung aus der Zusammenstellung der

$$\text{(c)} \ldots\ldots\ldots\ldots \quad z' = \frac{z}{\sqrt{\alpha + \frac{1}{\alpha}(z^2 - 1)}}$$

leistet, wird leicht zu zeigen sein; denn setzt man mit Berücksichtigung der Gleichung (a) für den Rand der Lemniscate

$$z^2 - 1 = \alpha(\cos\varphi + i\sin\varphi),$$

so wird

$$\text{mod}\, z^2 = (\alpha\cos\varphi + 1)^2 + \alpha^2\sin^2\varphi = \alpha^2 + 1 + 2\alpha\cos\varphi,$$

also

$$\text{mod}\, z = \sqrt{\alpha^2 + 1 + 2\alpha\cos\varphi}$$

sein, und genau denselben Werth wird

$$\text{mod}\sqrt{\alpha + \frac{1}{\alpha}(z^2 - 1)} = \sqrt{(\alpha + \cos\varphi)^2 + \sin^2\varphi} = \sqrt{\alpha^2 + 1 + 2\alpha\cos\varphi}$$

annehmen, so dass aus (c)

$$\text{mod}\, z' = 1$$

folgt, d. h. der Lemniscatenrand wird in der Kreisperipherie abgebildet sein. Es bleibt somit nur noch zu untersuchen, wohin die Verzweigungspunkte von z als Function von z' und von z' als Function von z aufgefasst fallen. Nun liegt aber der Verzweigungspunkt von z' offenbar in demjenigen z-Punkte, welcher

$$\alpha + \frac{1}{\alpha}(z^2 - 1) = 0$$

macht, also in

$$z = \sqrt{1 - \alpha^2},$$

d. h., weil $\alpha > 1$, in der Ordinatenachse und, wie man sich leicht überzeugt, ausserhalb der Lemniscate, da der Schnittpunkt derselben mit der Ordinatenachse die Entfernung

$$\sqrt{\alpha - 1}$$

vom Anfangspunkte der Coordinaten hat. Umgekehrt ist aber auch z als Function von z' aufgefasst innerhalb des Bereiches jenes Kreises eine eindeutige Function dieser Variabeln; denn da sich aus (c)

$$z = \frac{z'\sqrt{1 - \alpha^2}}{\sqrt{z'^2 - \alpha}}$$

ergiebt, so folgt, dass der Verzweigungspunkt dieser Function durch

$$z' = \sqrt{\alpha}$$

bestimmt wird und somit ausserhalb der Kreisfläche liegt; die durch (c) definirte Abbildungsfunction liefert daher die um den Nullpunkt mit dem Radius 1 beschriebene Kreisfläche als Abbild der Lemniscatenfläche.

---

unendlich benachbarten Lemniscate und des unendlich benachbarten Kreises von selbst ein.

Sei nun ein von mehreren einfach geschlossenen, in demselben Blatte der Riemann'schen Fläche verlaufenden Curven $c, c_1, c_2, \ldots c_\varkappa$ vollständig begränzter Raum gegeben, und die betrachtete Function $f(z)$ in dem von c begränzten Bereiche eindeutig, im Innern und auf dem Rande des betrachteten mehrfach zusammenhängenden Raumes stetig, sei ferner $\psi(z)$ eine Function von z, welche die von der einfach geschlossenen Curve c begränzte Fläche auf eine um den Anfangspunkt mit dem Radius r gezogene Kreisfläche ähnlich abbildet*), während die Curven $c_1, c_2, \ldots c_\varkappa$ der Beschränkung unterworfen werden, dass ihre durch die Function $\psi(z)$ bestimmten Abbildungen ebenfalls Kreise werden, deren Mittelpunkte wir mit $a_1, a_2, \ldots a_\varkappa$ bezeichnen wollen, so wird die oben gefundene Formel (8) in

Fig. 45.

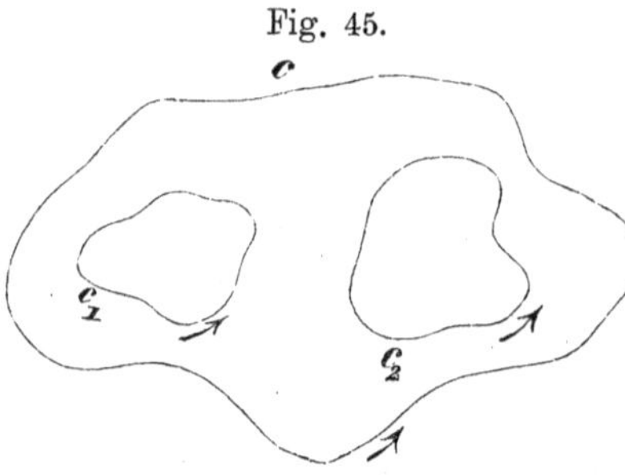

$$(9) \ldots \quad \frac{f(z)}{\psi'(z)} = \frac{1}{2\pi i}\int\limits_{(c)} \frac{f(t)}{\psi(t)-\psi(z)}\,dt - \frac{1}{2\pi i}\int\limits_{(c_1)} \frac{f(t)}{\psi(t)-\psi(z)}\,dt - \cdots - \frac{1}{2\pi i}\int\limits_{(c_\varkappa)} \frac{f(t)}{\psi(t)-\psi(z)}\,dt$$

übergehen, worin die Integrale in der Richtung der Pfeile der obigen Figur zu nehmen sind, und es ist unmittelbar einzusehen, dass für das auf dem Umfange der c-Curve genommene Integral

$$\text{mod}\,\psi(z) < \text{mod}\,\psi(t)$$

sein und für die folgenden Integrale offenbar die Ungleichheit

$$\text{mod}\,[\psi(z) - a] > \text{mod}\,[\psi(t) - a]$$

bestehen wird.

Fig. 46.

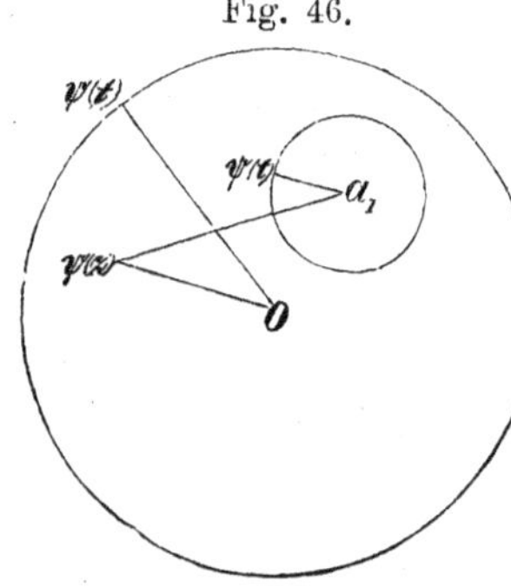

Setzt man zur Entwickelung des ersten Integrales

*) Ich will hier einen von Riemann mit Hülfe des sogenannten Dirichlet'schen *Princips* bewiesenen Satz mit der hier hinreichenden Einschränkung erwähnen, auf dessen Beweis ich jedoch in diesen Vorlesungen nicht weiter eingehe, da er im Laufe der nachfolgenden Untersuchungen nicht benutzt wird, dessen Inhalt aber das Verständniss des Folgenden erleichtert. Derselbe lautet: *Eine beliebige durch eine einfach geschlossene Curve vollständig begränzte Fläche kann stets auf eine um den Nullpunkt mit dem Radius* 1 *beschriebene Kreisfläche in den kleinsten Theilen ähnlich abgebildet werden und zwar nur auf eine Art so, dass dem Mittelpunkt ein beliebig gegebener innerer Punkt und irgend einem Punkte der Peripherie ein beliebig gegebener Begränzungspunkt jener vorgelegten Fläche entspricht.*

(10) . . $$\frac{1}{\psi(t)-\psi(z)} = \frac{1}{\psi(z)} \cdot \frac{1}{1-\frac{\psi(z)}{\psi(t)}}$$

$$= \frac{1}{\psi(t)}\left[1+\frac{\psi(z)}{\psi(t)}+\left(\frac{\psi(z)}{\psi(t)}\right)^2+\cdots+\left(\frac{\psi(z)}{\psi(t)}\right)^n+r_n\right],$$

wo r_n den Rest der Entwickelung bedeuten soll, so ergiebt sich, da

$$1+\frac{\psi(z)}{\psi(t)}+\left(\frac{\psi(z)}{\psi(t)}\right)^2+\cdots+\left(\frac{\psi(z)}{\psi(t)}\right)^n = \frac{\left(\frac{\psi(z)}{\psi(t)}\right)^{n+1}-1}{\frac{\psi(z)}{\psi(t)}-1}$$

ist, nach einfacher Umformung von (10):

$$r_n = \frac{\psi(t)\left(\frac{\psi(z)}{\psi(t)}\right)^{n+1}}{\psi(t)-\psi(z)},$$

so dass durch Einsetzen dieses Ausdruckes in (10) die für jedes positive ganzzahlige n identische Gleichung

(11) . $$\frac{1}{\psi(t)-\psi(z)} = \frac{1}{\psi(t)}+\frac{\psi(z)}{\psi(t)^2}+\cdots+\frac{\psi(z)^n}{\psi(t)^{n+1}}+\frac{\left(\frac{\psi(z)}{\psi(t)}\right)^{n+1}}{\psi(t)-\psi(z)}$$

und hieraus durch Multiplication mit

$$f(t)\,dt$$

und Integration längs der Curve c

(12) . . . . $$\int_{(c)}\frac{f(t)\,dt}{\psi(t)-\psi(z)} = \int_{(c)}\frac{f(t)}{\psi(t)}\,dt+\psi(z)\int_{(c)}\frac{f(t)}{\psi(t)^2}\,dt$$

$$+\cdots+\psi(z)^n\int_{(c)}\frac{f(t)}{\psi(t)^{n+1}}\,dt+\int_{(c)}\frac{f(t)}{\psi(t)-\psi(z)}\left(\frac{\psi(z)}{\psi(t)}\right)^{n+1}dt$$

folgt. Da aber die Function

$$\frac{f(t)}{\psi(t)-\psi(z)}$$

unter dem letztern Integralzeichen für die Punkte der c-Curve nicht unstetig wird, da ferner der Modul der Grösse $\psi(z)$ für diese Integration kleiner als der Modul von $\psi(t)$ ist, so wird, weil

$$\left(\frac{\psi(z)}{\psi(t)}\right)^{n+1}$$

mit unendlich wachsendem n sich der Null nähert, für sehr grosse n das ganze letzte Integral, welches als Rest der obigen Integralreihe (12) aufzufassen ist, verschwinden, und wir erhalten somit die nach ganzen steigenden positiven Potenzen von $\psi(z)$ fortschreitende Reihenentwicklung

---

Würden wir somit diesen Riemann'schen Satz zu Grunde legen, so wäre die Curve c gar keiner Bedingung unterworfen, da zu einer jeden solchen eine Function $\psi(z)$ von der oben angegebenen Eigenschaft existirt; sehen wir jedoch von diesem Satze ab, so müsste c nur zu den unendlich vielen Curven gehören, für welche der von ihnen eingeschlossene Raum auf eine um den Nullpunkt mit dem Radius 1 beschriebene Kreisfläche abgebildet werden kann.

$$(13)\quad \int\limits_{(c)} \frac{f(t)}{\psi(t)-\psi(z)}\,dt = \int\limits_{(c)} \frac{f(t)}{\psi(t)}\,dt + \psi(z)\int\limits_{(c)} \frac{f(t)}{\psi(t)^2}\,dt + \psi(z)^2\int\limits_{(c)} \frac{f(t)}{\psi(t)^3}\,dt + \cdots,$$

bei welcher zu bemerken ist, dass die Integrale der rechten Seite überhaupt nur über einfach geschlossene Curven ausgedehnt zu werden brauchen, welche mit der c-Curve einen Raum einschliessen, der weder einen Unstetigkeitspunkt von $f(z)$ noch den Nullpunkt von $\psi(z)$ enthält, indem dann die Function unter dem Integralzeichen in dem so entstehenden Ringe eindeutig und stetig ist, und wir es somit mit gleichwerthigen Integralen zu thun haben.

Was nun ferner z. B. das erste der über $c_1, c_2, \ldots$ genommenen Integrale der obigen Gleichung betrifft, so ist, wenn der dem Mittelpunkte a_1 des abgebildeten Kreises entsprechende Flächenpunkt *) mit α_1 bezeichnet und

$$a_1 = \psi(\alpha_1)$$

gesetzt wird,

$$\frac{1}{\psi(t)-\psi(z)} = \frac{1}{[\psi(t)-\psi(\alpha_1)]-[\psi(z)-\psi(\alpha_1)]}$$

$$= -\frac{1}{\psi(z)-\psi(\alpha_1)}\cdot\frac{1}{1-\dfrac{\psi(t)-\psi(\alpha_1)}{\psi(z)-\psi(\alpha_1)}},$$

und es wird vermöge der oben gefundenen Ungleichheit

$$\operatorname{mod}[\psi(t)-\psi(\alpha_1)] < \operatorname{mod}[\psi(z)-\psi(\alpha_1)]$$

und genau nach den eben gemachten Schlüssen:

$$(14)\ \ldots\ \int\limits_{(c_1)} \frac{f(t)}{\psi(t)-\psi(z)}\,dt = -\frac{1}{\psi(z)-\psi(\alpha_1)}\int\limits_{(c_1)} f(t)\,dt$$

$$-\frac{1}{[\psi(z)-\psi(\alpha_1)]^2}\int\limits_{(c_1)} f(t)\,[\psi(t)-\psi(\alpha_1)]\,dt$$

$$-\frac{1}{[\psi(z)-\psi(\alpha_1)]^3}\int\limits_{(c_1)} f(t)\,[\psi(t)-\psi(\alpha_1)]^2\,dt - \cdots.$$

---

*) In Betreff der den Curven $c_1, c_2, \ldots$ auferlegten Beschränkung, vermöge der Function $\psi(z)$ Kreise zum Abbild zu haben, mag bemerkt werden, dass sich zwischen den Gleichungen der $c_1, c_2, \ldots$-Curven und der der c-Curve unmittelbar die folgende Beziehung herleiten lässt. Es ist nämlich für die Punkte der letzteren Curve

$$\operatorname{mod}\psi(z) = r$$

und daher, wenn

$$\psi(z) = f_1(x, y) + i f_2(x, y)$$

gesetzt wird, die Gleichung dieser Curve

$$f_1(x, y)^2 + f_2(x, y)^2 = r^2.$$

Andererseits wird aber, wenn z wieder die Variable der c_1-Curve, und ϱ_1 den Radius des abgebildeten Kreises bedeutet,

$$\operatorname{mod}[(\psi(z)-\psi(\alpha_1)] = \varrho_1$$

sein, und ähnliche Entwickelungen liefern die übrigen Integrale, so dass sich somit *die für alle Punkte t des von den einfach geschlossenen, im Uebrigen den obigen Bedingungen unterworfenen Curven* $c, c_1, c_2, \ldots c_\varkappa$ *vollständig begränzten, mehrfach zusammenhängenden Raumes gültige Entwickelung der in dem c-Bereiche eindeutigen, in dem mehrfach zusammenhängenden Raume stetigen Function* $f(z)$ *ergiebt:*

$$(15) \;.\; f(z) = \frac{\psi'(z)}{2\pi i}\int_{(c)} \frac{f(t)}{\psi(t)}\,dt + \frac{\psi'(z)\,\psi(z)}{2\pi i}\int_{(c)} \frac{f(t)}{\psi(t)^2}\,dt + \frac{\psi'(z)\,\psi(z)^2}{2\pi i}\int_{(c)} \frac{f(t)}{\psi(t)^3}\,dt + \cdots$$
$$+ \frac{1}{2\pi i}\,\frac{\psi'(z)}{\psi(z)-\psi(\alpha_1)}\int_{(c_1)} f(t)\,dt$$
$$+ \frac{1}{2\pi i}\,\frac{\psi'(z)}{[\psi(z)-\psi(\alpha_1)]^2}\int_{(c_1)} f(t)\,[\psi(t)-\psi(\alpha_1)]\,dt + \cdots$$
$$+ \cdots\cdots\cdots\cdots\cdots\cdots\cdots\cdots\cdots\cdots$$
$$+ \frac{1}{2\pi i}\,\frac{\psi'(z)}{\psi(z)-\psi(\alpha_\varkappa)}\int_{(c_\varkappa)} f(t)\,dt$$
$$+ \frac{1}{2\pi i}\,\frac{\psi'(z)}{[\psi(z)-\psi(\alpha_\varkappa)]^2}\int_{(c_\varkappa)} f(t)\,[\psi(t)-\psi(\alpha_\varkappa)]\,dt + \cdots$$

Nimmt man an, dass die Abbildungsfunction auch auf der Curve c selbst keinen Verzweigungspunkt besitzt, also ihre Ableitung auf allen Punkten des Randes stetig ist, so ist es erlaubt, in (9) und (15) statt der Function $f(z)$ die Function

$$f(z)\,\psi'(z)$$

zu setzen, und man erhält in diesem Falle die Function $f(z)$ in Form von Integralen und unendlichen Reihen dargestellt von folgender Gestalt:

$$(16) \;.\;.\; f(z) = \frac{1}{2\pi i}\int_{(c)} \frac{f(t)\,\psi'(t)}{\psi(t)-\psi(z)}\,dt - \frac{1}{2\pi i}\int_{(c_1)} \frac{f(t)\,\psi'(t)}{\psi(t)-\psi(z)}\,dt$$
$$- \cdots - \frac{1}{2\pi i}\int_{(c_\varkappa)} \frac{f(t)\,\psi'(t)}{\psi(t)-\psi(z)}\,dt$$

und

$$(17) \;.\;.\; f(z) = \frac{1}{2\pi i}\int_{(c)} \frac{f(t)\,\psi'(t)}{\psi(t)}\,dt + \frac{\psi(z)}{2\pi i}\int_{(c)} \frac{f(t)\,\psi'(t)}{\psi(t)^2}\,dt + \cdots$$
$$+ \frac{1}{2\pi i}\cdot\frac{1}{\psi(z)-\psi(\alpha_1)}\int_{(c_1)} f(t)\,\psi'(t)\,dt$$

---

sein, und somit die Gleichung der c_1-Curve, wenn der Punkt α_1 durch die Coordinaten ξ_1, η_1 repräsentirt wird,

$$[f_1(x, y) - f_1(\xi, \eta)]^2 + [f_2(x, y) - f_2(\xi, \eta)]^2 = \varrho^2$$

sein; hieraus ist die Beziehung zwischen den Gleichungen der Curven c und c_1 unmittelbar ersichtlich.

$$+ \frac{1}{2\pi i} \cdot \frac{1}{[\psi(z) - \psi(\alpha_1)]^2} \int_{(c_1)} f(t)\, \psi'(t)\, [\psi(t) - \psi(\alpha_1)]\, dt + \cdots$$

$$+ \cdots\cdots\cdots\cdots\cdots\cdots\cdots\cdots$$

$$+ \frac{1}{2\pi i} \frac{1}{\psi(z) - \psi(\alpha_\varkappa)} \int_{(c_\varkappa)} f(t)\, \psi'(t)\, dt$$

$$+ \frac{1}{2\pi i} \frac{1}{[\psi(z) - \psi(\alpha_\varkappa)]^2} \int_{(c_\varkappa)} f(t)\, \psi'(t)\, [\psi(t) - \psi(\alpha_\varkappa)]\, dt + \cdots$$

Dass übrigens die Reihenentwickelung unabhängig von dem Radius r des abgebildeten Kreises ist, geht unmittelbar daraus hervor, dass, wenn $z' = \psi(z)$ eine geschlossene Fläche auf einen um den Nullpunkt mit dem Radius r gezogenen Kreis abbildet, die Function $z'' = \frac{r'}{r} \psi(z)$ die Abbildung derselben Fläche auf einen ebensolchen Kreis mit dem Radius r' leistet, und wie aus der obigen Entwickelung folgt, die constanten Factoren der ψ-Function sich herausheben.

Dass eine Function $f(z)$ nur auf *eine* Weise nach Potenzen der Abbildungsfunction in eine Reihe von der Form (15) entwickelbar ist, soll dadurch gezeigt werden, dass, wenn zwei derartige Reihen auch nur für die Peripheriepunkte von $\varkappa + 1$ in jenem begränzten Raume befindlichen geschlossenen Curven

$$l,\ l_1,\ l_2,\ \ldots\ l_\varkappa,$$

von denen $l_1, l_2, \ldots l_\varkappa$ die Punkte $\alpha_1, \alpha_2, \ldots \alpha_\varkappa$ einzeln, l eben diese Punkte sämmtlich und zu gleicher Zeit den dem Mittelpunkte des begränzenden Kreises entsprechenden Punkt umschliessen, denselben Werth annehmen, die innerhalb des betrachteten Raumes gültigen Entwickelungen identisch sein müssen. Denn setzt man die beiden Entwickelungen für die Punkte dieser $\varkappa + 1$ Curven einander gleich, so dass sich

$$(18) \;.\;.\; a_0 \psi'(z) + a_1 \psi'(z) \psi(z) + \cdots + a_n \psi'(z) \psi(z)^n + r_n \psi'(z)$$

$$+ a_1^{(1)} \frac{\psi'(z)}{\psi(z) - \psi(\alpha_1)} + a_2^{(1)} \frac{\psi'(z)}{[\psi(z) - \psi(\alpha_1)]^2}$$

$$+ \cdots + a_n^{(1)} \frac{\psi'(z)}{[\psi(z) - \psi(\alpha_1)]^n} + r_n^{(1)} \psi'(z)$$

$$+ \cdots\cdots\cdots\cdots\cdots\cdots\cdots\cdots$$

$$= A_0 \psi'(z) + A_1 \psi'(z) \psi(z) + \cdots + A_n \psi'(z) \psi(z)^n + R_n \psi'(z)$$

$$+ A_1^{(1)} \frac{\psi'(z)}{\psi(z) - \psi(\alpha_1)} + A_2^{(1)} \frac{\psi'(z)}{[\psi(z) - \psi(\alpha_1)]^2}$$

$$+ \cdots + A_n^{(1)} \frac{\psi'(z)}{[\psi(z) - \psi(\alpha_1)]^n} + R_n^{(1)} \psi'(z)$$

$$+ \cdots\cdots\cdots\cdots\cdots\cdots\cdots\cdots$$

ergiebt, worin

$$r_n,\ r_n^{(1)},\ \ldots\ R_n,\ R_n^{(1)},\ \ldots$$

die nach dem Früheren für unendlich grosse n sich der Null nähernden Reste der einzelnen Reihen bedeuten, so werden, wenn die Gleichung mit

$$\psi(z)^{-k}$$

multiplicirt, und über den Umfang der einfach geschlossenen Curve l integrirt wird — was wegen der Gleichheit der Werthe der beiden Seiten von (18) für alle Punkte der Curve l erlaubt ist — von den Restintegralen abgesehen jedenfalls nur Grössen von der Form

$$\int_{(l)} \psi'(z)\,\psi(z)^m\,dz \quad \text{und} \quad \int_{(l)} \frac{\psi'(z)\,\psi(z)^{-k}\,dz}{[\psi(z)-\psi(\alpha)]^p}$$

zu betrachten sein. Was nun das erste dieser beiden Integrale betrifft, in welchem m eine positive oder negative ganze Zahl vorstellt, so wird jedenfalls die Function unter dem Integralzeichen, wenn überhaupt, dann nur für denjenigen Werth von z, welcher

$$\psi(z) = 0$$

macht, d. h. für den dem Mittelpunkt des abgebildeten Kreises entsprechenden Punkt unendlich, und da sie sonst eindeutig und stetig ist, so wird man statt über l auch über c integriren können, welche Curve zum Abbild den Kreis mit dem Radius r haben sollte.*)

Setzt man daher:

$$\psi(z) = r(\cos\varphi + i\sin\varphi)$$

und also

$$\psi'(z)\,dz = ri(\cos\varphi + i\sin\varphi)\,d\varphi,$$

da r für die Integration auf der Curve c constant bleibt, so wird, indem m eine beliebige positive oder negative ganze Zahl bedeutet (0 eingeschlossen und -1 ausgeschlossen)

$$\int_{(c)} \psi'(z)\,\psi(z)^m\,dz = ir^{m+1}\int_0^{2\pi}[\cos(m+1)\varphi + i\sin(m+1)\varphi]\,d\varphi = 0,$$

während für $m = -1$

$$\int_{(c)} \frac{\psi'(z)}{\psi(z)}\,dz = i\int_0^{2\pi} d\varphi = 2\pi i$$

ist, so dass die erste Horizontalreihe der linken Seite der Gleichung (18), da sich

$$\int_{(l)} r_n\,\psi'(z)\,\psi(z)^{-k}\,dz$$

---

*) vorausgesetzt, dass $\psi(z)$ auf der Gränzcurve c keinen Verzweigungspunkt besitzt, in welchem Falle man der Linie c diejenige unendlich benachbarte Curve substituiren könnte, deren Abbild der dem Gränzkreise des Bildes unendlich benachbarte Kreis ist.

für unendlich wachsende n wegen des verschwindenden r_n selbst der Null nähert, in

$$2\pi i a_{k-1}$$

übergeht. Für das zweite der oben bezeichneten Integrale, deren Werthe zu untersuchen waren, darf man, weil die Function unter demselben nur für diejenigen z, welche

$$\psi(z)=0 \quad \text{und} \quad \psi(z)=\psi(\alpha)$$

machen, unendlich wird, und die Curve l der Voraussetzung nach diese Punkte umschliesst, ebenfalls als Integrationscurve die begränzende Curve c substituiren und findet mit Hülfe der schon oben angestellten Betrachtungen über die Integration einer nach Potenzen von $\psi(z)$ fortschreitenden Reihe und mit Berücksichtigung der Ungleichheit

$$\bmod \psi(\alpha) < \bmod \psi(z),$$

deren beide Seiten die Entfernung des Mittelpunktes des abgebildeten Kreises von einem Punkte resp. seiner Fläche und seiner Peripherie bedeuten, die folgende Entwicklung

$$\int_{(c)} \frac{\psi'(z)\,\psi(z)^{-k}\,dt}{[\psi(z)-\psi(\alpha)]^p} = \int_{(c)} \psi'(z)\,\psi(z)^{-k-p}\left[1-\frac{\psi(\alpha)}{\psi(z)}\right]^{-p} dz$$

$$= \int_{(c)} \psi'(z)\,\psi(z)^{-k-p}\left[1+p\,\psi(\alpha)\,\psi(z)^{-1}+\frac{p(1-p)}{1\,.\,2}\,\psi(\alpha)^2\,\psi(z)^{-2}+\cdots\right]dz.$$

Die oben eingeführte Substitution

$$\psi(z)=r(\cos\varphi+i\sin\varphi)$$

zeigt nun wieder unmittelbar, dass alle in dem vorstehenden Ausdrucke enthaltenen Einzelintegrale den Werth Null haben, und da ferner die aus den Restausdrücken resultirenden Integrale verschwinden, ausserdem dieselben Schlüsse für die rechte Seite der Gleichung (18) statt haben, so folgt unmittelbar

$$a_{k-1}=A_{k-1}.$$

Multiplicirt man ferner die Gleichung (18) mit

$$[\psi(z)-\psi(\alpha_1)]^k$$

und nimmt wiederum über beide Seiten der Gleichung das Integral längs der Curve l_1, so wird man, da die Functionen der zweiten Horizontalreihe unter den Integralen nur für $z=\alpha_1$ unstetig werden, statt der Curve l_1 die Integrationscurve c_1 substituiren dürfen, deren Abbild der Voraussetzung nach ein um a_1 mit dem Radius ϱ_1 beschriebener Kreis ist und erhält somit, wenn

$$\psi(z)-\psi(\alpha_1)=\varrho_1(\cos\varphi+i\sin\varphi)$$

gesetzt wird, durch genaue Wiederholung der oben gemachten Schlüsse, und mit Rücksicht darauf, dass die Functionen der andern Horizontalreihen innerhalb der Integrationscurve c_1 gar nicht unstetig werden,

$$a^{(1)}_{k+1} = A^{(1)}_{k+1},$$

und ähnliche Resultate für die andern Horizontalreihen, so dass die Identität der beiden Entwicklungen und somit die Eindeutigkeit der Entwicklung von

$$\frac{f(z)}{\psi'(z)}$$

nach positiven ganzen Potenzen von

$$\psi(z) \quad \text{und} \quad \frac{1}{\psi(z) - \psi(\alpha)}$$

erwiesen ist.

Aus der oben gegebenen Entwickelung einer Function $f(z)$ von näher angegebener Eigenschaft innerhalb eines mehrfach zusammenhängenden Raumes, der nur der Bedingung unterlag, dass die einfach geschlossenen Curven $c_1, c_2, \ldots c_\varkappa$ vermöge derjenigen Function $\psi(z)$, welche als Abbild des von der Curve c begränzten Raumes einen um den Anfangspunkt gelegten Kreis lieferte, sich ebenfalls als Kreise abbildeten, ist es leicht, die Entwickelung einer innerhalb des von einer einfach geschlossenen Curve c begränzten Raumes eindeutigen Function $f(z)$ herzuleiten, die nur in den Punkten α_1, $\alpha_2, \ldots \alpha_\varkappa$ unstetig werden soll. Denn da man offenbar stets jeden dieser Punkte durch eine derartige unendlich kleine Curve ausschliessen kann*), dass die durch die Abbildung der begränzenden Curve c bestimmte Function $\psi(z)$ auch diese in einem unendlich kleinen Kreise abbildet, so wird man in der obigen Betrachtung nur die Punkte $\alpha_1, \alpha_2, \ldots \alpha_\varkappa$, welche die Bilder der Mittelpunkte der einzelnen Kreise waren, die Unstetigkeitspunkte bedeuten zu lassen brauchen und somit als Entwickelung von $f(z)$, welche in dem ganzen von der einfach geschlossenen Curve c begränzten Raume gültig ist, die folgende erhalten:

$$(19) \ldots f(z) = \frac{\psi'(z)}{2\pi i}\int\limits_{(c)} \frac{f(t)}{\psi(t)}dt + \frac{\psi'(z)\psi(z)}{2\pi i}\int\limits_{(c)} \frac{f(t)}{\psi(t)^2}dt + \cdots\cdots$$

$$+ \frac{1}{2\pi i}\frac{\psi'(z)}{\psi(z)-\psi(\alpha_1)}\int\limits_{(\alpha_1)} f(t)\,dt + \frac{1}{2\pi i}\frac{\psi'(z)}{[\psi(z)-\psi(\alpha_1)]^2}\int\limits_{(\alpha_1)} f(t)[\psi(t)-\psi(\alpha_1)]\,dt + \cdots$$

$$+ \quad \cdots\cdots\cdots\cdots\cdots\cdots\cdots\cdots\cdots\cdots\cdots\cdots\cdots$$

$$+ \frac{1}{2\pi i}\frac{\psi'(z)}{\psi(z)-\psi(\alpha_\varkappa)}\int\limits_{(\alpha_\varkappa)} f(t)\,dt + \frac{1}{2\pi i}\frac{\psi'(z)}{[\psi(z)-\psi(\alpha_\varkappa)]^2}\int\limits_{(\alpha_\varkappa)} f(t)[\psi(t)-\psi(\alpha_\varkappa)]\,dt + \cdots,$$

---

*) Es ist dies stets möglich, weil man nur, wenn $\psi(z) = z'$ und $z = \chi(z')$ gesetzt ist, z' einen unendlich kleinen Kreis um den Bildpunkt von α beschreiben zu lassen und das zugehörige Continuum der z-Werthe als jene den α-Punkt ausschliessende unendlich kleine Curve zu betrachten braucht, und man kann zugleich bemerken, dass, während die c-Curve der Gleichung

worin jetzt die über (α_1), (α_2), $\cdots (\alpha_\varkappa)$ genommenen Integrale unendlich kleine Curvenintegrale bedeuten, die auch durch Integrale über unendlich kleine Kreise ersetzt werden können. Die Eindeutigkeit der Entwickelung folgt aus der oben durchgeführten Untersuchung unmittelbar.

Wenn die Function $f(z)$ innerhalb des von der Curve c abgegränzten Raumes keine Unstetigkeitspunkte besitzt, so wird

$$(20).\ f(z) = \frac{\psi'(z)}{2\pi i}\int\limits_{(c)} \frac{f(t)}{\psi(t)}dt + \frac{\psi'(z)\psi(z)}{2\pi i}\int\limits_{(c)} \frac{f(t)}{\psi(t)^2}dt + \frac{\psi'(z)\psi(z)^2}{2\pi i}\int\limits_{(c)} \frac{f(t)}{\psi(t)^3}dt \cdots\cdots,$$

welche Reihe nach dem Obigen für alle Punkte des von der Curve c begränzten Raumes convergent ist, und in der die geschlossenen Integrale, welche die Coefficienten darstellen, auf unendlich kleine Curven beschränkt werden können, welche nur noch den Punkt $\psi(t) = 0$ oder denjenigen Punkt der gegebenen Fläche umschliessen müssen, welcher dem Mittelpunkt des abgebildeten Kreises entspricht. So würde z. B. die für eine der Hälften einer aus zwei getrennten Theilen bestehenden Lemniscate convergente Reihenentwickelung einer innerhalb dieser Fläche eindeutigen und stetigen Function $f(z)$, da

$$\psi(z) = \frac{1}{\alpha}(z-1)(z+1), \quad \psi'(z) = \frac{2z}{\alpha}$$

ist, folgendermassen lauten:

$$f(z) = \frac{1}{\pi i}\int\limits_{(c)} \frac{f(t)}{t^2-1}\,t\,dt + \frac{z^2-1}{\pi i}\int\limits_{(c)} \frac{f(t)}{(t^2-1)^2}\,t\,dt + \frac{(z^2-1)^2}{\pi i}\int\limits_{(c)} \frac{f(t)}{(t^2-1)^3}dt + \cdots,$$

und ähnlich liesse sich mit Hülfe der früher hergeleiteten Ausdrücke die Reihenentwickelung der Function $f(z)$ innerhalb einer aus einem einfachen Flächenstück bestehenden Lemniscate aufstellen.

Betrachten wir nunmehr als speciellen Fall der oben aufgestellten allgemeinen analytischen Ausdrücke die Entwicklung einer innerhalb eines Kreisringes, der von zwei um einen beliebigen festen Punkt a mit den Radien r und ϱ gezogenen concentrischen Kreisen begränzt ist, eindeutigen und stetigen Function $f(z)$, so werden diese beiden Kreisflächen durch die Function

$$\psi(z) = z - a$$

sich ebenfalls in concentrischen, um den Nullpunkt beschriebenen Kreisflächen abbilden, und daher die Entwickelung (15) in diesem Falle anwendbar sein und die Form annehmen

---

$$\text{mod } z' = \text{mod } \psi(z) = r$$

genügt, die gesuchte unendlich kleine Curve, welche α_1 umschliesst, offenbar durch die Gleichung

$$\text{mod } [\psi(z) - \psi(\alpha_1)] = \delta$$

erhalten wird, worin δ eine unendlich kleine Grösse bedeutet.

$$f(z) = \frac{1}{2\pi i}\int\limits_{(r)}\frac{f(t)}{t-a}dt + \frac{z-a}{2\pi i}\int\limits_{(r)}\frac{f(t)}{(t-a)^2}dt + \frac{(z-a)^2}{2\pi i}\int\limits_{(r)}\frac{f(t)}{(t-a)^3}dt +$$

$$+ \frac{1}{2\pi i}\frac{1}{z-a}\int\limits_{(\varrho)}f(t)dt + \frac{1}{2\pi i}\frac{1}{(z-a)^2}\int\limits_{(\varrho)}f(t)(t-a)dt + \cdots;$$

es ist somit die Function $f(z)$ innerhalb jenes Kreisringes nach ganzen steigenden positiven und negativen Potenzen von $z-a$ entwickelbar.

Ebenso ergiebt sich aus dem Vorhergehenden leicht, dass eine innerhalb einer Fläche, welche von einem um den Punkt a mit dem Radius r beschriebenen Kreise begränzt wird, eindeutige Function, die nur in den Punkten $\alpha_1, \alpha_2, \ldots \alpha_\varkappa$ unstetig wird, für diesen gesammten Bereich, welcher durch die Function

$$\psi(z) = \frac{z-a}{r}$$

auf eine um den Nullpunkt mit dem Radius 1 gezogene Kreisfläche abgebildet wird, nach Gleichung (19) in der Form darstellbar ist

$$f(z) = \frac{1}{2\pi i}\int\limits_{(r)}\frac{f(t)}{t-a}dt + \frac{z-a}{2\pi i}\int\limits_{(r)}\frac{f(t)}{(t-a)^2}dt + \cdots\cdots$$

$$+ \frac{1}{2\pi i}\frac{1}{z-\alpha_1}\int\limits_{(\alpha_1)}f(t)dt + \frac{1}{2\pi i}\frac{1}{(z-\alpha_1)^2}\int\limits_{(\alpha_1)}f(t)(t-\alpha_1)dt + \cdots$$

$$+ \cdot\;\cdot\;\cdot\;\cdot\;\cdot\;\cdot\;\cdot\;\cdot\;\cdot\;\cdot\;\cdot\;\cdot\;\cdot\;\cdot\;\cdot\;\cdot\;\cdot\;\cdot\;\cdot$$

$$+ \frac{1}{2\pi i}\frac{1}{z-\alpha_\varkappa}\int\limits_{(\alpha_\varkappa)}f(t)dt + \frac{1}{2\pi i}\frac{1}{(z-\alpha_\varkappa)^2}\int\limits_{(\alpha_\varkappa)}f(t)(t-\alpha_\varkappa)dt + \cdots.$$

Für den Fall, dass die Function in jener ganzen Kreisfläche eindeutig und stetig ist, erhält man die *Taylorsche* Reihe

$$(21)\quad f(z) = \frac{1}{2\pi i}\int\limits_{(a)}\frac{f(t)}{t-a}dt + \frac{z-a}{2\pi i}\int\limits_{(a)}\frac{f(t)}{(t-a)^2}dt + \frac{(z-a)^2}{2\pi i}\int\limits_{(a)}\frac{f(t)}{(t-a)^3}dt + \cdots$$

und für $a=0$ die *Maclaurinsche* Reihe

$$(22)\;.\; f(z) = \frac{1}{2\pi i}\int\limits_{(0)}\frac{f(t)}{t}dt + \frac{z}{2\pi i}\int\limits_{(0)}\frac{f(t)}{t^2}dt + \frac{z^2}{2\pi i}\int\limits_{(0)}\frac{f(t)}{t^3}dt + \cdots$$

oder mit Benutzung des früher gefundenen Ausdruckes

$$f^{(n)}(a) = \frac{1.2.\ldots n}{2\pi i}\int\limits_{(a)}\frac{f(t)}{(t-a)^{n+1}}dt$$

die beiden bekannten Formen,

$$(23)\ldots\ldots f(z) = f(a) + \frac{z-a}{1}f'(a) + \frac{(z-a)^2}{1.2}f''(a) + \cdots$$

$$(24)\ldots\ldots f(z) = f(0) + \frac{z}{1}f'(0) + \frac{z^2}{1.2}f''(0) + \cdots$$

Da die Entwickelungen (21) und (22) von dem Radius des um den Nullpunkt beschriebenen, abgebildeten Kreises unabhängig sind, so wird man die Gültigkeit dieser Entwickelungen in concentrischen um a resp. den Nullpunkt beschriebenen Kreisen so weit ausdehnen können, als nicht Verzweigungs- oder Unstetigkeitspunkte in die so enstehenden Räume eintreten, und es ist somit der um a resp. den Nullpunkt beschriebene Kreis, dessen Radius die Entfernung dieser Punkte von dem nächsten Verzweigungs- oder Unstetigkeitspunkte ist, der Bereich der Reihen (21) und (22), innerhalb dessen dieselben in allen Punkten die Function $f(z)$ darstellen; wir erhalten daher den Satz:

Eine Function von z lässt sich nach der Taylorschen Reihe nach steigenden positiven ganzen Potenzen von $z - a$, worin a weder ein Verzweigungs- noch Unstetigkeitspunkt der Function ist, nach der Maclaurinschen Reihe nach steigenden positiven ganzen Potenzen von z, wenn der Nullpunkt kein solcher Punkt ist, entwickeln innerhalb eines Bereiches, der durch einen um a resp. den Nullpunkt beschriebenen Kreis bezeichnet ist, dessen Radius der Entfernung der resp. Mittelpunkte von dem nächsten Verzweigungs- oder Unstetigkeitspunkte gleich ist.

Nachdem wir für Functionen innerhalb der Bereiche, in denen sie eindeutig sind, analytische Darstellungen in Form von geschlossenen Integralen und unendlichen Reihen erhalten haben, ist auch die Möglichkeit gegeben, die allgemeinen Eigenschaften derselben in den Punkten dieser Bereiche zu untersuchen.

Sei die Riemann'sche Fläche einer Function $f(z)$ entweder einblättrig oder bestehe dieselbe aus einzelnen Kugeln, die den Eigenschaften der vorgelegten Function zufolge keine gemeinsamen Punkte haben mögen, so wird für jede geschlossene Curve c, innerhalb deren kein Punkt sich befindet, in welchem die Function $f(z)$ unendlich ist, nach Gleichung (4) dieser Vorlesung

$$f(z) = \frac{1}{2\pi i}\int\limits_{(c)} \frac{f(t)}{t-z}\,dt$$

sein, auch wenn, wie aus einer in der letzten Vorlesung gemachten Anmerkung hervorgeht, innerhalb des von c begränzten Raumes Punkte sich befinden, in denen die Function durch endliche Stetigkeitssprünge*) vieldeutig ist, wenn nur diese Punkte keine continuirliche Linie bilden, was im Folgenden für die Functionen, die wir betrachten, nicht stattfinden soll.

Um nun die Frage nach der Existenz von Punkten zu erledigen, in denen eine eindeutige Function unendlich wird, wollen wir annehmen, die Function $f(z)$ würde für keinen Punkt der unendlichen Kugel unendlich gross; dann würde, wenn wir fürs erste den Fall ausschliessen, dass der unendlich entfernte Punkt durch endliche Stetigkeitssprünge ein Vieldeutigkeitspunkt wird, die Curve c durch

*) Dass solche Punkte bei eindeutigen Functionen überhaupt nicht vorkommen können, ohne dass in ihnen die Function zugleich unendlich gross ist, wird sich nachher unmittelbar ergeben.

einen mit unendlich grossem Radius um den Nullpunkt beschriebenen Kreis ersetzt werden können, und wenn sodann das Integral in die Form

$$f(z) = \frac{1}{2\pi i}\int\limits_{(\infty)} \frac{f(t)}{t}\,\frac{dt}{1-\frac{z}{t}}$$

gebracht und berücksichtigt wird, dass für unendlich grosse t

$$\frac{1}{1-\frac{z}{t}} = 1 + \frac{z}{t} + \frac{z^2}{t^2} + \cdots$$

sich der Einheit nähert, so wird

$$f(z) = \frac{1}{2\pi i}\int\limits_{(\infty)} \frac{f(t)}{t}\,dt$$

d. h. eine von z unabhängige endliche Constante, indem die Function unter dem Integral in Folge der gemachten Voraussetzung nur für $t=0$ unendlich wird und die Integrationscurve auf eine beliebige, im Endlichen gelegene, nur den Punkt $t=0$ umschliessende Curve reducirt werden kann; dieser Widerspruch wird zu dem Satze führen, dass $f(z)$ für einzelne Punkte der Ebene unendlich sein muss, wenn noch der Fall berücksichtigt sein wird, dass der Punkt $z=\infty$ ein vieldeutiger Punkt der oben bezeichneten Art der Function $f(z)$ sein kann. Setzt man desshalb, wenn k einen Punkt vorstellt, der kein Vieldeutigkeitspunkt von $f(z)$ ist,

$$z - k = \frac{1}{y},$$

so wird die Function $f(z)$ in eine andere eindeutige Function $\varphi(y)$ übergehen, für welche, weil dem $y=\infty$ der Werth $z=k$ entspricht, der unendlich entfernte Punkt kein Vieldeutigkeitspunkt ist, und daher $\varphi(y)$ also auch $f(z)$ in einzelnen Punkten unendlich werden.

Somit ist gezeigt, *dass jede in der ganzen Kugel eindeutige Function für gewisse Werthe der Variabeln unendlich wird,* und daraus folgt wieder unmittelbar, wenn man beachtet, dass, wenn $f(z)$ eine eindeutige Function ist, auch

$$\frac{1}{f(z)} \text{ und } f(z) - A$$

es sind, dass *jede eindeutige Function auch den Werth Null und den beliebigen endlichen Werth A, also jeden beliebigen Werth annehmen muss.*

Aber nicht bloss Functionen, die in der ganzen Kugel eindeutig sind (einzelne Punkte der angegebenen Art ausgenommen) müssen wenigstens in einem Punkte derselben unendlich werden, sondern auch für jede n-deutige Function muss dies der Fall sein, wenn wir unter einer *n-deutigen Function von z eine solche verstehen, welche mit Berücksichtigung aller beliebigen geschlossenen Wege des z für jeden Werth dieser Variabeln stets n verschiedene Werthe annimmt, nur einzelne Werthe des z ausgenommen.* Bezeichnet man nämlich die für jeden Punkt des z der Voraussetzung nach in endlicher Anzahl existirenden Werthe des w mit

$$w_1, w_2, \ldots\ldots w_n,$$

so werden die Combinationen dieser Werthe von der ersten bis zur n-ten Klasse

$$(m)\ldots\left\{\begin{array}{l} w_1 + w_2 + \ldots + w_n = f_1(z) \\ w_1 w_2 + \ldots\ldots + w_{n-1} w_n = f_2(z) \\ \ldots\ldots\ldots\ldots\ldots\ldots \\ w_1 w_2 \ldots\ldots w_n = f_n(z) \end{array}\right.$$

eindeutige Functionen von z in der ganzen Ebene sein, da ein einmaliger Umkreis, wenn derselbe für die Riemann'sche Fläche der w-Function ein geschlossener ist, das betreffende w in sich selbst zurückführt, während, wenn derselbe kein geschlossener ist, nur eine cyclische Vertauschung gewisser w-Gruppen hervorbringt und daher die obigen symmetrischen Functionen dieser Werthe unverändert lässt; es wird sich somit bei einer einmaligen Umkreisung eines beliebigen Punktes z z. B. die Function $f_1(z)$ nicht ändern d. h. eine in der ganzen Ebene eindeutige Function von z sein und daher nach dem vorher bewiesenen Satze auch mindestens für einen Werth von z unendlich werden müssen. Da aber die Summe der w nur unendlich werden kann, wenn einer der w-Werthe selbst unendlich wird, so geht schon aus jener ersten symmetrischen Function hervor, dass

jede n-deutige Function wenigstens einmal unendlich gross werden muss.

Wir haben die obigen n symmetrischen Functionen, von denen nur eine zum Beweise des eben ausgesprochenen Satzes nöthig war, desshalb zusammengestellt, um zugleich einerseits zu zeigen, dass, wie unmittelbar zu sehen, *die n Werthe jeder n-deutigen Function w sich als die Wurzeln einer algebraischen Gleichung*

$$w^n - f_1(z)\, w^{n-1} + f_2(z)\, w^{n-2} - \cdots + (-1)^n f_n(z) = 0$$

darstellen lassen, deren Coefficienten in der ganzen Ebene eindeutige Functionen von z sind, andererseits aber auch um nachzuweisen, dass die Umkehrung des obigen Satzes richtig ist, dass nämlich, wenn einer der w-Werthe für irgend ein z unendlich gross wird, es nothwendig auch für dasselbe z einer der Coefficienten jener Gleichung sein muss. Sei nämlich z. B. w_n einer der Werthe der w-Function, welcher für ein bestimmtes z unendlich wird, so kann man, wenn

$$\begin{array}{c} w_1 + w_2 + \ldots + w_{n-1} = \varphi_1(z) \\ w_1 w_2 + \ldots\ldots + w_{n-2} w_{n-1} = \varphi_2(z) \\ \ldots\ldots\ldots\ldots\ldots\ldots \\ w_1 w_2 \ldots w_{n-1} = \varphi_{n-1}(z) \end{array}$$

gesetzt wird, die Coefficienten der obigen Gleichung n-ten Grades in die Form setzen:

$$f_1(z) = \varphi_1(z) + w_n$$
$$f_2(z) = \varphi_2(z) + w_n\varphi_1(z)$$
$$f_3(z) = \varphi_3(z) + w_n\varphi_2(z)$$
$$\cdot\ \cdot\ \cdot\ \cdot\ \cdot\ \cdot\ \cdot\ \cdot\ \cdot\ \cdot$$
$$f_{n-1}(z) = \varphi_{n-1}(z) + w_n\varphi_{n-2}(z)$$
$$f_n(z) = w_n\varphi_{n-1}(z),$$

und aus der letzten dieser Gleichungen folgt, dass, wenn für z jener Werth eingesetzt wird, für den w_n unendlich werden soll, entweder $f_n(z)$ unendlich wird (und dann wäre der Satz bereits bewiesen) oder $\varphi_{n-1}(z)$ verschwindet; ist das letztere der Fall, so geht wieder aus der vorletzten Gleichung hervor, dass entweder $f_{n-1}(z)$ unendlich werden oder $\varphi_{n-2}(z)$ verschwinden muss u. s. w., so dass schliesslich, unter der Voraussetzung, dass noch keiner der Coefficienten $f_\alpha(z)$ unendlich geworden, $\varphi_1(z)$ verschwinden, also, wie aus der ersten Gleichung ersichtlich ist, $f_1(z)$ unendlich werden müsste, und es wäre somit nachgewiessen, dass

für einen Werth des z, welcher einen unendlich grossen Functionalwerth w liefert, mindestens einer der Coefficienten der jene vieldeutige Function bestimmenden Gleichung unendlich gross werden muss.

Um daher die Punkte zu finden, in denen mehrdeutige Functionen, die in jedem Punkte nur eine endliche Anzahl von Werthen annehmen, unendlich gross werden, braucht man nur die Werthe zu suchen, für welche diejenigen in der ganzen Ebene eindeutigen Functionen von z unendlich werden, welche Coefficienten der algebraischen Gleichung sind, deren Lösungen durch die n Werthe der gegebenen n-deutigen Function dargestellt werden; für diese Werthe und nur für diese hat die mehrdeutige Function einen unendlich grossen Werth.

Nachdem die Existenz von Punkten festgestellt worden, für welche eine Function, deren Riemann'sche Fläche aus einer endlichen Anzahl von Blättern besteht, unendlich gross ist, wird es sich darum handeln, die Art des Unendlichwerdens näher zu prüfen und die früher gemachte Unterscheidung zwischen Discontinuitätspunkten erster und zweiter Gattung — insofern diese nicht ausserdem Verzweigungspunkte sind, welchen Fall wir erst in der nächsten Vorlesung behandeln — durch die verschiedene Entwickelungsweise der Function in der Nähe jener Punkte zu charakterisiren.

Wenn wir die *Umgebung eines Punktes* denjenigen Raum nennen, der durch eine um jenen Punkt beschriebene Kreisfläche dargestellt wird, deren Radius bis zum nächsten Verzweigungs- oder Unstetigkeitspunkte (Discontinuitätspunkte erster oder zweiter Gattung) einer Function $f(z)$ reicht, so wird, wie oben gefunden worden, eine Function $f(z)$ in der Umgebung des Punktes α, der ein im Endlichen gelegener Unstetigkeitspunkt, aber kein Verzweigungspunkt sein darf, nach positiven und negativen steigenden Potenzen der Grösse $z-\alpha$ entwickelt in der Form darstellbar sein

$$(25)\ f(z) = \frac{1}{2\pi i}\int\limits_{(\alpha)} \frac{f(t)}{t-\alpha}\,dt + \frac{z-\alpha}{2\pi i}\int\limits_{(\alpha)} \frac{f(t)}{(t-\alpha)^2}\,dt + \frac{(z-\alpha)^2}{2\pi i}\int\limits_{(\alpha)} \frac{f(t)}{(t-\alpha)^3}\,dt + \cdots$$

$$+ \frac{1}{2\pi i}\,\frac{1}{z-\alpha}\int\limits_{(\alpha)} f(t)\,dt + \frac{1}{2\pi i}\,\frac{1}{(z-\alpha)^2}\int\limits_{(\alpha)} f(t)\,(t-\alpha)\,dt + \cdots\cdot,$$

indem in der obigen, innerhalb eines concentrischen Ringes gültigen Entwickelung von $f(z)$ der mit dem Radius ϱ um a beschriebene Kreis nur durch den um α gezogenen unendlich kleinen Kreis, und die über den Kreis mit dem Radius r vollzogene Integration durch die über denselben unendlich kleinen Kreis genommene ersetzt zu werden braucht. Ist aber der Unstetigkeitspunkt, der jedoch kein Verzweigungspunkt sein soll, der Punkt $z=\infty$, so setze man

$$z = \frac{1}{u},\ f(z) = \varphi(u),$$

und es wird sodann nach der eben aufgestellten Entwickelung die Reihe für $\varphi(u)$ in der Umgebung von $u=0$ lauten

$$\varphi(u) = \frac{1}{2\pi i}\int\limits_{(o)} \frac{\varphi(v)}{v}\,dv + \frac{u}{2\pi i}\int\limits_{(o)} \frac{\varphi(v)}{v^2}\,dv + \cdots\cdot$$

$$+ \frac{1}{2\pi i}\,\frac{1}{u}\int\limits_{(o)} \varphi(v)\,dv + \frac{1}{2\pi i}\,\frac{1}{u^2}\int\limits_{(o)} \varphi(v)\,v\,dv + \cdots\cdot,$$

und daher, wenn wieder z substituirt wird, die in der Umgebung von $z=\infty$ gültige Entwickelung

$$(26)\ldots f(z) = \frac{1}{2\pi i}\int\limits_{(\infty)} \frac{f(t)}{t}\,dt + \frac{1}{2\pi i}\,\frac{1}{z}\int\limits_{(\infty)} f(t)\,dt + \frac{1}{2\pi i}\,\frac{1}{z^2}\int\limits_{(\infty)} f(t)\,t\,dt + \cdots$$

$$+ \frac{1}{2\pi i}z\int\limits_{(\infty)} \frac{f(t)}{t^2}\,dt + \frac{1}{2\pi i}z^2\int\limits_{(\infty)} \frac{f(t)}{t^3}\,dt + \cdots\cdot,$$

wobei zu beachten, dass mit Rücksicht auf die oben gegebene Definition der Umgebung von $u=0$ zu der Umgebung des Punktes $z=\infty$ alle diejenigen z-Werthe gehören, welche ausserhalb des um den Nullpunkt gezogenen Kreises liegen, dessen Radius die Entfernung des Nullpunktes von dem äussersten Verzweigungs- oder Unstetigkeitspunkte ist, und dass ausserdem in den Coefficienten dieser Reihe die Integrale so zu durchlaufen sind, dass man die den Punkt $z=\infty$ enthaltende Fläche stets zur Linken hat.

Indem wir nun mit Hülfe dieser Entwickelungen die Art der Discontinuität in $z=\alpha$ oder $z=\infty$ untersuchen wollen, werden wir zuerst nachweisen, dass $f(z)$ in $z=\alpha$ nicht so unstetig werden kann, dass

$$\lim_{z=\alpha}\left\{(z-\alpha)f(z)\right\} = 0$$

ist, von welcher Seite man sich auch dem Punkte α nähern möge;

denn da der Coefficient der ersten negativen Potenz von $z - \alpha$ in die Form

$$\frac{1}{2\pi i}\int\limits_{(\alpha)} f(t)(t-\alpha)\frac{dt}{t-\alpha} = \frac{1}{2\pi i}\lim\nolimits_{t=\alpha}\left\{(t-\alpha)f(t)\right\}\int\limits_{(\alpha)}\frac{dt}{t-\alpha},$$

der einer jeden folgenden Potenz in die Form

$$\frac{1}{2\pi i}\int\limits_{(\alpha)} f(t)(t-\alpha)(t-\alpha)^{p-1}dt = \frac{1}{2\pi i}\lim\nolimits_{t=\alpha}\left\{(t-\alpha)f(t)\right\}\int\limits_{(\alpha)}(t-\alpha)^{p-1}dt\text{*)}$$

gebracht werden kann, worin $p \geqq 1$ ist, und, wie leicht zu sehen, durch Substitution von

$$t - \alpha = r(\cos\varphi + i\sin\varphi)$$

die Integrale

$$\int\limits_{(\alpha)}\frac{dt}{t-\alpha} = 2\pi i, \quad \int\limits_{(\alpha)}(t-\alpha)^{p-1}dt = 0$$

sind, so folgt, dass sämmtliche negative Potenzen von $z - \alpha$ aus der Entwickelung von $f(z)$ herausfallen und daher $f(z)$ für $z = \alpha$ nicht unendlich würde, dass somit

(27) . . . . $\lim_{z=\alpha}\left\{(z-\alpha)f(z)\right\} = 0$

die nothwendige und hinreichende Bedingung dafür ist, dass $f(z)$ im

*) Es mag hier mit einigen Worten die obige Umformung begründet werden, um einsehen zu lassen, dass dieselbe nur für $p \geqq 1$ statthaft ist. Denn da

$$\int\limits_{(\alpha)} f(t)(t-\alpha)^p dt = \int\limits_{(\alpha)}[f(t)(t-\alpha)](t-\alpha)^{p-1}dt,$$

so wird, wenn $\varepsilon(t)$ die unendlich kleine Differenz der Werthe von

$$f(t)(t-\alpha)$$

in den Punkten des unendlich kleinen um α beschriebenen Kreises und im Punkte α selbst bedeutet, das obige Integral in die Summe der beiden Integrale

$$[f(t)(t-\alpha)]_{t=\alpha}\int\limits_{(\alpha)}(t-\alpha)^{p-1}dt + \int\limits_{(\alpha)}\varepsilon(t)(t-\alpha)^{p-1}dt$$

übergehen. Nun ist aber

$$\mathrm{mod}\int\limits_{(\alpha)}\varepsilon(t)(t-\alpha)^{p-1}dt \leqq \int\limits_{(\alpha)}\mathrm{mod}\,\varepsilon(t)\,\mathrm{mod}(t-\alpha)^{p-1}\mathrm{mod}\,dt \leqq \varepsilon\int\limits_{(\alpha)}\mathrm{mod}(t-\alpha)^{p-1}\mathrm{mod}\,dt,$$

wenn ε den Maximalwerth von mod $\varepsilon(t)$ auf der unendlich kleinen Kreisperipherie bedeutet, der selbst noch unendlich klein ist. Setzt man nun

$$t - \alpha = r(\cos\varphi + i\sin\varphi),$$

so ergiebt sich

$$\mathrm{mod}\int\limits_{(\alpha)}\varepsilon(t)(t-\alpha)^{p-1}dt \leqq \varepsilon r^{p-1}\int\limits_{(\alpha)}\mathrm{mod}\,dt \leqq 2\varepsilon r^p\pi,$$

und es wird somit, da r unendlich klein ist, im Allgemeinen nur für positive Werthe von p, unter welchen aber auch der Werth Null begriffen ist, der Modul der Differenz der beiden Integrale und somit auch die Differenz von

$$\int\limits_{(\alpha)} f(t)(t-\alpha)^p dt \text{ und } [f(t)(t-\alpha)]\cdot\int\limits_{(\alpha)}(t-\alpha)^{p-1}dt$$

verschwinden, diese beiden Integrale somit einander gleich sein.

Punkte $z = \alpha$ einen endlichen Werth hat, vorausgesetzt, dass jener Gränzausdruck verschwindet, von welcher Seite man sich auch dem Punkte $z = \alpha$ unendlich nähert,

und daher dieser Fall bei der Untersuchung der Punkte, für welche $f(z)$ unendlich wird, ausgeschlossen werden muss. Zugleich kann aus der eben gefundenen Bedingung für die Endlichkeit einer Function $f(z)$ in einem Punkte $z = \alpha$, der kein Verzweigungspunkt ist, ersehen werden, dass derselbe auch nicht etwa ein Vieldeutigkeitspunkt dadurch sein kann, dass die Function in diesem Punkte endliche Stetigkeitssprünge macht, ohne dass sie auch einen unendlich grossen Werth in diesem Punkte annimmt; denn da, wenn $f(z)$ in $z = \alpha$ endlich ist, welchen endlichen Werth es auch haben mag, jedenfalls die Bedingung (27) erfüllt ist, so wird die in der Umgebung von α gültige Darstellung von $f(z)$

$$f(z) = \frac{1}{2\pi i}\int\limits_{(\alpha)}\frac{f(t)}{t-\alpha}\,d\alpha + \frac{z-\alpha}{2\pi i}\int\limits_{(\alpha)}\frac{f(t)}{(t-\alpha)^2}\,dt + \cdots\cdots$$

oder in Form eines Integrals

$$f(z) = \frac{1}{2\pi i}\int\limits_{(\alpha)}\frac{f(t)}{t-z}\,dt$$

sein, von welchem am Anfange dieser Vorlesung die Stetigkeit erwiesen war; so dass hiermit gezeigt ist, dass,

wenn α kein Verzweigungspunkt, wohl aber ein Unstetigkeitspunkt einer Function ist, die letztere in diesem Punkte auch jedenfalls unendlich gross werden muss.

Wir können hieran die Bedingung schliessen, unter welcher eine Function $f(z)$ im Punkte $z = \infty$, unter der Voraussetzung, dass derselbe kein Verzweigungspunkt der Function ist, endlich oder unendlich gross ist. Setzt man nämlich

$$z = \frac{1}{u} \qquad f(z) = \varphi(u),$$

so wird auch $u = 0$ kein Verzweigungspunkt für $\varphi(u)$ und daher nach dem Obigen die nothwendige und hinreichende Bedingung dafür, dass $\varphi(u)$ in $u = 0$ endlich bleibt

$$\lim\nolimits_{u=0}\{u\,\varphi(u)\} = 0$$

sein; es folgt somit durch Substitution von z

als nothwendige und hinreichende Bedingung für das Endlichsein von $f(z)$ im Punkte $z = \infty$

(28) $$\lim\nolimits_{z=\infty}\left\{\frac{f(z)}{z}\right\} = 0$$

Soll nun $f(z)$ in $z = \alpha$ unendlich werden, ohne dass dieser Punkt ein Verzweigungspunkt ist, so wird, da die Gleichung (27) nicht stattfinden darf, entweder gar keine positive Potenz von $z - \alpha$ existiren, mit der $f(z)$ multiplicirt eine Function von z liefert, welche im Punkte

$z = \alpha$, von welcher Seite man sich auch diesem Punkte nähert, verschwindet, oder es giebt eine solche, grösser oder kleiner als die Einheit, und indem wir uns zunächst mit dem zweiten Falle beschäftigen, wollen wir annehmen, dass die niedrigste positive ganzzahlige Potenz von $z - \alpha$, welche mit $f(z)$ multiplicirt für $z = \alpha$ einen verschwindenden Gränzausdruck für dieses Product liefert, die $n + 1^{\text{te}}$ sei, so dass

$$(29) \quad . \quad . \quad . \quad . \quad . \quad \lim_{z=\alpha}\left\{(z - \alpha)^{n+1}f(z)\right\} = 0$$

wird; es ist dann von selbst klar, dass n eine positive ganze Zahl grösser als Null sein muss, weil sonst die Gleichung (27) befriedigt würde, und dass die höhern Potenzen von $z - \alpha$ dieselbe Eigenschaft haben, dass somit mit Berücksichtigung der obigen Anmerkung die Coefficienten der negativen Potenzen von $z - \alpha$ in der Reihenentwickelung (25) von der $n + 1^{\text{ten}}$ incl. ab verschwinden. Was nun den Coefficienten der n^{ten} Potenz von $z - \alpha$ betrifft, so wird derselbe selbstverständlich ebenso wie die vorausgehenden Coefficienten als ein Integral, dessen Weg nicht durch einen Unstetigkeitspunkt der Function hindurchgeht, endlich sein, aber wir können auch zeigen, dass er nicht verschwindet; denn multiplicirt man die Gleichung (25) mit $(z - \alpha)^n$, so wird sich, wenn $z = \alpha$ gesetzt wird,

$$\lim_{z=\alpha}\left\{(z - \alpha)^n f(z)\right\} = \frac{1}{2\pi i}\int\limits_{(\alpha)} f(t)\,(t - \alpha)^{n-1}dt$$

ergeben und somit der die rechte Seite dieser Gleichung bildende Coefficient der $(-n)^{\text{ten}}$ Potenz von $z - \alpha$ in der obigen Entwicklung endlich sein müssen, weil der Annahme der Gleichung (29) gemäss die linke Seite nicht Null werden kann; es folgt aber zu gleicher Zeit daraus, dass

$$\lim_{z=\alpha}\left\{(z - \alpha)^n f(z)\right\}$$

einen endlichen Werth haben muss, und somit

$$\lim_{z=\alpha}\left\{(z - \alpha)^{n \pm k} f(z)\right\} = \lim_{z=\alpha}\left\{(z - \alpha)^n f(z)\right\} \lim_{z=\alpha}\left\{(z - \alpha)^{\pm k}\right\} = 0 \text{ oder } \infty$$

ist, dass keine andere ganze oder gebrochene Potenz von $(z - \alpha)$ als die n^{te} existirt, welche in $f(z)$ multiplicirt, für dieses Product im Punkte $z = \alpha$ einen endlichen Werth liefert. Nennen wir daher eine Function $f(z)$ in einem Unstetigkeitspunkte α — der, wie ein für allemal in dieser Vorlesung angenommen wird, kein Verzweigungspunkt sein soll — *von der* μ^{ten} *Ordnung unendlich*, wenn

$$\lim_{z=\alpha}\left\{(z - \alpha)^\mu f(z)\right\}$$

einen endlichen, von Null verschiedenen Werth hat, so können wir das gefundene Resultat dahin aussprechen, dass

eine solche Function — wenn sie überhaupt von einer endlichen Ordnung unendlich ist, von einer ganzzahligen Ordnung n unendlich *sein muss, und dass ihre Entwicklung in der Nähe des Unstetigkeitspunktes α bis zur $(-n)^{ten}$ Potenz von $z-\alpha$ fortgeht, somit eine endliche Anzahl negativer Potenzen enthält.*

Das Umgekehrte, dass nämlich aus der bis zur $(-n)^{\text{ten}}$ Potenz von $z-\alpha$ fortschreitenden Entwicklung folgt, dass die Function von der n^{ten} Ordnung unendlich ist, ist selbstverständlich.

Bemerkt man ferner, dass, wenn die Function im Punkte $z=\alpha$, der kein Verzweigungspunkt der Function sein soll, von der n^{ten} Ordnung unendlich gross ist, nach der obigen Reihe (25)

$$f(z)-\frac{A_1}{z-\alpha}-\frac{A_2}{(z-\alpha)^2}-\cdots-\frac{A_n}{(z-\alpha)^n}$$

eine im Punkte $z=\alpha$ eindeutige und endliche Function ist (dass sie ausserdem stetig sein muss, folgt daraus, dass eine eindeutige Function nach einem der obigen Sätze nicht durch endliche Stetigkeitssprünge unstetig sein kann, ohne unendlich zu werden, und diese Bemerkung bildet die Modification eines früheren Satzes über die Endlichkeit der Ableitungen eindeutiger, stetiger und endlicher Functionen), so folgt, dass die Ableitung dieser Function, also

$$f'(z)+\frac{A_1}{(z-\alpha)^2}+\frac{2A_2}{(z-\alpha)^3}-\cdots+\frac{nA_n}{(z-\alpha)^{n+1}}$$

ebenfalls im Punkte $z=\alpha$ endlich, also

$$[(z-\alpha)^{n+1}f'(z)]_{z=\alpha}$$

endlich und von Null verschieden, und daher $f'(z)$ von der $n+1^{\text{ten}}$ Ordnung unendlich wird, so dass

die Ableitung einer Function, die in $z=\alpha$, welches kein Verzweigungspunkt der Function sein soll, von einer endlichen Ordnung unendlich wird, von einer um eine Einheit höheren Ordnung unendlich gross wird als die Function selbst.

Ich will jedoch noch an dieser Stelle nachweisen, dass man die Reihenentwickelung für die Ableitung $f'(z)$ erhält, indem man die rechte Seite der Gleichung (25) Glied für Glied differentiirt, oder

dass die Summe der Differentialquotienten der Glieder der rechten Seite wieder eine in demselben Bereiche convergente Reihe liefert, deren Summe die Ableitung der gegebenen Function ist.

Setzt man nämlich

$$A_k=\frac{1}{2\pi i}\int\limits_{(\alpha)} f(t)\,(t-\alpha)^{k-1}\,dt$$

und bildet die Ableitung der im Punkte $z=\alpha$ endlichen und eindeutigen Function

$$f(z)-\frac{A_1}{z-\alpha}-\frac{A_2}{(z-\alpha)^2}-\cdots-\frac{A_n}{(z-\alpha)^n},$$

welche, wie vorher bemerkt worden, wieder endlich und eindeutig sich in der Form ergiebt

(p) $$f'(z) + \frac{A_1}{(z-\alpha)^2} + \frac{2A_2}{(z-\alpha)^3} + \cdots + \frac{nA_n}{(z-\alpha)^{n+1}},$$

so kann man diese, wie früher gezeigt worden, wieder in der Umgebung von $z = \alpha$ in eine nach positiven steigenden ganzen Potenzen von $z - \alpha$ fortschreitende Reihe entwickeln, und es wird sich, wie Gleichung (21) lehrt, der Coefficient von $(z-\alpha)^k$ in der Form ergeben

$$\frac{1}{2\pi i}\int\limits_{(\alpha)} \left\{ f'(t) + \frac{A_1}{(t-\alpha)^2} + \cdots + \frac{nA_n}{(t-\alpha)^{n+1}} \right\} \frac{dt}{(t-\alpha)^{k+1}}.$$

Nun ist aber, weil nach Früherem

$$\int\limits_{(\alpha)} (t-\alpha)^r\, dt$$

für positive und negative ganzzahlige r verschwindet, wenn nicht $r = -1$ ist, dieser Ausdruck nichts anderes als

(q) $$\frac{1}{2\pi i}\int\limits_{(\alpha)} \frac{f'(t)\,dt}{(t-\alpha)^{k+1}};$$

bemerkt man ferner, dass

$$d \cdot \frac{f(t)}{(t-\alpha)^{k+1}} = \frac{f'(t)\,dt}{(t-\alpha)^{k+1}} - (k+1)\frac{f(t)\,dt}{(t-\alpha)^{k+2}}$$

ist, und dass, wenn in dieser Gleichung über die Curve (α) integrirt wird, sich

$$\int\limits_{(\alpha)} \frac{f'(t)\,dt}{(t-\alpha)^{k+1}} = (k+1)\int\limits_{(\alpha)} \frac{f(t)}{(t-\alpha)^{k+2}}\,dt$$

ergiebt, weil $f(t)$ eine in α eindeutige Function und daher die Summe der Incremente der Function

$$\frac{f(t)}{(t-\alpha)^{k+1}}$$

bei einer Umkreisung dieses Punktes Null ist, so folgt, dass der Coefficient von $(z-\alpha)^k$ in der Entwickelung des Ausdruckes (p) nach steigenden Potenzen von $z - \alpha$ mit Berücksichtigung von (q) die Form annimmt

$$\frac{k+1}{2\pi i}\int\limits_{(\alpha)} \frac{f(t)}{(t-\alpha)^{k+2}}\,dt,$$

und dass somit, wenn diese Ausdrücke sowohl als die Werthe von A_k substituirt werden,

$$f'(z) = \frac{1}{2\pi i}\int\limits_{(\alpha)} \frac{f(t)}{(t-\alpha)^2}\,dt + \frac{2(z-\alpha)}{2\pi i}\int\limits_{(\alpha)} \frac{f(t)}{(t-\alpha)^3}\,dt + \frac{3(z-\alpha)^2}{2\pi i}\int\limits_{(\alpha)} \frac{f(t)}{(t-\alpha)^4}\,dt + \cdots$$

$$- \frac{1}{(z-\alpha)^2}\,\frac{1}{2\pi i}\int\limits_{(\alpha)} f(t)\,dt - \frac{2}{(z-\alpha)^3}\,\frac{1}{2\pi i}\int\limits_{(\alpha)} f(t)(t-\alpha)\,dt$$

$$- \cdots - \frac{n}{(z-\alpha)^{n+1}}\,\frac{1}{2\pi i}\int\limits_{(\alpha)} f(t)(t-\alpha)^{n-1}\,dt$$

folgt. Da dieselbe Form sich aber genau, wie man sich durch den blossen Anblick überzeugt, durch unmittelbare Differentiation der Gleichung (25) ergiebt, so ist der oben ausgesprochene Satz von der Differentiation der Potenzreihe erwiesen.

Es bedarf keiner näheren Begründung, dass man gerade so aus (26) schliessen wird (was man auch unmittelbar aus dem eben gefundenen Resultate durch die Substitution $z = \frac{1}{y}$ herleiten kann), dass, wenn man eine Function $f(z)$ für $z = \infty$ von der n^{ten} Ordnung unendlich nennt, für welche

$$\lim_{z=\infty} \left\{ \frac{f(z)}{z^n} \right\}$$

einen endlichen von Null verschiedenen Werth annimmt, die Reihe der positiven Potenzen von z nur bis zur n^{ten} fortschreitet. Es wird ferner die Ableitung der Function, wie unmittelbar aus der Differentiation der Reihe hervorgeht*), ebenfalls unendlich und zwar von einer um eine Einheit niedrigeren Ordnung, und, wenn die Function von der 0ten Ordnung unendlich d. h. endlich ist, wird die Ableitung, da dann nur ganze positive Potenzen von $\frac{1}{z}$ von der zweiten Potenz ab in dem Ausdrucke enthalten sind, verschwinden.

Mit Hülfe dieser Betrachtungen wird es nun aber leicht sein, die analytischen Criterien für die Unterscheidung der Discontinuitätspunkte erster und zweiter Gattung, die nicht zugleich Verzweigungspunkte sind, anzugeben, wenn wir, wie in der dritten Vorlesung geschehen, einen Punkt $z = \alpha$ einen *Discontinuitätspunkt erster Gattung* einer Function $f(z)$ nennen, für welchen der Ausdruck

$$\frac{1}{f(z)},$$

von welcher Seite man sich auch dem Punkte α nähert, gegen Null convergirt, während, wenn die Function $f(z)$ bei dieser Annäherung verschiedene Werthe annimmt, jener singuläre Punkt ein *Discontinuitätspunkt zweiter Gattung* sein sollte. Denn dass Discontinuitäten, in denen die Function von einer endlichen Ordnung unendlich ist, erster Gattung sind, geht daraus hervor, dass, wie aus den früheren Entwickelungen zu ersehen,

$$\frac{1}{f(z)} = \frac{1}{\frac{a_1}{z-\alpha} + \frac{a_2}{(z-\alpha)^2} + \cdots + \frac{a_n}{(z-\alpha)^n} + b_0 + b_1(z-\alpha) + b_2(z-\alpha)^2 +}$$

*) Dass die Ableitung der Function $f(z)$ erhalten wird, wenn man die die rechte Seite der Gleichung (26) bildende unendliche Reihe Glied für Glied nach z differentiirt, ist eine unmittelbare Folge der oben gemachten Auseinandersetzungen, wenn man nur wieder zum Beweise der Richtigkeit dieser Behauptung durch Substitution der reciproken Variabeln den Punkt, für den $f(z)$ unendlich gross wird, aus der Unendlichkeit in den Nullpunkt verlegt.

ist; da nämlich dann, wenn man z sich dem α unendlich nähern lässt, die nach positiven Potenzen von $z - \alpha$ fortschreitende Reihe sich dem endlichen Werthe b_0, der auch Null sein kann, unendlich nähert, während die Summe der endlichen Anzahl von negativen Potenzen von $z - \alpha$ sich eindeutig dem Werthe ∞ nähert*), so wird der reciproke Werth von $f(z)$ für $z = \alpha$ von allen Richtungen her gegen Null convergiren, und somit α ein Discontinuitätspunkt erster Gattung sein. Aber es wird auch umgekehrt die Function für einen Discontinuitätspunkt erster Gattung stets von einer endlichen Ordnung unendlich sein. Denn wenn

$$\frac{1}{f(z)}$$

in der Umgebung von $z = \alpha$ sich eindeutig der Null nähern soll, so wird, wenn wir die Umgebung des Punktes α so weit einschränken, dass kein Punkt hineinfällt, der entweder ein Verzweigungs- oder Unstetigkeitspunkt oder für welchen $f(z)$ verschwindet, also der reciproke Werth unendlich wird, diese Function eine Entwickelung nach der Taylor'schen Reihe gestatten, deren erstes Glied verschwindet, und welche daher, wenn der erste nicht verschwindende Coefficient dieser Entwicklung der n^{te} ist, die Form haben muss

$$\frac{1}{f(z)} = a_n (z - \alpha)^n + a_{n+1} (z - \alpha)^{n+1} + \cdots;$$

da aber hieraus

$$f(z) = \frac{1}{a_n (z - \alpha)^n + a_{n+1} (z - \alpha)^{n+1} + \cdots} = \frac{1}{(z - \alpha)^n} \left\{ \frac{1}{a_n + a_{n+1} (z - \alpha) + \cdots} \right\}$$

folgt, und die in der Klammer befindliche Function von z als eine in der Umgebung von $z = \alpha$ eindeutige Function, welche für diesen Punkt den endlichen Werth $\frac{1}{a_n}$ annimmt, sich in der Umgebung von α nach der Taylor'schen Reihe entwickeln lässt, so erhält man

$$f(z) = \frac{1}{(z - \alpha)^n} \left\{ \frac{1}{a_n} + b_1 (z - \alpha) + b_2 (z - \alpha)^2 + \cdots \right\},$$

woraus unmittelbar folgt, dass die höchste negative Potenz von $z - \alpha$ in der Entwicklung von $f(z)$ die n^{te}, somit $f(z)$ von der n^{ten} d. h. von einer endlichen Ordnung unendlich ist.

Hat daher eine Function in einem Punkte, der kein Verzweigungspunkt ist, eine Discontinuität erster Gattung, so wird sie in demselben von einer endlichen also ganzzahligen Ordnung unendlich und umgekehrt.

Dasselbe muss offenbar auch für den Punkt $z = \infty$ gelten, weil die Substitution

---

*) Dieser Schluss wäre für eine unendlich grosse Anzahl negativer Potenzen nicht erlaubt, weil dann die Reihe für $z = \alpha$ divergent würde.

$$z = \frac{1}{u}$$

$f(z)$ in eine Function $\varphi(u)$ verwandelt, welche die eben besprochenen Eigenschaften besitzt, und $f(z)$ mit $\varphi(u)$ in den entsprechenden Punkten $z = \infty$, $u = 0$ zu gleicher Zeit einen Discontinuitätspunkt erster oder zweiter Gattung hat.

Was nun die Discontinuitäten zweiter Gattung angeht, für welche $\frac{1}{f(z)}$ und daher auch $f(z)$ bei einer unendlichen Annäherung an α verschiedene Werthe annehmen soll, so ist oben nachgewiesen worden, dass, wenn α kein Verzweigungspunkt ist, die Function für diesen Punkt nicht endliche Stetigkeitssprünge haben kann, ohne dass sie auch zu gleicher Zeit in diesem Punkte einen unendlich grossen Werth annimmt. Ebenso unmittelbar ist aber auch zu sehen, dass

die Function in einem Discontinuitätspunkte zweiter Gattung nicht nur unendlich gross werden, sondern jeden beliebigen endlichen Werth annehmen muss,

weil, wenn A eine beliebige Grösse und $z = \alpha$ ein singulärer Punkt der betrachteten Art für $f(z)$ ist, er auch zu gleicher Zeit ein Discontinuitätspunkt zweiter Gattung von

$$\frac{1}{f(z) - A}$$

sein muss, und da einer der Werthe dieser Function in $z = \alpha$, wie oben nachgewiesen, unendlich gross sein muss, so wird auch einer der Werthe von $f(z)$ für diesen Punkt den beliebigen endlichen Werth A annehmen.

Wird aber eine Function in einem singulären Punkte dieser Art unendlich gross, so wird

die Anzahl der negativen Potenzen von $z - \alpha$ in der Entwicklung von $f(z)$ für die Umgebung dieses Discontinuitätspunktes zweiter Gattung α unendlich gross sein,

da, wenn sie endlich wäre, jener Punkt ein Discontinuitätspunkt erster Gattung sein müsste; und umgekehrt wird

jeder Punkt, in dessen Nähe die Function nach Potenzen von $z - \alpha$ entwickelt unendlich viele negative Potenzen dieser Grösse enthält, oder von einer unendlich hohen Ordnung unendlich wird, ein Discontinuitätspunkt zweiter Gattung sein,

da ein Discontinuitätspunkt erster Gattung nur eine endliche Anzahl von negativen Potenzen von $z - \alpha$ liefert.

Nachdem die Existenz von Discontinuitätspunkten für beliebige Functionen, deren Riemann'sche Fläche aus einer endlichen Anzahl von Blättern besteht, nachgewiesen und die Unterschiede zwischen den Discontinuitätspunkten erster und zweiter Gattung in den für die Umgebung jener Punkte gültigen Reihenentwickelungen festgestellt worden, für den Fall, dass diese Punkte nicht zugleich Verzweigungspunkte sind, wollen wir noch die Anzahl der Punkte zu ermitteln suchen, in welchen eine Function in einem bestimmt abgegränzten Bereiche, in welchem keine Verzweigungspunkte derselben liegen, Null und unendlich ist, wenn angenommen wird, dass die Function in den jenem Bereiche angehörigen Unstetigkeitspunkten von einer endlichen Ordnung unendlich wird, oder dass diese Unstetigkeitspunkte Discontinuitäten erster Gattung sind. Sei $z = \alpha$ ein solcher Discontinuitätspunkt, so wird sich in dessen Umgebung $f(z)$ in die Form setzen lassen

$$f(z) = \frac{a_{-n}}{(z-\alpha)^n} + \frac{a_{-n+1}}{(z-\alpha)^{n-1}} + \cdots + \frac{a_{-1}}{z-\alpha} + a_0 + a_1(z-\alpha) + a_2(z-\alpha)^2 + \cdots$$

und daher nach Früheren

$$f'(z) = \frac{-na_{-n}}{(z-\alpha)^{n+1}} - \frac{(n-1)a_{-n+1}}{(z-\alpha)^n} - \cdots - \frac{a_{-1}}{(z-\alpha)^2} + a_1 + 2a_2(z-\alpha) + \cdots$$

sein, so dass man durch Multiplication der beiden Gleichungen mit resp.

$$(z-\alpha)^n \text{ und } (z-\alpha)^{n+1}$$

und Division derselben

$$\frac{f'(z)}{f(z)} = -\frac{n}{z-\alpha} \cdot \frac{a_{-n} + a_{-n+1} \cdot \frac{n-1}{n}(z-\alpha) + \cdots}{a_{-n} + a_{-n+1}(z-\alpha) + \cdots}$$

erhält oder mit Berücksichtigung des Umstandes, dass die aus zwei nach positiven ganzen Potenzen von $z - \alpha$ fortschreitenden Reihen bestehende gebrochene Function in α keinen Verzweigungspunkt hat, in diesem Punkte den Werth 1 annimmt und sich somit in die Taylor'sche Reihe nach steigenden Potenzen von $z - \alpha$ entwickeln lässt, die folgende Form

$$\frac{f'(z)}{f(z)} = -\frac{n}{z-\alpha}[1 + c_1(z-\alpha) + c_2(z-\alpha)^2 + \cdots] = -\frac{n}{z-\alpha} + \varphi(z),$$

worin $\varphi(z)$ eine in der Umgebung von $z = \alpha$ eindeutige und endliche Function bedeutet. Hieraus folgt aber, dass, wenn auf beiden Seiten über einen um α beschriebenen unendlich kleinen Kreis integrirt wird,

$$\int_{(\alpha)} \frac{f'(z)}{f(z)}\,dz = -n\int_{(\alpha)} \frac{dz}{z-\alpha} + \int_{(\alpha)} \varphi(z)\,dz,$$

oder da das erste Integral der rechten Seite den Werth $2\pi i$, das zweite als geschlossenes Integral über die Begränzung eines Raumes ausgedehnt, in welchem die Function keinen Unstetigkeitspunkt besitzt, den Werth Null hat,

$$\int_{(\alpha)} \frac{f'(z)}{f(z)}\,dz = -2n\pi i,$$

Sei ferner β ein Punkt jenes abgegränzten Raumes, für welchen $f(z)$ den Werth Null annimmt, so ist klar, dass die Function

$$\frac{1}{f(z)}$$

für $z = \beta$ von einer endlichen Ordnung unendlich wird, oder dass $z = \beta$ ein Discontinuitätspunkt erster Gattung dieser Function sein muss, weil, wenn dieser Punkt ein Discontinuitätspunkt zweiter Gattung für $\frac{1}{f(z)}$ wäre, er es auch für $f(z)$ sein müsste, und dies sollte der Annahme gemäss nicht der Fall sein. Daher wird, wenn m die Ordnung des Unendlichwerdens der Function $\frac{1}{f(z)}$ in $z = \beta$ angiebt, und

$$(z - \beta)^m \cdot \frac{1}{f(z)} = \psi(z)$$

oder

$$f(z) = \frac{(z - \beta)^m}{\psi(z)}$$

gesetzt wird, $\psi(z)$ eine in der Umgebung von $z = \beta$ eindeutige Function von z sein, welche für diesen Punkt einen endlichen, von Null verschiedenen Werth annimmt, in welchem Falle dann die Function $f(z)$ im Punkte $z = \beta$ von der m^{ten} Ordnung unendlich klein genannt wird. Die hiernach erlaubte Entwickelung der Function

$$\frac{1}{\psi(z)}$$

in der Umgebung von $z = \beta$ nach ganzen steigenden positiven Potenzen von $z - \beta$ liefert daher für $f(z)$ die Reihenentwicklung

$$\begin{aligned} f(z) &= (z - \beta)^m \left\{ r_0 + r_1 (z - \beta) + r_2 (z - \beta)^2 + \cdots \right\} \\ &= r_0 (z - \beta)^m + r_1 (z - \beta)^{m+1} + \cdots \end{aligned}$$

und daraus durch Differentiation, die, wie oben nachgewiesen worden, erlaubt ist,

$$f'(z) = m r_0 (z - \beta)^{m-1} + (m + 1) r_1 (z - \beta)^m + \cdots,$$

so dass in diesem Falle der Quotient aus der Ableitung der Function und der Function selbst die Gestalt annimmt

$$\frac{f'(z)}{f(z)} = \frac{m}{z - \beta} \cdot \frac{r_0 + \frac{m+1}{m} r_1 (z - \beta) + \cdots}{r_0 + r_1 (z - \beta) + \cdots}.$$

Da nun wieder der Quotient der beiden nach Potenzen von $z - \beta$ fortschreitenden Reihen der rechten Seite in $z = \beta$ eindeutig ist und den endlichen Werth 1 annimmt, so wird sich derselbe wieder nach der Taylor'schen Reihe entwickeln lassen, und sich somit

$$\frac{f'(z)}{f(z)} = \frac{m}{z - \beta} \left\{ 1 + s_0 (z - \beta) + s_1 (z - \beta)^2 + \cdots \right\} = \frac{m}{z - \beta} + \chi(z)$$

ergeben, worin $\chi(z)$ eine in $z = \beta$ eindeutige und endliche Function vorstellt. Durch Integration über einen um β gelegten unendlich kleinen Kreis folgt wieder

$$\int_{(\beta)} \frac{f'(z)}{f(z)}\, dz = 2\, m \pi i,$$

weil das über $\chi(z)$ genommene Integral verschwindet.

Da die obige Entwicklung zu gleicher Zeit gelehrt, dass der Quotient

$$\frac{f'(z)}{f(z)}$$

für alle diejenigen Punkte unendlich wird und zwar von der ersten Ordnung, für welche $f(z)$ unendlich gross oder Null wird, und es ausserdem leicht ist einzusehen, dass dies in der That die einzigen Punkte sind, für welche dieser Quotient unendlich gross wird, da $f'(z)$ als Ableitung einer in einem bestimmten Bereiche eindeutigen Function nach einem früheren Satze nur in denjenigen Punkten unendlich werden kann, in welchen die Function $f(z)$ selbst unendlich gross ist, so wird, da das über die begränzende Curve c genommene geschlossene Integral gleich der Summe der über die α und β Punkte genommenen Integrale, d. h.

$$\int_{(c)} \frac{f'(z)}{f(z)} \cdot dz = \sum_{\varrho} \int_{(\alpha_\varrho)} \frac{f'(z)}{f(z)}\, dz - \sum_{\sigma} \int_{(\beta_\sigma)} \frac{f'(z)}{f(z)}\, dz$$

ist, nach den oben erhaltenen Resultaten

$$\int_{(c)} \frac{f'(z)}{f(z)}\, dz = - \sum_{\varrho} n_\varrho + \sum_{\sigma} m_\sigma$$

sein, wenn n_ϱ und m_σ die Ordnungszahlen für das Unendlichwerden und Verschwinden der Function $f(z)$ in den Punkten α_ϱ und β_σ bedeuten.

Wenn man nun, statt zu sagen, eine Function wird in einem Punkte $z = \zeta$ von der k^{ten} Ordnung Null oder unendlich, derselben k zusammenfallende Punkte ζ zuschreibt, für die sie von der ersten Ordnung Null oder unendlich wird (welche Ausdrucksweise dadurch gerechtfertigt ist, dass sich, wie oben gezeigt worden, die Function alsdann als ein Product von eindeutigen Functionen, welche in $z = \zeta$ endlich und von Null verschieden sind, in die Grössen

$$(z - \zeta)^k \quad \text{oder} \quad \frac{1}{(z - \zeta)^k}$$

darstellen lässt), so werden

$$\sum_{\varrho} n_\varrho \quad \text{und} \quad \sum_{\sigma} m_\sigma$$

die Anzahl der Punkte angeben, in welchen die Function $f(z)$ in jenem abgegränzten Bereiche unendlich wird resp. verschwindet, und wir finden somit, dass *die Anzahl der Punkte, in welchen eine in einem vollständig begränzten Bereiche eindeutige und in keinem einzelnen Punkte vieldeutige Function $f(z)$ verschwindet, weniger der Anzahl der Punkte, in denen sie in diesem Bereiche unendlich wird, durch das über die Begränzung genommene Integral*

$$\int \frac{f'(z)}{f(z)}\, dz$$

*bestimmt wird.**)

Nachdem die Unstetigkeitspunkte auf den Riemann'schen Flächen, die nicht zugleich Verzweigungspunkte sind, näher untersucht und die Entwicklungsweise der Functionen in der Umgebung aller eindeutigen Punkte derselben festgestellt worden, werden wir die Untersuchung der auf der Riemann'schen Fläche laufenden Integrale, welche wir in der vorigen Vorlesung begonnen, weiter fortführen können, indem wir zur Beantwortung der in der letzten Vorlesung unerledigt gebliebenen Frage übergehen, wann bei der Verwandlung der Riemann'schen Fläche in eine einfach zusammenhängende, auf welcher, wie gezeigt worden, Integrationswege zwischen demselben Anfangs- und Endpunkte auch stets zu demselben Resultate führen, die Unstetigkeitspunkte der Function durch unendlich kleine Kreise auszuschliessen sind und wann nicht, jedoch noch immer unter der Voraussetzung, dass diese Unstetigkeitspunkte nicht zugleich Verzweigungspunkte sind.

---

*) Es mag noch bemerkt werden, dass, wenn man die oben erhaltene Gleichung

$$\frac{f'(z)}{f(z)} = \frac{m}{z-\beta} + \chi(z)$$

mit z multiplicirt und über eine um β gelegte unendlich kleine geschlossene Curve integrirt, wegen

$$\int\limits_{(\beta)} z\,\chi(z)\, dz = 0$$

und

$$m \int\limits_{(\beta)} \frac{z\, dz}{z-\beta} = 2\, m \beta \pi i$$

die Beziehung

$$\beta = \frac{1}{2\, m \pi i} \int\limits_{(\beta)} \frac{f'(z)}{f(z)}\, z\, dz$$

und ebenso

$$\alpha = -\frac{1}{2\, n \pi i} \int\limits_{(\alpha)} \frac{f'(z)}{f(z)}\, z\, dz$$

folgt und somit Ausdrücke für die Nullen und Unendlichen selbst, in denen die geschlossenen Integrale um α und β so weit ausgedehnt werden können, als nicht neue Punkte, in denen die Function verschwindet oder unendlich gross wird, in jenen Raum eintreten.

Man sieht aber leicht, dass, weil das Ueberschreiten des von jedem einzelnen Unstetigkeitspunkte nach der in der letzten Vorlesung angewandten Zerlegung der mehrfach zusammenhängenden Flächen herrührenden Querschnittes einen Stetigkeitssprung verursacht, dessen Werth das um diesen Unstetigkeitspunkt in hinreichend kleiner Entfernung auf einer einfach geschlossenen Curve genommene Integral

$$\int_{(\alpha)} f(z)\, dz$$

ist, die Ausschliessung jenes Unstetigkeitspunktes unnöthig wird, wenn der Stetigkeitssprung, d. h. jenes geschlossene Integral den Werth Null hat, und da andrerseits aus Gleichung (25) unmittelbar hervorgeht, dass dieses geschlossene Integral nichts anderes ist, als der Coefficient von $(z-\alpha)^{-1}$ in der Entwicklung von $f(z)$ für Punkte der Umgebung von α, wenn α ein im Endlichen liegender Unstetigkeitspunkt, jedoch kein Verzweigungspunkt ist, so folgt, dass

dieser Unstetigkeitspunkt nicht auszuschliessen ist, wenn in jener Entwicklung die negative erste Potenz von $z-\alpha$ fehlt,

sonst stets ausgeschlossen werden muss, und ebenso ergiebt die Reihenentwicklung (26), dass, wenn für $z=\infty$ die Function unendlich gross wird, der unendlich entfernte Punkt dann und nur dann nicht auszuschliessen ist, wenn

$$\int_{(\infty)} f(z)\, dz = 0,$$

d. h. wenn in der für die Umgebung des unendlich entfernten Punktes (wo die Bedeutung dieses Ausdruckes durch die Substitution $z=\frac{1}{y}$ hinreichend festgestellt worden ist) gültigen Reihenentwicklung der Coefficient von z^{-1} verschwindet.

Ist man somit im Stande, die Entwicklung der Function in der Umgebung von $z=\alpha$ und $z=\infty$ in irgend welcher Weise herzustellen, ohne dass die Coefficienten wie oben in Form bestimmter Integrale dargestellt werden, so wird man unmittelbar entscheiden können, ob der Punkt auszuschliessen ist oder nicht.

Aber eine solche Reihenentwicklung lässt sich ohne Hülfe der geschlossenen Integrale stets aufstellen, wenn der Punkt, für den die Function unendlich gross wird, ein Discontinuitätspunkt erster Gattung ist, ohne, wie stets vorausgesetzt wird, ein Verzweigungspunkt zu sein. Denn sei α ein solcher im Endlichen liegender Punkt, so ist für denselben, wie vorher gezeigt worden, die Function $f(z)$ von einer endlichen Ordnung unendlich gross, und es wird daher, wenn die Ordnungszahl m ist, und

$$(z-\alpha)^m f(z) = F(z)$$

gesetzt wird, $F(z)$ eine im Punkte $z = \alpha$ endliche, von Null verschiedene und eindeutige Function von z sein, die sich daher in der Umgebung des Punktes α nach dem Taylor'schen Satze entwickeln lässt. Aus

$$F(z) = F(\alpha) + \frac{z-\alpha}{1} F'(\alpha) + \frac{(z-\alpha)^2}{1\,.\,2} F''(\alpha)$$
$$+ \cdots + \frac{(z-\alpha)^{m-1}}{(m-1)!} F^{(m-1)}(\alpha) + \frac{(z-\alpha)^m}{m!} F^m(\alpha) + \cdots$$

folgt aber durch Substitution

$$f(z) = F(\alpha) \cdot \frac{1}{(z-\alpha)^m} + \frac{F'(\alpha)}{1} \cdot \frac{1}{(z-\alpha)^{m-1}}$$
$$+ \cdots + \frac{F^{(m-1)}(\alpha)}{(m-1)!} \frac{1}{z-\alpha} + \frac{F^{(m)}(\alpha)}{m!} + \cdots,$$

und es wird daher der gesuchte Coefficient der negativen ersten Potenz von $z - \alpha$

$$\frac{F^{(m-1)}(\alpha)}{(m-1)!} = \frac{1}{(m-1)!} \left\{ \frac{d^{m-1}\left((z-\alpha)^m f(z)\right)}{dz^{m-1}} \right\}_{z=\alpha}$$
$$= \frac{1}{(m-1)!} \Big\{ (z-\alpha)^m \frac{d^{m-1} f(z)}{dz^{m-1}} + \frac{(m-1)}{1} m (z-\alpha)^{m-1} \frac{d^{m-2} f(z)}{dz^{m-2}} + \cdots$$
$$+ \frac{(m-1)(m-2)\ldots(m-k)}{1\,.\,2\ldots k} \,.\, m(m-1)\ldots(m-k+1)(z-\alpha)^{m-k} \frac{d^{m-k-1} f(z)}{dz^{m-k-1}}$$
$$+ m(m-1)\ldots 2\,.\,(z-\alpha) f(z) \Big\}_{z=\alpha}$$

sein und somit unmittelbar durch Differentiation aus der vorgelegten Function herzuleiten.

Ist der Discontinuitätspunkt erster Art der Punkt $z = \infty$, so wird, wenn $f(z)$ von der m^{ten} Ordnung unendlich gross ist,

$$\frac{f(z)}{z^m} = F(z)$$

für $z = \infty$ endlich, von Null verschieden und eindeutig sein, und daher, wenn

$$z = \frac{1}{t}, \quad F(z) = \varphi(t)$$

gesetzt wird,

$$\varphi(t) = \varphi(0) + \frac{t}{1} \varphi'(0) + \cdots + \frac{t^m}{m!} \varphi^{(m)}(0) + \frac{t^{m+1}}{(m+1)!} \varphi^{(m+1)}(0) + \cdots$$

also

$$F(z) = \frac{f(z)}{z^m} = \varphi(0) + \frac{1}{z} \varphi'(0)$$
$$+ \cdots + \frac{1}{m!\, z^m} \varphi^{(m)}(0) + \frac{1}{(m+1)!\, z^{m+1}} \varphi^{(m+1)}(0) + \cdots,$$

und somit der Coefficient von z^{-1} in der Entwicklung von $f(z)$:

$$\frac{1}{(m+1)!} \varphi^{(m+1)}(0) = \frac{1}{(m+1)!} \left\{ \frac{d^{m+1} F(z)}{dt^{m+1}} \right\}_{t=0},$$

da aber nach einer bekannten Formel der Differentialrechnung

$$\frac{d^r F(z)}{dt^r} = \sum_1^r {}_k \frac{z^k}{k!} F^k(z) \frac{d^r\left(\frac{z}{\alpha} - 1\right)^k}{dt^r}$$

ist, wenn z irgend eine Function von t und

$$\frac{d^r\left(\frac{z}{\alpha} - 1\right)^k}{dt^r}$$

als symbolischer Ausdruck in der Weise aufzufassen ist, dass man die k^{te} Potenz des Binoms herstellt, $z = \frac{1}{t}$ setzt, die Differentiation r mal hinter einander ausführt, indem man α als Constante denkt und sodann endlich $\alpha = z$ setzt, so wird, ohne dass wir auf eine Ausrechnung des Ausdruckes näher eingehen, die man auch an dem obigen Differentialquotienten unmittelbar ausführen kann, der Coefficient von $\frac{1}{z}$ in der für die Umgebung des Punktes $z = \infty$ gültigen Reihenentwicklung von $f(z)$ die folgende Form annehmen:

$$\frac{1}{(m+1)!}\left\{\sum_1^{m+1} {}_k \frac{z^k}{k!} \frac{d^k\left(\frac{f(z)}{z^m}\right)}{dz^k} \frac{d^{m+1}\left(\frac{z}{\alpha} - 1\right)^k}{dt^{m+1}}\right\}_{z=\infty}.$$

Somit ist man also allgemein im Stande, wenn die Unstetigkeitspunkte Discontinuitäten erster Gattung sind, den Werth des um diesen Punkt genommenen Integrales, nachdem die Ordnung des Unendlichwerdens in diesem Punkte festgestellt worden, zu berechnen und daher, je nachdem dasselbe einen endlichen Werth hat oder verschwindet, zu entscheiden, ob jener Punkt auf der Riemann'schen Fläche auszuschliessen ist oder nicht. Für Discontinuitäten zweiter Gattung dagegen, in welchen die Function von einer unendlich hohen Ordnung unendlich wird, kann man im Allgemeinen den Coefficienten der negativen ersten Potenz von $z - \alpha$ in der Entwicklung für die Umgebung des Punktes $z = \alpha$ oder von z^{-1} in der Entwicklung für die Nähe des Punktes $z = \infty$ nur durch Berechnung von

$$\int f(z)\, dz,$$

um jenen Unstetigkeitspunkt genommen, finden.

Ist nun die Frage von der Ausschliessung der betreffenden Unstetigkeitspunkte in eindeutigen Bereichen der Riemann'schen Fläche — womit wir uns stets bisher nur beschäftigt haben — erledigt, so wird es sich für eben diese Bereiche noch um die Untersuchung der Endlichkeit und Stetigkeit der Integrale handeln, deren Integrationswege jetzt auch, was in den Untersuchungen der letzten Vorlesung ausgeschlossen war, in diese Unstetigkeitspunkte der Function oder in die unendliche Nähe derselben führen, wobei wir jedoch gleich von vornherein nach dem Satze von der Zerlegbarkeit der Integrale annehmen dürfen, dass die Function nur für eine der Integralgränzen unendlich wird, und dass die andere Gränze jedenfalls noch in die Umgebung dieses Discontinuitätspunktes der Function fällt.*) Sei nun $z = \alpha$ ein Discontinuitätspunkt erster Gattung, der in diesem Punkte eindeutigen und unendlich von der n^{ten} Ordnung werdenden Function $f(z)$, und daher nach früheren Auseinandersetzungen die Entwicklung dieser Function in der Umgebung von α die folgende

$$f(z) = \frac{a_1}{z - \alpha} + \frac{a_2}{(z - \alpha)^2} + \cdots + \frac{a_n}{(z - \alpha)^n} + \psi(z),$$

worin $\psi(z)$ als Inbegriff aller mit positiven Potenzen von $z - \alpha$ behafteten Glieder in $z = \alpha$ eindeutig und endlich ist, so wird der Werth des in jenem Raume, der die Umgebung von α bildet, sich von a nach α erstreckenden Integrales nach der oben gegebenen Definition die Gränze sein, welcher sich das Integral von a bis ζ oder der Ausdruck

$$(\mu) \ldots\ldots \int_a^\zeta f(z)\,dz = a_1 \int_a^\zeta \frac{dz}{z - \alpha} - \frac{a_2}{\zeta - \alpha} - \frac{a_3}{2(\zeta - \alpha)^2}$$

$$- \cdots - \frac{a_n}{(n-1)(\zeta - \alpha)^{n-1}} + \int_a^\zeta \psi(z)\,dz + c$$

nähert, wenn ζ auf dem vorgelegten Integrationswege dem α unendlich nahe rückt und c eine Constante bedeutet. Nun ist aber aus dem Früheren unmittelbar klar, dass das letzte Integral der rechten Seite, weil $\psi(z)$ auf dem Integrationswege nicht unendlich wird, auch wenn ζ sich dem Werthe α unendlich nähert, endlich bleibt; was ferner das Integral

$$\lim_{\zeta = \alpha} \int_a^\zeta \frac{dz}{z - \alpha}$$

betrifft, so wird sich dasselbe von dem auf geradlinigem Wege von a nach α hin genommenen Integrale nur durch ein endliches Multiplum von $2\pi i$, welches der Werth des um den Punkt α herum genommenen geschlossenen Integrales

$$\int_{(\alpha)} \frac{dz}{z - \alpha}$$

ist, unterscheiden können, und um also zu sehen, ob das obige In-

*) Wir dürfen selbstverständlich hier einen beliebigen Integrationsweg zu Grunde legen, da die Reduction der Werthe von Integralen auf verschiedenen Integrationswegen auf einander nach Früherem durch die Zerlegung der Riemann'schen Fläche in eine einfach zusammenhängende unmittelbar zu bewerkstelligen ist.

tegral, wenn ζ sich α unendlich annähert, einen endlichen oder unendlich grossen Werth annimmt, wird es genügen, das geradlinige Integral zwischen a und α zu untersuchen. Macht man in dieses, wenn der Winkel der geraden Linie mit der Abscissenachse mit ε bezeichnet wird, die Substitution

$$z = a + r(\cos\varepsilon + i\sin\varepsilon), \qquad \alpha = a + \varrho(\cos\varepsilon + i\sin\varepsilon),$$

in welcher r als variabel und ϱ sowohl wie ε als constant zu betrachten sind, so geht das obige Integral in

$$\int_0^{\varrho-\delta} \frac{dr}{r-\varrho} = -\int_0^{\varrho-\delta} \frac{dr}{\varrho - r}$$

über, wenn δ eine Grösse bedeutet, die sich der Null unendlich nähert und somit als ein Integral einer reellen Function zwischen reellen Gränzen mit Hülfe der für reelle Variable definirten Function des Logarithmus*) in

$$\Big[\log(\varrho - r)\Big]_0^{\varrho-\delta} = \log\delta - \log\varrho,$$

welche Grösse mit verschwindendem δ bekanntlich negativ unendlich wird. Es folgt daher aus der Gleichung (μ), dass

das Integral

$$\int_a^\alpha f(z)\,dz$$

im Allgemeinen wie ein Logarithmus unendlich wird,

indem die Posten

$$\frac{a_2}{\zeta-\alpha}, \quad \frac{a_3}{(\zeta-\alpha)^2}, \quad \dots \quad \frac{a_n}{(\zeta-\alpha)^{n-1}}$$

von der ersten, zweiten, ... $(n-1)^{\text{ten}}$ Ordnung unendlich werden, während eine logarithmische Function, wie sich später zeigen wird, von wesentlich anderer Art unendlich gross ist. Ist $a_1 = 0$, so dass die negative erste Potenz von $z - \alpha$ in der Entwicklung von $f(z)$ nicht vorkommt, und daher nach Früherem der Punkt, für den die Function unendlich wird, nicht auszuschliessen ist, so wird, wie ebenfalls aus (μ) hervorgeht, das Integral unendlich von der $n - 1^{\text{ten}}$ Ordnung, und dasselbe würde offenbar nur dann endlich bleiben können, wenn

$$a_1 = a_2 = \cdots = a_n = 0$$

ist, d. h. wenn

$$f(z) = \psi(z)$$

selbst endlich ist, in welchem Falle ja auch umgekehrt

*) Die logarithmische Function einer complexen Variabeln wird erst in einer der nächsten Vorlesungen eingeführt werden.

$$\int_a^\alpha f(z)\,dz$$

stets endlich sein muss.

Wir finden somit, dass, wenn die Function $f(z)$ in $z = \alpha$ einen Discontinuitätspunkt erster Gattung hat, das Integral für einen gegen diesen Punkt hin convergirenden Integrationsweg stets unendlich sein muss, und da sich offenbar für einen Discontinuitätspunkt zweiter Gattung, für welchen nur unendlich viele negative Potenzen von $z - \alpha$ in die Entwickelung von $f(z)$ eintreten, und somit das sich ergebende Integral jedenfalls von unendlich hoher Ordnung unendlich ist, dieselben Schlüsse wiederholen lassen, so wird, wenn wir das Resultat analog dem für mehrdeutige Functionen später sich ergebenden aussprechen wollen,

die nothwendige und hinreichende Bedingung dafür, dass $f(z)$ im Punkte $z = \alpha$, wenn derselbe kein Verzweigungspunkt ist, endlich ist, nämlich

$$\lim_{z=\alpha} \{(z - \alpha) f(z)\} = 0$$

auch die nothwendige und hinreichende Bedingung dafür sein, dass das Integral

$$\int^\alpha f(z)\,dz$$

endlich ist.

Nachdem nunmehr die Endlichkeit oder Unendlichkeit der Werthe aller Integrale in eindeutigen Bereichen der Riemann'schen Fläche untersucht worden, erübrigt nur noch die Erledigung der Frage, wie es sich mit den Werthen derjenigen Integrale verhält, deren Wege sich in's Unendliche erstrecken, wenn der unendlich entfernte Punkt selbst kein Verzweigungspunkt ist. Da aber unter der Annahme, dass der Punkt a in der Umgebung des Punktes $z = \infty$ liegt, das Integral

$$\int_a^\infty f(z)\,dz$$

durch die Substitution

$$z = \frac{1}{z'}, \quad f(z) = \varphi(z')$$

in

$$-\int_{\frac{1}{a}}^{0} \frac{\varphi(z')}{z'^2}\,dz'$$

übergeht, worin sich $\frac{1}{a}$ für die Function $\varphi(z')$ also auch für

$$\frac{\varphi(z')}{z'^2}$$

in der Umgebung des Nullpunktes befindet, so wird sich, da nach dem eben gefundenen Resultate das zweite Integral dann und nur dann einen endlichen Werth hat, wenn

$$\lim_{z'=0}\left\{z'\cdot\frac{\varphi(z')}{z'^2}\right\}=0$$

ist, *die nothwendige und hinreichende Bedingung für die Endlichkeit des Integrales*

$$\int_a^\infty f(z)\,dz$$

in der Form

$$\lim_{z=\infty}\left\{zf(z)\right\}=0$$

ergeben.

Achte Vorlesung.

Analytische Ausdrücke und allgemeine Eigenschaften der Functionen und ihrer Integrale in mehrdeutigen Bereichen.

Indem wir zum Gegenstande dieser Vorlesung die Ausdehnung der vorher behandelten Fragen auf Bereiche machen, innerhalb deren die Function auch Verzweigungspunkte besitzen darf, wird es sich zeigen, dass vermöge der Abbildung der mehrblättrigen Flächen auf einblättrige jene Ausdehnung unmittelbar zu bewerkstelligen sei.

Setzt man nämlich unter der Annahme, dass $f(z)$ in α einen $m$fachen Verzweigungspunkt besitzt, in welchem m Blätter der Riemann'schen Fläche zusammenhängen*),

$$u = (z - \alpha)^{\frac{1}{m}}, \quad \text{also} \quad z = u^m + \alpha,$$

so dass $f(z)$ in $\varphi(u)$ übergeht, so wird, wie mit Hülfe der oben in Betreff der Abbildung gemachten Auseinandersetzung unmittelbar einleuchtet, während z sich $m$mal um den Punkt α windet, u sich einmal um den Nullpunkt bewegen, und da $f(z)$ nach $m$maliger Umkreisung von α denselben Werth annimmt, $\varphi(u)$ dasselbe bei einmaliger Umkreisung des Nullpunktes thun, d. h. es wird $\varphi(u)$ in der Umgebung von $u = 0$ eindeutig sein. Sei nun durch eine den Verzweigungspunkt α $m$fach umkreisende Curve c, innerhalb welcher sich kein weiterer Verzweigungspunkt der Function befinden soll, und durch andere innerhalb dieses Raumes gelegene geschlossene Curven $c_1, c_2, \ldots c_\varkappa$ ein Ringraum begränzt, welcher keine Unstetigkeitspunkte einschliesst, werde ferner diese Function durch die oben angegebene Substitution auf die u-Ebene abgebildet, so dass die den Curven $c, c_1, c_2, \ldots c_\varkappa$ entsprechenden Linien $b, b_1, b_2, \ldots b_\varkappa$ einfach geschlossen sind und wieder die vollständige Begränzung eines Flächentheils bilden, innerhalb dessen $\varphi(u)$ endlich und eindeutig ist, so wird, wenn

$$u' = \psi(u)$$

die Abbildungsfunction des durch die Curve b vollständig begränzten

*) wobei wir im Folgenden stets annehmen, dass die Riemann'sche Fläche überhaupt nur aus einer endlichen Anzahl von Blättern besteht, oder dass wenigstens nur Verzweigungspunkte in Betracht kommen, in welchen nur eine endliche Anzahl von Blättern zusammenhängt.

Raumes auf eine um den Nullpunkt beschriebene Kreisfläche darstellt und die Linien $c_1, c_2, \ldots c_\varkappa$ der Bedingung unterworfen werden, dass die Curven $b_1, b_2, \ldots b_\varkappa$ vermöge derselben Abbildungsfunction ebenfalls Kreise als entsprechende Curven liefern*), nach Gleichung (15) der letzten Vorlesung

$$\begin{aligned}\varphi(u) &= \frac{\psi'(u)}{2\pi i}\int_{(b)} \frac{\varphi(v)}{\psi(v)}\,dv + \frac{\psi'(u)\,\psi(u)}{2\pi i}\int_{(b)} \frac{\varphi(v)}{\psi(v)^2}\,dv + \cdots \\ &+ \frac{1}{2\pi i}\,\frac{\psi'(u)}{\psi(u)-\psi(\beta_1)}\int_{(b_1)} \varphi(v)\,dv \\ &+ \frac{1}{2\pi i}\,\frac{\psi'(u)}{[\psi(u)-\psi(\beta_1)]^2}\int_{(b_1)} \varphi(v)\,[\psi(v)-\psi(\beta_1)]\,dv + \cdots \\ &+ \cdots\cdots\cdots\cdots \\ &+ \frac{1}{2\pi i}\,\frac{\psi'(u)}{\psi(u)-\psi(\beta_\varkappa)}\int_{(b_\varkappa)} \varphi(v)\,dv \\ &+ \frac{1}{2\pi i}\,\frac{\psi'(u)}{[\psi(u)-\psi(\beta_\varkappa)]^2}\int_{(b_\varkappa)} \varphi(v)\,[\psi(v)-\psi(\beta_\varkappa)]\,dv + \cdots\end{aligned}$$

sein, wenn $\beta_1, \beta_2, \ldots \beta_\varkappa$ die innerhalb der Curven $b_1, b_2, \ldots b_\varkappa$ liegenden Punkte bedeuten, deren Bilder die Mittelpunkte der einzelnen abgebildeten Kreise sind. Substituirt man nun für u seinen Werth als Function von z und für v denselben als Function von t, so erhält man die in jenem Ringraume gültige Reihenentwicklung von $f(z)$ in der Form

$$\begin{aligned}(1)\;\ldots\quad f(z) &= \frac{\psi'\left[(z-\alpha)^{\frac{1}{m}}\right]}{2m\pi i}\int_{(c)} \frac{f(t)}{\psi\left[(t-\alpha)^{\frac{1}{m}}\right]}\,(t-\alpha)^{\frac{1-m}{m}}\,dt \\ &+ \frac{\psi'\left[(z-\alpha)^{\frac{1}{m}}\right]\psi\left[(z-\alpha)^{\frac{1}{m}}\right]}{2m\pi i}\int_{(c)} \frac{f(t)}{\psi\left[(t-\alpha)^{\frac{1}{m}}\right]}\,(t-\alpha)^{\frac{1-m}{m}}\,dt + \cdots \\ &+ \frac{1}{2m\pi i}\,\frac{\psi'\left[(z-\alpha)^{\frac{1}{m}}\right]}{\psi\left[(z-\alpha)^{\frac{1}{m}}\right]-\psi\left[\varepsilon_1(\alpha_1-\alpha)^{\frac{1}{m}}\right]}\int_{(c_1)} f(t)\,(t-\alpha)^{\frac{1-m}{m}}\,dt + \cdots \\ &+ \cdots\cdots\cdots\cdots \\ &+ \frac{1}{2m\pi i}\,\frac{\psi'\left[(z-\alpha)^{\frac{1}{m}}\right]}{\psi\left[(z-\alpha)^{\frac{1}{m}}\right]-\psi\left[\varepsilon_\varkappa(\alpha_\varkappa-\alpha)^{\frac{1}{m}}\right]}\int_{(c_\varkappa)} f(t)\,(t-\alpha)^{\frac{1-m}{m}}\,dt + \cdots,\end{aligned}$$

*) Vergleiche hiermit die Auseinandersetzungen der letzten Vorlesung.

wenn man der Substitution

$$u = (z - \alpha)^{\frac{1}{m}}$$

gemäss

$$\beta_\mu = \varepsilon_\mu (\alpha_\mu - \alpha)^{\frac{1}{m}}$$

setzt, indem dieselben Punkte in verschiedenen Blättern Werthe von β liefern werden, die sich nur um m^{te} Einheitswurzeln ε_μ von einander unterscheiden.

Betrachten wir nun jetzt, genau wie es für eindeutige Functionen in der letzten Vorlesung geschehen, einen von einer um $z = \alpha$ gewundenen Curve begränzten Raum, in dem sonst kein Verzweigungspunkt enthalten ist, in welchem aber für die auf den einzelnen Blättern bestimmten Punkte

$$\alpha_1, \alpha_2, \ldots \alpha_\varkappa$$

die Function $f(z)$ unstetig wird*), so wird aus früher entwickelten Gründen, weil diese Punkte stets mit unendlich kleinen Curven von

---

*) Es ist für mehrblättrige Flächen zu beachten, dass ein bestimmter Werth der Variabeln nicht in allen Blättern zugleich Unstetigkeitspunkt zu sein braucht; so wird z. B. die Function

$$w = \frac{1}{\frac{1}{\sqrt{z}} - 1}$$

für $z = 1$, wenn die Wurzel das positive Zeichen erhält, unendlich gross, für den negativen Werth der Quadratwurzel jedoch den Werth $-\frac{1}{2}$ annehmen, während die Function

$$w = \frac{1}{z-1} + \sqrt{z},$$

deren Verzweigungspunkt ebenfalls der Nullpunkt ist, gleichgültig ob $\sqrt{z} = +1$ oder -1 ist, d. h. in beiden Blättern für $z = 1$ den Werth ∞ annimmt.

Es mag ferner an dieser Stelle ein Punkt ergänzt werden, auf den in der dritten Vorlesung noch nicht näher eingegangen werden konnte. Die oben gegebene Definition nämlich von Discontinuitätspunkten zweiter Gattung, nach welcher man von verschiedenen Richtungen her zu verschiedenen zu demselben Punkte gehörigen Functionalwerthen gelangte, ist offenbar nur eine völlig präcise für die bisher betrachteten Functionen, für welche dieser Discontinuitätspunkt nicht zugleich ein Verzweigungspunkt ist, indem wir dabei stillschweigend voraussetzten, dass man sich in Richtungen gegen jenen Punkt hin bewegte, die sämmtlich in dem betrachteten Blatte der Riemann'schen Fläche lagen. Ist jedoch jener singuläre Punkt Discontinuitätspunkt zweiter Gattung und Verzweigungspunkt zugleich, so soll die Definition eines solchen Unstetigkeitspunktes — die auch die für einblättrige Flächen gegebene einschliesst — die sein, dass man von Punkten der Riemann'schen Fläche ausgehend, die auf den in jenem Verzweigungspunkte zusammengehefteten Blättern liegen, oder die durch einen continuirlichen Uebergang in der Umgebung dieses Punktes mit einander verbunden sind, bei Annäherung an jenen Punkt in verschiedenen Richtungen zu verschiedenen Werthen gelangt.

der Art umschrieben werden können, dass die Abbildungen der diesen Linien entsprechenden u-Curven unendlich kleine Kreise sind, die für den gesammten von der Curve c begränzten Raum gültige Entwicklung folgendermassen lauten:

$$(2) \quad . \; . \quad f(z) = \frac{\psi'\left[(z-\alpha)^{\frac{1}{m}}\right]}{2m\pi i}\int\limits_{(c)} \frac{f(t)}{\psi\left[(t-\alpha)^{\frac{1}{m}}\right]}(t-\alpha)^{\frac{1-m}{m}}\,dt$$

$$+ \frac{\psi'\left[(z-\alpha)^{\frac{1}{m}}\right]\psi\left[(z-\alpha)^{\frac{1}{m}}\right]}{2m\pi i}\int\limits_{(c)} \frac{f(t)}{\psi\left[(t-\alpha)^{\frac{1}{m}}\right]^2}(t-\alpha)^{\frac{1-m}{m}}\,dt + \cdots$$

$$+ \frac{1}{2m\pi i}\,\frac{\psi'\left[(z-\alpha)^{\frac{1}{m}}\right]}{\psi\left[(z-\alpha)^{\frac{1}{m}}\right] - \psi\left[\varepsilon_1(\alpha_1-\alpha)^{\frac{1}{m}}\right]}\int\limits_{(\alpha_1)} f(t)\,(t-\alpha)^{\frac{1-m}{m}}\,dt + \cdots$$

$$+ \; .$$

Ist die begränzende Curve c ein mehrfach gewundener Kreis, dann wird auch die durch die Function

$$u = (z-\alpha)^{\frac{1}{m}}$$

abgebildete Curve b ein einfacher um den Nullpunkt gelegter Kreis und dessen Abbildungsfunctionen $\psi(u)$ somit die Variable u selbst sein, und es geht dann die Entwicklung der Function für alle in jenem $m$fachen Kreise liegenden Werthe der Variabeln in

$$(3) \; . \quad f(z) = \frac{1}{2m\pi i}\int\limits_{(c)} \frac{f(t)}{(t-\alpha)^{\frac{m}{m}}}\,dt + \frac{(z-\alpha)^{\frac{1}{m}}}{2m\pi i}\int\limits_{(c)} \frac{f(t)}{(t-\alpha)^{\frac{m+1}{m}}}\,dt + \cdots$$

$$+ \frac{1}{2m\pi i}\,\frac{1}{(z-\alpha)^{\frac{1}{m}} - \varepsilon_1(\alpha_1-\alpha)^{\frac{1}{m}}}\int\limits_{(\alpha_1)} f(t)\,(t-\alpha)^{\frac{1-m}{m}}\,dt$$

$$+ \frac{1}{2m\pi i}\,\frac{1}{\left[(z-\alpha)^{\frac{1}{m}} - \varepsilon_1(\alpha_1-\alpha)^{\frac{1}{m}}\right]^2}\int\limits_{(\alpha_1)} f(t)\left[(t-\alpha)^{\frac{1}{m}} - \right.$$

$$\left. - \varepsilon_1(\alpha_1-\alpha)^{\frac{1}{m}}\right](t-\alpha)^{\frac{1-m}{m}}\,dt + \cdots$$

$$+ \; .$$

über, während, wenn die Function in jenem Raume stetig ist, dieselbe durch

$$(4) \; . \quad f(z) = \frac{1}{2m\pi i}\int\limits_{(\alpha)} \frac{f(t)}{(t-\alpha)^{\frac{m}{m}}}\,dt + \frac{(z-\alpha)^{\frac{1}{m}}}{2m\pi i}\int\limits_{(\alpha)} \frac{f(t)}{(t-\alpha)^{\frac{m+1}{m}}}\,dt + \cdots,$$

dargestellt wird, in welcher Reihe die Coefficienten auch leicht durch die Differentialquotienten der gegebenen Function für den Punkt $z = \alpha$ bestimmt werden können; setzt man nämlich

$$u = (z - \alpha)^{\frac{1}{m}}, \qquad f(z) = \varphi(u),$$

so wird sich $\varphi(u)$, da diese Function in der Umgebung von $u = 0$ eindeutig und stetig ist, nach der Maclaurin'schen Reihe in der Form

$$\varphi(u) = \varphi(0) + \frac{u}{1}\varphi'(0) + \frac{u^2}{1.2}\varphi''(0) + \cdots$$

entwickeln lassen, und daher

$$f(z) = f(\alpha) + \frac{(z-\alpha)^{\frac{1}{m}}}{1!}\left(\frac{df(z)}{du}\right)_{u=0} + \frac{(z-\alpha)^{\frac{2}{m}}}{2!}\left(\frac{d^2 f(z)}{du^2}\right)_{u=0} + \cdots$$

sein, worin

$$\left(\frac{df(z)}{du}\right)_{u=0} = m\left(\frac{df(z)}{dz}(z-\alpha)^{\frac{m-1}{m}}\right)_{z=\alpha}$$

$$\left(\frac{d^2 f(z)}{du^2}\right)_{u=0} = m^2\left(\frac{d^2 f(z)}{dz^2}(z-\alpha)^{\frac{2(m-1)}{m}}\right)_{z=\alpha} + m(m-1)\left(\frac{df(z)}{dz}(z-\alpha)^{\frac{m-2}{m}}\right)_{z=\alpha}$$

. . . .

ist.

Endlich erhält man aus (3), wenn der Verzweigungspunkt α selbst der einzige Punkt ist, für den innerhalb jenes Raumes die Function unstetig wird, wie unmittelbar zu sehen,

$$(5)\ .\quad f(z) = \frac{1}{2m\pi i}\int_{(\alpha)} \frac{f(t)}{(t-\alpha)^{\frac{m}{m}}}\,dt + \frac{(z-\alpha)^{\frac{1}{m}}}{2m\pi i}\int_{(\alpha)} \frac{f(t)}{(t-\alpha)^{\frac{m+1}{m}}}\,dt + \cdots$$

$$+ \frac{1}{2m\pi i}\,\frac{1}{(z-\alpha)^{\frac{1}{m}}}\int_{(\alpha)} \frac{f(t)}{(t-\alpha)^{\frac{m-1}{m}}}\,dt + \frac{1}{2m\pi i}\,\frac{1}{(z-\alpha)^{\frac{2}{m}}}\int_{(\alpha)} \frac{f(t)}{(t-\alpha)^{\frac{m-2}{m}}}\,dt + \cdots,$$

und ist der m fache Verzweigungspunkt der Function der unendlich entfernte Punkt, so wird, wenn die Function für denselben auch unstetig ist, die Substitution

$$z = \frac{1}{u}, \qquad f(z) = \varphi(u)$$

den Nullpunkt zu einem m fachen Verzweigungspunkte und zugleich Discontinuitätspunkte von $\varphi(u)$ machen und daher nach der eben aufgestellten Entwicklung die in der Umgebung des Nullpunktes gültige Reihe liefern

$$\varphi(u) = \frac{1}{2m\pi i}\int\limits_{(0)} \frac{\varphi(v)}{v^{\frac{m}{m}}}\,dv + \frac{u^{\frac{1}{m}}}{2m\pi i}\int\limits_{(0)} \frac{\varphi(v)}{v^{\frac{m+1}{m}}}\,dv + \cdots$$

$$+ \frac{1}{2m\pi i}\frac{1}{u^{\frac{1}{m}}}\int\limits_{(0)} \frac{\varphi(v)}{v^{\frac{m-1}{m}}}\,dv + \frac{1}{2m\pi i}\frac{1}{u^{\frac{2}{m}}}\int\limits_{(0)} \frac{\varphi(v)}{v^{\frac{m-2}{m}}}\,dv + \cdots,$$

so dass die der Umgebung des Punktes $z = \infty$ zugehörige Reihenentwicklung der vorgelegten Function

$$(6)\ .\quad f(z) = -\frac{1}{2m\pi i}\int\limits_{(\infty)} \frac{f(t)}{t}\,dt - \frac{1}{2m\pi i}\frac{1}{z^{\frac{1}{m}}}\int\limits_{(\infty)} \frac{f(t)}{t^{1-\frac{1}{m}}}\,dt - \cdots$$

$$-\frac{1}{2m\pi i}z^{\frac{1}{m}}\int\limits_{(\infty)} \frac{f(t)}{t^{1+\frac{1}{m}}}\,dt - \frac{1}{2m\pi i}z^{\frac{2}{m}}\int\limits_{(\infty)} \frac{f(t)}{t^{1+\frac{2}{m}}}\,dt - \cdots$$

wird.

Um vor allen Dingen wieder die verschiedenen Arten des Unendlichwerdens einer Function in einem m fachen Verzweigungspunkte zu prüfen, bedarf es nur wieder der Substitution

$$u = (z - \alpha)^{\frac{1}{m}}, \quad f(z) = \varphi(u),$$

um aus

$$[u\,\varphi(u)]_{u=0} = 0,$$

welches die nothwendige und hinreichende Bedingung dafür war, dass $\varphi(u)$ für $u = 0$ endlich ist, unmittelbar zu erkennen, *dass* $f(z)$ *dann und nur dann in* $z = \alpha$ *endlich ist, wenn*

$$\left[(z-\alpha)^{\frac{1}{m}} f(z)\right]_{z=\alpha} = 0$$

wird, und um ebenso zu schliessen, dass die Discontinuität nicht etwa nur in einem endlichen Stetigkeitssprunge bestehen kann, so dass man von verschiedenen Richtungen her nur zu verschiedenen endlichen Functionalwerthen in $z = \alpha$ gelangen kann, sondern dass, wenn eine solche vorhanden, jedenfalls auch einer der Werthe unendlich gross sein muss; ist der m fache Verzweigungspunkt der unendlich entfernte Punkt, so ergiebt die Substitution durch die reciproke Variable

$$u = \frac{1}{z^{\frac{1}{m}}}$$

die nothwendige und hinreichende Bedingung dafür, *dass* $f(z)$ *in dem* m *fachen Verzweigungspunkte* $z = \infty$ *endlich ist, in der Form liefern*

$$\left\{\frac{f(z)}{z^{\frac{1}{m}}}\right\}_{z=\infty} = 0.$$

Schliessen wir nun diesen Fall aus, so wird, wenn die eindeutige Function $\varphi(u)$, welche in $u = 0$ unendlich wird, überhaupt von einer endlichen Ordnung n unendlich ist,

$$[u^n \varphi(u)]_{u=0},$$

worin n eine ganze positive Zahl bedeutet, eine endliche von Null verschiedene Grösse sein, und in diesem Falle wird, wie wir früher gesehen, die Entwicklung von $\varphi(u)$ in der Umgebung des Punktes $u = 0$ nur die n ersten ganzen negativen Potenzen von u enthalten; dann ist aber auch

$$\left[(z-\alpha)^{\frac{n}{m}} f(z)\right]_{z=\alpha}$$

eine endliche, von Null verschiedene Grösse und die Entwicklung von $f(z)$ in der Umgebung des $m$fachen Verzweigungspunktes α, für den sie unendlich wird, wird nur die n ersten ganzen negativen Potenzen von $(z-\alpha)^{\frac{1}{m}}$ enthalten; man sagt dann, $f(z)$ *ist in dem* m*fachen Verzweigungspunkte* α *von der* $\frac{n}{m}$*ten Ordnung unendlich*, und es ist klar, dass jede niedrigere Potenz von $z-\alpha$ als die $\frac{n}{m}$te mit $f(z)$ multiplicirt im Punkte $z=\alpha$ einen unendlich grossen Werth liefert, während jede höhere das Product verschwinden lässt. Ist aber $\varphi(u)$ von keiner endlichen Ordnung unendlich, giebt es also keine Potenz von $(z-\alpha)^{\frac{1}{m}}$, welche mit $f(z)$ multiplicirt für $z=\alpha$ einen endlichen Werth liefert, so wird $f(z)$, von einer unendlich hohen Ordnung unendlich, in seiner Entwicklung unendlich viele ganze positive Potenzen von

$$\frac{1}{(z-\alpha)^{\frac{1}{m}}}$$

enthalten; ebenso wird die Function $f(z)$ im Punkte $z=\infty$ von der $\frac{n}{m}$ten Ordnung unendlich sein, wenn

$$\left[\frac{f(z)}{z^{\frac{n}{m}}}\right]_{z=\infty}$$

eine endliche von Null verschiedene Grösse ist, und die Entwicklung in der Umgebung des unendlich entfernten Punktes wird nur die n ersten ganzen positiven Potenzen von $z^{\frac{1}{m}}$ enthalten; wird die Ordnung des Unendlichwerdens wieder unendlich gross, so schreitet die Entwicklung der Function nach unendlich vielen ganzen positiven Potenzen von $z^{\frac{1}{m}}$ fort.

Es bedarf kaum der Erwähnung, dass das in der letzten Vorlesung über die Beziehung zwischen der Ordnung des Unendlichwerdens und der Gattung der Discontinuität Gesagte auch hier seine Geltung behält, indem man nur durch die schon oft angeführte Substitution $f(z)$ wieder in die eindeutige Function $\varphi(u)$ zu verwandeln braucht, und es wird somit, bevor wir zur Untersuchung der Integrale in der Nähe der Verzweigungspunkte übergehen, nach den über das Unendlichwerden der Functionen selbst angestellten Untersuchungen nur noch zu entscheiden sein, wie es sich mit Ableitungen mehrdeutiger Functionen in den Verzweigungspunkten verhält, indem hier der für eindeutige Functionen bewiesene Satz, dass die Ableitungen dann und nur dann unendlich werden, wenn die Function selbst unendlich ist, nicht mehr bestehen bleibt.

Bevor wir nun zu dieser Untersuchung übergehen, wollen wir einen Hülfssatz vorausschicken, der im Folgenden häufig zur Anwendung kommen wird.

Es werde der Bedingung

(p) . . . . $t = f(z)$,

in welcher $f(z)$ eine in der Nähe von $z = 0$ eindeutige und endliche, und somit nach steigenden Potenzen von z entwickelbare Function bedeutet, durch das Werthesystem $t = 0$, $z = 0$ genügt, so dass

(q) . . . . $t = a_1 z + a_2 z^2 + a_3 z^3 + \cdots$

ist, und ferner angenommen, dass

$$\left(\frac{df(z)}{dz}\right)_{z=0} = a_1$$

von Null verschieden, dann soll gezeigt werden, dass auch z als Function von t aufgefasst in der Umgebung von $t = 0$ eindeutig und endlich ist und sich somit nach positiven steigenden Potenzen von t entwickeln lässt.

Wenn nämlich z als Function von t aufgefasst für $t = 0$ mehrdeutig oder unendlich vieldeutig wäre, so müssten nach den Auseinandersetzungen der dritten Vorlesung in $t = 0$ einige der Auflösungen der Gleichung (p) den gleichen Werth Null annehmen, oder es müsste $t = 0$ ein Discontinuitätspunkt zweiter Gattung für die Function z sein. Dass das letztere nicht statthaben kann, ist daraus ersichtlich, dass dann, wie in der letzten Vorlesung nachgewiesen worden, z in diesem Punkte alle endlichen und unendlichen Werthe haben oder dass

(r) . . . . $f(z) = 0$

durch jedes z befriedigt werden müsste, und wenn andererseits mehrere jener Auflösungen der Gleichung (p) zugleich für $t=0$ verschwinden sollten, so müsste $z=0$ eine mehrfache Auflösung von (r) sein, was in Folge der Annahme, dass $f'(z)_{z=0}$ von Null verschieden ist, nicht angeht. Daraus folgt, weil

$$\left(\frac{dt}{dz}\right)_{z=0} = a_1, \quad \text{also} \quad \left(\frac{dz}{dt}\right)_{t=0} = \frac{1}{a_1}$$

ist,

$$z = \frac{1}{a_1} t + b_2 t^2 + \cdots$$

als eindeutige Entwicklung von z nach positiven Potenzen von t in der Nähe von $t=0$.

Es wird nun leicht sein, mit Hülfe des eben bewiesenen Satzes die Criterien über das Unendlichwerden der Ableitungen vieldeutiger Functionen unmittelbar aus der Reihenentwicklung zu entnehmen, vorausgesetzt, dass die Functionen in dem betrachteten Punkte nicht unendlich vieldeutig sind. Ist nämlich $z=\alpha$ ein $m$facher Verzweigungspunkt der Function w, welche in diesem Punkte den Werth w_α annehmen mag, so wird nach den oben aufgestellten Entwicklungen derartiger Functionen im Allgemeinen

$$w - w_\alpha = a_\mu (z-\alpha)^{\frac{\mu}{m}} + a_{\mu+1} (z-\alpha)^{\frac{\mu+1}{m}} + \cdots,$$

oder wenn

$$(z-\alpha)^{\frac{1}{m}} = u$$

gesetzt wird,

$$w - w_\alpha = a_\mu u^\mu + a_{\mu+1} u^{\mu+1} + \cdots$$

sein, woraus

$$\frac{w-w_\alpha}{a_\mu} = u^\mu \left\{1 + \frac{a_{\mu+1}}{a_\mu} u + \frac{a_{\mu+2}}{a_\mu} u^2 + \cdots\right\}$$

oder

$$\left(\frac{w-w_\alpha}{a_\mu}\right)^{\frac{1}{\mu}} = u \left\{1 + \frac{a_{\mu+1}}{a_\mu} u + \frac{a_{\mu+2}}{a_\mu} u^2 + \cdots\right\}^{\frac{1}{\mu}}$$

folgt. Da aber für hinreichend kleine u die $\frac{1}{\mu}$te Potenz dieser nach Potenzen von u fortschreitenden Reihe sich wieder in eine ebensolche Reihe entwickeln lässt, so wird sich für Werthe von u innerhalb dieser Gränze

$$\left(\frac{w-w_\alpha}{a_\mu}\right)^{\frac{1}{\mu}} = u + b_2 u^2 + b_3 u^3 + \cdots$$

und daher nach dem vorher bewiesenen Hülfssatze, indem nur statt t die Grösse

$$\left(\frac{w-w_\alpha}{a_\mu}\right)^{\frac{1}{\mu}}$$

und u statt z zu substituiren ist,

$$u = \left(\frac{w - w_\alpha}{a_\mu}\right)^{\frac{1}{\mu}} + c_2 \left(\frac{w - w_\alpha}{a_\mu}\right)^{\frac{2}{\mu}} + \ldots.$$

ergeben. Setzt man endlich für u seinen Werth durch z ausgedrückt und erhebt die Gleichung in die m^{te} Potenz, so erhält man als Umkehrungsentwickelung von z als Function von w aufgefasst in der Umgebung des Punktes w_α die Form

$$z - \alpha = \left(\frac{w - w_\alpha}{a_\mu}\right)^{\frac{m}{\mu}} \left\{1 + c_2 \left(\frac{w - w_\alpha}{a_\mu}\right)^{\frac{1}{\mu}} + \ldots.\right\}^m$$

oder

$$z - \alpha = \left(\frac{w - w_\alpha}{a_\mu}\right)^{\frac{m}{\mu}} + d_1 \left(\frac{w - w_\alpha}{a_\mu}\right)^{\frac{m+1}{\mu}} + d_2 \left(\frac{w - w_\alpha}{a_\mu}\right)^{\frac{m+2}{\mu}} + \ldots.$$

Aus dieser Entwickelung ersieht man unmittelbar, dass $w = w_\alpha$ ein μ-facher Verzweigungspunkt von z ist, und dass man somit aus dem Anfangsgliede der Entwickelung von w als Function von z unmittelbar auf die Verzweigung der Grösse z als Function von w aufgefasst schliessen kann.

Es mag noch hinzugefügt werden, dass, wenn dem Werthe $z = \alpha$ der Werth $w = \infty$ entspricht, und die Function von der $\frac{\mu}{m}^{\text{ten}}$ Ordnung unendlich ist, aus der Gleichung

$$w = a_\mu\, (z - \alpha)^{-\frac{\mu}{m}} + a_{\mu+1}\, (z - \alpha)^{\frac{-\mu+1}{m}} + a_{\mu+2} (z - \alpha)^{\frac{-\mu+2}{m}} + \ldots$$

genau mit Hülfe derselben Schlüsse wie vorher, wenn nur $-\mu$ statt μ gesetzt wird, die Entwicklung

$$z - \alpha = \left(\frac{w}{a_\mu}\right)^{-\frac{m}{\mu}} + d_1 \left(\frac{w}{a_\mu}\right)^{-\frac{m+1}{\mu}} + d_2 \left(\frac{w}{a_\mu}\right)^{-\frac{m+2}{\mu}} + \ldots.$$

sich ergiebt, woraus ersichtlich ist, dass, wenn w in einem m fachen Verzweigungspunkte $z = \alpha$ unendlich gross von der Ordnung $\frac{\mu}{m}$ ist, $w = \infty$ für die Function z einen μ-fachen Verzweigungspunkt darstellt.

Wenn nun $z = \alpha$ ein m-facher Verzweigungspunkt von w und der entsprechende Werth $w = w_\alpha$ ein μ-facher Verzweigungspunkt von z ist, also nach den eben gemachten Auseinandersetzungen die Entwickelung besteht

$$w - w_\alpha = a_\mu\, (z - \alpha)^{\frac{\mu}{m}} + a_{\mu+1}\, (z - \alpha)^{\frac{\mu+1}{m}} + \ldots..,$$

so folgt

$$\frac{dw}{dz} = \frac{\mu}{m} a_\mu\, (z - \alpha)^{\frac{\mu-m}{m}} + \frac{\mu+1}{m} a_{\mu+1} (z - \alpha)^{\frac{\mu+1-m}{m}} + \ldots,$$

und daher

$$\left((z-\alpha)^{\frac{m-\mu}{m}}\frac{dw}{dz}\right)_{z=\alpha}$$

eine endliche von Null verschiedene Zahl. Da aber ausserdem, wie oben gezeigt worden, die Umkehrungsreihe von z als Function von w folgendermaassen lautete

$$z-\alpha=\left(\frac{w-w_\alpha}{a_\mu}\right)^{\frac{m}{\mu}}+d_1\left(\frac{w-w_\alpha}{a_\mu}\right)^{\frac{m+1}{\mu}}+\cdots,$$

so wird

$$\frac{dz}{dw}=\frac{m}{\mu}\frac{1}{a_\mu}\left(\frac{w-w_\alpha}{a_\mu}\right)^{\frac{m-\mu}{\mu}}+\frac{m+1}{\mu}\frac{d_1}{a_\mu}\left(\frac{w-w_\alpha}{a_\mu}\right)^{\frac{m+1-\mu}{\mu}}+\cdots,$$

und somit

$$\left((w-w_\alpha)^{\frac{\mu-m}{\mu}}\frac{dz}{dw}\right)_{w=\alpha}$$

also auch

$$\left((w-w_\alpha)^{\frac{m-\mu}{\mu}}\frac{dw}{dz}\right)_{z=\alpha}$$

endlich und von Null verschieden, und wir erhalten mit der Zusammenfassung dieser beiden Formen somit das Resultat, dass

wenn w eine in $z=\alpha$ m-deutige Function von z und z eine in dem entsprechenden Punkte w_α μ-deutige Function von w ist, $\frac{dw}{dz}$ Null oder unendlich gross ist, je nachdem $\mu >$ oder $< m$, und zwar so, dass

$$\left((w-w_\alpha)^{\frac{m-\mu}{\mu}}\frac{dw}{dz}\right)_{z=\alpha,\, w=w_\alpha} \quad \text{und} \quad \left((z-\alpha)^{\frac{m-\mu}{m}}\frac{dw}{dz}\right)_{z=\alpha,\, w=w_\alpha}$$

endlich und von Null verschieden sind; ist $m=\mu$, so wird, wie aus der Reihenentwicklung ersichtlich, $\left(\frac{dw}{dz}\right)_{z=\alpha}$ endlich).*

---

*) Berücksichtigt man, dass aus der oben nach Potenzen von $z-\alpha$ fortschreitenden Entwickelung von $w-w_\alpha$ hervorgeht, dass

$$\frac{w-w_\alpha}{(z-\alpha)^{\frac{m}{\mu}}} \text{ also auch } \frac{(w-w_\alpha)^m}{(z-\alpha)^\mu}$$

für solche Werthe von z, welche α unendlich nahe liegen, einen endlichen, von Null verschiedenen Werth besitzt, so folgt, dass, wenn zwei dem Punkte α unendlich benachbarte z-Punkte mit z_1 und z_2, zwei dem Punkte w_α unendlich benachbarte entsprechende w-Punkte mit w_1 und w_2 bezeichnet werden,

$$\frac{(w_2-w_\alpha)^m}{(z_2-\alpha)^\mu}=\frac{(w_1-w_\alpha)^m}{(z_1-\alpha)^\mu}$$

ist, und wenn

$$w_1-w_\alpha=r_1(\cos a_1+i\sin a_1),\ w_2-w_\alpha=r_2(\cos a_2+i\sin a_2)$$
$$z_1-\alpha=\varrho_1(\cos\alpha_1+i\sin\alpha_1),\ z_2-\alpha=\varrho_2(\cos\alpha_2+i\sin\alpha_2)$$

Ist der m-fache Verzweigungspunkt, in welchem die Function w den endlichen Werth w_1 haben soll, der unendlich entfernte Punkt, so setze man

$$z = \frac{1}{t},$$

und es wird w eine Function von t sein, welche in $t = 0$ einen m-fachen Verzweigungspunkt hat; sei nun, wenn t als Function von w aufgefasst wird, w_1 ein μ-facher Verzweigungspunkt von t, also auch von z, so wird nach dem eben gefundenen Satze

$$\left(t^{\frac{m-\mu}{m}} \frac{dw}{dt}\right)_{t=0} \quad \text{und} \quad \left((w - w_1)^{\frac{m-\mu}{\mu}} \frac{dw}{dt}\right)_{t=0}$$

endlich und von Null verschieden sein, und da

$$\frac{dw}{dt} = \frac{dw}{dz}\frac{dz}{dt} = -\frac{dw}{dz}z^2,$$

so folgt, dass

$$\left(z^{\frac{m+\mu}{m}} \frac{dw}{dz}\right)_{z=\infty,\, w=w_1} \quad \text{und} \quad \left(z^2 (w - w_1)^{\frac{m-\mu}{\mu}} \frac{dw}{dz}\right)_{z=\infty,\, w=w_1} \quad {}^{*)}$$

---

gesetzt wird,

$$\frac{r_2^m}{r_1^m}[\cos m(a_2 - a_1) + i \sin m(a_2 - a_1)] = \frac{\varrho_2^\mu}{\varrho_1^\mu}[\cos\mu(\alpha_2 - \alpha_1) + i\sin\mu(\alpha_2 - \alpha_1)]$$

oder

$$r_2^m : r_1^m = \varrho_2^\mu : \varrho_1^\mu$$

und

$$m(a_2 - a_1) = \mu(\alpha_2 - \alpha_1),$$

zwei Beziehungen, welche an Stelle der in der zweiten Vorlesung für den Fall, dass $\frac{dw}{dz}$ weder Null noch unendlich ist, entwickelten Eigenschaft der Aehnlichkeit in den kleinsten Theilen treten werden.

*) Um aus der Klammer des letzten Ausdruckes die Variable z zu eliminiren, braucht man nur zu beachten, dass, wenn

$$w - w_1 = a_\mu t^{\frac{\mu}{m}} + a_{\mu+1} t^{\frac{\mu+1}{m}} + \cdots\cdot$$

gesetzt wird,

$$t = \left(\frac{w - w_1}{a_\mu}\right)^{\frac{m}{\mu}} + b_1\left(\frac{w - w_1}{a_\mu}\right)^{\frac{m+1}{\mu}} + \cdots = \left(\frac{w - w_1}{a_\mu}\right)^{\frac{m}{\mu}} \left\{1 + b_1\left(\frac{w - w_1}{a_\mu}\right)^{\frac{1}{\mu}} + \cdots\right\}$$

und daher

$$z = \left(\frac{w - w_1}{a_\mu}\right)^{-\frac{m}{\mu}} \left\{1 + b_1\left(\frac{w - w_1}{a_\mu}\right)^{\frac{1}{\mu}} + \cdots\cdot\right\}^{-1}$$

$$= \left(\frac{w - w_1}{a_\mu}\right)^{-\frac{m}{\mu}} + c_1\left(\frac{w - w_1}{a_\mu}\right)^{\frac{-m+1}{\mu}} + \cdots\cdot\cdot$$

wird, und dass sich somit

endlich und von Null verschieden und daher, wie aus dem ersten Ausdrucke hervorgeht, $\frac{dw}{dz}$ *jedenfalls Null ist.*

Betrachten wir jetzt den Fall, dass für $z = \alpha$, welches ein m-facher Verzweigungspunkt von w sein soll, der entsprechende Werth von w unendlich gross sei und zwar von der $\frac{\mu}{m}^{\text{ten}}$ Ordnung, so wird, wenn z als Function von w aufgefasst wird, nach dem oben entwickelten Satze $w = \infty$ ein μ-facher Verzweigungspunkt von z sein, und daher, nach dem oben gefundenen Resultate, in welchem nur w mit z und μ mit m zu vertauschen ist,

$$\left(w^{\frac{m+\mu}{\mu}} \frac{dz}{dw}\right)_{w=\infty}$$

also auch

$$\left(\frac{1}{w^{\frac{m+\mu}{\mu}}} \frac{dw}{dz}\right)_{w=\infty}$$

einen endlichen von Null verschiedenen Werth annehmen; da aber

$$w = a_\mu (z-\alpha)^{-\frac{\mu}{m}} + a_{\mu+1}(z-\alpha)^{\frac{-\mu+1}{m}} + \cdots$$

$$= a_\mu (z-\alpha)^{-\frac{\mu}{m}} \left\{1 + \frac{a_{\mu+1}}{a_\mu} (z-\alpha)^{\frac{1}{m}} + \ldots\right\}$$

ist, so wird

$$w^{-\frac{m+\mu}{\mu}} = a_\mu^{-\frac{m+\mu}{\mu}} (z-\alpha)^{\frac{m+\mu}{m}} \left\{1 + b_1 (z-\alpha)^{\frac{1}{m}} + \ldots\ldots\right\}$$

sein, und daher

$$\left((z-\alpha)^{\frac{m+\mu}{m}} \frac{dw}{dz}\right)_{z=\alpha,\; w=\infty}$$

endlich und von Null verschieden, und somit $\frac{dw}{dz}$ *von der Ordnung* $\frac{m+\mu}{m}$ *unendlich gross.*

Es bleibt uns endlich noch der Fall zu betrachten übrig, dass die Function w im Punkte $z = \infty$, der ein m-facher Verzweigungspunkt sein soll, selbst von der $\frac{\mu}{m}^{\text{ten}}$ Ordnung unendlich ist. Dieser reducirt sich jedoch durch die Substitution

$$z = \frac{1}{t}$$

$$\left(z^2 (w - w_1)^{\frac{m-\mu}{\mu}} \frac{dw}{dz}\right)_{z=\infty,\; w=w_1} = \left(\frac{\frac{dw}{dz}}{(w-w_1)^{\frac{m+\mu}{\mu}}}\right)_{z=\infty,\; w=w_1}$$

ergiebt, welches die gesuchte endliche und von Null verschiedene Grösse liefert.

unmittelbar auf den vorigen, indem dadurch dieselben Eigenschaften für die t-Variable auf den Nullpunkt übertragen werden, und da dann

$$\left(t^{\frac{m+\mu}{m}} \frac{dw}{dt}\right)_{t=0,\; w=\infty}$$

endlich und von Null verschieden ist, so ergiebt sich in unserm Falle

$$\left(z^{\frac{m-\mu}{m}} \frac{dw}{dz}\right)_{z=\infty,\; w=\infty} \text{ und ebenso } \left(w^{\frac{m-\mu}{\mu}} \frac{dw}{dz}\right)_{z=\infty,\; w=\infty}$$

als eine von Null verschiedene endliche Zahl, also $\frac{dw}{dz}$ *Null oder unendlich gross, je nachdem* $m >$ *oder* $< \mu$ *ist, und endlich, wenn* $m = \mu$.

Nachdem wir die Art des Unendlichwerdens der vieldeutigen*) Function und deren Ableitungen untersucht haben, behandeln wir die oben für eindeutige Functionen erörterte Frage, wann Unstetigkeitspunkte der Riemannschen Fläche, welche zu gleicher Zeit m-fache Verzweigungspunkte sind, zum Zwecke der Zerlegung der Riemannschen Fläche und der Herstellung der Eindeutigkeit der auf dieser genommenen Integrale auszuschliessen sind und wann nicht, oder wann der durch das um den Unstetigkeitspunkt genommene geschlossene Integral

$$\int_{(\alpha)} f(z)\, dz$$

dargestellte Stetigkeitssprung für das Ueberschreiten des zugehörigen Querschnittes verschwindet.

Nun lautet aber die in der Umgebung eines im Endlichen gelegenen, m-fachen Verzweigungspunktes α gültige Reihenentwicklung

$$(z) = \frac{1}{2m\pi i}\int_{(\alpha)} \frac{f(t)}{(t-\alpha)^{\frac{m}{m}}}\, dt + \frac{(z-\alpha)^{\frac{1}{m}}}{2m\pi i}\int_{(\alpha)} \frac{f(t)}{(t-\alpha)^{\frac{m+1}{m}}}\, dt + \cdots$$

$$+ \frac{1}{2m\pi i}\, \frac{1}{(z-\alpha)^{\frac{1}{m}}}\int_{(\alpha)} \frac{f(t)}{(t-\alpha)^{\frac{m-1}{m}}}\, dt + \frac{1}{2m\pi i}\, \frac{1}{(z-\alpha)^{\frac{2}{m}}}\int_{(\alpha)} \frac{f(t)}{(t-\alpha)^{\frac{m-2}{m}}}\, dt + \cdots$$

und man sieht, dass die Grösse

---

*) wobei zu beachten, dass alle unsere Untersuchungen sich auf Functionen bezogen, für welche die Anzahl der einem Punkte zugehörigen Werthe eine endliche, oder allgemeiner auf diejenigen Punkte vieldeutiger Functionen, in welchen nur eine endliche Anzahl von Blättern zusammenhing.

$$\int\limits_{(\alpha)} \frac{f(t)}{(t-\alpha)^{\frac{m-m}{m}}}\,dt = \int\limits_{(\alpha)} f(t)\,dt$$

von dem Factor

$$\frac{1}{2m\pi i}$$

abgesehen der Coefficient des Entwicklungsgliedes

$$\frac{1}{z-\alpha}$$

ist, und dass daher der für eindeutige Functionen gefundene Satz auch hier bestehen bleibt, *dass der Unstetigkeitspunkt α nur dann nicht auszuschliessen ist, wenn der Entwicklungscoefficient der negativen Potenz von $z-\alpha$ verschwindet.*

Ist die Function im unendlich entfernten Punkte unstetig, und dieser Punkt zugleich ein m-facher Verzweigungspunkt derselben, so zeigt die Substitution

$$z = \frac{1}{t}, \quad f(z) = \varphi(t),$$

dass

$$\int\limits_{(\infty)} f(z)\,dz = \int\limits_{(0)} \frac{\varphi(t)}{t^2}\,dt$$

ist, worin $\varphi(t)$ in $t=0$ unstetig und wiederum m-fach verzweigt ist, und da vorher gefunden worden, dass das letzte Integral von $\frac{1}{2m\pi i}$ abgesehen der Entwicklungscoefficient von $\frac{1}{t}$ in der Function

$$\frac{\varphi(t)}{t^2}$$

ist, so wird

$$\int\limits_{(\infty)} f(z)\,dz$$

der Entwicklungscoefficient von z in der Function

$$z^2 f(z)$$

oder der Entwicklungscoefficient von $\frac{1}{z}$ in der Function $f(z)$ sein, wie auch aus der oben aufgestellten Reihenentwicklung von $f(z)$ in der Nähe des unendlich entfernten Punktes unmittelbar geschlossen werden kann; es wird somit *das Verschwinden des Coefficienten von $\frac{1}{z}$ in der Entwicklung von $f(z)$ andeuten, dass der unendlich entfernte Punkt, wenn auch ein Unstetigkeitspunkt der Function, doch nicht auszuschliessen ist.*

Es kann ferner bemerkt werden, dass, wenn die Ordnung des Unendlichwerdens eine endliche, der m-fache Verzweigungspunkt also ein Discontinuitätspunkt erster Gattung ist, der Entwicklungscoefficient von $(z-\alpha)^{-1}$ durch Differentiation der gegebenen Function gefunden werden kann. Denn sei die Function $f(z)$ in $z=\alpha$ von der $\frac{n}{m}^{\text{ten}}$ Ordnung unendlich, so wird, wenn

$$(z-\alpha)^{\frac{n}{m}} f(z) = F(z)$$

gesetzt wird, $F(z)$ noch in $z=\alpha$ m-fach verzweigt, aber endlich sein, und sich daher nach dem Früheren die Reihenentwicklung ergeben

$$(z-\alpha)^{\frac{n}{m}} f(z) = F(z) = a_0 + a_1 (z-\alpha)^{\frac{1}{m}} + a_2 (z-\alpha)^{\frac{2}{m}} + \cdots,$$

in welcher, wie oben gezeigt worden, die Coefficienten a_0, a_1, $\cdots$ durch Differentiation aus $F(z)$ gewonnen werden können; da nun der Coefficient von

$$\frac{1}{z-\alpha}$$

in der Entwicklung von $f(z)$ sich unmittelbar aus der obigen Reihe als die Grösse

$$a_{n-m}$$

ergiebt, so ist die obige Behauptung gerechtfertigt.

Nachdem nun festgestellt worden, wann der Unstetigkeitspunkt, der zugleich m-facher Verzweigungspunkt sein sollte, auszuschliessen ist und wann nicht, erübrigt noch die Untersuchung der Integrale

$$\int_a^\alpha f(z)\, dz$$

für den Fall, dass α ein Unstetigkeitspunkt und zugleich m-facher Verzweigungspunkt von $f(z)$ ist, und a — was immer angenommen werden darf — in der Umgebung von α liegt.

Da die Function $f(z)$, wenn dieselbe in $z=\alpha$ von der $\frac{n}{m}^{\text{ten}}$ Ordnung unendlich ist, sich in der Umgebung von α in die Form

$$f(z) = a_0 + a_1 (z-\alpha)^{\frac{1}{m}} + a_2 (z-\alpha)^{\frac{2}{m}} + \cdots$$
$$+ \frac{b_1}{(z-\alpha)^{\frac{1}{m}}} + \frac{b_2}{(z-\alpha)^{\frac{2}{m}}} + \cdots + \frac{b_n}{(z-\alpha)^{\frac{n}{m}}}$$

setzen lässt, so wird, wenn die nach positiven Potenzen von $(z-\alpha)^{\frac{1}{m}}$ fortschreitende erste Horizontalreihe mit $\psi(z)$ bezeichnet wird, wobei $\psi(z)$ eine in α m-deutige, aber in dem betrachteten Bereiche stets endliche Function vorstellt, die Integration zwischen a und α das Resultat ergeben:

$$\int_a^\alpha f(z)\,dz = \int_a^\alpha \psi(z)\,dz + \frac{b_1}{-\frac{1}{m}+1}\Big[(z-\alpha)^{-\frac{1}{m}+1}\Big]_a^\alpha$$

$$+\cdots+\frac{b_{m-1}}{-\frac{m-1}{m}+1}\Big[(z-\alpha)^{-\frac{m-1}{m}+1}\Big]_a^\alpha$$

$$+\,b_m\int_a^\alpha \frac{dz}{z-\alpha}+\frac{b_{m+1}}{-\frac{m+1}{m}+1}\Big[(z-\alpha)^{-\frac{m-1}{m}+1}\Big]_a^\alpha$$

$$+\cdots+\frac{b_n}{-\frac{n}{m}+1}\Big[(z-\alpha)^{-\frac{n}{m}+1}\Big]_a^\alpha,$$

worin, wenn $n < m$, die Glieder der dritten und vierten Horizontalreihe nicht mehr vorkommen.

Da aber

$$\int_a^\alpha \psi(z)\,dz$$

sowohl als auch die Ausdrücke

$$\Big[(z-\alpha)^{-\frac{1}{m}+1}\Big]_a^\alpha,\ \ldots\ \Big[(z-\alpha)^{-\frac{m-1}{m}+1}\Big]_a^\alpha$$

endlich sind, so wird es sich, um zu beurtheilen, ob das vorgelegte Integral endlich oder unendlich ist, nur darum handeln, die Glieder der beiden letzten Horizontalreihen zu prüfen, und man sieht unmittelbar, wenn man berücksichtigt, dass das Integral

$$\int_a^\alpha \frac{dz}{z-\alpha}$$

aus den in der letzten Vorlesung entwickelten Gründen unendlich gross ist, und die folgenden Ausdrücke sämmtlich algebraisch unendlich werden, dass als nothwendige und hinreichende Bedingung dafür, dass das vorgelegte Integral einen endlichen Werth habe, sich die ergiebt, dass die Coefficienten

$$b_m = b_{m+1} = \cdots = b_n = 0$$

sind. In diesem Falle würde aber die obige Entwicklung von $f(z)$ die Form annehmen

$$f(z) = \psi(z) + \frac{b_1}{(z-\alpha)^{\frac{1}{m}}} + \frac{b_2}{(z-\alpha)^{\frac{2}{m}}} + \cdots + \frac{b_{m-1}}{(z-\alpha)^{\frac{m-1}{m}}},$$

und sich daher als nothwendige Bedingung für das Endlichbleiben des Integrales

$$[(z-\alpha) f(z)]_{z=\alpha} = 0$$

ergeben.

Dass aber diese zuletzt gefundene Bedingung auch die hinreichende dafür ist, dass das Integral endlich bleibt, lehrt der Anblick der obigen Reihenentwicklung von $f(z)$, indem, wenn dieselbe mit $z-\alpha$ multiplicirt und $z=\alpha$ gesetzt wird, der Gränzwerth dieses Ausdruckes nur dann weder endlich noch unendlich werden kann, wenn

$$b_m = b_{m+1} = \cdots = b_n = 0$$

ist, und wir finden somit, dass

die nothwendige und hinreichende Bedingung dafür, dass für eine in einem m-fachen Verzweigungspunkte α unendlich gross werdende Function $f(z)$ das Integral

$$\int_a^\alpha f(z)\,dz,$$

in welchem a in der Umgebung von α liegt, einen endlichen Werth hat,

$$[(z-\alpha) f(z)]_{z=\alpha} = 0$$

ist,

also in der Form dieselbe wie die für eindeutige Functionen gefundene.

Die für $f(z)$ aufgestellte Reihenentwicklung sowie das über diese Entwicklung genommene Integral lässt ferner unmittelbar erkennen, dass, wenn

$$[(z-\alpha) f(z)]_{z=\alpha}$$

endlich ist, nur die Coefficienten

$$b_{m+1} = b_{m+2} = \cdots = b_n = 0$$

sind, während b_m einen endlichen Werth hat und umgekehrt, so dass in diesem Falle

$$\int_a^\alpha f(z)\,dz$$

unendlich wird wie das Integral

$$\int_a^\alpha \frac{dz}{z-\alpha},$$

also nach der in der letzten Vorlesung eingeführten Ausdrucksweise *logarithmisch unendlich.*

Ist endlich

$$[(z - \alpha) f(z)]_{z = \alpha}$$

unendlich gross, so werden nicht alle Coefficienten

$$b_{m+1},\ b_{m+2}, \cdots b_n$$

verschwinden können, und somit *jedenfalls algebraische Unendlichkeiten in dem Integral enthalten sein, wobei das logarithmisch Unendlichwerden nicht ausgeschlossen ist.*

Dass, wenn die Function von einer unendlich hohen Ordnung unendlich ist, das Integral jedenfalls einen unendlich grossen Werth annimmt, folgt einfach daraus, dass nach Integration der Reihe für $f(z)$ im Resultate jedenfalls algebraische Unendlichkeiten von unendlich hoher Ordnung vorkommen müssen.

Zur Vervollständigung dieser Untersuchungen sind nur noch Integrale zu betrachten, die in die Unendlichkeit führen, wenn angenommen wird, dass der unendlich entfernte Punkt ein m-facher Verzweigungspunkt der Function ist. Setzt man aber in diesem Falle

$$z = \frac{1}{t},\ f(z) = \varphi(t),$$

so geht das Integral

$$\int_a^\infty f(z)\, dz$$

in

$$-\int_{\frac{1}{a}}^0 \frac{\varphi(t)}{t^2}\, dt$$

über, worin die Function $\frac{\varphi(t)}{t^2}$ in $t = 0$ einen m-fachen Verzweigungspunkt besitzt; da aber dieses letzte Integral endlich, logarithmisch unendlich oder algebraisch-logarithmisch unendlich wird, je nachdem

$$\left[\frac{t\,\varphi(t)}{t^2}\right]_{t=0} = \left[\frac{\varphi(t)}{t}\right]_{t=0}$$

verschwindet, oder endlich oder unendlich gross ist, so folgt, dass *das Integral*

$$\int_a^\infty f(z)\, dz$$

endlich oder logarithmisch unendlich oder algebraisch-logarithmisch unendlich ist, je nachdem

$$[z\, f(z)]_{z = \infty}$$

verschwindet, endlich oder unendlich gross ist.

Wir wollen diese Vorlesung mit einer Untersuchung über die

Beziehung der Eindeutigkeit und Vieldeutigkeit der Function und ihrer Ableitung beschliessen, deren Resultate wir später bei der Behandlung der einzelnen Functionsklassen gebrauchen werden, und dürfen uns auf den Fall beschränken, dass die Ableitung einer Grösse w als Function von w, nicht als Function von z gegeben ist, indem die Behandlung der Gleichung

$$\frac{dw}{dz} = f(z)$$

desshalb keiner weitern Schwierigkeit unterliegt, weil man $f(z)$ in der Umgebung des zu untersuchenden Punktes nach den obigen Sätzen in Reihen von ganz bestimmter Form entwickeln und somit durch Integration für w selbst eine bestimmte Entwicklungsform finden, also seine Eindeutigkeit und Vieldeutigkeit für den betrachteten z-Punkt unmittelbar feststellen kann.

Sei also die zwischen w und z bestehende Beziehung

$$\text{(I)} \quad \ldots\ldots\ldots\ldots \quad \frac{dw}{dz} = f(w),$$

in der wir aus der Eindeutigkeit und Vieldeutigkeit von $f(w)$, als Function von w aufgefasst, auf die Eindeutigkeit und Vieldeutigkeit*) von w als Function von z schliessen wollen, so wird für einen bestimmten aber beliebigen endlichen Werth z_0 der Variabeln z die Function w endlich oder unendlich gross sein können, und indem wir die Untersuchung mit dem Falle beginnen, in welchem dem Werthe z_0 ein endlicher Werth w_0 entspricht, suchen wir die nothwendige Bedingung, der $f(w)$, als Function von w aufgefasst, genügen muss, damit w eine für z_0 eindeutige Function wird. Soll dies aber der Fall sein, so muss w nach steigenden positiven Potenzen von $z - z_0$ entwickelbar sein, so dass, wenn angenommen wird, dass die erste nicht verschwindende Potenz die n^{te} ist,

$$\text{(II)} \quad . \; . \quad w - w_0 = a_n (z - z_0)^n + a_{n+1} (z - z_0)^{n+1} + \cdots$$

oder

$$w - w_0 = a_n (z - z_0)^n \left\{1 + \frac{a_{n+1}}{a_n} (z - z_0) + \cdots\right\}$$

wird, und es folgt, wenn zur $\frac{1}{n}^{\text{ten}}$ Potenz erhoben und die Klammer, indem wir in ihrer Umgebung von z_0 bleiben, nach positiven steigenden Potenzen von $z - z_0$ entwickelt wird,

$$\left(\frac{w - w_0}{a_n}\right)^{\frac{1}{n}} = (z - z_0) \left\{1 + b_1 (z - z_0) + b_2 (z - z_0)^2 + \cdots\right\},$$

*) wobei wir im Folgenden, wenn wir w in z_0 eindeutig nennen, nicht bloss voraussetzen, dass eine einmalige Umkreisung des Punktes z_0 keine Veränderung der Function w hervorruft, sondern dass auch z_0 für w nicht etwa ein Discontinuitätspunkt zweiter Gattung ist.

so dass nach dem oben bewiesenen Hülfssatze $z - z_0$ in eine Reihe nach positiven ganzen steigenden Potenzen von $(w - w_0)^{\frac{1}{n}}$ entwickelbar ist, deren erstes Glied, wie aus der vorstehenden Entwicklung unmittelbar ersichtlich ist, der Ausdruck

$$\left(\frac{w - w_0}{a_n}\right)^{\frac{1}{n}}$$

ist und die daher die Gestalt hat

$$\text{(III)} \quad \ldots \quad z - z_0 = \left(\frac{w - w_0}{a_n}\right)^{\frac{1}{n}} + c_1 (w - w_0)^{\frac{2}{n}} + \cdots$$

Differentiirt man ferner die Gleichung (II), so folgt

$$\frac{dw}{dz} = n a_n (z - z_0)^{n-1} + (n + 1) a_{n+1} (z - z_0)^n + \cdots,$$

woraus sich durch Einsetzen von (III) ergiebt, dass sich $\frac{dw}{dz}$ nach steigenden Potenzen von $(w - w_0)^{\frac{1}{n}}$ in der Form

$$\frac{dw}{dz} = n a_n^{\frac{1}{n}} (w - w_0)^{\frac{n-1}{n}} + d_1 (w - w_0)^{\frac{n}{n}} + d_2 (w - w_0)^{\frac{n+1}{n}} + \cdots$$

darstellen lässt, und dass somit *die nothwendige Bedingung dafür, dass w in dem Punkte z_0, für den w_0 ein n-facher Verzweigungspunkt von $f(w)$ ist, eine eindeutige Function von z wird, die ist, dass die Entwicklung von $f(w)$ in der Umgebung des Punktes w_0 nach steigenden Potenzen von $(w - w_0)^{\frac{1}{n}}$ mit dem Gliede*

$$(w - w_0)^{\frac{n-1}{n}}$$

anfange; zugleich ersieht man, dass, wenn $n > 1$, die Function $f(w)$ für $w = w_0$ verschwinden, und wenn $n = 1$ d. h. wenn $f(w)$ in $w = w_0$ eindeutig ist, $f(w_0)$ wegen der Endlichkeit von a_n von Null verschieden sein muss.

Aber es lässt sich auch umgekehrt zeigen, dass, wenn in der Differentialgleichung

$$\frac{dw}{dz} = f(w),$$

in welcher $z = z_0$, $w = w_0$ entsprechende endliche Werthe sein sollen, die Function $f(w)$ für $w = w_0$ n-deutig und nach steigenden Potenzen von

$$(w - w_0)^{\frac{1}{n}}$$

entwickelt das Anfangsglied

$$(w - w_0)^{\frac{n-1}{n}}$$

besitzt, w in der Umgebung des entsprechenden, im Endlichen liegenden Punktes z_0 eine eindeutige Function von z ist. Denn da unter dieser Voraussetzung

$$\frac{dw}{dz} = e_1 (w - w_0)^{\frac{n-1}{n}} + e_2 (w - w_0)^{\frac{n}{n}} + \cdots$$

ist, so folgt, wenn

$$(w - w_0)^{\frac{1}{n}} = w'$$

gesetzt wird,

$$n w'^{n-1} \frac{dw'}{dz} = e_1 w'^{n-1} + e_2 w'^n + \cdots$$

oder

$$\frac{dw'}{dz} = \frac{e_1}{n} + \frac{e_2}{n} w' + \cdots,$$

worin e_1 von Null verschieden ist.

Dass aber einer Gleichung von der Form

$$\frac{d\omega'}{dz} = F(w'),$$

worin dem Werthe $z = z_0$ der Werth $w' = 0$ entspricht, und in welcher $F(w')$ im Punkte $w' = 0$ eindeutig, endlich und von Null verschieden ist, ein im Punkte z_0 eindeutiges Integral w' als Function von z entspricht, geht aus der reciproken Gleichung der obigen

$$\frac{dz}{dw'} = \frac{1}{F(w')}$$

unmittelbar hervor; denn da

$$\frac{1}{F(w')}$$

ebenfalls für $w' = 0$ eindeutig, endlich und von Null verschieden ist, so wird sich diese Function in der Umgebung des Nullpunktes nach ganzen positiven steigenden Potenzen von w' entwickeln lassen und daher

$$\frac{dz}{dw'} = \alpha_0 + \alpha_1 w' + \alpha_2 w'^2 + \cdots$$

oder

$$z - z_0 = \alpha_0 w' + \frac{\alpha_1}{2} w'^2 + \ldots$$

ergeben, worin α_0 von Null verschieden ist. Hieraus folgt aber wiederum nach dem schon mehrfach benutzten Hülfssatze, dass

$$w' = \frac{1}{\alpha_0} (z - z_0) + \beta_1 (z - z_0)^2 + \ldots,$$

also w' eine eindeutige Function von $z - z_0$ ist, und dass daher, weil

$$w = w'^n + w_0$$

gesetzt worden, die Entwicklung von w nach Potenzen von $z - z_0$ in der Form

$$w - w_0 = \frac{1}{\alpha_0^n} (z - z_0)^n + \gamma_1 (z - z_0)^{n+1} + \ldots,$$

darstellbar, somit w eine in $z = z_0$ eindeutige Function von z ist. *Die oben gefundene Bedingung ist somit die nothwendige und hinreichende,* und man sieht hieraus zugleich, dass, wenn $f(w)$ in $w = w_0$ eindeutig, endlich und von Null verschieden ist, jedenfalls w in z_0 eindeutig sein muss.

Entspricht jedoch *ein endlicher Werth w_0 der Function w dem Werthe $z = \infty$,* so wird die nothwendige und hinreichende Bedingung dafür, dass w in der Umgebung von $z = \infty$ eine eindeutige Function von z, mit der, dass w in der Umgebung des Nullpunktes eine ebensolche Function der Variabeln z_1 ist, welche mit z durch die Gleichung

$$z_1 = \frac{1}{z}$$

verbunden ist, zusammenfallen; indem diese Bedingung aber nach den Gleichungen (II) und (III), wenn

$$w - w_0 = a_n z_1^n + a_{n+1} z_1^{n+1} + \cdots$$

und

$$z_1 = \left(\frac{w - w_0}{a_n}\right)^{\frac{1}{n}} + c_1 (w - w_0)^{\frac{2}{n}} + \cdots$$

gesetzt wird, durch die Entwicklungsform

$$\frac{dw}{dz_1} = n a_n^{\frac{1}{n}} (w - w_0)^{\frac{n-1}{n}} + d_1 (w - w_0)^{\frac{n}{n}} + \cdots$$

dargestellt war, so wird die gesuchte Bedingung in den gegebenen Variabeln, da

$$\frac{dw}{dz} = \frac{dw}{dz_1}\frac{dz_1}{dz} = -\frac{dw}{dz_1} z_1^2$$

ist, durch

$$\frac{dw}{dz} = -n a_n^{\frac{1}{n}} (w - w_0)^{\frac{n+1}{n}} + e_1 (w - w_0)^{\frac{n+2}{n}} + \cdots$$

ausgedrückt sein, also *$f(w)$ nach steigenden Potenzen von $w - w_0$ entwickelt mit der $\frac{n+1}{n}$ Potenz beginnen müssen;* ist somit $f(w)$ in diesem dem unendlich entfernten z-Punkte entsprechenden endlichen Punkte w_0 eindeutig, so muss die Entwicklung von $f(w)$ mit $(w - w_0)^2$ beginnen.

Gehen wir nun zur Betrachtung des Falles über, dass *dem endlichen Werthe z_0,* in dessen Umgebung das Integral jener Differentialgleichung untersucht wird, *ein unendlich grosser Werth von w entspricht,* so wird sich, wenn

$$w = \frac{1}{v}$$

gesetzt wird, die zwischen v und z bestehende Gleichung in der Form ergeben

$$\frac{dv}{dz} = -v^2 f\left(\frac{1}{v}\right),$$

in welcher dem Werthe $z = z_0$ der Functionalwerth $v = 0$ entspricht. Da nun aber diese Gleichung wieder die Form der früheren besitzt und auch die vorher aufgestellte Bedingung erfüllt, dass endliche Werthe der Variabeln sich entsprechen, wird die nothwendige und hinreichende Bedingung dafür, dass v in der Umgebung von z_0 eindeutig ist, die sein, dass die Entwicklung von $v^2 f\left(\frac{1}{v}\right)$ nach steigenden Potenzen von v mit $v^{\frac{n-1}{n}}$ oder die von $f\left(\frac{1}{v}\right)$ mit $v^{\frac{-n-1}{n}}$ beginnt; da aber v mit w gleichzeitig eine eindeutige Function von z in der Umgebung von z_0 sein muss, so wird *die nothwendige und hinreichende Bedingung*, auf die w-Variable übertragen, lauten, *es muss die Entwicklung von $f(w)$ nach fallenden Potenzen von w mit $w^{\frac{n+1}{n}}$ anfangen*, so dass, wenn der unendlich entfernte Punkt für die Function $f(w)$ ein eindeutiger Punkt ist, die Entwicklung von $f(w)$, wenn dem endlichen Werthe $z = z_0$ ein unendlich grosser Werth von w entspricht, mit w^2 beginnen, $f(w)$ somit für $w = \infty$ von der zweiten Ordnung unendlich sein muss.

Soll endlich $w = \infty$ dem unendlich entfernten z-Punkte entsprechen, so wird, da nach dem oben gefundenen Resultate die Entwicklung von $v^2 f\left(\frac{1}{v}\right)$ nach steigenden Potenzen von v mit $v^{\frac{n+1}{n}}$ beginnen muss, diejenige von $f\left(\frac{1}{v}\right)$ mit $v^{\frac{-n+1}{n}}$, also *die von $f(w)$ nach fallenden Potenzen von w mit $w^{\frac{n-1}{n}}$ anfangen müssen;* ist $f(w)$ für $w = \infty$, welcher Werth $z = \infty$ entspricht, eindeutig, so muss die Entwicklung mit w^0 anfangen d. h. $f(w)$ für $w = \infty$ endlich und von Null verschieden sein.

Es lässt sich aber auch leicht durch die Form der Entwicklung von $f(w)$ entscheiden, ob einem endlichen oder unendlichen Werthe von z ein endlicher oder unendlich grosser Werth des w entsprechen kann, wenn beide Variable durch die Differentialgleichung

$$\frac{dw}{dz} = f(w)$$

mit einander verbunden sind, und angenommen wird, dass die betrachteten w-Punkte für $f(w)$ weder unendliche Vieldeutigkeitspunkte noch Discontinuitätspunkte zweiter Gattung sind. Denn habe die Entwicklung von $f(w)$ in der Umgebung des endlichen Werthes w_0 die Form

$$f(w) = a_k (w - w_0)^{\frac{k}{n}} + a_{k+1} (w - w_0)^{\frac{k+1}{n}} + \cdots,$$

worin k eine positive oder negative ganze Zahl bedeuten soll, so wird

$$\frac{1}{f(w)} = a_k^{-1}\,(w - w_0)^{\frac{-k}{n}} \left\{1 + c_1\,(w - w_0)^{\frac{1}{n}} + \cdots\right\}$$

und daher

$$\int \frac{dw}{f(w)} = \frac{a_k^{-1}}{-\frac{k}{n} + 1}\,(w - w_0)^{\frac{-k}{n}+1} + d_1\,(w - w_0)^{\frac{-k+1}{n}+1} + \cdots, \text{ wenn } k \gtrless n,$$

oder

$$\int \frac{dw}{f(w)} = a_k^{-1} \log\,(w - w_0) + d_1\,(w - w_0)^{\frac{1}{n}} + \cdots, \text{ wenn } k = n,$$

sein, somit der Werth dieses Integrals endlich, wenn der Bruch $\frac{k}{n}$ kleiner als die positive Einheit, und unendlich gross ist, wenn derselbe die Einheit übertrifft oder derselben gleich ist; wir sehen ferner hieraus, dass in dem einen Falle dem endlichen Werthe w_0 ein endlicher, in dem andern ein unendlich grosser Werth der Variabeln z entspricht. Genau ebenso ist einzusehen, dass, wenn $f(w)$ in der Umgebung des unendlich entfernten Punktes nach fallenden Potenzen von w entwickelt, die Form hat

$$f(w) = a_k\,w^{\frac{k}{n}} + a_{k+1}\,w^{\frac{k-1}{n}} + \cdots,$$

worin k wieder eine positive oder negative ganze Zahl bedeutet, also

$$\frac{1}{f(w)} = a_k^{-1}\,w^{\frac{-k}{n}} \left\{1 + b_1\,w^{\frac{-1}{n}} + b_2\,w^{\frac{-2}{n}} + \cdots\right\}$$

ist, durch Multiplication mit dw und Integration folgt

$$\int \frac{dw}{f(w)} = \frac{a_k^{-1}}{-\frac{k}{n} + 1}\,w^{\frac{-k}{n}+1} + d_1\,w^{\frac{-k-1}{n}+1} + \cdots, \text{ wenn } k \gtrless n,$$

oder

$$\int \frac{dw}{f(w)} = a_k^{-1} \log w + d_1\,w^{-\frac{1}{n}} + \cdots\cdots\cdots\cdots, \text{ wenn } k = n,$$

und dass daher, wenn $\frac{k}{n}$ grösser als die positive Einheit ist, das Integral endlich wird, und dass es einen unendlich grossen Werth annimmt, wenn $\frac{k}{n}$ kleiner als die positive Einheit oder derselben gleich ist, so dass dem ersten Falle ein endlicher, dem zweiten ein unendlich grosser Werth des z entspricht.

Fassen wir die eben gefundenen Resultate zusammen, so ergiebt sich folgender Satz:

Soll untersucht werden, ob die durch die Differentialgleichung

$$\frac{dw}{dz} = f(w)\,^{*})$$

---

*) wobei vorausgesetzt wird, dass $f(w)$ für keinen Punkt der w-Ebene unendlich vieldeutig wird oder einen Discontinuitätspunkt zweiter Gattung hat.

definirte Function von z für alle Werthe dieser Variabeln (oder für welche Werthe derselben diese eine eindeutige Function ist), so wird die Bedingung zu erfüllen sein, dass $f(w)$ für einen beliebigen endlichen Werth w_0 nach steigenden ganzen positiven Potenzen von $w - w_0$ entwickelt, wenn der Exponent des Anfangsgliedes kleiner als die positive Einheit ist, mit einem Anfangsgliede von der Form $(w - w_0)^{\frac{n-1}{n}}$ beginne, und, wenn derselbe grösser als die Einheit ist, mit einem Gliede von der Form $(w - w_0)^{\frac{n+1}{n}}$. Ferner muss $f(w)$ nach fallenden Potenzen von w entwickelt, wenn der Exponent des Anfangsgliedes grösser als die positive Einheit ist, mit $w^{\frac{n+1}{n}}$, und wenn kleiner, mit $w^{\frac{n-1}{n}}$ anfangen; in beiden Fällen darf aber der Exponent nicht die positive Einheit sein.

Mag nun endlich noch die über die Beziehung der Eindeutigkeit und Vieldeutigkeit zwischen der Function und ihrer Ableitung angestellte Untersuchung dahin verallgemeinert werden, dass wir eine Differentialgleichung von der Form

$$(1) \quad \dots\dots\dots\dots \quad \frac{dw}{dz} = f(w, z)$$

zu Grunde legen, in welcher wir aus der für ein zusammengehöriges Werthsystem $w = w_0$, $z = z_0$ festgestellten Eigenschaft der Eindeutigkeit von $f(w, z)$ auf die Eindeutigkeit von w als Function von z in demjenigen Punkte z_0 schliessen wollen, welcher dem Functionalwerthe w_0 entspricht.

Bevor wir jedoch auf die Durchführung dieser Untersuchung näher eingehen, wollen wir die Herleitung einiger Ungleichheiten vorausschicken, die häufig bei derartigen Fragen zur Anwendung kommen.

Sei $\psi(w)$ eine in $w = w_0$ eindeutige und endliche Function, so wird nach früheren Auseinandersetzungen diese Function, wenn r den Radius eines im Convergenzbereiche um w_0 beschriebenen Kreises bedeutet, durch die Taylor'sche Reihe in der Form

$$\psi(w) = \psi(w_0) + \frac{w - w_0}{1!}\psi'(w_0) + \frac{(w-w_0)^2}{2!}\psi''(w_0) + \cdots$$

odre durch

$$\psi(w) = \frac{1}{2\pi i}\int\limits_{(w_0)} \frac{\psi(t)}{t - w_0}\,dt + \frac{w - w_0}{2\pi i}\int\limits_{(w_0)} \frac{\psi(t)}{(t - w_0)^2}\,dt + \frac{(w-w_0)^2}{2\pi i}\int\limits_{(w_0)} \frac{\psi(t)}{(t-w_0)^3}\,dt + \cdots$$

dargestellt werden, so dass

$$\psi^{(n)}(w_0) = \frac{1 \,.\, 2 \dots n}{2\pi i}\int\limits_{(w_0)} \frac{\psi(t)}{(t - w_0)^{n+1}}\,dt$$

oder, wenn

$$t - w_0 = r(\cos\varphi + i\sin\varphi)$$

gesetzt wird, wo r den oben bezeichneten Radius bedeutet,

$$\psi^{(n)}(w_0) = \frac{1 \cdot 2 \ldots n}{2 r^n \pi} \int_0^{2\pi} \psi(t) (\cos n\varphi - i \sin n\varphi)\, d\varphi$$

folgt.

Setzt man nunmehr

$$\psi(w) = \frac{\partial^{n'} f(w, z)}{\partial z^{n'}},$$

so geht unter der Annahme, dass $f(w, z)$ in der Umgebung $w = w_0$ und $z = z_0$, als Function zweier von einander unabhängigen Variabeln aufgefasst, eindeutig und stetig ist, und r und r' Radien von Kreisen vorstellen, die um w_0 und z_0 gelegt sind und in die resp. Convergenzbereiche hineinfallen, die letzte Gleichung in

$$\left(\frac{\partial^{n+n'} f(w, z)}{\partial w^n \partial z^{n'}}\right)_{w = w_0} = \frac{1 \cdot 2 \ldots n}{2 r^n \pi} \int_0^{2\pi} \frac{\partial^{n'} f(t, z)}{\partial z^{n'}} (\cos n\varphi - i \sin n\varphi)\, d\varphi$$

über, und wenn man berücksichtigt, dass ebenfalls nach der vorher entwickelten Relation

$$\left(\frac{\partial^{n'} f(t, z)}{\partial z^{n'}}\right)_{z = z_0} = \frac{1 \cdot 2 \ldots n'}{2 r'^{n'} \pi} \int_0^{2\pi} f(t, t') (\cos n'\varphi' - i \sin n'\varphi')\, d\varphi'$$

ist, so folgt dadurch, dass man in der obigen Gleichung $z = z_0$ setzt,

$$\left(\frac{\partial^{n+n'} f(w, z)}{\partial w^n \partial z^{n'}}\right)_{w = w_0,\, z = z_0} = \frac{1.2 \ldots n.1.2 \ldots n'}{(2\pi)^2 . r^n . r'^{n'}} \int_0^{2\pi}\int_0^{2\pi} f(t, t') [\cos(n\varphi + n'\varphi') - i \sin(n\varphi + n'\varphi')]\, d\varphi\, d\varphi'.$$

Bezeichnet man nun mit M den grössten Modul aller der Werthe, welche $f(t, t')$ für alle Combinationen der beiden aus den resp. Convergenzbereichen genommenen Variabeln annehmen kann, so wird sich, da der Modul des Integrals kleiner als das Integral der Moduln und der Modul von

$$\cos(n\varphi + n'\varphi') - i \sin(n\varphi + n'\varphi')$$

die Einheit ist, die Ungleichheit ergeben

$$\operatorname{mod} \left(\frac{\partial^{n+n'} f(w, z)}{\partial w^n \partial z^{n'}}\right)_{w = w_0,\, z = z_0} < \frac{1 \cdot 2 \ldots n \cdot 1 \cdot 2 \ldots n'}{r^n . r'^{n'}} \cdot M,$$

da

$$\int_0^{2\pi}\int_0^{2\pi} d\varphi\, d\varphi' = (2\pi)^2$$

ist. Bildet man aber die Function

$$\varphi(v, z) = \frac{M}{\left(1 - \frac{z - z_0}{r'}\right)\left(1 - \frac{v - w_0}{r}\right)},$$

so folgt, wie man sich durch Entwicklung der Ausdrücke

$$\frac{1}{1-\frac{z-z_0}{r'}} \text{ und } \frac{1}{1-\frac{v-w_0}{r}}$$

nach positiven ganzen steigenden Potenzen von

$$\frac{z-z_0}{r'} \text{ und } \frac{v-w_0}{r},$$

welche für

$$\operatorname{mod}(z-z_0) < r' \text{ und } \operatorname{mod}(v-w_0) < r$$

erlaubt ist, und durch Multiplication beider Reihen unmittelbar überzeugt, dass

$$\left(\frac{\partial^{n+n'}\varphi(v,z)}{\partial v^n\,\partial z^{n'}}\right)_{v=w_0,\,z=z_0} = \frac{1\cdot 2\cdots n\cdot 1\cdot 2\cdots n'}{r^n\,r'^{n'}}\,M$$

ist, woraus sich durch Vergleichung mit der vorher gefundenen Ungleichheit

$$\operatorname{mod}\left(\frac{\partial^{n+n'}f(w,z)}{\partial w^n\,\partial z^{n'}}\right)_{w=w_0,\,z=z_0} < \left(\frac{\partial^{n+n'}\varphi(v,z)}{\partial v^n\,\partial z^{n'}}\right)_{v=w_0,\,z=z_0}$$

ergiebt, welche Beziehung die Grundlage der folgenden Betrachtung bilden wird.

Leitet man nun aus der vorgelegten Differentialgleichung durch successive Differentiation nach z die folgende Reihe von Gleichungen her

$$(2)\begin{cases}\dfrac{dw}{dz} = f(w,z)\\[2mm] \dfrac{d^2w}{dz^2} = \dfrac{\partial f(w,z)}{\partial z} + \dfrac{\partial f(w,z)}{\partial w}\dfrac{dw}{dz}\\[2mm] \dfrac{d^3w}{dz^3} = \dfrac{\partial^2 f(w,z)}{\partial z^2} + 2\dfrac{\partial^2 f(w,z)}{\partial z\,\partial w}\dfrac{dw}{dz} + \dfrac{\partial^2 f(w,z)}{\partial w^2}\left(\dfrac{dw}{dz}\right)^2 + \dfrac{\partial f(w,z)}{\partial w}\dfrac{d^2w}{dz^2}\\ \ldots\ldots\ldots\ldots,\ \ldots\ldots\ldots\ldots,\end{cases}$$

so ergeben sich, wenn wir zur Bezeichnung des Anfangswerthes das Zeichen $(\ )_0$ wählen, mit Hülfe der oben gefundenen Ungleichheiten die nachfolgenden Beziehungen:

$$(3)\ldots\begin{cases}\operatorname{mod}\left(\dfrac{dw}{dz}\right)_0 = \operatorname{mod} f(w,z)_0 \leqq M \leqq \varphi(v,z)_0\\[2mm] \operatorname{mod}\left(\dfrac{d^2w}{dz^2}\right)_0 < \operatorname{mod}\left(\dfrac{\partial f(w,z)}{\partial z}\right)_0 + \operatorname{mod}\left(\dfrac{\partial f(w,z)}{\partial w}\right)_0 \operatorname{mod}\left(\dfrac{dw}{dz}\right)_0\\[2mm] \qquad < \left(\dfrac{\partial\varphi(v,z)}{\partial z}\right)_0 + \left(\dfrac{\partial\varphi(v,z)}{\partial v}\right)_0 \operatorname{mod}\left(\dfrac{dw}{dz}\right)_0\\ \ldots\ldots\ldots\ldots\ldots\ldots\end{cases}$$

Bestimmt man nunmehr eine Function v von z durch die Relation

$$(4)\ldots\ldots\ \frac{dv}{dz} = \frac{M}{\left(1-\frac{v-w_0}{r}\right)\left(1-\frac{z-z_0}{r'}\right)} = \varphi(v,z)$$

mit der Bedingung, dass $z = z_0$, $v = w_0$ ein entsprechendes Werthepaar bilden sollen, so wird sich aus dieser Gleichung durch succesive Differentiation

$$(5) \quad \ldots \quad \begin{cases} \left(\frac{dv}{dz}\right)_0 = \varphi(v,z)_0 = M \\ \left(\frac{d^2v}{dz^2}\right)_0 = \left(\frac{\partial \varphi(v,z)}{\partial z}\right)_0 + \left(\frac{\partial \varphi(v,z)}{\partial v}\right)_0 \left(\frac{dv}{dz}\right)_0 \\ \ldots\ldots\ldots\ldots \end{cases}$$

ergeben, und durch Vergleichung der Systeme (3) und (5) die nachfolgenden Ungleichheiten

$$(6) \ldots\ldots\ldots \begin{cases} \operatorname{mod} \left(\frac{dw}{dz}\right)_0 \leqq \left(\frac{dv}{dz}\right)_0 \\ \operatorname{mod} \left(\frac{d^2w}{dz^2}\right)_0 < \left(\frac{d^2v}{dz^2}\right)_0 \\ \operatorname{mod} \left(\frac{d^3w}{dz^3}\right)_0 < \left(\frac{d^3v}{dz^3}\right)_0 \\ \ldots\ldots\ldots \end{cases}$$

Wir können aber die durch die Gleichung (4) definirte Function v von z unmittelbar durch Integration dieser Differenzialgleichung finden, indem sich dieselbe in die Form setzen lässt

$$dv\left(1 - \frac{v - w_0}{r}\right) = M \frac{dz}{1 - \frac{z - z_0}{r'}}$$

oder durch Integration und mit Berücksichtigung, dass $z = z_0$, $v = w_0$ entsprechende Werthe sein sollen, in

$$v - w_0 - \frac{(v - w_0)^2}{2r} = M \int_{z_0}^{z} \frac{dz}{1 - \frac{z - z_0}{r'}},$$

so dass v durch z ausgedrückt lautet

$$v - w_0 = r \pm \sqrt{r^2 - 2rM \int_{z_0}^{z} \frac{dz}{1 - \frac{z - z_0}{r'}}},$$

und zu gleicher Zeit unmittelbar eingesehen wird, dass $z = z_0$ für diese Function v ein eindeutiger Punkt ist, da in demselben weder gleiche Werthe zusammenfallen noch eine Discontinuität zweiter Gattung statt hat. Daraus folgt aber, dass sich v um den Punkt z_0 herum nach der Taylorschen Reihe wird entwickeln lassen, und somit die Reihe

$$w_0 + \frac{z - z_0}{1!}\left(\frac{dv}{dz}\right)_0 + \frac{(z - z_0)^2}{2!}\left(\frac{d^2v}{dz^2}\right)_0 + \ldots\ldots$$

eine convergente sein wird. Da aber eine complexe Potenzreihe innerhalb des Convergenzbereiches zugleich mit der Reihe ihrer Moduln convergirt*) und die Moduln der Ableitungen der w-Function für $z = z_0$ nach den Ungleichheiten (6) kleiner sind als die entsprechenden Ableitungen der v-Function, so wird die Reihe

$$(7) \quad \ldots \quad W = w_0 + \frac{z - z_0}{1!}\left(\frac{dw}{dz}\right)_0 + \frac{(z - z_0)^2}{2!}\left(\frac{d^2w}{dz^2}\right)_0 + \cdots\cdots$$

auch in einem Bereiche um den z_0-Punkt herum convergiren**); es

*) Dass eine Potenzreihe convergent ist, wenn die Reihe ihrer Moduln convergirt, ist selbstverständlich, weil der Werth der letzten Reihe bekanntlich grösser ist, als der Modul der Potenzreihe. Dass aber auch, wenn

$$a_0 + a_1 u + a_2 u^2 + \cdots\cdots$$

für irgend ein u innerhalb des Convergenzbereiches convergent ist, die Reihe der Moduln dieser complexen Glieder convergiren muss, kann leicht dadurch eingesehen werden, dass die Glieder

$$a_0,\ a_1 u,\ a_2 u^2, \cdots$$

sämmtlich endlich sein, also die Grössen

$$(m) \quad \ldots\ldots \quad \operatorname{mod} a_0,\ \operatorname{mod} a_1 \operatorname{mod} u,\ \operatorname{mod} a_2 \operatorname{mod} u^2, \cdots$$

sämmtlich unter einer bestimmten endlichen Gränze liegen müssen. Ist nun

$$\operatorname{mod} u_1 < \operatorname{mod} u,$$

indem die Differenz dieser beiden Moduln beliebig klein sein kann, so ist bekanntlich

$$1 + \frac{\operatorname{mod} u_1}{\operatorname{mod} u} + \left(\frac{\operatorname{mod} u_1}{\operatorname{mod} u}\right)^2 + \cdots\cdots$$

convergent und es wird daher auch die durch Multiplication mit den endlichen Grössen (m) aus der letzten entstandene Reihe

$$\operatorname{mod} a_0 + \operatorname{mod} a_1 \operatorname{mod} u_1 + \operatorname{mod} a_2 \operatorname{mod} u_2 + \cdots$$

convergiren. Da nun u jeden Punkt des Convergenzbereiches darstellen, also $\operatorname{mod} u_1$ jeden innerhalb dieses Bereiches auf der positiven reellen Axe gelegenen Punkt bedeuten kann, so ist die obige Behauptung gerechtfertigt.

**) vorausgesetzt, dass diese Reihe überhaupt existirt, oder dass nicht

$$(\alpha) \quad \ldots\ldots \quad \left(\frac{dw}{dz}\right)_0 = \left(\frac{d^2w}{dz^2}\right)_0 = \left(\frac{d^3w}{dz^3}\right)_0 = \cdots = 0$$

d. h. die Function W constant gleich w_0 ist. Es ist jedoch leicht zu sehen, in welchem Falle dies in der That eintreten wird; denn es geht aus (2) unmittelbar hervor, dass unter der Voraussetzung, dass $f(w,z)$ um w_0 und z_0 herum endlich und eindeutig ist, die nothwendige und hinreichende Bedingung für das Bestehen der Gleichungen (α) durch die Beziehungen

$$(\beta) \quad . \ . \ f(w,z)_0 = \left(\frac{\partial f(w,z)}{\partial z}\right)_0 = \left(\frac{\partial^2 f(w,z)}{\partial z^2}\right)_0 = \left(\frac{\partial^3 f(w,z)}{\partial z^3}\right)_0 = \cdots\cdots = 0$$

ausgedrückt ist, welche andererseits wieder durch Eigenschaften der Entwickelung von $f(w,z)$ nach steigenden Potenzen von $w - w_0$ und $z - z_0$ ersetzt werden können. Substituirt man nämlich in $f(w,z)$ die folgenden Werthe

$$w = w_0 + th,\ z = z_0 + tk$$

wird somit W eine in z_0 eindeutige Function von z sein, und wenn wir nachweisen können, dass diese Function der Differentialgleichung (1)

$$\frac{dw}{dz} = f(w, z)$$

genügt, so wird der oben ausgesprochene Satz bewiesen sein. Dass dies aber der Fall ist, können wir durch unmittelbares Einsetzen des gefundenen Werthes von W verificiren. Es ist nämlich

$$f(W,z) = f(W,z)_0 + \frac{z-z_0}{1!}\left(\frac{df(W,z)}{dz}\right)_0 + \frac{(z-z_0)^2}{2!}\left(\frac{d^2 f(W,z)}{dz^2}\right)_0 + \cdots\cdots$$

und wie leicht zu sehen

$$f(W,z)_0 = f(w_0, z_0) = \left(\frac{dw}{dz}\right)_0$$

$$\left(\frac{df(W,z)}{dz}\right)_0 = \left(\frac{df(W,z)}{dW}\right)_0\left(\frac{dW}{dz}\right)_0 + \left(\frac{df(W,z)}{dz}\right)_0 = \left(\frac{df(w,z)}{dw}\right)_0\left(\frac{dw}{dz}\right)_0 + \left(\frac{df(w,z)}{dz}\right)_0 = \left(\frac{d^2w}{dz^2}\right)_0$$

. . . .

---

und fasst die so erhaltene Function als eine um $t = 0$ endliche und eindeutige Function von t auf, was nach den oben in Betreff der Function $f(w,z)$ getroffenen Bestimmungen innerhalb der durch die Ungleichheiten

$$\operatorname{mod} t \leqq 1,\ \operatorname{mod} h < r,\ \operatorname{mod} k < r'$$

festgesetzten Gränzen möglich ist, so wird nach der Maclaurinschen Reihenentwickelung, wenn

$$f(w_0 + th, z_0 + tk) = F(t)$$

gesetzt wird,

$$F(t) = F(0) + \frac{t}{1}F'(0) + \frac{t^2}{2!}F''(0) + \cdots\cdots,$$

und da, wie leicht zu sehen

$$F^{(n)}(0) = \left[h\left(\frac{\partial f(w,z)}{\partial w}\right)_0 + k\left(\frac{\partial f(w,z)}{\partial z}\right)_0\right]^n$$

ist, wenn wir die bekannte symbolische Bezeichnung mit Hülfe der Verwandlung der Potenz in den entsprechenden Differentialquotienten anwenden, so ergiebt sich, wenn $t = 1$ gesetzt wird, die nachfolgende Entwickelung von $f(w,z)$ nach steigenden positiven ganzen Potenzen von $w - w_0$ und $z - z_0$

$$\begin{aligned} f(w,z) = f(w_0,z_0) &+ \frac{w-w_0}{1}\left(\frac{\partial f(w,z)}{\partial w}\right)_0 + \frac{z-z_0}{1}\left(\frac{\partial f(w,z)}{\partial z}\right)_0 \\ &+ \frac{1}{2!}\left\{(w-w_0)^2\left(\frac{\partial^2 f(w,z)}{\partial w^2}\right)_0 + 2(w-w_0)(z-z_0)\left(\frac{\partial^2 f(w,z)}{\partial w\,\partial z}\right)_0 + (z-z_0)^2\left(\frac{\partial^2 f(w,z)}{\partial z^2}\right)_0\right\} \\ &+ \cdots\cdots\cdots \\ &+ \frac{1}{n!}\left\{(w-w_0)^n\left(\frac{\partial^n f(w,z)}{\partial w^n}\right)_0 + \frac{n}{1}(w-w_0)^{n-1}(z-z_0)\left(\frac{\partial^n f(w,z)}{\partial w^{n-1}\partial z}\right)_0 + \cdots + (z-z_0)^n\left(\frac{\partial^n f(w,z)}{\partial z^n}\right)_0\right\} \\ &+ \cdots\cdots\cdots, \end{aligned}$$

welche die Taylorsche Reihenentwickelung einer Function von zwei Variabeln genannt wird. Legen wir nun diese Entwickelung zu Grunde, so werden wir die und daher

$$f(W,z) = \left(\frac{dw}{dz}\right)_0 + \frac{z-z_0}{1!}\left(\frac{d^2w}{dz^2}\right)_0 + \frac{(z-z_0)^2}{2!}\left(\frac{d^3w}{dz^3}\right)_0 + \cdots\cdots,$$

während sich aus (7) selbst durch Differentiation unmittelbar ergiebt

$$\frac{dW}{dz} = \left(\frac{dw}{dz}\right)_0 + \frac{z-z_0}{1!}\left(\frac{d^2w}{dz^2}\right)_0 + \frac{(z-z_0)^2}{2!}\left(\frac{d^3w}{dz^3}\right)_0 + \cdots\cdot$$

und somit W der Differentialgleichung genügt

$$\frac{dW}{dz} = f(W,z).$$

Wir erhalten somit den Satz, dass,

wenn in der Differentialgleichung

$$\frac{dw}{dz} = f(w,z),$$

in welcher dem Werthe $z = z_0$ der Werth $w = w_0$ entsprechen soll, $f(w,z)$ als Function der beiden Variabeln w und z und zwar als von einander unabhängig aufgefasst, in der Umgebung von w_0 und z_0 eindeutig und stetig ist, auch die Integralfunction w, von z abhängig betrachtet, in der Umgebung von z_0 eindeutig sein wird, vorausgesetzt, dass in der Entwickelung von $f(w,z)$ nach steigenden positiven ganzen Potenzen von $w - w_0$ und $z - z_0$ von $w - w_0$ freie Glieder enthalten sind,

und man sieht zugleich ein, dass, weil nach (7) die Entwickelung von $w - w_0$ mit $(z-z_0)^{k+1}$ beginnt, wenn

$$\left(\frac{dw}{dz}\right)_0 = \left(\frac{d^2w}{dz^2}\right)_0 = \cdots\cdots = \left(\frac{d^kw}{dz^k}\right)_0 = 0$$

ist, und eben diese Bedingungen nach den Gleichungen (2) durch

$$f(w_0,z_0) = \left(\frac{\partial f(w,z)}{\partial z}\right)_0 = \left(\frac{\partial^2 f(w,z)}{\partial z^2}\right)_0 = \cdots\cdots = \left(\frac{\partial^{k-1} f(w,z)}{\partial z^{k-1}}\right)_0 = 0$$

ersetzt werden können, *die Entwickelung von $w - w_0$ nach steigenden positiven Potenzen von $z - z_0$ mit der $k+1^{\text{ten}}$ Potenz von $z - z_0$ beginnen wird, wenn der erste für die Anfangswerthe $z = z_0$, $w = w_0$ nach z genommene partielle Differentialquotient der Function $f(w,z)$, welcher nicht verschwindet, der k^{te} ist.*

Betrachten wir endlich noch den Fall, dass die in der Umgebung von $w = w_0$ und $z = z_0$ eindeutige Function $f(w,z)$ der Differentialgleichung

---

durch die Gleichungen (β) ausgesprochenen Bedingungen auch dadurch ersetzen können, dass wir der Function $f(w,z)$ die Eigenschaft beilegen, dass in ihrer für die Umgebung von w_0 und z_0 bestehenden Taylorschen Reihenentwickelung kein von $w - w_0$ freies Glied vorkommt; in diesem Falle wird es kein in der Umgebung von z_0 eindeutiges und endliches Integral w geben, welches für $z = z_0$ den Werth w_0 annähme.

$$\frac{dw}{dz} = f(w, z)$$

für dieses System der Anfangswerthe unendlich gross wird*), so ergiebt die unmittelbare Anwendung des oben ausgesprochenen Satzes, dass, *wenn der erste für die Anfangswerthe* $z = z_0$, $w = w_0$ *nach* w *genommene partielle Differentialquotient der Function*

$$\frac{1}{(fw, z)},$$

welcher nicht verschwindet, der k^{te} *ist,* die Differentialgleichung

$$\frac{dz}{dw} = \frac{1}{f(w, z)}$$

ein in der Umgebung von w_0 eindeutiges Integral besitzt, welches für diesen Anfangswerth den Werth z_0 annimmt und mit der $k+1^{\text{ten}}$ Potenz von $w - w_0$ beginnt; ist nun

$$z - z_0 = a_{k+1}(w - w_0)^{k+1} + a_{k+2}(w - w_0)^{k+2} + \cdots\cdots,$$

so folgt nach dem schon häufig angewandten Umkehrungsprincipe

$$w - w_0 = \left(\frac{z - z_0}{a_{k+1}}\right)^{\frac{1}{k+1}} + b_1(z - z_0)^{\frac{2}{k+1}} + \cdots\cdots,$$

so dass sich in diesem Falle w *als eine* $k+1$*-deutige Function von* z *ergiebt.*

---

*) jedoch so, dass der reciproke Werth dieser Function, in welcher Richtung man sich auch den Punkten z_0 und w_0 nähern mag, gegen Null convergirt.

Neunte Vorlesung.

Algebraische Functionen.

Nachdem im Vorhergehenden die hauptsächlichsten Eigenschaften hervorgehoben worden, welche allen Functionen einer complexen Variabeln gemeinsam zukommen, und die Mittel angegeben worden, um für beliebige Bereiche gemeinsame analytische Darstellungen zu gewinnen, wird es sich nunmehr darum handeln, bestimmte Klassen von Functionen in die Analysis einzuführen und die diesen Klassen speciell zukommenden Eigenschaften zu ermitteln. Es giebt nun zwei wesentlich von einander verschiedene Principien, nach denen man bei der Aufstellung von Functionen verfahren kann, indem man einerseits die Functionen durch gegebene analytische Ausdrücke definirt, andererseits dieselben durch die zur Bestimmung einer Function nothwendigen und hinreichenden Bedingungen charakterisirt, welche die verschiedenen Functionsklassen von einander trennen. Will man den ersten zur Erzeugung der Functionen angegebenen Weg betreten, so wird man vor allen Dingen zur Feststellung einer von einer complexen Grösse z abhängigen Variabeln w nur die nach den Betrachtungen der ersten Vorlesung unmittelbar gegebene Operation der Addition oder auch der Multiplication auf die Variable z und beliebig gegebene Constanten anwenden können und so unmittelbar zu der *ganzen* Function von z

$$w = a_0 + a_1 z + a_2 z^2 + \cdots + a_n z^n$$

geführt werden, in der n eine positive ganze Zahl bedeutet. Um nun zu weiteren complicirteren Functionalausdrücken zu gelangen, würde nur noch die Möglichkeit gegeben sein, die zu bestimmende Function nicht wie vorher durch Addition und Multiplication aus der complexen Variabeln z hervorgehen zu lassen, sondern dieselbe mit jener Variabeln durch eben diese Operationen derart zu verbinden, dass eine Gleichung für die zu bestimmende Function aufgestellt wird, deren Coefficienten ganze Functionen von z sind; die durch eine Gleichung von der Form

$$f_0(z)\, w^n + f_1(z)\, w^{n-1} + \cdots + f_{n-1}(z)\, w + f_n(z) = 0$$

definirte Function wird eine *algebraische* Function von z genannt.

Damit wäre aber die Klasse der in dieser Weise durch eine endliche Anzahl arithmetischer Operationen construirbaren Functionen erschöpft; denn wollte man jetzt eine neue Function W dadurch definiren, dass man eine algebraische Gleichung aufstellt, deren Coefficienten jetzt nicht mehr *ganze* Functionen von z, sondern beliebige *algebraische* Functionen dieser Variabeln sind, welche wir mit

$$w_0, \; w_1, \; w_2, \; \ldots \; w_m$$

bezeichnen wollen, so dass die Definitionsgleichung für W lauten würde

$$(1) \;. \quad \varphi_0(w_0, w_1, \ldots w_m) W^n + \varphi_1(w_0, w_1, \ldots w_m) W^{n-1} + \cdots + \varphi_n(w_0, w_1, \ldots w_m) = 0,$$

worin $\varphi_0, \varphi_1, \ldots \varphi_n$ ganze Functionen der algebraischen Functionen $w_0, w_1, \ldots w_m$ bedeuten, so folgt, da die einzelnen algebraischen Functionen durch Gleichungen von der Form bestimmt sind

$$(2) \quad \begin{cases} f_0^{(0)}(z) w_0^{k_0} + f_1^{(0)}(z) w_0^{k_0 - 1} + \cdots + f_{k_0 - 1}^{(0)}(z) w_0 + f_{k_0}^{(0)}(z) = 0 \\ f_0^{(1)}(z) w_1^{k_1} + f_1^{(1)}(z) w_1^{k_1 - 1} + \cdots + f_{k_1 - 1}^{(1)}(z) w_1 + f_{k_1}^{(1)}(z) = 0 \\ \cdots\cdots\cdots\cdots\cdots\cdots\cdots\cdots \\ f_0^{(m)}(z) w_m^{k_m} + f_1^{(m)}(z) w_m^{k_m - 1} + \cdots + f_{k_m - 1}^{(m)}(z) w_m + f_{k_m}^{(m)}(z) = 0, \end{cases}$$

dass durch Elimination der $m + 1$ Grössen $w_0, w_1, \ldots w_{m-1}, w_m$ aus den $m + 2$ Gleichungen (1) und (2) sich für W wieder eine Gleichung der Form:

$$(3) \;. \quad F_0(z) W^\mu + F_1(z) W^{\mu - 1} + \cdots + F_{\mu - 1}(z) W + F_\mu(z) = 0$$

ergiebt, und W daher wieder eine algebraische Function von z wird. Somit wäre eine Erzeugung neuer Functionen mit Hülfe der allein gegebenen arithmetischen Operation der Addition unmöglich, und die Klasse der algebraischen die einzige der in geschlossenen analytischen Ausdrücken zwischen der Function und ihrer Variabeln darstellbaren Functionen; nur die *unendlich oft wiederholte* Operation der Addition, also die Einführung der nach algebraischen Functionen von z fortschreitenden unendlichen Reihen wird die Möglichkeit eröffnen, unendlich viele neue Functionen, die durch gegebene analytische Ausdrücke definirt sind, herzuleiten und Eintheilungsprincipien für dieselben aufzustellen.

Der zweite, von dem eben hervorgehobenen wesentlich verschiedene Gesichtspunkt für die Erzeugung der Functionen beruht auf dem charakteristischen Unterschiede der Functionen reeller und complexer Variabeln, welchen wir bereits in der zweiten Vorlesung kurz angedeutet haben, und auf den wir an dieser Stelle etwas ausführlicher eingehen wollen. Während für Functionen einer reellen Variabeln für jeden Werth der letzteren ein willkührlicher Werth der Function festgestellt werden konnte, und daher die Bestimmung der

Function für die Punkte eines Theiles der reellen Achse noch nicht die Werthbestimmung derselben auch für die andern Punkte dieser Achse, als durch die ersteren bestimmt, nach sich zog, war für Functionen complexer Variabeln, wie schon daraus zu ersehen, dass die für derartige Functionen aufgestellte Differentialgleichung befriedigt werden musste, eine solche willkührliche Werthbestimmung für die Punkte der Ebene nicht mehr möglich. Seien z. B. die Werthe

Fig. 47.

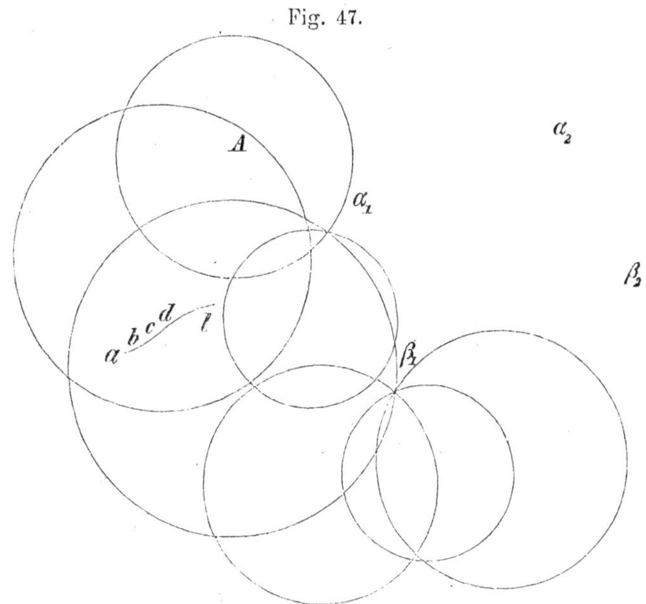

einer Function $f(z)$, deren Existenz vorausgesetzt wird, auf einer noch so kleinen aber endlichen Linie l, die Verzweigungspunkte α_1, α_2, ... und die Discontinuitätspunkte β_1, β_2, ... der Function in der unendlichen Ebene gegeben, so ist leicht zu sehen, dass, wenn a, b, c, d, ... eine unendliche Reihe unendlich benachbarter Punkte jener Linie vorstellen, die Grössen

$$\frac{f(b)-f(a)}{b-a}=f'(a)$$
$$\frac{f(c)-f(b)}{c-b}=f'(b)$$
$$\frac{f(d)-f(c)}{d-c}=f'(c),$$
$$\vdots$$

ebenso

$$\frac{f'(b)-f'(a)}{b-a}=f''(a)$$
$$\frac{f'(c)-f'(b)}{c-b}=f''(b)$$
$$\frac{f'(d)-f'(c)}{d-c}=f''(c)$$
$$\vdots$$

u. s. w., also sämmtliche Ableitungen der Function $f(z)$ im Punkte a

$$f(a),\quad f'(a),\quad f''(a),\quad f'''(a),\ \ldots$$

bekannt sind, und dass somit die in der Umgebung von a gültige Taylor'sche Reihe vermöge der nunmehr ermittelten Coefficienten derselben sich unmittelbar aufstellen lässt. Ist diese aber gebildet, so sind durch dieselbe die Werthe der Function in der ganzen Kreisfläche, welche die Umgebung des Punktes a bildet, gegeben, und durch successive Differentiation dieser Reihe die Werthe der Function sowie aller ihrer Ableitungen für jeden Punkt dieses Bereiches z. B. A herzuleiten; wenn aber diese bekannt sind, so kann man wiederum die für alle Punkte der Umgebung von A gültige Taylor'sche Reihe entwickeln und somit wieder für einen weiteren Flächentheil die Werthe der Function sowie die ihrer Ableitungen ermitteln. Auf diese Weise können wir, wenn wir immer nur jene singulären Punkte α und β umgehen, d. h. in der Umgebung der successiven Ausgangspunkte bleiben, die Function von jenem ersten Kreise aus über die ganze Ebene hin *fortsetzen*, werden, wenn wir bei Umgehung der Verzweigungs- und Unstetigkeitspunkte wieder zu denselben Punkten der Ebene gelangen, verschiedene demselben Punkte entsprechende Functionalwerthe erhalten können und so den gesammten Werthecomplex der Function erschöpfen als eine nothwendige Folge der auf der noch so kleinen, aber endlichen Linie l gegebenen Werthe der Function. Wir sehen somit, dass der kleinste Theil einer Linie, für deren Punkte die Werthe einer Function gegeben sind, sowie die Lage der Verzweigungs- und Unstetigkeitspunkte es ermöglichen, den gesammten Verlauf der Function vollständig zu bestimmen, und dass man daher, um Functionen einer complexen Variabeln zu definiren, nicht willkührlich für Linien- oder Flächentheile Functionalwerthe wird festsetzen dürfen, weil man nicht wissen kann, ob sich wirklich eine derartige Function bestimmen lässt. Wenn daher jenes zweite in Betracht zu ziehende Princip der Erzeugung der Functionen darin bestehen soll, durch irgendwie auf Linien oder Flächen für die Werthe einer Function getroffene Festsetzungen die Function im Allgemeinen so zu definiren, dass die allgemeine Werthbestimmung derselben und die Entwicklung ihrer Eigenschaften ermöglicht ist, so wird es offenbar darauf ankommen, zuerst nothwendige und hinreichende Bedingungen für die Existenz einer Function überhaupt kennen zu lernen, um sodann durch Veränderung derjenigen Bestimmungsstücke, welche durch ihre Variation nicht bloss andere Functionalwerthe erzeugen, sondern auch die wesentlichen Eigenschaften der Function verändern, verschiedene Functionalklassen aufzustellen. Derartige nothwendige und hinreichende Bedingungen werden in der That durch das sogenannte Dirichlet'sche *Princip* geliefert, auf dessen allgemeine Durchführung wir jedoch hier nicht eingehen, weil wir dasselbe zur Einführung der in diesen Vorlesungen zu behandelnden Functionen nicht brauchen werden*); doch wird dieses Princip selbst an unsern Functionen in einer der nächsten Vorlesungen ausführlich erörtert werden.

Endlich soll noch einer dritten Methode zur Einführung der Functionen und der Eintheilung derselben Erwähnung geschehen, welche in der Aufstellung von Differentialgleichungen, also von Gleichungen zwischen der Function, ihrer Variabeln und den Ableitungen der verschiedenen Ordnungen der Function besteht und durch die Integrale dieser Differentialgleichungen neue Functionalbeziehungen liefert; diese Methode hat mit der ersten der beiden vorher besprochenen das gemein, dass sie gegebene analytische Ausdrücke zu Grunde legt, mit der zweiten, dass sie die Function selbst nicht unmittelbar durch eine geschlossene analytische Form definirt, sondern in der Differentialgleichung eine Eigenschaft der Function ausspricht, welche dieselbe mit ihren Incrementen verbindet, aber die Function selbst mit zu Hülfenahme einzelner Werthbestimmungen derselben vollständig bestimmt. Wir werden im Folgenden von diesen drei Methoden zur Einführung neuer Functionen Gebrauch machen.

Indem wir die Behandlung der algebraischen d. h. der durch eine algebraische Gleichung von der Form

$$F(w, z) = 0$$

definirten Functionen zum Gegenstande dieser Vorlesung machen**), wollen wir mit der einfachsten Klasse derselben, nämlich mit denjenigen algebraischen Functionen beginnen, welche einer in w linearen Gleichung

$$w = \frac{f_1(z)}{f_0(z)}$$

genügen, in welcher $f_0(z)$ und $f_1(z)$ ganze Functionen von z sind, und die charakteristischen Merkmale der durch diese Beziehung definirten ganzen und gebrochenen rationalen Functionen entwickeln.

*) Es mag an dieser Stelle genügen, den Wortlaut des Dirichlet'schen *Princips* anzugeben, um die oben besprochene Bestimmungsart der Functionen etwas näher zu charakterisiren: *eine Function einer complexen Variabeln z ist für eine mehrfach zusammenhängende Fläche bis auf eine additive Constante bestimmt, wenn der reelle Theil der Function für die Punkte der Begränzung, für jeden Unstetigkeitspunkt eine Function von z, welche in demselben so unendlich wird, wie die zu bestimmende Function es werden soll, und endlich der reelle Theil der constanten Werthdifferenzen gegeben sind, welche die gesuchte Function an den Querschnitten annehmen soll, welche die mehrfach zusammenhängende Fläche in eine einfach zusammenhängende verwandeln.*

**) so weit wir die Kenntniss der Eigenschaften derselben für die Theorie der trigonometrischen und elliptischen Functionen brauchen.

Es ist leicht einzusehen, *dass eine ganze Function*

$$f(z) = a_0 + a_1 z + \cdots + a_n z^n$$

eine für jedes z eindeutige, nur für $z = \infty$ und dort nur von einer endlichen Ordnung unendlich gross werdende Function ist; dass aber auch umgekehrt jede in der ganzen Ebene eindeutige Function, welche nur in der Unendlichkeit und dort von einer endlichen Ordnung unendlich wird, eine ganze Function sein muss, folgt unmittelbar daraus, dass sie sich nach der Maclaurin'schen Reihe muss entwickeln lassen, und diese bei einer endlichen Potenz von z wird abbrechen müssen. *Eine rationale gebrochene Function von z dagegen wird,* wie aus ihrer Form als Quotienten zweier ganzen Functionen leicht ersichtlich ist, *auch für endliche Werthe des z, jedoch nur von einer endlichen Anzahl und in jedem derselben nur von einer endlichen Ordnung unendlich werden, aber ebenfalls eine in der ganzen Ebene eindeutige Function von z sein, und es wird auch umgekehrt jede in der ganzen Ebene eindeutige Function, welche in einer endlichen Anzahl von Punkten und in jedem derselben von einer endlichen Ordnung unendlich wird, eine rationale Function von z sein müssen.* Denn wird die Function im unendlich entfernten Punkte von der n^{ten}, im Punkte α_1 von der r_1^{ten}, in α_2 von der r_2^{ten}, u. s. w., in $\alpha_\varkappa$ von der $r_\varkappa^{\text{ten}}$ Ordnung unendlich, so wird sich die Richtigkeit der ausgesprochenen Behauptung aus der in der siebenten Vorlesung aufgestellten Reihenentwicklung ergeben, welche in einer um den Punkt a beschriebenen Kreisfläche gültig war, in der eine gegebene Function eindeutig und nur in einer endlichen Anzahl von Punkten $\alpha_1, \alpha_2, \ldots \alpha_\varkappa$ unstetig war, und die, wenn (r) die Peripherie eines um a gelegten, die Unstetigkeitspunkte umschliessenden und noch in die gegebene Fläche fallenden Kreises bedeutete, folgendermassen lautete:

$$\begin{aligned}
f(z) = {} & \frac{1}{2\pi i}\int\limits_{(r)} \frac{f(t)}{t-a}\,dt + \frac{z-a}{2\pi i}\int\limits_{(r)} \frac{f(t)}{(t-a)^2}\,dt + \cdots \\
& + \frac{1}{2\pi i}\,\frac{1}{z-\alpha_1}\int\limits_{(\alpha_1)} f(t)\,dt + \frac{1}{2\pi i}\cdot\frac{1}{(z-\alpha_1)^2}\int\limits_{(\alpha_1)} f(t)\,(t-\alpha_1)\,dt \\
& + \cdots\cdots\cdots\cdots \\
& + \frac{1}{2\pi i}\,\frac{1}{z-\alpha_\varkappa}\int\limits_{(\alpha_\varkappa)} f(t)\,dt + \frac{1}{2\pi i}\,\frac{1}{(z-\alpha_\varkappa)^2}\int\limits_{(\alpha_\varkappa)} f(t)\,(t-\alpha_\varkappa)\,dt + \cdots
\end{aligned}$$

Machen wir nämlich den Nullpunkt zum Mittelpunkt der gegebenen Kreisfläche und dehnen den um diesen Punkt genommenen Kreis in's Unendliche aus, so ergiebt sich die in der ganzen Ebene gültige Entwicklung der eindeutigen Function $f(z)$ in der Form

$$f(z) = a_0 + a_1 z + a_2 z^2 + \cdots$$
$$+ \frac{A_1^{(1)}}{z - \alpha_1} + \frac{A_2^{(1)}}{(z - \alpha_1)^2} + \cdots$$
$$+ \frac{A_1^{(2)}}{z - \alpha_2} + \frac{A_2^{(2)}}{(z - \alpha_2)^2} + \cdots$$
$$+ \cdot \quad \cdot \quad \cdot \quad \cdot \quad \cdot \quad \cdot \quad \cdot \quad \cdot \quad \cdot \quad \cdot$$
$$+ \frac{A_1^{(\varkappa)}}{z - \alpha_\varkappa} + \frac{A_2^{(\varkappa)}}{(z - \alpha_\varkappa)^2} + \cdots,$$

worin

$$a_m = \frac{1}{2\pi i} \int_{(r)} \frac{f(t)\, dt}{t^{m+1}}$$

$$A_m^{(s)} = \frac{1}{2\pi i} \int_{(\alpha_s)} f(t)\,(t - \alpha_s)^{m-1}\, dt$$

ist.

Aus dieser Entwicklungsform einer jeden in der ganzen Ebene eindeutigen Function, welche in einer endlichen Anzahl von Punkten unendlich wird, geht aber unmittelbar hervor, dass, wenn die Function in jedem dieser Unstetigkeitspunkte (den unendlich entfernten Punkt mit eingeschlossen) von einer endlichen Ordnung unendlich sein soll, eine jede der Horizontalreihen, welche den einzelnen Unstetigkeitspunkten entsprechen, abbrechen muss, und sich somit die Form ergeben wird

$$f(z) = a_0 + a_1 z + \cdots + a_n z^n$$
$$+ \frac{A_1^{(1)}}{z - \alpha_1} + \frac{A_2^{(1)}}{(z - \alpha_1)^2} + \cdots + \frac{A_{n_1}^{(1)}}{(z - \alpha_1)^{n_1}}$$
$$+ \frac{A_1^{(2)}}{z - \alpha_2} + \frac{A_2^{(2)}}{(z - \alpha_2)^2} + \cdots + \frac{A_{n_2}^{(2)}}{(z - \alpha_2)^{n_2}}$$
$$+ \cdot \quad \cdot \quad \cdot \quad \cdot \quad \cdot \quad \cdot \quad \cdot \quad \cdot \quad \cdot \quad \cdot \quad \cdot \quad \cdot \quad \cdot$$
$$+ \frac{A_1^{(\varkappa)}}{z - \alpha_\varkappa} + \frac{A_2^{(\varkappa)}}{(z - \alpha_\varkappa)^2} + \cdots + \frac{A_{n_\varkappa}^{(\varkappa)}}{(z - \alpha_\varkappa)^{n_\varkappa}},$$

d. h. $f(z)$ wird eine rationale Function von z sein, was wir beweisen wollten.

Zur Hervorhebung einer wesentlichen Eigenschaft rationaler Functionen mag noch bemerkt werden, dass, wenn man dieselben in die Form setzt

$$w = \frac{f_1(z)}{f_0(z)},$$

in welcher Zähler und Nenner keinen gemeinsamen Theiler mehr haben, ferner den Grad des Zählers mit p, den des Nenners mit q bezeichnet und z. B. $q > p$ annimmt, unmittelbar zu erkennen ist, dass w verschwindet für die p Wurzeln des Zählers und von der $q - p^{\text{ten}}$ Ordnung Null wird im unendlich entfernten Punkte, somit überhaupt, wenn das Nullwerden von der $q-p^{\text{ten}}$ Ordnung wieder als ein $q-p$ maliges einfaches Verschwinden angesehen wird, in der ganzen Ebene q mal Null wird, also genau so oft verschwindet, als diese Function unendlich wird; dasselbe gilt, wenn $q<p$ ist, und

es wird somit eine rationale Function in der ganzen unendlichen Ebene ebenso oft Null als sie unendlich gross wird.

Nachdem wir die einfachste Klasse der algebraischen Functionen, für welche nämlich die dieselben definirende Gleichung vom ersten Grade ist, behandelt und deren Eigenschaften ermittelt haben, gehen wir zur Untersuchung der allgemeinsten algebraischen Functionen über, um für diese die Riemann'sche Fläche zu construiren und die für die einzelnen Bereiche derselben gültigen Reihenentwicklungen aufzustellen, nachdem wir zuerst noch die nothwendigen und hinreichenden Bedingungen dafür entwickelt haben werden, dass eine Function überhaupt eine algebraische ist.

Es ist in der siebenten Vorlesung gezeigt worden, dass jede n-deutige Function w, also nach der oben gegebenen Definition jede Function, welche für jeden ihrer Punkte (einzelne Punkte ausgenommen) n verschiedene Werthe

$$w_1, w_2, \ldots w_n$$

annimmt, wobei die von einem beliebigen Ausgangspunkte durch alle geschlossenen Umläufe der Variabeln erlangten Werthe mit eingerechnet sind, sich als die Lösung einer algebraischen Gleichung in w vom n^{ten} Grade darstellen lässt, deren Coefficienten in der ganzen Ebene eindeutige Functionen von z sind. Es mag hier jedoch noch die für das Folgende wesentliche Ergänzung jenes Satzes hinzugefügt werden, dass,

wenn man von irgend einem Anfangswerthe der Function, der jedoch nicht zu den Verzweigungswerthen gehört, zu allen n Werthen, welche dieselbe in diesem Punkte überhaupt annimmt, durch geschlossene Umläufe gelangen kann, ohne durch einen mehrfachen Punkt zu gehen, oder, was dasselbe ist, wenn sämmtliche n Blätter der Riemann'schen Fläche nicht bloss in einzelnen Punkten, sondern in ganzen Verzweigungsschnitten mit einander in Zusammenhang stehen, die diese Function definirende Gleichung n^{ten} Grades eine irreductible sein muss,

d. h. sich nicht in ein Product von mehreren in w ganzen Functionen zerlegen lassen darf, deren Coefficienten eindeutige Functionen von z sind, oder, noch anders ausgesprochen, dass keine Gleichung in w von niedrigerem Grade als dem n^{ten} existiren darf, deren Coefficienten eindeutige Functionen von z, und die mit der Gleichung n^{ten} Grades irgend eine der Lösungen derselben gemein hat, und ebenso gilt die Umkehrung des eben ausgesprochenen Satzes.

Um den Beweis für die Richtigkeit dieses Satzes führen zu können, müssen wir einen Hülfssatz vorausschicken, der im Folgenden noch häufig Anwendung finden wird. Sei nämlich $\varphi(z)$ eine Function von z mit beliebig vielen Verzweigungs- und Discontinuitätspunkten und habe die Eigenschaft, innerhalb eines beliebig kleinen Flächentheils oder für die Punkte einer beliebig kleinen Linie der ihr zugehörigen Riemann'schen Fläche constant zu sein, so wird, wenn wir einen Punkt a innerhalb dieses Bereiches derart wählen, dass die in seiner Umgebung gültige Taylor'sche Entwicklung über den Bereich, in dem die Function constant sein soll, hinausgreift, eben diese Taylor'sche Reihe, weil nach der Definition der Ableitungen einer Function in unserm Falle

$$\varphi'(a) = \varphi''(a) = \varphi'''(a) = \cdots = 0$$

sein muss, die Form annehmen

$$\varphi(z) = \varphi(a),$$

d. h. es wird für alle Punkte der Umgebung von a die Function $\varphi(z)$ denselben constanten Werth annehmen. Setzt man nunmehr nach den am Anfange dieser Vorlesung besprochenen Principien die Function durch die vorgelegte Riemann'sche Fläche hin stetig fort, wobei jedoch zu bemerken, dass wegen der in Flächen bewerkstelligten Fortsetzung dies nur über die Blätter der Riemann'schen Fläche hin möglich sein wird, welche durch Verzweigungsschnitte, nicht bloss durch einzelne Punkte mit einander in Verbindung stehen, so wird sie für diesen Theil der Fläche constant sein, und es wird daraus folgen, dass jener Theil der für die Function gegebenen mehrblättrigen Riemann'schen Fläche die einfache Ebene ist und dass die Discontinuitäten hebbare sein müssen, d. h. so beschaffen, dass, wenn statt des in diesem einen Punkte angenommenen Werthes der Function ein anderer, in unserm Falle der Werth a, gesetzt wird, die Function in der Umgebung dieses Punktes stetig wird. Wir erhalten somit das Resultat, dass,

wenn eine Function in einem beliebig kleinen Flächentheile oder auf einer beliebig kleinen Linie eines Blattes einer ihre Verzweigung darstellenden Riemann'schen Fläche constant ist, sie in allen Punkten der mit einander in Schnitten zusammenhängenden Blätter dieser Fläche denselben Werth annehmen muss.

Angenommen nun, es sei jene die n-deutige Function w von der angegebenen Beschaffenheit definirende Gleichung n^{ten} Grades

$$F(w, z) = 0$$

nicht irreductibel, sondern es gäbe eine Gleichung niedrigeren Grades in w

$$f(w, z) = 0,$$

deren Coefficienten ebenfalls eindeutige Functionen von z sind, und welche durch einen der Functionalwerthe

$$w_1, w_2, \ldots w_n,$$

z. B. w_1 befriedigt wird, so müsste für einen bestimmten Bereich der z die Function

$$f(w_1, z),$$

als Function von z aufgefasst, den constanten Werth Null annehmen; da aber dann dieser constante Werth nach dem eben bewiesenen Hülfssatze *) für eine beliebige Fortsetzung des z-Bereiches über die durch Schnitte mit einander in Zusammenhang stehenden Blätter erhalten bleibt, für bestimmte geschlossene Umkreise des z aber w_1 in die andern Lösungen $w_2, w_3, \ldots w_n$ übergehen sollte, so folgt, dass

$$f(w_2, z), \quad f(w_3, z), \quad \ldots f(w_n, z)$$

ebenfalls verschwinden, und dass somit die Gleichung $f(w, z) = 0$, welche von niedrigerem Grade als dem n^{ten} sein sollte, n verschiedene Lösungen haben würde, was nicht angeht; es ist somit jene Gleichung n^{ten} Grades eine irreductible. Umgekehrt wird es nothwendig sein, dass jede durch eine irreductible Gleichung definirte n-deutige Function von jedem Punkte aus alle zu diesem Punkte gehörigen n Functionalwerthe durch geschlossene Umläufe annehmen kann, da, wenn sie nicht alle erreichte, ein Theil der Functionalwerthe als Lösungen einer irreductibeln Gleichung niedern Grades als des n^{ten} definirt würde, was mit der Annahme nicht übereinstimmt.

Soll sich nun eine Function als die Lösung einer *irreductibeln algebraischen Gleichung* darstellen lassen, deren *Coefficienten rationale Functionen von z sind*, so wird als *nothwendige Bedingung* aus den oben angestellten Betrachtungen folgen, dass dieselbe *für jedes z eine endliche Anzahl von Werthen, die sämmtlich von einem Punkte aus, ohne durch einen mehrfachen Punkt zu gehen, durch geschlossene Umläufe zu erlangen sind, annimmt.* Nun war aber auch in der siebenten Vorlesung gezeigt worden, dass die Wurzeln einer algebraischen Gleichung dann und nur dann unendlich werden, wenn die Coefficienten der von dem Coefficienten des höchsten Gliedes befreiten Gleichung es sind, welche hier als rationale Functionen nur in einer endlichen Anzahl von Punkten einen unendlich grossen Werth

*) Dieser Hülfssatz ist auf unsern Fall anwendbar, weil wir für die die Verzweigung der Function $f(w, z)$ darstellende Riemann'sche Fläche die für die Function w gegebene wählen dürfen; denn, da $f(w, z)$ in Bezug auf w eine ganze, in Bezug auf z eine eindeutige Function ist, so leuchtet ein, dass, wenn bei bestimmten Umkreisungen w seinen ursprünglichen Werth wieder annimmt, auch $f(w, z)$ den Ausgangswerth erreichen wird, und dass somit für die Darstellung der wirklichen Verzweigung von $f(w, z)$ höchstens einzelne Blätter zusammenfallen können, was nach dem Obigen für alle Blätter der Fall sein wird.

annehmen und zwar in diesen auch nur von einer endlichen Ordnung; es wird somit ferner in dem ganzen Bereiche, der durch die zugehörige Riemann'sche Fläche repräsentirt wird, die durch die irreductible algebraische Gleichung definirte Function nur in einer endlichen Anzahl von Punkten unendlich werden, und, wenn wir nachgewiesen haben werden, dass dieselbe in keinem Punkte von einer unendlich hohen Ordnung unendlich sein kann, und auch für vieldeutige Functionen früheren Ausführungen gemäss die Ausdrucksweise benutzen werden, dass, wenn eine in $z = \alpha$ m deutige Function von der $\frac{n}{m}^{\text{ten}}$ Ordnung unendlich wird, derselben n zusammenfallende Punkte zugeschrieben werden, für die sie in diesem m fachen Verzweigungspunkte von der ersten Ordnung unendlich wird, so werden wir *als weitere nothwendige Bedingung dafür, dass eine Function durch eine irreductible algebraische Gleichung mit rationalen Coefficienten darstellbar ist, die hinzufügen können, dass jene Function in ihrem ganzen Bereiche nur eine endliche Anzahl mal von der ersten Ordnung unendlich sein darf.* Dass aber in der That eine algebraische Function in keinem Punkte unendlich von unendlich hoher Ordnung wird, kann man einfach aus dem Verfahren ersehen, durch das man eine Gleichung, von welcher eine oder mehrere Lösungen in $z = \alpha$ unendlich werden, in eine andere verwandelt, deren Lösungen in diesem Punkte endlich sind. Sei nämlich die vorgelegte algebraische Gleichung, welche w als Function von z definirt

$$w^n + f_1(z)\, w^{n-1} + f_2(z)\, w^{n-2} + \cdots + f_{n-1}(z)\, w + f_n(z) = 0,$$

worin

$$f_1(z),\ f_2(z),\ \ldots\ f_{n-1}(z),\ f_n(z)$$

rationale Functionen von z sind, von denen, wie in der siebenten Vorlesung gezeigt worden, mindestens eine oder einige der Annahme nach für $z = \alpha$ unendlich gross werden müssen, und sei die höchste Ordnung des Unendlichwerdens aller dieser Functionen in dem betrachteten Punkte die r^{te}, so mache man die Substitution

$$w = \frac{W}{(z-\alpha)^r}$$

und erhält aus der vorgelegten algebraischen Gleichung in w die folgende

$$W^n + (z-\alpha)^r f_1(z)\, W^{n-1} + (z-\alpha)^{2r} f_2(z)\, W^{n-2} + \cdots + (z-\alpha)^{nr} f_n(z) = 0,$$

in welcher die Coefficienten

$$(z-\alpha)^{2r} f_2(z),\ \ldots\ (z-\alpha)^{nr} f_n(z)$$

für $z = \alpha$ verschwinden, während

$$(z-\alpha)^r f_1(z)$$

entweder verschwinden oder einen endlichen Werth annehmen wird, so dass $n-1$ Werthe des W jedenfalls für $z=\alpha$ Null werden, der n^{te} dagegen verschwindet oder endlich ist. Hieraus folgt aber, dass, je nachdem $f_1(z)$ von der r^{ten} oder einer niedern Ordnung unendlich ist, von den n durch den Ausdruck

$$\left[w(z-\alpha)^r\right]_{z=\alpha}$$

dargestellten Werthen $n-1$ verschwinden und einer endlich ist oder alle n Null werden, und dass daher

die durch eine algebraische Gleichung definirte n deutige Function w nicht von einer unendlich hohen Ordnung unendlich sein kann;

wir können hinzufügen, dass die oberste Gränze für die Ordnung des Unendlichwerdens der Functionalwerthe in $z=\alpha$ durch die Zahl angegeben wird, welche die höchste Ordnung des Unendlichwerdens der Coefficienten jener algebraischen Gleichung in diesem Punkte anzeigt. Die Substitution $z=\frac{1}{u}$ zeigt, dass der ausgesprochene Satz auch für den unendlich entfernten Punkt gültig bleibt.

Dass aber die vorher aufgestellten nothwendigen Bedingungen auch die für eine durch eine irreductible algebraische Gleichung darzustellende Function *hinreichenden* sind, wird durch den nunmehr zu beweisenden Satz gezeigt sein,

dass jede n deutige Function w, welche alle Werthe durch geschlossene Umläufe von einem Anfangswerthe aus erlangt, ohne dass diese durch mehrfache Punkte der Function gehen, und die in m Punkten unendlich von der ersten Ordnung wird (wobei der unendlich entfernte Punkt mit berücksichtigt ist), die Wurzel einer irreductibeln algebraischen Gleichung n^{ten} Grades in w ist, deren Coefficienten ganze Functionen m^{ten} Grades von z sind, und in welcher der Grad des Coefficienten von w^n durch die Anzahl der im Endlichen gelegenen Punkte bestimmt ist, für welche die Function unendlich von der ersten Ordnung wird.

Denn seien

$$w_1,\ w_2,\ \ldots\ w_n$$

die n Werthe der Function für dasselbe aber beliebige z, und bezeichne w einen beliebigen Parameter, so wird, wenn für einen endlichen Werth $z=\alpha$ der eine der n Functionalwerthe $w_\varkappa$, für welchen α kein Verzweigungspunkt sein soll, von der p^{ten} Ordnung unendlich ist,

$$(z-\alpha)^p\, w_\varkappa, \quad \text{also auch} \quad (z-\alpha)^p\,(w-w_\varkappa)$$

endlich und von Null verschieden sein; wäre dagegen α ein r-facher Verzweigungspunkt von $w_\varkappa$, so dass

$$w_\varkappa,\ w_{\varkappa_1},\ w_{\varkappa_2},\ \ldots\ w_{\varkappa_{r-1}}$$

um denselben einen Cyclus bilden, und daher jede dieser Functionen von derselben endlichen Ordnung z. B. $\frac{q}{r}$ unendlich ist, so werden die Grössen

$$(z-\alpha)^{\frac{q}{r}} w_{\varkappa}, \quad (z-\alpha)^{\frac{q}{r}} w_{\varkappa_1}, \ldots (z-\alpha)^{\frac{q}{r}} w_{\varkappa_{r-1}},$$

also auch

$$(z-\alpha)^{\frac{q}{r}} (w-w_{\varkappa}), \quad (z-\alpha)^{\frac{q}{r}} (w-w_{\varkappa_1}), \ldots (z-\alpha)^{\frac{q}{r}} (w-w_{\varkappa_{r-1}})$$

ebenfalls für $z=\alpha$ endlich und von Null verschieden sein, und dasselbe wird von dem Producte dieser Grössen

$$(z-\alpha)^q (w-w_{\varkappa})(w-w_{\varkappa_1}), \ldots (w-w_{\varkappa_{r-1}})$$

gelten. Seien nun alle im Endlichen gelegenen Punkte, für welche die algebraische Function unendlich wird

$$\alpha, \beta, \ldots \varepsilon,$$

und die Ordnung, von der sie in diesen Punkten unendlich wird, resp. durch

$$a, b, \ldots e$$

bezeichnet, so folgt unmittelbar, dass

$$\text{(A)} \quad (z-\alpha)^a (z-\beta)^b \ldots (z-\varepsilon)^e (w-w_1)(w-w_2) \ldots (w-w_n),$$

als Function von z aufgefasst, in welcher w als Parameter betrachtet wird, für alle endlichen z endlich, nicht für ein beliebiges w Null und nach dem Früheren in der ganzen unendlichen Ebene eindeutig ist, weil das Product aus symmetrischen Functionen der Werthe w_1, $w_2, \ldots w_n$ zusammengesetzt ist, welche bei geschlossenen Umläufen in einander übergehen, der Ausdruck (A) somit eine ganze Function von z ist. Wird nun die gegebene algebraische Function für $z=\infty$ μ mal von der ersten Ordnung unendlich, so bedeutet dies nichts anders als dass das für ein völlig unbestimmtes w genommene Product

$$(w-w_1)(w-w_2) \ldots (w-w_n)$$

für $z=\infty$ von der μ^{ten} Ordnung unendlich wird (indem sich die Ordnung des Unendlichwerdens der gegebenen algebraischen Function aus der Summe der Ordnungen des Unendlichwerdens der einzelnen Zweige $w_1, w_2, \ldots w_n$ für den unendlich entfernten Punkt zusammensetzt), und es wird somit das gesammte obige Product (A) für $z=\infty$ von der Ordnung

$$a+b+\cdots+e+\mu$$

unendlich gross werden, d. h. von einer durch diejenige Zahl bestimmten Ordnung, welche angiebt, wie oft die algebraische Function w überhaupt auf der n blättrigen Riemann'schen Fläche unendlich von der ersten Ordnung wird; setzt man somit

$$a+b+\cdots+e+\mu=m,$$

so folgt aus diesen Betrachtungen unmittelbar, dass der obige Ausdruck (A) als Function von z betrachtet, wenn w einen willkührlichen Parameter bedeutet, eine ganze Function m^{ten} Grades von z ist und sich daher in die Form setzen lässt

$$\text{(B)} \ . \quad \varphi_0(z)\, w^n + \varphi_1(z)\, w^{n-1} + \cdots + \varphi_{n-1}(z)\, w + \varphi_n(z),$$

in welcher

$$\varphi_0(z), \quad \varphi_1(z), \ \ldots \ \varphi_n(z)$$

ganze Functionen m^{ten} Grades sind, wobei zu bemerken, dass auch einzelne dieser Functionen von niedrigerem Grade sein können. Da aber der obige Ausdruck (B), wie aus dem ihm gleichen (A) hervorgeht, für jedes z verschwindet, wenn statt w eine der durch die Grössen w_1, w_2, ... w_n definirten Functionen von z gesetzt wird, so können wir sagen, die gegebene Function ist durch die algebraische Gleichung

$$\text{(C)} \quad \varphi_0(z)\, w^n + \varphi_1(z)\, w^{n-1} + \cdots + \varphi_{n-1}(z)\, w + \varphi_n(z) = 0$$

definirt, deren n Lösungen die n Zweige der gegebenen algebraischen Function vorstellen, und die, wie aus früheren Betrachtungen von selbst folgt, irreductibel sein muss.*)

Lassen wir nun die Bedingung fallen, dass man von jedem Werthe der Function in einem beliebigen Punkte zu allen diesem Punkte angehörigen Functionalwerthen durch geschlossene Umläufe gelangen kann, ohne durch mehrfache Punkte zu gehen, und ersetzen wir diese Bedingung durch die allgemeinere, dass die Function in jedem Punkte eine endliche Anzahl von Werthen besitzen soll (die durch geschlossene Umläufe hervorgehenden mit eingerechnet), so wird, was keiner weiteren Auseinandersetzung bedarf, diese Function die Lösung einer algebraischen Gleichung sein, deren Polynom in w und z sich in ein Product irreductibler Factoren zerlegen lassen wird und

es wird sich als nothwendige und hinreichende Bedingung dafür, dass eine Function eine algebraische ist, die ergeben, dass dieselbe für jedes z eine endliche Anzahl verschiedener Werthe annimmt (wobei die Werthe, welche die einzelnen Lösungen für beliebige geschlossene Umläufe annehmen, mit zu zählen sind) und nur in einer endlichen Anzahl von Punkten von einer endlichen Ordnung unendlich wird; nimmt die Function für jeden Punkt (einzelne Punkte ausgeschlossen) n verschiedene Werthe an, und ist m die Zahl, welche angiebt, wie oft die Function auf der zu-

*) Es braucht kaum hervorgehoben zu werden, dass nicht etwa die eben erhaltene Gleichung durch einen Theiler von

$$\varphi_0(z) = (z - \alpha)^a\, (z - \beta)^b \ \ldots \ (z - \varepsilon)^e$$

dividirbar ist, weil, wenn z. B. $z - \alpha$ ein solcher Theiler wäre, der Ausdruck (B) für $z = \alpha$ verschwinden würde, während w einen beliebigen Parameter bedeutet, was oben als unmöglich nachgewiesen wurde.

gehörigen Riemann'schen Fläche unendlich gross von der ersten Ordnung wird, so wird sie einer Gleichung zwischen w und z genügen, welche in Bezug auf w vom n^{ten}, in Bezug auf z vom m^{ten} Grade ist.

Wir stellen uns nunmehr im Folgenden die Aufgabe, die Verzweigungspunkte einer durch eine beliebige algebraische Gleichung

$$f(w, z) = 0$$

definirten Function w von z zu finden, den Zusammenhang der Blätter der sie darstellenden Riemann'schen Fläche in den einzelnen singulären Punkten zu ermitteln und die für die Umgebung dieser Punkte gültigen Reihenentwicklungen aufzustellen.

Da oben gezeigt worden, dass eine algebraische Function nirgends Discontinuitätspunkte zweiter Gattung haben kann, so folgt aus den in der dritten Vorlesung angestellten Betrachtungen, dass Verzweigungspunkte algebraischer Functionen nur solche Werthe von z sein können, für welche w mehrere gleiche entweder endliche oder unendliche Werthe annimmt, und es kann bemerkt werden, dass die Untersuchung derjenigen Punkte z, für welche mehrere Werthe des w zugleich *unendlich gross* werden, leicht auf den Fall der gleichen *endlichen* Wurzeln einer Gleichung zurückgeführt werden kann. Denn setzt man

$$w = \frac{1}{v}$$

in die algebraische Gleichung ein, so werden für jenen singulären Werth von z, den wir mit z_0 bezeichnen wollen, mehrere Lösungen der algebraischen Gleichung zwischen v und z den Werth Null annehmen, und ist man daher im Stande für v die Reihenentwicklung nach steigenden positiven ganzen oder gebrochenen Potenzen von $z - z_0$ in der Umgebung jenes singulären Punktes zu ermitteln (welche Aufgabe wir nachher vollständig lösen werden), so wird, wenn diese die Form annimmt

$$v = a_r (z - z_0)^{\frac{r}{s}} + a_{r+1} (z - z_0)^{\frac{r+1}{s}} + \cdots ^{*)}$$

durch Substitution von w

$$w^{-1} = a_r (z - z_0)^{\frac{r}{s}} \left\{1 + \frac{a_{r+1}}{a_r} (z - z_0)^{\frac{1}{s}} + \cdots\right\}$$

folgen, und daher

$$w = a_r^{-1} (z - z_0)^{-\frac{r}{s}} \left\{1 + \frac{a_{r+1}}{a_r} (z - z_0)^{\frac{1}{s}} + \cdots\right\}^{-1}$$

---

*) indem sich für algebraische Functionen der Definition gemäss nur eine endliche Vieldeutigkeit ergeben kann.

sein, welche Reihe in Folge der Entwicklung der Klammer nach dem binomischen Satz in

$$w = a_r^{-1} (z - z_0)^{\frac{-r}{s}} + b_{-r+1} (z - z_0)^{\frac{-r+1}{s}} + b_{-r+2} (z - z_0)^{\frac{-r+2}{s}} + \cdots$$

übergeht, somit als eine Function von z definirt, welche in $z = z_0$ von der r^{ten} Ordnung unendlich, und für welche dieser Punkt ein s-facher Verzweigungspunkt ist.

Somit ist die Untersuchung der algebraischen Functionen auf diejenigen Punkte von z zurückgeführt, für welche die Function gleiche *endliche* Lösungen hat, da sich, wenn die Lösungen in einem z-Punkte sämmtlich verschieden sind, die Blätter der Riemann'schen Fläche also in diesem Punkte keinen Zusammenhang haben, jede der Lösungen nach dem Früheren nach der Taylor'schen Reihe muss entwickeln lassen; ausserdem werden aber nur die im Endlichen gelegenen Verzweigungspunkte der Function, deren Anzahl eine endliche*) ist, in Betracht zu ziehen sein, da der Zusammenhang der Blätter der Riemann'schen Fläche im unendlich entfernten Punkte nach früheren Betrachtungen schon durch den Zusammenhang in den im Endlichen gelegenen Verzweigungspunkten der algebraischen Function fest bestimmt ist, doch könnte man auch unmittelbar durch die Substitution

$$z = \frac{1}{t}$$

die Untersuchung der Function in der Umgebung des unendlich entfernten Punktes auf die einer algebraischen Function in der Umgebung des Nullpunktes zurückführen.

Sei nun

$$(1) \quad f(w, z) = \varphi_0(z) w^n + \varphi_1(z) w^{n-1} + \cdots + \varphi_{n-1}(z) w + \varphi_n(z) = 0$$

die Definitionsgleichung der zu untersuchenden algebraischen Function, und bilden um $z = z_0$ m der n-Lösungen, welche den gleichen endlichen Werth w_0 annehmen, einen Cyclus, so dass die Entwicklung einer dieser Lösungen durch

$$(2) \quad . \; . \quad w - w_0 = a_\mu (z - z_0)^{\frac{\mu}{m}} + a_{\mu+1} (z - z_0)^{\frac{\mu+1}{m}} + \cdots$$

*) Dass die Anzahl derjenigen Werthe von z, für welche $f(w, z) = 0$ gleiche endliche Lösungen hat, eine endliche ist, folgt einfach daraus, dass bekanntlich in diesem Falle für eben diesen Werth von z auch

$$\frac{\partial f(w, z)}{\partial w} = 0$$

sein muss, und dass die Anzahl der Werthe, für welche diese beiden Gleichungen zusammen stattfinden können, nicht grösser sein kann, als der Grad der Gleichung, welche man durch Elimination von w zwischen jenen beiden Gleichungen erhält; ebenso ist, wie aus der Substitution $w = \frac{1}{v}$ folgt, die Anzahl der z, für welche mehrere der w unendlich gross werden, eine endliche.

dargestellt wird, und die $m-1$ zugehörigen aus dieser Entwicklung durch Umkreisung des Punktes z_0 sich ergeben oder dadurch, dass für

$$(z-z_0)^{\frac{1}{m}}$$

seine m verschiedenen Werthe gesetzt werden, so wird unter der Annahme, *dass μ und m keinen gemeinsamen Theiler haben*, k die grösste in $\frac{\mu}{m}$ enthaltene ganze Zahl bedeutet*), und

$$(3) \ldots\ldots \quad \frac{\mu}{m} = k + \frac{\mu_1}{m}$$

gesetzt wird,

$$(4) \quad \frac{w-w_0}{(z-z_0)^k} = w' = a_\mu (z-z_0)^{\frac{\mu_1}{m}} + a_{\mu+1} (z-z_0)^{\frac{\mu_1+1}{m}} + \cdots$$

sein. Nun folgt aber aus dem in der letzten Vorlesung entwickelten Princip von der Umkehrung der Reihen aus (4)

$$(5) \ldots\ldots \quad z-z_0 = b_m w'^{\frac{m}{\mu_1}} + b_{m+1} w'^{\frac{m+1}{\mu_1}} + \cdots,$$

und wenn k_1 die grösste in $\frac{m}{\mu_1}$ enthaltene ganze Zahl bedeutet, und

$$(6) \ldots\ldots \quad \frac{m}{\mu_1} = k_1 + \frac{\mu_2}{\mu_1}$$

gesetzt wird,

$$(7) \ldots \quad \frac{z-z_0}{w'^{k_1}} = w'' = b_m w'^{\frac{\mu_2}{\mu_1}} + b_{m+1} w'^{\frac{\mu_2+1}{\mu_1}} + \cdots;$$

hieraus ergiebt sich aber wiederum vermöge der Umkehrung der Reihe

$$(8) \ldots\ldots \quad w' = c_{\mu_1} w''^{\frac{\mu_1}{\mu_2}} + c_{\mu_1+1} w''^{\frac{\mu_1+1}{\mu_2}} + \cdots,$$

und wenn wieder k_2 die grösste in $\frac{\mu_1}{\mu_2}$ enthaltene ganze Zahl vorstellt, und

$$(9) \ldots\ldots \quad \frac{\mu_1}{\mu_2} = k_2 + \frac{\mu_3}{\mu_2}$$

gesetzt wird,

$$(10) \ldots \quad \frac{w'}{w''^{k_2}} = w''' = c_{\mu_1} w''^{\frac{\mu_3}{\mu_2}} + c_{\mu_1+1} w''^{\frac{\mu_3+1}{\mu_2}} + \cdots$$

u. s. w. Erwägt man nun, dass

$$m > \mu_1 > \mu_2 > \mu_3 > \cdots,$$

so folgt unmittelbar, dass, wenn man die oben angedeutete Operation in derselben Weise weiter fortsetzt, man nothwendig zu einem μ_{n+1} kommen muss, welches der Null gleich ist, und hieraus wieder, dass μ_n der Einheit gleich sein muss; denn da wegen $\mu_{n+1} = 0$

---

*) wenn $\mu < m$, so wird $k = 0$ zu setzen sein.

$$\frac{\mu_{n-1}}{\mu_n} = k_n$$

ist, also μ_{n-1} den Theiler μ_n hat, so würde aus der unmittelbar vorhergehenden Gleichung

$$\frac{\mu_{n-2}}{\mu_{n-1}} = k_{n-1} + \frac{\mu_n}{\mu_{n-1}}$$

oder

$$\mu_{n-2} = k_{n-1}\,\mu_{n-1} + \mu_n$$

folgen, dass μ_{n-2} und μ_{n-1} den gemeinsamen Theiler μ_n haben, ebenso würden der Gleichung

$$\mu_{n-3} = k_{n-2}\,\mu_{n-2} + \mu_{n-1}$$

zufolge μ_{n-3} und μ_{n-2} ihn haben u. s. w., so dass schliesslich auch m und μ den gemeinsamen Theiler μ_n haben müssten, was der Annahme nach nur statthaben kann, wenn $\mu_n = 1$ ist. Ist dies nun der Fall, so würde sich

$$(11) \;\ldots\; w^{(n)} = d_1\, w^{(n-1)\frac{1}{\mu_{n-1}}} + d_2\, w^{(n-1)\frac{2}{\mu_{n-1}}} + \cdots,$$

und somit durch Umkehrung dieser unendlichen Reihe

$$(12) \;.\; w^{(n-1)} = e_{\mu_{n-1}}\, w^{(n)\mu_{n-1}} + e_{\mu_{n-1}+1}\, w^{(n)\mu_{n-1}+1} + \cdots$$

ergeben, d. h. es würde $w^{(n-1)}$ eine eindeutige Function von $w^{(n)}$ sein; spricht man das eben erhaltene Resultat so aus, wie es für die später anzugebende Methode zur Ermittlung der Cyclen nöthig ist, so ergiebt sich, dass,

wenn w in der Nähe von z_0 in der Form entwickelbar ist

$$w - w_0 = a_\mu (z - z_0)^{\frac{\mu}{m}} + a_{\mu+1} (z - z_0)^{\frac{\mu+1}{m}} + \cdots,$$

worin m und μ zu einander relativ prime Zahlen sind, und man bildet die Entwicklungen von

$$\frac{w - w_0}{z - z_0},\; \frac{w - w_0}{(z - z_0)^2},\; \ldots\; \frac{w - w_0}{(z - z_0)^k}$$

nach Potenzen von $z - z_0$, so weit bis

$$\left(\frac{w - w_0}{(z - z_0)^k}\right)_{z = z_0} = 0 \text{ und } \left(\frac{w - w_0}{(z - z_0)^{k+1}}\right)_{z = z_0} = \infty$$

wird, kehrt sodann die letzte Entwicklung um, indem man $z - z_0$ nach Potenzen von

$$\frac{w - w_0}{(z - z_0)^k} = w'$$

entwickelt, bildet ferner die Entwicklungen von

$$\frac{z - z_0}{w'},\; \frac{z - z_0}{w'^2},\; \ldots\; \frac{z - z_0}{w'^{k_1}}$$

nach Potenzen von w', so weit bis

$$\left(\frac{z - z_0}{w'^{k_1}}\right)_{w'=0} = 0 \text{ und } \left(\frac{z - z_0}{w'^{k_1+1}}\right)_{w'=0} = \infty$$

wird, kehrt wieder die letzte Entwicklung um, indem man w' nach Potenzen von

$$\frac{z - z_0}{w'^{k_1}} = w''$$

entwickelt, u. s. w., so wird man schliesslich auf zwei Grössen $w^{(n)}$ und $w^{(n-1)}$ geführt, von denen die letztere eine eindeutige Function der ersteren ist, und indem man rückwärts die zuletzt gefundene Entwicklung einsetzt, wird man, wie aus früheren Rechnungsmethoden unmittelbar zu ersehen, $w - w_0$ und $z - z_0$ nach steigenden positiven ganzen Potenzen von $w^{(n)}$ geordnet erhalten.

Es kann noch bemerkt werden, dass die Anzahl der Zahlen k, k_1, k_2, ..., welche die Anzahl der jedesmal vor der Umkehrung anzustellenden Operationen bestimmen, in Folge der Gleichungen (3), (6), (9), ..., den Kettenbruch zusammensetzen

$$\frac{\mu}{m} = k + \cfrac{1}{k_1 + \cfrac{1}{k_2 + \cfrac{1}{\ddots + \cfrac{1}{k_{n-1} + \cfrac{1}{\mu_{n-1}}}}}}.$$

Lassen wir nun die oben gemachte Annahme fallen, dass μ und m zu einander relativ prime Zahlen sind und setzen fest, dass s der grösste gemeinschaftliche Theiler zwischen μ und m sei, so wird, wenn wieder $\mu_{n+1} = 0$ angenommen wird und daher

$$\frac{\mu_{n-1}}{\mu_n} = k_n$$

ist, μ_n nach den vorher zwischen den μ aufgestellten Beziehungen der grösste gemeinsame Theiler zwischen μ_{n-2} und μ_{n-1}, μ_{n-3} und μ_{n-2}, u. s. w., endlich auch zwischen μ und m sein und daher $s = \mu_n$. Sei nun z. B. $\mu_{n+1} = \mu_2 = 0$, so dass $\mu_1 = s$ wird, so erhalten wir

$$\frac{z - z_0}{w'^{k_1}} = w'' = b_m + b_{m+\nu}\, w'^{\frac{\nu}{\mu_1}} + b_{m+\nu+1}\, w'^{\frac{\nu+1}{\mu_1}} + \cdots,$$

indem die auf das Glied b_m folgende erste Potenz von w' die $\frac{\nu}{\mu_1}$^te^ sein mag, und es wird *somit in diesem Falle die Entwicklung der Functionen*

$$\frac{z - z_0}{w'}, \frac{z - z_0}{w'^2}, \ldots \frac{z - z_0}{w'^{k_1}}$$

so weit fortzusetzen sein bis

$$\left(\frac{z - z_0}{w'^{k_1}}\right)_0 \textit{ endlich} \text{ und } \left(\frac{z - z_0}{w'^{k_1+1}}\right)_0 = \infty$$

ist. Bezeichnet man jetzt die grösste in $\frac{\nu}{\mu_1}$ enthaltene ganze Zahl mit l und setzt

$$\frac{\nu}{\mu_1} = l + \frac{\nu_1}{\mu_1},$$

so folgt

$$\frac{w'' - b_m}{w'^l} = w''' = b_{m+\nu}\, w'^{\frac{\nu_1}{\mu_1}} + b_{m+\nu+1}\, w'^{\frac{\nu_1+1}{\mu_1}} + \cdots$$

und hieraus durch Umkehrung

$$w' = c_{\mu_1}\, w'''^{\frac{\mu_1}{\nu_1}} + c_{\mu_1+1}\, w'''^{\frac{\mu_1+1}{\nu_1}} + \cdots,$$

so dass jetzt wieder die oben angegebenen Operationen in derselben Weise wie früher bewerkstelligt werden können; haben ν_1 und μ_1 keinen gemeinsamen Theiler, so würde man in dieser Weise, indem nunmehr wie im ersten Falle die Nullwerthe der in Betracht kommenden Grössen sich entsprechen, schliesslich wie früher zu einer eindeutigen Entwicklung geführt werden; haben jedoch ν_1 und μ_1 einen gemeinsamen Divisor, so würde man in genau derselben Weise, wie es eben geschehen, weiter zu operiren haben, jedenfalls aber auch, da, wie man sich aus den einzelnen Gleichungen leicht überzeugt,

$$m > \mu_1 > \nu_1 > \nu_2 > \cdots$$

ist, zu einer Gleichung geführt werden, in welcher der Exponent einer ersten w-Potenz die Form $\frac{1}{\nu_\alpha}$ hat, welche somit in ihrer Umkehrung eine eindeutige Darstellung einer der successive sich ergebenden w-Grössen durch die nächstfolgende liefert. In diesem Falle erhalten wir statt jenes einen Kettenbruches eine Reihe einzelner

$$\frac{\mu}{m} = k + \frac{1}{k_1}, \quad \frac{\nu}{\mu_1} = l + \cfrac{1}{l_1 + \cfrac{1}{l_2 + \ddots}}, \quad \cdots,$$

deren Zahl zu der jener Operationen in einem leicht ersichtlichen Zusammenhange steht.

Fasst man nun die eben angestellten Betrachtungen und gewonnenen Resultate zusammen, so wird sich von selbst eine einfache Methode zur Bestimmung der Cyclen in den Verzweigungspunkten und zur Aufstellung der Reihenentwicklung einer durch die algebraische Gleichung

(13) . . . . $f(w, z) = 0$

definirten Function in der Umgebung eben dieser ergeben, indem die Entwicklung in der Umgebung aller andern Punkte, denen nur einfache Lösungen der Gleichung (13) entsprechen, wie schon oben hervorgehoben, nichts anderes als die Taylor'sche Reihe ist, selbstverständlich unter der Voraussetzung, die, wie früher gezeigt war, keine Beschränkung enthielt, dass einem endlichen z-Werthe auch ein endlicher Werth der Function entspricht; es sei noch bemerkt, dass die Taylor'sche Entwicklung von w nach Potenzen von $z - z_0$, wenn $w = w_0$, $z = z_0$ entsprechende Werthe vorstellen, die Gestalt hat

$$w - w_0 = a_n (z - z_0)^n + a_{n+1} (z - z_0)^{n+1} + \cdots,$$

wenn die Gleichungen bestehen

$$\left(\frac{dw}{dz}\right)_0 = \left(\frac{d^2 w}{dz^2}\right)_0 = \cdots = \left(\frac{d^{n-1} w}{dz^{n-1}}\right)_0 = 0$$

oder wenn, wie aus den durch Differentiation der Gleichung (13) erhaltenen Beziehungen

$$\frac{\partial f(w, z)}{\partial z} + \frac{\partial f(w, z)}{\partial w} \frac{dw}{dz} = 0$$

$$\frac{\partial^2 f(w, z)}{\partial z^2} + 2 \frac{\partial^2 f(w, z)}{\partial z \partial w} \frac{dw}{dz} + \frac{\partial^2 f(w, z)}{\partial w^2} \left(\frac{dw}{dz}\right)^2 + \frac{\partial f(w, z)}{\partial w} \frac{d^2 w}{dz^2} = 0$$

$$\cdots\cdots\cdots\cdots\cdots\cdots\cdots\cdots$$

hervorgeht,

$$\left(\frac{\partial f(w, z)}{\partial z}\right)_0 = \left(\frac{\partial^2 f(w, z)}{\partial z^2}\right)_0 = \cdots = \left(\frac{\partial^{n-1} f(w, z)}{\partial z^{n-1}}\right)_0 = 0$$

ist.

Entsprechen nun in der vorgelegten Gleichung (13) dem $z = z_0$ *gleiche* Werthe $w = w_0$, so werden bekanntlich r solcher Werthe in w_0 zusammenfallen, wenn die partiellen Differentialquotienten

$$\frac{\partial f(w, z)}{\partial w}, \frac{\partial^2 f(w, z)}{\partial w^2}, \cdots \frac{\partial^{r-1} f(w, z)}{\partial w^{r-1}}$$

für $z = z_0$, $w = w_0$ verschwinden; entwickelt man aber die ganze Function $f(w, z)$ von w und z vermöge des Taylor'schen Satzes nach ganzen positiven Potenzen von $w - w_0$ und $z - z_0$, so wird sich, wenn jene ganze Function in Bezug auf w und z von der m^{ten} Dimension ist, die Form ergeben

$$(14) \quad 0 = f(w, z) = \frac{1}{k!} \left\{ \left(\frac{\partial^k f}{\partial z^k}\right)_0 (z - z_0)^k \right.$$

$$\left. + k_1 \left(\frac{\partial^k f}{\partial z^{k-1} \partial w}\right)_0 (z - z_0)^{k-1} (w - w_0) + \cdots + \left(\frac{\partial^k f}{\partial w^k}\right)_0 (w - w_0)^k \right\}$$

$$+ \frac{1}{(k+1)!} \left\{ \left(\frac{\partial^{k+1} f}{\partial z^{k+1}}\right)_0 (z - z_0)^{k+1} \right.$$

$$\left. + (k+1)_1 \left(\frac{\partial^{k+1} f}{\partial z^k \partial w}\right)_0 (z - z_0)^k (w - w_0) + \cdots + \left(\frac{\partial^{k+1} f}{\partial w^{k+1}}\right)_0 (w - w_0)^{k+1} \right\}$$

$$+ \cdots\cdots\cdots\cdots\cdots\cdots\cdots\cdots$$

$$+ \frac{1}{m!} \left\{ \left(\frac{\partial^m f}{\partial z^m}\right)_0 (z - z_0)^m \right.$$

$$\left. + m_1 \left(\frac{\partial^m f}{\partial z^{m-1} \partial w}\right)_0 (z - z_0)^{m-1} (w - w_0) + \cdots + \left(\frac{\partial^m f}{\partial w^m}\right)_0 (w - w_0)^m \right\},$$

wenn

$$r! = 1 \cdot 2 \cdots r, \quad p_q = \frac{p(p-1)\cdots(p-q+1)}{1\cdot 2\cdots q}$$

gesetzt wird, und k die Zahlen 1, 2, ... m bedeuten kann. Setzt man nun hierin

$$\frac{w - w_0}{z - z_0} = v_1,$$

so ergiebt sich, wenn durch

$$\frac{(z-z_0)^k}{k!}$$

dividirt wird,

$$(15)\quad 0 = f_1(v_1, z) = \left(\frac{\partial^k f}{\partial z^k}\right)_0 + k_1\left(\frac{\partial^k f}{\partial z^{k-1}\partial w}\right)_0 v_1 + \cdots + \left(\frac{\partial^k f}{\partial w^k}\right)_0 v_1^k$$
$$+ \frac{(z-z_0)}{k+1}\left\{\left(\frac{\partial^{k+1} f}{\partial z^{k+1}}\right)_0 + (k+1)_1\left(\frac{\partial^{k+1} f}{\partial z^k \partial w}\right)_0 v_1 + \cdots + \left(\frac{\partial^{k+1} f}{\partial w^{k+1}}\right)_0 v_1^{k+1}\right\}$$
$$+ \cdots\cdots\cdots\cdots\cdots$$
$$+ \frac{k!}{m!}(z-z_0)^{m-k}\left\{\left(\frac{\partial^m f}{\partial z^m}\right)_0 + m_1\left(\frac{\partial^m f}{\partial z^{m-1}\partial w}\right)_0 v_1 + \cdots + \left(\frac{\partial^m f}{\partial w^m}\right)_0 v_1^m\right\},$$

und es sind somit k der zu $z = z_0$ gehörigen Werthe von v_1 durch die Gleichung bestimmt

$$(16)\,.\,.\left(\frac{\partial^k f}{\partial z^k}\right)_0 + k_1\left(\frac{\partial^k f}{\partial z^{k-1}\partial w}\right)_0 v_1 + \cdots\cdots + \left(\frac{\partial^k f}{\partial w^k}\right)_0 v_1^k = 0,$$

während die $m-k$ andern unendlich gross werden*). Ist nun

$$\left(\frac{\partial^k f}{\partial w^k}\right)_0$$

von Null verschieden, also da in der obigen Form der Gleichung (14) die Annahme liegt, dass

$$\left(\frac{\partial f}{\partial w}\right)_0 = \left(\frac{\partial^2 f}{\partial w^2}\right)_0 = \cdots = \left(\frac{\partial^{k-1} f}{\partial w^{k-1}}\right)_0 = 0$$

sind, $w = w_0$ eine k-fache Lösung der vorgelegten algebraischen Gleichung für $z = z_0$ (also $r = k$), so kommen sämmtliche unendlich grossen Werthe von v_1 nicht weiter in Betracht, da die endlichen Werthe von v_1 vermöge der Definition dieser Grösse nur aus den Werthen von w entspringen können, welche gleich w_0 sind; ist jedoch

$$\left(\frac{\partial^k f}{\partial w^k}\right)_0 = 0$$

---

*) indem bekanntlich das Verschwinden der Coefficienten der p höchsten Glieder einer Gleichung identificirt werden kann mit dem Unendlichwerden von p Lösungen derselben, wie aus der Substitution der reciproken Variabeln unmittelbar einleuchtet.

und $w = w_0$, wie oben angenommen, eine r-fache Lösung der algebraischen Gleichung, so dass also ausserdem noch

$$\left(\frac{\partial^{k+1} f}{\partial w^{k+1}}\right)_0, \left(\frac{\partial^{k+2} f}{\partial w^{k+2}}\right)_0, \dots \left(\frac{\partial^{r-1} f}{\partial w^{r-1}}\right)_0$$

verschwinden, so werden jedenfalls von den zu betrachtenden v_1-Werthen $r - k + 1$ unendlich gross werden, und es werden noch p endliche Wurzelwerthe von v_1 durch unendlich grosse Werthe ersetzt werden müssen, wenn von den Grössen

$$\left(\frac{\partial^k f}{\partial z\, \partial w^{k-1}}\right)_0, \left(\frac{\partial^k f}{\partial z^2\, \partial w^{k-2}}\right)_0, \dots \left(\frac{\partial^k f}{\partial z^{k-1}\, \partial w}\right)_0$$

von links nach rechts genommen p aufeinanderfolgende den Werth Null annehmen.

Sei nun v_1' eine *einfache* Lösung der Gleichung (16), so wird die durch die Gleichung (15) definirte Function v_1 in $z = z_0$ nur einmal den Werth v_1' annehmen und sich somit $v_1 - v_1'$ nach steigenden positiven Potenzen von $z - z_0$ entwickeln lassen; da aber diese Entwickelung mit der ν^{ten} Potenz beginnt, wenn

$$\left(\frac{dv_1}{dz}\right)_0, \left(\frac{d^2 v_1}{dz^2}\right)_0, \dots \left(\frac{d^{\nu-1} v_1}{dz^{\nu-1}}\right)_0$$

verschwinden, oder wenn, wie aus der bezüglich der Gleichung $f(w,z) = 0$ gemachten Bemerkung folgt,

$$\left(\frac{\partial f_1}{\partial z}\right)_0 = \left(\frac{\partial^2 f_1}{\partial z^2}\right)_0 = \dots = \left(\frac{\partial^{\nu-1} f_1}{\partial z^{\nu-1}}\right)_0 = 0$$

ist, d. h. nach Gleichung (15), wenn ausser der Gleichung (16) noch die Gleichungen

$$(A)\quad \begin{cases} \left(\frac{\partial^{k+1} f}{\partial z^{k+1}}\right)_0 + (k+1)_1 \left(\frac{\partial^{k+1} f}{\partial z^k\, \partial w}\right)_0 v_1 + \dots + \left(\frac{\partial^{k+1} f}{\partial w^{k+1}}\right)_0 v_1^{k+1} = 0 \\ \left(\frac{\partial^{k+2} f}{\partial z^{k+2}}\right)_0 + (k+2)_1 \left(\frac{\partial^{k+2} f}{\partial z^{k+1}\partial w}\right)_0 v_1 + \dots + \left(\frac{\partial^{k+2} f}{\partial w^{k+2}}\right)_0 v_1^{k+2} = 0 \\ \left(\frac{\partial^{k+\nu-1} f}{\partial z^{k+\nu-1}}\right)_0 + (k+\nu-1)_1 \left(\frac{\partial^{k+\nu-1} f}{\partial z^{k+\nu-2}\, \partial w}\right)_0 v_1 + \dots + \left(\frac{\partial^{k+\nu-1} f}{\partial w^{k+\nu-1}}\right)_0 v_1^{k+\nu-1} = 0 \end{cases}$$

ebenfalls für $v_1 = v_1'$ befriedigt werden, so wird sich

$$v_1 = v_1' + a_\nu (z - z_0)^\nu + a_{\nu+1} (z - z_0)^{\nu+1} + \dots$$

ergeben, worin

$$a_\nu = \frac{1}{\nu!} \left(\frac{d\, v_1}{dz^\nu}\right)_0, \; a_{\nu+1} = \frac{1}{(\nu+1)} \left(\frac{d^{\nu+1} v_1}{dz^{\nu+1}}\right)_0, \dots$$

aus der Gleichung (15) hergeleitet werden können, und es folgt dann

$w = w_0 + (z - z_0)\, v_1 = w_0 + v_1'\,(z - z_0) + a_\nu\,(z - z_0)^{\nu+1} + \cdots\cdots$
als eindeutige Entwickelung von w in der Umgebung von z_0.

Die für $z = z_0$ sich ergebenden unendlich grossen Lösungen der Gleichung (16), die nach dem Obigen für unsere Untersuchung nur in Betracht kommen, wenn

$$\left(\frac{\partial^k f}{\partial w^k}\right)_0 = 0$$

wird, zeigen nach den früher gemachten Auseinandersetzungen an, dass die Entwickelung von $w - w_0$ nach Potenzen von $z - z_0$ mit einer niedrigeren Potenz als der ersten, also jedenfalls mit einer positiven ächt gebrochenen Potenz von $z - z_0$ beginnt, und da in diesem Falle zur allmähligen Reduction auf eine eindeutige Entwickelung sogleich die Umkehrung der Reihe herzustellen oder $z - z_0$ nach Potenzen von $w - w_0$ zu entwickeln war, so wird man in Gleichung (14) die Substitution

$$\frac{z - z_0}{w - w_0} = v_1$$

zu machen haben, und wenn mit

$$\frac{(w - w_0)^k}{k!}$$

dividirt worden und berücksichtigt wird, dass $w = w_0$ für $z = z_0$ eine r-fache Lösung der Gleichung (13) sein sollte, eine Gleichung von der Form erhalten

$$\begin{aligned}
(17)\; f_1(v_1, w) = {} & \left(\frac{\partial^k f}{\partial z^k}\right)_0 v_1^k + k_1 \left(\frac{\partial^k f}{\partial z^{k-1}\,\partial w}\right)_0 v_1^{k-1} + \cdots + k_1 \left(\frac{\partial^k f}{\partial z\,\partial w^{k-1}}\right)_0 v_1 \\
& + \frac{(w - w_0)}{k+1} \left\{ \left(\frac{\partial^{k+1} f}{\partial z^{k+1}}\right)_0 v_1^{k+1} + \cdots\cdots + (k+1)_1 \left(\frac{\partial^{k+1} f}{\partial z\,\partial w^k}\right)_0 v_1 \right\} \\
& + \cdots\cdots\cdots\cdots\cdots\cdots \\
& + \frac{k!}{(r-1)!} (w - w_0)^{r-1-k} \left\{ \left(\frac{\partial^{r-1} f}{\partial z^{r-1}}\right)_0 v_1^{r-1} + \cdots + (r-1)_1 \left(\frac{\partial^{r-1} f}{\partial z\,\partial w^{r-2}}\right)_0 v_1 \right\} \\
& + \frac{k!}{r!} (w - w_0)^{r-k} \left\{ \left(\frac{\partial^r f}{\partial z^r}\right)_0 v_1^r + \cdots + r_1 \left(\frac{\partial^r f}{\partial z\,\partial w^{r-1}}\right)_0 v_1 + \left(\frac{\partial^r f}{\partial w^r}\right)_0 \right\} \\
& + \cdots\cdots\cdots\cdots\cdots\cdots \\
& + \frac{k!}{m!} (w - w_0)^{m-k} \left\{ \left(\frac{\partial^m f}{\partial z^m}\right)_0 v_1^m + \cdots + m_1 \left(\frac{\partial^m f}{\partial z\,\partial w^{m-1}}\right)_0 v_1 + \left(\frac{\partial^m f}{\partial w^m}\right)_0 \right\},
\end{aligned}$$

in welcher v_1 und f_1 eine andere Bedeutung haben als vorher.

Der dem unendlich grossen Werthe von

$$\left(\frac{w - w_0}{z - z_0}\right)_0$$

entsprechende Werth von v_1 ist Null, und wenn wir wieder die Annahme machen, dass $v_1 = 0$ eine einfache Lösung der Gleichung (17) oder der Gleichung

$$(18) \quad \left(\frac{\partial^k f}{\partial z^k}\right)_0 v_1^k + k_1 \left(\frac{\partial^k f}{\partial z^{k-1} \partial w}\right)_0 v_1^{k-1} + \cdots + k_1 \left(\frac{\partial^k f}{\partial z\, \partial w^{k-1}}\right)_0 v_1 = 0$$

ist, dass somit die oben behandelte Gleichung (16) nur *eine* unendlich grosse Lösung hatte, so wird wieder v_1 eine eindeutige Function von w sein. Erwägt man nun, dass die Annahme, dass

$$\left(\frac{d v_1}{d w}\right)_0 = \left(\frac{d^2 v_1}{d w^2}\right)_0 = \cdots = \left(\frac{d^p v_1}{d w^p}\right)_0 = 0,$$

worin p für's erste eine noch unbestimmte positive ganze Zahl ist, die den obigen Gleichungen (A) analogen Beziehungen

$$\left(\frac{\partial^{k+1} f}{\partial z^{k+1}}\right)_0 v_1^{k+1} + \cdots + k_1 \left(\frac{\partial^{k+1} f}{\partial z\, \partial w^{k+1}}\right)_0 v_1 = 0$$

. . . .

$$\left(\frac{\partial^{k+p} f}{\partial z^{k+p}}\right)_0 v_1^{k+p} + \cdots + (k+p)_1 \left(\frac{\partial^{k+p} f}{\partial z\, \partial w^{k+p-1}}\right)_0 v_1 + \left(\frac{\partial^{k+p} f}{\partial w^{k+p}}\right)_0 = 0$$

nach sich zieht, welche für $v_1 = 0$ befriedigt sein müssen, und dass dies in der That bis zu

$$k + p = r - 1 \quad \text{oder} \quad p = r - 1 - k$$

und nur bis dahin stattfindet, weil der Voraussetzung nach $w = w_0$ eine r-fache Lösung von (13) und daher

$$\left(\frac{\partial f}{\partial w}\right)_0 = \left(\frac{\partial^2 f}{\partial w^2}\right)_0 = \cdots = \left(\frac{\partial^{r-1} f}{\partial w^{r-1}}\right)_0 = 0$$

sein sollte, so folgt, dass

$$\left(\frac{d v_1}{d w}\right)_0 = \left(\frac{d^2 v_1}{d w^2}\right)_0 = \cdots = \left(\frac{\partial^{r-1-k} v_1}{d w^{r-1-k}}\right)_0 = 0$$

ist, und daher die Entwicklung von v_1 nach Potenzen von $w - w_0$ die Form annimmt

$$v_1 = c_{r-k} (w - w_0)^{r-k} + c_{r-k+1} (w - w_0)^{r-k+1} + \cdots$$

Da nun

$$\frac{z - z_0}{w - w_0} = v_1$$

ist, und sich somit

$$z - z_0 = c_{r-k} (w - w_0)^{r-k+1} + c_{r-k+1} (w - w_0)^{r-k+2} + \cdots$$

ergiebt, so folgt durch Umkehrung dieser Reihe

$$w - w_0 = d_1 (z - z_0)^{\frac{1}{r-k+1}} + d_2 (z - z_0)^{\frac{2}{r-k+1}} + \cdots$$

für die gesuchte Entwicklung jener Function in der Umgebung von z_0, und es werden hierdurch als Elemente eines Cyclus grade jene $r - k + 1$ Werthe von w dargestellt, für welche nach dem Obigen

$$\left(\frac{w-w_0}{z-z_0}\right)_0 = \infty$$

war, für den Fall, dass die Gleichung (16) nur *eine* unendlich grosse Lösung hatte.

Hat die Gleichung (16) jedoch mehr als *eine* unendlich grosse Wurzel, so wird auch in (18) mehr als eine Lösung verschwinden, und es würde somit für die durch die Gleichung

$$f_1(v_1, w) = 0$$

definirte Function grade der Fall zu behandeln sein, den wir in (16) noch ausgeschlossen hatten, nämlich den der gleichen Lösungen, und auf den wir jetzt für die ursprüngliche Gleichung

$$f_1(v_1, z) = 0$$

näher eingehen wollen.

Liefert nämlich diese Gleichung im Punkte $z = z_0$ für v_1 die Lösung v_1' mehrfach, so würde man, wie dies vorher für die Function $f(w, z)$ geschehen, jetzt $f_1(v_1, z)$ nach Potenzen von $z - z_0$ und $v_1 - v_1'$ zu entwickeln, nach Dimensionen zu ordnen und nach Division mit der entsprechenden Potenz von $z - z_0$

$$\frac{v_1 - v_1'}{z - z_0} = v_2$$

zu setzen haben; würde in der resultirenden Gleichung

$$(19) \qquad f_2(v_2, z) = 0$$

für $z = z_0$ eine Lösung v_2' nur einmal vorkommen, so würde genau nach den früheren Auseinandersetzungen v_2 eine eindeutige Function von z sein und sich, wenn

$$\left(\frac{dv_2}{dz}\right)_0, \quad \left(\frac{d^2 v_2}{dz^2}\right)_0, \quad \ldots \quad \left(\frac{d^{\nu-1} v_2}{dz^{\nu-1}}\right)_0$$

verschwinden, in die Taylor'sche Reihe entwickeln lassen

$$v_2 - v_2' = e_\nu (z - z_0)^\nu + e_{\nu+1}(z - z_0)^{\nu+1} + \cdots,$$

so dass für das entsprechende v_1

$$v_1 - v_1' = v_2'(z - z_0) + e_\nu (z - z_0)^{\nu+1} + e_{\nu+1}(z - z_0)^{\nu+2} + \cdots$$

und daher vermöge der Substitution

$$\frac{w - w_0}{z - z_0} = v_1$$

für das zugehörige w die Entwickelung besteht

$$w - w_0 = v_1'(z - z_0) + v_2'(z - z_0)^2 + e_\nu (z - z_0)^{\nu+2} + e_{\nu+1}(z - z_2)^{\nu+3} + \cdots,$$

somit w wiederum eine eindeutige Function von z wird. Ist v_2' keine einfache Lösung der Gleichung (19), so wird man wieder durch die ähnliche Substitution

$$\frac{v_2 - v_2'}{z - z_0} = v_3$$

eine neue algebraische Gleichung herleiten, u. s. w., und wird so stets zu Gleichungen kommen, die zum Theil *einfache endliche* Lösungen haben, und dann wird man durch Substitution rückwärts $w - w_0$ als eindeutige Function von $z - z_0$, nach steigenden positiven Potenzen von $z - z_0$ entwickelt, erhalten, zum Theil unendlich grosse Lösungen besitzen, wie man leicht daraus schliessen wird, dass, wenn zwei eindeutige Entwicklungen von der Form

$$w - w_0 = a_r (z - z_0)^r + a_{r+1} (z - z_0)^{r+1} + \cdots$$
$$w - w_0 = b_s (z - z_0)^s + b_{s+1} (z - z_0)^{s+1} + \cdots$$

existiren, entweder, wenn z. B. $r < s$,

$$\left(\frac{w - w_0}{(z - z_0)^r}\right)_0$$

im ersten Falle den Werth a_r, im zweiten Falle den davon verschiedenen Werth Null hat, oder, wenn $r = s$ und a_r von b_s verschieden, jener Ausdruck ebenfalls zwei endliche von einander verschiedene Werthe annimmt, während, wenn $a_r = b_s$ wird, in beiden Fällen

$$\left(\frac{w - w_0}{(z - z_0)^{r+1}}\right)_0$$

unendlich gross wird, und ähnliches gilt für vieldeutige Entwicklungen, indem man dann nur die grössten in r und s enthaltenen ganzen Zahlen herauszunehmen und auf die Anzahl der in jeder Form enthaltenen Lösungen zu achten braucht. Indem man nun für den Fall, dass die erhaltene Gleichung unendlich grosse Lösungen liefert, auf die unmittelbar vorhergehende Gleichung die reciproke Substitution anwendet, wird man wieder auf ähnliche Gleichungen geführt, und muss schliesslich, wie schon aus den oben der Besprechung dieser Methode vorausgeschickten allgemeinen Betrachtungen in Betreff der Reduction vieldeutiger Functionen ersichtlich ist, zu Gleichungen gelangen müssen, welche nur einfache Lösungen liefern *), und für welche sich somit die aus der resultirenden Gleichung unmittelbar ersichtliche eindeutige Entwicklung der einen der beiden zuletzt ein-

*) Es muss noch bemerkt werden, dass, wenn wir durch eine endliche Anzahl von Operationen zu diesem Resultate geführt werden sollen, angenommen werden muss, dass in der ursprünglich gegebenen Gleichung nicht etwa vielfache Factoren enthalten sind, da sonst für solche gleiche Lösungen auch stets die neu eingeführte Variable gleiche Werthe haben würde, wie weit wir auch die Einführung neuer Variabeln fortsetzten, und wie oft wir auch die Umkehrung der Reihen für den Fall der unendlich grossen Lösungen wiederholten. Ebenso wird keine der aus der Benutzung der reciproken Substitution sich ergebenden Gleichungen für jedes z gleiche Lösungen geben dürfen, und um diese gleichen Lösungen, wenn solche vorkommen, zu beseitigen, wird man offenbar nur zwischen dieser Gleichung und ihrer nach der abhängigen Variabeln genommenen Ableitung die gemeinsamen Factoren zu eliminiren brauchen.

geführten Variabeln durch die andere ergiebt; jedenfalls kann man auf diese Weise für $w - w_0$ und $z - z_0$, wenn man die zuletzt gefundenen Reihenentwicklungen, wie schon früher auseinandergesetzt worden, wieder rückwärts substituirt, eindeutige Entwickelungen nach steigenden Potenzen einer Variabeln $t - t_0$ in der Form aufstellen

$$z - z_0 = a_r (t - t_0)^r + a_{r+1} (t - t_0)^{r+1} + \cdots$$
$$w - w_0 = b_s (t - t_0)^s + b_{s+1} (t - t_0)^{s+1} + \cdots,$$

und wird, wenn man erwägt, dass aus der ersten dieser Reihen sich

$$t - t_0 = \alpha_1 (z - z_0)^{\frac{1}{r}} + \alpha_2 (z - z_0)^{\frac{2}{r}} + \cdots$$

ergiebt, und diese Entwicklung in jene zweite Reihe einsetzt,

$$w - w_0 = A_s (z - z_0)^{\frac{s}{r}} + A_{s+1} (z - z_0)^{\frac{s+1}{r}} + \cdots$$

erhalten. Somit ist in jedem Falle die Entwicklung von $w - w_0$ nach steigenden positiven Potenzen von $z - z_0$ gefunden und hieraus der Zusammenhang der r in z_0 zusammenzuheftenden Blätter der Riemann'schen Fläche unmittelbar erkennbar.

Es mag zum Schluss dieser Untersuchung nur noch der specielle Fall hervorgehoben werden, in welchem dem Werthe $z = z_0$ r gleiche Werthe w_0 entsprechen, und daher die Gleichungen statthaben

$$\left(\frac{\partial f}{\partial w}\right)_0 = \left(\frac{\partial^2 f}{\partial w^2}\right)_0 = \cdots = \left(\frac{\partial^{r-1} f}{\partial w^{r-1}}\right)_0 = 0,$$

während

$$\left(\frac{\partial f}{\partial z}\right)_0$$

von Null verschieden, also z_0 für $w = w_0$ nur eine einfache Lösung derselben Gleichung sein soll; dann wird die Gleichung (16), in welche $k = 1$ zu setzen ist, nur unendliche Lösungen liefern, und somit nach der allgemeinen, oben für diesen Fall gefundenen Entwicklung

$$v_1 = c_{r-1} (w - w_0)^{r-1} + c_r (w - w_0)^r + \cdots$$

oder

$$z - z_0 = c_{r-1} (w - w_0)^r + c_r (w - w_0)^{r+1} + \cdots$$

und daher

$$w - w_0 = d_1 (z - z_0)^{\frac{1}{r}} + d_2 (z - z_0)^{\frac{2}{r}} + \cdots$$

zu setzen sein, so dass alle r Wurzeln einen einzigen Cyclus von r Elementen bilden.

Sind nun die einzelnen Cyclen der Wurzeln für die Verzweigungspunkte der Riemann'schen Fläche ermittelt, und die Reihenentwicklungen der Function in der Nähe jener Punkte aufgestellt, so wird man, wenn z. B. $\alpha, \beta, \gamma, \ldots$ diese Verzweigungspunkte vorstellen, zuerst von α aus, wenn für denselben Cyclen von $m, n, \ldots$ Elementen gefunden sind, einen Schnitt durch m Blätter, einen solchen durch n Blätter u. s. w. in's Unendliche legen und in demselben je $m, n, \ldots$ Blätter in der früher angegebenen Weise zusammenheften. Dasselbe möge für alle Verzweigungspunkte geschehen sein, so dass es nunmehr nur noch darauf ankommt, die einzelnen Blätter zu kennzeichnen, um angeben zu können, wie dieselben Blätter in den einzelnen Verzweigungspunkten verbunden sind. Zu dem Ende geht man in irgend einem Blatte continuirlich z. B. durch Taylor'sche Reihenentwicklungen, ohne Verzweigungsschnitte zu überschreiten, bis in die Nähe des zweiten Verzweigungspunktes und nehme nunmehr den so erreichten Punkt als in demselben Blatte mit dem Ausgangspunkte liegend an; lässt man jetzt die Variable einen geschlossenen Umlauf beschreiben, so gelangt man nach der schon ausgeführten Zerschneidung und Verbindung der Blätter in ein anderes Blatt und ordnet den nun erreichten Punkt demjenigen Blatte zu, in welchem man von einem in der Nähe des ersten Verzweigungspunktes liegenden Punkte durch continuirliche Aenderung zu diesem betrachteten Punkte gelangen kann. Fährt man so fort, dies für alle Punkte und alle Blätter zu thun, so ist eine feste Bestimmung der Blätter getroffen, und somit der Weg klar vorgezeichnet, auf dem die vorgelegte Riemann'sche Fläche einer beliebigen algebraischen Function zu einem Ort für die Variable umgestaltet werden kann, von dessen Punkten die gegebene Function eindeutig abhängt, und diese Fläche wird, wie aus früheren Auseinandersetzungen hervorgeht, aus einer Reihe von Blättern bestehen, die alle in Verzweigungsschnitten mit einander zusammenhängen, wenn die die Function definirende algebraische Gleichung eine irreductible ist; wenn diese Gleichung jedoch nicht irreductibel war, dagegen in mehrere Gruppen von Blättern zerfallen, von denen je zwei Gruppen höchstens Punkte mit einander gemein haben.

Es wird der Deutlichkeit wegen zweckmässig sein, die Untersuchung der Cyclen einer algebraischen Function in einem bestimmten Verzweigungspunkte an einem Beispiele durchzuführen, und zwar wählen wir zu dem Zwecke die bereits nach positiven Potenzen von $z - z_0$ und $w - w_0$ geordnete ganze Function

$$f(w, z) = a(w - w_0)^6 + b(w - w_0)^4 (z - z_0)^3 + c(w - w_0)^3 + d(z - z_0)^7 = 0.$$

Indem aus der Form der Gleichung unmittelbar ersichtlich ist, dass dem Werthe $z = z_0$ die Lösungen der Gleichung

$$a(w - w_0)^6 + c(w - w_0)^3 = (w - w_0)^3 \left(a(w - w_0)^3 + c\right) = 0,$$

d. h. die dreifache Wurzel w_0 und die drei von einander verschiedenen Lösungen

$$w_0 - \sqrt[3]{\frac{c}{a}}, \quad w_0 - \alpha\sqrt[3]{\frac{c}{a}}, \quad w_0 - \alpha^2\sqrt[3]{\frac{c}{a}}$$

entsprechen, wenn α eine dritte Einheitswurzel bedeutet, wird es unnöthig sein, uns mit *den* Entwicklungen der w-Function in der Umgebung des Punktes z_0 zu beschäftigen, welche für $z = z_0$ die drei zuletzt bezeichneten Werthe der Variabeln w liefern, da diese Entwicklungen nach dem Früheren nichts als die nach positiven steigenden Potenzen von $z - z_0$ fortlaufenden Taylor'schen Reihen sein können, für deren Coefficientenbestimmung nur die Werthe der Grössen

$$\left(\frac{dw}{dz}\right)_0, \quad \left(\frac{d^2w}{dz^2}\right)_0, \quad \left(\frac{d^3w}{dz^3}\right)_0, \ldots$$

mit Hülfe wiederholter Differentiation aus der obigen Gleichung zu ermitteln sind. Was aber die Entwicklung der drei Werthe von w betrifft, welche für $z = z_0$ den gleichen Werth w_0 annehmen, so wird zuerst, wie oben gefordert wurde, die vorgelegte Gleichung nach steigenden Dimensionen in der Form

$$\begin{aligned} 0 = f(w, z) = {} & c\,(w - w_0)^3 \\ & + a\,(w - w_0)^6 \\ & + d\,(z - z_0)^7 + b\,(z - z_0)^3\,(w - w_0)^4 \end{aligned}$$

zu schreiben und hierin zuerst

$$\frac{w - w_0}{z - z_0} = v_1$$

zu setzen sein, wodurch dieselbe, wenn durch $(z - z_0)^3$ dividirt wird, in

$$\begin{aligned} 0 = f_1(v_1, z) = {} & c v_1^3 \\ & + a\,(z - z_0)^3\,v_1^6 \\ & + d\,(z - z_0)^4 + b\,(z - z_0)^4\,v_1^4 \end{aligned}$$

übergeht. Setzt man in diese $z = z_0$, so folgen drei der Null gleiche Werthe von v_1, und um nun die Taylor'sche Entwicklung von $f_1(v_1, z)$ nach steigenden Dimensionen geordnet zu erhalten, wird man somit nur zu schreiben brauchen

$$\begin{aligned} 0 = f_1(v_1, z) = {} & c v_1^3 \\ & + d\,(z - z_0)^4 \\ & + b\,(z - z_0)^4\,v_1^4 \\ & + a\,(z - z_0)^3\,v_1^6; \end{aligned}$$

setzt man nunmehr wieder

$$\frac{v_1}{z - z_0} = v_2,$$

so ergiebt sich, wenn durch $(z-z_0)^3$ dividirt wird,

$$0 = f_2(v_2, z) = cv_2^3 \\ + d(z-z_0) \\ + b(z-z_0)^5 v_2^4 \\ + a(z-z_0)^6 v_2^6,$$

welche wieder für $z = z_0$ die drei gleichen Lösungen $v_2 = 0$ liefert. Ordnet man nunmehr diese Gleichung, so dass sie die Gestalt annimmt

$$0 = f_2(v_2, z) = d(z-z_0) \\ + cv_2^3 \\ + b(z-z_0)^5 v_2^4 \\ + a(z-z_0)^6 v_2^6,$$

so überzeugt man sich unmittelbar, dass, wenn man jetzt wieder eine Substitution von der Form

$$\frac{v_2}{z-z_0} = v_3$$

machen und durch $z-z_0$ dividiren würde, sämmtliche Werthe von v_3 unendlich gross würden, und dass man daher auf die vorige Gleichung die reciproke Substitution

$$\frac{z-z_0}{v_2} = v_3$$

anwenden muss, in welchem Falle, wenn mit v_2 dividirt worden, jene Gleichung in

$$0 = f_3(v_3, v_2) = dv_3 \\ + cv_2^2 \\ + bv_2^8 v_3^5 \\ + av_2^{11} v_3^6$$

übergeht, welche für $v_2 = 0$ die einfache Lösung v_3 liefert und somit v_3 als eindeutige Function von v_2 definirt; um nun diese Taylor'sche Reihenentwicklung bilden zu können, ist es nöthig, die eben erhaltene Gleichung successive nach v_2 zu differenziren, und man erhält dann, wie leicht zu sehen,

$$\left(\frac{dv_3}{dv_2}\right)_0 = 0, \quad \left(\frac{d^2v_3}{dv_2^2}\right)_0 = -\frac{2c}{d}, \ldots$$

so dass

$$v_3 = -\frac{c}{d} v_2^2 + \mu_3 v_2^3 + \cdots$$

folgt, worin $\mu_3, \mu_4, \ldots$ bis zu jeder Gränze hin aus der obigen Gleichung hergeleitet werden können. Mit Benutzung der obigen Substitutionsgleichung erhält man

$$z - z_0 = -\frac{c}{d} v_2^3 + \mu_3 v_2^4 + \cdots$$

und durch Umkehrung dieser Reihe nach bekannten Methoden

$$v_2 = -\left(\frac{d}{c}\right)^{\frac{1}{3}} (z - z_0)^{\frac{1}{3}} + \nu_2 (z - z_0)^{\frac{2}{3}} + \cdots,$$

so dass endlich vermöge der Beziehungen

$$\frac{w - w_0}{z - z_0} = v_1 \quad \text{und} \quad \frac{v_1}{z - z_0} = v_2$$

die Entwicklung

$$w - w_0 = -\left(\frac{d}{c}\right)^{\frac{1}{3}} (z - z_0)^{\frac{7}{3}} + \nu_2 (z - z_0)^{\frac{8}{3}} + \cdots$$

folgt, und daher jene drei Zweige der algebraischen Function, welche für $z = z_0$ den gleichen Werth w_0 annehmen, einen Cyclus von drei Elementen bilden.

Zehnte Vorlesung.

Der Logarithmus und die Exponentialfunction.

Nachdem die einfachste Klasse der unmittelbar in analytischen Ausdrücken sich darbietenden Functionen, die algebraischen Functionen, behandelt worden, soll auf diese gestützt die weitere Einführung neuer analytischer Functionen dadurch geschehen, dass wir diejenigen Functionen suchen, deren Ableitung rational aus der Variabeln und einer bestimmt vorgelegten algebraischen Function dieser Variabeln zusammengesetzt ist, oder, wie man auch nach späteren Auseinandersetzungen als völlig gleichbedeutend wird sagen dürfen, mit einer gegebenen algebraischen Function gleichverzweigt und nur in einer endlichen Anzahl von Punkten algebraisch von einer endlichen Ordnung unendlich ist*).

Gehen wir von dem einfachsten Falle aus, in welchem die Ableitung der zu behandelnden Function rational aus der Variabeln und der durch eine in w linearen algebraischen Gleichung von der Form

$$\varphi_0(z)\, w + \varphi_1(z) = 0$$

definirten Function w zusammengesetzt ist, oder, wie man dies in diesem einfachen Falle unmittelbar erkennt, in welchem die Ableitung eine wie w verzweigte Function, nämlich eine rationale Function von z ist, die nur in einer endlichen Anzahl von Punkten unendlich von der ersten Ordnung sein wird, so wird es sich um Integrale von der Form

$$w = \int_{z_0}^{z} \frac{f_1(z)}{f_0(z)}\, dz$$

handeln, in welchen $f_0(z)$ und $f_1(z)$ ganze Functionen von z bedeuten,

*) Es wird ferner später gezeigt werden, dass eine in der durch Querschnitte in eine einfach zusammenhängende Fläche verwandelten Riemann'schen Fläche einer algebraischen Function eindeutige, beim Ueberschreiten der Querschnitte gegebene reelle Theile ihrer Periodicitätsmoduln besitzende Function, die in einer endlichen Anzahl von Punkten dieser Fläche algebraisch von einer endlichen Ordnung und logarithmisch unendlich wird, wie eine festvorgelegte Function dieser Art, bis auf eine additive Constante bestimmt ist.

die keinen gemeinsamen Factor haben, und z_0 irgend einen festen in der Ebene, welche die Riemann'sche Fläche der rationalen Function vorstellt, angenommenen Punkt bedeutet. Zur Discussion dieses Integrales sind nach den früheren allgemeinen Auseinandersetzungen alle diejenigen Unstetigkeitspunkte α_r auszuschliessen, in deren Nähe die Entwickelung der rationalen Function das Glied mit der negativen ersten Potenz von $z - \alpha_r$ enthält, und der unendlich entfernte Punkt nur dann, wenn die Entwickelung der Function in der Nähe dieses Punktes die erste negative Potenz von z einschliesst.

Seien nun die im Endlichen liegenden Unstetigkeitspunkte

$$\alpha_1, \alpha_2, \cdots\cdots \alpha_\nu,$$

und die Form der rationalen Function

$$\begin{aligned}\frac{f_1(z)}{f_0(z)} &= a_0 + a_1 z + a_2 z^2 + \cdots\cdot + a_k z^k \\ &+ \frac{A_1^{(1)}}{z-\alpha_1} + \frac{A_2^{(1)}}{(z-\alpha_1)^2} + \cdots \frac{A_{r_1}^{(1)}}{(z-\alpha_1)^{r_1}} \\ &+ \frac{A_1^{(2)}}{z-\alpha_2} + \frac{A_2^{(2)}}{(z-\alpha_2)^2} + \cdots\cdot + \frac{A_{r_2}^{(2)}}{(z-\alpha_2)^{r_2}} \\ &+ \cdot\;\cdot\;\cdot\;\cdot\;\cdot\;\cdot\;\cdot\;\cdot\;\cdot\;\cdot\;\cdot\;\cdot\;\cdot\;\cdot \\ &+ \frac{A_1^{(\nu)}}{z-\alpha_\nu} + \frac{A_2^{(\nu)}}{(z-\alpha_\nu)^2} + \cdots\cdot + \frac{A_{r_\nu}^{(\nu)}}{(z-\alpha_\nu)^{r_\nu}},\end{aligned}$$

so werden nur diejenigen jener Unstetigkeitspunkte α_μ auszuschliessen sein, für welche $A_1^{(\mu)}$ von Null verschieden, und da, wie leicht zu sehen, in der Umgebung des unendlich entfernten Punktes

$$\frac{1}{z-\alpha_\mu} = \frac{1}{z} \cdot \frac{1}{1 - \frac{\alpha_\mu}{z}} = \frac{1}{z}\left(1 + \frac{\alpha_\mu}{z} + \cdots\cdot\right)$$

und

$$\frac{1}{(z-\alpha_\mu)^p} = \frac{1}{z^p} \cdot \frac{1}{\left(1 - \frac{\alpha_\mu}{z}\right)^p} = \frac{1}{z^p}\left(1 + \frac{p\,\alpha_\mu}{z} + \cdots\cdot\right),$$

in der für die Umgebung des unendlich entfernten Punktes gültigen Entwickelung somit der Coefficient von $\frac{1}{z}$

$$\sum_1^\nu{}_\mu\, A_1^{(\mu)}$$

ist, so wird ferner nur dann, wenn diese Summe verschwindet, der unendlich entfernte Punkt nicht auszuschliessen sein; in jedem Falle wird man früheren Auseinandersetzungen gemäss von den unendlich kleinen Curven aus, welche die auszuschliessenden Punkte umgeben, Linien in die Unendlichkeit ziehen und diese als die neuen Querschnitte betrachten dürfen, indem für den Fall der Ausschliessung des unendlich entfernten Punktes jede dieser Linien offenbar einen neuen Querschnitt darstellen wird, während im entgegengesetzten Falle zwei derartige Linien zusammengenommen immer als ein zwischen je zwei unendlich kleinen Curven sich hinziehender Querschnitt zu betrachten sind; man könnte selbstverständlich im ersten Falle mit Ausnahme eines Querschnittes, im letzten Falle ohne Ausnahme im Endlichen liegende Verbindungslinien von je zwei Punkten jener Curven als Querschnitte einführen.

Es werden sich sodann sämmtliche Integralwerthe von

$$w = \int_{z_0}^{z} \frac{f_1(z)}{f_0(z)}\, dz$$

durch den auf der jetzt einfach zusammenhängenden Fläche bestimmten und von dem Integrationswege unabhängigen Werth w_1 und Multipla der beim Ueberschreiten der Querschnitte eintretenden Stetigkeitssprünge zusammensetzen, welche letztere bekanntlich als geschlossene Integrale um die einzelnen Unstetigkeitspunkte genommen nichts anderes sind, als das Product von $2\pi i$ in den Coefficienten der negativen ersten Potenz von $z - \alpha_\mu$ in der Entwickelung der Function für die Umgebung des Unstetigkeitspunktes α_μ, so dass

$$w = w_1 + 2\pi i \left(m_1 A_1^{(1)} + m_2 A_1^{(2)} + \cdots + m_\nu A_1^{(\nu)}\right),$$

wird.

Was nun die Werthe der auf der nunmehr einfach zusammenhängenden Fläche verlaufenden Integrale angeht, so ist aus den früheren allgemeinen Untersuchungen unmittelbar zu entnehmen, dass dieselben endlich sind, wenn der Integrationsweg durch keinen der Unstetigkeitspunkte geht, dass sie jedoch stets unendlich werden, wenn derselbe nach einem der Punkte $\alpha_1, \alpha_2, \cdots \alpha_\nu$ führt, und dass endlich das in die Unendlichkeit sich erstreckende Integral nur dann endlich ist, wenn

$$\left(\frac{z f_1(z)}{f_0(z)}\right)_{z=\infty} = 0$$

ist, d. h. wenn $f_0(z)$ einen mindestens um zwei Einheiten höheren Grad hat als $f_1(z)$.

Uebrigens lässt sich die allgemeine Form des Integrales einer rationalen Function unmittelbar aus der oben angegebenen Gestalt solcher Functionen herleiten, indem dasselbe nur aus Theilen der folgenden Art

$$\int_{z_0}^{z} \frac{dz}{z - \alpha_\mu}, \quad \int_{z_0}^{z} \frac{dz}{(z - \alpha_\mu)^p}, \quad \int_{z_0}^{z} z^q\, dz.$$

zusammengesetzt ist, von denen die beiden letzten sich als die algebraischen Functionen

$$\frac{(z-\alpha_\mu)^{-p+1}-(z_0-\alpha_\mu)^{-p+1}}{-p+1}, \quad \frac{z^{q+1}-z_0^{q+1}}{q+1}$$

ergeben, während das erste als Integral einer Function, von welcher der Entwickelungscoefficient von $(z-\alpha_\mu)^{-1}$ in der Umgebung von α_μ die Einheit ist, eine unendlich vieldeutige, also keine algebraische Function darstellt, welche, wenn der Querschnitt von einem Peripheriepunkte der um α_μ gezogenen unendlich kleinen Curve zu der den unendlich entfernten Punkt ausschliessenden Linie gezogen wird, in der so entstehenden einfach zusammenhängenden Fläche überall eindeutig und stetig ist und nur beim Ueberschreiten jenes Querschnittes einen Stetigkeitssprung erleidet, dessen Werth $2\pi i$ ist.

Setzt man nun

$$\int_1^z \frac{dz}{z} = \log z^{*}),$$

auf der Riemann'schen Fläche genommen, welche durch den vom Nullpunkt nach dem unendlich entfernten Punkte gezogenen Querschnitt eindeutig gemacht ist, so wird

$$\int_{z_0}^{z} \frac{dz}{z-\alpha_\mu} = \int_{z_0-\alpha_\mu}^{z-\alpha_\mu} \frac{dz'}{z'} = \int_1^{z-\alpha_\mu} \frac{dz'}{z'} - \int_1^{z_0-\alpha_\mu} \frac{dz'}{z'} = \log(z-\alpha_\mu) - \log(z_0-\alpha_\mu),$$

und es ist *somit der Logarithmus von z die einzige neue transcendente Function, welche aus der Integration rationaler Functionen von z hervorgeht,* und derselbe ist, wie aus dem Vorhergehenden folgt, eine unendlich vieldeutige Function mit dem Periodicitätsmodul $2\pi i$.

Um hier unmittelbar die charakteristische Eigenschaft des Logarithmus anzuschliessen, ist nur nöthig zu bemerken, dass aus

$$d \cdot z_1 z_2 = z_1\, dz_2 + z_2\, dz_1$$

oder

$$\frac{d \cdot z_1 z_2}{z_1 z_2} = \frac{dz_1}{z_1} + \frac{dz_2}{z_2}$$

nach der vorher gegebenen Definition des Logarithmus durch Integration für z_1 und z_2 also auch für $z_1 z_2$ von dem Werthe 1 an bis zu beliebigen Werthen dieser Variabeln

$$\int_1^{z_1 z_2} \frac{dz}{z} = \int_1^{z_1} \frac{dz}{z} + \int_1^{z_2} \frac{dz}{z}$$

oder

$$\log z_1 z_2 = \log z_1 + \log z_2$$

---

*) wobei bemerkt sein mag, dass diese Function nach den in der siebenten Vorlesung aufgestellten Criterien für $z=0$ und $z=\infty$ unendlich gross ist, sonst überall endlich bleibt.

folgt, worin der Integrationsweg für das links stehende Integral durch die für die beiden rechts stehenden Integrale verzeichneten Wege dadurch gegeben ist, dass seine Punkte durch das Product der beiden entsprechenden Punkte der andern gefunden werden; dadurch werden auch die Vielfachen von $2\pi i$ gegeben sein, die auf beiden Seiten zu den Logarithmen hinzutreten, wenn diese eindeutig auf der oben bezeichneten Fläche bestimmt sind. Die eben gefundene Beziehung lehrt, *dass sich zwei logarithmische Integrale additiv zu einem ebensolchen verbinden lassen, dessen obere Gränze das Product der oberen Gränzen der beiden Integrale ist, und für welches der Integrationsweg durch eben diese Relation mit den Integrationswegen der beiden andern Integrale verbunden ist.*

Fassen wir nun nicht in der vorgelegten Differentialgleichung

$$(1) \quad \ldots\ldots\ldots\ldots \quad \frac{dw}{dz} = \frac{f_1(z)}{f_0(z)}$$

w als Function von z auf, sondern umgekehrt z als Function von w, beschäftigen uns also mit dem in der Functionenlehre sogenannten *Umkehrungsprobleme* und werfen die Frage auf, wann wird z eine in der ganzen Ebene eindeutige Function von w sein, wobei wir die Fälle sondern werden, in welchen die Eindeutigkeit auch für den unendlich entfernten Punkt gefordert wird oder nur auf die im Endlichen gelegenen Punkte der Ebene sich erstrecken soll, so wird sich eine neue transcendente Function ergeben, welche die Umkehrungsfunction der logarithmischen Transcendenten bildet. Nach den in der achten Vorlesung aufgestellten Criterien für die Eindeutigkeit einer durch eine Differentialgleichung von der Form

$$\frac{dw}{dz} = f(w)$$

definirten Function nämlich ist, wenn dieselben so ausgesprochen werden, wie wir sie nunmehr stets anwenden wollen, die Function für den einem endlichen Werthe w_0 entsprechenden Werth der Variabeln z eindeutig, wenn die Entwicklung von $f(w)$ nach steigenden Potenzen von $w - w_0$ mit

$$(w - w_0)^{\frac{n-1}{n}} \text{ oder } (w - w_0)^{\frac{n+1}{n}}$$

beginnt, je nachdem der Anfangsexponent kleiner oder grösser als die Einheit ist oder anders ausgesprochen dem endlichen Werthe w_0 ein endlicher oder unendlich grosser Werth von z entspricht, und ebenso eindeutig für den einem unendlich grossen Werthe von w entsprechenden z-Werth, wenn die Entwickelung von $f(w)$ nach fallenden Potenzen von w mit

$$w^{\frac{n+1}{n}} \text{ oder } w^{\frac{n-1}{n}}$$

anfängt, je nachdem der Anfangsexponent grösser oder kleiner als die Einheit oder dem unendlich grossen Werthe von w ein endlicher oder unendlich grosser Werth von z zugehört; in allen Fällen zeigt der Exponent 1 die Vieldeutigkeit der Function in dem entsprechenden Punkte an. Wenden wir nun diese Criterien auf unsere Differentialgleichung an, der wir die Form geben

$$(2) \quad \ldots\ldots\ldots \quad \frac{dz}{dw} = \frac{f_0(z)}{f_1(z)},$$

so ist unmittelbar zu sehen, dass, wenn z eine in der ganzen Ebene (den unendlich entfernten Punkt mit eingeschlossen) eindeutige Function von w sein soll, vor allen Dingen die Entwicklung der rationalen also eindeutigen Function, welche die rechte Seite der Gleichung (2) bildet, nach steigenden Potenzen von $z - z_0$ entweder mit $(z - z_0)^0$ d. h. einer Constanten, oder mit $(z - z_0)^2$ beginnen muss, so dass jedenfalls diese rationale Function für kein endliches z unendlich werden kann, also eine ganze Function sein muss, welche mit Rücksicht darauf, dass dem Werthe $w = \infty$ ebenfalls nur ein Werth der Function z entsprechen soll, die Form haben muss

$$a \text{ oder } a\,(z - z_0)^2,$$

indem dadurch auch zugleich die zweite der oben aufgestellten Bedingungen befriedigt sein wird, dass nämlich die Entwicklung nach fallenden Potenzen von z mit z^2 oder z^0 beginnen muss; die durch die Gleichungen

$$\frac{dz}{dw} = a \text{ und } \frac{dz}{dw} = a\,(z - z_0)^2$$

definirten Functionen sind somit die einzigen in der ganzen Ebene (den unendlich entfernten Punkt mit eingeschlossen) eindeutigen, in der Differentialgleichung (1) enthaltenen Functionen. In der That liefert die unmittelbare Integration

$$z - z_0 = a(w - w_0) \text{ und } z - z_0 = \frac{1}{a(w - w_1)},$$

worin im ersten Falle $w = w_0$, $z = z_0$, im zweiten Falle $w = \infty$, $z = z_0$ entsprechende Werthe sein sollen, also jedenfalls bekannte rationale Functionen.

Lassen wir nun die Bedingung fallen, dass die durch die Gleichung (2) definirte Function z auch für $w = \infty$ eindeutig sein soll, sondern stellen die Bedingung der Eindeutigkeit nur für die im Endlichen gelegenen Punkte, so wird jedenfalls jene rationale Function von z nach steigenden Potenzen von $z - z_0$ entwickelt, vorausgesetzt dass der Exponent kleiner als die Einheit ist, mit $(z - z_0)^0$ beginnen d. h. für $z = z_0$ endlich und von Null verschieden sein müssen, es wird somit die Function, da sie nur dann, wenn die Entwicklung mit einem Exponenten beginnt, welcher kleiner als die Einheit ist, unendlich sein kann, ebenfalls wieder für keinen endlichen Werth von z unendlich und daher wieder eine ganze Function von z sein;

da nun ferner die Fntwicklung nach fallenden Potenzen von z, wenn der Anfangsexponent grösser als die Einheit ist (in welchem Falle dem $z = \infty$ ein endlicher Werth von w entspricht), mit z^2 beginnen soll, so werden alle in der ganzen Ebene (der unendlich entfernte Punkt ein- oder ausgeschlossen) eindeutige Functionen, welche in der obigen Differentialgleichung enthalten sind, der Gleichung

$$(3) \quad \frac{dw}{dz} = \frac{1}{a_0 + a_1 z + a_2 z^2}$$

genügen müssen, worin die Grössen a_0, a_1, a_2 beliebige endliche Werthe haben und auch verschwinden können.

Behandeln wir den einfachsten hierin enthaltenen Fall, in welchem

$$a_0 = a_2 = 0, \quad a_1 = 1$$

ist, so erhält man

$$\frac{dw}{dz} = \frac{1}{z},$$

so dass, wenn wir festsetzen, dass zu $z = 1$ $w = 0$ gehören soll, sich

$$w = \log z$$

ergiebt*). Nach den obigen Auseinandersetzungen wird nun, während $\log z$ eine unendlich vieldeutige Function darstellt, deren Werthe in jedem Punkte sich um beliebige Vielfache des Periodicitätsmoduls $2\pi i$ unterscheiden, z als Function von w betrachtet eine für alle endlichen Werthe von w eindeutige Function dieser Variabeln sein, welche wir mit

$$z = e^w$$

bezeichnen wollen, und es wird sich somit z, da, wie vorher gezeigt, endlichen Werthen des w auch endliche z entsprechen müssen, nach der Maclaurinschen Reihe entwickeln lassen, die, wenn man die Werthe der Differentialquotienten für $w = 0$ aus der gegebenen Differentialgleichung und deren Ableitungen

$$\frac{dz}{dw} = z, \quad \frac{d^2 z}{dw^2} = \frac{dz}{dw} = z, \quad \frac{d^3 z}{dw^3} = \frac{d^2 z}{dw^2} = z, \ldots\ldots$$

entnimmt, die Form erhält

$$e^w = 1 + \frac{w}{1} + \frac{w^2}{1 \cdot 2} + \frac{w^3}{1 \cdot 2 \cdot 3} + \cdots\cdots$$

Der dem Additionstheorem der Logarithmen entsprechende Satz für die Umkehrungsfunction e^w nimmt, wenn

*) während allgemein, wenn $z = z_0$, $w = w_0$ entsprechende Werthe sein sollen, das Integral dieser Differentialgleichung

$$w - w_0 = \log\left(\frac{z}{z_0}\right)$$

ist.

$$\log z_1 = w_1,\ \log z_2 = w_2,\ \text{also } \log z_1 z_2 = w_1 + w_2,$$

oder

$$z_1 = e^{w_1},\ z_2 = e^{w_2},\ z_1 z_2 = e^{w_1 + w_2}$$

gesetzt wird, die Form an

$$e^{w_1} \cdot e^{w_2} = e^{w_1 + w_2},$$

wonach sich die Exponentialfunction von der Summe zweier Argumente rational durch die Functionen von den einzelnen Argumenten ausdrückt. Endlich mag noch bemerkt werden, dass, weil für dasselbe z der Logarithmus unendlich viele um Vielfache von $2\pi i$ sich unterscheidende Werthe besitzt, die Function $z = e^w$ die Eigenschaft haben wird, dass, wenn w um ganze Vielfache von $2\pi i$ sich ändert, der Werth der Function ungeändert bleibt, *die Exponentialfunction somit die Periode* $2\pi i$ *hat.*

Der allgemeine Fall der Gleichung (3) giebt nichts von dem eben erhaltenen Resultate wesentlich verschiedenes; denn, da die Lösungen der Gleichung

$$z^2 + \frac{a_1}{a_2} z + \frac{a_0}{a_2} = 0$$

durch

$$z_1 = \frac{-a_1 + \sqrt{a_1^2 - 4a_0 a_2}}{2a_2}$$

$$z_2 = \frac{-a_1 - \sqrt{a_1^2 - 4a_0 a_2}}{2a_2}$$

ausgedrückt sind, so wird die Zerlegung in Partialbrüche die Gleichung (3) in

$$\frac{dw}{dz} = \frac{1}{\sqrt{a_1^2 - 4a_0 a_2}} \frac{1}{z - z_1} - \frac{1}{\sqrt{a_1^2 - 4a_0 a_2}} \frac{1}{z - z_2}$$

überführen und somit durch Integration*), wenn $z = z_0$ und $w = w_0$ entsprechende Werthe sein sollen, worin z_0 von z_1 und z_2 verschieden angenommen wird, den Ausdruck liefern

$$w - w_0 = \frac{1}{\sqrt{a_1^2 - 4a_0 a_2}} \left\{ \log\left(\frac{z - z_1}{z_0 - z_1}\right) - \log\left(\frac{z - z_2}{z_0 - z_2}\right) \right\}$$

oder

$$\log \left\{ \frac{(z - z_1)(z_0 - z_2)}{(z - z_2)(z_0 - z_1)} \right\} = (w - w_0)\sqrt{a_1^2 - 4\, a_0 a_2},$$

woraus sich mit Hülfe der vorher eingeführten Umkehrungsfunction

$$\frac{z - z_1}{z - z_2} = \frac{z_0 - z_1}{z_0 - z_2}\, e^{(w - w_0)\sqrt{a_1^2 - 4a_0 a_2}}$$

ergiebt, und diese Function sowie die beiden früher gefundenen algebraischen liefern sämmtliche für alle im Endlichen gelegenen Punkte

*) wobei die Integrale auf den entsprechenden einfach zusammenhängenden Flächen genommen fest bestimmte Werthe haben.

der Ebene eindeutigen Functionen, welche aus der Umkehrung der Integrale rationaler Functionen entstehen können. Es soll nur noch der specielle Fall hervorgehoben werden, in welchem

$$a_0 = 1,\ a_1 = 0,\ a_2 = 1$$

ist, und die Differentialgleichung somit in

$$\frac{dw}{dz} = \frac{1}{1+z^2};$$

übergeht; setzt man dann unter der Annahme, dass $z = 0$ $w = 0$ entsprechende Werthe sind,

$$\int_0^z \frac{dz}{1+z^2} = \operatorname{Arctg} z = w$$

und die Umkehrungsfunction

$$z = \operatorname{tg} w,$$

so sind diese Functionen, denen wir in der Theorie der trigonometrischen Functionen wieder begegnen, mit der logarithmischen und deren Umkehrungsfunction, der Exponentialfunction, wie aus den obigen Ausdrücken unmittelbar zu ersehen ist, durch die Gleichungen

$$w = \operatorname{Arctg} z = \frac{1}{2i} \log \left\{\frac{1+zi}{1-zi}\right\}.$$

und

$$z = \operatorname{tg} w = i\,\frac{e^{-wi} - e^{wi}}{e^{-wi} + e^{wi}}$$

verbunden, und der Periodicitätsmodul von $\operatorname{Arctg} z$, also die Periode von $\operatorname{tg} w$, wird dann den Werth π haben.

Wollte man für die hier gefundene neue Transcendente e^w die bei der Besprechung der rationalen und algebraischen Functionen aufgeworfene Frage behandeln, ob die durch die Eindeutigkeit oder Vieldeutigkeit der Function und die Anzahl und Lage der Werthe, für welche sie von gegebener Ordnung unendlich gross wird, gelieferten Merkmale derselben auch für dieselben charakteristisch seien, so würde man von den Grundeigenschaften der Exponentialfunction auszugehen haben, welche darin bestehen, dass dieselbe eine für alle im Endlichen gelegenen Punkte der Ebene eindeutige Function ist, welche, wie die Maclaurinsche Entwickelung zeigt, im Punkte $w = \infty$ einen Discontinuitätspunkt zweiter Gattung besitzt, und in der ganzen unendlichen Ebene weder Null noch unendlich gross wird. Sucht man nun alle für die im Endlichen gelegenen Punkte eindeutigen Functionen von w, die für keinen dieser Punkte verschwinden oder unendlich gross sind, so wird, wenn $f(w)$ eine solche Function bezeichnet und

$$\log f(w) = F(w)$$

gesetzt wird, $F(w)$ eine für alle endlichen w eindeutige Function sein, die für keinen im Endlichen gelegenen Punkt unendlich gross wird; es wird nämlich die logarithmische Function, wie unmittelbar aus deren Integralausdruck hervorgeht, nur dann unendlich, wenn das Argument verschwindet oder unendlich ist, und nur für diese Werthe hat dieselbe einen Verzweigungspunkt, während sie in jedem andern Punkte eindeutig ist. Es wird sich somit nach der für $f(w)$ gemachten Annahme $F(w)$ als eine für alle im Endlichen gelegenen Punkte eindeutige und nicht unendlich werdende Function in eine nach positiven steigenden Potenzen der Variabeln fortschreitende, für alle endlichen Werthe derselben convergente Reihe entwickeln lassen, und $f(w)$ in der Form

$$f(w) = e^{F(w)}$$

darstellbar sein. Umgekehrt ist aber auch sofort ersichtlich, dass für jedes $F(w)$, welches in eine für alle endlichen Werthe der Variabeln convergente Potenzreihe derselben entwickelbar ist,

$$e^{F(w)}$$

für alle im Endlichen gelegenen Werthe der Variabeln die verlangte Eigenschaft der Eindeutigkeit hat und für keinen dieser Werthe Null oder unendlich wird, da $F(w)$ selbst nur für $w = \infty$ unendlich gross wird; es sind somit die oben angegebenen Eigenschaften die für die Function $e^{F(w)}$ charakteristischen.

Um die Eigenschaften der Exponentialfunction als einfach periodischer Function näher zu untersuchen, wird es nöthig sein, etwas genauer auf eine Abbildungsaufgabe einzugehen, wie wir sie später analog für höhere Transcendente behandeln werden.

Da

$$w = \int_1^z \frac{dz}{z}$$

auf der durch einen vom Nullpunkte zu dem unendlich entfernten Punkte gezogenen Querschnitt einfach zusammenhängend gewordenen Fläche in dem bekannten Sinne eine Function von z ist, die in jedem Punkte nur *einen* Werth hat, so wird man die durch diese Function hergestellte Abbildung jener Fläche suchen können, die ihr nur dann

Fig. 48.

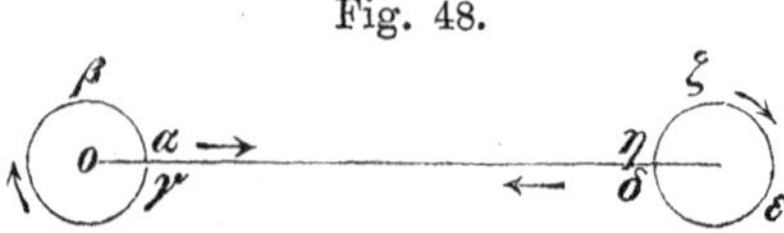

nicht in den kleinsten Theilen ähnlich zu sein braucht, wenn $\frac{dw}{dz}$ verschwindet oder unendlich gross ist. Ist nun von einem Peripheriepunkte der den Nullpunkt ausschliessenden unendlich kleinen Curve eine gerade Linie, die wir zur reellen Achse nehmen, als Querschnitt in die Unendlichkeit gezogen, und lässt man die Variable z die Begränzung der nunmehr einfach zusammenhängenden Fläche, also die geschlossene Curve

$$\gamma\beta\alpha\eta\zeta\varepsilon\delta\gamma$$

beschreiben, so wird, da

$$w = \log z$$

ist und für den ersten um den Nullpunkt beschriebenen unendlich kleinen Kreis in

$$z = re^{i\varphi}$$

also in

$$w = \log re^{i\varphi} = \log r + i\varphi$$

r constant zu setzen ist, der reelle Theil von w constant und negativ unendlich gross sein, während der rein imaginäre Theil von 0 bis $-2i\pi$ sich verändert, vorausgesetzt, dass man von dem reellen Werth des Logarithmus ausgeht, und somit die Variable w eine auf der negativen reellen w-Achse in der Unendlichkeit senkrecht stehende Linie von der Länge -2π beschreiben. Bewegt sich nun die Variable z weiter von α nach η, so bleibt der rein imaginäre Theil unverändert, während $\log r$ alle reellen Werthe von $-\infty$ bis $+\infty$ durchläuft, so dass w in der Entfernung -2π eine zur reellen w-Achse parallele unendliche Grade in der Richtung des Pfeiles beschreibt. Es bedarf keiner weitern Ausführung, dass die w-Variable für den den unendlich entfernten Punkt umschliessenden Kreis wieder in einer Senkrechten zur reellen Achse zurückkehrt*) und der Linie $\delta\gamma$ entsprechend die reelle w-Achse in der Richtung des Pfeiles beschreibt. Es wird somit der Parallelstreifen, dessen Breite 2π ist, die Abbildung jener einfach zusammenhängenden Fläche liefern, und es wird Aehnlichkeit in den kleinsten Theilen für alle Punkte derselben stattfinden, da die beiden Punkte, in denen $\frac{dw}{dz}$ Null und unendlich wird, ausgeschlossen sind, oder die beiden entsprechenden in dem Parallelstreifen der w-Variabeln in der Unendlichkeit liegen. Gehen wir von einem andern Werthe des Logarithmus aus oder lassen wir von 1 nach γ den Integrationsweg den Querschnitt ein- oder mehreremal überschreiten, so wird, wie früher gezeigt worden, der Logarithmus mit Werthen beginnen, die sich von dem früheren Anfangswerthe um Vielfache von $2\pi i$ unterscheiden, im Uebrigen aber die weitere Werthereihe genau so verlaufen wie früher, nur um jene Vielfachen der Grösse

Fig. 48.

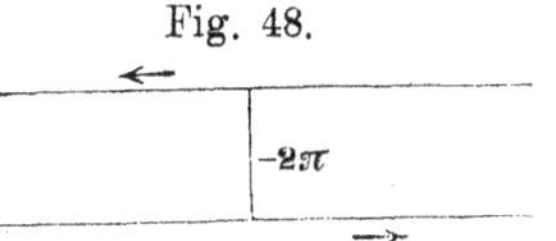

*) indem man nur den den unendlich entfernten Punkt umschliessenden Kreis als unendlich grossen Kreis aufzufassen braucht, um einzusehen, dass der Winkel sich jetzt in entgegengesetzter Richtung dreht.

$2\pi i$ vermehrt, und daher die w-Variable einen congruenten, um Vielfache von 2π höher oder tiefer gelegenen Parallelstreifen beschreiben, so dass die w-Ebene sich mit einer Reihe aneinanderstossender Parallelräume von der Breite 2π bedecken wird, in deren jedem die z-Variable, welche mit w durch das Integral

$$w = \int_1^z \frac{dz}{z}$$

verbunden ist, alle Werthe und zwar jeden nur einmal annimmt.

Es ist somit e^w eine für alle endlichen Werthe von w eindeutige periodische Function, welche innerhalb jenes Parallelstreifens, den wir von nun an *Periodenstreifen* nennen wollen, alle Werthe und zwar jeden nur einmal annimmt. Dass aber e^w für $w = \infty$ einen Discontinuitätspunkt zweiter Gattung besitzt, wie vorher bemerkt worden, also für $w = \infty$ jeden endlichen und unendlich grossen Werth annimmt, widerspricht nicht der eben gefundenen Thatsache, wonach diese in jedem Periodenstreifen jeden Werth nur einmal annimmt, indem auch einem unendlich entfernten Punkte eines Periodenstreifens nur ein einziger Werth der Function entspricht; dass für $w = \infty$ überhaupt jeder Werth von e^w sich ergiebt, hat darin seinen Grund, dass, was auch w sei, also welchen Werth e^w auch haben mag, man stets zu w ein unendlich grosses Vielfaches von $2\pi i$ hinzufügen kann, so dass das Argument unendlich wird, ohne dass der Functionalwerth sich ändert; es rückt, um es mit Hülfe der oben durchgeführten Abbildung der z-Ebene geometrisch zu erläutern, der Periodenstreifen immer mehr in die Unendlichkeit oder es zieht sich, wenn wir das Bild der geschlossenen unendlich grossen Kugel festhalten, der in der Unendlichkeit befindliche Periodenstreifen immer mehr und mehr zusammen, so dass eine Abbildung der ganzen z-Ebene ganz und gar in der Unendlichkeit liegt.

Da nun alle aus der Umkehrung rationaler Functionen hervorgehenden, für alle im Endlichen gelegenen Punkte der Ebene eindeutigen Functionen, wenn wir von den algebraischen absehen, wie oben gezeigt worden, in der Form

$$z = \frac{z_1 (z_0 - z_2) - z_2 (z_0 - z_1) e^{(w - w_0)\sqrt{a_1^2 - 4a_0 a_2}}}{z_0 - z_2 - (z_0 - z_1) e^{(w - w_0)\sqrt{a_1^2 - 4a_0 a_2}}}$$

enthalten sind, so folgt, dass sie alle, da e^w die Periode $2\pi i$ hat, in der ganzen Ebene eindeutige Functionen mit der Periode

$$A = \frac{2\pi i}{\sqrt{a_1^2 - 4a_0 a_2}}$$

sind, welche in ihrem Periodenstreifen jeden Werth nur einmal annehmen, wenn wir unter einem Periodenstreifen allgemein den von zwei durch den Nullpunkt und durch den die Grösse A darstellenden Punkt gezogenen Parallelen eingeschlossenen Raum verstehen*).

Wir wollen nun die Frage aufwerfen, ob dies die einzigen, in der ganzen Ebene eindeutigen, periodischen Functionen sind, welche in ihrem Periodenstreifen jeden Werth nur einmal annehmen, wenn wir zuvörderst noch gezeigt haben werden, *dass jede eindeutige, periodische Function in ihrem Periodenstreifen jeden Werth eine gleiche Anzahl mal annimmt, wenn sie innerhalb desselben überhaupt nur für eine endliche Anzahl von Werthen der Variabeln denselben Functionalwerth besitzt.* Die Voraussetzung nämlich, dass eine periodische Function $f(w)$ in ihrem Periodenstreifen eindeutig ist, sagt aus, dass dieselbe für beide Seiten des in die Unendlichkeit sich hinziehenden Periodenstreifens in $w = \infty$ sich bestimmten Werthen nähert, und man darf offenbar annehmen, dass diese Werthe endlich und von Null verschieden sind, weil, wenn dies nicht der Fall wäre, man nur die Function

$$B + \frac{1}{f(w) + A}$$

zu betrachten hätte, in welcher A und B endliche Constanten bedeuten sollen.

Bildet man nun jetzt

$$\int d \log f(w),$$

ausgedehnt über das unendlich grosse krummlinige Viereck, dessen zwei unendlich lange Seiten, auf denen, wie offenbar angenommen werden darf, kein Null- oder Unstetigkeitspunkt der Function sich befindet, die Gränzen des Periodenstreifens bilden, während die beiden andern beliebig in unendlich grosser Entfernung so gezogen sein sollen, dass sie je zwei um die Periode der Function differirende Punkte der unendlich langen Begränzungslinien verbinden, so wird der Werth jenes Integrals über die beiden unendlich langen Seiten genommen Null sein, da die Function in entsprechenden Punkten der beiden Linien gleiche Werthe annimmt und über dieselben in entgegengesetzter Richtung integrirt wird; dagegen wird der Werth des Integrals längs einer jeden der beiden Querlinien für sich verschwinden; denn, da $f(w)$ sich auf der ganzen endlichen Querlinie, die in der Unendlichkeit liegt, der Voraussetzung nach von einem festen endlichen Werthe nur unendlich wenig unterscheidet, so wird, während w jene Linie beschreibt, $f(w)$ einen in Folge der Periodicität dieser Function geschlossenen Umkreis durchlaufen, innerhalb

*) wobei es natürlich für die Definition des Parallelstreifens unwesentlich ist, ob die begränzenden Linien grade sind, wenn nur immer die Differenz der entsprechenden Punkte die Periode ist.

dessen kein Punkt liegt, für welchen $f(w)$ verschwindet oder unendlich gross wird, und es wird daher $\log f(w)$ an beiden Enden der Querlinie denselben Werth annehmen, also

$$\int d\log f(w),$$

als Summe der Incremente von $\log f(w)$, verschwinden. Da somit der Werth dieses Integrals über die gesammte Begränzung jenes Vierecks ausgedehnt Null ist, derselbe aber nach einem Satze der siebenten Vorlesung der Differenz der Zahlen gleich ist, welche angeben, wie oft die Function in dem von der Begränzung eingeschlossenen Raum unendlich klein und unendlich gross von der ersten Ordnung ist*), so folgt unmittelbar, dass die Function in dem Periodenstreifen ebenso oft Null als unendlich gross von der ersten Ordnung wird, und somit nach einem schon öfter dagewesenen Schlusse (wenn man statt $f(w)$

$$f(w) - A$$

substituirt) jeden Werth eine gleiche Anzahl mal annimmt.

Für die Beantwortung der oben aufgeworfenen Frage nach allen eindeutigen, periodischen Functionen, welche in ihrem Periodenbereiche jeden Werth nur einmal annehmen, wird es daher genügen, statt der letzten Bedingung die hinzuzufügen, dass sie *einen* ihrer Werthe in dem Periodenstreifen nur *einmal* annehmen soll.

Sei nun z eine Function von w, welche diesen Bedingungen Genüge leistet, und nehmen wir zuerst an, dass dieselbe in einem bestimmten Periodenstreifen für einen im Endlichen gelegenen Punkt $w = \alpha$ und der Voraussetzung nach von der ersten Ordnung unendlich sein möge, so wird für Punkte dieses Streifens

$$\text{(k)} \quad . \; . \; . \; . \; . \; . \; . \; . \quad z = \frac{c}{w - \alpha} + f(w)$$

sein, wo $f(w)$ eine für diesen Periodenstreifen endliche und eindeutige Function bedeutet, und es wird sich somit für solche Werthe von w, welche in der Umgebung von α in diesem Periodenstreifen liegen,

$$z = c\,(w - \alpha)^{-1} + c_0 + c_1\,(w - \alpha) + \ldots$$

ergeben; da diese Gleichung aber in die Form gesetzt werden kann

$$z = c\,(w - \alpha)^{-1} \left\{1 + \frac{c_0}{c}\,(w - \alpha) + \frac{c_1}{c}\,(w - \alpha)^2 + \cdots\right\}$$

oder aus früher angegebenen Gründen

$$\left(\frac{z}{c}\right)^{-1} = (w - \alpha)\left\{1 + d_1\,(w - \alpha) + d_2\,(w - \alpha)^2 + \cdots\right\},$$

---

*) Dass die Function überhaupt von einer endlichen Ordnung Null oder unendlich gross ist, folgt aus der Annahme der Eindeutigkeit derselben innerhalb des Periodenstreifens.

so folgt bekanntlich unmittelbar, dass die Entwicklung der Variabeln w, als Function von z aufgefasst, für Punkte der Umgebung von $z = \infty$ die Gestalt annimmt

$$w - \alpha = \left(\frac{z}{c}\right)^{-1} + c_2 z^{-2} + \cdots,$$

und man erhält somit, weil nach Gleichung (k)

$$\frac{dz}{dw} = -\frac{c}{(w-\alpha)^2} + f'(w)$$

ist, und $f'(w)$ als Ableitung der endlichen und eindeutigen Function $f(w)$ für $w = \alpha$ ebenfalls endlich, also durch die Taylor'sche Reihe nach positiven steigenden Potenzen von $w - \alpha$ darstellbar sein muss, die Entwicklung

$$\frac{dz}{dw} = b_2 z^2 + b_1 z + b_0 + b_{-1} z^{-1} + b_{-2} z^{-2} + \cdots,$$

d. h. es wird $\frac{dz}{dw}$ als Function von z aufgefasst in $z = \infty$ von der zweiten Ordnung unendlich sein, und ausserdem für kein endliches z unendlich gross werden, wie aus der Annahme hervorgeht, dass z eine eindeutige Function von w in der für eine periodische Function oben angegebenen Bedeutung ist, und die Ableitung daher nur mit der Function zugleich unendlich gross werden kann. Aber $\frac{dz}{dw}$ ist auch eine für alle z eindeutige Function dieser Variabeln; denn, wenn auch zu demselben Werthe des z unendlich viele Werthe der Variabeln w gehören, so ist doch der Annahme nach jedem z nur ein Punkt des Periodenstreifens zugetheilt, und es unterscheiden sich somit sämmtliche zu dem einen z gehörigen Werthe w nur um Vielfache der Periode d. h. um Constanten, so dass, weil benachbarten Werthen des z auch benachbarte w-Werthe zugehören, $\frac{dw}{dz}$ also auch $\frac{dz}{dw}$ als Function von z aufgefasst eine eindeutige Function dieser Variabeln sein muss. Da nun $\frac{dz}{dw}$ ausserdem, wie oben gezeigt worden, nur für $z = \infty$ und zwar von der zweiten Ordnung unendlich ist, so folgt, dass es eine ganze Function zweiten Grades von der Form

$$\frac{dz}{dw} = a_0 + a_1 z + a_2 z^2,$$

und ist somit z eine von den oben aus der Umkehrung rationaler Functionen erhaltenen Functionen von w, die sich linear durch die Exponentialfunction ausdrücken liessen.

Die Herleitung aller derjenigen Functionen von w, welche für alle Werthe dieser Variabeln eindeutig und periodisch sind und in jedem Periodenstreifen jeden Werth nur einmal annehmen, die aber nicht für einen im Endlichen gelegenen Punkt derselben unendlich gross werden, lässt sich unmittelbar mit Hülfe der eben angestellten Untersuchung bewerkstelligen. Denn ist

$$z = f(w)$$

eine solche Function, die nur für $w = \infty$ unendlich wird, so wird, wenn A irgend eine endliche Grösse bedeutet,

$$z' = \frac{1}{f(w) - A} = \frac{1}{z - A}$$

für einen im Endlichen gelegenen Punkt unendlich werden, und da nach der vorigen Untersuchung z' der Differentialgleichung genügen muss

$$\frac{dz'}{dw} = a_0 + a_1 z' + a_2 z'^2,$$

so folgt

$$-\frac{\frac{dz}{dw}}{(z - A)^2} = a_0 + \frac{a_1}{z - A} + \frac{a_2}{(z - A)^2},$$

und es ist daher z ebenfalls durch eine Differentialgleichung von der Form definirt

$$\frac{dz}{dw} = A_0 + A_1 z + A_2 z^2;$$

wir haben somit in den aus der Umkehrung rationaler Functionen hervorgehenden eindeutigen Functionen alle diejenigen erhalten, welche eine einfache Periode besitzen und in ihrem Periodenstreifen jeden Werth nur einmal annehmen.

Wir können aber auch mit Hülfe der Werthe, für welche die eindeutige, periodische Function, deren Periode A sein mag, in einem ihrer Periodenstreifen verschwindet und unendlich gross wird, die Form derselben vermöge der Exponentialfunction unmittelbar herleiten, wenn wir zuerst voraussetzen, dass der Punkt α, für den die Function in einem der Periodenstreifen von der ersten Ordnung Null und der Punkt β, für den sie von derselben Ordnung unendlich wird, beide in der Endlichkeit liegen; denn da dann

$$\varphi(w) = \frac{e^{\frac{2i\pi w}{A}} - e^{\frac{2i\pi\alpha}{A}}}{e^{\frac{2i\pi w}{A}} - e^{\frac{2i\pi\beta}{A}}}$$

eine in dem betrachteten Periodenstreifen eindeutige, die Periode A besitzende Function ist, welche in demselben, wie früher gezeigt worden, jeden Werth nur einmal annimmt, für $w = \alpha$ verschwindet, für $w = \beta$ unendlich gross wird, so ergiebt sich, dass

$$\frac{f(w)}{\varphi(w)}$$

eine eindeutige Function mit der Periode A sein wird, welche, weil beide Functionen in denselben Punkten von der ersten Ordnung Null und unendlich werden, in dem Periodenstreifen, also auch in der ganzen unendlichen Ebene nie unendlich gross werden kann und somit nach früheren Sätzen eine Constante sein muss. Es wird daher die durch die obigen Bedingungen definirte Function $f(w)$, wie das schon aus dem Resultate des vorher bewiesenen Satzes ersichtlich war, die Gestalt

$$f(w) = c \cdot \frac{e^{\frac{2i\pi w}{A}} - e^{\frac{2i\pi\alpha}{A}}}{e^{\frac{2i\pi w}{A}} - e^{\frac{2i\pi\beta}{A}}}$$

annehmen, worin c eine willkührliche Constante bedeutet.

Die Frage, wie einfach periodische Functionen, die in jedem Periodenstreifen jeden Werth nur einmal annehmen, für welche jedoch einer der Punkte oder beide, für welche sie verschwinden oder unendlich werden, in die Unendlichkeit rückt, mit Hülfe der Exponentialfunction dargestellt werden, könnte analog der vorher aufgestellten behandelt werden, soll jedoch erst in der folgenden Vorlesung in der Besprechung einer allgemeineren Frage ihre Beantwortung finden.

Elfte Vorlesung.

Das trigonometrische und elliptische Integral.

Gehen wir nunmehr in der allgemeinen Untersuchung der Integrale algebraischer Functionen weiter und legen eine Gleichung zweiten Grades in s zu Grunde

$$a_0 s^2 + a_1 s + a_2 = 0,$$

in welcher a_0, a_1, a_2 ganze Polynome beliebigen Grades von z sind, so wird es sich, wenn wir auf dem oben vorgezeichneten Wege fortgehen, um die Untersuchung aller derjenigen Functionen handeln, deren Ableitung verzweigt ist wie die durch die obige Gleichung definirte Riemann'sche Fläche, und welche für eine endliche Anzahl von auf derselben willkührlich fixirten Punkten von der ersten Ordnung unendlich wird.

Es wird vor allen Dingen leicht sein, einzusehen, dass alle wie s verzweigten Functionen oder alle für die Punkte der durch die Gleichung

$$s = \frac{-a_1 \pm \sqrt{a_1^2 - 4a_0 a_2}}{2a_0}$$

dargestellten Riemann'schen Fläche eindeutigen Functionen, welche in einer endlichen Anzahl von Punkten derselben von der ersten Ordnung unendlich werden, rationale Functionen von s und z sind. Denn da eine solche Function für jedes z nur zwei verschiedene Werthe annimmt und ausserdem nur in einer endlichen Anzahl von Punkten unendlich werden soll, so wird sie sich nach früheren Sätzen jedenfalls als die Lösung einer Gleichung zweiten Grades darstellen lassen, deren Coefficienten rationale Functionen von z sind; da aber ferner unter der Quadratwurzel der Auflösung dieser quadratischen Gleichung wegen der gleichen Verzweigung beider Functionen nur solche Linearfactoren in einer ungraden Potenz vorkommen können, die auch in

$$a_1^2 - 4a_0 a_2$$

mit einem ungraden Exponenten versehen sind, und alle diese vorkommen müssen, so erkennt man ohne Schwierigkeit, dass, wenn

$$z_1, z_2, \dots z_\mu$$

die Verzweigungspunkte von s vorstellen, und somit

$$s = \varphi_0(z) + \varphi_1(z)\sqrt{(z - z_1)(z - z_2)\cdots(z - z_\mu)}$$

ist, worin $\varphi_0(z)$ und $\varphi_1(z)$ rationale Functionen von z bedeuten, die neue Function jedenfalls die Form

$$f_0(z) + f_1(z)\sqrt{(z-z_1)(z-z_2)\ldots(z-z_\mu)}$$

annehmen muss, in welcher $f_0(z)$ und $f_1(z)$ wiederum rational aus z zusammengesetzt sind, und somit als rationale Function von s und z dargestellt werden kann.

Während es nun zur Herstellung einer rationalen Function von z, wie aus der Form derselben unmittelbar hervorgeht, möglich ist, eine willkührliche endliche Anzahl beliebig gelegener Punkte zu fixiren, in denen jene Function von beliebiger endlicher Ordnung unendlich werden soll*), wird die Existenz einer auf jener zweiblättrigen Fläche eindeutigen Function nicht immer von der Anzahl und Lage dieser Discontinuitätspunkte erster Gattung unabhängig sein. Seien nämlich

$$\alpha_1, \alpha_2, \ldots \alpha_\varrho$$

beliebige ϱ Unstetigkeitspunkte erster Ordnung, die so beschaffen seien, dass sie Unstetigkeitspunkte nur für *ein* Blatt der Fläche sind, d. h. dass, wenn

$$\sqrt{(z-z_1)(z-z_2)\ldots(z-z_\mu)} = \sqrt{R(z)}$$

gesetzt wird, $\alpha_\varkappa$ nur mit einem der zu ihm gehörigen Werthe der Quadratwurzel, nämlich mit

$$\varepsilon_\varkappa \sqrt{R(\alpha_\varkappa)}$$

verbunden ein Unstetigkeitspunkt der Function ist, wenn $\varepsilon_\varkappa$ die positive oder negative Einheit bedeutet; seien ferner

$$\beta_1, \beta_2, \ldots \beta_\sigma$$

Unstetigkeitspunkte erster Ordnung für beide Blätter zugleich, wobei jedoch angenommen werden soll, dass die β nicht Verzweigungspunkte der Function sind, aber für die α sowohl als auch für die β das Zusammenfallen einzelner zugelassen wird, und mag endlich die Function im unendlich entfernten Punkte auf dem einen Blatte von der τ^{ten}, auf dem andern von der τ_1^{ten} Ordnung unendlich sein, wobei wir nur annehmen, dass $\tau \geqq \tau_1$ ist, und zu der höheren Ordnung des Unendlichwerdens das Wurzelzeichen $\varepsilon_\infty\,(\sqrt{R(z)})_\infty$ gehört, ausserdem aber auch voraussetzen, dass der unendlich entfernte Punkt kein Verzweigungspunkt, also $R(z)$ von paarem Grade sei, dann fragt es sich, ob sich immer eine rationale Function von z und $\sqrt{R(z)}$ bestimmen lässt, welche für diese und nur für diese Punkte unendlich von der ersten Ordnung wird.

---

*) indem man nur einen rationalen Bruch zu bilden braucht, dessen Nenner in den gegebenen Discontinuitätspunkten von der gegebenen Ordnung verschwindet, während der Grad des Zählers den des Nenners um soviel Einheiten übertrifft als die Ordnung anzeigt, von welcher die Function im unendlich entfernten Punkte unendlich gross werden soll.

Vor allen Dingen ist klar, dass jede rationale Function von z und $\sqrt{R(z)}$ sich in die Form

$$\frac{\varphi_0(z) + \varphi_1(z)\sqrt{R(z)}}{\psi_0(z) + \psi_1(z)\sqrt{R(z)}}$$

setzen lässt, worin

$$\varphi_0(z),\ \varphi_1(z),\ \psi_0(z),\ \psi_1(z)$$

ganze Functionen von z bedeuten, oder wenn Zähler und Nenner mit

$$\psi_0(z) - \psi_1(z)\sqrt{R(z)}$$

multiplicirt wird,

$$\frac{F_0(z) + F_1(z)\sqrt{R(z)}}{F_2(z)},$$

worin ebenfalls

$$F_0(z),\ F_1(z),\ F_2(z)$$

ganze Functionen von z vorstellen, von denen wir annehmen dürfen, dass sie keinen gemeinsamen Theiler mehr haben. Da nun

$$\alpha_1,\ \alpha_2,\ \ldots\ \alpha_\varrho,\ \beta_1,\ \beta_2,\ \ldots\ \beta_\sigma$$

Unstetigkeitspunkte der Function sein sollen, in welchen dieselbe von der ersten Ordnung unendlich sein soll, so wird jedenfalls

$$F_2(z) = (z-\alpha_1)(z-\alpha_2)\cdots(z-\alpha_\varrho)(z-\beta_1)(z-\beta_2)\cdots(z-\beta_\sigma)$$

werden*), und es wird sich nur darum handeln, die Bedingungen zu befriedigen, denen die α, β und der unendlich entfernte Punkt genügen sollten. Da die $\alpha_\varkappa$ nur Unstetigkeitspunkte auf dem einen, durch den Werth $\varepsilon_\varkappa\sqrt{R(\alpha_\varkappa)}$ bezeichneten Blatte sein sollten, so wird in dem andern Blatte für den durch $-\varepsilon_\varkappa\sqrt{R(\alpha_\varkappa)}$ ausgedrückten Werth von $\sqrt{R(z)}$ der Zähler der obigen Function Null sein müssen, da sonst, wenn er einen endlichen Werth hätte, und der Nenner jedenfalls verschwindet, die Function unendlich gross würde, und es werden somit ϱ Bedingungsgleichungen von der Form

$$F_0(\alpha_\varkappa) - \varepsilon_\varkappa F_1(\alpha_\varkappa)\sqrt{R(\alpha_\varkappa)} = 0^{**})$$

---

*) denn wenn $F_2(z)$ noch einen Factor von der Form $z-\gamma$ hätte, so würde, da die oben aufgestellte rationale Function von z und $\sqrt{R(z)}$ nicht noch für $z=\gamma$ unendlich werden sollte,

$$F_0(\gamma) + F_1(\gamma)\sqrt{R(\gamma)} = 0$$

sein müssen für beide Zeichen der Grösse $\sqrt{R(\gamma)}$, uud es müssten somit $F_0(z)$ und $F_1(z)$ ebenfalls durch $z-\gamma$ theilbar sein, da, wenn der Factor $z-\gamma$ in $R(z)$ enthalten wäre, der Ausdruck immer noch unendlich sein würde.

**) Es bedarf kaum der Erwähnung, dass für den Fall, in welchem mehrere der α z. B. m einander gleich werden, die rationale Function also in einem dieser Punkte von der m^{ten} Ordnung unendlich werden soll, die der obigen Gleichung entsprechenden m nothwendig zu erfüllenden Bedingungen zu ersetzen sein werden durch befriedigt sein müssen, wenn die α der aufgestellten Bedingung Genüge leisten sollen, während die β offenbar für den Zähler keine nothwendigen Beziehungen zwischen den in ihm enthaltenen willkührlichen Constanten liefern werden; ferner wird aber auch, da, wenn dem unendlich entfernten Punkte der Wurzelwerth $\varepsilon_\infty\,(\sqrt{R(z)})_\infty$ zugehört, die Function von der τ^{ten} Ordnung unendlich werden soll, wo $\tau \geqq \tau_1 \geqq 0$ vorausgesetzt worden, für diesen Werth der Quadratwurzel der Grad des Zählers den des Nenners um τ Einheiten übersteigen und also gleich $\varrho + \sigma + \tau$ werden, während, wenn dem unendlich entfernten Punkte der entgegengesetzte Wurzelwerth entsprechen soll, die $\tau - \tau_1$ höchsten Glieder in der Entwicklung des Zählers nach fallenden Potenzen von z mit Hinzuziehung des betreffenden Wurzelwerthes verschwinden müssen, und somit zu jenen ϱ Bedingungen für die α noch $\tau - \tau_1$ solcher für den unendlich entfernten Punkt hinzutreten. Berücksichtigt man aber, dass $R(z)$ vom μ^{ten} Grade ist, so folgt, dass

$$F_0(z) \text{ höchstens vom } \varrho + \sigma + \tau^{\text{ten}}$$

$$F_1(z) \quad \cdot \quad \cdot \quad \cdot \quad \cdot \quad \cdot \quad \varrho + \sigma + \tau - \frac{\mu}{2}^{\text{ten}}$$

Grade sind, da $R(z)$ ein Polynom paaren Grades sein musste (eine

---

$$\left(F_0(z) + F_1(z)\sqrt{R(z)}\right)_{z = \alpha_\varkappa,\ \sqrt{R(z)} = -\varepsilon_\varkappa \sqrt{R(\alpha_\varkappa)}} = 0$$

$$\frac{d}{dz}\left(F_0(z) + F_1(z)\sqrt{R(z)}\right)_{z = \alpha_\varkappa,\ \sqrt{R(z)} = -\varepsilon_\varkappa \sqrt{R(\alpha_\varkappa)}} = 0$$

$$\cdot \quad \cdot \quad \cdot \quad \cdot \quad \cdot \quad \cdot \quad \cdot \quad \cdot \quad \cdot \quad \cdot \quad \cdot \quad \cdot$$

$$\frac{d^{m-1}}{dz^{m-1}}\left(F_0(z) + F_1(z)\sqrt{R(z)}\right)_{z = \alpha_\varkappa,\ \sqrt{R(z)} = -\varepsilon_\varkappa \sqrt{R(\alpha_\varkappa)}} = 0;$$

die linken Seiten dieser Gleichung bilden nämlich in der in Folge der Eigenschaft der Punkte $\alpha_\varkappa$ erlaubten Taylor'schen Entwicklung der Function

$$F_0(z) + F_1(z)\sqrt{R(z)}$$

nach steigenden Potenzen von $z - \alpha_\varkappa$ in der Nähe dieses Punktes und in dem Blatte, das als zugehörigen Wurzelwerth $-\varepsilon_\varkappa \sqrt{R(\alpha_\varkappa)}$ liefert, die Coefficienten von

$$(z - \alpha_\varkappa)^0,\ (z - \alpha_\varkappa)^1, \cdots (z - \alpha_\varkappa)^{m-1},$$

so dass dann auch der ganze Factor $(z - \alpha_\varkappa)^m$ des Nenners sich in den Zähler hinauf dividirt, die rationale Function von z somit für $z = \alpha_\varkappa$, $\sqrt{R(z)} = -\varepsilon_\varkappa \sqrt{R(\alpha_\varkappa)}$ nicht unendlich gross wird. Sind die Discontinuitätspunkte so gewählt, dass die Function für einen derselben auf dem einen Blatte von einer andern Ordnung unendlich wird als auf dem andern, so würde man diesen Punkt mit der Ordnung, welche die niedrigere ist, zu den β-Punkten zu zählen haben, während er ausserdem, was keiner weiteren Auseinandersetzung bedarf, mit der Differenz der Ordnungen zu den α-Punkten gerechnet werden muss; der Nenner wird zum Exponenten des zugehörigen Linearfactors die höchste der beiden Ordnungszahlen besitzen.

dieser Functionen aber diesen Grad erreichen muss), und daher die Anzahl der in $F_0(z)$ vorkommenden beliebigen Constanten höchstens

$$\varrho + \sigma + \tau + 1,$$

der in $F_1(z)$ enthaltenen höchstens

$$\varrho + \sigma + \tau - \frac{\mu}{2} + 1$$

ist. Da somit im Zähler höchstens über

$$2\varrho + 2\sigma + 2\tau - \frac{\mu}{2} + 2$$

Constanten zu verfügen ist, die jedoch nach den vorigen Auseinandersetzungen

$$\varrho + \tau - \tau_1$$

Bedingungen unterworfen sind, so werden im Ganzen, wenn wir noch eine multiplicatorische Constante des Zählers, deren verschiedene Werthe die Eigenschaft der Function nicht ändern, abrechnen, noch

$$\varrho + 2\sigma + \tau + \tau_1 - \frac{\mu}{2} + 1$$

willkührliche Constanten übrig bleiben, und daher, wenn die den Functionen $F_0(z)$ und $F_1(z)$ angehörigen Coefficienten so sollen gewählt werden können, dass den oben aufgestellten Bedingungen Genüge geschieht, nothwendig

$$\varrho + 2\sigma + \tau + \tau_1 - \frac{\mu}{2} + 1 \geqq 0$$

sein müssen, und daher die Anzahl der Punkte, in denen eine rationale Function von z und $\sqrt{R(z)}$ unendlich gross von der ersten Ordnung werden soll, einer Beschränkung unterliegen; es ist ferner unmittelbar ersichtlich, dass, wenn von einer Function die Rede sein soll, welche wie $\sqrt{R(z)}$ verzweigt ist, $F_1(z)$ nicht identisch verschwinden darf und daher

$$\varrho + \sigma + \tau - \frac{\mu}{2} + 1 > 0$$

sein muss, durch welche Bedingung jedoch die vorher aufgestellte Ungleichheit in allen Fällen befriedigt wird, und sich somit

$$\varrho + \sigma + \tau > \frac{\mu}{2} - 1$$

als die einzige ergiebt für den Fall, dass $R(z)$ von paarem Grade ist.

Ist $R(z)$ dagegen von einem unpaaren Grade, also $z = \infty$ ein Verzweigungspunkt der Fläche, so ist leicht zu sehen, dass, wenn die rationale Function von einer ganzzahligen Ordnung t in $z = \infty$ unendlich gross werden soll,

$F_0(z)$ höchstens vom $\varrho + \sigma + t^{\text{ten}}$

$F_1(z)$ . . . . . $\varrho + \sigma + t - \left(\frac{\mu}{2}\right) - 1^{\text{ten}}$

Grade sind, wenn $\left(\frac{\mu}{2}\right)$ die grösste in $\frac{\mu}{2}$ enthaltene ganze Zahl bedeutet, und daher die Anzahl der verfügbaren Constanten wieder von der multiplicatorischen abgesehen $2\varrho + 2\sigma + 2t - \left(\frac{\mu}{2}\right)$ ist, während nur ϱ Bedingungsgleichungen zu erfüllen sind, und somit die für das Vorkommen der Grösse $\sqrt{R(z)}$ in der gesuchten rationalen Function nothwendige Ungleichheit

$$\varrho + \sigma + t - \left(\frac{\mu}{2}\right) - 1 \geqq 0$$

oder

$$\varrho + \sigma + t > \left(\frac{\mu}{2}\right)$$

die für die Existenz dieser Function überhaupt nothwendige und hinreichende ist; wenn aber die rationale Function in dem unendlich entfernten Punkte von einer gebrochenen Ordnung, welche bekanntlich die Form $t + \frac{1}{2}$ haben muss*), unendlich gross werden soll, so wird

$$\begin{array}{ll} F_0(z) \text{ höchstens vom} & \varrho + \sigma + t^{\text{ten}} \\ F_1(z) \quad \cdot \quad \cdot \quad \cdot \quad \cdot \quad \cdot & \varrho + \sigma + t - \left(\frac{\mu}{2}\right)^{\text{ten}} \end{array}$$

Grade sein müssen, daher über $2\varrho + 2\sigma + 2t - \left(\frac{\mu}{2}\right) + 1$ Constanten mit Berücksichtigung von ϱ Bedingungsgleichungen zu verfügen sein, und es daher wieder genügen, die Ungleichheit zu befriedigen

$$\varrho + \sigma + t > \left(\frac{\mu}{2}\right) - 1.$$

Es ist leicht einzusehen, dass, wenn eine rationale Function von z und $\sqrt{R(z)}$ nur für ϱ beliebig gegebene, im Endlichen gelegene Punkte unendlich von der ersten Ordnung werden soll und zwar in jedem dieser Punkte nur auf einem der beiden Blätter, je nachdem $R(z)$ von paarem oder unpaarem Grade ist,

$$\varrho > \frac{\mu}{2} - 1 \text{ oder } \varrho > \left(\frac{\mu}{2}\right)$$

sein muss, und es existiren daher keine rationalen Functionen von z und $\sqrt{R(z)}$, welche, wenn $R(z)$ ein Polynom paaren Grades ist, für weniger als $\frac{\mu}{2}$, und, wenn $R(z)$ von unpaarem Grade, für weniger als $\left(\frac{\mu}{2}\right) + 1$ beliebig wählbare Punkte, zwischen deren Lagen keine besonderen Beziehungen stattfinden, unendlich von der ersten Ordnung werden.

Es braucht ferner kaum hinzugefügt zu werden, dass, wenn einer

*) Dass die Ordnung des Unendlichwerdens im unendlich entfernten Punkt für beide Blätter dieselbe ist, ist unmittelbar einleuchtend.

der β-Punkte ein Verzweigungspunkt der Function ist, nur für den Fall, dass die Ordnung des Unendlichwerdens die $\frac{1}{2}^{\text{te}}$ ist, die Bedingung $F_0(\beta) = 0$ hinzukommen muss, während, wenn die Ordnung die erste ist, keine weitere Bedingung hinzutritt; in jedem Falle bleiben die oben aufgestellten Ungleichheiten bestehen.

Nachdem nun nachgewiesen worden, dass jede wie s verzweigte Function von z, welche in einer endlichen Anzahl von Punkten unendlich von der ersten Ordnung wird, sich rational durch z und $\sqrt{R(z)}$ ausdrücken lässt, und für die Bildung dieser rationalen Functionen eine mit der Anzahl der willkührlich gegebenen Unstetigkeitspunkte zusammenhängende Bedingung gefunden worden, wird die Untersuchung der Functionen, deren Ableitung wie s verzweigte Functionen von z sind, welche in einer endlichen Anzahl von Punkten unendlich werden, auf die von Integralen rationaler Functionen von z und $\sqrt{R(z)}$ reducirt sein.

Es wird, wie wir später sehen werden, die Art der Transcendenten, die durch die Integration der in s und z rationalen Functionen und durch die Umkehrung dieser Integrale geliefert werden, wesentlich von dem Grade μ der in dem Ausdrucke

$$a_1^2 - 4a_0a_2 = \psi(z)^2(z - z_1)(z - z_2)\cdots(z - z_\mu) = \psi(z)^2 R(z)$$

enthaltenen Function $R(z)$ abhängen, und es wird daher zur Vereinfachung der Untersuchung beitragen, wenn wir zeigen, dass sich stets eine rationale Substitution finden lässt, welche jede rationale Function von z und $\sqrt{\varphi(z)}$, worin $\varphi(z)$ eine ganze Function des $2p + 1^{\text{ten}}$ Grades sein soll, in eine rationale Function von ζ und $\sqrt{R(\zeta)}$ umformt und umgekehrt, worin $R(\zeta)$ ein ganzes Polynom von einem um eine Einheit höheren paaren Grade ist.

Ist nämlich

$$\sqrt{\varphi(z)} = \sqrt{(z - z_1)(z - z_2)\cdots(z - z_{2p+1})},$$

so setze man, wenn α_1 und α_{2p+2} zwei beliebige Constanten bedeuten,

$$z - z_1 = \frac{\zeta - \alpha_{2p} + 2}{\zeta - \alpha_1},$$

so dass z eine rationale Function von ζ und umgekehrt ζ eine rationale Function von z ist, und man erkennt durch unmittelbare Ausrechnung, dass

$$\sqrt{\varphi(z)} = \frac{C}{(\zeta - \alpha_1)^{p+1}}\sqrt{(\zeta - \alpha_1)(\zeta - \alpha_2)\cdots(\zeta - \alpha_{2p+2})}$$

ist, worin

$$C, \alpha_1, \alpha_2, \cdots \alpha_{2p+2}$$

rational aus

$$\alpha_1, \alpha_{2p+2}, z_1, z_2, \ldots z_{2p+1}$$

zusammengesetzt sind; es lassen sich somit z und $\sqrt{\varphi(z)}$ rational durch

ζ und $\sqrt{R(\zeta)}$ ausdrücken, und es ist daher die Untersuchung auf die Betrachtung der Integrale rationaler Functionen von z und $\sqrt{R(z)}$ reducirt, in welchen der Grad von $R(z)$ ein gradzahliger ist.

Man nennt nun die Integrale von rationalen Functionen von z und $\sqrt{R(z)}$, wenn $R(z)$ vom zweiten Grade ist, *trigonometrische* Integrale, wenn $R(z)$ vom vierten Grade *elliptische*, wenn $R(z)$ vom sechsten Grade *hyperelliptische Integrale erster Ordnung*, vom achten *hyperelliptische zweiter* Ordnung u. s. w.

Sei nun noch allgemein

$$w = \int f(z, \sqrt{R(z)})\, dz,$$

worin f eine rationale Function von z und $\sqrt{R(z)}$ bedeutet und

$$R(z) = (z - z_1)(z - z_2) \cdots (z - z_{2p})$$

ist, so wird es zur Untersuchung dieser Integrale vor allen Dingen nöthig sein, die durch $\sqrt{R(z)}$ definirte Riemann'sche Fläche zu construiren und dieselbe durch Querschnitte in eine einfach zusammenhängende zu verwandeln. Da die Verzweigungspunkte von $\sqrt{R(z)}$ offenbar

$$z_1\, z_2 \ldots z_{2p}$$

sind, wie man durch den Anblick der Function und durch die Substitution

$$z = \frac{1}{z'}$$

unmittelbar sieht, so wird man, da die Fläche zweiblättrig ist, α_1 mit α_2, α_3 mit α_4, ... α_{2p-1} mit α_{2p} durch p Verzweigungsschnitte verbinden können, so dass sie nunmehr der geometrische Ort der Variabeln der eindeutig gemachten Function $\sqrt{R(z)}$ also auch der Function

$$f(z, \sqrt{R(z)})$$

ist. Wie nun die Fläche in eine einfach zusammenhängende zu verwandeln ist, haben wir in der fünften Vorlesung ausführlich erörtert. Zieht man nämlich im ersten Blatte eine geschlossene Linie a_1, welche den Verzweigungsschnitt $\alpha_1 \alpha_2$ umgiebt, als ersten Querschnitt und von der einen Seite derselben zu dem gegenüberliegenden Punkte der andern Seite eine geschlossene Linie b_1, welche den letzten Verzweigungsschnitt trifft, ferner um den zweiten Verzweigungsschnitt eine geschlossene Linie a_2, welche mit einer beliebigen Verbindungslinie c_1 von b_1 mit a_2 den dritten Querschnitt bildet, von a_2 aus einen vierten Querschnitt b_2 von derselben Art wie b_1, u. s. w., so wird durch die so gezogenen $2p - 2$ Querschnitte nach den früheren Auseinandersetzungen die Riemann'sche Fläche in eine einfach zusammenhängende verwandelt. Schliesst man nun auf derselben die Punkte, für welche

$$f(z, \sqrt{R(z)})$$

so unendlich wird, dass die Entwickelung dieser Function in der Nähe eines solchen Unstetigkeitspunktes ε die erste negative Potenz von

Fig. 49.

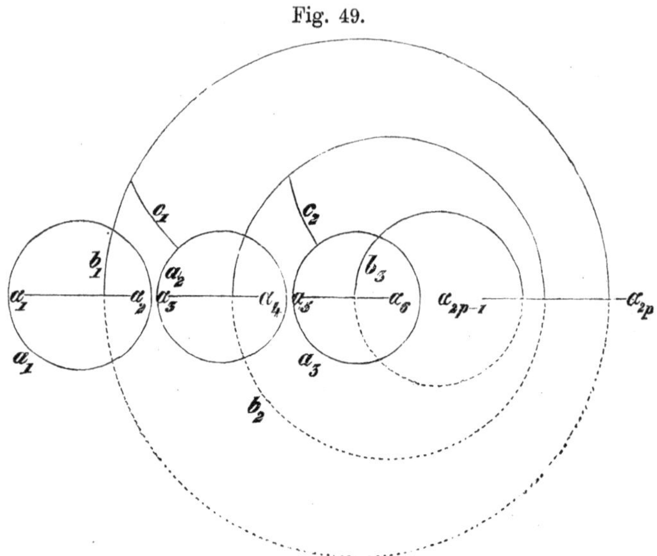

$z - \varepsilon$ enthält, durch einen unendlich kleinen Kreis aus und die beiden unendlich entfernten Punkte dann, wenn die Entwicklung in der Nähe derselben das Glied $\frac{1}{z}$ enthält, und zieht sodann von der Peripherie je eines dieser unendlich kleinen Kreise beliebige die vorigen Querschnitte nicht schneidende Linien nach den nunmehrigen Gränzen der Fläche, führt also noch so viel neue Querschnitte ein als Unstetigkeitspunkte ausgeschlossen worden sind, so wird jetzt die Riemann'sche Fläche auch der geometrische Ort der Variabeln des eindeutig gemachten Integrales

$$w = \int f(z, \sqrt{R(z)})\, dz$$

sein, und es werden sich alle Werthe desselben durch den auf der neuen einfach zusammenhängenden Fläche genommenen und durch Multipla der Stetigkeitssprünge an den Querschnitten ausdrücken, welche für diese Art der Zerlegung der Fläche bereits früher ermittelt worden sind; ebenso sind für die weitere Untersuchung der Endlichkeit und Stetigkeit der Integrale in den Unstetigkeitspunkten oben allgemein die Mittel angegeben, und es liesse sich somit die Theorie dieser Integrale vollständig entwickeln. Wir beabsichtigen uns jedoch in diesen Vorlesungen nur mit derjenigen Klasse dieser Integrale zu beschäftigen (indem wir solche Integrale zu einer Klasse rechnen, für welche das

Polynom unter der Quadratwurzel denselben paaren Grad hat), zu welcher mindestens eins gehört, welches in seiner Umkehrung z als eine in der ganzen Ebene eindeutige Function von w ergiebt, und wir stellen uns daher jetzt ganz allgemein die Frage, wie der Grad des Polynoms $R(z)$ und die rationale Function f beschaffen sein müssen, damit eine in der ganzen Ebene eindeutige Umkehrung möglich sei; die Mittel zur Beantwortung dieser Frage liegen in dem am Ende der achten Vorlesung bewiesenen Satze.

Sei

$$\frac{dw}{dz} = \frac{\varphi_0(z) + \varphi_1(z)\sqrt{R(z)}}{\psi_0(z) + \psi_1(z)\sqrt{R(z)}},$$

worin

$$\varphi_0(z),\ \varphi_1(z),\ \psi_0(z),\ \psi_1(z)$$

ganze Functionen von z bedeuten, die nicht alle vier einen gemeinsamen Theiler haben, so wird die zu untersuchende Differentialgleichung, welche z als Function von w definirt,

$$\frac{dz}{dw} = \frac{\psi_0(z) + \psi_1(z)\sqrt{R(z)}}{\varphi_0(z) + \varphi_1(z)\sqrt{R(z)}},$$

wenn Zähler und Nenner mit

$$\varphi_0(z) - \varphi_1(z)\sqrt{R(z)}$$

multiplicirt wird, die Form annehmen

$$\frac{dz}{dw} = f_0(z) + f_1(z)\sqrt{R(z)},$$

worin $f_0(z)$ und $f_1(z)$ nunmehr im allgemeinen gebrochene rationale Functionen von z bedeuten, und es ist unmittelbar zu sehen, dass, weil die Entwicklung der rechten Seite dieser Gleichung nach steigenden Potenzen von $z - z_0$ nicht mit einer negativen Potenz dieser Grösse beginnen darf, da sonst z eine um den entsprechenden w-Punkt vieldeutige Function sein würde, $f_0(z)$ und $f_1(z)$ ganze Functionen von z sein müssen, welche wir mit $F_0(z)$ und $F_1(z)$ bezeichnen wollen, so dass

$$\frac{dz}{dw} = F_0(z) + F_1(z)\sqrt{R(z)}$$

wird.

Wenden wir weiter auf diese Gleichung die bekannten Criterien für die Eindeutigkeit der durch Differentialgleichungen dieser Form definirten Functionen an, nach welchen diese Eindeutigkeit für alle im Endlichen gelegenen Werthe von w dann und nur dann statthatte, wenn die Entwicklung der rechten Seite der Gleichung nach steigenden Potenzen von $z - z_0$, worin z_0 ein beliebiger endlicher Werth der Variablen z war, mit dem Gliede $(z - z_0)^{\frac{n-1}{n}}$ beginnt, wenn die Entwicklung einen Anfangsexponenten kleiner als die Einheit besitzt, und nach fallenden Potenzen von z das Anfangsglied

$z^{\frac{n+1}{n}}$ für einen Anfangsexponenten grösser als die Einheit liefert. Bedeutet somit z_0 irgend einen Werth von z, welcher nicht ein Verzweigungspunkt der rechten Seite der Gleichung ist, d. h. nicht zu den Werthen $z_1, z_2, \ldots z_{2p}$ gehört, so wird die Entwicklung mit $(z - z_0)^0$ d. h. einer Constanten beginnen müssen, und daher

$$F_0(z) + F_1(z)\sqrt{R(z)}$$

nur für die Werthe $z_1, z_2, \ldots z_{2p}$ verschwinden dürfen und zwar so, dass die Entwicklung nach steigenden Potenzen von $z - z_\alpha$ mit $(z - z_\alpha)^{\frac{1}{2}}$ beginnt, woraus wiederum folgt, dass $F_0(z)$ jedenfalls durch das Product

$$(z - z_1)(z - z_2)\cdots(z - z_{2p})$$

theilbar sein muss. Beachtet man nun, dass $z = \infty$ kein Verzweigungspunkt der Quadratwurzel aus einem Polynom von paarem Grade ist, und dass somit die Entwicklung der rechten Seite der obigen Gleichung nach fallenden Potenzen von z mit z^2 beginnen muss, so folgt unmittelbar, dass sich ein höherer Grad von $R(z)$ als der zweite oder vierte mit den nothwendigen Bedingungen für die Eindeutigkeit der Umkehrung nicht verträgt, und dass ferner, wenn $R(z)$ ein Polynom vom zweiten Grade ist, $F_1(z)$ ein solches vom ersten Grade sein wird, und $F_0(z)$ die Form

$$c_0(z - z_1)(z - z_2)$$

haben muss, worin c_0 eine Constante bedeutet, dass dagegen, wenn $R(z)$ ein Polynom vierten Grades ist, $F_0(z) = 0$ und $F_1(z)$ eine Constante sein wird, so dass wir als zwei gesonderte und einzig existirende Fälle, in denen eine für alle im Endlichen gelegenen Punkte eindeutige Umkehrung möglich ist und auch wirklich statthat,

$$\frac{dz}{dw} = c_0(z - z_1)(z - z_2) + (c_1 z + c_2)\sqrt{(z - z_1)(z - z_2)}$$

und

$$\frac{dz}{dw} = c\sqrt{(z - z_1)(z - z_2)(z - z_3)(z - z_4)}$$

erhalten, somit nur Umkehrungen von Integralen derjenigen beiden Klassen, in denen das Polynom $R(z)$ vom zweiten oder vierten Grade ist, oder der trigonometrischen und elliptischen Integrale, mit welchen beiden Klassen allein wir uns in den folgenden Vorlesungen beschäftigen werden.

Indem ich mich zu den durch die Differentialgleichung

$$\frac{dz}{dw} = c_0(z - z_1)(z - z_2) + (c_1 z + c_2)\sqrt{(z - z_1)(z - z_2)}$$

definirten Functionen wende, will ich bemerken, dass die Substitution

$$\zeta = \frac{z - z_1}{z - z_2}$$

diese Gleichung in

$$\frac{d\zeta}{dw} = c_0(z_1 - z_2)\zeta + (c_1 z_1 + c_2 - (c_1 z_2 + c_2)\zeta)\sqrt{\zeta}$$

überführt, und dass somit hierin alle Integrale von rationalen Functionen von ζ und Quadratwurzeln aus Polynomen ersten Grades von ζ enthalten sind, welche eine für alle im Endlichen gelegenen w eindeutige Umkehrung von z erlauben. Dass durch die letzten Differentialgleichungen nicht wesentlich andere Functionen als die vorhin durch die Umkehrung der Integrale rationaler Functionen der Variabeln erhaltenen hervorgehen, ist daraus ersichtlich, dass die Substitution

$$\sqrt{\zeta} = u$$

in die obige Gleichung dieselbe in

$$\frac{du}{dw} = \frac{c_0(z_1 - z_2)}{2} u + \left(\frac{c_1 z_1 + c_2}{2} - \frac{(c_1 z_2 + c_2)}{2} u^2\right)$$

überführt, somit in eine der in der letzten Vorlesung gefundenen analoge Gleichung, welche nach dem dort erhaltenen Resultate als allgemeines Integral eine lineare Function der Exponentialfunction lieferte. Es wird sich somit ζ also auch z als gebrochene rationale Function zweiten Grades eben dieser Transcendenten und zwar im Allgemeinen mit der Periode derselben behaftet ausdrücken, und werden somit neue Transcendenten aus dieser Klasse von Integralen nicht hervorgehen. Wir müssen jedoch bemerken, dass während die Umkehrung der Gleichung der letzten Vorlesung eindeutige periodische Functionen lieferte, welche in jedem Periodenstreifen jeden Werth nur einmal annehmen, die jetzt erhaltenen, wie aus der Beziehung

$$\zeta = u^2$$

hervorgeht, Functionen von derselben Periode definiren, welche in jedem Periodenstreifen jeden Werth zweimal annehmen werden, indem die beiden Werthe des w, welche der durch die obige Gleichung zwischen u und w definirten Function entgegengesetzte Werthe gaben, jetzt in Folge der genannten Substitution für die Umkehrungsfunction denselben Werth liefern werden, und offenbar nur diese beiden w.

Greifen wir aus den durch die obige Gleichung definirten Functionen w der Variabeln z, welche eindeutige, einfach periodische Umkehrungsfunctionen haben, die in jedem Periodenstreifen jeden Werth zweimal annehmen, die einfachste heraus, indem wir

$$c_0 = c_1 = 0, \quad c_2 = i, \quad z_1 = 1, \quad z_2 = -1$$

setzen und somit die Differentialgleichung

$$\frac{dz}{dw} = \sqrt{1 - z^2}$$

erhalten, so wird bei Zuordnung der Werthe $z = 0$ und $w = 0$ die durch die Gleichung

$$w = \int_0^z \frac{dz}{\sqrt{1-z^2}}$$

definirte Function von z der arc sin z genannt, und die nach dem Obigen eindeutige, einfach periodische Umkehrungsfunction durch

$$z = \sin w$$

bezeichnet, deren Periode, wie aus dem Früheren unmittelbar folgt, den Werth 2π hat.

Ausserdem führt die Anwendung der Substitution

$$\frac{1-z}{1+z} = u^2$$

das obige Integral in

$$w = -2 \int_1^u \frac{du}{1+u^2}$$

über, dessen Umkehrung mit Hülfe der Beziehung zwischen z und u den Ausdruck liefert

$$z = \frac{1}{2i}\left(e^{wi} - e^{-wi}\right) = \sin w,$$

so dass sin w in einfacher Weise mit der oben behandelten Transcendenten e^w zusammenhängt; die Nullwerthe im ersten Periodenstreifen sind 0 und π, die beiden Werthe, für die sin w innerhalb dieses Periodenstreifens unendlich gross wird, liegen beide in der Unendlichkeit.

Es mag noch bemerkt werden, dass man auch für die Ableitung von sin w, welche offenbar wieder eine eindeutige periodische Function sein wird, ein besonderes Zeichen nämlich cos w eingeführt hat, so dass

$$\cos w = \frac{d \sin w}{dw} = \frac{dz}{dw} = \sqrt{1-z^2} = \sqrt{1 - \sin^2 w}$$

ist, dass sich ferner aus dem Additionstheorem der Exponentialfunction vermöge der Beziehungen von sin w und cos w zu jener Transcendenten unmittelbar die Additionstheoreme für die trigonometrischen Functionen werden herleiten lassen, und dass endlich die oben eingeführte Function tg w zu diesen trigonometrischen Functionen in der Beziehung

$$\operatorname{tg} w = \frac{\sin w}{\cos w}$$

steht.

Es ist jedoch nicht unsere Absicht, an dieser Stelle eine Theorie der trigonometrischen Functionen zu entwickeln, da sich dieselbe in ihrer Vollständigkeit unmittelbar durch Specialisirung der ausführlich zu behandelnden elliptischen Functionen (indem der später einzuführende Integralmodul gleich Null gesetzt wird) ergiebt, und es soll nur noch, bevor wir in die Theorie der elliptischen Transcendenten näher eintreten, die Frage erörtert werden, wie sich eindeutige periodische Functionen, welche in jedem Periodenstreifen jeden Werth eine *beliebige* endliche Anzahl mal oder unendlich oft annehmen, ausdrücken lassen, wobei nach den in der vorigen Vorlesung gemachten Auseinandersetzungen für die erste Art dieser Functionen angenommen werden darf, dass diese Function in jedem Periodenstreifen jeden Werth eine gleiche Anzahl mal erlangt.

Sei $f(w)$ eine solche eindeutige periodische Function, welche innerhalb eines Periodenstreifens für die im Endlichen gelegenen Punkte

$$\alpha_1, \alpha_2, \ldots . \alpha_n$$

und nur für diese verschwindet und für

$$\beta_1, \beta_2, \ldots . \beta_n$$

unendlich gross wird und zwar jedesmal von der ersten Ordnung, so wird offenbar aus früher entwickelten Gründen der Quotient aus den Functionen $f(w)$ und der in der folgenden Weise zusammengesetzten

$$\varphi(w) = \frac{\left(e^{\frac{2\pi i w}{A}} - e^{\frac{2\pi i \alpha_1}{A}}\right)\left(e^{\frac{2\pi i w}{A}} - e^{\frac{2\pi i \alpha_2}{A}}\right) \ldots . \left(e^{\frac{2\pi i w}{A}} - e^{\frac{2\pi i \alpha_n}{A}}\right)}{\left(e^{\frac{2\pi i w}{A}} - e^{\frac{2\pi i \beta_1}{A}}\right)\left(e^{\frac{2\pi i w}{A}} - e^{\frac{2\pi i \beta_2}{A}}\right) \ldots . \left(e^{\frac{2\pi i w}{A}} - e^{\frac{2\pi i \beta_n}{A}}\right)},$$

da er in der ganzen Ebene endlich bleiben müsste, constant sein, und somit jene Function $f(w)$ die Form haben

$$f(w) = c \cdot \frac{\left(e^{\frac{2\pi i w}{A}} - e^{\frac{2\pi i \alpha_1}{A}}\right)\left(e^{\frac{2\pi i w}{A}} - e^{\frac{2\pi i \alpha_2}{A}}\right) \ldots . \left(e^{\frac{2\pi i w}{A}} - e^{\frac{2\pi i \alpha_n}{A}}\right)}{\left(e^{\frac{2\pi i w}{A}} - e^{\frac{2\pi i \beta_1}{A}}\right)\left(e^{\frac{2\pi i w}{A}} - e^{\frac{2\pi i \beta_2}{A}}\right) \ldots . \left(e^{\frac{2\pi i w}{A}} - e^{\frac{2\pi i \beta_n}{A}}\right)}. \text{*)}$$

Wir wollen jetzt allgemein die analytische Form einer jeden eindeutigen Function $f(w)$, welche die Periode A hat, feststellen,

---

*) Setzt man $f(w) = z$ und differentiirt den eben für $f(w)$ gefundenen Ausdruck nach w, so ist leicht zu sehen, dass, weil die Exponentialfunction differentiirt, von einem constanten Factor abgesehen, in derselben Form erscheint, die Elimination von

$$e^{\frac{2\pi i w}{A}}$$

zwischen dem Ausdrucke für z und dem durch Differentiation abgeleiteten von $\frac{dz}{dw}$ zu einer algebraischen Gleichung in $\frac{dz}{dw}$ führt, deren Coefficienten ganze Functionen von z sind, und dass daher eine solche Gleichung die allgemeinste Form der Differentialgleichungen für solche einfach periodische Functionen angiebt, welche in ihrem Periodenstreifen einen jeden Werth eine beliebige endliche Anzahl mal annehmen.

gleichgültig ob dieselbe in jedem Periodenstreifen in einer endlichen oder unendlichen Anzahl von Punkten Null oder unendlich wird, und ob ein Theil dieser Punkte oder auch alle in der Unendlichkeit liegen. Setzt man zur Vergleichung der gegebenen Function mit der Exponentialfunction

$$u = e^{\frac{2\pi i w}{A}} \quad \text{also} \quad w = \frac{A}{2\pi i}\log u$$

und ferner

$$f(w) = f\left(\frac{A}{2\pi i}\log u\right) = F(u),$$

so ist unmittelbar zu sehen, dass die eindeutige Function $f(w)$ der Variabeln w auch eine eindeutige Function von u ist, da eine einmalige Umkreisung von $u = 0$ eine additive Veränderung des $\log u$ um $2\pi i$, also von w um die Periode A hervorbringt, wodurch der Werth der periodischen Function $f(w)$ nicht geändert wird. Es wird sich somit $F(u)$ als eindeutige Function von u nach den in der siebenten Vorlesung gemachten Auseinandersetzungen innerhalb eines um den Nullpunkt der u-Ebene concentrischen Ringes, welcher von zwei durch aufeinanderfolgende Discontinuitätspunkte gelegten concentrischen Kreisen begränzt wird, nach ganzen positiven und negativen Potenzen von u in der Form entwickeln lassen

$$\begin{aligned} F(u) = a_0 + a_1 u + a_2 u^2 + \cdots \\ + a_{-1}u^{-1} + a_{-2}u^{-2} + \cdots, \end{aligned}$$

worin die Coefficienten durch den Ausdruck bestimmt sind

$$a_\varkappa = \frac{1}{2\pi i}\int \frac{F(v)\,dv}{v^{\varkappa+1}},$$

und das Integral längs einem innerhalb jenes Ringes gelegenen, den innern Kreis umschliessenden, sonst beliebigen Kreise genommen werden kann. Um nun zu untersuchen, welcher Raum der w-Ebene diesem concentrischen Ringraum der u-Ebene entspricht, mag bemerkt werden, dass, wie früher bei Einführung der Exponentialfunction gezeigt worden, wenn

$$u = e^t$$

gesetzt wird, einem um den Nullpunkt der u-Ebene beschriebenen Kreise eine gerade Linie der t-Ebene correspondirt, welche zur Fundamentalachse senkrecht die Länge 2π hat, und es bleibt daher nur zu bestimmen übrig, welche Linien der w-Ebene den eben genannten Linien der t-Ebene entsprechen, wenn

$$t = \frac{2\pi i w}{A}$$

gesetzt wird. Ist aber

$$\begin{aligned} A &= a(\cos\alpha + i\sin\alpha) \\ w &= r(\cos\varphi + i\sin\varphi), \end{aligned}$$

woraus sich

$$t = \frac{2\pi r}{a}\left(-\sin(\varphi - \alpha) + i\cos(\varphi - \alpha)\right)$$

ergiebt, so wird, da der reelle Theil von t auf der jenem u-Kreise entsprechenden t-Linie unverändert bleiben soll,

$$r\sin(\varphi - \alpha)$$

constant sein, d. h. das von den w-Punkten auf die Verbindungslinie des Anfangspunktes mit dem die Periode A repräsentirenden Punkte gefällte Perpendikel muss stets dieselbe Länge haben, und der Punkt sich somit auf einer Parallelen zu jener Verbindungslinie bewegen, während u seinen Kreis beschreibt; da ferner t in seinem rein imaginären Theile um die Grösse $2\pi i$ zunehmen soll, während u einmal den Kreis durchläuft, so wird

$$r\cos(\varphi - \alpha)$$

am Ende der Bewegung des u-Punktes den Zuwachs a erhalten haben müssen, und da dieser Ausdruck die in der Richtung der oben bezeichneten Verbindungslinie genommene Entfernung des w-Punktes vom Anfangspunkte bedeutet, so folgt, dass für eine einmalige Umkreisung des u-Punktes w eine zu jener Verbindungslinie parallele und dem absoluten Betrage der Periode gleiche Länge beschreibt, und hieraus geht wieder unmittelbar hervor, dass jenem concentrischen Kreisringe der u-Ebene dasjenige Parallelogramm der w-Ebene entspricht, dessen eine Seite eine der Verbindungslinie des Anfangspunktes mit dem Punkte A parallele Linie von der Länge a ist, während die andere Seite von der Linie gebildet wird, welche Punkte miteinander verbindet, die zwei beliebigen Punkten der beiden

Fig. 51.

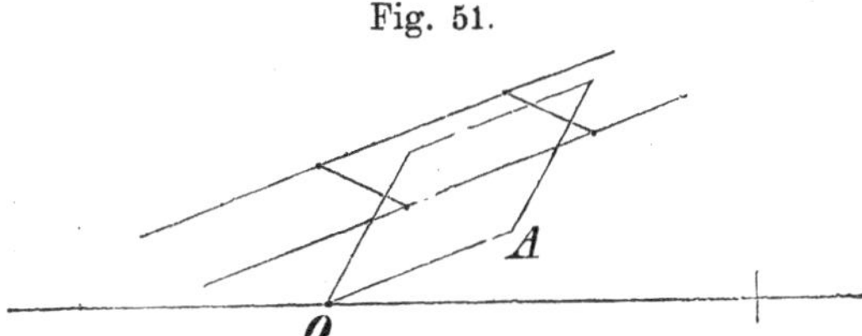

concentrischen Kreise der u-Ebene entsprechen. Somit wird, wie der Anblick der beistehenden Figur unmittelbar lehrt, die aus der oben aufgestellten Entwicklung von $F(u)$ sich ergebende Reihe

$$\begin{aligned} f(w) = a_0 &+ a_1 e^{\frac{2\pi i w}{A}} + a_2 e^{\frac{4\pi i w}{A}} + \cdots \\ &+ a_{-1} e^{-\frac{2\pi i w}{A}} + a_{-2} e^{-\frac{4\pi i w}{A}} + \cdots \end{aligned}$$

vermöge der Periodicität dieser Function für den gesammten Parallelraum gelten, der von zwei Linien begränzt wird, welche zu der Verbindungslinie des Anfangspunktes der w-Ebene mit dem die Periode A repräsentirenden Punkte durch zwei nächstliegende Unstetigkeitspunkte der Function parallel gezogen sind.*) Es mag nur noch zur Bestimmung der Coefficienten jener Reihe bemerkt werden, dass, wenn

$$v = e^{\frac{2\pi i \mathfrak{w}}{A}}$$

gesetzt wird, der oben für $a_\varkappa$ gegebene Ausdruck in

$$a_\varkappa = \frac{1}{a}\int f(\mathfrak{w})\, e^{-\frac{2\varkappa\pi i \mathfrak{w}}{a}}\, d\mathfrak{w}$$

übergeht, worin die Integration längs einer in jenem Parallelogramm gelegenen zu OA parallelen Linie genommen werden kann; substituirt man endlich

$$\mathfrak{w} = \frac{A}{a}(\mathfrak{v} + mi),$$

worin m die für die Integration constante Entfernung jener parallelen Linie von OA bedeutet (und diese Substitution ist für die vorliegende Integration erlaubt, wie unmittelbar durch Umsetzen der complexen Grössen in ihre trigonometrische Form folgt), so werden sich die Coefficienten der Reihenentwicklung in der Form ergeben

$$a_\varkappa = \frac{1}{a}\int_0^a f\left(\frac{A}{a}(\mathfrak{v} + mi)\right) e^{\frac{2\pi\varkappa}{a}(m - \mathfrak{v}i)}\, d\mathfrak{v}.$$

Hat $f(w)$ im Endlichen gar keine Discontinuitäten, liegen sie also sämmtlich in der Unendlichkeit, so wird die obige Darstellung in Form einer nach positiven und negativen ganzen Potenzen von $e^{\frac{2\pi i w}{A}}$ fortschreitenden unendlichen Reihe eine in der ganzen w-Ebene gültige sein.

Nachdem somit die allgemeine Form einer jeden in der w-Ebene *eindeutigen*, einfach periodischen Function theils in einer für die ganze Ebene gültigen, theils in einer von Parallelraum zu Parallelraum in den Coefficienten variabeln Form gefunden worden, bleibt noch der Fall zu erledigen, dass $f(w)$ eine m-*deutige*, einfach periodische Function ist. Da sich jedoch nach dem Früheren jede m-deutige Function von w als die Lösung einer Gleichung m^{ten} Grades

*) Aus der vorliegenden Darstellung ist unmittelbar ersichtlich, dass für den Fall von unendlich vielen Discontinuitätspunkten der Function die Annahme hinzutreten muss, dass sich überhaupt zu OA parallele Streifen von endlicher Breite angeben lassen, in welcher Discontinuitätspunkte der Function nicht vorkommen.

darstellen lässt, deren Coefficienten eindeutige Functionen dieser Variabeln sind, diese Coefficienten aber als symmetrische Functionen der Werthe der einzelnen Zweige wieder eindeutige einfach periodische Functionen sein werden, welche sich somit nach dem Obigen entweder in geschlossener Form für die ganze unendliche Ebene oder vermöge unendlicher Reihen für je einen Parallelraum mit Hülfe der Exponentialfunction ausdrücken lassen, so würde hiemit für alle einfach periodischen Functionen eine Darstellung gefunden sein.

Zwölfte Vorlesung.

Darstellung eindeutiger Functionen durch unendliche Producte.

Nach Einführung der Exponential- und logarithmischen Function wird es möglich sein, für alle in der ganzen Ebene eindeutigen Functionen, für welche jedoch der unendlich entfernte Punkt ein Discontinuitätspunkt zweiter Gattung, also ein Vieldeutigkeitspunkt sein darf, Entwicklungen in Form von unendlichen Producten mit Hülfe der Nullen und Unendlichen dieser Function aufzustellen, welche für alle Werthe der Variabeln gültig sind.

Nach den in der siebenten Vorlesung entwickelten Sätzen wird, wenn die Curve c einen Raum einschliesst, innerhalb dessen $f(z)$ eindeutig und in den Punkten

$$a_1, a_2, \ldots a_k$$

discontinuirlich ist, die Gleichung bestehen

$$f(z) = \frac{1}{2\pi i}\int\limits_{(c)} \frac{f(t)}{t-z}\,dt + \frac{1}{2\pi i}\int\limits_{(a_1)} \frac{f(t)}{t-z}\,dt + \cdots + \frac{1}{2\pi i}\int\limits_{(a_k)} \frac{f(t)}{t-z}\,dt,$$

und wenn hierin statt $f(z)$

$$\frac{f'(z)}{f(z)}$$

gesetzt wird, und die Nullwerthe von $f(z)$, welche in jenem Raume liegen, mit

$$\alpha_1, \alpha_2, \ldots \alpha_r,$$

die Unendlichen mit

$$\beta_1, \beta_2, \ldots \beta_s$$

bezeichnet werden, während ihre als endlich vorausgesetzten resp. Ordnungszahlen

$$m_1, m_2, \ldots\ldots m_r$$
$$n_1, n_2, \ldots\ldots n_s$$

sein mögen, so wird sich mit Berücksichtigung des früher aufgestellten Satzes, dass die sämmtlichen Werthe, für welche $\frac{f'(z)}{f(z)}$ unendlich wird, die sämmtlichen α und β und nur diese sind, die Beziehung

$$\frac{f'(z)}{f(z)} = \frac{1}{2\pi i}\int\limits_{(c)} \frac{f'(t)}{f(t} \frac{dt}{t-z} - \frac{1}{2\pi i}\sum_1^r{}_k \int\limits_{(\alpha_k)} \frac{f'(t)}{f(t)}\frac{dt}{t-z} - \frac{1}{2\pi i}\sum_1^s{}_l \int\limits_{(\beta_l)} \frac{f'(t)}{f(t)}\frac{dt}{t-z}$$

ergeben, wenn die um α_k und β_l genommenen Integrale diese Punkte in bekannter Richtung umkreisen. Da aber

$$\int\limits_{(\alpha_k)} \frac{f'(t)}{f(t)} \frac{dt}{t-z} = -\frac{1}{z-\alpha_k} \int\limits_{(\alpha_k)} \frac{f'(t)}{f(t)} \frac{dt}{1-\frac{t-\alpha_k}{z-\alpha_k}}$$

$$= -\frac{1}{z-\alpha_k}\int\limits_{(\alpha_k)} \frac{f'(t)}{f(t)}\, dt - \frac{1}{(z-\alpha_k)^2}\int\limits_{(\alpha_k)} \frac{f'(t)}{f(t)}(t-\alpha_k)\, dt$$

$$- \frac{1}{(z-\alpha_k)^3}\int\limits_{(\alpha_k)} \frac{f'(t)}{f(t)}(t-\alpha_k)^2\, dt + \cdots,$$

und wie früher gezeigt worden

$$\int\limits_{(\alpha_k)} \frac{f'(t)}{f(t)}\, dt = 2\, m_k \pi i$$

ist, während, wie unmittelbar zu sehen

$$\int\limits_{(\alpha_k)} \frac{f'(t)}{f(t)}(t-\alpha_k)^p\, dt = 0$$

wird, endlich ebenso

$$\int\limits_{(\beta_l)} \frac{f'(t)}{f(t)}\, dt = -2\, n_l \pi i, \qquad \int\limits_{(\beta_l)} \frac{f'(t)}{f(t)}(t-\beta_l)^p\, dt = 0$$

ist, so folgt aus der obigen Gleichung die nachstehende

$$\frac{f'(z)}{f(z)} = \frac{1}{2\pi i}\int\limits_{(C)} \frac{f'(t)}{f(t)} \frac{dt}{t-z} + \sum_1^r {}_k \frac{m_k}{z-\alpha_k} - \sum_1^s {}_l \frac{n_l}{z-\beta_l},$$

von der wir in der folgenden Untersuchung ausgehen werden.

Wir unterscheiden nun zwei wesentlich von einander verschiedene Fälle. Sei erstens die Lage aller derjenigen Punkte, für welche die Function verschwindet oder unendlich gross wird, nicht derart, dass sie sich bis in die Unendlichkeit hineinziehen, wobei wir es dahin gestellt sein lassen, ob der unendlich entfernte Punkt selbst ein Discontinuitätspunkt ist oder nicht, so wird es möglich sein, eine geschlossene Curve C zu ziehen, welche vom unendlich entfernten Punkte abgesehen sämmtliche Nullen und Unendlichen der Function einschliesst, und daher, wenn die Curve C zu einem unendlich grossen, um den Nullpunkt beschriebenen Kreise erweitert wird, für alle noch so grossen endlichen z das auf der rechten Seite der letzten Gleichung befindliche Integral

$$\frac{1}{2\pi i}\int\limits_{(C)} \frac{f'(t)}{f(t)} \frac{dt}{t-z} = \frac{1}{2\pi i}\int\limits_{(C)} \frac{f'(t)}{f(t)} \frac{dt}{t}$$

$$+ \frac{z}{2\pi i}\int\limits_{(C)} \frac{f'(t)}{f(t)} \frac{dt}{t^2} + \frac{z^2}{2\pi i}\int\limits_{(C)} \frac{f'(t)}{f(t)} \frac{dt}{t^3} + \cdots.$$

sein; es wird diese Reihe, deren einzelne Integrale bekanntlich als um den unendlich entfernten Punkt genommen betrachtet werden können, bis auf den ersten Posten verschwinden, also eine Constante sein, wenn $\frac{f'(z)}{f(z)}$ für $z = \infty$ endlich ist, sie wird eine ganze Function von z sein, wenn $\frac{f'(z)}{f(z)}$ für $z = \infty$ von einer endlichen Ordnung unendlich wird, und wenn der unendlich entfernte Punkt ein Discontinuitätspunkt zweiter Gattung ist, so wird sie in's Unendliche fortgehen und also nur den Charakter einer ganzen Function haben.*) Bezeichnet man den Werth dieser Reihe mit U, so wird

$$\frac{f'(z)}{f(z)} = U + \sum_1^r{}^k \frac{m_k}{z - \alpha_k} - \sum_1^s{}^l \frac{n_l}{z - \beta_l},$$

und durch Integration zwischen den Gränzen z_0 und z, wo z_0 ein beliebiger Anfangswerth ist, für den $f(z)$ weder verschwindet noch unendlich gross wird,

---

*) Es mag bemerkt werden, dass, wenn die Function $f(z)$ in $z = \infty$ keinen Discontinuitätspunkt zweiter Gattung besitzt, dieselbe in der Umgebung dieses Punktes die Form haben muss

$$f(z) = a_n z^n + a_{n-1} z^{n-1} + \cdots + a_1 z + a_0 + a_{-1} z^{-1} + a_{-2} z^{-2} + \cdots$$

oder

$$f(z) = z^n \varphi(z),$$

worin n eine positive oder negative ganze Zahl oder auch Null bedeutet, während $\varphi(z)$ für $z = \infty$ endlich ist. Da aber dann

$$f'(z) = n z^{n-1} \varphi(z) + z^n \varphi'(z),$$

also

$$\frac{f'(z)}{f(z)} = \frac{n}{z} + \frac{\varphi'(z)}{\varphi(z)}$$

wird, und $\frac{\varphi'(z)}{\varphi(z)}$, wie unmittelbar zu sehen, für $z = \infty$ verschwinden muss, so wird sich der Gränzwerth von $\frac{f'(z)}{f(z)}$ für $z = \infty$ ebenfalls der Null nähern, und daher in diesem Falle

$$\frac{1}{2\pi i} \int_{(C)} \frac{f'(t)}{f(t)} \frac{dt}{t - z} = 0$$

sein.

Ist dagegen $z = \infty$ für die Function ein Discontinuitätspunkt zweiter Gattung, so wird $\frac{f'(z)}{f(z)}$ für $z = \infty$ endlich oder unendlich gross von einer endlichen Ordnung, wie dies an den Functionen

$$z^k e^z \quad \text{oder} \quad e^{z^n}$$

ersichtlich ist, oder auch unendlich gross von einer unendlich hohen Ordnung sein können.

$$f(z) = f(z_0) \prod_{k,\,l} \left(\frac{z - \alpha_k}{z_0 - \alpha_k}\right)^{m_k} \left(\frac{z_0 - \beta_l}{z - \beta_l}\right)^{n_l} \cdot e^V,$$

worin

$$V = \int_{z_0}^{z} U\, dz$$

wieder den Charakter einer ganzen Function hat.

Für den zweiten Fall, dass die Nullen und Unendlichen sich in die Unendlichkeit hineinziehen, ist einleuchtend, dass man die in dem oben behandelten Integrale in Frage kommende Curve C nicht ohne Werthveränderung desselben nach Belieben erweitern kann, da immer wieder neue Unendliche der Function

$$\frac{f'(z)}{f(z)}$$

in den von der Curve C begränzten Raum eintreten. Wir werden in diesem Falle von einer bestimmten Form der C-Curve ausgehen müssen und diese allmählig nach einem bestimmt vorgeschriebenen Gesetze in's Unendliche erweitern; dann werden offenbar je nach der Gestalt der Curve immer neue Nullen oder Unendliche der Function in den von der Curve begränzten Raum eintreten, oder es werden sich verschiedene Anordnungen der Factoren des Productes ergeben, der vorher erhaltene analytische Ausdruck für die Function $f(z)$ wird aber seine Form behalten, nur dass in vielen Fällen durch eine bestimmte Wahl der im Unendlichen verlaufenden Curve C eine Vereinfachung des Ausdruckes für V erzielt werden kann. Lässt sich nämlich die Curve derart in die Unendlichkeit erweitern, dass sie nie durch Punkte geht, für welche $f(z)$ Null oder unendlich, also $\frac{f'(z)}{f(z)}$ unendlich gross wird, dann wird

$$\int_{(C)} \frac{f'(t)}{f(t)} \frac{dt}{t^k},$$

wenn $k > 1$ ist, verschwinden, weil

$$\text{mod} \int_{(C)} \frac{f'(t)}{f(t)} \frac{dt}{t^k} < \int_{(C)} \text{mod} \left(\frac{f'(t)}{f(t)} \cdot \frac{1}{t^{k-1}}\right) \text{mod} \frac{dt}{t}$$

oder auch, da $\frac{f'(t)}{f(t)}$ auf der ganzen Curve als endlich vorausgesetzt worden, wenn der grösste Modul der Grösse

$$\frac{f'(t)}{f(t)} \frac{1}{t^{k-1}}$$

auf dem Umfange der Curve C mit m bezeichnet wird,

$$\text{mod} \int_{(C)} \frac{f'(t)}{f(t)} \frac{dt}{t^k} < m \int_{(C)} \frac{\text{mod}\, dt}{\text{mod}\, t},$$

welche Grösse sich offenbar der Null nähern muss, wenn berücksichtigt wird, dass m wegen des unendlich grossen absoluten Betrages von t verschwindet, während mod dt gleich dem Bogenelement ds der Curve, mod t gleich dem Radiusvector r derselben und daher

$$\int_{(C)} \frac{\text{mod}\, dt}{\text{mod}\, t} = \int_{(C)} \frac{ds}{r}$$

ist.*) Es wird sich somit in diesem Falle

$$U = \frac{1}{2\pi i} \int_{(C)} \frac{f'(t)}{f(t)} \frac{dt}{t}$$

als eine Constante und

$$V = \frac{z - z_0}{2\pi i} \int_{(C)} \frac{f'(t)}{f(t)} \frac{dt}{t}$$

ergeben, während sonst die Form der obigen Productentwicklung unverändert bleibt.

Somit ist jede im Endlichen eindeutige Function durch ein unendliches Product dargestellt, das sich von einem constanten Factor abgesehen aus dem Quotienten der zu den Nullen und Unendlichen gehörigen Linearfactoren zusammensetzt, multiplicirt mit einer Exponentialfunction, deren Exponent in jedem Falle eine ganze Function von z ist oder den Charakter einer ganzen Function hat; die Coefficienten dieser im Exponenten befindlichen Function sind von

---

*) Dass

$$\int_{(C)} \frac{ds}{r}$$

einen endlichen Werth hat, folgt unmittelbar daraus, dass, wenn man mit α den Winkel bezeichnet, welchen die Tangente der Curve mit dem Radiusvector macht, wie leicht ersichtlich, die Beziehung besteht

$$ds = \frac{r\, d\varphi}{\sin \alpha},$$

wenn φ den Polarwinkel bedeutet; denn dann folgt

$$\int_{(C)} \frac{ds}{r} = \int \frac{d\varphi}{\sin \alpha},$$

worin die reellen auf den Polarwinkel sich beziehenden Gränzen des Integrals der rechten Seite dieser Gleichung wesentlich von der Natur der Curve abhängen werden, und wenn $\frac{1}{\sin \alpha}$ stets endlich bleibt, so ergiebt sich hieraus unmittelbar, dass das betrachtete Integral einen endlichen Werth hat, wenn vorausgesetzt werden darf, dass die Curve nicht so beschaffen ist, dass über gewisse Intervalle des Polarwinkels unendlich oft zu integriren ist; auf eine nähere Betrachtung der Ausnahmefälle dürfen wir in Rücksicht auf die späteren Anwenwendungen verzichten.

der Gestalt der C-Curve im ersten der beiden oben unterschiedenen Fälle unabhängig, nehmen jedoch im zweiten Falle andere Werthe an, wenn sich die C-Curve in anderer Gestalt und nach einem anderen Gesetze in's Unendliche erweitert, also die Reihenfolge der Factoren des unendlichen Productes eine andere wird.

Zur Erläuterung der eben gemachten Auseinandersetzungen soll die in der vorhergehenden Vorlesung eingeführte sinus-Function in ein unendliches Product zerlegt werden. Wird die C-Curve vorerst im Endlichen durch ein Rechteck dargestellt, von dem zwei Seiten in den Entfernungen

$$p\pi + \frac{\pi}{2} \quad \text{und} \quad -\left(p\pi + \frac{\pi}{2}\right)$$

zur Fundamentalaxe senkrecht laufen sollen, die beiden andern parallel der Fundamentalaxe zu der einen und andern Seite in der gleichen Entfernung von derselben, so werden in diesem Rechtecke die Werthe

$$0, \ \pm\pi, \ \pm 2\pi, \ldots \pm p\pi$$

die einzigen Nullwerthe der sinus-Function sein, wie weit man auch die zur Fundamentalachse parallelen Rechtecksseiten sich entfernen lassen mag, während Unendliche für diese Function im Endlichen gar nicht existiren. Wenn man nun auch die Breite des Rechtecks dadurch erweitert, dass man p immer grösser und grösser werden lässt, so wird die C-Curve immer noch die Eigenschaft beibehalten, ein Rechteck zu sein, auf dessen Seiten die Function

$$\frac{\cos t}{\sin t}$$

nicht unendlich gross wird*), und indem man beachtet, dass zu gleicher Zeit bei stetiger Erweiterung des Rechtecks die gleich grossen positiven und negativen Vielfachen von π zu gleicher Zeit eintreten, so wird für alle noch so grossen z, wenn man nur die Grenzen des Rechtecks gehörig erweitert, die Gleichung statthaben

$$\frac{\sin z}{\sin z_0} = \frac{z}{z_0} \prod_{m=1 \ldots \infty} \frac{z^2 - m^2\pi^2}{z_0^2 - m^2\pi^2} \cdot e^{\frac{z-z_0}{2\pi i}\int\limits_{(C)} \frac{\cos t}{\sin t}\frac{dt}{t}}$$

Da nun, wie aus den in der letzten Vorlesung erlangten Resultaten ersichtlich ist, der cosinus eine gerade, der sinus eine ungerade Function ist, so wird

$$\frac{\cos t}{\sin t}$$

in zwei zum Mittelpunkt des Rechtecks also dem Anfangspunkt sym-

---

*) indem diese Function, welche die Periode π besitzt und in ihrem Periodenstreifen jeden Werth nur einmal annimmt, nur für die Werthe $0, \pi, 2\pi, \ldots$ unendlich gross wird.

metrisch liegenden Punkten entgegengesetzte Werthe annehmen, und daher

$$\frac{\cos t}{\sin t} \; \frac{1}{t}$$

denselben Werth erlangen, so dass, da in entgegengesetzten Richtungen integrirt wird, die zu je zwei parallelen Rechteckseiten gehörigen Integralelemente sich aufheben, und daher die in der obigen Productentwicklung enthaltene Exponentialgrösse den Werth 1 annimmt. Setzt man nun noch $z_0 = 0$, was hier erlaubt ist, weil $\left(\frac{\sin z}{z}\right)_0$ der Einheit gleich ist, so erhält man

$$\sin z = z \prod_{m=1\ldots\infty}^{m} \left(1 - \frac{z^2}{m^2\pi^2}\right).$$

Wir leiten aus der eben gefundenen Productentwicklung der sinus-Function, welcher auch die Form

$$\sin z = z \prod_{-\mu}^{+\mu} {}^{m} \left(1 - \frac{z}{m\pi}\right)$$

oder

$$\frac{\sin \pi z}{\pi z} = \prod_{-\mu}^{+\mu} {}^{m} \left(1 - \frac{z}{m}\right)$$

gegeben werden kann, worin das Zeichen $\prod_{-\mu}^{+\mu} {}^{m}$ so zu verstehen ist, dass jedem positiven μ das gleiche negative zuzuordnen ist, und μ die Werthe 1 bis ∞ beizulegen sind, noch die folgende Productentwicklung her, welche wir nachher in der Theorie der elliptischen Functionen brauchen werden. Setzt man nämlich das unendliche Product

$$\prod_{-\mu}^{+\mu} {}^{m} \left(1 - \frac{z}{m+\alpha}\right)$$

in die Form

$$\prod_{-\mu}^{+\mu} {}^{m} \left(\frac{m+\alpha-z}{m+\alpha}\right) = \prod_{-\mu}^{+\mu} {}^{m} \left(\frac{1 + \frac{\alpha - z}{m}}{1 + \frac{\alpha}{m}}\right) = \frac{\prod_{-\mu}^{+\mu} {}^{m} \left(1 + \frac{\alpha - z}{m}\right)}{\prod_{-\mu}^{+\mu} {}^{m} \left(1 + \frac{\alpha}{m}\right)},$$

so wird nach der vorhergehenden Entwicklung von $\frac{\sin \pi z}{\pi z}$

$$\prod_{-\mu}^{+\mu} {}^{m} \left(1 - \frac{z}{m+\alpha}\right) = \frac{\alpha}{z-\alpha} \; \frac{\sin \pi (z-\alpha)}{\sin \pi \alpha}$$

sein, wenn in dem Producte μ von 1 bis ∞ genommen wird; zieht man zu dem Producte noch den Factor

$$1 - \frac{z}{\alpha} = \frac{\alpha - z}{\alpha}$$

hinzu, so ergiebt sich, indem μ die Werthe 0, 1, 2, ... annimmt,

$$\prod_{-\mu}^{+\mu}{}_m \left(1 - \frac{z}{m+\alpha}\right) = \frac{\sin \pi (\alpha - z)}{\sin \alpha \pi},$$

worin α von Null verschieden ist, während, wenn $\alpha = 0$ ist, der vorher entwickelte Ausdruck

$$\prod_{-\mu}^{+\mu}{}_m \left(1 - \frac{z}{m}\right) = \frac{\sin \pi z}{\pi z}$$

an die Stelle tritt.

Dreizehnte Vorlesung.

Die elliptischen Integrale der ersten, zweiten und dritten Gattung und die Beziehung des allgemeinen elliptischen Integrales zu diesen.

Indem wir uns nunmehr zur Theorie der elliptischen Integrale und Functionen wenden, wird es nöthig sein, bevor wir das allgemeine elliptische Integral von der Form

$$w = \int f(z, \sqrt{R(z)})\, dz$$

behandeln, in welchem f eine rationale Function von z und $\sqrt{R(z)}$ bedeutet, und $R(z)$ ein ganzes Polynom vierten Grades in z von der Gestalt

$$R(z) = A(z-\alpha)(z-\beta)(z-\gamma)(z-\delta)$$

ist, drei wesentlich von einander verschiedene Grundformen von elliptischen Integralen hervorzuheben, auf welche sich sämmtliche elliptischen Integrale werden reduciren lassen.

Wir nennen ein elliptisches Integral *erster Gattung* ein solches, welches für keinen Punkt unendlich wird*), ein elliptisches Integral *zweiter Gattung*, welches nur in *einem* Punkte z_1 der zu $\sqrt{R(z)}$ gehörigen Riemann'schen Fläche von der ersten Ordnung also wie

$$A(z-z_1)^{-1}$$

unendlich ist, und endlich ein elliptisches Integral *dritter Gattung* ein solches, das für *zwei* Punkte der Riemann'schen Fläche logarithmisch unendlich wird und zwar so, dass, wenn das Integral in $z = z_1$ unendlich ist wie

$$A \log(z - z_1)$$

und in $z = z_2$ wie

$$B \log(z - z_2),$$

---

*) Es mag bemerkt werden, dass nur für eindeutige Functionen oder für mehrdeutige von der Art, dass jedem z nur eine endliche Anzahl von Functionalwerthen entspricht, der Satz bewiesen war, dass jede solche Function für einen endlichen oder unendlich grossen Werth der Variabeln selbst unendlich gross werden muss, während das oben besprochene Integral, wie später genauer gezeigt wird, eine unendlich vieldeutige Function ist.

zwischen den Coefficienten A und B die Beziehung besteht

$$A + B = 0.$$

Dass diese letztere Bedingung eine nothwendige, wenn überhaupt ein elliptisches Integral bestimmbar sein soll, ist leicht einzusehen; denn denkt man sich die Fläche in eine einfach zusammenhängende zerlegt und dann die beiden Punkte z_1 und z_2 durch unendlich kleine Kreise ausgeschlossen, deren Peripherieen mit demselben Punkte α eines Querschnittes verbunden werden mögen, so wird das elliptische Integral in einer Curve um α genommen gleich dem Werthe

Fig. 52.

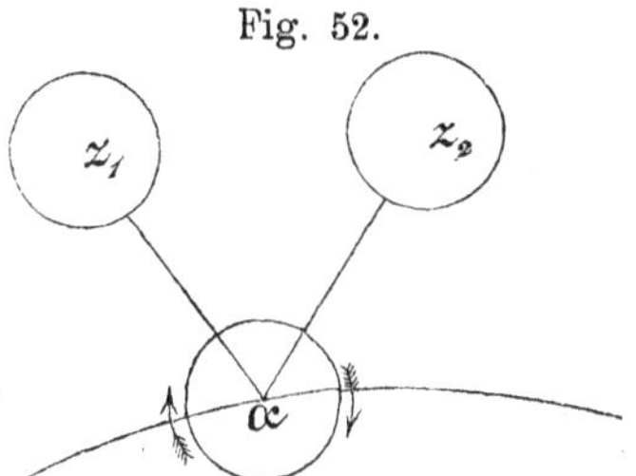

$$2\pi i A + 2\pi i B$$

sein, da der Querschnitt zweimal in entgegengesetzter Richtung überschritten wird, und der von den Logarithmen herrührende Stetigkeitssprung bekanntlich $2\pi i$ ist; da jedoch der Werth dieses Integrales auf jener Curve in der ursprünglichen Fläche genommen den Werth Null hat, so muss auch

$$A + B = 0$$

sein.*)

Es soll nun die allgemeine Form des elliptischen Integrales erster Gattung, das also in keinem Punkte der Riemann'schen Fläche unendlich wird, aufgestellt werden. Gehen wir von dem allgemeinsten elliptischen Integrale

$$\int_{z_0} \frac{\varphi_0(z) + \varphi_1(z)\sqrt{R(z)}}{\psi_0(z) + \psi_1(z)\sqrt{R(z)}}\, dz$$

aus, in welchem

$$R(z) = A(z-\alpha)(z-\beta)(z-\gamma)(z-\delta)$$

und z_0 kein singulärer Werth ist, so wollen wir zuerst die Function unter dem Integralzeichen im Zähler und Nenner mit dem conjugirten Werthe des Nenners multipliciren und erhalten als allgemeine Form eines elliptischen Integrales

$$\int_{z_0} \frac{f_0(z) + f_1(z)\sqrt{R(z)}}{\varphi(z)}\, dz,$$

worin $f_0(z)$, $f_1(z)$, $\varphi(z)$ ganze Functionen von z bedeuten, welche keinen gemeinsamen Theiler haben sollen. Sei nun

*) Es geht hieraus zugleich hervor, dass kein elliptisches Integral existiren kann, welches nur in *einem* Punkte auf *einem* Blatte der Riemann'schen Fläche unendlich wird, da sonst der Coefficient des logarithmischen Gliedes verschwinden müsste.

$$\varphi(z) = (z - a_1)^{k_1} (z - a_2)^{k_2} \ldots,$$

so wird das obige Integral nur in den Punkten $z = a_1, a_2, \ldots$ unendlich sein können, soll dasselbe daher in diesen Punkten für beide Blätter der Fläche, d. h. z. B. für die zugehörigen Werthe $+\sqrt{R(a_1)}$ und $-\sqrt{R(a_1)}$ einen endlichen Werth annehmen, so wird nach den in der siebenten und achten Vorlesung erhaltenen Resultaten das Integral nur endlich sein können, wenn die Werthe $a_1, a_2, \ldots$ zu den Verzweigungspunkten $\alpha, \beta, \gamma, \delta$ gehören; in diesem Falle aber, in welchem

$$\varphi(z) = (z - \alpha)^{k_1} (z - \beta)^{k_2} (z - \gamma)^{k_3} (z - \delta)^{k_4}$$

ist, sieht man unmittelbar ein, dass, weil nach dem oben aufgestellten Criterium z. B. für $z = \alpha$

$$\left[(z-\alpha)\frac{f_0(z) + f_1(z)\sqrt{A(z-\alpha)(z-\beta)(z-\gamma)(z-\delta)}}{(z-\alpha)^{k_1}(z-\beta)^{k_2}(z-\gamma)^{k_3}(z-\delta)^{k_4}}\right]_{z=\alpha} = 0$$

sein muss, wenn das Integral nicht unendlich werden soll,

$$f_0(z) = (z - \alpha)^{k_1} (z - \beta)^{k_2} (z - \gamma)^{k_3} (z - \delta)^{k_4} F_0(z) \text{ *)}$$

sein wird, worin $F_0(z)$ eine ganze Function von z bedeutet, und das Integral somit, wenn die Bedingung festgehalten wird, dass es für keinen im Endlichen gelegenen Werth unendlich gross werden soll, die Form haben muss

$$\int_{z_0} \frac{(z-\alpha)^{k_1}(z-\beta)^{k_2}(z-\gamma)^{k_3}(z-\delta)^{k_4} F_0(z) + F_1(z)\sqrt{A(z-\alpha)(z-\beta)(z-\gamma)(z-\delta)}}{(z-\alpha)^{k_1}(z-\beta)^{k_2}(z-\gamma)^{k_3}(z-\delta)^{k_4}}\, dz,$$

worin die Grössen k_1, k_2, k_3, k_4 Null oder die Einheit bedeuten, wenn man die gemeinsamen Theiler des Zählers und Nenners bereits entfernt denkt. Wenn nun aber dieses Integral auch für $z = \infty$, welcher Punkt für unsere Function kein Verzweigungspunkt ist, endlich bleiben soll, so muss die Gränze der mit z multiplicirten Function unter dem Integralzeichen für $z = \infty$ sich der Null nähern, und es wird dies wieder für den in der Unendlichkeit auf beiden Blättern liegenden Punkt geschehen müssen; daraus folgt aber unmittelbar, weil die Unendlichkeiten des Zählers sich für die beiden Vorzeichen der Wurzel nicht zugleich wegheben können, dass

$$F_0(z) = 0, \quad F_1(z) = \text{const.}, \quad k_1 = k_2 = k_3 = k_4 = 1$$

sein muss, und dass daher alle in der ganzen Riemann'schen Fläche endlichen Integrale in der Form

---

*) wenn man nur berücksichtigt, dass beide Wurzelwerthe von $\sqrt{R(z)}$ jedem Werthe von z zuzuordnen sind.

$$F(z) = c \int \frac{dz}{\sqrt{A(z-\alpha)(z-\beta)(z-\gamma)(z-\delta)}}$$

enthalten sind.*)

Was die elliptischen Integrale zweiter Gattung betrifft, die in *einem* Punkte z_1 eines Blattes der Riemann'schen Fläche und nur in diesem unendlich werden und zwar von der ersten Ordnung, so ist wieder die allgemeine Form desselben leicht festzustellen; denn geht man von dem Ausdrucke des allgemeinen elliptischen Integrales

$$\int_{z_0} \frac{f_0(z) + f_1(z)\sqrt{R(z)}}{\varphi(z)} dz$$

aus, so wird

$$\varphi(z) = (z - z_1)^k (z - a_1)^{k_1} (z - a_2)^{k_2} \dots .$$

sein müssen, und da das Integral wieder in den Punkten $a_1, a_2, \dots$ endlich sein soll, so wird sich wie oben das vorgelegte Integral in der Form

$$\int_{z_0} \frac{(z-\alpha)^{k_1}(z-\beta)^{k_2}(z-\gamma)^{k_3}(z-\delta)^{k_4} F_0(z) + F_1(z)\sqrt{A(z-\alpha)(z-\beta)(z-\gamma)(z-\delta)}}{(z-z_1)^k (z-\alpha)^{k_1}(z-\beta)^{k_2}(z-\gamma)^{k_3}(z-\delta)^{k_4}} dz$$

ergeben, worin k_1, k_2, k_3, k_4 Null oder die Einheit bedeuten, und mit Berücksichtigung des Umstandes, dass dieses Integral für $z = z_1$ unendlich von der ersten Ordnung sein soll, wird, wenn wir zuerst annehmen, das Integral soll auf beiden Blättern in jenem Punkte unendlich werden, $F_0(z)$ sowohl als $F_1(z)$ durch $(z - z_1)^{k-2}$ theilbar sein müssen**), und da Zähler und Nenner keinen gemeinsamen Theiler haben sollten, so wird $k - 2 = 0$ also $k = 2$ sein müssen; zieht man nun jetzt noch die Bedingung hinzu, dass das Integral auf beiden Blättern für $z = \infty$ endlich sein soll, so folgt

$$F_0(z) = c_1, \quad F_1(z) = a(z - z_1)^2 + b(z - z_1) + c,$$
$$k_1 = k_2 = k_3 = k_4 = 1,$$

worin a, b, c, c_1 willkührliche Constanten bedeuten, und wir erhalten somit als allgemeinstes in $z = z_1$ auf beiden Blättern so unendlich werdendes Integral, dass es algebraisch-logarithmisch unendlich ist von der Art, dass seine algebraische Unendlichkeit nicht von einer höheren Ordnung als der ersten sein wird, das folgende

---

*) Es bedarf kaum einer besonderen Bemerkung, dass natürlich immer von Integrationswegen die Rede ist, die nicht einen der beiden Querschnitte der Fläche unendlich oft schneiden, da dann zu dem endlichen, auf der einfach zusammenhängenden Fläche gelieferten Werthe des elliptischen Integrales erster Gattung ein unendliches Vielfaches der Periodicitätsmoduln hinzutritt.

**) wie man sich unmittelbar durch Entwickelung des unter dem Integral befindlichen Ausdruckes nach steigenden Potenzen von $z - z_1$ überzeugt, unter der Voraussetzung, dass z_1 nicht zu den Verzweigungspunkten $\alpha, \beta, \gamma, \delta$ gehört.

$$\int_{z_0}^{z}\left[\frac{c_1}{(z-z_1)^2}+\frac{a(z-z_1)^2+b(z-z_1)+c}{(z-z_1)^2\sqrt{A(z-\alpha)(z-\beta)(z-\gamma)(z-\delta)}}\right]dz.$$

Um nun die logarithmische Unendlichkeit fortzuschaffen, entwickeln wir nach steigenden Potenzen von $z-z_1$ und sehen, da für beide Blätter

$$\frac{1}{\sqrt{R(z)}}=\frac{1}{R(z_1)^{\frac{1}{2}}}-\tfrac{1}{2}\frac{R'(z_1)}{R(z_1)^{\frac{3}{2}}}(z-z_1)+\cdots$$

ist, dass der Coefficient von $(z-z_1)^{-1}$ in der Entwicklung der Function unter dem Integralzeichen

$$bR(z_1)^{-\frac{1}{2}}-\tfrac{1}{2}c\frac{R'(z_1)}{R(z_1)^{\frac{3}{2}}}$$

ist, und sich daher die Bedingung, dass das logarithmische Glied verschwindet (wobei wir von Anfang an annahmen, dass z_1 weder unendlich gross noch eine Lösung von $R(z)=0$ ist), in der Form

(a) . . . . $2bR(z_1)-cR'(z_1)=0$

darstellt. Genügen nun die Grössen b und c dieser Bedingungsgleichung, so wird das obige Integral das allgemeinste in $z=z_1$ auf beiden Blättern oder für beide Zeichen der Quadratwurzel von der ersten Ordnung unendlich werdende Integral sein, und um nun zu bewirken, dass dies nur auf dem einen Blatte, welchem der Wurzelwerth $\varepsilon_1 R(z_1)^{\frac{1}{2}}$ entspricht, stattfinden soll, ist offenbar die Grösse c_1 nur der Bedingung zu unterwerfen, dass der Coefficient der negativen zweiten Potenz in der Entwicklung der Grösse unter dem Integralzeichen nach steigenden Potenzen von $z-z_1$ für den entgegengesetzten Werth der Quadratwurzel verschwinde, oder dass

$$c_1-c\varepsilon_1 R(z_1)^{-\frac{1}{2}}=0$$

sein soll, so dass das Integral

$$E(z)=\int_{z_0}^{z}\left[\frac{c\,\varepsilon_1 R(z_1)^{-\frac{1}{2}}}{(z-z_1)^2}+\frac{a(z-z_1)^2+b(z-z_1)+c}{(z-z_1)^2\sqrt{A(z-\alpha)(z-\beta)(z-\gamma)(z-\delta)}}\right]dz$$

ein Integral zweiter Gattung ist, wenn b und c durch die Gleichung (a) mit einander verbunden sind.

Um einzusehen, dass dieses Integral zugleich das allgemeinste elliptische Integral zweiter Gattung ist, was übrigens auch schon aus der Herleitung hervorgeht, sei irgend ein anderes Integral zweiter Gattung, also ein Integral einer rationalen Function von z und $\sqrt{R(z)}$, welches ebenfalls für dieselbe Riemann'sche Fläche von $\sqrt{R(z)}$ in $z=z_1$ von der ersten Ordnung und zwar auf dem einen zu dem Wurzelwerthe $\varepsilon_1 R(z_1)^{\frac{1}{2}}$ gehörigen Blatte unendlich, sonst überall endlich ist, $E_1(z)$, so wird sich die Function unter dem Integral, da z_1 kein Verzweigungspunkt sein soll, nach ganzen steigenden Potenzen von $z - z_1$ entwickeln lassen, und daher die Entwicklung von $E_1(z)$ in der Umgebung von $z = z_1$

$$E_1(z) = A(z - z_1)^{-1} + B + C(z - z_1) + \cdots$$

lauten, und wenn die Entwicklung von $E(z)$ in der Nähe desselben Punktes in der Form

$$E(z) = p(z - z_1)^{-1} + q + r(z - z_1) + \cdots$$

dargestellt wird, so sieht man, dass

$$E_1(z) - \frac{A}{p} E(z)$$

für $z = z_1$ endlich ist, und da diese Differenz für alle andern Punkte ebenfalls endlich sein muss, da die zweiten Integrale es sind, so folgt, dass sie, da sie wieder ein elliptisches Integral ist, ein Integral erster Gattung sein muss, und dass somit das allgemeinste Integral zweiter Gattung sich durch eines derselben und ein Integral erster Gattung in der Form

$$m\int_{z_0}\left[\frac{c\,\varepsilon_1 R(z_1)^{-\frac{1}{2}}}{(z-z_1)^2} + \frac{a_1(z-z_1)^2 + b(z-z_1) + c}{(z-z_1)^2\sqrt{A(z-\alpha)(z-\beta)(z-\gamma)(z-\delta)}}\right]dz$$
$$+ n\int_{z_0}\frac{dz}{\sqrt{A(z-\alpha)(z-\beta)(z-\gamma)(z-\delta)}}$$

wird darstellen lassen, worin m und n beliebige Constanten bezeichnen, und zwischen b und c die Gleichung (a) stattfindet; setzt man

$$m c\,\varepsilon_1 R(z_1)^{-\frac{1}{2}} = M, \quad m a + n = N,$$

wo jetzt auch M und N willkührliche Constanten bedeuten, so wird sich mit Berücksichtigung der Gleichung (a) das allgemeinste elliptische Integral zweiter Gattung in der Form

$$\int_{z_0}\left[\frac{M}{(z-z_1)^2} + \frac{N(z-z_1)^2 + \dfrac{M R'(z_1)}{2\,\varepsilon_1 R(z_1)^{\frac{1}{2}}}(z-z_1) + M\varepsilon_1 R(z_1)^{\frac{1}{2}}}{(z-z_1)^2\sqrt{A(z-\alpha)(z-\beta)(z-\gamma)(z-\delta)}}\right]dz,$$

oder

$$M\int_{z_0}\left[\frac{1}{(z-z_1)^2} + \frac{\dfrac{R'(z_1)}{2\,\varepsilon_1 R(z_1)^{\frac{1}{2}}}(z-z_1) + \varepsilon_1 R(z_1)^{\frac{1}{2}}}{(z-z_1)^2\sqrt{A(z-\alpha)(z-\beta)(z-\gamma)(z-\delta)}}\right]dz$$
$$+ N\int_{z_0}\frac{dz}{\sqrt{A(z-\alpha)(z-\beta)(z-\gamma)(z-\delta)}}$$

ergeben.

Sucht man endlich das allgemeinste elliptische Integral dritter Gattung, das also in zwei beliebigen Punkten z_1 und z_2 logarithmisch unendlich wird und zwar für jeden dieser Punkte auf nur *einem* Blatte und so, dass, wie oben als nothwendig nachgewiesen worden, die Coefficienten der logarithmischen Glieder sich zu Null ergänzen, so findet man wie früher zuerst wieder die Form

$$\int_{z_0} \frac{(z-\alpha)^{k_1}(z-\beta)^{k_2}(z-\gamma)^{k_3}(z-\delta)^{k_4}. F_0(z)+F_1(z)\sqrt{A(z-\alpha)(z-\beta)(z-\gamma)(z-\delta)}}{(z-z_1)^k(z-z_2)^l(z-\alpha)^{k_1}(z-\beta)^{k_2}(z-\gamma)^{k_3}(z-\delta)^{k_4}}\,dz,$$

worin k_1, k_2, k_3, k_4 die Null oder die Einheit bedeuten; nehmen wir ferner wieder zuerst an, dass das Integral in den Punkten z_1 und z_2 auf beiden Blättern logarithmisch unendlich werden soll, so werden $F_0(z)$ und $F_1(z)$, da z_1 und z_2 nicht Verzweigungspunkte von $\sqrt{R(z)}$ sein sollen, durch

$$(z-z_1)^{k-1}(z-z_2)^{l-1}$$

theilbar sein, und daher wieder $k=1$, $l=1$ sein müssen, so dass, wenn noch die Bedingung hinzugenommen wird, dass das Integral für $z=\infty$ auf beiden Blättern endlich bleiben soll, sich

$$F_0(z)=c_1,\quad F_1(z)=a(z-z_1)(z-z_2)+b(z-z_1)+c(z-z_2)$$
$$k_1=k_2=k_3=k_4=1$$

ergiebt, worin a, b, c, c_1 völlig willkührliche Constanten bedeuten, und das Integral daher die Gestalt annimmt

$$\int_{z_0}\left[\frac{c_1}{(z-z_1)(z-z_2)}+\frac{a(z-z_1)(z-z_2)+b(z-z_1)+c(z-z_2)}{(z-z_1)(z-z_2)\sqrt{A(z-\alpha)(z-\beta)(z-\gamma)(z-\delta)}}\right]dz;$$

da nun aber das Integral nur für z_1 und z_2 auf einem Blatte und zwar für z_1 auf dem zu dem Wurzelwerthe $\varepsilon_1 R(z_1)^{\frac{1}{2}}$, für z_2 auf dem zu $\varepsilon_2 R(z_2)^{\frac{1}{2}}$ gehörigen logarithmisch unendlich werden soll, so werden die Coefficienten der Bedingung zu unterwerfen sein, dass

$$\frac{c_1}{z_1-z_2}-c\,\varepsilon_1 R(z_1)^{-\frac{1}{2}}=0$$
$$\frac{c_1}{z_2-z_1}-b\,\varepsilon_2 R(z_2)^{-\frac{1}{2}}=0$$

ist, oder dass

$$c=\frac{c_1}{z_1-z_2}\,\varepsilon_1 R(z_1)^{\frac{1}{2}}\quad,\quad b=\frac{c_1}{z_2-z_1}\,\varepsilon_2 R(z_2)^{\frac{1}{2}}$$

ist, und man sieht zugleich, dass in dem hieraus sich ergebenden Integralausdruck

$$\Pi(z)=\int_{z_0}\left[\frac{c_1}{(z-z_1)(z-z_2)}\right.$$
$$\left.+\frac{a(z-z_1)(z-z_2)+\frac{c_1}{z_2-z_1}\varepsilon_2 R(z_2)^{\frac{1}{2}}(z-z_1)+\frac{c_1}{z_1-z_2}\varepsilon_1 R(z_1)^{\frac{1}{2}}(z-z_2)}{(z-z_1)(z-z_2)\sqrt{A(z-\alpha)(z-\beta)(z-\gamma)(z-\delta)}}\right]dz$$

die Coefficienten der logarithmischen Glieder

$$\frac{2c_1}{z_1-z_2}\quad\text{und}\quad\frac{2c_1}{z_2-z_1}$$

sind und sich somit zu Null ergänzen, wie es gefordert war. Da dies die allgemeinste Form des elliptischen Integrales dritter Gattung war, oder da jedes andere Integral dritter Gattung, welches nur in z_1, z_2 und zwar nur in den zu den Wurzelwerthen $\varepsilon_1 R(z_1)^{\frac{1}{2}}$, $\varepsilon_2 R(z_2)^{\frac{1}{2}}$

gehörigen Blättern logarithmisch unendlich ist, und für welches die Coefficienten der logarithmischen Ausdrücke sich zu Null ergänzen, genau nach den für die Integrale zweiter Gattung gemachten Schlüssen durch

$$m\Pi(z) + n\int_{z_0} \frac{dz}{\sqrt{A(z-\alpha)(z-\beta)(z-\gamma)(z-\delta)}}$$

ausdrücken lassen muss, so können wir auch als allgemeinste Form eines elliptischen Integrales dritter Gattung die folgende aufstellen

$$M\int_{z_0}\left[\frac{1}{(z-z_1)(z-z_2)} + \frac{\frac{\varepsilon_2 R(z_2)^{\frac{1}{2}}}{z_2-z_1}(z-z_1) + \frac{\varepsilon_1 R(z_1)^{\frac{1}{2}}}{z_1-z_2}(z-z_2)}{(z-z_1)(z-z_2)\sqrt{A(z-\alpha)(z-\beta)(z-\gamma)(z-\delta)}}\right]dz$$
$$+ N\int_{z_0}\frac{dz}{\sqrt{A(z-\alpha)(z-\beta)(z-\gamma)(z-\delta)}},$$

in der M und N völlig willkührliche Constanten sind, oder wie leicht zu sehen

$$M\int_{z_0}\left[\frac{R(z)^{\frac{1}{2}}+\varepsilon_1 R(z_1)^{\frac{1}{2}}}{z-z_1} - \frac{R(z)^{\frac{1}{2}}+\varepsilon_2 R(z_2)^{\frac{1}{2}}}{z-z_2}\right]\frac{dz}{(z_1-z_2)\sqrt{R(z)}}$$
$$+ N\int_{z_0}\frac{dz}{\sqrt{A(z-\alpha)(z-\beta)(z-\gamma)(z-\delta)}}.$$

Setzt man

$$M = \frac{z_1 - z_2}{2},$$

so sind offenbar die Coefficienten der logarithmischen Glieder die positive und negative Einheit, und in diesem Falle soll das Integral dritter Gattung ein *Hauptintegral dritter Gattung* genannt werden.

Es ist leicht nachzuweisen, dass eine specielle Lage der Punkte z_1 und z_2 zu einander das elliptische Integral dritter Gattung in das allgemeine zweiter Gattung überführt. Lassen wir nämlich auf der Fläche von $\sqrt{R(z)}$ den Punkt z_2 in die Umgebung von z_1 rücken, so wird, wie unmittelbar aus dem oben definirten Begriffe der Umgebung eines Punktes ersichtlich ist,

$$\varepsilon_2 R(z_2)^{\frac{1}{2}} = \varepsilon_1 R(z_1)^{\frac{1}{2}} + \frac{z_2 - z_1}{1}\cdot\frac{1}{2}\frac{R'(z_1)}{\varepsilon_1 R(z_1)^{\frac{1}{2}}} + \cdots$$

oder

$$\frac{\varepsilon_2 R(z_2)^{\frac{1}{2}}}{z_2 - z_1}(z - z_1) = \frac{\varepsilon_1 R(z_1)^{\frac{1}{2}}}{z_2 - z_1}(z - z_1) + \frac{1}{2}\frac{R'(z_1)}{\varepsilon_1 R(z_1)^{\frac{1}{2}}}(z - z_1) + \cdots$$

sein; da ferner

$$\frac{\varepsilon_1 R(z_1)^{\frac{1}{2}}}{z_1 - z_2}(z - z_2) = \frac{\varepsilon_1 R(z_1)^{\frac{1}{2}}}{z_1 - z_2}(z - z_1) + \varepsilon_1 R(z_1)^{\frac{1}{2}}$$

gesetzt werden kann, so folgt unmittelbar aus der ersten der beiden oben für das allgemeine elliptische Integral dritter Gattung aufgestellten Formen, dass, *wenn man z_2 unendlich nahe an z_1 rücken oder* *diese beiden Punkte zusammenfallen lässt, jenes Integral dritter Gattung in*

$$M\int_{z_0}\left[\frac{1}{(z-z_1)^2}+\frac{\frac{R'(z_1)}{2\,\varepsilon_1 R(z_1)^{\frac{1}{2}}}(z-z_1)+\varepsilon_1 R(z_1)^{\frac{1}{2}}}{(z-z_1)^2\sqrt{A(z-\alpha)(z-\beta)(z-\gamma)(z-\delta)}}\right]dz$$
$$+N\int_{z_0}\frac{dz}{\sqrt{A(z-\alpha)(z-\beta)(z-\gamma)(z-\delta)}},$$

also in das allgemeine elliptische Integral zweiter Gattung übergeht.

Vermöge dieser Eigenschaft wird es aber möglich sein, das zweite elliptische Integral als Differentialquotienten des dritten nach einem der beiden Punkte, für welche dasselbe logarithmisch unendlich wird, darzustellen, wenn wir noch den folgenden Hülfssatz vorausgeschickt haben werden.

Seien

$$\Pi_1(z),\quad \Pi_2(z),\quad \Pi_3(z)$$

drei elliptische Integrale dritter Gattung, welche resp. in den Punkten

$$z_1,\ z_2;\quad z_1,\ z_3;\quad z_2,\ z_3$$

logarithmisch unendlich werden und zwar für dieselben Punkte auf denselben Blättern, so dass ihre logarithmischen Glieder in der für die Umgebung dieser singulären Punkte gültigen Entwicklung, wie aus der oben aufgestellten allgemeinen Form hervorgeht, lauten

$$\frac{2M}{z_1-z_2}\log(z-z_1),\quad \frac{2M}{z_2-z_1}\log(z-z_2),$$
$$\frac{2M'}{z_1-z_3}\log(z-z_1),\quad \frac{2M'}{z_3-z_1}\log(z-z_3),$$
$$\frac{2M''}{z_2-z_3}\log(z-z_2),\quad \frac{2M''}{z_3-z_2}\log(z-z_3),$$

und setzt man

$$M'=\frac{z_3-z_1}{z_1-z_2}M,\quad M''=\frac{z_3-z_2}{z_2-z_1}M,$$

so ist unmittelbar zu sehen, dass für die Summe von $\Pi_1(z)$, $\Pi_2(z)$, $\Pi_3(z)$ die logarithmischen Glieder in den einzelnen Entwicklungen sich wegheben, und dass somit die Summe jener drei Integrale in der ganzen Riemann'schen Fläche endlich, also das Product einer Constanten in das Integral erster Gattung sein muss; es wird daher

$$\Pi_1(z)+\Pi_2(z)+\Pi_3(z)=N\int_{z_0}\frac{dz}{\sqrt{A(z-\alpha)(z-\beta)(z-\gamma)(z-\delta)}}$$

sein, wenn die M in diesen drei Integralen dritter Gattung in der obigen Weise bestimmt sind. Setzt man nun der Kürze halber

$$\int_{z_0}\left[\frac{1}{(z-z_\mu)(z-z_\nu)}+\frac{\frac{\varepsilon_\nu R(z_\nu)^{\frac{1}{2}}}{z_\nu-z_\mu}(z-z_\mu)+\frac{\varepsilon_\mu R(z_\mu)^{\frac{1}{2}}}{\mu-z_\nu}(z-z_\nu)}{(z-z_\mu)(z-z_\nu)\sqrt{A(z-\alpha)(z-\beta)(z-\gamma)(z-\delta)}}\right]dz=J_{z_\mu,\,z_\nu},$$

so folgt mit Rücksicht auf die Form des allgemeinen Integrales dritter Gattung

$$MJ_{z_1, z_2} + M\frac{z_3 - z_1}{z_1 - z_2} J_{z_1, z_3} + M\frac{z_3 - z_2}{z_2 - z_1} J_{z_2, z_3} = P\int_{z_0} \frac{dz}{\sqrt{A(z-\alpha)(z-\beta)(z-\gamma)(z-\delta)}},$$

worin P eine Constante bedeutet, oder

$$MJ_{z_1, z_2} = M\left\{\frac{(z_1 - z_3) J_{z_1, z_3} - (z_2 - z_3) J_{z_2, z_3}}{z_1 - z_2}\right\} + P\int_{z_0} \frac{dz}{\sqrt{A(z-\alpha)(z-\beta)(z-\gamma)(z-\delta)}}.$$

Lässt man nun z_2 sich auf dem den Punkt z_1 enthaltenden Blatte eben diesem Punkte unendlich nähern, so geht die linke Seite, wie früher gefunden worden, mit Hinzunahme eines Integrales erster Gattung in das allgemeine elliptische Integral zweiter Gattung über, während auf der rechten Seite der obigen Gleichung, wenn

$$z_2 = z_1 + h$$

gesetzt wird, die mit M multiplicirte Klammer sich in

$$\frac{(z_1 + h - z_3) J_{z_1+h, z_3} - (z_1 - z_3) J_{z_1, z_3}}{h} = (z_1 - z_3)\left[\frac{J_{z_1+h, z_3} - J_{z_1, z_3}}{h}\right] + J_{z_1+h, z_3}$$

verwandelt, welche Grösse für verschwindende h die Form annimmt

$$(z_1 - z_3)\frac{\partial J_{z_1, z_3}}{\partial z_1} + J_{z_1, z_3} = \frac{\partial}{\partial z_1}\left[(z_1 - z_3) J_{z_1, z_3}\right] = 2\frac{\partial}{\partial z_1}\left[\frac{z_1 - z_3}{2} J_{z_1, z_3}\right].$$

Es wird sich somit nach der obigen Gleichung

$$MJ_{z_1, z_1} = 2M\frac{\partial}{\partial z_1}\left[\frac{z_1 - z_3}{2} J_{z_1, z_3}\right] + P\int_{z_0} \frac{dz}{\sqrt{A(z-\alpha)(z-\beta)(z-\gamma)(z-\delta)}}$$

ergeben, und da das elliptische Integral

$$\frac{z_1 - z_3}{2} J_{z_1, z_3}$$

nach der oben gegebenen Definition ein elliptisches Hauptintegral dritter Gattung war, so findet man,

*dass sich das allgemeine elliptische Integral zweiter Gattung mit dem Discontinuitätspunkte erster Ordnung z_1 von einem Integrale erster Gattung abgesehen als das Product einer Constanten in den nach z_1 genommenen Differentialquotienten eines elliptischen Hauptintegrales dritter Gattung darstellen lässt, dessen zweiter logarithmischer Unstetigkeitspunkt ein völlig willkührlicher ist.**)

Erwägt man ferner, dass das Integral zweiter Gattung

$$J_{z_1, z_1}$$

als eine in der ganzen Riemann'schen Fläche endliche, nur in dem Punkte z_1 des einen Blattes unendlich von der ersten Ordnung wie

*) Man kann sich von der Richtigkeit dieser Behauptung auch durch unmittelbare Ausführung der Differentiation des Integrales dritter Gattung nach dem einen Parameter z_1 desselben überzeugen.

$$-\frac{2}{z-z_1}$$

werdende Function das Integral einer rationalen Function von z und $\sqrt{R(z)}$ war, welche in der Nähe des Punktes z_1 in dem betrachteten Blatte die Form hat

$$\frac{2}{(z-z_1)^2}+\varphi(z, z_1),$$

worin $\varphi(z, z_1)$ sowohl eine in der Umgebung von z_1 endliche und eindeutige Function von z als auch eine ebensolche von z_1 für diesen Punkt ist, wie aus der Betrachtung der oben aufgestellten Form für jenes Integral unmittelbar hervorgeht, so folgt, dass das Differential dieser Function nach z_1 in der Umgebung dieses Punktes sich darstellen lässt durch

$$\frac{4}{(z-z_1)^3}+\frac{\partial\varphi(z, z_1)}{\partial z_1},$$

in welcher $\frac{\partial\varphi(z, z_1)}{\partial z_1}$ eine endliche und eindeutige Function von z und z_1 ist, und dass somit das Integral nach z genommen als Function von z aufgefasst in der Nähe von z_1 die Form hat

$$-\frac{2}{(z-z_1)^2}+\psi(z, z_1),$$

worin $\psi(z, z_1)$ in der Umgebung von z_1 endlich und eindeutig ist. Es ist mithin klar, dass *der Differentialquotient von J_{z_1, z_1} in dem Punkte z_1 in dem betrachteten Blatte von der zweiten Ordnung unendlich ist, in allen andern Punkten, wie die obigen Schlüsse unmittelbar zeigen, endlich bleibt*, und dass sich somit jedes in z_1 auf *einem* Blatte von der zweiten und ersten Ordnung wie der Ausdruck

$$\frac{R}{(z-z_1)^2}+\frac{S}{z-z_1}$$

unendlich werdende elliptische Integral durch

$$-\frac{R}{2}\frac{\partial J_{z_1, z_1}}{\partial z_1}-\frac{S}{2}J_{z_1, z_1}+P\int_{z_0}\frac{dz}{\sqrt{A(z-\alpha)(z-\beta)(z-\gamma)(z-\delta)}}$$

ausdrücken lässt, wenn R, S, P, Q Constanten bedeuten, von denen R und S durch den Ausdruck bestimmt sind, welcher angiebt, wie die zu bestimmende Function im Punkte z_1 unendlich werden soll.

Fährt man in diesen Schlüssen in genau derselben Weise fort, so folgt, dass, indem der früher mit z_3 bezeichnete beliebige Punkt nunmehr der sogleich näher zu definirende Punkt z_2 sein soll, jedes elliptische Integral, welches in einem Punkte z_1, welcher, wie von Anfang an vorausgesetzt worden, weder ein Verzweigungspunkt noch der unendlich entfernte Punkt sein sollte, von der Art unendlich werden soll wie die gegebene Function

$$(\alpha)\quad A_1\log(z-z_1)+B_1(z-z_1)^{-1}+C_1(z-z_1)^{-2}+\cdots+K_1(z-z_1)^{-k_1},$$

im Punkte z_2 wie die Function

$$- A_1 \log (z - z_2),$$

im Uebrigen stets endlich ist, sich als ein mit constanten Coefficienten aus dem ersten Integrale, aus der Function

$$\frac{z_1 - z_2}{2} J_{z_1, z_2}$$

und deren Derivirten bis zur k_1^{ten} Ordnung nach dem Unstetigkeitswerthe z_1 additiv gebildeter linearer Ausdruck ergiebt, dessen Coefficienten mit Ausnahme desjenigen des Integrales erster Gattung durch die gegebene Form (α) fest bestimmt sind.

Wir können aber auch nunmehr leicht ein elliptisches Integral bestimmen, welches im Punkte z_1 wie

$$A_1 \log (z - z_1) + B_1 (z - z_1)^{-1} + C_1 (z - z_1)^{-2} + \cdots + K_1 (z - z_1)^{k_1},$$

im Punkte z_2 wie

$$A_2 \log (z - z_2) + B_2 (z - z_2)^{-1} + C_2 (z - z_2)^{-2} + \cdots + K_2 (z - z_2)^{-k_2},$$

u. s. w., endlich im Punkte z_ν wie

$$A_\nu \log (z - z_\nu) + B_\nu (z - z_\nu)^{-1} + C_\nu (z - z_\nu)^{-2} + \cdots + K_\nu (z - z_\nu)^{-k_\nu}$$

unendlich, im Uebrigen stets endlich sein soll, wenn nur die Bedingung erfüllt wird, dass

$$A_1 + A_2 + \cdots + A_\nu = 0 \; *)$$

ist. Denn bildet man ein elliptisches Integral J_1, welches in z_1, wie es vorgeschrieben, unendlich ist, ausserdem in z_2 logarithmisch unendlich wird wie

$$- A_1 \log (z - z_2),$$

im Uebrigen stets endlich ist, und addirt dazu ein Integral J_2, welches in z_2 unendlich wird wie

$$(A_1 + A_2) \log (z - z_2) + B_2 (z - z_2)^{-1} + C_2 (z - z_2)^{-2} + \cdots + K_2 (z - z_2)^{-k_2},$$

in z_3 dagegen logarithmisch unendlich wie

$$- (A_1 + A_2) \log (z - z_3),$$

sonst stets endlich, so wird

$$J_1 + J_2$$

ein elliptisches Integral, welches in z_1 und z_2 unendlich wird, wie es vorgeschrieben ist und welches noch in z_3 von der angegebenen Form unendlich ist. Fügt man dann ein Integral J_3 hinzu, welches in z_3 unendlich wird wie

$$(A_1 + A_2 + A_3) \log (z - z_3) + B_3 (z - z_3)^{-1} \\ + C_3 (z - z_3)^{-2} + \cdots + K_3 (z - z_3)^{-k_3},$$

während der Ausdruck

$$- (A_1 + A_2 + A_3) \log (z - z_4)$$

*) Dass diese Bedingung erfüllt sein muss, wenn überhaupt eine Function von den angegebenen Eigenschaften bestimmbar sein soll, folgt genau so, wie es für zwei Punkte am Anfange dieser Vorlesungen nachgewiesen worden.

die Art des Unendlichwerdens in einem weiteren Punkte z_4 anzeigt, u. s. w., so werden wir schliesslich in dem Ausdrucke

$$J_1 + J_2 + \cdots + J_{\nu-1}$$

ein Integral erhalten, welches in $z_1, z_2, \ldots z_{\nu-1}$ die vorgeschriebenen Unstetigkeiten hat und in dem Punkte z_ν die logarithmische Unstetigkeit

$$-(A_1 + A_2 + \cdots + A_{\nu-1}) \log (z - z_\nu)$$

besitzt, oder nach der in Betreff der A gemachten Voraussetzung so unstetig wird wie

$$A_\nu \log (z - z_\nu);$$

bestimmt man daher endlich ein elliptisches Integral J_ν, welches in z_ν unendlich wird wie

$$B_\nu (z - z_\nu)^{-1} + C_\nu (z - z_\nu)^{-2} + \cdots + K_\nu (z - z_\nu)^{-k_\nu},$$

so wird

$$J_1 + J_2 + \cdots + J_\nu$$

ein elliptisches Integral sein, welches in den ν Punkten $z_1, z_2, \ldots z_\nu$ die vorgeschriebenen Unstetigkeiten hat, während es im Uebrigen für alle z endlich bleibt, und man sieht wiederum, dass die Coefficienten aller einzelnen Integrale zweiter und dritter Gattung bestimmt sind, und dass nur der Coefficient des elliptischen Integrales erster Gattung unbestimmt bleibt.

Wir können dieses Resultat jedoch noch in ganz anderer Form aussprechen. Da die Riemann'sche Fläche von $\sqrt{R(z)}$ nämlich nach den in der elften Vorlesung gemachten allgemeinen Auseinandersetzungen aus zwei Blättern mit zwei Verzweigungsschnitten von α nach β und von γ nach δ besteht, und durch zwei Querschnitte in eine einfach zusammenhängende Fläche zerlegt wird, so wird jedes elliptische Integral beim Ueberschreiten eines dieser Querschnitte je einen Stetigkeitssprung machen oder zwei Periodicitätsmoduln besitzen, wobei für die Integrale dritter Gattung noch die Stetigkeitssprünge hinzutreten werden, welche vom Ueberschreiten der von den Unstetigkeitspunkten aus nach den Querschnitten gezogenen Linien herrühren.*) Nun kann man offenbar den in dem oben gefundenen

---

*) die man sich sämmtlich der folgenden Darstellung wegen nach einem und demselben Punkte eines der beiden Querschnitte gezogen denken kann; in Folge dieser Annahme können wir von je einem Periodicitätsmodul des allgemeinen elliptischen Integrales für die Länge der beiden ganzen Querschnitte sprechen, da nur solche Punkte ausgeschlossen werden, in denen das Integral logarithmisch unendlich wird, und das Ueberschreiten aller dazu gehörigen Verbindungslinien nach der oben über die Art des logarithmisch Unendlichwerdens gemachten und als nothwendig bewiesenen Annahme gar keine Werthveränderung hervorbringt. Würde der unendlich entfernte Punkt auch auszuschliessen sein, so müsste der neue Querschnitt so gezogen werden, dass er die beiden ersten Querschnitte nicht schneidet, was stets möglich ist.

elliptischen Integrale noch unbestimmt gebliebenen Coefficienten des elliptischen Integrales erster Gattung derart bestimmen, dass die reellen Theile der beiden genannten Periodicitätsmoduln oder einer dieser Periodicitätsmoduln selbst gegebene Werthe erhalten. Denn setzt man diesen Coefficienten in die Form

$$\lambda + \lambda_1 i,$$

so wird das gesammte Integral, wenn die Werthveränderung aller Theile mit Ausnahme des Integrales erster Gattung beim Ueberschreiten des ersten der beiden Querschnitte

$$P_1 + Q_1 i,$$

die des Integrales erster Gattung

$$p_1 + q_1 i$$

ist, und für jenen zweiten Querschnitt

$$P_2 + Q_2 i \quad \text{und} \quad p_2 + q_2 i$$

die entsprechenden Grössen bedeuten, für diese beiden Querschnitte den Stetigkeitssprung

$$P_1 + Q_1 i + (\lambda + \lambda_1 i)(p_1 + q_1 i) = U_1 + V_1 i$$

und

$$P_2 + Q_2 i + (\lambda + \lambda_1 i)(p_2 + q_2 i) = U_2 + V_2 i$$

erleiden; sollen nun entweder U_1 und U_2 oder $U_1 + V_1 i$ gegeben sein, so werden entweder die beiden eben aufgestellten Gleichungen durch Identificirung der reellen Theile der beiden Seiten zwei Gleichungen zur Bestimmung von λ und λ_1 *) liefern, oder es wird bereits aus der ersten allein der Werth von $\lambda + \lambda_1 i$ sich ergeben, in jedem Falle also durch jene Bestimmung der Werth des noch willkührlich gebliebenen Coefficienten des elliptischen Integrales erster

*) Es ist hier nur noch nachzuweisen nöthig, dass die Determinante der für λ und λ_1 sich ergebenden linearen Gleichungen

$$\lambda p_1 - \lambda_1 q_1 = U_1 - P_1$$
$$\lambda p_2 - \lambda_2 q_2 = U_2 - P_2$$

nicht verschwindet. Wenn aber

$$p_1 q_2 - q_1 p_2 = 0$$

wäre, so liessen sich zwei reelle Grössen μ und μ_1 derart bestimmen, dass

$$\mu p_1 - \mu_1 q_1 = 0$$
$$\mu p_2 - \mu_1 q_2 = 0$$

ist, d. h. es würden die reellen Theile der Periodicitätsmoduln des Integrals

$$(\mu + \mu_1 i) \int_{z_0} \frac{dz}{\sqrt{A(z-\alpha)(z-\beta)(z-\gamma)(z-\delta)}}$$

verschwinden, und somit die Periodicitätsmoduln des Integrales erster Gattung selbst ein reelles Verhältniss haben, was, wie in einer der folgenden Vorlesungen gezeigt werden soll, nicht möglich ist; ebenso wird ersichtlich sein, dass nicht eine Periode dieses Integrales verschwinden darf.

Gattung fest bestimmt sein. Es giebt somit stets ein zu einer bestimmten doppelblättrigen Riemann'schen Fläche mit vier Verzweigungspunkten gehöriges, von dem willkührlichen aber bestimmten Werthe z_0 ausgehendes elliptisches Integral, welches in ν beliebig gewählten Punkten $z_1, z_2, \ldots z_\nu$, zu welchen weder Verzweigungspunkte noch der unendlich entfernte Punkt gehören sollten, Unstetigkeiten der Form

$$A_\alpha \log(z - z_\alpha) + B\ (z - z_\alpha)^{-1} + C_\alpha(z - z_\alpha)^{-2} + \cdots + K_\alpha(z - z_\alpha)^{-k_\alpha}$$

hat, worin $\alpha = 1, 2, \ldots \nu$ zu setzen ist und

$$A_1 + A_2 + \cdots + A_\nu = 0$$

angenommen wurde, und für welches ferner die reellen Theile der Periodicitätsmoduln an den beiden Querschnitten der in eine einfach zusammenhängende Fläche verwandelten Riemann'schen Fläche für $\sqrt{R(z)}$ oder der eine dieser Periodicitätsmoduln selbst gegebene Werthe haben. Es ist aber leicht einzusehen, dass es nur *ein* solches von z_0 anfangendes elliptisches Integral giebt; denn seien J und J_1 zwei elliptische Integrale, welche den angeführten Bedingungen Genüge leisten, so wird $J - J_1$ ein von z_0 nach z sich erstreckendes elliptisches Integral sein, welches in der ganzen Fläche endlich ist, da die beiden Functionen in denselben ν Punkten in derselben Weise unendlich werden, und ausserdem entweder an beiden Querschnitten nur rein imaginäre Stetigkeitssprünge hat, wenn die reellen Theile der Periodicitätsmoduln an beiden dieselben gegebenen Werthe haben oder für welches der eine Periodicitätsmodul verschwindet, wenn der eine Stetigkeitssprung für beide Integrale denselben gegebenen Werth besitzt; es ist somit $J - J_1$ ein von z_0 nach z sich erstreckendes elliptisches Integral erster Gattung, für welches die reellen Theile der beiden Periodicitätsmoduln verschwinden oder der eine Periodicitätsmodul selbst Null ist, was auf Grund der in der Anmerkung gemachten Auseinandersetzungen unmöglich ist.

Aber wir wollen ausserdem zeigen, dass jede andere Function von z, welche in der vorgelegten, in eine einfach zusammenhängende verwandelten Riemann'schen Fläche eindeutig ist, beim Ueberschreiten der beiden Querschnitte gegebene reelle Theile von Periodicitätsmoduln hat und ausserdem in den Punkten $z_1, z_2, \ldots z_\nu$ so unendlich ist wie

$$A_\alpha \log(z - z_\alpha) + B_\alpha(z - z_\alpha)^{-1} + C_\alpha(z - z_\alpha)^{-2} + \cdots + K\ (z - z_\alpha)^{-k_\alpha},$$

worin $\alpha = 1, 2, \ldots \nu$ zu setzen ist, oder sich von diesen Functionen in den Punkten $z_1, z_2, \ldots z_\nu$ nur um endliche und eindeutige Functionen von z unterscheidet, von dem oben gefundenen elliptischen Integrale nur um eine Constante verschieden ist. Denn sei $F(z)$ eine solche Function, so wird

$$\frac{dF(z)}{dz}$$

offenbar eine in der ganzen einfach zusammenhängenden Riemann'schen Fläche eindeutige Function von z sein, da die Ableitung einer in einem Punkte eindeutigen Function auch wieder eindeutig ist; da sich aber die Functionalwerthe zu beiden Seiten eines Querschnittes längs demselben, bis ein anderer Querschnitt auf diesen stösst, um dieselbe Constante unterscheiden, so wird das Verhältniss der Differenz der Functionalwerthe zu dz bei unendlicher Annäherung an den Querschnitt sich derselben Gränze nähern, d. h. $\frac{dF(z)}{dz}$ auch an den Querschnitten eindeutig sein oder anders ausgesprochen, es ist $\frac{dF(z)}{dz}$ eine in der vorgelegten mehrfach zusammenhängenden Riemann'schen Fläche eindeutige Function von z. Was ferner das Unendlichwerden der Ableitung von $F(z)$ betrifft, so ist klar, dass diese Function in den Punkten unendlich gross wird, in denen $F(z)$ es selbst ist, d. h. in den Punkten $z_1, z_2, \ldots z_\nu$ und zwar, wie unmittelbar ersichtlich ist, wie die Functionen

$$A_1(z-z_1)^{-1} - B_1(z-z_1)^{-2} - 2C_1(z-z_1)^{-3} - \cdots - k_1K_1(z-z_1)^{-k_1-1},$$
$$A_2(z-z_2)^{-1} - B_2(z-z_2)^{-2} - 2C_2(z-z_2)^{-3} - \cdots - k_2K_2(z-z_2)^{-k_2-1},$$
$$\cdots\cdots\cdots\cdots\cdots\cdots\cdots$$
$$A_\nu(z-z_\nu)^{-1} - B_\nu(z-z_\nu)^{-2} - 2C_\nu(z-z_\nu)^{-3} - \cdots - k_\nu K_\nu(z-z_\nu)^{-k_\nu-1},$$

also in all' diesen Punkten von einer endlichen Ordnung algebraisch unendlich; ausserdem kann aber eine Function von endlicher Vieldeutigkeit — und dass $\frac{dF(z)}{dz}$ eine solche ist, geht daraus hervor, dass sie auf der vorgelegten doppelblättrigen Fläche eindeutig ist — in Punkten unendlich sein, wenn auch ihr Integral in diesem Punkte endlich ist, doch kann dies nur, wie aus den in der achten Vorlesung angestellten Betrachtungen von selbst hervorgeht, in den Verzweigungspunkten dieser Function stattfinden, deren Zahl in unserem Falle eine endliche ist und zwar muss dann die Ordnung des Unendlichwerdens eine endliche sein. Es wird daher die Ableitung von $F(z)$ als eine in der Riemann'schen Fläche der elliptischen Integrale stets eindeutige und in einer endlichen Anzahl von Punkten von einer endlichen Ordnung unendlich werdende Function von z, wie früher gezeigt worden, eine rationale Function von

$$z \text{ und } \sqrt{A(z-\alpha)(z-\beta)(z-\gamma)(z-\delta)}$$

d. h. $F(z)$ ein elliptisches Integral, also bis auf eine willkührliche, additiv hinzutretende Constante das eine oben gefundene Integral sein. *Es giebt somit überhaupt nur eine Function, welche den oben aufgestellten Bedingungen genügt.*

Der eben aufgestellte Satz von der eindeutigen Bestimmung der Function, welche den für die Punkte der Fläche der elliptischen Integrale angegebenen Bedingungen genügt, ist das sogenannte *Dirichlet'sche Princip* für diese Klasse von Flächen.

Nennt man in einem der Verzweigungspunkte α, β, γ, δ unserer doppelblättrigen Fläche die Grössen

$$\frac{1}{(z-\alpha)^{\frac{m}{2}}} \quad \text{und} \quad \log(z-\alpha)^{\frac{1}{2}}$$

von der m^{ten} Ordnung und logarithmisch unendlich gross*), und definirt auch als Integral zweiter Gattung ein solches, das in einem dieser Verzweigungspunkte, z. B. α, unendlich von der ersten Ordnung, also wie

$$A(z-\alpha)^{-\frac{1}{2}},$$

und als Integral dritter Gattung ein solches, welches in diesem Punkte wie

$$A\log(z-\alpha)^{\frac{1}{2}}$$

unendlich gross wird, während es in einem beliebigen anderen nicht mehrfachen Punkte ζ wie

$$A'\log(z-\zeta)$$

unendlich wird, worin wieder

$$A+A'=0$$

sein muss, so erfahren die vorher gemachten Auseinandersetzungen, wenn die Forderung gestellt wird, dass ein elliptisches Integral in einem der Verzweigungspunkte, z. B. α, unendlich sein soll wie

$$A\log r + Br^{-1} + Cr^{-2} + \cdots + Kr^{-k},$$

worin

$$r=(z-\alpha)^{\frac{1}{2}}$$

zu nehmen ist, nur geringe Modificationen; es bedarf keines weiteren Beweises, dass das in $z=\alpha$ unendlich werdende allgemeine elliptische Integral zweiter Gattung von der Form ist

$$M\int\limits_{z_0}\frac{dz}{(z-\alpha)\sqrt{A(z-\alpha)(z-\beta)(z-\gamma)(z-\delta)}}$$

$$+N\int\limits_{z_0}\frac{dz}{\sqrt{A(z-\alpha)(z-\beta)(z-\gamma)(z-\delta)}},$$

und das allgemeine elliptische Integral dritter Gattung durch den Ausdruck bestimmt ist

---

*) indem man eine Function für einen Punkt der Riemann'schen Fläche unendlich klein von der ersten Ordnung nennt, wenn ihr Logarithmus bei einem vollständigen Umlaufe um diesen Punkt (in dem bekannten Sinne genommen) um $2\pi i$ wächst.

$$M\int_{z_0}\left[\frac{\alpha-\xi}{2(z-\alpha)(z-\xi)}-\frac{\varepsilon R(\xi)^{\frac{1}{2}}}{2(z-\xi)\sqrt{A(z-\alpha)(z-\beta)(z-\gamma)(z-\delta)}}\right]dz$$
$$+N\int_{z_0}\frac{dz}{\sqrt{A(z-\alpha)(z-\beta)(z-\gamma)(z-\delta)}}.$$

Nachdem gezeigt worden, wie sich jedes beliebige elliptische Integral mit Hülfe von Integralen dritter Gattung, deren Differentialquotienten der verschiedenen Ordnungen und einem Integrale erster Gattung ausdrücken lässt, würde noch zu zeigen übrig bleiben, dass man drei feste Normalformen finden kann, auf die sich stets jedes elliptische Integral nach Absonderung der trigonometrischen und logarithmischen Integrale zurückführen lässt. Doch wird dies einfacher für den Fall zu zeigen sein, dass das Polynom unter der Quadratwurzel vom dritten Grade ist, indem einerseits dann die Reduction des oben behandelten Falles vermöge der früher aufgestellten Substitution, welche ein elliptisches Integral mit einer Irrationalität aus einem Polynome vierten Grades auf ein solches mit einer Quadratwurzel aus einem Polynome dritten Grades zurückzuführen lehrt, unmittelbar zu bewerkstelligen ist, andererseits man aber auch sogleich zu der Reduction auf die von Legendre eingeführten Normalintegrale geführt wird, deren Definition in der nächsten Vorlesung gegeben werden soll.

Vierzehnte Vorlesung.

Reduction des allgemeinen elliptischen Integrales auf die Integrale der drei Gattungen.

Sei

$$\varphi(z) = A(z - a_1)(z - a_2)(z - a_3)$$

und $f(z, \sqrt{\varphi(z)})$ eine rationale Function von z und $\sqrt{\varphi(z)}$, so wird sich

$$\int f(z, \sqrt{\varphi(z)})\, dz = \int \frac{\varphi_1(z) + \varphi_2(z)\sqrt{\varphi(z)}}{\psi_1(z) + \psi_2(z)\sqrt{\varphi(z)}}\, dz,$$

worin

$$\varphi_1(z), \quad \varphi_2(z), \quad \psi_1(z), \quad \psi_2(z)$$

ganze Functionen von z sind, wenn in der Function unter dem Integral Zähler und Nenner mit dem conjugirten Werthe des Nenners multiplicirt wird, in die Form bringen lassen

$$\int [F_1(z) + F_2(z)\sqrt{\varphi(z)}]\, dz = \int F_1(z)\, dz + \int \frac{F(z)\, dz}{\sqrt{\varphi(z)}},$$

in welcher

$$F_0(z), \quad F_1(z), \quad F(z)$$

rationale Functionen von z bedeuten. Da nun

$$\int F_1(z)\, dz$$

als Integral einer rationalen Function von z eine algebraisch-logarithmische Function ist, so handelt es sich somit nur noch um ein Integral der Form

$$\int F(z) \frac{dz}{\sqrt{\varphi(z)}},$$

auf dessen Reduction wir nunmehr näher eingehen wollen.

Nach dem Cauchy'schen Satze ist, wenn $F(z)$ für die Werthe

$$z_1, z_2, \ldots z_n$$

unendlich wird,

$$(1) \ldots\ldots \quad F(z) = \frac{1}{2\pi i}\int_{(z_1)} \frac{F(t)}{z - t}\, dt + \frac{1}{2\pi i}\int_{(z_2)} \frac{F(t)}{z - t}\, dt + \cdots + \frac{1}{2\pi i}\int_{(z_n)} \frac{F(t)}{z - t}\, dt - \frac{1}{2\pi i}\int_{(\infty)} \frac{F(t)}{z - t}\, dt,$$

worin die Integrale so zu durchlaufen sind, dass die eingeschlossenen Flächen zur Linken liegen, und das letzte Integral längs einem den Nullpunkt umschliessenden Kreis mit sehr grossem Radius genommen werden kann, oder da die geschlossenen Integrale um die Punkte z_α, wie früher gezeigt worden, die Coefficienten von $(t - z_\alpha)^{-1}$ in der Entwickelung der Function

$$\frac{F(t)}{z-t}$$

nach steigenden Potenzen von $t - z_\alpha$ sind, und ebenso das um den unendlich entfernten Punkt genommene Integral der Entwickelungscoefficient von t^{-1} in der Entwickelung derselben Function nach fallenden Potenzen von t, so wird sich, wenn wir diese Coefficienten mit

$$\left[\frac{F(t)}{z-t}\right]_{(t-z_\alpha)^{-1}} \quad \text{und} \quad \left[\frac{F(t)}{z-t}\right]_{t^{-1}}$$

bezeichnen und die Gleichung (1) ausserdem mit $\sqrt{\varphi(z)}$ dividiren, der Ausdruck ergeben

$$(2) \;.\;. \quad \frac{F(z)}{\sqrt{\varphi(z)}} = \left[\frac{F(t)}{(z-t)\sqrt{\varphi(z)}}\right]_{(t-z_1)^{-1}} + \cdots + \left[\frac{F(t)}{(z-t)\sqrt{\varphi(z)}}\right]_{(t-z_n)^{-1}} - \left[\frac{F(t)}{(z-t)\sqrt{\varphi(z)}}\right]_{t^{-1}},$$

dessen einzelne Theile nunmehr weiter zu behandeln sein werden.

Nun ist aber eine unmittelbar ersichtliche Identität, die man durch Ausführung der Differentiation sofort verificirt,

$$(3) \;.\;. \quad \frac{d}{dt}\left[\frac{\sqrt{\varphi(t)}}{(z-t)\sqrt{\varphi(z)}}\right] = \frac{d}{dz}\left[\frac{\sqrt{\varphi(z)}}{(t-z)\sqrt{\varphi(t)}}\right] + \frac{Az}{2\sqrt{\varphi(z)}\sqrt{\varphi(t)}} - \frac{At}{2\sqrt{\varphi(t)}\sqrt{\varphi(z)}},$$

und, wenn man diese nach t zwischen den Gränzen z_α und t integrirt, erhält man

$$\frac{\sqrt{\varphi(t)}}{(z-t)\sqrt{\varphi(z)}} - \frac{\sqrt{\varphi(z_\alpha)}}{(z-z_\alpha)\sqrt{\varphi(z)}} = \frac{d}{dz}\sqrt{\varphi(z)}\int_{z_\alpha}\frac{dt}{(t-z)\sqrt{\varphi(t)}}$$

$$+ \frac{Az}{2\sqrt{\varphi(z)}}\int_{z_\alpha}\frac{dt}{\sqrt{\varphi(t)}} - \frac{A}{2\sqrt{\varphi(z)}}\int_{z_\alpha}\frac{t\,dt}{\sqrt{\varphi(t)}},$$

und daher, wenn mit $\sqrt{\varphi(t)}$ dividirt, mit $F(t)$ multiplicirt, auf beiden Seiten nach steigenden Potenzen von $t - z_\alpha$ entwickelt und die Coefficienten von $(t - z_\alpha)^{-1}$ einander gleich gesetzt werden

$$(4) \;. \quad \left[\frac{F(t)}{(z-t)\sqrt{\varphi(z)}}\right]_{(t-z_\alpha)^{-1}} = \frac{\sqrt{\varphi(z_\alpha)}}{(z-z_\alpha)\sqrt{\varphi(z)}}\left[\frac{F(t)}{\sqrt{\varphi(t)}}\right]_{(t-z_\alpha)^{-1}} + \frac{Az}{2\sqrt{\varphi(z)}}\left[\frac{F(t)}{\sqrt{\varphi(t)}}\int_{z_\alpha}\frac{dt}{\sqrt{\varphi(t)}}\right]_{(t-z_\alpha)^{-1}}$$

$$- \frac{A}{2\sqrt{\varphi(z)}}\left[\frac{F(t)}{\sqrt{\varphi(t)}}\int_{z_\alpha}\frac{t\,dt}{\sqrt{\varphi(t)}}\right]_{(t-z_\alpha)^{-1}} + \frac{d}{dz}\sqrt{\varphi(z)}\left[\frac{F(t)}{\sqrt{\varphi(t)}}\int_{z_\alpha}\frac{dt}{(t-z)\sqrt{\varphi(t)}}\right]_{(t-z_\alpha)^{-1}}.$$

Ich gehe wieder zur Gleichung (3) zurück und integrire nach t für den Anfangswerth $t = \infty$, so ist klar, dass man

$$(5) \ldots \quad \frac{\sqrt{\varphi(t)}}{(z-t)\sqrt{\varphi(z)}} = \frac{d}{dz}\int_\infty^t \frac{\sqrt{\varphi(z)}}{(t-z)\sqrt{\varphi(t)}}\,dt + \frac{Az}{2\sqrt{\varphi(z)}}\int_\infty^t \frac{dt}{\sqrt{\varphi(t)}} - \frac{A}{2\sqrt{\varphi(z)}}\int_\infty^t \frac{t\,dt}{\sqrt{\varphi(t)}}$$

erhält, indem die Integrationsconstante gleich Null wird; denn da auf der linken Seite in der Umgebung des unendlich entfernten Punktes

$$\sqrt{\varphi(t)} = A^{\frac{1}{2}}t^{\frac{3}{2}} + a_1 t^{\frac{1}{2}} + \cdots$$

$$\frac{1}{z-t} = -\frac{1}{t}\cdot\frac{1}{1-\frac{z}{t}} = -t^{-1} - zt^{-2} - \cdots$$

ist, so wird die Entwicklung der linken Seite nach fallenden Potenzen von t

$$(6) \ldots \quad \frac{\sqrt{\varphi(t)}}{(z-t)\sqrt{\varphi(z)}} = \frac{-A^{\frac{1}{2}}}{\sqrt{\varphi(z)}}\,t^{\frac{1}{2}} + \text{negative Potenzen von } t$$

lauten; auf der rechten Seite dagegen liefern offenbar die beiden ersten Integrale nur negative Potenzen von t, indem nach dem Obigen

$$\frac{1}{\sqrt{\varphi(t)}} = A^{-\frac{1}{2}}t^{-\frac{3}{2}}\{1 + a_1 t^{-1} + a_2 t^{-2} + \cdots\}$$

$$= A^{-\frac{1}{2}}t^{-\frac{3}{2}} + b_1 t^{-\frac{5}{2}} + b_2 t^{-\frac{7}{2}} + \cdots$$

also

$$\int_\infty \frac{dt}{\sqrt{\varphi(t)}} = 2A^{-\frac{1}{2}}t^{-\frac{1}{2}} - \tfrac{2}{3}b_1 t^{-\frac{3}{2}} - \cdots$$

und

$$\frac{1}{t-z} = t^{-1} + zt^{-2} + \cdots$$

also

$$\frac{1}{(t-z)\sqrt{\varphi(t)}} = A^{-\frac{1}{2}}t^{-\frac{5}{2}} + c_1 t^{-\frac{7}{2}} + \cdots$$

und

$$\int_\infty^t \frac{dt}{(t-z)\sqrt{\varphi(t)}} = -\tfrac{2}{3}A^{-\frac{1}{2}}t^{-\frac{3}{2}} - \tfrac{2}{5}c_1 t^{-\frac{5}{2}} + \cdots,$$

während sich für das dritte Integral

$$\frac{t}{\sqrt{\varphi(t)}} = A^{-\frac{1}{2}}t^{-\frac{1}{2}} + b_1 t^{-\frac{3}{2}} + \cdots$$

$$\int_\infty^t \frac{t\,dt}{\sqrt{\varphi(t)}} = 2A^{-\frac{1}{2}}t^{\frac{1}{2}} - 2b_1 t^{-\frac{1}{2}} + \cdots$$

also

$$(7) \quad -\frac{A}{2\sqrt{\varphi(z)}}\int_\infty^t \frac{t\,dt}{\sqrt{\varphi(t)}} = -\frac{A^{\frac{1}{2}}}{\sqrt{\varphi(z)}}\,t^{\frac{1}{2}} + \text{negative Potenzen von } t$$

ergiebt, und da sich somit nach (6) und (7) aus Gleichung (5) die positiven t-Potenzen fortheben, die negativen Potenzen von t auf beiden Seiten, wenn $t = \infty$ gesetzt wird, verschwinden, so wird die

Gleichung (5) in der Nähe des unendlich entfernten Punktes richtig sein, und es wird aus dieser wieder ähnlich wie oben folgen

$$(8) \ldots \quad \left[\frac{F(t)}{(z-t)\sqrt{\varphi(z)}}\right]_{t^{-1}} = \frac{Az}{2\sqrt{\varphi(z)}}\left[\frac{F(t)}{\sqrt{\varphi(t)}}\int\limits_{\infty}\frac{dt}{\sqrt{\varphi(t)}}\right]_{t^{-1}} - \frac{A}{2\sqrt{\varphi(z)}}\left[\frac{F(t)}{\sqrt{\varphi(t)}}\int\limits_{\infty}\frac{t\,dt}{\sqrt{\varphi(t)}}\right]_{t^{-1}}$$
$$+ \frac{d}{dz}\sqrt{\varphi(z)}\left[\frac{F(t)}{\sqrt{\varphi(t)}}\int\limits_{\infty}\frac{dt}{(t-z)\sqrt{\varphi(t)}}\right]_{t^{-1}},$$

und aus (4) und (8) folgt sodann durch Einsetzen in Gleichung (2), wenn

$$\left[\frac{F(t)}{\sqrt{\varphi(t)}}\right]_{(t-z_\alpha)^{-1}} = C_\alpha \text{*)}$$

$$\left[\frac{F(t)}{\sqrt{\varphi(t)}}\int\limits_{z_\alpha}\frac{dt}{\sqrt{\varphi(t)}}\right]_{(t-z_\alpha)^{-1}} = l_\alpha, \qquad \left[\frac{F(t)}{\sqrt{\varphi(t)}}\int\limits_{\infty}\frac{dt}{\sqrt{\varphi(t)}}\right]_{t^{-1}} = l_0$$

$$\left[\frac{F(t)}{\sqrt{\varphi(t)}}\int\limits_{z_\alpha}\frac{t\,dt}{\sqrt{\varphi(t)}}\right]_{(t-z_\alpha)^{-1}} = k_\alpha, \qquad \left[\frac{F(t)}{\sqrt{\varphi(t)}}\int\limits_{\infty}\frac{t\,dt}{\sqrt{\varphi(t)}}\right]_{t^{-1}} = k_0$$

$$\left[\frac{F(t)}{\sqrt{\varphi(t)}}\int\limits_{z_\alpha}\frac{dt}{(t-z)\sqrt{\varphi(t)}}\right]_{(t-z_\alpha)^{-1}} = f_\alpha(z), \qquad \left[\frac{F(t)}{\sqrt{\varphi(t)}}\int\limits_{\infty}\frac{dt}{(t-z)\sqrt{\varphi(t)}}\right]_{t^{-1}} = f_0(z)$$

und

$$l_1 + l_2 + \cdots + l_n - l_0 = l$$
$$k_1 + k_2 + \cdots + k_n - k_0 = k$$
$$f_1(z) + f_2(z) + \cdots + f_n(z) - f_0(z) = f(z)$$

gesetzt und mit dz multiplicirt wird, der folgende Ausdruck

$$(9) \quad \frac{F(z)\,dz}{\sqrt{\varphi(z)}} = C_1\sqrt{\varphi(z_1)}\,\frac{dz}{(z-z_1)\sqrt{\varphi(z)}} + \cdots + C_n\sqrt{\varphi(z_n)}\,\frac{dz}{(z-z_n)\sqrt{\varphi(z)}}$$
$$+ \frac{A}{2}\,l\,\frac{z\,dz}{\sqrt{\varphi(z)}} - \frac{A}{2}\,k\,\frac{dz}{\sqrt{\varphi(z)}} + \frac{d}{dz}\left(f(z)\sqrt{\varphi(z)}\right)dz,$$

so dass sich somit

$$\int\frac{F(z)\,dz}{\sqrt{\varphi(z)}}$$

in eine endliche Anzahl von Integralen von der Form

$$\int\frac{dz}{(z-z_\alpha)\sqrt{\varphi(z)}},$$

in *ein* Integral

$$\int\frac{z\,dz}{\sqrt{\varphi(z)}},$$

in *ein* Integral

$$\int\frac{dz}{\sqrt{\varphi(z)}},$$

---

*) indem wir uns der von Weierstrass für die Coefficienten der Integrale benutzten Formen bedienen.

und in eine Function

$$f(z)\sqrt{\varphi(z)}$$

zerlegt, welche, wie aus der Definition von $f(z)$ hervorgeht, und nachher noch genauer ausgeführt werden soll, das Product einer rationalen Function von z in $\sqrt{\varphi(z)}$ ist.

Das Charakteristische dieser drei verschiedenartigen Integrale ist unmittelbar aus ihrer Form zu erkennen; man sieht leicht, dass

$$\int \frac{dz}{\sqrt{\varphi(z)}}$$

weder für $z = a_1, a_2, a_3$ noch für $z = \infty$ unendlich wird, weil

$$\left(\frac{z-a}{\sqrt{\varphi(z)}}\right)_{z=a} = 0 \quad \text{und} \quad \left(\frac{z}{\sqrt{\varphi(z)}}\right)_{z=\infty} = 0$$

ist, dass dieses Integral somit in der Riemann'schen Fläche von $\sqrt{\varphi(z)}$ stets endlich bleibt und nach der in der letzten Vorlesung gegebenen Definition ein Integral erster Gattung ist. Für das zweite Integral

$$\int \frac{z\,dz}{\sqrt{\varphi(z)}}$$

folgt ebenso, dass es in $z = a_1, a_2, a_3$ endlich bleibt, dass aber im unendlich entfernten Punkte, weil

$$\frac{1}{\sqrt{\varphi(z)}} = A^{-\frac{1}{2}} z^{-\frac{3}{2}} + b_1 z^{-\frac{5}{2}} + \cdots$$

also

$$\int \frac{z\,dz}{\sqrt{\varphi(z)}} = 2A^{-\frac{1}{2}} z^{\frac{1}{2}} - 2b_1 z^{-\frac{1}{2}} + \cdots$$

sich ergiebt, der Integralwerth von der $\frac{1}{2}^{\text{ten}}$ Ordnung unendlich wird, und dieses Integral ist daher, weil $z = \infty$ für die Quadratwurzel aus einem Polynom dritten Grades ein Verzweigungspunkt ist, in dem früher angegebenen Sinne ein Integral zweiter Gattung, indem der Punkt, für den dasselbe allein unendlich wird, in einen Verzweigungspunkt fällt, und das Integral dort von der $\frac{1}{2}^{\text{ten}}$ Ordnung unendlich wird. Das dritte Integral endlich

$$\int \frac{dz}{(z-z_\alpha)\sqrt{\varphi(z)}}$$

wird, wie dies unmittelbar aus

$$\frac{1}{\sqrt{\varphi(z)}} = \varphi(z_\alpha)^{-\frac{1}{2}} + a_1(z-z_\alpha) + \cdots$$

also

$$\int \frac{dz}{(z-z_\alpha)\sqrt{\varphi(z)}} = \varphi(z_\alpha)^{-\frac{1}{2}} \log(z-z_\alpha) + a_1(z-z_\alpha) + \cdots$$

ersichtlich, in $z = z_\alpha$ logarithmisch unendlich und zwar auf beiden Blättern, ist also, indem die beiden Punkte z_1 und z_2 der letzten Vorlesung hier in denselben z-Werth, aber in verschiedene Punkte der beiden Blätter fallen und so, dass die Summe der Coefficienten der logarithmischen Glieder sich zu Null ergänzt, ein Integral dritter Gattung; nur wenn $z = z_\alpha$ eine der Lösungen a_1, a_2, a_3 des Polynoms $\varphi(z)$ ist, wird

$$\sqrt{\varphi(z)} = A^{\frac{1}{2}}(z - z_\alpha)^{\frac{1}{2}} + b_1 (z - z_\alpha)^{\frac{3}{2}} + \cdots$$

$$\frac{1}{(z - z_\alpha)\sqrt{\varphi(z)}} = A^{-\frac{1}{2}}(z - z_\alpha)^{-\frac{3}{2}} + c_1 (z - z_\alpha)^{-\frac{1}{2}} + \cdots$$

und daher

$$\int \frac{dz}{(z - z_\alpha)\sqrt{\varphi(z)}} = -2A^{-\frac{1}{2}}(z - z_\alpha)^{-\frac{1}{2}} + 2c_1 (z - z_\alpha)^{\frac{1}{2}} + \cdots,$$

d. h. es wird dann das Integral ein elliptisches Integral zweiter Gattung, welches in einem Verzweigungspunkte der Function $\varphi(z)$ von der $\frac{1}{2}^{\text{ten}}$ Ordnung unendlich ist.

Wir finden somit, dass sich jedes elliptische Integral von der Form

$$\int \frac{F(z)\,dz}{\sqrt{\varphi(z)}},$$

in welchem $\varphi(z)$ ein Polynom dritten Grades in z ist, in ein überall endlich bleibendes, ein im unendlich entfernten Punkte von der $\frac{1}{2}^{\text{ten}}$ Ordnung unendlich werdendes und in eine endliche Anzahl von in je *einem* Punkte auf beiden Blättern (in jenem Ausnahmefall algebraisch von der $\frac{1}{2}^{\text{ten}}$ Ordnung) unendlich werdenden Integralen zerlegen lässt, wozu noch das Product einer rationalen Function von z in $\sqrt{\varphi(z)}$ hinzukommt.

Wir wollen noch über die Coefficienten der oben gefundenen Reductionsformel einige Betrachtungen anstellen. Was zuerst die Werthe von

$$C_\alpha = \left[\frac{F(t)}{\sqrt{\varphi(t)}}\right]_{(t - z_\alpha)^{-1}}$$

betrifft, so wird, wenn z_α nicht eine der Lösungen der Gleichung $\varphi(z) = 0$ ist,

$$\sqrt{\varphi(t)} = \varphi(z_\alpha)^{\frac{1}{2}} + a_1 (t - z_\alpha) + \cdots,$$

also der reciproke Werth

$$\frac{1}{\sqrt{\varphi(t)}} = \varphi(z_\alpha)^{-\frac{1}{2}} + b_1 (t - z_\alpha) + \cdots$$

sein, und da, wenn $F(z)$ in $z = z_\alpha$ von der m^{ten} Ordnung unendlich wird,

$$F(t) = c_{-m}(t - z_\alpha)^{-m} + c_{-m+1}(t - z_\alpha)^{-m+1} + \cdots$$

ist, so werden zur Bestimmung der obigen Grösse C_α nur diese beiden Reihen zu multipliciren sein, und zwar wird man von der ersten offenbar nur die ersten m Glieder zu kennen brauchen, um den zugehörigen Werth von C_α herzuleiten, der im Allgemeinen von Null verschieden sein wird. Ist dagegen $z_\alpha = a_1, a_2, a_3$, dann wird, wie wir schon früher gesehen,

$$\frac{1}{\sqrt{\varphi(t)}} = A^{-\frac{1}{2}}(z - z_\alpha)^{-\frac{1}{2}} + b_1 (z - z_\alpha)^{\frac{1}{2}} + \cdots$$

und daher wird das Product dieser Grösse mit der Reihenentwickelung von $F(t)$ nur gebrochene Exponenten enthalten, also $C_\alpha = 0$ sein, und sich somit kein dem Discontinuitätspunkte z_α entsprechendes Integral dritter Gattung ergeben.

Der durch die Gleichung

$$k_\alpha = \left[\frac{F(t)}{\sqrt{\varphi(t)}} \int_{z_\alpha} \frac{t\,dt}{\sqrt{\varphi(t)}}\right]_{(t - z_\alpha)^{-1}}$$

gegebene Werth von k_α wird, wenn wir z_α wieder von a_1, a_2, a_3 verschieden annehmen, da

$$\frac{1}{\sqrt{\varphi(t)}} = \varphi(z_\alpha)^{-\frac{1}{2}} + a_1 (t - z_\alpha) + \cdots$$

$$t = z_\alpha + t - z_\alpha$$

also

$$\int_{z_\alpha} \frac{t\,dt}{\sqrt{\varphi(t)}} = z_\alpha \varphi(z_\alpha)^{-\frac{1}{2}}(t - z_\alpha) + \cdots$$

und

$$\frac{F(t)}{\sqrt{\varphi(t)}} = \varphi(z_\alpha)^{-\frac{1}{2}} c_{-m} (t - z_\alpha)^{-m} + \cdots$$

daher endlich

$$\frac{F(t)}{\sqrt{\varphi(t)}} \int \frac{t\,dt}{\sqrt{\varphi(t)}} = c_{-m} z_\alpha \varphi(z_\alpha)^{-1} (t - z_\alpha)^{-m+1} + \text{steig. positive ganze Potenzen von } t - z_\alpha$$

ist, jedenfalls verschwinden*), wenn $m = 1$ ist, weil dann die Reihenentwickelung bereits mit der nullten Potenz beginnt; ist $z_\alpha = a_1, a_2, a_3$,

---

*) nur wenn $z_\alpha = 0$, und dieser Werth keine Lösung der Gleichung $\varphi(z) = 0$ ist, wird

$$\int_0 \frac{t\,dt}{\sqrt{\varphi(t)}} = \frac{\varphi(0)^{-\frac{1}{2}}}{2} t^2 + \cdots$$

also

$$\frac{F(t)}{\sqrt{\varphi(t)}} \int_0 \frac{t\,dt}{\sqrt{\varphi(t)}} = \frac{\varphi(0)^{-\frac{1}{2}}}{2} t^{-m+2} + \text{positive Potenzen von } t,$$

also wird k_α in diesem Falle verschwinden, wenn $m = 2$ ist.

so überzeugt man sich leicht mit Hülfe der schon vorher gemachten Entwickelung, dass in diesem Falle k_α im Allgemeinen nicht verschwindet; jedenfalls ist k_α eine rationale Function von z_α, wie aus der Reihenentwicklung unmittelbar hervorgeht. Was nun die Grösse

$$k_0 = \left[\frac{F(t)}{\sqrt{\varphi(t)}}\int_\infty \frac{t\,dt}{\sqrt{\varphi(t)}}\right]_{t-1}$$

angeht, so ist

$$\frac{1}{\sqrt{\varphi(t)}} = A^{-\frac{1}{2}} t^{-\frac{3}{2}} + a_1 t^{-\frac{5}{2}} + \cdots$$

$$\int_\infty \frac{t\,dt}{\sqrt{\varphi(t)}} = 2\,A^{-\frac{1}{2}} t^{\frac{1}{2}} + b_1 t^{-\frac{1}{2}} + \cdots;$$

ist nun μ der Grad des Zählers und ν der Grad des Nenners, wenn wir uns $F(t)$ als Quotienten zweier ganzen Functionen geschrieben denken, so wird

$$F(t) = \frac{a_0 t^\mu (1 + c_1 t^{-1} + \cdots)}{b_0 t^\nu (1 + d_1 t^{-1} + \cdots)} = \frac{a_0}{b_0} t^{\mu-\nu} (1 + e_1 t^{-1} + \cdots),$$

also

$$\frac{F(t)}{\sqrt{\varphi(t)}} = \frac{a_0}{b_0} A^{-\frac{1}{2}} t^{\mu-\nu-\frac{3}{2}} + \text{steigende negative Potenzen von } t$$

sein, so dass

$$\frac{F(t)}{\sqrt{\varphi(t)}}\int_\infty \frac{t\,dt}{\sqrt{\varphi(t)}} = \frac{2\,a_0}{b_0} A^{-1} t^{\mu-\nu-1} + \cdots,$$

und es wird somit $k_0 = 0$ sein, wenn

$$\mu - \nu - 1 < -1$$

oder $\mu < \nu$, d. h. $F(t)$ eine ächt gebrochene Function ist, so dass, weil

$$k = k_1 + k_2 + \cdots + k_n - k_0$$

ist, hieraus folgt, dass

$$\int F(z) \frac{dz}{\sqrt{\varphi(z)}}$$

in seiner in Einzelintegrale der verschiedenen Gattungen aufgelösten Form gar kein Integral erster Gattung hat, wenn $F(z)$ für keine Wurzel von $\varphi(z)$ unendlich wird, in seinen Discontinuitätspunkten von der ersten Ordnung unendlich gross und zu gleicher Zeit ächt gebrochen ist.

Für die Grössen l_α bleibt genau das für k_α entwickelte, wie man sich durch Wiederholung der vorher gemachten Schlüsse überzeugen kann, bestehen, nur für

$$l_0 = \left[\frac{F(t)}{\sqrt{\varphi(t)}}\int_\infty \frac{dt}{\sqrt{\varphi(t)}}\right]_{t-1}$$

folgt, da

$$\frac{1}{\sqrt{\varphi(t)}} = A^{-\frac{1}{2}} t^{-\frac{3}{2}} + \cdots$$

$$\int_{\infty} \frac{dt}{\sqrt{\varphi(t)}} = -2 A^{-\frac{1}{2}} t^{-\frac{1}{2}} + \cdots$$

$$\frac{F(t)}{\sqrt{\varphi(t)}} = \frac{a_0}{b_0} A^{-\frac{1}{2}} t^{\mu - \nu - \frac{3}{2}} + \cdots$$

ist,

$$\frac{F(t)}{\sqrt{\varphi(t)}} \int_{\infty} \frac{dt}{\sqrt{\varphi(t)}} = -\frac{2 a_0}{b_0} A^{-1} t^{\mu - \nu - 2} + \cdots,$$

und es wird mithin l_0 verschwinden, wenn

$$\mu - \nu - 2 < -1,$$

also $\mu < \nu + 1$ ist, d. h. wenn der Grad des Zählers gleich oder kleiner als der des Nenners ist, und es wird somit in der Reduction des elliptischen Integrales ein Integral zweiter Gattung überhaupt nicht vorkommen, wenn $F(z)$ für keine Lösung von $\varphi(z)$ unendlich wird, für seine Discontinuitätspunkte von der ersten Ordnung unendlich gross und der Grad des Zählers kleiner oder gleich dem des Nenners ist.

Betrachten wir endlich noch

$$f_\alpha(z) = \left[\frac{F(t)}{\sqrt{\varphi(t)}} \int_{z_\alpha} \frac{dt}{(t-z)\sqrt{\varphi(t)}}\right]_{(t-z_\alpha)^{-1}},$$

so wird die Berechnung dieser Function wieder in der folgenden Form anzustellen sein:

$$\frac{1}{\sqrt{\varphi(t)}} = \varphi(z_\alpha)^{-\frac{1}{2}} + a_1 (t - z_\alpha) + \cdots$$

$$\frac{1}{t-z} = -\frac{1}{z - z_\alpha - (t - z_\alpha)} = -\frac{1}{z - z_\alpha} \cdot \frac{1}{1 - \frac{t - z_\alpha}{z - z_\alpha}}$$

$$= -\frac{1}{z - z_\alpha} - \frac{t - z_\alpha}{(z - z_\alpha)^2} + \cdots,$$

somit

$$\int_{z_\alpha} \frac{dt}{(t-z)\sqrt{\varphi(t)}} = -\frac{\varphi(z_\alpha)^{-\frac{1}{2}}}{z - z_\alpha}(t - z_\alpha) \ldots\ldots;$$

da ferner

$$\frac{F(t)}{\sqrt{\varphi(t)}} = \varphi(z_\alpha)^{-\frac{1}{2}} c_{-m} (t - z_\alpha)^{-m} + \cdots$$

ist, so folgt

$$\frac{F(t)}{\sqrt{\varphi(t)}} \int_{z_\alpha} \frac{dt}{(t-z)\sqrt{\varphi(t)}} = -\frac{\varphi(z_\alpha)^{-1}}{z - z_\alpha} c_{-m} (t - z_\alpha)^{-m+1} + \cdots,$$

so dass $f_\alpha(z)$ jedenfalls, wie man leicht sieht*), eine rationale Function von z wird, wie schon oben behauptet worden, und verschwinden wird, wenn $-m+1 \geqq 0$, also $F(z)$ von der ersten Ordnung unendlich wird; das letztere tritt wieder, wie man sich auf dem schon oft angegebenen Wege überzeugen kann, nicht ein, wenn $z_\alpha = a_1$, a_2, a_3 ist. Die Entwicklung von

$$f_0(z) = \left[\frac{F(t)}{\sqrt{\varphi(t)}}\int_\infty \frac{dt}{(t-z)\sqrt{\varphi(t)}}\right]_{t-1}$$

endlich liefert,

$$\frac{1}{\sqrt{\varphi(t)}} = A^{-\frac{1}{2}}\, t^{-\frac{3}{2}} + \cdots$$

$$\frac{1}{t-z} = \frac{1}{t}\,\frac{1}{1-\frac{z}{t}} = t^{-1} + zt^{-2} + \cdots$$

und daher

$$\int_\infty \frac{dt}{(t-z)\sqrt{\varphi(t)}} = -\tfrac{2}{3} A^{-\frac{1}{2}}\, t^{-\frac{3}{2}} + \cdots;$$

da aber

$$\frac{F(t)}{\sqrt{\varphi(t)}} = \frac{a_0}{b_0} A^{-\frac{1}{2}}\, t^{\mu-\nu-\frac{3}{2}} + \cdots$$

ist, so folgt

$$\frac{F(t)}{\sqrt{\varphi(t)}}\int_\infty \frac{dt}{(t-z)\sqrt{\varphi(t)}} = -\tfrac{2}{3}\frac{a_0}{b_0} A^{-1}\, t^{\mu-\nu-3} + \cdots,$$

und es wird daher $f_0(z)$ verschwinden, wenn

$$\mu - \nu - 3 \leqq -2$$

d. h. $\mu \leqq \nu + 1$, also der Grad des Zählers nicht mindestens um zwei Einheiten den des Nenners übertrifft.

Nachdem somit im Vorhergehenden die Form festgestellt worden, auf die sich jedes elliptische Integral von der Form

$$\int \frac{F(z)\,dz}{\sqrt{\varphi(z)}},$$

in welchem $\varphi(z)$ ein Polynom dritten Grades in z ist, zurückführen lässt, indem es von einem algebraischen Theile abgesehen aus Integralen erster, zweiter und dritter Gattung in der früher definirten Form zusammengesetzt ist, wird es leicht sein, die Reduction des Integrales

$$\int \frac{f(\zeta)\,d\zeta}{\sqrt{R(\zeta)}},$$

in welchem $R(\zeta)$ ein Polynom vierten Grades ist, auf feste Integral-

---

*) indem alle Entwicklungscoefficienten von $\frac{1}{\sqrt{\varphi(t)}}$ dieselbe Irrationalität $\varphi(z_\alpha)^{-\frac{1}{2}}$ enthalten und keine andere mehr.

formen zurückzuführen, indem man nur die in der elften Vorlesung aufgestellte Substitution zu Hülfe zu nehmen braucht, welche die Polynome paaren Grades auf solche unpaaren Grades zurückführt; ist nämlich

$$R(\xi) = A(\xi - \alpha_1)(\xi - \alpha_2)(\xi - \alpha_3)(\xi - \alpha_4)$$

und setzt man

$$z - a_1 = \frac{\xi - \alpha_4}{\xi - \alpha_1} \quad \text{oder} \quad \xi = \frac{\alpha_1 z - (\alpha_1 a_1 + \alpha_4)}{z - (a_1 + 1)},$$

worin a_1 eine willkührliche Constante bedeutet, so wird

$$\sqrt{A(\xi - \alpha_1)(\xi - \alpha_2)(\xi - \alpha_3)(\xi - \alpha_4)} = c(\xi - \alpha_1)^2 \sqrt{\varphi(z)},$$

worin

$$\varphi(z) = (z - a_1)(z - a_2)(z - a_3)$$

und a_1, a_2, a_3 rational aus α_1, α_2, α_3, α_4 zusammengesetzt ist. Daraus folgt aber, weil

$$dz = \frac{\alpha_4 - \alpha_1}{(\xi - \alpha_1)^2} d\xi$$

ist,

$$\frac{d\xi}{\sqrt{R(\xi)}} = \frac{1}{c(\alpha_4 - \alpha_1)} \frac{dz}{\sqrt{\varphi(z)}},$$

und da man nun nach der vorher angegebenen Methode

$$\int \frac{F(z)\,dz}{\sqrt{\varphi(z)}}$$

auf jene festen Integrale reduciren kann, so wird sich die Reduction des entsprechenden Integrales

$$\int \frac{f(\xi)\,d\xi}{\sqrt{R(\xi)}}$$

unmittelbar vollziehen lassen, wenn man bemerkt, dass

$$\int \frac{\varkappa + \lambda\xi}{\mu + \nu\xi} \frac{d\xi}{\sqrt{R(\xi)}} = \int \left(\frac{\lambda}{\nu} + \frac{\varkappa - \frac{\lambda\mu}{\nu}}{\mu + \nu\xi} \right) \frac{d\xi}{\sqrt{R(\xi)}}$$
$$= \frac{\lambda}{\nu} \int \frac{d\xi}{\sqrt{R(z)}} + \left(\varkappa - \frac{\lambda\mu}{\nu}\right) \int \frac{d\xi}{(\mu + \nu\xi)\sqrt{R(\xi)}}$$

ist, und wenn man noch in Betreff von Integralen der Form

$$\int \frac{d\xi}{(\xi - \alpha_1)\sqrt{R(\xi)}}$$

die nachfolgende Reduction beachtet haben wird. Da nämlich

$$d \cdot \frac{\sqrt{R(\xi)}}{\xi - \alpha_1} = \frac{\frac{1}{2}(\xi - \alpha_1) R'(\xi) - R(\xi)}{(\xi - \alpha_1)^2} \frac{d\xi}{\sqrt{R(\xi)}}$$

ist, so folgt aus der Entwicklung

$$R(\xi) = (\xi - \alpha_1) R'(\alpha_1) + \frac{(\xi - \alpha_1)^2}{1.2} R''(\alpha_1)$$
$$+ \frac{(\xi - \alpha_1)^3}{1.2.3} R'''(\alpha_1) + \frac{(\xi - \alpha_1)^4}{1.2.3.4} R^{\text{IV}}(\alpha_1)$$

und

$$R'(\zeta) = R'(\alpha_1) + (\zeta - \alpha_1) R''(\alpha_1) + \frac{(\zeta - \alpha_1)^2}{1\,.\,2} R'''(\alpha_1) + \frac{(\zeta - \alpha_1)^3}{1\,.\,2\,.\,3} R^{\mathrm{IV}}(\alpha_1)$$

die Beziehung

$$d \cdot \frac{\sqrt{R(\zeta)}}{\zeta - \alpha_1} = -\frac{R'(\alpha_1)}{2} \frac{d\zeta}{(\zeta - \alpha_1)\sqrt{R(\zeta)}} + \frac{R'''(\alpha_1)}{12} \frac{(\zeta - \alpha_1)\, d\zeta}{\sqrt{R(\zeta)}} + \frac{R^{\mathrm{IV}}(\alpha_1)}{24} \frac{(\zeta - \alpha_1)^2\, d\zeta}{\sqrt{R(\zeta)}}$$

oder durch Integration

$$\frac{R'(\alpha_1)}{2} \int \frac{d\zeta}{(\zeta - \alpha_1)\sqrt{R(\zeta)}} = \frac{R'''(\alpha_1)}{12} \int \frac{(\zeta - \alpha_1)\, d\zeta}{\sqrt{R(\zeta)}} + \frac{R^{\mathrm{IV}}(\alpha_1)}{24} \int \frac{(\zeta - \alpha_1)^2\, d\zeta}{\sqrt{R(\zeta)}} - \frac{R(\zeta)}{\zeta - \alpha_1},$$

und somit die Zurückführung auf die festen Integrale

$$\int \frac{\zeta\, d\zeta}{\sqrt{R(\zeta)}} \quad \text{und} \quad \int \frac{\zeta^2\, d\zeta}{\sqrt{R(\zeta)}}$$

geleistet.

Es sollen nun an dieser Stelle die Normalintegrale eingeführt werden, welche Legendre für die Reduction der elliptischen Integrale zu Grunde gelegt hat, und die Reduction selbst durch die oben für Polynome dritten Grades durchgeführte unmittelbar geleistet werden.

Sei das allgemeine elliptische Integral

$$\int f\left(z, \sqrt{R(z)}\right) dz,$$

worin $f\left(z, \sqrt{R(z)}\right)$ eine rationale Function von z und $\sqrt{R(z)}$ bedeutet und

(1) $$R(z) = A(z - a_1)(z - a_2)(z - a_3)(z - a_4)$$

ist, so wollen wir die Coefficienten einer linearen Substitution

(2) . . . . $$z = \frac{\alpha + \beta\zeta}{1 - \mu\zeta}$$

derart bestimmen, dass

$$z = a_1, \quad z = a_2, \quad z = a_3, \quad z = a_4,$$
$$\zeta = -\frac{1}{\varkappa}, \quad \zeta = -1, \quad \zeta = +1, \quad \zeta = +\frac{1}{\varkappa}$$

entsprechende Werthe sind, wenn $\varkappa$ eine noch zu bestimmende Grösse ist; dann werden aus (2) die folgenden vier Gleichungen hervorgehen:

(3) . . . $z - a_1 = \dfrac{p(1 + \varkappa\zeta)}{1 - \mu\zeta}$, (4) $z - a_2 = \dfrac{q(1 + \zeta)}{1 - \mu\zeta}$

(5) . . . $z - a_3 = \dfrac{r(1 - \zeta)}{1 - \mu\zeta}$, (6) $z - a_4 = \dfrac{s(1 - \varkappa\zeta)}{1 - \mu\zeta}$,

in welchen p, q, r, s aus α, β, μ und a_1, a_2, a_3, a_4 zusammengesetzte Constanten bedeuten. Setzt man in (4) $z = a_3$, $\zeta = 1$ und in (5) $z = a_2$, $\zeta = -1$, so ergiebt sich

$$a_3 - a_2 = \frac{2q}{1 - \mu}, \quad a_2 - a_3 = \frac{2r}{1 + \mu},$$

und somit nach Bestimmung von q und r statt der Gleichungen (4) und (5) die folgenden

$$(7) \;.\;.\; \frac{z-a_2}{a_3-a_2} = \frac{1-\mu}{2}\,\frac{1+\zeta}{1-\mu\zeta}, \qquad (8) \; \frac{z-a_3}{a_2-a_3} = \frac{1+\mu}{2}\,\frac{1-\zeta}{1-\mu\zeta}.$$

In derselben Weise ergeben sich statt (3) und (6) die Gleichungen

$$(9) \;.\;.\; \frac{z-a_1}{a_4-a_1} = \frac{1-\frac{\mu}{\varkappa}}{2}\,\frac{1+\varkappa\zeta}{1-\mu\zeta}, \qquad (10) \; \frac{z-a_4}{a_1-a_4} = \frac{1+\frac{\mu}{\varkappa}}{2}\,\frac{1-\varkappa\zeta}{1-\mu\zeta},$$

worin noch μ und $\varkappa$ zu bestimmen sind. Da aber die Division von (7) und (8)

$$\frac{z-a_2}{z-a_3} = \frac{\mu-1}{\mu+1}\cdot\frac{1+\zeta}{1-\zeta}$$

und also wenn $z = a_4$, $\zeta = \frac{1}{\varkappa}$ und $z = a_1$, $\zeta = -\frac{1}{\varkappa}$ gesetzt wird, die beiden Gleichungen ergiebt

$$(8^a) \;.\;.\;.\;.\;.\;.\;.\;.\;.\;.\; \frac{a_4-a_2}{a_4-a_3} = \frac{\mu-1}{\mu+1}\cdot\frac{\varkappa+1}{\varkappa-1}$$

$$(8^b) \;.\;.\;.\;.\;.\;.\;.\;.\;.\;.\; \frac{a_1-a_2}{a_1-a_3} = \frac{\mu-1}{\mu+1}\cdot\frac{\varkappa-1}{\varkappa+1},$$

so folgt

$$(11) \;.\; \left(\frac{1-\varkappa}{1+\varkappa}\right)^2 = \frac{(a_1-a_2)(a_4-a_3)}{(a_1-a_3)(a_4-a_2)}, \qquad (12) \; \frac{1+\mu}{1-\mu} = \frac{a_1-a_3}{a_1-a_2}\,\frac{1-\varkappa}{1+\varkappa},$$

woraus $\varkappa$ und μ zu bestimmen sind, und man sieht zugleich, dass, weil die Gleichung (11) eine reciproke ist, indem ihr $\varkappa$ und $\frac{1}{\varkappa}$ genügen, sich jedenfalls ein $\varkappa$ bestimmen lässt, dessen Modul kleiner als 1 ist. Um nun die unter dem Integral vorkommende Irrationalität durch die neue Variable auszudrücken, multiplicirt man die Gleichungen (7), (8), (9), (10) und erhält:

$$(13) \;.\;.\;.\;.\;.\; \sqrt{A(z-a_1)(z-a_2)(z-a_3)(z-a_4)}$$

$$= (a_4-a_1)(a_3-a_2)\sqrt{A(1-\mu^2)\left(1-\frac{\mu^2}{\varkappa^2}\right)}\cdot\frac{\sqrt{(1-\zeta^2)(1-\varkappa^2\zeta^2)}}{4(1-\mu\zeta)^2};$$

da sich ausserdem aus (9) und (7) unmittelbar

$$(14) \;.\;.\; \frac{dz}{d\zeta} = \frac{\left(1-\frac{\mu^2}{\varkappa^2}\right)\varkappa(a_4-a_1)}{2(1-\mu\zeta)^2}, \qquad \frac{dz}{d\zeta} = \frac{(1-\mu^2)(a_3-a_2)}{2(1-\mu\zeta)^2}$$

und aus diesen beiden

$$(14^a) \;.\;.\; \frac{dz}{d\zeta} = \frac{\sqrt{(1-\mu^2)\left(1-\frac{\mu^2}{\varkappa^2}\right)}\cdot\sqrt{\varkappa(a_4-a_1)(a_3-a_2)}}{2(1-\mu\zeta)^2}$$

ergiebt, so folgt, dass

$$w = \int f(z, \sqrt{R(z)})\,dz = \int F(\zeta, \sqrt{(1-\zeta^2)(1-\varkappa^2\zeta^2)})\,d\zeta$$

ist, worin F eine rationale Function von ζ und $\sqrt{(1-\zeta^2)(1-\varkappa^2\zeta^2)}$ bedeutet, und sich somit jedes elliptische Integral in ein ebensolches vermöge einer linearen Substitution verwandeln lässt, in welchem die Irrationalität die Normalform

$$\sqrt{(1-\zeta^2)(1-\varkappa^2\zeta^2)}$$

hat; insbesondere wird

$$(15)\ .\quad \int \frac{dz}{\sqrt{A(z-a_1)(z-a_2)(z-a_3)(z-a_4)}} = \frac{1}{M}\int \frac{d\zeta}{\sqrt{(1-\zeta^2)(1-\varkappa^2\zeta^2)}},$$

worin

$$(16)\ \ldots\ldots\ldots\ M = \tfrac{1}{2}\sqrt{\frac{A(a_3-a_2)(a_4-a_1)}{\varkappa}},$$

$\varkappa$ und μ durch die Gleichungen (11) und (12) bestimmt sind, und zwischen z und ζ die unmittelbar aus (7) und (8) herzuleitende Relation besteht

$$(17)\ \ldots\ldots\ldots\ z = \frac{a_3+a_2}{2} + \frac{a_3-a_2}{2}\cdot\frac{\zeta-\mu}{1-\mu\zeta}.$$

Es mag noch bemerkt werden, dass, wenn man die Grössen

$$g = A(a_3-a_1)(a_4-a_2),\quad g_1 = A(a_3-a_2)(a_4-a_1),$$
$$g_2 = A(a_2-a_1)(a_4-a_3),$$
$$h = (a_3-a_1)(a_4-a_3),\quad h_1 = (a_2-a_1)(a_4-a_2)$$

einführt, für welche

$$g = g_1 + g_2$$

ist, die Bestimmungsgleichungen von $\varkappa$, n, M in

$$\varkappa = \frac{\sqrt{g}-\sqrt{g_2}}{\sqrt{g}+\sqrt{g_2}},\quad n = \frac{\sqrt{h}-\sqrt{h_1}}{\sqrt{h}+\sqrt{h_1}},\quad M = \tfrac{1}{2}(\sqrt{g}+\sqrt{g_2})$$

übergehen.

Die Grösse $\varkappa$ wird der *Modul des elliptischen Integrals* genannt.

Aus dem eben erhaltenen Resultate ist ferner ersichtlich, dass auch Integrale der Form

$$\int f(z, \sqrt{A(z-a_1)(z-a_2)(z-a_3)})\,dz,$$

in welchen das Polynom nur vom dritten Grade ist, sich ebenfalls in jene Normalform bringen lassen, da in der elften Vorlesung gezeigt worden, dass sich durch eine lineare Substitution Integrale von Quadratwurzeln aus Polynomen dritten auf solche von Polynomen vierten Grades zurückführen lassen. Man kann jedoch aus den oben erhaltenen Formeln unmittelbar die lineare Transformation in die Normalform erhalten, indem man das Polynom

$$A(z-a_1)(z-a_2)(z-a_3)$$

als den Gränzausdruck des Polynoms

$$-\frac{A}{a_4}(z-a_1)(z-a_2)(z-a_3)(z-a_4)$$

betrachtet, wenn man a_4 unendlich gross werden lässt; man hat somit in den oben hergeleiteten Ausdrücken nur $-\frac{A}{a_4}$ für A zu setzen und a_4 unendlich gross werden zu lassen, so ergiebt sich dann

$$w = \int f(z, \sqrt{A(z-a_1)(z-a_2)(z-a_3)})\, dz$$
$$= \int F(\zeta, \sqrt{(1-\zeta^2)(1-\varkappa^2\zeta^2)})\, d\zeta,$$

worin, wie aus (11) und (8ª) folgt,

$$(18) \quad \ldots\ldots\ldots \quad \left(\frac{1-\varkappa}{1+\varkappa}\right)^2 = \frac{a_1-a_2}{a_1-a_3}, \quad \mu = \varkappa$$

ist, während die Substitution

$$(19) \quad \ldots\ldots\ldots \quad z = \frac{a_3+a_2}{2} + \frac{a_3-a_2}{2}\,\frac{\zeta-\varkappa}{1-\varkappa\zeta}$$

lautet; und für eben diese Beziehungen wird

$$(20) \quad \ldots \quad \int \frac{dz}{\sqrt{A(z-a_1)(z-a_2)(z-a_3)}} = \frac{1}{M}\int \frac{d\zeta}{\sqrt{(1-\zeta^2)(1-\varkappa^2\zeta^2)}}$$

sein, wenn M durch den Ausdruck bestimmt wird

$$M = \tfrac{1}{2}\sqrt{\frac{A(a_2-a_3)}{\varkappa}}\,.$$

Sei nun das vorgelegte elliptische Integral

$$\int \frac{\varphi(z)\, dz}{\sqrt{R(z)}}$$

vermöge der angegebenen linearen Substitution in ein anderes von der Form

$$\int \frac{f(z)\, dz}{\sqrt{(1-z^2)(1-\varkappa^2 z^2)}} \quad \text{oder} \quad \int \frac{\eta_1(z)+\eta_2(z)\,.\,z}{\vartheta_1(z)+\vartheta_2(z)\,.\,z}\,\frac{dz}{\sqrt{(1-z^2)(1-\varkappa^2 z^2)}}$$

verwandelt, worin

$$\eta_1(z), \quad \eta_2(z), \quad \vartheta_1(z), \quad \vartheta_2(z)$$

grade Functionen von z bedeuten sollen, so wird die Multiplication des Zählers und Nenners der Function unter dem Integralzeichen mit

$$\vartheta_1(z) - \vartheta_2(z)\,.\,z$$

offenbar das Integral

$$\int [F(z^2) + F_0(z^2)\,.\,z]\,\frac{dz}{\sqrt{(1-z^2)(1-\varkappa^2 z^2)}}$$

liefern, wenn $F_0(z^2)$ und $F(z^2)$ rationale Functionen von z^2 bedeuten, und da das zweite Integral dieses Ausdruckes vermöge der Substitution

$$z^2 = \zeta$$

in

$$\tfrac{1}{2}\int F_0(\zeta)\,\frac{d\zeta}{\sqrt{(1-\zeta)(1-\varkappa^2\zeta)}}$$

also in eine algebraisch-logarithmische Function übergeht, so werden somit nur Integrale von der Form

$$\int F(z^2)\,\frac{dz}{\sqrt{(1-z^2)(1-\varkappa^2 z^2)}},$$

oder, wenn wir

$$z^2 = t$$

setzen, von der Form

$$\int F(t)\,\frac{dt}{2\sqrt{t(1-t)(1-\varkappa^2 t)}}$$

zu betrachten sein.

Um die Reduction dieses Integrales auf feste Integralformen durchzuführen, braucht man nur in dem oben aufgestellten Ausdrucke (9)

$$\varphi(z) = z(1-z)(1-\varkappa^2 z),$$

also statt A den Werth $\varkappa^2$ zu setzen, so folgt, wenn z mit ζ vertauscht wird,

$$(10)\ \ldots\ \frac{F(\zeta)\,d\zeta}{\sqrt{\zeta(1-\zeta)(1-\varkappa^2\zeta)}} = \frac{C_1\sqrt{\zeta_1(1-\zeta_1)(1-\varkappa^2\zeta_1)}\,d\zeta}{(\zeta-\zeta_1)\sqrt{\zeta(1-\zeta)(1-\varkappa^2\zeta)}} + \cdots$$
$$+ \frac{C_n\sqrt{\zeta_n(1-\zeta_n)(1-\varkappa^2\zeta_n)}\,d\zeta}{(\zeta-\zeta_n)\sqrt{\zeta(1-\zeta)(1-\varkappa^2\zeta)}}$$
$$+ \tfrac{1}{2}\varkappa^2 l\,\frac{\zeta\,d\zeta}{\sqrt{\zeta(1-\zeta)(1-\varkappa^2\zeta)}}$$
$$- \tfrac{1}{2}\varkappa^2 k\,\frac{d\zeta}{\sqrt{\zeta(1-\zeta)(1-\varkappa^2\zeta)}}$$
$$+ \frac{d}{d\zeta}\left(f(\zeta)\sqrt{\zeta(1-\zeta)(1-\varkappa^2\zeta)}\right)d\zeta,$$

worin $\zeta_1, \zeta_2 \ldots \zeta_n$ die Werthe von ζ bedeuten, für welche $F(\zeta)$ unendlich gross wird, und die Coefficienten die oben näher angegebene Bedeutung haben; setzt man nunmehr

$$\zeta = z^2,$$

so erhält man

$$(11)\ \ldots\ \frac{F(z^2)\,dz}{\sqrt{(1-z^2)(1-\varkappa^2 z^2)}} = \frac{C_1 z_1\sqrt{(1-z_1^2)(1-\varkappa^2 z_1^2)}\,dz}{(z^2-z_1^2)\sqrt{(1-z^2)(1-\varkappa^2 z^2)}} + \cdots$$
$$+ \frac{C_n z_n\sqrt{(1-z_n^2)(1-\varkappa^2 z_n^2)}\,dz}{(z^2-z_n^2)\sqrt{(1-z^2)(1-\varkappa^2 z^2)}}$$
$$+ \tfrac{1}{2}\varkappa^2 l\,\frac{z^2\,dz}{\sqrt{(1-z^2)(1-\varkappa^2 z^2)}}$$
$$- \tfrac{1}{2}\varkappa^2 k\,\frac{dz}{\sqrt{(1-z^2)(1-\varkappa^2 z^2)}}$$
$$+ \tfrac{1}{2}\,d\left(z f(z^2)\sqrt{(1-z^2)(1-\varkappa^2 z^2)}\right).$$

Da nun das allgemeine elliptische Integral nach Absonderung algebraisch logarithmischer Integrale auf die Form

$$\int \frac{F(z^2)\,dz}{\sqrt{(1-z^2)(1-\varkappa^2 z^2)}}$$

gebracht werden konnte, so folgt, dass jedes elliptische Integral von niederen Transcendenten abgesehen sich reduciren lässt auf eine Summe von Integralen der Form

$$\int \frac{dz}{(z^2-z_\alpha^2)\sqrt{(1-z^2)(1-\varkappa^2 z^2)}},$$

welches, wenn z_α kein Nullwerth von $\sqrt{(1-z^2)(1-\varkappa^2 z^2)}$ ist *), wie aus bekannten Sätzen sich unmittelbar ergiebt, in den beiden Punkten $z = z_\alpha$ und $z = -z_\alpha$ logarithmisch unendlich wird und zwar in $z = z_\alpha$ auf beiden Blättern wie

$$\frac{1}{2 z_\alpha \sqrt{(1-z_\alpha^2)(1-\varkappa^2 z_\alpha^2)}} \log(z - z_\alpha)$$

und

$$-\frac{1}{2 z_\alpha \sqrt{(1-z_\alpha^2)(1-\varkappa^2 z_\alpha^2)}} \log(z - z_\alpha)$$

und in $z = -z_\alpha$ wie

$$-\frac{1}{2 z_\alpha \sqrt{(1-z_\alpha^2)(1-\varkappa^2 z_\alpha^2)}} \log(z + z_\alpha)$$

und

$$\frac{1}{2 z_\alpha \sqrt{(1-z_\alpha^2)(1-\varkappa^2 z_\alpha^2)}} \log(z + z_\alpha),$$

somit in vier Punkten der Riemann'schen Fläche logarithmisch unendlich, ferner in ein Integral

$$\int \frac{z^2\, dz}{\sqrt{(1-z^2)(1-\varkappa^2 z^2)}},$$

welches in $z = \infty$ und nur hier auf beiden Blättern der Fläche von der ersten Ordnung unendlich ist und endlich in das in der ganzen Fläche endlich bleibende Integral

$$\int \frac{dz}{\sqrt{(1-z^2)(1-\varkappa^2 z^2)}}.$$

Dieses letztere Integral soll im Folgenden *das elliptische Normalintegral erster Gattung* genannt werden, und wenn auch die beiden Integrale

$$\int \frac{z^2\, dz}{\sqrt{(1-z^2)(1-\varkappa^2 z^2)}} \quad \text{und} \quad \int \frac{dz}{(z^2 - z_\alpha^2)\sqrt{(1-z^2)(1-\varkappa^2 z^2)}}$$

nicht, wie es nach der Definition der Integrale zweiter und dritter Gattung sein soll, in einem Punkte algebraisch von der ersten Ordnung resp. in zwei Punkten logarithmisch unendlich werden, sondern in zwei und in vier Punkten, so sollen doch im Folgenden diese beiden Integrale nach Legendre *die Normalintegrale zweiter und dritter Gattung* genannt werden, weil sich auf diese Integrale, wie wir gesehen, alle elliptischen Integrale zurückführen lassen.

---

*) wenn dies der Fall ist, so wissen wir aus Früherem, dass das Integral in dem betreffenden Verzweigungspunkte von der $\frac{1}{2}^{\text{ten}}$ Ordnung algebraisch unendlich ist.

Fünfzehnte Vorlesung.

Die Periodicitätsmoduln der elliptischen Integrale.

Wir schliessen an die in den beiden letzten Vorlesungen behandelte Reduction des allgemeinen elliptischen Integrales auf die elliptischen Integrale der drei verschiedenen Gattungen die Aufstellung der zwischen den Periodicitätsmoduln dieser Integrale bestehenden Relationen.

Sei die zu

$$\sqrt{R(z)} = \sqrt{A(z-\alpha)(z-\beta)(z-\gamma)(z-\delta)}$$

gehörige dreifach zusammenhängende Riemann'sche Fläche mit den beiden Verzweigungsschnitten $\alpha\beta$ und $\gamma\delta$ durch eine geschlossene Curve Q um $\alpha\beta$ im ersten Blatte zu einer zweifach zusammenhängenden, und diese durch den zweiten Querschnitt Q' in eine einfach zusammenhängende Fläche verwandelt, und werde das auf dieser Fläche genommene allgemeine Integral dritter Gattung, welches in den beiden Punkten z_1 und z_2 und nur in diesen und zwar auf je *einem* Blatte logarithmisch unendlich wird, mit Hervorhebung dieser singulären Punkte durch $\Pi(z, z_1, z_2)$ bezeichnet, so dass

$$\Pi(z, z_1, z_2) = M\int_{z_0}^{z}\Bigg[\frac{1}{(z-z_1)(z-z_2)}$$

$$+\frac{\dfrac{\varepsilon_2 R(z_2)^{\frac{1}{2}}}{z_2-z_1}(z-z_1)+\dfrac{\varepsilon_1 R(z_1)^{\frac{1}{2}}}{z_1-z_2}(z-z_2)}{(z-z_1)(z-z_2)\sqrt{A(z-\alpha)(z-\beta)(z-\gamma)(z-\delta)}}\Bigg]dz$$

$$+N\int_{z_0}^{z}\frac{dz}{\sqrt{A(z-\alpha)(z-\beta)(z-\gamma)(z-\delta)}}$$

und ähnlich

$$\Pi(z, \zeta_1, \zeta_2) = M'\int_{z_0}^{z}\Bigg[\frac{1}{(z-\zeta_1)(z-\zeta_2)}$$

$$+\frac{\dfrac{\eta_2 R(\zeta_2)^{\frac{1}{2}}}{\zeta_2-\zeta_1}(z-\zeta_1)+\dfrac{\eta_1 R(\zeta_1)^{\frac{1}{2}}}{\zeta_1-\zeta_2}(z-\zeta_2)}{(z-\zeta_1)(z-\zeta_2)\sqrt{A(z-\alpha)(z-\beta)(z-\gamma)(z-\delta)}}\Bigg]dz$$

$$+N'\int_{z_0}^{z}\frac{dz}{\sqrt{A(z-\alpha)(z-\beta)(z-\gamma)(z-\delta)}}$$

ist, so soll, wenn

$$\Pi(z, z_1, z_2) = \int_{z_0}^{z} d\Pi(z, z_1, z_2), \quad \Pi(z, \zeta_1, \zeta_2) = \int_{z_0}^{z} d\Pi(z, \zeta_1, \zeta_2)$$

gesetzt wird, wobei angenommen werden soll, dass die vier Punkte z_1, z_2, ζ_1, ζ_2 weder in die Unendlichkeit noch in die Verzweigungspunkte von $\sqrt{R(z)}$ fallen, der Werth des Integrals

$$\int \Pi(z, z_1, z_2)\, d\Pi(z, \zeta_1, \zeta_2)$$

über eine sogleich näher anzugebende geschlossene Curve genommen untersucht werden.

Fig. 53.

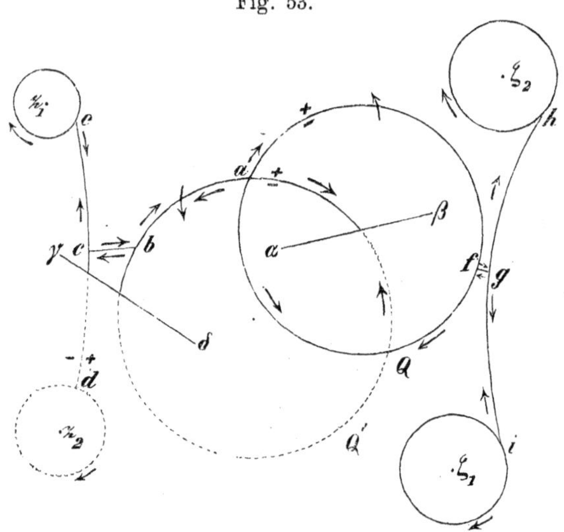

Schliesst man nämlich die für die Function

$$\Pi(z, z_1, z_2)\, d\Pi(z, \zeta_1, \zeta_2)$$

vorhandenen zwei logarithmischen Unstetigkeitspunkte z_1 und z_2 und die beiden algebraischen Unstetigkeitspunkte der ersten Ordnung ζ_1 und ζ_2 und jeden derselben nur auf dem einen zugehörigen Blatte, z. B. z_1 auf dem ersten, z_2 auf dem zweiten, ζ_1 und ζ_2 auf dem ersten Blatte durch unendlich kleine Curven aus und verbindet je zwei dieser Curven durch je einen Querschnitt und endlich jeden dieser Querschnitte mit je einem Punkte der früheren Querschnitte durch einen neuen Querschnitt, dann wird die neue Riemann'sche Fläche wieder einfach zusammenhängend sein, und der Werth des Integrals

$$\int \Pi(z, z_1, z_2)\, d\Pi(z, \zeta_1, \zeta_2),$$

ausgedehnt über die gesammte Begränzung dieser Fläche d. h. über beide Seiten der sechs Querschnitte, nach bekannten Sätzen den Werth

Null haben, wenn wir noch gezeigt haben werden, dass der unendlich entfernte Punkt und die Verzweigungspunkte nicht ausgeschlossen zu werden brauchen. Doch sieht man das erstere aus der Entwicklung der Functionen $\Pi(z, z_1, z_2)$ und $\Pi(z, \zeta_1, \zeta_2)$ in der Nähe des unendlich entfernten Punktes unmittelbar ein; denn, wie aus der Form von $\Pi(z, z_1, z_2)$ hervorgeht, wird die Entwicklung der Function unter dem Integralzeichen nach fallenden Potenzen von z mit z^{-2} beginnen, und daher das Integral mit z^{-1} anfangen, so dass das Product $\Pi(z, z_1, z_2)\, d\Pi(z, \zeta_1, \zeta_2)$ als Anfangsglied der in der Umgebung des unendlich entfernten Punktes gültigen Reihenentwicklung z^{-3} haben wird, und daher nach bekannten Sätzen $z=\infty$ nicht ausgeschlossen zu werden braucht. Was nun die Verzweigungspunkte angeht, so ist leicht zu sehen, dass wenn Π' und Π'' überhaupt zwei für die Verzweigungspunkte endliche elliptische Integrale, d. h. Integrale von rationalen Functionen von z und $\sqrt{R(z)}$ sind, auch wenn $d\Pi''$ für einen Verzweigungspunkt, d. h. für eine Lösung der Gleichung $R(z)=0$, z. B. α, unendlich wird, dieser Punkt doch nicht ausgeschlossen zu werden braucht. Da nämlich die Entwicklung von $d\Pi''$ in der Umgebung des Verzweigungspunktes α mit der $-\frac{1}{2}^{\text{ten}}$ oder der 0ten oder $\frac{1}{2}^{\text{ten}}$, . . . Potenz von $z-\alpha$ beginnen muss, weil sonst Π'' selbst für $z=\alpha$ unendlich würde, und Π' mit der 0ten, $\frac{1}{2}^{\text{ten}}$, 1ten, . . . Potenz von $z-\alpha$ anfangen wird, so wird die niedrigste Potenz von $z-\alpha$ in der Entwicklung des Productes $\Pi' d\Pi''$ die $-\frac{1}{2}^{\text{te}}$, und in Folge dessen aus früher entwickelten Gründen der Verzweigungspunkt nicht auszuschliessen sein. Nachdem nun gezeigt ist, dass das oben aufgestellte Integral Null wird, wollen wir den Werth dieses verschwindenden Integrales noch anders darstellen und dadurch eine bemerkenswerthe Relation zwischen gewissen Integralen dritter Gattung erhalten.

Beginnen wir die Integration im Punkte a auf dem mit $+$ bezeichneten Rande des Querschnittes Q in der Richtung des Pfeiles, so überzeugt man sich leicht durch den blossen Anblick der Figur, wie auch aus Früherem bereits bekannt ist, dass man beim Durchlaufen sowohl der beiden Seiten der sechs Querschnitte als auch der vier kleinen Kreise in einem continuirlichen Zuge wieder zum Punkte a zurückgelangen wird, und es kommt nun darauf an, die einzelnen Theile dieser Integration wirklich auszuführen. Was vor allen Dingen die unendlich kleinen Kreisintegrale um ζ_2 und ζ_1 angeht, so sieht man leicht, dass man, weil $\Pi(z, z_1, z_2)$ in diesen Punkten endlich, $d\Pi(z, \zeta_1, \zeta_2)$ aber algebraisch unendlich von der ersten Ordnung ist, den Werth von $\Pi(z, z_1, z_2)$ im Punkte ζ_2 für die um ζ_2 beschriebene unendlich kleine Curve also

$$\Pi(\zeta_2, z_1, z_2)$$

vor das Integral setzen kann, und da der übrig bleibende Integralfactor

$$\int\limits_{(\zeta_1)} d\Pi(z, \zeta_1, \zeta_2)$$

für die in Betracht kommende Integrationsrichtung den Werth

$$\frac{2M'}{\zeta_2 - \zeta_1}\int\limits_{(\zeta_2)}\frac{dz}{z - \zeta_2} = -\frac{4\pi i M'}{\zeta_2 - \zeta_1}$$

liefert, worin M' den oben bezeichneten Coefficienten des Integrales $\Pi(z, \zeta_1, \zeta_2)$ bedeutet, so wird jenes Kreisintegral den Werth

$$\frac{-4\pi i M'}{\zeta_2 - \zeta_1}\Pi(\zeta_2, z_1, z_2)$$

annehmen, während das Kreisintegral um ζ_1, wenn man berücksichtigt, dass der Coefficient des logarithmischen Gliedes

$$\frac{2M'}{\zeta_1 - \zeta_2},$$

und die Integrationsrichtung dieselbe ist, den Werth

$$\frac{-4\pi i M'}{\zeta_1 - \zeta_2}\Pi(\zeta_1, z_1, z_2)$$

erhält.

Betrachtet man nun die Integrationsstrecke gh auf der linken Seite dieses Querschnittes (um kurz die verschiedenen Seiten desselben zu bezeichnen), und dieselbe Strecke auf der rechten Seite, so hat weder $\Pi(z, z_1, z_2)$ noch $d\Pi(z, \zeta_1, \zeta_2)$ bei der Umkreisung von ζ_2 seinen Werth geändert, und die Strecken werden sich also wegen der verschiedenen Integrationsrichtung aufheben; dasselbe gilt für beide Seiten der Strecken gi und fg. Integrirt man nun auf dem äusseren Rande von Q in der Richtung des Pfeiles von f aus weiter, so schliesst sich dies dem früher in f erlangten Werthe continuirlich an, und es ist nur als Werth für die um ζ_1 und ζ_2 genommenen Integrationen additiv hinzugekommen

$$\frac{-4\pi i M'}{\zeta_2 - \zeta_1}\Pi(\zeta_2, z_1, z_2) - \frac{4\pi i M'}{\zeta_1 - \zeta_2}\Pi(\zeta_1, z_1, z_2) = \frac{4\pi i M'}{\zeta_1 - \zeta_2}\int\limits_{\zeta_1}^{\zeta_2} d\Pi(z, z_1, z_2),$$

wobei die zwischen ζ_1 und ζ_2 auszuführende Integration nur so genommen zu werden braucht, dass der Integrationsweg den Querschnitt ed nicht schneidet. Die Fortsetzung der Integration bis a führt sodann in der Richtung des Pfeiles über den ganzen negativen Rand von Q' bis a, ferner über den ganzen negativen Rand von Q wieder nach diesem Punkte und sodann über den positiven Rand von Q' in der Richtung des Pfeiles von a nach b. Hier ist nun für den weiteren Fortschritt das Integral um z_1 und z_2, sowie längs den Linien cb und ed genommen zu berechnen. Was nun das unendlich kleine Curvenintegral um z_2 genommen in der durch den eingeschlagenen Weg fixirten Richtung angeht, so wird im Punkte z_2 die Function

$\Pi(z, z_1, z_2)$ logarithmisch unendlich, während $d\Pi(z, \zeta_1, \zeta_2)$ endlich bleibt; und wenn man für Punkte in der Nähe von z_2

$$\Pi(z, z_1, z_2) = \frac{2M}{z_2 - z_1} \log(z - z_2) + \varphi(z)$$

setzt, worin $\varphi(z)$ in der durch die Querschnitte Q und Q' einfach zusammenhängend gewordenen Riemann'schen Fläche in der Nähe von z_2 endlich und eindeutig ist, ferner den endlichen Werth von

$$\frac{d\Pi(z, \zeta_1, \zeta_2)}{dz}$$

im Punkte z_2 vor das Integral setzt, so ergiebt sich für jenes unendlich kleine Curvenintegral, wie leicht aus Früherem zu ersehen, nur der Werth

$$\frac{2M}{z_2 - z_1} \left(\frac{d\Pi(z, \zeta_1, \zeta_2)}{dz}\right)_{z = z_2} \int\limits_{(z_2)} \log(z - z_2)\, dz;$$

setzt man aber

$$z - z_2 = r e^{\varphi i},$$

so geht dieses Integral in

$$\frac{2M}{z_2 - z_1} \left(\frac{d\Pi(z, \zeta_1, \zeta_2)}{dz}\right)_{z = z_2} \int_0^{2\pi} \log(r e^{\varphi i})\, i r e^{\varphi i}\, d\varphi =$$

$$= \frac{2M}{z_2 - z_1} \left(\frac{d\Pi(z, \zeta_1, \zeta_2)}{dz}\right)_{z = z_2} i r \log r \int_0^{2\pi} e^{\varphi i}\, d\varphi$$

$$- \frac{2M}{z_2 - z_1} \left(\frac{d\Pi(z, \zeta_1, \zeta_2)}{dz}\right)_{z = z_2} r \int_0^{2\pi} e^{\varphi i} \varphi\, d\varphi$$

über, welches für unendlich kleine r offenbar verschwindet, und es wird somit

$$\int\limits_{(z_2)} \Pi(z, z_1, z_2)\, d\Pi(z, \zeta_1, \zeta_2) = \int\limits_{(z_1)} \Pi(z, z_1, z_2)\, d\Pi(z, \zeta_1, \zeta_2) = 0$$

sein. Nun wird aber bei der Umkreisung von z_2 die Function $\Pi(z, z_1, z_2)$ vermöge ihres logarithmischen Gliedes

$$\frac{2M}{z_2 - z_1} \log(z - z_2)$$

um

$$\frac{-4\pi i M}{z_2 - z_1}$$

zugenommen haben, so dass, wenn die beiden verschiedenen Seiten der Strecke cd mit $+$ und $-$, und die Werthe der Function $\Pi(z, z_1, z_2)$ auf den beiden Seiten dieses Querschnittes in ähnlicher Weise unterschieden werden,

$$\int_{c\,+}^{d} \Pi(z, z_1, z_2)\, d\Pi(z, \zeta_1, \zeta_2) + \int_{d\,-}^{c} \Pi(z, z_1, z_2)\, d\Pi(z, \zeta_1, \zeta_2)$$

$$= \int_{c}^{d} (\Pi^{+}(z, z_1, z_2) - \Pi^{-}(z, z_1, z_2))\, d\Pi(z, \zeta_1, \zeta_2)$$

$$= \frac{4\pi i M}{z_2 - z_1} \int_{c}^{d} d\Pi(z, \zeta_1, \zeta_2)$$

wird, da die Differenz der Functionalwerthe von $\Pi(z, z_1, z_2)$ längs jener Gränze constant ist; ebenso wird die in der vorgeschriebenen Richtung vor sich gehende Umkreisung von z_1 dem $\Pi(z, z_1, z_2)$ einen Zuwachs von

$$\frac{-4\pi i M}{z_1 - z_2}$$

ertheilen, und es wird somit

$$\int_{c\,-}^{e} \Pi(z, z_1, z_2)\, d\Pi(z, \zeta_1, \zeta_2) + \int_{e\,+}^{c} \Pi(z, z_1, z_2)\, d\Pi(z, \zeta_1, \zeta_2)$$

$$= \int_{e}^{c} (\Pi^{+}(z, z_1, z_2) - \Pi^{-}(z, z_1, z_2))\, d\Pi(z, \zeta_1, \zeta_2)$$

$$= \frac{-4\pi i M}{z_1 - z_2} \int_{e}^{c} d\Pi(z, \zeta_1, \zeta_2)$$

sein, so dass sich beide Integrale zu

$$\frac{4\pi i M}{z_2 - z_1} \int_{e}^{d} d\Pi(z, \zeta_1, \zeta_2) = \frac{4\pi i M}{z_2 - z_1} \int_{z_1}^{z_2} d\Pi(z, \zeta_1, \zeta_2)$$

zusammenziehen, wobei der Integrationsweg von z_1 nach z_2 nur so genommen zu werden braucht, dass er den Querschnitt ih nicht schneidet. Was ferner die über bc auf beiden Seiten ausgeführte Integration betrifft, so hebt sich diese auf, weil $\Pi(z, z_1, z_2)$ bei z_2 und z_1 resp. die Incremente

$$\frac{-4\pi i M}{z_2 - z_1} \quad \text{und} \quad \frac{-4\pi i M}{z_1 - z_2}$$

erhielt, somit nach der Umkreisung beider Punkte seinen ursprünglichen Werth wieder annimmt, während $d\Pi(z, \zeta_1, \zeta_2)$ während dieses ganzen Laufes denselben Werth behält, und wir werden dann mit dem früher erreichten Werthe auf dem positiven Rande von Q' von b nach a zurückkehren. Bemerkt man endlich noch, dass die beiden Querschnitte Q und Q' auf beiden Seiten in verschiedenen Richtungen durchlaufen werden, und bezeichnet man die Stetigkeitssprünge an den Querschnitten Q und Q' in der Richtung der in der Figur angegebenen Pfeile genommen

$$\text{für } \Pi(z, z_1, z_2) \text{ mit } \Pi_1 \text{ und } \Pi_1'$$
$$\text{für } \Pi(z, \zeta_1, \zeta_2) \text{ mit } \Pi_2 \text{ und } \Pi_2',$$

welche nach früheren Auseinandersetzungen durch die über den jedesmaligen anderen Querschnitt in der Richtung der auf der positiven Seite derselben bemerkten Pfeile genommenen Integrale gegeben werden, so wird sich das Gesammtresultat der oben geforderten Integration leicht herstellen lassen. Man sieht nämlich leicht, dass die Integration über beide Seiten der beiden Querschnitte Q und Q' in der verlangten Richtung genommen durch den Ausdruck

$$\int\limits_{(Q)}^{+} \Pi(z, z_1, z_2)\, d\Pi(z, \zeta_1, \zeta_2) - \int\limits_{(Q')}^{-} \Pi(z, z_1, z_2)\, d\Pi(z, \zeta_1, \zeta_2)$$
$$- \int\limits_{(Q)}^{-} \Pi(z, z_1, z_2)\, d\Pi(z, \zeta_1, \zeta_2) + \int\limits_{(Q')}^{+} \Pi(z, z_1, z_2)\, d\Pi(z, \zeta_1, \zeta_2)$$

dargestellt wird, in welchem die über Q und Q' auszuführenden Integrationen in der Richtung der auf der positiven Seite derselben angegebenen Pfeile zu nehmen sind, oder durch

$$\int\limits_{(Q)} (\Pi^{+}(z, z_1, z_2) - \Pi^{-}(z, z_1, z_2))\, d\Pi(z, \zeta_1, \zeta_2)$$
$$+ \int\limits_{(Q')} (\Pi^{+}(z, z_1, z_2) - \Pi^{-}(z, z_1, z_2))\, d\Pi(z, \zeta_1, \zeta_2),$$

da die Function $d\Pi(z, \zeta_1, \zeta_2)$ an beiden Seiten der Querschnitte dieselben Werthe hat. Nun ist aber längs der ganzen Querschnitte Q und Q'

$$\Pi^{+}(z, z_1, z_2) - \Pi^{-}(z, z_1, z_2) = \Pi_1,$$
$$\Pi^{+}(z, z_1, z_2) - \Pi^{-}(z, z_1, z_2) = \Pi_1'$$
$$\int\limits_{(Q')} d\Pi(z_1, \zeta_1, \zeta_2) = \Pi_2, \quad \int\limits_{(Q)} d\Pi(z, \zeta_1, \zeta_2) = \Pi_2'$$

in der Richtung der auf der positiven Seite angegebenen Pfeile genommen, und es wird somit der Werth des über beide Seiten von Q und Q' ausgedehnten Integrales

$$\Pi_1 \Pi_2' - \Pi_1' \Pi_2$$

sein. Setzt man nunmehr den Gesammtwerth von

$$\int \Pi(z, z_1, z_2)\, d\Pi(z, \zeta_1, \zeta_2),$$

über die gesammte Begränzung der einfach zusammenhängenden Fläche genommen, aus diesen einzelnen Integralen zusammen, so erhält man

$$\int \Pi(z, z_1, z_2)\, d\Pi(z, \zeta_1, \zeta_2) = \Pi_1 \Pi_2' - \Pi_1' \Pi_2$$

$$+ \frac{4\pi i M'}{\zeta_1 - \zeta_2} \int_{\zeta_1}^{\zeta_2} d\Pi(z, z_1, z_2) + \frac{4\pi i M}{z_2 - z_1} \int_{z_1}^{z_2} d\Pi(z, \zeta_1, \zeta_2).$$

Da aber das über die gesammte Begränzung genommene Integral den Werth Null haben musste, so wird

$$\frac{M}{z_1 - z_2} \int_{z_1}^{z_2} d\Pi(z, \zeta_1, \zeta_2) - \frac{M'}{\zeta_1 - \zeta_2} \int_{\zeta_1}^{\zeta_2} d\Pi(z, z_1, z_2)$$

$$= \frac{1}{4\pi i} (\Pi_1 \Pi_2' - \Pi_1' \Pi_2)$$

sein. Sind nun diese Integrale dritter Gattung

$$\Pi(z, z_1, z_2) \quad \text{und} \quad \Pi(z, \zeta_1, \zeta_2)$$

Hauptintegrale, in welchem Falle wir dieselben mit

$$H(z, z_1, z_2) \quad \text{und} \quad H(z, \zeta_1, \zeta_2)$$

bezeichnen wollen, so folgt, weil dann die Coefficienten der logarithmischen Glieder M und M' die Werthe

$$\frac{z_1 - z_2}{2} \quad \text{und} \quad \frac{\zeta_1 - \zeta_2}{2}$$

haben, die Relation

$$\int_{z_1}^{z_2} dH(z, \zeta_1, \zeta_2) - \int_{\zeta_1}^{\zeta_2} dH(z, z_1, z_2) = \frac{1}{2\pi i} (H_1 H_2' - H_2 H_1')\ ^{*)},$$

wenn die Periodicitätsmoduln der Hauptintegrale mit H_1, H_1', H_2, H_2' bezeichnet werden, und man sieht somit, dass zwei Hauptintegrale dritter Gattung, bei denen die Gränzen des einen die Parameter des andern sind und umgekehrt, und die Integrationswege nur den oben angegebenen Beschränkungen unterliegen, eine nur von den Periodicitätsmoduln abhängige Differenz liefern.

Denken wir uns nun aber jene Hauptintegrale $H(z, z_1, z_2)$ und $H(z, \zeta_1, \zeta_2)$ nur insoweit gegeben, dass sie in den Punkten z_1 und z_2 resp. ζ_1 und ζ_2 auf je einem Blatte so logarithmisch unendlich sein sollen, dass der Coefficient des logarithmischen Gliedes die Einheit ist, ohne dass Bestimmungen über die Werthe der Periodicitätsmoduln an den Querschnitten Q und Q' getroffen sind, so wird man zu den beiden Integralen noch das Product von resp. m und m' in das elliptische Integral erster Gattung

$$\int \frac{dz}{\sqrt{A(z-\alpha)(z-\beta)(z-\gamma)(z-\delta)}}$$

---

*) wobei zu beachten, dass diese beiden Hauptintegrale sich nicht etwa nur durch die Verschiedenheit der Unstetigkeitspunkte zu unterscheiden brauchen, sondern auch durch die verschiedenen Werthe ihrer Periodicitätsmoduln.

hinzufügen können, wenn m und m' unbestimmte complexe Zahlen bedeuten. Nennt man dann die Perioden des elliptischen Integrales erster Gattung an den Querschnitten Q und Q' Ω und Ω', dann werden die Periodicitätsmoduln dieser neuen dritten Integrale an eben diesen Querschnitten

$$H_1 + m\,\Omega, \qquad H_1' + m\,\Omega'$$

und

$$H_2 + m'\,\Omega, \qquad H_2' + m'\,\Omega'$$

sein, und es wird in Folge dessen für diese neuen Hauptintegrale dritter Gattung die rechte Seite der obigen Gleichung in

$$\frac{1}{2\pi i}\left\{(H_1 + m\Omega)(H_2' + m'\Omega') - (H_1' + m\Omega')(H_2 + m'\Omega)\right\}$$

übergehen. Nun kann man aber offenbar m und m' so wählen, dass

$$H_1 + m\Omega = 0, \qquad H_2 + m'\Omega = 0$$

ist, und wenn man die durch diese Werthe von m und m' definirten und fest bestimmten elliptischen Hauptintegrale dritter Gattung mit

$$H_0(z, z_1, z_2) \quad \text{und} \quad H_0(z, \zeta_1, \zeta_2)$$

bezeichnet, so ergiebt sich

$$\int_{\zeta_1}^{\zeta_2} d\,H_0(z, z_1, z_2) = \int_{z_1}^{z_2} d\,H_0(z, \zeta_1, \zeta_2).$$

Bemerkt man nun, dass jetzt die beiden Hauptintegrale $H_0(z, z_1, z_2)$ und $H_0(z, \zeta_1, \zeta_2)$ sich nur durch die verschiedene Lage dieser Unstetigkeitspunkte unterscheiden, indem sie denselben einen verschwindenden Periodicitätsmodul haben und durch die Art der Unstetigkeit und einen Periodicitätsmodul ein elliptisches Integral vollständig bestimmt war, so folgt,

> *dass sich ein solches Hauptintegral dritter Gattung nicht ändert, wenn die Gränzen mit den Unstetigkeitspunkten vertauscht werden.*

Es mag zur Charakteristik der obigen Hauptintegrale, für welche der Periodicitätsmodul an dem einen Querschnitte Q verschwindet, noch bemerkt werden, dass der Ausdruck für den andern Periodicitätsmodul sich leicht mit Hülfe eines Integrales erster Gattung darstellen lässt. Bildet man nämlich das Integral

$$\int H(z, z_1, z_2) \frac{dz}{\sqrt{A(z-\alpha)(z-\beta)(z-\gamma)(z-\delta)}},$$

für welches die Function unter dem Integral in den Punkten z_1 und z_2 und nur in diesen und zwar logarithmisch unendlich wird, so mögen diese Punkte durch unendlich kleine Kreise ausgeschlossen werden; nimmt man nun dieses Integral über die gesammte Begränzung der einfach zusammenhängenden Fläche, welche aus der oben in der

Figur (53) dargestellten unmittelbar hervorgeht, wenn man sich die Punkte ζ_1 und ζ_2 fortdenkt, so wird der Gesammtwerth des Integrales, wie leicht aus den früheren Betrachtungen ersichtlich ist,

$$2\pi i \int_{z_1}^{z_2} \frac{dz}{\sqrt{A(z-\alpha)(z-\beta)(z-\gamma)(z-\delta)}} = H_1 \Omega' - H_1' \Omega,$$

oder wenn $H(z, z_1, z_2)$ ein Hauptintegral dritter Gattung bedeutet, dessen einer Periodicitätsmodul verschwindet, während der andere mit P_2 bezeichnet wird,

$$P_2 = \frac{-2\pi i}{\Omega} \int_{z_1}^{z_2} \frac{dz}{\sqrt{A(z-\alpha)(z-\beta)(z-\gamma)(z-\delta)}},$$

d. h. es drückt sich der nicht verschwindende Periodicitätsmodul jenes oben definirten Hauptintegrales durch das zwischen den Unstetigkeitspunkten z_1 und z_2 als Gränzen auf der durch Q und Q' einfach zusammenhängend gewordenen Fläche genommene Integral erster Gattung und dessen Periodicitätsmodul am anderen Querschnitte aus.

Statt wie eben geschehen, die Integration über das Product eines Integrales dritter und das Differential eines Integrales erster Gattung auszuführen, wollen wir ein solches aus einem Integrale zweiter Gattung und dem Differentiale eines Integrales erster Gattung zusammengesetztes behandeln und das in dem Punkte z_1 auf *einem* Blatte von der ersten Ordnung unendlich werdende Integral

$$E(z) = M \int_{z_0}^{z} \left[\frac{1}{(z-z_1)^2} + \frac{\frac{R'(z_1)}{2\varepsilon_1 R(z_1)^{\frac{1}{2}}}(z-z_1) + \varepsilon_1 R(z_1)^{\frac{1}{2}}}{(z-z_1)^2 \sqrt{A(z-\alpha)(z-\beta)(z-\gamma)(z-\delta)}} \right] dz$$

$$+ N \int_{z_0}^{z} \frac{dz}{\sqrt{A(z-\alpha)(z-\beta)(z-\gamma)(z-\delta)}}$$

setzen, so wird das Integral

$$\int E(z) \frac{dz}{\sqrt{A(z-\alpha)(z-\beta)(z-\gamma)(z-\delta)}},$$

ausgedehnt auf die gesammte Begränzung der nach Ausschliessung des Unstetigkeitspunktes z_1 einfach zusammenhängend gemachten Riemann'schen Fläche, wieder den Gesammtwerth Null haben, den wir jetzt in noch anderer Art darstellen wollen. Nun ist aber, wenn man die Querschnitte der ursprünglichen dreifach zusammenhängenden Fläche genau wie früher zieht, sodann den Punkt z_1 auf dem zu dem Werthe $\varepsilon_1 R(z_1)^{\frac{1}{2}}$ gehörigen Blatte mit einem unendlich kleinen Kreise umgiebt und einen Peripheriepunkt dieses Kreises mit irgend einem Punkte von Q oder Q' verbindet, leicht zu sehen, dass das unendlich kleine Kreisintegral um den Punkt z_1 genommen, weil in der Nähe von z_1

$$\frac{1}{\sqrt{R(z)}} = \varepsilon_1 R(z_1)^{-\frac{1}{2}} + \frac{z-z_1}{1}\frac{d\left(\varepsilon_1 R(z_1)^{-\frac{1}{2}}\right)}{dz_1} + \frac{(z-z_1)^2}{1.2}\frac{d^2\left(\varepsilon_1 R(z_1)^{-\frac{1}{2}}\right)}{dz_1^2} + \cdots$$

und

$$E(z) = -\frac{2M}{z-z_1} + \text{pos. ganze Pot. von } (z-z_1)$$

ist, den Werth

$$4\pi i M \varepsilon_1 R(z_1)^{-\frac{1}{2}}$$

hat, indem nur die negative erste Potenz von $z-z_1$ einen endlichen und von Null verschiedenen Werth für das Kreisintegral liefert. Andererseits wird die Summe der beiden Integrale, welche an beiden Seiten der Linien hinführen, welche die unendlich kleine Kreisperipherie mit dem Querschnitte Q oder Q' verbinden, verschwinden, weil bei einer Umkreisung von z_1 weder $E(z)$ seinen Werth ändert, da es in z_1 nur algebraisch unendlich werden sollte, noch $\sqrt{R(z)}$, weil, wie von vornherein angenommen, der Punkt z_1 nicht zu den Verzweigungspunkten α, β, γ, δ der Fläche gehören sollte, und daher mit denselben Functionalwerthen in entgegengesetzter Richtung integrirt wird. Ausserdem sieht man aber leicht ein, dass in Folge dieser Eigenschaft die Integration über beide Seiten des Q und Q'-Querschnittes sich wieder vollziehen wird, als ob der z_1 Punkt gar nicht da wäre, und es wird daher das Resultat der über diese Theile der Begränzung ausgeführten Integration genau wie vorher

$$\int\limits_{(Q)}^{+} E(z)\frac{dz}{\sqrt{R(z)}} - \int\limits_{(Q')}^{-} E(z)\frac{dz}{\sqrt{R(z)}} - \int\limits_{(Q)}^{-} E(z)\frac{dz}{\sqrt{R(z)}} + \int\limits_{(Q')}^{+} E(z)\frac{dz}{\sqrt{R(z)}}$$

$$= \int\limits_{(Q)} \left(E^{+}(z) - E^{-}(z)\right)\frac{dz}{\sqrt{R(z)}} - \int\limits_{(Q')} \left(E^{-}(z) - E^{+}(z)\right)\frac{dz}{\sqrt{R(z)}},$$

worin die Integrationen über Q und Q' in der durch die Pfeile auf der positiven Seite dieser Querschnitte angedeuteten Richtung zu nehmen sind, oder

$$E\Omega' - E'\Omega,$$

wenn E und E' die in der Richtung der Pfeile stattfindenden Stetigkeitssprünge oder Periodicitätsmoduln des Integrales zweiter Gattung $E(z)$, und Ω und Ω' die in derselben Richtung genommenen für das Integral erster Gattung sind. Da nun wieder das Resultat der gesammten Integration den Werth Null liefern muss, so folgt zwischen den Periodicitätsmoduln des Integrales erster und zweiter Gattung die nachfolgende Relation

$$E\Omega' - E'\Omega = -4\pi i M \varepsilon_1 R(z_1)^{-\frac{1}{2}}.$$

Wir können nun die Untersuchung dieser Relationen zwischen den Periodicitätsmoduln der elliptischen Integrale der drei Gattungen noch verallgemeinern, indem wir mit

$$J(z, z_\alpha)$$

ein elliptisches Integral bezeichnen, welches in den Punkten

$$z_1, z_2, \ldots z_m$$

unendlich wird wie die Functionen

$$a_1 \log (z - z_1) + b_1 (z - z_1)^{-1} + c_1 (z - z_1)^{-2} + \cdots + k_1 (z - z_1)^{-k'},$$
$$a_2 \log (z - z_2) + b_2 (z - z_2)^{-1} + c_2 (z - z_2)^{-2} + \cdots + k_2 (z - z_2)^{-k''},$$
$$\cdots\cdots\cdots\cdots\cdots\cdots\cdots\cdots\cdots\cdots$$
$$a_m \log (z - z_m) + b_m (z - z_m)^{-1} + c_m (z - z_m)^{-2} + \cdots + k_m (z - z_m)^{-k^{(m)}},$$

und mit

$$J(z, \zeta_\alpha)$$

ein Integral, welches in den Punkten

$$\zeta_1, \zeta_2, \ldots \zeta_n$$

unendlich wird wie die Functionen

$$\alpha_1 \log (z - \zeta_1) + \beta_1 (z - \zeta_1)^{-1} + \gamma_1 (z - \zeta_1)^{-2} + \cdots + \varkappa_1 (z - \zeta_1)^{-\varkappa'},$$
$$\alpha_2 \log (z - \zeta_2) + \beta_2 (z - \zeta_2)^{-1} + \gamma_2 (z - \zeta_2)^{-2} + \cdots + \varkappa_2 (z - \zeta_2)^{-\varkappa''},$$
$$\cdots\cdots\cdots\cdots\cdots\cdots\cdots\cdots\cdots\cdots$$
$$\alpha_n \log (z - \zeta_n) + \beta_n (z - \zeta_n)^{-1} + \gamma_n (z - \zeta_n)^{-2} + \cdots + \varkappa_n (z - \zeta_n)^{-\varkappa^{(n)}},$$

und für welche nach Früherem die Relationen bestehen

$$a_1 + a_2 + \cdots + a_m = 0$$
$$\alpha_1 + \alpha_2 + \cdots + \alpha_n = 0.$$

Untersuchen wir nunmehr wieder das Integral

$$\int J(z, z_\alpha)\, dJ(z, \zeta_\alpha)$$

über die gesammte Begränzung der einfach zusammenhängenden Fläche genommen, welche, nachdem die Querschnitte Q und Q' gezogen, durch neue $m + n$ Querschnitte zerschnitten wird, welche z. B. jede der die Punkte $z_1, z_2, \ldots z_m$ umschliessenden, unendlich kleinen Kreisperipherieen mit einem und demselben Punkte von Q', jede der die Punkte $\zeta_1, \zeta_2, \ldots \zeta_n$ umschliessenden Peripherieen mit einem und demselben Punkte von Q verbinden*), so wird zuerst

*) Dass der unendlich entfernte Punkt nicht ausgeschlossen zu werden braucht, geht daraus hervor, dass die Entwickelung der Function unter dem Integralzeichen nach fallenden Potenzen von z die negative erste Potenz dieser Variabeln nicht enthalten kann, da sonst das Integral in $z = \infty$ logarithmisch unendlich würde, was nicht angenommen worden, und ebenso folgt aus den am Anfange dieser Vorlesung entwickelten Gründen, dass die Verzweigungspunkte unberücksichtigt bleiben können, gleichgültig ob $dJ(z, \zeta_\alpha)$ in einem derselben endlich oder unendlich ist.

wieder einleuchten, dass das geschlossene Kreisintegral um ζ_ϱ genommen den Werth

$$J(\zeta_\varrho, z_\alpha) \int_{(\zeta_\varrho)} dJ(z, \zeta_\alpha)$$

annimmt, oder da, wie man aus den obigen Unstetigkeitsfunctionen erkennt,

$$\int_{(\zeta_\varrho)} dJ(z, \zeta_\alpha) = \alpha_\varrho \int_{(\zeta_\varrho)} \frac{dz}{z - \zeta_\varrho} = -2\pi i \alpha_\varrho$$

ist, durch den Ausdruck

$$-2\pi i \alpha_\varrho J(\zeta_\varrho, z_\alpha)$$

dargestellt wird. Da aber ferner bei der Umkreisung des Punktes ζ_ϱ die Function $J(z, z_\alpha)$ ihren Werth ebenso wenig als $dJ(z, \zeta_\alpha)$ geändert hat, so werden die längs den beiden Seiten der Verbindungslinien jener Kreisperipherie mit dem Querschnitte Q' genommenen Integrale sich aufheben, und es wird die Summe dieser über die ζ-Kreise genommenen Integrale

$$-2\pi i \left\{\alpha_1 J(\zeta_1, z_\alpha) + \alpha_2 J(\zeta_2, z_\alpha) + \cdots + \alpha_n J(\zeta_n, z_\alpha)\right\},$$

oder da $\alpha_1 + \alpha_2 + \cdots + \alpha_n = 0$ ist,

$$2\pi i \left\{\alpha_2 [J(\zeta_2, z_\alpha) - J(\zeta_1, z_\alpha)] + \alpha_3 [J(\zeta_3, z_\alpha) - J(\zeta_1, z_\alpha)] \right.$$
$$\left. + \cdots + \alpha_n [J(\zeta_n, z_\alpha) - J(\zeta_1, z_\alpha)]\right\}$$

oder endlich

$$2\pi i \left\{\alpha_2 \int_{\zeta_1}^{\zeta_2} dJ(z, z_\alpha) + \alpha_3 \int_{\zeta_1}^{\zeta_3} dJ(z, z_\alpha) + \cdots + \alpha_n \int_{\zeta_1}^{\zeta_n} dJ(z, z_\alpha)\right\}$$

sein. Bei allen diesen Umkreisungen ist an den Functionen unter dem Integral nichts geändert worden, und in Folge dessen schliesst sich die Integration längs dem Querschnitte Q der früher begonnenen unmittelbar an. Kommt man im Laufe der weiteren Integration an den Punkt des Querschnittes Q', nach welchem die von den um z_1, $z_2, \ldots z_m$ beschriebenen Kreisperipherieen ausgehenden Querschnitte der Fläche führen, so wird es nöthig sein, zuerst die Werthe der um jene Kreisperipherieen genommenen Integrale zu berechnen. Da nun die Entwickelung der Function $J(z, z_\alpha)$ um den Punkt z_ϱ genommen der Voraussetzung nach von der Form war

$$_\varrho \log(z - z_\varrho) + b_\varrho (z - z_\varrho)^{-1} + c_\varrho (z - z_\varrho)^{-2} + \cdots + k_\varrho (z - z_\varrho)^{-k^{(\varrho)}} + \varphi(z),$$

worin $\varphi(z)$ eine in der durch die Querschnitte Q und Q' einfach zusammenhängend gewordenen Riemann'schen Fläche für die Punkte der Umgebung von z_ϱ endliche und eindeutige Function von z ist, so wird

$$\int_{(z_\varrho)} J(z, z_\alpha)\, dJ(z, \zeta_\alpha) = \left(\frac{dJ(z, \zeta_\alpha)}{dz}\right)_{z = z_\varrho} \int_{(z_\varrho)} J(z, z_\alpha)\, dz$$

sein, und dieses Integral daher, weil

$$\int_{(z_\varrho)} \log (z - z_\varrho)\, dz$$

für einen unendlich kleinen um z_ϱ beschriebenen Kreis verschwindet, und

$$\int_{(z_\varrho)} (z - z_\varrho)^{-1}\, dz = -2\pi i$$

ist, da die Kreisperipherie von links nach rechts beschrieben wird, den Werth annehmen

$$-2\pi i b_\varrho \left(\frac{dJ(z, \zeta_\alpha)}{dz}\right)_{z = z_\varrho};$$

da ferner bei einer Umkreisung von z_ϱ die Function $J(z, z_\alpha)$ vermöge ihres logarithmischen Gliedes $a_\varrho \log (z - z_\varrho)$ um die Grösse $-2\pi i a_\varrho$ zunimmt, während $dJ(z, \zeta_\alpha)$ seinen Ausgangswerth wieder erreicht, so werden die beiden längs der Verbindungslinie der Kreisperipherie von z_ϱ mit dem Punkte von Q' auszuführenden Integrationen den Werth liefern

$$\int_\alpha^{z_\varrho} (J^+(z, z_\alpha) - J^-(z, z_\alpha))\, dJ(z, \zeta_\alpha),$$

wenn mit α jener Punkt auf Q' bezeichnet wird, oder nach der eben gemachten Bemerkung

$$2\pi i a_\varrho \int_\alpha^{z_\varrho} dJ(z, \zeta_\alpha);$$

für die nächste, von α nach $z_{\varrho+1}$ laufende, $z_{\varrho+1}$ umkreisende und wieder nach α zurückkehrende Integration

$$\int (J(z, z_\alpha) - 2\pi i a_\varrho)\, dJ(z, \zeta_\alpha))$$

sieht man unmittelbar, dass, weil $J(z, \zeta_\alpha)$ für $z = z_{\varrho+1}$ endlich ist, das geschlossene Integral um $z_{\varrho+1}$ den Werth

$$-2\pi i b_{\varrho+1} \left(\frac{dJ(z, \zeta_\alpha)}{dz}\right)_{z = z_{\varrho+1}}$$

hat, während die beiden längs jener Verbindungslinie genommenen Integrationen, da $J(z, z_\alpha)$ bei der Umkreisung von $z_{\varrho+1}$ um $-2\pi i a_{\varrho+1}$ zunimmt, den Werth

$$\int [(J^+(z, z_\alpha) - 2\pi i a_\varrho) - (J^-(z, z_\alpha) - 2\pi i a_\varrho)]\, dJ(z, \zeta_\alpha)$$

oder

$$2\pi i a_{\varrho+1}\int\limits_{\alpha}^{z_{\varrho+1}} dJ(z,\,\zeta_\alpha)$$

annimmt. Da endlich nach Umkreisung aller Unstetigkeitspunkte $z_1, z_2, \ldots z_m$ die Function $J(z, z_\alpha)$ um

$$-2\pi i(a_1 + a_2 + \cdots + a_m)$$

zugenommen, d. h., weil $a_1 + a_2 + \cdots + a_m = 0$ ist, unverändert geblieben ist, so wird die Integration über die weiteren Theile von Q und Q' geradeso weiter gehen, als wenn diese singulären Punkte nicht vorhanden wären, und es wird daher, wie aus dem oben Durchgeführten unmittelbar einleuchtet, das Resultat der über die Querschnitte Q und Q' genommenen Integration, wenn wir mit

$$P \text{ und } P',\quad \Pi \text{ und } \Pi'$$

die Periodicitätsmoduln der beiden Integrale $J(z, z_\alpha)$ und $J(z, \zeta_\alpha)$, als Stetigkeitssprünge in der oben angegebenen Richtung genommen, bezeichnen,

$$P\Pi' - P'\Pi$$

sein, so dass mit Zusammenfassung aller der für die theilweisen Integrationen gefundenen einzelnen Werthe und mit Berücksichtigung des Umstandes, dass das Gesammtresultat der Integration aus bekannten Gründen verschwinden muss, sich die Beziehung ergiebt

$$\begin{aligned}\frac{1}{\pi i}(P\Pi' - P'\Pi) = {} & \alpha_1 J(\zeta_1, z_\alpha) + \alpha_2 J(\zeta_2, z_\alpha) + \cdots + \alpha_n J(\zeta_n, z_\alpha)\\ & + b_1\left(\frac{dJ(z,\zeta_\alpha)}{dz}\right)_{z=z_1} + b_2\left(\frac{dJ(z,\zeta_\alpha)}{dz}\right)_{z=z_2} + \cdots + b_m\left(\frac{dJ(z,\zeta_\alpha)}{dz}\right)_{z=z_m}\\ & - a_1\int\limits_{\alpha}^{z_1} dJ(z,\zeta_\alpha) - a_2\int\limits_{\alpha}^{z_2} dJ(z,\zeta_\alpha) - \cdots - a_m\int\limits_{\alpha}^{z_m} dJ(z,\zeta_\alpha),\end{aligned}$$

oder mit Berücksichtigung der beiden Gleichungen

$$\alpha_1 + \alpha_2 + \cdots + \alpha_n = 0,\qquad a_1 + a_2 + \cdots + a_m = 0$$

in der den früheren speciellen Fällen analogen Form

$$\begin{aligned}\frac{1}{2\pi i}(P\Pi' - P'\Pi) = {} & \alpha_2\int\limits_{\zeta_1}^{\zeta_2} dJ(z, z_\alpha) + \alpha_3\int\limits_{\zeta_1}^{\zeta_3} dJ(z, z_\alpha) + \cdots + \alpha_n\int\limits_{\zeta_1}^{\zeta_n} dJ(z, z_\alpha)\\ & + b_1\left(\frac{dJ(z,z_\alpha)}{dz}\right)_{z=z_1} + b_2\left(\frac{dJ(z,z_\alpha)}{dz}\right)_{z=z_2} + \cdots + b_m\left(\frac{dJ(z,z_\alpha)}{dz}\right)_{z=z_m}\\ & - a_2\int\limits_{z_1}^{z_2} dJ(z,\zeta_\alpha) - a_3\int\limits_{z_1}^{z_3} dJ(z,\zeta_\alpha) + \cdots - a_m\int\limits_{z_1}^{z_m} dJ(z,\zeta_\alpha),\end{aligned}$$

wo alle hier vorkommenden Integrale auf der einfach zusammenhängenden Riemann'schen Fläche zu nehmen sind.

Es mag endlich noch ein specieller Fall besonders behandelt

werden, für den wir zulassen wollen, dass die Singularitäten in der Unendlichkeit liegen, doch wollen wir, bevor wir auf die Untersuchung der Periodenrelationen für derartige Integrale eingehen, uns zuerst das allgemeinste elliptische Integral zu bilden suchen, welches in der ganzen Riemann'schen Fläche endlich, nur für den unendlich entfernten Punkt und zwar auf beiden Blättern algebraisch unendlich von der ersten Ordnung wird. Mit Hülfe der früher angewandten Methoden folgt zuerst ganz unmittelbar, dass das allgemeinste elliptische Integral, welches für keinen im Endlichen gelegenen Werth unendlich gross werden soll, die Form haben muss

$$\int \frac{M(z-\alpha)(z-\beta)(z-\gamma)(z-\delta) + (c_0 z^2 + c_1 z + c_2)\sqrt{A(z-\alpha)(z-\beta)(z-\gamma)(z-\delta)}}{(z-\alpha)(z-\beta)(z-\gamma)(z-\delta)}\, dz$$

und wenn man weiter berücksichtigt, dass in der Umgebung des unendlich entfernten Punktes für das eine oder das andere Blatt

$$\frac{1}{\sqrt{R(z)}} = \pm A^{-\frac{1}{2}} z^{-2} \pm A^{-\frac{1}{2}} \frac{p}{2} z^{-3} + \cdots,$$

wenn

$$\alpha + \beta + \gamma + \delta = p$$

gesetzt wird, so ergiebt sich, dass der Coefficient von z^0 in der Entwicklung der Function unter dem Integral nach fallenden Potenzen von z

$$M \pm c_0 A^{-\frac{1}{2}}$$

ist, während die Potenz z^{-1} mit dem Coefficienten

$$\pm c_0 A^{-\frac{1}{2}} \frac{p}{2} \pm c_1 A^{-\frac{1}{2}}$$

behaftet ist. Da aber dieses letztere Glied ein logarithmisches Unendlichwerden für $z = \infty$ in das Integral brächte, so muss der Coefficient von z^{-1} gleich Null gesetzt werden, also

$$c_1 = -\frac{c_0 p}{2}$$

sein, und es geht somit die allgemeine Form des gesuchten Integrales in

$$E_1(z) = \int \left[M + c_0 \cdot \frac{z^2 - \frac{p}{2} z}{\sqrt{A(z-\alpha)(z-\beta)(z-\gamma)(z-\delta)}} \right] dz$$
$$+ c_2 \int \frac{dz}{\sqrt{A(z-\alpha)(z-\beta)(z-\gamma)(z-\delta)}}$$

über, wobei zu bemerken, dass dasselbe in $z = \infty$ in dem einen Blatte wie

$$(M + c_0 A^{-\frac{1}{2}})\, z,$$

in dem andern wie

$$(M - c_0 A^{-\frac{1}{2}})\, z$$

unendlich gross wird, und dass M, c_0, c_2 willkührliche Constanten bedeuten.

Es soll nunmehr

$$\int E_1(z) \frac{dz}{\sqrt{A(z-\alpha)(z-\beta)(z-\gamma)(z-\delta)}}$$

über die Begränzung derjenigen einfach zusammenhängenden Fläche ausgedehnt werden, welche nach Ausschliessung der beiden in der Unendlichkeit auf den beiden Blättern liegenden unendlich entfernten Punkte durch einen von d nach e und einen von b nach c laufenden

Fig. 54.

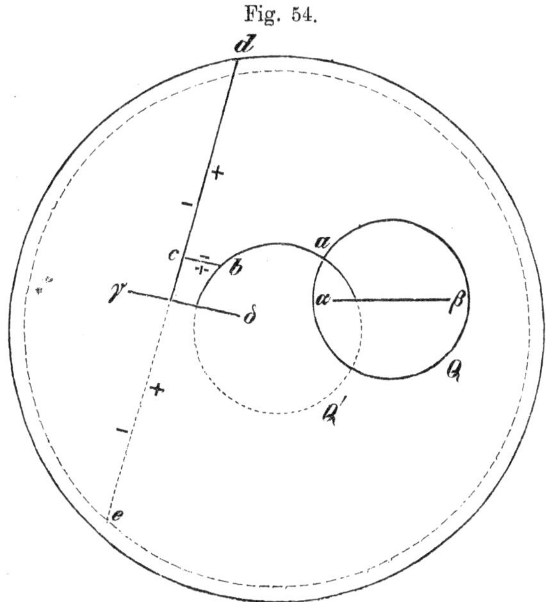

Querschnitt in eine einfach zusammenhängende Fläche verwandelt worden ist.*)

Gehen wir wieder genau in der früher besprochenen Weise von a aus, so gelangen wir nach b und haben zuvörderst längs bc und ce auf deren positiven Seiten zu integriren, sodann den unendlich grossen im zweiten Blatte um den Nullpunkt beschriebenen Kreis zu durchlaufen, auf der negativen Seite von e nach d, längs dem unendlich grossen im ersten Blatte gelegenen Kreise und endlich auf der positiven Seite von d nach c und der negativen von c nach b hin zu integriren.

Was vor allen Dingen das unendlich grosse Kreisintegral auf dem zweiten Blatte betrifft, so wird in der Nähe des unendlich entfernten Punktes auf dem einen Blatte der Voraussetzung nach

*) Wie der allgemeine Fall, in welchem ein elliptisches Integral für $z = \infty$ logarithmisch unendlich und algebraisch unendlich von beliebiger Ordnung ist, zu behandeln, bedarf nach den früheren Ausführungen keiner weiteren Andeutung.

$$E_1(z) = \lambda z + \mu + \nu z^{-1} + \cdots$$

und

$$\frac{1}{\sqrt{R(z)}} = \pm A^{-\frac{1}{2}} z^{-2} + \varrho z^{-3} + \cdots$$

und somit

$$\frac{E_1(z)}{\sqrt{R(z)}} = \pm A^{-\frac{1}{2}} \lambda z^{-1} + \sigma z^{-2} + \cdots,$$

so dass das über jenen unendlich grossen Kreis genommene Integral den Werth

$$\pm A^{-\frac{1}{2}} \lambda \int\limits_{(\infty)} \frac{dz}{z} + \sigma \int\limits_{(\infty)} \frac{dz}{z^2} + \cdots$$

oder

$$\pm 2\pi i A^{-\frac{1}{2}} \lambda$$

hat. Beim Umkreisen des unendlich entfernten Punktes hat aber weder $E_1(z)$ noch $\sqrt{R(z)}$ eine Werthveränderung erlitten, und es werden sich somit die Integrationen längs beiden Seiten von ec aufheben. Was die Integration längs dem zweiten unendlich grossen Kreise betrifft, so wird dieselbe, ähnlich wie vorher, mit Berücksichtigung des entgegengesetzten Werthes von $\sqrt{R(z)}$ und unter Voraussetzung der Entwickelung

$$E_1(z) = \lambda_1 z + \mu_1 + \nu_1 z^{-1} + \cdots$$

den Werth liefern

$$\mp 2\pi i A^{-\frac{1}{2}} \lambda_1,$$

und da wieder beim Durchlaufen des unendlich grossen Kreises weder $E_1(z)$ noch $\sqrt{R(z)}$ ihren Werth ändern, so werden die über die Strecke cd und bc ausgeführten Integrationen für beide Seiten dieser Querschnitte sich wegheben, und es wird somit, wenn E_1 und E_1', Ω und Ω' die Periodicitätsmoduln der Functionen

$$E_1(z) \quad \text{und} \quad \int \frac{dz}{\sqrt{A(z-\alpha)(z-\beta)(z-\gamma)(z-\delta)}}$$

an den Querschnitten Q und Q' in der angegebenen Weise bedeuten,

$$\frac{1}{2\pi i}(E_1 \Omega' - E_1' \Omega) = \mp A^{-\frac{1}{2}} \lambda \pm A^{-\frac{1}{2}} \lambda_1$$

sein, oder mit Berücksichtigung der oben gefundenen Werthe

$$\lambda = M \pm c_0 A^{-\frac{1}{2}}, \quad \lambda_1 = M \mp c_0 A^{-\frac{1}{2}}$$

$$\frac{1}{2\pi i}(E_1 \Omega' - E_1' \Omega) = \mp A^{-\frac{1}{2}}(M \pm c_0 A^{-\frac{1}{2}}) \pm A^{-\frac{1}{2}}(M \mp c_0 A^{-\frac{1}{2}})$$

oder

$$\frac{1}{2\pi i}(E_1 \Omega' - E_1' \Omega) = -2 c_0 A^{-1},$$

von welcher Formel wir gleich nachher für Aufstellung der bekannten Legendre'schen Gleichung für die Beziehung der Periodicitätsmoduln des ersten und zweiten Normalintegrales eine Anwendung machen werden, wenn wir die Periodicitätsmoduln des elliptischen Integrales erster Gattung etwas näher untersucht haben werden.

Setzt man nämlich

$$\int_{z_0}^{z} \frac{dz}{\sqrt{A(z-\alpha)(z-\beta)(z-\gamma)(z-\delta)}} = u + vi,$$

worin $z = x + yi$, und u und v reelle Functionen von x und y sind, so werden in dem Ausdrucke

$$u\,dv = u\frac{\partial v}{\partial x}dx + u\frac{\partial v}{\partial y}dy$$

oder in Folge der Bedingungsgleichungen

$$\frac{\partial u}{\partial x} = \frac{\partial v}{\partial y}, \quad \frac{\partial u}{\partial y} = -\frac{\partial v}{\partial x}$$

in dem Ausdrucke

$$-u\frac{\partial u}{\partial y}dx + u\frac{\partial u}{\partial x}dy$$

die Coefficienten von dx und dy

$$-u\frac{\partial u}{\partial y}, \quad u\frac{\partial u}{\partial x}$$

auf der ganzen Riemann'schen Fläche endlich und eindeutig sein, weil das Integral erster Gattung $u + vi$ es ist, ausgenommen in den Verzweigungspunkten von $\sqrt{R(z)}$, da

$$\frac{\partial u}{\partial x} + i\frac{\partial v}{\partial x} = \frac{\partial(u+iv)}{\partial x} = \frac{d(u+iv)}{dz} = \frac{1}{\sqrt{R(z)}}$$

oder

$$\frac{\partial u}{\partial x} - i\frac{\partial u}{\partial y} = \frac{1}{\sqrt{R(z)}}$$

ist, welcher Ausdruck für $z = \alpha, \beta, \gamma, \delta$ unendlich wird. Wollen wir daher die vorgelegte Riemann'sche Fläche zu einem vollständig begränzten Raume machen, innerhalb dessen sich für die Functionen $u\frac{\partial u}{\partial x}$, $u\frac{\partial u}{\partial y}$ keine Discontinuitätspunkte befinden, so werden wir nur die Verzweigungspunkte durch unendlich kleine, doppeltgewundene Kreise einzuschliessen brauchen, und es wird dann nach dem durch die Gleichung

$$\int(P\,dx + Q\,dy) = \iint\left(\frac{\partial Q}{\partial x} - \frac{\partial P}{\partial y}\right)dx\,dy$$

dargestellten Satze der sechsten Vorlesung

$$\text{(a)} \quad \ldots\ldots\ldots \int u\,dv = \int\left(-u\frac{\partial u}{\partial y}dx + u\frac{\partial u}{\partial x}dy\right)$$

$$= \iint\left\{\frac{\partial}{\partial x}\left(u\frac{\partial u}{\partial x}\right) + \frac{\partial}{\partial y}\left(u\frac{\partial u}{\partial y}\right)\right\}dx\,dy$$

$$= \iint u\left(\frac{\partial^2 u}{\partial x^2} + \frac{\partial^2 u}{\partial y^2}\right)dx\,dy + \iint\left(\left(\frac{\partial u}{\partial x}\right)^2 + \left(\frac{\partial u}{\partial y}\right)^2\right)dx\,dy$$

sein, wo das einfache Integral $\int u\,dv$ über die gesammte Begränzung der einfach zusammenhängenden Fläche in der bekannten Richtung genommen und die rechts stehenden Doppelintegrale über den Inhalt dieser Fläche auszudehnen sind. Nun ist aber leicht einzusehen, dass

$$\int u\,dv$$

über die Begränzung eines um einen Verzweigungspunkt beschriebenen Kreises ausgedehnt, den Werth Null annehmen muss; denn sei α dieser Verzweigungspunkt und werde der auch in diesem Punkte endliche Werth von u mit u_α bezeichnet, so wird, wenn der Werth von u für die Peripheriepunkte des unendlich kleinen Doppelkreises mit

$$u_\alpha + \varepsilon(x, y)$$

bezeichnet wird, wo $\varepsilon(x, y)$ für alle in Betracht kommenden Punkte unendlich klein sein wird,

$$\int\limits_{(\alpha)} u\,dv = \int\limits_{(\alpha)} (u_\alpha + \varepsilon(x, y))\,dv = u_\alpha \int\limits_{(\alpha)} dv + \int\limits_{(\alpha)} \varepsilon(x, y)\,dv,$$

und da

$$\int\limits_{(\alpha)} du + i\int\limits_{(\alpha)} dv = \int\limits_{(\alpha)} \frac{dz}{\sqrt{R(z)}}$$

und

$$\int\limits_{(\alpha)} \frac{dz}{\sqrt{R(z)}} = 0$$

ist,

$$\int\limits_{(\alpha)} du = \int\limits_{(\alpha)} dv = 0$$

werden und sich somit fürs erste

$$\int\limits_{(\alpha)} u\,dv = \int\limits_{(\alpha)} \varepsilon(x, y)\,dv$$

ergeben. Bezeichnet man nun den grössten Werth, den der Modul von $\varepsilon(x, y)$ für die Peripherie jenes Doppelkreises annimmt, mit e, so folgt

$$\operatorname{mod} \int\limits_{(\alpha)} u\,dv = \operatorname{mod} \int\limits_{(\alpha)} \varepsilon(x, y)\,dv \leqq \int\limits_{(\alpha)} \operatorname{mod} \varepsilon(x, y) \operatorname{mod} dv$$

$$\leqq e \int\limits_{(\alpha)} \operatorname{mod} dv \leqq e \int\limits_{(\alpha)} \operatorname{mod} \frac{dz}{\sqrt{R(z)}}\ {}^{*)},$$

und daher, wenn mit ds das Bogenelement des Doppelkreises, mit r der unendlich kleine Radius bezeichnet und

---

*) da

$$\operatorname{mod} dv \leqq \sqrt{du^2 + dv^2} \leqq \operatorname{mod} \frac{dz}{\sqrt{R(z)}}.$$

$$\mathrm{mod}\, \sqrt{R(z)} = \mathrm{mod}\, \sqrt{(z-\alpha)}\, \mathrm{mod}\, \sqrt{(z-\beta)(z-\gamma)(z-\delta)} = r^{\frac{1}{2}} f(x, y)$$

gesetzt wird, worin $f(x, y)$ für die Peripheriepunkte jenes Kreises endlich und von Null verschieden ist,

$$\mathrm{mod} \int_{(\alpha)} u\, dv \leqq e \int_{(\alpha)} \frac{ds}{r^{\frac{1}{2}} f(x, y)} \leqq e \int_{(\alpha)} \frac{r\, d\varphi}{r^{\frac{1}{2}} f(x, y)} \leqq e r^{\frac{1}{2}} \int_{(\alpha)} \frac{d\varphi}{f(x, y)},$$

welche Grösse sich somit, da r unendlich klein ist, der Null nähert. Daraus folgt nun aber, dass in der obigen Gleichung (a) das Integral $\int u\, dv$ nur über die doppelten Seiten der beiden Querschnitte Q und Q' der Riemann'schen Fläche wird ausgedehnt werden dürfen. Beachtet man ferner, dass für alle Punkte des umgränzten Raumes

$$\frac{\partial^2 u}{\partial x^2} + \frac{\partial^2 u}{\partial y^2} = 0$$

ist, so folgt, weil das Integral

$$\int\int \left[\left(\frac{\partial u}{\partial x}\right)^2 + \left(\frac{\partial u}{\partial y}\right)^2\right] dx\, dy$$

vermöge der positiven Werthe der einzelnen Elemente*) selbst positiv ist, dass

$$\int u\, dv,$$

über jene Begränzung der einfach zusammenhängenden Fläche genommen, wesentlich positiv ist, wobei bekanntlich die Umkreisung so stattzufinden hat, dass man während der Bewegung die begränzte Fläche zur Linken hat. Bezeichnet man nun der Unterscheidung halber die innere Seite der beiden Querschnitte mit $Q-$, $Q'-$, die äussere Seite derselben mit $Q+$, $Q'+$, so wird das obige Integral, wenn als Integrationsrichtungen die in der Figur 55 durch die Pfeile angezeigten genommen werden,

$$\int_{Q+} u\, dv - \int_{Q'-} u\, dv - \int_{Q-} u\, dv + \int_{Q'+} u\, dv$$

oder

$$\int_{Q} (u^+ - u^-)\, dv + \int_{Q'} (u^+ - u^-)\, dv,$$

---

*) nur wenn für alle Punkte jener Fläche

$$\frac{\partial u}{\partial x} = 0, \quad \frac{\partial u}{\partial y} = 0,$$

d. h. $u = \mathrm{cst.}$, also auch in Folge der obigen Differentialgleichungen zwischen u und v die Grösse v constant würde, was für

$$u + vi = \int_{z_0}^{z} \frac{dz}{\sqrt{R(z)}}$$

nicht stattfinden kann, würde dies nicht der Fall sein.

indem mit u^+ und u^- die zu Q^+ und Q^-, Q'^+ und Q'^- gehörigen Werthe der u-Function bezeichnet werden, und dv zu beiden Seiten desselben Querschnittes wegen des constanten Stetigkeitssprunges des

Fig. 55.

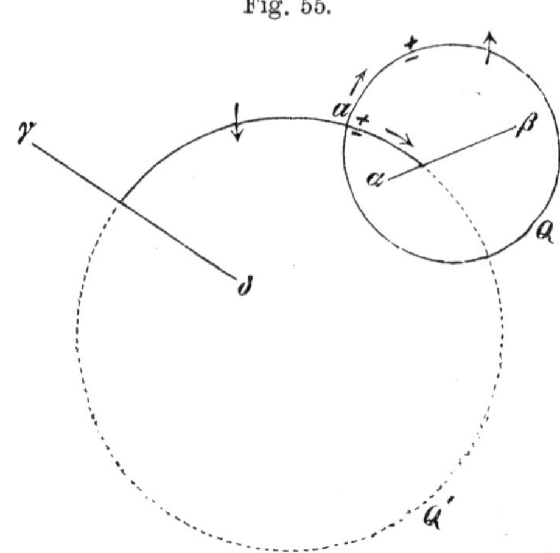

Integrales erster Gattung, dessen rein imaginärer Theil die Grösse iv ist, denselben Werth hat, so wird, wenn die beiden Periodicitätsmoduln des Integrales erster Gattung an den Querschnitten Q und Q' mit

$$\Omega = \mu + \nu i, \quad \Omega' = \mu' + \nu' i$$

bezeichnet werden,

$$\text{am Querschnitte } Q: \ u^+ - u^- = \mu$$
$$\text{am Querschnitte } Q': \ u^+ - u^- = -\mu',$$

und daher

$$\int u\, dv = \mu \int_Q dv - \mu' \int_{Q'} dv$$

sein, worin die Integrationsrichtungen wieder die durch die Pfeile angezeigten sind. Da aber dv der rein imaginäre Theil des Differentials

$$\frac{dz}{\sqrt{A(z-\alpha)(z-\beta)(z-\gamma)(z-\delta)}}$$

ist, so werden die geschlossenen Integrale über dv in den Curven Q und Q' genommen die rein imaginären Theile der Periodicitätsmoduln an den Querschnitten Q und Q' liefern, und daher

$$\int_Q dv = \nu_1, \quad \int_{Q'} dv = \nu$$

sein, so dass

$$\int u\, dv = \mu \nu_1 - \mu_1 \nu,$$

und daher nach dem oben gefundenen Resultate

$$\mu\nu_1 - \mu_1\nu > 0$$

sein. Da aber

$$\frac{\Omega'}{\Omega} = \frac{\mu' + \nu' i}{\mu + \nu i} = \frac{(\mu' + \nu' i)(\mu - \nu i)}{\mu^2 + \nu^2} = \frac{\mu\mu' + \nu\nu'}{\mu^2 + \nu^2} + i\frac{\mu\nu' - \mu'\nu}{\mu^2 + \nu^2}$$

ist, so ergiebt sich, dass *der rein imaginäre Theil der beiden in der oben angegebenen Weise gewählten Periodicitätsmoduln das Product aus i in eine wesentlich positive Zahl ist*, eine Eigenschaft, welche später die wesentliche Bedingung für die Einführung der ϑ-Function bilden wird.

Was die Perioden Ω und Ω' selbst betrifft, so ist es leicht, sie in Form von bestimmten Integralen, die sich von einem Verzweigungspunkt zum andern hin erstrecken, auszudrücken; denn da man die Querschnitte immer mehr und mehr zusammenziehen kann, so lange nur Q den Verzweigungsschnitt $\alpha\beta$ ganz umschliesst, und Q' nur die beiden Verzweigungspunkte α und δ einschliesst, so wird man schliesslich statt des über Q' genommenen Integrales, welches den Periodicitätsmodul am Querschnitt Q liefert,

$$\Omega = \int_\delta^\alpha \frac{dz}{\sqrt{R(z)}} - \int_\alpha^\delta \frac{dz}{\sqrt{R(z)}} = -2\int_\alpha^\delta \frac{dz}{\sqrt{R(z)}}$$

setzen können, indem $\sqrt{R(z)}$ im zweiten Blatte das entgegengesetzte Zeichen annimmt; ebenso wird das in dem durch den Pfeil angedeuteten Sinne über Q genommene Integral, welches den Periodicitätsmodul am Querschnitt Q' liefert, den Werth haben

$$\Omega' = \int_\alpha^\beta \frac{dz}{\sqrt{R(z)}} - \int_\beta^\alpha \frac{dz}{\sqrt{R(z)}} = 2\int_\alpha^\beta \frac{dz}{\sqrt{R(z)}},$$

weil zu beiden Seiten eines Verzweigungsschnittes in demselben Blatte $\sqrt{R(z)}$ entgegengesetzte Werthe hat*); in beiden Perioden muss, wie aus der Figur unmittelbar zu ersehen, mit demselben Zeichen von $\sqrt{R(z)}$ ausgegangen werden.

Nachdem wir soweit die Untersuchungen über die Periodicitätsmoduln der elliptischen Integrale ganz allgemein durchgeführt, wollen wir jetzt noch auf die von Legendre zu Grunde gelegte Normalform näher eingehen, für welche

$$\sqrt{R(z)} = \sqrt{(1 - z^2)(1 - \varkappa^2 z^2)},$$

und somit die dazugehörige Riemann'sche Fläche aus zwei Blättern mit den Verzweigungspunkten

*) Es bedarf keiner besonderen Erwähnung, dass sich ebenso die Periodicitätsmoduln des allgemeinen elliptischen Integrales an den beiden Querschnitten Q und Q' durch bestimmte zwischen den Verzweigungspunkten genommene Integrale ausdrücken lassen.

$$-\frac{1}{\varkappa}, \quad -1, \quad +1, \quad +\frac{1}{\varkappa}$$

besteht, für welche die Verzweigungsschnitte von $-\frac{1}{\varkappa}$ nach -1 und von $+1$ nach $+\frac{1}{\varkappa}$ gelegt und die Querschnitte, wie in der folgenden Figur angegeben, gezogen werden sollen.

Wir werden jetzt die Periodicitätsmoduln des in der Normalform gegebenen Integrales erster Gattung durch Integrale auszu-

Fig. 56.

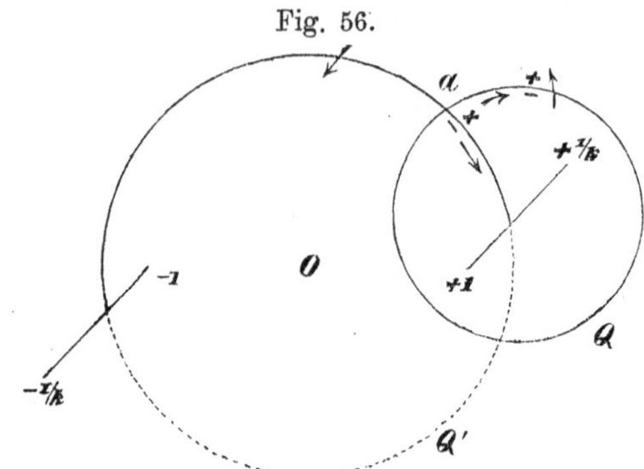

drücken suchen, welche von dem im ersten Blatte liegenden Nullpunkte ausgehen (indem wir das erste Blatt dadurch definiren, dass $\sqrt{R(z)}$ im Nullpunkte den positiven Werth $+1$ haben soll) und zu den einzelnen Verzweigungspunkten auf Wegen führen, welche auf der einfach zusammenhängenden Fläche liegen.

Sei also die untere Integrationsgränze der Nullpunkt auf dem positiven Blatte, so wird jedes in der einfach zusammenhängenden Fläche F' vom Nullpunkt nach irgend einem Punkte genommene Integral, auf welchem Wege dieser Fläche auch integrirt wird, einen fest bestimmten Werth erhalten. Denken wir uns nun im ersten Blatte die Verzweigungspunkte -1 und $+1$ durch eine gerade Linie verbunden, so wird offenbar das zwischen diesen beiden Punkten längs dieser Geraden in F' genommene Integral dem in F zwischen diesen beiden Punkten genommenen Integral um Ω vermindert gleich sein, da man den Querschnitt Q von aussen nach innen durchschneidet. Statt aber in F' von -1 bis $+1$ im ersten Blatte zu integriren, kann man jeden andern Weg zwischen diesen beiden Gränzen auf der Fläche F' wählen, also auch von -1 bis 0 und von 0 bis $+1$ auf F' genommen, und es folgt somit, da man statt von -1 bis 0 auf der Fläche F' zu integriren, nur den von 0 bis -1 sich ergebenden Integralwerth negativ zu nehmen braucht,

$$\int_{F\,-1}^{+1} \frac{dz}{\sqrt{R(z)}} - \Omega = \int_{F'\,0}^{1} \frac{dz}{\sqrt{R(z)}} - \int_{F'\,0}^{-1} \frac{dz}{\sqrt{R(z)}}.$$

Verbindet man ferner die Verzweigungspunkte -1 und $+1$ durch eine Gerade, welche im zweiten Blatte liegt, also nach der obigen Figur keinen der Querschnitte schneidet, so wird ebenso

$$\int_{F\,-1}^{+1} \frac{dz}{\sqrt{R(z)}} = \int_{F'\,0}^{1} \frac{dz}{\sqrt{R(z)}} - \int_{F'\,0}^{-1} \frac{dz}{\sqrt{R(z)}},$$

wo aber jetzt das auf der linken Seite stehende Integral in der im zweiten Blatte liegenden Geraden genommen ist; da aber in übereinander liegenden Geraden beider Blätter die Zeichen von $\sqrt{R(z)}$ entgegengesetzt sind, so werden durch Addition der beiden letzten Gleichungen die beiden in der Fläche F genommenen Integrale sich wegheben und somit die Beziehung liefern

$$\text{(a)} \quad \ldots\ldots\ldots \quad -\Omega = 2\int_{F'\,0}^{1} \frac{dz}{\sqrt{R(z)}} - 2\int_{F'\,0}^{-1} \frac{dz}{\sqrt{R(z)}},$$

worin die rechts stehenden Integrale eindeutig definirte Grössen sind. Bezeichnet man nun die auf dem positiven Blatte der Fläche F geradlinig genommenen Integrale von 0 bis $+1$ und 0 bis -1 mit

$$\int_0^1 \left| \frac{dz}{\sqrt{R(z)}} \right., \quad \int_0^{-1} \left| \frac{dz}{\sqrt{R(z)}} \right.,$$

so folgt unmittelbar, dass

$$\int_{F'\,0}^{1} \frac{dz}{\sqrt{R(z)}} = \int_0^1 \left| \frac{dz}{\sqrt{R(z)}} \right. - \Omega$$

und

$$\int_{F'\,0}^{-1} \frac{dz}{\sqrt{R(z)}} = \int_0^{-1} \left| \frac{dz}{\sqrt{R(z)}} \right. = -\int_0^1 \left| \frac{dz}{\sqrt{R(z)}} \right. \text{*)},$$

und somit aus der Gleichung (a)

$$-\Omega = 2\int_0^1 \left| \frac{dz}{\sqrt{R(z)}} \right. - 2\Omega + 2\int_0^1 \left| \frac{dz}{\sqrt{R(z)}} \right.$$

oder

$$\text{(1)} \quad \ldots\ldots\ldots\ldots \quad \Omega = 4\int_0^1 \left| \frac{dz}{\sqrt{R(z)}} \right.,$$

wodurch die erste Periode durch ein geradliniges Integral vom Nullpunkte nach einem Verzweigungspunkte hin ausgedrückt ist.

Lassen wir ferner im ersten Blatte der Figur gemäss auf der

---

*) indem $\sqrt{R(z)}$, wie unmittelbar aus der Construction der Riemann'schen Fläche dieser Function folgt, zu beiden Seiten des Nullpunktes in entsprechenden Punkten der reellen Achse gleiche Werthe annimmt.

linken Seite des Verzweigungsschnittes einen Integrationsweg sich von 1 nach $\frac{1}{\varkappa}$ in einer geraden Linie hinziehen, so wird mit Berücksichtigung des Umstandes, dass dieser Weg den Querschnitt Q' von innen nach aussen schneidet,

$$\int_{F\,1}^{\frac{1}{\varkappa}} \frac{dz}{\sqrt{R(z)}} - \Omega' = \int_{F'\,0}^{\frac{1}{\varkappa}} \frac{dz}{\sqrt{R(z)}} - \int_{F'\,0}^{1} \frac{dz}{\sqrt{R(z)}}$$

sein, wenn die Integrale der rechten Seite auf beliebigem Wege der Fläche F' genommen werden; ebenso wird für den im zweiten Blatte ebenfalls auf der linken Seite des Verzweigungsschnittes von 1 nach $\frac{1}{\varkappa}$ genommenen geradlinigen Weg

$$\int_{F\,1}^{\frac{1}{\varkappa}} \frac{dz}{\sqrt{R(z)}} = \int_{F'\,0}^{\frac{1}{\varkappa}} \frac{dz}{\sqrt{R(z)}} - \int_{F'\,0}^{1} \frac{dz}{\sqrt{R(z)}}$$

sein, worin das Integral der linken Seite jetzt vermöge des entgegengesetzten Zeichens der Wurzel auch den entgegengesetzten Werth von dem in der vorigen Gleichung vorkommenden annimmt, und es wird somit die Addition der beiden letzten Gleichungen

$$-\Omega' = 2\int_{F'\,0}^{\frac{1}{\varkappa}} \frac{dz}{\sqrt{R(z)}} - 2\int_{F'\,0}^{1} \frac{dz}{\sqrt{R(z)}}$$

liefern; bezeichnet man wieder mit

$$\int_{0}^{\frac{1}{\varkappa}} \left| \frac{dz}{\sqrt{R(z)}} \right.$$

das geradlinig genommene Integral zwischen 0 und $\frac{1}{\varkappa}$, so wird mit Hülfe der beiden unmittelbar ersichtlichen Beziehungen

$$\int_{F'\,0}^{\frac{1}{\varkappa}} \frac{dz}{\sqrt{R(z)}} = \int_{0}^{\frac{1}{\varkappa}} \left| \frac{dz}{\sqrt{R(z)}} \right. - \Omega - \Omega'$$

$$\int_{F'\,0}^{1} \frac{dz}{\sqrt{R(z)}} = \int_{0}^{1} \left| \frac{dz}{\sqrt{R(z)}} \right. - \Omega$$

für Ω' sich der Ausdruck ergeben

$$-\Omega' = 2\int_{0}^{\frac{1}{\varkappa}} \left| \frac{dz}{\sqrt{R(z)}} \right. - 2\Omega - 2\Omega' - 2\int_{0}^{1} \left| \frac{dz}{\sqrt{R(z)}} \right. + 2\Omega$$

oder

$$(2) \ldots\ldots\ \Omega' = 2\int_0^{\frac{1}{\varkappa}} \left| \frac{dz}{\sqrt{R(z)}} - 2\int_0^1 \right| \frac{dz}{\sqrt{R(z)}} .$$

Somit wären in (1) und (2) die Perioden allgemein durch die geradlinig genommenen Integrale von dem auf dem ersten Blatte befindlichen Nullpunkte aus nach den Verzweigungspunkten 1 und $\frac{1}{\varkappa}$ hin ausgedrückt.

Ist $\varkappa^2$ reell und kleiner als 1, so setzen wir mit Legendre

$$\int_0^1 \left| \frac{dz}{\sqrt{R(z)}} = K, \right.$$

so dass der eine Periodicitätsmodul

$$\Omega = 4K$$

ist, welcher, wie aus der Form des Integrales unmittelbar hervorgeht, reell und positiv sein wird. Ferner setzt Legendre

$$\int_0^1 \left| \frac{dz}{\sqrt{(1-z^2)(1-\varkappa_1^2 z^2)}} = K', \right.$$

worin $\varkappa_1$ als complementärer Modul von $\varkappa$ durch die Beziehung definirt ist

$$\varkappa^2 + \varkappa_1^2 = 1;$$

macht man auf dieses Integral die Substitution

$$z^2 = \frac{1 - \varkappa^2 z'^2}{\varkappa_1^2},$$

so wird dasselbe in

$$\int_1^{\frac{1}{\varkappa}} \left| \frac{dz'}{\sqrt{(z'^2-1)(1-\varkappa^2 z'^2)}} \right.$$

übergehen, und wenn man unter der Voraussetzung, dass $\varkappa^2$ reell und kleiner als die Einheit ist, den vorher gefundenen Ausdruck

$$\Omega' = 2\int_0^{\frac{1}{\varkappa}} \left| \frac{dz}{\sqrt{R(z)}} - 2\int_0^1 \right| \frac{dz}{\sqrt{R(z)}},$$

da die Integrationswege in die reelle Axe fallen, in die Form setzt,

$$\Omega' = 2\int_1^{\frac{1}{\varkappa}} \left| \frac{dz}{\sqrt{(1-z^2)(1-\varkappa^2 z^2)}} = 2i\int_1^{\frac{1}{\varkappa}} \right| \frac{dz}{\sqrt{(z^2-1)(1-\varkappa^2 z^2)}},$$

so wird sich

$$\Omega' = 2iK'$$

ergeben und rein imaginär sein.

An die Darstellung der Perioden des elliptischen Integrales erster

Gattung knüpfen wir die Specialisirung der oben für die Periodicitätsmoduln von elliptischen Integralen erster Gattung und solchen elliptischen Integralen, welche für $z = \infty$ auf beiden Blättern von der ersten Ordnung unendlich gross werden, gefundene Relation. Es mögen die beiden elliptischen Integrale

$$\int \frac{dz}{\sqrt{(1-z^2)(1-\varkappa^2 z^2)}} \quad \text{und} \quad \int \frac{z^2\, dz}{\sqrt{(1-z^2)(1-\varkappa^2 z^2)}}$$

betrachtet werden, von denen das erste stets endlich, das zweite bekanntlich für $z = \infty$ auf beiden Blättern von der ersten Ordnung unendlich wird; die Periodicitätsmoduln dieser beiden Integrale werden offenbar

$$\Omega = 4 \int_0^1 \left| \frac{dz}{\sqrt{(1-z^2)(1-\varkappa^2 z^2)}}, \quad \Omega' = 2i \int_1^{\frac{1}{\varkappa}} \right| \frac{dz}{\sqrt{(z^2-1)(1-\varkappa^2 z^2)}},$$

$$= 4 \int_0^1 \left| \frac{z^2\, dz}{\sqrt{(1-z^2)(1-\varkappa^2 z^2)}}, \quad E' = 2i \int_1^{\frac{1}{\varkappa}} \right| \frac{z^2\, dz}{\sqrt{(z^2-1)(1-\varkappa^2 z^2)}}.$$

Nun hatten wir in dieser Vorlesung für den Fall, dass $P(z)$ ein elliptisches Integral ist, welches für $z = \infty$ auf beiden Blättern von der ersten Ordnung unendlich gross wird und nur für diesen Punkt, und die Entwickelung von $E_1(z)$ in der Umgebung des unendlich entfernten Punktes auf dem einen Blatte mit λz, auf dem anderen mit $\lambda_1 z$ beginnt, die Beziehung gefunden

$$\frac{1}{2\pi i}(E_1 \Omega' - E_1' \Omega) = \mp A^{-\frac{1}{2}} \lambda \pm A^{-\frac{1}{2}} \lambda_1,$$

wenn Ω und Ω' die Periodicitätsmoduln des elliptischen Integrales erster Gattung

$$\int \frac{dz}{\sqrt{A(z-\alpha)(z-\beta)(z-\gamma)(z-\delta)}},$$

P und P' die von $P(z)$ sind; wenden wir dies auf den vorigen Fall an, so ergiebt sich

$$\frac{1}{2\pi i}(E\Omega' - E'\Omega) = -\frac{2}{\varkappa^2}$$

oder

$$\Omega E' - E\Omega' = \frac{4\pi i}{\varkappa^2},$$

welche Gleichung, wenn

$$\Omega = 4K, \quad \Omega' = 2iK',$$

$$E = \frac{4J}{\varkappa^2}, \quad E' = \frac{2iJ'}{\varkappa^2}$$

gesetzt wird, in die bekannte Legendre'sche Gleichung

$$KJ' - JK' = \frac{\pi}{2}$$

übergeht.

Sechszehnte Vorlesung.

Die Umkehrung des elliptischen Integrales erster Gattung.

Da nach den Auseinandersetzungen der elften Vorlesung von allen elliptischen Integralen nur ein einziges, nämlich das Integral erster Gattung, so beschaffen ist, dass seine obere Gränze als Function des Integrales aufgefasst eine in der ganzen Ebene für alle endlichen Werthe des Integrales eindeutige Function ist, und ausserdem in der vierzehnten Vorlesung nachgewiesen worden, dass eine lineare Transformation das elliptische Integral erster Gattung stets auf die Legendre'sche Normalform zurückführt, so wird, wenn wir

$$\int_0^z \frac{dz}{\sqrt{(1-z^2)(1-\varkappa^2 z^2)}} = w$$

setzen und jene für alle endlichen w eindeutige Umkehrungsfunction mit

$$z = \sin \operatorname{am} w \; {}^{*})$$

bezeichnen, da nach früher gemachten Auseinandersetzungen zu demselben Werthe z je nach der Verschiedenheit der Integrationswege die Werthe

$$w + m\Omega + n\Omega'$$

gehören, worin m und n ganze Zahlen sind, also

$$\sin \operatorname{am}(w + m\Omega + n\Omega') = \sin \operatorname{am} w$$

---

*) Legendre setzte in dem ersten elliptischen Normalintegrale

$$z = \sin \varphi,$$

so dass dasselbe in

$$\int_0^\varphi \frac{d\varphi}{\sqrt{1-\varkappa^2 \sin^2 \varphi}} = w$$

übergeht. Jacobi nannte nun φ die Amplitude von w und setzte

$$\varphi = \operatorname{am} w$$

und daher z den sinus der Amplitude von w oder $z = \sin \operatorname{am} w$.

Es mag noch bemerkt werden, dass Gudermann die kürzere Bezeichnungsweise

$$z = sn\, w$$

eingeführt hat, um diese Function von der trigonometrischen sinus-Function zu unterscheiden; wir haben es jedoch vorgezogen, die gebräuchlichere Bezeichnungsart beizubehalten.

ist, *sin am w die allgemeinste aus der Umkehrung elliptischer Integrale entstehende, in der ganzen Ebene eindeutige doppelt periodische Function mit den beiden Perioden Ω und Ω' sein.*

Um von dem Begriff der doppelten Periode der sin am w eine klare Anschauung zu bekommen, wollen wir die in der letzten Vorlesung durch die Figur 56 charakterisirte doppelblättrige Riemann'sche Fläche vermöge des Integrales

$$\int_0^z \frac{dz}{\sqrt{(1-z^2)(1-\varkappa^2 z^2)}} = w,$$

welches auf der durch die Querschnitte Q und Q' zerlegten einfach zusammenhängenden Fläche eindeutig bestimmt ist, auf die w-Ebene abbilden. Sei a in der obigen Figur der Treffpunkt der beiden Querschnitte, welche in ihren beiden Seiten die alleinige Begränzung der Riemann'schen Fläche bilden und daher in einem Zuge von a aus durchlaufen werden können, so wird, wenn der dem Punkte $z = a$ entsprechende Werth des Integrales w_a ist, die w-Variable, während z die positive Seite des Querschnittes Q in dem durch den Pfeil angezeigten Sinne durchläuft, um Ω' zunehmen, und es mag jener Querschnittslinie Q die Linie q^+ entsprechen. Sodann beschreibt

Fig. 57.

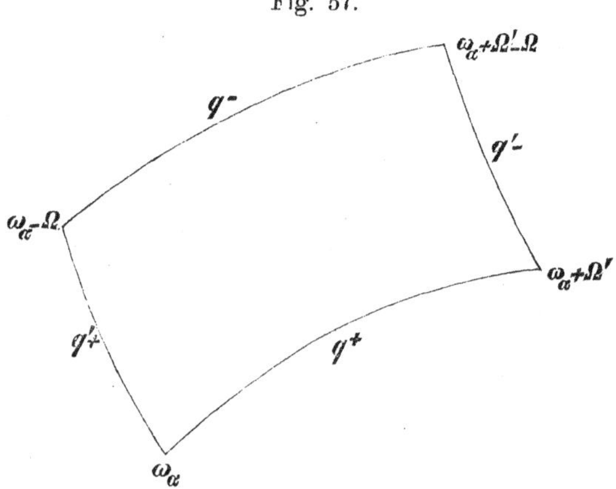

die Variable z den negativen Rand des Querschnittes Q' in der dem Pfeile entgegengesetzten Richtung, und es wird somit $w_a + \Omega'$ auf der der Linie Q' entsprechenden Curve q'^- von $w_a + \Omega'$ bis zum Werthe $w_a + \Omega' - \Omega$ sich verändern. Indem nun die Variable z wieder die negative Seite des Querschnittes Q in der dem Pfeile entgegengesetzten Richtung durchläuft, wird die w-Variable offenbar von $w_a + \Omega' - \Omega$ aus auf einer der Linie q^+ parallelen krummen Linie q^- (da die Werthveränderungen in entgegengesetzter Richtung auf derselben z-Curve genommen werden wie vorher) bis zum Werthe

$w_a - \Omega$ sich erstrecken, und wenn sodann die positive Seite von Q' in der Richtung des Pfeiles durchlaufen wird, so wird der Weg, den w beschreibt, von $w_a - \Omega$ zu w_a in einer zu q'^- parallelen krummen Linie q'^+ bestehen, und es wird somit das aus den Seiten q^+, q^-, q'^+, q'^- gebildete krummlinige Parallelogramm die Abbildung der Begränzung der einfach zusammenhängenden Riemann'schen Fläche sein, wobei unmittelbar durch Veränderung der Querschnitte einzusehen ist, dass alle Punkte der doppelblättrigen Riemann'schen Fläche ihr Abbild innerhalb dieses Vierecks haben werden. Jedem Punkte der Riemann'schen Fläche entspricht *ein* w-Punkt innerhalb dieses Vierecks, und da z eine für alle im Endlichen gelegenen w eindeutige Function dieser Variabeln ist, wird auch nicht zwei verschiedenen z-Punkten derselbe w-Punkt entsprechen können, dagegen wird, weil jeder z-Punkt zweimal und nur zweimal in der Fläche enthalten ist, die Function $z = \sin \operatorname{am} w$ innerhalb dieses Viereckes zweimal und nur zweimal jeden Werth annehmen, und es wird auch leicht sein, die Beziehung zu finden, welche zwischen zwei Werthen des w stattfindet, die demselben z-Werthe entsprechen, wenn man berücksichtigt, dass diese beiden Werthe von w die auf der Fläche F' verzeichneten Integrale sind, welche vom Nullpunkte zu demselben z-Punkte für beide Blätter der Fläche führen. Denn sei z_1 ein beliebiger aber bestimmter Werth von z, als im ersten Blatte liegend aufgefasst, und werde auf irgend einem in der einfach zusammenhängenden Fläche F' liegenden Wege von dem Punkte 0 aus, der als im ersten Blatte liegend angenommen war, zu z_1 fortgegangen, so soll der entsprechende Werth von w mit w_1 bezeichnet werden. Um nun von demselben Nullpunkte aus zu demselben Werthe z_1, dessen Repräsentant aber im zweiten Blatte liegen soll, zu gelangen, wollen wir den Querschnitt Q von aussen nach innen durchschneiden, sodann über den Verzweigungsschnitt, der von 1 nach $\frac{1}{\varkappa}$ führt, in's zweite Blatt treten, dem eben durchlaufenen Wege unendlich nahe im zweiten Blatte wieder geradlinig von $+1$ nach 0 und dann dem ersten von 0 nach z_1 im ersten Blatte führenden Wege parallel im zweiten Blatte von 0 nach z_1 gehen, wobei ein oder mehreremal die Querschnitte Q und Q' geschnitten werden können. Nennt man nun den für das Integral

$$\int_0^{z_1} \frac{dz}{\sqrt{(1-z^2)(1-\varkappa^2 z^2)}},$$

welches von 0 im ersten nach z_1 im zweiten Blatte auf der einfach zusammenhängenden Fläche F' genommen ist, resultirenden Werth w_1', so wird

$$z_1 = \sin \operatorname{am} w_1 = \sin \operatorname{am} w_1'$$

sein, und beachtet man, dass w_1' nach den eben gemachten Auseinandersetzungen durch die Summe der nachfolgenden Integrale bestimmt ist

$$w_1' = \int_0^1 \left| \frac{dz}{\sqrt{R(z)}} - \Omega - \int_1^0 \right| \frac{dz}{\sqrt{R(z)}} - \int_0^{z_1} \frac{dz}{\sqrt{R(z)}} + m\Omega + n\Omega',$$

worin

$$\int_0^{z_1} \frac{dz}{\sqrt{R(z)}} = w_1$$

das im ersten Blatte von 0 nach z_1 genommene Integral vorstellt, indem der parallele Weg nur für $\sqrt{R(z)}$ ein anderes Zeichen liefert, so ergiebt sich

$$w_1' = 2\int_0^1 \left| \frac{dz}{\sqrt{R(z)}} - w_1 + \mu\Omega + \nu\Omega',\right.$$

und daher sind die beiden zu demselben z_1 gehörigen, in demselben Parallelogramm befindlichen w-Werthe w_1 und w_1' durch die Gleichung

$$w_1 + w_1' \equiv 2\int_0^1 \left| \frac{dz}{\sqrt{R(z)}} \equiv \frac{\Omega}{2}\right.$$

mit einander verbunden, worin das Zeichen $\equiv$ die Gleichheit ausdrücken soll von ganzen Vielfachen der Periodicitätsmoduln abgesehen.

Die Gestalt der oben gewonnenen Abbildungscurven q^+, q^-, q'^+ q'^- ist offenbar durch die Gestalt der Querschnitte bedingt, und es wird möglich sein, die Form der ganz willkührlichen Querschnitte so zu wählen, dass die Abbildungscurven gerade Linien werden, welche sich von w_a nach $w_a + \Omega'$, von $w_a + \Omega'$ nach $w_a + \Omega' - \Omega$, von $w_a + \Omega' - \Omega$ nach $w_a - \Omega$ und endlich von $w_a - \Omega$ nach w_a zurück erstrecken, indem man in der Function

$$z = x + yi = \sin\text{am}\, w = \sin\text{am}\,(v + v_1 i) = f(v, v_1) + i f_1(v, v_1)$$

oder in

$$\text{(m)} \quad \ldots\ldots\ldots \quad x = f(v, v_1), \qquad y = f_1(v, v_1)$$

nur

$$v_1 = av + b$$

zu setzen und a und b so zu bestimmen braucht, dass diese gerade Linie durch die beiden Punkte w_a und $w_a + \Omega'$ geht, so wird dann die Elimination von v zwischen den beiden Gleichungen (m) die bezügliche Relation zwischen x und y also die gesuchte Curve für z, die Form des Querschnittes Q geben; dasselbe gilt von der Wahl des Querschnittes Q', um zu bewirken, dass die von $w_a + \Omega'$ nach $w_a + \Omega' - \Omega$ sich erstreckende Linie eine gerade ist, und die beiden anderen müssen als Parallelcurven wiederum gerade Linien werden; hiermit ist aber die Möglichkeit erwiesen, die Querschnitte so zu wählen, dass das Periodenparallelogramm ein geradliniges wird. Denken wir uns ferner den Punkt a in den auf dem positiven Blatte befindlichen Nullpunkt gelegt, so dass die beiden Querschnitte sich im Nullpunkte schneiden, dann werden wir, da $w_a = 0$ ist, vom Nullpunkte aus jenes geradlinige Parallelogramm mit den Seiten Ω' und $-\Omega$ construiren können, welches das Abbild der einfach zusammenhängenden Riemann'schen Fläche ist, in welchem stets zwei

Fig. 58.

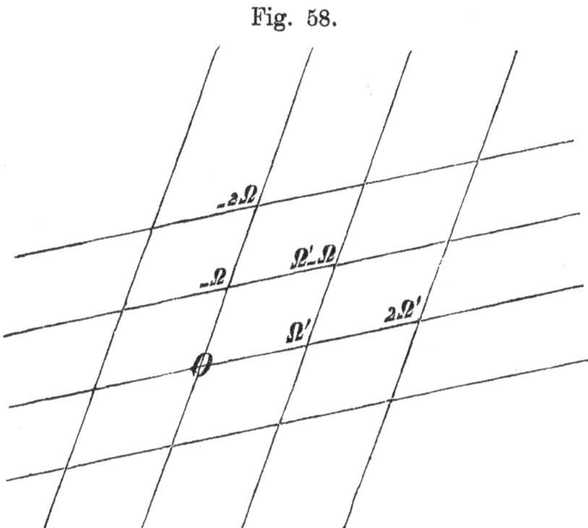

und nur zwei Werthe existiren, für welche z denselben Werth annimmt. Ist $\varkappa^2$ reell und kleiner als die Einheit, so wird, wie früher gezeigt worden, Ω reell und Ω' rein imaginär, so dass die Periodenparallelogramme in Periodenrechtecke übergehen. Geht man statt mit w_a mit $w_a + \Omega'$ aus oder lässt das Integral

$$\int_0^z \frac{dz}{\sqrt{(1-z^2)(1-\varkappa^2 z^2)}}$$

einmal den Querschnitt Q' überschreiten, so wird die Abbildung der Riemann'schen Fläche, wie sich unmittelbar ergiebt, durch das anstossende Periodenparallelogramm mit den Seiten $(\Omega', 2\Omega')$ und $(\Omega', \Omega' - \Omega)$ gebildet werden u. s. w., und es wird daher die Aneinanderfügung dieser Periodenparallelogramme Räume liefern, in denen sich die z-Werthe in entsprechenden Punkten wiederholen, so dass die doppeltperiodische Function $\sin \operatorname{am} w$ in allen diesen Parallelogrammen für jedes w nur *einen* Werth annimmt, und sich die Werthe stets wiederholen, während für $w = \infty$ diese Function wieder einen Discontinuitätspunkt zweiter Gattung besitzt, in welchem ihr alle Werthe zukommen, und dies wieder in Folge des Umstandes, dass die ganzen Periodenparallelogramme selbst in die Unendlichkeit rücken.

Zur genaueren Untersuchung der Eigenschaften jener eindeutigen Function sin am w mag vor Allem bemerkt werden, dass sin am w eine ungerade Function oder dass

$$\sin \operatorname{am}(-w) = -\sin \operatorname{am}(w)$$

ist. Zieht man nämlich von dem auf dem ersten Blatte liegenden Nullpunkte nach einem beliebigen Punkte z auf einem der Blätter eine in der einfach zusammenhängenden Fläche F' liegende Integrationscurve, so dass

$$\int_0^z \frac{dz}{\sqrt{R(z)}} = w,$$

also

$$z = \sin \operatorname{am} w$$

wird, und ausserdem von demselben Nullpunkte aus nach dem Punkte $-z$ eine Integrationscurve, welche durch alle die negativen z-Werthe geht, welche mit positivem Zeichen auf der ersten Integrationscurve lagen, und für welche $\sqrt{R(z)}$ in entsprechenden z denselben Werth annimmt, wie auf der ersten Curve, was, wie aus der Lage der Verzweigungspunkte zu ersehen, immer zu erreichen ist*), so wird die letztere ein oder mehreremal die Querschnitte schneiden können, und es wird sich daher

$$\int_0^{-z} \frac{dz}{\sqrt{R(z)}} = -w + m\Omega + n\Omega'$$

ergeben, indem von den Perioden abgesehen die beiden Integrale, weil $R(z)$ der Voraussetzung nach in entsprechenden Punkten dasselbe Zeichen, und dz die entgegengesetzten Werthe hat, entgegengesetzte Werthe annehmen, so dass

$$-z = \sin \operatorname{am}(-w + m\Omega + n\Omega') = \sin \operatorname{am}(-w)$$

ist und daher mit Berücksichtigung des Werthes von z

$$\sin \operatorname{am}(-w) = -\sin \operatorname{am}(w)$$

folgt.

Um nun für die eindeutige Umkehrung des elliptischen Integrales eine in der ganzen Ebene gültige Darstellung zu finden, müssen

---

*) indem man nur zu beachten braucht, dass die Entwickelung von $\sqrt{R(z)}$ für die Punkte des um den auf dem positiven Blatte gelegenen Nullpunkt mit der Einheit als Radius gezogenen Kreises nach positiven ganzen und geraden Potenzen von z fortschreitet, also $\sqrt{R(z)}$ für die entsprechenden Punkte denselben Werth annimmt, während sich die weiteren Entwickelungen hieran continuirlich anschliessen, und daher die jedenfalls nur durch das Zeichen unterschiedenen Werthe von $\sqrt{R(z)}$ auch in diesem übereinstimmen müssen.

wir die Werthe w ermitteln, für welche sin am w verschwindet und unendlich gross wird. Die Werthe, für welche diese Function Null wird, ergeben sich einfach aus der Ueberlegung, dass das Integral

$$\int_0^z \frac{dz}{\sqrt{R(z)}} = w$$

jedenfalls für $z = 0$ im oberen Blatte Null wird, dass somit

$$\sin \operatorname{am}(0) = 0$$

ist; da aber ferner die sämmtlichen Werthe, welche jener Function denselben Werth ertheilen, sich nur um Vielfache der Periodicitätsmoduln von diesen unterscheiden oder sich von Periodicitätsmoduln abgesehen mit diesem zu $\frac{\Omega}{2}$ ergänzen, so werden offenbar die Werthe, für welche sin am w in der ganzen Ebene verschwindet, in den Formen

$$w = \frac{\Omega}{2} + m\Omega + n\Omega', \quad w = m\Omega + n\Omega'$$

enthalten sein.

Um die Werthe zu ermitteln, für welche sin am w unendlich wird, wollen wir den unendlich entfernten Punkt, der auf dem zweiten Blatte liegt, mit $\frac{1}{\varkappa}$ durch irgend eine die Querschnitte nicht schneidende Curve verbinden, die ganz im zweiten Blatte verlaufen wird. Verbindet man jetzt ebenso denselben unendlich entfernten Punkt mit dem Punkte $-\frac{1}{\varkappa}$ durch eine Curve, welche durch die negativen Punkte der ersten geht, so wird

$$\int_{0\,F'}^{\frac{1}{\varkappa}} \frac{dz}{\sqrt{R(z)}} - \int_{0\,F'}^{\infty} \frac{dz}{\sqrt{R(z)}} = \int_{\infty\,F'}^{\frac{1}{\varkappa}} \frac{dz}{\sqrt{R(z)}}$$

und

$$\int_{0\,F'}^{-\frac{1}{\varkappa}} \frac{dz}{\sqrt{R(z)}} - \int_{0\,F'}^{\infty} \frac{dz}{\sqrt{R(z)}} = \int_{\infty\,F'}^{-\frac{1}{\varkappa}} \frac{dz}{\sqrt{R(z)}}$$

sein, worin die beiden auf der rechten Seite befindlichen Integrale entgegengesetzte Werthe haben, da die Integrationswege durch entgegengesetzte Punkte gehen, und $\sqrt{R(z)}$ in entsprechenden Punkten dasselbe Zeichen behält; die Addition dieser beiden Gleichungen liefert somit

$$2\int_{0\,F'}^{\infty} \frac{dz}{\sqrt{R(z)}} = \int_{0\,F'}^{\frac{1}{\varkappa}} \frac{dz}{\sqrt{R(z)}} + \int_{0\,F'}^{-\frac{1}{\varkappa}} \frac{dz}{\sqrt{R(z)}}.$$

Da aber

$$\int_{-1}^{-\frac{1}{\varkappa}}\Big|\frac{dz}{\sqrt{R(z)}} - \Omega' = \int_{0\,F'}^{-\frac{1}{\varkappa}}\frac{dz}{\sqrt{R(z)}} - \int_{0\,F'}^{-1}\frac{dz}{\sqrt{R(z)}} = \int_{0\,F'}^{-\frac{1}{\varkappa}}\frac{dz}{\sqrt{R(z)}} + \int_{0}^{1}\Big|\frac{dz}{\sqrt{R(z)}}$$

und

$$\int_{-1}^{-\frac{1}{\varkappa}}\Big|\frac{dz}{\sqrt{R(z)}} = \int_{0\,F'}^{-\frac{1}{\varkappa}}\frac{dz}{\sqrt{R(z)}} - \int_{0\,F'}^{-1}\frac{dz}{\sqrt{R(z)}} = \int_{0\,F'}^{-\frac{1}{\varkappa}}\frac{dz}{\sqrt{R(z)}} + \int_{0}^{1}\Big|\frac{dz}{\sqrt{R(z)}}$$

ist, wenn das Integral der linken Seite der ersten Gleichung im ersten Blatte oberhalb des Verzweigungsschnittes geradlinig genommen ist, während das Integral der linken Seite der zweiten Gleichung ebenfalls im ersten Blatte geradlinig, aber unterhalb des Verzweigungsschnittes sich erstrecken soll, so folgt durch Addition der beiden Gleichungen, indem die Integrale der linken Seiten sich heben, da $\sqrt{R(z)}$ zu beiden Seiten des Verzweigungsschnittes in demselben Blatte entgegengesetzte Werthe hat,

$$2\int_{0\,F'}^{-\frac{1}{\varkappa}}\frac{dz}{\sqrt{R(z)}} = -\Omega' - \frac{\Omega}{2},$$

weil

$$\Omega = 4\int_{0}^{1}\Big|\frac{dz}{\sqrt{R(z)}}$$

ist. Nun war aber früher gefunden worden, dass

$$-\Omega' = 2\int_{0\,F'}^{\frac{1}{\varkappa}}\frac{dz}{\sqrt{R(z)}} - 2\int_{0\,F'}^{1}\frac{dz}{\sqrt{R(z)}}$$

oder

$$2\int_{0\,F'}^{\frac{1}{\varkappa}}\frac{dz}{\sqrt{R(z)}} = -\Omega' + 2\int_{0\,F'}^{1}\frac{dz}{\sqrt{R(z)}}$$

$$= -\Omega' - 2\Omega + 2\int_{0}^{1}\Big|\frac{dz}{\sqrt{R(z)}} = -\Omega' - \tfrac{3}{2}\Omega,$$

und daher durch Addition zur vorigen Gleichung

$$\int_{0\,F'}^{\frac{1}{\varkappa}}\frac{dz}{\sqrt{R(z)}} + \int_{0}^{-\frac{1}{\varkappa}}\frac{dz}{\sqrt{R(z)}} = -\Omega' - \Omega$$

und nach der oben hergeleiteten Beziehung

$$\int_{0\,F'}^{\infty}\frac{dz}{\sqrt{R(z)}} = -\frac{\Omega'}{2} - \frac{\Omega}{2},$$

so dass, da alle anderen Werthe von w, für welche $z = \infty$ wird, von Perioden abgesehen diesen Werth zu $\frac{\Omega}{2}$ ergänzen müssen, sämmtliche Werthe, für welche sin am w unendlich gross wird, durch die beiden Formen repräsentirt werden,

$$\frac{\Omega'}{2} + m\Omega + n\Omega', \quad \frac{\Omega'}{2} + \frac{\Omega}{2} + m\Omega + n\Omega'.$$

Nachdem die Nullen und Unendlichen von sin am w bestimmt sind, wird es leicht sein, auf Grund der in der zwölften Vorlesung gemachten Auseinandersetzungen die unendliche Productentwickelung dieser in der ganzen Ebene eindeutigen Function aufzustellen.

Da nämlich sin am w verschwindet, wenn

$$w = m\Omega + n\Omega' \quad \text{und} \quad w = \frac{\Omega}{2} + m\Omega + n\Omega'$$

ist, so werden die Nullwerthe von

$$\sin \operatorname{am} \left(\frac{\Omega}{2} w\right),$$

wenn

$$\frac{2\,\Omega'}{\Omega} = \tau$$

gesetzt wird, in den Formen dargestellt

$$w = 2m + 2n\frac{\Omega'}{\Omega} = 2m + n\tau$$

und

$$w = 1 + 2m + 2n\frac{\Omega'}{\Omega} = 2m + 1 + n\tau,$$

mithin alle durch den Ausdruck

$$w = m + n\tau$$

gegeben sein, in welchem m und n beliebige positive oder negative ganze Zahlen bedeuten können. Da ferner die Unendlichen der Function sin am w durch

$$w = \frac{\Omega'}{2} + m\Omega + n\Omega', \quad w = \frac{\Omega}{2} + \frac{\Omega'}{2} + m\Omega + n\Omega'$$

dargestellt werden, so werden die Werthe von w, für welche sin am w unendlich gross wird, die Form haben

$$w = m + (n + \tfrac{1}{2})\tau.$$

Denken wir uns nun in der w-Ebene auf der reellen Achse die ganzen Zahlen und auf der Linie, welche den die Grösse τ darstellenden Punkt mit dem Nullpunkt verbindet, die Vielfachen dieser Grösse τ abgetragen, sodann durch Parallelen, welche durch diese Theilpunkte gezogen sind, die ganze Ebene in Parallelogramme getheilt; denkt man sich ferner eine zur reellen Achse parallele zwischen $\frac{\tau}{2}$ und τ gelegene und eine eben solche zwischen $-\frac{\tau}{2}$ und $-\tau$ in derselben Entfernung vom Nullpunkt befindliche Linie; ferner zwei zwischen 0 und 1, und 0 und -1 zu der anderen Richtung in gleicher Entfernung gezogene Parallelen, so schliesst das durch diese vier Parallelen gebildete Viereck für die Function

$$\sin \operatorname{am} \left(\frac{\Omega}{2} w\right)$$

den Nullpunkt $w = 0$ und die beiden Unstetigkeitspunkte (Punkte, für welche die Function unendlich gross wird) $w = \frac{\tau}{2}$ und $w = -\frac{\tau}{2}$ ein. Verschiebt man jetzt die beiden zur τ-Richtung parallelen Li-

Fig. 59.

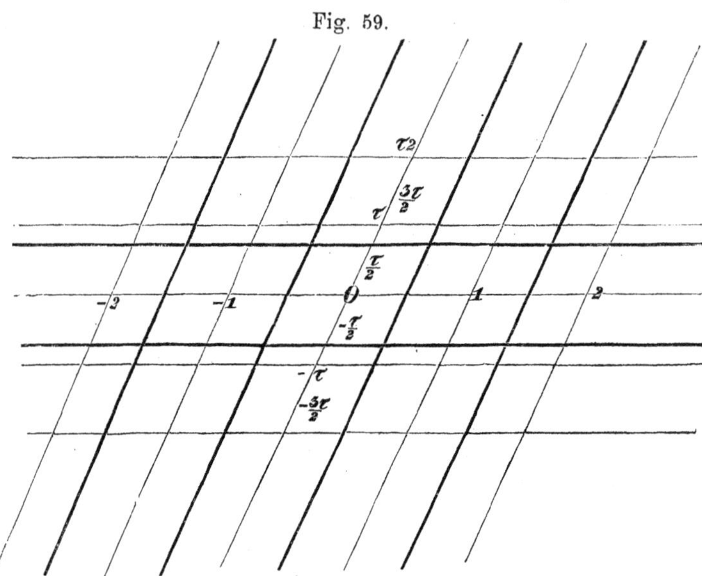

nien, so dass sie jetzt zwischen -1 und -2, $+1$ und $+2$ zu liegen kommen, so werden in das jetzt von den vier Parallelen gebildete Viereck die Nullen $w = 0, -1, +1$, und die Unendlichen $w = \frac{\tau}{2}, -\frac{\tau}{2}, 1 + \frac{\tau}{2}, 1 - \frac{\tau}{2}, -1 + \frac{\tau}{2}, -1 - \frac{\tau}{2}$ fallen, und führt man die beiden zur τ-Richtung gezogenen Parallelen immer weiter auseinander, so werden allmählig alle Nullen in den Raum eintreten, die in der Form

$$w = \mu$$

enthalten sind, wo μ jede positive oder negative ganze Zahl bedeutet, aber mit der Beschränkung, dass bei der Anordnung dieser Nullwerthe auf jeden positiven Nullwerth der eben so grosse negative folgt, und alle Unendlichen, welche die Gestalt

$$w = m \pm \frac{\tau}{2}$$

haben, wo m dieselbe Anordnung zu befolgen hat, so dass die für die Function sin am $\frac{\Omega}{2} w$ zu treffende Anordnung ihrer linearen Factoren innerhalb dieses Raumes lauten würde

$$\frac{w \prod_{-\mu}^{+\mu}{}_m \left(1 - \frac{w}{m}\right)}{\prod_{-\mu}^{+\mu}{}_m \left(1 - \frac{w}{m + \frac{\tau}{2}}\right) \left(1 - \frac{w}{m - \frac{\tau}{2}}\right)},$$

wo im Zähler für m der Werth Null ausgeschlossen ist. Lässt man nunmehr die beiden zur reellen Axe parallelen Geraden sich um gleiche Distanzen vom Nullpunkte entfernen, so wird nach der ersten Verschiebung zu dem ersten Product noch der Factor

$$\frac{\prod_{-\mu}^{+\mu}{}_m \left(1 - \frac{w}{m + \tau}\right) \left(1 - \frac{w}{m - \tau}\right)}{\prod_{-\mu}^{+\mu}{}_m \left(1 - \frac{w}{m + (1 + \frac{1}{2}) \tau}\right) \left(1 - \frac{w}{m + (-1 - \frac{1}{2}) \tau}\right)}$$

hinzukommen, wenn wir wieder rechts und links die Parallelen zur τ-Linie sich in gleichen Distanzen bis rechts von $+\mu$ und links von $-\mu$ entfernen lassen; fahren wir so fort, so erhalten wir

$$\frac{w \prod_{-\nu}^{+\nu}{}_n \prod_{-\mu}^{+\mu}{}_m \left(1 - \frac{w}{m + n\tau}\right)}{\prod_{-\nu-1}^{+\nu}{}_n \prod_{-\mu}^{+\mu}{}_m \left(1 - \frac{w}{m + (n + \frac{1}{2}) \tau}\right)},$$

worin für m und n aufeinanderfolgend die durch die oberen und unteren Gränzen des Productes gegebenen Zahlen zu setzen sind, indem μ und ν von Null bis Unendlich zu nehmen, und endlich zu beachten ist, dass erst das Product nach m und nach gefundenem Werthe des einfachen Productes das Product nach n auszuführen ist. Nach der zwölften Vorlesung ergiebt sich somit

$$\sin \operatorname{am} \frac{\Omega}{2} w = C \frac{w \prod_{-\nu}^{+\nu}{}_n \prod_{-\mu}^{+\mu}{}_m \left(1 - \frac{w}{m + n\tau}\right)}{\prod_{-\nu-1}^{+\nu}{}_n \prod_{-\mu}^{+\mu}{}_m \left(1 - \frac{w}{m + (n + \frac{1}{2}) \tau}\right)} e^{\frac{w}{2\pi i} \int_{(\ )} \frac{\frac{d}{dv} \log \left(\sin \operatorname{am} \frac{\Omega}{2} v\right) dv}{v}},$$

worin das Integral über ein Rechteck zu nehmen ist, von dem zwei Seiten der reellen Achse und zwei Seiten der τ-Richtung parallel sind, und die Constante C durch den Ausdruck bestimmt ist

$$C = \left(\frac{\sin \operatorname{am} \frac{\Omega}{2} w}{w}\right)_{w=0}.$$

Da nun die durch die Gleichung

$$\frac{dz}{dw} = \sqrt{(1 - z^2)(1 - \varkappa^2 z^2)}$$

definirte Function $z = \sin\mathrm{am}\, w$, in welcher $w = 0$ der Werth $z = 0$ und die positive Einheit als Werth von $\sqrt{R(z)}$ entspricht, als um den Nullpunkt endlich und eindeutig sich nach der Maclaurin'schen Reihe in die Form bringen lässt

$$\sin\mathrm{am}\, w = \frac{w}{1}\left(\frac{d \sin\mathrm{am}\, w}{dw}\right)_0 + \frac{w^2}{1.2}\left(\frac{d^2 \sin\mathrm{am}\, w}{dw^2}\right)_0 + \cdots$$

und vermöge der Differentialgleichung

$$\left(\frac{dz}{dw}\right)_0 = \left(\frac{d \sin\mathrm{am}\, w}{dw}\right)_0 = 1$$

ist, so folgt, wenn man in die obige Maclaurin'sche Entwickelung $w = 0$ setzt,

$$\left(\frac{\sin\mathrm{am}\, w}{w}\right)_0 = 1,$$

und es ergiebt sich somit, da dann offenbar

$$\left(\frac{\sin\mathrm{am}\, \frac{\Omega}{2} w}{w}\right)_0 = \left(\frac{\sin\mathrm{am}\, \frac{\Omega}{2} w}{\frac{\Omega}{2} w} \cdot \frac{\Omega}{2}\right)_0 = \frac{\Omega}{2}$$

ist, aus der obigen Reihenentwickelung, wenn $w = 0$ gesetzt wird,

$$C = \frac{\Omega}{2}.\text{*)}$$

Somit bleibt zur vollständigen Herstellung der Productentwickelung nur noch die Ermittelung des auf dem Umfange jenes Rechteckes genommenen Integrales übrig, wenn wir die Seiten des Rechteckes nach dem bestimmt angegebenen Gesetze sich in die Unendlichkeit entfernen lassen. Da aber der Mittelpunkt jenes Rechteckes zugleich der Anfangspunkt der Coordinaten ist, so wird zu jedem Punkte v auf der einen Seite des Rechteckes ein Punkt $-v$ auf der gegenüberliegenden Seite des Rechteckes gehören, und da ferner $\sin\mathrm{am}\, w$ eine ungerade Function von w ist, der Differentialquotient einer ungeraden Function aber eine gerade Function, somit

$$\frac{d \log\left(\sin\mathrm{am}\, \frac{\Omega}{2} v\right)}{dv}$$

eine ungerade und daher

$$\frac{1}{v} \cdot \frac{d \log\left(\sin\mathrm{am}\, \frac{\Omega}{2} v\right)}{dv}$$

*) Zugleich geht aus dieser Darstellung hervor, dass $\sin\mathrm{am}\, w$ in den einzelnen Nullpunkten nur von der ersten Ordnung Null wird, und hieraus folgt wiederum leicht, wie die folgende Vorlesung allgemein erörtern wird, dass $\sin\mathrm{am}\, w$ in den einzelnen Unstetigkeitspunkten auch von der ersten Ordnung unendlich wird; somit ist die Form des oben aufgestellten Productes gerechtfertigt.

eine gerade Function von v sein wird, so muss die Function unter dem Integral in Punkten, deren Verbindungslinie durch den Nullpunkt halbirt wird, denselben Werth annehmen, und da die Integrationsrichtung für die gegenüberliegenden Seiten des Rechtecks die entgegengesetzte ist, so werden sich die einzelnen Integrale über je zwei Rechtecksseiten aufheben, und somit der Exponent von e in dem obigen Ausdrucke verschwinden, so dass wir als unendliche Productentwicklung von sin am w den Ausdruck erhalten

$$\sin \operatorname{am} \frac{\Omega}{2} w = \frac{\frac{\Omega}{2} w \prod\limits_{-\nu}^{+\nu}{}_n \prod\limits_{-\mu}^{+\mu}{}_m \left(1 - \frac{w}{m + n\tau}\right)}{\prod\limits_{-\nu-1}^{+\nu}{}_n \prod\limits_{-\mu}^{+\mu}{}_m \left(1 - \frac{w}{m + (n + \frac{1}{2})\tau}\right)},$$

worin für das Product des Zählers die Combination $m = 0$, $n = 0$ ausgeschlossen ist, und man für den Zähler und Nenner die ganzen Zahlen μ und ν in's Unendliche wachsen lassen muss, für's erste jedoch noch unter der Beschränkung, dass man für den Zähler und Nenner stets bis zu denselben Werthen des Indices gehen muss.

Setzt man

$$\frac{\Omega}{2} w \prod_{-\nu}^{+\nu}{}_n \prod_{-\mu}^{+\mu}{}_m \left(1 - \frac{w}{m + n\tau}\right) = \Theta_1(w)$$

$$\prod_{-\nu-1}^{+\nu}{}_n \prod_{-\mu}^{+\mu}{}_m \left(1 - \frac{w}{m + (n + \frac{1}{2})\tau}\right) = \Theta_0(w),$$

so wird leicht zu zeigen sein, dass die Producte convergent sind, und dass sich durch eine einfache Substitution die eine dieser Functionen auf die andere zurückführen lässt. Da nämlich nach der letzten in der zwölften Vorlesung hergeleiteten Formel

$$\prod_{-\mu}^{+\mu}{}_m \left(1 - \frac{w}{m + n\tau}\right) = \frac{\sin \pi(n\tau - w)}{\sin n\tau\pi}$$

ist, wenn n von Null verschieden, so wird das Product des Zählers, wenn der Werth desselben für $\nu = 0$ abgesondert wird, die Form annehmen

$$\frac{\Omega}{2\pi} \sin \pi w \prod_{-\nu}^{+\nu}{}_n \frac{\sin \pi(n\tau - w)}{\sin n\tau\pi} = \frac{\Omega}{2\pi} \sin \pi w \prod_{-\nu}^{+\nu}{}_n \frac{e^{\pi i(n\tau - w)} - e^{-\pi i(n\tau - w)}}{e^{\pi i n\tau} - e^{-\pi i n\tau}},$$

oder wenn je zwei zu derselben positiven und negativen Zahl ν gehörige Factoren zusammengefasst werden,

$$\frac{\Omega}{2\pi} \cdot \frac{e^{\pi i w} - e^{-\pi i w}}{2i} \prod_{n=1\ldots\infty} \frac{e^{\pi i(n\tau - w)} - e^{-\pi i(n\tau - w)}}{e^{\pi i n\tau} - e^{-\pi i n\tau}} \cdot \frac{e^{\pi i(-n\tau - w)} - e^{-\pi i(-n\tau - w)}}{e^{-\pi i n\tau} - e^{\pi i n\tau}},$$

wofür man besser

$$\frac{\Omega}{2\pi} \cdot \frac{e^{\pi i w} - e^{-\pi i w}}{2i} \prod_{n=1\ldots\infty} \frac{1 - e^{2\pi i n\tau} e^{-2w\pi i}}{1 - e^{2\pi i n\tau}} e^{\pi i w} \cdot \frac{1 - e^{2\pi i n\tau} \cdot e^{2w\pi i}}{1 - e^{2\pi i n\tau}} e^{-\pi i w}$$

schreibt. Setzt man nun

$$e^{\pi \tau i} = q,$$

so wird, da die Perioden so gewählt waren, dass der Coefficient von i in dem Ausdrucke von $\frac{\Omega'}{\Omega}$ eine wesentlich positive Zahl war, also auch der Coefficient von i in dem Ausdrucke von

$$\tau = \frac{2\,\Omega'}{\Omega},$$

wenn $\tau = t_1 + t_2 i$ gesetzt wird,

$$\begin{aligned}\text{mod}\, q = \text{mod}\, e^{\pi \tau i} &= \text{mod}\, e^{\pi i (t_1 + t_2 i)}\\ &= \text{mod}\,[e^{-\pi t_2}(\cos \pi t_1 + i \sin \pi t_1)] = e^{-\pi t_2} < 1\end{aligned}$$

sein, da $t_2 > 0$, und es folgt ferner, dass mit Hülfe dieser Substitution der Zähler jener Productentwickelung in

$$\frac{\Omega}{2\pi} \cdot \frac{e^{\pi i w} - e^{-\pi i w}}{2i} \prod_{n=1\ldots\infty} \frac{1 - q^{2n} e^{-2 w \pi i}}{1 - q^{2n}} e^{\pi i w} \cdot \frac{1 - q^{2n} e^{2 w \pi i}}{1 - q^{2n}} e^{-\pi i w}$$

übergeht. Für $n = \infty$ nimmt jeder der beiden einzelnen Factoren dieses Productes, weil $\text{mod}\, q < 1$ ist, resp. den Werth

$$e^{\pi i w} \text{ und } e^{-\pi i w}$$

an, und daher die beiden Factoren, als *ein* Factor des Productes aufgefasst, den Werth 1, so dass die nothwendige Bedingung der Convergenz eines unendlichen Productes erfüllt ist; es ist aber auch die hinreichende Bedingung erfüllt, welche bekanntlich darin besteht, dass, wenn das Product auf die Form

$$(1 + u_1)(1 + u_2)\ldots$$

gebracht ist, die Reihe

$$\text{mod}\, u_1 + \text{mod}\, u_2 + \cdots$$

eine convergente sein muss. Setzt man nämlich das obige Product in die Form

$$\Theta_1(w) = \frac{\frac{\Omega}{2\pi} \sin \pi w \prod\limits_{n=1\ldots\infty} (1 - 2 q^{2n} \cos 2 w \pi + q^{4n})}{\prod\limits_{n=1\ldots\infty} (1 - q^{2n})^2},$$

so folgt, dass die zu untersuchende Reihe der Moduln für den Zähler aus Gliedern von der Form

$$\text{mod}\,[q^{4n} - 2 q^{2n} \cos 2 w \pi] = \text{mod}\, q^{2n}(q^{2n} - 2 \cos 2 w \pi)$$

besteht, und dass der Quotient aufeinander folgender Glieder

$$\frac{\text{mod}\, q^{2n+2}(q^{2n+2} - 2 \cos 2 w \pi)}{\text{mod}\, q^{2n}(q^{2n} - 2 \cos 2 w \pi)} = \text{mod}\, q^2 \,.\, \text{mod}\left(\frac{q^{2n+2} - 2 \cos 2 w \pi}{q^{2n} - 2 \cos 2 w \pi}\right)$$

für $n = \infty$, weil $\text{mod}\, q < 1$ ist, offenbar selbst kleiner als die Einheit und die Modulreihe somit convergent ist; genau dasselbe gilt vom Nenner, und es ist somit der obige Productausdruck convergent, und die Convergenz des Zählers von sin am w also erwiesen. Bevor wir nun den Convergenzbeweis des Nenners von sin am w führen, wollen wir für $\Theta_1(w)$ noch einen anderen Ausdruck in Form eines unendlichen Productes aufstellen, indem wir von der oben gefundenen Form

$$\Theta_1(w) = \frac{\Omega}{2\pi} \sin \pi w \prod_{-\nu}^{+\nu} {}_n \frac{\sin \pi (n\tau - w)}{\sin \pi n \tau}$$

ausgehen; fasst man nämlich wieder zwei zusammengehörige Glieder in ein Glied zusammen, so folgt

$$\Theta_1(w) = \frac{\Omega}{2\pi} \sin \pi w \prod_{n=1\ldots\infty} \frac{\sin \pi (n\tau - w)}{\sin \pi n \tau} \cdot \frac{\sin \pi (-n\tau - w)}{\sin - \pi n \tau}$$

$$= \frac{\Omega}{2\pi} \sin \pi w \prod_{n=1\ldots\infty} \frac{\sin^2 \pi n \tau - \sin^2 \pi w}{\sin^2 \pi n \tau}$$

und somit

$$\Theta_1(w) = \frac{\Omega}{2\pi} \sin \pi w \prod_{n=1\ldots\infty} \left(1 - \frac{\sin^2 \pi w}{\sin^2 \pi n \tau}\right).$$

Um nun die Convergenz des Nenners von sin am w herzuleiten und zugleich eine ähnliche Productform wie für den Zähler zu finden, bemerke man, dass

$$\prod_{-\mu}^{+\mu} {}_m \left(1 - \frac{w}{m + (n + \frac{1}{2})\tau}\right) = \frac{\sin \pi \left((n + \frac{1}{2})\tau - w\right)}{\sin \pi (n + \frac{1}{2}) \tau}$$

ist, und dass somit, wenn wieder die Exponentialgrössen eingeführt werden,

$$\Theta_0(w) = \prod_{-\nu-1}^{+\nu} {}_n \frac{e^{\pi i ((n + \frac{1}{2})\tau - w)} - e^{-\pi i ((n + \frac{1}{2})\tau - w)}}{e^{\pi i (n + \frac{1}{2})\tau} - e^{-\pi i (n + \frac{1}{2})\tau}}$$

wird; berücksichtigt man ferner, dass

für $n = -\nu - 1, \quad n + \frac{1}{2} = -\nu - \frac{1}{2},$

für $n = +\nu, \quad n + \frac{1}{2} = +\nu + \frac{1}{2}$

wird, so kann man

$$\Theta_0(w) = \prod_{n=0\ldots\infty} \frac{e^{\pi i ((n + \frac{1}{2})\tau - w)} - e^{-\pi i ((n + \frac{1}{2})\tau - w)}}{e^{\pi i (n + \frac{1}{2})\tau} - e^{-\pi i (n + \frac{1}{2})\tau}} \times$$
$$\frac{e^{\pi i (-(n + \frac{1}{2})\tau - w)} - e^{-\pi i (-(n + \frac{1}{2})\tau - w)}}{e^{-\pi i (n + \frac{1}{2})\tau} - e^{\pi i (n + \frac{1}{2})\tau}}$$

schreiben, und erhält also eine ganz ähnliche Formel wie oben, indem nur $n + \frac{1}{2}$ statt n gesetzt ist, so dass sich somit das Resultat in der Form

$$\Theta_0(w) = \frac{\prod_{n=0\ldots\infty} (1 - 2q^{2n+1} \cos 2w\pi + q^{4n+2})}{\prod_{n=0\ldots\infty} (1 - q^{2n+1})^2}$$

ergeben wird, oder genau wie oben

$$\Theta_0(w) = \prod_{n=0\ldots\infty} \left(1 - \frac{\sin^2 \pi w}{\sin^2 (2n+1) \frac{\pi\tau}{2}}\right).$$

Nachdem die Convergenz des Zählers und Nenners von sin am w erwiesen, und für $\Theta_1(w)$ und $\Theta_0(w)$ zwei verschiedene Formen gefunden worden, so dass

$$\sin \operatorname{am} \frac{\Omega}{2} w = \frac{\frac{\Omega}{2} w \prod\limits_{-\nu}^{+\nu}{}_n \prod\limits_{-\mu}^{+\mu}{}_m \left(1 - \frac{w}{m + n\tau}\right)}{\prod\limits_{-\nu-1}^{+\nu}{}_n \prod\limits_{-\mu}^{+\mu}{}_m \left(1 - \frac{w}{m + (n + \frac{1}{2})\tau}\right)}$$

$$= \frac{\frac{\Omega}{2\pi} \sin \pi w \prod\limits_{n=1\ldots\infty} (1 - 2q^{2n}\cos 2w\pi + q^{4n})}{\prod\limits_{n=0\ldots\infty} (1 - 2q^{2n+1}\cos 2w\pi + q^{4n+2})} \cdot \frac{\prod\limits_{n=0\ldots\infty}(1 - q^{2n+1})^2}{\prod\limits_{n=1\ldots\infty}(1 - q^{2n})^2}$$

$$= \frac{\frac{\Omega}{2\pi} \sin \pi w \prod\limits_{n=1\ldots\infty} \left(1 - \frac{\sin^2 \pi w}{\sin^2 \pi n \tau}\right)}{\prod\limits_{n=0\ldots\infty} \left(1 - \frac{\sin^2 \pi w}{\sin^2 (2n+1)\frac{\pi\tau}{2}}\right)},$$

wollen wir jetzt zwischen dem Zähler und Nenner $\Theta_1(w)$ und $\Theta_0(w)$ selbst eine Beziehung zu ermitteln suchen. Da nämlich, wenn in $\Theta_0(w)$ der zu $m = 0$, $n = 0$ gehörige Factor abgesondert, und

$$w + \frac{\tau}{2} \text{ statt } w$$

substituirt wird,

$$\Theta_0\left(w + \frac{\tau}{2}\right) = \left(1 - \frac{w + \frac{\tau}{2}}{\frac{\tau}{2}}\right) \prod\limits_{-\nu-1}^{+\nu}{}_n \prod\limits_{-\mu}^{+\mu}{}_m \left(1 - \frac{w + \frac{\tau}{2}}{m + (n + \frac{1}{2})\tau}\right)$$

$$= \frac{w \prod\limits_{-\nu-1}^{+\nu}{}_n \prod\limits_{-\mu}^{+\mu}{}_m (m + n\tau - w)}{\frac{\tau}{2} \prod\limits_{-\nu-1}^{+\nu}{}_n \prod\limits_{-\mu}^{+\mu}{}_m \left(m + n\tau + \frac{\tau}{2}\right)}$$

$$= \frac{w \prod\limits_{-\nu-1}^{+\nu}{}_n \prod\limits_{-\mu}^{+\mu}{}_m \left(1 - \frac{w}{m + n\tau}\right)}{-\frac{\tau}{2} \prod\limits_{-\nu-1}^{+\nu}{}_n \prod\limits_{-\mu}^{+\mu}{}_m \left(1 - \frac{\frac{\tau}{2}}{m + n\tau}\right)}$$

ist, wo nur jetzt für die Indices der Producte die Combination $m = 0$, $n = 0$ auszuschliessen ist, so wird es zur Auffindung der Beziehung zwischen jenen beiden Functionen nur nöthig sein, die beiden unendlichen Producte

$$w \prod\limits_{-\nu-1}^{+\nu}{}_n \prod\limits_{-\mu}^{+\mu}{}_m \left(1 - \frac{w}{m + n\tau}\right) \text{ und } \prod\limits_{-\nu}^{+\nu}{}_n \prod\limits_{-\mu}^{+\mu}{}_m \left(1 - \frac{w}{m + n\tau}\right)$$

mit einander zu vergleichen. Da nun in beiden Fällen erst das Product nach m genommen werden soll, so wird die Verschiedenartigkeit nur in dem nachher nach n zu nehmenden Producte eintreten können, und es wird sich somit nach der letzten in der zwölften Vorlesung hergeleiteten Formel um die Vergleichung der Ausdrücke

$$\frac{\sin \pi w}{\pi} \prod_{-\nu-1}^{\nu} {}_n \frac{\sin \pi (n\tau - w)}{\sin \pi n \tau} \quad \text{und} \quad \frac{\sin \pi w}{\pi} \prod_{-\nu}^{+\nu} {}_n \frac{\sin \pi (n\tau - w)}{\sin \pi n \tau}$$

handeln, wo der Werth $n = 0$ in beiden Producten ausgeschlossen ist.

Da nun die Reihenfolge der n in dem ersten Producte

$$-1;\ +1,\ -2;\ 2,\ -3,\ \ldots\ \nu,\ -\nu-1;\ \ldots$$

dagegen in dem zweiten Producte

$$1,\ -1;\ 2,\ -2;\ 3,\ -3,\ \ldots\ \nu,\ -\nu;\ \ldots$$

ist, so sieht man, dass, wie gross man auch die Zahl ν wählen mag, das erste Product immer einen Factor mehr enthält als das zweite, und es wird somit der Quotient jener unendlichen Producte erhalten werden, wenn man in

$$\frac{\sin \pi (n\tau - w)}{\sin \pi n \tau}$$

für n die Zahl $-\nu - 1$ setzt und ν unendlich gross werden lässt. Der Werth dieses Quotienten ist aber, wie aus der oben angestellten Rechnung, in der wir den dort überflüssigen Factor für die vorliegende Betrachtung beibehalten haben, hervorgeht,

$$e^{-\pi i w},$$

so dass der Zähler von $\Theta_0\left(w + \frac{\tau}{2}\right)$ in

$$\Theta_1(w) \,.\, e^{-\pi i w}$$

übergeht; ebenso ergiebt sich für den Nenner jenes Ausdruckes

$$\Theta_1\left(-\frac{\tau}{2}\right) e^{\pi i \frac{\tau}{2}},$$

und es folgt daher

$$\Theta_0\left(w + \frac{\tau}{2}\right) = \frac{\Theta_1(w)\, e^{-\pi i w}}{\Theta_1\left(-\frac{\tau}{2}\right) e^{\pi i \frac{\tau}{2}}}$$

oder wenn statt w

$$w - \frac{\tau}{2}$$

gesetzt wird, die nachfolgende Beziehung zwischen dem Zähler und Nenner von $\sin \operatorname{am} w$

$$\Theta_0(w) = \frac{\Theta_1\left(w - \frac{\tau}{2}\right) e^{-\pi i w}}{\Theta_1\left(-\frac{\tau}{2}\right)},$$

so dass die Untersuchung der Eigenschaften von $\sin \operatorname{am} w$ zurückgeführt ist auf die Untersuchung der Transcendenten $\Theta_1(w)$.

Es wird nun leicht sein, aus dem für $\Theta_1(w)$ gefundenen unendlichen Producte zwei Functionalgleichungen herzuleiten, vermittels deren die für jene Function gültige Fourrier'sche Reihenentwickelung sich wird aufstellen lassen. Gehen wir nämlich von dem oben gefundenen Ausdrucke

$$(1)\ .\quad \Theta_1(w) = \frac{\Omega}{2\pi}\left(\frac{e^{\pi i w} - e^{-\pi i w}}{2i}\right) \prod_{n=1\ldots\infty} \frac{e^{\pi i(n\tau - w)} - e^{-\pi i(n\tau - w)}}{e^{\pi i n\tau} - e^{-\pi i n\tau}} \times \frac{e^{\pi i(-n\tau - w)} - e^{-\pi i(-n\tau - w)}}{e^{-\pi i n\tau} - e^{\pi i n\tau}}$$

aus, so sieht man zuerst unmittelbar, dass, wenn w um die Einheit vermehrt wird, die Exponentialgrössen nur ihr Zeichen ändern, und somit

$$(2)\ \ldots\ldots\ldots\ldots\quad \Theta_1(w+1) = -\Theta_1(w)$$

folgt. Lässt man ferner das Argument in (1) um τ zunehmen, so wird sich

$$(3)\quad \Theta_1(w+\tau) = \frac{\Omega}{2\pi}\,\frac{e^{\pi i(w+\tau)} - e^{-\pi i(w+\tau)}}{2i} \prod_{n=1\ldots\infty} \frac{e^{\pi i[(n-1)\tau - w]} - e^{-\pi i[(n-1)\tau - w]}}{e^{\pi i n\tau} - e^{-\pi i n\tau}} \times \frac{e^{\pi i[-(n+1)\tau - w]} - e^{-\pi i[-(n+1)\tau - w]}}{e^{-\pi i n\tau} - e^{\pi i n\tau}}$$

ergeben, und die Vergleichung von (1) mit (3) zeigt, indem man bis zu einem beliebigen n hin untersucht, welche Factoren in (3) mehr oder weniger enthalten sind als in (1), und dass, wenn n noch eine endliche aber beliebige Zahl ist, das auf der rechten Seite von (1) befindliche Product noch mit

$$\frac{e^{\pi i[-(n+1)\tau - w]} - e^{-\pi i[-(n+1)\tau - w]}}{e^{\pi i[n\tau - w]} - e^{-\pi i[n\tau - w]}}$$

multiplicirt werden muss, um das auf der rechten Seite von (3) befindliche Product zu geben; es folgt somit, da dieser Multiplicator, wie unmittelbar klar, sich in die Form

$$-e^{-2w\pi i}\,.\,e^{-\tau\pi i}\,\frac{1 - e^{2\pi i[(n+1)\tau + w]}}{1 - e^{2\pi i[n\tau - w]}}$$

setzen lässt, dass, wenn $n = \infty$ gesetzt und berücksichtigt wird, dass

$$\bmod q < 1$$

ist,

$$\frac{\Theta_1(w+\tau)}{\Theta_1(w)} = -e^{-2w\pi i}\,.\,e^{-\tau\pi i}$$

oder

$$(4)\ \ldots\ldots\quad \Theta_1(w+\tau) = -e^{-(2w+\tau)\pi i}\,.\,\Theta_1(w)$$

ist. Führt man nun zur Vereinfachung der Functionalgleichungen (2) und (4) die Function

$$(5)\ \ldots\ .\quad \Theta_3(w) = -e^{\frac{1}{2}\left(2w+\frac{\tau}{2}\right)\pi i}\,\Theta_1(w - \tfrac{1}{2} + \tfrac{1}{2}\tau)$$

ein, so folgen aus (2) und (4) unmittelbar die beiden Functionalgleichungen

(6) .... $\Theta_3(w+1) = \Theta_3(w)$,

(7) .... $\Theta_3(w+\tau) = e^{-(2w+\tau)\pi i}\,\Theta_3(w)$,

aus denen sich leicht $\Theta_3(w)$ durch die Fourrier'sche Reihe wird entwickeln lassen. Da nämlich diese Function eine in der ganzen w-Ebene endliche und eindeutige ist, welche die Periode 1 hat, so wird sich dieselbe nach den in der elften Vorlesung gemachten Auseinandersetzungen in einer für die ganze Ebene gültigen Form nach positiven und negativen Potenzen von

$$e^{2w\pi i}$$

entwickeln lassen, so dass

(8) .... $\Theta_3(w) = \sum\limits_{-\infty\ldots+\infty}^{\nu} C_\nu \,.\, e^{2\nu w\pi i}$

ist.

Setzt man in (8) statt w $w+\tau$, so folgt mit Berücksichtigung der Gleichung (7)

$$\sum_{-\infty\ldots+\infty}^{\nu} C_\nu \,.\, e^{2\nu(w+\tau)\pi i} = e^{-(2w+\tau)\pi i} \sum_{-\infty\ldots+\infty}^{\nu} C_\nu e^{2\nu w\pi i},$$

oder

$$\sum_{-\infty\ldots+\infty}^{\nu} C_\nu \,.\, e^{(2\nu+1)\tau\pi i} \,.\, e^{(2\nu+2)w\pi i} = \sum_{-\infty\ldots+\infty}^{\nu} C_\nu e^{2\nu w\pi i},$$

woraus, wenn man auf der linken Seite statt des Substitutionsindex ν den Index $\nu - 1$ setzt und die Coefficienten von

$$e^{2\nu w\pi i}$$

einander gleich setzt, was erlaubt ist, da jene Entwickelung, als aus der Potenzentwickelung hervorgegangen, nur auf *eine* Weise möglich war, die nachstehende Relation zwischen den zu bestimmenden Reihencoefficienten folgt:

$$C_\nu = C_{\nu-1}\, e^{(2\nu-1)\tau\pi i}$$

oder

$$C_\nu\, e^{-\nu^2\tau\pi i} = C_{\nu-1}\, e^{-(\nu-1)^2\tau\pi i}$$

d. h. diese Grösse ist von ν unabhängig, und es wird somit, wenn C_0 eine Constante bedeutet

$$C_\nu = C_0 \,.\, e^{\nu^2\tau\pi i}$$

sein, so dass sich für $\Theta_3(w)$ die Form ergiebt

$$\Theta_3(w) = C_0 \sum_{-\infty\ldots+\infty}^{\nu} e^{\nu^2\tau\pi i}\, e^{2\nu w\pi i} = C_0 \sum_{-\infty\ldots+\infty}^{\nu} e^{\nu(2w+\nu\tau)\pi i}$$

$$= C_0\, e^{-\frac{\pi i}{\tau}w^2} \sum_{-\infty\ldots+\infty}^{\nu} e^{\frac{\pi i}{\tau}(w+\nu\tau)^2}$$

oder wenn

$$q = e^{\pi\tau i}$$

eingeführt wird,

$$\Theta_3(w) = C_0 \sum_{-\infty\ldots+\infty}^{\nu} q^{\nu^2} e^{2\nu w\pi i} = C_0 \sum_{-\infty\ldots+\infty}^{\nu} q^{\nu^2}(\cos 2\nu w\pi + i \sin 2\nu w\pi),$$

so dass endlich, wenn man berücksichtigt, dass in Folge entgegengesetzter Summationsindices die sinus-Glieder fortfallen, die Entwickelung folgt

(9) $\Theta_3(w) = C_0(1 + 2q\cos 2w\pi + 2q^4\cos 4w\pi + 2q^9\cos 6w\pi + \cdots)$,

in welcher noch C_0 zu bestimmen sein wird.

Die Herleitung dieser Form der Function $\Theta_3(w)$ unmittelbar aus den Bedingungen, dass dieselbe eine in der ganzen Ebene endliche und eindeutige Function sei und den Bedingungen (6) und (7) genügt und nur diesen, zeigt, dass jede in der ganzen Ebene endliche und eindeutige Function $F(w)$, welche den beiden Functionalgleichungen

$$F(w+1) = F(w),$$
$$F(w+\tau) = e^{-(2w+\tau)\pi i}F(w)$$

genügt, das Product aus einem constanten Factor in die Function $\Theta_3(w)$ sein muss.

Setzt man nun

$$(10)\quad \vartheta_3(w) = \sum_{-\infty\ldots+\infty}^{\nu} e^{\nu^2\tau\pi i}e^{2\nu w\pi i} = 1 + 2q\cos 2w\pi + 2q^4\cos 4w\pi + \cdots,$$

definirt man ferner eine neue Function durch die Gleichung

$$\Theta_1(w) = C_0\vartheta_1(w),$$

so wird vermöge der Gleichung (5)

$$(11)\ \ldots\ldots\quad \vartheta_3(w) = -e^{\frac{1}{2}\left(2w+\frac{\tau}{2}\right)\pi i}\vartheta_1(w - \tfrac{1}{2} + \tfrac{1}{2}\tau)$$

und daher, wie leicht zu sehen,

$$(12)\quad \vartheta_1(w) = \sum_{-\infty\ldots+\infty}^{\nu} e^{(\nu+\frac{1}{2})^2\tau\pi i}e^{2(\nu+\frac{1}{2})(w-\frac{1}{2})\pi i}$$
$$= 2q^{\frac{1}{4}}\sin w\pi - 2q^{\frac{9}{4}}\sin 3w\pi + 2q^{\frac{25}{4}}\sin 5w\pi - \cdots$$

Setzt man ferner

$$(13)\ \ldots\quad \vartheta_0(w) = \vartheta_3(w - \tfrac{1}{2}) = i\vartheta_1\left(w - \frac{\tau}{2}\right)e^{-w\pi i}\cdot e^{\frac{1}{4}\tau\pi i},$$

so dass

$$(14)\ \ldots\ldots\quad \Theta_0(w) = -\frac{i\vartheta_0(w)e^{-\frac{1}{4}\tau\pi i}}{\vartheta_1\left(-\frac{\tau}{2}\right)} = \frac{\vartheta_0(w)}{\vartheta_0(0)}$$

ist, so ergiebt sich leicht

$$(15)\quad \vartheta_0(w) = \sum_{-\infty\ldots+\infty}^{\nu} e^{\nu^2\tau\pi i}e^{2\nu(w-\frac{1}{2})\pi i} = 1 - 2q\cos 2w\pi + 2q^4\cos 4w\pi - \cdots$$

und aus der Gleichung

$$\sin\operatorname{am}\frac{\Omega}{2}w = \frac{\Theta_1(w)}{\Theta_0(w)}$$

folgt mit Berücksichtigung des für C_0 aus (9) sich ergebenden Werthes

$$(16)\ \ldots\ldots\quad \sin\operatorname{am}\frac{\Omega}{2}w = \Theta_3(0)\cdot\frac{\vartheta_0(0)}{\vartheta_3(0)}\cdot\frac{\vartheta_1(w)}{\vartheta_0(w)}.$$

Setzt man für den Augenblick

$$\Theta_3(0)\frac{\vartheta_0(0)}{\vartheta_3(0)} = c,$$

so wird sich aus der Gleichung

$$\sin \operatorname{am} \frac{\Omega}{2} w = c \cdot \frac{\vartheta_1(w)}{\vartheta_0(w)},$$

oder wenn w statt $\frac{\Omega}{2} w$ gesetzt wird, aus der Gleichung

(17) . . . . $$\sin \operatorname{am} w = c \cdot \frac{\vartheta_1\left(\frac{2w}{\Omega}\right)}{\vartheta_0\left(\frac{2w}{\Omega}\right)}$$

der Werth der Constanten c leicht durch den Integralmodul $\varkappa$ ausdrücken lassen. Da nämlich, wie früher gezeigt worden,

$$\int_{0\,F'}^{\frac{1}{\varkappa}} \frac{dz}{\sqrt{(1-z^2)(1-\varkappa^2 z^2)}} = -\frac{\Omega'}{2} - \tfrac{3}{4}\Omega$$

ist, so wird

$$\frac{1}{\varkappa} = \sin \operatorname{am}\left(-\frac{\Omega'}{2} - \tfrac{3}{4}\Omega\right) = \sin \operatorname{am}\left(\frac{\Omega'}{2} + \frac{\Omega}{4}\right),$$

und somit die Gleichung (16), wenn

$$w = \frac{\Omega'}{2} + \frac{\Omega}{4}$$

gesetzt wird, in

(18) . . . . $$\frac{1}{\varkappa} = c\,\frac{\vartheta_1\left(\frac{1}{2} + \frac{\tau}{2}\right)}{\vartheta_0\left(\frac{1}{2} + \frac{\tau}{2}\right)} = c\,\frac{\vartheta_0(\frac{1}{2})}{\vartheta_1(\frac{1}{2})}$$

übergehen, wie aus der zwischen den Functionen

$$\vartheta_0(w) \text{ und } \vartheta_1(w)$$

bestehenden Relation (die man unmittelbar findet, da beide oben durch $\vartheta_3(w)$ ausgedrückt sind) leicht hervorgeht.*) Da ausserdem vermöge der Gleichung

$$\int_{0\,F'}^{1} \frac{dz}{\sqrt{R(z)}} = \int_0^1 \left|\frac{dz}{\sqrt{R(z)}} - \Omega = \frac{\Omega}{4} - \Omega = -\frac{3\Omega}{4}\right.$$

für $w = \frac{\Omega}{4}$ die sin am w der Einheit gleich wird, so folgt wiederum aus (17)

(19) . . . . $$1 = c\,\frac{\vartheta_1(\frac{1}{2})}{\vartheta_0(\frac{1}{2})}$$

und somit

(20) . . . . $$c = \frac{\vartheta_0(\frac{1}{2})}{\vartheta_1(\frac{1}{2})},$$

---

*) in einer der folgenden Vorlesungen wird die Verwandlungstabelle der ϑ-Functionen in einander diese Relationen sämmtlich liefern.

oder wie sich aus Multiplication von (18) und (19) ergiebt,

(21) . . . . $c = \frac{1}{\sqrt{\varkappa}}$,

wo das Zeichen der Quadratwurzel aus $\varkappa$ durch die Gleichung

(22) . . . . $\sqrt{\varkappa} = \frac{\vartheta_1(\frac{1}{2})}{\vartheta_0(\frac{1}{2})}$

bestimmt ist, so dass

(23) . . . . $\sin \operatorname{am} w = \frac{1}{\sqrt{\varkappa}} \frac{\vartheta_1\left(\frac{2w}{\Omega}\right)}{\vartheta_0\left(\frac{2w}{\Omega}\right)}$

ist.

Der Ausdruck für $\sqrt{\varkappa}$ lässt sich jedoch auch durch ϑ-Functionen für die Nullwerthe des Argumentes ausdrücken, wenn wir ausser den drei vorher betrachteten ϑ-Functionen noch eine vierte vermöge der Definitionsgleichung

$$\vartheta_2(w) = e^{\frac{1}{2}\left(2w + \frac{\tau}{2}\right)\pi i}\, \vartheta_3\left(w + \frac{\tau}{2}\right)$$

einführen, für welche aus den oben für $\vartheta_3(w)$ gegebenen Formen der Ausdruck folgt

$$\vartheta_2(w) = \sum_{-\infty \ldots +\infty}^{\nu} e^{(\nu+\frac{1}{2})^2 \tau\pi i}\, e^{2(\nu+\frac{1}{2})w\pi i}$$

$$= 2q^{\frac{1}{4}} \cos w\pi + 2q^{\frac{9}{4}} \cos 3w\pi + 2q^{\frac{25}{4}} \cos 5w\pi + \cdots,$$

und da, wie leicht zu sehen,

$$\vartheta_1(\tfrac{1}{2}) = \vartheta_2(0)$$
$$\vartheta_0(\tfrac{1}{2}) = \vartheta_3(0),$$

so wird die Gleichung (22) in

$$\sqrt{\varkappa} = \frac{\vartheta_2(0)}{\vartheta_3(0)}$$

übergehen.

Es mag hier nur noch bemerkt werden, dass aus der Gleichung

$$\Theta_3(0) \cdot \frac{\vartheta_0(0)}{\vartheta_3(0)} = c = \frac{\vartheta_3(0)}{\vartheta_2(0)}$$

sich

$$\Theta_3(0) = \frac{\vartheta_3(0)\,\vartheta_3(0)}{\vartheta_0(0)\,\vartheta_2(0)}$$

ergiebt, und dass daher vermöge der Gleichung

$$C_0 = \frac{\Theta_3(0)}{1 + 2q + 2q^4 + \cdots} = \frac{\Theta_3(0)}{\vartheta_3(0)}$$

für C_0 der Werth

$$C_0 = \frac{\vartheta_3(0)}{\vartheta_0(0)\,\vartheta_2(0)}$$

folgt, welcher sich auch, wie wir später sehen werden, in die Form

$$C_0 = \frac{\sqrt{\pi}}{\sqrt{\varkappa \varkappa_1 \frac{\Omega}{2}}}$$

setzen lässt.

Somit wäre die für diese Vorlesung gestellte Aufgabe, einen analytischen Ausdruck für sin am w zu finden, gelöst, und erkannt worden, dass als neue fundamentale Transcendenten die ϑ_3-Function und drei mit ihr durch einfache Substitutionen zusammenhängende ϑ-Functionen eingeführt werden, deren Untersuchung den Gegenstand einer der nächst folgenden Vorlesungen bilden wird.

Siebzehnte Vorlesung.

Ueber periodische Functionen im Allgemeinen.

Nachdem wir in der sin am w eine Function kennen gelernt haben, welche eine doppelte Periodicität besitzt, wollen wir uns, bevor wir auf eine weitere Untersuchung der Eigenschaften derselben näher eingehen, etwas genauer mit den periodischen Functionen im Allgemeinen beschäftigen.

Vor Allem soll der Begriff der Periode überhaupt näher präcisirt und aus den unendlich vielen Perioden, welche, wenn Ω und Ω' zwei solche vorstellen, in den Formen

$$\begin{array}{cc} \Omega,\ 2\Omega,\ \ldots\ ; & \Omega',\ 2\Omega',\ \ldots \\ \Omega+\Omega',\ \Omega+2\Omega',\ \ldots\ ; & \Omega+\Omega',\ 2\Omega+\Omega',\ \ldots \\ \ldots\ldots & \ldots\ldots \end{array}$$

enthalten sind, gewisse Arten derselben hervorgehoben werden, aus welchen sich alle andern durch additive Verbindung ganzer Multipla derselben zusammensetzen lassen. Wir wollen im Folgenden eine *k-fach periodische Function einer Variabeln eine solche nennen, für welche sich k Perioden finden lassen, zwischen welchen keine ganzzahlige lineare homogene Relation besteht, für welche jedoch beliebige $k+1$ Perioden stets durch eine solche Beziehung zusammenhängen,* so dass für eine doppeltperiodische Function sich zwei Perioden ω und ω' bestimmen lassen, die in keiner linearen homogenen Relation zu einander stehen, während jede andere ω_1 mit diesen durch eine Relation von der Form

$$m_1\omega_1 + m_2\omega + m_3\omega' = 0$$

verbunden sein muss.

Es soll zuerst gezeigt werden, dass zwei *unabhängige* Perioden einer doppeltperiodischen Function, worunter wir zwei Perioden verstehen wollen, zwischen denen keine lineare homogene Relation besteht, nicht in einem reellen Verhältniss zu einander stehen können. Denn seien ω und ω' zwei solche Perioden, und werde zuerst der Fall betrachtet, dass das reelle Verhältniss

$$\frac{\omega'}{\omega} = \frac{\mu}{\nu}$$

eine rationale Zahl sei, so würde zwischen den beiden unabhängigen

Perioden ω und ω' eine homogene lineare Relation folgen, oder, wie man dies auch aussprechen kann, es würden, da

$$\omega' = \mu\delta, \quad \omega = \nu\delta$$

sich ergeben würde, diese beiden Perioden ganzzahlige Multipla einer dritten Grösse δ sein.*) Ist dagegen das Verhältniss von ω und ω' ein irrationales, so kann man jenen Periodenquotienten durch Absonderung der grössten Ganzen in einen unendlichen elementaren Kettenbruch entwickelt denken, und es wird dann nach einem bekannten Satze aus der Theorie der Kettenbrüche der absolut genommene Unterschied zwischen dem Kettenbruche und dem n^{ten} Näherungswerthe also

$$\operatorname{mod}\left(\frac{\omega'}{\omega} - \frac{M_n}{N_n}\right) < \frac{1}{N_n^2}$$

oder

$$\operatorname{mod}\left(\frac{\omega'}{\omega} - \frac{M_n}{N_n}\right) = \frac{\varepsilon}{N_n^2}$$

sein, wenn M_n und N_n Zähler und Nenner des n^{ten} Näherungsbruches darstellen, und ε kleiner als die Einheit ist; da hieraus

$$N_n\omega' - M_n\omega = \pm\frac{\varepsilon\omega}{N_n}$$

folgt, so sieht man, dass, weil Zähler und Nenner der Näherungsbrüche eines Kettenbruches mit wachsendem n in's Unendliche wachsen, sich zwei ganze Zahlen M_n und N_n bestimmen lassen so, dass der Modul von

$$N_n\omega' - M_n\omega$$

kleiner als eine beliebig klein vorgelegte Zahl wird. Da aber dieser Ausdruck als eine Zusammensetzung von ganzen Multiplen der Perioden wiederum eine Periode der Function vorstellt, so würde sich somit eine Periode der Function von einem unendlich kleinen absoluten Werthe ergeben, diese Function also längs allen Linien, welche der Periodenrichtung parallel sind, constant sein, was mit dem Begriffe der Functionen, die nach den ersten Vorlesungen unsern Betrachtungen zu Grunde gelegt werden, nicht verträglich ist.

Nachdem gezeigt worden, dass der Quotient irgend zweier von einander unabhängiger Perioden einer doppelt periodischen Function nicht eine reelle Grösse sein darf, oder was dasselbe ist, dass die

---

*) Dass die Grösse δ selbst wieder eine Periode ist, und die beiden Perioden somit nichts anderes als ganze Multipla derselben Periode sind, geht einfach daraus hervor, dass man μ und ν als relativ prim betrachten und daher zwei Zahlen m und n derart bestimmen kann, dass

$$\mu m + \nu n = 1$$

wird; denn daraus folgt

$$\delta = m\omega' + n\omega,$$

d. h. δ ist eine Periode.

zwei von einander unabhängige Perioden darstellenden Linien nicht in dieselbe Richtung fallen dürfen, und sich somit ein Periodenparallelogramm construiren lassen muss, wollen wir jetzt diejenigen Perioden einer doppeltperiodischen Function hervorheben, aus denen mit Hülfe einer additiven Zusammenstellung von ganzzahligen Multiplen derselben sich die allgemeinen Perioden dieser Function darstellen lassen.

Seien Ω und Ω' zwei von einander unabhängige Perioden einer Function, deren Definition allein die war, dass die Vermehrung des Argumentes um diese Grössen den Functionalwerth nicht änderte, und dass sie nicht beide ganze Multipla ein und derselben dritten Grösse sind, und setzt man

$$\Omega = A + Bi, \quad \Omega' = A' + B'i,$$

so stellt bekanntlich der Ausdruck

$$(AB' - A'B)$$

oder der absolute Werth von $AB' - AB'$ den Inhalt des von den beiden Grössen Ω und Ω' als Seiten begränzten Periodenparallelogramms dar, dessen eine Ecke der Nullpunkt ist, und es wird dieser Inhalt nach der Wahl der unabhängigen Perioden der Function variiren. Da derselbe aber nie verschwinden kann, weil sonst die beiden die Perioden darstellenden Linien in einander fielen, die Perioden also ein reelles Verhältniss haben müssten, so wird nothwendig ein von Null verschiedenes Minimum dieses Inhaltes existiren, und wir werden *ein diesem Minimum entsprechendes Parallelogramm ein Elementarparallelogramm und alle diejenigen Paare von Perioden, für welche der Ausdruck*

$$(AB' - A'B)$$

diesen Minimalwerth annimmt, Elementarperioden nennen.

Es wird nun behauptet, dass sich sämmtliche Perioden einer Function als Summe ganzzahliger Multipla je zweier Elementarperioden darstellen lassen. Denn sei ω irgend eine andere Periode der Function, dann wird nach der Definition der doppeltperiodischen Functionen zwischen den Grössen ω, Ω, Ω' eine Gleichung der Form bestehen müssen

$$m_1 \omega + m_2 \Omega + m_3 \Omega' = 0,$$

aus der leicht die Abhängigkeit dieser drei Werthe von zwei neuen Grössen wird gefolgert werden können. Bezeichnet nämlich d den grössten gemeinsamen Theiler zwischen m_2 und m_3, wobei man annehmen darf, dass die drei Zahlen m_1, m_2, m_3 keinen gemeinsamen Theiler mehr haben, so wird es möglich sein, zwei ganze Zahlen n_2 und n_3 so zu bestimmen, dass sie der Gleichung

$$\frac{m_2}{d} n_2 + \frac{m_3}{d} n_3 = 1$$

genügen. Setzt man dann die identischen Gleichungen an

$$\omega = d \cdot \frac{\omega}{d}$$

$$\Omega = n_2 \left[\frac{m_2}{d} \Omega + \frac{m_3}{d} \Omega'\right] + \frac{m_3}{d} \left[n_3 \Omega - n_2 \Omega'\right] = - n_2 m_1 \frac{\omega}{d} + \frac{m_3}{d} \left[n_3 \Omega - n_2 \Omega'\right]$$

$$\Omega' = n_3 \left[\frac{m_2}{d} \Omega + \frac{m_3}{d} \Omega'\right] - \frac{m_2}{d} \left[n_3 \Omega - n_2 \Omega'\right] = - n_3 m_1 \frac{\omega}{d} - \frac{m_2}{d} \left[n_3 \Omega - n_2 \Omega'\right],$$

so lassen sich, wenn

$$\frac{\omega}{d} = \Omega_1, \quad n_3 \Omega - n_2 \Omega' = \Omega_1'$$

gesetzt wird, die drei Perioden ω, Ω, Ω' als ganzzahlige Multipla der beiden Grössen Ω_1 und Ω_1' in der Form

$$\omega = d \Omega_1,$$

$$\Omega = - n_2 m_1 \Omega_1 + \frac{m_3}{d} \Omega_1',$$

$$\Omega' = - n_3 m_1 \Omega_1 - \frac{m_2}{d} \Omega_1'$$

ausdrücken, wobei zu bemerken ist, dass Ω_1 und Ω_1' wieder Perioden der Function sind; denn es ist

$$\frac{m_2}{d} \Omega + \frac{m_3}{d} \Omega' = - m_1 \frac{\omega}{d} = - m_1 \Omega_1,$$

und bildet man den Ausdruck

$$k_1 \omega + k_2 \left(\frac{m_2}{d} \Omega + \frac{m_3}{d} \Omega'\right) = (k_1 d - k_2 m_1) \Omega_1,$$

so kann man, weil d zu m_1 relativ prim ist, k_1 und k_2 so bestimmen, dass

$$k_1 d - k_2 m_1 = 1,$$

also

$$\Omega_1 = k_1 \omega + k_2 \left(\frac{m_2}{d} \Omega + \frac{m_2}{d} \Omega'\right)$$

ist, und es wird somit, da die rechte Seite eine Summe von ganzzahligen Multiplen von ω, Ω, Ω' ist, Ω_1 eine Periode der Function sein; ebenso ist

$$\Omega_1' = n_3 \Omega - n_2 \Omega'$$

eine solche, und es geht somit aus jener ganzzahligen homogenen Relation zwischen den drei Perioden ω, Ω, Ω' unmittelbar hervor, dass sich diese durch ganzzahlige Multipla zweier andrer Perioden der Function ausdrücken lassen. Was den Inhalt des von den Perioden Ω_1 und Ω_1' gebildeten Parallelogramms betrifft, so wird, wenn wieder

$$\Omega = A + Bi, \quad \Omega' = A' + B'i$$

gesetzt wird, in Folge der Beziehungen

$$\Omega_1 = \frac{\omega}{d} = -\frac{m_2}{d}\frac{\Omega}{m_1} - \frac{m_3}{d}\frac{\Omega'}{m_1} = -\frac{m_2}{d}\frac{A}{m_1} - \frac{m_3}{d}\frac{A'}{m_1} + i\left(-\frac{m_2}{d}\frac{B}{m_1} - \frac{m_3}{d}\frac{B'}{m_1}\right),$$
$$\Omega_1' = n_3\Omega - n_2\Omega' \qquad = n_3 A - n_2 A' + i(n_3 B - n_2 B'),$$

derselbe durch den Ausdruck

$$\left(\left(\frac{m_2}{d}\frac{n_2}{m_1} + \frac{m_3}{d}\frac{n_3}{m_1}\right)(AB' - A'B)\right) = \left(\frac{AB' - A'B}{m_1}\right)$$

gegeben sein, indem wir durch die Klammern den absoluten Werth der eingeklammerten Ausdrücke andeuten wollen. Nehmen wir nun an, dass Ω und Ω' ein System von Elementarperioden bilden, dass also

$$(AB' - A'B)$$

das Minimum des Inhalts aller Periodenparallelogramme angiebt, so folgt, da Ω_1 und Ω_1' ebenfalls Perioden der Function, und m_1 eine ganze Zahl, dass $m_1 = 1$ ist, und die Perioden Ω_1 und Ω_1' somit ebenfalls Elementarperioden sind; ferner geht aber jene homogene lineare Relation für diesen Fall in

$$\omega + m_2\Omega + m_3\Omega' = 0$$

über, d. h. *es lässt sich jede Periode als Summe ganzzahliger Multipla zweier Elementarperioden ausdrücken.*

Für die Beziehung zweier Systeme von Elementarperioden zu einander mag noch bemerkt werden, dass zunächst nach dem eben bewiesenen Satze, wie für beliebige Perioden,

$$\Omega_1 = a_0\Omega + a_1\Omega'$$
$$\Omega_1' = b_0\Omega + b_1\Omega'$$

sein muss, worin a_0, a_1, b_0, b_1 ganze positive oder negative Zahlen bedeuten; ferner geht aber aus den Ausdrücken

$$\Omega = \frac{b_1\Omega_1 - a_1\Omega_1'}{a_0 b_1 - a_1 b_0}, \qquad \Omega' = \frac{a_0\Omega_1' - b_0\Omega_1}{a_0 b_1 - a_1 b_0}$$

weiter hervor, dass die *Substitutionsdeterminante*

$$a_0 b_1 - a_1 b_0 = \pm 1$$

sein muss, und umgekehrt, dass, wenn diese Bedingung erfüllt ist, Ω_1 und Ω_1' Elementarperioden sein werden, weil

$$\Omega_1 = a_0 A + a_1 A' + i(a_0 B + a_1 B')$$
$$\Omega_1' = b_0 A + b_1 A' + i(b_0 B + b_1 B'),$$

und daher der Inhalt des von den Perioden Ω_1 und Ω_1' gebildeten Parallelogramms

$$\left((a_0 b_1 - a_1 b_0)(AB' - A'B)\right) = (AB' - A'B)$$

ist.

Es wird nun für die in dieser Vorlesung noch weiter zu besprechenden allgemeinen Eigenschaften der doppeltperiodischen Functionen wie für die später zu behandelnde Transformation der elliptischen Transcendenten wesentlich sein, nachzuweisen, dass man jedes System von Elementarperioden durch successive Wiederholung einiger einfacher additiver und subtractiver Verbindungen, welche wieder Elementarperioden erzeugen, aus zwei gegebenen Elementarperioden herleiten kann. Seien nämlich Ω und Ω' die beiden gegebenen Elementarperioden und Ω_1 und Ω_1' zwei beliebige andere, welche mit jenen durch die Gleichungen verbunden seien

$$\Omega = a_0 \Omega_1 + a_1 \Omega_1'$$
$$\Omega' = b_0 \Omega_1 + b_1 \Omega_1',$$

worin

$$a_0 b_1 - a_1 b_0 = \pm 1$$

sein muss, so wird sich, wenn Ω_1 und Ω_1' mit einem neuen Systeme von Elementarperioden Ω_2 und Ω_2' durch die Gleichungen verbunden sind

$$\Omega_1 = \alpha_0 \Omega_2 + \alpha_1 \Omega_2'$$
$$\Omega_1' = \beta_0 \Omega_2 + \beta_1 \Omega_2',$$

in welchen ebenfalls

$$\alpha_0 \beta_1 - \alpha_1 \beta_0 = \pm 1$$

ist, durch Einsetzen dieser Werthe in die vorigen Gleichungen

$$\Omega = (a_0 \alpha_0 + a_1 \beta_0) \Omega_2 + (a_0 \alpha_1 + a_1 \beta_1) \Omega_2'$$
$$\Omega' = (b_0 \alpha_0 + b_1 \beta_0) \Omega_2 + (b_0 \alpha_1 + b_1 \beta_1) \Omega_2'$$

ergeben, worin

$$(a_0 \alpha_0 + a_1 \beta_0)(b_0 \alpha_1 + b_1 \beta_1) - (a_0 \alpha_1 + a_1 \beta_1)(b_0 \alpha_0 + b_1 \beta_0)$$
$$= (a_0 b_1 - a_1 b_0)(\alpha_0 \beta_1 - \alpha_1 \beta_0) = \pm 1$$

ist; zugleich zeigt sich aus der Form der zusammengesetzten Transformation, dass, wenn man die Transformationszahlen *) in Form von Determinanten

$$\begin{vmatrix} a_0 & a_1 \\ b_0 & b_1 \end{vmatrix}, \quad \begin{vmatrix} \alpha_0 & \alpha_1 \\ \beta_0 & \beta_1 \end{vmatrix}$$

schreibt, die durch successive Zusammensetzung dieser beiden Transformationen resultirende Transformation durch das Product dieser beiden Determinanten

$$\begin{vmatrix} a_0 \alpha_0 + a_1 \beta_0, & a_0 \alpha_1 + a_1 \beta_1 \\ b_0 \alpha_0 + b_1 \beta_0, & b_0 \alpha_1 + b_1 \beta_1 \end{vmatrix}$$

dargestellt wird.

Denken wir uns nun für die obige Annahme, dass a_0, a_1, b_0, b_1 vier Transformationszahlen bedeuten, welche der Bedingung

$$a_0 b_1 - a_1 b_0 = \pm 1$$

---

*) indem wir uns hier schon ohne weitere Begründung für die Ueberführung der Elementarperioden in einander eines Ausdruckes bedienen wollen, dessen eigentliche Bedeutung erst später in der allgemeinen Transformationstheorie ersichtlich sein wird.

genügen (wobei wir für's erste den Fall ausschliessen, in welchem a_0 oder a_1 verschwinden), den Bruch $\frac{a_1}{a_0}$ so in einen Kettenbruch verwandelt, dass das erste Element eine positive oder negative ganze Zahl oder Null ist, sämmtliche folgenden Theilnenner aber ganze positive Zahlen, die Theilzähler die positive Einheit sind, und die Anzahl der Stellen des Kettenbruches eine gerade oder ungerade ist, je nachdem

$$a_0 b_1 - a_1 b_0 = -1 \quad \text{oder} \quad a_0 b_1 - a_1 b_0 = +1$$

ist (was stets zu erreichen, da, wenn es nicht von selbst der Fall sein sollte, statt des letzten Theilnenners, den wir für den Augenblick mit z bezeichnen wollen, nur

$$z - 1 + \frac{1}{1}$$

zu setzen ist, weil, wie aus der Entwickelungsweise selbst hervorgeht, z mindestens 2 sein muss), so mag $\frac{a_1}{a_0}$ die Form haben

$$\frac{a_1}{a_0} = p + \frac{1}{q + \frac{1}{r + \cdots + \frac{1}{s + \frac{1}{t}}}}.$$

Bezeichnet man nun die Näherungswerthe dieses Kettenbruches allgemein durch

$$\frac{M_\alpha}{N_\alpha},$$

so dass

$$\frac{p}{1} = \frac{M_1}{N_1}$$

$$\frac{pq+1}{q} = \frac{M_2}{N_2}$$

$$\frac{r(pq+1)+p}{rq+1} = \frac{M_3}{N_3}$$

u. s. w. ist, so wird die Zusammensetzung der einzelnen, mit der Substitutionsdeterminante 1 versehenen, also zu Elementarperioden gehörigen Transformationen

$$\begin{vmatrix} a_0 & a_1 \\ b_0 & b_1 \end{vmatrix} \quad \begin{vmatrix} 1 & -p \\ 0 & 1 \end{vmatrix} \quad \begin{vmatrix} 1 & 0 \\ -q & 1 \end{vmatrix} \quad \begin{vmatrix} 1 & -r \\ 0 & 1 \end{vmatrix} \cdots$$

nach den oben festgestellten Regeln ausgeführt mit Hülfe der obigen Bezeichnungen der Zähler und Nenner der Näherungswerthe das nachfolgende Gleichungssystem liefern

$$\begin{vmatrix} a_0 & a_1 \\ b_0 & b_1 \end{vmatrix} \begin{vmatrix} 1 & -p \\ 0 & 1 \end{vmatrix} = \begin{vmatrix} a_0 & -\ a_0 p + a_1 \\ b_0 & -\ b_0 p + b_1 \end{vmatrix} = \begin{vmatrix} a_0 & -\ a_0 M_1 + a_1 N_1 \\ b_0 & -\ b_0 M_1 + b_1 N_1 \end{vmatrix}$$

$$\begin{vmatrix} a_0 & -a_0 M_1 + a_1 N_1 \\ b_0 & -b_0 M_1 + b_1 N_1 \end{vmatrix} \begin{vmatrix} 1 & 0 \\ -q & 1 \end{vmatrix} = \begin{vmatrix} a_0 + q(a_0 M_1 - a_1 N_1) & -a_0 M_1 + a_1 N_1 \\ b_0 + q(b_0 M_1 - b_1 N_1) & -b_0 M_1 + b_1 N_1 \end{vmatrix}$$

$$= \begin{vmatrix} a_0 M_2 - a_1 N_2 & -a_0 M_1 + a_1 N_1 \\ b_0 M_2 - b_1 N_2 & -b_0 M_1 + b_1 N_1 \end{vmatrix},$$

$$\begin{vmatrix} a_0 M_2 - a_1 N_2 & -a_0 M_1 + a_1 N_1 \\ b_0 M_2 - b_1 N_2 & -b_0 M_1 + b_1 N_1 \end{vmatrix} \begin{vmatrix} 1 & -r \\ 0 & 1 \end{vmatrix}$$

$$= \begin{vmatrix} a_0 M_2 - a_1 N_2 & -r(a_0 M_2 - a_1 N_2) - a_0 M_1 + a_1 N_1 \\ b_0 M_2 - b_1 N_2 & -r(b_0 M_2 - b_1 N_2) - b_0 M_1 + b_1 N_1 \end{vmatrix}$$

$$= \begin{vmatrix} a_0 M_2 - a_1 N_2 & -a_0 M_3 + a_1 N_3 \\ b_0 M_2 - b_1 N_2 & -b_0 M_3 + b_1 N_3 \end{vmatrix},$$

u. s. w., und da die Anzahl der Elemente des Kettenbruches eine gerade oder ungerade sein kann, so wird die zuletzt erhaltene Transformation die Form annehmen

$$\begin{vmatrix} a_0 M_{2k} - a_1 N_{2k} & -a_0 M_{2k-1} + a_1 N_{2k-1} \\ b_0 M_{2k} - b_1 N_{2k} & -b_0 M_{2k-1} + b_1 N_{2k-1} \end{vmatrix}$$

oder

$$\begin{vmatrix} a_0 M_{2k} - a_1 N_{2k} & -a_0 M_{2k+1} + a_1 N_{2k+1} \\ b_0 M_{2k} - b_1 N_{2k} & -b_0 M_{2k+1} + b_1 N_{2k+1} \end{vmatrix};$$

da aber im ersten Falle

$$M_{2k} = a_1, \quad N_{2k} = a_0;$$

im zweiten Falle

$$M_{2k+1} = a_1, \quad N_{2k+1} = a_0$$

ist, ausserdem die Gleichungen bestehen

$$M_{2k-1} N_{2k} - M_{2k} N_{2k-1} = -1 \quad \text{oder} \quad M_{2k} N_{2k+1} - N_{2k} M_{2k+1} = +1,$$

also

$$a_0 M_{2k-1} - a_1 N_{2k-1} = -1 \quad \text{oder} \quad a_0 M_{2k} - a_1 N_{2k} = +1,$$

so wird in Folge der resp. Beziehungen

$$a_0 b_1 - a_1 b_0 = -1 \quad \text{oder} \quad a_0 b_1 - a_1 b_0 = +1,$$

$$b_0 = N_{2k-1} + m a_0, \quad b_1 = M_{2k-1} + m a_1$$

oder

$$b_0 = N_{2k} + m a_0, \quad b_1 = M_{2k} + m a_1$$

sein müssen, worin m eine positive oder negative ganze Zahl bedeutet, und es wird somit die zuletzt erhaltene Transformation im ersten Falle in

$$\begin{vmatrix} a_0 a_1 - a_1 a_0 & -a_0(b_1 - m a_1) + a_1(b_0 - m a_0) \\ b_0 a_1 - b_1 a_0 & -b_0(b_1 - m a_1) + b_1(b_0 - m a_0) \end{vmatrix} = \begin{vmatrix} 0 & 1 \\ 1 & m \end{vmatrix},$$

im zweiten Falle in

$$\begin{vmatrix} a_0(b_1 - m a_1) - a_1(b_0 - m a_0) & -a_0 a_1 + a_1 a_0 \\ b_0(b_1 - m a_1) - b_1(b_0 - m a_0) & -b_0 a_1 + b_1 a_0 \end{vmatrix} = \begin{vmatrix} 1 & 0 \\ m & 1 \end{vmatrix}$$

übergehen. Bilden daher b_0 und b_1 selbst Zähler und Nenner des vorletzten Näherungswerthes des Kettenbruches $\frac{a_1}{a_0}$, oder ist, was dasselbe sagt, $m = 0$, so würde die resultirende Transformation

$$\begin{vmatrix} 0 & 1 \\ 1 & 0 \end{vmatrix} \quad \text{oder} \quad \begin{vmatrix} 1 & 0 \\ 0 & 1 \end{vmatrix}$$

sein; ist dies jedoch nicht der Fall, so wird die weitere Anwendung der Transformationen

$$\begin{vmatrix} 1 & -m \\ 0 & 1 \end{vmatrix} \quad \text{oder} \quad \begin{vmatrix} 1 & 0 \\ -m & 1 \end{vmatrix}$$

auf die eine oder andere der vorher erhaltenen ebenfalls das gesuchte Resultat

$$\begin{vmatrix} 0 & 1 \\ 1 & m \end{vmatrix} \begin{vmatrix} 1 & -m \\ 0 & 1 \end{vmatrix} = \begin{vmatrix} 0 & 1 \\ 1 & 0 \end{vmatrix}$$

oder

$$\begin{vmatrix} 1 & 0 \\ m & 1 \end{vmatrix} \begin{vmatrix} 1 & 0 \\ -m & 1 \end{vmatrix} = \begin{vmatrix} 1 & 0 \\ 0 & 1 \end{vmatrix}$$

liefern, und hieraus ist leicht zu ersehen, dass in allen Fällen, wie auch die Transformationszahlen a_0, a_1, b_0, b_1 beschaffen sein mögen, eine successive Anwendung von linearen Transformationen der Form

$$\begin{vmatrix} 1 & \mu \\ 0 & 1 \end{vmatrix} \quad \text{und} \quad \begin{vmatrix} 1 & 0 \\ \nu & 1 \end{vmatrix},$$

in welchen μ und ν positive oder negative ganze Zahlen bedeuten, eine resultirende Transformation von der Form

$$\begin{vmatrix} 1 & 0 \\ 0 & 1 \end{vmatrix} \quad \text{oder} \quad \begin{vmatrix} 0 & 1 \\ 1 & 0 \end{vmatrix}$$

liefern.

Behandeln wir endlich noch den oben ausgeschlossenen Fall, dass a_1 oder a_0 den Werth Null haben, so wird

$$\text{entweder} \quad a_1 = 0, \quad a_0 = \pm 1, \quad b_1 = \pm 1, \quad b_0 = b_0$$
$$\text{oder} \quad a_0 = 0, \quad a_1 = \pm 1, \quad b_0 = \pm 1, \quad b_1 = b_1$$

sein, wo keine Correspondenz der Zeichen stattzufinden braucht, und da im ersten Falle

$$\begin{vmatrix} \pm 1 & 0 \\ b_0 & \pm 1 \end{vmatrix} \begin{vmatrix} \pm 1 & 0 \\ 0 & \pm 1 \end{vmatrix} = \begin{vmatrix} 1 & 0 \\ \pm b_0 & 1 \end{vmatrix},$$

im zweiten Falle

$$\begin{vmatrix} 0 & \pm 1 \\ \pm 1 & b_1 \end{vmatrix} \begin{vmatrix} 0 & \pm 1 \\ \pm 1 & 0 \end{vmatrix} = \begin{vmatrix} 1 & 0 \\ \pm b_1 & 1 \end{vmatrix}$$

ist, so wird also vermöge der Substitutionen

$$\begin{vmatrix} \pm 1 & 0 \\ 0 & \pm 1 \end{vmatrix} \quad \text{und} \quad \begin{vmatrix} 0 & \pm 1 \\ \pm 1 & 0 \end{vmatrix}$$

die vorgelegte Transformation in eine von der Form

$$\begin{vmatrix} 1 & 0 \\ \nu & 1 \end{vmatrix}$$

übergehen, welche durch Zusammensetzung mit der ähnlich gestalteten

$$\begin{vmatrix} 1 & 0 \\ -\nu & 1 \end{vmatrix}$$

wiederum in

$$\begin{vmatrix} 1 & 0 \\ 0 & 1 \end{vmatrix}$$

übergeht.

Es lässt sich aber ferner jede in den Formen

$$\begin{vmatrix} 1 & \mu \\ 0 & 1 \end{vmatrix} \quad \text{und} \quad \begin{vmatrix} 1 & 0 \\ \nu & 1 \end{vmatrix}$$

enthaltene Transformation aus einfacheren Elementartransformationen zusammengesetzt betrachten; denn vermöge der unmittelbar ersichtlichen Zusammensetzungen

$$\begin{vmatrix} 1 & \mu-1 \\ 0 & 1 \end{vmatrix} \begin{vmatrix} 1 & 1 \\ 0 & 1 \end{vmatrix} = \begin{vmatrix} 1 & \mu \\ 0 & 1 \end{vmatrix}; \quad \begin{vmatrix} 1 & \mu+1 \\ 0 & 1 \end{vmatrix} \begin{vmatrix} 1 & -1 \\ 0 & 1 \end{vmatrix} = \begin{vmatrix} 1 & \mu \\ 0 & 1 \end{vmatrix}$$

$$\begin{vmatrix} 1 & 0 \\ \nu-1 & 1 \end{vmatrix} \begin{vmatrix} 1 & 0 \\ 1 & 1 \end{vmatrix} = \begin{vmatrix} 1 & 0 \\ \nu & 1 \end{vmatrix}; \quad \begin{vmatrix} 1 & 0 \\ \nu+1 & 1 \end{vmatrix} \begin{vmatrix} 1 & 0 \\ -1 & 1 \end{vmatrix} = \begin{vmatrix} 1 & 0 \\ \nu & 1 \end{vmatrix}$$

schliesst man sogleich, dass man für positive und negative ganzzahlige μ und ν die beiden in Betracht kommenden Transformationen durch successive Anwendung einer der vier folgenden

$$\begin{vmatrix} 1 & 1 \\ 0 & 1 \end{vmatrix} \begin{vmatrix} 1 & -1 \\ 0 & 1 \end{vmatrix} \begin{vmatrix} 1 & 0 \\ 1 & 1 \end{vmatrix} \begin{vmatrix} 1 & 0 \\ -1 & 1 \end{vmatrix}$$

entstanden denken kann, oder dass man mit Hinzuziehung des oben gefundenen Resultates durch successive Anwendung der Substitutionen

$$\begin{vmatrix} 1 & \pm 1 \\ 0 & 1 \end{vmatrix} \begin{vmatrix} 1 & 0 \\ \pm 1 & 1 \end{vmatrix} \begin{vmatrix} \pm 1 & 0 \\ 0 & \pm 1 \end{vmatrix} \begin{vmatrix} 0 & \pm 1 \\ \pm 1 & 0 \end{vmatrix} \text{*)}$$

auf die ursprüngliche

$$\begin{vmatrix} a_0 & a_1 \\ b_0 & b_1 \end{vmatrix}$$

zu der Transformation

$$\begin{vmatrix} 1 & 0 \\ 0 & 1 \end{vmatrix}$$

gelangen kann.

---

*) da

$$\begin{vmatrix} 0 & 1 \\ 1 & 0 \end{vmatrix} \begin{vmatrix} 0 & 1 \\ 1 & 0 \end{vmatrix} = \begin{vmatrix} 1 & 0 \\ 0 & 1 \end{vmatrix}$$

ist.

Berücksichtigt man endlich, dass

$$\begin{vmatrix} 1 & \pm 1 \\ 0 & 1 \end{vmatrix} \begin{vmatrix} 0 & 1 \\ \pm 1 & 0 \end{vmatrix} = \begin{vmatrix} 1 & 1 \\ \pm 1 & 0 \end{vmatrix} \text{ und weiter } \begin{vmatrix} 1 & 1 \\ \pm 1 & 0 \end{vmatrix} \begin{vmatrix} 1 & 0 \\ -1 & 1 \end{vmatrix} = \begin{vmatrix} 0 & 1 \\ \pm 1 & 0 \end{vmatrix}$$

ist, dass ferner

$$\begin{vmatrix} 1 & 0 \\ 1 & 1 \end{vmatrix} \begin{vmatrix} 1 & 0 \\ -1 & 1 \end{vmatrix} = \begin{vmatrix} 1 & 0 \\ 0 & 1 \end{vmatrix}, \quad \begin{vmatrix} 0 & -1 \\ 1 & 0 \end{vmatrix} \begin{vmatrix} 0 & 1 \\ -1 & 0 \end{vmatrix} = \begin{vmatrix} 1 & 0 \\ 0 & 1 \end{vmatrix},$$

$$\begin{vmatrix} 0 & 1 \\ 1 & 0 \end{vmatrix} \begin{vmatrix} 0 & 1 \\ -1 & 0 \end{vmatrix} = \begin{vmatrix} -1 & 0 \\ 0 & 1 \end{vmatrix}, \quad \begin{vmatrix} 0 & -1 \\ -1 & 0 \end{vmatrix} \begin{vmatrix} 0 & 1 \\ -1 & 0 \end{vmatrix} = \begin{vmatrix} 1 & 0 \\ 0 & -1 \end{vmatrix}$$

$$\begin{vmatrix} 1 & 0 \\ 0 & -1 \end{vmatrix} \begin{vmatrix} -1 & 0 \\ 0 & 1 \end{vmatrix} = \begin{vmatrix} -1 & 0 \\ 0 & -1 \end{vmatrix}$$

ist, so folgt, dass man durch successive Anwendung der beiden Substitutionen

$$\begin{vmatrix} 1 & 0 \\ -1 & 1 \end{vmatrix} \text{ und } \begin{vmatrix} 0 & 1 \\ -1 & 0 \end{vmatrix}$$

auf

$$\text{(a)} \quad \dots\dots\dots\dots \quad \begin{vmatrix} a_0 & a_1 \\ b_0 & b_1 \end{vmatrix}$$

zu einer der in dem Schema

$$\begin{vmatrix} \pm 1 & 0 \\ 0 & \pm 1 \end{vmatrix}$$

enthaltenen Transformationen oder durch successive Anwendung der Transformationen

$$\text{(1)} \quad \dots \quad \begin{vmatrix} 1 & 0 \\ -1 & 1 \end{vmatrix} \begin{vmatrix} 0 & 1 \\ -1 & 0 \end{vmatrix} \begin{vmatrix} 1 & 0 \\ 0 & -1 \end{vmatrix} \begin{vmatrix} -1 & 0 \\ 0 & -1 \end{vmatrix}$$

auf (a) zu der Transformation

$$\begin{vmatrix} 1 & 0 \\ 0 & 1 \end{vmatrix}$$

geführt wird. Nun ist aber leicht zu sehen, dass die Zusammensetzung der beiden Substitutionen

$$\begin{vmatrix} a_0 & a_1 \\ b_0 & b_1 \end{vmatrix} \begin{vmatrix} b_1 & -a_1 \\ -b_0 & a_0 \end{vmatrix} \text{ oder } \begin{vmatrix} a_0 & a_1 \\ b_0 & b_1 \end{vmatrix} \begin{vmatrix} -b_1 & a_1 \\ b_0 & -a_0 \end{vmatrix},$$

von denen die zweiten die *supplementären* der ersten genannt werden, auf die Substitution

$$\begin{vmatrix} 1 & 0 \\ 0 & 1 \end{vmatrix}$$

führt, je nachdem

$$a_0 b_1 - a_1 b_0 = \pm 1$$

ist, und dass somit die Ausübung der Substitution

$$\begin{vmatrix} b_1 & -a_1 \\ -b_0 & a_0 \end{vmatrix} \text{ oder } \begin{vmatrix} -b_1 & a_1 \\ b_0 & -a_0 \end{vmatrix}$$

durch successive Ausübung der Substitutionen (1) ersetzt werden kann. Berücksichtigt man aber ferner, dass aus den Gleichungen

$$\Omega = a_0 \Omega_1 + a_1 \Omega_1'$$
$$\Omega' = b_0 \Omega_1 + b_1 \Omega_1',$$

je nachdem $a_0 b_1 - a_1 b_0 = +1$ oder $= -1$ ist, sich zwischen diesen beiden Systemen von Elementarperioden die Beziehungen ergeben

$$\Omega_1 = \quad b_1 \Omega - a_1 \Omega', \quad \Omega_1' = - b_0 \Omega + a_0 \Omega',$$

oder

$$\Omega_1 = - b_1 \Omega + a_1 \Omega', \quad \Omega_1' = \quad b_0 \Omega - a_0 \Omega',$$

dass ausserdem die vier Substitutionen (1) immer wieder, da ihre Determinanten die positive oder die negative Einheit sind, auf Systeme von Elementarperioden führen, die aus dem vorhergehenden Systeme durch Zeichenänderung der Perioden oder durch Vertauschung derselben oder endlich für eine derselben durch eine einfache subtractive Verbindung der beiden gegebenen entstehen *), so folgt unmittelbar,

dass man von dem Systeme der Elementarperioden Ω und Ω' zu einem beliebigen andern Systeme von Elementarperioden Ω_1 und Ω_1' gelangen kann, indem man von den Perioden Ω und Ω' ausgehend stets durch successive Zeichenänderung der Perioden, oder Vertauschung derselben, oder einfache subtractive Verbindung für eine derselben, indem die andere unverändert bleibt, durch eine Reihe von einfachen Systemen von Elementarperioden hindurchgeht, bis man zu dem verlangten Systeme kommt.

Wir werden diesen Satz, in etwas anderer Form ausgesprochen, später der Transformationstheorie zu Grunde legen; für jetzt wollen wir ihn benutzen, um ein Eintheilungsprincip für die doppeltperiodischen Functionen zu entwickeln, nachdem wir erst noch einige allgemeine Eigenschaften der doppelt periodischen Functionen besprochen haben werden.

Es ist vor Allem leicht ersichtlich, *dass eine eindeutige doppeltperiodische Function in jedem Periodenparallelogramme jeden Werth eine gleiche Anzahl mal annimmt, vorausgesetzt, dass dieselbe innerhalb dieses Parallelogramms keinen Werth unendlich oft erlangt.***)

---

*) indem jene vier Substitutionen die Beziehungen liefern

$$\begin{array}{llll} \Omega_1 = \Omega, & \Omega_1 = \Omega', & \Omega_1 = \Omega, & \Omega_1 = -\Omega, \\ \Omega_1' = -\Omega + \Omega', & \Omega_1' = -\Omega, & \Omega_1' = -\Omega', & \Omega_1' = -\Omega'. \end{array}$$

**) Es mag bemerkt werden, dass es in der That für alle Werthe der Variabeln eindeutige Functionen giebt, die in ihrem Periodenparallelogramme jeden Werth unendlich oft annehmen, wie z. B.

$$e^{\sin \operatorname{am} w},$$

indem die Function sich nicht ändert, wenn auch $\sin \operatorname{am} w$ um ganze Vielfache von $2\pi i$ verschieden ist.

Denn sei

$$z = \varphi(w)$$

jene Function, so wird

$$\frac{1}{2\pi i}\int d \log \varphi(w) = m - n$$

sein, wenn das Integral über den Umfang des Periodenparallelogramms genommen*) wird, und m die Anzahl der Nullen, n die der Unendlichen erster Ordnung in diesem Parallelogramm bedeutet. Da aber

$$d \log \varphi(w) = \frac{\varphi'(w)}{\varphi(w)}$$

offenbar ebenfalls eine doppeltperiodische Function mit denselben Perioden ist, so werden sich die über die gegenüberliegenden Seiten des Parallelogramms vollzogenen Integrationen wegen der gleichen Functionalwerthe und der verschiedenen Integrationsrichtung zerstören, und es wird somit $m = n$ sein, d. h. die Function in jenem Parallelogramm ebenso oft Null als unendlich von der ersten Ordnung werden und daher nach einer schon oft gemachten Schlussweise jeden Werth eine gleiche Anzahl mal annehmen, indem

$$\varphi(w) - A,$$

worin A eine willkührliche constante Grösse bedeutet, dieselben beiden Perioden wie $\varphi(w)$ hat, und in denselben Punkten wie diese innerhalb desselben Periodenparallelogramms unendlich wird.

Aber die *Werthe von w, für welche die Function $z = \varphi(w)$ innerhalb eines Periodenparallelogramms denselben Werth annimmt, haben die Eigenschaft, dass ihre Summe, welches auch der entsprechende z-Werth ist, von ganzzahligen Multiplen der Perioden abgesehen constant ist,*

wie wir für sin am w die Congruenz

$$w_1 + w_2 \equiv \frac{\Omega}{2}$$

gefunden haben.

Um dies einzusehen, mögen die einem z zugehörigen, in dem oben betrachteten Periodenparallelogramm befindlichen w-Werthe mit

$$w_1,\ w_2,\ \ldots\ w_n$$

bezeichnet werden, es wird dann die Summe dieser Werthe

$$f(z) = w_1 + w_2 + \cdots + w_n$$

als Function von z aufgefasst jedenfalls eine unendlich vieldeutige

*) Wir wollen nicht unerwähnt lassen, dass man annehmen darf, dass $\varphi(w)$ auf dem Rande des Parallelogramms weder Null noch unendlich wird, da, wenn dies der Fall ist, man auf beiden Seiten parallele krumme Ausbiegungen nehmen kann, für welche die folgenden Schlüsse sämmtlich bestehen bleiben.

Function, da einem z unendlich viele $f(z)$ entsprechen, die sich jedoch sämmtlich von den in einem Periodenparallelogramm erlangten Werthen um ganze Vielfache der Perioden unterscheiden. Bildet man

$$\frac{df(z)}{dz} = \frac{dw_1}{dz} + \frac{dw_2}{dz} + \cdots + \frac{dw_n}{dz},$$

so folgt aus dieser Gleichung leicht, dass

$$\frac{df(z)}{dz}$$

eindeutig und für kein z unendlich sein kann. Denn vor allen Dingen ist klar, dass diese Grösse eine eindeutige Function von z ist, da einem beliebigen aber bestimmten Werthe von z nur n Werthe $w_1, w_2, \ldots w_n$ und die durch Perioden von diesen verschiedenen Werthe zugehören, während für die Ableitungen offenbar nur jedem Werthe von z die n Werthe

$$\frac{dw_1}{dz}, \quad \frac{dw_2}{dz}, \ldots \frac{dw_n}{dz}$$

entsprechen, so dass die aus der Summe dieser Grössen bestehende symmetrische Function bei einem geschlossenen Wege der Variabeln z unverändert bleibt, also eine eindeutige Function von z ist. Wäre nun diese eindeutige Function von z in einem Punkte $z = \alpha$ unendlich, so würde die Entwicklung in der Umgebung von $z = \alpha$

$$\frac{df(z)}{dz} = \cdots + \frac{A_{-2}}{(z-\alpha)^2} + \frac{A_{-1}}{z-\alpha} + A_0 + A_1(z-\alpha) + \cdots$$

sein, und man sieht daraus unmittelbar, dass dann das Integral dieser Reihe, also $f(z)$ jedenfalls auch in $z = \alpha$ unendlich gross würde, was nicht der Fall sein kann, da $w_1, w_2, \ldots w_n$ Werthe der Variabeln in einem im Endlichen gelegenen Periodenparallelogramm sein sollten; ebensowenig wird $\frac{df(z)}{dz}$ für ein unendlich grosses z unendlich werden können, weil sonst die Entwickelung dieser auch in der Unendlichkeit eindeutigen Function lauten würde

$$\frac{df(z)}{dz} = \cdots + A_2 z^2 + A_1 z + A_0 + A_{-1} z^{-1} + \cdots,$$

und daher $f(z)$ für $z = \infty$ unendlich gross sein würde, was aus demselben Grunde nicht angeht. Da somit die für alle endlichen und unendlichen z eindeutige Function $\frac{df(z)}{dz}$ für kein endliches oder unendliches z unendlich gross sein kann, so muss sie bekanntlich eine Constante c sein, und es wäre somit

$$f(z) = cz + c_1,$$

worin die Constanten in verschiedenen Bereichen der z-Ebene auch verschiedene Werthe haben können, indem $f(z)$ eine unstetige Function von z sein darf; da aber $f(z)$ für $z = \infty$ endlich war, so muss $c = 0$ sein, und daher $f(z)$ eine Constante, die jedoch von Bereich zu Bereich sich ändern kann. Berücksichtigt man jedoch, dass zu jedem z nicht bloss die n Werthe $w_1, w_2, \ldots w_n$ gehören, sondern auch noch alle diejenigen, welche sich durch ganze Vielfache der Periodicitätsmoduln von diesen unterscheiden, dass somit $f(z)$ eine unendlich vieldeutige Function von z ist, deren Werthe sich aber nur um Perioden unterscheiden können, so ist leicht zu sehen, dass jene Constanten, welche $f(z)$ in verschiedenen Bereichen darstellen, sich ebenfalls nur um Perioden unterscheiden können, weil sonst in den Punkten, in welchen zwei solche Bereiche an einander stossen, $f(z)$ nicht bloss um Perioden verschiedene Werthe haben würde, was nicht angeht; somit wird die Summe der w von Periodicitätsmoduln abgesehen eine constante sein, oder

$$w_1 + w_2 + \cdots + w_n \equiv c$$

werden.*)

*) Es mag bemerkt werden, dass man diesen Satz auch vermöge der in der siebenten Vorlesung gefundenen Beziehung

$$\beta = \frac{1}{2m\pi i}\int_{(\beta)} \frac{f'(w)}{f(w)}\, w\, dw$$

$$\alpha = -\frac{1}{2n\pi i}\int_{(\alpha)} \frac{f'(w)}{f(w)}\, w\, dw$$

beweisen kann, indem sich das über das Periodenparallelogramm genommene Integral

$$\frac{1}{2\pi i}\int \frac{f'(w)}{f(w)}\, w\, dw$$

nach bekannten Sätzen in der Form ergiebt

$$\frac{1}{2\pi i}\Sigma\int_{(\beta)} \frac{f'(w)}{f(w)}\, w\, dw + \frac{1}{2\pi i}\Sigma\int_{(\alpha)} \frac{f'(w)}{f(w)}\, w\, dw,$$

woraus mit Hülfe der obigen Beziehungen

$$\frac{1}{2\pi i}\int \frac{f'(w)}{f(w)}\, dw = \Sigma m\beta - \Sigma n\alpha$$

folgt, und das auf der linken Seite der Gleichung befindliche Integral über den Umfang des Periodenparallelogramms zu nehmen ist. Berücksichtigt man aber, dass in dem Integrale, über zwei gegenüberliegende Seiten des Parallelogramms genommen, in entsprechenden Punkten $\frac{f'(w)}{f(w)}$ denselben Werth annimmt, w sich nur um eine Periode unterscheidet und dw bis auf das Zeichen gleich ist, so folgt, dass die Integrale über die beiden Seiten in entgegengesetzter Richtung genommen das Resultat geben

$$\frac{\Omega}{2\pi i}\int \frac{f'(w)}{f(w)}\, dw,$$

worin das Integral über die eine Seite des Parallelogramms zu nehmen ist; ebenso folgt für die beiden andern Integrale

$$\frac{\Omega'}{2\pi i}\int \frac{f'(w)}{f(w)}\, dw$$

Vermöge dieser Eigenschaften der doppeltperiodischen Functionen und der oben in Betreff der Herleitung eines Systemes von Elementarperioden aus jedem andern aufgestellten Sätze, wird es möglich sein, ein Eintheilungsprincip für die doppeltperiodischen Functionen zu entwickeln. Einerseits ist nämlich gezeigt worden, dass jede doppelt periodische Function in irgend einem Periodenparallelogramm jeden Werth eine gleiche Anzahl mal annimmt, wenn sie überhaupt alle Werthe in diesem Parallelogramm nur eine endliche Anzahl mal erlangt, andererseits lässt sich aber aus den obigen Untersuchungen folgern, dass eine doppelt periodische Function in allen Elementarparallelogrammen jeden Werth ein und dieselbe Anzahl mal annimmt. Denn da sich, wenn wir zwei beliebige Elementarparallelogramme vergleichen, nach dem oben bewiesenen Satze das eine aus dem andern herleiten lässt, indem man das erstere successive durch Verlegung der Richtung der Seiten in die entgegengesetzte oder durch Vertauschung der Seiten ändert, also nur dasselbe Parallelogramm in anderer Lage betrachtet, oder statt des Parallelogrammes (Ω, Ω') das Parallelogramm $(\Omega, -\Omega + \Omega')$ substituirt, wodurch nur die Hälfte des Parallelogrammes congruent mit sich verschoben wird, so leuchtet unmittelbar ein, dass in jedem dieser successive entstehenden Elementarparallelogramme, sowie in dem zuletzt sich ergebenden, das mit dem vorgelegten verglichen werden soll, *die Anzahl der Nullen und Unendlichen, also auch die Vielfachheit aller Werthe für die verschiedenen Elementarparallelogramme dieselbe ist.*

In Folge davon können wir die doppeltperiodischen Functionen im Allgemeinen nach der Anzahl der Werthe der Variabeln ein-

---

über die andere Seite des Parallelogrammes genommen. Da aber

$$\int \frac{f'(w)}{f(w)}\, dw \quad \text{oder} \quad \int d \log f(w),$$

weil $f(w)$ im Anfangs- und Endpunkte einer Seite des Parallelogrammes denselben Werth annimmt und ausserdem eindeutig ist, wenn $f(w) = z$ gesetzt wird, in

$$\int d \log z$$

übergeht, welches $2\mu\pi i$ oder 0 ist, wenn μ eine ganze Zahl bedeutet, je nachdem der geschlossene Umfang der z-Variable den Punkt $f(w) = 0$ oder ∞ einschliesst, oder diese Punkte nicht in sich enthält, so ergiebt sich

$$\Sigma m\beta - \Sigma n\alpha = \mu\Omega + \nu\Omega',$$

d. h. es ist die Summe aller der Werthe, für welche die Function von der ersten Ordnung unendlich ist, von der Summe derjenigen Werthe, für welche sie Null wird, nur um ganze Vielfache der Perioden unterschieden. Betrachtet man nunmehr die Function $f(w) - A$, so sind die w-Werthe, für welche diese unendlich wird, innerhalb desselben Periodenparallelogramms dieselben, und daher die Summe der w, für welche $f(w) - A = 0$ oder $f(w) = A$ wird, ebenfalls jener Summe nach den Periodicitätsmoduln congruent.

theilen, für welche die Function innerhalb eines Elementarparallelogrammes denselben Werth annimmt, und ist diese Zahl n, so soll *die doppeltperiodische Function eine Function n^{ter} Ordnung genannt werden.*

Indem wir nun auf Grund dieser Eintheilung dazu übergehen, die allgemeinsten doppelt periodischen Functionen zu bilden, welche in jedem Periodenparallelogramm nur für eine endliche Anzahl von Werthen denselben Werth annehmen und zu jedem Werthe der Variabeln nur eine endliche Anzahl von Functionalwerthen liefern, mag vor allen Dingen bemerkt werden, dass es nur nöthig sein wird, die Untersuchung der *eindeutigen* doppelt periodischen Functionen durchzuführen, da, wenn z eine n-deutige Function von w ist, sich nach früheren Auseinandersetzungen z als die Wurzel einer algebraischen Gleichung n^{ten} Grades darstellen lässt, deren Coefficienten eindeutige doppelt periodische Functionen sind.

Was nun die eindeutigen doppelt periodischen Functionen angeht, so ist leicht einzusehen, *dass es solche von der ersten Ordnung überhaupt nicht giebt.* Denn sei z jene Function und bildet man

$$\int z\, dw$$

über den Umfang des Elementarparallelogramms genommen, so ist der Werth dieses Integrales in jedem Falle Null, da die Integrale über die gegenüberliegenden Seiten des Parallelogramms genommen sich aufheben; gäbe es also nur *einen* Punkt α im Innern desselben, für den die Function von der ersten Ordnung unendlich ist, so müsste auch das unendlich kleine Curvenintegral um diesen Punkt genommen verschwinden; da aber für Werthe in der Umgebung von α

$$z = \frac{A}{w - \alpha} + B + C(w - \alpha) + \cdots,$$

so würde

$$A \,.\, 2\pi i = 0,$$

also $A = 0$ sein müssen, in welchem Falle die eindeutige Function z in dem Periodenparallelogramm also überhaupt nicht unendlich, also eine Constante sein würde.

Von den eindeutigen doppelt periodischen Functionen zweiter Ordnung haben wir bereits die $\sin \operatorname{am} w$ kennen gelernt, es fragt sich jetzt, ob es noch andere giebt, und in welcher Form sich der analytische Ausdruck derselben darstellt.

Sei z eine solche Function zweiter Ordnung von w, welche in irgend einem beliebig gewählten Elementarparallelogramm mit den Elementarperioden Ω und Ω' in den Punkten α und β von der ersten Ordnung unendlich werden mag, so wird, wenn wir die Entwicklungsglieder von z in der Nähe der Punkte α und β abziehen, eine in dem

Periodenparallelogramme endliche Function $\varphi(w)$ übrig bleiben, und es wird sich

$$z = \frac{A}{w-\alpha} + \frac{B}{w-\beta} + \varphi(w),$$

oder da wieder durch Integration über den Umfang des Periodenparallelogrammes

$$A \,.\, 2\pi i + B \,.\, 2\pi i = 0$$

oder

$$B = -A$$

folgt,

(1) . . . . $$z = \frac{A}{w-\alpha} - \frac{A}{w-\beta} + \varphi(w)$$

ergeben.

Da nun die Entwicklung der rechten Seite in der Nähe von $w = \alpha$

$$z = A(w-\alpha)^{-1} + C_0 + C_1(w-\alpha) + \cdots$$

oder

$$z = A(w-\alpha)^{-1}\left\{1 + \frac{C_0}{A}(w-\alpha) + \frac{C_1}{A}(w-\alpha)^2 + \cdots\right\}$$

lautet, und daher

$$A z^{-1} = (w-\alpha)\left\{1 + \frac{C_0}{A}(w-\alpha) + \cdots\right\}^{-1}$$
$$= (w-\alpha)\left\{1 + D_0(w-\alpha) + \cdots\right\}$$

ist, so folgt nach früheren Betrachtungen, dass $w - \alpha$, nach Potenzen von z in der Nähe des unendlich entfernten Punktes entwickelt, lautet

$$w - \alpha = Az^{-1} + Bz^{-2} + Cz^{-3} + \cdots,$$

und da aus der Gleichung (1) durch Differentiation nach w

$$\frac{dz}{dw} = -\frac{A}{(w-\alpha)^2} + \frac{A}{(w-\beta)^2} + \varphi'(w)$$

folgt, so wird, da $\varphi'(w)$ als Ableitung einer in $w = \alpha$ endlichen und eindeutigen Function wieder endlich ist, die Entwicklung von $\frac{dz}{dw}$ nach steigenden Potenzen von $w - \alpha$ lauten

$$\frac{dz}{dw} = -A(w-\alpha)^{-2} + D_0 + D_1(w-\alpha) + \cdots$$

und somit, wenn $\frac{dz}{dw}$ als Function von z aufgefasst wird, vermöge der obigen Entwicklung von $w - \alpha$ nach negativen Potenzen von z die Form annehmen

$$\frac{dz}{dw} = -A^{-1}z^2 + K_1 z + K_0 + K_{-1}z^{-1} + \cdots.$$

Aber $\frac{dz}{dw}$ ist keine eindeutige Function von z; zu jedem z gehören nämlich unendlich viele Werthe von w, die sich theils um ganze Vielfache der Perioden unterscheiden, theils in bestimmten Bereichen zu je zweien eine constante Summe c geben, so dass, wenn zwei solche Werthe mit w_1 und w_2 bezeichnet werden,

$$w_1 + w_2 = c$$

ist, und die Werthe von c für die verschiedenen Bereiche sich nur um Vielfache von Perioden unterscheiden. Für die nur um Vielfache der Perioden verschiedenen Werthe des w ist es klar, dass $\frac{dw}{dz}$ für dasselbe z denselben Werth haben muss, weil die beiden in Betracht kommenden unendlich benachbarten w-Werthe für das eine und das andere Paar sich um dieselben Vielfachen der Perioden unterscheiden; für zwei Werthe w_1 und w_2 jedoch der zweiten Art wird innerhalb *eines* der betrachteten Bereiche jedenfalls

$$\frac{dw_1}{dz} + \frac{dw_2}{dz} = 0 \quad \text{oder} \quad \frac{dw_2}{dz} = -\frac{dw_1}{dz}$$

sein müssen; lässt man jedoch das dw innerhalb eines Elementarparallelogramms von einem Bereiche in den andern hinübergreifen, so dass der neue Werth w_1' dem w_1 unendlich benachbart, aber der zugehörige Werth w_2', welcher die für den nächsten Bereich constante Summe c liefert, von w_2 um Endliches verschieden ist, so wird

$$w_1' + w_2' = c'$$

sein, wo c' sich von c um Vielfache der Perioden unterscheidet; bringt man nun diese Gleichung auf die Form

$$w_1' + w_2'' = c,$$

so ergiebt sich durch Vergleichung mit der obigen, dass w_2'' sich von w_2 auch nur um unendlich wenig unterscheidet*), und dass daher auch für das betreffende dz

$$\frac{dw_2}{dz} = -\frac{dw_1}{dz}$$

sein muss, während sich für alle übrigen wieder derselbe Werth der Ableitung ergiebt, und es wird daher $\frac{dw}{dz}$, also auch $\frac{dz}{dw}$ für die Werthe w_1 und w_2, also für dasselbe z nur zwei dem absoluten Werthe nach gleiche, dem Zeichen nach entgegengesetzte Werthe haben, so dass

$$\left(\frac{dz}{dw}\right)^2,$$

als Function von z aufgefasst, für alle z eindeutig ist und für kein endliches z unendlich werden kann, da, wenn dieses endliche z einem unendlichen w entspräche, es auch der Functionalwerth der doppelt periodischen Function z für ein endliches w sein müsste, dann aber, wie bekannt, die Ableitung einer eindeutigen Function für einen

*) wodurch gezeigt ist, dass sich auch stets ein Periodenparallelogramm bilden lässt, innerhalb dessen die Summe der beiden w-Werthe dieselbe ist.

endlichen Werth der Variabeln nur mit der Function selbst unendlich gross werden kann. Daraus folgt aber, dass, da nach dem Obigen

$$\left(\frac{dz}{dw}\right)^2 = A^{-2} z^4 + P_3 z^3 + P_2 z^2 + P_1 z + P_0 + P_{-1} z^{-1} + \cdots$$

ist, also $\left(\frac{dz}{dw}\right)^2$ für $z = \infty$ von der vierten Ordnung unendlich ist,

$$\left(\frac{dz}{dw}\right)^2 = A^{-2} (z - \alpha)(z - \beta)(z - \gamma)(z - \delta),$$

oder

(2) . . . . $$\frac{dz}{dw} = \frac{1}{A} \sqrt{(z - \alpha)(z - \beta)(z - \gamma)(z - \delta)},$$

also eine Differentialgleichung, deren Integral eine lineare Function der in der letzten Vorlesung behandelten doppelt periodischen Function war.

Um die Grössen α, β, γ, δ durch die z-Werthe für bestimmte singuläre Punkte auszudrücken, mag die constante Grösse, welcher die Summe je zweier demselben z-Werthe entsprechender w-Werthe congruent ist, mit c bezeichnet werden, dann wird, wenn

$$z = \varphi(w)$$

gesetzt wird, weil die Ableitungen in zwei solchen w-Werthen entgegengesetzte Zeichen hatten,

(3) . . . . $$\varphi'(w) = -\varphi'(c - w)$$

sein. Setzt man nun $w = \frac{c}{2}$, so dass

$$\varphi'\left(\frac{c}{2}\right) = \varphi'\left(\frac{c}{2}\right),$$

also

$$\varphi'\left(\frac{c}{2}\right) = 0\,^{*})$$

ist, so ergiebt sich

$$\left(\frac{dz}{dw}\right)_{w = \frac{c}{2}} = 0;$$

substituirt man ebenso in (3)

$$w = \frac{c}{2} + \frac{\Omega}{2},$$

so ergiebt sich

$$\varphi'\left(\frac{c}{2} + \frac{\Omega}{2}\right) = -\varphi'\left(\frac{c}{2} - \frac{\Omega}{2}\right) = -\varphi'\left(\frac{c}{2} + \frac{\Omega}{2}\right),$$

---

*) Es kann nicht $\varphi'\left(\frac{c}{2}\right) = \infty$ sein, weil sonst auch $\varphi\left(\frac{c}{2}\right) = \infty$ sein müsste, da $\varphi(w)$ als eindeutige Function von w vorausgesetzt war, und wenn dies der Fall wäre, der zweite Werth von w, der von Perioden abgesehen den ersteren zu c ergänzen müsste, ebenfalls $\frac{c}{2}$ wäre, was der Annahme widerspräche, dass die Function in jedem Periodenparallelogramme für zwei verschiedene Werthe unendlich von der ersten Ordnung wurde.

also wieder

$$\varphi'\left(\frac{c}{2}+\frac{\Omega}{2}\right)=0 \quad \text{oder} \quad \left(\frac{dz}{dw}\right)_{w=\frac{c}{2}+\frac{\Omega}{2}}=0,$$

und genau ebenso

$$\varphi'\left(\frac{c}{2}+\frac{\Omega'}{2}\right)=0 \quad \text{oder} \quad \left(\frac{dz}{dw}\right)_{w=\frac{c}{2}+\frac{\Omega'}{2}}=0$$

und

$$\varphi'\left(\frac{c}{2}+\frac{\Omega}{2}+\frac{\Omega'}{2}\right)=0 \quad \text{oder} \quad \left(\frac{dz}{dw}\right)_{w=\frac{c}{2}+\frac{\Omega}{2}+\frac{\Omega'}{2}}=0,$$

so dass in der Gleichung (2) die rechte Seite auch für die vier eben hervorgehobenen Werthe von w verschwinden muss, und daher die Grössen α, β, γ, δ nichts anderes als die z-Werthe für eben diese w sind*), wenn noch gezeigt sein wird, dass die Werthe der Function z für jene betrachteten vier Werthe der Variabeln w von einander verschieden sind; da aber nur solche w-Werthe gleiche Werthe von z liefern, welche sich zu c ergänzen, oder deren Summe sich von c nur durch ganze Vielfache der Perioden Ω und Ω' unterscheidet, dies aber für die Werthe

$$\frac{c}{2},\quad \frac{c}{2}+\frac{\Omega}{2},\quad \frac{c}{2}+\frac{\Omega'}{2},\quad \frac{c}{2}+\frac{\Omega}{2}+\frac{\Omega'}{2}$$

nicht der Fall ist, so ist die Verschiedenheit der Werthe von z für diese Argumente unmittelbar klar; die Gleichung (2) nimmt somit die Form an

$$w=\int\frac{A\,dz}{\sqrt{\left[z-(z)_{\frac{c}{2}}\right]\left[z-(z)_{\frac{c}{2}+\frac{\Omega}{2}}\right]\left[z-(z)_{\frac{c}{2}+\frac{\Omega'}{2}}\right]\left[z-(z)_{\frac{c}{2}+\frac{\Omega}{2}+\frac{\Omega'}{2}}\right]}}$$

Für den Fall, dass die beiden Punkte α und β zusammenfallen, und die Function z also in einem Elementarparallelogramm nur in einem Punkte α und zwar von der zweiten Ordnung unendlich wird, hat z die Form

$$z=\frac{A}{(w-\alpha)^2}+\varphi(w)\ ^{**)}$$

oder in der Nähe von $w=\alpha$

*) Die Werthe -1, $+1$, $-\frac{1}{\varkappa}$, $+\frac{1}{\varkappa}$ lieferten im elliptischen Normalintegral die Werthe der sin am w für die oben bezeichneten w-Grössen.

**) Dass z nicht die Form haben kann

$$z=\frac{A}{(w-\alpha)^2}+\frac{B}{w-\alpha}+\varphi(w)$$

ersieht man unmittelbar wieder daraus, dass die geschlossene Integration von

$$\int z\,dw$$

über den Umfang des Periodenparallelogramms genommen $B=0$ ergeben würde.

$$z = A(w-\alpha)^{-2} + C_0 + C_1(w-\alpha) + \cdots$$

oder

$$z = A(w-\alpha)^{-2}\left\{1 + \frac{C_0}{A}(w-\alpha)^2 + \cdots\right\}$$

und daraus

$$A^{\frac{1}{2}} z^{-\frac{1}{2}} = (w-\alpha)\left\{1 + \frac{C_0}{A}(w-\alpha)^2 + \cdots\right\}^{-\frac{1}{2}}$$
$$= (w-\alpha)\left\{1 + D_1(w-\alpha)^2 + \cdots\right\};$$

hieraus folgt aber

$$w - \alpha = A^{\frac{1}{2}} z^{-\frac{1}{2}} + Bz^{-1} + Cz^{-\frac{3}{2}} + \cdots,$$

und da sich aus der oben für z angenommenen Form

$$\frac{dz}{dw} = -2A(w-\alpha)^{-3} + \varphi'(w)$$

ergiebt, so folgt durch Einsetzen

$$\frac{dz}{dw} = -2A^{-\frac{1}{2}} z^{\frac{3}{2}} + D_2 z^{\frac{2}{2}} + D_1 z^{\frac{1}{2}} + D_0 + D_{-1} z^{-\frac{1}{2}} + \cdots,$$

und weil genau wie oben $\frac{dz}{dw}$ wiederum als Function von z aufgefasst zweideutig, also $\left(\frac{dz}{dw}\right)^2$ eindeutig ist, ferner für kein endliches z unendlich gross ist und nach der gefundenen Entwicklung für $z = \infty$ von der dritten Ordnung unendlich wird, so wird sich die Form ergeben

$$\left(\frac{dz}{dw}\right)^2 = 4A^{-1}(z-\alpha)(z-\beta)(z-\gamma)$$

oder

$$w = \frac{1}{2}\sqrt{A}\int\frac{dz}{\sqrt{(z-\alpha)(z-\beta)(z-\gamma)}}.$$

Drückt man genau wie oben α, β, γ durch die z-Werthe für specielle Punkte des Periodenparallelogramms aus, so ergiebt sich

$$(5)\quad w = \frac{1}{2}\sqrt{A}\int\frac{dz}{\sqrt{\left[z-(z)_{\frac{c}{2}+\frac{\Omega}{2}}\right]\left[z-(z)_{\frac{c}{2}+\frac{\Omega'}{2}}\right]\left[z-(z)_{\frac{c}{2}+\frac{\Omega}{2}+\frac{\Omega'}{2}}\right]}},$$

und wir sehen somit aus (4) und (5), dass sich in beiden Fällen w als elliptisches Integral erster Gattung ausdrückt, und, weil jedes elliptische Integral erster Gattung sich durch eine lineare Substitution auf die Form

$$w = \frac{1}{\varepsilon}\int\frac{d\zeta}{\sqrt{(1-\zeta^2)(1-\varkappa^2\zeta^2)}}$$

zurückführen lässt, somit

jede eindeutige doppelt periodische Function zweiter Ordnung eine lineare Function von sin am $\varepsilon(w - w_0)$ sein wird, worin ε und w_0 Constanten bedeuten.

Es wird sich nun darum handeln, diesen Ausdruck wirklich zu bilden und die Grössen ε, w_0, k vermöge der gegebenen Elemente der doppelt periodischen Function darzustellen.

Sei also eine eindeutige doppelt periodische Function zu bilden, für welche ein System von unabhängigen Perioden Ω und Ω' *) von der Beschaffenheit, dass die Function innerhalb des von diesen beiden gebildeten Parallelogrammes jeden Werth nur zweimal annimmt, ferner zwei Werthe a_1 und a_2 gegeben sind, für die sie verschwinden, und zwei Werthe α_1 und α_2, für die sie unendlich werden soll, die sich jedoch nicht nur durch Vielfache der Perioden von einander unterscheiden dürfen und die der nach Früherem für die Existenz der Function nothwendigen Bedingung

$$\alpha_1 + \alpha_2 \equiv a_1 + a_2$$

genügen müssen, so darf von den beiden Perioden Ω und Ω' angenommen werden, dass der rein imaginäre Theil von

---

*) Es mag hier bemerkt werden, dass, wenn eine eindeutige doppelt periodische Function innerhalb eines von den Perioden Ω und Ω' gebildeten Parallelogrammes jeden Werth nur zweimal annimmt, dieses Parallelogramm nothwendig ein Elementarparallelogramm sein muss. Wenn sich dies auch aus der oben zu entwickelnden Form unmittelbar wird einsehen lassen, so wird es doch zweckmässig sein, diese Behauptung auch direct zu erweisen. Wären nämlich Ω und Ω' nicht Elementarperioden, sondern mit zwei solchen Ω_1 und Ω_1' durch die Beziehungen verbunden

$$\Omega = a_0 \Omega_1 + a_1 \Omega_1',$$
$$\Omega' = b_0 \Omega_1 + b_1 \Omega_1',$$

worin

$$a_0 b_1 - a_1 b_0 = n$$

ist und n eine positive oder negative ganze Zahl bedeutet, so wird sich mit Hülfe der am Anfange dieser Vorlesung vermöge der Kettenbruchsentwicklung von $\frac{a_1}{a_0}$ gefundenen Substitutionen, wie leicht aus den dort aufgestellten Relationen zu ersehen

$$\begin{vmatrix} a_0 & a_1 \\ b_0 & b_1 \end{vmatrix} \begin{vmatrix} 1 & -p \\ 0 & 1 \end{vmatrix} \begin{vmatrix} 1 & 0 \\ -q & 1 \end{vmatrix} \begin{vmatrix} 1 & -r \\ 0 & 1 \end{vmatrix} \cdots = \begin{vmatrix} 1 & 0 \\ m & n \end{vmatrix} \text{ oder } \begin{vmatrix} 0 & 1 \\ n & m \end{vmatrix}$$

ergeben, so dass, wenn auf Ω_1, Ω_1' successive weiter lineare Substitutionen ausgeübt werden, man schliesslich auf die Form

$$\Omega = \Omega_\varkappa, \qquad \Omega' = m\,\Omega_\varkappa + n\,\Omega_\varkappa'$$

oder

$$\Omega = \Omega_\varkappa', \qquad \Omega' = n\,\Omega_\varkappa + m\,\Omega_\varkappa'$$

kommt, worin $\Omega_\varkappa$ und $\Omega_\varkappa'$ Elementarperioden sind. Aus der Form dieser Ausdrücke geht aber unmittelbar hervor, dass, wie eine leicht zu entwerfende Figur zeigt, die doppelt periodische Function in dem von Ω und Ω' gebildeten Parallelogramm jeden Werth mehr als zweimal annehmen müsste, da dieselbe ihn in dem von den Elementarperioden bestimmten Elementarparallelogramm nach dem Früheren mindestens zweimal annehmen wird.

$$\frac{\Omega'}{\Omega}$$

zum Coefficienten von i eine wesentlich positive Grösse hat, indem unabhängige Perioden keinen reellen Quotienten haben können, und wenn jener Coefficient von i negativ ist, man nur das System der Perioden Ω und $-\Omega'$ zu betrachten braucht. Setzt man nun

$$\frac{2\,\Omega'}{\Omega} = \tau,$$

dann wird nach den Resultaten der letzten Vorlesung ein Integralmodul durch den Ausdruck

$$\sqrt{\varkappa} = \frac{\vartheta_2(0)}{\vartheta_3(0)}$$

bestimmt und somit bekannt sein, da die ϑ-Functionen durch den Modul τ vermöge der oben gefundenen Reihenentwicklungen gegeben sind, und es ist dann

$$f(w) = \frac{1}{\sqrt{\varkappa}} \frac{\vartheta_1\left(\frac{2\,w}{\Omega}\right)}{\vartheta_0\left(\frac{2\,w}{\Omega}\right)}$$

eine eindeutige Function mit den Perioden Ω und Ω'. Setzt man nun

$$\sigma \equiv \frac{\Omega}{4} - \frac{\alpha_1 + \alpha_2}{2},$$

so wird behauptet, dass die Function

$$\frac{f(w+\sigma) - f(a_1+\sigma)}{f(w+\sigma) - f(\alpha_1+\sigma)}$$

in den Punkten a_1 und a_2 verschwindet und in α_1 und α_2 unendlich wird, und nur in diesen; denn da sie nur Null werden kann, wenn der Zähler Null wird, und

$$f(w+\sigma) = f(a_1+\sigma)$$

nach den früheren Auseinandersetzungen nur befriedigt wird, wenn

$$w + \sigma \equiv a_1 + \sigma \quad \text{und} \quad w + \sigma \equiv \frac{\Omega}{2} - a_1 + \sigma$$

oder

$$w \equiv a_1 \text{ und } w \equiv \frac{\Omega}{2} - a_1 - 2\,\sigma$$

$$\equiv \frac{\Omega}{2} - a_1 - \frac{\Omega}{2} + (\alpha_1 + \alpha_2) \equiv - a_1 + \alpha_1 + \alpha_2 \equiv a_2$$

ist, so wird die erste der Bedingungen erfüllt sein, dass die Function in den Punkten a_1 und a_2 verschwindet. Da ferner das Verschwinden des obigen Nenners nur durch die Werthe

$$w \equiv \alpha_1 \quad \text{und} \quad w \equiv \frac{\Omega}{2} - \alpha_1 - 2\,\sigma \equiv \frac{\Omega}{2} - \alpha_1 - \frac{\Omega}{2} + \alpha_1 + \alpha_2 \equiv \alpha_2$$

bedingt wird, so folgt, dass die oben gebildete Function in den verlangten Werthen Null und unendlich von der ersten Ordnung wird, und da sie mit der vorgelegten Function dasselbe Periodenparallelogramm besitzt, so wird der Quotient dieser beiden Functionen offenbar für keinen Werth in der Ebene unendlich werden und daher eine Constante sein, so dass die gesuchte Function $\varphi(w)$ die Form hat

$$\varphi(w) = C \cdot \frac{f(w+\sigma) - f(a_1+\sigma)}{f(w+\sigma) - f(\alpha_1+\sigma)},$$

worin C eine Constante bedeutet.

Mit Hülfe der allgemeinen Form der eindeutigen doppelt periodischen Functionen zweiter Ordnung, wird es nun leicht sein, diejenige der Functionen n^{ter} Ordnung unmittelbar zu entwickeln.

Sei jetzt nämlich eine eindeutige doppelt periodische Function zu bestimmen mit den Perioden Ω und Ω', in deren Parallelogramm dieselbe in den n Punkten

$$a_1, a_2, \ldots a_n$$

verschwinden und in den n Punkten

$$\alpha_1, \alpha_2, \ldots \alpha_n$$

unendlich werden soll (welche Punkte sich jedoch nicht bloss um Perioden unterscheiden sollen), so wird nach dem oben bewiesenen Satze von der constanten Summe der w-Werthe, welche denselben Functionalwerth geben, die Congruenz befriedigt sein müssen

$$a_1 + a_2 + \cdots + a_n \equiv \alpha_1 + \alpha_2 + \cdots + \alpha_n,$$

wenn überhaupt eine solche Function existiren soll; ist diese jedoch erfüllt, so werden wir zeigen, dass für beliebige Werthe von

$$\Omega, \Omega', a_1, a_2, \ldots a_n, \alpha_1, \alpha_2, \ldots \alpha_n,$$

wenn nur der Quotient von $\frac{\Omega'}{\Omega}$ nicht reell, d. h. die Perioden von einander unabhängig sind, eine eindeutige doppelt periodische Function existirt, und wie sie durch $f(w)$ sich ausdrücken lässt.

Bildet man nämlich eine eindeutige doppelt periodische Function zweiter Ordnung mit den Perioden Ω und Ω', den Unendlichen α_1 und α_2, den Nullen a_1 und a_1', wo a_1' durch die Congruenz bestimmt ist

$$(\text{k}_1) \quad \ldots\ldots\ldots\ldots \quad \alpha_1 + \alpha_2 \equiv a_1 + a_1',$$

so erhält man nach dem Vorigen, wenn

$$(\text{l}_1) \quad \ldots\ldots\ldots\ldots \quad \sigma_1 \equiv \frac{\Omega}{4} - \frac{\alpha_1 + \alpha_2}{2}$$

gesetzt wird, eine solche in der Form

$$(\text{m}_1) \quad \ldots\ldots\ldots\ldots \quad \frac{f(w+\sigma_1) - f(a_1+\sigma)}{f(w+\sigma_1) - f(\alpha_1+\sigma)}.$$

Bildet man ferner eine doppelt periodische Function zweiter Ordnung mit denselben beiden Perioden Ω und Ω', den Unendlichen α_3 und a_1', den Nullen a_2 und a_2', wo a_2' durch die Congruenz gegeben ist

(k_2) . . . . $\alpha_3 + a_1' \equiv a_2 + a_2',$

so lautet dieselbe, wenn

(l_2) . . . . $\sigma_2 \equiv \frac{\Omega}{4} - \frac{\alpha_3 + a_1'}{2}$

gesetzt wird,

(m_2) . . . . $\frac{f(w + \sigma_2) - f(a_2 + \sigma_2)}{f(w + \sigma_2) - f(\alpha_3 + \sigma_2)},$

u. s. w., bis man eine doppelt periodische Function zweiter Ordnung mit den Perioden Ω und Ω', den beiden Unendlichen α_n und a'_{n-2} und den Nullen a_{n-1} und a'_{n-1} bestimmt, für welche

(k_{n-1}) . . . . $\alpha_n + a'_{n-2} \equiv a_{n-1} + a'_{n-1}$

ist, und welche die Form hat, wenn

(l_{n-1}) . . . . $\sigma_{n-1} \equiv \frac{\Omega}{4} - \frac{\alpha_n + a'_{n-2}}{2}$

gesetzt wird,

(m_{n-1}) . . . . . . $\frac{f(w + \sigma_{n-1}) - f(a_{n-1} + \sigma_{n-1})}{f(w + \sigma_{n-1}) - f(\alpha_n + \sigma_{n-1})}.$

Multiplicirt man nun alle die Ausdrücke (m_1), (m_2), ... (m_{n-2}), so ist leicht zu sehen, dass, weil (m_1) im Punkte a_1' von der ersten Ordnung Null, (m_2) im Punkte a_1' von der ersten Ordnung unendlich wurde, das Product in a_1' endlich sein wird, u. s. w., so dass das Gesammtproduct in den neu eingeführten Punkten

$$a_1', a_2', \ldots a'_{n-2}$$

endlich sein wird, nur in dem neu hinzutretenden Punkte a'_{n-1} wird sie verschwinden, der jedoch, wie man aus der Summe aller Congruenzen (k_1), (k_2), ... (k_{n-1})

$$\alpha_1 + \alpha_2 + \cdots + \alpha_n \equiv a_1 + a_2 + \cdots + a_{n-1} + a'_{n-1}$$

und der für die Existenz der gesuchten Function nothwendigen Bedingung

$$\alpha_1 + \alpha_2 + \cdots + \alpha_n \equiv a_1 + a_2 + \cdots + a_{n-1} + a_n$$

sieht, nichts anderes als a_n ist, und es wird somit die gesuchte Function

$$C\,\frac{f(w + \sigma_1) - f(a_1 + \sigma_1)}{f(w + \sigma_1) - f(\alpha_1 + \sigma_1)}\,\frac{f(w + \sigma_2) - f(a_2 + \sigma_2)}{f(w + \sigma_2) - f(\alpha_2 + \sigma_2)} \cdots \frac{f(w + \sigma_{n-1}) - f(a_{n-1} + \sigma_{n-1})}{f(w + \sigma_{n-1}) - f(\alpha_n + \sigma_{n-1})}$$

in welcher, wie man sich durch Einsetzen der einzelnen Congruenzen (l_1), (l_2) ... in die nächst folgenden leicht überzeugt, die Grössen σ durch die Congruenzen bestimmt sind

$$
\begin{aligned}
\sigma_1 &\equiv \frac{\Omega}{4} - \frac{\alpha_1 + \alpha_2}{2}, \\
\sigma_2 &\equiv \sigma_1 + \frac{\alpha_1 - \alpha_3}{2}, \\
\sigma_3 &\equiv \sigma_2 + \frac{\alpha_2 - \alpha_4}{2}, \\
&\vdots \\
\sigma_{n-1} &\equiv \sigma_{n-2} + \frac{\alpha_{n-2} - \alpha_n}{2},
\end{aligned}
$$

und somit der Ausdruck für die allgemeinste eindeutige doppelt periodische Function n^{ter} Ordnung durch eine solche zweiter Ordnung gefunden, in welchem die periodische Function $f(w)$ verschiedene Argumente hat.

Wir wollen nun für die allgemeine doppelt periodische Function n^{ter} Ordnung eine Beziehung zu den doppelt periodischen Functionen zweiter Ordnung und deren Ableitung aufstellen, die sich freilich mit Hülfe des später zu entwickelnden Additionstheorems für $f(w)$ aus dem vorher gefundenen Ausdrucke würde herleiten lassen, hier jedoch ohne Rücksicht auf die ermittelte analytische Form dieser Function entwickelt werden soll.

Sei $\varphi(w)$ eine eindeutige doppelt periodische Function von w mit den Perioden Ω und Ω' und zwar von der n^{ten} Ordnung, und $\psi(w)$ eine ebensolche Function mit denselben Perioden von der zweiten Ordnung, dann wird innerhalb des von den Perioden Ω und Ω' gebildeten Elementarparallelogramms die Function $\varphi(w)$ für n verschiedene Werthe des w denselben Werth annehmen, während $\psi(w)$ im Allgemeinen für diese n Werthe von w auch n verschiedene Werthe erlangen wird; daraus folgt aber, dass, wenn $\psi(w)$ als Function von $\varphi(w)$ betrachtet wird, im Allgemeinen zu jedem Werthe von $\varphi(w)$ n Werthe von $\psi(w)$ gehören werden und nur n Werthe, denn jeder weitere Werth von $\psi(w)$ müsste einem w entsprechen, für welchen $\varphi(w)$ denselben Werth annimmt, dies ist aber nur für jene n Werthe im Elementarparallelogramm der Fall oder für Werthe, welche sich von diesen um ganze Vielfache der Perioden unterscheiden, aber für diese nimmt auch $\psi(w)$, welches dieselben Perioden hat, einen der früheren Werthe an, und es wird somit $\psi(w)$ die Lösung einer Gleichung n^{ten} Grades sein, deren Coefficienten eindeutige Functionen von $\varphi(w)$ sind. Aber diese Coefficienten sind offenbar rationale Functionen von $\varphi(w)$; denn es wird $\psi(w)$ offenbar nur unendlich für zwei Punkte des Parallelogramms und für all' die andern Punkte, welche sich von diesen durch ganze Vielfache der Perioden unterscheiden; da aber $\varphi(w)$ für alle diese Punkte wegen der Gleichheit der Perioden beider Functionen auch nur zwei verschiedene Werthe hat, so folgt, dass $\psi(w)$ nur für eine endliche Anzahl von Werthen von $\varphi(w)$ unendlich wird, und daher jene Coefficienten rationale Functionen von $\varphi(w)$ sind. Betrachtet man aber $\varphi(w)$ als Function von $\psi(w)$, so ergiebt sich, dass jedem Werthe von $\psi(w)$ zwei und nur zwei Werthe von $\varphi(w)$ zugehören, so dass $\varphi(w)$ die Lösung einer algebraischen Gleichung zweiten Grades ist, deren Coefficienten rationale Functionen von $\psi(w)$ sind, und aus den beiden Resultaten ergiebt sich die Gleichung

$$\text{(a)} \ldots\ldots\ldots \quad M\varphi(w)^2 + 2N\varphi(w) + P = 0,$$

in welcher M, N, P ganze Functionen n^{ten} Grades von $\psi(w)$ bedeuten. Da die Ableitung $\psi'(w)$, als Function von $\psi(w)$ aufgefasst, wie oben bei der Herleitung der allgemeinsten eindeutigen doppelt periodischen Function zweiter Ordnung gezeigt war, für dasselbe $\psi(w)$ zwei entgegengesetzte Werthe annimmt und zwar für die beiden w, welche sich zur constanten Summe für die $\psi(w)$-Function ergänzen, ferner aber auch, wie aus der Auflösung der Gleichung (a)

$$\varphi(w) = -\frac{N}{M} \pm \frac{1}{M}\sqrt{N^2 - PM}$$

hervorgeht, die Function

$$M\varphi(w) + N$$

für jedes $\psi(w)$ zwei entgegengesetzte Werthe hat und zwar auch für die beiden eben betrachteten w-Werthe, so wird

$$\frac{M\varphi(w) + N}{\psi'(w)}$$

für jeden Werth von $\psi(w)$ im Zähler und Nenner nur das eine oder andere Vorzeichen haben können; da aber diese verschiedenen Werthe nur von den beiden betrachteten w-Werthen herrühren, und für die beiden Werthe Zähler und Nenner zugleich das Zeichen ändern, so folgt, dass dieser Quotient eine eindeutige Function von $\psi(w)$ ist. Aber es lässt sich auch leicht einsehen, dass dieser eindeutige Quotient für keinen endlichen Werth von $\psi(w)$ unendlich ist; denn der Zähler kann nicht unendlich werden, weil

$$\left(M\varphi(w) + N\right)^2 = N^2 - PM$$

eine ganze Function von $\psi(w)$ nicht für ein endliches $\psi(w)$ unendlich gross werden kann, und es wird daher nur zu untersuchen sein, ob jener Quotient dadurch unendlich werden kann, dass der Nenner verschwindet. Nun wird aber $\psi'(w)$, wie auch früher gezeigt worden, nur Null für

$$\psi\left(\frac{c}{2}\right), \quad \psi\left(\frac{c}{2} + \frac{\Omega}{2}\right), \quad \psi\left(\frac{c}{2} + \frac{\Omega'}{2}\right), \quad \psi\left(\frac{c}{2} + \frac{\Omega}{2} + \frac{\Omega'}{2}\right),$$

und andererseits sieht man, dass die hier verzeichneten w-Werthe diejenigen sind, für welche die zweiten w-Werthe, welche denselben $\psi(w)$-Werth im Elementarparallelogramm geben müssen und diese somit zu einer der Grösse c congruenten Summe ergänzen, mit den ersten zusammenfallen, so dass also diesen $\psi(w)$-Werthen nur *ein*

23*

$\varphi(w)$-Werth entsprechen, somit für diese $\psi(w)$ die obige quadratische Gleichung (a) in $\varphi(w)$ gleiche Wurzeln haben und daher

$$M\varphi(w) + N = \sqrt{N^2 - PM} = 0$$

sein wird. Wir sehen somit, dass diejenigen $\psi(w)$-Werthe, welche $\psi'(w)$ zu Null machen und zwar von der $\frac{1}{2}^{\text{ten}}$ Ordnung, wie aus (4) hervorgeht, auch $M\varphi(w) + N$ verschwinden lassen und mindestens von der $\frac{1}{2}^{\text{ten}}$ Ordnung, so dass also jener Quotient nicht unendlich wird. Es ist daher

$$\frac{M\varphi(w) + N}{\psi'(w)}$$

eine eindeutige Function von $\psi(w)$, welche für keinen endlichen Werth von $\psi(w)$ unendlich wird, und da für unendlich grosse $\psi(w)$

$$M\varphi(w) + N = \sqrt{N^2 - PM}$$

von der n^{ten} Ordnung, und $\psi'(w)$, wie oben gezeigt worden, als Function von $\psi(w)$ aufgefasst, für unendlich grosse $\psi(w)$ von der zweiten Ordnung unendlich wird, so ist

$$\frac{M\varphi(w) + N}{\psi'(w)} = Q$$

eine eindeutige, für alle endlichen $\psi(w)$ endliche, für unendlich grosse $\psi(w)$ unendlich von der $n - 2^{\text{ten}}$ Ordnung werdende Function, d. h. eine ganze Function $n - 2^{\text{ten}}$ Grades von $\psi(w)$ werden, so dass

$$\varphi(w) = \frac{Q\psi'(w) - N}{M}$$

ist und somit

> *jede doppelt periodische eindeutige Function der n^{ten} Ordnung $\varphi(w)$ als rationaler Bruch der doppelt periodischen Function zweiter Ordnung $\psi(w)$ mit denselben Perioden und deren Ableitung ausgedrückt, in welchem N und M ganze Functionen n^{ten} Grades und Q eine ganze Function $n - 2^{\text{ten}}$ Grades von $\psi(w)$ ist.*

Wie wir nun oben für die doppelt periodischen Functionen zweiter Ordnung die Gleichung ermittelt haben, welche zwischen der Function und ihrer Ableitung besteht, und welche die Differentialgleichung des elliptischen Integrales erster Gattung war, so soll es nunmehr unsere Aufgabe sein, auch für die eindeutigen doppelt periodischen Functionen n^{ter} Ordnung eine solche Differentialgleichung aufzustellen. Sei z eine solche Function von w, und die in einem Elementarparallelogramm liegenden Punkte w, für welche z unendlich von der ersten Ordnung wird

$$\alpha_1, \alpha_2, \ldots \alpha_n,$$

so wird

$$z = \frac{a_1}{w - \alpha_1} + \frac{a_2}{w - \alpha_2} + \cdots + \frac{a_n}{w - \alpha_n} + \varphi(w)$$

sein, wo $\varphi(w)$ eine in jenem Parallelogramm endlich bleibende Function bedeutet. Daraus folgt wieder nach schon dagewesenen Schlüssen, dass $w - \alpha_1$ in der Umgebung von $z = \infty$ nach fallenden Potenzen von z entwickelt, als erstes Entwicklungsglied z^{-1} haben wird, und dass somit die Entwicklung von

$$\frac{dz}{dw} = -\frac{a_1}{(w-\alpha_1)^2} - \frac{a_2}{(w-\alpha_2)^2} - \cdots - \frac{a_n}{(w-\alpha_n)^2} + \varphi'(w)$$

als Function von z aufgefasst, mit z^2 beginnen wird, und somit jeder Zweig der vieldeutigen Function $\frac{dz}{dw}$ von z für $z = \infty$ von der zweiten Ordnung unendlich ist. Da aber jedem z-Werthe in jedem Elementarparallelogramm n verschiedene w-Werthe entsprechen, und alle übrigen von diesen nur um Vielfache der Perioden unterschieden sind, so werden, wenn man diese n Werthe in einem Elementarparallelogramm mit

$$w_1,\ w_2,\ \ldots\ w_n$$

bezeichnet,

$$\left(\frac{dz}{dw}\right)_{w=w_1} + \left(\frac{dz}{dw}\right)_{w=w_2} + \cdots + \left(\frac{dz}{dw}\right)_{w=w_n} = f_1(z),$$

$$\left(\frac{dz}{dw}\right)_{w=w_1} \cdot \left(\frac{dz}{dw}\right)_{w=w_2} + \cdots + \left(\frac{dz}{dw}\right)_{w=w_{n-1}} \cdot \left(\frac{dz}{dw}\right)_{w=w_n} = f_2(z),$$

$$\cdots\cdots\cdots\cdots\cdots\cdots\cdots\cdots$$

$$\left(\frac{dz}{dw}\right)_{w=w_1} \cdot \left(\frac{dz}{dw}\right)_{w=w_2} \cdots \left(\frac{dz}{dw}\right)_{w=w_n} = f_n(z)$$

eindeutige Functionen von z sein, da $\frac{dz}{dw}$ eine periodische Function von w mit denselben Perioden ist. Ausserdem können diese Functionen für kein endliches z unendlich werden, da $\frac{dz}{dw}$ als Ableitung einer eindeutigen Function nicht unendlich werden kann, wenn nicht die Function z selbst unendlich wird. Endlich wird nach dem Obigen $f_1(z)$ für $z = \infty$ höchstens von der zweiten Ordnung, $f_2(z)$ höchstens von der vierten Ordnung u. s. w., $f_n(z)$ höchstens von der $2n^{\text{ten}}$ Ordnung unendlich, so dass aus alle dem folgt, *dass $f_1(z)$ eine ganze Function höchstens vom zweiten, $f_2(z)$ höchstens vom vierten, u. s. w., $f_n(z)$ eine ganze Function höchstens vom $2n^{\text{ten}}$ Grade ist, und somit $\frac{dz}{dw}$ die Lösung der algebraischen Gleichung*

$$\left(\frac{dz}{dw}\right)^n - f_1(z)\left(\frac{dz}{dw}\right)^{n-1} + f_2(z)\left(\frac{dz}{dw}\right)^{n-2}$$
$$- \cdots \pm f_{n-1}(z)\frac{dz}{dw} \mp f_n(z) = 0$$

ist, welche die gesuchte Beziehung zwischen einer doppelt periodischen eindeutigen Function n^{ter} Ordnung und ihrer Ableitung liefert.

Es mag noch bemerkt werden, dass in jedem Falle

$$f_{n-1}(z) = 0$$

sein muss; denn da

$$w_1 + w_2 + \cdots + w_n \equiv c,$$

wo c eine Constante bedeutet, so ist, wie früher für die doppelt periodischen Functionen zweiter Ordnung entwickelt worden,

$$\frac{dw_1}{dz} + \frac{dw_2}{dz} + \cdots + \frac{dw_n}{dz} = 0$$

oder

$$\frac{1}{\frac{dz}{dw_1}} + \frac{1}{\frac{dz}{dw_2}} + \cdots + \frac{1}{\frac{dz}{dw_n}} = \frac{f_{n-1}(z)}{f_n(z)} = 0$$

für jedes z, also $f_{n-1}(z) = 0$.

Die vorigen Schlüsse bleiben dieselben, wenn die Function z in einzelnen Punkten des Periodenparallelogrammes von einer höheren als der ersten Ordnung unendlich wird. Sei nämlich

$$= \frac{a_1}{(w-\alpha_1)^{\varkappa_1}} + \frac{a_1'}{(w-\alpha_1)^{\varkappa_1-1}} + \cdots + \frac{a_2}{(w-\alpha_2)^{\varkappa_2}} + \frac{a_2'}{(w-\alpha_2)^{\varkappa_2-1}} + \cdots + \varphi(w)$$

für die Punkte irgend eines Elementarparallelogrammes, so wird sich $w - \alpha_1$ nach ganzen steigenden positiven Potenzen von $z^{-\frac{1}{\varkappa_1}}$ entwickeln lassen, und diese Entwicklung mit eben diesem Gliede anfangen. Da nun

$$\frac{dz}{dw} = -\frac{\varkappa_1 a_1}{(w-\alpha_1)^{\varkappa_1+1}} - \frac{(\varkappa_1-1)a_1'}{(w-\alpha_1)^{\varkappa_1}} - \cdots - \frac{\varkappa_2 a_2}{(w-\alpha_2)^{\varkappa_2+1}} - \cdots + \varphi'(w)$$

ist, so wird $\frac{dz}{dw}$ als Function von z aufgefasst nach fallenden Potenzen dieser Variabeln entwickelt mit $z^{\frac{\varkappa_1+1}{\varkappa_1}}$ beginnen, und daher wieder

$$\frac{dz}{dw_1} + \frac{dz}{dw_2} + \cdots + \frac{dz}{dw_n}$$

als eindeutige Function von z, welche für endliche z nicht unendlich wird, dagegen für unendliche z höchstens von der

$$\frac{\varkappa_1+1}{\varkappa_1} = 1 + \frac{1}{\varkappa_1}^{\text{ten}}$$

Ordnung, also von der 0ten oder 1ten oder höchstens von der zweiten Ordnung unendlich, wieder eine ganze Function höchstens vom zweiten Grade sein; ähnliches gilt von den übrigen Coefficienten, die ganze Functionen höchstens des 4ten, 6ten, ... $2n^{\text{ten}}$ Grades sein werden.

Nachdem gezeigt worden, dass die eindeutigen doppelt periodischen Functionen n^{ter} Ordnung Differentialgleichungen erster Ordnung und n^{ten} Grades genügen, in denen die unabhängige Variable nicht enthalten ist, und deren Coefficienten Functionen von z sind, die resp. den zweiten, vierten, ... $2\,n^{\text{ten}}$ Grad nicht übersteigen, wollen wir untersuchen, welches die hinreichenden Bedingungen sind, unter denen eine Differentialgleichung erster Ordnung zwischen z und w, welche die Variable w selbst nicht explicite enthält, ein für alle im Endlichen gelegenen w eindeutiges Integral hat, und wenn alle diese Differentialgleichungen charakterisirt sind, weiter fragen, welcher Art diese eindeutigen Integrale sind.

Die erste Untersuchung wird sich unmittelbar vermöge der für die Differentialgleichung

$$\frac{dz}{dw} = f(z)$$

in der achten Vorlesung*) gegebenen Criterien für die Eindeutigkeit der durch dieselben definirten Functionen durchführen lassen, nach welchen die als endlich vieldeutig vorausgesetzte Function $f(z)$, für jeden endlichen Werth z_0 entwickelt, für welchen der Anfangsexponent der Entwicklung < 1 ist, ein Anfangsglied von der Form

$$(z - z_0)^{\frac{m-1}{m}},$$

und nach fallenden Potenzen von z entwickelt, wenn der Anfangsexponent > 1 ist, ein Anfangsglied von der Form

$$z^{\frac{m+1}{m}}$$

haben muss, oder, wie wir diese letzte Bedingung nach den dort gegebenen Ausführungen auch aussprechen können, es muss, wenn $z = \frac{1}{z_1}$ gesetzt wird, auch die neue Differentialgleichung

$$\frac{dz_1}{dw} = -z_1^2 f\left(\frac{1}{z_1}\right)$$

die eben für die gegebene Differentialgleichung festgesetzte Eigenschaft haben. Uebertragen wir dies nun auf eine Differentialgleichung der Form

$$\left(\frac{dz}{dw}\right)^n - f_1(z)\left(\frac{dz}{dw}\right)^{n-1} + \cdots \pm f_n(z) = 0,$$

so werden sich somit aus diesen Criterien als nothwendige und hinreichende Bedingungen dafür,

dass z eine für alle im Endlichen gelegenen w eindeutige Function dieser Variabeln ist, die ergeben, dass, wenn die algebraische Gleichung in Bezug auf $\frac{dz}{dw}$ und z für $\frac{dz}{dw}$ eine nach früher angestellten Betrachtungen herzuleitende Entwicklung nach steigenden Potenzen von $z - z_0$ liefert, wo z_0 jeden beliebigen endlichen Werth bedeutet, deren Anfangsexponent < 1

*) mit Aenderung der Bezeichnung der Variabeln.

ist, diese Entwicklung mit $(z - z_0)^{\frac{m-1}{m}}$ *beginnen muss, so dass, wenn* $\frac{dz}{dw}$ *für* $z = z_0$ *nicht verschwindet,* $m = 1$ *sein muss, also* z_0 *kein Verzweigungspunkt für* $\frac{dz}{dw}$ *sein darf; dass ferner die obige Gleichung, wenn in dieselbe die Substitution* $z = \frac{1}{z_1}$ *gemacht wird, dieselben Eigenschaften besitzen muss.*

Es ist vor Allem hieraus unmittelbar ersichtlich, dass die Functionen

$$f_1(z), \quad f_2(z), \ldots f_n(z)$$

ganze Functionen von z sein müssen; denn wären sie gebrochene Functionen, so würde $\frac{dz}{dw}$, welches mit z durch jene algebraische Gleichung verbunden ist, nach den über algebraische Functionen bewiesenen Sätzen, für endliche Werthe von z unendlich werden, also die Entwicklung von $\frac{dz}{dw}$ mit einem negativen Anfangsexponenten beginnen, somit die Criterien für die Eindeutigkeit nicht erfüllen; die Einführung der Substitution $z = \frac{1}{z_1}$ giebt

$$\left(\frac{dz_1}{dw}\right)^n + z_1^2 f_1\left(\frac{1}{z_1}\right)\left(\frac{dz_1}{dw}\right)^{n-1} + \cdots + z_1^{2n} f_n\left(\frac{1}{z_1}\right) = 0,$$

also folgt, da nach dem eben Gefundenen auch

$$z_1^2 f_1\left(\frac{1}{z_1}\right), \quad z_1^4 f_2\left(\frac{1}{z_1}\right), \ldots z_1^{2n} f_n\left(\frac{1}{z_1}\right)$$

ganze Functionen in z_1 sein müssen, unmittelbar, dass

$$f_1(z), \quad f_2(z), \ldots f_n(z)$$

höchstens vom zweiten, vierten, ... $2n^{\text{ten}}$ Grade in z sein dürfen, dass somit die oben gefundene Form der Differentialgleichungen für die eindeutigen doppelt periodischen Functionen die für derartige Differentialgleichungen überhaupt nothwendige ist, wenn dieselbe ein für alle im Endlichen gelegenen w eindeutiges Integral haben soll.

Es wird sich jetzt endlich noch darum handeln, zu untersuchen, von welcher Art dieses in der ganzen endlichen w-Ebene eindeutige Integral einer solchen Differentialgleichung sein muss, wenn diese der oben aufgestellten Bedingung genügt. Dass jedenfalls eine rationale Function

$$z = \frac{f(w)}{\varphi(w)},$$

in welcher $f(w)$ und $\varphi(w)$ ganze Functionen von w sind, einer solchen Differentialgleichung erster Ordnung genügt, ist unmittelbar zu ersehen, indem die Elimination von w aus der vorgelegten und der Differentialgleichung

$$\frac{dz}{dw} = \frac{\varphi(w) f'(w) - f(w)\varphi'(w)}{\varphi(w)^2}$$

sogleich auf eine solche Differentialgleichung führt; für eindeutige einfach periodische Functionen ist dies in der elften, für eindeutige doppelt periodische Functionen in dieser Vorlesung gezeigt worden. Um nun zu untersuchen, wann diese verschiedenen Klassen von Integralen sich ergeben, fasse man $\frac{dz}{dw}$ als eine Variable u von z abhängig auf, so dass die zwischen u und z bestehende algebraische Gleichung lautet

$$u^n - f_1(z)\, u^{n-1} + f_2(z)\, u^{n-2} - \cdots \pm f_n(z) = 0;$$

construirt man für diese Gleichung die Riemann'sche Fläche und zerlegt dieselbe durch Querschnitte in eine einfach zusammenhängende, so wird

$$w = \int \frac{dw}{dz}\, dz = \int \frac{dz}{u}$$

das Integral einer rationalen Function von u sein, worin u mit z durch die obige algebraische Gleichung verbunden ist, und in Folge dessen hat w soviel Periodicitätsmoduln als Querschnitte da waren und noch in Folge der Ausschliessung der Punkte hinzugenommen werden mussten, welche $\frac{1}{u} = \infty$ oder $f_n(z) = 0$ machten, und daher z als Function von w aufgefasst ebenso viel Perioden. Sind alle Periodicitätsmoduln oder die von einem Punkte je eines Querschnittes nach dem gegenüber liegenden auf der einfach zusammenhängenden Riemann'schen Fläche genommenen geschlossenen Integrale Null, so wird w offenbar nur für jedes z n verschiedene Werthe haben können, nämlich die Werthe der von irgend einem Anfangspunkte nach jedem z der n Blätter der Riemann'schen Fläche genommenen Integrale. Ausserdem kann aber w in diesem Falle nur für eine endliche Anzahl von Werthen z unendlich werden, da, wenn das Integral für einen endlichen z-Werth unendlich werden soll, u oder $\frac{dz}{dw}$ Null sein muss, dies also nur für die Lösungen der Gleichung

$$f_n(z) = 0$$

geschehen kann; es ist aber ferner klar, dass w in jedem dieser Punkte nur von einer endlichen Ordnung unendlich werden kann; denn da

$$w = \int \frac{dz}{\frac{dz}{dw}},$$

und $\frac{dz}{dw}$ die Lösung der obigen algebraischen Gleichung ist, so würde, wenn man aus jener Gleichung $\frac{dz}{dw}$ in der Nähe eines solchen Werthes entwickelt und hier eingesetzt denkt, weil aus einer algebraischen Gleichung $\frac{dz}{dw}$ nur von einer endlichen Ordnung unendlich sich ergeben kann, das Integral nur dadurch von einer unendlich hohen Ordnung unendlich werden können, dass sich ein Logarithmus bei der Integration ergiebt, d. h. die Entwicklung der Function unter dem Integral die negative erste Potenz von $z - \zeta$, wenn ζ ein solcher singulärer Werth ist, oder nach fallenden Potenzen von z geordnet das Entwicklungsglied $\frac{1}{z}$ enthalten würde, was mit der Annahme in Widerspruch ist, dass die Periodicitätsmoduln sämmtlich verschwinden. Es ist somit w eine n-deutige Function von z mit einer endlichen Anzahl von Punkten, in denen sie unendlich von einer endlichen Ordnung wird, also eine algebraische Function n^{ten} Grades von z, und daher auch z eine algebraische Function von w, und da z eine für alle w eindeutige Function sein sollte, eine rationale Function von w. Sind alle Periodicitätsmoduln bis auf einen Null, so erhalten wir offenbar eine eindeutige einfach periodische Function, verschwinden sie alle bis auf zwei von einander unabhängige Periodicitätsmoduln, so ergiebt sich als Integral eine eindeutige doppelt periodische Function, es handelt sich also nur noch darum, zu untersuchen, ob das eindeutige Integral mehr als zwei Perioden haben kann. Dass es derartige Functionen nicht giebt, soll allgemein durch den Satz gezeigt werden, dass überhaupt Functionen von mehr als zwei Perioden nicht existiren, oder dass eine solche Function eine unendlich kleine Periode haben müsste, was, wie schon früher gezeigt, mit dem Begriff der von uns behandelten Functionen unverträglich ist, und es wird daher, wenn dieser Satz bewiesen ist, gezeigt sein, dass das Integral einer solchen Differentialgleichung, wenn dasselbe eine für alle im Endlichen gelegenen w eindeutige Function ist, nur eine rationale, eine eindeutige einfach periodische und eine eindeutige doppelt periodische Function sein kann.*)

Um nachzuweisen, dass dreifach periodische Functionen einer Variabeln nicht existiren, oder dass die Existenz dreier Perioden

---

*) Es mag bemerkt werden, dass die durch Zugrundelegung der algebraischen Gleichung

$$F\left(s^{(2)},\ z^{(n)}\right) = 0$$

entspringenden Integrale

$$w = \int f(s, z)\, dz,$$

in denen $f(s, z)$ eine rationale Function von s und z bedeutet, so beschaffen waren, dass sie im Allgemeinen mehr als zwei von einander unabhängige Periodicitätsmoduln haben, und dass somit zu einem z unendlich viele w von der Form

$$w + m_1 \Omega_1 + m_2 \Omega_2 + \cdots + m_\mu \Omega_\mu$$

gehören, oder dass z als Function von w aufgefasst mehr als zwei Perioden haben würde, in Folge dessen und nach dem sogleich zu beweisenden Satze z eine Function von w mit unendlich kleiner Periode, also nicht zu den von uns zu betrachtenden Functionen zu zählen wäre.

α, β, γ, zwischen denen nach der oben aufgestellten Definition mehrfach periodischer Functionen keine ganzzahlige homogene lineare Gleichung von der Form

$$m_1\alpha + m_2\beta + m_3\gamma = 0$$

besteht, die Möglichkeit nach sich zieht, unendlich viele ganze Zahlen μ_1, μ_2, μ_3 zu bestimmen, welche

$$\mu_1\alpha + \mu_2\beta + \mu_3\gamma$$

kleiner machen als jede noch so kleine gegebene Grösse, wollen wir zuerst eine Folgerung aus der Annahme herleiten, dass die drei Perioden α, β, γ von einander unabhängig sind.

Setzt man

$$\alpha = a_1 + b_1 i, \quad \beta = a_2 + b_2 i, \quad \gamma = a_3 + b_3 i,$$

$$A_1 = a_2 b_3 - a_3 b_2, \quad A_2 = a_3 b_1 - a_1 b_3, \quad A_3 = a_1 b_2 - a_2 b_1,$$

so wird zuerst behauptet, dass aus der Annahme, dass zwischen den Perioden α, β, γ keine homogene lineare ganzzahlige Relation stattfindet, auch folgt, dass eine solche homogene ganzzahlige lineare Gleichung zwischen A_1, A_2, A_3 von der Form

$$\nu_1 A_1 + \nu_2 A_2 + \nu_3 A_3 = 0$$

oder

$$\nu_1(a_2 b_3 - a_3 b_2) + \nu_2(a_3 b_1 - a_1 b_3) + \nu_3(a_1 b_2 - a_2 b_1) = 0$$

nicht stattfinden darf.

Denn nimmt man sechs beliebige ganze Zahlen

$$\varrho_1, \varrho_2, \varrho_3, \quad \sigma_1, \sigma_2, \sigma_3$$

und bildet die Periodenausdrücke

$$\begin{aligned} u + vi &= \varrho_1(\nu_3\beta - \nu_2\gamma) - \varrho_2(\nu_3\alpha - \nu_1\gamma) + \varrho_3(\nu_2\alpha - \nu_1\beta) \\ &= \varrho_1(\nu_3 a_2 - \nu_2 a_3) - \varrho_2(\nu_3 a_1 - \nu_1 a_3) + \varrho_3(\nu_2 a_1 - \nu_1 a_2) \\ &\quad + i[\varrho_1(\nu_3 b_2 - \nu_2 b_3) - \varrho_2(\nu_3 b_1 - \nu_1 b_3) + \varrho_3(\nu_2 b_1 - \nu_1 b_2)] \end{aligned}$$

und

$$\begin{aligned} u_1 + v_1 i &= \sigma_1(\nu_3\beta - \nu_2\gamma) - \sigma_2(\nu_3\alpha - \nu_1\gamma) + \sigma_3(\nu_2\alpha - \nu_1\beta) \\ &= \sigma_1(\nu_3 a_2 - \nu_2 a_3) - \sigma_2(\nu_3 a_1 - \nu_1 a_3) + \sigma_3(\nu_2 a_1 - \nu_1 a_2) \\ &\quad + i[\sigma_1(\nu_3 b_2 - \nu_2 b_3) - \sigma_2(\nu_3 b_1 - \nu_1 b_3) + \sigma_3(\nu_2 b_1 - \nu_1 b_2)], \end{aligned}$$

so werden die beiden Perioden $u + vi$ und $u_1 + v_1 i$ einen imaginären Quotienten haben müssen, weil, wenn der Quotient reell wäre, für den Fall, dass derselbe incommensurabel ist, nach früheren Betrachtungen dieser Vorlesung sich eine unendlich kleine Periode der Function ergeben würde, und also die Nichtexistenz derartiger Functionen damit schon erwiesen wäre*), und wenn derselbe commensurabel ist, eine homogene ganzzahlige Relation zwischen α, β, γ

*) daraus folgt auch, dass von den Grössen A_1, A_2, A_3 keine verschwinden darf, weil sonst der Quotient zweier Perioden der Function reell würde.

bestehen würde, welcher Fall ausgeschlossen war. Bildet man aber den Ausdruck

$$uv_1 - u_1 v,$$

so ergiebt sich durch unmittelbare Ausrechnung nach einigen leichten Reductionen

$$uv_1 - u_1 v = \big(\nu_1(\varrho_2\sigma_3 - \varrho_3\sigma_2) - \nu_2(\varrho_1\sigma_3 - \varrho_3\sigma_1) + \nu_3(\varrho_1\sigma_2 - \varrho_2\sigma_1)\big) \times$$
$$\big(\nu_1(a_2 b_3 - a_3 b_2) - \nu_2(a_1 b_3 - a_3 b_1) + \nu_3(a_1 b_2 - a_2 b_1)\big)\,^{*)}$$

oder

$$uv_1 - u_1 v = \big(\nu_1(\varrho_2\sigma_3 - \varrho_3\sigma_2) - \nu_2(\varrho_1\sigma_3 - \varrho_3\sigma_1) + \nu_3(\varrho_1\sigma_2 - \varrho_2\sigma_1)\big)\,(\nu_1 A_1 + \nu_2 A_2 + \nu_3 A_3),$$

d. h. in Folge der oben für die Grössen A_1, A_2, A_3 angenommenen Relation

$$uv_1 - u_1 v = 0,$$

was nicht stattfinden durfte.

Da nun zwischen den Grössen A_1, A_2, A_3 keine ganzzahlige homogene lineare Gleichung bestehen, also auch das Verhältniss von zweien dieser Grössen nicht eine rationale Zahl sein darf, so wird man $\frac{A_2}{A_1}$ in einen unendlichen elementaren Kettenbruch entwickeln können, für den wieder, wie schon früher ähnlich geschlossen worden,

$$\mathrm{mod}\left(\frac{A_2}{A_1} - \frac{M_n}{N_n}\right) < \frac{1}{N_n^2}$$

oder

$$\mathrm{mod}\left(N_n \frac{A_2}{A_1} - M_n\right) < \frac{1}{N_n}$$

ist, und man sieht somit, dass, weil die Zähler und Nenner der Näherungsbrüche eines unendlichen Kettenbruches in's Unendliche wachsen, sich zwei Zahlen ε_1 und ε_2 bestimmen lassen so, dass

(1) . . . . $\varepsilon_1 \frac{A_2}{A_1} - \varepsilon_2 = \Delta$

dem absoluten Werthe nach kleiner gemacht werden kann, als eine

---

*) Die obige Rechnung lässt sich in Determinantenform folgendermassen schreiben: wenn

$$u + vi = \begin{vmatrix} \alpha & \beta & \gamma \\ \nu_1 & \nu_2 & \nu_3 \\ \varrho_1 & \varrho_2 & \varrho_3 \end{vmatrix} = \begin{vmatrix} a_1 & a_2 & a_3 \\ \nu_1 & \nu_2 & \nu_3 \\ \varrho_1 & \varrho_2 & \varrho_3 \end{vmatrix} + i \begin{vmatrix} b_1 & b_2 & b_3 \\ \nu_1 & \nu_2 & \nu_3 \\ \varrho_1 & \varrho_2 & \varrho_3 \end{vmatrix}$$

und

$$u_1 + v_1 i = \begin{vmatrix} \alpha & \beta & \gamma \\ \nu_1 & \nu_2 & \nu_3 \\ \sigma_1 & \sigma_2 & \sigma_3 \end{vmatrix} = \begin{vmatrix} a_1 & a_2 & a_3 \\ \nu_1 & \nu_2 & \nu_3 \\ \sigma_1 & \sigma_2 & \sigma_3 \end{vmatrix} + i \begin{vmatrix} b_1 & b_2 & b_3 \\ \nu_1 & \nu_2 & \nu_3 \\ \sigma_1 & \sigma_2 & \sigma_3 \end{vmatrix},$$

so ist

$$uv_1 - u_1 v = \begin{vmatrix} \nu_1 & \nu_2 & \nu_3 \\ \varrho_1 & \varrho_2 & \varrho_3 \\ \sigma_1 & \sigma_2 & \sigma_3 \end{vmatrix} \begin{vmatrix} \nu_1 & \nu_2 & \nu_3 \\ a_1 & a_2 & a_3 \\ b_1 & b_2 & b_3 \end{vmatrix}$$

beliebig klein gegebene Zahl, und es ist die Anzahl dieser Zahlen ε_1 und ε_2 unendlich gross, da die folgenden Zähler und Nenner des Kettenbruches die obige Bedingung um so eher erfüllen. Bestimmt man nun zu jeder Combination von ε_1, ε_2 eine dritte ganze Zahl ε_3 so, dass

$$(2) \quad \ldots\ldots\ldots\ldots \quad \varepsilon_1 \frac{A_3}{A_1} - \varepsilon_3 = \Delta'$$

dem absoluten Werthe nach kleiner oder gleich $\frac{1}{2}$ ist, was stets und nur auf eine Weise möglich ist, da man nach Bestimmung von ε_1 nur die an

$$\varepsilon_1 \frac{A_3}{A_1}$$

gränzende nächst grössere resp. nächst kleinere ganze Zahl mit dem Zeichen dieser Grösse für ε_3 zu nehmen braucht, so werden sich durch Multiplication der Gleichungen (1) und (2) mit resp. a_2, a_3 und b_2, b_3 und durch Addition derselben mit Berücksichtigung der unmittelbar aus der Definition der Grössen A_1, A_2, A_3 ersichtlichen Identitäten

$$(3) \quad \ldots\ldots\ldots \quad \begin{cases} a_1 A_1 + a_2 A_2 + a_3 A_3 = 0 \\ b_1 A_1 + b_2 A_2 + b_3 A_3 = 0 \end{cases}$$

die Beziehungen ergeben

$$(4) \quad \ldots\ldots \quad a_1 \varepsilon_1 + a_2 \varepsilon_2 + a_3 \varepsilon_3 = -(a_2 \Delta + a_3 \Delta'),$$

$$(5) \quad \ldots\ldots \quad b_1 \varepsilon_1 + b_2 \varepsilon_2 + b_3 \varepsilon_3 = -(b_2 \Delta + b_3 \Delta'),$$

und es ist somit, da Δ beliebig klein gemacht werden kann, und der absolute Betrag von Δ' nicht grösser als $\frac{1}{2}$ ist, gezeigt, dass sich unendlich viele ganze Zahlen ε_1, ε_2, ε_3 bestimmen lassen, welche den absoluten Betrag von

$$a_1 \varepsilon_1 + a_2 \varepsilon_2 + a_3 \varepsilon_3$$
$$b_1 \varepsilon_1 + b_2 \varepsilon_2 + b_3 \varepsilon_3$$

nicht grösser als resp. mod $\frac{a_3}{2}$, mod $\frac{b_3}{2}$ machen, so dass, wenn

$$(6) \quad \ldots\ldots\ldots\ldots \quad a_1 \varepsilon_1 + a_2 \varepsilon_2 + a_3 \varepsilon_3 = a_4,$$

$$(7) \quad \ldots\ldots\ldots\ldots \quad b_1 \varepsilon_1 + b_2 \varepsilon_2 + b_3 \varepsilon_3 = b_4$$

gesetzt wird,

$$\text{mod } a_4 \leqq \tfrac{1}{2} \text{ mod } a_3, \qquad \text{mod } b_4 \leqq \tfrac{1}{2} \text{ mod } b_3$$

ist.

Gehen wir jetzt von dem Grössencomplex

$$a_2,\ a_3,\ a_4,$$
$$b_2,\ b_3,\ b_4$$

aus, so ist vor allen Dingen leicht einzusehen, dass keine linearen homogenen ganzzahligen Gleichungen von der Form

$$\mu_2 a_2 + \mu_3 a_3 + \mu_4 a_4 = 0$$
$$\mu_2 b_2 + \mu_3 b_3 + \mu_4 b_4 = 0$$

bestehen können; denn setzt man in die erste dieser Gleichungen den durch (6) gegebenen Ausdruck für a_4 ein, so wird

$$\mu_4 \varepsilon_1 a_1 + (\mu_2 + \mu_4 \varepsilon_2) a_2 + (\mu_3 + \mu_4 \varepsilon_3) a_3 = 0$$

sein, und diese Beziehung kann nach dem Früheren nicht bestehen, wenn die Gleichung nicht identisch verschwindet, was wiederum nicht möglich ist, weil $\mu_4 \varepsilon_1$ nicht Null sein kann.

Es kann aber auch ferner keine lineare Relation von der Form

$$\nu_1 (a_3 b_4 - a_4 b_3) + \nu_2 (a_4 b_2 - a_2 b_4) + \nu_3 (a_2 b_3 - a_3 b_2) = 0$$

bestehen; denn setzt man auch hierin die durch (6) und (7) gegebenen Werthe von a_4 und b_4, so erhält man nach einer leichten Rechnung

$$A_1 (\nu_3 - \nu_1 \varepsilon_2 - \nu_2 \varepsilon_3) + A_2 \nu_1 \varepsilon_1 + A_3 \nu_2 \varepsilon_1 = 0,$$

und da diese nach dem Vorigen nur bestehen könnte, wenn die Coefficienten von A_1, A_2, A_3 einzeln verschwinden, was aber offenbar nicht möglich ist, so wird gezeigt sein, dass die Grössen

$$a_2,\ a_3,\ a_4,\ b_2,\ b_3,\ b_4$$

genau den Bedingungen genügen, welchen die Grössen

$$a_1,\ a_2,\ a_3,\ b_1,\ b_2,\ b_3$$

in Folge der Eigenschaft genügen mussten, die reellen und imaginären Theile von drei unabhängigen Perioden α, β, γ einer periodischen Function zu sein, und es wird somit auch wieder zu schliessen erlaubt sein, dass es unendlich viele ganze Zahlen

$$\eta_2,\ \eta_3,\ \eta_4$$

giebt, welche, wenn

$$(8) \ldots\ldots\ldots\ldots \quad \eta_2 a_2 + \eta_3 a_3 + \eta_4 a_4 = a_5,$$

$$(9) \ldots\ldots\ldots\ldots \quad \eta_2 b_2 + \eta_3 b_3 + \eta_4 b_4 = b_5$$

gesetzt wird,

$$\mod a_5 \leqq \tfrac{1}{2} \mod a_4, \quad \mod b_5 \leqq \tfrac{1}{2} \mod b_4$$

machen. Da nun aus (6) und (8), resp. aus (7) und (9) durch Elimination von a_4 und b_4 folgt

$$(10) \ldots \quad \varepsilon_1 \eta_4 a_1 + (\varepsilon_2 \eta_4 + \eta_2) a_2 + (\varepsilon_3 \eta_4 + \eta_3) a_3 = a_5$$

$$(11) \ldots \quad \varepsilon_1 \eta_4 b_1 + (\varepsilon_2 \eta_4 + \eta_2) b_2 + (\varepsilon_3 \eta_4 + \eta_3) b_3 = b_5,$$

so giebt es somit unendlich viele ganze Zahlen

$$\zeta_1,\ \zeta_2,\ \zeta_3,$$

welche, wenn

$$\zeta_1 a_1 + \zeta_2 a_2 + \zeta_3 a_3 = a_5$$

$$\zeta_1 b_1 + \zeta_2 b_2 + \zeta_3 b_3 = b_5$$

gesetzt wird,

$$\mod a_5 \leqq \tfrac{1}{2} \mod a_4 \leqq \tfrac{1}{4} \mod a_3,$$

$$\mod b_5 \leqq \tfrac{1}{2} \mod b_4 \leqq \tfrac{1}{4} \mod b_3$$

machen.

Geht man jetzt von den Zahlen

$$a_2,\ a_3,\ a_5,\ b_2,\ b_3,\ b_5$$

aus und so fort, so findet man, dass es unendlich viele ganze Zahlen p_1, p_2, p_3 giebt, für welche

$$p_1 a_1 + p_2 a_2 + p_3 a_3,$$
$$p_1 b_1 + p_2 b_2 + p_3 b_3$$

resp. kleiner oder gleich sind

$$\frac{1}{2^n} \bmod a_3,\quad \frac{1}{2^n} \bmod b_3,$$

so dass, wenn n unendlich gross wird, jene Ausdrücke unendlich klein werden, da diese Grössen nie Null werden können vermöge der Annahme der Unabhängigkeit der Perioden; es folgt hieraus, dass sich unendlich viele ganze Zahlen p_1, p_2, p_3 angeben lassen, für welche

$$p_1(a_1 + b_1 i) + p_2(a_2 + b_2 i) + p_3(a_3 + b_3 i) = p_1\alpha + p_2\beta + p_3\gamma$$

unendlich klein wird, d. h. dass in Folge der Annahme einer dreifachen Periodicität der Function dieselbe eine unendlich kleine Periode haben müsste; es giebt somit keine Function, die mehr als zwei von einander unabhängige Perioden hat.

Achtzehnte Vorlesung.

Entwicklung der Eigenschaften der ϑ-Functionen.

Indem wir nunmehr wieder zur Untersuchung der speciellen Eigenschaften der elliptischen Functionen zurückkehren, sollen im Folgenden zuerst die vorzüglichsten Relationen der ϑ-Functionen zusammengestellt werden, aus denen sich die der elliptischen Functionen am leichtesten herleiten lassen.

Wir hatten in der sechszehnten Vorlesung als Fundamentaltheta

$$(1) \quad \vartheta_3(w) = \sum_{-\infty}^{+\infty}{}^{\nu}\, e^{\nu(2w+\nu\tau)\pi i}$$

$$= 1 + 2q\cos 2w\pi + 2q^4 \cos 4w\pi + 2q^9 \cos 6w\pi + \cdots$$

definirt, in welcher

$$q = e^{\pi\tau i},$$

und der reelle Theil von

$$\frac{\tau}{i}$$

wesentlich positiv war.

Es war dort gezeigt worden, dass die für diese Functionen charakteristischen Bedingungen

$$(2) \quad \begin{cases} \vartheta_3(w+1) = \vartheta_3(w), \\ \vartheta_3(w+\tau) = e^{-(2w+\tau)\pi i}\,\vartheta_3(w) \end{cases}$$

sind, so dass jede andere eindeutige, im Endlichen stets endliche Function, welche diesen beiden Gleichungen genügt, von einer im Allgemeinen noch von τ abhängigen Constanten abgesehen diese ϑ-Function ist. Wir können aber die Klasse dieser jenen Gleichungen genügenden Functionen noch einschränken, wenn wir sie der Bedingung unterwerfen, einer partiellen Differentialgleichung zu genügen, welcher die ϑ-Function genügt, und die wir folgendermassen herleiten. Differentiirt man (1) nach w, so erhält man, da die Exponentialreihe aus der Maclaurin'schen Reihe hergeleitet worden und somit jedes Glied einzeln differentiirt werden darf,

$$\frac{d\vartheta_3(w)}{dw} = \sum_{-\infty}^{+\infty}{}^{\nu}\, 2\nu\pi i e^{\nu(2w+\nu\tau)\pi i}$$

und

$$\frac{d^2\vartheta_3(w)}{dw^2} = \sum_{-\infty}^{+\infty}{}^{\nu}\, (2\nu\pi i)^2 e^{\nu(2w+\nu\tau)\pi i},$$

und durch Differentiation derselben Reihe nach τ

$$\frac{d\vartheta_3(w)}{d\tau} = \sum_{-\infty}^{+\infty}{}^{\nu} \nu^2 \pi i e^{\nu(2w+\nu\tau)\pi i},$$

so dass aus den beiden letzten Gleichungen

$$(3) \ldots\ldots\ldots\ldots \quad \frac{d^2\vartheta_3(w)}{dw^2} = 4\pi i \frac{d\vartheta_3(w)}{d\tau}$$

folgt.

Wenn nun die den Gleichungen (2) unterworfene Function $F(w)$ die Form

$$F(w) = C\vartheta_3(w)$$

hat, in der C noch von τ abhängen kann, und nun noch der eben gefundenen Differentialgleichung (3) genügen soll, so muss

$$C\frac{d^2\vartheta_3(w)}{dw^2} = 4\pi i\left(\frac{dC}{d\tau}\vartheta_3(w) + C\frac{d\vartheta_3(w)}{d\tau}\right)$$

oder vermöge (3)

$$\frac{dC}{d\tau} = 0,$$

d. h. C eine von τ unabhängige Constante sein für alle eindeutigen und endlichen Functionen, welche den Gleichungen (2) und (3) genügen sollen.

Ausser dem Fundamentaltheta hatten wir noch drei andere Functionen

$$(4) \ldots\ldots\ldots \quad \vartheta_0(w) = \sum_{-\infty}^{+\infty}{}^{\nu} e^{\nu^2\tau\pi i} e^{2\nu(w-\frac{1}{2})\pi i}$$

$$= 1 - 2q\cos 2w\pi + 2q^4\cos 4w\pi - \cdots$$

$$(5) \ldots\ldots\ldots \quad \vartheta_1(w) = \sum_{-\infty}^{+\infty}{}^{\nu} e^{(\nu+\frac{1}{2})^2\tau\pi i} e^{2(\nu+\frac{1}{2})(w-\frac{1}{2})\pi i}$$

$$= 2q^{\frac{1}{4}}\sin w\pi - 2q^{\frac{9}{4}}\sin 3w\pi + 2q^{\frac{25}{4}}\sin 5w\pi - \cdots$$

$$(6) \ldots\ldots\ldots \quad \vartheta_2(w) = \sum_{-\infty}^{+\infty}{}^{\nu} e^{(\nu+\frac{1}{2})^2\tau\pi i} e^{2(\nu+\frac{1}{2})w\pi i}$$

$$= 2q^{\frac{1}{4}}\cos w\pi + 2q^{\frac{9}{4}}\cos 3w\pi + 2q^{\frac{25}{4}}\cos 5w\pi + \cdots$$

eingeführt, von denen nur $\vartheta_1(w)$ eine ungerade Function ist, während die drei andern

$$\vartheta_0(w), \quad \vartheta_2(w), \quad \vartheta_3(w)$$

gerade Functionen von w sind.

Ordnet man die Zahlen m_λ, n_λ dem Index der ϑ-Function λ derart zu, dass

$$\begin{array}{llll} \text{für} & \lambda = 0, & m_\lambda = -1, & n_\lambda = 0, \\ - & \lambda = 1, & m_\lambda = -1, & n_\lambda = +1, \\ - & \lambda = 2, & m_\lambda = 0, & n_\lambda = +1, \\ - & \lambda = 3, & m_\lambda = 0, & n_\lambda = 0 \end{array}$$

ist, so zeigt eine einfache Zusammenstellung der Substitutionen, durch welche wir in der sechszehnten Vorlesung die drei obigen ϑ-Functionen aus dem Fundamentaltheta hergeleitet haben, dass

$$(7) \quad \vartheta(w)_\lambda = e^{\frac{1}{2} n_\lambda [2w + m_\lambda + \frac{1}{2} n_\lambda \tau] \pi i} \, \vartheta_3 (w + \tfrac{1}{2} m_\lambda + \tfrac{1}{2} n_\lambda \tau)$$

ist, und ebenso leicht findet man durch Benutzung der obigen Functionalgleichungen (2) für die Vermehrung der ϑ-Argumente um ganze Zahlen und ganze Vielfache von τ *), wenn p und q ganze Zahlen, m_μ die Zahlen 0 oder -1, n_μ die Zahlen 0 oder $+1$ bedeuten, die nachfolgende Relation

$$(8) \quad \vartheta(w + p + q\tau)_\lambda = (-1)^{p n_\lambda + q m_\lambda} \, e^{-q(2w + q\tau)\pi i} \, \vartheta(w)_\lambda \text{ **)}$$

---

*) oder wie man sich auch ausdrückt, für die Vermehrung der ϑ-Argumente um ganze Perioden, indem 1 eine Periode des Fundamentaltheta's, und eine Vermehrung des Argumentes um τ diese Function von einer Exponentialgrösse abgesehen auf sich selbst zurückführt.

**) Es ist leicht einzusehen, dass die aus (8) folgenden Bedingungsgleichungen

$$\vartheta(w + 1)_\lambda = (-1)^{n_\lambda} \, \vartheta(w)_\lambda,$$
$$\vartheta(w + \tau)_\lambda = (-1)^{m_\lambda} \, e^{-(2w + \tau)\pi i} \, \vartheta(w)_\lambda$$

für die ϑ-Function mit dem Index λ charakteristisch sind, d. h. dass jede andere in der ganzen Ebene endliche und eindeutige Function, welche eben diesen Bedingungen genügt, sich von $\vartheta(w)_\lambda$ nur durch eine multiplicatorische Constante unterscheiden kann. Denn setzt man jene Function

$$F(w) = e^{\frac{1}{2} n_\lambda [2w + m_\lambda + \frac{1}{2} n_\lambda \tau] \pi i} f(w),$$

so ergeben sich für die Function $f(w)$ aus den beiden obigen Bedingungen leicht die folgenden:

$$f(w + 1) = f(w),$$
$$f(w + \tau) = e^{-\left[2\left(w + \frac{m_\lambda}{2} + \frac{n_\lambda}{2}\tau\right) + \tau\right]\pi i} f(w),$$

oder wenn

$$w + \frac{m_\lambda}{2} + \frac{n_\lambda}{2}\tau = w' \quad , \quad f(w) = \varphi(w')$$

gesetzt wird,

$$\varphi(w' + 1) = \varphi(w'),$$
$$\varphi(w' + \tau) = e^{-(2w' + \tau)\pi i} \, \varphi(w'),$$

welches nach dem Früheren die für

$$\vartheta_3(w') = \vartheta_3\left(w + \frac{m_\lambda}{2} + \frac{n_\lambda}{2}\tau\right)$$

charakteristischen Bedingungsgleichungen sind, so dass

$$F(w) = C \, . \, e^{\frac{1}{2} n_\lambda \left(2w + m_\lambda + \frac{n_\lambda}{2}\tau\right)\pi i} \, \vartheta_3\left(w + \frac{m_\lambda}{2} + \frac{n_\lambda}{2}\tau\right)$$

oder

$$F(w) = C \, . \, \vartheta(w)_\lambda$$

sein muss, wobei der Index λ dieser ϑ-Function durch die in den Functionalgleichungen gegebenen Werthe

$$(-1)^{m_\lambda} \quad \text{und} \quad (-1)^{n_\lambda}$$

fest bestimmt ist.

und durch unmittelbare Substitution aus (7) mit Hülfe von Gleichung (8)

$$) \quad \vartheta\left(w+\frac{m_\mu}{2}+\frac{n_\mu}{2}\tau\right)_\lambda = e^{-\frac{n_\mu}{2}\left(2w+\frac{n_\mu}{2}\tau\right)\pi i} \cdot i^{n_\nu(m_\lambda+m_\mu-m_\nu)-(m_\lambda+m_\mu)n_\mu}\,\vartheta(w)_\nu,$$

worin m_ν und n_ν durch die Congruenzen

$$m_\nu \equiv m_\lambda + m_\mu \pmod 2, \qquad n_\nu \equiv n_\lambda + n_\mu \pmod 2)$$

resp. auf die Werthe 0, -1 und 0, $+1$ zurückgeführt werden, und der Index ν aus m_ν und n_ν nach dem obigen Schema bestimmt wird.

Um die späteren Rechnungen leichter und übersichtlicher ausführen zu können, wird es zweckmässig sein, aus (8) und (9) die nachfolgende Tabelle zusammenzustellen.

ermehrung s Argumentes um	ϑ_0	ϑ_1	ϑ_2	ϑ_3	als Factor hinzutretende Exponentialgrösse
$+n\tau$	$(-1)^n\vartheta_0$	$(-1)^{m+n}\vartheta_1$	$(-1)^m\vartheta_2$	ϑ_3	$e^{-n(2w+n\tau)\pi i}$
$-\frac{1}{2}+n\tau$	ϑ_3	$(-1)^{m+1}\vartheta_2$	$(-1)^{m+n}\vartheta_1$	$(-1)^n\vartheta_0$	
$+(n+\frac{1}{2})\tau$	$(-1)^n i\vartheta_1$	$(-1)^{m+n} i\vartheta_0$	$(-1)^m\vartheta_3$	ϑ_2	$e^{-(n+\frac{1}{2})\left(2w+(n+\frac{1}{2})\tau\right)\pi i}$
$-\frac{1}{2}+(n+\frac{1}{2})\tau$	ϑ_2	$(-1)^{m+1}\vartheta_3$	$(-1)^{m+n} i\vartheta_0$	$(-1)^n i\vartheta_1$	

Nachdem nunmehr die Beziehungen der vier ϑ-Functionen zu einander festgestellt worden, wird es sich darum handeln, die wesentlichen Eigenschaften dieser Functionen zu entwickeln, aus denen sich später die entsprechenden Eigenschaften der elliptischen Functionen unmittelbar werden herleiten lassen, und zwar sollen zuerst die Nullwerthe der ϑ-Functionen gefunden werden, die sich aus den Formeln der sechszehnten Vorlesung unmittelbar ergeben. Da nämlich, wie dort ersichtlich, sich $\vartheta_1(w)$ von $\Theta_1(w)$ nur um eine Constante unterscheidet, und diese Function für

$$w = m + n\tau$$

und nur für diese Werthe, wenn m und n beliebige ganze Zahlen waren, verschwand, so werden auch in dieser Form alle Lösungen der Gleichung $\vartheta_1(w) = 0$ enthalten sein. Entnimmt man nun aus der Substitutionstabelle die Formel

$$\vartheta_1\left(w+\tfrac{1}{2}-\tfrac{1}{2}\tau\right) = e^{\frac{1}{2}\left(2w-\frac{\tau}{2}\right)\pi i}\,\vartheta_3(w),$$

so folgt, dass $\vartheta_3(w)$ verschwinden wird, wenn

$$w+\tfrac{1}{2}-\tfrac{1}{2}\tau = m + n\tau$$

oder

$$w = m - \tfrac{1}{2} + \left(n+\tfrac{1}{2}\right)\tau$$

ist und nur für diese Werthe, und verfährt man genau ebenso für die anderen ϑ-Functionen, so erhält man für sämmtliche Auflösungen von

$$\begin{aligned}
\vartheta_1(w) &= 0, & w &= m + n\tau, \\
\vartheta_0(w) &= 0, & w &= m + (n + \tfrac{1}{2})\tau, \\
\vartheta_2(w) &= 0, & w &= m - \tfrac{1}{2} + n\tau, \\
\vartheta_3(w) &= 0, & w &= m - \tfrac{1}{2} + (n + \tfrac{1}{2})\tau.
\end{aligned}$$

Wir wollen jedoch die Nullwerthe der ϑ-Functionen noch in anderer Weise bestimmen, ohne von den Entwicklungen dieser Functionen in unendliche Producte auszugehen.

Da nämlich die ϑ_3-Function, wie aus den Functionalgleichungen (2) hervorgeht, die Periode 1 hat und für eine Vermehrung des Argumentes um τ in sich selbst übergeht, multiplicirt mit einer Exponentialgrösse, welche für keinen endlichen Werth des Argumentes verschwinden kann, so folgt, dass die Nullwerthe der Function $\vartheta_3(w)$ in einem vom Nullpunkte aus mit den Seiten 1 und τ construirten Parallelogramme sämmtliche Nullwerthe dieser Function liefern werden, wenn zu jenen beliebige ganze Zahlen und beliebige ganze Vielfache von τ hinzuaddirt werden. Untersuchen wir nun zuerst, wie oft $\vartheta_3(w)$ in jenem Parallelogramme unendlich klein von der ersten Ordnung wird, so giebt bekanntlich das Integral

Fig. 60.

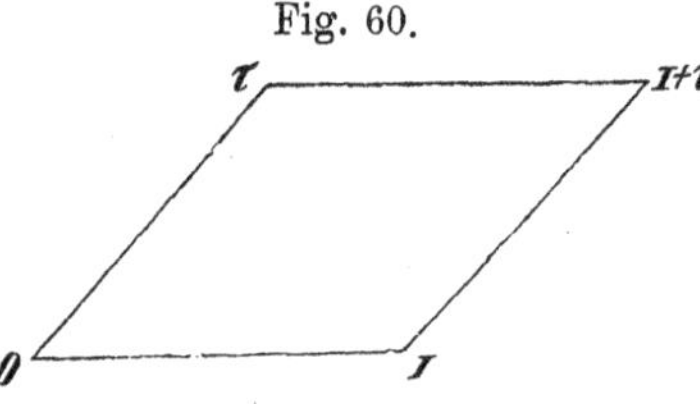

$$\frac{1}{2\pi i}\int d\log\vartheta_3(w),$$

über den Umfang jenes Parallelogramms genommen, diese Anzahl, da $\vartheta_3(w)$ stets endlich ist. Da sich aber dieses Integral als Summe von vier Integralen in der Form darstellen lässt

$$\frac{1}{2\pi i}\int_0^1 d\log\vartheta_3(w) + \frac{1}{2\pi i}\int_1^{1+\tau} d\log\vartheta_3(w) + \frac{1}{2\pi i}\int_{1+\tau}^{\tau} d\log\vartheta_3(w) + \frac{1}{2\pi i}\int_{\tau}^{0} d\log\vartheta_3(w)$$

oder vermöge der Substitution

$$w = 1 + w', \quad w = \tau + w'$$

für das zweite und dritte Integral durch

$$\frac{1}{2\pi i}\int_0^1 d\log\vartheta_3(w) + \frac{1}{2\pi i}\int_0^{\tau} d\log\vartheta_3(1+w)$$

$$+ \frac{1}{2\pi i}\int_1^0 d\log\vartheta_3(w+\tau) + \frac{1}{2\pi i}\int_{\tau}^0 d\log\vartheta_3(w)$$

$$= \frac{1}{2\pi i}\int_0^1 d\log\frac{\vartheta_3(w)}{\vartheta_3(w+\tau)} + \frac{1}{2\pi i}\int_0^{\tau} d\log\frac{\vartheta_3(w+1)}{\vartheta_3(w)},$$

so wird, da nach den Functionalgleichungen (2) und (3)

$$\frac{\vartheta_3(w+1)}{\vartheta_3(w)} = 1, \quad \text{also} \quad d \log \frac{\vartheta_3(w+1)}{\vartheta_3(w)} = 0,$$

ferner

$$\frac{\vartheta_3(w)}{\vartheta_3(w+\tau)} = e^{(2w+\tau)\pi i}, \quad \text{also} \quad d \log \frac{\vartheta_3(w)}{\vartheta_3(w+\tau)} = 2\pi i\, dw$$

ist,

$$\frac{1}{2\pi i}\int d \log \vartheta_3(w) = 1$$

sein, d. h. *es wird die eindeutige Function in diesem Parallelogramme nur in einem Punkte von der ersten Ordnung unendlich.*

Um nun diesen in dem betrachteten Parallelogramm gelegenen Nullwerth erster Ordnung β für die $\vartheta_3(w)$-Function zu finden, benutzen wir wiederum den in der siebenten Vorlesung bewiesenen Satz, wonach, da $n = 1$ zu setzen ist,

$$\beta = \frac{1}{2\pi i}\int d \log \vartheta_3(w) \,.\, w$$

wird, wenn das Integral über eine den Punkt β einschliessende Curve ausgedrückt wird, die nicht noch andere Nullen oder Unendliche der Function $\vartheta_3(w)$ umschliesst. Wir dürfen somit zur Integrationscurve den Umfang des obigen Parallelogramms wählen und erhalten mit Benutzung der eben vorher gemachten Substitutionen

$$\beta = \frac{1}{2\pi i}\int_0^1 d \log \vartheta_3(w) \,.\, w - \int_0^1 d \log \vartheta_3(w+\tau) \,.\, (w+\tau)$$

$$+ \int_0^\tau d \log \vartheta_3(w+1) \,.\, (w+1) - \int_0^\tau d \log \vartheta_3(w) \,.\, w,$$

oder da

$$\vartheta_3(w+1) = \vartheta_3(w), \quad \vartheta_3(w+\tau) = e^{-(2w+\tau)\pi i}\, \vartheta_3(w)$$

ist,

$$\beta = -\frac{\tau}{2\pi i}\int_0^1 d \log \vartheta_3(w) + \int_0^1 (w+\tau)\, dw + \int_0^\tau d \log \vartheta_3(w).$$

Nun ist aber leicht zu sehen, dass

$$\int_0^1 d \log \vartheta_3(w) = 2k\pi i,$$

worin k eine ganze Zahl bedeutet, weil $\vartheta_3(w)$ die Periode 1 hat, und $\vartheta_3(w)$ daher einen geschlossenen Weg beschreibt, und ferner nach den Gleichungen (2)

$$\int_0^\tau d \log \vartheta_3(w) = \Big[\log \vartheta_3(w)\Big]_0^\tau = \log \vartheta_3(\tau) - \log \vartheta_3(0) = -\pi\tau i$$

vermehrt um geschlossene Integrale

$$\int d \log \vartheta_3(w),$$

um einen oder mehrere der Nullwerthe von $\vartheta_3(w)$ genommen, deren Werthe, wie wieder unmittelbar zu sehen, da $\vartheta_3(w)$ einen geschlossenen Weg beschreibt, von der Form

$$2 l \pi i$$

sein werden; daher geht der Werth von β in

$$\beta = -k\tau + \tfrac{1}{2} + \tau - \tfrac{\tau}{2} + l$$

oder in

$$\beta = \tfrac{1}{2} + \tfrac{1}{2}\tau + m + n\tau$$

über, was auch oben gefunden worden.

Aus der Form der Exponentialreihe der ϑ-Function sieht man ferner ohne Schwierigkeit, dass sich das Product zweier ϑ-Functionen wieder als Summe ebensolcher Functionen darstellen lässt, und könnte durch einfache Ausführung dieser Multiplication die zu dem aufzustellenden Additionstheorem hinreichenden Hülfsformeln entwickeln. Wir ziehen es jedoch vor, gleich das Product von ϱ solchen ϑ-Functionen zu bilden, um später von diesen Ausdrücken noch weitere Anwendungen machen zu können.

Sei, wenn $m_1, m_2, \ldots m_\varrho$ ganze Zahlen, $a_1, a_2, \ldots a_\varrho, s_1, s_2, \ldots s_\varrho$ beliebige Grössen bedeuten,

$$(10) \quad \varphi(w) = \prod_{\mathfrak{a}=1,2,\ldots\varrho} e^{s_\mathfrak{a}(2m_\mathfrak{a} w + 2a_\mathfrak{a} + s_\mathfrak{a}\tau)\pi i}\, \vartheta_3(m_\mathfrak{a} w + a_\mathfrak{a} + s_\mathfrak{a}\tau),$$

so wird

$$(11) \quad \varphi(w+1) = e^{2S\pi i}\,\varphi(w),$$

wenn

$$(12) \quad m_1 s_1 + m_2 s_2 + \cdots + m_\varrho s_\varrho = S$$

gesetzt wird.

Vermehrt man ferner das Argument um τ, so folgt nach (8)

$$(13) \quad \varphi(w+\tau) = e^{-(2rw + 2A + r\tau)\pi i}\,\varphi(w),$$

wenn

$$(14) \quad m_1^2 + m_2^2 + \cdots + m_\varrho^2 = r,$$

$$(15) \quad m_1 a_1 + m_2 a_2 + \cdots + m_\varrho a_\varrho = A$$

gesetzt wird.

Da die Functionalgleichungen (11) und (13) noch nicht die Form der Gleichungen (1) haben, so setzen wir

$$(16) \quad \varphi_1(w) = e^{-\frac{S}{r}(2w - S\tau)\pi i}\,\varphi\left(\frac{w - A - S\tau}{r}\right)$$

und finden durch unmittelbares Einsetzen in die Gleichungen (11) und (13) für $\varphi_1(w)$ die folgenden Functionalgleichungen

$$(17) \quad \ldots\ldots \quad \varphi_1(w + r) = \varphi_1(w),$$

$$(18) \quad \ldots\ldots \quad \varphi_1(w + r\tau) = e^{-(2w + r\tau)\pi i}\, \varphi_1(w).$$

Setzt man nun endlich noch

$$(19) \quad \ldots\ldots\ldots \quad \varphi_2(w) = \sum_{n = 0, 1, \ldots r-1} \varphi_1(w + n),$$

so werden die sich unmittelbar aus (17) und (18) ergebenden Beziehungen

$$(20) \quad \ldots\ldots \quad \varphi_2(w + 1) = \varphi_2(w),$$

$$(21) \quad \ldots\ldots \quad \varphi_2(w + r\tau) = e^{-(2w + r\tau)\pi i}\, \varphi_2(w)$$

die für das Fundamentaltheta mit dem Modul $r\tau$ charakteristischen Bedingungen sein, und somit

$$\varphi_2(w) = C \,.\, \vartheta_3(w, r\tau)$$

sich ergeben, indem wir die Bezeichnung des Moduls in die ϑ-Function mit aufnehmen. Mit Berücksichtigung von (19) und (16) folgt aber dann offenbar, dass

$$\sum_{n=0, 1, \ldots r-1} e^{-\frac{2nS}{r}\pi i}\, \varphi\left(w + \frac{n}{r}\right) = C \,.\, e^{\frac{S}{r}(2rw + 2A + S\tau)\pi i}\, \vartheta_3(rw + A + S\tau,$$

ist, wo C von den in die φ-Function eintretenden Constanten abhängt. Beachtet man nun, dass die Gleichung (22) erhalten worden, indem man nur von den Functionalgleichungen (11) und (13) für die φ-Function ausging und durch successive Substitution zu dieser Form gelangte, dass aber jene Functionalgleichungen unverändert bleiben, wenn man r und A unverändert lässt, jedoch S in $S + l$ verwandelt, wenn l irgend eine ganze Zahl bedeutet, so ergiebt sich unmittelbar, dass auch die Gleichung (22) bestehen bleibt, wenn $S + l$ statt S gesetzt wird, indem nur die Constante, die wir jedem l-Werthe entsprechend mit C_l bezeichnen wollen, ihren Werth ändert. Setzt man daher der Reihe nach für l die Werthe $0, 1, 2, \ldots r - 1$ und addirt die so entstehenden Gleichungen, so ergiebt sich

$$\sum_{0, 1, 2, \ldots r-1} \left\{\varphi\left(w + \frac{n}{r}\right) e^{-\frac{2nS}{r}\pi i} \sum_{l=0, 1, \ldots r-1} e^{-\frac{2nl}{r}\pi i}\right\}$$

$$= \sum_{l=0, 1, \ldots r-1} C_l \,.\, e^{\frac{S+l}{r}(2rw + 2A + (S+l)\tau)\pi i}\, \vartheta_3\big(rw + A + (S + l)\tau, r\tau\big);$$

berücksichtigt man aber, dass, wenn n von Null verschieden ist,

$$\sum_{l=0, 1, 2, \ldots r-1} e^{-\frac{2nl}{r}\pi i} = 0,$$

und dass, wenn $n = 0$, der Werth dieser Summe r ist, so folgt, dass auf der linken Seite nur

$$r\varphi(w)$$

bleibt, und dass somit die Verwandlungsformel des Productes von ϑ-Functionen in eine Summe durch Berücksichtigung des Werthes von $\varphi(w)$ folgendermassen lautet

$$(23) \ldots \prod_{\alpha=1,2,\ldots\varrho} e^{s_\alpha(2m_\alpha w+2a_\alpha+s_\alpha\tau)\pi i}\,\vartheta_3(m_\alpha w+a_\alpha+s_\alpha\tau,\tau)$$

$$=\frac{1}{r}\sum_{l=0,1,\ldots r-1}^{l} C_l\,.\,e^{\frac{S+l}{r}\left(2rw+2A+(S+l)\tau\right)\pi i}\,\vartheta_3\bigl(rw+A+(S+l)\tau,\,r\tau\bigr).$$

Da die Grössen r, A, S durch die Gleichungen definirt waren

$$m_1{}^2+m_2{}^2+\cdots+m_\varrho{}^2=r,$$
$$m_1a_1+m_2a_2+\cdots+m_\varrho a_\varrho=A,$$
$$m_1s_1+m_2s_2+\cdots+m_\varrho s_\varrho=S,$$

und diese Gleichungen, ohne dass r, A, S ihren Werth ändern, auf unendlich viel Arten durch verschiedene Wahl von $m_1, \ldots m_\varrho, a_1, \ldots a_\varrho, s_1, \ldots s_\varrho$ befriedigt werden können, so wird es möglich sein, da die rechte Seite der Gleichung (23) von C_l abgesehen nur von den Grössen r, A, S abhängt, unendlich viele wie die linke Seite jener Gleichung gebildete ϑ-Producte herzustellen, für welche die rechte Seite von den Constanten abgesehen dieselbe bleibt, und es folgt daraus, dass, wenn man $r+1$ solcher Gleichungen aufstellt, man die r in den rechten Seiten linear enthaltenen Ausdrücke

$$e^{\frac{S+l}{r}\left(2rw+2A+(S+l)\tau\right)\pi i}\,\vartheta_3\left(rw+A+(S+l)\tau,\,r\tau\right)$$

eliminiren kann, und sich somit *zwischen je* $r+1$ *solchen* ϑ-*Producten eine homogene lineare Relation ergiebt.*

Es soll von diesem Satze sogleich eine Anwendung auf die Herleitung der Additionstheoreme der ϑ-Functionen gemacht werden.

Setzt man nämlich

$$m_1=m_2=1, \quad \text{also} \quad r=2,$$

so dass man ϑ-Producte von nur zwei Factoren hat, setzt ausserdem u statt des Argumentes w, ferner

$$A=w, \quad S=0,$$

so werden die Gleichungen zu befriedigen sein

$$a_1+a_2=w,$$
$$s_1+s_2=0,$$

und da dieses dadurch geschehen kann, dass man

$$a_1=v+w, \quad a_2=-v, \qquad s_1=0, \quad s_2=0,$$

$$a_1=\frac{m_\lambda}{2}, \quad a_2=w-\frac{m_\lambda}{2}, \quad s_1=\frac{n_\lambda}{2}, \quad s_2=-\frac{n_\lambda}{2},$$

$$a_1=\frac{m_{\lambda_1}}{2}, \quad a_2=w-\frac{m_{\lambda_1}}{2}, \quad s_1=\frac{n_{\lambda_1}}{2}, \quad s_2=-\frac{n_{\lambda_1}}{2}$$

setzt, worin m_λ, m_{λ_1} zwei Zahlen, welche 0 oder -1 sind, und n_λ und n_{λ_1} zwei Zahlen, welche 0 oder $+1$ sind, bedeuten, so wird zwischen den drei folgenden Producten von je zwei ϑ-Functionen *)

$$\vartheta_3(u+v+w)\,\vartheta_3(u-v),$$

$$e^{\frac{n_\lambda}{2}\left(2u+m_\lambda+\frac{n_\lambda}{2}\tau\right)\pi i}\,\vartheta_3\left(u+\frac{m_\lambda}{2}+\frac{n_\lambda}{2}\tau\right)\times$$
$$e^{-\frac{n_\lambda}{2}\left(2u+2w-m_\lambda-\frac{n_\lambda}{2}\tau\right)\pi i}\,\vartheta_3\left(u+w-\frac{m_\lambda}{2}-\frac{n_\lambda}{2}\tau\right)$$
$$=c\,\vartheta_\lambda(u)\,\vartheta_\lambda(u+w),$$

$$e^{\frac{n_{\lambda_1}}{2}\left(2u+m_{\lambda_1}+\frac{n_{\lambda_1}}{2}\tau\right)\pi i}\,\vartheta_3\left(u+\frac{m_{\lambda_1}}{2}+\frac{n_{\lambda_1}}{2}\tau\right)\times$$
$$e^{-\frac{n_{\lambda_1}}{2}\left(2u+2w-m_{\lambda_1}-\frac{n_{\lambda_1}}{2}\tau\right)\pi i}\,\vartheta_3\left(u+w-\frac{m_{\lambda_1}}{2}-\frac{n_{\lambda_1}}{2}\tau\right)$$
$$=c_1\,\vartheta_{\lambda_1}(u)\,\vartheta_{\lambda_1}(u+w),$$

in welchen c und c_1 Constanten bezeichnen, die nicht von u, v, w abhängen und deren Bestimmung unmittelbar aus der Substitutionstabelle folgt, hier aber unnöthig ist, sich die nachfolgende homogene lineare Relation ergeben

$$(24)\qquad \vartheta_3(u+v+w)\,\vartheta_3(u-v)=\sum_{\lambda,\lambda_1}(\lambda)\,\vartheta_\lambda(u)\,\vartheta_\lambda(u+w),$$

in welcher noch die beiden in Bezug auf u constanten Grössen (λ) und (λ_1) zu bestimmen sein werden.

Macht man in dieser Gleichung statt u die Substitution

$$u+\frac{m_\beta}{2}+\frac{n_\beta}{2}\tau,$$

wo $\beta=0, 1, 2, 3$ sein kann, so wird nach Gleichung (9), wie leicht auszurechnen,

$$(25)\ \ldots\ \vartheta_\beta(u+v+w)\,\vartheta_\beta(u-v)=\sum_{\lambda,\lambda_1}(\lambda)\,(-1)^{m_\lambda n_\beta}\,\vartheta_{\beta\lambda}(u)\,\vartheta_{\beta\lambda}(u+w),$$

indem wir unter $\beta\lambda$ den aus β und λ zusammengesetzten oder durch die Congruenzen

$$m_{\beta\lambda}\equiv m_\beta+m_\lambda \pmod 2,\quad n_{\beta\lambda}\equiv n_\beta+n_\lambda \pmod 2$$

definirten Index verstehen, während die Indices β, λ, λ_1 noch vollständig beliebig sind, nur dass λ und λ_1 nicht zugleich den Index 3 bedeuten dürfen, weil wir sonst in der homogenen Relation (24) nicht drei verschiedene ϑ-Producte hätten.

Bezeichnen wir nun irgend einen der Indices 0, 1, 2 mit ε, und werde der Index 1ε mit η bezeichnet, so wollen wir, wenn λ einen beliebigen Index und $\lambda_1=\lambda\varepsilon$ bedeutet,

---

*) für welche stets der Modul τ gelten soll, wenn nicht ein anderer besonders in die Bezeichnung dieser Function mit aufgenommen wird.

$$\beta = \eta\lambda = 1\,\varepsilon\lambda$$

setzen, dann werden die Indices der rechten Seite der Gleichung (25)

$$\beta\lambda = 1\,\varepsilon\lambda\lambda = 1\,\varepsilon = \eta,$$

da $\lambda\lambda = 3$ ist, wie man aus der Substitutionstabelle ersieht, indem nur ganze Perioden zum Argument hinzukommen, und

$$\beta\lambda_1 = 1\,\varepsilon\lambda\lambda\varepsilon = 1$$

sein, so dass, da

$$\vartheta(u)_1$$

die einzige ungerade ϑ-Function ist, die Gleichung (25), wenn $u = 0$ gesetzt wird, für die Constante (λ) die Bestimmung liefert

$$(26) \ldots\ldots \quad (\lambda) = (-1)^{n_\lambda m_\eta} \cdot \frac{\vartheta_{\eta\lambda}(v+w)\,\vartheta_{\eta\lambda}(v)}{\vartheta_\eta(0)\,\vartheta_\eta(w)},$$

da

$$\vartheta_{\eta\lambda}(-v) = (-1)^{m_{\eta\lambda} n_{\eta\lambda}}\,\vartheta_{\eta\lambda}(v) = (-1)^{(m_\eta + m_\lambda)(n_\eta + n_\lambda)}\,\vartheta_{\eta\lambda}(v),$$

weil nur für $m_{\eta\lambda} = n_{\eta\lambda} = 1$ die Function eine ungerade ist, ferner

$$(-1)^{m_\lambda n_\beta} = (-1)^{m_\lambda (n_\eta + n_\lambda)}$$

und

$$m_\eta n_\eta = 0$$

ist, weil η nicht 1 sein kann.

Da sich nun der Werth der Constanten (λ_1) nach der in Bezug auf λ und λ_1 symmetrischen Form der Gleichung (25) aus dem für (λ) gefundenen Ausdrucke ergeben muss, wenn dort statt λ die Grösse $\lambda_1 = \lambda\varepsilon$ eingesetzt wird, so folgt nach Einführung dieser beiden Constanten in die Gleichung (24)

$$\begin{aligned}(27) \ldots\ldots \quad & \vartheta_\eta(0)\,\vartheta_\eta(w)\,\vartheta_3(u+v+w)\,\vartheta_3(u-v) \\ &= (-1)^{n_\lambda m_\eta}\,\vartheta_\lambda(u)\,\vartheta_\lambda(u+w)\,\vartheta_{\eta\lambda}(v)\,\vartheta_{\eta\lambda}(v+w) \\ &+ (-1)^{n_{\lambda\varepsilon} m_\eta}\,\vartheta_{\lambda\varepsilon}(u)\,\vartheta_{\lambda\varepsilon}(u+w)\,\vartheta_{\eta\lambda\varepsilon}(v)\,\vartheta_{\eta\lambda\varepsilon}(v+w),\end{aligned}$$

worin λ einen beliebigen Index, ε einen der Indices 0, 1, 2 und η den aus 1 und ε zusammengesetzten Index bedeutet; wenn nun noch $-v$ statt v und $w + v$ statt w gesetzt wird, so ergiebt sich, weil

$$(-1)^{\lambda m_\eta}\,\vartheta_{\eta\lambda}(-v) = (-1)^{n_\lambda m_\eta + (m_\eta + m_\lambda)(n_\eta + n_\lambda)}\,\vartheta_{\eta\lambda}(v) = (-1)^{m_\lambda n_{\eta\lambda}}\,\vartheta_{\eta\lambda}(v)$$

und ebenso

$$(-1)^{n_{\lambda\varepsilon} m_\eta}\,\vartheta_{\eta\lambda\varepsilon}(-v) = (-1)^{m_\lambda n_{\eta\lambda\varepsilon}}\,\vartheta_{\eta\lambda\varepsilon}(v)$$

ist,

$$\begin{aligned}(28) \ldots\ldots \quad & \vartheta_\eta(0)\,\vartheta_\eta(v+w)\,\vartheta_3(u+v)\,\vartheta_3(u+w) \\ &= (-1)^{m_\lambda n_{\eta\lambda}}\,\vartheta_\lambda(u)\,\vartheta_\lambda(u+v+w)\,\vartheta_{\eta\lambda}(v)\,\vartheta_{\eta\lambda}(w) \\ &+ (-1)^{m_\lambda n_{\eta\lambda\varepsilon}}\,\vartheta_{\lambda\varepsilon}(u)\,\vartheta_{\lambda\varepsilon}(u+v+w)\,\vartheta_{\eta\lambda\varepsilon}(v)\,\vartheta_{\eta\lambda\varepsilon}(w).\end{aligned}$$

Setzt man nun endlich in (25)

$$\text{statt } v \quad v + \frac{m_\alpha}{2} + \frac{n_\alpha}{2}\tau,$$

$$\text{statt } w \quad w + \frac{m_\beta}{2} + \frac{n_\beta}{2}\tau,$$

worin m_α 0 oder -1, n_α 0 oder $+1$ sein kann, so ergiebt sich, wie man leicht aus den Formeln (8) und (9) entnimmt:

$$(29) \quad \vartheta_\eta(0)\,\vartheta_{\eta\alpha\beta}(v+w)\,\vartheta_\alpha(u+v)\,\vartheta_\beta(u+w)$$
$$= \varrho_1 \vartheta_\lambda(u)\,\vartheta_{\lambda\alpha\beta}(u+v+w)\,\vartheta_{\eta\lambda\alpha}(v)\,\vartheta_{\eta\lambda\beta}(w)$$
$$+ \varrho_2 \vartheta_{\lambda\varepsilon}(u)\,\vartheta_{\lambda\varepsilon\alpha\beta}(u+v+w)\,\vartheta_{\eta\lambda\varepsilon\alpha}(v)\,\vartheta_{\eta\lambda\varepsilon\beta}(w),$$

worin ϱ_1 und ϱ_2 die positive oder negative Einheit bedeuten; wir fügen deren Werthe, die sich unmittelbar aus der angedeuteten Rechnung ergeben, nicht bei, da es in jedem Falle doch am besten ist, sich die gesuchte Formel unmittelbar aus (28) vermöge der Substitutionstabelle abzuleiten, wobei jede weitere Rechnung vermieden ist.

Um nun aus (29) die gesuchte allgemeine Additionsformel der ϑ-Function herzuleiten, braucht man nur

$$w = -v$$

zu setzen, und erhält dann

$$(30) \quad \vartheta_\eta(0)\,\vartheta_{\eta\alpha\beta}(0)\,\vartheta_\alpha(u+v)\,\vartheta_\beta(u-v)$$
$$= (-1)^{m_{\lambda\eta\beta}\, n_{\lambda\eta\beta}}\, \varrho_1 \vartheta_\lambda(u)\,\vartheta_{\lambda\alpha\beta}(u)\,\vartheta_{\eta\lambda\alpha}(v)\,\vartheta_{\eta\lambda\beta}(v)$$
$$+ (-1)^{m_{\lambda\eta\varepsilon\beta}\, n_{\lambda\eta\varepsilon\beta}}\, \varrho_2 \vartheta_{\lambda\varepsilon}(u)\,\vartheta_{\lambda\varepsilon\alpha\beta}(u)\,\vartheta_{\eta\lambda\varepsilon\alpha}(v)\,\vartheta_{\eta\lambda\varepsilon\beta}(v);$$

es ist somit das Product der beiden ϑ-Functionen

$$\vartheta_\alpha(u+v)\,\vartheta_\beta(u-v)$$

in eine Summe von Producten von ϑ-Functionen verwandelt, welche die Argumente u und v gesondert enthalten.

Da wir im Folgenden vielfach die verschiedenen Additionsformeln der ϑ-Functionen brauchen werden, so wird es zweckmässig sein, die vollständige Tabelle der wesentlich verschiedenen aus (30) hervorgehenden Relationen aufzustellen, wobei wir der Kürze halber

$$\vartheta_\alpha(0)\,\vartheta_\beta(0)\,\vartheta_\gamma(u+v)\,\vartheta_\delta(u-v) \text{ mit } [\alpha\beta\gamma\delta],$$
$$\vartheta_\alpha(u)\,\vartheta_\beta(u)\,\vartheta_\gamma(v)\,\vartheta\ (v) \text{ mit } (\alpha\beta\gamma\delta)$$

bezeichnen wollen. Es ergiebt sich sodann die folgende Zusammenstellung

[0000] = (0000) − (1111)	[0011] = (1100) − (0011)
[0000] = (3333) − (2222)	[0011] = (3322) − (2233)
[3300] = (0033) + (2211)	[3311] = (1133) − (3311)
[3300] = (3300) + (1122)	[3311] = (0022) − (2200)
[2200] = (0022) + (3311)	[2211] = (1122) − (2211)
[2200] = (2200) − (1133)	[2211] = (0033) − (3300)
[2222] = (2222) − (1111)	[3333] = (3333) + (1111)
[2222] = (3333) − (0000)	[3333] = (2222) + (0000)
[3322] = (2233) − (0011)	[2233] = (3322) + (0011)
[3322] = (3322) − (1100)	[2233] = (2233) + (1100)
[0022] = (2200) − (3311)	[0033] = (0033) − (1122)
[0022] = (0022) − (1133)	[0033] = (3300) − (2211)

$$\begin{array}{ll} [2310] = (1023) + (2310) & [0220] = (0202) - (1313) \\ [2301] = (1023) - (2310) & [0202] = (0202) + (1313) \\ [0330] = (0303) - (2121) & [0213] = (1302) + (0213) \\ [0303] = (0303) + (2121) & [0231] = (1302) - (0213) \\ [2323] = (3232) - (1010) & [0312] = (1203) + (0312) \\ [2332] = (3232) + (1010) & [0321] = (1203) - (0312). \end{array}$$

Wir wollen von diesen Additionsformeln sogleich eine Anwendung auf die Aufstellung von Relationen machen, welche zwischen den ϑ-Functionen und deren Ableitungen für den Nullwerth der Variabeln bestehen und zur Abkürzung von nun an

$$\vartheta_\alpha(0) \text{ mit } \vartheta_\alpha$$

bezeichnen.

Man sieht leicht, dass, wenn man $u = v = 0$ setzt, wegen $\vartheta_1 = 0$ aus allen obigen Additionsformeln sich nur *eine* Relation und zwar aus der Gleichung

$$[0000] = (3333) - (2222)$$

ergiebt, nämlich

$$(31) \quad \ldots\ldots\ldots\ldots \quad \vartheta_0{}^4 + \vartheta_2{}^4 = \vartheta_3{}^4;$$

da nun früher zwischen den ϑ-Functionen für die Nullwerthe der Variabeln und dem zum Modul τ der ϑ-Function gehörigen Integralmodul k die Beziehung gefunden war

$$\sqrt{k} = \frac{\vartheta_2}{\vartheta_3},$$

so folgt

$$\frac{\vartheta_0{}^4}{\vartheta_3{}^4} = 1 - \frac{\vartheta_2{}^4}{\vartheta_3{}^4} = 1 - k^2,$$

oder da

$$k_1{}^2 = 1 - k^2$$

gesetzt war,

$$k_1{}^2 = \frac{\vartheta_0{}^4}{\vartheta_3{}^4},$$

und daher zwei Werthe der Grössen $\sqrt{k}$ und $\sqrt{k_1}$ durch die eindeutigen ϑ-Functionen in der Form gegeben

$$\sqrt{k} = \frac{\vartheta_2}{\vartheta_3}, \quad \sqrt{k_1} = \frac{\vartheta_0}{\vartheta_3}.$$

Wir leiten ferner noch eine Beziehung her, welche zwischen der Ableitung der ungeraden ϑ-Functionen und den drei andern geraden ϑ-Functionen für den Nullwerth des Argumentes besteht, und gehen zu dem Zwecke von der im obigen Schema enthaltenen Additionsformel aus

$$\vartheta_2 \vartheta_3 \vartheta_1(u+v)\,\vartheta_0(u-v)$$
$$= \vartheta_1(u)\,\vartheta_0(u)\,\vartheta_2(v)\,\vartheta_3(v) + \vartheta_2(u)\,\vartheta_3(u)\,\vartheta_0(v)\,\vartheta_1(v);$$

entwickelt man auf beiden Seiten nach steigenden Potenzen von v, dann liefert die Identificirung der Coefficienten der ersten Potenzen von v

$$\vartheta_2\vartheta_3\left(\vartheta_0(u)\,\vartheta_1'(u) - \vartheta_1(u)\,\vartheta_0'(u)\right) = \vartheta_0\,\vartheta_1'\,\vartheta_2(u)\,\vartheta_3(u),$$

und wenn dieser Ausdruck wieder nach Potenzen von u entwickelt wird, indem

$$\vartheta_0(u) = \vartheta_0 + \frac{u^2}{1.2}\vartheta_0'' + \cdots$$

$$\vartheta_1(u) = u\,\vartheta_1' + \frac{u^3}{3!}\vartheta_1''' + \cdots$$

$$\vartheta_2(u) = \vartheta_2 + \frac{u^2}{1.2}\vartheta_2'' + \cdots$$

$$\vartheta_3(u) = \vartheta_3 + \frac{u^2}{1.2}\vartheta_3'' + \cdots$$

ist, so giebt die Identificirung des Coefficienten von u^2 auf beiden Seiten der vorigen Gleichung

$$\vartheta_2\vartheta_3(\vartheta_0\vartheta_1''' - \vartheta_1'\vartheta_0'') = \vartheta_0\vartheta_1'(\vartheta_2\vartheta_3'' + \vartheta_3\vartheta_2'')$$

oder

(32) . . . . $$\frac{\vartheta_1'''}{\vartheta_1'} = \frac{\vartheta_0''}{\vartheta_0} + \frac{\vartheta_2''}{\vartheta_2} + \frac{\vartheta_3''}{\vartheta_3}.$$

Aber es folgt aus der oben für die ϑ_3-Function entwickelten Differentialgleichung

$$\frac{d^2\vartheta_3(u)}{du^2} = 4\pi i\,\frac{d\vartheta_3(u)}{d\tau},$$

wie man sich durch die Substitution der halben Perioden oder durch unmittelbare Differentiation der für die ϑ-Functionen aufgestellten Reihen überzeugt, dass wenn α irgend einen der Indices 0, 1, 2, 3 bedeutet,

(33) . . . . $$\frac{d^2\vartheta_\alpha(u)}{du^2} = 4\pi i\,\frac{d\vartheta_\alpha(u)}{d\tau}$$

ist. Bedeutet nun α den Index einer geraden ϑ-Function, so ist

$$\vartheta_\alpha(u) = \vartheta_\alpha + \frac{u}{1.2}\vartheta_\alpha'' + \cdots,$$

also

$$\frac{d^2\vartheta_\alpha(u)}{du^2} = \vartheta_\alpha'' + \frac{u^2}{1.2}\vartheta_\alpha'''' + \cdots,$$

$$\frac{d\vartheta_\alpha(u)}{d\tau} = \frac{d\vartheta_\alpha}{d\tau} + \frac{u^2}{1.2}\,\frac{d\vartheta_\alpha''}{d\tau} + \cdots$$

und somit in Folge der Differentialgleichung (33)

(34) . . . . $$\vartheta_\alpha'' = 4\pi i\,\frac{d\vartheta_\alpha}{d\tau};$$

ist α jedoch gleich 1, so ist

$$\vartheta_1(u) = \frac{u}{1}\vartheta_1' + \frac{u^3}{3!}\vartheta_1''' + \cdots$$

also

$$\frac{d^2\vartheta_1(u)}{du^2} = \frac{u}{1}\vartheta_1''' + \cdots$$

$$\frac{d\vartheta_1(u)}{d\tau} = \frac{u}{1}\,\frac{d\vartheta_1'}{d\tau} + \frac{u^3}{3!}\,\frac{d\vartheta_1'''}{d\tau} + \cdots$$

so dass

(35) . . . . $\vartheta_1''' = 4\pi i \frac{d\vartheta_1'}{d\tau}$,

und es geht daher mit Benutzung der Gleichungen (34) und (35) die oben gefundene Beziehung (32) in

$$\frac{\frac{d\vartheta_1'}{d\tau}}{\vartheta_1'} = \frac{\frac{d\vartheta_0}{d\tau}}{\vartheta_0} + \frac{\frac{d\vartheta_2}{d\tau}}{\vartheta_2} + \frac{\frac{d\vartheta_3}{d\tau}}{\vartheta_3}$$

über, so dass die Integration nach τ

(36) . . . . $\vartheta_1' = C\vartheta_0\vartheta_2\vartheta_3$

liefert, worin C eine von τ unabhängige Constante bedeutet.

Die Constante C wird leicht dadurch bestimmbar sein, dass man das Product der Entwicklungen

$$\vartheta_0 = 1 - 2q + 2q^4 - \cdots,$$
$$\vartheta_2 = 2q^{\frac{1}{4}} + 2q^{\frac{9}{4}} + 2q^{\frac{25}{4}} + \cdots \text{*)},$$
$$\vartheta_3 = 1 + 2q + 2q^4 + \cdots$$

mit der aus

$$\vartheta_1(u) = 2q^{\frac{1}{4}} \sin u\pi - 2q^{\frac{9}{4}} \sin 3u\pi + \cdots$$

oder

$$\vartheta_1'(u) = 2\pi q^{\frac{1}{4}} \cos u\pi - 2 . 3\pi q^{\frac{9}{4}} \cos 3u\pi + \cdots$$

abgeleiteten Entwicklung von

$$\vartheta_1' = 2\pi q^{\frac{1}{4}} - 2 . 3\pi q^{\frac{9}{4}} + \cdots$$

vergleicht, und findet, dass die Identificirung der Anfangsglieder der Entwicklung

$$2\pi q^{\frac{1}{4}} = C . 2q^{\frac{1}{4}},$$

also $C = \pi$ liefert, so dass die Gleichung (36) in

(37) . . . . $\vartheta_1' = \pi\vartheta_0\vartheta_2\vartheta_3$

übergeht.

Mit Hülfe dieser Beziehung wird es möglich sein, die Werthe der drei geraden ϑ-Functionen für den Nullwerth der Variabeln vermittels des Integralmoduls und der Periodicitätsmoduln des zugehörigen elliptischen Integrales auszudrücken.

Es war nämlich

$$\sin \text{am}\, w = \frac{1}{\sqrt{k}} \frac{\vartheta_1\left(\frac{2w}{\Omega}\right)}{\vartheta_0\left(\frac{2w}{\Omega}\right)} = \frac{\vartheta_3}{\vartheta_2} \frac{\vartheta_1\left(\frac{2w}{\Omega}\right)}{\vartheta_0\left(\frac{2w}{\Omega}\right)},$$

und daher

---

*) wobei zu bemerken, das die Grösse $q^{\frac{1}{4}}$ eindeutig durch den Ausdruck $e^{\frac{\pi i \tau}{4}}$ bestimmt war.

$$\frac{d \sin \operatorname{am} w}{dw} = \frac{\vartheta_3}{\vartheta_2} \cdot \frac{\vartheta_0\left(\frac{2w}{\Omega}\right)\vartheta_1'\left(\frac{2w}{\Omega}\right) - \vartheta_1\left(\frac{2w}{\Omega}\right)\vartheta_0'\left(\frac{2w}{\Omega}\right)}{\vartheta_0^2\left(\frac{2w}{\Omega}\right)} \cdot \frac{2}{\Omega},$$

also

(38) . . . . $$\left(\frac{d \sin \operatorname{am} w}{dw}\right)_{w=0} = \frac{\vartheta_3}{\vartheta_2}\frac{\vartheta_1'}{\vartheta_0} \cdot \frac{2}{\Omega};$$

da aber ausserdem

$$\left(\frac{d \sin \operatorname{am} w}{dw}\right)_{w=0} = 1$$

war, so ergiebt sich

$$1 = \frac{\vartheta_3}{\vartheta_2}\frac{\vartheta_1'}{\vartheta_0}\frac{2}{\Omega}$$

und vermöge der oben gefundenen Relationen

$$\vartheta_1' = \pi \vartheta_0 \vartheta_2 \vartheta_3$$

folgt

(39) . . . . $$\Omega = 2\pi\vartheta_3^2$$

oder

(40) . . . . . $$\vartheta_3 = \sqrt{\frac{\Omega}{2\pi}} = 1 + 2q + 2q^4 + \cdots,$$

wo das Quadratwurzelzeichen vermöge der Eindeutigkeit der ϑ_3-Function fest bestimmt ist.

Da ferner

$$\sqrt{k_1} = \frac{\vartheta_0}{\vartheta_3}$$

war, also

$$\frac{\vartheta_0}{\sqrt{k_1}} = \vartheta_3 = \sqrt{\frac{\Omega}{2\pi}}$$

ist, so folgt

$$\vartheta_0 = \sqrt{\frac{\Omega k_1}{2\pi}},$$

worin wiederum die Quadratwurzel wegen der Eindeutigkeit von ϑ_0 einen bestimmten Werth hat; benutzt man endlich noch die Gleichung

$$\sqrt{k} = \frac{\vartheta_2}{\vartheta_3},$$

so sind die vier für das Folgende nothwendigen Beziehungen ermittelt:

(41) . . . . $$\vartheta_0 = \sqrt{\frac{\Omega k_1}{2\pi}}, \quad \vartheta_2 = \sqrt{\frac{\Omega k}{2\pi}}, \quad \vartheta_3 = \sqrt{\frac{\Omega}{2\pi}},$$

$$\vartheta_1' = \pi\vartheta_0\vartheta_2\vartheta_3 = \frac{\Omega}{2}\sqrt{\frac{\Omega \varkappa \varkappa_1}{2\pi}}.$$

Nach Herleitung dieser Relationen wird es nun aber möglich sein, die unendlichen Productentwicklungen für die vier ϑ-Functionen aufzustellen und den Werth der in der sechszehnten Vorlesung noch unbestimmt gebliebenen Constanten zu ermitteln.

Es war dort, wenn

$$\sin \operatorname{am} \frac{\Omega}{2} w = \frac{\Theta_1(w)}{\Theta_0(w)}$$

gesetzt wurde,

$$(42) \ldots\ldots \quad \Theta_1(w) = \frac{\Omega}{2} w \prod_{-\nu}^{+\nu}{}^{n} \prod_{-\mu}^{+\mu}{}^{m} \left(1 - \frac{w}{m + n\tau}\right)$$

$$= \frac{\Omega}{2\pi} \sin \pi w \frac{\prod_1^{\infty}{}^{n} (1 - 2 q^{2n} \cos 2 w\pi + q^{4n})}{\prod_1^{\infty}{}^{n} (1 - q^{2n})^2},$$

$$(43) \ldots\ldots \quad \Theta_0(w) = \prod_{-\nu-1}^{+\nu}{}^{n} \prod_{-\mu}^{+\mu}{}^{m} \left(1 - \frac{w}{m + (n + \frac{1}{2})\tau}\right)$$

$$= \frac{\prod_0^{\infty}{}^{n} (1 - 2 q^{2n+1} \cos 2 w\pi + q^{4n+2})}{\prod_0^{\infty}{}^{n} (1 - q^{2n+1})^2}$$

gefunden worden. Da nun nach Gleichung (14) jener Vorlesung und der oben erhaltenen Relation

$$\vartheta_0(w) = \vartheta_0 \,.\, \Theta_0(w) = \sqrt{\frac{\Omega \varkappa_1}{2\pi}} \cdot \Theta_0(w)$$

ist, so wird

$$(44) \ldots \quad \vartheta_0(w) = \sqrt{\frac{\Omega \varkappa_1}{2\pi}} \prod_{-\nu-1}^{+\nu}{}^{n} \prod_{-\mu}^{+\mu}{}^{m} \left(1 - \frac{w}{m + (n + \frac{1}{2})\tau}\right)$$

$$= \sqrt{\frac{\Omega \varkappa_1}{2\pi}} \frac{\prod_0^{\infty}{}^{m} (1 - 2 q^{2n+1} \cos 2 w\pi + q^{4n+2})}{\prod_0^{\infty}{}^{n} (1 - q^{2n+1})^2}$$

$$= \sqrt{\frac{\Omega \varkappa_1}{2\pi}} \prod_0^{\infty}{}^{n} \left(1 - \frac{\sin^2 \pi w}{\sin^2 (2n+1) \frac{\pi\tau}{2}}\right).$$

Es war ferner

$$\Theta_1(w) = C_0 \vartheta_1(w),$$

wo

$$C_0 = \left\{\frac{\Theta_1(w)}{\vartheta_1(w)}\right\}_{w=0}$$

ist, oder mit Hülfe der für $\Theta_1(w)$ und $\vartheta_1(w)$ gefundenen analytischen Ausdrücke

$$C_0 = \left\{ \frac{\frac{\Omega}{2} w \prod_{-\nu}^{+\nu}{}^{n} \prod_{-\mu}^{+\mu}{}^{m} \left(1 - \frac{w}{m + n\tau}\right)}{\vartheta_1' w + \frac{\vartheta_1'''}{3!} w^3 + \cdots} \right\}_{w=0} = \frac{\Omega}{2\vartheta_1'},$$

oder vermöge der Gleichungen (41)

$$C_0 = \sqrt{\frac{2\pi}{\Omega k k_1}},$$

so dass

$$(45) \quad \vartheta_1(w) = \sqrt{\frac{\Omega k k_1}{2\pi}} \cdot \frac{\Omega}{2} w \prod_{-\nu}^{+\nu}{}_n \prod_{-\mu}^{+\mu}{}_m \left(1 - \frac{w}{m + n\tau}\right)$$

$$= \sqrt{\frac{\Omega k k_1}{2\pi}} \cdot \frac{\Omega}{2\pi} \sin \pi w \frac{\prod_1^\infty{}_n (1 - 2q^{2n} \cos 2w\pi + q^{4n})}{\prod_1^\infty{}_n (1 - q^{2n})^2}$$

$$= \sqrt{\frac{\Omega k k_1}{2\pi}} \cdot \frac{\Omega}{2\pi} \sin \pi w \prod_1^\infty{}_n \left(1 - \frac{\sin^2 \pi w}{\sin^2 n\pi\tau}\right).$$

Um die Productentwicklungen für die beiden andern ϑ-Functionen aufzustellen, gehe man von der Beziehung

$$\vartheta_3(w) = \vartheta_0(w - \tfrac{1}{2})$$

aus, dann ergiebt sich vermöge (44) leicht

$$\vartheta_3(w) = \sqrt{\frac{\Omega}{2\pi}} \prod_{-\nu-1}^{+\nu}{}_n \prod_{-\mu-1}^{+\mu}{}_m \left(1 - \frac{w}{m + \frac{1}{2} + (n + \frac{1}{2})\tau}\right).$$

Da ferner, wie aus der Productentwicklung der sinus-Function hervorgeht,

$$\prod_{-\mu-1}^{+\mu}{}_n \left(1 - \frac{w}{m + \frac{1}{2} + (n + \frac{1}{2})\tau}\right) = \frac{\cos \pi \left((n + \frac{1}{2})\tau - w\right)}{\cos \pi (n + \frac{1}{2})\tau}$$

ist, so wird

$$\vartheta_3(w) = \sqrt{\frac{\Omega}{2\pi}} \prod_{-\nu-1}^{+\nu}{}_n \frac{\cos \pi \left((n + \frac{1}{2})\tau - w\right)}{\cos \pi (n + \frac{1}{2})\tau} = \prod_0^\infty{}_n \frac{e^{\pi((\nu + \frac{1}{2})\tau - w)i} + e^{-\pi((\nu + \frac{1}{2})\tau - w)i}}{e^{\pi(\nu + \frac{1}{2})\tau i} + e^{-\pi(\nu + \frac{1}{2})\tau i}} \times$$

$$\frac{e^{\pi(-(\nu + \frac{1}{2})\tau - w)i} + e^{-\pi(-(\nu + \frac{1}{2})\tau - w)i}}{e^{-\pi(\nu + \frac{1}{2})\tau i} + e^{\pi(\nu + \frac{1}{2})\tau i}},$$

oder nach einer der in der sechszehnten Vorlesung gemachten genau analogen Umformung

$$\vartheta_3(w) = \sqrt{\frac{\Omega}{2\pi}} \frac{\prod_0^\infty{}_n (1 + 2q^{2n+1} \cos 2w\pi + q^{4n+2})}{\prod_0^\infty{}_n (1 + q^{2n+1})^2},$$

so dass sich somit, wenn man für das innere Product statt $-\mu$, $+\mu$ die Indices $-\mu - 1$, $+\mu$ setzt, wodurch die Reihenfolge der Factoren nicht geändert wird, die Productentwicklung ergiebt

$$(46) \;\ldots\; \vartheta_3(w) = \sqrt{\frac{\Omega}{2\pi}} \prod_{-\nu-1}^{+\nu} {}_{n} \prod_{-\mu-1}^{+\mu} {}_{m} \left(1 - \frac{w}{m + \frac{1}{2} + (n + \frac{1}{2})\tau}\right) =$$

$$\sqrt{\frac{\Omega}{2\pi}} \frac{\prod_0^\infty {}_n (1 + 2q^{2n+1} \cos 2w\pi + q^{4n+2})}{\prod_0^\infty {}_n (1 + q^{2n+1})^2}$$

$$= \sqrt{\frac{\Omega}{2\pi}} \prod_0^\infty {}_n \left(1 - \frac{\sin^2 \pi w}{\cos^2 (2n+1) \frac{\pi\tau}{2}}\right),$$

und genau ebenso folgt für die letzte ϑ-Function

$$(47) \;\ldots\; \vartheta_2(w) = \sqrt{\frac{\Omega k}{2\pi}} \prod_{-\nu}^{+\nu} {}_{n} \prod_{-\mu-1}^{+\mu} {}_{m} \left(1 - \frac{w}{m + \frac{1}{2} + n\tau}\right)$$

$$= \sqrt{\frac{\Omega k}{2\pi}} \cdot \cos \pi w \, \frac{\prod_1^\infty {}_n (1 + 2q^{2n} \cos 2\pi w + q^{4n})}{\prod_1^\infty {}_n (1 + q^{2n})^2}$$

$$= \sqrt{\frac{\Omega k}{2\pi}} \cdot \cos \pi w \prod_1^\infty {}_n \left(1 - \frac{\sin^2 \pi w}{\cos^2 n\pi\tau}\right).$$

Um nun für die ϑ-Functionen für den Nullwerth des Argumentes ebenfalls unendliche Productentwickelungen aufzustellen, gehen wir von der Gleichung (46) aus

$$\vartheta_3(w) = \vartheta_3 \prod_0^\infty {}_n \left(1 - \frac{\sin^2 \pi w}{\cos^2 (2n+1) \frac{\pi\tau}{2}}\right),$$

aus welcher durch logarithmisches Differenziiren folgt

$$\frac{d\,\vartheta_3(w)}{dw} = \vartheta_3(w) \sum_{n=0}^{n=\infty} \frac{-2\pi \sin \pi w \cos \pi w}{\cos^2 (2n+1)\frac{\pi\tau}{2} - \sin^2 \pi w}$$

und

$$\left(\frac{d^2\,\vartheta_3(w)}{dw^2}\right)_{w=0} = \vartheta_3 \sum_{n=0}^{n=\infty} \frac{-2\pi^2}{\cos^2 (2n+1) \frac{\pi\tau}{2}} = 8\pi i \vartheta_3 \sum_{n=0}^{n=\infty} \frac{d \,.\, \frac{q^{2n+1}}{1 + q^{2n+1}}}{d\tau} \cdot \frac{1}{2n+1},$$

wie leicht zu sehen, wenn man statt $\cos (2n+1) \frac{\pi\tau}{2}$ seinen Ausdruck durch q einführt und beachtet, dass

$$\frac{dq}{d\tau} = \frac{d \,.\, e^{\pi\tau i}}{d\tau} = i\pi q$$

ist.

Da aber, wie oben gezeigt worden, die partielle Differentialgleichung existirt

$$\frac{d^2\,\vartheta_3(w)}{d\,w^2} = 4\pi i\,\frac{d\,\vartheta_3(w)}{d\tau},$$

so wird die letzte Gleichung in

$$\frac{\frac{d\,\vartheta_3}{d\tau}}{\vartheta_3} = 2\sum_{n=0}^{n=\infty} \frac{d\,\frac{q^{2n+1}}{1+q^{2n+1}}}{d\tau}\cdot\frac{1}{2n+1}$$

übergehen, oder nach τ integrirt

$$\log\vartheta_3 = 2\sum_{n=0}^{n=\infty}\frac{q^{2n+1}}{1+q^{2n+1}}\cdot\frac{1}{2n+1}$$

liefern, da die Integrationsconstante verschwinden muss, wie man unmittelbar sieht, wenn man $q=0$ setzt, indem dann die rechte Seite Null ist und $(\vartheta_3)_{q=0} = 1$ wird.

Bemerkt man nun, dass

$$\frac{1}{1+q^{2n+1}} = 1 - q^{2n+1} + q^{2(2n+1)} - \ldots = \sum_{m=0}^{m=\infty}(-1)^m\,q^{(2n+1)m}$$

ist, und dass in der unendlichen Doppelreihe

$$\log\vartheta_3 = 2\sum_{n=0}^{n=\infty}\sum_{m=0}^{m=\infty}(-1)^m\,\frac{q^{(2n+1)(m+1)}}{2n+1},$$

da die Reihe der Moduln convergent ist, dieselbe also unabhängig von der Reihenfolge der Glieder convergirt, die Reihenfolge der Summation vertauscht werden kann, so ergiebt sich

$$\log\vartheta_3 = 2\sum_{m=0}^{m=\infty}(-1)^m\sum_{n=0}^{n=\infty}\frac{(q^{m+1})^{2n+1}}{2n+1} = \sum_{m=0}^{m=\infty}(-1)^{m+1}\log\frac{1-q^{m+1}}{1+q^{m+1}},$$

oder wenn statt des Summationsindex $m+1$ m gesetzt wird

$$\log\vartheta_3 = \sum_{m=1}^{m=\infty}(-1)^m\log\frac{1-q^m}{1+q^m} = \sum_{\nu=1}^{\nu=\infty}\left\{\log\frac{1-q^{2\nu}}{1+q^{2\nu}} + \log\frac{1+q^{2\nu-1}}{1-q^{2\nu-1}}\right\},$$

wenn die graden und ungraden Indices zusammengefasst werden, und daher

$$\vartheta_3 = \prod_{\nu=1}^{\nu=\infty}\frac{1-q^{2\nu}}{1+q^{2\nu}}\,\frac{1+q^{2\nu-1}}{1-q^{2\nu-1}}.$$

Diesem Ausdrucke kann man aber noch eine andere Form geben. Da nämlich

$$\prod_{\nu=1}^{\nu=\infty}(1+q^{2\nu}) = \prod_{\nu=1}^{\nu=\infty}\frac{1-q^{4\nu}}{1-q^{2\nu}} = \prod_{\nu=1}^{\nu=\infty}\frac{1-q^{4\nu}}{(1-q^{4\nu})(1-q^{4\nu-2})} = \prod_{\nu=1}^{\nu=\infty}\frac{1}{1-q^{4\nu-2}}$$

ist, so wird

$$\vartheta_3 = \prod_{\nu=1}^{\nu=\infty}\frac{(1-q^{4\nu-2})(1-q^{2\nu})(1+q^{2\nu-1})}{(1-q^{2\nu-1})},$$

oder da

$$1 - q^{2\nu-1} = \frac{1 - q^{4\nu-2}}{1 + q^{2\nu-1}}$$

ist,

$$(48)\quad \vartheta_3 = \prod_{\nu=1}^{\nu=\infty} \frac{1 - q^{2\nu}}{1 + q^{2\nu}} \, \frac{1 + q^{2\nu-1}}{1 - q^{2\nu-1}} = \prod_{\nu=1}^{\nu=\infty} (1 + q^{2\nu-1})^2 (1 - q^{2\nu}) = \sqrt{\frac{\Omega}{2\pi}}.$$

Genau in derselben Weise erhält man

$$(49) \quad \ldots\ldots \vartheta_0 = \prod_{\nu=1}^{\nu=\infty} \frac{1 - q^{\nu}}{1 + q^{\nu}} = \prod_{\nu=1}^{\nu=\infty} (1 - q^{2\nu-1})^2 (1 - q^{2\nu}) = \sqrt{\frac{k_1 \Omega}{2\pi}}$$

$$(50) \quad \ldots\ldots \vartheta_2 = 2\sqrt[4]{q} \prod_{\nu=0}^{\nu=\infty} \frac{1 - q^{4(\nu+1)}}{1 - q^{2(2\nu+1)}} = \sqrt{\frac{\Omega k}{2\pi}},$$

und endlich folgt nach der Gleichung

$$\vartheta_1' = \pi \vartheta_0 \vartheta_2 \vartheta_3,$$

dass

$$(51) \quad \ldots \vartheta_1' = 2\pi \sqrt[4]{q} \prod_{\nu=1}^{\nu=\infty} \frac{(1 - q^{2(2\nu-1)})^2 (1 - q^{2\nu})^2 (1 - q^{4\nu})}{1 - q^{2(2\nu-1)}}$$

$$= 2\pi \sqrt[4]{q} \prod_{\nu=1}^{\nu=\infty} (1 - q^{2(2\nu-1)}) (1 - q^{2\nu})^2 (1 - q^{4\nu})$$

$$= 2\pi \sqrt[4]{q} \prod_{\nu=1}^{\nu=\infty} (1 - q^{2\nu})^3.$$

Mit Hülfe dieser für die ϑ-Functionen mit verschwindendem Argumente gefundenen Productentwicklungen wird es leicht sein, die unendlichen Productentwicklungen für k und k_1 aufzustellen, welche in der weiteren Theorie eine wichtige Rolle spielen werden. Man erhält nämlich durch Division der obigen Gleichungen

$$\sqrt{k} = \frac{\vartheta_2}{\vartheta_3} = 2\sqrt[4]{q} \, \frac{\prod_0^\infty (1 - q^{4(\nu+1)})}{\prod_0^\infty (1 - q^{2(2\nu+1)})} \cdot \frac{1}{\prod_0^\infty (1 + q^{2\nu-1})^2 (1 - q^{2\nu})},$$

oder da

$$\frac{\prod_0^\infty (1 - q^{4(\nu+1)})}{\prod_0^\infty (1 - q^{2(2\nu+1)}) \prod_1^\infty (1 - q^{2\nu})} = \frac{\prod_0^\infty (1 + q^{2(\nu+1)}) \prod_0^\infty (1 - q^{2(\nu+1)})}{\prod_0^\infty (1 - q^{2(2\nu+1)}) \prod_1^\infty (1 - q^{2\nu})}$$

und

$$\frac{\prod_0^\infty (1 - q^{2(\nu+1)})}{\prod_0^\infty (1 - q^{4\nu+2})} \, \frac{1}{\prod_1^\infty (1 - q^{2\nu})} = \frac{\prod_1^\infty (1 - q^{4\nu})}{\prod_1^\infty (1 - q^{2\nu})} = \prod_1^\infty (1 + q^{2\nu})$$

ist, den folgenden Ausdruck

$$\sqrt{k} = 2\sqrt[4]{q}\,\frac{\prod\limits_{1}^{\infty}(1+q^{2\nu})^2}{\prod\limits_{0}^{\infty}(1+q^{2\nu-1})^2},$$

oder einen Werth der vierten Wurzel aus k in der Form

$$(52) \quad \ldots\ldots \sqrt[4]{k} = \sqrt{2}\cdot\sqrt[8]{q}\cdot\frac{(1+q^2)(1+q^4)(1+q^6)\ldots\ldots}{(1+q)\,(1+q^3)(1+q^5)\ldots\ldots}.$$

Ebenso folgt aus den oben aufgestellten Productentwicklungen für die ϑ-Functionen mit dem Nullwerthe des Arguments

$$\sqrt{k_1} = \frac{\vartheta_0}{\vartheta_3} = \frac{\prod\limits_{1}^{\infty}(1-q^{2\nu-1})^2}{\prod\limits_{0}^{\infty}(1+q^{2\nu-1})^2}$$

und somit

$$(53) \quad \ldots\ldots\ldots \sqrt[4]{k_1} = \frac{(1-q)(1-q^3)(1-q^5)\ldots}{(1+q)(1+q^3)(1+q^5)\ldots}.$$

Wie die zu einem gegebenen k^2 und $k_1{}^2$ gehörigen sieben andern Werthe der Grössen $\sqrt[4]{k}$ und $\sqrt[4]{k_1}$ aus den eben gefundenen Ausdrücken durch Veränderung des τ hergeleitet werden können, wird in der Theorie der linearen Transformation der ϑ-Functionen erörtert werden.

Nach Herleitung der unendlichen Productentwicklungen für die constanten ϑ wird sich unmittelbar die Entwicklung der Logarithmen der ϑ-Functionen nach Fourrier'schen Reihen ergeben, welche später der Entwicklung der elliptischen Integrale zweiter und dritter Gattung zu Grunde gelegt werden soll.

Geht man nämlich von dem Ausdrucke (44) dieser Vorlesung aus

$$\vartheta_0(w) = \vartheta_0\,\frac{\prod\limits_{0}^{\infty}{}_n\,(1-2q^{2n+1}\cos 2w\pi + q^{4n+2})}{\prod\limits_{0}^{\infty}{}_n\,(1-q^{2n+1})^2},$$

so folgt mit Benutzung der oben gefundenen Beziehung

$$\vartheta_0 = \prod_{1}^{\infty}{}_n\,(1-q^{2n-1})^2\,(1-q^{2n}),$$

dass

$$\log\vartheta_0(w) = \log\prod_{1}^{\infty}{}_n\,(1-q^{2n}) + \sum_{n=0}^{n=\infty}\left\{\log(1-q^{2n+1}e^{2i\pi w}) + \log(1-q^{2n+1}e^{-2i\pi w})\right\},$$

oder da

$$\log(1-q^{2n+1}e^{2i\pi w}) \text{ und } \log(1-q^{2n+1}e^{-2i\pi w})$$

für reelle Werthe von w sich in Potenzreihen nach

$$e^{2i\pi w}$$

entwickeln lassen, weil

$$\mathrm{mod}\,(q^{2n+1}\, e^{\pm 2i\pi w}) < 1$$

ist,

$$\log \vartheta_0(w) = \log \prod_1^\infty{}^n (1 - q^{2n}) - 2 \sum_{n=0}^{n=\infty} \sum_{m=1}^{m=\infty} \frac{q^{(2n+1)m}\cos 2m\pi w}{m}$$

sein; da aber die reellen Werthe von w in der Fundamentalachse liegen, und $\vartheta_0(w)$ die reelle Periode 1 hat, so wird der Parallelraum, welcher nach der elften Vorlesung der Bereich für die Geltung der Fourrier'schen Entwicklung ist, einerseits der reellen Achse, der Periodenrichtung, parallel sein müssen, andererseits, weil die reelle Achse in ihm liegen muss, begränzt sein durch die beiden zur reellen Achse parallelen Linien, welche durch die nächsten Unstetigkeits- oder Vieldeutigkeitspunkte von $\log \vartheta_0(w)$ gehen, also durch die nächsten Nullpunkte von $\vartheta_0(w)$ d. h. durch

$$m + \tfrac{1}{2}\tau \text{ und } m - \tfrac{1}{2}\tau,$$

worin m eine beliebige positive oder negative ganze Zahl, und die sämmtlich in denselben beiden Parallelen zur Fundamentalachse liegen, und in diesem Bereiche ist die obige Reihe, weil aus der Maclaurin'schen Entwicklung entstanden, unbedingt convergent, so dass durch Umkehrung der Summationsordnung

$$(54)\;.\; \log \vartheta_0(w) = \log \prod_1^\infty{}^n (1 - q^{2n}) - 2 \sum_{m=1}^{m=\infty} \frac{q^m \cos 2m\pi w}{m(1-q^{2m})}\text{ *)}.$$

Genau ebenso ergiebt sich

$$(55)\; \log \vartheta_3(w) = \log \prod_1^\infty{}^n (1 - q^{2n}) - 2 \sum_{m=1}^{m=\infty} \frac{(-1)^m q^m \cos 2m\pi w}{m(1-q^{2m})}$$

$$(56)\;.\; \log \vartheta_2(w) = \log \left\{ 2\sqrt[4]{q} \prod_1^\infty{}^n (1 - q^{2n}) \right\} + \log \cos \pi w$$

$$- 2 \sum_{m=1}^{m=\infty} \frac{(-1)^m q^{2m} \cos 2m\pi w}{m(1-q^{2m})}$$

---

*) Es bedarf kaum der Erwähnung, dass man aus der Entwicklung von $\vartheta_0(w)$ innerhalb des oben näher bezeichneten Bereiches die Entwicklungen für die um ganze Vielfache von τ von einander abstehenden Parallelräume wird herleiten können, indem man nur $w = r\tau + w'$ zu setzen und zu beachten braucht, dass $\log \vartheta_0(w')$ sich nach Gleichung (54) entwickeln lässt, da w' innerhalb jenes Parallelraumes liegt, und dass $\vartheta_0(w - r\tau)$ sich nach der Substitutionstabelle wieder unmittelbar durch $\vartheta_0(w)$ ausdrückt; wir führen in der nächsten Vorlesung für sin am w eine solche Substitution vollständig durch; für die anderen drei ϑ-Functionen sind die Parallelräume durch deren Nullwerthe bestimmt, wenn von den Factoren $\cos \pi w$ und $\sin \pi w$ abgesehen wird, deren Nullwerthe auf der reellen Achse liegen.

$$(57)\quad \log \vartheta_1(w) = \log\left\{\sqrt[4]{q}\,\frac{\Omega}{\pi}\sqrt{k}\prod_{1}^{\infty}{}^{n}\frac{(1-q^{2n-1})^2}{1-q^{2n}}\right\} + \log\sin\pi w$$

$$-2\sum_{m=1}^{m+\infty}\frac{q^{2m}\cos 2m\pi w}{m(1-q^{2m})}.$$

Es mag endlich noch zum Schlusse dieser Vorlesung eine für das zweite logarithmische Differenzial der ϑ-Function bestehende Relation hergeleitet werden, die später der Behandlung der zweiten und dritten elliptischen Normalintegrale zu Grunde gelegt werden soll.

Geht man von der in der obigen Tabelle enthaltenen Additionsformel aus

$$(58)\quad \vartheta_0^2\,\vartheta_0(u+v)\,\vartheta_0(u-v) = \vartheta_0(u)^2\,\vartheta_0(v)^2 - \vartheta_1(u)^2\,\vartheta_1(v)^2,$$

so giebt die Entwicklung der linken Seite nach steigenden Potenzen von v, wie leicht zu sehen

$$\vartheta_0^2\,\vartheta_0(u)^2 + \vartheta_0^2\left[\frac{d^2\vartheta_0(u)}{du^2}\,\vartheta_0(u) - \left(\frac{d\,\vartheta_0(u)}{du}\right)^2\right]v^2 + \ldots$$

oder

$$\vartheta_0^2\,\vartheta_0(u)^2 + \vartheta_0^2\,\frac{d^2\log\vartheta_0(u)}{du^2}\,\vartheta_0(u)^2\,.\,v^2 + \ldots$$

Die Entwicklung der rechten Seite von (48) liefert jedoch, da

$$\vartheta_0(v)^2 = \vartheta_0^2 + v^2\,\vartheta_0\,\vartheta_0'' + \ldots$$
$$\vartheta_1(v)^2 = \vartheta_1'^2\,v^2 + \ldots$$

ist,

$$\vartheta_0^2\,\vartheta_0(u)^2 + [\vartheta_0\,\vartheta_0''\,\vartheta_0(u)^2 - \vartheta_1'^2\,\vartheta_1(u)^2]\,v^2 + \ldots,$$

und die Identificirung der Coefficienten von v^2 auf beiden Seiten ergiebt somit

$$\vartheta_0^2\,\frac{d^2\log\vartheta_0(u)}{du^2}\,\vartheta_0(u)^2 = \vartheta_0\,\vartheta_0''\,\vartheta_0(u)^2 - \vartheta_1'^2\,\vartheta_1(u)^2$$

oder

$$(59)\quad \ldots\ldots\quad \frac{d^2\log\vartheta_0(u)}{du^2} = \frac{\vartheta_0''}{\vartheta_0} - \left(\frac{\vartheta_1'}{\vartheta_0}\right)^2\frac{\vartheta_1(u)^2}{\vartheta_0(u)^2}.$$

Genau ebenso leitet man aus den Additionsformeln

$$(60)\quad \vartheta_0^2\,\vartheta_1(u+v)\,\vartheta_1(u-v) = \vartheta_1(u)^2\,\vartheta_0(v)^2 - \vartheta_0(u)^2\,\vartheta_1(v)^2,$$
$$(61)\quad \vartheta_0^2\,\vartheta_2(u+v)\,\vartheta_2(u-v) = \vartheta_2(u)^2\,\vartheta_0(v)^2 - \vartheta_3(u)^2\,\vartheta_1(v)^2,$$
$$(62)\quad \vartheta_0^2\,\vartheta_3(u+v)\,\vartheta_3(u-v) = \vartheta_3(u)^2\,\vartheta_0(v)^2 - \vartheta_2(u)^2\,\vartheta_1(v)^2,$$

die der Gleichung (49) analogen Beziehungen ab

$$(63)\quad \ldots\ldots\quad \frac{d^2\log\vartheta_1(u)}{du^2} = \frac{\vartheta_0''}{\vartheta_0} - \left(\frac{\vartheta_1'}{\vartheta_0}\right)^2\frac{\vartheta_0(u)^2}{\vartheta_1(u)^2},$$

$$(64)\quad \ldots\ldots\quad \frac{d^2\log\vartheta_2(u)}{du^2} = \frac{\vartheta_0''}{\vartheta_0} - \left(\frac{\vartheta_1'}{\vartheta_0}\right)^2\frac{\vartheta_3(u)^2}{\vartheta_2(u)^2},$$

$$(65)\quad \ldots\ldots\quad \frac{d^2\log\vartheta_3(u)}{du^2} = \frac{\vartheta_0''}{\vartheta_0} - \left(\frac{\vartheta_1'}{\vartheta_0}\right)^2\frac{\vartheta_2(u)^2}{\vartheta_3(u)^2}.$$

Neunzehnte Vorlesung.

Entwicklung der Eigenschaften der elliptischen Functionen, die verschiedene Darstellung dieser und der allgemeinen doppelt periodischen Functionen.

Nachdem wir die wesentlichsten Eigenschaften der vier ϑ-Functionen kennen gelernt, wird es leicht sein, die Eigenschaften der doppelt periodischen Functionen zu ermitteln, welchen die ϑ-Functionen ihre Enstehung geben.

Die Function, von der wir bei unserer Betrachtung ausgingen, war die sin am w, welche mit den ϑ-Functionen durch die Gleichung

$$(1) \quad \ldots\ldots\ldots\ldots \quad \sin \operatorname{am} w = \frac{1}{\sqrt{k}} \frac{\vartheta_1\left(\frac{2w}{\Omega}\right)}{\vartheta_0\left(\frac{2w}{\Omega}\right)}$$

verbunden war, worin

$$(2) \quad \ldots\ldots\ldots \quad \sqrt{k} = \frac{\vartheta_2}{\vartheta_3} = \frac{2q^{\frac{1}{4}} + 2q^{\frac{9}{4}} + 2q^{\frac{25}{4}} + \cdots}{1 + 2q + 2q^4 + 2q^9 + \cdots}$$

ist, und von der Elementarperioden

$$\Omega \text{ und } \Omega'$$

waren.*)

Man sieht aber ferner leicht aus der in der letzten Vorlesung aufgestellten Substitutionstabelle der ϑ-Functionen, dass jeder ϑ-Quotient

$$\frac{\vartheta_\alpha\left(\frac{2w}{\Omega}\right)}{\vartheta_\beta\left(\frac{2w}{\Omega}\right)}$$

eine doppelt periodische Function ist**), und wir wählen von allen diesen ausser dem durch die sin am w gegebenen noch die beiden folgenden

---

*) Dass Ω und Ω' auch wirklich Elementarperioden von sin am w sind, geht daraus hervor, dass diese Function, wie früher gezeigt worden, in dem von Ω und Ω' gebildeten Parallelogramme jeden Werth nur zweimal annimmt, und dass dann die Perioden Elementarperioden sind, ist in der siebzehnten Vorlesung nachgewiesen worden.

**) indem die bei Vermehrung des ϑ-Argumentes um τ hinzutretende Exponentialgrösse für alle vier ϑ-Functionen dieselbe ist und sich daher aus dem Quotienten zweier solcher Functionen heraushebt.

$$\frac{\vartheta_2\left(\frac{2w}{\Omega}\right)}{\vartheta_0\left(\frac{2w}{\Omega}\right)} \quad \text{und} \quad \frac{\vartheta_3\left(\frac{2w}{\Omega}\right)}{\vartheta_0\left(\frac{2w}{\Omega}\right)},$$

durch welche drei Quotienten sich offenbar alle anderen wieder als Quotienten darstellen lassen.

Es ist aus der Substitutionstabelle leicht zu sehen, dass die in der ganzen w-Ebene eindeutige Function

$$\frac{\vartheta_2\left(\frac{2w}{\Omega}\right)}{\vartheta_0\left(\frac{2w}{\Omega}\right)}$$

die Perioden Ω und $\frac{\Omega}{2} + \Omega'$ hat, indem dann das Argument der ϑ-Function um 2 und $1 + \tau$ zunimmt. Aber wir werden nicht diesen ϑ-Quotienten selbst als neue doppelt periodische Function einführen, sondern den mit einer bestimmten Constanten multiplicirten. Setzt man nämlich in die in der Zusammenstellung der letzten Vorlesung enthaltene Additionsformel

$$\vartheta_0 \vartheta_0 \vartheta_2 (u + v) \vartheta_2 (u - v)$$
$$= \vartheta_0 (u) \vartheta_0 (u) \vartheta_2 (v) \vartheta_2 (v) - \vartheta_1 (u) \vartheta_1 (u) \vartheta_3 (v) \vartheta_3 (v)$$

$v = 0$, so folgt

$$\vartheta_0^2 \vartheta_2 (u)^2 = \vartheta_2^2 \vartheta_0 (u)^2 - \vartheta_3^2 \vartheta_1 (u)^2,$$

oder wenn für u

$$\frac{2w}{\Omega}$$

gesetzt wird,

$$\frac{\vartheta_0^2}{\vartheta_2^2} \frac{\vartheta_2\left(\frac{2w}{\Omega}\right)^2}{\vartheta_0\left(\frac{2w}{\Omega}\right)^2} = 1 - \frac{\vartheta_3^2}{\vartheta_2^2} \frac{\vartheta_1\left(\frac{2w}{\Omega}\right)^2}{\vartheta_0\left(\frac{2w}{\Omega}\right)^2} = 1 - \sin^2 \operatorname{am} w,$$

und man definirt deshalb als neue doppelt periodische gerade Function

$$\cos \operatorname{am} w = \frac{\vartheta_0}{\vartheta_2} \frac{\vartheta_2\left(\frac{2w}{\Omega}\right)}{\vartheta_0\left(\frac{2w}{\Omega}\right)},$$

oder weil

(3) . . . . $\sqrt{k_1} = \frac{\vartheta_0}{\vartheta_3}$

war,

(4) . . . . $\cos \operatorname{am} w = \sqrt{\frac{k_1}{k}} \cdot \frac{\vartheta_2\left(\frac{2w}{\Omega}\right)}{\vartheta_0\left(\frac{2w}{\Omega}\right)},$

wo das Zeichen der Quadratwurzel durch die eindeutigen ϑ-Functionen fest definirt ist, und $\cos \operatorname{am} w$ mit $\sin \operatorname{am} w$ durch die Gleichung verknüpft ist

(5) . . . . $\cos^2 \operatorname{am} w = 1 - \sin^2 \operatorname{am} w$.

Gehen wir ferner zur Aufstellung der dritten elliptischen Function von der Additionsformel

$$\vartheta_0 \vartheta_0 \vartheta_3 (u + v) \vartheta_3 (u - v)$$
$$= \vartheta_0 (u) \vartheta_0 (u) \vartheta_3 (v) \vartheta_3 (v) - \vartheta_1 (u) \vartheta_1 (u) \vartheta_2 (v) \vartheta_2 (v)$$

aus, welche für $v = 0$ in

$$\vartheta_0{}^2 \vartheta_3 (u)^2 = \vartheta_3{}^2 \vartheta_0 (u)^2 - \vartheta_2{}^2 \vartheta_1 (u)^2$$

oder in

$$\frac{\vartheta_0{}^2}{\vartheta_3{}^2} \frac{\vartheta_3 \left(\frac{2w}{\Omega}\right)^2}{\vartheta_0 \left(\frac{2w}{\Omega}\right)^2} = 1 - \frac{\vartheta_2{}^2}{\vartheta_3{}^2} \frac{\vartheta_1 \left(\frac{2w}{\Omega}\right)^2}{\vartheta_0 \left(\frac{2w}{\Omega}\right)^2} = 1 - k^2 \sin^2 \operatorname{am} w$$

übergeht, wenn wieder $\frac{2w}{\Omega}$ statt u gesetzt wird, so ist, wenn man

$$\Delta \operatorname{am} w = \frac{\vartheta_0}{\vartheta_3} \frac{\vartheta_3 \left(\frac{2w}{\Omega}\right)}{\vartheta_0 \left(\frac{2w}{\Omega}\right)}$$

oder

(6) . . . . $$\Delta \operatorname{am} w = \sqrt{k_1} \cdot \frac{\vartheta_3 \left(\frac{2w}{\Omega}\right)}{\vartheta_0 \left(\frac{2w}{\Omega}\right)}$$

setzt, $\Delta \operatorname{am} w$ ebenfalls eine in der ganzen Ebene eindeutige und gerade Function von w, welche, wie wieder aus der Substitutionstabelle ersichtlich ist, die Perioden $\frac{\Omega}{2}$ und $2\Omega'$ hat und mit $\sin \operatorname{am} w$ durch die Beziehung verbunden ist

(7) . . . . $\Delta^2 \operatorname{am} w = 1 - k^2 \sin^2 \operatorname{am} w$.

Dass die Periodenpaare sowie

für $\sin \operatorname{am} w$ $\quad \Omega$ und Ω',

auch

für $\cos \operatorname{am} w$ $\quad \Omega$ und $\frac{\Omega}{2} + \Omega'$,

für $\Delta \operatorname{am} w$ $\quad \frac{\Omega}{2}$ und $2\Omega'$

Fig. 61.

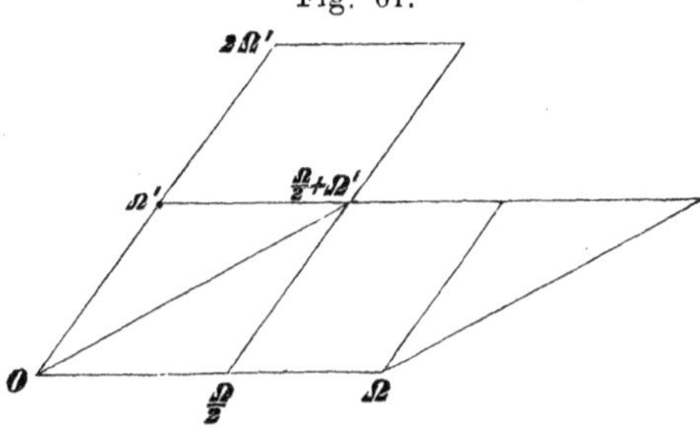

Elementarperioden sind, folgt unmittelbar aus den durch die Gleichungen (5) und (7) gegebenen Beziehungen zwischen den drei elliptischen Functionen und aus dem Anblick der durch jene Perioden definirten Periodenparallelogramme, wenn man berücksichtigt, dass $\sin^2 \operatorname{am} w$ in dem von Ω und Ω' gebildeten Parallelogramme jeden Werth viermal annimmt, und daher für $\cos^2 \operatorname{am} w$ und $\Delta^2 \operatorname{am} w$ in ihren Parallelogrammen dasselbe stattfinden wird, $\cos \operatorname{am} w$ und $\Delta \operatorname{am} w$ daher selbst jeden Werth nur zweimal annehmen.

Eine weitere Beziehung zwischen den drei elliptischen Functionen lässt sich durch Entwicklung der Differentialquotienten derselben herleiten. Aus der Differentialgleichung

$$\frac{dz}{dw} = \sqrt{(1 - z^2)(1 - k^2 z^2)},$$

von welcher

$$z = \sin \operatorname{am} w$$

die in der ganzen Ebene eindeutige Lösung war, folgt

$$\frac{d \sin \operatorname{am} w}{dw} = \sqrt{(1 - \sin^2 \operatorname{am} w)(1 - k^2 \sin^2 \operatorname{am} w)} = \sqrt{\cos^2 \operatorname{am} w \,.\, \Delta^2 \operatorname{am} w},$$

so dass sich

$$\frac{d \sin \operatorname{am} w}{dw} = \pm \cos \operatorname{am} w \,.\, \Delta \operatorname{am} w$$

ergiebt. Da nun aber sowohl

$$\frac{d \sin \operatorname{am} w}{dw}$$

als Differentialquotient einer eindeutigen Function als auch

$$\cos \operatorname{am} w, \quad \Delta \operatorname{am} w$$

eindeutige Functionen von w sind, und für $w = 0$

$$\left(\frac{d \sin \operatorname{am} w}{dw}\right)_{w=0} = +1$$

war, ausserdem nach den Definitionsgleichungen von $\cos \operatorname{am} w$ und $\Delta \operatorname{am} w$

$$\cos \operatorname{am} 0 = \Delta \operatorname{am} 0 = 1$$

ist, so würden die beiden Seiten der obigen Gleichung für $w = 0$ zusammenfallen, wenn wir auf der rechten Seite das positive Zeichen gelten lassen, und da die beiden Seiten der Gleichung ausserdem von eindeutigen Functionen gebildet werden, so wird eine Uebereinstimmung beider Seiten für alle w stattfinden müssen, wenn wir das positive Zeichen beibehalten, und somit die Gleichung folgen

$$(8) \quad \ldots\ldots\ldots \quad \frac{d \sin \operatorname{am} w}{dw} = \cos \operatorname{am} w \,.\, \Delta \operatorname{am} w\,.$$

Daraus ergeben sich aber die Differentialquotienten der beiden anderen Functionen unmittelbar; denn durch Differentiation von

$$\sin^2 \operatorname{am} w + \cos^2 \operatorname{am} w = 1$$

ergiebt sich

$$\sin \operatorname{am} w \frac{d \sin \operatorname{am} w}{dw} + \cos \operatorname{am} w \frac{d \cos \operatorname{am} w}{dw} = 0$$

oder mit Benutzung von (8)

(9) . . . . $\frac{d \cos \operatorname{am} w}{dw} = - \sin \operatorname{am} w \, \varDelta \operatorname{am} w,$

und endlich aus

$$\varDelta^2 \operatorname{am} w + k^2 \sin^2 \operatorname{am} w = 1$$

die Gleichung

$$\varDelta \operatorname{am} w \cdot \frac{d \varDelta \operatorname{am} w}{dw} + k^2 \sin \operatorname{am} w \frac{d \sin \operatorname{am} w}{dw} = 0$$

oder

(10) . . . . . . $\frac{d \varDelta \operatorname{am} w}{dw} = - k^2 \sin \operatorname{am} w \cos \operatorname{am} w.$

Bevor wir auf die analytische Entwicklung dieser drei elliptischen Functionen näher eingehen, wollen wir die für die Summe zweier Argumente geltenden Additionstheoreme aufstellen und gehen zu dem Zwecke von den in der obigen Zusammenstellung enthaltenen Additionsformeln der ϑ-Functionen aus

(11) . . . . $\vartheta_2 \vartheta_3 \vartheta_1 (u+v) \vartheta_0 (u-v)$
$$= \vartheta_1 (u) \vartheta_0 (u) \vartheta_2 (v) \vartheta_3 (v) + \vartheta_2 (u) \vartheta_3 (u) \vartheta_0 (v) \vartheta_1 (v),$$

(12) . . . . $\vartheta_0 \vartheta_2 \vartheta_2 (u+v) \vartheta_0 (u-v)$
$$= \vartheta_0 (u) \vartheta_2 (u) \vartheta_0 (v) \vartheta_2 (v) - \vartheta_1 (u) \vartheta_3 (u) \vartheta_1 (v) \vartheta_3 (v),$$

(13) . . . . $\vartheta_0 \vartheta_3 \vartheta_3 (u+v) \vartheta_0 (u-v)$
$$= \vartheta_0 (u) \vartheta_3 (u) \vartheta_0 (v) \vartheta_3 (v) - \vartheta_1 (u) \vartheta_2 (u) \vartheta_1 (v) \vartheta_2 (v),$$

(14) . . . . $\vartheta_0 \vartheta_0 \vartheta_0 (u+v) \vartheta_0 (u-v)$
$$= \vartheta_0 (u) \vartheta_0 (u) \vartheta_0 (v) \vartheta_0 (v) - \vartheta_1 (u) \vartheta_1 (u) \vartheta_1 (v) \vartheta_1 (v).$$

Dividirt man nämlich (11) durch (14), so ergiebt sich, wenn zugleich statt u und v

$$\frac{2u}{\Omega} \quad \text{und} \quad \frac{2v}{\Omega}$$

gesetzt wird,

$$\frac{\vartheta_2}{\vartheta_0} \frac{\vartheta_3}{\vartheta_0} \frac{\vartheta_1\left(\frac{2(u+v)}{\Omega}\right)}{\vartheta_0\left(\frac{2(u+v)}{\Omega}\right)} = \frac{\frac{\vartheta_1\left(\frac{2u}{\Omega}\right)}{\vartheta_0\left(\frac{2u}{\Omega}\right)} \frac{\vartheta_2\left(\frac{2v}{\Omega}\right)}{\vartheta_0\left(\frac{2v}{\Omega}\right)} \frac{\vartheta_3\left(\frac{2v}{\Omega}\right)}{\vartheta_0\left(\frac{2v}{\Omega}\right)} + \frac{\vartheta_2\left(\frac{2u}{\Omega}\right)}{\vartheta_0\left(\frac{2u}{\Omega}\right)} \frac{\vartheta_3\left(\frac{2u}{\Omega}\right)}{\vartheta_0\left(\frac{2u}{\Omega}\right)} \frac{\vartheta_1\left(\frac{2v}{\Omega}\right)}{\vartheta_0\left(\frac{2v}{\Omega}\right)}}{1 - \frac{\vartheta_1\left(\frac{2u}{\Omega}\right)}{\vartheta_0\left(\frac{2u}{\Omega}\right)} \frac{\vartheta_1\left(\frac{2u}{\Omega}\right)}{\vartheta_0\left(\frac{2u}{\Omega}\right)} \frac{\vartheta_1\left(\frac{2v}{\Omega}\right)}{\vartheta_0\left(\frac{2v}{\Omega}\right)} \frac{\vartheta_1\left(\frac{2v}{\Omega}\right)}{\vartheta_0\left(\frac{2v}{\Omega}\right)}},$$

oder mit Benutzung der Gleichungen

$$\sin \operatorname{am} w = \frac{1}{\sqrt{k}} \frac{\vartheta_1\left(\frac{2w}{\Omega}\right)}{\vartheta_0\left(\frac{2w}{\Omega}\right)}, \quad \cos \operatorname{am} w = \sqrt{\frac{k_1}{k}} \frac{\vartheta_2\left(\frac{2w}{\Omega}\right)}{\vartheta_0\left(\frac{2w}{\Omega}\right)}, \quad \varDelta \operatorname{am} w = \sqrt{k_1} \frac{\vartheta_3\left(\frac{2w}{\Omega}\right)}{\vartheta_0\left(\frac{2w}{\Omega}\right)},$$

$$\sqrt{k} = \frac{\vartheta_2}{\vartheta_3}, \quad \sqrt{k_1} = \frac{\vartheta_0}{\vartheta_3},$$

wie leicht zu sehen, die folgende

(15) $\sin \operatorname{am} (u+v) = \frac{\sin \operatorname{am} u \cos \operatorname{am} v \, \varDelta \operatorname{am} v + \sin \operatorname{am} v \cos \operatorname{am} u \, \varDelta \operatorname{am} u}{1 - k^2 \sin^2 \operatorname{am} u \sin^2 \operatorname{am} v},$

oder

$$(15^a)\ .\quad \sin \operatorname{am}(u+v) = \frac{\sin \operatorname{am} u \dfrac{d \sin \operatorname{am} v}{dv} + \sin \operatorname{am} v \dfrac{d \sin \operatorname{am} u}{du}}{1 - k^2 \sin^2 \operatorname{am} u \sin^2 \operatorname{am} v}.$$

Genau ebenso liefert die Division von (12) und (14), (13) und (14) die beiden Additionstheoreme für die $\cos \operatorname{am} w$ und $\varDelta \operatorname{am} w$

$$(16)\quad \cos \operatorname{am}(u+v) = \frac{\cos \operatorname{am} u \cos \operatorname{am} v - \sin \operatorname{am} u \sin \operatorname{am} v\, \varDelta \operatorname{am} u\, \varDelta \operatorname{am} v}{1 - k^2 \sin^2 \operatorname{am} u \sin^2 \operatorname{am} v},$$

oder

$$(16^a)\ .\quad \cos \operatorname{am}(u+v) = \frac{\cos \operatorname{am} u \cos \operatorname{am} v - \dfrac{d \cos \operatorname{am} u}{du} \dfrac{d \cos \operatorname{am} v}{dv}}{1 - k^2 \sin^2 \operatorname{am} u \sin^2 \operatorname{am} v},$$

und

$$(17)\quad \varDelta \operatorname{am}(u+v) = \frac{\varDelta \operatorname{am} u\, \varDelta \operatorname{am} v - k^2 \sin \operatorname{am} u \sin \operatorname{am} v \cos \operatorname{am} u \cos \operatorname{am} v}{1 - k^2 \sin^2 \operatorname{am} u \sin^2 \operatorname{am} v},$$

oder

$$(17^a)\ .\quad \varDelta \operatorname{am}(u+v) = \frac{\varDelta \operatorname{am} u\, \varDelta \operatorname{am} v - \dfrac{1}{k^2} \dfrac{d \varDelta \operatorname{am} u}{du} \dfrac{d \varDelta \operatorname{am} v}{dv}}{1 - k^2 \sin^2 \operatorname{am} u \sin^2 \operatorname{am} v};$$

man erkennt hieraus, dass sich die drei elliptischen Functionen für die Summe zweier Argumente rational durch alle drei Functionen für die einzelnen Argumente oder durch dieselben Functionen nebst ihren Ableitungen nach beiden Argumenten ausdrücken lassen und kann schon daraus schliessen, dass dasselbe für die drei elliptischen Functionen von der Summe einer beliebigen Anzahl von Argumenten stattfinden wird. Doch ist eine gesetzmässige Form für das Additionstheorem der elliptischen Functionen einer Summe von einer beliebigen Anzahl von Argumenten so nicht unmittelbar zu erkennen, und es wird erst in einer der nächsten Vorlesungen sowohl die Form wie die Bedeutung dieses Satzes für die Integralrechnung durch Entwicklung des Abel'schen Theorems festgestellt werden können.

Wir wollen an dieser Stelle noch eine Zusammenstellung von häufig gebrauchten Formeln für die Vermehrung des Argumentes der drei elliptischen Functionen um gewisse Periodentheile beifügen, welche ganz unmittelbar aus der obigen Substitutionstabelle oder dem eben aufgestellten Additionstheorem der drei Functionen hergeleitet werden können. Sie lauten

$$(18)\ .\ .\quad \left\{\begin{array}{ll} \sin \operatorname{am}(w \pm \Omega) = \sin \operatorname{am} w, & \sin \operatorname{am}\left(w \pm \frac{\Omega}{2}\right) = -\sin \operatorname{am} w, \\ \cos \operatorname{am}(w \pm \Omega) = \cos \operatorname{am} w, & \cos \operatorname{am}\left(w \pm \frac{\Omega}{2}\right) = -\cos \operatorname{am} w, \\ \varDelta \operatorname{am}(w \pm \Omega) = \varDelta \operatorname{am} w, & \varDelta \operatorname{am}\left(w \pm \frac{\Omega}{2}\right) = \varDelta \operatorname{am} w, \\ \sin \operatorname{am} \Omega = 0, & \sin \operatorname{am} \frac{\Omega}{2} = 0, \\ \cos \operatorname{am} \Omega = 1, & \cos \operatorname{am} \frac{\Omega}{2} = -1, \\ \varDelta \operatorname{am} \Omega = 1, & \varDelta \operatorname{am} \frac{\Omega}{2} = 1. \end{array}\right.$$

$$(19)\ .\quad \left\{\begin{array}{rl} \sin \operatorname{am}(w \pm 2\Omega') = \sin \operatorname{am} w, & \sin \operatorname{am}(w \pm \Omega') = \sin \operatorname{am} w, \\ \cos \operatorname{am}(w \pm 2\Omega') = \cos \operatorname{am} w, & \cos \operatorname{am}(w \pm \Omega') = -\cos \operatorname{am} w, \\ \Delta \operatorname{am}(w \pm 2\Omega') = \Delta \operatorname{am} w, & \Delta \operatorname{am}(w \pm \Omega') = -\Delta \operatorname{am} w, \\ \sin \operatorname{am} 2\Omega' = 0, & \sin \operatorname{am} \Omega' = 0, \\ \cos \operatorname{am} 2\Omega' = 1, & \cos \operatorname{am} \Omega' = -1, \\ \Delta \operatorname{am} 2\Omega' = 1, & \Delta \operatorname{am} \Omega' = -1; \end{array}\right.$$

$$(20)\quad \left\{\begin{array}{rl} \sin \operatorname{am}(w \pm \Omega \pm 2\Omega') = \sin \operatorname{am} w, & \sin \operatorname{am}\left(w \pm \frac{\Omega}{2} \pm \Omega'\right) = -\sin \operatorname{am} w, \\ \cos \operatorname{am}(w \pm \Omega \pm 2\Omega') = \cos \operatorname{am} w, & \cos \operatorname{am}\left(w \pm \frac{\Omega}{2} \pm \Omega'\right) = \cos \operatorname{am} w, \\ \Delta \operatorname{am}(w \pm \Omega \pm 2\Omega') = \Delta \operatorname{am} w, & \Delta \operatorname{am}\left(w \pm \frac{\Omega}{2} \pm \Omega'\right) = -\Delta \operatorname{am} w, \\ \sin \operatorname{am}(\Omega \pm 2\Omega') = 0, & \sin \operatorname{am}\left(\frac{\Omega}{2} \pm \Omega'\right) = 0, \\ \cos \operatorname{am}(\Omega \pm 2\Omega') = 1, & \cos \operatorname{am}\left(\frac{\Omega}{2} \pm \Omega'\right) = 1, \\ \Delta \operatorname{am}(\Omega \pm 2\Omega') = 1, & \Delta \operatorname{am}\left(\frac{\Omega}{2} \pm \Omega'\right) = -1; \end{array}\right.$$

$$(21)\quad \left\{\begin{array}{rl} \sin \operatorname{am}\left(w \pm \frac{\Omega}{4}\right) = \pm \frac{\cos \operatorname{am} w}{\Delta \operatorname{am} w}, & \sin \operatorname{am}\left(w \pm \frac{\Omega'}{2}\right) = \frac{1}{k \sin \operatorname{am} w}, \\ \cos \operatorname{am}\left(w \pm \frac{\Omega}{4}\right) = \mp \frac{k_1 \sin \operatorname{am} w}{\Delta \operatorname{am} w}, & \cos \operatorname{am}\left(w \pm \frac{\Omega'}{2}\right) = \mp \frac{i\, \Delta \operatorname{am} w}{k \sin \operatorname{am} w}, \\ \Delta \operatorname{am}\left(w \pm \frac{\Omega}{4}\right) = \frac{k_1}{\Delta \operatorname{am} w} {}^{*)}, & \Delta \operatorname{am}\left(w \pm \frac{\Omega'}{2}\right) = \mp \frac{i \cos \operatorname{am} w}{\sin \operatorname{am} w}, \\ \sin \operatorname{am} \frac{\Omega}{4} = 1, & \sin \operatorname{am} \frac{\Omega'}{2} = \infty, \\ \cos \operatorname{am} \frac{\Omega}{4} = 0, & \cos \operatorname{am} \frac{\Omega'}{2} = \infty, \\ \Delta \operatorname{am} \frac{\Omega}{4} = k_1, & \Delta \operatorname{am} \frac{\Omega'}{2} = \infty, \end{array}\right.$$

$$(22)\ .\ .\ .\quad \left\{\begin{array}{l} \sin \operatorname{am}\left(w + \frac{\Omega}{4} \pm \frac{\Omega'}{2}\right) = \frac{\Delta \operatorname{am} w}{k \cos \operatorname{am} w}, \\ \cos \operatorname{am}\left(w + \frac{\Omega}{4} \pm \frac{\Omega'}{2}\right) = \mp \frac{i k_1}{k \cos \operatorname{am} w}, \\ \Delta \operatorname{am}\left(w + \frac{\Omega}{4} \pm \frac{\Omega'}{2}\right) = \pm \frac{i k_1 \sin \operatorname{am} w}{\cos \operatorname{am} w}, \\ \sin \operatorname{am}\left(w - \frac{\Omega}{4} \pm \frac{\Omega'}{2}\right) = -\frac{\Delta \operatorname{am} w}{k \cos \operatorname{am} w}, \\ \cos \operatorname{am}\left(w - \frac{\Omega}{4} \pm \frac{\Omega'}{2}\right) = \pm \frac{i k_1}{k \cos \operatorname{am} w}, \\ \Delta \operatorname{am}\left(w - \frac{\Omega}{4} \pm \frac{\Omega'}{2}\right) = \pm \frac{i k_1 \sin \operatorname{am} w}{\cos \operatorname{am} w}, \\ \sin \operatorname{am}\left(\frac{\Omega}{4} \pm \frac{\Omega'}{2}\right) = \frac{1}{k}, \\ \cos \operatorname{am}\left(\frac{\Omega}{4} \pm \frac{\Omega'}{2}\right) = \mp \frac{i k_1}{k}, \\ \Delta \operatorname{am}\left(\frac{\Omega}{4} \pm \frac{\Omega'}{2}\right) = 0. \end{array}\right.$$

*) wo die Grössen k und k_1 durch die Ausdrücke bestimmt sind

$$k = \frac{\vartheta_2^2}{\vartheta_3^2}, \qquad k_1 = \frac{\vartheta_0^2}{\vartheta_3^2}.$$

Nach Ermittelung der wesentlichsten Eigenschaften der drei elliptischen Functionen wollen wir uns mit der analytischen Darstellung derselben in Form von unendlichen Producten, Partialbrüchen und unendlichen Reihen beschäftigen, und werden in der ersteren Form aus den in der letzten Vorlesung aufgestellten Productentwicklungen der vier ϑ-Functionen für die elliptischen Functionen als Quotienten der ϑ die nachfolgende Darstellung erhalten

$$(23) \quad \sin \operatorname{am} w = \frac{w \prod\limits_{-\nu}^{+\nu}{}_{n} \prod\limits_{-\mu}^{+\mu}{}_{m} \left(1 - \frac{2w}{m\Omega + 2n\Omega'}\right)}{\prod\limits_{-\nu-1}^{+\nu}{}_{n} \prod\limits_{-\mu}^{+\mu}{}_{m} \left(1 - \frac{2w}{m\Omega + (2n+1)\Omega'}\right)}$$

$$= \frac{\Omega}{2\pi} \frac{\sin\frac{2\pi w}{\Omega} \prod\limits_{1}^{\infty}{}_{n} \left(1 - 2q^{2n}\cos\frac{4w\pi}{\Omega} + q^{4n}\right)}{\prod\limits_{0}^{\infty}{}_{n} \left(1 - 2q^{2n+1}\cos\frac{4w\pi}{\Omega} + q^{4n+2}\right)} \frac{\prod\limits_{0}^{\infty}{}_{n} (1 - q^{2n+1})^2}{\prod\limits_{1}^{\infty}{}_{n} (1 - q^{2n})^2}$$

$$= \frac{\Omega}{2\pi} \sin\frac{2\pi w}{\Omega} \frac{\prod\limits_{1}^{\infty}{}_{n} \left(1 - \frac{\sin^2\frac{2\pi w}{\Omega}}{\sin^2 n\pi\tau}\right)}{\prod\limits_{0}^{\infty}{}_{n} \left(1 - \frac{\sin^2\frac{2\pi w}{\Omega}}{\sin^2 (2n+1)\frac{\pi\tau}{2}}\right)}.$$

$$(24) \quad \cos \operatorname{am} w = \frac{\prod\limits_{-\nu}^{+\nu}{}_{n} \prod\limits_{-\mu-1}^{+\mu}{}_{m} \left(1 - \frac{2w}{(m+\frac{1}{2})\Omega + 2n\Omega'}\right)}{\prod\limits_{-\nu-1}^{+\nu}{}_{n} \prod\limits_{-\mu}^{+\mu}{}_{m} \left(1 - \frac{2w}{m\Omega + (2n+1)\Omega'}\right)}$$

$$= \cos\frac{2\pi w}{\Omega} \frac{\prod\limits_{1}^{\infty}{}_{n} \left(1 + 2q^{2n}\cos\frac{4\pi w}{\Omega} + q^{4n}\right)}{\prod\limits_{0}^{\infty}{}_{n} \left(1 - 2q^{2n+1}\cos\frac{4\pi w}{\Omega} + q^{4n+2}\right)} \frac{\prod\limits_{0}^{\infty}{}_{n} (1 - q^{2n+1})^2}{\prod\limits_{1}^{\infty}{}_{n} (1 + q^{2n})^2}$$

$$= \cos\frac{2\pi w}{\Omega} \frac{\prod\limits_{1}^{\infty}{}_{n} \left(1 - \frac{\sin^2\frac{2\pi w}{\Omega}}{\cos^2 n\pi\tau}\right)}{\prod\limits_{0}^{\infty}{}_{n} \left(1 - \frac{\sin^2\frac{2\pi w}{\Omega}}{\sin^2 (2n+1)\frac{\pi\tau}{2}}\right)}.$$

$$(25) \quad \Delta \operatorname{am} w = \frac{\prod\limits_{-\nu-1}^{\nu}{}_{n} \prod\limits_{-\mu-1}^{\mu}{}_{m} \left(1 - \frac{2w}{(m+\frac{1}{2})\Omega + (2n+1)\Omega'}\right)}{\prod\limits_{-\nu-1}^{+\nu}{}_{n} \prod\limits_{-\mu}^{+\mu}{}_{m} \left(1 - \frac{2w}{m\Omega + (2n+1)\Omega'}\right)}$$

$$= \frac{\prod_0^\infty \left(1 + 2q^{2n+1}\cos\frac{4\pi w}{\Omega} + q^{4n+2}\right) \prod_0^\infty (1 - q^{2n+1})^2}{\prod_0^\infty \left(1 - 2q^{2n+1}\cos\frac{4\pi w}{\Omega} + q^{4n+2}\right) \prod_0^\infty (1 + q^{2n+1})^2}$$

$$= \frac{\prod_0^\infty \left(1 - \frac{\sin^2\frac{2\pi w}{\Omega}}{\cos^2(2n+1)\frac{\pi\tau}{2}}\right)}{\prod_0^\infty \left(1 - \frac{\sin^2\frac{2\pi w}{\Omega}}{\sin^2(2n+1)\frac{\pi\tau}{2}}\right)}.$$

Wir wenden uns jetzt zur Entwicklung der drei elliptischen Functionen in Partialbrüche, indem wir von der in der siebenten Vorlesung gefundenen Beziehung

$$(\alpha)\quad f(w) = \frac{1}{2\pi i}\int_{(c)} \frac{f(t)}{t-w}\,dt + \frac{1}{2\pi i}\int_{(a_1)} \frac{f(t)}{t-w}\,dt + \cdots + \frac{1}{2\pi i}\int_{(a_k)} \frac{f(t)}{t-w}\,dt$$

ausgehen, in welcher $a_1, a_2, \ldots a_k$ alle von der Curve c eingeschlossenen Unstetigkeitspunkte der Function $f(w)$ waren, und berücksichtigen, dass, wenn wir

$$f(w) = \sin\operatorname{am} w,$$

setzen, alle Werthe, für welche diese Function unendlich wird, in der Form enthalten sind

$$w = m\frac{\Omega}{2} + (2n+1)\frac{\Omega'}{2},$$

wie man aus der Substitutionstabelle oder auch aus dem vorher aufgestellten Productausdrucke unmittelbar ersehen kann.

Fasst man zuerst als c-Curve ein Parallelogramm auf, dessen Seiten den Periodenrichtungen parallel sind, und von denen zwei gleich weit über $\frac{\Omega}{2}$ und $-\frac{\Omega}{2}$ nach rechts und links hinausliegen, die beiden andern gleich weit über $\frac{\Omega'}{2}$ und unter $-\frac{\Omega'}{2}$, hält die beiden letzten Parallelen bei und lässt die beiden erstern zur Erweiterung der Curve c sich symmetrisch parallel bis $\frac{2\Omega}{2}$ und $-\frac{2\Omega}{2}$, $\frac{3\Omega}{2}$ und $-\frac{3\Omega}{2}$ u. s. w., in ähnlicher Art, wie dies schon früher bei der Productentwicklung der ϑ-Functionen besprochen war, bewegen, dann wird in der obigen Integralgleichung (α) eine ganz bestimmte Reihenfolge für die um die einzelnen Unstetigkeitspunkte genommenen Integrale festgesetzt; lässt man nun ferner die beiden ersten festgehaltenen Parallelen sich auch jetzt parallel symmetrisch so fortbewegen, dass sie gleich weit über und unter $\frac{3\,\Omega'}{2}$ und $-\frac{3\,\Omega'}{2}$, $\frac{5\,\Omega'}{2}$ und $-\frac{5\,\Omega'}{2}$ u. s. w. rücken, so wird, wenn wir den Umfang des so erhaltenen unendlichen Parallelogramms mit C bezeichnen, sich aus der obigen Gleichung die folgende ergeben

$$(\beta)\ldots \sin\operatorname{am} w = \frac{1}{2\pi i}\int_{(C)}\frac{\sin\operatorname{am} t}{t-w}\,dt + \frac{1}{2\pi i}\sum_{-\nu-1}^{\nu}{}_{n}\sum_{-\mu}^{+\mu}{}_{m}\int_{\left(m\frac{\Omega}{2}+(2n+1)\frac{\Omega'}{2}\right)}\frac{\sin\operatorname{am} t}{t-w}\,dt.$$

Was nun das erste Integral angeht, welches über jenes unendliche Parallelogramm genommen ist, so ist soviel zu sehen, dass $\sin\operatorname{am} t$ auf dem Integrationswege stets endlich ist, und wenn man daher für unendlich grosse t

$$\int_{(C)}\frac{\sin\operatorname{am} t}{t-w}\,dt = \int_{(C)}\frac{\sin\operatorname{am} t}{t}\,dt\left(1+\frac{w}{t}+\frac{w^2}{t^2}+\cdots\right)$$

$$= \int_{(C)}\frac{\sin\operatorname{am} t}{t}\,dt + w\int_{(C)}\frac{\sin\operatorname{am} t}{t^2}\,dt + w^2\int_{(C)}\frac{\sin\operatorname{am} t}{t^3}\,dt + \cdots$$

setzt, so ist aus Früherem ersichtlich, dass, wenn $k > 1$ ist,

$$\operatorname{mod}\int_{(C)}\frac{\sin\operatorname{am} t}{t^k}\,dt = 0$$

wird, und dass somit

$$\int_{(C)}\frac{\sin\operatorname{am} t}{t-w}\,dt = \int_{(C)}\frac{\sin\operatorname{am} t}{t}\,dt$$

ist; der Werth dieses Integrales muss jedoch nothwendig verschwinden, weil

$$\frac{\sin\operatorname{am} t}{t}$$

eine gerade Function ist, und somit in zwei zum Mittelpunkt symmetrischen Punkten der Werth der Function unter dem Integral derselbe ist, während in entgegengesetzter Richtung integrirt wird, und es folgt somit aus (β)

$$(\gamma)\ \ldots\ldots\quad \sin\operatorname{am} w = \frac{1}{2\pi i}\sum_{-\nu-1}^{+\nu}{}_{n}\sum_{-\mu}^{+\mu}{}_{m}\int_{\left(m\frac{\Omega}{2}+(2n+1)\frac{\Omega'}{2}\right)}\frac{\sin\operatorname{am} t}{t-w}\,dt,$$

oder, da $\sin\operatorname{am} t$ in dem betreffenden Punkte nur von der ersten Ordnung unendlich ist, und somit, wenn jener Punkt mit α bezeichnet wird, in

$$\int\limits_{(\alpha)}\frac{\sin\operatorname{am} t}{t-w}\,dt = -\int\limits_{(\alpha)}\frac{\sin\operatorname{am} t}{w-\alpha}\cdot\frac{dt}{1-\dfrac{t-\alpha}{w-\alpha}}$$

$$= -\frac{1}{w-\alpha}\int\limits_{(\alpha)}\sin\operatorname{am} t\,dt - \frac{1}{(w-\alpha)^2}\int\limits_{(\alpha)}\sin\operatorname{am} t\,(t-\alpha)\,dt + \cdots$$

alle Glieder mit Ausnahme des ersten verschwinden, auch

$$(\delta)\quad \sin\operatorname{am} w = -\frac{1}{2\pi i}\sum_{-\nu-1}^{+\nu}{}_n\sum_{-\mu}^{+\mu}{}_m\frac{1}{w-m\frac{\Omega}{2}-(2n+1)\frac{\Omega'}{2}}\int\limits_{\left(m\frac{\Omega}{2}+(2n+1)\frac{\Omega'}{2}\right)}\sin\operatorname{am} t\,dt.$$

Setzt man in diesen Ausdruck

$$t = m\frac{\Omega}{2}+(2n+1)\frac{\Omega'}{2}+t',$$

so wird jedes der Integrale rechts statt ein um einen Unstetigkeitspunkt genommenes um den Nullpunkt zu nehmen sein, und es wird

$$\int\limits_{\left(m\frac{\Omega}{2}+(2n+1)\frac{\Omega'}{2}\right)}\sin\operatorname{am} t\,dt = \int\limits_{(0)}\sin\operatorname{am}\left(m\frac{\Omega}{2}+(2n+1)\frac{\Omega'}{2}+t'\right)dt'$$

werden. Da aber

$$\sin\operatorname{am}\left(m\frac{\Omega}{2}+(2n+1)\frac{\Omega'}{2}+t'\right)$$

$$= (-1)^m\sin\operatorname{am}\left((2n+1)\frac{\Omega'}{2}+t'\right) = \frac{(-1)^m}{k\sin\operatorname{am} t'}$$

ist, wie man unmittelbar aus der Substitutionstabelle der ϑ-Functionen ersehen kann, so geht (δ) in

$$(\varepsilon)\quad \sin\operatorname{am} w = -\frac{1}{k}\sum_{-\nu-1}^{+\nu}{}_n\sum_{-\mu}^{+\mu}{}_m\frac{(-1)^m}{w-m\frac{\Omega}{2}-(2n+1)\frac{\Omega'}{2}}\cdot\frac{1}{2\pi i}\int\limits_{(0)}\frac{dt'}{\sin\operatorname{am} t'}$$

über. Da aber $\sin\operatorname{am} t'$ für $t'=0$ von der ersten Ordnung Null ist, so wird der reciproke Werth von der ersten Ordnung unendlich sein, und die Entwicklung von

$$\frac{1}{\sin\operatorname{am} t'} = \frac{1}{t'}+a_0+a_1 t'+\cdots$$

sein, und daher, da das um den Nullpunkt genommene Integral, wie aus (α) hervorgeht, so durchlaufen wird, dass man die äussere Fläche zur Linken hat, und desshalb

$$\int\frac{dt'}{t'} = -2\pi i,\quad \int t'^{\varkappa}\,dt' = 0$$

ist, der Ausdruck (ε) in den folgenden übergehen

$$(26)\ \ldots\quad \sin\operatorname{am} w = \frac{1}{k}\sum_{-\nu-1}^{+\nu}{}_n\sum_{-\mu}^{+\mu}{}_m\frac{(-1)^m}{w-\frac{m\Omega}{2}-(2n+1)\frac{\Omega'}{2}},$$

welcher eine Darstellung der sin am w als unendliche Doppelsumme liefert.

Um diese Doppelsumme in eine einfache unendliche Summe zu verwandeln, setzen wir sin am w in die Form

$$\sin \operatorname{am} w = \frac{2}{\Omega k} \sum_{-\nu-1}^{+\nu} {}_n \sum_{-\mu}^{+\mu} {}_m \frac{(-1)^m}{\frac{2w}{\Omega} - (2n+1)\frac{\tau}{2} - m},$$

und da bekanntlich

$$\pi \operatorname{cosec} z\pi = \frac{\pi}{\sin z\pi} = \sum_{-\mu}^{+\mu} {}_m \frac{(-1)^m}{z-m} \text{ *)}$$

ist, so erhalten wir für sin am w die einfache unendliche Summe

$$\sin \operatorname{am} w = \frac{2\pi}{\Omega k} \sum_{-\nu-1}^{+\nu} {}_n \frac{1}{\sin\left(\frac{2w\pi}{\Omega} - (2n+1)\frac{\pi\tau}{2}\right)},$$

welche, weil je zwei aufeinanderfolgende zusammengefasst den Summanden

$$\frac{1}{\sin\left(\frac{2w\pi}{\Omega} - (2n+1)\frac{\pi\tau}{2}\right)} + \frac{1}{\sin\left(\frac{2w\pi}{\Omega} + (2n+1)\frac{\pi\tau}{2}\right)}$$

$$= \frac{4\sin\left(\frac{2w\pi}{\Omega}\right)\cos(2n+1)\frac{\pi\tau}{2}}{\cos 2(2n+1)\frac{\pi\tau}{2} - \cos\frac{4w\pi}{\Omega}},$$

liefern, auch die Gestalt annimmt

$$(27) \qquad \sin \operatorname{am} w = \frac{8\pi}{\Omega k} \sin\frac{2w\pi}{\Omega} \sum_{n=0}^{n=\infty} \frac{\cos(2n+1)\frac{\pi\tau}{2}}{\cos 2(2n+1)\frac{\pi\tau}{2} - \cos\frac{4w\pi}{\Omega}},$$

oder da

$$q^{\frac{2n+1}{2}} = \cos(2n+1)\frac{\pi\tau}{2} + i\sin(2n+1)\frac{\pi\tau}{2},$$

$$q^{-\frac{2n+1}{2}} = \cos(2n+1)\frac{\pi\tau}{2} - i\sin(2n+1)\frac{\pi\tau}{2},$$

also

$$\cos(2n+1)\frac{\pi\tau}{2} = \frac{q^{\frac{2n+1}{2}} + q^{-\frac{2n+1}{2}}}{2}$$

und ebenso

$$\cos 2(2n+1)\frac{\pi\tau}{2} = \frac{q^{2n+1} + q^{-(2n+1)}}{2}$$

ist,

$$(28) \qquad \sin \operatorname{am} w = \frac{8\pi q^{\frac{1}{2}}}{\Omega k} \sin\frac{2\pi w}{\Omega} \sum_{n=0}^{n=\infty} \frac{q^n(1+q^{2n+1})}{1 - 2q^{2n+1}\cos\frac{4\pi w}{\Omega} + q^{2(2n+1)}},$$

*) wie man leicht durch Anwendung der soeben für die sin am w gebrauchten Methode auf Gleichung (α) findet, wenn dort $f(w) = \frac{1}{\sin w}$ gesetzt wird.

worin

$$q^{\frac{1}{2}} = e^{\frac{\pi \tau i}{2}}$$

zu setzen ist.

Genau ebenso erhält man

$$(29)\quad \cos \operatorname{am} w = -\sum_{-\nu-1}^{+\nu}{}_n (-1)^n \sum_{-\mu-1}^{+\mu}{}_m \frac{(-1)^m}{w - m\frac{\Omega}{2} - (2n+1)\frac{\Omega'}{2}}$$

$$= -\frac{2\pi i}{k\Omega} \sum_{-\nu-1}^{+\nu}{}_n \frac{(-1)^n}{\sin\left(\frac{2\pi w}{\Omega} - (2n+1)\frac{\pi\tau}{2}\right)}$$

$$= -\frac{8\pi i}{k\Omega} \cos\frac{2\pi w}{\Omega} \sum_{n=0}^{n=\infty} \frac{(-1)^n \sin(2n+1)\frac{\pi\tau}{2}}{\cos 2(2n+1)\frac{\pi\tau}{2} - \cos\frac{4\pi w}{\Omega}}$$

$$= \frac{8\pi q^{\frac{1}{2}}}{k\Omega} \cos\frac{2\pi w}{\Omega} \sum_{n=0}^{n=\infty} \frac{(-1)^n q^n (1 - q^{2n+1})}{1 - 2q^{2n+1}\cos\frac{4\pi w}{\Omega} + q^{2(2n+1)}},$$

und

$$\varDelta \operatorname{am} w = -i \sum_{-\nu}^{+\nu}{}_n (-1)^n \sum_{-\mu}^{+\mu}{}_m \frac{1}{w - m\frac{\Omega}{2} - (2n+1)\frac{\Omega'}{2}}$$

$$= -\frac{2\pi i}{\Omega} \sum_{-\nu}^{+\nu}{}_n (-1)^n \cot\left(\frac{2\pi w}{\Omega} - (2n+1)\frac{\pi\tau}{2}\right)$$

$$= 1 - \frac{2\pi i}{\Omega} \sin\frac{2\pi w}{\Omega} \sum_{-\nu}^{+\nu}{}_n \frac{(-1)^n}{\sin(2n+1)\frac{\pi\tau}{2} \sin\left(\frac{2\pi w}{\Omega} - (2n+1)\right.}$$

$$= 1 - \frac{8\pi i}{\Omega} \sin^2\frac{2\pi w}{\Omega} \sum_{n=0}^{n=\infty} \frac{(-1)^n \cot(2n+1)\frac{\pi\tau}{2}}{\cos 2(2n+1)\frac{\pi\tau}{2} - \cos\frac{4\pi w}{\Omega}}$$

$$= 1 - \frac{16\pi}{\Omega} \sin^2\frac{2\pi w}{\Omega} \sum_{n=0}^{n=\infty} \frac{(-1)^n q^{2n+1}\left(\frac{1+q^{2n+1}}{1-q^{2n+1}}\right)}{1 - 2q^{2n+1}\cos\frac{4\pi w}{\Omega} + q^{2(2n+1)}}.$$

Wir stellen endlich noch die Fourrier'schen Reihenentwicklungen der drei elliptischen Functionen auf, indem wir von dem in der elften Vorlesung entwickelten Satze ausgehen, dass jede in der ganzen Ebene eindeutige Function mit der einen Periode Ω sich nur auf eine Weise in eine Reihe von der Form

$$f(w) = A_0 + A_1 e^{\frac{2i\pi w}{\Omega}} + A_2 e^{\frac{4i\pi w}{\Omega}} + \cdots$$
$$+ A_{-1} e^{-\frac{2i\pi w}{\Omega}} + A_{-2} e^{-\frac{4i\pi w}{\Omega}} + \cdots$$

entwickeln lässt, in welcher die Coefficienten durch bestimmte Integrale gewisser Gestalt darstellbar sind, und die innerhalb eines von zwei zu der Ω-Richtung durch nächst gelegene Unstetigkeitspunkte gezogenen Parallelen gebildeten Raumes convergent ist, so dass von Parallelraum zu Parallelraum die Form der Reihe dieselbe bleibt, und nur die Werthe der Coefficienten sich ändern. Hiernach wird also

$$\sin \operatorname{am} w = A_0 + A_1 e^{\frac{2\pi i w}{\Omega}} + A_2 e^{\frac{4\pi i w}{\Omega}} + \cdots$$
$$+ A_{-1} e^{-\frac{2\pi i w}{\Omega}} + A_{-2} e^{-\frac{4\pi i w}{\Omega}} + \cdots,$$

und wenn man berücksichtigt, dass $\sin \operatorname{am} w$ eine ungerade Function ist,

$$A_m = - A_{-m}$$

sein; zieht man ferner in Betracht, dass

$$\sin \operatorname{am}\left(w + \frac{\Omega}{2}\right) = - \sin \operatorname{am} w$$

ist, so folgt, wie leicht zu sehen, dass

$$A_0 = A_2 = A_4 = A_6 = \cdots = 0$$

ist, und man erhält somit als vereinfachte Form der obigen Reihe

$$\sin \operatorname{am} w = \sum_{m=0}^{m=\infty} A_{2m+1} \left(e^{\frac{2\pi i w}{\Omega}(2m+1)} - e^{-\frac{2\pi i w}{\Omega}(2m+1)}\right).$$

Die Darstellung der Coefficienten durch bestimmte Integrale wird so geschehen können, dass wir beide Seiten dieser Gleichung mit

$$e^{\frac{2\pi i w}{\Omega}(2\mu+1)}$$

multipliciren und zwischen den Gränzen $-\frac{\Omega}{2}$ und $+\frac{\Omega}{2}$ geradlinig integriren; es ist dann unmittelbar zu sehen*), dass auf der rechten Seite alle Integrale verschwinden mit Ausnahme von

$$- A_{2\mu+1} \int_{-\frac{\Omega}{2}}^{+\frac{\Omega}{2}} e^{-\frac{2\pi i w}{\Omega}(2\mu+1)} \cdot e^{\frac{2\pi i w}{\Omega}(2\mu+1)} dw = - A_{2\mu+1} \int_{-\frac{\Omega}{2}}^{+\frac{\Omega}{2}} dw = - A_{2\mu+1}\, \Omega,$$

so dass sich

$$A_{2\mu+1} = - \frac{1}{\Omega} \int_{-\frac{\Omega}{2}}^{+\frac{\Omega}{2}} \sin \operatorname{am} w \, e^{\frac{2\pi i w}{\Omega}(2\mu+1)} dw$$

---

*) da

$$\int_{-\frac{\Omega}{2}}^{+\frac{\Omega}{2}} e^{\frac{4\pi i w r}{\Omega}} dw = 0$$

ist.

ergiebt, und es sich jetzt nur noch um die Ermittelung des Werthes dieses bestimmten Integrales handeln wird.

Zu diesem Zwecke wollen wir uns dasselbe als ein über ein bestimmtes Parallelogramm genommenes geschlossenes Integral darstellen, das wir dann wieder durch die Summe derjenigen Integrale ersetzen wollen, welche über die innerhalb dieses Parallelogramms gelegenen Unstetigkeitspunkte genommen sind.

Fig. 62.

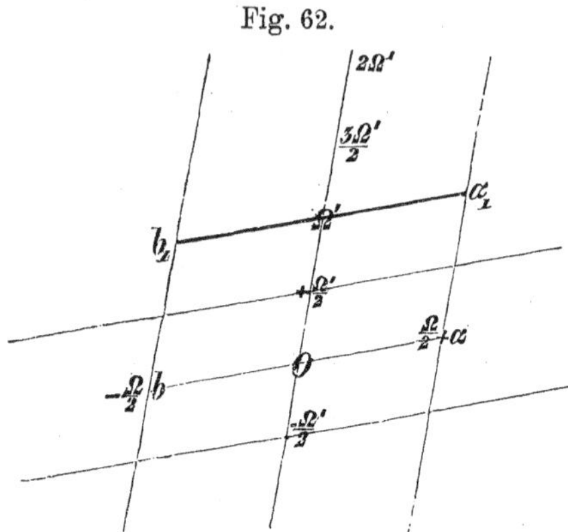

Zieht man nämlich eine gerade Linie von $-\frac{\Omega}{2}$ bis $+\frac{\Omega}{2}$ und unmittelbar hinter $\frac{\Omega}{2}$ und unmittelbar vor $-\frac{\Omega}{2}$ Parallelen zur Ω'-Richtung, endlich durch Ω' eine Parallele zur Ω-Richtung, so liegen in dem Parallelogramm $a\,b\,a_1\,b_1$ für die Function

$$\sin \operatorname{am} w\, e^{\frac{2 i \pi w}{\Omega}(2\mu+1)}$$

nur die beiden Unstetigkeitspunkte

$$\frac{\Omega'}{2} \text{ und } \frac{\Omega}{2}+\frac{\Omega'}{2},$$

und es wird das geschlossene Integral über dieses Parallelogramm genommen der Summe der über diese beiden Unstetigkeitspunkte genommenen Integrale gleich sein. Lässt man die Parallele statt durch Ω' durch $2\,\Omega'$ gehen, so treten die beiden Unstetigkeitspunkte $\frac{3\,\Omega'}{2}$ und $\frac{\Omega}{2}+\frac{3\,\Omega'}{2}$ hinzu u. s. w., so dass, wenn die Parallele durch $n\,\Omega'$ geht, und das entsprechende Parallelogramm mit P_n bezeichnet wird,

$$\int\limits_{(P_n)} \sin \operatorname{am} w\, e^{\frac{2\pi i w}{\Omega}(2\mu+1)}\, dw$$

$$=\sum_{\nu=1}^{\nu=n}\left\{\int\limits_{\left((2\nu-1)\frac{\Omega'}{2}\right)} \sin \operatorname{am} w\, e^{\frac{2\pi i w}{\Omega}(2\mu+1)}\, dw+\int\limits_{\left(\frac{\Omega}{2}+(2\nu-1)\frac{\Omega'}{2}\right)} \sin \operatorname{am} w\, e^{\frac{2\pi i w}{\Omega}(2\mu+1)}\, dw\right\}$$

ist, oder weil

$$\sin \operatorname{am}\left(w + \frac{\Omega}{2}\right) = -\sin \operatorname{am} w, \quad e^{\frac{2\pi i\left(w+\frac{\Omega}{2}\right)}{\Omega}} = -e^{\frac{2\pi i w}{\Omega}},$$

also diese beiden Functionen um

$$(2\nu - 1)\frac{\Omega'}{2} \quad \text{und} \quad \frac{\Omega}{2} + (2\nu - 1)\frac{\Omega'}{2}$$

herum für entsprechende Werthe w entgegengesetzte Werthe haben,

$$\int\limits_{(P_n)} \sin \operatorname{am} w\, e^{\frac{2\pi i w}{\Omega}(2\mu+1)}\, dw = 2\sum_{\nu=1}^{\nu=n} \int\limits_{\left((2\nu-1)\frac{\Omega'}{2}\right)} \sin \operatorname{am} w\, e^{\frac{2\pi i w}{\Omega}(2\mu+1)}\, dw.$$

Was das Integral auf der linken Seite dieser Gleichung angeht, so werden sich offenbar die über die zur Ω'-Richtung parallelen Seiten genommenen Integrationen zerstören, da die Argumente sich um die für die beiden Functionen

$$\sin \operatorname{am} w \text{ und } e^{\frac{2\pi i w}{\Omega}}$$

bestehende Periode Ω unterscheiden und in entgegengesetzter Richtung integrirt wird, so dass, wenn wir die durch $n\Omega'$ gezogene, zur Ω-Richtung parallele und von den durch a und b gezogenen Parallelen begränzte Linie mit $a_n b_n$ bezeichnen, die obige Gleichung in

$$\int\limits_{-\frac{\Omega}{2}}^{+\frac{\Omega}{2}} \sin \operatorname{am} w\, e^{\frac{2\pi i w}{\Omega}(2\mu+1)}\, dw + \int\limits_{a_n}^{b_n} \sin \operatorname{am} w\, e^{\frac{2\pi i w}{\Omega}(2\mu+1)}\, dw$$

$$= 2\sum_{\nu=1}^{\nu=n} \int\limits_{\left((2\nu-1)\frac{\Omega'}{2}\right)} \sin \operatorname{am} w\, e^{\frac{2\pi i w}{\Omega}(2\mu+1)}\, dw$$

übergeht. Lässt man nun die Linie $a_n b_n$ in's Unendliche rücken, also n unendlich gross werden, so wird, wenn man in dem zweiten Integral der linken Seite

$$w = n\Omega' + w'$$

gesetzt denkt, dasselbe in

$$q^{n(2\mu+1)} \int\limits_{-\frac{\Omega}{2}}^{+\frac{\Omega}{2}} \sin \operatorname{am} w'\, e^{\frac{2 i\pi w'}{\Omega}(2\mu+1)}\, dw'$$

übergehen, welcher Ausdruck, da mod $q < 1$, für $n = \infty$ verschwindet, und wir erhalten daher aus der obigen Gleichung

$$\int_{-\frac{\Omega}{2}}^{+\frac{\Omega}{2}} \sin \operatorname{am} w\, e^{\frac{2\pi i w}{\Omega}(2\mu+1)}\, dw = 2 \sum_{\nu=1}^{\nu=\infty} \int_{\left((2\nu-1)\frac{\Omega'}{2}\right)} \sin \operatorname{am} w\, e^{\frac{2\pi i w}{\Omega}(2\mu+1)}\, dw.$$

Wenn aber

$$w = (2\nu - 1)\frac{\Omega'}{2} + w'$$

gesetzt wird, so erhält man nach einer der Gleichungen (21)

$$\int_{\left((2\nu-1)\frac{\Omega'}{2}\right)} \sin \operatorname{am} w\, e^{\frac{2\pi i w}{\Omega}(2\mu+1)}\, dw = \frac{1}{k}\, q^{(2\mu+1)\frac{2\nu-1}{2}} \int_{(0)} \frac{e^{\frac{2\pi i w'}{\Omega}(2\mu+1)}}{\sin \operatorname{am} w'}\, dw',$$

oder da

$$\frac{1}{\sin \operatorname{am} w'} = \frac{1}{w'} + a_0 + a_1 w' + \cdots$$

$$e^{\frac{2\pi i w'}{\Omega}(2\mu+1)} = 1 + \frac{2\pi i w'}{\Omega}(2\mu+1) + \cdots$$

und daher

$$\int_{(0)} \frac{e^{\frac{2\pi i w'}{\Omega}(2\mu+1)}}{\sin \operatorname{am} w'}\, dw' = 2\pi i$$

ist, das Resultat

$$\int_{\left((2\nu-1)\frac{\Omega'}{2}\right)} \sin \operatorname{am} w\, e^{\frac{2\pi i w}{\Omega}(2\mu+1)}\, dw = \frac{2\pi i}{k}\, q^{(2\mu+1)\frac{2\nu-1}{2}},$$

so dass die oben gefundene Gleichung in

$$\int_{-\frac{\Omega}{2}}^{+\frac{\Omega}{2}} \sin \operatorname{am} w\, e^{\frac{2\pi i w}{\Omega}(2\mu+1)}\, dw = \frac{4\pi i}{k} \sum_{\nu=1}^{\nu=\infty} q^{(2\mu+1)\frac{2\nu-1}{2}} = \frac{4\pi i}{k}\, \frac{q^{\frac{2\mu+1}{2}}}{1-q^{2\mu+1}}$$

übergeht.

In Folge dessen erhält man nach dem oben gefundenen Ausdrucke für den Coefficienten der Fourrier'schen Reihe

$$A_{2\mu+1} = -\frac{4\pi i}{k\Omega}\, \frac{q^{\frac{2\mu+1}{2}}}{1-q^{2\mu+1}},$$

und als Fourrier'sche Reihenentwicklung für die $\sin \operatorname{am} w$, weil

$$e^{(2m+1)\frac{2\pi i w}{\Omega}} - e^{-(2m+1)\frac{2\pi i w}{\Omega}} = 2i \sin (2m+1)\frac{2\pi w}{\Omega}$$

ist, die folgende

$$(31) \qquad \sin \operatorname{am} w = \frac{8\pi \sqrt{q}}{k\Omega} \sum_{m=0}^{m=\infty} \frac{q^m}{1-q^{2m+1}} \sin (2m+1)\frac{2\pi w}{\Omega},$$

welche nach den oben gemachten Auseinandersetzungen innerhalb des von den beiden zur Ω-Richtung durch die beiden nächst gelegenen Unstetigkeitspunkte $\frac{\Omega'}{2}$ und $-\frac{\Omega'}{2}$ gezogenen Parallelen begränzten unendlichen Raumes convergent ist.

Um die Fourrier'sche Entwicklung für jeden andern Parallelraum zu erhalten, der zur Ω-Richtung parallel von zwei Linien begränzt ist, die durch zwei aufeinander folgende Unstetigkeitspunkte, also durch

$$(2r-1)\frac{\Omega'}{2} \text{ und } (2r+1)\frac{\Omega'}{2}$$

gehen, braucht man nur zu bemerken, dass, wenn

$$w = r\Omega' + w'$$

gesetzt wird, w' dann innerhalb des von den durch $-\frac{\Omega'}{2}$ und $+\frac{\Omega'}{2}$ gezogenen Linien begränzten Parallelraumes liegt, und in Folge dessen nach dem Vorigen

$$\sin \operatorname{am} w' = \frac{8\pi\sqrt{q}}{k\Omega}\sum_{m=0}^{m=\infty}\frac{q^m}{1-q^{2m+1}}\sin(2m+1)\frac{2\pi w'}{\Omega}$$

ist; da aber

$$\sin \operatorname{am} w' = \sin \operatorname{am}(w - r\Omega') = \sin \operatorname{am} w$$

und

$$\sin(2m+1)\frac{2\pi w'}{\Omega} = \sin(2m+1)\frac{2\pi}{\Omega}(w - r\Omega')$$
$$= \sin\left[(2m+1)\frac{2\pi w}{\Omega} - r(2m+1)\pi\tau\right]$$

ist, so folgt für die innerhalb jenes beliebigen Streifens gültige Entwicklung

$$\sin \operatorname{am} w = \frac{8\pi\sqrt{q}}{k\Omega}\sum_{m=0}^{m=\infty}\frac{q^m}{1-q^{2m+1}}\sin\left[(2m+1)\frac{2\pi w}{\Omega} - r(2m+1)\pi\tau\right].$$

Genau nach derselben Methode findet man

$$(32)\;.\quad \cos \operatorname{am} w = \frac{8\pi\sqrt{q}}{k\Omega}\sum_{m=0}^{m=\infty}\frac{q^m}{1-q^{2m+1}}\cos(2m+1)\frac{2\pi w}{\Omega}$$

für den ersten in derselben Weise wie für die sin am w gewählten Parallelstreifen, und wenn wieder

$$w = r\Omega' + w'$$

gesetzt wird, da

$$\cos(r\Omega' + w') = (-1)^r \cos w'$$

ist, für den Parallelstreifen, welcher von den durch die Punkte

$$(2r-1)\frac{\Omega'}{2} \text{ und } (2r+1)\frac{\Omega'}{2}$$

gezogenen Parallelen begränzt ist,

$$\cos \operatorname{am} w = (-1)^r \frac{8\pi \sqrt{q}}{k\Omega} \sum_{m=0}^{m=\infty} \frac{q^m}{1-q^{2m+1}} \cos\left[(2m+1)\frac{2\pi w}{\Omega} - r(2m+1)\pi\tau\right].$$

Verfährt man endlich für $\Delta \operatorname{am} w$ genau ebenso, indem man nur, weil für diese $\frac{\Omega}{2}$ eine Periode ist, die Fourrier'sche Reihe zur Bestimmung der Coefficienten zwischen den Gränzen $-\frac{\Omega}{4}$ und $+\frac{\Omega}{4}$ integrirt, so erhält man wieder für Punkte, welche in jenem ersten Parallelstreifen liegen

$$(33) \quad \ldots \quad \Delta \operatorname{am} w = \frac{2\pi}{\Omega}\left(1 + 4\sum_{m=1}^{m=\infty} \frac{q^m}{1+q^m} \cos\frac{4m\pi w}{\Omega}\right)$$

und für den zwischen

$$(2r-1)\frac{\Omega'}{2} \text{ und } (2r+1)\frac{\Omega'}{2}$$

liegenden Parallelstreifen

$$\Delta \operatorname{am} w = (-1)^r \frac{2\pi}{\Omega}\left(1 + 4\sum_{m=1}^{m=\infty} \frac{q^m}{1+q^m} \cos\left[\frac{4m\pi w}{\Omega} + 2mr\pi\tau\right]\right).$$

Den Schluss dieser Vorlesung mag die verschiedenartige Darstellung der allgemeinen doppelt periodischen Functionen bilden, welche wir bereits in der siebzehnten Vorlesung mit Hülfe der doppelperiodischen Functionen zweiter Ordnung ausgedrückt hatten.

Sei $F(w)$ eine eindeutige doppelperiodische Function mit den Perioden Ω und Ω', *) mit den nicht bloss um Perioden verschiedenen Nullwerthen

$$a_1, a_2, \ldots a_\lambda$$

und den Unendlichen

$$\alpha_1, \alpha_2, \ldots \alpha_\mu,$$

für welche die Ordnung der Nullen und Unendlichen resp.

$$m_1, m_2, \ldots m_\lambda$$
$$n_1, n_2, \ldots n_\mu$$

ist, so muss bekanntlich, wenn überhaupt eine solche Function existiren soll, die Anzahl der Nullen gleich der Anzahl der Unendlichen d. h.

$$m_1 + m_2 + \ldots + m_\lambda = n_1 + n_2 + \ldots + n_\mu$$

sein, und ferner musste die Summe der Werthe, welche denselben Werth von $F(w)$ liefern, bis auf Vielfache der Perioden constant d. h.

$$m_1 a_1 + m_2 a_2 + \cdots + m_\lambda a_\lambda = n_1 \alpha_1 + n_2 \alpha_2 + \cdots + n_\mu \alpha_\mu - m\Omega - n\Omega'$$

---

*) für welche bekanntlich angenommen werden darf, dass der Coefficient des rein imaginären Theiles von

$$\frac{\Omega'}{\Omega}$$

wesentlich positiv ist.

sein. Bildet man nun den folgenden Quotienten von ϑ-Producten, deren Modul

$$\tau = \frac{\Omega'}{\Omega}$$

sein soll,

$$e^{\frac{2n\pi wi}{\Omega}} \frac{\vartheta_1^{m_1}\left(\frac{w-a_1}{\Omega}\right)\vartheta_1^{m_2}\left(\frac{w-a_2}{\Omega}\right)\cdots\vartheta_1^{m_\lambda}\left(\frac{w-a_\lambda}{\Omega}\right)}{\vartheta_1^{n_1}\left(\frac{w-\alpha_1}{\Omega}\right)\vartheta_1^{n_2}\left(\frac{w-\alpha_2}{\Omega}\right)\cdots\vartheta_1^{n_\mu}\left(\frac{w-\alpha_\mu}{\Omega}\right)},$$

so ist leicht zu sehen, dass diese Function die Perioden Ω und Ω' hat; da nämlich

$$\vartheta_1^{\varkappa}\left(\frac{w+\Omega-\beta}{\Omega}\right) = \vartheta_1^{\varkappa}\left(\frac{w-\beta}{\Omega}+1\right) = (-1)^{\varkappa}\,\vartheta_1^{\varkappa}\left(\frac{w-\beta}{\Omega}\right)$$

und

$$\vartheta_1^{\varkappa}\left(\frac{w+\Omega'-\beta}{\Omega}\right) = \vartheta_1^{\varkappa}\left(\frac{w-\beta}{\Omega}+\tau\right) = (-1)^{\varkappa}\,e^{-\varkappa\left(\frac{2w-2\beta}{\Omega}+\tau\right)\pi i}\,\vartheta_1^{\varkappa}\left(\frac{w-\beta}{\Omega}\right)$$

ist, so folgt unmittelbar, dass Ω eine Periode ist, und dass für die Zunahme von w um Ω' die Function den Factor

$$(-1)^{m_1+m_2+\cdots+m_\lambda-(n_1+n_2+\cdots+n_\mu)}\,e^{2n\pi\tau i}\,\frac{e^{-m_1\left(\frac{2w-2a_1}{\Omega}+\tau\right)\pi i-\cdots-m_\lambda\left(\frac{2w-2a_\lambda}{\Omega}+\tau\right)\pi i}}{e^{-n_1\left(\frac{2w-2\alpha_1}{\Omega}+\tau\right)\pi i-\cdots-n_\mu\left(\frac{2w-2\alpha_\mu}{\Omega}+\tau\right)\pi i}}$$

erhält, welcher vermöge der oben zwischen den Nullen und Unendlichen vorausgesetzten Bedingungsgleichungen, wie unmittelbar zu erkennen, der Einheit gleich ist, so dass jener Quotient von ϑ-Functionen in der That die Periode Ω und Ω' hat. Da aber der Zähler verschwindet, wenn

$$w = a_1, a_2, \ldots a_\lambda$$

und zwar in den resp. Punkten von der Ordnung

$$m_1, m_2, \ldots m_\lambda,$$

und der Nenner für

$$w = \alpha_1, \alpha_2, \ldots \alpha_\mu$$

von der Ordnung

$$n_1, n_2, \ldots n_\mu,$$

und nur in diesen Punkten von Perioden abgesehen, so wird die Function, da die ϑ-Functionen nur für $w=\infty$ unendlich werden, in dem von Ω und Ω' gebildeten Parallelogramm mit $F(w)$ dieselben Nullen und Unendlichen haben und sich somit von jener Function nur durch eine Constante unterscheiden können, so dass sich als allgemeiner Ausdruck einer jeden solchen oben näher definirten Function der folgende ergiebt

$$(34)\quad F(w) = Ce^{\frac{2n\pi wi}{\Omega}} \frac{\vartheta_1^{m_1}\left(\frac{w-a_1}{\Omega}\right)\vartheta_1^{m_2}\left(\frac{w-a_2}{\Omega}\right)\cdots\vartheta_1^{m_\lambda}\left(\frac{w-a_\lambda}{\Omega}\right)}{\vartheta_1^{n_1}\left(\frac{w-\alpha_1}{\Omega}\right)\vartheta_1^{n_2}\left(\frac{w-\alpha_2}{\Omega}\right)\cdots\vartheta_1^{n_\mu}\left(\frac{w-\alpha_\mu}{\Omega}\right)}.$$

Man kann aber auch die allgemeinste eindeutige doppelperiodische

Function statt durch einen Quotienten von ϑ-Producten durch eine Summe von logarithmischen Differentialien von ϑ-Functionen ausdrücken.

Da nämlich

$$\vartheta_1(w+m+n\tau) = (-1)^{m+n} e^{-n(2w+n\tau)\pi i} \vartheta_1(w)$$

ist, worin wieder

$$\tau = \frac{2\Omega'}{\Omega}$$

sein soll, so wird

$$\frac{d\log\vartheta_1(w+m+n\tau)}{dw} = -2n\pi i + \frac{d\log\vartheta_1(w)}{dw}$$

sein und daher, wenn

$$\frac{d\log\vartheta_1(w)}{dw} = \zeta(w)$$

gesetzt wird, die Gleichung bestehen

(35) ..... $\zeta(w+m+n\tau) = -2n\pi i + \zeta(w)$

und hieraus folgen

$$\frac{d^r\zeta(w+m+n\tau)}{dw^r} = \frac{d^r\zeta(w)}{dw^r}.$$

Bemerkt man ferner, dass in der Umgebung von $w=0$

$$\zeta(w) = \frac{d\log}{dw}\left(\vartheta_1' w + \frac{\vartheta_1'''}{3!}w^3 + \cdots\right) = \frac{d\log}{dw}\left(\vartheta_1' w\left(1+\frac{\vartheta_1'''}{3!\,\vartheta_1'}w^2+\cdots\right)\right) = \frac{1}{w} + [w],$$

worin

$$[w]$$

eine Reihe von Gliedern mit nicht negativen ganzen Potenzen von w darstellt, so ergiebt sich

$$\frac{d^r\zeta(w)}{dw^r} = \frac{(-1)^r r!}{w^{r+1}} + [w],$$

so dass, wenn statt w

$$\frac{2(w-a)}{\Omega}$$

gesetzt wird,

$$\frac{2}{\Omega}\zeta\left(\frac{2(w-a)}{\Omega}\right) = \frac{1}{w-a} + [w-a],$$

$$\frac{2^2}{\Omega^2}\zeta'\left(\frac{2(w-a)}{\Omega}\right) = \frac{-1}{(w-a)^2} + [w-a],$$

$$\frac{2^3}{\Omega^3}\zeta''\left(\frac{2(w-a)}{\Omega}\right) = \frac{1.2}{(w-a)^3} + [w-a],$$

. . . .

wird, und somit, wenn

$$A_1, A_2, \ldots A_r$$

beliebige Coefficienten vorstellen, durch Multiplication mit diesen Grössen und Addition der so entstehenden Gleichungen

$$\sum_{=1\ldots r}\frac{(-1)^{\nu-1}A_\nu 2^\nu}{(\nu-1)!\,\Omega^\nu}\zeta^{(\nu-1)}\left(\frac{2(w-a)}{\Omega}\right)=\frac{A_1}{w-a}+\frac{A_2}{(w-a)^2}+\cdots+\frac{A_r}{(w-a)^r}+[w-a],$$

folgt; die auf der linken Seite dieser Gleichung stehende Function wird daher im Punkte $w=a$ unendlich von der r-ten Ordnung wie der Ausdruck

$$\frac{A_1}{w-a}+\frac{A_2}{(w-a)^2}+\cdots+\frac{A_r}{(w-a)^r}.$$

Ausserdem hat aber diese Function, wie aus den den Gleichungen (35) und (36) entnommenen

$$\left(\frac{2(w-a)}{\Omega}+2\right)=\zeta\left(\frac{2(w-a)}{\Omega}\right),\qquad \zeta^{(\mu)}\left(\frac{2(w-a)}{\Omega}+2\right)=\zeta^{(\mu)}\left(\frac{2(w-a)}{\Omega}\right),$$

$$\left(\frac{2(w-a)}{\Omega}+\tau\right)=-2\pi i+\zeta\left(\frac{2(w-a)}{\Omega}\right),\quad \zeta^{(\mu)}\left(\frac{2(w-a)}{\Omega}+\tau\right)=\zeta^{(\mu)}\left(\frac{2(w-a)}{\Omega}\right)$$

unmittelbar hervorgeht, die Periode Ω und nimmt um

$$\frac{-4A_1\pi i}{\Omega}$$

zu, wenn w sich um Ω' vermehrt.

Seien jetzt

$$a_1,\, a_2,\, \ldots\, a_\lambda$$

λ verschiedene Punkte, und bildet man

$$(k)\quad \ldots \sum_{\mu=1\ldots\lambda}\ \sum_{\nu=1,\ldots r_\mu}\frac{(-1)^{\nu-1}A_{\mu,\nu}2^\nu}{(\nu-1)!\,\Omega^\nu}\zeta^{(\nu-1)}\left(\frac{2(w-a_\mu)}{\Omega}\right),$$

so wird diese Function offenbar in den Punkten $a_1, a_2, \ldots a_\lambda$ und nur in diesen unendlich und zwar resp. von der Ordnung $r_1, r_2, \ldots r_\lambda$, wenn wir die nach Ω und Ω' congruenten als gleich zählen; ausserdem hat die Function die Periode Ω und nimmt, wenn w um Ω' vermehrt wird, um

$$-\frac{4A_{11}\pi i}{\Omega}-\frac{4A_{21}\pi i}{\Omega}-\cdots-\frac{4A_{\lambda 1}\pi i}{\Omega}$$

zu; setzt man somit fest, dass

$$A_{11}+A_{21}+\cdots+A_{\lambda 1}=0$$

sein soll, so wäre jene Function eine eindeutige doppelperiodische mit den Perioden Ω und Ω'. Damit ist aber das Mittel zur Darstellung einer beliebigen eindeutigen doppelperiodischen Function gegeben. Denn sei $F(w)$ eine solche Function mit den Perioden Ω und Ω', welche in den Punkten

$$a_1,\, a_2,\, \ldots\, a_\lambda,$$

die nicht etwa nur durch ganze Vielfache der Perioden von einander sich unterscheiden, unendlich wird resp. von der Ordnung $r_1, r_2, \ldots r_\lambda$ und zwar wie

$$\frac{A_{11}}{w-a_1}+\frac{A_{12}}{(w-a_1)^2}+\cdots+\frac{A_{1r_1}}{(w-a_1)^{r_1}},$$

$$\frac{A_{21}}{w-a_2}+\frac{A_{22}}{(w-a_2)^2}+\cdots+\frac{A_{2r_2}}{(w-a_2)^{r_2}},$$

$$\cdot\quad\cdot\quad\cdot\quad\cdot\quad\cdot\quad\cdot\quad\cdot\quad\cdot\quad\cdot\quad\cdot\quad\cdot\quad\cdot\quad\cdot\quad\cdot$$

$$\frac{A_{\lambda 1}}{w-a_\lambda}+\frac{A_{\lambda 2}}{(w-a_\lambda)^2}+\cdots+\frac{A_{\lambda r_\lambda}}{(w-a_\lambda)^{r_\lambda}},$$

so folgt aus der unmittelbar ersichtlichen Gleichung

$$\int F(w)\,dw=0,$$

in welcher das Integral über das Periodenparallelogramm genommen werden soll, die für die Existenz dieser Function nothwendige Bedingung

$$A_{11}+A_{21}+\cdots+A_{\lambda 1}=0,$$

wenn man beachtet, dass

$$\int\limits_{(a)}\frac{dw}{w-a}=2\pi i,\qquad \int\limits_{(a)}\frac{dw}{(w-a)^m}=0$$

ist, und es wird somit die oben gebildete Doppelsumme (k), deren Constanten aus den Daten der Function $F(w)$ zu nehmen sind, eine doppelperiodische Function mit denselben Functionen Ω und Ω' sein, welche in dem Periodenparallelogramm in denselben Punkten und in derselben Weise unendlich wird wie $F(w)$, und daher die Differenz von $F(w)$ und jener Function (k) eine eindeutige doppelperiodische Function, welche in dem Periodenparallelogramm nicht mehr unendlich wird und daher eine Constante sein muss; man hat somit, wenn für ζ sein Werth eingesetzt wird,

$$(37)\quad F(w)=C_0+\sum_{\mu=1,\ldots\lambda}\;\sum_{\nu=1\ldots r_\mu}\frac{(-1)^\nu A_{\mu\nu}}{(\nu-1)!}\,\frac{d^\nu\log\vartheta_1\left(\frac{2(w-a_\mu)}{\Omega}\right)}{dw^\nu},$$

worin C_0 eine Constante bedeutet, und es ist daher jene oben angegebene Darstellung einer jeden eindeutigen doppelperiodischen Function gefunden.

Wir schliessen hieran endlich noch die Fourrier'sche Reihenentwicklung für jede eindeutige doppelperiodische Function, welche sich genau nach der für die drei elliptischen Functionen angewandten Methode ausführen lässt.*) Sei nämlich $F(w)$ eine solche Function mit den Perioden Ω und Ω', so ist aus der elften Vorlesung bekannt, dass sich $F(w)$ innerhalb eines jeden Parallelraumes, welcher von zwei zu der einen Periode Ω parallelen Linien begränzt ist, die durch aufeinanderfolgende Unstetigkeitspunkte gehen, in eine Reihe von der Form

---

*) vorausgesetzt, wie dies immer angenommen wird, dass die Function in dem Periodenparallelogramm jeden Werth nur eine endliche Anzahl mal annimmt.

$$F(w) = A_0 + A_1 e^{\frac{2\pi i w}{\Omega}} + A_2 e^{\frac{4\pi i w}{\Omega}} + \cdots$$
$$+ A_{-1} e^{-\frac{2\pi i w}{\Omega}} + A_{-2} e^{-\frac{4\pi i w}{\Omega}} + \cdots$$

entwickeln lässt.*) Um nun die Entwicklung innerhalb des den Nullpunkt einschliessenden Parallelraumes zu bestimmen, multipliciren wir die Gleichung mit

$$e^{-\frac{2m\pi i w}{\Omega}},$$

wo m positiv oder negativ sein mag, und erhalten, wenn zwischen den Gränzen $-\frac{\Omega}{2}$ und $+\frac{\Omega}{2}$ integrirt wird, genau wie früher für die sin am, für positive oder negative m

$$A_m = \frac{1}{\Omega} \int\limits_{-\frac{\Omega}{2}}^{+\frac{\Omega}{2}} F(w)\, e^{-\frac{2m\pi i w}{\Omega}}\, dw.$$

Zur Auswerthung dieses Integrals denken wir uns wieder die von $-\frac{\Omega}{2}$ zu $+\frac{\Omega}{2}$ führende Grade, ferner zwei unmittelbar rechts von $\frac{\Omega}{2}$ und $-\frac{\Omega}{2}$ zur Ω'-Richtung gezogene Parallelen, und endlich wiederum, wenn wir erst positive Werthe des m betrachten, eine variable Parallele zur Ω-Richtung durch $-\Omega'$, $-2\,\Omega'$, $-3\,\Omega'$, u. s. w., und es mögen die in dem zuerst verzeichneten Parallelogramm, in welchem die zur Ω-Richtung gezogene Parallele durch $-\Omega'$ geht, liegenden Unstetigkeitspunkte von $F(w)$

$$\alpha_1,\ \alpha_2,\ \ldots\ \alpha_r$$

sein, so dass alle Unstetigkeitspunkte bei Verschiebung jener Parallelen bis zu der durch $-n\,\Omega'$ gehenden durch

$$-(\nu-1)\,\Omega' + \alpha_1,\ -(\nu-1)\,\Omega' + \alpha_2,\ \cdots\ -(\nu-1)\,\Omega' + \alpha_r$$

dargestellt werden, worin $\nu = 1 \ldots n$ ist. Es wird somit aus den früher ausführlich entwickelten Gründen

$$(\mathrm{n}) \ldots\ldots\ldots\ldots \int\limits_{(P_{-n})} F(w)\, e^{-\frac{2m\pi i w}{\Omega}}\, dw$$

$$= \sum_{\nu=1}^{\nu=n} \left\{ \int\limits_{(-(\nu-1)\Omega'+\alpha_1)} F(w) e^{-\frac{2m\pi i w}{\Omega}} dw + \int\limits_{(-(\nu-1)\Omega'+\alpha_2)} F(w) e^{-\frac{2m\pi i w}{\Omega}} dw + \cdots + \int\limits_{(-(\nu-1)\Omega'+\alpha_r)} F(w) e^{-\frac{2m\pi i w}{\Omega}} dw \right\}$$

sein, wenn P_{-n} das Parallelogramm bedeutet, dessen zur Ω-Richtung parallele Seite durch $-n\,\Omega'$ geht. Nun werden aber die zur Ω'-

*) wobei, wie leicht zu sehen, angenommen werden darf, dass sich in einer der Periodenrichtungen Unstetigkeitspunkte nicht befinden.

Richtung parallelen Seiten des Parallelogramms sich aufhebende Theile des Integrales liefern, und wenn $n = \infty$ gesetzt wird, wird das über die unendlich entfernte Seite genommene Integral genau wie früher verschwinden, da auf dieser der Voraussetzung nach keine Unstetigkeitspunkte der Function liegen können, so dass die linke Seite der vorhergehenden Gleichung in

$$\int_{-\frac{\Omega}{2}}^{+\frac{\Omega}{2}} F(w)\, e^{-\frac{2m\pi i w}{\Omega}}\, dw$$

übergeht. Was die Integrale der rechten Seite angeht, so wird

$$\int_{(-(\nu-1)\Omega'+\alpha)} F(w)\, e^{-\frac{2m\pi i w}{\Omega}}\, dw,$$

wenn

$$w = -(\nu-1)\,\Omega' + w'$$

gesetzt wird, in

$$q^{m(\nu-1)} \int_{(\alpha)} F(w')\, e^{-\frac{2m\pi i w'}{\Omega}}\, dw$$

übergehen, worin

$$q = e^{\pi i \tau}$$

ist, und sich daher

$$\lim_{n=\infty} \sum_{\nu=1}^{\nu=n} \int_{(-(\nu-1)\Omega'+\alpha)} F(w)\, e^{-\frac{2m\pi i w}{\Omega}}\, dw = \int_{(\alpha)} F(w)\, e^{-\frac{2m\pi i w}{\Omega}}\, dw \,.\, \lim_{n=\infty} \sum_{\nu=1}^{\nu=n} q^{m(\nu-1)}$$

$$= \frac{1}{1-q^m} \int_{(\alpha)} F(w)\, e^{-\frac{2m\pi i w}{\Omega}}\, dw$$

ergeben, so dass die obige Gleichung (n) für $n = \infty$ die Gestalt annimmt

$$\int_{-\frac{\Omega}{2}}^{+\frac{\Omega}{2}} F(w)\, e^{-\frac{2m\pi i w}{\Omega}}\, dw = \frac{1}{1-q^m} \int_{(\alpha_1)} F(w)\, e^{-\frac{2m\pi i w}{\Omega}}\, dw$$

$$+ \frac{1}{1-q^m} \int_{(\alpha_2)} F(w)\, e^{-\frac{2m\pi i w}{\Omega}}\, dw + \cdots + \frac{1}{1-q^m} \int_{(\alpha_r)} F(w)\, e^{-\frac{2m\pi i w}{\Omega}}\, dw,$$

und vermöge des oben für den Coefficienten der Fourrier'schen Reihenentwicklung gefundenen Werthes

$$\Omega A_m = \frac{1}{1-q^m} \int_{(\alpha_1)} F(w)\, e^{-\frac{2m\pi i w}{\Omega}}\, dw + \cdots + \frac{1}{1-q^m} \int_{(\alpha_r)} F(w)\, e^{-\frac{2m\pi i w}{\Omega}}\, dw,$$

folgt; dasselbe Resultat erhält man für negative m, wenn man die zur Ω-Richtung parallelen Seiten der successiven Parallelogramme durch Ω', $2\Omega'$, ... zieht. Giebt man endlich noch A_m die Form

$$\Omega A_m = \frac{e^{-\frac{2m\pi i\alpha_1}{\Omega}}}{1-q^m}\int\limits_{(\alpha_1)} F(w)\, e^{-\frac{2m\pi i(w-\alpha_1)}{\Omega}}\, dw$$
$$+\cdots+\frac{e^{-\frac{2m\pi i\alpha_r}{\Omega}}}{1-q^m}\int\limits_{(\alpha_r)} F(w)\, e^{-\frac{2m\pi i(w-\alpha_r)}{\Omega}}\, dw,$$

so folgt, weil

$$F(w) = \sum_{m=-\infty}^{m=+\infty} A_m\, e^{\frac{2i\pi m w}{\Omega}}$$

gesetzt wurde, dass

$$(38)\;..\quad F(w) = \sum_{m=-\infty}^{m=+\infty} \frac{e^{\frac{2\pi i m(w-\alpha_1)}{\Omega}}}{\Omega(1-q^m)}\int\limits_{(\alpha_1)} F(w)\, e^{-\frac{2m\pi i}{\Omega}(w-\alpha_1)}\, dw$$
$$+\sum_{m=-\infty}^{m=+\infty} \frac{e^{\frac{2\pi i m(w-\alpha_2)}{\Omega}}}{\Omega(1-q^m)}\int\limits_{(\alpha_2)} F(w)\, e^{-\frac{2m\pi i}{\Omega}(w-\alpha_2)}\, dw$$
$$+\cdots+\sum_{m=-\infty}^{m=+\infty} \frac{e^{\frac{2\pi i m(w-\alpha_r)}{\Omega}}}{\Omega(1-q^m)}\int\limits_{(\alpha_r)} F(w)\, e^{-\frac{2m\pi i}{\Omega}(w-\alpha_r)}\, dw$$

ist. Unter der Annahme, dass $\alpha_1, \alpha_2, \ldots \alpha_r$ Unstetigkeitspunkte erster Ordnung für $F(w)$ sind, wird für einen dieser Unstetigkeitspunkte α

$$F(w) = \frac{A}{w-\alpha} + a_0 + a_1(w-\alpha) + \cdots$$
$$e^{-\frac{2mi\pi(w-\alpha)}{\Omega}} = 1 - \frac{2m\pi i(w-\alpha)}{\Omega} + \cdots$$

und somit

$$\int\limits_{(\alpha)} F(w)\, e^{-\frac{2m\pi i(w-\alpha)}{\Omega}}\, dw = 2\pi i A$$

sein, wenn A den Coefficienten der ersten negativen Potenz von $w-\alpha$ in der Entwicklung von $F(w)$ in der Umgebung von α bedeutet, so dass die für diesen Fall einfachere Reihenentwicklung die Form annimmt

$$(39)\;\ldots\ldots\ldots\ldots\quad F(w) = \frac{2\pi i}{\Omega}\left\{A_1\sum_{m=-\infty}^{m=+\infty}\frac{e^{\frac{2\pi i m(w-\alpha_1)}{\Omega}}}{1-q^m}\right.$$
$$\left.+A_2\sum_{m=-\infty}^{m=+\infty}\frac{e^{\frac{2\pi i m(w-\alpha_2)}{\Omega}}}{1-q^m}+\cdots+A_m\sum_{m=-\infty}^{m=+\infty}\frac{e^{\frac{2\pi i m(w-\alpha_r)}{\Omega}}}{1-q^m}\right\}.$$

Zwanzigste Vorlesung.

Die Eigenschaften der elliptischen Normalintegrale erster, zweiter und dritter Gattung.

Eine charakteristische Eigenschaft der elliptischen Normalintegrale besteht darin, dass sich diejenigen zweiter und dritter Gattung mit Hülfe von ϑ-Functionen darstellen lassen, deren Argument das elliptische Normalintegral erster Gattung bildet, das zu demselben Werthe der Variabeln gehört.

Aus Gleichung (59) der achtzehnten Vorlesung

$$\frac{d^2 \log \vartheta_0(w)}{dw^2} = \frac{\vartheta_0''}{\vartheta_0} - \left(\frac{\vartheta_1'}{\vartheta_0}\right)^2 \frac{\vartheta_1(w)^2}{\vartheta_0(w)^2}$$

folgt nämlich, dass, wenn $\frac{2w}{\Omega}$ statt w substituirt und statt der ϑ-Quotienten der rechten Seite die sin am w eingeführt wird,

$$\frac{\Omega^2}{4} \frac{d^2 \log \vartheta_0\left(\frac{2w}{\Omega}\right)}{dw^2} = \frac{\vartheta_0''}{\vartheta_0} - \left(\frac{\vartheta_1'}{\vartheta_0}\right)^2 \varkappa \sin^2 \operatorname{am} w$$

ist, oder wenn zwischen 0 und w integrirt wird,

$$(1) \quad . \; . \quad \int_0 \sin^2 \operatorname{am} w \, dw = \frac{\vartheta_0'' \vartheta_0}{\vartheta_1'^2 \varkappa} w - \frac{\Omega^2}{4} \frac{\vartheta_0^2}{\vartheta_1'^2 \varkappa} \frac{d \log \vartheta_0\left(\frac{2w}{\Omega}\right)}{dw},$$

weil das Differenzial der ϑ_0-Function eine ungerade Function also für $w = 0$ verschwindet.

Da nun das zweite elliptische Normalintegral nach Legendre die Form hatte

$$\int_0^z \frac{z^2 \, dz}{\sqrt{(1 - z^2)(1 - \varkappa^2 z^2)}},$$

so wird dasselbe, wenn

$$\int_0^z \frac{dz}{\sqrt{(1 - z^2)(1 - \varkappa^2 z^2)}} = w \text{ also } z = \sin \operatorname{am} w$$

gesetzt wird, in

$$\int_0^w \sin^2 \operatorname{am} w \, dw$$

übergehen, und somit Gleichung (1) lauten

$$(2)\quad \int_0^z \frac{z^2\,dz}{\sqrt{(1-z^2)(1-\varkappa^2 z^2)}} = \frac{\vartheta_0''\,\vartheta_0}{\vartheta_1'^2\,\varkappa}\,w - \frac{\Omega^2}{4}\,\frac{\vartheta_0^2}{\vartheta_1'^2\,\varkappa}\,\frac{d\log\vartheta_0\left(\frac{2w}{\Omega}\right)}{dw}.$$

Setzt man nun

$$4\int_0^1 \frac{z^2\,dz}{\sqrt{(1-z^2)(1-\varkappa^2 z^2)}} = E,$$

worin die Integration auf der von 0 nach 1 führenden graden Linie genommen werden soll, so wird, wenn in (2) $z = 1$ gesetzt wird,

$$(3)\quad \ldots\ldots\ldots\ldots\ldots \quad E = \frac{\vartheta_0''\,\vartheta_0}{\vartheta_1'^2\,\varkappa}\cdot\Omega$$

sein, weil bekanntlich für $z = 1$, wenn die Integration auf der graden Linie ausgeführt wird,

$$w = \frac{\Omega}{4},$$

und da

$$\vartheta_0\left(\frac{2w}{\Omega}\right) = 1 - 2q\cos\frac{4w\pi}{\Omega} + 2q^4\cos\frac{8w\pi}{\Omega} - \cdots$$

ist,

$$\frac{d\vartheta_0\left(\frac{2w}{\Omega}\right)}{dw} = 2\cdot\frac{4\pi}{\Omega}\,q\sin\frac{4w\pi}{\Omega} - 2\cdot\frac{8\pi}{\Omega}\,q^4\sin\frac{8w\pi}{\Omega} + \cdots$$

für $w = \frac{\Omega}{4}$ verschwindet. Benutzt man den aus (3) sich ergebenden Werth von

$$\frac{\vartheta_0''\,\vartheta_0}{\vartheta_1'^2\,\varkappa} = \frac{E}{\Omega}$$

und bemerkt, dass nach den Gleichungen (37) und (39) der achtzehnten Vorlesung

$$\frac{\Omega^2}{4}\,\frac{\vartheta_0^2}{\vartheta_1'^2} = \frac{4\pi^2\,\vartheta_3^4\,\vartheta_0^2}{4\pi^2\,\vartheta_0^2\,\vartheta_2^2\,\vartheta_3^2} = \frac{\vartheta_3^2}{\vartheta_2^2} = \frac{1}{\varkappa}$$

ist, so geht die Gleichung (2) in

$$(4)\quad \ldots\ldots \int_0^z \frac{z^2\,dz}{\sqrt{(1-z^2)(1-\varkappa^2 z^2)}} = \frac{E}{\Omega}\,w - \frac{1}{\varkappa^2}\,\frac{d\log\vartheta_0\left(\frac{2w}{\Omega}\right)}{dw}$$

über, und es ist hierdurch das zweite elliptische Normalintegral mit Hülfe von ϑ-Functionen durch das elliptische Normalintegral erster Gattung ausgedrückt.

Wir gehen zur Lösung derselben Aufgabe für die elliptischen Normalintegrale dritter Gattung über. Aus der Additionsformel

$$\vartheta_0^2\,\vartheta_0(\alpha+w)\,\vartheta_0(\alpha-w) = \vartheta_0(\alpha)^2\,\vartheta_0(w)^2 - \vartheta_1(\alpha)^2\,\vartheta_1(w)^2$$

folgt nämlich, wenn statt α und w

$$\frac{2\alpha}{\Omega} \text{ und } \frac{2w}{\Omega}$$

gesetzt und durch

$$\vartheta_0\left(\frac{2\alpha}{\Omega}\right)^2 \vartheta_0\left(\frac{2w}{\Omega}\right)^2$$

die Gleichung dividirt wird,

$$(5)\qquad \frac{\vartheta_0^2 \,.\, \vartheta_0\left(\frac{2(\alpha+w)}{\Omega}\right)\vartheta_0\left(\frac{2(\alpha-w)}{\Omega}\right)}{\vartheta_0\left(\frac{2\alpha}{\Omega}\right)^2 \vartheta_0\left(\frac{2w}{\Omega}\right)^2} = 1 - \varkappa^2 \sin^2 \operatorname{am} \alpha \sin^2 \operatorname{am} w\,,$$

und wenn logarithmirt und dann nach α differentiirt wird,

$$\frac{2}{\Omega}\,\frac{\vartheta_0'\left(\frac{2(w+\alpha)}{\Omega}\right)}{\vartheta_0\left(\frac{2(w+\alpha)}{\Omega}\right)} - \frac{2}{\Omega}\,\frac{\vartheta_0'\left(\frac{2(w-\alpha)}{\Omega}\right)}{\vartheta_0\left(\frac{2(w-\alpha)}{\Omega}\right)} - \frac{4}{\Omega}\cdot\frac{\vartheta_0'\left(\frac{2\alpha}{\Omega}\right)}{\vartheta_0\left(\frac{2\alpha}{\Omega}\right)}$$

$$= -\frac{2\varkappa^2 \sin \operatorname{am} \alpha \sin' \operatorname{am} \alpha \sin^2 \operatorname{am} w}{1-\varkappa^2 \sin^2 \operatorname{am} \alpha \sin^2 \operatorname{am} w}\,,$$

und wenn man endlich nach w zwischen den Gränzen 0 und w integrirt

$$(6)\qquad \int_0^w \frac{\varkappa^2 \sin \operatorname{am} \alpha \cdot \sin' \operatorname{am} \alpha \sin^2 \operatorname{am} w\, dw}{1-\varkappa^2 \sin^2 \operatorname{am} \alpha \sin^2 \operatorname{am} w} = \frac{2w}{\Omega}\,\frac{\vartheta_0'\left(\frac{2\alpha}{\Omega}\right)}{\vartheta_0\left(\frac{2\alpha}{\Omega}\right)} + \tfrac{1}{2}\log\left\{\frac{\vartheta_0\left(\frac{2(w-\alpha)}{\Omega}\right)}{\vartheta_0\left(\frac{2(w+\alpha)}{\Omega}\right)}\right\}$$

$$= w\,\frac{d\log\vartheta_0\left(\frac{2\alpha}{\Omega}\right)}{d\alpha} + \tfrac{1}{2}\log\left\{\frac{\vartheta_0\left(\frac{2(w-\alpha)}{\Omega}\right)}{\vartheta_0\left(\frac{2(w+\alpha)}{\Omega}\right)}\right\}$$

Setzt man nun wieder

$$\int_0^z \frac{dz}{\sqrt{(1-z^2)(1-\varkappa^2 z^2)}} = w\,,$$

so wird

$$(7)\qquad \int_0^w \frac{\varkappa^2 \sin \operatorname{am} \alpha \sin' \operatorname{am} \alpha \sin^2 \operatorname{am} w\, dw}{1-\varkappa^2 \sin^2 \operatorname{am} \alpha \sin^2 \operatorname{am} w} = \int_0^z \frac{\varkappa^2 \sin \operatorname{am} \alpha \sin' \operatorname{am} \alpha \cdot z^2}{1-\varkappa^2 \sin^2 \operatorname{am} \alpha \cdot z^2}\,\frac{dz}{\sqrt{(1-z^2)(1-\varkappa^2 z^2)}}$$

ein Integral, welches offenbar nur in den Punkten

$$z = \frac{1}{\varkappa \sin \operatorname{am} \alpha} \text{ und } z = -\frac{1}{\varkappa \sin \operatorname{am} \alpha}$$

und zwar in beiden Blättern der Riemann'schen Fläche von $\sqrt{(1-z^2)(1-\varkappa^2 z^2)}$ logarithmisch unendlich wird, also den Charakter desjenigen Integrales hat, welches wir in der vierzehnten Vorlesung nach Legendre als Normalintegral dritter Gattung zu Grunde gelegt hatten und welches in die Form

$$\int_0^z \frac{dz}{(z^2-z_1^2)\sqrt{(1-z^2)(1-\varkappa^2 z^2)}}\,,$$

gesetzt war.

Da nun das obige Integral (7) sich in der einfachsten Weise unmittelbar aus der Additionsformel mit Hülfe von ϑ-Functionen ausdrücken lässt, deren Argument das elliptische Normalintegral erster Gattung ist, so hat Jacobi dieses Integral als Normalintegral dritter Gattung eingeführt und

$$(8) \quad \ldots \quad \int_0^w \frac{\varkappa^2 \sin \operatorname{am} \alpha \sin' \operatorname{am} \alpha \sin^2 \operatorname{am} w \, dw}{1 - \varkappa^2 \sin^2 \operatorname{am} \alpha \sin^2 \operatorname{am} w} \text{ mit } \Pi(w, \alpha)$$

bezeichnet; α wird der Parameter dieses Integrals genannt.

Da wir jedoch oben bei der Reduction des allgemeinen elliptischen Integrals die Legendre'sche Form des elliptischen Normalintegrals dritter Gattung

$$\int_0^z \frac{dz}{(z^2 - z_1^2)\sqrt{(1 - z^2)(1 - \varkappa^2 z^2)}}$$

zu Grunde legten, weil die Partialbruchzerlegung, durch welche wir die Reduction bewerkstelligten, uns grade auf diese Form führte, so wollen wir noch hinzufügen, wie dieses dritte Integral auf ϑ-Functionen zu reduciren ist.

Es ist nämlich

$$\int_0^z \frac{\varkappa^2 \sin \operatorname{am} \alpha \sin' \operatorname{am} \alpha \,.\, z^2}{1 - \varkappa^2 \sin^2 \operatorname{am} \alpha z^2} \frac{dz}{\sqrt{(1 - z^2)(1 - \varkappa^2 z^2)}}$$

$$= \frac{\sin' \operatorname{am} \alpha}{\sin \operatorname{am} \alpha} \int_0^z \left(\frac{1}{1 - \varkappa^2 \sin^2 \operatorname{am} \alpha \,.\, z^2} - 1 \right) \frac{dz}{\sqrt{(1 - z^2)(1 - \varkappa^2 z^2)}}$$

$$= \frac{\sin' \operatorname{am} \alpha}{\sin \operatorname{am} \alpha} \int_0^z \left(\frac{dz}{(1 - \varkappa^2 \sin^2 \operatorname{am} \alpha z^2)\sqrt{(1 - z^2)(1 - \varkappa^2 z^2)}} \right)$$

$$- \frac{\sin' \operatorname{am} \alpha}{\sin \operatorname{am} \alpha} \int_0^z \frac{dz}{\sqrt{(1 - z^2)(1 - \varkappa^2 z^2)}}$$

$$= - \frac{\sin' \operatorname{am} \alpha}{\varkappa^2 \sin^3 \operatorname{am} \alpha} \int_0^z \frac{dz}{\left(z^2 - \frac{1}{\varkappa^2 \sin^2 \operatorname{am} \alpha}\right)\sqrt{(1 - z^2)(1 - \varkappa^2 z^2)}}$$

$$- \frac{\sin' \operatorname{am} \alpha}{\sin \operatorname{am} \alpha} \int_0^z \frac{dz}{\sqrt{(1 - z^2)(1 - \varkappa^2 z^2)}};$$

setzt man nun

$$\frac{1}{\varkappa \sin \operatorname{am} \alpha} = z_1,$$

so folgt aus der vorigen Gleichung, wie leicht zu sehen,

$$(9) \quad \int_0^z \frac{dz}{(z^2 - z_1^2)\sqrt{(1 - z^2)(1 - \varkappa^2 z^2)}} = - \varkappa^2 \frac{\sin^3 \operatorname{am} \alpha}{\sin' \operatorname{am} \alpha} \Pi(w, \alpha) - \varkappa^2 \sin^2 \operatorname{am} \alpha \,.\, w$$

$$= - \frac{\varkappa^2}{2} \frac{\sin^3 \operatorname{am} \alpha}{\sin' \operatorname{am} \alpha} \log \left\{ \frac{\vartheta_0\left(\frac{2(w - \alpha)}{\Omega}\right)}{\vartheta_0\left(\frac{2(w + \alpha)}{\Omega}\right)} \right\} - \varkappa^2 \sin^2 \operatorname{am} \alpha \,.\, w \left\{ 1 + \frac{\vartheta_3^2}{\vartheta_0^2} \frac{\vartheta_1\left(\frac{2\alpha}{\Omega}\right) \frac{d\vartheta_0\left(\frac{2\alpha}{\Omega}\right)}{d\alpha}}{\vartheta_2\left(\frac{2\alpha}{\Omega}\right) \vartheta_3\left(\frac{2\alpha}{\Omega}\right)} \right\}.$$

Mit Hülfe der eben gefundenen Beziehungen und der oben für die Logarithmen der ϑ-Functionen aufgestellten Reihenentwicklung nach den cosinus der Vielfachen des Argumentes wird es nunmehr möglich sein, für das elliptische Normalintegral zweiter und dritter Gattung die Fourrier'sche Reihenentwicklung herzuleiten.

Aus der Entwicklung (54) der achtzehnten Vorlesung ergiebt sich nämlich durch Differentiation

$$\frac{d \log \vartheta_0(w)}{dw} = 4\pi \sum_{m=1}^{m=\infty} \frac{q^m}{1-q^{2m}} \sin 2m\pi w$$

und daher folgt aus Gleichung (4) dieser Vorlesung

$$\int_0^w \sin^2 \operatorname{am} w \, dw = \frac{E}{\Omega} w - \frac{1}{\varkappa^2} \frac{d \log \vartheta_0\left(\frac{2w}{\Omega}\right)}{dw},$$

dass das zweite elliptische Normalintegral, welches oben durch den Ausdruck

$$\int_0^z \frac{z^2 dz}{\sqrt{(1-z^2)(1-\varkappa^2 z^2)}} = \int_0^w \sin^2 \operatorname{am} w \, dw$$

definirt war, sich in folgender Weise nach der Fourrier'schen Reihe entwickeln lässt

$$(10) \quad \int_0^w \sin^2 \operatorname{am} w \, dw = \frac{E}{\Omega} w - \frac{8\pi}{\varkappa^2 \Omega} \sum_{m=1}^{m=\infty} \frac{q^m}{1-q^{2m}} \sin \frac{4m\pi w}{\Omega},$$

in welcher die Variable der Entwicklung das elliptische Normalintegral erster Gattung ist.

Um die Entwicklung des dritten Normalintegrals zu finden, gehen wir von dem zweiten Differential jenes Integrals aus.

Differentiirt man nämlich

$$\Pi(w, \alpha) = \int_0^w \frac{\varkappa^2 \sin \operatorname{am} \alpha \cos \operatorname{am} \alpha \, \Delta \operatorname{am} \alpha \sin^2 \operatorname{am} w \, dw}{1 - \varkappa^2 \sin^2 \operatorname{am} \alpha \sin^2 \operatorname{am} w}$$

nach w, so erhält man

$$\frac{d\Pi(w, \alpha)}{dw} = \frac{\varkappa^2 \sin \operatorname{am} \alpha \cos \operatorname{am} \alpha \, \Delta \operatorname{am} \alpha \sin^2 \operatorname{am} w}{1 - \varkappa^2 \sin^2 \operatorname{am} \alpha \sin^2 \operatorname{am} w}$$

und daraus wieder

$$\frac{d^2 \Pi(w, \alpha)}{dw^2} = 2\varkappa^2 \frac{\sin \operatorname{am} \alpha \cos \operatorname{am} w \, \Delta \operatorname{am} w}{1 - \varkappa^2 \sin^2 \operatorname{am} \alpha \sin^2 \operatorname{am} w} \cdot \frac{\sin \operatorname{am} w \cos \operatorname{am} \alpha \, \Delta \operatorname{am} \alpha}{1 - \varkappa^2 \sin^2 \operatorname{am} \alpha \sin^2 \operatorname{am} w},$$

oder wie man sich unmittelbar aus den Additionsformeln der sin am überzeugt

$$\begin{aligned}\frac{d^2 \Pi(w, \alpha)}{dw^2} &= \tfrac{1}{2}\varkappa^2 \left\{\sin \operatorname{am}(w+\alpha) - \sin \operatorname{am}(w-\alpha)\right\} \left\{\sin \operatorname{am}(w+\alpha) + \sin \operatorname{am}(w-\alpha)\right\} \\ &= \tfrac{1}{2}\varkappa^2 \left\{\sin^2 \operatorname{am}(w+\alpha) - \sin^2 \operatorname{am}(w-\alpha)\right\}.\end{aligned}$$

Wenn man aber die oben für das Integral des Quadrates der sin am w gefundene Fourrier'sche Reihenentwicklung (10) differentiirt, so erhält man

$$\sin^2 \text{am}\, w = \frac{E}{\Omega} - \frac{32\pi^2}{\varkappa^2 \Omega^2} \sum_{m=1}^{m=\infty} \frac{m q^m}{1 - q^{2m}} \cos \frac{4 m \pi w}{\Omega},$$

und daher, indem man statt w

$$w + \alpha \quad \text{und} \quad w - \alpha$$

einsetzt,

$$\frac{d^2 \Pi(w, \alpha)}{dw^2} = \frac{16\pi^2}{\Omega^2} \sum_{m=1}^{m=\infty} \frac{m q^m}{1 - q^{2m}} \left\{ \cos \frac{4 m\pi (w - \alpha)}{\Omega} - \cos \frac{4 m\pi (w + \alpha)}{\Omega} \right\}$$

und durch Integration, da

$$\left(\frac{d\Pi(w, \alpha)}{dw}\right)_{w=0} = 0$$

ist,

$$\frac{d\Pi(w, \alpha)}{dw} = \frac{4\pi}{\Omega} \sum_{m=1}^{m=\infty} \frac{q^m}{1 - q^{2m}} \left\{ \sin \frac{4 m\pi (w - \alpha)}{\Omega} - \sin \frac{4 m\pi (w + \alpha)}{\Omega} \right\}$$
$$+ \frac{8\pi}{\Omega} \sum_{m=1}^{m=\infty} \frac{q^m}{1 - q^{2m}} \sin \frac{4 m \pi \alpha}{\Omega},$$

und durch nochmalige Integration nach w

$$\Pi(w, \alpha) = - \sum_{m=1}^{m=\infty} \frac{q^m}{(1 - q^{2m})} \left\{ \cos \frac{4 m\pi (w - \alpha)}{\Omega} - \cos \frac{4 m\pi (w + \alpha)}{\Omega} \right\}$$
$$+ \frac{8\pi}{\Omega} w \sum_{m=1}^{m=\infty} \frac{q^m}{1 - q^{2m}} \sin \frac{4 m \pi \alpha}{\Omega}$$

oder endlich

$$(11) \quad \ldots \quad \Pi(w, \alpha) = \frac{8\pi}{\Omega} w \sum_{m=1}^{m=\infty} \frac{q^m}{1 - q^{2m}} \sin \frac{4 m \pi \alpha}{\Omega}$$
$$- 2 \sum_{m=1}^{m=\infty} \frac{q^m}{m(1 - q^{2m})} \sin \frac{4 m \pi w}{\Omega} \sin \frac{4 m \pi \alpha}{\Omega}$$

als Fourrier'sche Reihenentwicklung des Normalintegrales dritter Gattung.

Wir gehen nun noch zur Entwicklung einer fundamentalen Eigenschaft der elliptischen Integrale überhaupt über, die jedoch hier erst für die Normalintegrale erster, zweiter und dritter Gattung besprochen werden soll, während sie von anderem Gesichtspunkte aus und in allgemeinerer Weise betrachtet den Gegenstand der nächsten Vorlesung bilden wird.

Uebertragen wir nämlich das in der neunzehnten Vorlesung bewiesene Additionstheorem (15) für die sin am auf das elliptische Normalintegral erster Gattung, so wird offenbar, wenn

$$\int_0^{z_1} \frac{dz}{\sqrt{R(z)}} = u, \quad \int_0^{z_2} \frac{dz}{\sqrt{R(z)}} = v, \quad \int_0^{z_3} \frac{dz}{\sqrt{R(z)}} = u + v$$

gesetzt wird, weil

$$z_1 = \sin\operatorname{am} u, \quad z_2 = \sin\operatorname{am} v, \quad z_3 = \sin\operatorname{am}(u+v)$$

ist, für die Gleichung

$$(12) \quad \ldots\ldots\ldots \quad \int_0^{z_1} \frac{dz}{\sqrt{R(z)}} + \int_0^{z_2} \frac{dz}{\sqrt{R(z)}} = \int_0^{z_3} \frac{dz}{\sqrt{R(z)}},$$

die Beziehung bestehen

$$(13) \quad \ldots\ldots\ldots \quad z_3 = \frac{z_1 \sqrt{R(z_2)} + z_2 \sqrt{R(z_1)}}{1 - \varkappa^2 z_1^2 z_2^2},$$

und vermöge der Gleichungen (16) und (17) derselben Vorlesung zu gleicher Zeit

$$(14) \quad \sqrt{1 - z_3^2} = \frac{\sqrt{1 - z_1^2} \cdot \sqrt{1 - z_2^2} - z_1 z_2 \sqrt{1 - \varkappa^2 z_1^2} \sqrt{1 - \varkappa^2 z_2^2}}{1 - \varkappa^2 z_1^2 z_2^2}.$$

$$(15) \quad \sqrt{1 - \varkappa^2 z_3^2} = \frac{\sqrt{1 - \varkappa^2 z_1^2} \sqrt{1 - \varkappa^2 z_2^2} - \varkappa^2 z_1 z_2 \sqrt{1 - z_1^2} \sqrt{1 - z_2^2}}{1 - \varkappa^2 z_1^2 z_2^2}$$

woraus wiederum

$$(16) \quad \ldots\ldots \quad \sqrt{R(z_3)} = \sqrt{(1 - z_3^2)(1 - \varkappa^2 z_3^2)}$$

$$= \frac{\sqrt{R(z_1)} \cdot \sqrt{R(z_2)}\,(1 + \varkappa^2 z_1^2 z_2^2) - z_1 z_2 \left[(1 + \varkappa^2)(1 + \varkappa^2 z_1^2 z_2^2) - 2\varkappa^2 (z_1^2 + z_2^2)\right]}{(1 - \varkappa^2 z_1^2 z_2^2)^2}.$$

hervorgeht.

Hieraus ist ersichtlich, dass sich zwei elliptische Normalintegrale erster Gattung zu einem einzigen solchen Normalintegral vereinigen lassen, für welches sowohl die obere Gränze z_3 sowie die Irrationalität $\sqrt{R(z_3)}$ sich rational durch die oberen Gränzen z_1 und z_2 der beiden gegebenen Integrale und deren Irrationalitäten $\sqrt{R(z_1)}$ und $\sqrt{R(z_2)}$ ausdrücken lassen, wobei zu beachten ist, dass, weil nur der Werth von

$$\sin\operatorname{am} u = z_1 \quad \text{und} \quad \sin\operatorname{am} v = z_2$$

gegeben war, $\sqrt{R(z_1)}$ und $\sqrt{R(z_2)}$ beliebig mit beiden Zeichen gewählt werden konnten, dass aber in dem resultirenden Integral z_3 und $\sqrt{R(z_3)}$ nach getroffener Wahl jener Grössen fest bestimmt sind.

Wir wollen nun zeigen, dass unter der Voraussetzung, dass die Gleichung (12) statthat, auch ähnliche Beziehungen zwischen den zugehörigen Normalintegralen zweiter und dritter Gattung existiren.

Geht man nämlich von den beiden Additionsformeln aus

$$\vartheta_0^2\, \vartheta_1(w_1 + w_2)\, \vartheta_1(w_1 - w_2) = \vartheta_1(w_1)^2\, \vartheta_0(w_2)^2 - \vartheta_0(w_1)^2\, \vartheta_1(w_2)^2$$

$$\vartheta_0^2\, \vartheta_0(w_1 + w_2)\, \vartheta_0(w_1 - w_2) = \vartheta_0(w_1)\, \vartheta_0(w_2) - \vartheta_1(w_1)\, \vartheta_1(w_2),$$

so erhält man, wenn wieder statt w_1 und w_2

$$\frac{2w_1}{\Omega} \quad \text{und} \quad \frac{2w_2}{\Omega}$$

gesetzt werden, durch Division der beiden Gleichungen mit Hülfe der Beziehungen zwischen der sin am und den ϑ-Functionen

$$\sin \operatorname{am}(w_1 + w_2) \sin \operatorname{am}(w_1 - w_2) = \frac{\sin^2 \operatorname{am} w_1 - \sin^2 \operatorname{am} w_2}{1 - \varkappa^2 \sin^2 \operatorname{am} w_1 \sin^2 \operatorname{am} w_2},$$

oder da

$$\sin \operatorname{am}(w_1 + w_2) = \frac{\sin \operatorname{am} w_1 \dfrac{d \sin \operatorname{am} w_2}{d w_2} + \sin \operatorname{am} w_2 \dfrac{d \sin \operatorname{am} w_1}{d w_1}}{1 - \varkappa^2 \sin^2 \operatorname{am} w_1 \sin^2 \operatorname{am} w_2}$$

ist,

$$\left(\sin \operatorname{am} w_1 \frac{d \sin \operatorname{am} w_2}{d w_2} + \sin \operatorname{am} w_2 \frac{d \sin \operatorname{am} w_1}{d w_1}\right) \sin \operatorname{am}(w_1 - w_2)$$
$$= \sin^2 \operatorname{am} w_1 - \sin^2 \operatorname{am} w_2,$$

oder endlich, wenn statt w_1 $w_1 + w_2$ gesetzt und dann w_1 mit w_2 vertauscht wird

$$\left(\sin \operatorname{am}(w_1 + w_2) \frac{d \sin \operatorname{am} w_1}{d w_1} + \sin \operatorname{am} w_1 \frac{d \sin \operatorname{am}(w_1 + w_2)}{d w_2}\right) \sin \operatorname{am} w_2$$
$$= \sin^2 \operatorname{am}(w_1 + w_2) - \sin^2 \operatorname{am} w_1$$

oder

(17) . . . . $$\sin \operatorname{am} w_2 \, d \left\{\sin \operatorname{am} w_1 . \sin \operatorname{am}(w_1 + w_2)\right\}$$
$$= \sin^2 \operatorname{am}(w_1 + w_2) - \sin^2 \operatorname{am} w_1.$$

Integrirt man nun diese Gleichung nach w_1 zwischen den Gränzen 0 und u, so folgt:

$$\sin \operatorname{am} w_2 \sin \operatorname{am} u . \sin \operatorname{am}(u + w_2)$$
$$= \int_0^u \sin^2 \operatorname{am}(w_1 + w_2) \, d w_1 - \int_0^u \sin^2 \operatorname{am} w_1 \, d w_1$$

oder, wenn $w_2 = v$ gesetzt und berücksichtigt wird, dass in Folge der Substitution $w_1 + v = w$

$$\int_0^u \sin^2 \operatorname{am}(w_1 + v) \, d w_1 = \int_v^{u+v} \sin^2 \operatorname{am} w \, dw$$
$$= \int_0^{u+v} \sin^2 \operatorname{am} w \, dw - \int_0^v \sin^2 \operatorname{am} w \, dw$$

ist,

(18) . $$\int_0^{u+v} \sin^2 \operatorname{am} w \, dw - \int_0^u \sin^2 \operatorname{am} w \, dw - \int_0^v \sin^2 \operatorname{am} w \, dw$$
$$= \sin \operatorname{am} u . \sin \operatorname{am} v \sin \operatorname{am}(u + v).$$

Setzt man nun wieder

$$\int_0^{z_1} \frac{dz}{\sqrt{R(z)}} = u, \quad \int_0^{z_2} \frac{dz}{\sqrt{R(z)}} = v, \quad \int_0^{z_3} \frac{dz}{\sqrt{R(z)}} = u + v,$$

so folgt, wie leicht zu sehen, aus (18)

$$(19)\quad \int_0^{z_1}\frac{z^2\,dz}{\sqrt{(1-z^2)(1-\varkappa^2 z^2)}}+\int_0^{z_2}\frac{z^2\,dz}{\sqrt{(1-z^2)(1-\varkappa^2 z^2)}}=\int_0^{z_3}\frac{z^2\,dz}{\sqrt{(1-z^2)(1-\varkappa^2 z^2)}}-z_1 z_2 z_3,$$

wenn

$$\int_0^{z_1}\frac{dz}{\sqrt{(1-z^2)(1-\varkappa^2 z^2)}}+\int_0^{z_2}\frac{dz}{\sqrt{(1-z^2)(1-\varkappa^2 z^2)}}=\int_0^{z_3}\frac{dz}{\sqrt{(1-z^2)(1-\varkappa^2 z^2)}},$$

d. h. nach dem Vorigen, wenn

$$z_3=\frac{z_1\sqrt{R(z_2)}+z_2\sqrt{R(z_1)}}{1-\varkappa^2 z_1^2 z_2^2}$$

ist, und *es lassen sich somit zwei elliptische Normalintegrale zweiter Gattung zu einem eben solchen vereinigen, abgesehen von einem in den drei oberen Gränzen algebraischen Theile, der aus dem Product derselben besteht, wobei die obere Gränze des neuen und dessen Irrationalität wieder rational durch die oberen Gränzen der beiden gegebenen Integrale und deren Irrationalitäten sich ausdrücken lassen und zwar derart, dass die beiden zu den gegebenen Gränzen gehörigen Normalintegrale erster Gattung zu einem eben solchen mit derselben dritten oben gefundenen Gränze vereinigt werden.*

Um das Additionstheorem für die elliptischen Normalintegrale dritter Gattung zu entwickeln, legen wir die von Jacobi gewählte Normalform zu Grunde, für welche sich jenes Theorem unmittelbar aus den ϑ-Relationen herleiten lässt. Da nämlich

$$(20)\ .\quad \Pi(w_1,\alpha)=w_1\frac{d\log\vartheta_0\left(\frac{2\alpha}{\Omega}\right)}{d\alpha}+\tfrac{1}{2}\log\left\{\frac{\vartheta_0\left(\frac{2(w_1-\alpha)}{\Omega}\right)}{\vartheta_0\left(\frac{2(w_1+\alpha)}{\Omega}\right)}\right\}$$

ist, also auch

$$(21)\ .\quad \Pi(w_2,\alpha)=w_2\frac{d\log\vartheta_0\left(\frac{2\alpha}{\Omega}\right)}{d\alpha}+\tfrac{1}{2}\log\left\{\frac{\vartheta_0\left(\frac{2(w_2-\alpha)}{\Omega}\right)}{\vartheta_0\left(\frac{2(w_2+\alpha)}{\Omega}\right)}\right\}$$

und

$$(22)\quad \Pi(w_1+w_2,\alpha)=(w_1+w_2)\frac{d\log\vartheta_0\left(\frac{2\alpha}{\Omega}\right)}{d\alpha}+\tfrac{1}{2}\log\left\{\frac{\vartheta_0\left(\frac{2(w_1+w_2-\alpha)}{\Omega}\right)}{\vartheta_0\left(\frac{2(w_1+w_2+\alpha)}{\Omega}\right)}\right\},$$

so ergiebt sich, wenn die Summe der Gleichungen (20) und (21) von (22) abgezogen wird,

$$(23)\ \ldots\ \Pi(w_1+w_2,\alpha)-\Pi(w_1,\alpha)-\Pi(w_2,\alpha)$$
$$=\tfrac{1}{2}\log\left\{\frac{\vartheta_0\left(\frac{2(w_1+w_2-\alpha)}{\Omega}\right)\vartheta_0\left(\frac{2(w_1+\alpha)}{\Omega}\right)\vartheta_0\left(\frac{2(w_2+\alpha)}{\Omega}\right)}{\vartheta_0\left(\frac{2(w_1+w_2+\alpha)}{\Omega}\right)\vartheta_0\left(\frac{2(w_1-\alpha)}{\Omega}\right)\vartheta_0\left(\frac{2(w_2-\alpha)}{\Omega}\right)}\right\}.$$

Es lässt sich aber die rechte Seite dieser Gleichung durch die sin am der einzelnen Argumente ausdrücken. Da nämlich

$$\vartheta_0^2 \,.\, \vartheta_0(u+v)\,\vartheta_0(u-v) = \vartheta_0(u)^2\,\vartheta_0(v)^2 - \vartheta_1(u)^2\,\vartheta_1(v)^2$$
$$= \vartheta_0(u)^2\,\vartheta_0(v)^2\left(1 - \varkappa^2 \sin^2 \operatorname{am} \frac{\Omega u}{2} \sin^2 \operatorname{am} \frac{\Omega v}{2}\right)$$

ist, so folgt, wenn der Reihe nach

$$u = \frac{2(w_1-\alpha)}{\Omega}, \quad v = \frac{2(w_2-\alpha)}{\Omega},$$
$$u = \frac{2(w_1+\alpha)}{\Omega}, \quad v = \frac{2(w_2+\alpha)}{\Omega},$$
$$u = \frac{2\alpha}{\Omega}, \qquad v = \frac{2(w_1+w_2-\alpha)}{\Omega},$$
$$u = \frac{2\alpha}{\Omega}, \qquad v = \frac{2(w_1+w_2+\alpha)}{\Omega},$$

gesetzt wird, dass

$$\left(\frac{\vartheta_0\left(\frac{2(w_1-\alpha)}{\Omega}\right)\vartheta_0\left(\frac{2(w_2-\alpha)}{\Omega}\right)}{\vartheta_0}\right)^2 = \frac{\vartheta_0\left(\frac{2(w_1+w_2-2\alpha)}{\Omega}\right)\vartheta_0\left(\frac{2(w_1-w_2)}{\Omega}\right)}{1-\varkappa^2\sin^2\operatorname{am}(w_1-\alpha)\sin^2\operatorname{am}(w_2-\alpha)},$$
$$\left(\frac{\vartheta_0\left(\frac{2(w_1+\alpha)}{\Omega}\right)\vartheta_0\left(\frac{2(w_2+\alpha)}{\Omega}\right)}{\vartheta_0}\right)^2 = \frac{\vartheta_0\left(\frac{2(w_1+w_2+2\alpha)}{\Omega}\right)\vartheta_0\left(\frac{2(w_1-w_2)}{\Omega}\right)}{1-\varkappa^2\sin^2\operatorname{am}(w_1+\alpha)\sin^2\operatorname{am}(w_2+\alpha)},$$
$$\left(\frac{\vartheta_0\left(\frac{2\alpha}{\Omega}\right)\vartheta_0\left(\frac{2(w_1+w_2-\alpha)}{\Omega}\right)}{\vartheta_0}\right)^2 = \frac{\vartheta_0\left(\frac{2(w_1+w_2)}{\Omega}\right)\vartheta_0\left(\frac{2(w_1+w_2-2\alpha)}{\Omega}\right)}{1-\varkappa^2\sin^2\operatorname{am}\alpha\sin^2\operatorname{am}(w_1+w_2-\alpha)},$$
$$\left(\frac{\vartheta_0\left(\frac{2\alpha}{\Omega}\right)_0\vartheta_0\left(\frac{2(w_1+w_2+\alpha)}{\Omega}\right)}{\vartheta_0}\right)^2 = \frac{\vartheta_0\left(\frac{2(w_1+w_2)}{\Omega}\right)\vartheta_0\left(\frac{2(w_1+w_2+2\alpha)}{\Omega}\right)}{1-\varkappa^2\sin^2\operatorname{am}\alpha\sin^2\operatorname{am}(w_1+w_2+\alpha)},$$

ist, und es geht somit, wenn man die erste und vierte, zweite und dritte dieser Gleichungen mit einander multiplicirt und das erste Product durch das zweite dividirt, die Gleichung (23) in die folgende über

$$(24) \;.\;.\;.\;.\;.\; \Pi(w_1+w_2,\alpha) = \Pi(w_1,\alpha) + \Pi(w_2,\alpha)$$
$$+\tfrac{1}{4}\log\left\{\frac{\left(1-\varkappa^2\sin^2\operatorname{am}(w_1+\alpha)\sin^2\operatorname{am}(w_2+\alpha)\right)\left(1-\varkappa^2\sin^2\operatorname{am}\alpha\sin^2\operatorname{am}(w_1+w_2-\alpha)\right)}{\left(1-\varkappa^2\sin^2\operatorname{am}(w_1-\alpha)\sin^2\operatorname{am}(w_2-\alpha)\right)\left(1-\varkappa^2\sin^2\operatorname{am}\alpha\sin^2\operatorname{am}(w_1+w_2+\alpha)\right)}\right\},$$

woraus ersichtlich, dass, weil

$$\sin\operatorname{am}(w_1 \pm \alpha), \quad \sin\operatorname{am}(w_2 \pm \alpha), \quad \sin\operatorname{am}(w_1+w_2 \pm \alpha)$$

sich in rationale Functionen von

$$\sin\operatorname{am} w_1, \quad \sin\operatorname{am} w_2$$

und die zugehörigen Irrationalitäten umsetzen lassen, *die Summe zweier elliptischer Normalintegrale dritter Gattung sich wieder zu einem eben solchen mit demselben Parameter vereinigen lässt, abgesehen von einem Logarithmus, dessen Argument eine rationale Function von den oberen Gränzen der beiden gegebenen Integrale und den zugehörigen Irrationalitäten ist, wobei wieder zu bemerken, dass dieselben drei oberen Gränzen zwei Normalintegrale erster Gattung zu einem dritten verbinden.*

Um der rechten Seite der Gleichung (24) eine einfachere Form zu geben, wollen wir dieselbe nicht auf algebraischem Wege transformiren, sondern vermöge ihrer Periodicität, ihrer Nullen und ihrer Unendlichen sie mit einem andern Ausdrucke zu identificiren suchen. Fasst man nämlich den unter dem Logarithmus befindlichen Ausdruck der Gleichung (23)

$$(q) \quad \ldots \quad \frac{\vartheta_0\left(\frac{2(w_1+w_2-\alpha)}{\Omega}\right)\vartheta_0\left(\frac{2(w_1+\alpha)}{\Omega}\right)\vartheta_0\left(\frac{2(w_2+\alpha)}{\Omega}\right)}{\vartheta_0\left(\frac{2(w_1+w_2+\alpha)}{\Omega}\right)\vartheta_0\left(\frac{2(w_1-\alpha)}{\Omega}\right)\vartheta_0\left(\frac{2(w_2-\alpha)}{\Omega}\right)}$$

als Function von w_1 auf, so ist mit Hülfe der Substitutionstabelle unmittelbar zu sehen, dass derselbe doppelperiodisch mit den Perioden

$$\frac{\Omega}{2} \text{ und } \Omega'$$

ist; und da

$$\vartheta_0(v) = 0$$

wird, wenn

$$v = m + (n + \tfrac{1}{2})\tau,$$

so folgt ferner, dass der obige Ausdruck in dem von $\frac{\Omega}{2}$ und Ω' gebildeten Periodenparallelogramm verschwindet für

$$w_1 = -\alpha + \frac{\Omega'}{2}, \quad w_1 = -w_2 + \alpha + \frac{\Omega'}{2},$$

und unendlich wird für

$$w_1 = \alpha + \frac{\Omega'}{2}, \quad w_1 = -w_2 - \alpha + \frac{\Omega'}{2},$$

und es ist in der That die Summe der beiden Nullen gleich der Summe der beiden Unendlichen, wie dies aus früher angegebenen Gründen bei einer doppelt periodischen Function zweiter Ordnung sein muss. Bilden wir uns nun die doppelt periodische Function zweiter Ordnung von w_1

$$(q_1) \quad \frac{\sin\operatorname{am} w_1 \sin\operatorname{am}(w_1+w_2+\alpha) - \sin\operatorname{am}\beta_1 \sin\operatorname{am}(\beta_1+w_2+\alpha)}{\sin\operatorname{am} w_1 \sin\operatorname{am}(w_1+w_2-\alpha) - \sin\operatorname{am}\beta_2 \sin\operatorname{am}(\beta_2+w_2-\alpha)},$$

in welcher β_1 und β_2 nachher bestimmt werden sollen, so ist klar, dass dieselbe auch die Perioden

$$\frac{\Omega}{2} \text{ und } \Omega'$$

hat, weil

$$\sin\operatorname{am}\left(w + \frac{\Omega}{2}\right) = -\sin\operatorname{am} w$$

ist. Ferner wird der Zähler innerhalb des von $\frac{\Omega}{2}$ und Ω' gebildeten Parallelogramms unendlich, wenn

$$w_1 = \frac{\Omega'}{2} \quad \text{und} \quad w_1 = -w_2 - \alpha + \frac{\Omega'}{2},$$

und der Nenner unendlich, wenn

$$w_1 = \frac{\Omega'}{2} \quad \text{und} \quad w_1 = -w_2 + \alpha + \frac{\Omega'}{2}$$

ist, so dass, indem der Werth $w_1 = \frac{\Omega'}{2}$ nicht in Betracht kommt, da Zähler und Nenner für denselben von der ersten Ordnung unendlich werden, ein Unendliches und eine Null des Quotienten (q) und des Quotienten (q_1) übereinstimmen. Setzt man nun

$$\beta_1 = -\alpha + \frac{\Omega'}{2}, \quad \beta_2 = \alpha + \frac{\Omega'}{2},$$

so wird die durch den Zähler von (q_1) dargestellte doppelt periodische Function mit den Perioden $\frac{\Omega}{2}$ und Ω' verschwinden, wenn

$$w_1 = \beta_1 = -\alpha + \frac{\Omega'}{2} \quad \text{und} \quad w_1 = -w_2 + \frac{\Omega'}{2},$$

da die Summe der Unendlichen des Zählers

$$-w_2 - \alpha + \Omega'$$

war und der Summe der Nullen gleich sein muss; ebenso wird der Nenner verschwinden, wenn

$$w_1 = \beta_2 = \alpha + \frac{\Omega'}{2} \quad \text{und} \quad w_1 = -w_2 + \frac{\Omega'}{2}$$

ist, und die beiden gleichen Werthe

$$w_1 = -w_2 + \frac{\Omega'}{2},$$

welche den Zähler und Nenner zu Null machen, werden den gesammten Quotienten (q_1) wieder endlich machen.

Somit hat jener Quotient die Nullen

$$w_1 = -w_2 + \alpha + \frac{\Omega'}{2}, \quad w_1 = -\alpha + \frac{\Omega'}{2}$$

und die Unendlichen

$$w_1 = -w_2 - \alpha - \frac{\Omega'}{2}, \quad w_1 = \alpha + \frac{\Omega'}{2}$$

und wird somit, da er in demselben Periodenparallelogramm dieselben Nullen und Unendlichen wie der erste ϑ-Quotient hat, von diesem nur durch eine Constante verschieden sein, so dass sich mit Benutzung der Werthe β_1 und β_2 ergiebt

$$\frac{\vartheta_0\left(\frac{2(w_1+w_2-\alpha)}{\Omega}\right)\vartheta_0\left(\frac{2(w_1+\alpha)}{\Omega}\right)\vartheta_0\left(\frac{2(w_2+\alpha)}{\Omega}\right)}{\vartheta_0\left(\frac{2(w_1+w_2+\alpha)}{\Omega}\right)\vartheta_0\left(\frac{2(w_1-\alpha)}{\Omega}\right)\vartheta_0\left(\frac{2(w_2-\alpha)}{\Omega}\right)}$$

$$= C\frac{\sin\operatorname{am} w_1 \sin\operatorname{am}(w_1+w_2+\alpha) - \sin\operatorname{am}\left(-\alpha+\frac{\Omega'}{2}\right)\sin\operatorname{am}\left(w_2+\frac{\Omega'}{2}\right)}{\sin\operatorname{am} w_1 \sin\operatorname{am}(w_1+w_2-\alpha) - \sin\operatorname{am}\left(\alpha+\frac{\Omega'}{2}\right)\sin\operatorname{am}\left(w_2+\frac{\Omega'}{2}\right)}.$$

Da aber

$$\sin\operatorname{am}\left(w+\frac{\Omega'}{2}\right) = \frac{1}{\varkappa \sin\operatorname{am} w}$$

ist, so geht diese Gleichung in

$$\frac{\vartheta_0\left(\frac{2(w_1+w_2-\alpha)}{\Omega}\right)\vartheta_0\left(\frac{2(w_1+\alpha)}{\Omega}\right)\vartheta_0\left(\frac{2(w_2+\alpha)}{\Omega}\right)}{\vartheta_0\left(\frac{2(w_1+w_2+\alpha)}{\Omega}\right)\vartheta_0\left(\frac{2(w_1-\alpha)}{\Omega}\right)\vartheta_0\left(\frac{2(w_2-\alpha)}{\Omega}\right)}$$

$$= C_1 \frac{1+\varkappa^2 \sin\text{am}\, w_1 \sin\text{am}\, w_2 \sin\text{am}\, \alpha \sin\text{am}\,(w_1+w_2+\alpha)}{1-\varkappa^2 \sin\text{am}\, w_1 \sin\text{am}\, w_2 \sin\text{am}\, \alpha \sin\text{am}\,(w_1+w_2-\alpha)}$$

über, worin C_1 eine von w_1 unabhängige Constante ist; setzt man $w_1 = 0$, so folgt

$$C_1 = 1$$

und es geht somit die Gleichung (24) in die folgende über

$$(25) \quad \ldots \quad \Pi(w_1+w_2, \alpha) = \Pi(w_1, \alpha) + \Pi(w_2, \alpha)$$

$$+ \tfrac{1}{2}\log\left\{\frac{1-\varkappa^2 \sin\text{am}\,\alpha \sin\text{am}\, w_1 \sin\text{am}\, w_2 \sin\text{am}\,(w_1+w_2+\alpha)}{1-\varkappa^2 \sin\text{am}\,\alpha \sin\text{am}\, w_1 \sin\text{am}\, w_2 \sin\text{am}\,(w_1+w_2-\alpha)}\right\}.$$

Aus diesem Additionstheorem für die Argumente der elliptischen Normalintegrale dritter Gattung können wir aber leicht ein Additionstheorem für die Parameter dieser Integrale entwickeln.

Da nämlich

$$\int_0^u \sin^2\text{am}\, w\, dw = \frac{E}{\Omega} u - \frac{1}{\varkappa^2}\frac{d\log\vartheta_0\left(\frac{2u}{\Omega}\right)}{du}$$

war, so wird aus

$$\Pi(u,\alpha) = u\frac{d\log\vartheta_0\left(\frac{2\alpha}{\Omega}\right)}{d\alpha} + \tfrac{1}{2}\log\left\{\frac{\vartheta_0\left(\frac{2(u-\alpha)}{\Omega}\right)}{\vartheta_0\left(\frac{2(u+\alpha)}{\Omega}\right)}\right\},$$

folgen, wenn für das Differential des Logarithmus der ϑ-Function der Werth aus der obigen Gleichung eingesetzt wird, dass

$$\Pi(u,\alpha) = \frac{E\varkappa^2}{\Omega}u\alpha - \varkappa^2 u\int_0^\alpha \sin^2\text{am}\, w\, dw + \tfrac{1}{2}\log\left\{\frac{\vartheta_0\left(\frac{2(u-\alpha)}{\Omega}\right)}{\vartheta_0\left(\frac{2(u+\alpha)}{\Omega}\right)}\right\}$$

ist, und wenn α mit u vertauscht wird

$$\Pi(\alpha,u) = \frac{E\varkappa^2}{\Omega}\alpha u - \varkappa^2\alpha\int_0^u \sin^2\text{am}\, w\, dw + \tfrac{1}{2}\log\left\{\frac{\vartheta_0\left(\frac{2(u-\alpha)}{\Omega}\right)}{\vartheta_0\left(\frac{2(u+\alpha)}{\Omega}\right)}\right\},$$

so dass sich

$$(26) \quad \Pi(u,\alpha) - \Pi(\alpha,u) = \varkappa^2\left\{\alpha\int_0^u \sin^2\text{am}\, w\, dw - u\int_0^\alpha \sin^2\text{am}\, w\, dw\right\}$$

ergiebt. Setzt man nun in (26) statt α der Reihe nach β und $\alpha+\beta$, so erhält man die analogen Gleichungen

$$(27) \quad \Pi(u,\beta) - \Pi(\beta,u) = \varkappa^2\left\{\beta\int_0^u \sin^2\text{am}\, w\, dw - u\int_0^\beta \sin^2\text{am}\, w\, dw\right\},$$

$$(28)\quad \Pi(u, \alpha+\beta) - \Pi(\alpha+\beta, u) = \varkappa^2 \left\{ (\alpha+\beta) \int_0^u \sin^2 \operatorname{am} w\, dw - u \int_0^{\alpha+\beta} \sin^2 \operatorname{am} w\, dw \right\}$$

und endlich aus (29), (30), (31) die folgende

$$(29)\quad \Pi(u, \alpha+\beta) - \Pi(u, \alpha) - \Pi(u, \beta) = \Pi(\alpha+\beta, u) - \Pi(\alpha, u) - \Pi(\beta, u)$$
$$- u\varkappa^2 \left\{ \int_0^{\alpha+\beta} \sin^2 \operatorname{am} w\, dw - \int_0^{\alpha} \sin^2 \operatorname{am} w\, dw - \int_0^{\beta} \sin^2 \operatorname{am} w\, dw \right\}.$$

Benutzt man das in der Gleichung (25) ausgesprochene Additionstheorem der Argumente der Π-Function und endlich das in der Gleichung (18) enthaltene Additionstheorem der Normalintegrale zweiter Gattung, so folgt

$$(30)\quad \Pi(u, \alpha+\beta) = \Pi(u, \alpha) + \Pi(u, \beta) - u\varkappa^2 \sin \operatorname{am} \alpha \sin \operatorname{am} \beta \sin \operatorname{am} (\alpha+\beta)$$
$$+ \tfrac{1}{2} \log \left\{ \frac{1 - \varkappa^2 \sin \operatorname{am} u \sin \operatorname{am} \alpha \sin \operatorname{am} \beta \sin \operatorname{am} (\alpha+\beta+u)}{1 - \varkappa^2 \sin \operatorname{am} u \sin \operatorname{am} \alpha \sin \operatorname{am} \beta \sin \operatorname{am} (\alpha+\beta-u)} \right\}$$

als Additionstheorem für die Parameter der Normalintegrale dritter Gattung.

Die hier für die Summe zweier elliptischer Normalintegrale erster, zweiter und dritter Gattung entwickelten Sätze werden sich als specielle Fälle des in der nächsten Vorlesung zu behandelnden Abel'schen Theorems ergeben, welches die Grundlage der Theorie der hyperelliptischen und Abel'schen Transcendenten bildet.

Druckfehler.

Seite 7, Zeile 4 v. o. $x + \xi + i(y + \eta)$ statt $x +)\xi + i(y + \eta)$;
„ 13, „ 8 v. u. nach der Definition der Stetigkeit statt nach der Definition der Stetigkeit einer Function;
„ 27, „ 1 v. o. unter denselben statt und denselben;
„ 41, „ 8—11 v. o. w statt ω;
„ 69, „ 4 v. u. $\lim_{\varepsilon = 0,\ \varepsilon_1 = 0}$ statt $\lim_{\substack{\varepsilon = 0 \\ \varepsilon_1 = 0}}$;
„ 88, „ 16 v. u. $\int\limits_{z_0 F'}^{z} f(z)\, dz$ statt $\int\limits_{z F'}^{z_0} f(z)\, dz$;
„ 96, „ 5 v. u. $z' = x' + y'i$ statt $z' = x' + 'yi$;
„ 125, „ 20 v. o. $\frac{1}{2\pi i}\int\limits_{(c)} \frac{f'(z)}{f(z)}\, dz$ statt $\int\limits_{(c)} \frac{f'(z)}{f(z)}\, dz$;
„ 126, „ 6 v. o. $\frac{1}{2\pi i}\int \frac{f''(z)}{f(z)}\, dz$ statt $\int \frac{f'(z)}{f(z)}\, dz$;
„ 155, „ 13 v. o. $\frac{dw'}{dz}$ statt $\frac{d\omega'}{dz}$;
„ 166, „ 6 v. o. $f(w, z)$ statt (fw, z);
„ 189, „ 2 v. u. $\left(\frac{d^\nu v_1}{dz^\nu}\right)_0$ statt $\left(\frac{dv_1}{dz^\nu}\right)_0$;
„ 222, „ 10 v. u. α_{2p+2} statt $\alpha_{2p} + 2$;
„ 273, „ 16 und 17 v. o. μ statt n;
„ 334, „ 1 v. u. $-a_0 p$ statt $-\ a_0 p$, $-a_0 M_1$ statt $-\ a_0 M_1$:
$-b_0 p$ „ $-\ b_0 p$, $-b_0 M_1$ „ $-\ b_0 M_1$;
„ 338, „ 1 v. o. $\begin{vmatrix} 1 & \pm 1 \\ 0 & 1 \end{vmatrix}$ statt $\begin{matrix} 1 & \pm 1 \\ 0 & 1 \end{matrix}\Big|$.
„ 351, „ 10 v. u. $-a_1 - \sigma$ statt $-a_1 + \sigma$;
„ 352, „ 4 v. u. $a_1 + \sigma_1$ statt $a_1 + \sigma$, $\alpha_1 + \sigma_1$ statt $\alpha_1 + \sigma$;
„ 373, „ 8 v. u. $\frac{1}{2\pi i}\int\limits_0^\tau$ statt $\int\limits_0^\tau$;
„ 373, „ 11 v. u. $-\frac{1}{2\pi i}\int\limits_0^1$ statt $\int\limits_0^1$;
„ 373, „ 12 v. u. $\frac{1}{2\pi i}\int\limits_0^\tau$ statt $\int\limits_0^\tau$;
„ 373, „ 12 v. u. $-\frac{1}{2\pi i}\int\limits_0^\tau$ sta t $\int\limits_0^\tau$;
„ 383, „ 5 v. u. $\Omega k k_1$ statt $\Omega \varkappa \varkappa_1$;
„ 384, „ 12 bis 8 v. u. k_1 statt $\varkappa_1$.

VORLESUNGEN

ÜBER

DIE THEORIE

DER

ELLIPTISCHEN FUNCTIONEN.

VORLESUNGEN

ÜBER

DIE THEORIE

DER

ELLIPTISCHEN FUNCTIONEN

NEBST EINER EINLEITUNG

IN DIE

ALLGEMEINE FUNCTIONENTHEORIE,

VON

Dr. LEO KOENIGSBERGER,

PROFESSOR AN DER UNIVERSITÄT ZU HEIDELBERG.

ZWEITER THEIL.

LEIPZIG,

DRUCK UND VERLAG VON B. G. TEUBNER.

1874.

Inhaltsverzeichniss des zweiten Theiles.

Einundzwanzigste Vorlesung.

Das Abel'sche Theorem.

Zweiundzwanzigste Vorlesung.

Das allgemeine Transformationsproblem.

Dreiundzwanzigste Vorlesung.

Aufstellung der nothwendigen und hinreichenden Bedingungen für die rationale Transformation.

Vierundzwanzigste Vorlesung.

Die lineare Transformation.

Fünfundzwanzigste Vorlesung.

Die Weierstrass'schen Functionen.

Sechsundzwanzigste Vorlesung.

Die Transformation n^{ten} Grades.

Siebenundzwanzigste Vorlesung.

Theorem der Hermite'schen φ-Function.

Achtundzwanzigste Vorlesung.

Die Modulargleichungen.

Neunundzwanzigste Vorlesung.

Die Multiplicatorgleichungen.

Dreissigste Vorlesung.

Die Multiplication der elliptischen Functionen.

Einunddreissigste Vorlesung.

Die Division der elliptischen Functionen.

Einundzwanzigste Vorlesung.

Das Abel'sche Theorem.

Nachdem wir für die Normalintegrale erster, zweiter und dritter Gattung das Additionstheorem hergeleitet, gehen wir dazu über, das allgemeine Additionstheorem, das auch wegen der von Abel auf alle Integrale algebraischer Functionen ausgedehnten Gültigkeit Abel'sches *Theorem* genannt wird, für eine beliebige Anzahl allgemeiner elliptischer Integrale zu entwickeln.

Sei $R(z)$ ein Polynom dritten oder vierten Grades in z, und werde die Gleichung

(1) . . . . $u^2 - R(z) = 0$

mit einer beliebigen andern algebraischen Gleichung zwischen u und z

(2) . . . . $f(u, z) = 0$

zusammengestellt, so wird die letztere, wenn immer nur die Punkte z aufgefasst werden, welche (1) und (2) gemeinsame u-Werthe geben, auf die Form

(3) . . . . $qu - p = 0$

gebracht werden können, in welcher p und q ganze Functionen von z sind, weil alle höheren Potenzen von u als die erste vermöge der Gleichung (1) fortgeschafft werden können; es werden die gemeinsamen z-Werthe der Eliminationsgleichung von (1) und (3), d. h. der Gleichung

(4) . . . . $p^2 - q^2 R(z) = 0$

genügen, und die entsprechenden u-Werthe sodann aus dem Ausdrucke

(5) . . . . $u = \frac{p}{q}$,

eindeutig bestimmt sein.

Wird der Grad von p mit m bezeichnet, so werden sich $2m$ Lösungen der Gleichung (4) ergeben

$$z_1, z_2, \ldots z_{2m};$$

wenn wir annehmen, dass der Grad von p^2 nicht kleiner als der von

$$q^2 R(z),$$

d. h. q höchstens vom $m - 2^{\text{ten}}$ Grade ist. Sei ferner eine zweite Gleichung zwischen u und z

(6) . . . . $f_1(u, z) = 0,$

welche wieder, wenn nur der Gleichung (6) und (1) zugleich angehörige z- und u-Werthe in Betracht kommen, in die Form

(7) . . . . $q_1 u - p_1 = 0$

gebracht werden kann, und mit (1) verbunden die der Gleichung

(8) . . . . $p_1^2 - q_1^2 R(z) = 0$

angehörigen z-Werthe

$$z_1', z_2', \ldots z_{2m}'$$

liefert, wenn wieder der Grad von p_1 der m^{te} und der von q_1 höchstens der $m-2^{\text{te}}$ sein soll, während die zugehörigen u-Werthe durch den Ausdruck

(9) . . . . $u = \frac{p_1}{q_1}$

bestimmt sind. Bildet man endlich die Gleichung

(10) . . . . $qu - p + \lambda(q_1 u - p_1) = 0,$

und fasst die mit der Gleichung (1) gemeinsamen Lösungen dieser Gleichung auf, so sind diese die Wurzeln der Gleichung

(11) . . . . . . $(p + \lambda p_1)^2 - (q + \lambda q_1)^2 R(z) = 0,$

und man sieht unmittelbar, dass für $\lambda = 0$ die von dem Parameter λ abhängigen z-Werthe in $z_1, z_2, \ldots z_{2m}$, für $\lambda = \infty$ (wie durch Division von λ^2 folgt) in $z_1', z_2', \ldots z_{2m}'$ übergehen, während für eine continuirliche Reihe von λ-Werthen, die von $\lambda = 0$ bis $\lambda = \infty$ führen, die z-Werthe stetig von dem einen System in das andere übergehen werden, und die zugehörigen u-Werthe nach (9) durch den Ausdruck

(12) . . . . $u = \frac{p + \lambda p_1}{q + \lambda q_1}$

bestimmt sind, also auch an den Gränzen mit den durch (5) und (9) gegebenen übereinstimmen. Setzt man nun der Kürze halber

(13) $(p + \lambda p_1)^2 - (q + \lambda q_1)^2 . R(z) = \psi(z) = A(z - \zeta_1)(z - \zeta_2) \ldots (z - \zeta_{2m}),$

worin $\zeta_1, \zeta_2, \ldots \zeta_{2m}$ von dem Parameter λ abhängige Grössen bedeuten, so wird sich durch Differentiation der Gleichung (13) nach λ

(14) . . . . . . $2(p + \lambda p_1) p_1 - 2(q + \lambda q_1) q_1 R(z)$

$$= \psi(z) \left\{ \frac{\frac{d\zeta_1}{d\lambda}}{\zeta_1 - z} + \frac{\frac{d\zeta_2}{d\lambda}}{\zeta_2 - z} + \cdots + \frac{\frac{d\zeta_{2m}}{d\lambda}}{\zeta_{2m} - z} + \frac{\frac{dA}{d\lambda}}{A} \right\}$$

oder

(15) . . . $\frac{2(p + \lambda p_1)}{q + \lambda q_1} \left\{ (q + \lambda q_1) p_1 - \frac{(q + \lambda q_1)^2 q_1}{p + \lambda p_1} R(z) \right\}$

$$= \psi(z) \left\{ \frac{\frac{d\zeta_1}{d\lambda}}{\zeta_1 - z} + \cdots + \frac{\frac{d\zeta_{2m}}{d\lambda}}{\zeta_{2m} - z} \right\}$$

ergeben. Da aber nach (13)

$$(q + \lambda q_1)^2 R(z) = (p + \lambda p_1)^2 - \psi(z)$$

ist, so geht (15) in

$$\frac{2(p+\lambda p_1)}{q+\lambda q_1}\left\{(q+\lambda q_1)p_1 - (p+\lambda p_1)q_1\right\} + \frac{2q_1\psi(z)}{q+\lambda q_1}$$
$$= \psi(z)\left\{\frac{\frac{d\zeta_1}{d\lambda}}{\zeta_1 - z} + \cdots + \frac{\frac{d\zeta_{2m}}{d\lambda}}{\zeta_{2m} - z}\right\}$$

oder in

$$\frac{2(p+\lambda p_1)}{q+\lambda q_1}(qp_1 - pq_1) + \frac{2q_1\psi(z)}{q+\lambda q_1} = \psi(z)\left\{\frac{\frac{d\zeta_1}{d\lambda}}{\zeta_1 - z} + \cdots + \frac{\frac{d\zeta_{2m}}{d\lambda}}{\zeta_{2m} - z}\right\},$$

über, so dass, wenn $z = \zeta_\alpha$ gesetzt, die zugehörigen Werthe von p, p_1, q, q_1 für $z = \zeta_\alpha$ mit

$$p(\zeta_\alpha),\quad p_1(\zeta_\alpha),\quad q(\zeta_\alpha),\quad q_1(\zeta_\alpha)$$

bezeichnet werden, und ausserdem berücksichtigt wird, dass nach (11)

$$(16) \quad \ldots\ldots\ldots \quad \sqrt{R(\zeta_\alpha)} = \frac{p(\zeta_\alpha) + \lambda p_1(\zeta_\alpha)}{q(\zeta_\alpha) + \lambda q_1(\zeta_\alpha)}$$

ist,

$$(17) \quad \ldots\ldots \quad \frac{\frac{d\zeta_\alpha}{d\lambda}}{\sqrt{R(\zeta_\alpha)}} = -\frac{2\left\{q(\zeta_\alpha)p_1(\zeta_\alpha) - p(\zeta_\alpha)q_1(\zeta_\alpha)\right\}}{\psi'(\zeta_\alpha)}$$

wird. Nimmt man nun über beide Seiten der Gleichung die Summe nach α für $\alpha = 1, 2, \ldots 2m$, so folgt

$$(18) \quad \ldots \quad \sum_{\alpha=1}^{\alpha=2m} \frac{\frac{d\zeta_\alpha}{d\lambda}}{\sqrt{R(\zeta_\alpha)}} = 2\sum_{\alpha=1}^{\alpha=2m} \frac{p(\zeta_\alpha)q_1(\zeta_\alpha) - q(\zeta_\alpha)p_1(\zeta_\alpha)}{\psi'(\zeta_\alpha)},$$

und wenn man berücksichtigt, dass $\psi(z)$ vom $2m^{\text{ten}}$ Grade, p und p_1 vom m^{ten}, q und q_1 höchstens vom $m - 2^{\text{ten}}$, also

$$p(z)q_1(z) - q(z)p_1(z)$$

höchstens vom $2m - 2^{\text{ten}}$ Grade ist, also nach einem bekannten Satze der Partialbruchzerlegung

$$\sum_{\alpha=1}^{\alpha=2m} \frac{p(\zeta_\alpha)q_1(\zeta_\alpha) - q(\zeta_\alpha)p_1(\zeta_\alpha)}{\psi'(\zeta_\alpha)} = 0$$

ist,

$$(19) \quad \ldots\ldots\ldots\ldots \quad \sum_{\alpha=1}^{\alpha=2m} \frac{\frac{d\zeta_\alpha}{d\lambda}}{\sqrt{R(\zeta_\alpha)}} = 0,$$

und somit, wenn mit $d\lambda$ multiplicirt und zwischen den Gränzen ∞ und 0 für λ integrirt wird,

$$\sum_{\alpha=1}^{\alpha=2m} \int_\infty^0 \frac{\frac{d\zeta_\alpha}{d\lambda}\,d\lambda}{\sqrt{R(\zeta_\alpha)}} = 0,$$

oder nach den oben gemachten Auseinandersetzungen

$$(19) \quad \ldots\ldots\ldots\ldots \quad \sum_{\alpha=1}^{\alpha=2m} \int_{z'_\alpha}^{z_\alpha} \frac{d\zeta_\alpha}{\sqrt{R(\zeta_\alpha)}} = 0,$$

worin der Integrationsweg durch den für λ von 0 bis ∞ beliebig gewählten Weg und die von λ abhängigen Functionalausdrücke von $\zeta_1, \zeta_2, \ldots \zeta_{2m}$ bestimmt ist, während die zu jedem ζ gehörigen Werthe von $\sqrt{R(\zeta)}$ durch die Gleichung (16) bestimmt sind; wir finden somit, *dass die Summe von $2m$ ersten Integralen, deren obere Gränzen der Gleichung*

$$p^2 - q^2 R(z) = 0,$$

deren untere Gränzen

$$p_1^2 - q_1^2 R(z) = 0$$

genügen, worin p und p_1 beliebige Functionen vom m^{ten}, q und q_1 beliebige Functionen höchstens vom $m - 2^{\text{ten}}$ Grade sind, und deren Integrationswege in unendlich grosser Mannigfaltigkeit in der oben bestimmten Weise ermittelt werden, den Werth Null hat.

Gehen wir wieder zur Gleichung (17) zurück, um aus derselben das Additionstheorem für die Integrale dritter Gattung herzuleiten, welche in den Punkten c_1 und c_2 und zwar nur auf je einem Blatte logarithmisch unendlich werden, und multipliciren dieselbe mit

$$\frac{\varepsilon_1 R(c_1)^{\frac{1}{2}}}{(c_1 - c_2)(\zeta_\alpha - c_1)},$$

so ergiebt sich

$$\frac{\varepsilon_1 R(c_1)^{\frac{1}{2}}}{(c_1 - c_2)(\zeta_\alpha - c_1)} \frac{\frac{d\zeta_\alpha}{d\lambda}}{\sqrt{R(\zeta_\alpha)}} = \frac{2\,\varepsilon_1 R(c_1)^{\frac{1}{2}} \left\{p(\zeta_\alpha)\, q_1(\zeta_\alpha) - q(\zeta_\alpha)\, p_1(\zeta_\alpha)\right\}}{\psi'(\zeta_\alpha)(c_1 - c_2)(\zeta_\alpha - c_1)}$$

und ebenso

$$\frac{\varepsilon_2 R(c_2)^{\frac{1}{2}}}{(c_2 - c_1)(\zeta_\alpha - c_2)} \frac{\frac{d\zeta_\alpha}{d\lambda}}{\sqrt{R(\zeta_\alpha)}} = \frac{2\,\varepsilon_2 R(c_2)^{\frac{1}{2}} \left\{p(\zeta_\alpha)\, q_1(\zeta_\alpha) - q(\zeta_\alpha)\, p_1(\zeta_\alpha)\right\}}{\psi'(\zeta_\alpha)(c_2 - c_1)(\zeta_\alpha - c_2)},$$

so dass, wenn man die Summe dieser beiden letzten Gleichungen um

$$\frac{\frac{d\zeta_\alpha}{d\lambda}}{(\zeta_\alpha - c_1)(\zeta_\alpha - c_2)}$$

vermehrt, das ganze mit einer willkührlichen Constanten M multiplicirt und zu beiden Seiten

$$N \frac{\frac{d\zeta_\alpha}{d\lambda}}{\sqrt{R(\zeta_\alpha)}}$$

hinzuaddirt, worin N wieder eine willkührliche Constante bedeutet, aus der über α von 1 bis $2m$ genommenen Summation die Gleichung hervorgeht

$$(20) \quad \sum_{\alpha=1}^{\alpha=2m}\left[M\left\{\frac{\frac{d\zeta_\alpha}{d\lambda}}{(\zeta_\alpha-c_1)(\zeta_\alpha-c_2)}\right.\right.$$

$$\left.\left.+\frac{\frac{\varepsilon_1 R(c_1)^{\frac{1}{2}}}{c_1-c_2}(\zeta_\alpha-c_2)+\frac{\varepsilon_2 R(c_2)^{\frac{1}{2}}}{c_2-c_1}(\zeta_\alpha-c_1)}{(\zeta_\alpha-c_1)(\zeta_\alpha-c_2)\sqrt{R(\zeta_\alpha)}}\cdot\frac{d\zeta_\alpha}{d\lambda}\right\}+N\frac{\frac{d\zeta_\alpha}{d\lambda}}{\sqrt{R(\zeta_\alpha)}}\right]$$

$$=\frac{2M\varepsilon_1 R(c_1)^{\frac{1}{2}}}{c_1-c_2}\sum_{\alpha=1}^{\alpha=2m}\frac{p(\zeta_\alpha)\,q_1(\zeta_\alpha)-p_1(\zeta_\alpha)\,q(\zeta_\alpha)}{\psi'(\zeta_\alpha)(\zeta_\alpha-c_1)}$$

$$+\frac{2M\varepsilon_2 R(c_2)^{\frac{1}{2}}}{c_2-c_1}\sum_{\alpha=1}^{\alpha=2m}\frac{p(\zeta_\alpha)\,q_1(\zeta_\alpha)-p_1(\zeta_\alpha)\,q(\zeta_\alpha)}{\psi'(\zeta_\alpha)(\zeta_\alpha-c_2)}$$

$$+M\sum_{\alpha=1}^{\alpha=2m}\frac{\frac{d\zeta_\alpha}{d\lambda}}{(\zeta_\alpha-c_1)(\zeta_\alpha-c_2)}+N\sum_{\alpha=1}^{\alpha=2m}\frac{\frac{d\zeta_\alpha}{d\lambda}}{\sqrt{R(\zeta_\alpha)}}.$$

Die rechte Seite dieser Gleichung lässt sich aber noch bedeutend vereinfachen. Denn wenn man die Function

$$\frac{p(z)\,q_1(z)-p_1(z)\,q(z)}{\psi(z)(z-c)}$$

in Partialbrüche zerlegt, so ergiebt sich offenbar

$$\frac{p(z)\,q_1(z)-p_1(z)\,q(z)}{\psi(z)}=\sum_{\alpha=1}^{\alpha=2m}\frac{p(\zeta_\alpha)\,q_1(\zeta_\alpha)-p_1(\zeta_\alpha)\,q(\zeta_\alpha)}{\psi'(\zeta_\alpha)}\;\frac{1}{z-\zeta_\alpha}$$

und daher

$$(21) \quad -\frac{p(c_1)\,q_1(c_1)-p_1(c_1)\,q(c_1)}{\psi(c_1)}=\sum_{\alpha=1}^{\alpha=2m}\frac{p(\zeta_\alpha)\,q_1(\zeta_\alpha)-p_1(\zeta_\alpha)\,q(\zeta_\alpha)}{\psi'(\zeta_\alpha)}\;\frac{1}{\zeta_\alpha-c_1}$$

und ein ähnlicher Ausdruck, wenn c_2 statt c_1 gesetzt wird.

Ferner ist nach Gleichung (19)

$$\sum_{\alpha=1}^{\alpha=2m}\frac{\frac{d\zeta_\alpha}{d\lambda}}{\sqrt{R(\zeta_\alpha)}}=0,$$

und es geht somit Gleichung (20) mit Berücksichtigung aller dieser Beziehungen, wenn ausserdem nach λ zwischen ∞ und 0 integrirt und das in c_1 und c_2 auf je einem Blatte logarithmisch unendlich werdende allgemeine Integral dritter Gattung zwischen den Gränzen z_α' und z_α genommen, mit $J^{(\alpha)}_{c_1 c_2}$ bezeichnet wird, in die folgende über

$$(22)\ .\quad \sum_{\alpha=1}^{\alpha=2m} J_{c_1 c_2}^{(\alpha)} = -\frac{2M\varepsilon_1 R(c_1)^{\frac{1}{2}}}{c_1-c_2}\int_\infty^0 \frac{p(c_1)\,q_1(c_1)-p_1(c_1)\,q(c_1)}{\psi(c_1)}\,d\lambda$$

$$-\frac{2M\varepsilon_2 R(c_2)^{\frac{1}{2}}}{c_2-c_1}\int_\infty^0 \frac{p(c_2)\,q_1(c_2)-p_1(c_2)\,q(c_2)}{\psi(c_2)}\,d\lambda$$

$$+M\sum_{\alpha=1}^{\alpha=2m}\int_\infty^0 \frac{\frac{d\zeta_\alpha}{d\lambda}\cdot d\lambda}{(\zeta_\alpha-c_1)(\zeta_\alpha-c_2)}.$$

Nun ist aber

$$\int \frac{\frac{d\zeta_\alpha}{d\lambda}\cdot d\lambda}{(\zeta_\alpha-c_1)(\zeta_\alpha-c_2)} = \frac{1}{c_1-c_2}\int \frac{\frac{d\zeta_\alpha}{d\lambda}d\lambda}{\zeta_\alpha-c_1} - \frac{1}{c_1-c_2}\int \frac{\frac{d\zeta_\alpha}{d\lambda}d\lambda}{\zeta_\alpha-c_2} = \frac{1}{c_1-c_2}\log\frac{\zeta_\alpha-c_1}{\zeta_\alpha-c_2},$$

also

$$\int_\infty^0 \frac{\frac{d\zeta_\alpha}{d\lambda}d\lambda}{(\zeta_\alpha-c_1)(\zeta_\alpha-c_2)} = \frac{1}{c_1-c_2}\left[\log\frac{\zeta_\alpha-c_1}{\zeta_\alpha-c_2}\right]_{z'_\alpha}^{z_\alpha} = \frac{1}{c_1-c_2}\log\frac{(z_\alpha-c_1)(z'_\alpha-c_2)}{(z_\alpha-c_2)(z'_\alpha-c_1)}$$

und

$$(23)\ \dots\dots\dots\quad M\sum_{\alpha=1}^{\alpha=2m}\int_\infty^0 \frac{\frac{d\zeta_\alpha}{d\lambda}d\lambda}{(\zeta_\alpha-c_1)(\zeta_\alpha-c_2)}$$

$$=\frac{M}{c_1-c_2}\log\left\{\frac{(z_1-c_1)(z_2-c_1)\dots(z_{2m}-c_1)(z_1'-c_2)(z_2'-c_2)\dots(z'_{2m}-c_2)}{(z_1-c_2)(z_2-c_2)\dots(z_{2m}-c_2)(z_1'-c_1)(z_2'-c_1)\dots(z'_{2m}-c_1)}\right\}.$$

Ferner ist, wie unmittelbar zu sehen,

$$-\frac{2[p(c)\,q_1(c)-p_1(c)\,q(c)]}{\big(p(c)+\lambda p_1(c)\big)^2-\big(q(c)+\lambda q_1(c)\big)^2 R(c)}\;\frac{\varepsilon\,.\,R(c)^{\frac{1}{2}}}{c_1-c_2}$$

$$=\frac{1}{c_1-c_2}\,\frac{d}{d\lambda}\log\frac{p(c)+\lambda p_1(c)-\big(q(c)+\lambda q_1(c)\big)\,\varepsilon\sqrt{R(c)}}{p(c)+\lambda p_1(c)+\big(q(c)+\lambda q_1(c)\big)\,\varepsilon\sqrt{R(c)}},$$

oder da

$$\psi(c)=\big(p(c)+\lambda p_1(c)\big)^2-\big(q(c)+\lambda q_1(c)\big)^2 R(c)$$

ist,

$$(24)\ \dots\quad -\frac{2M\varepsilon_1 R(c_1)^{\frac{1}{2}}}{c_1-c_2}\int_\infty^0 \frac{p(c_1)\,q_1(c_1)-p_1(c_1)\,q(c_1)}{\psi(c_1)}\,d\lambda$$

$$=\frac{M}{c_1-c_2}\left[\log\frac{p(c_1)+\lambda p_1(c_1)-\big(q(c_1)+\lambda q_1(c_1)\big)\,\varepsilon_1\sqrt{R(c_1)}}{p(c_1)+\lambda p_1(c_1)+\big(q(c_1)+\lambda q_1(c_1)\big)\,\varepsilon_1\sqrt{R(c_1)}}\right]_\infty^0$$

$$=\frac{M}{c_1-c_2}\log\left\{\frac{p(c_1)-q(c_1)\,\varepsilon_1\sqrt{R(c_1)}}{p(c_1)+q(c_1)\,\varepsilon_1\sqrt{R(c_1)}}\cdot\frac{p_1(c_1)+q_1(c_1)\,\varepsilon_1\sqrt{R(c_1)}}{p_1(c_1)-q_1(c_1)\,\varepsilon_1\sqrt{R(c_1)}}\right\},$$

und ebenso

$$(25) \ldots \quad - \frac{2 M \varepsilon_2 R(c_2)^{\frac{1}{2}}}{c_2 - c_1} \int_{\infty}^{0} \frac{p(c_2) q_1(c_2) - p_1(c_2) q(c_2)}{\psi(c_2)} d\lambda$$

$$= \frac{M}{c_2 - c_1} \log \left\{ \frac{p(c_2) - q(c_2) \varepsilon_2 \sqrt{R(c_2)}}{p(c_2) + q(c_2) \varepsilon_2 \sqrt{R(c_2)}} \cdot \frac{p_1(c_2) + q_1(c_2) \varepsilon_2 \sqrt{R(c_2)}}{p_1(c_2) - q_1(c_2) \varepsilon_2 \sqrt{R(c_2)}} \right\},$$

so dass vermöge der Gleichungen (23), (24), (25) die Gleichung (22) in

$$(26) \ldots \sum_{\alpha=1}^{\alpha=2m} J_{c_1 c_2}^{(\alpha)} = \frac{M}{c_1 - c_2} \log \left\{ \frac{p(c_1) - q(c_1) \varepsilon_1 \sqrt{R(c_1)}}{p(c_1) + q(c_1) \varepsilon_1 \sqrt{R(c_1)}} \, \frac{p(c_2) + q(c_2) \varepsilon_2 \sqrt{R(c_2)}}{p(c_2) - q(c_2) \varepsilon_2 \sqrt{R(c_2)}} \times \right.$$

$$\frac{p_1(c_1) + q_1(c_1) \varepsilon_1 \sqrt{R(c_1)}}{p_1(c_1) - q_1(c_1) \varepsilon_1 \sqrt{R(c_1)}} \, \frac{p_1(c_2) - q_1(c_2) \varepsilon_2 \sqrt{R(c_2)}}{p_1(c_2) + q_1(c_2) \varepsilon_2 \sqrt{R(c_2)}} \times$$

$$\left. \frac{(z_1 - c_1)(z_2 - c_1) \ldots (z_{2m} - c_1)(z_1' - c_2)(z_2' - c_2) \ldots (z_{2m}' - c_2)}{(z_1 - c_2)(z_2 - c_2) \ldots (z_{2m} - c_2)(z_1' - c_1)(z_2' - c_1) \ldots (z_{2m}' - c_1)} \right\}$$

übergeht, worin ε_1 und ε_2 die positive oder negative Einheit bedeuten, oder, weil nach (4) und (8)

$$\frac{p(c_1)^2 - q(c_1)^2 R(c_1)}{p(c_2)^2 - q(c_2)^2 R(c_2)} = \frac{(z_1 - c_1)(z_2 - c_1) \ldots (z_{2m} - c_1)}{(z_1 - c_2)(z_2 - c_2) \ldots (z_{2m} - c_2)},$$

$$\frac{p_1(c_2)^2 - q_1(c_2)^2 R(c_2)}{p_1(c_1)^2 - q_1(c_1)^2 R(c_1)} = \frac{(z_1' - c_2)(z_2' - c_2) \ldots (z_{2m}' - c_2)}{(z_1' - c_1)(z_2' - c_1) \ldots (z_{2m}' - c_1)}$$

ist,

$$(27) \ldots \sum_{\alpha=1}^{\alpha=2m} J_{c_1 c_2}^{(\alpha)} = \frac{2M}{c_1 - c_2} \log \left\{ \frac{p(c_1) - q(c_1) \varepsilon_1 \sqrt{R(c_1)}}{p(c_2) - q(c_2) \varepsilon_2 \sqrt{R(c_2)}} \cdot \frac{p_1(c_2) - q_1(c_2) \varepsilon_2 \sqrt{R(c_2)}}{p_1(c_1) - q_1(c_1) \varepsilon_1 \sqrt{R(c_1)}} \right\},$$

und *es ist somit die Summe von $2m$ gleichartigen dritten Integralen, deren untere und obere Gränzen Lösungen der Gleichungen*

$$p^2 - q^2 R(z) = 0, \qquad p_1^2 - q_1^2 R(z) = 0$$

sind, durch einen Logarithmus ausgedrückt, dessen Argument aus den Functionen $p(z)$, $p_1(z)$, $q(z)$, $q_1(z)$, $\sqrt{R(z)}$ für die Punkte c_1 und c_2 rational zusammengesetzt ist.

Um nun die entsprechende Gleichung für die Integrale zweiter Gattung herzuleiten, bemerke man, dass man aus der Gleichung (27) für die Hauptintegrale dritter Gattung $H_{c_1 c_2}^{(\alpha)}$, die sich nach der dreizehnten Vorlesung dadurch ergeben, dass man

$$M = \frac{c_1 - c_2}{2}$$

setzt, die Beziehung erhält

$$(28) \sum_{\alpha=1}^{\alpha=2m} H_{c_1 c_2}^{(\alpha)} = \log \left\{ \frac{p(c_1) - q(c_1) \varepsilon_1 \sqrt{R(c_1)}}{p(c_2) - q(c_2) \varepsilon_2 \sqrt{R(c_2)}} \, \frac{p_1(c_2) - q_1(c_2) \varepsilon_2 \sqrt{R(c_2)}}{p_1(c_1) - q_1(c_1) \varepsilon_1 \sqrt{R(c_1)}} \right\}$$

und dass nach eben dieser Vorlesung jedes im Punkte c_1 algebraisch von der ersten Ordnung auf einem Blatte wie $\frac{M}{z - c_1}$ unendlich werdende elliptische Integral zweiter Gattung sich in der Form darstellen lässt

$$- M \frac{d}{dc_1} H_{c_1 c_2} + NJ,$$

wenn J ein Integral erster Gattung bedeutet. Daraus folgt aber, da

$$\sum_{\alpha=1}^{\alpha=2m} J^{(\alpha)} = 0$$

ist, für die zwischen den Gränzen z_α' und z_α genommenen allgemeinen Integrale zweiter Gattung $E_{c_1}^{(\alpha)}$

$$(29) \;.\;.\; \sum_{\alpha=1}^{\alpha=2m} E_{c_1}^{(\alpha)} = - M \frac{d}{dc_1} \log \left\{ \frac{p(c_1) - q(c_1)\, \varepsilon_1 \sqrt{R(c_1)}}{p_1(c_1) - q_1(c_1)\, \varepsilon_1 \sqrt{R(c_1)}} \right\},$$

und daher *die Summe dieser gleichartigen* $2m$ *elliptischen Integrale zweiter Gattung, deren untere und obere Gränzen Lösungen der Gleichungen*

$$p^2 - q^2 R(z) = 0, \quad p_1{}^2 - q_1{}^2 R(z) = 0$$

sind, rational zusammengesetzt aus den Functionen $p(z)$, $q(z)$, $p_1(z)$, $q_1(z)$, $\sqrt{R(z)}$ *und deren erste Ableitung für den Punkt* c_1.

Da ferner früher gezeigt worden, dass man durch Differentiation des zweiten Integrales E_{c_1} nach dem Parameter c_1 ein elliptisches Integral erhält, welches in c_1 von der zweiten Ordnung algebraisch unendlich wird, so wird für eine Reihe gleichartiger Integrale $'E_{c_1}$, welche in $z = c_1$ wie

$$\frac{M''}{(z - c_1)^2}$$

unendlich werden, nach (29) die Beziehung bestehen

$$(30) \;.\;.\; \sum_{\alpha=1}^{\alpha=2m} {}'E_{c_1}^{(\alpha)} = - \frac{M''}{1} \frac{d^2}{dc_1{}^2} \log \left\{ \frac{p(c_1) - q(c_1)\, \varepsilon_1 \sqrt{R(c_1)}}{p_1(c_1) - q_1(c_1)\, \varepsilon_1 \sqrt{R(c_1)}} \right\}.$$

Eine nochmalige Differentiation nach c_1 würde ein elliptisches Integral geben, welches in $z = c_1$ algebraisch von der dritten Ordnung unendlich wird, und wir erhalten daher für elliptische Integrale $''E_{c_1}$, welche in $z = c_1$ wie

$$\frac{M'''}{(z - c_1)^3}$$

unendlich werden, die Gleichung

$$(31) \;.\;.\; \sum_{\alpha=1}^{\alpha=2m} {}''E_{c_1}^{(\alpha)} = - \frac{M'''}{1 \,.\, 2} \frac{d^3}{dc_1{}^3} \log \left\{ \frac{p(c_1) - q(c_1)\, \varepsilon_1 \sqrt{R(c_1)}}{p_1(c_1) - q_1(c_1)\, \varepsilon_1 \sqrt{R(c_1)}} \right\};$$

endlich wird sich für elliptische Integrale, welche in $z = c_1$ algebraisch von der k^{ten} Ordnung unendlich werden wie

$$\frac{M^{(k)}}{(z - c_1)^k},$$

die Gleichung ergeben

$$(32) \sum_{\alpha=1}^{\alpha=2m} {}^{(k-1)}E_{c_1}^{(\alpha)} = - \frac{M^{(k)}}{1 \,.\, 2 \,.\, 3 \ldots (k-1)} \frac{d^k}{dc_1{}^k} \log \left\{ \frac{p(c_1) - q(c_1)\, \varepsilon_1 \sqrt{R(c_1)}}{p_1(c_1) - q_1(c_1)\, \varepsilon_1 \sqrt{R(c_1)}} \right\}.$$

Stellt man diese Resultate zusammen, so folgt unmittelbar, dass, wenn ein elliptisches Integral J_1 in $z = c_1$ unendlich wird wie

$A_1 \log(z - c_1) + B_1 (z - c_1)^{-1} + C_1 (z - c_1)^{-2} + \cdots + M_1 (z - c_1)^{-m_1}$

und in $z = c_2$ wie

$$- A_1 \log(z - c_2),$$

und

$$\int_{z_\alpha'}^{z_\alpha} dJ_1 = J_1^{(\alpha)}$$

gesetzt wird, wenn man die Gleichungen (28) bis (32) und den Umstand berücksichtigt, dass nach (19)

$$\sum_{\alpha=1}^{\alpha=2m} J^{(\alpha)} = 0$$

ist,

$$(33) \quad \sum_{\alpha=1}^{\alpha=2m} J_1^{(\alpha)} = A_1 \log \left\{ \frac{p(c_1) - q(c_1)\,\varepsilon_1 \sqrt{R(c_1)}}{p(c_2) - q(c_2)\,\varepsilon_2 \sqrt{R(c_2)}} \cdot \frac{p_1(c_2) - q_1(c_2)\,\varepsilon_2 \sqrt{R(c_2)}}{p_1(c_1) - q_1(c_1)\,\varepsilon_1 \sqrt{R(c_1)}} \right\}$$

$$- B_1 \frac{d}{dc_1} \log \left\{ \frac{p(c_1) - q(c_1)\,\varepsilon_1 \sqrt{R(c_1)}}{p_1(c_1) - q_1(c_1)\,\varepsilon_1 \sqrt{R(c_1)}} \right\} - \frac{C_1}{1} \frac{d^2}{dc^2} \log \left\{ \frac{p(c_1) - q(c_1)\,\varepsilon_1 \sqrt{R(c_1)}}{p_1(c_1) - q_1(c_1)\,\varepsilon_1 \sqrt{R(c_1)}} \right\}$$

$$- \frac{D_1}{1\,.\,2} \frac{d^3}{dc^3} \log \left\{ \frac{p(c_1) - q(c_1)\,\varepsilon_1 \sqrt{R(c_1)}}{p_1(c_1) - q_1(c_1)\,\varepsilon_1 \sqrt{R(c_1)}} \right\}$$

$$- \cdots - \frac{M_1}{1\,.\,2 \ldots (m_1 - 1)} \frac{d^{m_1}}{dc_1^{m_1}} \log \left\{ \frac{p(c_1) - q(c_1)\,\varepsilon_1 \sqrt{R(c_1)}}{p_1(c_1) - q_1(c_1)\,\varepsilon_1 \sqrt{R(c_1)}} \right\}.$$

Bezeichnet man nunmehr mit J ein elliptisches Integral, welches in c_1 unendlich wird wie

$A_1 \log(z - c_1) + B_1 (z - c_1)^{-1} + C_1 (z - c_1)^{-2} + \cdots + M_1 (z - c_1)^{-m_1}$,

in c_2 wie

$A_2 \log(z - c_2) + B_2 (z - c_2)^{-1} + C_2 (z - c_2)^{-2} + \cdots + M_2 (z - c_2)^{-m_2}$,

u. s. w., endlich in c_ν wie

$A_\nu \log(z - c_\nu) + B_\nu (z - c_\nu)^{-1} + C_\nu (z - c_\nu)^{-2} + \cdots + M_\nu (z - c_\nu)^{-m_\nu}$,

so wird sich die Summe von $2m$ solchen gleichartigen elliptischen Integralen, deren obere Gränzen die Lösungen $z_1, z_2, \ldots z_{2m}$ der Gleichung

$$p^2 - q^2 R(z) = 0$$

und deren untere Gränzen $z_1', z_2', \ldots z_{2m}'$ die Lösungen der Gleichung

$$p_1^2 - q_1^2 R(z) = 0$$

sind, worin p und p_1 beliebige ganze Polynome m^{ten} Grades, q und q_1 beliebige ganze Polynome höchstens vom $m - 2^{\text{ten}}$ Grade sind, wenn noch

$$J^{(\alpha)} = \int_{z_\alpha'}^{z_\alpha} dJ$$

gesetzt wird, zuerst in der folgenden Form darstellen:

$$\sum_{\alpha=1}^{\alpha=2m} J^{(\alpha)} = \sum_{\alpha=1}^{\alpha=2m} J_1^{(\alpha)} + \sum_{\alpha=1}^{\alpha=2m} J_2^{(\alpha)} + \cdots + \sum_{\alpha=1}^{\alpha=2m} J_\nu^{(\alpha)},$$

wie aus der dreizehnten Vorlesung unmittelbar hervorgeht, wenn $J_1^{(\alpha)}$ das zwischen z'_α und z_α genommene elliptische Integral bedeutet, welches nur in $z = c_1$ und $z = c_2$ logarithmisch unendlich wird und zwar in c_1 unendlich wie

$$A_1 \log (z - c_1) + B_1 (z - c_1)^{-1} + C_1 (z - c_1)^{-2} + \cdots + M_1 (z - c_1)^{-m_1}$$

und in c_2 unendlich wie

$$- A_1 \log (z - c_2);$$

wenn $J_2^{(\alpha)}$ das zwischen z'_α und z_α genommene elliptische Integral, welches in $z = c_2$ unendlich wird, wie

$$(A_1 + A_2) \log (z - c_2) + B_2 (z - c_2)^{-1} + \cdots M_2 (z - c_2)^{-m_2}$$

und in z_3 logarithmisch unendlich wie

$$- (A_1 + A_2) \log (z - c_3),$$

u. s. w., $J_{\nu-1}^{(\alpha)}$ das zwischen z'_α und z_α genommene elliptische Integral, welches in $z = c_{\nu-1}$ unendlich wird wie

$$(A_1 + A_2 + \cdots + A_{\nu-1}) \log (z - c_{\nu-1}) + B_{\nu-1} (z - c_{\nu-1})^{-1} + \cdots + M_{\nu-1} (z - c_{\nu-1})^{m_{\nu-1}}$$

und in $z = c_\nu$ unendlich wie

$$- (A_1 + A_2 + \cdots + A_{\nu-1}) \log (z - c_\nu) = A_\nu \log (z - c_\nu),$$

endlich $J_\nu^{(\alpha)}$ das zwischen z'_α und z_α genommene elliptische Integral, welches in $z = c_\nu$ und nur in diesem Punkte algebraisch unendlich wird wie

$$B_\nu (z - c_\nu)^{-1} + C_\nu (z - c_\nu)^{-2} + \cdots + M_\nu (z - c_\nu)^{-m_\nu}.$$

Wendet man nun die in der Gleichung (33) erhaltene Beziehung auf die einzelnen Integrale

$$J_1^{(\alpha)},\ J_2^{(\alpha)},\ \ldots\ J_\nu^{(\alpha)}$$

an, so erhält man, wie leicht zu sehen,

$$(34)\quad \sum_{\alpha=1}^{\alpha=2m} J^{(\alpha)} = \sum_{\varrho=1}^{\varrho=\nu-1} (A_1 + A_2 + \cdots A_\varrho) . \log \left\{ \frac{p(c_\varrho) - q(c_\varrho)\,\varepsilon_\varrho \sqrt{R(c_\varrho)}}{p(c_{\varrho+1}) - q(c_{\varrho+1})\varepsilon_{\varrho+1} \sqrt{R(c_{\varrho+1})}} \times \frac{p_1(c_{\varrho+1}) - q_1(c_{\varrho+1})\,\varepsilon_{\varrho+1} \sqrt{R(c_{\varrho+1})}}{p_1(c_\varrho) - q_1(c_\varrho)\,\varepsilon_\varrho \sqrt{R(c_\varrho)}} \right\}$$

$$- \sum_{\varrho=1}^{\varrho=\nu} B_\varrho \frac{d}{dc_\varrho} \log \left\{ \frac{p(c_\varrho) - q(c_\varrho)\,\varepsilon_\varrho \sqrt{R(c_\varrho)}}{p_1(c_\varrho) - q_1(c_\varrho)\,\varepsilon_\varrho \sqrt{R(c_\varrho)}} \right\} - \sum_{\varrho=1}^{\varrho=\nu} \frac{C_\varrho}{1} \frac{d^2}{dc_\varrho^{\,2}} \log \left\{ \frac{p(c_\varrho) - q(c_\varrho)\varepsilon_\varrho \sqrt{R(c_\varrho)}}{p_1(c_\varrho) - q_1(c_\varrho)\varepsilon_\varrho \sqrt{R(c_\varrho)}} \right\}$$

$$- \cdots - \sum_{\varrho=1}^{\varrho=\nu} \frac{M_\varrho}{1.2\ldots(m_\varrho - 1)} \frac{d^{m_\varrho}}{dc_\varrho^{\,m_\varrho}} \log \left\{ \frac{p(c_\varrho) - q(c_\varrho)\,\varepsilon_\varrho \sqrt{R(c_\varrho)}}{p_1(c_\varrho) - q_1(c_\varrho)\,\varepsilon_\varrho \sqrt{R(c_\varrho)}} \right\},$$

welche Gleichung die allgemeinste aus der Existenz der Gleichungen

$$p^2 - q^2 R(z) = 0$$
$$p_1^2 - q_1^2 R(z) = 0$$

hervorgehende Relation zwischen gleichartigen elliptischen Integralen enthält, wobei zu beachten, dass der Werth der zu den einzelnen z-Werthen gehörigen Irrationalität durch die Gleichung

$$\sqrt{R(\zeta_\alpha)} = \frac{p(\zeta_\alpha) + \lambda p_1(\zeta_\alpha)}{q(\zeta_\alpha) + \lambda q_1(\zeta_\alpha)}$$

fest bestimmt war.*)

Die erhaltenen Resultate lassen sich aber noch in anderer Form aussprechen. Wählt man nämlich $2m - 1$ Werthe

$$z_1, z_2, \ldots z_{2m-1}$$

als obere Gränzen und

$$z_1', z_2', \ldots z_{2m-1}'$$

als untere Gränzen beliebig, und bestimmt die Constanten des Ausdruckes

$$p - q\sqrt{R(z)},$$

*) Es ist leicht aus den Auseinandersetzungen der dreizehnten Vorlesung zu ersehen, dass man auch das obige elliptische Integral J aus ν Integralen $J_1, J_2, \ldots J_\nu$ von der Beschaffenheit zusammensetzen kann, dass das erste in c_1 so unendlich wird wie J, in einem beliebigen anderen Punkte a dagegen wie

$$- A_1 \log(z - a),$$

J_2 in c_2 so unendlich wie J, dagegen in demselben Punkte a wie

$$- A_2 \log(z - a),$$

u. s. w., endlich J_ν in c_ν so unendlich wie J, aber in a wie

$$- A_\nu \log(z - a),$$

dann wird offenbar

$$J_1 + J_2 + \ldots J_\nu$$

in $c_1, c_2, \ldots c_\nu$ so unendlich werden wie J und wegen

$$A_1 + A_2 + \cdots + A_\nu$$

in $z = a$ endlich sein, so dass es sich von J wiederum nur um ein Integral erster Gattung unterscheidet und daher die Form des Abel'schen Theorems sich auch darstellen lässt durch

$$\sum_{\alpha=1}^{\alpha=2m} J^{(\alpha)} = \sum_{\varrho=1}^{\varrho=\nu} A_\varrho \log\left\{\frac{p(c_\varrho) - q(c_\varrho)\,\varepsilon_\varrho\sqrt{R(c_\varrho)}}{p_1(c_\varrho) - q_1(c_\varrho)\,\varepsilon_\varrho\sqrt{R(c_\varrho)}}\right\}$$
$$- \sum_{\varrho=1}^{\varrho=\nu} B_\varrho \frac{d}{dc_\varrho} \log\left\{\frac{p(c_\varrho) - q(c_\varrho)\,\varepsilon_\varrho\sqrt{R(c_\varrho)}}{p_1(c_\varrho) - q_1(c_\varrho)\,\varepsilon_\varrho\sqrt{R(c_\varrho)}}\right\}$$
$$- \sum_{\varrho=1}^{\varrho=\nu} \frac{C_\varrho}{1} \frac{d^2}{dc_\varrho^2} \log\left\{\frac{p(c_\varrho) - q(c_\varrho)\,\varepsilon_\varrho\sqrt{R(c_\varrho)}}{p_1(c_\varrho) - q_1(c_\varrho)\,\varepsilon_\varrho\sqrt{R(c_\varrho)}}\right\}$$
$$- \cdots - \sum_{\varrho=1}^{\varrho=\nu} \frac{M_\varrho}{1 \cdot 2 \ldots (m_\varrho - 1)} \frac{d^{m_\varrho}}{dc_\varrho^{m_\varrho}} \log\left\{\frac{p(c_\varrho) - q(c_\varrho)\,\varepsilon_\varrho\sqrt{R(c_\varrho)}}{p_1(c_\varrho) - q_1(c_\varrho)\,\varepsilon_\varrho\sqrt{R(c_\varrho)}}\right\}.$$

deren Anzahl, wenn p vom m^{ten} und q vom $m-2^{\text{ten}}$ Grade ist, von der multiplicatorischen Constanten abgesehen, $2m-1$ ist, so dass

$$p - q\sqrt{R(z)} = 0$$

wird für $z = z_1, z_2, \ldots z_{2m-1}$, also

$$\sqrt{R(z)} = \frac{p}{q},$$

ebenso p_1 und q_1, so dass

$$p_1 - q_1\sqrt{R(z)} = 0$$

für $z = z_1', z_2', \ldots z_{2m-1}'$, also

$$\sqrt{R(z)} = \frac{p_1}{q_1},$$

so werden die Gleichungen

$$p^2 - q^2 R(z) = 0$$

und

$$p_1^2 - q_1^2 R(z) = 0$$

ausser jenen $2m-1$ Grössen noch eine Wurzel

$$z_{2m} \text{ resp. } z_{2m}'$$

haben und wenn

$$(35) \; \ldots\ldots \; \sqrt{R(z_{2m})} = \frac{p(z_{2m})}{q(z_{2m})}, \quad \sqrt{R(z_{2m}')} = \frac{p(z_{2m}')}{q(z_{2m}')}$$

gesetzt wird, so werden für diese $2m$ Werthepaare von z und z' mit den zugehörigen Wurzelwerthen $\sqrt{R(z)}$ die oben für die elliptischen Integrale gefundenen Relationen statthaben, d. h. *es werden sich jene $2m-1$ gegebenen Integrale zu einem elliptischen Integrale zusammenfassen lassen von algebraisch logarithmischen Theilen abgesehen;* bemerkt man nun, dass für ein gegebenes z_α die Grösse $\sqrt{R(z_\alpha)}$ in der Gleichung, deren Coefficienten zu finden sind,

$$p(z_\alpha) - q(z_\alpha)\sqrt{R(z_\alpha)} = 0$$

in Bezug auf das Zeichen beliebig bestimmt werden kann, dass sich ferner die Coefficienten als Unbekannte linearer Gleichungen rational aus den Werthen

$$z_1, z_2, \ldots z_{2m-1}, \sqrt{R(z_1)}, \ldots \sqrt{R(z_{2m-1})}$$
$$z_1', z_2', \ldots z_{2m-1}', \sqrt{R(z_1')}, \ldots \sqrt{R(z_{2m-1}')}$$

zusammensetzen werden, und dass, wenn in den Gleichungen

$$p(z)^2 - q(z)^2 R(z) = C(z-z_1)(z-z_2)\ldots(z-z_{2m-1})(z-z_{2m})$$
$$p_1(z)^2 - q_1(z)^2 R(z) = C_1(z-z_1')(z-z_2')\ldots(z-z_{2m-1}')(z-z_{2m}')$$

$z=0$ gesetzt wird, sich

$$(36) \; \ldots\ldots\ldots\ldots \; \begin{cases} z_{2m} = \dfrac{p(0)^2 - q(0)^2 R(0)}{C z_1 z_2 \ldots z_{2m-1}} \\ z_{2m}' = \dfrac{p_1(0)^2 - q_1(0)^2 R(0)}{C_1 z_1' z_2' \ldots z_{2m}'} \end{cases}$$

ergiebt, worin

$$p(0),\ p_1(0),\ q(0),\ q_1(0)$$

nach den oben getroffenen Bestimmungen von

$$z_1,\ z_2,\ \ldots\ z_{2m-1},\ z_1',\ z_2',\ \ldots\ z_{2m-1}'$$

abhängen, so folgt, *dass sich* z_{2m} *und* z_{2m}' *rational durch*

$$z_1, \ldots z_{2m-1},\ \sqrt{R(z_1)},\ \ldots\ \sqrt{R(z_{2m-1})},\ z_1',\ \ldots\ z_{2m-1}',\ \sqrt{R(z_1')},\ \ldots\ \sqrt{R(z_{2m-1}')}$$

ausdrücken und dasselbe gilt vermöge der Gleichungen (35) *für*

$$\sqrt{R(z_{2m})} \text{ und } \sqrt{R(z_{2m}')},$$

so dass hierdurch das früher für zwei elliptische Integrale ausgesprochene Additionstheorem verallgemeinert ist.

Die oben ausgeführte Bestimmung der Coefficienten von p und q bleibt jedoch nur so lange möglich, als die Grössen

$$z_1,\ \ldots\ z_{2m-1}, \text{ und } z_1',\ \ldots\ z_{2m-1}'$$

resp. untereinander verschieden waren, da nur dann so viel verschiedene lineare Gleichungen sich ergeben, als unbestimmte Coefficienten in p und q eintreten. Sind jedoch μ_1 der z-Grössen gleich z_1, μ_2 gleich $z_2, \ldots \mu_r$ gleich z_r, so dass

$$\mu_1 + \mu_2 + \cdots + \mu_r = 2m - 1,$$

ebenso μ_1' der z' Grössen gleich z_1', μ_2' gleich $z_2', \ldots \mu_s'$ gleich z_s',*) so dass

$$\mu_1' + \mu_2' + \cdots + \mu_s' = 2m - 1$$

ist, so bestimme man eine ganze Function $2m - 2^{\text{ten}}$ Grades $f(z)$ so, dass für

$$z = z_1,\ z = z_2,\ \ldots\ z = z_r$$

diese Function sowohl als respective ihre

$$\mu_1 - 1,\ \mu_2 - 1,\ \ldots\ \mu_r - 1$$

ersten Ableitungen dieselben Werthe haben als für eben diese Argumente die Function $\sqrt{R(z)}$ und die eben so hohen Ableitungen dieser Grösse. Diese Aufgabe ist vollständig bestimmt, da der Werth von $\sqrt{R(z)}$ also auch der aller Ableitungen für jene Specialwerthe als fest gegeben vorausgesetzt wird, und die Function $f(z)$ $2m - 1$ Constanten besitzt, welche sich durch die vermöge der Identificirung jener Functionalwerthe und ihrer Ableitungen sich ergebenden

$$\mu_1 + \mu_2 + \cdots + \mu_r = 2m - 1$$

Gleichungen, welche linear in jenen $2m - 1$ Constanten sind, eindeutig bestimmen lassen. Ist nun jene Function $f(z)$ gefunden, wobei wieder zu bemerken, dass die Coefficienten rational aus

$$z_1,\ \ldots\ z_r,\ \sqrt{R(z_1)}\ \ldots\ \sqrt{R(z_r)}$$

zusammengesetzt sind, so wird die Function

---

*) wobei vorausgesetzt wird, dass keiner der vielfachen z-Werthe ein Nullwerth des Polynoms $R(z)$ ist.

$$[f(z) - \sqrt{R(z)}]\,[f(z) + \sqrt{R(z)}] = f(z)^2 - R(z)$$

durch

$$(z - z_1)^{\mu_1}(z - z_2)^{\mu_2} \ldots (z - z_r)^{\mu_r} = \psi(z)$$

theilbar sein und sich somit

$$(37) \quad \ldots\ldots \quad f(z)^2 - R(z) = \psi(z)\,\psi_1(z)$$

ergeben. Ist nun $p(z)$ eine Function m^{ten} und $q(z)$ eine Function $m - 2^{\text{ten}}$ Grades, die zusammen $2m$ Constanten haben, so wird man die Function

$$p(z) - q(z)\,f(z)$$

so bestimmen können, dass dieselbe für $z = z_1$ nebst ihren $\mu_1 - 1$ ersten Ableitungen, für $z = z_2$ nebst ihren $\mu_2 - 1$ ersten Ableitungen, endlich für $z = z_r$ mit ihren $\mu_r - 1$ ersten Ableitungen verschwindet, welche Bestimmung wieder $2m - 1$ Gleichungen liefert, deren rechte Seiten Null sind, so dass wieder von der multiplicatorischen Constanten abgesehen die Functionen $p(z)$ und $q(z)$ vollständig bestimmt sind und

$$(38) \quad \ldots\ldots \quad p(z) - q(z)\,f(z) = \psi(z)\,\psi_2(z)$$

oder

$$[p(z) - q(z)\,f(z)]\,[p(z) + q(z)\,f(z)] = \psi(z)\,\psi_3(z)$$

oder

$$p(z)^2 - q(z)^2 f(z)^2 = \psi(z)\,\psi_3(z)$$

wird, welche Gleichung vermöge (37) in

$$(39) \quad \ldots\ldots \quad p(z)^2 - q(z)^2 R(z) = \psi(z)\,\chi(z)$$

übergeht, worin $\chi(z)$ wieder eine ganze Function von z bedeutet; da aber $p(z)^2$ vom $2m^{\text{ten}}$, $q(z)^2 R(z)$ vom $2(m-2)+3$ oder $2(m-2)+4^{\text{ten}}$ Grade ist, so folgt, dass $\chi(z)$ vom ersten Grade ist, und es wird daher, wenn

$$\chi(z) = C(z - z_{2m})$$

gesetzt wird, die Gleichung (39) in

$$(40) \quad p(z)^2 - q(z)^2 R(z) = C(z - z_1)^{\mu_1}(z - z_2)^{\mu_2} \ldots (z - z_r)^{\mu_r}(z - z_{2m})$$

übergehen. Ausserdem war aber

$$f(z_\alpha) = \sqrt{R(z_\alpha)}$$

und

$$p(z_\alpha) - q(z_\alpha)\,f(z_\alpha) = 0$$

d. h. es wird

$$(41) \quad \ldots\ldots \quad \sqrt{R(z_\alpha)} = \frac{p(z_\alpha)}{q(z_\alpha)},$$

und ebenso wird man eine Function m^{ten} Grades $p_1(z)$ und eine Function $m - 2^{\text{ten}}$ Grades vollständig bestimmen können, welche den Gleichungen

$$(42) \quad p_1(z)^2 - q_1(z)^2 R(z) = C_1(z - z_1')^{\mu_1'}(z - z_2')^{\mu_2'} \ldots (z - z_s')^{\mu_s'}(z - z_{2m}')$$

und

$$(43) \quad \ldots\ldots \quad \sqrt{R(z_\alpha')} = \frac{p_1(z_\alpha')}{q_1(z_\alpha')}$$

genügen, und dies sind wieder die hinreichenden Bedingungen für das Bestehen der obigen Integralrelationen, so dass sich wieder die $2m - 1$ zum Theil gleichen Integrale, indem die oberen und unteren Gränzen zu gleicher Zeit zum Theil übereinstimmen, sich von einem algebraisch logarithmischen Theile abgesehen zu einem neuen gleichartigen Integrale zusammensetzen, dessen Gränzen und Irrationalitäten sich offenbar wieder aus den Gränzen und Irrationalitäten der $2m - 1$ gegebenen Integrale rational zusammensetzen, und wobei zu bemerken, dass der hinzukommende algebraische Theil, wie früher allgemein gezeigt worden, eine rationale Function der Gränzen und Irrationalitäten der gegebenen $2m - 1$ Integrale ist, und der Logarithmus als Argument eine ebensolche Function enthält.

Der Fall, in dem nicht wie vorher eine ungrade Anzahl gleichartiger elliptischer Integrale zu einem ebensolchen Integrale zu vereinigen ist, sondern eine grade Anzahl, lässt sich leicht auf den vorigen Fall zurückführen. Denn sei

$$\mu_1 + \mu_2 + \cdots + \mu_r = 2m,$$

so dass

$$\psi(z) = (z - z_1)^{\mu_1} (z - z_2)^{\mu_2} \ldots (z - z_r)^{\mu_r}$$

ist, so setze man, wenn α irgend eine Lösung von $R(z) = 0$ ist,

$$\psi_1(z) = \psi(z)(z - \alpha)$$

so dass $\psi_1(z)$ jetzt wieder ein Polynom unpaaren Grades und zwar vom $2m + 1^{\text{ten}}$ Grade in z ist. Bestimmt man nun genau nach den vorher angegebenen Regeln p als Polynom des $m + 1^{\text{ten}}$ und q als Polynom des $m - 1^{\text{ten}}$ Grades so, dass

$$p(z)^2 - q(z)^2 R(z) = C\psi_1(z) \,.\, (z - z_{2m+2})$$

ist, so wird, weil die rechte Seite durch $z - \alpha$ theilbar ist, auch $p(z)$ es sein, und wenn man somit

$$p(z) = (z - \alpha) P(z), \quad q(z) = Q(z)$$

setzt, so wird sich

$$(44) \quad . \; . \quad (z - \alpha) P(z)^2 - Q(z)^2 \frac{R(z)}{z - \alpha} = C\psi(z)(z - z_{2m+2})$$

ergeben, woraus wieder, wenn $z = 0$ gesetzt wird, z_{2m+2} sich rational in $z_1, \ldots z_{2m}$ und den zugehörigen Irrationalitäten ergiebt. Macht man dasselbe für p_1 und q_1, indem man dieselbe untere Gränze α hinzufügt, so wird sich das hinzugetretene Integral wegen des Zusammenfallens der unteren und oberen Gränze herausheben, und es wird die Summe von $2m$ Integralen zu einem einzigen vereinigt sein.

Wir knüpfen endlich hieran die Ausdrücke für die elliptischen Functionen einer Summe von beliebig vielen Argumenten durch die elliptischen Functionen der einzelnen Argumente.

Sei $R(z)$ vom dritten Grade in z in der Form gegeben

$$R(z) = 4z(1 - z)(1 - k^2 z),$$

so wird, wenn mit Benutzung der früheren Bezeichnung

$$\mu_1 + \mu_2 + \cdots + \mu_r = 2m - 1$$

eine ungrade Zahl ist, zur Addition der entsprechenden Integrale die Gleichung (40) zu bilden sein

$$(45) \quad p(z)^2 - q(z)^2 R(z) = C(z - z_1)^{\mu_1}(z - z_2)^{\mu_2} \ldots (z - z_r)^{\mu_r}(z - z_{2m}),$$

aus welcher sich, wenn $z = 0$ gesetzt und berücksichtigt wird, dass $p(z)$ vom m^{ten}, $q(z)$ vom $m - 2^{\text{ten}}$ und $R(z)$ vom 3ten Grade ist, und der Coefficient des höchsten Gliedes in $p(z)$ der Einheit gleich gesetzt wird,

$$(46) \quad \ldots\ldots\ldots\ldots \quad z_{2m} = \frac{p(0)^2}{z_1^{\mu_1} z_2^{\mu_2} \ldots z_\nu^{\mu_r}}$$

und dazu gehörig nach (41)

$$(47) \quad \ldots\ldots\ldots\ldots \quad \sqrt{R(z_{2m})} = \frac{p(z_{2m})}{q(z_{2m})}$$

ergiebt. Wenn man ferner sämmtliche Werthe z' als untere Gränzen der Integrale gleich Null wählt, so dass in der Gleichung (42)

$$p_1(z)^2 - q_1(z)^2 R(z) = C_1(z - z_1')^{\mu_1'} \ldots (z - z_s')^{\mu_s'}(z - z_{2m}')$$

$p_1(z)$ und $q_1(z)$ so zu bestimmen sind, dass

$$z_1' = z_2' = \cdots z_s' = 0$$

sein müssen, so wird aus

$$p_1(z)^2 - q_1(z)^2 R(z) = C_1 z^{2m-1}(z - z_{2m}'),$$

leicht

$$p_1(z)^2 = C_1 z^{2m}, \quad q_1(z) = 0$$

folgen, also $z_{2m}' = 0$ sein müssen, während die zu allen unteren Gränzen gehörigen Irrationalitäten offenbar ebenfalls verschwinden müssen.

Setzt man aber die Integrale

$$\int_0^{z_1} \frac{dz}{2\sqrt{z(1-z)(1-k^2 z)}} = v_1, \ \ldots \int_0^{z_r} \frac{dz}{2\sqrt{z(1-z)(1-k^2 z)}} = v_r,$$

also nach Früherem

$$\int_0^{z_{2m}} \frac{dz}{2\sqrt{z(1-z)(1-k^2 z)}} = -m_1 v_1 - m_2 v_2 - \cdots - m_r v_r,$$

so ist bekanntlich

$$z_1 = \sin^2 \operatorname{am} v_1, \ldots z_r = \sin^2 \operatorname{am} v_r, \; z_{2m} = \sin^2 \operatorname{am}(m_1 v_1 + m_2 v_2 + \cdots + m_r v_r),$$

und es wird somit in Folge der Gleichung (46) die Relation bestehen

$$(48) \quad \sin \operatorname{am}(m_1 v_1 + m_2 v_2 + \cdots + m_r v_r) = \pm \frac{p(0)}{\sin \operatorname{am}^{\mu_1} v_1 \sin \operatorname{am}^{\mu_2} v_2 \cdots \sin \operatorname{am}^{\mu_r} v_r},$$

worin das Zeichen durch einen speciellen Fall zu bestimmen ist; wesentlich ist, zu bemerken, dass $p(0)$ rational aus $z_1, z_2, \ldots z_r$ und den zugehörigen Irrationalitäten, d. h. rational aus in^2 am $v_1, \ldots \sin^2 \operatorname{am} v_r, \sin \operatorname{am} v_1 \cos \operatorname{am} v_1 \, \varDelta \operatorname{am} v_1, \ldots \sin \operatorname{am} v_r \cos \operatorname{am} v_r \, \varDelta \operatorname{am} v_r$ zusammgesetzt ist.

Setzt man ferner in (45) $z = 1$, so folgt, weil

$$1 - z_\alpha = \cos^2 \operatorname{am} v_\alpha$$

ist,

$$\text{49)} \quad \cos \operatorname{am} (m_1 v_1 + m_2 v_2 + \cdots + m_r v_r) = \pm \frac{p(1)}{\cos \operatorname{am}^{\mu_1} v_1 \cos \operatorname{am}^{\mu_2} v_2 \cdots \cos \operatorname{am}^{\mu_r} v_r},$$

und endlich, wenn $z = \frac{1}{k^2}$ gesetzt wird,

$$(50) \quad \varDelta \operatorname{am} (m_1 v_1 + m_2 v_2 + \cdots + m_r v_r) = \pm \frac{p\left(\frac{1}{k^2}\right) k^{4m}}{\varDelta \operatorname{am}^{\mu_1} v_1 \, \varDelta \operatorname{am}^{\mu_2} v_2 \cdots \varDelta \operatorname{am}^{\mu_r} v_r}.$$

Ist

$$\mu_1 + \mu_2 + \cdots + \mu_r$$

eine grade Zahl, so leitet man die entsprechenden Formeln für die elliptischen Functionen einer Summe von Argumenten unmittelbar aus dem vorigen Falle her, indem man ein Argument verschwinden lässt oder auch aus Gleichung (44), indem man dort z. B. als Lösung α des Polynoms $R(z)$ in unserm Falle $\alpha = 0$ nehmen kann, und dann wieder unmittelbar, indem man

$$z = 0, \; 1, \; \frac{1}{k^2}$$

setzt, die drei Ausdrücke in einer der obigen analogen Form erhält.

Zweiundzwanzigste Vorlesung.

Das allgemeine Transformationsproblem.

Nachdem wir in der letzten Vorlesung gesehen, dass einer transcendenten Beziehung, nämlich einer additiven Verbindung gleichartiger elliptischer Integrale, eine algebraische Beziehung zwischen den oberen und unteren Gränzen jener Integrale entsprechen kann, wollen wir nunmehr allgemein die Bedingungen dafür untersuchen, dass für eine additive Beziehung beliebiger gleichartiger und ungleichartiger elliptischer Integrale, algebraischer Functionen der Integralgränzen und Logarithmen von solchen algebraischen Functionen dieser Grössen algebraische Beziehungen bestehen.

Wir wollen im Folgenden die allgemeinen elliptischen Integrale in der Form

$$\int^{z} F\left(z, \sqrt{R(z)}\right) dz = \int^{z} F\, dz$$

schreiben, indem wir die untere constante Gränze des Integrals nicht ausdrücklich bezeichnen und unter

$$F\left(z, \sqrt{R(z)}\right) = F$$

eine rationale Function von z und $\sqrt{R(z)}$ verstehen, wo wir, ohne die Allgemeinheit zu beschränken, das Polynom $R(z)$ in der Normalform

$$R(z) = (1 - z^2)(1 - k^2 z^2)$$

voraussetzen dürfen, da, wie früher gezeigt worden, durch eine lineare Substitution die eine Form in die andere umgesetzt werden kann.

Sei also die zwischen μ elliptischen Integralen stattfindende Relation

$$(1) \int^{z_1} F_1\, dz + \int^{z_2} F_2\, dz + \cdots + \int^{z_\mu} F_\mu\, dz = u + A_1 \log v_1 + A_2 \log v_2 + \cdots + A_\nu \log v_\nu,$$

worin F_α eine rationale Function von z und

$$\sqrt{R_\alpha(z)} = \sqrt{(1 - z^2)(1 - k_\alpha^2 z^2)},$$

$u, v_1, v_2, \ldots v_\nu$ algebraische Functionen von

$$z_1, z_2, \ldots z_\mu,$$

und

$$A_1, A_2, \ldots A_\nu$$

Constanten sind; wir nehmen an, dass zwischen den Grössen $z_1, z_2, \ldots z_\mu$ so viel algebraische Beziehungen stattfinden, dass nur

$$z_1,\ z_2,\ \ldots\ z_m$$

von einander unabhängig bleiben, und bringen dann die Gleichungen (1) auf die Form

$$(2)\ \ldots\ldots\ \int^{z_1} F_1\,dz + \int^{z_2} F_2\,dz + \cdots + \int^{z_m} F_m\,dz$$

$$= -\int^{z_{m+1}} F_{m+1}\,dz - \cdots - \int^{z_\mu} F_\mu\,dz + u + A_1 \log v_1 + \cdots + A_\nu \log v_\nu,$$

in welcher $z_1, z_2, \ldots z_m$ unabhängige Veränderliche und

$$z_{m+1},\ \ldots\ z_\mu,\ u,\ v_1,\ v_2,\ \ldots\ v_\nu$$

algebraische Functionen dieser Grössen sind.

Vor allen Dingen ist leicht zu sehen, dass es eine algebraische Function t der Grössen

$$z_1,\ z_2,\ \ldots\ z_m$$

giebt, so beschaffen, dass

$$z_{m+1},\ \ldots\ z_\mu,\ u,\ v_1,\ v_2,\ \ldots\ v_\nu,\ \sqrt{R_{m+1}(z_{m+1})},\ \ldots\ \sqrt{R_\mu(z_\mu)}$$

rationale Functionen von

$$t,\ z_1,\ z_2,\ \ldots\ z_m,\ \sqrt{R_1(z_1)},\ \sqrt{R_2(z_2)},\ \ldots\ \sqrt{R_m(z_m)}$$

sind. Dann bildet man

$$(3)\ \ldots\ldots\ t = a_{m+1} z_{m+1} + \cdots + a_\mu z_\mu + bu + c_1 v_1$$
$$+ \cdots + c_\nu v_\nu + d_{m+1} \sqrt{R_{m+1}(z_{m+1})} + \cdots + d_\mu \sqrt{R_\mu(z_\mu)},$$

worin die a, b, c allgemeine Constanten sind, so kann man diese Grösse als eine lineare Function der Lösungen

$$z_{m+1},\ \ldots\ z_\mu,\ u,\ v_1,\ \ldots\ v_\nu,\ \sqrt{R_{m+1}(z_{m+1})};\ \ldots\ \sqrt{R_\mu(z_\mu)}$$

einer algebraischen Gleichung auffassen, deren Coefficienten rationale Functionen von

$$z_1,\ z_2,\ \ldots\ z_m$$

sind, und die man erhält, wenn man all' die algebraischen Gleichungen mit einander multiplicirt, deren Lösungen die Grössen $z_{m+1}, \ldots z_\mu$, $u, v_1, \ldots v_\nu$, $\sqrt{R_{m+1}(z_{m+1})}, \ldots \sqrt{R_\mu(z_\mu)}$ sind, welche als algebraische Functionen von $z_1, \ldots z_m$ vorausgesetzt wurden. Bildet man aber nun eine Reihe anderer linearer Functionen von der Form (3), so kann man, wie ein bekannter Satz der Algebra lehrt*), alle diese rationalen ähnlichen Functionen rational durch

$$z_1,\ z_2,\ \ldots\ z_m \text{ und } t$$

*) Zwei ähnliche Functionen der Wurzeln einer Gleichung nennt man zwei solche Functionen, die sich bei einer Permutation der Wurzeln zu gleicher Zeit ändern und nicht ändern, so dass, weil die oben mit allgemeinen Coefficienten gebildeten linearen Functionen offenbar diese Eigenschaft haben, dieselben als ähnliche Functionen zu betrachten sind. Man erkennt die Richtigkeit des oben

ausdrücken, und wenn man somit soviel lineare Ausdrücke herstellt, als die Anzahl der Grössen

$$z_{m+1}, \ldots z_\mu, u, v_1, \ldots v_\nu, \sqrt{R_{m+1}(z_{m+1})}, \ldots \sqrt{R_\mu(z_\mu)}$$

---

angeführten Satzes unmittelbar aus der Ueberlegung, dass, wenn man eine andere ebenso gebildete lineare Function der oben bezeichneten Grössen mit t_1 bezeichnet und die Anzahl, für alle Permutationen der Lösungen jener algebraischen Gleichung verschiedenen Werthe von t und t_1 mit μ bezeichnet, die Ausdrücke

$$\begin{aligned}
t_1^{(1)} + t_1^{(2)} + \cdots + t_1^{(\mu)} &= a_0 \\
t^{(1)} t_1^{(1)} + t^{(2)} t_1^{(2)} + \cdots + t^{(\mu)} t_1^{(\mu)} &= a_1 \\
t^{(1)^2} t_1^{(1)} + t^{(2)^2} t_1^{(2)} + \cdots + t^{(\mu)^2} t_1^{(\mu)} &= a_2 \\
\cdots\cdots\cdots\cdots\cdots\cdots & \\
t^{(1)\varrho-1} t_1^{(1)} + t^{(2)\varrho-1} t_1^{(2)} + \cdots + t^{(\varrho)\varrho-1} t_1^{(\mu)} &= a_{\mu-1},
\end{aligned}$$

in welchen

$$t^{(1)}, t^{(2)}, \ldots t^{(\varrho)}, t_1^{(1)}, t_1^{(2)}, \ldots t_1^{(\mu)}$$

die verschiedenen Werthe der t- und t_1-Function bezeichnen, als rationale symmetrische Functionen der Lösungen der algebraischen Gleichung, zu denen auch die Grössen

$$z_{m+1}, \ldots z_\mu, u, v_1, \ldots v_\nu, \sqrt{R_{m+1}(z_{m+1})}, \ldots \sqrt{R_\mu(z_\mu)}$$

gehörten, sich rational durch die Coefficienten dieser Gleichung also rational durch die Werthe

$$z_1, z_2, \ldots z_m$$

ausdrücken lassen. Multiplicirt man nun die obigen Gleichungen mit den unbestimmten Coefficienten

$$\lambda_0, \lambda_1, \ldots \lambda_{\varrho-2}, 1$$

und setzt

$$\varphi(t) = t^{\varrho-1} + \lambda_{\varrho-2} t^{\varrho-2} + \cdots + \lambda_1 t + \lambda_0,$$

so folgt durch Addition der resultirenden Gleichungen

$$t_1^{(1)} \varphi\left(t^{(1)}\right) + t_1^{(2)} \varphi\left(t^{(2)}\right) + \cdots + t_1^{(\varrho)} \varphi\left(t^{(\varrho)}\right) = \lambda_0 a_0 + \lambda_1 a_1 + \cdots + \lambda_{\mu-2} a_{\mu-2} + a_{\mu-1},$$

und wenn die λ so bestimmt werden, dass

$$(\alpha) \;.\; \varphi\left(t^{(1)}\right) = \varphi\left(t^{(2)}\right) = \cdots = \varphi\left(t^{(\alpha-1)}\right) = \varphi\left(t^{(\alpha+1)}\right) = \cdots = \varphi\left(t^{(\varrho)}\right) = 0$$

ist, so würde sich

$$(\beta) \ldots\ldots \quad t_1^{(\alpha)} = \frac{\lambda_0 a_0 + \lambda_1 a_1 + \cdots + \lambda_{\varrho-2} a_{\varrho-2} + a_{\varrho-1}}{\varphi\left(t^{(\alpha)}\right)}$$

ergeben. Bemerkt man aber, dass die Gleichung

$$\left(t - t^{(1)}\right)\left(t - t^{(2)}\right) \ldots \left(t - t^{(\varrho)}\right) = \psi(t) = 0$$

zu Coefficienten offenbar wieder rationale Functionen von $z_1, z_2, \ldots z_m$ hat, dass ferner nach den Gleichungen (α)

$$\varphi(t) = \frac{\psi(t)}{t - t^{(\alpha)}}$$

ist, und somit die Coefficienten von $\varphi(t)$ oder die λ rational aus

$$z_1, z_2, \ldots z_m \text{ und } t^{(\alpha)}$$

zusammengesetzt sind, so ergiebt sich aus (β) unmittelbar, dass $t_1^{(\alpha)}$ ebenfalls rational aus diesen Grössen zusammengesetzt ist, und damit ist die Richtigkeit des oben zu Hülfe genommenen Satzes erwiesen.

beträgt, so wird man mit Hülfe dieser linearen Gleichungen jede einzelne dieser Grössen rational durch

$$t, z_1, \ldots z_m$$

ausdrücken können. Denkt man sich nun die die algebraische Function t definirende Gleichung in Factoren zerlegt, deren Coefficienten nicht bloss

$$z_1, z_2, \ldots z_m$$

sondern auch

$$\sqrt{R_1(z_1)}, \sqrt{R_2(z_2)}, \ldots \sqrt{R_m(z_m)}$$

enthalten dürfen und den irreductiblen Factor herausgewählt und gleich Null gesetzt

(4) . . . . $V = 0,$

der t zu einer seiner Lösungen hat, so dass t nicht mehr die Lösung einer Gleichung niederen Grades sein kann, deren Coefficienten ebenfalls rational aus

$$z_1, z_2, \ldots z_m, \sqrt{R_1(z_1)}, \sqrt{R_2(z_2)}, \ldots \sqrt{R_m(z_m)}$$

zusammengesetzt sind, so werden nunmehr

$$z_{m+1}, \ldots z_\mu, u, v_1, \ldots v_\nu, \sqrt{R_{m+1}(z_{m+1})}, \ldots \sqrt{R_\mu(z_\mu)}$$

rationale Functionen von

$$z_1, \ldots z_m, \sqrt{R_1(z_1)}, \ldots \sqrt{R_m(z_m)}$$

und der Lösung t der irreductiblen Gleichung (4) sein. Differentiirt man die Gleichung (2) total, indem man $z_1, z_2, \ldots z_m$ als unabhängige Variable betrachtet, so wird man eine Gleichung der Form

(5) . . . . . . $P_1\, dz_1 + P_2\, dz_2 + \cdots + P_m\, dz_m = 0$

erhalten, in welcher nach dem Obigen

$$P_1, P_2, \ldots P_m$$

als rationale Functionen von

$$t, z_1, \ldots z_m, \sqrt{R_1(z_1)}, \ldots \sqrt{R_m(z_m)}$$

betrachtet werden dürfen,*) und es wird sich als unmittelbare Folge von (5)

(6) . . . . $P_1 = 0,\ P_2 = 0, \ldots P_m = 0$

ergeben. Da nun die einzelnen Gleichungen (6) als Gleichungen in t aufgefasst werden können, deren Coefficienten rationale Functionen von

---

*) da z. B.

$$\frac{\partial}{\partial z_1}\int^{z_{m+1}} F_{m+1}\, dz = \frac{d}{dz_{m+1}}\int^{z_{m+1}} F_{m+1}\, dz \cdot \frac{\partial z_{m+1}}{\partial z_1} = F_{m+1}\left(z_{m+1}, \sqrt{R_{m+1}(z_{m+1})}\right)\frac{\partial z_{m+1}}{\partial z_1}$$

ist und einerseits z_{m+1} rational von

$$t, z_1, z_2, \ldots z_m, \sqrt{R_1(z_1)}, \sqrt{R_2(z_2)}, \ldots \sqrt{R_m(z_m)}$$

abhängt, andererseits z_{m+1} durch eine algebraische Gleichung mit $z_1, z_2, \ldots z_m$ verbunden ist.

$$z_1, \dots z_m, \sqrt{R_1(z_1)}, \dots \sqrt{R_m(z_m)}$$

sind, und die Gleichung (4) irreductibel war, so müssen nach einem aus der Definition der Irreductibilität der Gleichungen unmittelbar entspringenden Satze*) sämmtliche Lösungen der Gleichung (4), welche wir jetzt mit

$$t_1, t_2, \dots t_\delta$$

bezeichnen wollen, unter welchen das frühere t mit enthalten ist, den Gleichungen (6) genügen. Da nun aus den Gleichungen (6) die Beziehung (5) unmittelbar folgt, so wird auch, wenn man die zu t_α gehörigen Werthe von

$$z_{m+1}, \dots z_\mu, u, v_1, \dots v_\nu, \sqrt{R_{m+1}(z_{m+1})}, \dots \sqrt{R_\mu(z_\mu)}$$

nach den früheren rationalen Functionalbeziehungen zwischen diesen Grössen und den Grössen

$$t, z_1, \dots z_m, \sqrt{R_1(z_1)}, \dots \sqrt{R_m(z_m)}$$

bestimmt und mit

$$z_{m+1}^{(\alpha)}, \dots z_\mu^{(\alpha)}, u^{(\alpha)}, v_1^{(\alpha)}, \dots v_\nu^{(\alpha)}, \sqrt{R_{m+1}(z_{m+1}^{(\alpha)})}, \dots \sqrt{R_\mu(z_\mu^{(\alpha)})}$$

bezeichnet, für diesen neuen Grössencomplex die Gleichung (2) gelten müssen, und wenn man daher die so entstehenden δ-Gleichungen addirt, die Beziehung erhalten

$$(7) \dots\dots \delta\left\{\int^{z_1} F_1\,dz + \int^{z_2} F_2\,dz + \dots + \int^{z_m} F_m\,dz\right\} =$$

$$-\sum_{\alpha=1}^{\alpha=\delta}\int^{z_{m+1}^{(\alpha)}} F_{m+1}\,dz - \sum_{\alpha=1}^{\alpha=\delta}\int^{z_{m+2}^{(\alpha)}} F_{m+2}\,dz - \dots - \sum_{\alpha=1}^{\alpha=\delta}\int^{z_\mu^{(\alpha)}} F_\mu\,dz$$

$$+\sum_{\alpha=1}^{\alpha=\delta} u^{(\alpha)} + A_1 \sum_{\alpha=1}^{\alpha=\delta} \log v_1^{(\alpha)} + \dots + A_\nu \sum_{\alpha=1}^{\alpha=\delta} \log v_\nu^{(\alpha)}.$$

Beachtet man nun, dass

$$u^{(1)} + u^{(2)} + \dots + u^{(\delta)}$$

eine rationale symmetrische Function von

$$t_1, t_2, \dots t_\delta$$

ist, deren Coefficienten rationale Functionen von $z_1, z_2, \dots z_m$, $\sqrt{R_1(z_1)}$, $\sqrt{R_2(z_2)}$, $\dots \sqrt{R_m(z_m)}$ sind, und die sich somit rational durch die Coefficienten derjenigen Gleichung ausdrücken lässt, deren Lösungen jene Grössen sind, dass daher

$$\sum_{\alpha=1}^{\alpha=\delta} u^{(\alpha)} = u'$$

eine rationale Function von

*) wenn eine irreductible Gleichung mit einer andern algebraischen Gleichung irgend eine Lösung gemein hat, so hat sie alle mit ihr gemein.

$$z_1, z_2, \ldots z_m, \sqrt{R_1(z_1)}, \sqrt{R_2(z_2)}, \sqrt{R_m(z_m)}$$

ist; dass ferner

$$v_\varkappa^{(1)} \cdot v_\varkappa^{(2)} \ldots v_\varkappa^{(\delta)} = v'_\varkappa$$

sich ebenfalls aus denselben Gründen rational durch jene Grössen ausdrücken lässt; dass endlich die Summe der elliptischen Integrale

$$\sum_{\alpha=1}^{\alpha=\delta} \int^{z_{m+\varkappa}^{(\alpha)}} F_{m+\varkappa}\, dz$$

sich nach dem in der letzten Vorlesung behandelten Additionstheorem durch ein gleichartiges Integral ersetzen lässt, dessen obere Gränze sowohl als auch die zugehörige Irrationalität sich rational und symmetrisch aus

$$z_{m+\varkappa}^{(1)}, \ldots z_{m+\varkappa}^{(\delta)}, \sqrt{R_{m+\varkappa}(z_{m+\varkappa}^{(1)})}, \ldots \sqrt{R_{m+\varkappa}(z_{m+\varkappa}^{(\delta)})},$$

also als rationale Function von

$$z_1, \ldots z_m, \sqrt{R_1(z_1)}, \ldots \sqrt{R_m(z_m)}$$

darstellen lässt, von einem algebraisch-logarithmischen Theile abgesehen, dessen Zusammensetzung dieselbe ist, so dass, wenn wir die oberen Gränzen der resultirenden elliptischen Integrale mit

$$Z_{m+1}, Z_{m+2}, \ldots Z_\mu$$

bezeichnen, die Gleichung (7) die Form annimmt

$$(8) \ldots\ldots \delta\left\{\int^{z_1} F_1\, dz + \int^{z_2} F_2\, dz + \cdots + \int^{z_m} F_m\, dz\right\}$$

$$= -\int^{Z_{m+1}} F_{m+1}\, dz - \int^{Z_{m+2}} F_{m+2}\, dz - \cdots - \int^{Z_\mu} F_\mu\, dz$$

$$+ U + B_1 \log V_1 + \cdots + B_\varrho \log V_\varrho,$$

worin die von den elliptischen Integralen herrührenden algebraisch-logarithmischen Theile mit den u' und v' vereinigt sind. *Man sieht hieraus, dass, wenn man die Gleichung* (2) *dadurch befriedigen kann, dass*

$$z_{m+1}, \ldots z_\mu, u, v_1, \ldots v_\nu$$

algebraische Functionen von $z_1, z_2, \ldots z_m$ *sind, man die Gleichung* (8), *deren linke Seite das* δ*-fache der linken Seite von* (2) *und deren rechte Seite dieselben elliptischen Integrale nur für andere obere Gränzen enthält, dadurch muss befriedigen können, dass*

$$Z_{m+1}, Z_{m+2}, \ldots Z_\mu, \sqrt{R_{m+1}(Z_{m+1})}, \sqrt{R_{m+2}(Z_{m+2})}, \ldots \sqrt{R_\mu(Z_\mu)},$$
$$U, V_1, V_2, \ldots V_\varrho$$

rationale Functionen von

$$z_1, z_2, \ldots z_m, \sqrt{R_1(z_1)}, \sqrt{R_2(z_2)}, \ldots \sqrt{R_m(z_m)}$$

sind. Aber es lässt sich auch umgekehrt leicht sehen, dass, wenn man die Gleichung (8) vermöge rationaler Beziehungen befriedigen kann, sich daraus auch immer eine algebraische Beziehung für die Form der Gleichung (2) herleiten lässt; denn dividirt man die Gleichung (8) durch δ, so wird sich jedes der Integrale der rechten Seite

$$\frac{1}{\delta}\int^{Z_{m+\alpha}} F_{m+\alpha}\,dz$$

von algebraisch-logarithmischen Theilen abgesehen in ein anderes von der Form

$$\int^{z_{m+\alpha}} F_{m+\alpha}\,dz$$

umsetzen lassen, in welchen $z_{m+\alpha}$ und $\sqrt{R_{m+\alpha}(z_{m+\alpha})}$ algebraische Functionen von

$$Z_{m+\alpha} \text{ und } \sqrt{R_{m+\alpha}(Z_{m+\alpha})},$$

also auch von

$$z_1, z_2, \ldots z_m, \quad \sqrt{R_1(z_1)}, \quad \sqrt{R_2(z_2)}, \ldots \sqrt{R_m(z_m)}$$

sind, wie leicht daraus zu ersehen, dass nach dem Abel'schen Theorem der Gleichung

$$\delta\int^{z_{m+\alpha}} F_{m+\alpha}\,dz = \int^{Z_{m+\alpha}} F_{m+\alpha}\,dz + \text{algeb. logarith. Theile}$$

dadurch genügt werden kann, dass $Z_{m+\alpha}$ und $\sqrt{R_{m+\alpha}(Z_{m+\alpha})}$ rational durch $z_{m+\alpha}$ und $\sqrt{R_{m+\alpha}(z_{m+\alpha})}$, also $z_{m+\alpha}$ algebraisch durch $Z_{m+\alpha}$ ausgedrückt sind.

Wir können die Reduction des Problemes jedoch noch weiter führen. Zuerst ist ersichtlich, dass man von den m von einander unabhängigen Grössen $z_1, z_2, \ldots z_m$ $m-1$ dieser Grössen gleich den unteren Gränzen setzen kann, so dass auf der linken Seite der Gleichung (8) nur *ein* solches Integral stehen bleibt, und dass umgekehrt, wenn jedes der m Integrale sich in der verlangten Weise transformirt, die Zusammensetzung aller dieser Beziehungen eine Gleichung von der Form (8) liefern wird, so dass wir somit die Untersuchung nur auf den Fall zu beschränken haben, dass

$$(9) \ldots\ldots \delta\int^{z_1} F_1\,dz = -\int^{\zeta_{m+1}} F_{m+1}\,dz - \int^{\zeta_{m+2}} F_{m+2}\,dz$$
$$- \cdots - \int^{\zeta_\mu} F_\mu\,dz + U + B_1 \log V_1 + \cdots + B_\varrho \log V_\varrho$$

ist, worin

$$\zeta_{m+1}, \zeta_{m+2}, \ldots \zeta_\mu,$$
$$\sqrt{R_{m+1}(\zeta_{m+1})}, \quad \sqrt{R_{m+2}(\zeta_{m+2})}, \ldots \sqrt{R_\mu(\zeta_\mu)}, \quad U, \quad V_1, \ldots V_\varrho$$

rationale Functionen von z_1 und $\sqrt{R_1(z_1)}$ sein sollen.

Da die Differentiation der Gleichung (9) nach z_1 eine Gleichung von der Form

(10) . . . . $P + Q\sqrt{R_1(z_1)} = 0$

liefern würde, wo P und Q rationale Functionen von z_1 sind, weil alle Grössen der rechten Seite rationale Functionen von z_1 und $\sqrt{R_1(z_1)}$ sind, und die Gleichung (10) wiederum die Gleichung

(11) . . . . $P - Q\sqrt{R_1(z_1)} = 0$

nach sich zieht, da P und Q für sich verschwinden müssen, so wird aus (9) sich eine analoge Gleichung herleiten lassen, wenn $-\sqrt{R_1(z_1)}$ statt $\sqrt{R_1(z_1)}$ gesetzt wird.

Mögen für diese Substitution die von z_1 und $\sqrt{R_1(z_1)}$ rational abhängigen Grössen

$$U,\ V_1,\ \ldots V_\varrho,\ \zeta_{m+1},\ \ldots \zeta_\mu,\ \sqrt{R_{m+1}(\zeta_{m+1})},\ \ldots \sqrt{R_\mu(\zeta_\mu)}$$

resp. in

$$U',\ V_1',\ \ldots V_\varrho',\ \zeta_{m+1}',\ \ldots \zeta_\mu',\ \sqrt{R_{m+1}(\zeta_{m+1}')},\ \ldots \sqrt{R_\mu(\zeta_\mu')}$$

übergehen, wo die Irrationalitäten auch wieder fest bestimmt sind, so wird mit (9) zu gleicher Zeit die folgende Gleichung bestehen

(12) . . . . $$\delta\int^{z_1} F_1\,dz = -\int^{\zeta_{m+1}'} F_{m+1}\,dz$$

$$-\cdots-\int^{\zeta_\mu'} F_\mu\,dz + U' + B_1\log V_1' + \cdots + B_\varrho \log V_\varrho',$$

worin die zu z_1 gehörige Irrationalität jetzt $-\sqrt{R_1(z_1)}$ ist, und die zu

$$\zeta_{m+1}',\ \ldots \zeta_\mu'$$

gehörigen Irrationalitäten nach dem Obigen fest bestimmt sind.

Setzt man nun

$$U = \mathfrak{U} + \mathfrak{U}'\sqrt{R_1(z_1)},\quad V_m = \mathfrak{V}_m + \mathfrak{V}_m'\sqrt{R_1(z_1)},$$
$$U' = \mathfrak{U} - \mathfrak{U}'\sqrt{R_1(z_1)},\quad V_m' = \mathfrak{V}_m - \mathfrak{V}_m'\sqrt{R_1(z_1)},$$
$$\zeta_\varkappa = \mathfrak{z}_\varkappa + \mathfrak{z}_\varkappa'\sqrt{R_1(z_1)},\quad \sqrt{R_\varkappa(\zeta_\varkappa)} = D_\varkappa + D_\varkappa'\sqrt{R_1(z_1)},$$
$$\zeta_\varkappa' = \mathfrak{z}_\varkappa - \mathfrak{z}_\varkappa'\sqrt{R_1(z_1)},\quad \sqrt{R_\varkappa(\zeta_\varkappa')} = D_\varkappa - D_\varkappa'\sqrt{R_1(z_1)},$$

worin

$$\mathfrak{U},\ \mathfrak{U}',\ \mathfrak{V}_m,\ \mathfrak{V}_m',\ \mathfrak{z}_\varkappa,\ \mathfrak{z}_\varkappa',\ D_\varkappa,\ D_\varkappa'$$

rationale Functionen von z_1 und $\sqrt{R_1(z_1)}$ sind, und bildet die Differenz der Gleichungen (9) und (12), so wird die linke Seite den Werth

$$2\,\delta\int^{z_1} F_1\,dz$$

annehmen, da die auf den linken Seiten der Gleichungen (9) und und (12) befindlichen Integrale nach zwei übereinander liegenden

Blättern der zu $\sqrt{R_1(z)}$ gehörigen Riemann'schen Fläche führen, und man daher, wenn man von hinzutretenden Constanten absieht, die vom Ueberschreiten der Querschnitte herrühren, als Integrationswege in beiden Blättern übereinander laufende Linien wählen kann, auf deren ganzer Länge $\sqrt{R_1(z)}$ für beide Integrale das entgegengesetzte Zeichen hat.

Die einzelnen Theile der rechten Seite der resultirenden Gleichung werden aus den folgenden Theilen bestehen, aus

$$U - U' = 2\,\mathfrak{U}'\sqrt{R_1(z_1)}$$

$$B_m \log\left(\frac{V_m}{V'_m}\right) = B_m \log\left(\frac{\mathfrak{V}_m + \mathfrak{V}'_m\sqrt{R_1(z_1)}}{\mathfrak{V}_m - \mathfrak{V}'_m\sqrt{R_1(z_1)}}\right) = B_m \log\left(\mathfrak{W}_m + \mathfrak{W}'_m\sqrt{R_1(z_1)}\right),$$

worin $\mathfrak{W}_m$ und $\mathfrak{W}'_m$ wieder rationale Functionen von z_1 sind, und endlich aus Differenzen der Form

$$\int^{\zeta_{m+\alpha}} F_{m+\alpha}\,dz - \int^{\zeta'_{m+\alpha}} F_{m+\alpha}\,dz.$$

Nun ist aber nach dem Additionstheorem

$$\int^{\zeta_{m+\alpha}} F_{m+\alpha}\,dz - \int^{\zeta'_{m+\alpha}} F_{m+\alpha}\,dz = \int^{\eta_{m+\alpha}} F_{m+\alpha}\,dz + w,$$

worin w entweder eine algebraische Function oder der Logarithmus einer algebraischen Function ist, welche rational aus $\zeta_{m+\alpha}$, $\zeta'_{m+\alpha}$, $\sqrt{R_{m+\alpha}(\zeta_{m+\alpha})}$, $\sqrt{R_{m+\alpha}(\zeta'_{m+\alpha})}$, also auch rational aus z_1 und $\sqrt{R_1(z_1)}$ zusammengesetzt ist, während bekanntlich

$$\eta_{m+\alpha} = \frac{\zeta_{m+\alpha}\sqrt{R_{m+\alpha}(\zeta'_{m+\alpha})} - \zeta'_{m+\alpha}\sqrt{R_{m+\alpha}(\zeta_{m+\alpha})}}{1 - k^2_{m+\alpha}\,\zeta^2_{m+\alpha}\,\zeta'^2_{m+\alpha}}$$

$$= \frac{\left(\mathfrak{z}_{m+\alpha} - \mathfrak{z}'_{m+\alpha}\sqrt{R_1(z_1)}\right)\left(D_{m+\alpha} + D'_{m+\alpha}\sqrt{R_1(z_1)}\right) - \left(\mathfrak{z}_{m+\alpha} + \mathfrak{z}'_{m+\alpha}\sqrt{R_1(z_1)}\right)\left(D_{m+\alpha} - D'_{m+\alpha}\sqrt{R_1(z_1)}\right)}{1 - k^2_{m+\alpha}\left(\mathfrak{z}^2_{m+\alpha} - \mathfrak{z}'^2_{m+\alpha}R_1(z_1)\right)^2}$$

$$= f(z_1)\sqrt{R_1(z_1)}$$

ist, wenn $f(z_1)$ eine rationale Function von z_1 bedeutet, und ferner

$$\sqrt{R_{m+\alpha}(\eta_{m+\alpha})} =$$

$$\frac{\sqrt{R_{m+\alpha}(\zeta_{m+\alpha})}\sqrt{R_{m+\alpha}(\zeta'_{m+\alpha})}\left[1 + k^2_{m+\alpha}\zeta^2_{m+\alpha}\zeta'^2_{m+\alpha}\right] + \zeta_{m+\alpha}\zeta'_{m+\alpha}\left[k^2_{m+\alpha} + 1 - 2k^2_{m+\alpha}(\zeta^2_{m+\alpha} + \zeta'^2_{m+\alpha}) + 2k^2_{m+\alpha}\zeta^2_{m+\alpha}\zeta'^2_{m+\alpha}\right]}{1 - k^2_{m+\alpha}\zeta^2_{m+\alpha}\zeta'^2_{m+\alpha}}$$

$$= \varphi(z_1)$$

ist, wenn $\varphi(z_1)$ wiederum eine rationale Function von z_1 ist.

Fügt man nunmehr zu den einzelnen Integralen, welche die rechte Seite der Gleichung bilden,

$$\int^{\eta_{m+\alpha}} F_{m+\alpha}\,dz$$

noch die Constanten

$$\int^{1} F_{m+\alpha}\, dz$$

hinzu, so werden sich die entsprechenden Integrale zu

$$\int^{\eta_{m+\alpha}} F_{m+\alpha}\, dz + \int^{1} F_{m+\alpha}\, dz = \int^{y_{m+\alpha}} F_{m+\alpha}\, dz + W_{m+\alpha}$$

vereinigen, worin wieder nach dem Additionstheorem $W_{m+\alpha}$ eine rationale Function von z_1 und $\sqrt{R_1(z_1)}$ oder der Logarithmus einer solchen Function sein wird, und

$$y_{m+\alpha} = \frac{\sqrt{R_{m+\alpha}(\eta_{m+\alpha})}}{1 - k^2_{m+\alpha}\eta^2_{m+\alpha}} = \varphi_1(z_1),$$

$$\sqrt{R_{m+\alpha}(y_{m+\alpha})} = \frac{-(1 - k^2_{m+\alpha})\eta_{m+\alpha}}{1 - k^2_{m+\alpha}\eta^2_{m+\alpha}} = \varphi_2(z_1)\sqrt{R_1(z_1)}$$

sind, wenn $\varphi_1(z_1)$ und $\varphi_2(z_1)$ rationale Functionen von z_1 bedeuten, so dass die Differenz der Gleichungen (9) und (12) in

$$(13) \quad \ldots \quad 2\delta \int^{z_1} F_1\, dz = \int^{y_{m+1}} F_{m+1}\, dz + \cdots + \int^{y_\mu} F_\mu\, dz$$
$$+ T + C_1 \log U_1 + C_2 \log U_2 + \cdots + C_\sigma \log U_\sigma$$

übergeht, worin

$$T,\ U_1,\ U_2,\ \ldots\ U_\sigma$$

rationale Functionen von z_1 und $\sqrt{R_1(z_1)}$, also von der Form

$$p + q\sqrt{R_1(z_1)}$$

sind, wenn p und q rationale Functionen von z_1 bezeichnen, und die Grössen

$$y_{m+\alpha} \quad \text{und} \quad \frac{\sqrt{R_{m+\alpha}(y_{m+\alpha})}}{\sqrt{R_1(z_1)}}$$

sich als rationale Functionen von z_1 ausdrücken.

Wir sehen somit, dass, wenn sich das Integral

$$\int^{z_1} F_1\, dz$$

durch eine algebraische Transformation von algebraisch-logarithmischen Theilen abgesehen auf elliptische Integrale mit andern Moduln

$$\int^{z_{m+1}} F_{m+1}\, dz,\ \ldots \int^{z_\mu} F_\mu\, dz$$

zurückführen lässt, sich auch ein ganzzahliges Multiplum dieses Integrales auf gleichartige Integrale mit andern obern Gränzen transformiren lässt, welche selbst rationale Functionen von z_1 sind, und *für welche der Quotient aus der zu ihnen gehörigen Irrationalität und der Irrationalität $\sqrt{R_1(z_1)}$ sich rational durch z_1 ausdrücken lässt.*

Zur weiteren Behandlung dieses Transformationsproblems elliptischer Integrale ist es nöthig, die Eigenschaften derjenigen rationalen Functionen $y_{m+\alpha}$ von z_1 zu ermitteln, für welche zu gleicher Zeit

$$(14) \quad \sqrt{R_{m+\alpha}(y_{m+\alpha})} = \frac{A}{B}\sqrt{R_1(z_1)}$$

ist, wenn A und B ganze rationale Functionen von z_1 bedeuten.

Setzt man nämlich

$$(15) \quad y_{m+\alpha} = \frac{U}{V},$$

worin U und V ganze rationale Functionen von z_1 ohne gemeinsamen Theiler sind, so wird die Gleichung (14) in

$$(16) \quad B^2(V-U)(V+U)(V-k_{m+\alpha}U)(V+k_{m+\alpha}U) = V^4A^2(1-z_1^2)(1-k_1^2z_1^2)$$

übergehen, und es ist hieraus zu erkennen, dass

$$\frac{V^4A^2}{B^2} = D^2$$

das Quadrat einer ganzen Function in z_1 sein muss, so dass (16) in

$$(17) \quad (V-U)(V+U)(V-k_{m+\alpha}U)(V+k_{m+\alpha}U) = D^2(1-z_1^2)(1-k_1^2z_1^2)$$

übergeht. Aus dieser Gleichung folgt aber, dass jeder quadratische Theiler von D in einem der vier Factoren der linken Seite enthalten sein muss, weil, wenn ein einfacher Theiler von D^2 in zwei dieser Factoren enthalten wäre, U und V diesen Theiler gemeinsam haben müssten, und daraus geht wiederum hervor, da, wenn λ eine beliebige Constante ist,

$$(V+\lambda U)\frac{dU}{dz_1} - U\frac{d(V+\lambda U)}{dz_1} = V\frac{dU}{dz_1} - U\frac{dV}{dz_1}$$

ist, dass

$$(18) \quad \frac{V\frac{dU}{dz_1} - U\frac{dV}{dz_1}}{D} = p$$

eine ganze Function von z_1 sein wird, weil jeder quadratische Factor von D^2 in

$$V+\lambda U \quad \text{und} \quad \frac{d(V+\lambda U)}{dz_1}$$

mindestens einmal enthalten ist.

Nun folgt aber aus (15)

$$(19) \quad dy_{m+\alpha} = \frac{V\frac{dU}{dz_1} - U\frac{dV}{dz_1}}{V^2}\,dz_1$$

und in Verbindung mit (14)

$$(20)\quad \frac{d y_{m+\alpha}}{\sqrt{R_{m+\alpha}(y_{m+\alpha})}} = \frac{V\frac{dU}{dz_1} - U\frac{dV}{dz_1}}{\frac{V^2 A}{B}} \frac{dz_1}{\sqrt{R_1(z_1)}} = \frac{V\frac{dU}{dz_1} - U\frac{dV}{dz_1}}{D} \frac{dz_1}{\sqrt{R_1(z_1)}}$$

oder

$$(21)\quad \ldots\ldots\ldots \frac{d y_{m+\alpha}}{\sqrt{R_{m+\alpha}(y_{m+\alpha})}} = p\,\frac{dz_1}{\sqrt{R_1(z_1)}}.$$

Es lässt sich nun aber nachweisen, dass p eine Constante sein muss. Sei nämlich m der Grad von V und n der Grad von U, so wird, wenn der Grad von D mit r bezeichnet wird, sich zufolge der Gleichung (17), je nachdem m grösser oder kleiner als n ist, die Beziehung

$$(22)\quad \ldots\ldots\; 4m = 2r + 4 \quad \text{oder} \quad 4n = 2r + 4$$

und vermöge (18) sich als der Grad von p

$$m + n - 1 - r,$$

also mit Benutzung der aus (22) sich ergebenden Werthe von r resp.

$$n - m + 1 \quad \text{oder} \quad m - n + 1$$

folgen, welche Zahlen nur dann nicht negativ sind, wenn sie den Werth Null haben, also p eine Constante wird, und dabei ergiebt sich für $m > n$ $m = n + 1$ und für $m < n$ $n = m + 1$.

Ist dagegen $m = n$, so werden in einem der Factoren der linken Seite von (17) Potenzen von z_1 sich zerstören können, und indem wir jenen Factor mit

$$V - \lambda U$$

bezeichnen, wo λ *einen*, aber offenbar *nur einen* der Werthe

$$1,\; -1,\; k_{m+\alpha},\; -k_{m+\alpha}$$

bedeuten kann, mögen sich V und U in die Form setzen lassen

$$V = a_0 z_1^m + a_1 z_1^{m-1} + \cdots + a_\varkappa z_1^\varkappa + a_{\varkappa-1} z_1^{\varkappa-1} + \cdots + a_m,$$

$$U = \frac{a_0}{\lambda} z_1^m + \frac{a_1}{\lambda} z_1^{m-1} + \cdots + \frac{a_\varkappa}{\lambda} z_1^\varkappa + \frac{b_{\varkappa-1}}{\lambda} z_1^{\varkappa-1} + \cdots + b_m,$$

dann wird, wie man sich leicht überzeugt,

$$V\frac{dU}{dz_1} - U\frac{dV}{dz_1}$$

vom $m + \varkappa - 2^{\text{ten}}$ Grade, und daher p vom Grade

$$m + \varkappa - 2 - r,$$

welche Zahl, da in diesem Falle nach (17)

$$3m + \varkappa - 1 = 2r + 4$$

ist, in

$$-\frac{m}{2} + \frac{\varkappa + 1}{2}$$

übergeht, oder, weil $\varkappa \leqq m$ sein muss, und diese Zahl positiv ist,

$$\varkappa + 1 = m,$$

also p wiederum eine Constante.

Wir finden somit, dass wenn

$$p = \frac{1}{a}$$

gesetzt wird, die Gleichung

$$(22) \quad \frac{dz_1}{\sqrt{(1-z_1^2)(1-k_1^2 z_1^2)}} = a \frac{dy_{m+\alpha}}{\sqrt{(1-y_{m+\alpha}^2)(1-k_{m+\alpha}^2 y_{m+\alpha}^2)}}$$

erfüllt sein muss, oder *dass zum Bestehen der Gleichung* (13), *in welcher*

$$y_{m+\alpha} \text{ und } \frac{\sqrt{R_{m+\alpha}(y_{m+\alpha})}}{\sqrt{R_1(z_1)}}$$

rationale Functionen von z_1 *sein sollen, erforderlich ist, dass die Gleichung* (22) *durch eine rationale Function* $y_{m+\alpha}$ *in* z_1 *erfüllbar ist.* Aber es ist zu untersuchen, ob auch das Umgekehrte der Fall sein wird. Es ist zuerst ersichtlich, dass, wenn eine rationale Function $y_{m+\alpha}$ in z_1 die Gleichung (22) befriedigt, auch

$$\frac{dy_{m+\alpha}}{dz_1}$$

eine rationale Function von z_1, also nach (22) auch

$$\frac{\sqrt{R_{m+\alpha}(y_{m+\alpha})}}{\sqrt{R_1(z_1)}}$$

eine rationale Function von z_1 sein wird. Um nun zu sehen, ob die Gleichung (13) erfüllt werden kann, und welche Form dieselbe haben muss, hat man nur

$$\int^{y_{m+\alpha}} F_{m+\alpha}\, dz$$

mit Hülfe von (22) durch z_1 und $\sqrt{R_1(z_1)}$ auszudrücken; dies wird dadurch geschehen, dass man aus (22)

$$y_{m+\alpha} = f_{m+\alpha}(z_1),$$

also

$$dy_{m+\alpha} = \frac{1}{a} \frac{\sqrt{R_{m+\alpha}(y_{m+\alpha})}}{\sqrt{R_1(z_1)}} dz_1 = f'_{m+\alpha}(z_1)\, dz_1$$

herleitet, und somit

$$\int^{y_{m+\alpha}} F_{m+\alpha}\, dz = \int^{z_1} \varphi_{m+\alpha} f'_{m+\alpha}(z)\, dz,$$

worin $\varphi_{m+\alpha}$ auf der rechten Seite dieser Gleichung eine rationale Function von z und $\sqrt{R_1(z)}$ bedeutet. Thut man dies mit allen auf der rechten Seite der Gleichung (13) befindlichen Integralen, vorausgesetzt, dass die entsprechenden Gleichungen (22) bestehen, so folgt

$$(23) \quad \ldots\ldots\ldots \quad 2\delta \int^{z_1} F_1\, dz = \int^{z_1} \varphi_{m+1} f_{m+1}(z)\, dz$$

$$+ \cdots + \int^{z_1} \varphi_\mu f_\mu(z)\, dz + T + C_1 \log U_1 + \cdots + C_\sigma \log U_\sigma,$$

worin

$$T,\ U_1,\ U_2,\ \ldots\ U_\sigma$$

rationale Functionen von z_1 und $\sqrt{R_1(z_1)}$ sind, und es wird sich nunmehr darum handeln, über die Form der Functionen

$$\varphi_{m+1},\ \varphi_{m+2},\ \ldots\ \varphi_\mu,\ T,\ U_1,\ \ldots\ U_\sigma$$

weitere Bestimmungen zu treffen, wenn die Gleichung (23) soll bestehen können.

Bringt man alle Integrale der Gleichung (23) auf die linke Seite und giebt ihnen allen dieselbe untere Gränze ζ_1, was nur eine Aenderung der Constanten der rechten Seite bedingt, dann wird die linke Seite aus einem zwischen den Gränzen ζ_1 und z_1 genommenen elliptischen Integrale mit der Irrationalität $\sqrt{R_1(z)}$ bestehen, und es wird sich fragen, wann ein solches elliptisches Integral einer algebraisch-logarithmischen Function gleich sein kann, welche selbst oder für welche das Argument der Logarithmen rational aus z_1 und $\sqrt{R_1(z_1)}$ zusammengesetzt ist. Ein solches elliptisches Integral zerlegt sich aber nach den Auseinandersetzungen der vierzehnten Vorlesung von einem Integral zweiter, einem Integrale erster Gattung und algebraisch-logarithmischen Theilen der angegebenen Art abgesehen, in eine Summe von Integralen der Form

$$C_1 \int_{\zeta_1}^{z_1} \frac{\sqrt{R_1(\alpha_1)}\, dz}{(z^2 - \alpha_1^2)\sqrt{R_1(z)}} + \cdots + C_\nu \int_{\zeta_1}^{z_1} \frac{\sqrt{R_1(\alpha_\nu)}\, dz}{(z^2 - \alpha_\nu^2)\sqrt{R_1(z)}}$$

oder in

$$\frac{C_1}{2\alpha_1} \int_{\zeta_1}^{z_1} \frac{\sqrt{R_1(\alpha_1)}\, dz}{(z - \alpha_1)\sqrt{R_1(z)}} + \cdots + \frac{C_\nu}{2\alpha_\nu} \int_{\zeta_1}^{z_1} \frac{\sqrt{R_1(\alpha_\nu)}\, dz}{(z - \alpha_\nu)\sqrt{R_1(z)}},$$

$$-\frac{C_1}{2\alpha_1} \int_{\zeta_1}^{z_1} \frac{\sqrt{R_1(\alpha_1)}\, dz}{(z + \alpha_1)\sqrt{R_1(z)}} - \cdots - \frac{C_\nu}{2\alpha_\nu} \int_{\zeta_1}^{z_1} \frac{\sqrt{R_1(\alpha_\nu)}\, dz}{(z + \alpha_\nu)\sqrt{R_1(z)}},$$

welche Summe somit einem aus einem Integrale zweiter, einem Integrale erster Gattung und einem algebraisch-logarithmischen Theile zusammengesetzten Ausdrucke gleich sein soll.

Setzt man nun

$$(\varkappa) \quad \ldots \quad \int \frac{\sqrt{R_1(\alpha_\varkappa)}\, dz}{(z - \alpha_\varkappa)\sqrt{R_1(z)}} + A_\varkappa \int \frac{dz}{\sqrt{R_1(z)}} = H(z,\ \alpha_\varkappa^+,\ \alpha_\varkappa^-),$$

so wird dieses Integral $H(z, \alpha_\varkappa^+, \alpha_\varkappa^-)$ ein elliptisches Hauptintegral dritter Gattung sein, da der Coefficient des logarithmischen Gliedes in den beiden Unstetigkeitspunkten

$$\alpha_\varkappa, \sqrt{R_1(\alpha_\varkappa)}, \quad \alpha_\varkappa, -\sqrt{R_1(\alpha_\varkappa)}$$

die positive und negative Einheit ist, und ausserdem wird man, wie früher gezeigt worden, die Constante $A_\varkappa$ so bestimmen können, dass der eine Periodicitätsmodul jenes Integrales verschwindet; bezeichnet man ferner ein in den Punkten ζ_1 und z_1 auf je einem Blatte logarithmisch unendlich werdendes Hauptintegral dritter Gattung mit *einem* verschwindenden Periodicitätsmodul durch

$$H(z, z_1, \zeta_1),$$

so ist nach einem in der fünfzehnten Vorlesung bewiesenen Satze von der Vertauschung der Gränzen und der Unstetigkeitspunkte

$$\int_{\zeta_1}^{z_1} dH(z, \alpha_\varkappa^+, \alpha_\varkappa^-) = \int_{\alpha_\varkappa^+}^{\alpha_\varkappa^-} dH(z, z_1, \zeta_1),$$

und es würde dann mit Hülfe dieser Relation, indem jene mit $A_\varkappa$ multiplicirten Integrale erster Gattung hinzugenommen werden, die Gleichung zu untersuchen sein

$$\begin{aligned}
(24)\quad & \frac{C_1}{2\alpha_1}\int_{\alpha_1^-}^{\alpha_1^+} dH(z, z_1, \zeta_1) + \frac{C_2}{2\alpha_2}\int_{\alpha_2^-}^{\alpha_2^+} dH(z, z_1, \zeta_1) + \cdots + \frac{C_\nu}{2\alpha_\nu}\int_{\alpha_\nu^-}^{\alpha_\nu^+} dH(z, z_1, \zeta_1) \\
& - \frac{C_1}{2\alpha_1}\int_{-\alpha_1^-}^{-\alpha_1^+} dH(z, z_1, \zeta_1) - \frac{C_2}{2\alpha_2}\int_{-\alpha_2^-}^{-\alpha_2^+} dH(z, z_1, \zeta_1) + \cdots - \frac{C_\nu}{2\alpha_\nu}\int_{-\alpha_\nu^-}^{-\alpha_\nu^+} dH(z, z_1, \zeta_1) \\
& = A\int_{\zeta_1}^{z_1}\frac{z^2\,dz}{\sqrt{R_1(z)}} + B\int_{\zeta_1}^{z_1}\frac{dz}{\sqrt{R(z)}} + U + D_1\log V_1 + \cdots + D_\mu \log V_\mu,
\end{aligned}$$

in welcher A und B Constanten, $U, V_1, \ldots V_\mu$ rational aus z_1 und $\sqrt{R_1(z_1)}$ zusammengesetzt sind, und wobei angenommen wird, dass nicht schon zwischen einer geringeren Anzahl von denselben Integralen der linken Seite dieser Gleichung eine ähnliche Beziehung besteht, indem wir sonst diese unserer weiteren Betrachtung zu Grunde legen. Man darf offenbar ferner ohne Beschränkung der Allgemeinheit voraussetzen, dass zwischen den Grössen $D_1, D_2, \ldots D_\mu$ keine homogene lineare ganzzahlige Gleichung der Form

$$a_1 D_1 + a_2 D_2 + \cdots + a_\mu D_\mu = 0$$

besteht, weil, wenn eine solche stattfände,

$$D_1 \log V_1 + \cdots + D_\mu \log V_\mu$$

$$= D_1 \log V_1 + \cdots + D_{\mu-1} \log V_{\mu-1} - \left(\frac{a_1}{a_\mu} D_1 + \cdots + \frac{a_{\mu-1}}{a_\mu} D_{\mu-1}\right) \log V_\mu$$

$$= \frac{D_1}{a_\mu} \log \frac{V_1^{a_\mu}}{V_\mu^{a_1}} + \cdots + \frac{D_{\mu-1}}{a_\mu} \log \frac{V_{\mu-1}^{a_\mu}}{V_\mu^{a_{\mu-1}}}$$

wäre, und man daher nur gleich von vornherein die Anzahl der Logarithmen auf der rechten Seite der Gleichung (24) auf die kleinste reducirt anzunehmen brauchte. Sei nun

$$V_\varrho = p_\varrho + q_\varrho \sqrt{R_1(z_1)},$$

worin man den Grad von p_ϱ^2 gleich oder grösser annehmen darf, als den Grad von $q_\varrho^2 R_1(z_1)$ *), so wird, wenn

$$(25)\quad p_\varrho^2 - q_\varrho^2 R_1(z_1) = (z_1 - \gamma_1)^{m_1} (z_1 - \gamma_2)^{m_2} \ldots (z_1 - \gamma_r)^{m_r}$$

gesetzt und

$$\sqrt{R_1(z_1)} = -\frac{p_\varrho}{q_\varrho}$$

bestimmt wird,

$$\log (p_\varrho + q_\varrho \sqrt{R_1(z_1)})$$

in den Punkten

$$\gamma_1, \gamma_2, \ldots \gamma_r$$

logarithmisch unendlich werden wie

$$m_1 \log(z_1 - \gamma_1), \quad m_2 \log(z_1 - \gamma_2), \ldots m_r \log(z_1 - \gamma_r),$$

und keine dieser logarithmischen Unendlichkeiten sich auf der rechten Seite der Gleichung (24) gegen andere wegheben können, weil sonst eine ganzzahlige homogene lineare Gleichung zwischen den Coefficienten der logarithmischen Glieder statthaben müsste, welcher Fall oben ausdrücklich ausgeschlossen war. Daraus folgt aber unmittelbar, dass sämmtliche Werthe $\gamma_1, \gamma_2, \ldots \gamma_r$ zu den Werthen

$$\pm \alpha_1, \ \pm \alpha_2, \ldots \pm \alpha_r$$

gehören, für welche die linke Seite der Gleichung (24), wie man durch Vertauschung der Gränzen und Parameter unmittelbar erkennt, logarithmisch unendlich wird, da das Integral zweiter Gattung nur für $z = \infty$ auf beiden Blättern, und das Integral erster Gattung gar-

*) weil, wenn dies nicht der Fall wäre, man V_ϱ nur mit $\sqrt{R_1(z_1)}$ zu multipliciren brauchte, wodurch man einen Ausdruck

$$q_\varrho R_1(z_1) + p_\varrho \sqrt{R_1(z_1)}$$

von der verlangten Beschaffenheit erhält, und dann nur noch zu den obigen logarithmischen Theilen den Ausdruck

$$-\frac{D_\varrho}{2} \log R_1(z_1)$$

hinzuzunehmen hätte.

nicht unendlich wird. Aus der Existenz der Gleichung (25) folgt aber nach dem Abel'schen Theorem, dass

$$(26)\quad m_1\int_{\pm\alpha_1^-}^{\pm\alpha_1^+} dH(z,\,z_1,\,\zeta_1) + m_2\int_{\pm\alpha_2^-}^{\pm\alpha_2^+} dH(z,\,z_1,\,\zeta_1) + \cdots + m_r\int_{\pm\alpha_r^-}^{\pm\alpha_r^+} dH(z,\,z_1,\,\zeta_1)$$
$$= \log\left\{\frac{p(z_1)+q(z_1)\sqrt{R_1(z_1)}}{p(z_1)-q(z_1)\sqrt{R_1(z_1)}}\;\frac{p(\zeta_1)-q(\zeta_1)\sqrt{R_1(\zeta_1)}}{p(\zeta_1)+q(\zeta_1)\sqrt{R_1(\zeta_1)}}\right\}$$

ist, welches nothwendig die Form der Gleichung (24) sein muss, da der Annahme nach keine der Gleichung (24) ähnliche existiren sollte, welche von den dort enthaltenen Integralen eine geringere Anzahl enthielte. Setzt man endlich in (26) die durch Vertauschung der Gränzen und Unstetigkeitspunkte sich ergebenden Integrale, so folgt

$$(27)\;\ldots\quad m_1\int_{\zeta_1}^{z_1} dH(z,\,\pm\alpha_1^+,\,\pm\alpha_1^-) + m_2\int_{\zeta_1}^{z_1} dH(z,\,\pm\alpha_2^+,\,\pm\alpha_2^-)$$
$$+\cdots+ m_r\int_{\zeta_1}^{z_1} dH(z,\,\pm\alpha_r^+,\,\pm\alpha_r^-)$$
$$= \log\left\{\frac{p(z_1)+q(z_1)\sqrt{R_1(z_1)}}{p(z_1)-q(z_1)\sqrt{R_1(z_1)}}\cdot\frac{p(\zeta_1)-q(\zeta_1)\sqrt{R_1(\zeta_1)}}{p(\zeta_1)+q(\zeta_1)\sqrt{R_1(\zeta_1)}}\right\}$$

als allgemeinste Relation zwischen elliptischen Integralen und algebraisch-logarithmischen Functionen, oder, wenn der oben durch die Gleichung ($\varkappa$) definirte Werth von $H(z,\,\alpha_\varkappa^+,\,\alpha_\varkappa^-)$ eingesetzt wird,

$$(28)\;\ldots\ldots\quad m_1\int_{\zeta_1}^{z_1}\frac{\sqrt{R_1(\alpha_1)}\,dz}{(z\mp\alpha_1)\sqrt{R_1(z)}} + m_2\int_{\zeta_1}^{z_1}\frac{\sqrt{R_1(\alpha_2)}\,dz}{(z\mp\alpha_2)\sqrt{R_1(z)}}$$
$$+\cdots+ m_r\int_{\zeta_1}^{z_1}\frac{\sqrt{R(\alpha_r)}\,dz}{(z\mp\alpha_r)\sqrt{R_1(z)}} + \beta\int_{\zeta_1}^{z_1}\frac{dz}{\sqrt{R_1(z)}}$$
$$= \log\left\{\frac{p(z_1)+q(z_1)\sqrt{R_1(z_1)}}{p(z_1)-q(z_1)\sqrt{R_1(z_1)}}\cdot\frac{p(\zeta_1)-q(\zeta_1)\sqrt{R_1(\zeta_1)}}{p(\zeta_1)+q(\zeta_1)\sqrt{R_1(\zeta_1)}}\right\},$$

worin β eine Constante bedeutet, deren Bedeutung aus der oben gegebenen Bestimmung von $A_\varkappa$ unmittelbar zu ersehen ist.

Um den in der Gleichung (28) enthaltenen Integralen die Form der oben eingeführten dritten Legendre'schen Normalintegrale zu geben, bilde man eine Gleichung

$$(29)\;\ldots\ldots\ldots\quad p_1(z_1)^2 - q_1(z_1)^2 R_1(z_1) = 0,$$

welche die entgegengesetzten Lösungen von denen der Gleichung (25) hat, was durch Veränderung der Vorzeichen der Coefficienten der ungeraden Potenzen von z_1 in Gleichung (25) geschieht, so ergiebt sich aus (29) die den Gleichungen (26) und (27) analoge Beziehung

$$(30)\quad m_1\int\limits_{\mp\alpha_1^-}^{\mp\alpha_1^+} dH(z, z_1, \zeta_1) + m_2\int\limits_{\mp\alpha_2^-}^{\mp\alpha_2^+} dH(z, z_1, \zeta_1) + \cdots + m_r\int\limits_{\mp\alpha_r^-}^{\mp\alpha_r^+} dH(z, z_1, \zeta_1)$$

$$= m_1\int\limits_{\zeta_1}^{z_1} dH(z, \mp\alpha_1^+, \mp\alpha_1^-) + m_2\int\limits_{\zeta_1}^{z_1} dH(z, \mp\alpha_2^+, \mp\alpha_2^-)$$

$$+ \cdots + m_r\int\limits_{\zeta_1}^{z_1} dH(z, \mp\alpha_r^+, \mp\alpha_r^-)$$

$$= \log\left\{\frac{p_1(z_1)+q_1(z_1)\sqrt{R_1(z_1)}}{p_1(z_1)-q_1(z_1)\sqrt{R_1(z_1)}}\cdot\frac{p_1(\zeta_1)-q_1(\zeta_1)\sqrt{R_1(\zeta_1)}}{p_1(\zeta_1)+q_1(\zeta_1)\sqrt{R_1(\zeta_1)}}\right\},$$

oder endlich

$$(31)\quad \ldots\ldots\ m_1\int\limits_{\zeta_1}^{z_1}\frac{\sqrt{R_1(\alpha_1)}\,dz}{(z\pm\alpha_1)\sqrt{R_1(z)}} + m_2\int\limits_{\zeta_1}^{z_1}\frac{\sqrt{R_1(\alpha_2)}\,dz}{(z\pm\alpha_2)\sqrt{R_1(z)}}$$

$$+ \cdots + m_r\int\limits_{\zeta_1}^{z_1}\frac{\sqrt{R_1(\alpha_r)}\,dz}{(z\pm\alpha_r)\sqrt{R_1(z)}} + \beta'\int\limits_{\zeta_1}^{z_1}\frac{dz}{\sqrt{R_1(z)}}$$

$$= \log\left\{\frac{p_1(z_1)+q_1(z_1)\sqrt{R_1(z_1)}}{p_1(z_1)-q_1(z_1)\sqrt{R_1(z_1)}}\cdot\frac{p_1(\zeta_1)-q_1(\zeta_1)\sqrt{R_1(\zeta_1)}}{p_1(\zeta_1)+q_1(\zeta_1)\sqrt{R_1(\zeta_1)}}\right\}.$$

Setzt man nun

$$p(z)\,p_1(z) - q(z)\,q_1(z)\,R_1(z) = P(z),$$
$$q(z)\,p_1(z) - p(z)\,q_1(z) = Q(z),$$

worin, wie unmittelbar zu sehen, $P(z)$ eine gerade, $Q(z)$ eine ungerade Function von z ist, und die Gleichung

$$P(z)^2 - Q(z)^2 R_1(z) = 0$$

die Lösungen

$$\pm\alpha_1,\ \pm\alpha_2,\ \ldots\ \pm\alpha_r$$

hat, so folgt durch Subtraction der Gleichungen (28) und (31)

$$(32)\quad \ldots\ 2m_1\alpha_1\int\limits_{\zeta_1}^{z_1}\frac{\sqrt{R_1(\alpha_1)}\,dz}{(z^2-\alpha_1^2)\sqrt{R_1(z)}} + 2m_2\alpha_2\int\limits_{\zeta_1}^{z_1}\frac{\sqrt{R_1(\alpha_2)}\,dz}{(z^2-\alpha_2^2)\sqrt{R_1(z)}}$$

$$+ \cdots + 2m_r\alpha_r\int\limits_{\zeta_1}^{z_1}\frac{\sqrt{R_1(\alpha_r)}\,dz}{(z^2-\alpha_r^2)\sqrt{R_1(z)}} + c\int\limits_{\zeta_1}^{z_1}\frac{dz}{\sqrt{R_1(z)}}$$

$$= \log\left\{\frac{P(z_1)+Q(z_1)\sqrt{R_1(z_1)}}{P(z_1)-Q(z_1)\sqrt{R_1(z_1)}}\cdot\frac{P(\zeta_1)-Q(\zeta_1)\sqrt{R_1(\zeta_1)}}{P(\zeta_1)+Q(\zeta_1)\sqrt{R_1(\zeta_1)}}\right\}.$$

Dreiundzwanzigste Vorlesung.

Aufstellung der nothwendigen und hinreichenden Bedingungen für die rationale Transformation.

Nachdem in der letzten Vorlesung die Behandlung des allgemeinen algebraischen Transformationsproblems auf die Untersuchung des rationalen Integrales einer Differentialgleichung von der Form

$$(1) \quad \ldots\ldots \quad \frac{dx}{\sqrt{(1-x^2)(1-c^2x^2)}} = a \cdot \frac{dy}{\sqrt{(1-y^2)(1-k^2y^2)}}$$

zurückgeführt worden oder vielmehr auf die Frage, wie k und a als Functionen von c zu bestimmen seien, damit y eine rationale Function von x werde, suchen wir zuerst die nothwendigen Bedingungen, welche zwischen den zu den beiden elliptischen Differentialien gehörigen Perioden

$$\omega = 4\int_0^1 \frac{dx}{\sqrt{(1-x^2)(1-c^2x^2)}}, \quad \omega' = -2\int_{0\,F'}^{\frac{1}{c}} \frac{dx}{\sqrt{(1-x^2)(1-c^2x^2)}} + 2\int_{0\,F'}^{1} \frac{dx}{\sqrt{(1-x^2)(1-c^2x^2)}}$$

$$\Omega = 4\int_0^1 \frac{dy}{\sqrt{(1-y^2)(1-k^2y^2)}}, \quad \Omega' = -2\int_{0\,F'}^{\frac{1}{k}} \frac{dy}{\sqrt{(1-y^2)(1-k^2y^2)}} + 2\int_{0\,F'}^{1} \frac{dy}{\sqrt{(1-y^2)(1-k^2y^2)}}$$

erfüllt werden müssen, damit eine rationale Beziehung zwischen jenen beiden Grössen bestehen könne. Setzt man die Differentialgleichung (1) in das System der beiden Differentialgleichungen um

$$(2) \quad \ldots \quad \frac{dx}{\sqrt{(1-x^2)(1-c^2x^2)}} = du \qquad (3) \quad \ldots \quad a\frac{dy}{\sqrt{(1-y^2)(1-k^2y^2)}} = du$$

und ordnet die drei Werthe

$$u = 0, \quad x = 0, \quad y = \eta$$

einander zu, so wird, weil

$$x = \sin\operatorname{am}(u, c), \quad y = \sin\operatorname{am}\left(\frac{u}{a} + \varepsilon, k\right)$$

ist, wenn

$$\int_0^\eta \frac{dy}{\sqrt{(1-y^2)(1-k^2y^2)}} = \varepsilon$$

auf der einfach zusammenhängenden Fläche genommen gesetzt wird, die nothwendige Bedingung dafür gesucht, dass

$$\sin \operatorname{am}\left(\frac{u}{a} + \varepsilon, k\right)$$

eine rationale Function von

$$\sin \operatorname{am}(u, c)$$

ist. Da aber $\sin \operatorname{am}(u, c)$ unverändert bleibt, wenn das Argument um ω und ω' vermehrt wird und daher auch in Folge der geforderten rationalen Ausdrückbarkeit von $\sin \operatorname{am}\left(\frac{u}{a} + \varepsilon, k\right)$ diese Function für eben diese Veränderung des Argumentes unverändert bleiben muss, so werden

$$\frac{\omega}{a} \text{ und } \frac{\omega'}{a}$$

Perioden dieser letzten Function sein müssen und sich somit als ganze Multipla der Elementarperioden Ω und Ω' ausdrücken lassen, so dass sich die nothwendigen Periodenrelationen

$$(4) \quad \ldots\ldots\ldots\ldots \quad \begin{cases} \omega = \alpha_0\, a\Omega + \alpha_1\, a\Omega' \\ \omega' = \beta_0\, a\Omega + \beta_1\, a\Omega' \end{cases}$$

ergeben, in denen α_0, α_1, β_0, β_1, ganze Zahlen bedeuten. Da aber ferner bekanntlich

$$\sin \operatorname{am}\left(\frac{\omega}{2} - u, c\right) = \sin \operatorname{am}(u, c)$$

ist, also auch vermöge der rationalen Beziehung der betrachteten Functionen

$$\sin \operatorname{am}\left(\frac{\omega}{2a} - \frac{u}{a} + \varepsilon, k\right) = \sin \operatorname{am}\left(\frac{u}{a} + \varepsilon, k\right)$$

sein muss, so folgt, dass

$$(5) \quad \ldots\ldots\ldots\ldots \quad \frac{\omega}{2a} + 2\varepsilon = \frac{\Omega}{2} + \gamma_0\, \Omega + \gamma_1\, \Omega'$$

oder dass mit Benutzung von (4) die Grösse ε durch die Gleichung

$$(6) \quad \ldots\ldots\ldots \quad \varepsilon = \frac{(2\gamma_0 - \alpha_0 + 1)\,\Omega + (2\gamma_1 - \alpha_1)\,\Omega'}{4}$$

bestimmt sein muss, wenn y sich als rationale Function von x soll ausdrücken lassen; es wird, wenn $x = 0$ $y = 0$ entsprechende Werthe sein sollen, ε verschwinden müssen und somit nach (5) für die erste der Gleichungen (4) die nothwendige Bedingung sich ergeben, dass α_0 eine ungrade, α_1 eine grade Zahl ist.

Dass aber die durch die Gleichungen (4) und (6) gegebenen Bedingungen auch die für die rationale Transformation hinreichenden sind, geht unmittelbar aus dem in der siebzehnten Vorlesung bewiesenen Satze hervor, dass sich jede doppelt periodische Function mit den Perioden Ω und Ω' durch eine andere doppeltperiodische Function zweiter Ordnung mit denselben Perioden und deren Ableitung in der dort näher angegebenen Form rational ausdrückt; denn da

$$\sin \operatorname{am}\left(\frac{u}{a} + \varepsilon, k\right)$$

als Function von u aufgefasst die Perioden $a\Omega$ und $a\Omega'$, also nach den Gleichungen (4) auch die Perioden ω und ω' hat, welches die Elementarperioden von $\sin\operatorname{am}(u, c)$ sind, so wird sich nach dem angeführten Satze mit den dortigen Bezeichnungen

$$\sin\operatorname{am}\left(\frac{u}{a}+\varepsilon,\, k\right) = \frac{Q\,\frac{d\sin\operatorname{am}(u,\,c)}{du} - N}{M}$$

ergeben, worin M, N, Q ganze rationale Functionen von $\sin\operatorname{am}(u, c)$ bedeuten; da aber ausserdem, wenn in diese Gleichung $\frac{\omega}{2} - u$ statt u gesetzt wird, Q, N, M unverändert bleiben, ferner

$$\frac{d\sin\operatorname{am}(u,\,c)}{du} = \cos\operatorname{am}(u,\,c)\,\Delta\operatorname{am}(u,\,c)$$

den entgegengesetzten Werth annimmt und endlich die linke Seite der Gleichung in Folge von (5) in

$$\sin\operatorname{am}\left(\frac{\omega}{2a} - \frac{u}{a} + \varepsilon,\, k\right) = \sin\operatorname{am}\left(\frac{\Omega}{2} + \gamma_0\,\Omega + \gamma_1\,\Omega' - \left(\frac{u}{a}+\varepsilon\right),\, k\right)$$
$$= \sin\operatorname{am}\left(\frac{u}{a}+\varepsilon,\, k\right)$$

übergeht, also unverändert bleibt, so muss

$$Q = 0$$

sein d. h. $\sin\operatorname{am}\left(\frac{u}{a}+\varepsilon,\, k\right)$ wird eine rationale Function von $\sin\operatorname{am}(u, c)$ werden.

Zur Herleitung der wirklichen Transformationsausdrücke sowie zur Durchführung der Transformationstheorie überhaupt werden wir jedoch die Transformation der ϑ-Functionen zu Grunde legen und von diesen aus zur Transformation der elliptischen Functionen übergehen.

Aus den beiden für die Existenz einer rationalen Beziehung zwischen

$$y,\ x,\ \sqrt{(1-x^2)(1-c^2x^2)}\ ^{*})$$

nothwendigen und hinreichenden Bedingungen (4) folgt mit Berücksichtigung der für den ursprünglichen und transformirten ϑ-Modul bestehenden Definitionsgleichungen

(7) . . . . $\tau = \frac{2\omega'}{\omega},\ \tau' = \frac{2\Omega'}{\Omega}$

die Beziehung

(8) . . . . $\tau = \frac{4\beta_0 + 2\beta_1\tau'}{2\alpha_0 + \alpha_1\tau'}$ und $\tau' = \frac{4\beta_0 - 2\alpha_0\tau}{\alpha_1\tau - 2\beta_1}$,

während die durch die Ausdrücke

(9) . . . . $u = \frac{\omega}{2}v,\ \frac{u}{a} + \varepsilon = \frac{\Omega}{2}v'$

---

*) da

$$\frac{d\sin\operatorname{am}(u,\,c)}{du} = \sqrt{1-\sin^2\operatorname{am}u}\,\sqrt{1-c^2\sin^2\operatorname{am}u}$$

ist.

gegebenen Argumente der ϑ-Functionen durch die Gleichung

$$(10) \;\ldots\ldots\ldots\ldots\; v' = \frac{\omega}{a\,\Omega}\left(v + \frac{2\,a\,\varepsilon}{\omega}\right)$$

oder mit Hinzuziehung von (4) durch

$$(11) \;.\; v' = \left(\alpha_0 + \frac{\alpha_1}{2}\,\tau'\right)\left(v + \frac{2\,a\,\varepsilon}{\omega}\right) = \frac{2\,\alpha_0\,\beta_1 - 2\,\alpha_1\,\beta_0}{2\,\beta_1 - \alpha_1\,\tau}\left(v + \frac{2\,a\,\varepsilon}{\omega}\right)$$

mit einander verbunden sind. Wir unterscheiden nun die beiden Fälle, in denen α_1 grade oder ungrade ist; findet das erstere statt und setzt man

$$\alpha_1 = 2\,\mathfrak{a}_1,$$

so folgt aus (8) und (11)

$$(12) \;\; \tau' = \frac{2\,\beta_0 - \alpha_0\,\tau}{\mathfrak{a}_1\,\tau - \beta_1},\; v' = \frac{\alpha_0\,\beta_1 - \mathfrak{a}_1\,2\,\beta_0}{\beta_1 - \mathfrak{a}_1\,\tau}\left(v + \frac{2\,a\,\varepsilon}{\omega}\right) = \frac{n}{\beta_1 - \mathfrak{a}_1\,\tau}\left(v + \frac{2\,a\,\varepsilon}{\omega}\right),$$

wenn

$$(13) \;\ldots\ldots\ldots\ldots\; \alpha_0\beta_1 - \mathfrak{a}_1 \,.\, 2\,\beta_0 = n$$

gesetzt wird, und ist α_1 ungrade, so erhält man aus denselben Gleichungen

$$(14) \;\; \tau' = \frac{4\,\beta_0 - 2\,\alpha_0\,\tau}{\alpha_1\,\tau - 2\,\beta_1},\; v' = \frac{2\,\alpha_0 \cdot 2\,\beta_1 - \alpha_1 \cdot 4\,\beta_0}{2\,\beta_1 - \alpha_1\,\tau}\left(\frac{v + \frac{2\,a\,\varepsilon}{\omega}}{2}\right) = \frac{n}{2\,\beta_1 - \alpha_1\,\tau}\,v_1,$$

wenn man

$$(15) \;\ldots\; 2\,\alpha_0 \,.\, 2\,\beta_1 - \alpha_1 \,.\, 4\,\beta_0 = n,\; \tfrac{1}{2}\left(v + \frac{2\,a\,\varepsilon}{\omega}\right) = v_1$$

setzt. Fasst man diese beiden Fälle zusammen und setzt als bekannt voraus, wie die elliptischen Functionen der halben Argumente sich durch die der ganzen Argumente ausdrücken,*) so wird die die Transformation der ϑ-Functionen betreffende Aufgabe, welche die oben gestellte der elliptischen Functionen einschliesst, folgendermassen lauten:

Wenn τ und v den Modul und das Argument gegebener ϑ-Functionen und a_0, a_1, b_0, b_1, vier ganze Zahlen bedeuten, so sollen die ϑ-Functionen, deren Modul und Argument mit den gegebenen durch die Beziehungen

$$(16) \;\ldots\ldots\; \tau' = \frac{b_0 - a_0\,\tau}{a_1\,\tau - b_1} \;\text{ oder }\; \tau = \frac{b_0 + b_1\,\tau'}{a_0 + a_1\,\tau'}$$

$$(17) \;\ldots\ldots\; v' = (a_0 + a_1\,\tau')\,v = \frac{n}{b_1 - a_1\,\tau}\,v$$

verbunden sind, worin

$$a_0\,b_1 - a_1\,b_0 = n$$

gesetzt worden, durch die ϑ-Functionen mit dem gegebenen Modul und Argument ausgedrückt werden.

Die Zahlen a_0, a_1, b_0, b_1 werden die *vier Transformationszahlen* und n,

---

*) was schon aus dem Additionstheorem der elliptischen Functionen unmittelbar folgt, übrigens noch später bei der Division der elliptischen Functionen besonders behandelt wird.

eine für die Transformation charakteristische Zahl, der *Grad* der Transformation genannt.

Aber es müssen die vier Transformationszahlen noch einer Einschränkung unterworfen werden; denn da bei der oben festgestellten Wahl der Perioden nach der fünfzehnten Vorlesung der rein imaginäre Theil des Quotienten

$$\frac{\omega'}{\omega} \text{ und } \frac{\Omega'}{\Omega}$$

das Product von i in eine wesentlich positive Zahl sein musste, oder was dasselbe ist, die reellen Theile von

$$\frac{\tau}{i} \text{ und } \frac{\tau'}{i}$$

wesentlich positiv werden müssen, so wird sich, wenn in (16)

$$\tau = t + t_1 i$$

gesetzt wird, worin t_1 positiv ist, aus der resultirenden Gleichung

$$\frac{\tau'}{i} = \frac{(-b_0 + a_0 t) i - a_0 t_1}{(a_1 t - b_1) + a_1 t_1 i} = \frac{[(-b_0 + a_0 t) i - a_0 t_1] [(a_1 t - b_1) - a_1 t_1 i]}{(a_1 t - b_1)^2 + a_1^2 t_1^2}$$

als Coefficient des reellen Theiles von $\frac{\tau'}{i}$

$$-a_0 t_1 (a_1 t - b_1) + a_1 t_1 (a_0 t - b_0) = t_1 (a_0 b_1 - a_1 b_0) = n t_1$$

ergeben, und da dieser wesentlich positiv sein soll, als nothwendige Bedingung, der jene vier Transformationszahlen unterworfen sind, die hinzutreten, dass n eine positive ganze Zahl sein muss.

Wenn gezeigt sein wird, dass ein jedes der vier

$$\vartheta(v', \tau') = \vartheta\left((a_0 + a_1 \tau') v, \frac{b_0 - a_0 \tau}{a_1 \tau - b_1}\right)$$

sich ganz und rational durch die vier ϑ-Functionen

$$\vartheta(v, \tau)$$

ausdrücken lässt, so wird sich umgekehrt für die zugehörigen elliptischen Functionen das nachstehende folgern lassen. Bildet man vermöge der Gleichungen

$$\sqrt{c} = \frac{\vartheta(0, \tau)_2}{\vartheta(0, \tau)_3}, \quad \sqrt{k} = \frac{\vartheta(0, \tau')_2}{\vartheta(0, \tau')_3} = \frac{\vartheta\left(0, \frac{b_0 - a_0 \tau}{a_1 \tau - b_1}\right)_2}{\vartheta\left(0, \frac{b_0 - a_0 \tau}{a_1 \tau - b_1}\right)_3}$$

die zugehörigen elliptischen Differentialausdrücke

$$\frac{dx}{\sqrt{(1 - x^2)(1 - c^2 x^2)}} \text{ und } \frac{dy}{\sqrt{(1 - y^2)(1 - k^2 y^2)}}$$

und nennt die zu diesen beiden gehörigen Periodenpaare der früher angegebenen Art

$$\omega, \omega' \text{ und } \Omega, \Omega',$$

so folgt aus (16)

$$\frac{2\omega'}{\omega} = \frac{b_0 \Omega + 2 b_1 \Omega'}{a_0 \Omega + 2 a_1 \Omega'}$$

oder, wenn mit a ein unbestimmter Factor bezeichnet wird

$$(16^a) \; \dots \dots \dots \quad \begin{cases} \omega = a_0\, a\Omega + 2a_1\, a\Omega' \\ 2\omega' = b_0\, a\Omega + 2b_1\, a\Omega' \end{cases}$$

und aus der ersten dieser Gleichungen

$$v' = (a_0 + a_1\, \tau')\, v = \frac{\omega}{a\Omega}\, v,$$

so dass, wenn

$$(17^a) \; \dots \dots \dots \dots \quad v = \frac{2u}{\omega}$$

gesetzt wird, sich

$$(17^b) \; \dots \dots \dots \dots \quad v' = \frac{2u}{a\Omega}$$

ergiebt. Setzt man daher

$$\frac{dx}{\sqrt{(1-x^2)(1-c^2x^2)}} = du, \quad \frac{dy}{\sqrt{(1-y^2)(1-k^2y^2)}} = d\,\frac{u}{a}$$

oder

$$\frac{dx}{\sqrt{(1-x^2)(1-c^2x^2)}} = a\,\frac{dy}{\sqrt{(1-y^2)(1-k^2y^2)}},$$

wobei sich $u = 0$, $x = 0$, $y = 0$ entsprechen, so werden sich nach den bekannten Beziehungen zwischen den ϑ-Functionen und den elliptischen Functionen, deren Argumente durch die Gleichungen (17^a) und (17^b) mit einander verbunden sind, und der oben angenommenen Lösbarkeit des Transformationsproblems für die ϑ-Functionen rationale Transformationsausdrücke für die drei elliptischen Functionen des transformirten Differentials durch die drei elliptischen Functionen des vorgelegten Differentials ergeben.

Um nun die Eigenschaften der transformirten ϑ-Functionen als Functionen des gegebenen Argumentes v aufgefasst ermitteln und dadurch ihren analytischen Ausdruck mit Hülfe der gegebenen ϑ-Functionen unmittelbar herstellen zu können, führen wir mit Hermite die Function

$$(18) \; \dots \dots \quad \Pi(v)_\lambda = e^{i\pi(a_0 + a_1\tau')a_1 v^2}\, \vartheta(v', \tau')_\lambda$$

ein, welche, wenn man erwägt, dass, wenn v um 1 zunimmt, das Argument v' um

$$a_0 + a_1\, \tau',$$

und wenn v um τ wächst, v' um

$$(a_0 + a_1\, \tau')\, \tau = b_0 + b_1\, \tau'$$

vermehrt wird, nach den für die ϑ-Functionen in der achtzehnten Vorlesung gefundenen charakteristischen Beziehungen den Gleichungen genügen wird

$$(19) \; . \quad \begin{cases} \Pi(v+1)_\lambda = (-1)^{a_0 n_\lambda + a_1 m_\lambda + a_0 a_1}\, \Pi(v)_\lambda \\ \Pi(v+\tau)_\lambda = (-1)^{b_0 n_\lambda + b_1 m_\lambda + b_0 b_1}\, e^{-ni\pi(2v+\tau)}\, \Pi(v)_\lambda \end{cases}$$

oder

$$(20) \; \dots \dots \quad \begin{cases} \Pi(v+1)_\lambda = (-1)^{\mathfrak{m}}\, \Pi(v)_\lambda \\ \Pi(v+\tau)_\lambda = (-1)^{\mathfrak{q}}\, e^{-ni\pi(2v+\tau)}\, \Pi(v)_\lambda, \end{cases}$$

wenn

$$(21) \ldots\ldots\ldots \begin{cases} \mathfrak{m} = a_0\, n_\lambda + a_1\, m_\lambda + a_0\, a_1 \\ \mathfrak{q} = b_0\, n_\lambda + b_1\, m_\lambda + b_0\, b_1 \end{cases}$$

gesetzt wird, und diese Gleichungen (20) werden die Basis der ganzen nachfolgenden Untersuchung bilden.

Aus den Gleichungen (20) mögen noch die Beziehungen hergeleitet werden, die sich für die Vermehrung des Arguments der Π-Function um halbe Perioden ergeben. Da sich nämlich bei einer Zunahme des v um

$$\frac{r}{2} + \frac{s}{2}\tau$$

das Argument v' nach Gleichung (17) um

$$(a_0 + a_1\,\tau')\left(\frac{r}{2} + \frac{s}{2}\,\tau\right) = \tfrac{1}{2}\,(a_0\, r + b_0\, s) + \frac{\tau'}{2}\,(a_1\, r + b_1\, s)$$

oder um

$$(k) \ldots\ldots\ldots\ldots\ldots \frac{\varrho}{2} + \frac{\sigma}{2}\,\tau'$$

vermehrt, wenn

$$\varrho = r a_0 + s b_0, \quad \sigma = r a_1 + s b_1$$

gesetzt wird, so erhält man, wenn die in dem Ausdrucke der Π-Function vorkommende Exponentialgrösse mit

$$e^{f(v)}$$

bezeichnet wird, die Gleichung

$$(22)\quad \Pi\left(v + \frac{r}{2} + \frac{s}{2}\,\tau\right)_\lambda = e^{f(v)}\,\vartheta\left(v' + \frac{\varrho}{2} + \frac{\sigma}{2}\,\tau', \tau'\right)_\lambda e^{i\pi(Av + B)},$$

in welcher A und B noch zu bestimmende Constanten bedeuten.

Wendet man auf v nochmals die Substitution

$$\frac{r}{2} + \frac{s}{2}\,\tau$$

an, so ergiebt sich aus (22)

$$(23)\quad \Pi(v + r + s\tau)_\lambda = e^{f(v)}\,\vartheta(v' + \varrho + \sigma\tau', \tau')_\lambda\, e^{i\pi\left[A\left(2v + \frac{r}{2} + \frac{s}{2}\,\tau\right) + 2B\right]}$$

und berücksichtigt man, dass aus den Gleichungen (20)

$$(24)\ \ldots\ \Pi\,(v + r + s\tau)_\lambda = (-1)^{r\mathfrak{m} + s\mathfrak{q}}\, e^{-n i\pi(2sv + s^2\tau)}\,\Pi\,(v)_\lambda$$

folgt, so ergiebt die Vergleichung von (23) und (24) die Werthe der Constanten A und B. Führt man dieselben in (22) ein, so folgt leicht, wenn

$$\varrho = 2\varrho' + \varrho'' \quad \sigma = 2\sigma' + \sigma''$$

gesetzt wird, worin ϱ'' und σ'' die Zahlen 0 oder 1 bedeuten, für die transformirte Π-Function der Ausdruck

$$(25)\quad \Pi\left(v + \frac{r}{2} + \frac{s}{2}\,\tau\right)_\lambda = e^{-\frac{ns}{2}\left(2v + \frac{s\tau}{2}\right)i\pi}\, e^{c\, i\pi}\, e^{i\pi(a_0 + a_1\tau')\,a_1\, v^2}\,\vartheta\,(v', \tau')_\nu,$$

wenn der Index ν der ϑ-Function durch die Congruenzen

$$(26) \ldots\ldots\ m_\nu \equiv m_\lambda + \varrho'' \quad n_\nu \equiv n_\lambda + \sigma''\ (\text{mod. } 2)$$

und die Constante c durch den folgenden Ausdruck bestimmt ist:

(27) . . . $c = -\frac{1}{2}(\varrho n_\lambda + \sigma m_\lambda) + \frac{1}{4} nrs + \frac{1}{2}(r\mathfrak{m} + s\mathfrak{q})$
$+ \frac{1}{2} n_\nu (m_\lambda + \varrho'' - m_\nu) - \frac{1}{2}\sigma''(m_\lambda + \varrho'') - \frac{1}{4}\varrho\sigma + \varrho' n_\lambda + \sigma' m_\lambda$

Endlich mag noch bemerkt werden, dass aus einer bekannten Beziehung für die ϑ-Functionen sich

(28) . . . . $\Pi(-v)_\lambda = (-1)^{m_\lambda n_\lambda} \Pi(v)_\lambda$

ergiebt, und dass diese Gleichung, *wenn n ungrade* ist, in

(29) . . . . $\Pi(-v)_\lambda = (-1)^{\mathfrak{m}\mathfrak{q}} \Pi(v)_\lambda$

übergeht, weil, wie aus den Gleichungen

$$\mathfrak{m} = a_0 n_\lambda + a_1 m_\lambda + a_0 a_1$$
$$\mathfrak{q} = b_0 n_\lambda + b_1 m_\lambda + b_0 b_1$$

und

$$a_0 b_1 - a_1 b_0 = n$$

unmittelbar folgt, für ein ungrades n die Grössen $\mathfrak{m}$ und $\mathfrak{q}$ stets und nur dann beide ungrade sind, wenn $m_\lambda = n_\lambda = 1$, also

$$(-1)^{m_\lambda n_\lambda} = (-1)^{\mathfrak{m}\mathfrak{q}}$$

ist.

Bevor wir nun dazu übergehen auf Grund der für die Π-Function entwickelten Bedingungsgleichungen die Ausdrücke dieser Function durch die ϑ-Functionen des gegebenen elliptischen Integrales herzuleiten, stellen wir uns die Aufgabe, die unendlich vielen zu einem bestimmten Transformationsgrade n gehörigen Transformationszahlen, d. h. alle diejenigen a_0, a_1, b_0, b_1, welche der Gleichung

$$a_0 b_1 - a_1 b_0 = n$$

genügen, nach einem bestimmten Princip in Klassen einzutheilen, welche eine Uebersicht und gemeinsame Behandlung aller Fälle gestatten und wollen zu dem Ende zuerst einen Satz über die Zusammensetzung von Transformationen aufstellen, die zu beliebigen Transformationsgraden gehören.

Seien a_0, a_1, b_0, b_1 Zahlen einer Transformation n^{ten} Grades, für welche

$$\tau = \frac{b_0 + b_1 \tau'}{a_0 + a_1 \tau'}, \quad v' = \frac{nv}{b_1 - a_1 \tau}$$

sein soll, werde ferner auf das neue ϑ eine Transformation ν^{ten} Grades mit den Transformationszahlen $\alpha_0, \alpha_1, \beta_0, \beta_1$ ausgeübt, für welche

$$\tau' = \frac{\beta_0 + \beta_1 \tau''}{\alpha_0 + \alpha_1 \tau''}, \quad v'' = \frac{\nu v}{\beta_1 - \alpha_1 \tau'}$$

ist, so folgt durch Zusammensetzung beider

$$\tau = \frac{b_0\alpha_0 + b_1\beta_0 + (b_0\alpha_1 + b_1\beta_1)\tau''}{a_0\alpha_0 + a_1\beta_0 + (a_0\alpha_1 + a_1\beta_1)\tau''}, \quad v'' = \frac{n\nu v}{b_0\alpha_1 + b_1\beta_1 - (a_0\alpha_1 + a_1\beta_1)\tau},$$

und aus den Gleichungen

$$a_0 b_1 - a_1 b_0 = n, \quad \alpha_0 \beta_1 - \alpha_1 \beta_0 = \nu$$

der Transformationsgrad

$$(a_0\alpha_0 + a_1\beta_0)(b_0\alpha_1 + b_1\beta_1) - (a_0\alpha_1 + a_1\beta_1)(b_0\alpha_0 + b_1\beta_0) \\ = (a_0b_1 - a_1b_0)(\alpha_0\beta_1 - \alpha_1\beta_0) = n\nu,$$

woraus sich unmittelbar das schon in etwas anderer Form in der siebzehnten Vorlesung für die Herleitung der Elementarperioden erhaltene Resultat ergiebt, dass die successive Anwendung einer Transformation n^{ten} und ν^{ten} Grades eine Transformation $n\nu^{\text{ten}}$ Grades liefert, und dass, wenn man die Transformationszahlen in Form von Determinanten

$$\begin{vmatrix} a_0 & a_1 \\ b_0 & b_1 \end{vmatrix} \quad \begin{vmatrix} \alpha_0 & \alpha_1 \\ \beta_0 & \beta_1 \end{vmatrix}$$

schreibt, die resultirende Transformation durch das Product dieser beiden Determinanten in der Form

$$\begin{vmatrix} a_0\alpha_0 + a_1\beta_0 & a_0\alpha_1 + a_1\beta_1 \\ b_0\alpha_0 + b_1\beta_0 & b_0\alpha_1 + b_1\beta_1 \end{vmatrix}$$

erhalten wird.

Wir wollen diesen Satz nun zur Klasseneintheilung sämmtlicher zu demselben Grade gehöriger Transformationen anwenden.

Sei ein bestimmtes System von Transformationszahlen gegeben, welches zum n^{ten} Grade gehört, so sollen alle diejenigen Systeme, welche durch Anwendung sämmtlicher Transformationen ersten Grades oder linearen Transformationen aus diesem entstehen, mit dem ersten zu einer *Klasse* gehören; die Anzahl der in einer Klasse liegenden Zahlensysteme ist offenbar unendlich gross, weil die Anzahl der linearen Transformationen es ist.*) Fasst man nun eine nicht in dieser Klasse liegende Transformation n^{ten} Grades auf, so bildet diese mit den durch alle linearen Transformationen aus dieser hergeleiteten eine zweite Klasse u. s. w. Es lassen sich somit sämmtliche zu einer bestimmten Zahl n gehörige Transformationen in Klassen eintheilen, von denen sich Folgendes behaupten lässt. Vor allen Dingen ist leicht einzusehen, dass sich irgend eine Transformation aus jeder derselben Klasse durch eine lineare Transformation herleiten lässt; denn seien irgend zwei Transformationen derselben Klasse

$$\begin{vmatrix} a_0 & a_1 \\ b_0 & b_1 \end{vmatrix} \quad \text{und} \quad \begin{vmatrix} a_0' & a_1' \\ b_0' & b_1' \end{vmatrix},$$

so sind beide nach der Definition einer Klasse aus ein und derselben Transformation n^{ten} Grades durch eine Anwendung einer linearen Transformation hergeleitet und somit

*) da die Gleichung

$$a_0 b_1 - a_1 b_0 = 1$$

unendlich viele Auflösungen hat.

$$\begin{vmatrix} a_0 & a_1 \\ b_0 & b_1 \end{vmatrix} = \begin{vmatrix} A_0 & A_1 \\ B_0 & B_1 \end{vmatrix} \begin{vmatrix} \alpha_0 & \alpha_1 \\ \beta_0 & \beta_1 \end{vmatrix}$$

und

$$\begin{vmatrix} a_0' & a_1' \\ b_0' & b_1' \end{vmatrix} = \begin{vmatrix} A_0 & A_1 \\ B_0 & B_1 \end{vmatrix} \begin{vmatrix} \alpha_0' & \alpha_1' \\ \beta_0' & \beta_1' \end{vmatrix},$$

worin die zweiten Transformationen lineare sein sollen. Hieraus folgt aber durch Anwendung von supplementären linearen Transformationen, wie sie in der siebzehnten Vorlesung definirt worden, dass

$$\begin{vmatrix} a_0 & a_1 \\ b_0 & b_1 \end{vmatrix} \begin{vmatrix} \beta_1 & -\alpha_1 \\ -\beta_0 & \alpha_0 \end{vmatrix} = \begin{vmatrix} A_0 & A_1 \\ B_0 & B_1 \end{vmatrix} \begin{vmatrix} \alpha_0 & \alpha_1 \\ \beta_0 & \beta_1 \end{vmatrix} \begin{vmatrix} \beta_1 & -\alpha_1 \\ -\beta_0 & \alpha_0 \end{vmatrix} = \begin{vmatrix} A_0 & A_1 \\ B_0 & B_1 \end{vmatrix},$$

und dass somit

$$\begin{vmatrix} a_0' & a_1' \\ b_0' & b_1' \end{vmatrix} = \begin{vmatrix} a_0 & a_1 \\ b_0 & b_1 \end{vmatrix} \begin{vmatrix} \beta_1 & -\alpha_1 \\ -\beta_0 & \alpha_0 \end{vmatrix} \begin{vmatrix} \alpha_0' & \alpha_1' \\ \beta_0' & \beta_1' \end{vmatrix}$$

ist, wodurch, weil die beiden letzten linearen Transformationen sich wieder zu einer linearen Transformation zusammensetzen, nachgewiesen ist, dass eine jede Transformation n^{ten} Grades aus jeder andern derselben Klasse durch Zusammensetzung mit einer linearen Transformation herzuleiten ist. Es ist aber auch ferner unmittelbar einzusehen, dass nicht ein und dieselbe Transformation n^{ten} Grades in zwei verschiedenen Klassen vorkommen kann; denn käme

$$\begin{vmatrix} A_0 & A_1 \\ B_0 & B_1 \end{vmatrix}$$

in zwei Klassen zugleich vor, so würden, wenn

$$\begin{vmatrix} a_0 & a_1 \\ b_0 & b_1 \end{vmatrix} \quad \text{und} \quad \begin{vmatrix} a_0' & a_1' \\ b_0' & b_1' \end{vmatrix}$$

die beiden für diese Klasse zu Grunde gelegten Transformationen wären, und daher die zweite aus der ersten nicht durch eine lineare Transformation entstanden sein darf, die Beziehungen statthaben

$$\begin{vmatrix} a_0 & a_1 \\ b_0 & b_1 \end{vmatrix} \begin{vmatrix} \alpha_0 & \alpha_1 \\ \beta_0 & \beta_1 \end{vmatrix} = \begin{vmatrix} A_0 & A_1 \\ B_0 & B_1 \end{vmatrix}$$

$$\begin{vmatrix} a_0' & a_1' \\ b_0' & b_1' \end{vmatrix} \begin{vmatrix} \alpha_0' & \alpha_1' \\ \beta_0' & \beta_1' \end{vmatrix} = \begin{vmatrix} A_0 & A_1 \\ B_0 & B_1 \end{vmatrix}$$

wenn die durch die Zahlen

$$\alpha_0, \alpha_1, \beta_0, \beta_1, \alpha_0', \alpha_1', \beta_0', \beta_1',$$

charakterisirten Transformationen linear sind; daraus folgt aber, dass

$$\begin{vmatrix} A_0 & A_1 \\ B_0 & B_1 \end{vmatrix} \begin{vmatrix} \beta_1' & -\alpha_1' \\ -\beta_0' & \alpha_0' \end{vmatrix} = \begin{vmatrix} a_0' & a_1' \\ b_0' & b_1' \end{vmatrix} = \begin{vmatrix} a_0 & a_1 \\ b_0 & b_1 \end{vmatrix} \begin{vmatrix} \alpha_0 & \alpha_1 \\ \beta_0 & \beta_1 \end{vmatrix} \begin{vmatrix} \beta_1' & -\alpha_1' \\ -\beta_0' & \alpha_0' \end{vmatrix}$$

ist, was der Annahme widerspricht.

Um nun endlich noch nachzuweisen, dass die Anzahl sämmtlicher zu einem bestimmten Transformationsgrade gehörigen Klassen eine endliche ist, wird es nöthig sein, die Transformationszahlen selbst genauer zu untersuchen. Sei

$$\begin{vmatrix} a_0 & a_1 \\ b_0 & b_1 \end{vmatrix}$$

irgend eine in einer bestimmten Klasse der Transformationen n^{ten} Grades liegende Transformation und

$$\begin{vmatrix} \alpha_0 & \alpha_1 \\ \beta_0 & \beta_1 \end{vmatrix}$$

eine noch unbestimmte lineare Transformation, welche durch Zusammensetzung mit der ersten die jedenfalls in derselben Klasse mit der ersten liegende Transformation n^{ten} Grades

$$\begin{vmatrix} a_0\alpha_0 + a_1\beta_0 & a_0\alpha_1 + a_1\beta_1 \\ b_0\alpha_0 + b_1\beta_0 & b_0\alpha_1 + b_1\beta_1 \end{vmatrix}$$

liefert. Wird nun der grösste gemeinschaftliche Theiler von a_0 und a_1 mit t bezeichnet, so ist unmittelbar zu sehen, dass, wenn für die resultirende Transformation die zweite Transformationszahl

$$a_0\alpha_1 + a_1\beta_1 = 0$$

sein soll,

$$\alpha_1 = \pm \frac{a_1}{t}, \quad \beta_1 = \mp \frac{a_0}{t}$$

sein muss, weil vermöge der Bedingungsgleichung

$$\text{(m)} \quad \ldots\ldots\ldots\ldots \quad \alpha_0\beta_1 - \alpha_1\beta_0 = 1$$

die beiden Zahlen α_1 und β_1 keinen gemeinsamen Theiler haben dürfen. Da nun α_0 und β_0 aus der Gleichung (m) zu bestimmen sind, so folgt

$$\frac{a_0}{t}\alpha_0 + \frac{a_1}{t}\beta_0 = \pm 1,$$

so dass, wenn ausserdem gefordert wird, dass der erste Coefficient der resultirenden Transformation

$$a_0\alpha_0 + a_1\beta_0$$

eine positive Zahl ist, diese Gleichung in

$$\frac{a_0}{t}\alpha_0 + \frac{a_1}{t}\beta_0 = 1$$

übergeht, und jene erste Transformationszahl t ist. Die Auflösung dieser Gleichung liefert aber, wenn α_0' und β_0' irgend ein Auflösungssystem bildet, für alle Auflösungen die Formen

$$\alpha_0 = \alpha_0' - k \cdot \frac{a_1}{t},$$

$$\beta_0 = \beta_0' + k \cdot \frac{a_0}{t},$$

und es geht somit die dritte Transformationszahl in

$$b_0\alpha_0 + b_1\beta_0 = b_0\alpha_0' + b_1\beta_0' + k \cdot \frac{a_0b_1 - a_1b_0}{t} = b_0\alpha_0' + b_1\beta_0' + kt'$$

über, wenn

$$a_0b_1 - a_1b_0 = n = t \,.\, t'$$

gesetzt wird. Soll nun diese dritte Transformationszahl grösser oder mindestens gleich Null und kleiner als t' sein*), so giebt es offenbar nur eine ganze Zahl k, welche dieses leistet, und da die neue Transformation wieder vom n^{ten} Grade ist und die zweite Transformationszahl verschwindet, so folgt, dass die vierte Transformationszahl mit der zweiten t multiplicirt, n geben muss, dass dieselbe daher gleich t' ist; wir schliessen somit, dass es in jeder zu einem bestimmten Transformationsgrade gehörigen Klasse *stets ein und nur ein* System von Transformationszahlen giebt, für welches $a_1 = 0$ und

$$0 \leqq b_0 < b_1$$

ist, welches somit die Form hat

$$\begin{vmatrix} t & 0 \\ \xi & t' \end{vmatrix},$$

wenn t ein positiver Theiler von n, $t' = \frac{n}{t}$, ξ eine ganze Zahl aus der Reihe

$$0,\ 1,\ 2,\ \ldots\ t' - 1$$

ist. Nennen wir nunmehr alle Systeme von Transformationszahlen, welche zu *einer* Klasse gehören, sowie alle zu ebendiesen Systemen gehörigen Transformationen selbst, einander *äquivalent*, so wird man zum *Repräsentanten* einer jeden Klasse unter einander äquivalenter Transformationen die einzige in dieser Klasse befindliche Transformation von der Form

$$\begin{vmatrix} t & 0 \\ \xi & t' \end{vmatrix}$$

wählen können. Da nun aber gerade so viel Klassen existiren, als dieses System mögliche Formen annehmen kann, weil jede dieser Transformationen zum Transformationsgrade n gehört und in jeder Klasse nur *eine* solche Transformation liegt, *so giebt es so viel nicht äquivalente Transformationsklassen vom Grade n, als die Summe der Divisoren von n beträgt,* 1 *und n mit eingerechnet,* da für jeden Werth von t' die Grösse ξ t' verschiedene Werthe annimmt. Setzt man also

$$n = a^\alpha b^\beta c^\gamma \ldots,$$

worin $a, b, c, \ldots$ verschiedene Primzahlen bedeuten, so ist *die Zahl der nicht äquivalenten Klassen für die Transformation n^{ten} Grades*

$$\frac{a^{\alpha+1} - 1}{a - 1} \cdot \frac{b^{\beta+1} - 1}{b - 1} \cdot \frac{c^{\gamma+1} - 1}{c - 1} \cdots,$$

*) oder soll sie kleiner als Null oder höchstens gleich Null und dem absoluten Betrage nach kleiner als t' sein.

daher, wenn n keine quadratischen Factoren hat,

$$(a+1)(b+1)(c+1)\ldots,$$

oder, wenn $n = p$ eine Primzahl ist,

$$p+1.$$

Wir werden nun die durch

$$\begin{vmatrix} t & 0 \\ \xi & t' \end{vmatrix}$$

dargestellten Repräsentanten der nicht äquivalenten Klassen für geradzahlige n beibehalten, führen jedoch für ungeradzahlige n andere mit Hülfe linearer Transformationen aus den obigen hergeleitete Repräsentanten ein, die sich für die Darstellung der allgemeinen Transformationsausdrücke, sowie für die Aufstellung der Modulargleichungen als brauchbarer erweisen werden. Wenden wir nämlich auf

$$\begin{vmatrix} t & 0 \\ \xi & t' \end{vmatrix}$$

die lineare Substitution

$$\begin{vmatrix} 1 & 0 \\ m & 1 \end{vmatrix}$$

an, worin m eine noch näher zu bestimmende ganze Zahl bedeutet, so wird sich in der resultirenden Transformation

$$\begin{vmatrix} t & 0 \\ \xi + mt' & t' \end{vmatrix}$$

die Zahl m so bestimmen lassen, dass

$$\xi + mt' \equiv 0 \pmod{16},$$

weil t' als Divisor der ungeraden Zahl n mit 16 keinen gemeinsamen Theiler hat; da sich aber offenbar nur *ein* ganzzahliges positives und *ein* ganzzahliges negatives ξ', dessen absoluter Werth kleiner als t' ist, ermitteln lässt, so dass

$$\xi + mt' = 16\,\xi'$$

ist, so entspricht jedem der früheren Systeme der Transformationszahlen, je nachdem man für ξ' nur positive oder negative Zahlen wählt, in jeder Klasse nur *ein* neues System von Transformationszahlen, und wir werden somit statt eines jeden der früheren Repräsentanten für ungeradzahlige n einen neuen von der Form

$$\begin{vmatrix} t & 0 \\ 16\,\xi' & t' \end{vmatrix}$$

einführen können, worin t wie früher einen jeden positiven Theiler von n vorstellt, $t' = \frac{n}{t}$ ist, und dem ξ' der Reihe nach die Werthe

$$0,\ 1,\ 2,\ \ldots\ t'-1$$

oder

$$0,\ -1,\ -2,\ \ldots\ -(t'-1)$$

beizulegen sind.

Ist daher n eine Primzahl, so werden die in der angegebenen Weise gewählten Repräsentanten folgendermassen lauten

$$\begin{vmatrix} 1 & 0 \\ 0 & n \end{vmatrix} \begin{vmatrix} 1 & 0 \\ 1.16 & n \end{vmatrix} \begin{vmatrix} 1 & 0 \\ 2.16 & n \end{vmatrix} \cdots \begin{vmatrix} 1 & 0 \\ (n-1)16 & n \end{vmatrix} \begin{vmatrix} n & 0 \\ 0 & 1 \end{vmatrix}$$

oder

$$\begin{vmatrix} 1 & 0 \\ 0 & n \end{vmatrix} \begin{vmatrix} 1 & 0 \\ -1.16 & n \end{vmatrix} \begin{vmatrix} 1 & 0 \\ -2.16 & n \end{vmatrix} \cdots \begin{vmatrix} 1 & 0 \\ -(n-1)16 & n \end{vmatrix} \begin{vmatrix} n & 0 \\ 0 & 1 \end{vmatrix}.$$

Man sieht aus den vorausgegangenen Betrachtungen, dass es somit für die Lösung des allgemeinen Transformationsproblems nur nöthig sein wird, sich mit den linearen Transformationen und mit denjenigen Transformationen höheren Grades zu beschäftigen, deren Transformationszahlen durch die Repräsentanten der nicht äquivalenten Klassen bestimmt sind, indem jede andere zu demselben Grade gehörige durch eine lineare Transformation aus einem dieser Repräsentanten hergeleitet werden kann.

Bevor wir jedoch zur Ausführung der linearen Transformation übergehen, wollen wir eine Bemerkung in Betreff der Zusammensetzung der linearen Transformation und der Transformation höheren Grades anfügen, die in der Theorie der Modulargleichungen Bedeutung gewinnen wird. Wenn auf irgend ein elliptisches Integral die lineare Transformation

$$\begin{vmatrix} a_0 & a_1 \\ b_0 & b_1 \end{vmatrix}$$

und auf diese dann die zu einem Repräsentanten der Transformation n^{ten} Grades gehörige Transformation

$$\begin{vmatrix} t & 0 \\ \xi & t' \end{vmatrix}$$

ausgeübt wird, so werden sich diese beiden Transformationen wieder zu *einer* Transformation n^{ten} Grades zusammensetzen, und es wird daher möglich sein müssen, diese zusammengesetzte Transformation darzustellen durch eine zu einem Repräsentanten der Transformation n^{ten} Grades gehörige von der Form

$$\begin{vmatrix} u & 0 \\ x & u' \end{vmatrix},$$

auf welche eine weiter zu bestimmende lineare Transformation

$$\begin{vmatrix} \alpha_0 & \alpha_1 \\ \beta_0 & \beta_1 \end{vmatrix}$$

ausgeübt wird. Da nun

$$\begin{vmatrix} a_0 & a_1 \\ b_0 & b_1 \end{vmatrix} \begin{vmatrix} t & 0 \\ \xi & t' \end{vmatrix} = \begin{vmatrix} a_0 t + a_1 \xi & a_1 t' \\ b_0 t + b_1 \xi & b_1 t' \end{vmatrix}$$

und

$$\begin{vmatrix} u & 0 \\ x & u' \end{vmatrix} \begin{vmatrix} \alpha_0 & \alpha_1 \\ \beta_0 & \beta_1 \end{vmatrix} = \begin{vmatrix} u\alpha_0 & u\alpha_1 \\ x\alpha_0 + u'\beta_0 & x\alpha_1 + u'\beta_1 \end{vmatrix}$$

ist, so wird es sich darum handeln, die Zahlen

$$u,\ x,\ u',\ \alpha_0,\ \alpha_1,\ \beta_0,\ \beta_1$$

so zu bestimmen, dass

(30) . . . . $a_0 t + a_1 \xi = u\alpha_0,$

(31) . . . . $a_1 t' = u\alpha_1,$

(32) . . . . $b_0 t + b_1 \xi = x\alpha_0 + u'\beta_0,$

(33) . . . . $b_1 t' = x\alpha_1 + u'\beta_1,$

wobei zu beachten, dass

(34) . . . . $tt' = uu' = n$

und

(35) . . . . . . $a_0 b_1 - a_1 b_0 = 1, \quad \alpha_0\beta_1 - \alpha_1\beta_0 = 1$

sein soll.

Da nun α_0 und α_1 nach (35) relative Primzahlen sein müssen, so wird aus (30) und (31) u als grösster gemeinschaftlicher Theiler der Zahlen

(m) . . . . $a_0 t + a_1 \xi$ und $a_1 t'$

folgen, und u' aus der Beziehung $u' = \frac{n}{u}$ sich ergeben, wobei selbstverständlich u' eine ganze Zahl ist; es folgt dann aus (30) und (31)

(36) . . . . $\alpha_0 = \frac{a_0 t + a_1 \xi}{u}, \qquad \alpha_1 = \frac{a_1 t'}{u}.$

Setzt man ferner diesen Werth von α_1 in (33) ein, so folgt

$$b_1 t' = \frac{a_1 t'}{u} x + u'\beta_1 \quad \text{oder} \quad b_1 ut' = a_1 t' x + uu'\beta_1$$

oder nach (34)

(37) . . . . $t\beta_1 + a_1 x = b_1 u,$

aus welcher, wenn mit δ der grösste gemeinschaftliche Theiler von t und a_1 bezeichnet wird, der nach der Bedeutung von u als grösster gemeinschaftlicher Theiler der Zahlen (m) auch ein Divisor von u sein muss

(38) . . . . . . $\beta_1 = B_1 - k\frac{a_1}{\delta}, \quad x = X + k \cdot \frac{t}{\delta}$

folgen, wenn B_1 und X ein Paar von Lösungen der Gleichung (37) und k eine beliebige ganze Zahl bedeutet; es bleibt somit nur noch die Grösse k so zu bestimmen übrig, dass der Gleichung (32) genügt wird oder, was offenbar dasselbe ist, der Gleichung

$$\alpha_0 \beta_1 - \alpha_1 \beta_0 = 1.$$

Setzt man die oben gefundenen Werthe für α_0, α_1, β_1 in diese Gleichung ein, so folgt

$$\frac{a_0 t + a_1 \xi}{u} \cdot B_1 - \frac{a_1}{\delta} \cdot \frac{a_0 t + a_1 \xi}{u} \cdot k - \frac{a_1 t'}{u} \beta_0 = 1,$$

oder

$$(39) \quad \ldots \quad a_1 t' \beta_0 + \frac{a_1}{\delta} (a_0 t + a_1 \xi) k = (a_0 t + a_1 \xi) B_1 - u,$$

und diese unbestimmte Gleichung in β_0 und k ist offenbar, wie es sein muss, auflösbar; denn dividirt man die Gleichung (39) durch a_1, so erhält man nach (36)

$$t' \beta_0 + \frac{a_0 t + a_1 \xi}{\delta} \cdot k = \frac{(a_0 t + a_1 \xi) B_1 - u}{a_1},$$

worin $\frac{a_0 t + a_1 \xi}{\delta}$ eine ganze Zahl, weil δ ein Theiler von a_1 und t ist; nun nimmt aber die rechte Seite dieser Gleichung nach (35) und (37) die Form an

$$\xi B_1 + \frac{a_0 t B_1 - u}{a_1} = \xi B_1 + \frac{a_0 (b_1 u - a_1 X) - u}{a_1} = b_0 u - a_0 X + \xi B_1,$$

also eine ganze Zahl, oder da, wie aus (36) und (37) unmittelbar folgt,

$$a_1 (\xi B_1 - a_0 X) = u (\alpha_0 B_1 - a_0 b_1)$$

und daher

$$b_0 u - a_0 X + \xi B_1 = b_0 u - \frac{a_0 b_1}{a_1} u + \frac{\alpha_0 B_1}{a_1} u = \frac{u (\alpha_0 B_1 - 1)}{a_1}$$

ist, die Beziehung

$$(40) \quad \ldots\ldots\ldots \quad t' \beta_0 + \frac{a_0 t + a_1 \xi}{\delta} k = \frac{u (\alpha_0 B_1 - 1)}{a_1},$$

worin die rechte Seite eine ganze Zahl darstellt. Da nun aber δ ein Theiler von a_1 sowohl als auch von u ist, so wird man diese Gleichung in die Form setzen können

$$(41) \quad \ldots\ldots \quad t' \beta_0 + \frac{a_0 t - a_1 \xi}{\delta} k = \frac{u}{\delta} \left(\frac{\alpha_0 B_1 - 1}{\frac{a_1}{\delta}} \right)$$

und wird leicht einsehen, dass δ der grösste gemeinsame Theiler nicht bloss zwischen t und a_1, sondern auch zwischen u und a_1 ist, und dass daher $\frac{u}{\delta}$ und $\frac{a_1}{\delta}$ relativ prim, also

$$\frac{\alpha_0 B_1 - 1}{\frac{a_1}{\delta}}$$

eine ganze Zahl sein wird; da endlich der grösste gemeinsame Theiler von

$$a_1 t' \quad \text{und} \quad a_0 t - a_1 \xi$$

u war, so wird der grösste gemeinsame Theiler von

$$\frac{a_1}{\delta} t' \quad \text{und} \quad \frac{a_0 t - a_1 \xi}{\delta}$$

$\frac{u}{\delta}$ sein und daher der von

$$t' \quad \text{und} \quad \frac{a_0 t - a_1 \xi}{\delta}$$

ein Theiler von $\frac{u}{\delta}$, so dass, wenn man die Gleichung (41) durch den grössten gemeinsamen Theiler dieser beiden Zahlen dividirt, sich auf der rechten Seite wieder eine ganze Zahl ergiebt, und daher die unbestimmte Gleichung (41) in ganzen Zahlen auflösbar ist.

Hierdurch sind aber die gesuchten Transformationszahlen der Transformation ersten und n^{ten} Grades ermittelt.

Vierundzwanzigste Vorlesung.

Die lineare Transformation.

Es wird zunächst unsere Aufgabe sein, den einfachsten Fall, in dem $n = 1$ ist, also die Transformation ersten Grades oder die *lineare Transformation* zu behandeln, welche Theorie aus einem sogleich ersichtlichen Grunde auch *die der unendlich vielen Formen der ϑ-Function* genannt wird und in den Anwendungen auf Algebra und Zahlentheorie eine wichtige Rolle spielt.

Die in der letzten Vorlesung aufgestellten Beziehungen nehmen für die lineare Transformation die folgende Gestalt an. Setzt man

$$(1) \quad \Pi(v)_\lambda = e^{i\pi(a_0 + a_1\tau')a_1 v^2} \vartheta(v', \tau')_\lambda,$$

so genügt diese Function den beiden Bedingungsgleichungen

$$(2) \quad \begin{cases} \Pi(v+1)_\lambda = (-1)^{a_0 n_\lambda + a_1 m_\lambda + a_0 a_1} \Pi(v)_\lambda \\ \Pi(v+\tau)_\lambda = (-1)^{b_0 n_\lambda + b_1 m_\lambda + b_0 b_1} e^{-i\pi(2v+\tau)} \Pi(v)_\lambda \end{cases}$$

oder

$$(3) \quad \begin{cases} \Pi(v+1)_\lambda = (-1)^{\mathfrak{m}} \Pi(v)_\lambda \\ \Pi(v+\tau)_\lambda = (-1)^{\mathfrak{q}} e^{-i\pi(2v+\tau)} \Pi(v)_\lambda, \end{cases}$$

wenn

$$(4) \quad \begin{cases} \mathfrak{m} = a_0 n_\lambda + a_1 m_\lambda + a_0 a_1, \\ \mathfrak{q} = b_0 n_\lambda + b_1 m_\lambda + b_0 b_1 \end{cases}$$

gesetzt wird, während der Modul und das Argument der transformirten ϑ-Function durch die Beziehungen bestimmt sind

$$(5) \quad \tau = \frac{b_0 + b_1\tau'}{a_0 + a_1\tau'}, \quad \tau' = \frac{b_0 - a_0\tau}{a_1\tau - b_1}$$

$$(6) \quad v' = (a_0 + a_1\tau')v = \frac{nv}{b_1 - a_1\tau},$$

und die Transformationszahlen durch die Gleichung

$$(7) \quad a_0 b_1 - a_1 b_0 = 1$$

mit einander verbunden sind.

Aus den Gleichungen (3), welche mit den in der achtzehnten Vorlesung aufgestellten, für die ϑ-Function mit einem Index charakteristischen Bedingungen übereinstimmen, folgt nach den dort gemachten Auseinandersetzungen unmittelbar, dass

$$(8) \ldots\ldots\ldots \quad \Pi(v)_\lambda = e^{i\pi(a_0+a_1\tau')a_1v^2}\,\vartheta(v',\tau')_\lambda$$
$$= C\,.\,e^{\frac{1}{2}\mathfrak{m}\left(2v+\mathfrak{q}+\frac{\mathfrak{m}}{2}\tau\right)\pi i}\,\vartheta_3(v+\tfrac{1}{2}\mathfrak{q}+\tfrac{1}{2}\mathfrak{m}\tau,\tau)$$

ist, wenn C eine noch weiter zu bestimmende Constante bedeutet. Um nun den Werth dieser Constanten zu ermitteln, setzen wir nach Substitution von

$$v' = (a_0 + a_1\tau')\,v$$

für die auf beiden Seiten der Gleichung (8) vorkommenden ϑ-Functionen die dieselben definirenden Exponentialreihen und erhalten, wie unmittelbar zu sehen, wenn

$$(9) \quad \psi(v,m) = a_1(a_0+a_1\tau')v^2 + \big((2m+n_\lambda)(a_0+a_1\tau') - \mathfrak{m}\big)v$$
$$+ \frac{\tau'}{4}(2m+n_\lambda)^2 + m\,m_\lambda + \frac{m_\lambda n_\lambda}{2}$$

gesetzt wird, die folgende Beziehung

$$(10) \quad \sum_{m=-\infty}^{m=+\infty} e^{i\pi\psi(v,m)} = C\,.\sum_{m=-\infty}^{m=+\infty} e^{i\pi\left[2mv+\frac{\tau}{4}(2m+\mathfrak{m})^2+m\mathfrak{q}+\frac{\mathfrak{m}\mathfrak{q}}{2}\right]},$$

aus der sich sogleich C in der Form eines bestimmten Integrales ergeben wird. Denn integrirt man auf beiden Seiten zwischen den Gränzen 0 und 1, so wird auf der rechten Seite der Gleichung, weil

$$\int_0^1 e^{2mvi\pi}\,dv = 0$$

ist, wenn nicht m verschwindet, in welchem Falle das Integral den Werth 1 annimmt, nur der Ausdruck

$$C\,.\,e^{i\pi\mathfrak{m}^2\frac{\tau}{4}}\,.\,e^{\frac{\mathfrak{m}\mathfrak{q}}{2}\pi i}$$

sich ergeben, und somit

$$(11) \ldots\ldots \quad C\,.\,e^{i\pi\mathfrak{m}^2\frac{\tau}{4}}\,e^{\frac{\mathfrak{m}\mathfrak{q}}{2}\pi i} = \int_0^1 \sum_{m=-\infty}^{m=+\infty} e^{i\pi\psi(v,m)}\,dv$$

sein, worin noch das Integral der rechten Seite zu ermitteln ist. Der Werth desselben wird sich aber leicht herstellen lassen mit Hülfe einer Relation, welche zwischen zwei ψ-Functionen existirt, deren Argumente sich um eine ganze Zahl unterscheiden. Da nämlich, wie aus der Definitionsgleichung der ψ-Function unmittelbar folgt,

$$\psi(v+1,m) = \psi(v,m) + 2va_1(a_0+a_1\tau') + a_1(a_0+a_1\tau')$$
$$+ (2m+n_\lambda)(a_0+a_1\tau') - \mathfrak{m}$$

und

$$\psi(v,m+a_1) = \psi(v,m) + 2va_1(a_0+a_1\tau') + \tau' a_1^2 + a_1 m_\lambda$$
$$+ (2m+n_\lambda)\,a_1\tau'$$

ist, so ergiebt sich durch Subtraction dieser beiden Gleichungen

$$\psi(v+1,m)-\psi(v,m+a_1)$$
$$=a_0 n\lambda + a_1 m\lambda + a_0 a_1 - \mathfrak{m} - 2a_1 m\lambda + 2a_0 m$$

oder mit Berücksichtigung von (4)

$$\psi(v+1,m) \equiv \psi(v,m+a_1) \pmod 2$$

und hieraus wiederum allgemein

(12) . . . . . $\psi(v+n,m) \equiv \psi(v,m+na_1) \pmod 2$.

Machen wir nun zur weiteren Entwickelung der Constanten die Annahme, dass

$$a_1 > 0,$$

eine Beschränkung, die wir später wieder aufheben werden, indem wir die Gültigkeit des zu erhaltenden Resultates auch für $a_1 < 0$ nachweisen werden, so werden wir, wenn

$$r_1, r_2, r_3, \ldots r_{a_1}$$

ein beliebiges Restsystem nach dem Modul a_1 vorstellen, statt der Summe

$$\sum_{m=-\infty}^{m=+\infty} e^{i\pi\psi(v,m)}$$

die Summe

$$\sum_{n=-\infty}^{n=+\infty} e^{i\pi\psi(v,na_1+r_1)} + \sum_{n=-\infty}^{n=+\infty} e^{i\pi\psi(v,na_1+r_2)} + \cdots + \sum_{n=-\infty}^{n=+\infty} e^{i\pi\psi(v,na_1+r_{a_1})}$$

setzen können, und es wird sich somit mit Berücksichtigung der in (12) enthaltenen Congruenz die Gleichung

$$\sum_{m=-\infty}^{m=+\infty} e^{i\pi\psi(v,m)} = \sum_{n=-\infty}^{n=+\infty} e^{i\pi\psi(v+n,r_1)} + \sum_{n=-\infty}^{n=+\infty} e^{i\pi\psi(v+n,r_2)} + \cdots \sum_{n=-\infty}^{n=+\infty} e^{i\pi\psi(v+n,r}$$

oder

$$\sum_{m=-\infty}^{m=+\infty} e^{i\pi\psi(v,m)} = \sum_{\varrho=1}^{\varrho=a_1} \sum_{n=-\infty}^{n=+\infty} e^{i\pi\psi(v+n,r_\varrho)}$$

ergeben. Integrirt man jetzt diese Gleichung zwischen den Gränzen 0 und 1 und setzt den Werth der linken Seite in (11) ein, so ergiebt sich für die gesuchte Constante C in Form eines bestimmten Integrales der nachfolgende Werth

(13) . . $C \,.\, e^{i\pi\mathfrak{m}^2\frac{\tau}{4}} \,.\, e^{\frac{\mathfrak{m}\mathfrak{q}}{2}\pi i} = \sum_{\varrho=1}^{\varrho=a_1} \sum_{n=-\infty}^{n=+\infty} \int_0^1 e^{i\pi\psi(v+n,r_\varrho)}\, dv,$

oder endlich, wenn man berücksichtigt, dass durch die Substitution

$$v+n=v'$$

das Integral

$$\int_0^1 e^{i\pi\psi(v+n,r_\varrho)}\, dv$$

in

$$\int_{n}^{n+1} e^{i\pi\psi(v', r_\varrho)}\, dv'$$

übergeht, und somit

$$\sum_{n=-\infty}^{n=+\infty} \int_0^1 e^{i\pi\psi(v+n,\, r_\varrho)}\, dv = \cdots + \int_{-(\nu+1)}^{-\nu} e^{i\pi\psi(v, r_\varrho)}\, dv + \int_{-\nu}^{-(\nu-1)} e^{i\pi\psi(v, r_\varrho)}\, dv$$

$$+ \cdots + \int_{(\nu-1)}^{\nu} e^{i\pi\psi(v, r_\varrho)}\, dv + \int_{\nu}^{\nu+1} e^{i\pi\psi(v, r_\varrho)}\, dv + \cdots = \int_{-\infty}^{+\infty} e^{i\pi\psi(v, r_\varrho)}\, dv$$

wird, die Gleichung

$$(14) \; \ldots \ldots \; C \,.\, e^{i\pi \mathfrak{m}^2 \frac{\tau}{4}} \,.\, e^{i\pi \frac{\mathfrak{m} \mathfrak{q}}{2}} = \sum_{\varrho=1}^{\varrho=a_1} \int_{-\infty}^{+\infty} e^{i\pi\psi(v, r_\varrho)}\, dv.$$

Wir setzen nun aus der Theorie der reellen bestimmten Integrale den Werth des Integrals

$$(15) \; \ldots \ldots \; \int_{-\infty}^{+\infty} e^{i\pi(pv^2+qv+r)}\, dv = \frac{1}{\sqrt{-ip}}\, e^{i\pi \frac{4pr-q^2}{4p}}$$

als bekannt voraus, in welchem

$$\sqrt{-ip}$$

mit einem solchen Zeichen zu nehmen ist, dass sein reeller Theil positiv ist, und erhalten hieraus mit Berücksichtigung der quadratischen Function $\psi(v, r_\varrho)$ für das auf der rechten Seite der Gleichung (14) befindliche bestimmte Integral den nachfolgenden Werth

$$(16) \; \ldots \ldots \; \int_{-\infty}^{+\infty} e^{i\pi\psi(v, r_\varrho)}\, dv = \frac{1}{\sqrt{-ia_1(a_0+a_1\tau')}} \times$$

$$e^{\frac{i\pi \left\{4a_1(a_0+a_1\tau')\left[\frac{\tau'}{4}(2r_\varrho+n_\lambda)^2 + r_\varrho m_\lambda + \frac{m_\lambda n_\lambda}{2}\right] - \left[(2r_\varrho+n_\lambda)(a_0+a_1\tau') - \mathfrak{m}\right]^2\right\}}{4a_1(a_0+a_1\tau')}},$$

in welchem das Zeichen der Quadratwurzel in der oben angegebenen Weise zu bestimmen ist. Eine einfache Ausrechnung des Exponenten von e, bei welcher nach (4)

$$\frac{\left\{(2r_\varrho+n_\lambda)(a_0+a_1\tau') - \mathfrak{m}\right\}^2}{4a_1(a_0+a_1\tau')}$$

$$= \frac{(2r_\varrho+n_\lambda)^2(a_0+a_1\tau')}{4a_1} - \frac{2r_\varrho+n_\lambda}{2a_1}(a_0 n_\lambda + a_1 m_\lambda + a_0 a_1) + \frac{\mathfrak{m}^2}{4a_1(a_0+a_1\tau')}$$

zu setzen ist, ergiebt, wenn der so entwickelte Werth des Integrales (16) in Gleichung (14) eingesetzt und berücksichtigt wird, dass

$$e^{-\frac{i\pi\mathfrak{m}^2}{4a_1(a_0+a_1\tau')} - \frac{i\pi\mathfrak{m}^2}{4}\tau} = e^{-\frac{i\pi\mathfrak{m}^2}{4}\left[\frac{1}{a_1(a_0+a_1\tau')} + \frac{b_0+b_1\tau'}{a_0+a_1\tau'}\right]} = e^{-\frac{i\pi\mathfrak{m}^2}{4}\frac{b_1}{a_1}}$$

ist, weil

$$a_0 b_1 - a_1 b_0 = 1$$

gesetzt worden, für die zu bestimmende Constante C den Werth

$$(17)\ .\ C = \frac{e^{\frac{i\pi}{2}(m_\lambda n_\lambda - \mathfrak{m}\mathfrak{q})} \,.\, e^{-\frac{i\pi}{4a_1}[a_0 n_\lambda^2 - 2n_\lambda \mathfrak{m} + b_1 \mathfrak{m}^2 - a_0 a_1^2]}}{\sqrt{-ia_1(a_0 + a_1\tau')}} \,.\, \sum_{\varrho=1}^{\varrho=a_1} e^{-\frac{i\pi a_0}{a_1}\left(r_\varrho - \frac{a_1}{2}\right)^2}.$$

Beachtet man ferner, dass der auf der rechten Seite der Gleichung (8) befindliche Factor von C

$$e^{\frac{1}{2}\mathfrak{m}\left(2v + \mathfrak{q} + \frac{\mathfrak{m}}{2}\tau\right)\pi i}\,\vartheta_3(v + \tfrac{1}{2}\mathfrak{q} + \tfrac{1}{2}\mathfrak{m}\tau, \tau),$$

wenn

$$\mathfrak{q} = m_{\lambda_1} + 2h, \quad \mathfrak{m} = n_{\lambda_1} + 2k$$

gesetzt wird, worin

$$m_{\lambda_1} = 0 \text{ oder } -1, \quad n_{\lambda_1} = 0 \text{ oder } +1$$

sind, in

$$e^{(\frac{1}{2}n_{\lambda_1} + k)\left(2v + m_{\lambda_1} + 2h + \frac{n_{\lambda_1}}{2}\tau + k\tau\right)\pi i}\,\vartheta_3\left(v + \frac{m_{\lambda_1}}{2} + h + \tfrac{1}{2}n_{\lambda_1}\tau + k\tau, \tau\right)$$

oder nach der achtzehnten Vorlesung in

$$e^{hn_{\lambda_1}i\pi} \,.\, e^{\frac{1}{2}n_{\lambda_1}\left(2v + m_{\lambda_1} + \frac{n_{\lambda_1}}{2}\tau\right)\pi i}\,\vartheta(v + \tfrac{1}{2}m_{\lambda_1} + \tfrac{1}{2}n_{\lambda_1}\tau, \tau),$$

d. h. in

$$e^{i\pi h n_{\lambda_1}}\,\vartheta(v, \tau)_{\lambda_1} = e^{\frac{i\pi}{2}n_{\lambda_1}(\mathfrak{q} - m_{\lambda_1})}\,\vartheta(v, \tau)_{\lambda_1}$$

übergeht, so liefert Gleichung (8) mit Benutzung des oben für C in Gleichung (17) gefundenen Werthes die nachfolgende Beziehung

$$(18)\quad e^{i\pi a_1(a_0 + a_1\tau')a_1 v^2}\,\vartheta(v', \tau')_\lambda = e^{\frac{i\pi}{2}(m_\lambda n_\lambda - \mathfrak{m}\mathfrak{q})} \,.\, e^{\frac{i\pi}{2}(\mathfrak{q} - m_{\lambda_1})n_{\lambda_1}} \times$$

$$\frac{e^{-\frac{i\pi}{4a_1}(a_0 n_\lambda^2 - 2n_\lambda\mathfrak{m} + b_1\mathfrak{m}^2 - a_0 a_1^2)}}{\sqrt{-ia_1(a_0 + a_1\tau')}} \,.\, \sum_{\varrho=1}^{\varrho=a_1} e^{-\frac{i\pi a_0}{a_1}\left(r_\varrho - \frac{a_1}{2}\right)^2}\,\vartheta(v, \tau)_{\lambda_1},$$

oder, wenn man berücksichtigt, dass

$$m_\lambda n_\lambda - m_{\lambda_1} n_{\lambda_1} = 0$$

sein muss, weil die beiden Producte zu gleicher Zeit verschwinden und zu gleicher Zeit der negativen Einheit gleich sind, da in Gleichung (18) die ϑ-Functionen der beiden Seiten zugleich grade oder ungrade sein müssen, die lineare Transformationsgleichung der ϑ-Functionen, für den Fall zunächst, dass $a_1 > 0$ ist, in der Form

$$(19)\ \ldots\ldots\ldots\ e^{i\pi a_1(a_0 + a_1\tau')v^2}\,\vartheta(v', \tau')_\lambda =$$

$$\frac{e^{\frac{i\pi}{2}\mathfrak{q}(n_{\lambda_1} - \mathfrak{m})}\, e^{-\frac{i\pi}{4a_1}(a_0 n_\lambda^2 - 2n_\lambda\mathfrak{m} + b_1\mathfrak{m}^2 - a_0 a_1^2)}}{\sqrt{-ia_1(a_0 + a_1\tau')}} \sum_{\varrho=1}^{\varrho=a_1} e^{-\frac{i\pi a_0}{a_1}\left(r_\varrho - \frac{a_1}{2}\right)^2} \,.\, \vartheta(v, \tau)_{\lambda_1},$$

oder wenn für $\mathfrak{m}$ in die zweite Exponentialgrösse sein Werth aus (4) substituirt wird

$$(20) \quad \ldots\ldots\ldots \quad e^{i\pi a_1(a_0 + a_1\tau')v^2}\,\vartheta(v', \tau')_\lambda =$$

$$\frac{e^{\frac{i\pi}{2}\mathfrak{q}(n_{\lambda_1} - \mathfrak{m})} \, . \, e^{-\frac{i\pi}{4}(n_\lambda^2 a_0 b_0 + 2 m_\lambda n_\lambda a_1 b_0 + m_\lambda^2 a_1 b_1 + 2 n_\lambda a_0 a_1 b_0 + 2 m_\lambda a_0 a_1 b_1 + a_0 a_1^2 b_0)}}{\sqrt{-\,i a_1(a_0 + a_1\tau')}} \times$$

$$\sum_{\varrho=1}^{\varrho=a_1} e^{-\frac{i\pi a_0}{a_1}\left(r_\varrho - \frac{a_1}{2}\right)^2} . \,\vartheta(v, \tau)_{\lambda_1}.$$

Um nun zu zeigen, dass das eben erhaltene Resultat auch für negative a_1 gültig bleibt, setzen wir

$$-a_0 = \alpha_0, \quad -a_1 = \alpha_1, \quad -b_0 = \beta_0, \quad -b_1 = \beta_1;$$

es wird dann wegen

$$a_0 b_1 - a_1 b_0 = 1$$

auch

$$\alpha_0 \beta_1 - \alpha_1 \beta_0 = 1$$

sein, und durch diese Zahlen somit wiederum eine lineare Transformation bestimmt sein. Setzt man

$$(21) \quad \ldots\ldots\ldots \quad v' = \frac{v}{b_1 - a_1\tau}, \qquad \tau' = \frac{b_0 - a_0\tau}{a_1\tau - b_1},$$

$$(22) \quad \ldots\ldots\ldots \quad v_1 = \frac{v}{\beta_1 - \alpha_1\tau}, \qquad \tau_1 = \frac{\beta_0 - \alpha_0\tau}{\alpha_1\tau - \beta_1},$$

$$(23) \quad \begin{cases} \mathfrak{m} = a_0 n_\lambda + a_1 m_\lambda + a_0 a_1 \\ \mathfrak{q} = b_0 n_\lambda + b_1 m_\lambda + b_0 b_1, \end{cases} \qquad (24) \quad \begin{cases} \mathfrak{m}' = \alpha_0 n_\lambda + \alpha_1 m_\lambda + \alpha_0 \alpha_1 \\ \mathfrak{q}' = \beta_0 n_\lambda + \beta_1 m_\lambda + \beta_0 \beta_1, \end{cases}$$

$$(25) \quad \begin{cases} \mathfrak{m} \equiv n_{\lambda_1} \\ \mathfrak{q} \equiv m_{\lambda_1} \end{cases} (\mathrm{mod}\ 2), \qquad (26) \quad \begin{cases} \mathfrak{m}' \equiv n'_{\lambda_1} \\ \mathfrak{q}' \equiv m'_{\lambda_1} \end{cases} (\mathrm{mod}\ 2),$$

so folgt aus (20)

$$(27) \quad \ldots\ldots\ldots \quad e^{i\pi \alpha_1(\alpha_0 + \alpha_1\tau_1)v^2}\,\vartheta(v_1, \tau_1)_\lambda =$$

$$\frac{e^{\frac{i\pi}{2}\mathfrak{q}'(n'_{\lambda_1} - \mathfrak{m}')} \, . \, e^{-\frac{i\pi}{4}(n_\lambda^2 \alpha_0 \beta_0 + 2 m_\lambda n_\lambda \alpha_1 \beta_0 + m_\lambda^2 \alpha_1 \beta_1 + 2 n_\lambda \alpha_0 \alpha_1 \beta_0 + 2 m_\lambda \alpha_0 \alpha_1 \beta_1 + \alpha_0 \alpha_1^2 \beta_0)}}{\sqrt{-\,i \alpha_1(\alpha_0 + \alpha_1\tau_1)}} \times$$

$$\sum_{\varrho=1}^{\varrho=\alpha_1} e^{-\frac{i\pi \alpha_0}{\alpha_1}\left(r_\varrho - \frac{\alpha_1}{2}\right)^2} \,\vartheta(v, \tau)_{\lambda'_1}.$$

Da aber die Gleichungen (24) auch in die Form gesetzt werden können

$$\mathfrak{m}' = a_0 n_\lambda + a_1 m_\lambda + a_0 a_1 - 2 a_0 n_\lambda - 2 a_1 m_\lambda = \mathfrak{m} - 2 a_0 n_\lambda - 2 a_1 m_\lambda$$

$$\mathfrak{q}' = b_0 n_\lambda + b_1 m_\lambda + b_0 b_1 - 2 b_0 n_\lambda - 2 b_1 m_\lambda = \mathfrak{q} - 2 b_0 n_\lambda - 2 b_1 m_\lambda,$$

und sich somit

$$\mathfrak{m}' \equiv \mathfrak{m}, \quad \mathfrak{q}' \equiv \mathfrak{q},$$

also nach (25) und (26)

$$m_{\lambda_1} = m'_{\lambda_1}, \quad n_{\lambda_1} = n'_{\lambda_1}$$

ergiebt, da ferner aus (21) und (22)

$$\tau' = \tau_1, \quad v' = -v_1$$

folgt, ausserdem

$$e^{\frac{i\pi}{2}\mathfrak{q}'(n_{\lambda_1'}-\mathfrak{m}')} = e^{\frac{i\pi}{2}(\mathfrak{q}-2b_0 n_\lambda - 2b_1 m_\lambda)(n_{\lambda_1}-\mathfrak{m}+2a_0 n_\lambda + 2a_1 m_\lambda)}$$
$$= e^{\frac{i\pi}{2}\mathfrak{q}(n_{\lambda_1}-\mathfrak{m}) + i\pi(a_0 n_\lambda + a_1 m_\lambda)(b_0 n_\lambda + b_1 m_\lambda + b_0 b_1)}$$

und

$$e^{-\frac{i\pi}{4}(n_\lambda^2 \alpha_0\beta_0 + 2m_\lambda n_\lambda \alpha_1\beta_0 + m_\lambda^2\alpha_1\beta_1 + 2n_\lambda\alpha_0\alpha_1\beta_0 + 2m_\lambda\alpha_0\alpha_1\beta_1 + \alpha_0\alpha_1^2\beta_0)} =$$
$$e^{-\frac{i\pi}{4}(n_\lambda^2 a_0 b_0 + 2m_\lambda n_\lambda a_1 b_0 + m_\lambda^2 a_1 b_1 + 2n_\lambda a_0 a_1 b_0 + 2m_\lambda a_0 a_1 b_1 + a_0 a_1^2 b_0)} . e^{i\pi(n_\lambda a_0 a_1 b_0 + m_\lambda a_0 a_1 b_1}$$

ist, und also das Product dieser beiden Exponentialgrössen, wenn man berücksichtigt, dass $a_0 . a_1 . b_0 . b_1$ jedenfalls eine grade Zahl ist, vermöge der Gleichungen (23) die Form annimmt

$$(-1)^{\mathfrak{m}\mathfrak{q}} e^{\frac{i\pi}{2}\mathfrak{q}(n_{\lambda_1}-\mathfrak{m})} . e^{-\frac{i\pi}{4}(n_\lambda^2 a_0 b_0 + 2m_\lambda n_\lambda a_1 b_0 + m_\lambda^2 a_1 b_1 + 2n_\lambda a_0 a_1 b_0 + 2m_\lambda a_0 a_1 b_1 + a_0 a_1^2 b_0)},$$

und endlich, wenn (a_1) den absoluten Betrag von a_1 bedeutet,

$$\sum_{\varrho=1}^{\varrho=\alpha_1} e^{-\frac{i\pi\alpha_0}{\alpha_1}\left(r_\varrho - \frac{\alpha_1}{2}\right)^2} = \sum_{\varrho=1}^{\varrho=\alpha_1} e^{-\frac{i\pi a_0}{a_1}\left(-r_\varrho - \frac{a_1}{2}\right)^2} = \sum_{\varrho=1}^{\varrho=(a_1)} e^{-\frac{i\pi a_0}{a_1}\left(r_\varrho - \frac{a_1}{2}\right)^2}$$

ist, weil auch

$$-r_1 - r_2 \ldots - r_{a_1}$$

ein Restesystem von a_1 sein wird, so wird zunächst die Gleichung (27) in

$$(28) \ldots\ldots (-1)^{m_\lambda n_\lambda} e^{i\pi a_1(a_0 + a_1\tau')v^2} \vartheta(v', \tau')_\lambda =$$
$$\frac{(-1)^{\mathfrak{q}\mathfrak{m}} e^{\frac{i\pi}{2}\mathfrak{q}(n_{\lambda_1}-\mathfrak{m})} e^{-\frac{i\pi}{4}(n_\lambda^2 a_0 b_0 + 2m_\lambda n_\lambda a_1 b_0 + m_\lambda^2 a_1 b_1 + 2n_\lambda a_0 a_1 b_0 + 2m_\lambda a_0 a_1 b_1 + a_0 a_1^2 b_0)}}{\sqrt{-i a_1(a_0 + a_1\tau')}} \times$$
$$\sum_{\varrho=1}^{\varrho=a_1} e^{-\frac{i\pi a_0}{a_1}\left(r_\varrho - \frac{a_1}{2}\right)^2} \vartheta(v, \tau)_{\lambda_1}$$

übergehen, und daher mit Berücksichtigung der für ungrade n in der letzten Vorlesung bewiesenen Beziehung

$$(-1)^{m_\lambda n_\lambda} = (-1)^{\mathfrak{m}\mathfrak{q}}$$

Identität der Gleichungen (20) und (28), so dass hierdurch die Gültigkeit der Gleichung (20) auch für negative a_1 erwiesen ist.*)

---

*) Wir wollen das Obige noch dadurch ergänzen, dass wir die Constantenbestimmung in der linearen Transformation der ϑ-Functionen auch für den Fall durchführen, dass $a_1 = 0$ ist. Gehen wir nämlich zur Gleichung (10) zurück, so wird dieselbe, wenn der aus (9) für $a_1 = 0$ hervorgehende Werth von $\psi(v, m)$ in dieselbe gesetzt wird, wegen

$$\mathfrak{m} = a_0 n_\lambda$$

in

$$\sum_{m=-\infty}^{m=+\infty} e^{i\pi\left[2mv + \frac{\tau'}{4}(2m+n_\lambda)^2 + m m_\lambda + \frac{m_\lambda n_\lambda}{2}\right]} =$$
$$C . \sum_{m=-\infty}^{m=+\infty} e^{i\pi\left[2mv + \frac{\tau}{4}(2m+\mathfrak{m})^2 + m\mathfrak{q} + \frac{\mathfrak{m}\mathfrak{q}}{2}\right]}$$

Es bleibt uns nur noch übrig, den Werth der Constanten oder vielmehr des Theiles der Constanten, welcher durch die Summe

$$\sum_{\varrho=1}^{\varrho=a_1} e^{-\pi i \frac{a_0}{a_1}\left(r_\varrho - \frac{a_1}{2}\right)^2}$$

ausgedrückt ist, so wie wir ihn für spätere Anwendungen gebrauchen werden, umzugestalten. Gehen wir für positive Werthe von a_1 von dem speciellen Restesystem

$$0,\ 1,\ 2,\ \ldots\ a_1 - 1$$

aus, indem die Summe von der Wahl des Restesystems unabhängig ist, so werden wir für negative Werthe von a_1, da

$$\sum_0^{a_1+1}{}_\varrho\, e^{-\pi i \frac{a_0}{a_1}\left(\varrho - \frac{a_1}{2}\right)^2} = \sum_0^{a_1+1}{}_\varrho\, e^{\frac{\pi i a_0}{-a_1}\left(\varrho + \frac{-a_1}{2}\right)^2} = \sum_0^{(-a_1)-1}{}_{\varrho'}\, e^{\frac{\pi i a_0}{(-a_1)}\left(\varrho' - \frac{(-a_1)}{2}\right)^2}$$

ist, in dem für positive a_1 erhaltenen Resultate nur a_0 in $-a_0$ zu verwandeln haben, und es wird sich somit jetzt nur um Umwandlung der Summe

$$\sum_0^{a_1-1}{}_\varrho\, e^{-\frac{i\pi a_0}{a_1}\left(\varrho - \frac{a_1}{2}\right)^2}$$

für positive Werthe von a_1 handeln.

Wir setzen als bekannt voraus,*) dass, wenn

übergehen und somit durch Integration zwischen den Gränzen 0 und 1 die Beziehung

$$e^{\left(\frac{\tau'}{4} n_\lambda{}^2 + \frac{m_\lambda n_\lambda}{2}\right)\pi i} = C \cdot e^{\left(\frac{\tau}{4}\mathfrak{m}^2 + \frac{\mathfrak{m}\mathfrak{q}}{2}\right)\pi i}$$

oder

$$C = e^{-\frac{b_0}{b_1} n_\lambda{}^2 \frac{i\pi}{4}} \cdot e^{\frac{i\pi}{2}(m_\lambda n_\lambda - \mathfrak{m}\mathfrak{q})}$$

liefern. In Folge dessen geht die Transformationsgleichung (8) selbst in

$$\vartheta(v', \tau')_\lambda = e^{-\frac{b_0}{b_1} n_\lambda{}^2 \frac{i\pi}{4}} \cdot e^{\frac{i\pi}{2}\mathfrak{q}(n_{\lambda_1} - \mathfrak{m})}\, \vartheta(v, \tau)_{\lambda_1},$$

über, worin $a_1 = 0$, $a_0 = \pm 1$, $b_1 = \pm 1$ und b_0 jede beliebige Zahl sein kann.

*) Um die oben folgenden Ausdrücke zu rechtfertigen, wird es genügen, für die in den von Dedekind herausgegebenen Vorlesungen über Zahlentheorie von Dirichlet (Seite 317) gegebenen Ausdrücke

(α) . . . . $\varphi(1, n) = (1 + i)\sqrt{n}$ wenn $n \equiv 0 \pmod 4$

(β) . . . . $\varphi(1, n) = i^{\left(\frac{n-1}{2}\right)^2}\sqrt{n}$ wenn $n \equiv 1 \pmod 2$

(γ) . . . . $\varphi(1, n) = 0$ wenn $n \equiv 2 \pmod 4$

(δ) . . . . $\varphi(h, p) = \left(\frac{h}{p}\right) i^{\left(\frac{p-1}{2}\right)^2}\sqrt{p}$, worin p eine Primzahl und h durch p nicht theilbar ist, die Verallgemeinerung mit Hülfe des Jacobi'schen Zeichens

$$\varphi(h,\, n) = \sum_{1}^{n-1} \varrho\, e^{\varrho^2 \frac{2h\pi i}{n}}$$

gesetzt wird, diese sogenannten Gauss'schen Summen sich in der folgenden einfachen Form ausdrücken lassen. In der Voraussetzung, dass h und n keinen gemeinsamen Theiler haben, wird, wenn

I. n ungrade,

$$(29) \;\ldots\ldots\ldots\; \varphi(h,\, n) = \left(\frac{h}{n}\right) i^{\left(\frac{n-1}{2}\right)^2} \sqrt{n},$$

II. n grade

1) $n = 2\beta$, worin β ungrade

---

vorzunehmen. Um vor allen Dingen den Ausdruck (δ) auf Primzahlpotenzen auszudehnen, wollen wir die Summe

$$\sum_{0}^{p^k-1} {}_s\, e^{s^2 \frac{2h\pi i}{p^k}}$$

für gradzahlige k betrachten, in welchem Falle dieselbe auch in die Form

$$\sum_{0}^{p^{\frac{k}{2}}-1} {}_\alpha \cdot \sum_{0}^{p^{\frac{k}{2}}-1} {}_r\, e^{\left(r p^{\frac{k}{2}} + \alpha\right)^2 \frac{2h\pi i}{p^k}}$$

gesetzt werden kann. Da aber, wie unmittelbar durch Auflösen der Exponenten erkannt wird, diese Summe den Werth

$$\sum_{0}^{p^{\frac{k}{2}}-1} {}_\alpha\, e^{\alpha^2 \frac{2h\pi i}{p^k}} \cdot \sum_{0}^{p^{\frac{k}{2}}-1} {}_r\, e^{\frac{4rh\alpha\pi i}{p^{\frac{k}{2}}}}$$

hat, also wegen der innern Summe für $\alpha > 0$ Null und für $\alpha = 0$ gleich $p^{\frac{k}{2}}$ ist, so folgt für grade k

$$\sum_{0}^{p^k-1} {}_s\, e^{s^2 \cdot \frac{2h\pi i}{p^k}} = \sqrt{p^k},$$

und es ist leicht zu sehen, dass dieser Ausdruck mit (δ) zusammenfällt, wenn dort für p der Werth p^k gesetzt wird, da für grade k

$$\left(\frac{h}{p^k}\right) = +1 \quad \text{und} \quad i^{\left(\frac{p^k-1}{2}\right)^2} = i^{\left(\frac{\left(p^{\frac{k}{2}}\right)^2 - 1}{2}\right)^2} = 1$$

ist, weil $\left(p^{\frac{k}{2}}\right)^2$ von der Form $8n+1$ wird; es ist somit die Gültigkeit der Formel (δ) auch für den Fall nachgewiesen, dass statt der Primzahl p eine grade Potenz dieser Primzahl gesetzt wird. Ist dagegen der Werth der Summe

$$\sum_{0}^{p^k-1} {}_s\, e^{s^2 \frac{2h\pi i}{p^k}}$$

für ungradzahlige k zu ermitteln, so setze man diese Summe in die Form

(30) . . . . $\varphi(h, 2\beta) = 0$

2) $n = 2^\alpha \beta$, worin $\alpha > 1$ und β ungrade

(31) . $\varphi(h, 2^\alpha \beta) = e^{\frac{\pi i}{4}\left(1 + \frac{(\beta-1)^2 - (h\beta-1)^2}{2}\right)} \left(\frac{h}{\beta}\right)(-1)^{\frac{h^2-1}{8}\cdot\alpha} \sqrt{2^\alpha \beta}$

sein.

$$\sum_0^{p^{\frac{k+1}{2}}-1}{}_\alpha \sum_0^{p^{\frac{k-1}{2}}-1}{}_r\, e^{\left(rp^{\frac{k+1}{2}}\alpha\right)^2 \frac{2h\pi i}{p^k}}$$

oder durch Auflösung des Exponenten

$$\sum_0^{p^{\frac{k+1}{2}}-1}{}_\alpha\, e^{\alpha^2 \frac{2h\pi i}{p^k}} \sum_0^{p^{\frac{k-1}{2}}-1}{}_r\, e^{\frac{4rh\alpha\pi i}{p^{\frac{k-1}{2}}}};$$

in diesem Falle wird die Exponentialgrösse der zweiten Summe jedoch nicht bloss für $\alpha = 0$ der Einheit gleich, sondern für

$$\alpha = 0,\ 1\,.\,p^{\frac{k-1}{2}},\ 2\,.\,p^{\frac{k-1}{2}},\ \ldots\ (p-1)\,p^{\frac{k-1}{2}},$$

und daher die zweite Summe selbst für jeden dieser Werthe von α der Grösse

$$p^{\frac{k-1}{2}}$$

gleich, während sie für alle andern α wie vorher verschwindet; setzt man nun die oben bezeichneten Werthe von α in jene Doppelsummen ein, so geht diese in

$$p^{\frac{k-1}{2}} \sum_0^{p-1}{}_\varrho\, e^{\varrho^2 \frac{2h\pi i}{p}}$$

oder nach (δ) in

$$p^{\frac{k-1}{2}} \left(\frac{h}{p}\right) i^{\left(\frac{p-1}{2}\right)^2} \sqrt{p} = \left(\frac{h}{p^k}\right) i^{\left(\frac{p^k-1}{2}\right)^2} \sqrt{p^k}$$

über, so dass also auch für ungrade k die Gültigkeit der Formel (δ) nachgewiesen ist, wenn darin p^k statt p gesetzt wird, und wir können daher für jede Primzahlpotenz die Richtigkeit der Gleichung

(ε) . . . . $\varphi(h, p^k) = \left(\frac{h}{p^k}\right) i^{\left(\frac{p^k-1}{2}\right)^2} \sqrt{p^k}$

als bewiesen betrachten.

Um nun die Berechnung der Gauss'schen Summe $\varphi(h, n)$ auf beliebig zusammengesetzte Zahlen n auszudehnen, braucht man nur von der bekannten Relation (s. Dirichlet's Vorlesungen S. 325)

(η) . . . . $\varphi(h, mn) = \varphi(hm, n)\,.\,\varphi(hn, m)$

auszugehen, in der m und n relativ prime Zahlen bedeuten. Seien nämlich p^α q^β zwei verschiedene Primzahlpotenzen, so wird nach (η) und (ε)

$$\varphi(h, p^\alpha q^\beta) = \left(\frac{hp^\alpha}{q^\beta}\right) i^{\left(\frac{q^\beta-1}{2}\right)^2} \sqrt{q^\beta}\,.\,\left(\frac{hq^\beta}{p^\alpha}\right) i^{\left(\frac{p^\alpha-1}{2}\right)^2} \sqrt{p^\alpha}$$

und ebenso

Betrachten wir nun zur Ausführung der vorgelegten Gauss'schen Summe zuerst den Fall, in dem a_1 *grade* ist, so wird wegen der Relation

$$a_0 b_1 - a_1 b_0 = 1$$

a_0 ungrade sein müssen, und da in diesem Falle, wie sofort zu sehen,

$$\sum_0^{a_1-1}{}_\varrho e^{-\frac{\pi i a_0}{a_1}\left(\varrho-\frac{a_1}{2}\right)^2} = \sum_0^{a_1-1}{}_\varrho e^{-\frac{\pi i a_0}{a_1}\varrho^2}$$

ist, indem nur durch Veränderung des Restesystems eine Vertauschung der Summanden hervorgebracht wird, so wird es sich, um die für die

---

$$\varphi(h, p^\alpha q^\beta r^\gamma) = \left(\frac{h p^\alpha q^\beta}{r^\gamma}\right) i^{\left(\frac{r^\gamma-1}{2}\right)^2} \sqrt{r^\gamma} \left(\frac{h r^\gamma}{p^\alpha q^\beta}\right) i^{\left(\frac{p^\alpha q^\beta-1}{2}\right)^2} \sqrt{p^\alpha q^\beta},$$

u. s. w. oder wie mit Hülfe der Auflösung des Jacobi'schen Zeichens und elementarer zahlentheoretischer Betrachtungen leicht ersichtlich ist, wenn

$$p^\alpha q^\beta r^\gamma \cdots = n$$

gesetzt wird, worin p, q, r . . . verschiedene ungrade Primzahlen bedeuten,

$$(\zeta) \quad \varphi(h, n) = \left(\frac{h}{n}\right) i^{\left(\frac{n-1}{2}\right)^2} \sqrt{n},$$

wenn h eine zu n relativ prime Zahl bedeutet.

Wesentlich anders lautet das Resultat, wenn n eine zusammengesetzte grade Zahl ist von der Form

$$n = 2^\alpha \beta$$

worin β ungrade, und h als relativ prim zu n ebenfalls ungrade sein wird. Da nämlich nach (η) und (ζ)

$$(\vartheta) \quad \varphi(h, 2^\alpha \beta) = \varphi(h \cdot 2^\alpha, \beta)\, \varphi(h\beta, 2^\alpha) = \left(\frac{h \cdot 2^\alpha}{\beta}\right) i^{\left(\frac{\beta-1}{2}\right)^2} \sqrt{\beta} \cdot \varphi(h\beta, 2^\alpha)$$

ist, so wird es nur auf die Ermittlung des Werthes von $\varphi(h\beta, 2^\alpha)$ ankommen, welcher sich mit Hülfe der aus (η) unmittelbar folgenden Gleichung

$$(\iota) \quad \varphi(2^\alpha, h\beta) \cdot \varphi(h\beta, 2^\alpha) = \varphi(1, 2^\alpha h\beta)$$

leicht ergeben wird. Ist

I. $\alpha = 1$,

so folgt nach (γ), dass

$$\varphi(1, 2h\beta) = 0,$$

also auch

$$\varphi(h\beta, 2) = 0,$$

und somit nach (ϑ) auch

$$\varphi(h, 2\beta) = 0;$$

ist

II. $\alpha > 1$,

so folgt aus (ζ), dass

$$\varphi(2^\alpha, h\beta) = \left(\frac{2^\alpha}{h\beta}\right) i^{\left(\frac{h\beta-1}{2}\right)^2} \sqrt{h\beta}$$

und aus (α), dass

$$\varphi(1, 2^\alpha h\beta) = (1+i)\sqrt{2^\alpha h\beta}$$

ist, so dass sich aus (ι)

φ-Function zu Grunde gelegte Form zu erhalten, somit um die Ermittlung der Summe

$$\sum_{0}^{a_1-1} \varrho\, e^{\varrho^2 \cdot \frac{2(-a_0) i\pi}{2a_1}} = \tfrac{1}{2} \sum_{0}^{2a_1-1} \varrho\, e^{\varrho^2 \frac{2(-a_0)\pi i}{2a_1}} = \tfrac{1}{2}\, \varphi(-a_0, 2a_1)$$

handeln, welche, wenn

$$a_1 = 2^\alpha \beta$$

gesetzt wird, nach dem Ausdruck (31) in

$$(32)\quad \sum_{0}^{a_1-1} \varrho\, e^{-\frac{\pi i a_0}{a_1}\left(\varrho - \frac{a_1}{2}\right)^2} = e^{\frac{\pi i}{4}\left[1 + \frac{(\beta-1)^2 - (a_0\beta+1)^2}{2}\right]} \left(\frac{-a_0}{\beta}\right)(-1)^{\frac{a_0^2-1}{8}(\alpha+1)} \sqrt{2^\alpha \beta}$$

übergeht.

Ist dagegen a_1 *ungrade*, so wird, weil

$$\sum_{0}^{a_1-1} \varrho\, e^{-\pi i \frac{a_0}{a_1}\left(\varrho - \frac{a_1}{2}\right)^2} = e^{-\pi i \frac{a_0 a_1}{4}} \sum_{0}^{a_1-1} \varrho\, e^{-\pi i \frac{a_0}{a_1}\varrho^2} . e^{-i\pi a_0 \varrho}$$

ist,

1) wenn a_0 grade,

diese Summe in

$$e^{-\pi i \frac{a_0 a_1}{4}} \sum_{0}^{a_1-1} \varrho\, e^{\varrho^2 \frac{2\left(-\frac{a_0}{2}\right)\pi i}{a_1}} = e^{-\frac{\pi i a_0 a_1}{4}} \varphi\left(-\frac{a_0}{2}, a_1\right)$$

übergehen und somit nach (29)

$$(33)\ \ldots \sum_{0}^{a_1-1} \varrho\, e^{-i\pi \frac{a_0}{a_1}\left(\varrho - \frac{a_1}{2}\right)^2} = e^{-\frac{i\pi a_0 a_1}{4}} \left(\frac{-\frac{a_0}{2}}{a_1}\right) i^{\left(\frac{a_1-1}{2}\right)^2} \sqrt{a_1}$$

sein.

$$\varphi(h\beta, 2^\alpha) = \frac{(1+i)\sqrt{2^\alpha h\beta}}{\left(\frac{2^\alpha}{h\beta}\right) i^{\left(\frac{h\beta-1}{2}\right)^2} \sqrt{h\beta}} = (1+i)\, i^{-\left(\frac{h\beta-1}{2}\right)^2} \left(\frac{2^\alpha}{h\beta}\right) \sqrt{2^\alpha}$$

und durch Einsetzen in (ϑ)

$$\varphi(h, 2^\alpha \beta) = \left(\frac{h \cdot 2^\alpha}{\beta}\right)\left(\frac{2^\alpha}{h\beta}\right) i^{\left(\frac{\beta-1}{2}\right)^2 - \left(\frac{h\beta-1}{2}\right)^2} (1+i) \sqrt{2^\alpha \beta}$$

ergiebt. Berücksichtigt man endlich, dass

$$1 + i = \sqrt{2} \cdot e^{\frac{\pi i}{4}}$$

und

$$\left(\frac{2}{h}\right) = (-1)^{\frac{h^2-1}{8}}$$

ist, so ergiebt sich der oben benutzte Ausdruck

$$\varphi(h, 2^\alpha \beta) = e^{\frac{\pi i}{4}\left[1 + \frac{(\beta-1)^2 - (h\beta-1)^2}{2}\right]} \left(\frac{h}{\beta}\right) (-1)^{\frac{h^2-1}{8}\alpha} \sqrt{2^\alpha \beta}.$$

Ist endlich für ungrade a_1

2) a_0 auch ungrade,

so kann man

$$\sum_{\varrho=0}^{a_1-1} e^{-i\pi\frac{a_0}{a_1}\left(\varrho-\frac{a_1}{2}\right)^2} = e^{-i\pi\frac{a_0 a_1}{4}} \sum_{\varrho=0}^{a_1-1} e^{-i\pi\frac{a_0}{a_1}\varrho^2 - i\pi a_0\varrho}$$

$$= e^{-i\pi\frac{a_0 a_1}{4}} \sum_{\varrho=0}^{a_1-1} e^{-i\pi\frac{a_0}{a_1}\varrho^2 - i\pi a_0\varrho^2} = e^{-i\pi\frac{a_0 a_1}{4}} \sum_{\varrho=0}^{a_1-1} e^{+i\pi\frac{(a_1-a_0)}{a_1}\varrho^2} = e^{-i\pi\frac{a_0 a_1}{4}}\,\varphi\left(\frac{a_1-a_0}{2}, a_1\right)$$

setzen, und es ergiebt sich somit in diesem letzten Falle

$$(34)\;.\;.\quad \sum_{\varrho=0}^{a_1-1} e^{-i\pi\frac{a_0}{a_1}\left(\varrho-\frac{a_1}{2}\right)^2} = e^{-i\pi\frac{a_0 a_1}{4}} \left(\frac{\frac{a_1-a_0}{2}}{a_1}\right) i^{\left(\frac{a_1-1}{2}\right)^2} \sqrt{a_1};$$

es ist somit in den Formeln (32), (33), (34) die Umwandlung der Gauss'schen Summen in einfache Zahlenausdrücke, wie wir sie später in der Theorie der Modulargleichungen brauchen werden, für alle Fälle geleistet.

Um nun aus den oben entwickelten Ausdrücken für die lineare Transformation der ϑ-Functionen die Relationen zwischen den oberen Gränzen und Moduln der in einander transformirten Integrale herzuleiten, ist vor allem zu bemerken, dass in Folge der Gleichung (4) und der Congruenzen

$$m_{\lambda_1} \equiv \mathfrak{q} \quad n_{\lambda_1} \equiv \mathfrak{m} \pmod{2}$$

für zwei Systeme von Werthen der Transformationszahlen

$$a_0,\; a_1,\; b_0,\; b_1,$$

welche nach dem Modul 2 einander congruent sind, demselben Index λ der transformirten ϑ-Function auch wieder derselbe Index λ_1 des ursprünglichen ϑ zugehört, und dass somit die aus diesen ϑ-Relationen sich ergebenden algebraischen Transformationen der Integrale wesentlich dieselben sein werden. Berücksichtigt man ferner die Relation

$$a_0 b_1 - a_1 b_0 = 1,$$

so sieht man unmittelbar, dass die gesammte Zahl der linearen Transformationen in die folgenden sechs Klassen zerfällt:

	$a_0 \equiv$	$a_1 \equiv$	$b_0 \equiv$	$b_1 \equiv$	
I.	1	0	0	1	
II.	0	1	1	0	
III.	1	1	0	1	(mod. 2),
IV.	1	1	1	0	
V.	1	0	1	1	
VI.	0	1	1	1	

und man erhält nun dieser Eintheilung gemäss, wenn

$$\frac{\sum\limits_{\varrho=1}^{\varrho=a_1} e^{-i\pi\frac{a_0}{a_1}\left(r_\varrho-\frac{a_1}{2}\right)^2}}{\sqrt{-ia_1(a_0+a_1\tau')}}=c$$

gesetzt wird, und ausserdem die aus der Gleichung

$$\frac{dx}{\sqrt{(1-x^2)(1-c^2x^2)}}=\frac{a\,dy}{\sqrt{(1-y^2)(1-k^2y^2)}}=u$$

nach Früherem entspringenden Relationen

$$x=\sin\operatorname{am}(u,c)=\frac{1}{\sqrt{c}}\frac{\vartheta(v,\tau)_1}{\vartheta(v,\tau)_0},\quad y=\sin\operatorname{am}\left(\frac{u}{a},k\right)=\frac{1}{\sqrt{k}}\frac{\vartheta(v',\tau')_1}{\vartheta(v',\tau')_0}$$

$$\sqrt{1-x^2}=\cos\operatorname{am}(u,c)=\sqrt{\frac{c_1}{c}}\frac{\vartheta(v,\tau)_2}{\vartheta(v,\tau)_0},\quad \sqrt{1-y^2}=\cos\operatorname{am}\left(\frac{u}{a},k\right)\sqrt{\frac{k_1}{k}}\frac{\vartheta(v',\tau')_2}{\vartheta(v',\tau')_0}$$

$$\sqrt{1-c^2x^2}=\Delta\operatorname{am}(u,c)=\sqrt{c_1}\frac{\vartheta(v,\tau)_3}{\vartheta(v,\tau)_0},\ \sqrt{1-k^2y^2}=\Delta\operatorname{am}\left(\frac{u}{a},k\right)=\sqrt{k_1}\frac{\vartheta(v',\tau')_3}{\vartheta(v',\tau')_0}$$

$$\sqrt{c}=\frac{\vartheta(0,\tau)_2}{\vartheta(0,\tau)_3},\quad \sqrt{c_1}=\frac{\vartheta(0,\tau)_0}{\vartheta(0,\tau)_3},\quad \sqrt{k}=\frac{\vartheta(0,\tau')_2}{\vartheta(0,\tau')_3},\quad \sqrt{k_1}=\frac{\vartheta(0,\tau')_0}{\vartheta(0,\tau')_3}$$

berücksichtigt werden, die nachfolgende vollständige Zusammenstellung der linearen Transformationsformeln:

I.

$$a_0\equiv1,\ a_1\equiv0,\ b_0\equiv0,\ b_1\equiv1\ (\mathrm{mod.}\ 2)$$

$$e^{i\pi a_1(a_0+a_1\tau')v^2}\,\vartheta(v',\tau')_3=c\,\vartheta(v,\tau)_3$$

$$e^{i\pi a_1(a_0+a_1\tau')v^2}\,\vartheta(v',\tau')_0=c\,e^{\frac{i\pi a_0a_1}{4}}\,\vartheta(v,\tau)_0$$

$$e^{i\pi a_1(a_0+a_1\tau')v^2}\,\vartheta(v',\tau')_1=c\,e^{-\frac{i\pi}{4}(a_0b_0-a_0a_1+2a_0-2)}\,\vartheta(v,\tau)_1$$

$$e^{i\pi a_1(a_0+a_1\tau')v^2}\,\vartheta(v',\tau')_2=c\,e^{-\frac{i\pi a_0b_0}{4}}\,\vartheta(v,\tau)_2$$

$$\sqrt{k}=e^{-\frac{i\pi a_0b_0}{4}}\sqrt{c},\quad \sqrt{k_1}=e^{\frac{i\pi a_0a_1}{4}}\sqrt{c_1};$$

für den einfachsten zu dieser Klasse gehörigen Fall

$$a_0=1,\ a_1=0,\ b_0=0,\ b_1=1$$

führen die Transformationsformeln auf das identische Integral.

II.

$$a_0\equiv0,\ a_1\equiv1,\ b_0\equiv1,\ b_1\equiv0\ (\mathrm{mod.}\ 2)$$

$$e^{i\pi a_1(a_0+a_1\tau')v^2}\,\vartheta(v',\tau')_3=c\,e^{\frac{i\pi a_0a_1}{4}}\,\vartheta(v,\tau)_3$$

$$e^{i\pi a_1(a_0+a_1\tau')v^2}\,\vartheta(v',\tau')_0=c\,e^{-\frac{i\pi}{4}(a_0b_0+a_1b_1)}\,\vartheta(v,\tau)_2$$

$$e^{i\pi a_1(a_0+a_1\tau')v^2}\,\vartheta(v',\tau')_1=c\,e^{-\frac{i\pi}{4}(a_0b_0+a_1b_1-a_0a_1-2(a_0+b_0)+4)}\,\vartheta(v,\tau)_1$$

$$e^{i\pi a_1(a_0+a_1\tau')v^2}\,\vartheta(v',\tau')_2=c\,\vartheta(v,\tau)_0$$

$$\sqrt{k} = e^{-\frac{i\pi a_0 a_1}{4}} \sqrt{c_1}, \ \sqrt{k_1} = e^{-\frac{i\pi}{4}(a_0 a_1 + a_0 b_0 + a_1 b_1)} \sqrt{c},$$

und für den einfachsten Fall

$$a_0 = 0, \ a_1 = -1, \ b_0 = 1, \ b_1 = 0,$$

in welchem

$$\tau' = -\frac{1}{\tau}, \ v' = \frac{v}{\tau} = -\tau' \cdot v$$

ist, erhält man

$$\sqrt{k} = \sqrt{c_1}, \ \sqrt{k_1} = \sqrt{c},$$

$$y = -\frac{xi}{\sqrt{1-x^2}}, \ \sqrt{1-y^2} = \frac{1}{\sqrt{1-x^2}}, \ \sqrt{1-k^2y^2} = \frac{\sqrt{1-c^2x^2}}{\sqrt{1-x^2}},$$

$$\sin \operatorname{am}(iu, c_1) = i \operatorname{tang} \operatorname{am}(u, c), \ \cos \operatorname{am}(iu, c_1) = \sec \operatorname{am}(u, c)$$

$$\Delta \operatorname{am}(iu, c_1) = \frac{\Delta \operatorname{am}(u, c)}{\cos \operatorname{am}(u, c)}.$$

III.

$$a_0 \equiv 1, \ a_1 \equiv 1, \ b_0 \equiv 0, \ b_1 \equiv 1 \ (\text{mod. } 2)$$

$$e^{i\pi a_1 (a_0 + a_1 \tau') v^2} \vartheta(v', \tau')_3 = c\, e^{-\frac{i\pi a_0 b_0}{4}} \vartheta(v, \tau)_2$$

$$e^{i\pi a_1 (a_0 + a_1 \tau') v^2} \vartheta(v', \tau')_0 = c\, e^{\frac{i\pi a_0 a_1}{4}} \vartheta(v, \tau)_0$$

$$e^{i\pi a_1 (a_0 + a_1 \tau') v^2} \vartheta(v', \tau')_1 = c\, e^{-\frac{i\pi}{4}(a_0 b_0 - a_0 a_1 + 2a_0 - 2)} \vartheta(v, \tau)_1$$

$$e^{i\pi a_1 (a_0 + a_1 \tau') v^2} \vartheta(v', \tau')_2 = c\, \vartheta(v, \tau)_3$$

$$\sqrt{k} = e^{\frac{i\pi a_0 b_0}{4}} \cdot \frac{1}{\sqrt{c}}, \ \sqrt{k_1} = e^{\frac{i\pi}{4}(a_1 + b_0) a_0} \sqrt{\frac{c_1}{c}};$$

für den einfachsten Fall, in welchem

$$a_0 = 1, \ a_1 = 1, \ b_0 = 0, \ b_1 = 1$$

$$\tau' = \frac{\tau}{1-\tau}, \ v' = (1 + \tau') v$$

ist, ergiebt sich

$$\sqrt{k} = \frac{1}{\sqrt{c}}, \ \sqrt{k_1} = e^{\frac{i\pi}{4}} \cdot \sqrt{\frac{c_1}{c}}$$

$$y = cx, \ \sqrt{1-y^2} = \sqrt{1-c^2x^2}, \ \sqrt{1-k^2y^2} = \sqrt{1-x^2},$$

$$\sin \operatorname{am}\left(cu, \frac{1}{c}\right) = c \sin \operatorname{am}(u, c), \ \cos \operatorname{am}\left(cu, \frac{1}{c}\right) = \Delta \operatorname{am}(u, c)$$

$$\Delta \operatorname{am}\left(cu, \frac{1}{c}\right) = \cos \operatorname{am}(u, c).$$

IV.

$$a_0 \equiv 1, \ a_1 \equiv 1, \ b_0 \equiv 1, \ b_1 \equiv 0 \ (\text{mod. } 2)$$

$$e^{i\pi a_1 (a_0 + a_1 \tau') v^2} \vartheta(v', \tau')_3 = c\, e^{-\frac{i\pi a_0 b_0}{4}} \vartheta(v, \tau)_2$$

$$e^{i\pi a_1 (a_0 + a_1 \tau') v^2} \vartheta(v', \tau')_0 = c\, e^{\frac{i\pi a_0 a_1}{4}} \vartheta(v, \tau)_3$$

$$e^{i\pi a_1(a_0+a_1\tau')v^2}\,\vartheta(v',\tau')_1 = c\,e^{-\frac{i\pi}{4}(a_0b_0-a_0a_1+2a_0-2)}\,\vartheta(v,\tau)_1$$

$$e^{i\pi a_1(a_0+a_1\tau')v^2}\,\vartheta(v',\tau')_2 = c\,\vartheta(v,\tau)_0$$

$$\sqrt{k} = e^{\frac{i\pi a_0 b_0}{4}}\sqrt{\frac{c_1}{c}},\ \sqrt{k_1} = e^{\frac{i\pi}{4}(a_1+b_0)a_0}\frac{1}{\sqrt{c}};$$

für den einfachsten Fall, in welchem

$$a_0 = 1,\ a_1 = -1,\ b_0 = 1,\ b_1 = 0$$

$$\tau' = \frac{\tau-1}{\tau},\ v' = \frac{v}{\tau} = (1-\tau')\,v$$

ist, erhält man

$$\sqrt{k} = e^{\frac{i\pi}{4}}\sqrt{\frac{c_1}{c}},\ \sqrt{k_1} = \frac{1}{\sqrt{c}};$$

$$y = -\frac{cix}{\sqrt{1-c^2x^2}},\ \sqrt{1-y^2} = \frac{1}{\sqrt{1-c^2x^2}},\ \sqrt{1-k^2y^2} = \frac{\sqrt{1-x^2}}{\sqrt{1-c^2x^2}},$$

$$\sin\operatorname{am}\left(cu,\frac{ic_1}{c}\right) = -ci\,\frac{\sin\operatorname{am}(iu,c)}{\Delta\operatorname{am}(iu,c)},\ \cos\operatorname{am}\left(cu,\frac{ic_1}{c}\right) = \frac{1}{\Delta\operatorname{am}(iu,c)}$$

$$\Delta\operatorname{am}\left(cu,\frac{ic_1}{c}\right) = \frac{\cos\operatorname{am}(iu,c)}{\Delta\operatorname{am}(iu,c)}.$$

V.

$$a_0 \equiv 1,\ a_1 \equiv 0,\ b_0 \equiv 1,\ b_1 \equiv 1\ (\text{mod. } 2)$$

$$e^{i\pi a_1(a_0+a_1\tau')v^2}\,\vartheta(v',\tau')_3 = c\,\vartheta(v,\tau)_0$$

$$e^{i\pi a_1(a_0+a_1\tau')v^2}\,\vartheta(v',\tau')_0 = c\,e^{\frac{i\pi a_0a_1}{4}}\,\vartheta(v,\tau)_3$$

$$e^{i\pi a_1(a_0+a_1\tau')v^2}\,\vartheta(v',\tau')_1 = c\,e^{-\frac{i\pi}{4}(a_0b_0-a_0a_1+2a_0-2)}\,\vartheta(v,\tau)_1$$

$$e^{i\pi a_1(a_0+a_1\tau')v^2}\,\vartheta(v',\tau')_2 = c\,e^{-\frac{i\pi a_0b_0}{4}}\,\vartheta(v,\tau)_2$$

$$\sqrt{k} = e^{-\frac{i\pi a_0b_0}{4}}\sqrt{\frac{c}{c_1}},\ \sqrt{k_1} = e^{\frac{i\pi a_0a_0}{4}}\frac{1}{\sqrt{c_1}};$$

für den einfachsten Fall, in welchem

$$a_0 = 1,\ a_1 = 0,\ b_0 = -1,\ b_1 = 1$$

$$\tau' = \tau + 1,\ v' = v$$

ist, ergiebt sich

$$\sqrt{k} = e^{\frac{i\pi}{4}}\sqrt{\frac{c}{c_1}},\ \sqrt{k_1} = \frac{1}{\sqrt{c_1}}$$

$$y = \frac{c_1x}{\sqrt{1-c^2x^2}},\ \sqrt{1-y^2} = \frac{\sqrt{1-x^2}}{\sqrt{1-c^2x^2}},\ \sqrt{1-k^2y^2} = \frac{1}{\sqrt{1-c^2x^2}},$$

$$\sin\operatorname{am}\left(c_1u,\frac{ic}{c_1}\right) = c_1\,\frac{\sin\operatorname{am}(u,c)}{\Delta\operatorname{am}(u,c)},\ \cos\operatorname{am}\left(c_1u,\frac{ic}{c_1}\right) = \frac{\cos\operatorname{am}(u,c)}{\Delta\operatorname{am}(u,c)}$$

$$\Delta\operatorname{am}\left(c_1u,\frac{ic}{c_1}\right) = \frac{1}{\Delta\operatorname{am}(u,c)}.$$

VI.

$$a_0 \equiv 0,\ a_1 \equiv 1,\ b_0 \equiv 1,\ b_1 \equiv 1 \pmod{2}$$

$$e^{i\pi a_1 (a_0 + a_1 \tau') v^2} \vartheta(v', \tau')_3 = c\, e^{\frac{i\pi a_0 a_1}{4}} \vartheta(v, \tau)_0$$

$$e^{i\pi a_1 (a_0 + a_1 \tau') v^2} \vartheta(v', \tau')_0 = c\, e^{-\frac{i\pi}{4}(a_0 b_0 + a_1 b_1 - 2 a_0 b_1)} \vartheta(v, \tau)_2$$

$$e^{i\pi a_1 (a_0 + a_1 \tau') v^2} \vartheta(v', \tau')_1 = c\, e^{-\frac{i\pi}{4}(a_0 b_0 + a_1 b_1 - a_0 a_1 - 2 a_0 - 2 b_0 + 4)} \vartheta(v, \tau)_1$$

$$e^{i\pi a_1 (a_0 + a_1 \tau') v^2} \vartheta(v', \tau')_2 = c\, \vartheta(v, \tau)_3$$

$$\sqrt{k} = e^{-\frac{i\pi a_0 a_1}{4}} \cdot \frac{1}{\sqrt{c_1}},\ \sqrt{k_1} = e^{-\frac{i\pi}{4}(a_0 a_1 + a_0 b_0 + a_1 b_1 - 2 a_0 b_1)} \sqrt{\frac{c}{c_1}};$$

für den einfachsten Fall, in welchem

$$a_0 = 0,\ a_1 = 1,\ b_0 = -1,\ b = 1$$

$$\tau' = \frac{1}{1-\tau},\quad v' = \frac{v}{1-\tau} = \tau' \cdot v$$

ist, ergiebt sich

$$\sqrt{k} = \frac{1}{\sqrt{c_1}},\ \sqrt{k_1} = e^{-\frac{i\pi}{4}} \cdot \sqrt{\frac{c}{c_1}}$$

$$y = \frac{i c_1 x}{\sqrt{1-x^2}},\ \sqrt{1-y^2} = \frac{\sqrt{1-c^2 x^2}}{\sqrt{1-x^2}},\ \sqrt{1-k^2 y^2} = \frac{1}{\sqrt{1-x^2}},$$

$$\sin \operatorname{am}\left(i c_1 u, \frac{1}{c_1}\right) = i c_1 \frac{\sin \operatorname{am}(u, c)}{\cos \operatorname{am}(u, c)},\ \cos \operatorname{am}\left(i c_1 u, \frac{1}{c_1}\right) = \frac{\Delta \operatorname{am}(u, c)}{\cos \operatorname{am}(u, c)}$$

$$\Delta \operatorname{am}\left(i c_1 u, \frac{1}{c_1}\right) = \frac{1}{\cos \operatorname{am}(u, c)}.$$

Den Schluss dieser Vorlesung mag die Bemerkung bilden, dass nach den in der siebzehnten Vorlesung gemachten Auseinandersetzungen für die verschiedenen Systeme der Elementarperioden, welche offenbar durch lineare Transformationen aus einander abgeleitet sind, jede lineare Transformation durch successive Zusammensetzung der beiden Normaltransformationen

$$\begin{vmatrix} 0 & 1 \\ -1 & 0 \end{vmatrix} \quad \text{und} \quad \begin{vmatrix} -1 & 0 \\ 1 & -1 \end{vmatrix}$$

hergeleitet werden kann; da nun für diese beiden Transformationen, welche dem zweiten und fünften Falle angehören, aus dem Ausdrucke

$$\tau' = \frac{b_0 - a_0 \tau}{a_1 \tau - b_1}$$

sich

$$\tau' = -\frac{1}{\tau},\quad \tau' = \tau + 1$$

ergiebt, so wird man für die der linearen Transformation angehörigen Untersuchungen, die wir später anstellen werden, nur diese beiden Beziehungen zwischen dem ursprünglichen und transformirten ϑ-Modul zu behandeln brauchen. Wir können diese Beziehungen jedoch auch noch durch zwei andere ersetzen, wenn wir bemerken, dass die Zusammensetzung der Transformationen

$$\begin{vmatrix} 1 & -1 \\ 0 & 1 \end{vmatrix} \begin{vmatrix} 0 & 1 \\ -1 & 0 \end{vmatrix} \begin{vmatrix} 1 & -1 \\ 0 & 1 \end{vmatrix} = \begin{vmatrix} 1 & 0 \\ -1 & 1 \end{vmatrix} \text{ und } \begin{vmatrix} 1 & 0 \\ -1 & 1 \end{vmatrix} \begin{vmatrix} -1 & 0 \\ 0 & -1 \end{vmatrix} = \begin{vmatrix} -1 & 0 \\ 1 & -1 \end{vmatrix}$$

liefert, woraus unmittelbar folgt, dass wir zu den Normaltransformationen der linearen Transformation

$$\begin{vmatrix} 1 & -1 \\ 0 & 1 \end{vmatrix} \text{ und } \begin{vmatrix} 0 & 1 \\ -1 & 0 \end{vmatrix}$$

machen können, somit nach den Formeln des zweiten und dritten Falles diejenigen Transformationen, für welche die Beziehungen zwischen dem ursprünglichen und transformirten ϑ-Modul

$$\tau' = -\frac{1}{\tau} \text{ und } \tau' = \frac{\tau}{1+\tau}$$

sind, welche wiederum, wie oben gezeigt worden, für die Integralmoduln die Relationen nach sich ziehen

$$\sqrt{k} = \sqrt{c_1} \text{ und } \sqrt{k} = \frac{1}{\sqrt{c}},$$

so dass wir diejenigen linearen Transformationen, welche den Integralmodul in den reciproken und complementären verwandeln, als die Grundtransformationen ersten Grades betrachten dürfen.

Fünfundzwanzigste Vorlesung.

Die Weierstrass'schen Functionen.

Wir wollen an die in der letzten Vorlesung entwickelten Ausdrücke für die lineare Transformation der elliptischen Functionen die Aufstellung der Weierstrass'schen Functionen anfügen, welche sich nach ganzen Potenzen der Variabeln in Reihen entwickeln lassen, die in der ganzen Ebene convergent sind, und deren Coefficienten ganze Functionen des Quadrates des Integralmoduls sind, schicken jedoch, um alle folgenden Beziehungen aus den für die ϑ-Functionen aufgestellten entnehmen zu können, die Entwicklung der Differentialgleichungen voraus, denen die Periodicitätsmoduln des elliptischen Normalintegrales erster Gattung genügen.

Es war nämlich

$$\Omega = 4\int_0^1 \left| \frac{dz}{\sqrt{(1-z^2)(1-\varkappa^2 z^2)}}, \quad E = 4\int_0^1 \right| \frac{z^2\, dz}{\sqrt{(1-z^2)(1-\varkappa^2 z^2)}},$$

und daher

$$\frac{d\Omega}{d\varkappa} = 4\int_0^1 \left| \frac{\varkappa z^2\, dz}{(1-\varkappa^2 z^2)\sqrt{(1-z^2)(1-\varkappa^2 z^2)}} = -\frac{4}{\varkappa}\int_0^1 \right| \frac{dz}{\sqrt{(1-z^2)(1-\varkappa^2 z^2)}}$$

$$+\frac{4}{\varkappa}\int_0^1 \left| \frac{dz}{(1-\varkappa^2 z^2)\sqrt{(1-z^2)(1-\varkappa^2 z^2)}} \right.;$$

da aber, wie aus der in der vierzehnten Vorlesung angegebenen Reductionsmethode der elliptischen Integrale ganz ohne weitere Rechnung sich ergiebt,

$$4\int_0^1 \left| \frac{dz}{(1-\varkappa^2 z^2)\sqrt{(1-z^2)(1-\varkappa^2 z^2)}} \right. = -\frac{\varkappa^2}{\varkappa_1^2} E + \frac{1}{\varkappa_1^2}\Omega$$

ist, so folgt

$$\frac{d\Omega}{d\varkappa} = -\frac{1}{\varkappa}\Omega - \frac{\varkappa}{\varkappa_1^2} E + \frac{1}{\varkappa\varkappa_1^2}\Omega$$

oder

$$(1) \quad \ldots\ldots\ldots\ldots \quad \frac{d\Omega}{d\varkappa} = \frac{\varkappa}{\varkappa_1^2}\Omega - \frac{\varkappa}{\varkappa_1^2} E.$$

Ebenso ist unmittelbar zu sehen, dass

$$\frac{dE}{d\varkappa} = 4\int_0^1 \frac{\varkappa z^4\, dz}{(1-\varkappa^2 z^2)\sqrt{(1-z^2)(1-\varkappa^2 z^2)}} = \frac{4}{\varkappa^3}\int_0^1 \frac{dz}{(1-\varkappa^2 z^2)\sqrt{(1-z^2)(1-\varkappa^2 z^2)}}$$

$$-\frac{4}{\varkappa^3}\int_0^1 \frac{(1+\varkappa^2 z^2)\, dz}{\sqrt{(1-z^2)(1-\varkappa^2 z^2)}}$$

oder mit Benutzung des oben für das erste Integral der rechten Seite gefundenen Werthes und durch Zerlegung des zweiten Integrales

$$(2) \ldots\ldots\ldots \quad \frac{dE}{d\varkappa} = \frac{1}{\varkappa \varkappa_1^2}\,\Omega - \frac{\varkappa_1^2+1}{\varkappa\varkappa_1^2}\,E,$$

und aus (1) und (2) ergiebt sich dann ohne Schwierigkeit durch Elimination von E und $\frac{dE}{d\varkappa}$ vermöge einmaliger Differentiation für die erste Periode der sin am w die lineare Differentialgleichung zweiter Ordnung

$$(3) \ldots\ldots \quad \varkappa(1-\varkappa^2)\frac{d^2\Omega}{d\varkappa^2} + (1-3\varkappa^2)\frac{d\Omega}{dx} = \varkappa\Omega,$$

deren Coefficienten ganze rationale Functionen von $\varkappa$ sind. Um eine ähnliche Differentialgleichung für die zweite durch den Ausdruck

$$\Omega' = -2\int_{0\,F'}^{\frac{1}{\varkappa}} \frac{dz}{\sqrt{(1-z^2)(1-\varkappa^2 z^2)}} + 2\int_{0\,F'}^{1} \frac{dz}{\sqrt{(1-z^2)(1-\varkappa^2 z^2)}}$$

definirte Periode zu ermitteln, bemerke man, dass in dem einfachsten Falle des zweiten Hauptfalles der linearen Transformation den Transformationszahlen

$$a_0 = 0, \quad a_1 = -1, \quad b_0 = 1, \quad b_1 = 0$$

die Beziehungen

$$\sqrt{\varkappa'} = \sqrt{\varkappa_1}, \quad \sqrt{\varkappa_1'} = \sqrt{\varkappa},$$

$$\frac{dz}{\sqrt{(1-z^2)(1-\varkappa^2 z^2)}} = i\,\frac{dz'}{\sqrt{(1-z'^2)(1-\varkappa_1^2 z'^2)}},$$

und daher die Periodenrelationen

$$\Omega = -2i\Omega_1', \quad 2\Omega' = i\Omega_1,$$

entsprechen, wenn Ω_1 und Ω_1' die den oben aufgestellten Ausdrücken analogen Perioden des transformirten Integrales bedeuten. Da nun zwischen Ω_1 und $\varkappa'$ nach (3) die Differentialgleichung besteht

$$\varkappa'(1-\varkappa'^2)\frac{d^2\Omega_1}{d\varkappa'^2} + (1-3\varkappa'^2)\frac{d\Omega_1}{d\varkappa'} = \varkappa'\Omega_1,$$

so folgt, wenn

$$\Omega_1 = -2i\Omega', \quad \varkappa' = \varkappa_1$$

gesetzt wird,

$$\varkappa_1(1-\varkappa_1^2)\frac{d^2\Omega'}{d\varkappa_1^2} + (1-3\varkappa_1^2)\frac{d\Omega'}{d\varkappa_1} = \varkappa_1\Omega'$$

oder, wie unmittelbar durch Benutzung der Beziehungen

$$\varkappa^2 + \varkappa_1^2 = 1, \quad \frac{d\varkappa}{d\varkappa_1} = -\frac{\varkappa_1}{\varkappa}$$

zu sehen,

$$(4) \ldots\ldots \quad \varkappa(1-\varkappa^2)\frac{d^2\Omega'}{d\varkappa^2} + (1-3\varkappa^2)\frac{d\Omega'}{d\varkappa} = \varkappa\Omega',$$

somit dieselbe Differentialgleichung, wie die oben für Ω gefundene; es ergiebt sich hieraus, dass das allgemeine Integral der linearen Differentialgleichung zweiter Ordnung

$$\varkappa(1-\varkappa^2)\frac{d^2 p}{d\varkappa^2} + (1-3\varkappa^2)\frac{dp}{d\varkappa} = \varkappa p$$

in der Form enthalten ist

$$p = c\Omega + c'\Omega',$$

worin c und c' willkührliche Constanten bedeuten.

Bevor wir nun zur Entwicklung der Periodicitätsmoduln als Functionen des Integralmoduls $\varkappa$ aufgefasst übergehen, wollen wir noch auf directem Wege, statt von den Gleichungen (3) und (4) auszugehen, die Differentialbeziehung zwischen dem Integralmodul $\varkappa$ und dem Modul der zugehörigen ϑ-Function herzuleiten suchen. Aus

$$\varkappa = \frac{\vartheta_2^2}{\vartheta_3^2}$$

folgt

$$\frac{d\varkappa}{d\tau} = \frac{2\vartheta_2\left[\vartheta_3\frac{d\vartheta_2}{d\tau} - \vartheta_2\frac{d\vartheta_3}{d\tau}\right]}{\vartheta_3^3}$$

oder vermöge der partiellen Differentialgleichung der ϑ-Functionen

$$\frac{\partial^2\vartheta_\alpha(u)}{\partial u^2} = 4\pi i\,\frac{\partial\vartheta_\alpha(u)}{d\tau},$$

in bekannten Zeichen

$$(5) \ldots\ldots\ldots\ldots \quad \frac{d\varkappa}{d\tau} = \frac{1}{2\pi i}\,\frac{\vartheta_2[\vartheta_3\vartheta_2'' - \vartheta_2\vartheta_3'']}{\vartheta_3^3}.$$

Da aber nach den letzten Formeln der achtzehnten Vorlesung

$$\frac{\vartheta_2(u)\vartheta_2''(u) - \vartheta_2'(u)^2}{\vartheta_2(u)^2} = \frac{\vartheta_0''}{\vartheta_0} - \frac{\vartheta_1'^2}{\vartheta_0^2}\frac{\vartheta_3(u)^2}{\vartheta_2(u)^2},$$

$$\frac{\vartheta_3(u)\vartheta_3''(u) - \vartheta_3'(u)^2}{\vartheta_3(u)^2} = \frac{\vartheta_0''}{\vartheta_0} - \frac{\vartheta_1'^2}{\vartheta_0^2}\frac{\vartheta_2(u)^2}{\vartheta_3(u)^2}$$

oder für den Nullwerth der Variabeln

$$\frac{\vartheta_2''}{\vartheta_2} = \frac{\vartheta_0''}{\vartheta_0} - \frac{\vartheta_1'^2}{\vartheta_0^2}\frac{\vartheta_3^2}{\vartheta_2^2},$$

$$\frac{\vartheta_3''}{\vartheta_3} = \frac{\vartheta_0''}{\vartheta_0} - \frac{\vartheta_1'^2}{\vartheta_0^2}\frac{\vartheta_2^2}{\vartheta_3^2}$$

folgt, woraus sich durch Subtraction dieser beiden Gleichungen von einander und mit Berücksichtigung der Beziehungen

$$\vartheta_0^4 + \vartheta_2^4 = \vartheta_3^4 \quad \text{und} \quad \vartheta_1' = \pi\vartheta_0\vartheta_2\vartheta_3$$

die Gleichung ergiebt

$$\frac{\vartheta_3\vartheta_2''-\vartheta_2\vartheta_3''}{\vartheta_2\vartheta_3}=\frac{\vartheta_1'^2}{\vartheta_0^2}\left\{\frac{\vartheta_2^4-\vartheta_3^4}{\vartheta_2^2\vartheta_3^2}\right\}=-\pi^2\vartheta_0^4,$$

so geht die Gleichung (5) in

$$(6) \quad \frac{d\varkappa}{d\tau}=\frac{\pi i}{2}\frac{\vartheta_2^2\vartheta_0^4}{\vartheta_3^2}=\frac{\pi i}{2}\varkappa\varkappa_1^2\vartheta_3^4$$

oder vermöge der Beziehung

$$\vartheta_3=\sqrt{\frac{\Omega}{2\pi}}$$

in

$$(7) \quad \frac{d\varkappa}{d\tau}=\frac{i\varkappa\varkappa_1^2\Omega^2}{8\pi}$$

über.

Die Gleichungen (3), (4) und (7) werden es nun ermöglichen, für Ω und Ω' Reihenentwicklungen aufzustellen, welche für solche $\varkappa^2$ gültig sind, deren Modul kleiner als die Einheit ist, und wir wollen diese Gelegenheit benutzen, um eine Entwicklung für das erste elliptische Normalintegral als Function der oberen Gränze derselben aufzustellen, so lange der absolute Betrag derselben die Einheit nicht überschreitet.

Sei also

$$\int_0^{z_1}\frac{dz}{\sqrt{(1-z^2)(1-\varkappa^2z^2)}}$$

vorgelegt, worin mod $z_1\leqq 1$ ist und mod $\varkappa^2<1$ sein soll, so wird für alle z, für welche

$$\text{mod } \varkappa^2z^2<1$$

ist,

$$(\mathrm{r}) \quad \frac{1}{\sqrt{1-\varkappa^2z^2}}=1+\tfrac{1}{2}\varkappa^2z^2+\frac{1.3}{2.4}\varkappa^4z^4+\cdots+\frac{1.3\ldots(2n-1)}{2.4\ldots 2n}\varkappa^{2n}x^{2n}+\cdots,$$

und da nach einer bekannten Reductionsformel

$$\frac{2.4\ldots 2n}{1.3\ldots(2n-1)}\frac{z^{2n}dz}{\sqrt{1-z^2}}=\frac{dz}{\sqrt{1-z^2}}-d\left(\lambda(z)_n.\sqrt{1-z^2}\right),$$

wenn

$$\lambda(z)_n=z+\tfrac{2}{3}z^3+\frac{2.4}{3.5}z^5+\cdots+\frac{2.4\ldots(2n-2)}{3.5\ldots(2n-1)}z^{2n-1}$$

gesetzt wird, so ergiebt sich, wie leicht zu sehen, wenn die Bezeichnungen eingeführt werden,

$$\begin{aligned}
\mathfrak{K}&=1+(\tfrac{1}{2})^2\varkappa^2+\left(\frac{1.3}{2.4}\right)^2\varkappa^4+\cdots+\left(\frac{1.3\ldots(2n-1)}{2.4\ldots 2n}\right)^2\varkappa^{2n}+\cdots,\\
\mathfrak{K}_0&=1,\\
\mathfrak{K}_1&=1+(\tfrac{1}{2})^2\varkappa^2,\\
\mathfrak{K}_2&=1+(\tfrac{1}{2})^2\varkappa^2+\left(\frac{1.3}{2.4}\right)^2.\varkappa^4,
\end{aligned}$$

. . . .

für das elliptische Normaldifferential erster Gattung die folgende Entwicklung

$$\frac{dz}{\sqrt{(1-z^2)(1-\varkappa^2 z^2)}} = \mathfrak{K}\frac{dz}{\sqrt{1-z^2}}$$

$$-d\left\{(\mathfrak{K}_1-\mathfrak{K}_0)\lambda(z)_1+(\mathfrak{K}_2-\mathfrak{K}_1)\lambda(z)_2+\cdots+(\mathfrak{K}_n-\mathfrak{K}_{n-1})\lambda(z)_n+\cdots\right\}\sqrt{1-z^2}.$$

Da aber

$$(\mathfrak{K}_1-\mathfrak{K}_0)\lambda(z)_1+(\mathfrak{K}_2-\mathfrak{K}_1)\lambda(z)_2+\cdots+(\mathfrak{K}_n-\mathfrak{K}_{n-1})\lambda(z)_n =$$

$$(\mathfrak{K}-\mathfrak{K}_0)\lambda(z_1)+(\mathfrak{K}-\mathfrak{K}_1)\big(\lambda(z)_2-\lambda(z)_1\big)+(\mathfrak{K}-\mathfrak{K}_2)\big(\lambda(z)_3-\lambda(z)_2\big)+\cdots$$

$$+(\mathfrak{K}-\mathfrak{K}_{n-1})\big(\lambda(z)_n-\lambda(z)_{n-1}\big)+(\mathfrak{K}_n-\mathfrak{K})\lambda(z)_n$$

und der Rest dieser Reihe

$$(\mathfrak{K}_n-\mathfrak{K})\lambda(z)_n$$

für $n=\infty$ sich der Null nähert*), so wird die obige Entwicklung mit Berücksichtigung der für die Function $\lambda(z)_n$ gegebenen Definition und nach Integration zwischen den Gränzen 0 und z_1 die gesuchte Entwicklung für das Normalintegral erster Gattung in der Form liefern

---

*) Da nämlich die Reihe (r) für

$$\frac{1}{\sqrt{1-\varkappa^2 z^2}}$$

convergent ist für alle z, deren Modul kleiner als der Modul von $\frac{1}{\varkappa}$, welcher der Voraussetzung nach grösser als die Einheit ist, so wird, wenn ζ eine Zahl bedeutet, deren Modul kleiner als der Modul von $\frac{1}{\varkappa}$, aber grösser als die Einheit ist, und mit g der grösste absolute Betrag der einzelnen Glieder von (r) bezeichnet wird,

$$\frac{1.3\ldots(2n-1)}{2.4\ldots 2n}\bmod \varkappa^{2n}\bmod \zeta^{2n} < g$$

oder

$$\frac{1.3\ldots(2n-1)}{2.4\ldots 2n}\bmod \varkappa^{2n} < g\bmod \zeta^{-2n}$$

und daher

$$\bmod(\mathfrak{K}-\mathfrak{K}_n) < g\left\{(\bmod\zeta)^{-(2n+2)}+(\bmod\zeta)^{-(2n+4)}+\cdots\right\} < g\,\frac{(\bmod\zeta)^{-(2n+2)}}{1-(\bmod\zeta)^{-2}},$$

indem man die Zahlencoefficienten, welche ächte Brüche sind, durch die Einheit ersetzt. Hieraus folgt aber, dass

$$\bmod(\mathfrak{K}-\mathfrak{K}_n)\lambda(z)_n < \frac{g(\bmod\zeta)^{-(2n+2)}}{1-(\bmod\zeta)^{-2}}\bmod z^{2n+2}\,\frac{\bmod\lambda(z)_n}{\bmod z^{2n+2}}$$

$$< \frac{g}{1-(\bmod\zeta)^{-2}}\bmod\left(\frac{z}{\zeta}\right)^{2n+2}\bmod\frac{\lambda(z)_n}{z^{2n+2}}$$

ist, und daher, wenn $\bmod z < \bmod\zeta$ und >1 ist, dieser Werth gleich Null, weil $\lambda(z)_n$ vom $2n-1^{\text{ten}}$ Grade in Bezug auf z ist, und es ist somit die in der Klammer der Gleichung (8) enthaltene Potenzreihe auch noch für z_1, deren Modul >1 ist, also jedenfalls für z_1, deren Modul <1 oder $=1$ ist, convergent.

$$(8) \quad \ldots\ldots\ldots \int_0^{z_1} \frac{dz}{\sqrt{(1-z^2)(1-\varkappa^2 z^2)}} = \mathfrak{K} \arc\sin z_1$$
$$-\left\{(\mathfrak{K}-1)z_1 + \tfrac{2}{3}(\mathfrak{K}-\mathfrak{K}_1)z_1^{\,3} + \cdots + \frac{2.4\ldots 2n-2}{3.5\ldots 2n-1}(\mathfrak{K}-\mathfrak{K}_n)z_1^{2n-1} + \cdots\right\}\sqrt{1-z_1^{\,2}}.$$

Setzt man hierin, was nach der untenstehenden Anmerkung erlaubt ist, $z = 1$, so ergiebt sich

$$(9) \quad \Omega = 2\pi\left\{1 + (\tfrac{1}{2})^2\varkappa^2 + \left(\frac{1.3}{2.4}\right)^2\varkappa^4 + \left(\frac{1.3.5}{2.4.6}\right)^2\varkappa^6 + \cdots\right\}.$$

Es lässt sich nunmehr auch leicht die Reihe für den zweiten Periodicitätsmodul herleiten; da nämlich nach den Ausdrücken der achtzehnten Vorlesung

$$\sqrt{\varkappa} = 2q^{\frac{1}{4}}\left\{\frac{(1+q^2)(1+q^4)(1+q^6)\ldots}{(1+q)(1+q^3)(1+q^5)\ldots}\right\}^2$$

und wie unmittelbar zu sehen

$$(\Omega)_{\varkappa=0} = \lim_{\varkappa=0} 4\int_0^1 \left| \frac{dz}{\sqrt{(1-z^2)\cdot(1-\varkappa^2 z^2)}} = 2\pi,\right.$$

$$(\Omega')_{\varkappa=0} = \lim_{\varkappa_1=1} 2i\int_0^1 \left| \frac{dz}{\sqrt{(1-z^2)(1-\varkappa_1^2 z^2)}} = i\log\left(\frac{1+z}{1-z}\right)_0^1 = \infty\cdot i,\right.$$

also

$$q = e^{\pi i\tau} = e^{\frac{2\pi i\Omega'}{\Omega}} = 0$$

ist, so ergiebt sich für sehr kleine $\varkappa$ die Beziehung

$$\sqrt{\varkappa} = 2q^{\frac{1}{4}} = 2e^{\frac{\pi i\tau}{4}}$$

und hieraus

$$\frac{\pi\tau i}{2} = \log\frac{\varkappa}{4}$$

oder

$$(10) \quad \ldots\ldots\ldots\ldots \quad \Omega' = \frac{\Omega i}{\pi}\log\frac{4}{\varkappa},$$

und da, wie aus der Gleichung (7) leicht zu ersehen, indem man Ω und $\varkappa_1$ nach Potenzen von $\varkappa$ entwickelt und für τ seinen Werth einsetzt, das durch die Gleichung (10) gegebene Glied das einzige ist, welches in der für die Umgebung von $\varkappa = 0$ ausführbaren Entwicklung von Ω' für $\varkappa = 0$ unendlich gross wird, während der ganze übrige Theil sich nach positiven ganzen Potenzen von $\varkappa^2$ muss entwickeln lassen, so wird es erlaubt sein, für die Umgebung von $\varkappa = 0$ allgemein

$$(11) \quad \ldots\ldots\ldots\ldots \quad \Omega' = \frac{\Omega i}{\pi}\log\frac{4}{\varkappa} + 2iQ$$

zu setzen, worin Q eine in der Umgebung von $\varkappa = 0$ convergente, nach positiven ganzen Potenzen von $\varkappa^2$ fortschreitende Reihe bedeutet, welche für $\varkappa = 0$ verschwindet, und deren Coefficienten nunmehr zu bestimmen sein werden. Setzt man aber den durch die Gleichung (11) gegebenen Werth von Ω' in die Differentialgleichung (4) ein und beachtet, dass Ω einer ebensolchen Differentialgleichung genügt, so ergiebt sich für Q die Differentialgleichung

$$(12)\;.\;.\quad \varkappa \varkappa_1^2 \frac{d^2 Q}{d\varkappa^2} + (1 - 3\varkappa^2)\frac{dQ}{d\varkappa} - \varkappa Q = \frac{\varkappa_1^2}{\pi}\frac{d\Omega}{d\varkappa} - \frac{\varkappa}{\pi}\Omega,$$

welcher durch eine Reihe der Form

$$Q = \alpha_1 \frac{1^2}{2^2}\varkappa^2 + \alpha_2 \frac{1^2.3^2}{2^2.4^2}\varkappa^4 + \alpha_3 \frac{1^2.3^2.5^2}{2^2.4^2.6^2}\varkappa^6 + \cdots$$

genügt werden soll. Nun ergiebt sich aber, wie eine einfache Entwicklung zeigt, dass

$$(13)\;.\;.\;.\;.\;.\;.\quad \varkappa\varkappa_1^2\frac{d^2Q}{d\varkappa^2} + (1 - 3\varkappa^2)\frac{dQ}{d\varkappa} - \varkappa Q =$$

$$= \alpha_1\varkappa + 3^2\cdot\frac{1^2}{2^2}(\alpha_2 - \alpha_1)\varkappa^3 + 5^2\cdot\frac{1^2.3^2}{2^2.4^2}\cdot(\alpha_3 - \alpha_2)\varkappa^5 + 7^2\cdot\frac{1^2.3^2.5^2}{2^2.4^2.6^2}(\alpha_4 - \alpha_3)\varkappa^7 + \cdots$$

und nach (9)

$$(14)\;.\;.\;.\;.\;.\;.\;.\;.\;.\;.\;.\;.\quad \frac{\varkappa_1^2}{\pi}\frac{d\Omega}{d\varkappa} - \frac{\varkappa}{\pi}\Omega$$

$$= -\varkappa - \tfrac{3}{2}\frac{1^2}{2^2}\varkappa^3 - \tfrac{5}{3}\frac{1^2.3^2}{2^2.4^2}\varkappa^5 - \tfrac{7}{4}\frac{1^2.3^2.5^2}{2^2.4^2.6^2}\varkappa^7 - \cdots,$$

und durch Identificirung der Entwicklungen (13) und (14) die nachfolgenden Werthe für die Coefficienten der Reihe Q

$$\alpha_1 = -1,\quad \alpha_2 = \alpha_1 - \frac{2}{3.4},\quad \alpha_3 = \alpha_2 - \frac{2}{5.6},\quad \alpha_4 = \alpha_3 - \frac{2}{7.8},\ \ldots$$

oder

$$\alpha_1 = -1,\quad \alpha_2 = -\left(1 + \frac{2}{3.4}\right),$$

$$\alpha_3 = -\left(1 + \frac{2}{3.4} + \frac{2}{5.6}\right),$$

$$\alpha_4 = -\left(1 + \frac{2}{3.4} + \frac{2}{5.6} + \frac{2}{7.8}\right),\ \ldots,$$

so dass die Entwicklung von Ω' nach Gleichung (11) übergeht in

$$(15)\;.\;.\;.\;.\;.\;.\;.\;.\;.\;.\;.\;.\quad \Omega' = \frac{\Omega i}{\pi}\log\frac{4}{\varkappa}$$

$$-2i\left\{\frac{1^2}{2^2}\varkappa^2 + \frac{1^2.3^2}{2^2.4^2}\left(1 + \frac{2}{3.4}\right)\varkappa^4 + \frac{1^2.3^2.5^2}{2^2.4^2.6^2}\left(1 + \frac{2}{3.4} + \frac{2}{5.6}\right)\varkappa^6 + \cdots\right\},$$

oder, wie durch Zusammenfassen der mit den Coefficienten

$$1,\ \frac{2}{3.4},\ \frac{2}{5.6},\ \frac{2}{7.8},\ \ldots,$$

versehenen Glieder hervorgeht, mit Benutzung der oben eingeführten Grössen

$$\mathfrak{K},\ \mathfrak{K}_0,\ \mathfrak{K}_1,\ \mathfrak{K}_2,\ \ldots$$

die Entwicklung

$$(16)\;.\;.\;.\;.\;.\;.\;.\;.\;.\;.\;.\;.\quad \Omega' = \frac{\Omega i}{\pi}\log\frac{4}{\varkappa}$$

$$-4i\left\{\frac{1}{1.2}(\mathfrak{K} - \mathfrak{K}_0) + \frac{1}{3.4}(\mathfrak{K} - \mathfrak{K}_1) + \frac{1}{5.6}(\mathfrak{K} - \mathfrak{K}_2) + \cdots\right\}.$$

Wir gehen nun zur Einführung der vier Weierstrass'schen Functionen über, indem wir von der in der zwanzigsten Vorlesung gefundenen Beziehung ausgehen

$$\int_0^w \varkappa^2 \sin^2 \operatorname{am} w\, dw = \frac{E\varkappa^2}{\Omega} w - \frac{d \log \vartheta_0 \left(\frac{2w}{\Omega}\right)}{dw},$$

welche, wenn

$$\int_0^w \varkappa^2 \sin^2 \operatorname{am} w\, dw = Z(w)$$

gesetzt wird, in

$$(17) \quad Z(w) = \frac{E\varkappa^2}{\Omega} w - \frac{d \log \vartheta \left(\frac{2w}{\Omega}\right)_0}{dw}$$

übergeht. Durch Integration dieser Gleichung nach w folgt unmittelbar

$$\int_0^w Z(w)\, dw = \frac{E\varkappa^2}{2\,\Omega} w^2 - \log \left\{ \frac{\vartheta \left(\frac{2w}{\Omega}\right)_0}{\vartheta_0} \right\},$$

oder wenn die Function $Al(w)_0$ durch die Gleichung definirt wird

$$(18) \quad Al(w)_0 = e^{-\int_0^w Z(w)\, dw},$$

die Beziehung

$$(19) \quad Al(w)_0 = e^{-\frac{E\varkappa^2}{2\Omega} w^2} \frac{\vartheta \left(\frac{2w}{\Omega}\right)_0}{\vartheta_0}.$$

Setzt man ferner

$$(20) \quad Al(w)_1 = \frac{1}{\sqrt{\varkappa}} e^{-\frac{E\varkappa^2}{2\Omega} w^2} \frac{\vartheta \left(\frac{2w}{\Omega}\right)_1}{\vartheta_0},$$

$$(21) \quad Al(w)_2 = \sqrt{\frac{\varkappa_1}{\varkappa}}\, e^{-\frac{E\varkappa^2}{2\Omega} w^2} \frac{\vartheta \left(\frac{2w}{\Omega}\right)_2}{\vartheta_0},$$

$$(22) \quad Al(w)_3 = \sqrt{\varkappa_1}\, e^{-\frac{E\varkappa^2}{2\Omega} w^2} \frac{\vartheta \left(\frac{2w}{\Omega}\right)_3}{\vartheta_0},$$

so werden offenbar die drei elliptischen Functionen durch die Quotienten der vier Abel'schen Functionen in der folgenden Weise definirt sein

$$(23) \quad \begin{cases} \sin \operatorname{am} w = \dfrac{Al(w)_1}{Al(w)_0}, \\ \cos \operatorname{am} w = \dfrac{Al(w)_2}{Al(w)_0}, \\ \Delta \operatorname{am} w = \dfrac{Al(w)_3}{Al(w)_0}. \end{cases}$$

Diese vier in der ganzen Ebene eindeutigen und endlichen Functionen $Al(w)$ haben nun die wesentliche Eigenschaft, dass ihre Maclaurin'sche Reihenentwicklung Coefficienten besitzt, welche ganze rationale Functionen von $\varkappa^2$ sind und sich leicht herstellen lassen, wenn die partiellen Differentialgleichungen ermittelt sind, denen jene vier Functionen genügen. Diese Differentialgleichungen erhält man jedoch aus einer einfachen Transformation der für die ϑ-Functionen in der achtzehnten Vorlesung gefundenen; setzt man nämlich den aus der Gleichung (19) sich ergebenden Werth der ϑ-Function

$$\vartheta(w)_0 = \vartheta_0 \,.\, e^{\frac{\varkappa^2 \Omega E}{8} w^2} Al\left(\frac{\Omega w}{2}\right)_0$$

in die partielle Differentialgleichung

$$\frac{\partial^2 \vartheta(w)_0}{\partial w^2} = 4\pi i \frac{\partial \vartheta(w)_0}{\partial \tau}$$

ein, so erhält man, wie aus der Gleichung

$$\frac{\partial Al\left(\frac{\Omega w}{2}\right)_0}{\partial \tau} = \frac{\partial Al\left(\frac{\Omega w}{2}\right)_0}{\partial\left(\frac{\Omega w}{2}\right)} \frac{w}{2} \frac{\partial \Omega}{\partial \varkappa} \frac{d\varkappa}{d\tau} + \frac{\partial Al\left(\frac{\Omega w}{2}\right)_0}{\partial \varkappa} \frac{d\varkappa}{d\tau},$$

aus den Relationen (1), (2) und (7) und der Beziehung

$$\vartheta_0 = \sqrt{\frac{\Omega \varkappa_1}{2\pi}}$$

unmittelbar durch eine leichte Ausrechnung folgt, wenn man

$$w \text{ statt } \frac{\Omega w}{2}$$

setzt, die nachfolgende partielle Differentialgleichung für die Function $Al(w)_0$

$$\frac{\partial^2 Al(w)_0}{\partial w^2} + 2\varkappa^2 w \frac{\partial Al(w)_0}{\partial w} + 2\varkappa(1-\varkappa^2)\frac{\partial Al(w)}{\partial \varkappa} + \varkappa^2 w^2 Al(w) = 0. \tag{24}$$

Genau ebenso findet man aus derselben Differentialgleichung für die drei andern ϑ-Functionen

$$\frac{\partial^2 Al(w)_1}{\partial w^2} + 2\varkappa^2 w \frac{\partial Al(w)_1}{\partial w} + 2\varkappa(1-\varkappa^2)\frac{\partial Al(w)_1}{\partial \varkappa} + (1-\varkappa^2+\varkappa^2 w^2) Al(w)_1 = 0, \tag{25}$$

$$\frac{\partial^2 Al(w)_2}{\partial w^2} + 2\varkappa^2 w \frac{\partial Al(w)_2}{\partial w} + 2\varkappa(1-\varkappa^2)\frac{\partial Al(w)_2}{\partial \varkappa} + (1+\varkappa^2 w^2) Al(w)_2 = 0, \tag{26}$$

$$\frac{\partial^2 Al(w)_3}{\partial w^2} + 2\varkappa^2 w \frac{\partial Al(w)_3}{\partial w} + 2\varkappa(1-\varkappa^2)\frac{\partial Al(w)_3}{\partial \varkappa} + (\varkappa^2+\varkappa^2 w^2) Al(w)_3 = 0. \tag{27}$$

Benutzt man nun die aus dem dritten Hauptfalle der linearen Transformation der ϑ-Functionen durch Einführung der Abel'schen Functionen vermittels der Gleichungen (19) bis (22) sich ergebenden Gleichungen

$$\begin{cases} Al\left(\varkappa w, \frac{1}{\varkappa}\right)_0 = Al(w,\varkappa)_0, & Al\left(\varkappa w, \frac{1}{\varkappa}\right)_2 = Al(w,\varkappa)_3, \\ Al\left(\varkappa w, \frac{1}{\varkappa}\right)_1 = \varkappa Al(w,\varkappa)_1, & Al\left(\varkappa w, \frac{1}{\varkappa}\right)_3 = Al(w,\varkappa)_2, \end{cases} \tag{28}$$

so erhält man bezüglich der Entwicklung dieser vier Functionen nach positiven steigenden Potenzen der Variabeln nach Weierstrass das folgende Resultat:

Wenn
$$a_{\mathfrak{m},\mathfrak{n}},\quad b_{\mathfrak{m},\mathfrak{n}},\quad c_{\mathfrak{m},\mathfrak{n}}$$
ganze Zahlen bedeuten, welche vermittels der Recursionsformeln
$$a_{\mathfrak{m},\mathfrak{n}} = (4\mathfrak{m}+4)\,a_{\mathfrak{m},\mathfrak{n}-1} + (2\mathfrak{n}+4)\,a_{\mathfrak{m}-1,\mathfrak{n}} - (2\mathfrak{m}+2\mathfrak{n}+1)(2\mathfrak{m}+2\mathfrak{n}+2)\,a_{\mathfrak{m}-1,\mathfrak{n}-1}$$
$$b_{\mathfrak{m},\mathfrak{n}} = (4\mathfrak{m}+1)\,b_{\mathfrak{m},\mathfrak{n}-1} + (2\mathfrak{n}+1)\,b_{\mathfrak{m}-1,\mathfrak{n}} - (2\mathfrak{m}+2\mathfrak{n}+2)(2\mathfrak{m}+2\mathfrak{n}-1)\,b_{\mathfrak{m}-1,\mathfrak{n}-1}$$
$$c_{\mathfrak{m},\mathfrak{n}} = (4\mathfrak{m}+1)\,c_{\mathfrak{m},\mathfrak{n}-1} + (4\mathfrak{n}+4)\,c_{\mathfrak{m}-1,\mathfrak{n}} - (2\mathfrak{m}+2\mathfrak{n}-1)(2\mathfrak{m}+2\mathfrak{n})\,c_{\mathfrak{m}-1,\mathfrak{n}-1}\,.$$
zu berechnen sind, in denen
$$a_{0,0} = 2,\quad b_{0,0} = 1,\quad c_{0,0} = 1,\quad c_{1,0} = 2,\quad c_{0,1} = 1$$
und jedem Coefficienten, bei dem einer der Indices negativ ist, der Werth Null beizulegen ist, während die Beziehungen statthaben
$$a_{\mathfrak{m},\mathfrak{n}} = a_{\mathfrak{n},\mathfrak{m}},\quad b_{\mathfrak{m},\mathfrak{n}} = b_{\mathfrak{n},\mathfrak{m}},$$
so ergeben sich für jene vier Functionen die folgenden Reihenentwicklungen
$$(29)\quad \begin{cases} Al(w)_0 = 1 - \sum\limits_{\mathfrak{m},\mathfrak{n}} \left\{(-1)^{\mathfrak{m}+\mathfrak{n}}\, a_{\mathfrak{m},\mathfrak{n}}\, \varkappa^{2\mathfrak{m}+2} \dfrac{w^{2\mathfrak{m}+2\mathfrak{n}+4}}{(2\mathfrak{m}+2\mathfrak{n}+4)!}\right\}, \\ Al(w)_1 = \sum\limits_{\mathfrak{m},\mathfrak{n}} \left\{(-1)^{\mathfrak{m}+\mathfrak{n}}\, b_{\mathfrak{m},\mathfrak{n}}\, \varkappa^{2\mathfrak{m}} \dfrac{w^{2\mathfrak{m}+2\mathfrak{n}+1}}{(2\mathfrak{m}+2\mathfrak{n}+1)!}\right\}, \\ Al(w)_2 = 1 - \sum\limits_{\mathfrak{m},\mathfrak{n}} \left\{(-1)^{\mathfrak{m}+\mathfrak{n}}\, c_{\mathfrak{m},\mathfrak{n}}\, \varkappa^{2\mathfrak{m}} \dfrac{w^{2\mathfrak{m}+2\mathfrak{n}+2}}{(2\mathfrak{m}+2\mathfrak{n}+2)!}\right\}, \\ Al(w)_3 = 1 - \sum\limits_{\mathfrak{m},\mathfrak{n}} \left\{(-1)^{\mathfrak{m}+\mathfrak{n}}\, c_{\mathfrak{m},\mathfrak{n}}\, \varkappa^{2\mathfrak{n}+2} \dfrac{w^{2\mathfrak{m}+2\mathfrak{n}+2}}{(2\mathfrak{m}+2\mathfrak{n}+2)!}\right\}, \end{cases}$$
in denen $\mathfrak{m}$ und $\mathfrak{n}$ alle positiven ganzzahligen Werthe von 0 bis ∞ zu durchlaufen haben. Die Ausrechnung dieser Formeln liefert, wenn
$$Al(w)_0 = 1 - A_2 \frac{w^4}{4!} + A_3 \frac{w^6}{6!} - \cdots + (-1)^{\mathfrak{m}-1} A_{\mathfrak{m}} \frac{w^{2\mathfrak{m}}}{(2\mathfrak{m})!}$$
gesetzt wird,
$$\begin{aligned} A_2 &= 2\varkappa^2, \\ A_3 &= 8(\varkappa^2 + \varkappa^4), \\ A_4 &= 32(\varkappa^2 + \varkappa^6) + 68\varkappa^4, \\ A_5 &= 128(\varkappa^2 + \varkappa^8) + 480(\varkappa^4 + \varkappa^6), \\ A_6 &= 512(\varkappa^2 + \varkappa^{10}) + 3008(\varkappa^4 + \varkappa^8) + 5400\varkappa^6, \\ &\ldots\ldots\ldots\ldots\ldots\ldots\ldots\ldots, \end{aligned}$$
wenn
$$Al(w)_1 = w - B_1 \frac{w^3}{3!} + B_2 \frac{w^5}{5!} - \cdots + (-1)^{\mathfrak{m}} B_{\mathfrak{m}} \frac{w^{2\mathfrak{m}+1}}{(2\mathfrak{m}+1)!} - \cdots,$$
$$\begin{aligned} B_1 &= 1 + \varkappa^2, \\ B_2 &= 1 + \varkappa^4 + 4\varkappa^2, \\ B_3 &= 1 + \varkappa^6 + 9(\varkappa^2 + \varkappa^4), \\ B_4 &= 1 + \varkappa^8 + 16(\varkappa^2 + \varkappa^6) - 6\varkappa^4, \\ B_5 &= 1 + \varkappa^{10} + 25(\varkappa^2 + \varkappa^8) - 494(\varkappa^4 + \varkappa^6), \\ B_6 &= 1 + \varkappa^{12} + 36(\varkappa^2 + \varkappa^{10}) - 5781(\varkappa^4 + \varkappa^8) - 12184\varkappa^6, \\ &\ldots\ldots\ldots\ldots\ldots\ldots\ldots\ldots, \end{aligned}$$

wenn

$$Al(w)_2 = 1 - C_1 \frac{w^2}{2!} + C_2 \frac{w^4}{4!} - \cdots + (-1)^m C_m \frac{w^{2m}}{(2m)!} - \cdots,$$

$$C_1 = 1,$$
$$C_2 = 1 + 2\varkappa^2,$$
$$C_3 = 1 + 6\varkappa^2 + 8\varkappa^4,$$
$$C_4 = 1 + 12\varkappa^2 + 60\varkappa^4 + 32\varkappa^6,$$
$$C_5 = 1 + 20\varkappa^2 + 348\varkappa^4 + 448\varkappa^6 + 128\varkappa^8,$$
$$C_6 = 1 + 30\varkappa^2 + 2372\varkappa^4 + 4600\varkappa^6 + 2880\varkappa^8 + 512\varkappa^{10},$$
$$\cdots\cdots\cdots\cdots\cdots,$$

wenn

$$Al(w)_3 = 1 - D_1 \frac{w^2}{2!} + D_2 \frac{w^4}{4!} - \cdots + (-1)^m D_m \frac{w^{2m}}{(2m)!} - \cdots,$$

$$D_1 = \varkappa^2,$$
$$D_2 = 2\varkappa^2 + \varkappa^4,$$
$$D_3 = 8\varkappa^2 + 6\varkappa^4 + \varkappa^6,$$
$$D_4 = 32\varkappa^2 + 60\varkappa^4 + 12\varkappa^6 + \varkappa^8,$$
$$D_5 = 128\varkappa^2 + 448\varkappa^4 + 348\varkappa^6 + 20\varkappa^8 + \varkappa^{10},$$
$$D_6 = 512\varkappa^2 + 2880\varkappa^4 + 4600\varkappa^6 + 2372\varkappa^8 + 30\varkappa^{10} + \varkappa^{12},$$
$$\cdots\cdots\cdots\cdots\cdots,$$

Wir schliessen endlich hieran noch die Entwicklung der drei elliptischen Functionen nach positiven ganzen steigenden Potenzen der Variabeln, die bekanntlich innerhalb eines um den Nullpunkt gezogenen Kreises convergent sein wird, dessen Radius bis zum nächsten Unstetigkeitspunkt der zu entwickelnden Function reicht. Um die in der Entwicklung

$$\sin \operatorname{am} w = \left(\frac{d \sin \operatorname{am} w}{dw}\right)_0 \frac{w}{1} + \left(\frac{d^3 \sin \operatorname{am} w}{dw^3}\right)_0 \frac{w^3}{1.2.3} + \cdots$$

vorkommenden Coefficienten der Potenzen von w zu bestimmen, gehen wir von den drei früher entwickelten Beziehungen aus

$$\frac{d \sin \operatorname{am} w}{dw} = \cos \operatorname{am} w \,.\, \Delta \operatorname{am} w,$$

$$\frac{d \cos \operatorname{am} w}{dw} = - \sin \operatorname{am} w \,.\, \Delta \operatorname{am} w,$$

$$\frac{d \Delta \operatorname{am} w}{dw} = - \varkappa^2 \sin \operatorname{am} w \,.\, \cos \operatorname{am} w,$$

aus denen sich ohne weitere Rechnung für die höheren Differentialquotienten die allgemeinen Formen ergeben

$$\frac{d^{2n} \sin \operatorname{am} w}{dw^{2n}}$$
$$= (a_0 + a_1 \sin^2 \operatorname{am} w + a_2 \sin^4 \operatorname{am} w + \cdots + a_n \sin^{2n} \operatorname{am} w) \sin \operatorname{am} w,$$

$$\frac{d^{2n+1} \sin \operatorname{am} w}{dw^{2n+1}}$$
$$= (b_0 + b_1 \sin^2 \operatorname{am} w + b_2 \sin^4 \operatorname{am} w + \cdots + b_n \sin^{2n} \operatorname{am} w) \cos \operatorname{am} w \, \Delta \operatorname{am} w,$$

in welchen

$$a_0, a_1, \ldots a_n, \quad b_0, b_1, \ldots b_n$$

ganze Functionen von $\varkappa^2$ bedeuten. Berechnet man aus diesen Gleichungen die Werthe der Differentialquotienten für den Nullwerth des Argumentes, so erhält man die Entwicklung

$$(30) \ldots \quad \sin \operatorname{am} w = w - \frac{1+\varkappa^2}{1.2.3} w^3 + \frac{1+14\varkappa^2+\varkappa^4}{1.2.3.4.5} w^5 - \frac{1+135\varkappa^2+135\varkappa^4+\varkappa^6}{1.2.3.4.5.6.7} w^7 + \cdots,$$

welche, wenn $\varkappa^2$ reell und kleiner als die Einheit ist, für alle w, deren Modul kleiner als K' ist, convergiren wird, weil vermöge des rechtwinkligen Elementarparallelogramms

$$\operatorname{mod}(2K + iK') > \operatorname{mod} iK'$$

ist. Aus der dem dritten Hauptfalle der linearen Transformation angehörigen Gleichung

$$\sin \operatorname{am}\left(\varkappa w, \frac{1}{\varkappa}\right) = \varkappa \sin \operatorname{am}(w, \varkappa)$$

folgt unmittelbar, dass die Coefficienten der Entwicklung von $\sin \operatorname{am} w$ reciproke ganze Polynome von $\varkappa$ sein müssen, und es wird sich daher diese Entwicklung, wenn

$$\tfrac{1}{2}\left(\varkappa + \frac{1}{\varkappa}\right) = \varrho$$

gesetzt wird, auch in der Form darstellen lassen

$$(31) \quad \sin \operatorname{am} w = w - 2\varkappa\varrho \frac{w^3}{1.2.3} + 4\varkappa^2(\varrho^2+3)\frac{w^5}{1.2.3.4.5} - 8\varkappa^3(\varrho^3+33\varrho)\frac{w^7}{1.2.3.4.5.6.7} + \cdots$$

Genau ebenso erhält man für die beiden andern elliptischen Functionen die Potenzentwicklungen

$$(32) \quad \cos \operatorname{am} w = 1 - \frac{1}{1.2} w^2 + \frac{1+4\varkappa^2}{1.2.3.4} w^4 - \frac{1+44\varkappa^2+16\varkappa^4}{1.2.3.4.5.6} w^6 + \cdots$$

und

$$(33) \quad \Delta \operatorname{am} w = 1 - \frac{\varkappa^2}{1.2} w^2 + \frac{\varkappa^2(4+\varkappa^2)}{1.2.3.4} w^4 - \frac{\varkappa^2(16+44\varkappa^2+\varkappa^4)}{1.2.3.4.5.6} w^6 + \cdots$$

Sechsundzwanzigste Vorlesung.

Die Transformation n^{ten} Grades.

Nachdem wir in der vierundzwanzigsten Vorlesung die Theorie der linearen Transformation entwickelt, gehen wir zum Zwecke der Ausführung der Transformation höheren Grades dazu über, aus den oben für die Function

$$(1) \ldots\ldots\ldots \quad \Pi(v)_\lambda = e^{i\pi(a_0 + a_1\tau')a_1 v^2}\, \vartheta(v', \tau')_\lambda$$

entwickelten Bedingungsgleichungen

$$(2) \ldots\ldots \quad \begin{cases} \Pi(v+1)_\lambda = (-1)^{\mathfrak{m}}\, \Pi(v)_\lambda, \\ \Pi(v+\tau)_\lambda = (-1)^{\mathfrak{q}}\, e^{-ni\pi(2v+\tau)}\, \Pi(v)_\lambda, \end{cases}$$

in denen

$$(3) \ldots\ldots\ldots\ldots \quad a_0 b_1 - a_1 b_0 = n,$$

$$(4)\ . \quad \mathfrak{m} = a_0 n_\lambda + a_1 m_\lambda + a_0 a_1, \quad \mathfrak{q} = b_0 n_\lambda + b_1 m_\lambda + b_0 b_1,$$

$$(5) \ldots \quad v' = (a_0 + a_1\tau')\, v = \frac{nv}{b_1 - a_1\tau}, \quad \tau' = \frac{b_0 - a_0\tau}{a_1\tau - b_1}$$

war, die Form der Π-Function selbst zu ermitteln, und bringen dieselbe nach Hermite auf die Form

$$(6)\ .\ . \quad \Pi(v)_\lambda = \sum_{m=-\infty}^{m=+\infty} (-1)^{\mathfrak{q}m} A_m\, e^{i\pi(2m+\mathfrak{m})v + \frac{i\pi}{4n}(2m+\mathfrak{m})^2\tau},$$

welches die Fourrier'sche Reihenentwicklung der in der ganzen Ebene eindeutigen und endlichen Π-Function ist, deren Periode nach der ersten Gleichung (2) 1 oder 2 ist, je nachdem $\mathfrak{m}$ ungerade oder gerade ist. Damit nun der Ausdruck (6) auch der zweiten der Gleichungen (2) genüge, muss

$$\sum_{m=-\infty}^{m=+\infty} (-1)^{\mathfrak{q}m} A_m\, e^{i\pi(2m+\mathfrak{m})v + i\pi\tau(2m+\mathfrak{m}) + \frac{i\pi}{4n}(2m+\mathfrak{m})^2\tau}$$

$$= (-1)^{\mathfrak{q}} \sum_{m=-\infty}^{m=+\infty} (-1)^{\mathfrak{q}m} A_m\, e^{i\pi(2m+\mathfrak{m})v + \frac{i\pi}{4n}(2m+\mathfrak{m})^2\tau} \cdot e^{-n(2v+\tau)i\pi}$$

sein, woraus, wie leicht zu sehen, wenn wir auf der linken Seite dieser Gleichung den Summationsindex $m - n$ statt m einführen, durch Identificirung der Coefficienten derselben Exponentialgrössen

$$(7) \quad A_{m-n} = (-1)^{\mathfrak{q}(n+1)} A_m$$

folgt, so dass nur noch die n Coefficienten

$$A_0, A_1, A_2, \ldots A_{n-1}$$

zu bestimmen bleiben, während die andern durch die Gleichung

$$(7^a) \quad A_{rn+\alpha} = (-1)^{r\mathfrak{q}(n+1)} A_\alpha$$

gegeben sind. Es hat somit die Π-Function die Form

$$(8) \quad \Pi(v)_\lambda = A_0 R_0 + A_1 R_1 + \cdots + A_{n-1} R_{n-1},$$

worin die unendlichen Reihen R_α durch die Gleichung

$$R_\alpha = \sum_{\substack{m = rn+\alpha \\ r = 0, \pm 1, \pm 2, \ldots \pm \infty}} (-1)^{\mathfrak{q}m + r\mathfrak{q}(n+1)} \cdot e^{i\pi(2m+\mathfrak{m})v + \frac{i\pi}{4n}(2m+\mathfrak{m})^2\tau}$$

gegeben sind und offenbar nur von den in den Bedingungsgleichungen (2) vorkommenden Constanten abhängen. Es folgt hieraus, dass alle Functionen von v, welche den Charakter der ganzen Functionen haben und jenen beiden Gleichungen (2) genügen, sich in eine ebensolche Form (8) setzen lassen, in der die Reihen R dieselben sind, während die Verschiedenheit der Functionen nur durch andere Werthe der Constanten A bedingt wird, und man wird weiter hieraus schliessen, dass, wenn man n Verbindungen der ursprünglichen ϑ-Functionen mit dem Modul τ angeben kann, welche jenen Gleichungen (2) genügen, vermöge der Elimination der Grössen R sich ein algebraischer Ausdruck für $\Pi(v)_\lambda$ in den ursprünglichen ϑ-Functionen ergeben wird, so dass die Bestimmung der noch unbestimmt gebliebenen Constanten die fertige Lösung des Transformationsproblems liefert. Die genauere Ausführung sowie die weitere Vereinfachung jener Lösung wird später behandelt werden, nachdem wir erst an dieser Stelle als Beispiel für die eben besprochene Behandlungsweise die Transformation zweiten Grades entwickelt haben werden.

Für die Transformation zweiten Grades genügt die durch die Gleichung

$$(9) \quad \Pi(v)_\lambda = e^{i\pi(a_0 + a_1\tau')a_1 v^2} \vartheta(v', \tau')_\lambda$$

definirte Function den Bedingungen

$$(10) \quad \begin{cases} \Pi(v+1)_\lambda = (-1)^{\mathfrak{m}} \Pi(v)_\lambda, \\ \Pi(v+\tau)_\lambda = (-1)^{\mathfrak{q}} e^{-2i\pi(2v+\tau)} \Pi(v)_\lambda, \end{cases}$$

worin

$$(11) \quad \mathfrak{m} = a_0 n_\lambda + a_1 m_\lambda + a_0 a_1, \quad \mathfrak{q} = b_0 n_\lambda + b_1 m_\lambda + b_0 b_1,$$

und das transformirte Argument sowie der ϑ-Modul durch die Gleichungen bestimmt sind

$$(12) \quad v' = \frac{2v}{b_1 - a_1\tau} = (a_0 + a_1\tau')v, \quad \tau' = \frac{b_0 - a_0\tau}{a_1\tau - b_1}.$$

Da wir nach den Ausführungen der dreiundzwanzigsten Vorlesung nur die drei durch die Schemata

$$\begin{vmatrix} 1 & 0 \\ 0 & 2 \end{vmatrix} \quad \begin{vmatrix} 1 & 0 \\ 1 & 2 \end{vmatrix} \quad \begin{vmatrix} 2 & 0 \\ 0 & 1 \end{vmatrix}$$

definirten Repräsentanten der nicht äquivalenten Klassen zu betrachten haben, indem die andern durch Anwendung der linearen Transformationen auf diese erhalten werden, so wird sich, wenn

$$\text{I.} \quad a_0 = 1, \quad a_1 = 0, \quad b_0 = 0, \quad b_1 = 2$$

ist,

$$v' = v, \quad \tau' = \frac{\tau}{2}$$

ergeben und wenn

$$m_\lambda = 0, \quad n_\lambda = 0$$

gesetzt wird,

$$\mathfrak{m} = 0, \quad \mathfrak{q} = 0$$

sein. Offenbar wird dann nicht bloss $\vartheta(v', \tau')_3$ den beiden Gleichungen (10) genügen, sondern auch die Functionen

$$\vartheta(v, \tau)_3^2 \quad \text{und} \quad \vartheta(v, \tau)_1^2,$$

so dass sich nach den obigen Auseinandersetzungen

$$(13) \; \ldots\ldots \quad \vartheta(v', \tau')_3 = \alpha_0 \vartheta(v, \tau)_3^2 + \alpha_2 \vartheta(v, \tau)_1^2$$

ergiebt, in der noch die Constanten α_0 und α_2 zu bestimmen sein werden. Setzt man in diese Gleichung

$$v + \frac{\tau}{2} \text{ für } v, \quad \text{also} \quad v' + \tau' \text{ für } v',$$

so folgt

$$(14) \; \ldots\ldots \quad \vartheta(v', \tau')_3 = \alpha_0 \vartheta(v, \tau)_2^2 - \alpha_2 \vartheta(v, \tau)_0^2,$$

und aus (13) und (14) für die zu bestimmenden Constanten die Werthe

$$(15) \; \ldots \quad \alpha_0 = \frac{\vartheta(0, \tau')_3}{\vartheta(0, \tau)_3^2}, \quad \alpha_2 = \frac{\vartheta(0, \tau')_3 \left[\vartheta(0, \tau)_2^2 - \vartheta(0, \tau)_3^2\right]}{\vartheta(0, \tau)_3^2 \, \vartheta(0, \tau)_0^2},$$

woraus sich nach (13), wenn man die aus den Beziehungen zwischen den drei elliptischen Functionen unmittelbar folgenden Beziehungen benutzt

$$(16) \quad \begin{cases} \vartheta(0, \tau)_0^2 \, \vartheta(v, \tau)_2^2 = \vartheta(0, \tau)_2^2 \, \vartheta(v, \tau)_0^2 - \vartheta(0, \tau)_3^2 \, \vartheta(v, \tau)_1^2, \\ \vartheta(0, \tau)_0^2 \, \vartheta(v, \tau)_3^2 = \vartheta(0, \tau)_3^2 \, \vartheta(v, \tau)_0^2 - \vartheta(0, \tau)_2^2 \, \vartheta(v, \tau)_1^2, \end{cases}$$

die Gleichung ergiebt

$$(17) \; \ldots\ldots \quad \frac{\vartheta(v', \tau')_3}{\vartheta(0, \tau')_3} = \frac{\vartheta(v, \tau)_0^2 - \vartheta(v, \tau)_1^2}{\vartheta(0, \tau)_0^2};$$

die Substitution

$$v - \tfrac{1}{2}, \quad v' - \tfrac{1}{2}$$

liefert hieraus

$$(18) \; \ldots\ldots \quad \frac{\vartheta(v', \tau')_0}{\vartheta(0, \tau')_3} = \frac{\vartheta(v, \tau)_3^2 - \vartheta(v, \tau)_2^2}{\vartheta(0, \tau)_0^2}.$$

Setzt man ferner

$$m_\lambda = 1, \quad n_\lambda = 1, \quad \text{also} \quad \mathfrak{m} = 1, \quad \mathfrak{q} = 2,$$

so sieht man, dass mit $\vartheta(v', \tau')_1$ zugleich die Producte

$$\vartheta(v, \tau)_1\,\vartheta(v, \tau)_0 \quad \text{und} \quad \vartheta(v, \tau)_2\,\vartheta(v, \tau)_3$$

den charakteristischen Bedingungen (10) genügen, und dass somit

$$\vartheta(v', \tau')_1 = \alpha_1\vartheta(v, \tau)_1\,\vartheta(v, \tau)_0 + \alpha_3\vartheta(v, \tau)_2\,\vartheta(v, \tau)_3,$$

oder da, wie durch Substitution von $-v$ und $-v'$ erkannt wird, $\alpha_3 = 0$ sein muss,

(19) . . . . $\vartheta(v', \tau')_1 = \alpha_1\vartheta(v, \tau)_1\,\vartheta(v, \tau)_0$

und durch Substitution von $v - \frac{1}{2}$, $v' - \frac{1}{2}$

(20) . . . . $\vartheta(v', \tau')_2 = \alpha_1\vartheta(v, \tau)_2\,\vartheta(v, \tau)_3$

und daher

$$\alpha_1 = \frac{\vartheta(0, \tau')_2}{\vartheta(0, \tau)_2\,\vartheta(0, \tau)_3}.$$

Es gehen somit die Gleichungen (19) und (20) in

$$\frac{\vartheta(v', \tau')_1}{\vartheta(0, \tau')_2} = \frac{\vartheta(v, \tau)_1\,\vartheta(v, \tau)_0}{\vartheta(0, \tau)_2\,\vartheta(0, \tau)_3},$$

$$\frac{\vartheta(v', \tau')_2}{\vartheta(0, \tau')_2} = \frac{\vartheta(v, \tau)_2\,\vartheta(v, \tau)_3}{\vartheta(0, \tau)_2\,\vartheta(0, \tau)_3}$$

über und durch Division der transformirten Functionen mit Benutzung der Gleichungen (16)

$$\frac{\vartheta(0, \tau')_3}{\vartheta(0, \tau')_2}\,\frac{\vartheta(v', \tau')_1}{\vartheta(v', \tau')_0} = \frac{\vartheta(0, \tau)_0\,\vartheta(0, \tau)_0}{\vartheta(0, \tau)_2\,\vartheta(0, \tau)_3}\,\frac{\vartheta(v, \tau)_1\,\vartheta(v, \tau)_0}{\vartheta(v, \tau)_3^2 - \vartheta(v, \tau)_2^2},$$

$$\frac{\vartheta(0, \tau')_3}{\vartheta(0, \tau')_2}\,\frac{\vartheta(v', \tau')_2}{\vartheta(v', \tau')_0} = \frac{\vartheta(0, \tau)_0\,\vartheta(0, \tau)_0}{\vartheta(0, \tau)_2\,\vartheta(0, \tau)_3}\,\frac{\vartheta(v, \tau)_2\,\vartheta(v, \tau)_3}{\vartheta(v, \tau)_3^2 - \vartheta(v, \tau)_2^2},$$

$$\frac{\vartheta(v', \tau')_3}{\vartheta(v', \tau')_0} = \frac{\vartheta(v, \tau)_0^2 - \vartheta(v, \tau)_1^2}{\vartheta(v, \tau)_3^2 - \vartheta(v, \tau)_2^2}.$$

Aus der letzten Gleichung folgt, wenn man die Argumente verschwinden lässt

$$\varkappa_1 = \frac{1 - c}{1 + c} \quad \text{und} \quad \varkappa = \frac{2\sqrt{c}}{1 + c}$$

und aus den übrigen Gleichungen für die Differentialgleichung

$$\frac{dx}{\sqrt{(1 - x^2)(1 - c^2x^2)}} = \frac{a\,dy}{\sqrt{(1 - y^2)(1 - \varkappa^2y^2)}}$$

nach bekannten Formeln die Beziehungen

$$y = \frac{(1 + c)x}{1 + cx^2}, \quad \sqrt{1 - y^2} = \frac{\sqrt{1 - x^2}\sqrt{1 - c^2x^2}}{1 + cx^2},$$

$$\sqrt{1 - \varkappa^2y^2} = \frac{1 - cx^2}{1 + cx^2}$$

oder

$$\sin\operatorname{am}\left((1 + c)u, \frac{2\sqrt{c}}{1 + c}\right) = \frac{(1 + c)\sin\operatorname{am}(u, c)}{1 + c\sin^2\operatorname{am}(u, c)},$$

$$\cos\operatorname{am}\left((1 + c)u, \frac{2\sqrt{c}}{1 + c}\right) = \frac{\cos\operatorname{am}(u, c)\,\Delta\operatorname{am}(u, c)}{1 + c\sin^2\operatorname{am}(u, c)},$$

$$\Delta\operatorname{am}\left((1 + c)u, \frac{2\sqrt{c}}{1 + c}\right) = \frac{1 - c\sin^2\operatorname{am}(u, c)}{1 + c\sin^2\operatorname{am}(u, c)}.$$

Genau nach derselben Methode folgt, wenn

$$\text{II.} \quad a_0 = 1, \quad a_1 = 0, \quad b_0 = 1, \quad b_1 = 2,$$

also

$$v' = v, \; \tau' = \frac{\tau - 1}{2}$$

ist,

$$\frac{\vartheta(v', \tau')_3}{\vartheta(0, \tau')_3} = \frac{\vartheta(v, \tau)_3^2 + i\vartheta(v, \tau)_1^2}{\vartheta(0, \tau)_3^2},$$

$$\frac{\vartheta(v', \tau')_0}{\vartheta(0, \tau')_3} = \frac{\vartheta(v, \tau)_0^2 + i\vartheta(v, \tau)_2^2}{\vartheta(0, \tau)_3^2},$$

$$\frac{\vartheta(v', \tau')_1}{\vartheta(0, \tau')_2} = \frac{\vartheta(v, \tau)_1\,\vartheta(v, \tau)_3}{\vartheta(0, \tau)_0\,\vartheta(0, \tau)_2},$$

$$\frac{\vartheta(v', \tau')_2}{\vartheta(0, \tau')_2} = \frac{\vartheta(v, \tau)_2\,\vartheta(v, \tau)_0}{\vartheta(0, \tau)_0\,\vartheta(0, \tau)_2},$$

$$\varkappa_1 = (c_1 + ic)^2, \quad \varkappa = \frac{2\sqrt{c\,c_1\,i}}{c + c_1 i},$$

$$y = \frac{(c_1 - ic)\,x\sqrt{1 - c^2x^2}}{1 - c\,(c + ic_1)\,x^2}, \quad \sqrt{1 - y^2} = \frac{\sqrt{1 - x^2}}{1 - c\,(c + i\,c_1)\,x^2},$$

$$\sqrt{1 - \varkappa^2 y^2} = \frac{1 - c\,(c - i\,c_1)\,x^2}{1 - c\,(c + i\,c_1)\,x^2},$$

$$\sin\operatorname{am}\left((c_1 - i\,c)\,u, \; \frac{2\sqrt{c\,c_1\,i}}{c + c_1 i}\right) = \frac{(c_1 - i\,c)\sin\operatorname{am}(u, c)\,\varDelta\operatorname{am}(u, c)}{1 - c\,(c + i\,c_1)\sin^2\operatorname{am}(u, c)},$$

$$\cos\operatorname{am}\left((c_1 - i\,c)\,u, \; \frac{2\sqrt{c\,c_1\,i}}{c + c_1 i}\right) = \frac{\cos\operatorname{am}(u, c)}{1 - c\,(c + ic_1)\sin^2\operatorname{am}(u, c)},$$

$$\varDelta\operatorname{am}\left((c_1 - i\,c)\,u, \; \frac{2\sqrt{c\,c_1\,i}}{c + c_1 i}\right) = \frac{1 - c\,(c - ic_1)\sin^2\operatorname{am}(u, c)}{1 - c\,(c + ic_1)\sin^2\operatorname{am}(u, c)}.$$

Wenn endlich

$$\text{III.} \quad a_0 = 2, \quad a_1 = 0, \quad b_0 = 0, \quad b_1 = 1,$$

also

$$v' = 2\,v, \quad \tau' = 2\,\tau$$

ist, so wird

$$\frac{\vartheta(v', \tau')_3}{\vartheta(0, \tau')_3} = \frac{\vartheta(v, \tau)_1^2 + \vartheta(v, \tau)_2^2}{\vartheta(0, \tau)_2^2},$$

$$\frac{\vartheta(v', \tau')_2}{\vartheta(0, \tau')_3} = \frac{\vartheta(v, \tau)_3^2 - \vartheta(v, \tau)_0^2}{\vartheta(0, \tau)_2^2},$$

$$\frac{\vartheta(v', \tau')_1}{\vartheta(0, \tau')_0} = \frac{\vartheta(v, \tau)_1\,\vartheta(v, \tau)_2}{\vartheta(0, \tau)_0\,\vartheta(0, \tau)_3},$$

$$\frac{\vartheta(v', \tau')_0}{\vartheta(0, \tau')_0} = \frac{\vartheta(v, \tau)_0\,\vartheta(v, \tau)_3}{\vartheta(0, \tau)_0\,\vartheta(0, \tau)_3},$$

$$\varkappa = \frac{1 - c_1}{1 + c_1}, \quad c = \frac{2\sqrt{\varkappa}}{1 + \varkappa}\;{}^{*)},$$

$$y = \frac{(1 + c_1)\,x\sqrt{1 - x^2}}{\sqrt{1 - c^2x^2}}, \quad \sqrt{1 - y^2} = \frac{1 - (1 + c_1)\,x^2}{\sqrt{1 - c^2x^2}},$$

$$\sqrt{1 - \varkappa^2 y^2} = \frac{1 - (1 - c_1)\,x^2}{\sqrt{1 - c^2x^2}},$$

---

*) Diese Transformation zweiten Grades wird die Landen'sche genannt.

$$\sin\operatorname{am}\left((1+c_1)u,\ \frac{1-c_1}{1+c_1}\right)=(1+c_1)\frac{\sin\operatorname{am}(u,c)\cos\operatorname{am}(u,c)}{\varDelta\operatorname{am}(u,c)},$$

$$\cos\operatorname{am}\left((1+c_1)u,\ \frac{1-c_1}{1+c_1}\right)=\frac{1-(1+c_1)\sin^2\operatorname{am}(u,c)}{\varDelta\operatorname{am}(u,c)},$$

$$\varDelta\operatorname{am}\left((1+c_1)u,\ \frac{1-c_1}{1+c_1}\right)=\frac{1-(1-c_1)\sin^2\operatorname{am}(u,c)}{\varDelta\operatorname{am}(u,c)}.$$

Nachdem nun aber die Transformation zweiten Grades entwickelt worden, für welche sich die vollständigen Formeln durch Zusammensetzung der hier für die Repräsentanten gegebenen mit den in der Theorie der linearen Transformation entwickelten herstellen lassen, werden wir uns im Folgenden nur mit den zu einem *unpaaren* Grade n gehörigen Transformationen zu beschäftigen brauchen, wenn wir nachgewiesen haben werden, dass sich jede Transformation eines paaren Grades herstellen lässt durch Zusammensetzung einer Transformation unpaaren Grades und einer Reihe Transformationen zweiten Grades. Um diesen Nachweis zu führen, behaupten wir allgemein dass sich *jede Transformation* $n\nu^{\text{ten}}$ *Grades aus einer Transformation* n^{ten} *und aus einer Transformation* ν^{ten} *Grades herstellen lässt.*

Es wird offenbar nur zu zeigen sein, dass jeder der Repräsentanten der nicht äquivalenten Klassen der Transformation $n\nu^{\text{ten}}$ Grades in der angegebenen Weise zusammengesetzt gedacht werden kann, da jeder andere durch lineare Transformation aus diesem, also auch aus jenen einzelnen Bestandtheilen hervorgeht; seien nun

$$\begin{vmatrix} u & 0 \\ \eta & u' \end{vmatrix}$$

eine Transformation $n\nu^{\text{ten}}$ Grades und

$$\begin{vmatrix} t & 0 \\ \xi & t' \end{vmatrix} \quad \begin{vmatrix} v & 0 \\ \vartheta & v' \end{vmatrix}$$

Transformationen des resp. n^{ten} und ν^{ten} Grades, so dass

$$u\,.\,u'=n\,.\,\nu,\quad t\,.\,t'=n,\quad v\,.\,v'=\nu$$

ist, so wird die Identificirung der aus den beiden noch zu bestimmenden Transformationen zusammengesetzten und der gegebenen die Bestimmungsgleichungen liefern

$$t\,.\,v=u,\quad \xi\,.\,v+t'\,.\,\vartheta=\eta,\quad t'\,.\,v'=u';$$

da nun u' ein Theiler von $n\,.\,\nu$ sein muss, so wird, wenn wir u' in das Product von zwei Factoren d_1 und d_2 zerlegen, von denen d_1 in n und d_2 in ν aufgeht,

$$u=\frac{n}{d_1}\cdot\frac{\nu}{d_2}$$

sein, worin beide Factoren ganze Zahlen vorstellen; bedeutet nun ε den grössten gemeinsamen Theiler der beiden Zahlen

$$d_1 \text{ und } \frac{\nu}{d_2},$$

so dass

$$\frac{d_1}{\varepsilon} \quad \text{und} \quad \frac{\nu}{\varepsilon d_2}$$

relativ prime Zahlen und

$$u = \frac{n}{\frac{d_1}{\varepsilon}} \cdot \frac{\nu}{\varepsilon d_2}$$

ist, so setze man

$$t = \frac{n}{\frac{d_1}{\varepsilon}}, \quad t' = \frac{d_1}{\varepsilon}, \quad v = \frac{\nu}{\varepsilon d_2}, \quad v' = \varepsilon d_2$$

und es wird sich dann offenbar die unbestimmte Gleichung

$$\xi \cdot \frac{\nu}{\varepsilon d_2} + \vartheta \frac{d_1}{\varepsilon} = \eta,$$

da die Coefficienten der Unbekannten relativ prim sind, auflösen lassen, so dass hiermit zugleich die Methode gegeben ist, die Transformationen n^{ten} und ν^{ten} Grades zu bestimmen, aus denen eine gegebene Transformation des $n\nu^{\text{ten}}$ Grades zusammengesetzt gedacht werden kann.

Ist daher der Grad der Transformation der $2^r . n^{\text{te}}$, worin n eine ungerade Zahl vorstellt, so wird man die zugehörigen Transformationsausdrücke zu entwickeln im Stande sein, wenn man die im Folgenden für einen unpaaren Grad aufzustellenden mit den r mal wiederholten Transformationen zweiten Grades verbindet.*)

Indem wir nun zur Behandlung der allgemeinen, zu einem unpaaren Grade gehörigen Transformation übergehen, wollen wir zuerst bemerken, dass sich die in dem obigen Ausdrucke (8) noch übrig gebliebene Anzahl von n unbestimmten Constanten noch weiter reduciren lässt, wenn wir beachten, dass die Π-Function der Gleichung (28) der dreiundzwanzigsten Vorlesung genügen musste, denn durch Einsetzen der Entwicklung (6) in jene Gleichung folgt dann

$$\sum_{m=-\infty}^{m=+\infty} (-1)^{\mathfrak{q} m} A_m e^{-i\pi(2m+\mathfrak{m})v + \frac{i\pi}{4n}(2m+\mathfrak{m})^2\tau}$$

$$= \sum_{m=-\infty}^{m=+\infty} (-1)^{m_\lambda n_\lambda + \mathfrak{q} m} A_m e^{i\pi(2m+\mathfrak{m})v + \frac{i\pi}{4n}(2m+\mathfrak{m})^2\tau},$$

und wenn man links, ähnlich wie früher geschehen, den Summationsindex $-m-\mathfrak{m}$ statt m einführt, die Beziehung

$$A_m = (-1)^{\mathfrak{q}\mathfrak{m} + m_\lambda n_\lambda} A_{-m-\mathfrak{m}},$$

oder, da für ungerade n

*) Die Ausführung der allgemeinen Transformation paaren Grades ist von dem Verfasser in seiner Schrift über die Transformation der elliptischen Functionen gegeben worden.

$$\mathfrak{q}\,\mathfrak{m} \equiv m_\lambda\, n_\lambda \pmod{2}$$

war,

(21) . . . . $A_m = A_{-m-\mathfrak{m}}$.

Bedeutet nun m irgend eine ganze Zahl, die kleiner als n ist, und sucht man die zu $-m-\mathfrak{m}$ nach dem Modul n congruente Zahl, die nach der für ungrade n aus (7^a) entstehenden Gleichung

(22) . . . . $A_{rn+\alpha} = A_\alpha$

einen gleichen Werth des A liefert, so wird man zu jedem in der Reihe

$$A_0,\ A_1,\ A_2,\ \ldots\ A_{n-1}$$

liegenden Coefficienten einen in derselben Reihe befindlichen gleichen Coefficienten erhalten, nur in dem *einen* Falle wird dies nicht stattfinden, in welchem

$$m \equiv -m - \mathfrak{m} \pmod{n}$$

oder

$$2m \equiv -\mathfrak{m} \pmod{n}$$

ist. Da nun diese Congruenz für ungrade n stets lösbar ist, so wird es stets *einen* Coefficienten geben, der in der obigen Reihe in sich selbst einen gleichen findet, die übrigen $n-1$ Coefficienten werden sich zu je zweien zusammenfassen lassen, und es wird daher für eine ungradzahlige Transformation die Anzahl der übrig bleibenden Constanten

$$\frac{n-1}{2} + 1 = \frac{n+1}{2}$$

sein, so dass die Π-Function die Form annimmt

(23) . . . . $\Pi(v)_\lambda = A_0 S_0 + A_1 S_1 + \cdots + A_{\frac{n-1}{2}} S_{\frac{n-1}{2}}$,

worin $S_0,\ S_1,\ \ldots\ S_{\frac{n-1}{2}}$ wieder unendliche Reihen von ähnlicher Gestalt wie die oben definirten R_α bedeuten, welche nur von den in den Bedingungsgleichungen (2) der Π-Function vorkommenden Constanten abhängen und somit für alle diejenigen endlichen und eindeutigen Functionen, welche den Gleichungen

(24) . . . . . $\begin{cases} \Pi(-v)_\lambda = (-1)^{\mathfrak{m}\mathfrak{q}}\, \Pi(v)_\lambda \\ \Pi(v+1)_\lambda = (-1)^{\mathfrak{m}}\, \Pi(v)_\lambda \\ \Pi(v+\tau)_\lambda = (-1)^{\mathfrak{q}}\, e^{-n i\pi(2v+\tau)}\, \Pi(v)_\lambda \end{cases}$

genügen, dieselben Werthe haben. Da aber, wie unmittelbar aus den charakteristischen Gleichungen der ϑ-Functionen zu ersehen, die Ausdrücke

$$\vartheta(v,\tau)^n_{\mathfrak{q}\mathfrak{m}},\ \vartheta(v,\tau)^{n-2}_{\mathfrak{q}\mathfrak{m}}\ \vartheta(v,\tau)^2_\alpha,\ \vartheta(v,\tau)^{n-4}_{\mathfrak{q}\mathfrak{m}}\ \vartheta(v,\tau)^4_\alpha,\ \ldots\ \vartheta(v,\tau)^1_{\mathfrak{q}\mathfrak{m}}\ \vartheta(v,\tau)^{n-1}_\alpha,$$

in welchen der Index $\mathfrak{q}\,\mathfrak{m}$ derjenige sein soll, welcher durch die Congruenzen

$$\mathfrak{q} \equiv m_\mu, \ \mathfrak{m} \equiv n_\mu \ (\text{mod} . 2)$$

definirt wird, allen oben aufgestellten Bedingungen genügen, und sich somit ebenfalls vermöge derselben $\frac{n+1}{2}$ Reihen S linear ausdrücken lassen, so wird sich durch Elimination dieser Reihen der Transformationsausdruck ergeben

$$(25) \ldots \ldots \quad \Pi(v)_\lambda = e^{i\pi(a_0 + a_1\tau')a_1 v^2} \vartheta(v', \tau')_\lambda =$$
$$\alpha_0 \vartheta(v,\tau)^n_{\mathfrak{q}\mathfrak{m}} + \alpha_2 \vartheta(v,\tau)^{n-2}_{\mathfrak{q}\mathfrak{m}} \vartheta(v,\tau)^2_\alpha + \cdots + \alpha_{n-1} \vartheta(v,\tau)_{\mathfrak{q}\mathfrak{m}} \vartheta(v,\tau)^{n-1}_\alpha,$$

also das transformirte ϑ von einer Exponentialgrösse abgesehen eine ganze homogene Function n^{ten} Grades von zwei ϑ-Functionen des ursprünglichen Systemes, worin $\alpha_0, \alpha_2, \ldots \alpha_{n-1}$ noch zu bestimmende Constanten bedeuten. Es ist aber wesentlich, dass man diese Bestimmung der Constanten nur für *eins* der transformirten ϑ auszuführen hat; denn vermehrt man v auf der rechten Seite der Gleichung (25) um

$$\frac{r}{2} + \frac{s}{2}\tau,$$

worin von den Zahlen r und s entweder eine oder beide ungrade sind, so geht aus den Gleichungen (k) der dreiundzwanzigsten Vorlesung hervor, dass für ungrade n auch von den Zahlen ϱ und σ eine oder beide ungrade sein müssen, d. h. dass von den Zahlen ϱ'' und σ'' eine oder beide den Werth 1 annehmen also m_ν und n_ν in den Gleichungen (26) jener Vorlesung nicht zu gleicher Zeit mit m_λ und n_λ zusammenfallen können. Da ferner leicht aus den den Gleichungen (k) entnommenen Beziehungen

$$r = \frac{b_1\varrho - b_0\sigma}{n}, \quad s = \frac{a_0\sigma - a_1\varrho}{n}$$

hervorgeht, dass den drei verschiedenen in der Form

$$\frac{r}{2} + \frac{s}{2}\tau$$

enthaltenen Substitutionen auch drei verschiedene Werthepaare von ϱ'' und σ'' zugehören, so wird man im Stande sein, aus *einer* Transformationsgleichung durch Substitution von halben Perioden die Ausdrücke für die vier transformirten ϑ-Functionen herzuleiten. Es mag endlich noch hinzugefügt werden, dass, wenn man auf die Gleichung (25) für v die durch den Index

$$(\mathfrak{q}\,\mathfrak{m})\,\alpha$$

bestimmte Substitution anwendet, der Index $\mathfrak{q}\mathfrak{m}$ in α und α in $\mathfrak{q}\mathfrak{m}$ übergeht, und daher die ϑ-Functionen auf der rechten Seite der Gleichung dieselben bleiben, und es folgt somit der Satz, *dass es zwei transformirte ϑ giebt, welche durch dieselben zwei ursprünglichen ϑ-Functionen darstellbar sind.*

Bevor wir nun zur vollständigen Ausführung der zu einem unpaaren Grade gehörigen Transformation schreiten, wollen wir zeigen, dass wir zur Vereinfachung des Problems annehmen dürfen, dass die vier Transformationszahlen

$$a_0,\ a_1,\ b_0,\ b_1$$

ohne gemeinsamen Theiler sind; denn hätten diese einen grössten gemeinsamen Theiler d, welcher somit ein quadratischer Theiler von

$$a_0 b_1 - a_1 b_0 = n$$

wäre, so würden sich, wenn man

$$a_0 = d\alpha_0,\ a_1 = d\alpha_1,\ b_0 = d\beta_0,\ b_1 = d\beta_1$$

setzte und auf die ursprüngliche ϑ-Function die durch die Transformationszahlen

$$\alpha_0,\ \alpha_1,\ \beta_0,\ \beta_1$$

gegebene Transformation vom Grade

$$\alpha_0\beta_1 - \alpha_1\beta_0 = \frac{n}{d^2}$$

anwendete, die Beziehungen ergeben

$$\tau_1 = \frac{\beta_0 - \alpha_0\tau}{\alpha_1\tau - \beta_1},\quad v_1 = \frac{\frac{n}{d^2}\cdot v}{\beta_1 - \alpha_1\tau}$$

und es würden sich dann nach den später zu entwickelnden Resultaten die ϑ-Functionen mit dem Argument v_1 und dem Modul τ_1 von einer Exponentialgrösse abgesehen als ganze homogene Functionen der gegebenen ϑ-Functionen ausdrücken lassen. Da aber für die gegebenen Transformationszahlen

$$\tau' = \frac{b_0 - a_0\tau}{a_1\tau - b_1} = \tau_1,\quad v' = \frac{nv}{b_1 - a_1\tau} = dv_1$$

ist und sich, wie später die Theorie der Multiplication der ϑ-Functionen ergeben wird, sich eine ϑ-Function mit dem d-fachen Argument als homogene ganze Function der ϑ-Functionen mit dem einfachen Argument und demselben Modul ausdrücken lässt, so wird man sich *bei der Behandlung der ungradzahligen Transformation offenbar nur auf solche Transformationszahlen zu beschränken brauchen, welche nicht alle vier einen gemeinsamen Theiler haben.**)

---

*) Was die Anzahl derjenigen in den Schematen

$$\begin{vmatrix} t & 0 \\ \xi & t' \end{vmatrix}$$

enthaltenen Repräsentanten der nicht äquivalenten Klassen angeht, für welche t, ξ, t' keinen gemeinsamen Theiler haben, so ist in der oben genannten Schrift über die Transformation der elliptischen Functionen gezeigt worden, dass, wenn

$$n = a^\alpha\, b^\beta\, c^\gamma \ldots d^\delta$$

ist, diese Anzahl durch den Ausdruck bestimmt ist

$$(a^\alpha + a^{\alpha-1})(b^\beta + b^{\beta-1})(c^\gamma + c^{\gamma-1})\ldots(d^\delta + d^{\delta-1})$$
$$= a^{\alpha-1}\, b^{\beta-1}\, c^{\gamma-1} \ldots d^{\delta-1}(a+1)(b+1)(c+1)\ldots(d+1).$$

Wir wollen nunmehr einen arithmetischen Satz herleiten, der die Grundlage für die Bestimmung der in dem Ausdrucke von $\Pi(v)_\lambda$ noch unbestimmt gebliebenen Constanten bilden wird:

Wenn a_0, a_1, b_0, b_1 vier ganze Zahlen bedeuten, die nicht alle einen gemeinsamen Theiler haben und für welche

$$a_0 b_1 - a_1 b_0 = n$$

von Null verschieden ist, so soll gezeigt werden, dass ganze Zahlen p und q existiren so beschaffen, dass

$$p b_1 - q b_0 \quad \text{und} \quad p a_1 - q a_0$$

relative Primzahlen sind.

Wir zeigen, dass schon für $q = 1$ Bestimmungen für p möglich sind, welche

$$p b_1 - b_0, \; p a_1 - a_0$$

zu relativ primen Zahlen machen. Denn wenn für irgend ein p diese beiden Zahlenformen einen gemeinsamen Theiler δ haben, so folgt aus den Gleichungen

$$p a_1 - a_0 = \mu \delta, \; p b_1 - b_0 = \nu \delta,$$

dass

$$n = a_0 b_1 - a_1 b_0 = \delta (\nu a_1 - \mu b_1)$$

ist, d. h. dass δ ein Theiler von n sein muss, und wenn daher für alle p jene beiden Zahlenformen gemeinsame Theiler haben sollten, so müssten sich dieselben nach den Primzahltheilern der Zahl n

$$\delta_1, \delta_2, \ldots \delta_k$$

nach Klassen zusammenordnen lassen, von denen mindestens in *einer* zwei solche Paare der unendlich vielen Zahlenformen liegen müssen, da die Anzahl jener Klassen eine endliche ist, und es lässt sich von einem zu *einer* Klasse gehörigen Paare solcher Zahlenformen behaupten, dass nicht a_1 und b_1 zugleich durch den Divisor δ jener Klasse theilbar sind; denn wäre a_1 und $p a_1 - a_0$ durch δ theilbar, so müsste es auch a_0 sein, ebenso b_0 und b_1, also alle vier Transformationszahlen, und dieser Fall war ausgeschlossen. Seien nun zwei zu *einer* Klasse gehörige Paare solcher Zahlenformen

$$p' a_1 - a_0 \quad p' b_1 - b_0$$
$$p'' a_1 - a_0 \quad p'' b_1 - b_0$$

so müsste entweder a_1 oder b_1 nicht durch δ theilbar sein; ist z. B. a_1 nicht durch δ theilbar (für den zweiten Fall gelten die analogen Schlüsse mit Vertauschung von a und b), so würde aus

$$p' a_1 - a_0 = \mu \delta \quad \text{und} \quad p'' a_1 - a_0 = \nu \delta$$

oder aus

$$(p' - p'') a_1 = (\mu - \nu) \delta$$

folgen, dass $p' - p''$ durch δ theilbar ist oder dass, wenn eins der p mit π bezeichnet wird, alle anderen p dieser Klasse durch die Congruenz

$$p \equiv \pi \bmod . \delta$$

bestimmt sind. Es gehören somit alle p, welche die beiden Zahlenformen

$$p a_1 - a_0, \; p b_1 - b_0$$

nicht relativ prim machen, zu den Lösungen der Congruenzen

$$\begin{aligned} p &\equiv \pi_1 \bmod . \delta_1 \\ p &\equiv \pi_2 \bmod . \delta_2 \\ &\vdots \\ p &\equiv \pi_k \bmod . \delta_k, \end{aligned}$$

wenn $\pi_1, \pi_2, \ldots \pi_k$ je einen in den Klassen $1, 2, \ldots k$ liegenden Werth des p bezeichnen. Um somit ein p zu finden, für welches die beiden Zahlenformen zu einander relativ prim sind, ist es offenbar nur nöthig für jeden Primtheiler δ_α von n die Congruenz

$$p a_1 - a_0 \equiv 0 \bmod . \delta_\alpha \text{ oder } p b_1 - b_0 \equiv 0 \bmod . \delta_\alpha,$$

je nachdem a_1 durch δ_α nicht theilbar oder theilbar ist (a_1 und b_1 durften es nicht zu gleicher Zeit sein), aufzulösen; ist eine der Lösungen π_α, so suche man eine Lösung des bekanntlich stets auflösbaren Systems von Congruenzen

$$\begin{aligned} p &\equiv \pi_1 + 1 \bmod . \delta_1 \\ &\equiv \pi_2 + 1 \bmod . \delta_2 \\ &\vdots \\ &\equiv \pi_k + 1 \bmod . \delta_k, \end{aligned}$$

und es ist klar, dass das sich ergebende p nicht zu den obigen Klassen gehören kann, da es sonst nach den oben aufgestellten Klassen $\equiv \pi_\alpha \bmod . \delta_\alpha$ sein müsste; somit ist der oben ausgesprochene Satz bewiesen, und zugleich die Methode angegeben, wie man Werthe von p bestimmen kann, für welche die Zahlenformen

$$p a_1 - a_0 \text{ und } p b_1 - b_0$$

zu einander relativ prim sind.

Wir gehen nun zu der oben für $\Pi(v)_\lambda$ gefundenen Form zurück

$$(26) \quad \ldots\ldots\ldots\ldots \quad e^{i\pi(a_0 + a_1\tau') a_1 v^2} \vartheta(v', \tau')_\lambda$$
$$= \alpha_0 \vartheta(v, \tau)^n_{\mathrm{qm}} + \alpha_2 \vartheta(v, \tau)^{n-2}_{\mathrm{qm}} \vartheta(v, \tau)^2_\alpha + \cdots + \alpha_{n-1} \vartheta(v, \tau)_{\mathrm{qm}} \vartheta(v, \tau)^{n-1}_\alpha,$$

in welcher die Constanten $\alpha_1, \alpha_2, \ldots \alpha_{n-1}$ zu bestimmen sind. Sind p und q zwei ganze Zahlen, so beschaffen, dass

$$p a_1 - q a_0 \quad p b_1 - q b_0$$

relativ prim sind, dann wird, wenn für v die Grössen

$$(\alpha) \quad \ldots\ldots\ldots\ldots \quad k \cdot \frac{(p b_1 - q b_0) - (p a_1 - q a_0)\tau}{n}$$

gesetzt werden, worin dem m wieder die Werthe $1, 2, \ldots n-1$ beizulegen sind,

$$v' = \frac{nv}{b_1 - a_1 \tau},$$

wie unmittelbar zu sehen, die Werthe

$$k(p + q\tau')$$

annehmen. Die in dem Ausdrucke (α) enthaltenen Werthe unterscheiden sich aber auch unter einander nicht bloss um ganze Zahlen oder ganze Vielfache von τ; denn wäre dies für zwei Werthe des k, k_1 und k_2, der Fall, bestände also die Gleichung

$$k_1 \frac{(pb_1 - qb_0) - (pa_1 - qa_0)\tau}{n} = k_2 \frac{(pb_1 - qb_0) - (pa_1 - qa_0)\tau}{n} + \mu + \nu\tau,$$

so folgte hieraus

$$(pb_1 - qb_0)(m_1 - m_2) = \mu \cdot n, \quad (pa_1 - qa_0)(k_1 - k_2) = -\nu \cdot n;$$

hat nun n mit $k_1 - k_2$ den grössten gemeinschaftlichen Theiler d, der kleiner als n sein muss, da $k_1 - k_2 < n$, so müsste $\frac{n}{d}$ sowohl in $pb_1 - qb_0$ als auch in $pa_1 - qa_0$ aufgehen d. h. es müssten $pb_1 - qb_0$ und $pa_1 - qa_0$ einen gemeinsamen Theiler haben, was gegen die Annahme ist. Wir erhalten somit in dem Ausdrucke (α) $n - 1$ wesentlich verschiedene Werthe des v, für welche die Werthe des v' ganze Zahlen oder ganze Vielfache des τ' werden, und dasselbe findet offenbar statt, wenn man k die sämmtlichen positiven und negativen ganzzahligen Werthe von 1 bis $\frac{n-1}{2}$ giebt oder wenn man, wie leicht ersichtlich, v die Werthe

$$(\beta) \quad \ldots\ldots\ldots \quad k \cdot \frac{m\,[(pb_1 - qb_0) - (pa_1 - qa_0)\tau]}{n}$$

giebt, worin m eine zu n relativ prime Zahl und k die Zahlen $1, 2, \ldots \frac{n-1}{2}$ bedeutet. Setzt man nun in der Gleichung (26) $\lambda = 1$, in welchem Falle auch, wie früher gezeigt worden, der Index $\mathfrak{q}\mathfrak{m} = 1$ wird, beachtet ferner, dass die ungrade Function $\vartheta(v', \tau')_1$ für die durch (β) bezeichneten Werthe von v verschwinden muss, weil ihr Argument gleich einer ganzen Zahl oder einem ganzen Vielfachen von τ wird, dass endlich jene transformirte ϑ-Function eine homogene Function n^{ten} Grades der ursprünglichen ϑ-Functionen ist, so wird sich, wenn

$$(\gamma) \quad \ldots\ldots\ldots \quad pb_1 - qb_0 - (pa_1 - qa_0)\tau = \varepsilon$$

gesetzt wird, und die demselben positiven und negativen k entsprechenden Factoren zusammengefasst werden, der Ausdruck ergeben

$$(27) \quad \ldots\ldots\ldots \quad e^{i\pi(a_0 + a_1\tau')a_1v^2}\,\vartheta(v', \tau')_1 =$$

$$C \cdot \vartheta(v, \tau)_1 \left[\vartheta(v, \tau)_1^2\,\vartheta\left(\frac{m\varepsilon}{n}, \tau\right)_\alpha^2 - \vartheta(v, \tau)_\alpha^2\,\vartheta\left(\frac{m\varepsilon}{n}, \tau\right)_1^2\right]$$

$$\times\left[\vartheta(v, \tau)_1^2\,\vartheta\left(\frac{2m\varepsilon}{n}, \tau\right)_\alpha^2 - \vartheta(v, \tau)_\alpha^2\,\vartheta\left(\frac{2m\varepsilon}{n}, \tau\right)_1^2\right]$$

$$\ldots\ldots\ldots\ldots\ldots\ldots\ldots\ldots$$

$$\times\left[\vartheta(v, \tau)_1^2\,\vartheta\left(\frac{n-1}{2}\cdot\frac{m\varepsilon}{n}, \tau\right)_\alpha^2 - \vartheta(v, \tau)_\alpha^2\,\vartheta\left(\frac{n-1}{2}\cdot\frac{m\varepsilon}{n}, \tau\right)_1^2\right],$$

aus dem durch Substitution von halben Perioden die andern transformirten ϑ-Functionen, wie oben gezeigt worden, sich herleiten lassen, und worin die Constante C gefunden wird, wenn man in einem der für die drei andern graden ϑ-Functionen aufzustellenden Transformationsausdrücke $v = v' = 0$ setzt.

Da jedoch oben gezeigt worden, dass wir uns für die Lösung des Transformationsproblems nur mit den Repräsentanten der nicht äquivalenten Klassen zu beschäftigen brauchen, welche durch das Schema dargestellt waren

$$\begin{vmatrix} t & 0 \\ 16\xi & t' \end{vmatrix},$$

worin $t\,t' = n$ war, und ξ einen der Werthe $0, 1, 2, \ldots t' - 1$ bedeutet, jedoch so, dass die drei Transformationszahlen keinen gemeinschaftlichen Theiler haben, so wird, wenn mit ε die Grösse (γ) für diese Wahl der Transformationszahlen bezeichnet*), und der Index $\alpha = 0$ gesetzt wird, die Gleichung (27) in die folgende übergehen

$$(28) \quad \ldots\ldots\ldots \quad \vartheta(v', \tau')_1 =$$

$$C\,\vartheta(v)_1 \left[\vartheta(v)_1^2\,\vartheta\left(\frac{m\varepsilon}{n}\right)_0^2 - \vartheta(v)_0^2\,\vartheta\left(\frac{m\varepsilon}{n}\right)_1^2\right] \left[\vartheta(v)_1^2\,\vartheta\left(\frac{2m\varepsilon}{n}\right)_0^2 - \vartheta(v)_0^2\,\vartheta\left(\frac{2m\varepsilon}{n}\right)_1^2\right] \times$$

$$\cdots \left[\vartheta(v)_1^2\,\vartheta\left(\frac{n-1}{2}\cdot\frac{m\varepsilon}{n}\right)_0^2 - \vartheta(v)_0^2\,\vartheta\left(\frac{n-1}{2}\cdot\frac{m\varepsilon}{n}\right)_1^2\right],$$

wenn die Bezeichnung des Moduls τ für die ursprüngliche ϑ-Function fortgelassen wird; wendet man auf (28) der Reihe nach für v die Substitutionen

$$v + \frac{\tau}{2},\; v - \frac{1}{2},\; v - \frac{1}{2} + \frac{\tau}{2},$$

an, so ergiebt sich

$$(29) \quad \ldots\ldots\ldots \quad (-1)^{\frac{t-1}{2}}\,\vartheta(v', \tau')_0 =$$

$$C\cdot\vartheta(v)_0 \left[\vartheta(v)_0^2\,\vartheta\left(\frac{m\varepsilon}{n}\right)_0^2 - \vartheta(v)_1^2\,\vartheta\left(\frac{m\varepsilon}{n}\right)_1^2\right] \left[\vartheta(v)_0^2\,\vartheta\left(\frac{2m\varepsilon}{n}\right)_0^2 - \vartheta(v)_1^2\,\vartheta\left(\frac{2m\varepsilon}{n}\right)_1^2\right] \times$$

$$\cdots \left[\vartheta(v)_0^2\,\vartheta\left(\frac{n-1}{2}\cdot\frac{m\varepsilon}{n}\right)_0^2 - \vartheta(v)_1^2\,\vartheta\left(\frac{n-1}{2}\cdot\frac{m\varepsilon}{n}\right)_1^2\right],$$

---

*) Es müssen in diesem Falle zwei ganze Zahlen p und q so bestimmt werden, dass

$$pt' - q\,.\,16\xi \text{ und } qt$$

relative Primzahlen sind und dann

$$pt' - q\,.\,16\xi + qt\tau = \varepsilon$$

gesetzt werden; ist n eine Primzahl, so werden sämmtliche Repräsentanten durch die Schemata dargestellt sein

$$\begin{vmatrix} 1 & 0 \\ 0 & n \end{vmatrix} \begin{vmatrix} 1 & 0 \\ 16\,.\,1 & n \end{vmatrix} \begin{vmatrix} 1 & 0 \\ 16\,.\,2 & n \end{vmatrix} \cdots \begin{vmatrix} 1 & 0 \\ 16\,(n-1) & n \end{vmatrix} \begin{vmatrix} n & 0 \\ 0 & 1 \end{vmatrix},$$

und man wird daher, wie unmittelbar zu sehen, für die ersten n Repräsentanten

$$p = 0,\; q = 1, \text{ also } \varepsilon = \tau - 16\xi$$

und für den letzten Repräsentanten

$$p = 1,\; q = 0 \text{ also } \varepsilon = 1$$

wählen können.

$$(30) \ldots\ldots\ldots\ldots (-1)^{\frac{t-1}{2}} \vartheta(v', \tau')_2 =$$
$$C\,\vartheta(v)_2 \left[\vartheta(v)_2^2\, \vartheta\left(\frac{m\varepsilon}{n}\right)_0^2 - \vartheta(v)_3^2\, \vartheta\left(\frac{m\varepsilon}{n}\right)_1^2\right] \left[\vartheta(v)_2^2\, \vartheta\left(\frac{2m\varepsilon}{n}\right)_0^2 - \vartheta(v)_3^2\, \vartheta\left(\frac{2m\varepsilon}{n}\right)_1^2\right] \times$$
$$\ldots \left[\vartheta(v)_2^2\, \vartheta\left(\frac{n-1}{2}\cdot\frac{m\varepsilon}{n}\right)_0^2 - \vartheta(v)_3^2\, \vartheta\left(\frac{n-1}{2}\cdot\frac{m\varepsilon}{n}\right)_1^2\right],$$

$$(31) \ldots\ldots\ldots\ldots (-1)^{\frac{t-1}{2}} \vartheta(v', \tau')_3 =$$
$$C\,\vartheta(v)_3 \left[\vartheta(v)_3^2\, \vartheta\left(\frac{m\varepsilon}{n}\right)_0^2 - \vartheta(v)_2^2\, \vartheta\left(\frac{m\varepsilon}{n}\right)_1^2\right] \left[\vartheta(v)_3^2\, \vartheta\left(\frac{2m\varepsilon}{n}\right)_0^2 - \vartheta(v)_2^2\, \vartheta\left(\frac{2m\varepsilon}{n}\right)_1^2\right] \times$$
$$\ldots \left[\vartheta(v)_3^2\, \vartheta\left(\frac{n-1}{2}\cdot\frac{m\varepsilon}{n}\right)_0^2 - \vartheta(v)_2^2\, \vartheta\left(\frac{n-1}{2}\cdot\frac{m\varepsilon}{n}\right)_1^2\right].$$

Da ferner nach den Additionsformeln der ϑ-Functionen

$$\vartheta(v)_2^2\, \vartheta\left(p\,\frac{m\varepsilon}{n}\right)_0^2 - \vartheta(v)_3^2\, \vartheta\left(p\,\frac{m\varepsilon}{n}\right)_1^2 = \vartheta_0^2\, \vartheta\left(v + p\,\frac{m\varepsilon}{n}\right)_2 \vartheta\left(v - p\,\frac{m\varepsilon}{n}\right)_2$$
$$\vartheta(v)_3^2\, \vartheta\left(p\,\frac{m\varepsilon}{n}\right)_0^2 - \vartheta(v)_2^2\, \vartheta\left(p\,\frac{m\varepsilon}{n}\right)_1^2 = \vartheta_0^2\, \vartheta\left(v + p\,\frac{m\varepsilon}{n}\right)_3 \vartheta\left(v - p\,\frac{m\varepsilon}{n}\right)_3,$$

so erhält man, wenn in (30) und (31) die Argumente v und v' gleich Null gesetzt, und die beiden Gleichungen durch einander dividirt werden, mit Benutzung der bekannten Beziehungen zwischen dem Integralmodul und den ϑ-Functionen

$$(32) \ldots\ldots \sqrt{k} = \sqrt{c}\; \frac{\vartheta\left(\frac{m\varepsilon}{n}\right)_2^2 \vartheta\left(\frac{2m\varepsilon}{n}\right)_2^2 \ldots \vartheta\left(\frac{n-1}{2}\,\frac{m\varepsilon}{n}\right)_2^2}{\vartheta\left(\frac{m\varepsilon}{n}\right)_3^2 \vartheta\left(\frac{2m\varepsilon}{n}\right)_3^2 \ldots \vartheta\left(\frac{n-1}{2}\,\frac{m\varepsilon}{n}\right)_3^2},$$

oder wenn man die elliptischen Functionen der getheilten Perioden einführt und

$$\frac{\omega}{2}\,\varepsilon = \eta$$

setzt,

$$(33)\ \sqrt{k} = (\sqrt{c})^n\; \frac{\cos\operatorname{am}\left(\frac{m\eta}{n}\right) \cos\operatorname{am}\left(\frac{2m\eta}{n}\right) \ldots \cos\operatorname{am}\left(\frac{n-1}{2}\cdot\frac{m\eta}{n}\right)}{\Delta\operatorname{am}\left(\frac{m\eta}{n}\right)\ \Delta\operatorname{am}\left(\frac{2m\eta}{n}\right) \ldots \Delta\operatorname{am}\left(\frac{n-1}{2}\cdot\frac{m\eta}{n}\right)},$$

und daher, wenn nach Jacobi

$$\sin\operatorname{am}\left(\frac{\omega}{4} - u\right) = \sin\operatorname{coam} u, \quad \cos\operatorname{am}\left(\frac{\omega}{4} - u\right) = \cos\operatorname{coam} u,$$
$$\Delta\operatorname{am}\left(\frac{\omega}{4} - u\right) = \Delta\operatorname{coam} u$$

gesetzt wird, weil nach den Formeln der neunzehnten Vorlesung

$$\sin\operatorname{am}\left(\frac{\omega}{4} - u\right) = \frac{\cos\operatorname{am} u}{\Delta\operatorname{am} u}$$

ist,

$$(34)\ \sqrt{k} = (\sqrt{c})^n \left\{\sin\operatorname{coam}\left(\frac{m\eta}{n}\right) \sin\operatorname{coam}\left(\frac{2m\eta}{n}\right) \ldots \sin\operatorname{coam}\left(\frac{n-1}{2}\,\frac{m\eta}{n}\right)\right\}^2.$$

Ebenso ergiebt sich durch Division von (29) und (31) für die Nullwerthe der Argumente

$$(35) \quad \ldots\ldots \quad \sqrt{k_1} = \sqrt{c_1}\,\frac{\vartheta\left(\frac{m\varepsilon}{n}\right)_0^2 \vartheta\left(\frac{2m\varepsilon}{n}\right)_0^2 \ldots \vartheta\left(\frac{n-1}{2}\,\frac{m\varepsilon}{n}\right)_0^2}{\vartheta\left(\frac{m\varepsilon}{n}\right)_3^2 \vartheta\left(\frac{2m\varepsilon}{n}\right)_3^2 \ldots \vartheta\left(\frac{n-1}{2}\,\frac{m\varepsilon}{n}\right)_3^2}$$

oder

$$(36) \quad \ldots \quad \sqrt{k_1} = \frac{(\sqrt{c_1})^n}{\varDelta\,\mathrm{am}^2\left(\frac{m\eta}{n}\right) \varDelta\,\mathrm{am}^2\left(\frac{2m\eta}{n}\right) \ldots \varDelta\,\mathrm{am}^2\left(\frac{n-1}{2}\,\frac{m\eta}{n}\right)}.$$

Die Division der Gleichungen (28) und (29) liefert ferner die nachfolgende Beziehung zwischen den elliptischen Functionen der beiden in einander transformirten Integrale:

$$(37) \quad \ldots\ldots \quad (-1)^{\frac{t-1}{2}} \cdot \sqrt{k} \cdot \sin\mathrm{am}\left(\frac{u}{a},\, k\right) =$$

$$c^{\frac{n}{2}} \sin\mathrm{am}(u,c) \frac{\left\{\sin^2\mathrm{am}(u,c) - \sin^2\mathrm{am}\left(\frac{m\eta}{n},\, c\right)\right\}\left\{\sin^2\mathrm{am}(u,c) - \sin^2\mathrm{am}\left(\frac{2m\eta}{n},\, c\right)\right\}}{\left\{1 - c^2\sin^2\mathrm{am}(u,c)\sin^2\mathrm{am}\left(\frac{m\eta}{n},\, c\right)\right\}\left\{1 - c^2\sin^2\mathrm{am}(u,c)\sin^2\mathrm{am}\left(\frac{2m\eta}{n},\, c\right)\right\}} \times$$

$$\frac{\ldots\left\{\sin^2\mathrm{am}(u,c) - \sin^2\mathrm{am}\left(\frac{n-1}{2}\,\frac{m\eta}{n},\, c\right)\right\}}{\ldots\left\{1 - c^2\sin^2\mathrm{am}(u,c)\sin^2\mathrm{am}\left(\frac{n-1}{2}\,\frac{m\eta}{n},\, c\right)\right\}}$$

oder mit Benutzung von (33)

$$(38) \quad \sin\mathrm{am}\left(\frac{u}{a}, k\right) = (-1)^{\frac{t'-1}{2}} \frac{\sin^2\mathrm{am}\left(\frac{m\eta}{n}\right)\sin^2\mathrm{am}\left(\frac{2m\eta}{n}\right)\ldots\sin^2\mathrm{am}\left(\frac{n-1}{2}\,\frac{m\eta}{n}\right)}{\sin^2\mathrm{coam}\left(\frac{m\eta}{n}\right)\sin^2\mathrm{coam}\left(\frac{2m\eta}{n}\right)\ldots\sin^2\mathrm{coam}\left(\frac{n-1}{2}\,\frac{m\eta}{n}\right)} \times$$

$$\sin\mathrm{am}\,u \frac{\left\{1 - \frac{\sin^2\mathrm{am}\,u}{\sin^2\mathrm{am}\left(\frac{m\eta}{n}\right)}\right\}\left\{1 - \frac{\sin^2\mathrm{am}\,u}{\sin^2\mathrm{am}\left(\frac{2m\eta}{n}\right)}\right\}}{\left\{1 - c^2\sin^2\mathrm{am}\,u\,\sin^2\mathrm{am}\left(\frac{m\eta}{n}\right)\right\}\left\{1 - c^2\sin^2\mathrm{am}\,u\,\sin^2\mathrm{am}\left(\frac{2m\eta}{n}\right)\right\}} \times$$

$$\frac{\ldots\left\{1 - \frac{\sin^2\mathrm{am}\,u}{\sin^2\mathrm{am}\left(\frac{n-1}{2}\,\frac{m\eta}{n}\right)}\right\}}{\ldots\left\{1 - c^2\sin^2\mathrm{am}\,u\,\sin^2\mathrm{am}\left(\frac{n-1}{2}\cdot\frac{m\eta}{n}\right)\right\}}.$$

Setzt man nun auf beiden Seiten dieser Gleichung $u = 0$, so ergiebt sich, da

$$\sin\mathrm{am}(u,c)_{u=0} = 0, \quad \sin\mathrm{am}\left(\frac{u}{a},\, k\right)_{u=0} = 0, \quad \left\{\frac{\sin\mathrm{am}\left(\frac{u}{a},\, k\right)}{\sin\mathrm{am}(u,c)}\right\}_{u=0} = \frac{1}{a}$$

ist,

$$(39) \quad \ldots \quad a = (-1)^{\frac{t'-1}{2}} \left\{\frac{\sin\mathrm{coam}\left(\frac{m\eta}{n}\right)\sin\mathrm{coam}\left(\frac{2m\eta}{n}\right)\ldots\sin\mathrm{coam}\left(\frac{n-1}{2}\,\frac{m\eta}{n}\right)}{\sin\mathrm{am}\left(\frac{m\eta}{n}\right)\sin\mathrm{am}\left(\frac{2m\eta}{n}\right)\ldots\sin\mathrm{am}\left(\frac{n-1}{2}\,\frac{m\eta}{n}\right)}\right\}^2,$$

wonach man Gleichung (38) auch in die Form setzen kann

$$(40)\ \sin\operatorname{am}\left(\frac{u}{a},k\right)=\frac{\sin\operatorname{am}u}{a}\frac{\left\{1-\frac{\sin^2\operatorname{am}u}{\sin^2\operatorname{am}\left(\frac{m\eta}{n}\right)}\right\}\left\{1-\frac{\sin^2\operatorname{am}u}{\sin^2\operatorname{am}\left(\frac{2m\eta}{n}\right)}\right\}}{\left\{1-c^2\sin^2\operatorname{am}u\sin^2\operatorname{am}\left(\frac{m\eta}{n}\right)\right\}\left\{1-c^2\sin^2\operatorname{am}u\sin^2\operatorname{am}\left(\frac{2m\eta}{n}\right)\right\}}\times$$

$$\frac{\cdots\left\{1-\frac{\sin^2\operatorname{am}u}{\sin^2\operatorname{am}\left(\frac{n-1}{2}\cdot\frac{m\eta}{n}\right)}\right\}}{\cdots\left\{1-c^2\sin^2\operatorname{am}u\sin^2\operatorname{am}\left(\frac{n-1}{2}\frac{m\eta}{n}\right)\right\}}$$

und mit Einführung der Integralgränzen der beiden in einander transformirten Integrale *für die Repräsentanten der nicht äquivalenten Klassen y als rationale Function von x, deren Zähler eine ungerade Function n^{ten}, deren Nenner eine gerade Function $n-1^{\text{ten}}$ Grades in x von folgender Form ist*

$$(41)\ y=\frac{x}{a}\frac{\left\{1-\frac{x^2}{\sin^2\operatorname{am}\left(\frac{m\eta}{n}\right)}\right\}\left\{1-\frac{x^2}{\sin^2\operatorname{am}\left(\frac{2m\eta}{n}\right)}\right\}\cdots\left\{1-\frac{x^2}{\sin^2\operatorname{am}\left(\frac{n-1}{2}\frac{m\eta}{n}\right)}\right\}}{\left\{1-c^2x^2\sin^2\operatorname{am}\left(\frac{m\eta}{n}\right)\right\}\left\{1-c^2x^2\sin^2\operatorname{am}\left(\frac{2m\eta}{n}\right)\right\}\cdots\left\{1-c^2x^2\sin^2\operatorname{am}\left(\frac{n-1}{2}\frac{m\eta}{n}\right)\right\}}.$$

Ferner liefern die Gleichungen (29) und (30) die Beziehung

$$(42)\ \sqrt{\frac{k}{k_1}}\cos\operatorname{am}\left(\frac{u}{a},k\right)=\left(\frac{c}{c_1}\right)^{\frac{n}{2}}\cos^2\operatorname{am}\left(\frac{m\eta}{n}\right)\cos^2\operatorname{am}\left(\frac{2m\eta}{n}\right)\cdots\cos^2\operatorname{am}\left(\frac{n-1}{2}\frac{m\eta}{n}\right)\times$$

$$\cos\operatorname{am}u\ \frac{\left\{1-\frac{\sin^2\operatorname{am}u}{\sin^2\operatorname{coam}\left(\frac{m\eta}{n}\right)}\right\}\left\{1-\frac{\sin^2\operatorname{am}u}{\sin^2\operatorname{coam}\left(\frac{2m\eta}{n}\right)}\right\}}{\left\{1-c^2\sin^2\operatorname{am}u\sin^2\operatorname{am}\left(\frac{m\eta}{n}\right)\right\}\left\{1-c^2\sin^2\operatorname{am}u\sin^2\operatorname{am}\left(\frac{2m\eta}{n}\right)\right\}}\times$$

$$\frac{\cdots\left\{1-\frac{\sin^2\operatorname{am}u}{\sin^2\operatorname{coam}\left(\frac{n-1}{2}\frac{m\eta}{n}\right)}\right\}}{\cdots\left\{1-c^2\sin^2\operatorname{am}u\sin^2\operatorname{am}\left(\frac{n-1}{2}\cdot\frac{m\eta}{n}\right)\right\}},$$

woraus, da nach (32) und (36)

$$(43)\ \sqrt{\frac{k}{k_1}}=\left(\frac{c}{c_1}\right)^{\frac{n}{2}}\cos^2\operatorname{am}\left(\frac{m\eta}{n}\right)\cos^2\operatorname{am}\left(\frac{2m\eta}{n}\right)\cdots\cos^2\operatorname{am}\left(\frac{n-1}{2}\frac{m\eta}{n}\right),$$

folgt:

$$(44)\ \cos\operatorname{am}\left(\frac{u}{a},k\right)=\cos\operatorname{am}u\frac{\left\{1-\frac{\sin^2\operatorname{am}u}{\sin^2\operatorname{coam}\left(\frac{m\eta}{n}\right)}\right\}\left\{1-\frac{\sin^2\operatorname{am}u}{\sin^2\operatorname{coam}\left(\frac{2m\eta}{n}\right)}\right\}}{\left\{1-c^2\sin^2\operatorname{am}u\sin^2\operatorname{am}\left(\frac{m\eta}{n}\right)\right\}\left\{1-c^2\sin^2\operatorname{am}u\sin^2\operatorname{am}\left(\frac{2m\eta}{n}\right)\right\}}\times$$

$$\frac{\cdots\left\{1-\frac{\sin^2\operatorname{am}u}{\sin^2\operatorname{coam}\left(\frac{n-1}{2}\frac{m\eta}{n}\right)}\right\}}{\cdots\left\{1-c^2\sin^2\operatorname{am}u\sin^2\operatorname{am}\left(\frac{n-1}{2}\frac{m\eta}{n}\right)\right\}}$$

oder

$$(45)\quad \sqrt{1-y^2}=\sqrt{1-x^2}\,\frac{\left\{1-\frac{x^2}{\sin^2\operatorname{coam}\left(\frac{m\eta}{n}\right)}\right\}\left\{1-\frac{x^2}{\sin^2\operatorname{coam}\left(\frac{2m\eta}{n}\right)}\right\}}{\left\{1-c^2x^2\sin^2\operatorname{am}\left(\frac{m\eta}{n}\right)\right\}\left\{1-c^2x^2\sin^2\operatorname{am}\left(\frac{2m\eta}{n}\right)\right\}}\times$$

$$\frac{\cdots\left\{1-\frac{x^2}{\sin^2\operatorname{coam}\left(\frac{n-1}{2}\frac{m\eta}{n}\right)}\right\}}{\cdots\left\{1-c^2x^2\sin^2\operatorname{am}\left(\frac{n-1}{2}\frac{m\eta}{n}\right)\right\}},$$

also $\sqrt{1-y^2}$ bis auf den Factor $\sqrt{1-x^2}$ eine rationale Function von x^2.

Dividirt man endlich die Gleichung (31) durch (29), so erhält man

$$(46)\quad \frac{1}{\sqrt{k_1}}\Delta\operatorname{am}\left(\frac{u}{a},k\right)=\frac{1}{c_1^{\frac{n}{2}}}\Delta^2\operatorname{am}\left(\frac{m\eta}{n}\right)\Delta^2\operatorname{am}\left(\frac{2m\eta}{n}\right)\cdots\Delta^2\operatorname{am}\left(\frac{n-1}{2}\cdot\frac{m\eta}{n}\right)\times$$

$$\Delta\operatorname{am}u\,\frac{\left\{1-c^2\sin^2\operatorname{am}u\sin^2\operatorname{coam}\left(\frac{m\eta}{n}\right)\right\}\left\{1-c^2\sin^2\operatorname{am}u\sin^2\operatorname{coam}\left(\frac{2m\eta}{n}\right)\right\}}{\left\{1-c^2\sin^2\operatorname{am}u\sin^2\operatorname{am}\left(\frac{m\eta}{n}\right)\right\}\left\{1-c^2\sin^2\operatorname{am}u\sin^2\operatorname{am}\left(\frac{2m\eta}{n}\right)\right\}}\times$$

$$\frac{\cdots\left\{1-c^2\sin^2\operatorname{am}u\sin^2\operatorname{coam}\left(\frac{n-1}{2}\frac{m\eta}{n}\right)\right\}}{\cdots\left\{1-c^2\sin^2\operatorname{am}u\sin^2\operatorname{am}\left(\frac{n-1}{2}\frac{m\eta}{n}\right)\right\}}$$

also mit Benutzung von (36)

$$(47)\quad \Delta\operatorname{am}\left(\frac{u}{a},k\right)=\Delta\operatorname{am}u\,\frac{\left\{1-c^2\sin^2\operatorname{am}u\sin^2\operatorname{coam}\left(\frac{m\eta}{n}\right)\right\}\left\{1-c^2\sin^2\operatorname{am}u\sin^2\operatorname{coam}\left(\frac{2m\eta}{n}\right)\right\}}{\left\{1-c^2\sin^2\operatorname{am}u\sin^2\operatorname{am}\left(\frac{m\eta}{n}\right)\right\}\left\{1-c^2\sin^2\operatorname{am}u\sin^2\operatorname{am}\left(\frac{2m\eta}{n}\right)\right\}}\times$$

$$\frac{\cdots\left\{1-c^2\sin^2\operatorname{am}u\sin^2\operatorname{coam}\left(\frac{n-1}{2}\frac{m\eta}{n}\right)\right\}}{\cdots\left\{1-c^2\sin^2\operatorname{am}u\sin^2\operatorname{am}\left(\frac{n-1}{2}\frac{m\eta}{n}\right)\right\}}$$

oder

$$(48)\quad \sqrt{1-k^2y^2}=\sqrt{1-c^2x^2}\cdot\frac{\left\{1-c^2x^2\sin^2\operatorname{coam}\left(\frac{m\eta}{n}\right)\right\}\left\{1-c^2x^2\sin^2\operatorname{coam}\left(\frac{2m\eta}{n}\right)\right\}}{\left\{1-c^2x^2\sin^2\operatorname{am}\left(\frac{m\eta}{n}\right)\right\}\left\{1-c^2x^2\sin^2\operatorname{am}\left(\frac{2m\eta}{n}\right)\right\}}\times$$

$$\frac{\cdots\left\{1-c^2x^2\sin^2\operatorname{coam}\left(\frac{n-1}{2}\frac{m\eta}{n}\right)\right\}}{\cdots\left\{1-c^2x^2\sin^2\operatorname{am}\left(\frac{n-1}{2}\frac{m\eta}{n}\right)\right\}},$$

so dass sich $\sqrt{1-k^2y^2}$ bis auf den Factor $\sqrt{1-c^2x^2}$ als rationale Function von x^2 ausdrückt.

Wir können diesen Transformationsformeln jedoch noch eine wesentlich andere Form geben, die wir nachher brauchen werden. Mit Hülfe der aus den Additionsformeln der elliptischen Functionen sich ergebenden Ausdrücke

$$\sin\operatorname{am}(u+\alpha)\sin\operatorname{am}(u-\alpha)=\frac{\sin^2\operatorname{am}u-\sin^2\operatorname{am}\alpha}{1-c^2\sin^2\operatorname{am}u\sin^2\operatorname{am}\alpha}$$

$$\frac{\cos \operatorname{am}(u+\alpha) \cos \operatorname{am}(u-\alpha)}{\cos^2 \operatorname{am} \alpha} = \frac{1 - \dfrac{\sin^2 \operatorname{am} u}{\sin^2 \operatorname{coam} \alpha}}{1 - c^2 \sin^2 \operatorname{am} u \sin^2 \operatorname{am} \alpha}$$

$$\frac{\Delta \operatorname{am}(u+\alpha) \Delta \operatorname{am}(u-\alpha)}{\Delta^2 \operatorname{am} \alpha} = \frac{1 - c^2 \sin^2 \operatorname{am} u \sin^2 \operatorname{coam} \alpha}{1 - c^2 \sin^2 \operatorname{am} u \sin^2 \operatorname{am} \alpha}$$

folgt aus den Gleichungen (38), (44), (47) leicht,*) dass

$$(49) \quad \sin \operatorname{am}\left(\frac{u}{a}, k\right) = (-1)^{\frac{t-1}{2}} \sqrt{\frac{c^n}{k}} \sin \operatorname{am} u \sin \operatorname{am}\left(u + \frac{4m\eta}{n}\right) \sin \operatorname{am}\left(u + \frac{8m\eta}{n}\right) \times \ldots \sin \operatorname{am}\left(u + 4(n-1)\frac{m\eta}{n}\right)$$

$$(50) \quad \cos \operatorname{am}\left(\frac{u}{a}, k\right) = \sqrt{\frac{k_1 c^n}{k c_1^n}} \cos \operatorname{am} u \cos \operatorname{am}\left(u + \frac{4m\eta}{n}\right) \cos \operatorname{am}\left(u + \frac{8m\eta}{n}\right) \times \ldots \cos \operatorname{am}\left(u + 4(n-1)\frac{m\eta}{n}\right)$$

$$(51) \quad \Delta \operatorname{am}\left(\frac{u}{a}, k\right) = \sqrt{\frac{k_1}{c_1^n}} \Delta \operatorname{am} u \, \Delta \operatorname{am}\left(u + \frac{4m\eta}{n}\right) \Delta \operatorname{am}\left(u + \frac{8m\eta}{n}\right) \times \ldots \Delta \operatorname{am}\left(u + 4(n-1)\frac{m\eta}{n}\right).$$

Aus der Gleichung (41) folgt ferner

$$\sin \operatorname{am}\left(\frac{u}{a}, k\right) = \frac{ca}{k} x \cdot \prod_{p=1,2,\ldots\frac{n-1}{2}} \left\{ \frac{x^2 - \sin^2 \operatorname{am}\left(p\frac{m\eta}{n}\right)}{x^2 - \dfrac{1}{c^2 \sin^2 \operatorname{am}\left(p\frac{m\eta}{n}\right)}} \right\}$$

oder

$$(52) \quad \ldots\ldots x \cdot \prod_{p=1,2,\ldots\frac{n-1}{2}} \left\{x^2 - \sin^2 \operatorname{am}\left(p\frac{m\eta}{n}\right)\right\} - \frac{k}{ac} \sin \operatorname{am}\left(\frac{u}{a}, k\right) \cdot \prod_{p=1,2,\ldots\frac{n-1}{2}} \left\{x^2 - \frac{1}{c^2 \sin^2 \operatorname{am}\left(p\frac{m\eta}{n}\right)}\right\} = 0;$$

da aber, wenn u um $4k\frac{m\eta}{n}$ zunimmt, wie aus (49) ersichtlich ist, $\sin \operatorname{am}\left(\frac{u}{a}, k\right)$ unverändert bleibt, so werden wir die Lösungen der Gleichung n^{ten} Grades (52) in der Form erhalten

$$x_1 = \sin \operatorname{am} u, \; x_2 = \sin \operatorname{am}\left(u + \frac{4m\eta}{n}\right), \; \ldots \; x_n = \sin \operatorname{am}\left(u + 4(n-1)\frac{m\eta}{n}\right),$$

so dass sich die Summe aller Lösungen in der folgenden Weise darstellen lässt

$$(53) \quad \ldots \frac{k}{ac} \sin \operatorname{am}\left(\frac{u}{a}, k\right) = \sum_{q=0,1,\ldots n-1} \sin \operatorname{am}\left(u + 4q\frac{m\eta}{n}\right)$$

$$= \sin \operatorname{am} u + \sum_{q=0,1,\ldots\frac{n-1}{2}} \left\{\sin \operatorname{am}\left(u + 4q\frac{m\eta}{n}\right) + \sin \operatorname{am}\left(u - 4q\frac{m\eta}{n}\right)\right\}$$

*) indem wir, um die Unterscheidung einzelner Fälle zu vermeiden, $4m$ statt m als eine zu n relativ prime Zahl wählen.

und in derselben Weise findet man

$$(54)\quad (-1)^{\frac{t'-1}{2}} \frac{k}{ac} \cos \operatorname{am}\left(\frac{u}{a}, k\right) = \sum_{q=0,1,\ldots n-1} \cos \operatorname{am}\left(u + 4q\frac{m\eta}{n}\right)$$

$$= \cos \operatorname{am} u + \sum_{q=0,1,\ldots \frac{n-1}{2}} \left\{\cos \operatorname{am}\left(u + 4q\frac{m\eta}{n}\right) + \cos \operatorname{am}\left(u - 4q\frac{m\eta}{n}\right)\right\}$$

$$(55)\quad (-1)^{\frac{t'-1}{2}} \frac{1}{a} \varDelta \operatorname{am}\left(\frac{u}{a}, k\right) = \sum_{q=0,1,\ldots n-1} \varDelta \operatorname{am}\left(u + 4q\frac{m\eta}{n}\right)$$

$$= \varDelta \operatorname{am} u + \sum_{q=0,1,\ldots \frac{n-1}{2}} \left\{\varDelta \operatorname{am}\left(u + 4q\frac{m\eta}{n}\right) + \varDelta \operatorname{am}\left(u - 4q\frac{m\eta}{n}\right)\right\}.$$

Es folgt ausserdem für die zweite Potenzsumme der Wurzeln der Gleichung (52), wenn

$$(56)\quad \sin^2 \operatorname{am}\left(\frac{m\eta}{n}\right) + \sin^2 \operatorname{am}\left(\frac{2m\eta}{n}\right) + \cdots + \sin^2 \operatorname{am}\left(\frac{n-1}{2}\frac{m\eta}{n}\right) = \varrho$$

gesetzt wird,

$$\sin^2 \operatorname{am} u + \sin^2 \operatorname{am}\left(u + \frac{4m\eta}{n}\right) + \sin^2 \operatorname{am}\left(u + \frac{8m\eta}{n}\right) + \cdots + \sin^2 \operatorname{am}\left(u + 4(n-1)\frac{m\eta}{n}\right)$$

$$= \frac{k^2}{a^2c^2} \sin^2 \operatorname{am}\left(\frac{u}{a}, k\right) + 2\varrho$$

oder

$$(57)\quad \frac{k^2}{a^2c^2} \sin^2 \operatorname{am}\left(\frac{u}{a}, k\right) = \sum_{k=0,1,\ldots n-1} \sin^2 \operatorname{am}\left(u + 4k\frac{m\eta}{n}\right) - 2\varrho.$$

Aus (57) folgen unmittelbar, wenn man die Grössen σ und σ_1 durch die Gleichungen definirt

$$(58)\ \ldots\ldots\ldots \quad \begin{cases} \dfrac{k^2}{a^2c^2} = n - 2\varrho - 2\sigma \\ \dfrac{1}{a^2} = n - 2c^2\varrho + 2\sigma_1, \end{cases}$$

die nachfolgenden Beziehungen

$$(59)\quad \frac{k^2}{a^2c^2} \cos^2 \operatorname{am}\left(\frac{u}{a}, k\right) = \sum_{k=0,1,\ldots n-1} \cos^2 \operatorname{am}\left(u + 4k\frac{m\eta}{n}\right) - 2\sigma$$

$$(60)\quad \frac{1}{a^2} \varDelta^2 \operatorname{am}\left(\frac{u}{a}, k\right) = \sum_{k=0,1,\ldots n-1} \varDelta^2 \operatorname{am}\left(u + 4k\frac{m\eta}{n}\right) + 2\sigma_1;$$

setzt man in (59) $u = \frac{\omega}{4}$, so wird, da $\cos \operatorname{am} \frac{\omega}{4} = 0$ und nach (50) auch $\cos \operatorname{am}\left(\frac{\omega}{4a}, k\right) = 0$ ist,

$$(61)\quad \sigma = \cos^2 \operatorname{coam}\left(\frac{4m\eta}{n}\right) + \cos^2 \operatorname{coam}\left(\frac{8m\eta}{n}\right) \ldots \cos^2 \operatorname{coam}\left(\frac{n-1}{2}\frac{m\eta}{n}\right)$$

und ebenso durch Substitution von $u = \frac{\omega}{4} + \frac{\omega'}{2}$ in Gleichung (59)

$$(62)\ .\quad \sigma_1 = c_1{}^2 \frac{\sin^2 \operatorname{am}\left(\frac{4m\eta}{n}\right) \sin^2 \operatorname{am}\left(\frac{8m\eta}{n}\right) \ldots \sin^2 \operatorname{am}\left(\frac{n-1}{2}\frac{m\eta}{n}\right)}{\cos^2 \operatorname{am}\left(\frac{4m\eta}{n}\right) \cos^2 \operatorname{am}\left(\frac{8m\eta}{n}\right) \ldots \cos^2 \operatorname{am}\left(\frac{n-1}{2}\frac{m\eta}{n}\right)}.$$

Den Schluss dieser Vorlesung mag die Entwicklung der Transformationsausdrücke der zweiten und dritten Legendre'schen Normalintegrale bilden, wenn man die Gleichung

$$(63) \;.\,.\quad \int_0^x \frac{dx}{\sqrt{(1-x^2)(1-c^2x^2)}} = a\int_0^y \frac{dy}{\sqrt{(1-y^2)(1-k^2y^2)}} = u$$

durch eine rationale Transformation n^{ten} Grades befriedigt voraussetzt. Nach früheren Bezeichnungen ist

$$(64)\;.\quad E(x,\,c) = \int_0^x \frac{x^2\,dx}{\sqrt{(1-x^2)(1-c^2x^2)}} = \frac{u}{c^2} - \frac{1}{c^2}\int_0^u \varDelta^2 \operatorname{am} u\,du;$$

bezeichnet man

$$\int_0^u \varDelta^2 \operatorname{am} u\,du \text{ mit } E_0(u),$$

so dass

$$\int_0^u [\varDelta^2 \operatorname{am}(u+a) + \varDelta^2 \operatorname{am}(u-a)]\,du = E_0(u+a) + E_0(u-a)$$

ist, dann ergiebt die Gleichung (59)

$$(65)\;.\quad \frac{1}{a^2}\varDelta^2 \operatorname{am}\left(\frac{u}{a},\,k\right) = \varDelta^2 \operatorname{am} u + \sum_{q=1,2,\ldots\frac{n-1}{2}} \left\{\varDelta^2 \operatorname{am}\left(u + 4q\frac{m\eta}{n}\right)\right.$$
$$\left. + \varDelta^2 \operatorname{am}\left(u - 4q\frac{m\eta}{n}\right)\right\} + 2\sigma_1$$

oder wenn zwischen den Gränzen 0 und u integrirt wird,

$$(66)\;.\,.\quad \frac{1}{a}E_0\left(\frac{u}{a},\,k\right) = E_0(u) + \sum_{q=1,2,\ldots\frac{n-1}{2}} \left\{E_0\left(u + 4q\frac{m\eta}{n}\right)\right.$$
$$\left. + E_0\left(u - 4q\frac{m\eta}{n}\right)\right\} + 2\sigma_1 u;$$

da nun nach dem Additionstheorme der elliptischen Integrale zweiter Gattung

$$E_0(u+v) + E_0(u-v) = 2E_0(u) - \frac{2c^2\sin^2\operatorname{am} v \sin\operatorname{am} u \cos\operatorname{am} u\,\varDelta\operatorname{am} u}{1 - c^2\sin^2\operatorname{am} v\sin^2\operatorname{am} u},$$

so geht die Beziehung zwischen den transformirten und ursprünglichen E_0-Functionen in

$$(67)\;.\,.\,.\,.\,.\,.\,.\quad nE_0(u) - \frac{1}{a}E_0\left(\frac{u}{a},\,k\right) + 2\sigma_1 u$$
$$= -2c^2\sin\operatorname{am} u\cos\operatorname{am} u\,\varDelta\operatorname{am} u \sum_{q=1,2,\ldots\frac{n-1}{2}} \frac{\sin^2\operatorname{am} 4q\dfrac{m\eta}{n}}{1 - c^2\sin^2\operatorname{am} u\sin^2\operatorname{am} 4q\dfrac{m\eta}{n}},$$

über, und es wird somit die Transformationsformel für die $E(x)$-Function mit Berücksichtigung von (64) und der zweiten Gleichung (58)

$$\frac{k^2}{a} E(y, k) - n^2 c^2 E(x, c) + 2c^2 \varrho u$$

$$= -2c^2 \sin\mathrm{am}\, u \cos\mathrm{am}\, u\, \Delta\,\mathrm{am}\, u \sum_{q=1,2,\ldots\frac{n-1}{2}} \frac{\sin^2\mathrm{am}\, 4q\frac{m\eta}{n}}{1 - c^2\sin^2\mathrm{am}\, u \sin^2\mathrm{am}\, 4q\frac{m\eta}{n}}.$$

Für das durch die Gleichung

$$\Pi(u, \alpha, c) = \int_0^u \frac{c^2 \sin\mathrm{am}\,\alpha \cos\mathrm{am}\,\alpha\, \Delta\,\mathrm{am}\,\alpha \sin^2\mathrm{am}\, u\, du}{1 - c^2\sin^2\mathrm{am}\,\alpha \sin^2\mathrm{am}\, u}$$

definirte Jacobi'sche Normalintegral war in der zwanzigsten Vorlesung der Ausdruck entwickelt worden

$$(68)\qquad \Pi(u, \alpha, c) = u \frac{d\log\vartheta\left(\frac{2\alpha}{\omega}, \tau\right)_0}{d\alpha} + \tfrac{1}{2}\log\left\{\frac{\vartheta\left(\frac{2(u-\alpha)}{\omega}, \tau\right)_0}{\vartheta\left(\frac{2(u+\alpha)}{\omega}, \tau\right)_0}\right\},$$

ebenso folgt

$$(69)\quad \Pi\left(\frac{u}{a}, \frac{\alpha}{a}, k\right) = u \frac{d\log\vartheta\left(\frac{2\alpha}{a\Omega}, \tau'\right)_0}{d\alpha} + \tfrac{1}{2}\log\left\{\frac{\vartheta\left(\frac{2(u-\alpha)}{a\Omega}, \tau'\right)_0}{\vartheta\left(\frac{2(u+\alpha)}{a\Omega}, \tau'\right)_0}\right\};$$

nun ist aber, wenn man in die Gleichung (29)

$$v = \frac{2\alpha}{\omega},\ \text{also}\ v' = (a_0 + a_1\tau')\frac{2\alpha}{\omega} = \frac{\omega}{a\Omega}\cdot\frac{2\alpha}{\omega} = \frac{2\alpha}{a\Omega}$$

setzt, wie leicht zu erkennen

$$(70)\ (-1)^{\frac{t-1}{2}}\vartheta\left(\frac{2\alpha}{a\Omega}, \tau'\right)_0 = C\vartheta\left(\frac{2\alpha}{\omega}, \tau\right)_0^n \cdot \prod_{q=1,2,\ldots\frac{n-1}{2}} \left\{1 - c^2\sin^2\mathrm{am}\,\alpha \sin^2\mathrm{am}\, q\frac{m\eta}{n}\right\},$$

oder

$$(71)\ \ldots\ldots\ldots\ldots \frac{d\log\vartheta\left(\frac{2\alpha}{a\Omega}, \tau'\right)_0}{d\alpha}$$

$$= n\frac{d\log\vartheta\left(\frac{2\alpha}{\omega}, \tau\right)_0}{d\alpha} - 2c^2\sin\mathrm{am}\,\alpha\cos\mathrm{am}\,\alpha\,\Delta\,\mathrm{am}\,\alpha \sum_{q=1,2,\ldots\frac{n-1}{2}} \frac{\sin^2\mathrm{am}\, q\frac{m\eta}{n}}{1 - c^2\sin^2\mathrm{am}\,\alpha\sin^2\mathrm{am}\, q\frac{m\eta}{n}},$$

und ebenso ergiebt sich aus der angeführten Gleichung

$$(72)\ \ldots\ldots\ldots\ldots \tfrac{1}{2}\log\left\{\frac{\vartheta\left(\frac{2(u-\alpha)}{a\Omega}, \tau'\right)_0}{\vartheta\left(\frac{2(u+\alpha)}{a\Omega}, \tau'\right)_0}\right\}$$

$$= \frac{n}{2}\log\left\{\frac{\vartheta\left(\frac{2(u-\alpha)}{\omega}, \tau\right)_0}{\vartheta\left(\frac{2(u-\alpha)}{\omega}, \tau\right)_0}\right\} + \tfrac{1}{2}\sum_{q=1,2,\ldots\frac{n-1}{2}} \left\{\frac{1 - c^2\sin^2\mathrm{am}\, q\frac{m\eta}{n}\sin^2\mathrm{am}(u-\alpha)}{1 - c^2\sin^2\mathrm{am}\, q\frac{m\eta}{n}\sin^2\mathrm{am}(u+\alpha)}\right\}.$$

Wenn man nun die Gleichung (68) mit n multiplicirt und von (69) abzieht, so erhält man vermöge der Relationen (71) und (72) die folgende Transformationsformel für die Jacobi'sche Normalform des elliptischen Integrales dritter Gattung

$$(73) \quad \ldots\ldots\ldots \quad \Pi\left(\frac{u}{a}, \frac{\alpha}{a}, k\right) - n\,\Pi(u, \alpha, k)$$

$$= -2uc^2 \sin\operatorname{am}\alpha \cos\operatorname{am}\alpha\, \Delta\operatorname{am}\alpha \sum_{q=1,2,\ldots\frac{n-1}{2}} \frac{\sin^2\operatorname{am} q\frac{m\eta}{n}}{1 - c^2\sin^2\operatorname{am}\alpha \sin^2\operatorname{am} q\frac{m\eta}{n}}$$

$$+ \tfrac{1}{2} \sum_{q=1,2,\ldots\frac{n-1}{2}} \log\left\{\frac{1 - c^2\sin^2\operatorname{am} q\frac{m\eta}{n}\sin^2\operatorname{am}(u-\alpha)}{1 - c^2\sin^2\operatorname{am} q\frac{m\eta}{n}\sin^2\operatorname{am}(u+\alpha)}\right\}.$$

Mit der Lösung des Transformationsproblems für die elliptischen Integrale erster, zweiter, dritter Gattung ist aber bekanntlich das allgemeine rationale Transformationsproblem für elliptische Integrale erledigt.

Siebenundzwanzigste Vorlesung.

Theorie der Hermite'schen φ-Function.

Bevor wir zu Untersuchungen übergehen, welche die Beziehungen zwischen dem gegebenen Integralmodul, dem transformirten Integralmodul einerseits und dem Multiplicator der Transformation andererseits zu ihrem Gegenstande haben, müssen wir eine eingehende Untersuchung einer für algebraische und zahlentheoretische Anwendungen der elliptischen Functionen höchst wichtige Function des Moduls der ϑ-Function vorangehen lassen.

Für ein elliptisches Integral von der Form

$$\int \frac{dx}{\sqrt{(1-x^2)(1-c^2x^2)}},$$

dessen früher definirte Perioden mit ω und ω' bezeichnet werden und für welches

$$\tau = \frac{2\,\omega'}{\omega}$$

gesetzt worden, wird sich einer der vier zu einem festen Werthe von c^2 gehörigen Wurzelwerthe $\sqrt{c}$ als eindeutige Function von τ mit Hülfe der ϑ-Functionen nach dem Früheren in der Form

$$\sqrt{c} = \frac{\vartheta(0,\tau)_2}{\vartheta(0,\tau)_3}$$

darstellen lassen, und es wird auch leicht ersichtlich sein, wie sich die drei übrigen Werthe von $\sqrt{c}$ in ähnlicher Weise ausdrücken. Denn bemerkt man, dass die in der vierundzwanzigsten Vorlesung behandelten, zum ersten Hauptfall gehörigen Transformationen ersten Grades zwischen dem ursprünglichen und transformirten Integralmodul die Relation

$$\sqrt{k} = e^{-\frac{i\pi a_0 b_0}{4}} \sqrt{c},$$

somit für das Quadrat des Integralmoduls, da b_0 gerade ist, denselben Werth liefern und das Integral von einer Constanten abgesehen, welche nur die positive oder negative Einheit ist*), in sich

---

*) indem die aus den dort aufgestellten Transformationsformeln der ϑ-Functionen unmittelbar sich ergebende algebraische Transformation die Form hat

$$y = e^{-\frac{i\pi}{2}(a_0-1)}x, \quad \sqrt{1-y^2} = \sqrt{1-x^2}, \quad \sqrt{1-k^2y^2} = \sqrt{1-c^2x^2},$$

worin a_0 eine ungerade Zahl bedeutet.

selbst transformiren, so ist sofort einzusehen, dass die vier möglichen Werthe von $\sqrt{c}$ alle in jener Transformationsgattung enthalten sind, und dass sich dieselben somit sämmtlich als eindeutige Functionen des ursprünglichen oder des transformirten ϑ-Moduls in der Form

$$\sqrt{c} = \frac{\vartheta\left(0, \frac{b_0 - a_0\tau}{a_1\tau - b_1}\right)_2}{\vartheta\left(0, \frac{b_0 - a_0\tau}{a_1\tau - b_1}\right)_3}$$

darstellen lassen, wenn

$$a_0 \equiv 1, \quad b_0 \equiv 0, \quad a_1 \equiv 0, \quad b_1 \equiv 1 \pmod{2}$$

ist, und ebenso findet man die vier zu c^2 gehörigen Werthe von $\sqrt{c_1}$ in der Gestalt

$$\sqrt{c_1} = \frac{\vartheta\left(0, \frac{b_0 - a_0\tau}{a_1\tau - b_1}\right)_0}{\vartheta\left(0, \frac{b_0 - a_0\tau}{a_1\tau - b_1}\right)_3}.$$

Wir hatten aber nicht bloss für die Quadratwurzel aus dem Integralmodul einen eindeutigen Ausdruck von τ gefunden, sondern es ergab sich auch in der achtzehnten Vorlesung, dass sich einer der acht zu einem gegebenen Werthe von c^2 gehörigen Werthe von $\sqrt[4]{c}$ als eindeutige Function des ϑ-Moduls in der Form

$$\sqrt[4]{c} = \sqrt{2} \cdot q^{\frac{1}{8}} \frac{(1+q^2)(1+q^4)(1+q^6)\ldots}{(1+q)(1+q^3)(1+q^5)\ldots}$$

darstellen lasse, wenn

$$q = e^{\pi i \tau} \quad \text{und} \quad q^{\frac{1}{8}} = e^{\frac{\pi i \tau}{8}}$$

gesetzt wird, und ähnlich war

$$\sqrt[4]{c_1} = \frac{(1-q)(1-q^3)(1-q^5)\ldots}{(1+q)(1+q^3)(1+q^5)\ldots};$$

es soll zunächst unsere Aufgabe sein, die acht zu jeder dieser Grössen gehörigen Werthe nach den Transformationszahlen a_0, a_1, b_0, b_1, welche zum ersten Hauptfalle der linearen Transformation gehören, zu sondern und allgemein für die lineare Transformation die Beziehungen zwischen der durch jene eindeutige Function von τ definirten vierten Wurzel aus dem vorgelegten und dem transformirten Integralmodul aufzustellen.

Setzen wir

$$(1) \ldots \sqrt[4]{c} = \varphi(\tau) = \sqrt{2} \cdot \sqrt[8]{q} \frac{(1+q^2)(1+q^4)(1+q^6)\ldots}{(1+q)(1+q^3)(1+q^5)\ldots},$$

$$(2) \ldots \sqrt[4]{c_1} = \psi(\tau) = \frac{(1-q)(1-q^3)(1-q^5)\ldots}{(1+q)(1+q^3)(1+q^5)\ldots},$$

so werden sich vor allen Dingen leicht die Transformationsformeln dieser eindeutigen Functionen von τ für die beiden oben betrachteten Normalfälle der linearen Transformation, auf die alle andern zurückgeführt werden konnten, behandeln lassen. Denn da

$$\varphi(\tau+1) = \sqrt{2} \,.\, e^{\frac{\pi i(\tau+1)}{8}} \frac{\left(1+e^{2\pi i(\tau+1)}\right)\left(1+e^{4\pi i(\tau+1)}\right)\left(1+e^{6\pi i(\tau+1)}\right)\ldots}{\left(1+e^{\pi i(\tau+1)}\right)\left(1+e^{3\pi i(\tau+1)}\right)\left(1+e^{5\pi i(\tau+1)}\right)\ldots}$$

oder

$$\varphi(\tau+1) = \sqrt{2} \,.\, e^{\frac{\pi i}{8}} \,.\, q^{\frac{1}{8}} \frac{(1+q^2)(1+q^4)(1+q^6)\ldots}{(1-q)(1-q^3)(1-q^5)\ldots}$$

ist, so folgt unmittelbar die eine Fundamentalformel der Transformation

(3) . . . . $\varphi(\tau+1) = e^{\frac{\pi i}{8}} \frac{\varphi(\tau)}{\psi(\tau)}$

und ebenso leicht aus (2):

(4) . . . . $\psi(\tau+1) = \frac{1}{\psi(\tau)}$.

Um ferner für den zweiten Hauptfall der Transformation, welcher den Werth des ϑ-Moduls in den negativen reciproken verwandelt, die Beziehungen zwischen den zugehörigen φ- und ψ-Functionen zu entwickeln, gehen wir auf die für jenen Transformationsfall entwickelten Gleichungen

$$\sqrt{k} = \sqrt{c_1}, \quad \sqrt{k_1} = \sqrt{c}$$

zurück, aus welchen sich durch Ausziehung der Quadratwurzel

(5) . . . . $\varphi\left(-\frac{1}{\tau}\right) = \pm\,\psi(\tau), \quad \psi\left(-\frac{1}{\tau}\right) = \pm\,\varphi(\tau)$

ergiebt, und es bleibt somit zur Erledigung dieses Falles nur noch die Bestimmung des Vorzeichens übrig. Bemerkt man aber, dass, wie früher gezeigt worden, für verschwindende Werthe des Integralmoduls c die Grösse q sich der Null nähert, während für $\tau' = -\frac{1}{\tau}$ der transformirte Werth von q nämlich

$$q' = e^{-\frac{\pi i}{\tau}}$$

für verschwindende c sich der Einheit unendlich nähert, so wird, da

$$\varphi\left(-\frac{1}{\tau}\right) = \sqrt{2} \,.\, q'^{\frac{1}{8}} \frac{(1+q'^2)(1+q'^4)(1+q'^6)\ldots}{(1+q')(1+q'^3)(1+q'^5)\ldots}$$

und

$$\psi(\tau) = \frac{(1-q)(1-q^3)(1-q^5)\ldots}{(1+q)(1+q^3)(1+q^5)\ldots}$$

ist, für verschwindende c sich positiven Gränzen nähern, in den Gleichungen (5) das positive Vorzeichen zu wählen sein, so dass dieselben in

(6) . . . $\varphi\left(-\frac{1}{\tau}\right) = \psi(\tau)$, (7) $\psi\left(-\frac{1}{\tau}\right) = \varphi(\tau)$

übergehen.

Mit Hülfe der Gleichungen (3), (4), (6), (7) aber werden sich auf Grund der in der siebzehnten Vorlesung in Betreff der Herleitung der Elementarperioden gemachten Auseinandersetzungen die allgemeinen Transformationsformeln der φ- und ψ-Functionen leicht entwickeln lassen. Bevor wir jedoch zur wirklichen Darstellung übergehen, wollen wir bemerken, dass es oben gelang, jede in der Form

$$\begin{vmatrix} a_0 & a_1 \\ b_0 & b_1 \end{vmatrix}$$

gegebene lineare Transformation durch Zusammensetzung mit linearen Transformationen von der Gestalt

$$\begin{vmatrix} 1 & -p \\ 0 & 1 \end{vmatrix} \quad \text{und} \quad \begin{vmatrix} 1 & 0 \\ -q & 1 \end{vmatrix}$$

in die identische Transformation

$$\begin{vmatrix} 1 & 0 \\ 0 & 1 \end{vmatrix}$$

umzuformen, und es wird daher nöthig sein, zur Behandlung der allgemeinen linearen Transformation die Ausdrücke der φ- und ψ-Functionen für die durch jene beiden Transformationen gegebenen neuen ϑ-Moduln herzuleiten. Da aber aus den Gleichungen (3) und (4) unmittelbar folgt, dass, wenn k eine ganze Zahl bedeutet,

$$(8) \quad \begin{cases} \varphi(\tau + 2k) = e^{\frac{2ki\pi}{8}} \varphi(\tau), & \varphi(\tau + 2k + 1) = e^{\frac{(2k+1)i\pi}{8}} \dfrac{\varphi(\tau)}{\psi(\tau)}, \\ \psi(\tau + 2k) = \psi(\tau), & \psi(\tau + 2k + 1) = \dfrac{1}{\psi(\tau)} \end{cases}$$

ist, so wird für den zur Transformation

$$\begin{vmatrix} 1 & -p \\ 0 & 1 \end{vmatrix}$$

gehörigen ϑ-Modul, welcher allgemein durch den Ausdruck

$$\tau' = \frac{b_0 - a_0 \tau}{a_1 \tau - b_1},$$

in diesem Falle also durch

$$\tau' = \frac{-\tau}{-p\tau - 1}$$

gegeben ist, die Transformationsgleichung der φ-Function folgendermassen lauten

$$(9) \quad \varphi\left(\frac{-\tau}{-p\tau - 1}\right) = \psi\left(\frac{-p\tau - 1}{\tau}\right) = \psi\left(-p - \frac{1}{\tau}\right) = \begin{cases} \varphi(\tau), & \text{wenn } p \text{ gerade}, \\ \dfrac{1}{\varphi(\tau)}, & \text{wenn } p \text{ ungerade}; \end{cases}$$

wendet man dagegen auf den Modul τ die Transformation

$$\begin{vmatrix} 1 & 0 \\ -q & 1 \end{vmatrix}$$

an, so ergiebt sich

$$(10) \quad \varphi\left(\frac{-q - \tau}{-1}\right) = \varphi(q + \tau) = \begin{cases} e^{\frac{qi\pi}{8}} \varphi(\tau), & \text{wenn } q \text{ gerade}, \\ e^{\frac{qi\pi}{8}} \dfrac{\varphi(\tau)}{\psi(\tau)}, & \text{wenn } q \text{ ungerade}. \end{cases}$$

Gehen wir nunmehr zur Betrachtung des ersten Falles der linearen Transformation über, in welchem

$$a_0 \equiv 1, \quad a_1 \equiv 0, \quad b_0 \equiv 0, \quad b_1 \equiv 1 \pmod{2}$$

war, nehmen an, dass a_1 von Null verschieden ist, unterwerfen ferner den Bruch $\frac{a_1}{a_0}$ der Bedingung, dass er sich in einen Kettenbruch von nur drei Elementen von der Form

$$\frac{a_1}{a_0} = p + \cfrac{1}{q + \cfrac{1}{r}}$$

entwickeln lässt, und setzen endlich fest, dass b_0 und b_1 Nenner und Zähler des vorletzten Näherungswerthes dieses Kettenbruches sein sollen, so wird, da

$$a_1 = r(pq+1) + p, \quad b_1 = pq + 1,$$
$$a_0 = rq + 1, \quad b_0 = q$$

ist, und die Transformationszahlen den obigen Congruenzen genügen sollen, q gerade sein müssen, während p und r zu gleicher Zeit gerade oder ungerade sind. Nun ersieht man aus den Gleichungen (9) und (10) unmittelbar, dass, wenn p und r gerade sind, die erste auf

$$\tau' = \frac{b_0 - a_0 \tau}{a_1 \tau - b_1}$$

ausgeübte lineare Transformation

$$\begin{vmatrix} 1 & -p \\ 0 & 1 \end{vmatrix}$$

den Werth der φ-Function unverändert gleich $\varphi(\tau')$ lässt, während die zweite

$$\begin{vmatrix} 1 & 0 \\ -q & 1 \end{vmatrix}$$

denselben in

$$e^{\frac{b_0 i \pi}{8}} \varphi(\tau')$$

verwandelt, und die dritte

$$\begin{vmatrix} 1 & -r \\ 0 & 1 \end{vmatrix}$$

diesen Werth wieder unverändert lässt. Da aber nach dem Obigen die resultirende Transformation

$$\begin{vmatrix} 1 & 0 \\ 0 & 1 \end{vmatrix},$$

und somit der ϑ-Modul τ ist, also der Werth der zugehörigen φ-Function $\varphi(\tau)$, so folgt

$$(11) \quad \varphi(\tau') = \varphi\left(\frac{b_0 - a_0\tau}{a_1\tau - b_1}\right) = e^{-\frac{b_0 i \pi}{8}} \varphi(\tau);$$

und ebenso werden, wenn p und r ungerade, die der Reihe nach durch die drei Transformationen gelieferten Werthe der φ-Functionen

$$\frac{1}{\varphi(\tau')}, \quad e^{\frac{b_0 i\pi}{8}} \frac{1}{\varphi(\tau')}, \quad e^{-\frac{b_0 i\pi}{8}} \varphi(\tau'),$$

und es ergiebt sich somit für diesen Fall

$$(12) \;\ldots\ldots\; \varphi(\tau') = \varphi\left(\frac{b_0 - a_0\tau}{a_1\tau - b_1}\right) = e^{\frac{b_0 i\pi}{8}} \varphi(\tau).$$

Um nun für die Ausdrücke (11) und (12) eine gemeinsame Form zu erhalten, leitet man aus der zum ersten Transformationsfalle gehörigen Gleichung für die Integralmoduln

$$\sqrt{k} = e^{-\frac{i\pi a_0 b_0}{4}} \sqrt{c}$$

durch Wurzelausziehung die Gleichung ab

$$\varphi\left(\frac{b_0 - a_0\tau}{a_1\tau - b_1}\right) = \varepsilon e^{-\frac{i\pi a_0 b_0}{8}} \varphi(\tau),$$

in welcher ε die positive oder negative Einheit bedeutet, und es folgt dann für den Fall, dass p und r gerade waren, aus der zuletzt erhaltenen Gleichung und Gleichung (11), dass

$$\varepsilon = {}^{\frac{b_0 i\pi}{8}(a_0 - 1)}$$

ist; da aber die Congruenzen

$$b_0 \equiv a_0 + 1 \text{ (mod. 2)} \quad \text{und} \quad a_0 - 1 \equiv 0 \text{ (mod. 8)}$$

oder

$$b_0 \equiv a_0 + 1 \text{ (mod. 4)} \quad \text{und} \quad a_0 - 1 \equiv 0 \text{ (mod. 4)}$$

zu gleicher Zeit stattfinden müssen, wie aus den oben ermittelten Werthen

$$a_0 = rq + 1, \quad b_0 = q$$

unmittelbar hervorgeht, so folgt

$$\varepsilon = e^{\frac{a_0^2 - 1}{8} i\pi} = \left(\frac{2}{a_0}\right)$$

in Form des Jacobi'schen Zeichens. Ebenso wird im zweiten Falle, in welchem p und r ungerade sind,

$$\varepsilon = e^{\frac{b_0 i\pi}{8}(a_0 + 1)},$$

und daher wegen des gleichzeitigen Bestehens der Congruenzen

$$a_0 + 1 \equiv 2 \text{ (mod. 4)}, \quad b_0 \equiv a_0 - 1 \text{ (mod. 8)}$$

oder

$$a_0 + 1 \equiv 0 \text{ (mod. 4)}, \quad b_0 \equiv a_0 - 1 \text{ (mod. 4)}$$

wiederum

$$\varepsilon = e^{\frac{a_0^2 - 1}{8} i\pi} = \left(\frac{2}{a_0}\right).$$

Wir erhalten somit für diejenigen von Null verschiedenen Werthe von a_0 und a_1, für welche die Kettenbruchsentwicklung von $\frac{a_1}{a_0}$ nur aus drei Gliedern besteht, vorausgesetzt, dass die beiden andern mit a_0 und a_1 zu dem ersten Transformationsfalle gehörigen Zahlen b_0 und b_1 Nenner und Zähler des vorletzten Näherungsbruches bedeuten, den Ausdruck

$$\varphi\left(\frac{b_0 - a_0\tau}{a_1\tau - b_1}\right) = \left(\frac{2}{a_1}\right) e^{-\frac{i\pi a_0 b_0}{8}} \varphi(\tau),$$

und unter denselben Bedingungen für die fünf andern linearen Transformationen, wie entweder unmittelbar genau nach der eben durchgeführten Methode oder aus der eben gefundenen Gleichung mit Hülfe der Substitutionen

$$\tau + 1 \quad \text{und} \quad -\frac{1}{\tau}$$

und der Gleichungen (3) bis (7) folgt, die entsprechenden Transformationsformeln, denen wir die obige noch beifügen:

I. $a_0 \equiv 1, \quad a_1 \equiv 0, \quad b_0 \equiv 0, \quad b_1 \equiv 1 \pmod{2}$,

$$(13) \ldots\ldots \quad \varphi\left(\frac{b_0 - a_0\tau}{a_1\tau - b_1}\right) = \left(\frac{2}{a_0}\right) e^{-\frac{i\pi}{8} a_0 b_0} \varphi(\tau),$$

II. $a_0 \equiv 0, \quad a_1 \equiv 1, \quad b_0 \equiv 1, \quad b_1 \equiv 0 \pmod{2}$,

$$(14) \ldots\ldots \quad \varphi\left(\frac{b_0 - a_0\tau}{a_1\tau - b_1}\right) = \left(\frac{2}{b_0}\right) e^{\frac{i\pi}{8} a_0 b_0} \psi(\tau),$$

III. $a_0 \equiv 1, \quad a_1 \equiv 1, \quad b_0 \equiv 0, \quad b_1 \equiv 1 \pmod{2}$,

$$(15) \ldots\ldots \quad \varphi\left(\frac{b_0 - a_0\tau}{a_1\tau - b_1}\right) = \left(\frac{2}{a_0}\right) e^{\frac{i\pi}{8} a_0 b_0} \frac{1}{\varphi(\tau)},$$

IV. $a_0 \equiv 1, \quad a_1 \equiv 1, \quad b_0 \equiv 1, \quad b_1 \equiv 0 \pmod{2}$,

$$(16) \ldots\ldots \quad \varphi\left(\frac{b_0 - a_0\tau}{a_1\tau - b_1}\right) = e^{\frac{i\pi}{8} a_0 b_0} \frac{\psi(\tau)}{\varphi(\tau)},$$

V. $a_0 \equiv 1, \quad a_1 \equiv 0, \quad b_0 \equiv 1, \quad b_1 \equiv 1 \pmod{2}$,

$$(17) \ldots\ldots \quad \varphi\left(\frac{b_0 - a_0\tau}{a_1\tau - b_1}\right) = e^{-\frac{i\pi}{8} a_0 b_0} \frac{\varphi(\tau)}{\psi(\tau)},$$

VI. $a_0 \equiv 0, \quad a_1 \equiv 1, \quad b_0 \equiv 1, \quad b_1 \equiv 1 \pmod{2}$,

$$(18) \ldots\ldots \quad \varphi\left(\frac{b_0 - a_0\tau}{a_1\tau - b_1}\right) = \left(\frac{2}{b_0}\right) e^{-\frac{i\pi}{8} a_0 b_0} \frac{1}{\psi(\tau)}.$$

Es soll nunmehr die Richtigkeit dieser Formeln für alle von Null verschiedenen Werthe von a_0 und a_1 durch den Schluss von n auf $n+1$ nachgewiesen werden, jedoch noch immer mit der Beschränkung, dass b_0 und b_1 Nenner und Zähler des vorletzten Näherungsbruches der Kettenbruchsentwicklung von $\frac{a_1}{a_0}$ sind, wobei es genügen wird, die allgemeine Gültigkeit der Gleichung (13) nachzuweisen, da die Behandlung der andern Fälle wieder entweder genau ebenso durchzuführen ist oder sich durch die oben angegebenen Substitutionen mit Hülfe von (13) vornehmen lässt.

Sei also zuerst für solche a_0, a_1, b_0, b_1, für welche

$$\frac{a_1}{a_0} = p + \frac{1}{q} + \cdots + \frac{1}{r} + \frac{1}{s},$$

b_0 und b_1 Zähler und Nenner des vorletzten Näherungsbruches bedeuten, und die Anzahl der Theilnenner eine ungerade ist*), die zwischen der transformirten und der ursprünglichen φ-Function stattfindende Relation, wenn jene vier Transformationszahlen zu dem ersten linearen Transformationsfall gehören, die folgende

$$\varphi\left(\frac{b_0 - a_0\tau}{a_1\tau - b_1}\right) = \left(\frac{2}{a_0}\right) e^{-\frac{i\pi a_0 b_0}{8}} \varphi(\tau),$$

so soll nachgewiesen werden, dass auch dieselbe Relation statthat für diejenigen Transformationszahlen a_0', a_1', b_0', b_1', für welche

$$\frac{a_1'}{a_0'} = p + \frac{1}{q} + \cdots + \frac{1}{r} + \frac{1}{s} + \frac{1}{t} + \frac{1}{u},$$

b_0' und b_1' den Nenner und Zähler des vorletzten Näherungswerthes dieses Kettenbruches darstellen, und die übrigens auch den Bedingungen des ersten Transformationsfalles genügen.

Nun folgen aber aus der Vergleichung der beiden Kettenbrüche in Folge der für die Zahlen b_0, b_1, b_0', b_1' gemachten Voraussetzungen die Beziehungen

$$\begin{aligned} b_1' &= ta_1 + b_1 & b_0' &= ta_0 + b_0 \\ a_1' &= u(ta_1 + b_1) + a_1 & a_0' &= u(ta_0 + b_0) + a_0, \end{aligned}$$

und es werden daher, da a_0 und b_1 der Voraussetzung nach ungerade, a_1 und b_0 gerade sind, und die neu eintretenden Transformationszahlen ebenso beschaffen sein sollen, t und u gerade sein müssen, und die zur weiteren Reduction auf die einfachste lineare Substitution erforderlichen Substitutionen

$$\begin{vmatrix} 1 & 0 \\ -t & 1 \end{vmatrix} \quad \begin{vmatrix} 1 & -u \\ 0 & 1 \end{vmatrix}$$

werden somit bei Benutzung der Gleichung (13) den folgenden Ausdruck für die aus allen Transformationen resultirende φ-Function liefern

$$\left(\frac{2}{a_0}\right) e^{\frac{ti\pi}{8} + \frac{a_0 b_0 i\pi}{8}} \varphi\left(\frac{b_0' - a_0'\tau}{a_1'\tau - b_1'}\right) = \varphi(\tau),$$

oder da

---

*) was nach Früherem keine Beschränkung ist, indem man den letzten Theilnenner auch stets durch zwei solche ersetzen kann.

$$\frac{a_0' - a_0}{b_0'} = u, \quad \text{also} \quad a_0 = a_0' - u b_0'$$

und durch Einsetzen des Werthes von a_0 in

$$b_0' = t a_0 + b_0$$

sich

$$b_0 = b_0' - t(a_0' - u b_0')$$

ergiebt,

$$e^{\frac{a_0'^2 - 1}{8}} \cdot e^{\frac{i\pi}{8} a_0' b_0'} \cdot e^{\frac{Ci\pi}{8}} \varphi\left(\frac{b_0' - a_0'\tau}{a_1'\tau - b_1'}\right) = \varphi(\tau),$$

worin

$$C = t - 2a_0'b_0'u + b_0'^2u^2 - ta_0'^2 + 2a_0'b_0'tu - b_0'^2u - b_0'^2tu^2 \equiv 0 \pmod{16}$$

und daher

$$\varphi\left(\frac{b_0' - a_0'\tau}{a_1'\tau - b_1'}\right) = \left(\frac{2}{a_0'}\right) e^{-\frac{i\pi a_0' b_0'}{8}} \varphi(\tau),$$

und zu demselben Resultate gelangt man, wenn man a_0, a_1, b_0, b_1 die den fünf andern Transformationsfällen entsprechenden Transformationszahlen bedeuten lässt, für welche die Richtigkeit der Gleichungen (14) bis (18) nachgewiesen ist, wenn nur a_0', a_1', b_0', b_1' in den ersten Transformationsfall gehören.

Um somit die allgemeine Gültigkeit der oben aufgestellten Transformationsbeziehungen der φ-Functionen nachgewiesen zu haben, wird es nur noch nöthig sein, uns von der Beschränkung frei zu machen, dass b_0 und b_1 Zähler und Nenner des vorletzten Näherungswerthes des Kettenbruches $\frac{a_1}{a_0}$ sind, und sodann noch die Richtigkeit jener Formeln für verschwindende a_1 und a_0 nachzuweisen. Setzt man nun, um die erste Beschränkung zu beseitigen, in die Gleichung

$$\varphi\left(\frac{b_0 - a_0\tau}{a_1\tau - b_1}\right) = \left(\frac{2}{a_0}\right) e^{-\frac{i\pi a_0 b_0}{8}} \varphi(\tau)$$

$\tau + 2k$ für τ, worin k eine beliebige ganze Zahl bedeutet, so erhält man mit Benutzung der Gleichungen (8)

$$\varphi\left(\frac{b_0 - a_0(\tau + 2k)}{a_1(\tau + 2k) - b_1}\right) = \left(\frac{2}{a_0}\right) e^{-\frac{i\pi a_0 b_0}{8}} \varphi(\tau + 2k) = \left(\frac{2}{a_0}\right) e^{-\frac{i\pi a_0 b_0}{8} + \frac{2ki\pi}{8}} \varphi(\tau),$$

oder da

$$2ka_0^2 \equiv 2k \pmod{16}$$

ist,

$$\varphi\left(\frac{(b_0 - 2ka_0) - a_0\tau}{a_1\tau - (b_1 - 2ka_1)}\right) = \left(\frac{2}{a_0}\right) e^{-\frac{i\pi}{8} a_0(b_0 - 2ka_0)} \varphi(\tau),$$

d. h.

$$\varphi\left(\frac{b_0 - a_0\tau}{a_1\tau - b_1}\right) = \left(\frac{2}{a_0}\right) e^{-\frac{i\pi}{8} a_0 b_0} \varphi(\tau)$$

für alle b_0 und b_1, welche der Gleichung

$$a_0 b_1 - a_1 b_0 = 1$$

genügen, da alle Werthe von b_0 und b_1, wenn sie dem ersten Transformationsfalle angehören sollen, in der Form enthalten sind

$$b_0 - 2ka_0, \quad b_1 - 2ka_1,$$

vorausgesetzt, dass b_0 und b_1 selbst Nenner und Zähler des vorletzten Näherungswerthes des Kettenbruches $\frac{a_1}{a_0}$ bedeuten; und genau so folgt die Gültigkeit der Gleichungen (14) bis (18). Es bleibt somit nur noch die Frage zu erledigen, welche Form der Ausdruck für die transformirte φ-Function annimmt, wenn Zähler und Nenner des vorletzten Näherungswerthes von $\frac{a_1}{a_0}$ nicht in den ersten Transformationsfall gehören; unter dieser Annahme müssen jedoch die vier Transformationszahlen, da a_0 ungerade und a_1 gerade sein sollen, dem fünften Falle der linearen Transformation angehören, und es wird daher für diese die Gleichung statthaben

$$\varphi\left(\frac{b_0 - a_0\tau}{a_1\tau - b_1}\right) = e^{-\frac{i\pi a_0 b_0}{8}} \frac{\varphi(\tau)}{\psi(\tau)}.$$

Wird nun hierin $\tau - (2k-1)$ statt τ gesetzt, so erhält man

$$\varphi\left(\frac{b_0 - a_0\left(\tau - (2k-1)\right)}{a_1\left(\tau - (2k-1)\right) - b_1}\right) = e^{-\frac{i\pi a_0 b_0}{8}} \frac{\varphi\left(\tau - (2k-1)\right)}{\psi\left(\tau - (2k-1)\right)} = e^{-\frac{i\pi a_0 b_0}{8} - \frac{(2k-1)i\pi}{8}} \varphi(\tau),$$

oder da

$$-(2k-1) \equiv a_0^2 - 1 - (2k-1)a_0^2 \pmod{16}$$

ist,

$$\varphi\left(\frac{b_0 + (2k-1)a_0 - a_0\tau}{a_1\tau - \left(b_1 + (2k-1)a_0\right)}\right) = \left(\frac{2}{a_0}\right) e^{-\frac{i\pi}{8} a_0 [b_0 + (2k-1)a_0]} \varphi(\tau);$$

nun sind aber offenbar alle in der Form

$$b_0 + (2k-1)a_0, \quad b_1 + (2k-1)a_1$$

enthaltenen Zahlen sämmtliche Lösungen der Gleichung

$$a_0 b_1 - a_1 b_0 = 1,$$

welche dem ersten Transformationsfalle angehören, und es ist somit die Ausdehnung der Gleichung (13) auch auf diesen Fall nachgewiesen; dasselbe folgt für die Gleichungen (14) bis (18), und es bleiben somit zur vollständigen Erledigung der Frage noch die beiden Fälle zu behandeln übrig, in denen a_0 oder a_1 den Werth Null haben, also die beiden Transformationen

$$\begin{vmatrix} 0 & \pm 1 \\ \mp 1 & b_1 \end{vmatrix} \quad \text{und} \quad \begin{vmatrix} \pm 1 & 0 \\ b_0 & \pm 1 \end{vmatrix},$$

für welche die entsprechenden Transformationsformeln der φ-Function, wenn man die Gleichungen (6), (7) und (8) berücksichtigt, folgendermassen lauten:

$$\varphi\left(\frac{\mp 1}{\pm\tau - b_1}\right) = \psi(\tau \mp b_1) = \psi(\tau), \text{ wenn } b_1 \text{ gerade},$$
$$= \frac{1}{\psi_1(\tau)}, \text{ wenn } b_1 \text{ ungerade},$$

die somit als Transformationen des zweiten und sechsten Hauptfalles in den Gleichungen (14) und (18) enthalten sind, und ebenso

$$\varphi\left(\frac{b_0 \mp \tau}{\mp 1}\right) = \varphi(\tau \mp b_0) = e^{\mp\frac{b_0 i\pi}{8}} \varphi(\tau), \text{ wenn } b_0 \text{ gerade},$$
$$= e^{\mp\frac{b_0 i\pi}{8}} \frac{\varphi(\tau)}{\psi(\tau)}, \text{ wenn } b_0 \text{ ungerade},$$

welche als Transformationen des ersten und fünften Hauptfalles durch die Gleichungen (13) und (17) gegeben sind.

Wir fügen unmittelbar hieran noch die Transformationsformeln der ψ-Function, die aus den Gleichungen (13) bis (18) mit Hülfe der Beziehung

$$\varphi\left(-\frac{1}{\tau}\right) = \psi(\tau)$$

abgeleitet werden können,

$$(19) \ldots\ldots\ \psi\left(\frac{b_0 - a_0\tau}{a_1\tau - b_1}\right) = \left(\frac{2}{b_1}\right) e^{\frac{i\pi}{8} a_1 b_1} \psi(\tau),$$

$$(20) \ldots\ldots\ \psi\left(\frac{b_0 - a_0\tau}{a_1\tau - b_1}\right) = \left(\frac{2}{a_1}\right) e^{-\frac{i\pi}{8} a_1 b_1} \varphi(\tau),$$

$$(21) \ldots\ldots\ \psi\left(\frac{b_0 - a_0\tau}{a_1\tau - b_1}\right) = e^{\frac{i\pi}{8} a_1 b_1} \frac{\psi(\tau)}{\varphi(\tau)},$$

$$(22) \ldots\ldots\ \psi\left(\frac{b_0 - a_0\tau}{a_1\tau - b_1}\right) = \left(\frac{2}{a_1}\right) e^{\frac{i\pi}{8} a_1 b_1} \frac{1}{\varphi(\tau)},$$

$$(23) \ldots\ldots\ \psi\left(\frac{b_0 - a_0\tau}{a_1\tau - b_1}\right) = \left(\frac{2}{b_1}\right) e^{-\frac{i\pi}{8} a_1 b_1} \frac{1}{\psi(\tau)},$$

$$(24) \ldots\ldots\ \psi\left(\frac{b_0 - a_0\tau}{a_1\tau - b_1}\right) = e^{-\frac{i\pi}{8} a_1 b_1} \frac{\varphi(\tau)}{\psi(\tau)}.$$

Wir wollen endlich noch eine dritte in der späteren Theorie vorkommende eindeutige Function des ϑ-Moduls einführen und die linearen Transformationsformeln dieser entwickeln. Da nämlich

$$\vartheta_1' = \pi\, \vartheta_0\, \vartheta_2\, \vartheta_3 = \pi \sqrt{\frac{\Omega^3}{2\pi^3}} \cdot \sqrt{c c_1}$$

ist, und nach den Formeln der neunzehnten Vorlesung

$$\vartheta_1' = 2\pi \sqrt[4]{q} \prod_{1}^{\infty}{}_{\nu} (1 - q^{2\nu})^3,$$

$$\sqrt{\frac{\Omega}{2\pi}} = \prod_{0}^{\infty}{}_{\nu} (1 + q^{2\nu+1})^2 \prod_{1}^{\infty}{}_{\nu} (1 - q^{2\nu})$$

war, so ergiebt sich

$$(25) \ldots\ldots\ \sqrt{c c_1} = \frac{2\sqrt[4]{q}}{\{(1+q)(1+q^3)(1+q^5)\ldots\}^6}.$$

Ferner ergiebt sich aus eben jenen Formeln

$$\sqrt{cc_1}\cdot\frac{\Omega}{2\pi}=2\sqrt[4]{q}\,\prod_0^\infty{}_\nu\,\frac{1-q^{4(\nu+1)}}{1-q^{2(2\nu+1)}}\prod_1^\infty{}_\nu\,(1-q^{2\nu-1})^2\prod_1^\infty{}_\nu\,(1-q^{2\nu})$$

und

$$\frac{\Omega}{2\pi}=\prod_1^\infty{}_\nu\,\frac{1-q^{2\nu}}{1+q^{2\nu}}\prod_0^\infty{}_\nu\,\frac{1-q^{2\nu+1}}{1-q^{2\nu-1}},$$

woraus nach einer leichten Rechnung, wie sie in jener Vorlesung genau in derselben Weise bereits angestellt worden *),

$$(26)\quad \sqrt{cc_1}=2\sqrt[4]{q}\,\{(1-q)(1+q^2)(1-q^3)(1+q^4)\ldots\}^6$$

folgt, so dass

$$(27)\ \ldots\ \sqrt[4]{cc_1}=\chi(\tau)=\frac{\sqrt{2}\,.\,q^{\frac18}}{\{(1+q)(1+q^3)(1+q^5)\ldots\}^3}$$
$$=\sqrt{2}\,.\,q^{\frac18}\,\{(1-q)(1+q^2)(1-q^3)(1+q^4)\ldots\}^3$$

ist, und da sich, wie in derselben Weise zu sehen, auch die Werthe von $\varphi(\tau)$ und $\psi(\tau)$ in die Form setzen lassen

$$(28)\quad \varphi(\tau)=\sqrt{2}\,.\,q^{\frac18}\,\{(1+q^2)(1+q^4)\ldots\}^2(1-q)(1-q^3)\ldots,$$

$$(29)\quad \psi(\tau)=(1+q^2)(1+q^4)\ldots\{(1-q)(1-q^3)\ldots\}^2,$$

so folgt, dass

$$(30)\ \ldots\ldots\ \chi(\tau)=\varphi(\tau)\,.\,\psi(\tau)$$

ist, und es wird sich jetzt um die linearen Transformationsformeln dieser eindeutigen Function von τ handeln.

Nun folgt aber aus den Gleichungen (3), (4), (6), (7) vermöge der Gleichung (30) unmittelbar

$$(31)\ \ldots\ldots\ \chi(\tau+1)=e^{\frac{i\pi}{8}}\frac{\chi(\tau)}{\psi(\tau)^3}=e^{\frac{i\pi}{8}}\frac{\varphi(\tau)^3}{\chi(\tau)^2},$$

$$(32)\ \ldots\ldots\ \chi\left(-\frac{1}{\tau}\right)=\chi(\tau),$$

und ebenso ergeben sich für die sechs Fälle der linearen Transformation aus den Gleichungen (13) bis (24) die nachfolgenden Beziehungen

I. $a_0\equiv 1,\quad a_1\equiv 0,\quad b_0\equiv 0,\quad b_1\equiv 1\ (\mathrm{mod}.\,2),$

$$\chi\left(\frac{b_0-a_0\tau}{a_1\tau-b_1}\right)=\chi(\tau)\left(\frac{2}{a_0b_1}\right)e^{-\frac{i\pi}{8}(a_0b_0-a_1b_1)};$$

---

*) wenn man nur die einfach herzuleitenden Identitäten berücksichtigt

$$\prod_0^\infty{}_\nu\,(1-q^{4(\nu+1)})=\prod_1^\infty{}_\nu\,(1-q^{2\nu})\prod_1^\infty{}_\nu\,(1+q^{2\nu})$$

und

$$\prod_1^\infty{}_\nu\,(1-q^{2\nu-1})\prod_0^\infty{}_\nu\,(1+q^{2\nu})=\prod_0^\infty{}_\nu\,\frac{1}{1+q^{2\nu+1}}.$$

II. $a_0 \equiv 0, \quad a_1 \equiv 1, \quad b_0 \equiv 1, \quad b_1 \equiv 0 \pmod{2},$

$$\chi\left(\frac{b_0 - a_0\tau}{a_1\tau - b_1}\right) = \chi(\tau)\left(\frac{2}{a_1 b_0}\right) e^{\frac{i\pi}{8}(a_0 b_0 - a_1 b_1)};$$

III. $a_0 \equiv 1, \quad a_1 \equiv 1, \quad b_0 \equiv 0, \quad b_1 \equiv 1 \pmod{2},$

$$\chi\left(\frac{b_0 - a_0\tau}{a_1\tau - b_1}\right) = \frac{\chi(\tau)}{\varphi(\tau)^3}\left(\frac{2}{a_0}\right) e^{\frac{i\pi}{8}(a_1 b_1 + a_0 b_0)};$$

IV. $a_0 \equiv 1, \quad a_1 \equiv 1, \quad b_0 \equiv 1, \quad b_1 \equiv 0 \pmod{2},$

$$\chi\left(\frac{b_0 - a_0\tau}{a_1\tau - b_1}\right) = \frac{\chi(\tau)}{\varphi(\tau)^3}\left(\frac{2}{a_1}\right) e^{\frac{i\pi}{8}(a_1 b_1 + a_0 b_0)};$$

V. $a_0 \equiv 1, \quad a_1 \equiv 0, \quad b_0 \equiv 1, \quad b_1 \equiv 1 \pmod{2},$

$$\chi\left(\frac{b_0 - a_0\tau}{a_1\tau - b_1}\right) = \frac{\chi(\tau)}{\psi(\tau)^3}\left(\frac{2}{b_1}\right) e^{-\frac{i\pi}{8}(a_1 b_1 + a_0 b_0)};$$

VI. $a_0 \equiv 0, \quad a_1 \equiv 1, \quad b_0 \equiv 1, \quad b_1 \equiv 1 \pmod{2},$

$$\chi\left(\frac{b_0 - a_0\tau}{a_1\tau - b_1}\right) = \frac{\chi(\tau)}{\psi(\tau)^3}\left(\frac{2}{b_0}\right) e^{-\frac{i\pi}{8}(a_1 b_1 + a_0 b_0)}.$$

Wir werden in der nachfolgenden Theorie der Modulargleichungen die Untersuchung nöthig haben, wie sich die φ-Function eines ϑ-Moduls, der entstanden ist aus der successiven Anwendung einer linearen Transformation und eines zur Transformation n^{ten} Grades gehörigen Repräsentanten der nicht äquivalenten Klassen ausdrücken lässt durch die φ-Function des unmittelbar durch einen der Repräsentanten transformirten ϑ-Moduls, und es bedarf keiner weiteren Auseinandersetzung, dass diese Aufgabe durch die am Schlusse der dreiundzwanzigsten Vorlesung angestellten Betrachtungen bereits vollständig gelöst ist, da die Grössen u, x, u' sowohl als auch die Transformationszahlen der linearen Transformation α, β, γ, δ bestimmt sind, und in den Formeln (13) bis (18) dieser Vorlesung die Reduction der φ-Function für eine auf den Modul angewandte lineare Transformation gefunden ist. Wir brauchen jedoch später vorzüglich die Lösung dieser Aufgabe für die zwei Fundamentalfälle der linearen Transformation, für welche

$$a_0 = 1, \quad a_1 = -1, \quad b_0 = 0, \quad b_1 = 1,$$
$$a_0 = 0, \quad a_1 = -1, \quad b_0 = 1, \quad b_1 = 0$$

ist, von denen die erste den Modul τ in $\frac{\tau}{1+\tau}$, die zweite denselben in $-\frac{1}{\tau}$ verwandelt, und entnehmen aus den Formeln der dreiundzwanzigsten Vorlesung, wenn wir dort 16ξ statt ξ und $16x$ statt x setzen, indem wir nur den Fall des ungeraden n behandeln, für welchen die Repräsentanten in der Form

$$\begin{vmatrix} t & 0 \\ 16\xi & t' \end{vmatrix}$$

dargestellt waren, dass, da t und t' ungerade Zahlen bedeuteten, und u der grösste gemeinschaftliche Theiler von

$$a_0 t + 16 a_1 \xi \quad \text{und} \quad a_1 t'$$

ist, auch u und u' ungerade sein werden, dass aber ferner, da

$$\alpha_0 = \frac{a_0 t + 16 a_1 \xi}{u}, \qquad \beta_0 = \frac{\alpha_0 \beta_1 - 1}{\alpha_1}$$

$$\alpha_1 = \frac{a_1 t'}{u}, \qquad \beta_1 = \frac{b_1 u - 16 a_1 x}{t}$$

ist, im *ersten Falle*

α_0 ungerade, α_1 ungerade, $\beta_0 \equiv 0 \pmod{16}$, β_1 ungerade,

im *zweiten Falle*

$\alpha_0 \equiv 0 \bmod 16$, α_1 ungerade, β_0 ungerade, $\beta_1 \equiv 0 \pmod{16}$

sein wird, und dass somit nach den Beziehungen (15) und (14)

$$\varphi\left(\frac{t \cdot \frac{\tau}{1+\tau} - 16\xi}{t'}\right) = \left(\frac{2}{\frac{t \quad 16\xi}{u}}\right) \frac{1}{\varphi\left(\frac{u\tau - 16x}{u'}\right)}$$

und

$$\varphi\left(\frac{t\left(-\frac{1}{\tau}\right) - 16\xi}{t'}\right) = \left(\frac{2}{\frac{t - 16 x \alpha_0}{u'}}\right) \psi\left(\frac{u\tau - 16x}{u'}\right)$$

sein wird; bemerkt man nun, dass nach den bekannten Operationsregeln für das Jacobi'sche Zeichen und dem Satze, dass

$$\left(\frac{2}{P}\right) = (-1)^{\frac{P^2-1}{8}}$$

ist,

$$\left(\frac{2}{u}\right)\left(\frac{2}{\frac{t - 16\xi}{u}}\right) = \left(\frac{2}{t - 16\xi}\right) = \left(\frac{2}{t}\right)$$

und

$$\left(\frac{2}{u'}\right)\left(\frac{2}{\frac{t - 16 x \alpha_0}{u'}}\right) = \left(\frac{2}{t - 16 x \alpha_0}\right) = \left(\frac{2}{t}\right)$$

ist, so folgen die später in Anwendung kommenden Formeln

$$(33) \ldots \quad \left(\frac{2}{t}\right) \varphi\left(\frac{t \frac{\tau}{1+\tau} - 16\xi}{t'}\right) = \frac{1}{\left(\frac{2}{u}\right) \varphi\left(\frac{u\tau - 16x}{u'}\right)}$$

und

$$(34) \ldots \quad \left(\frac{2}{t}\right) \varphi\left(\frac{t\left(-\frac{1}{\tau}\right) - 16\xi}{t'}\right) = \left(\frac{2}{u'}\right) \psi\left(\frac{u\tau - 16x}{u'}\right),$$

in denen u, x, u' durch die in der dreiundzwanzigsten Vorlesung gegebenen Ausdrücke fest bestimmt sind.*)

---

*) Setzt man $t = 1$ und $t' = n$, so werden, wie aus der dreiundzwanzigsten Vorlesung hervorgeht, die Grössen u, u', x, α_0, α_1, β_0, β_1 den Gleichungen genügen müssen

Wir stellen uns nunmehr die Aufgabe, für die Werthe der zu den Repräsentanten einer Transformation n^{ten} Grades gehörigen φ-Functionen andere analytische Ausdrücke zu finden, die uns unmittelbar durch die in der letzten Vorlesung entwickelte Transformationstheorie geliefert werden. Nach der dort gefundenen Beziehung (34) nämlich war

$$\sqrt{k} = (\sqrt{c})^n \left\{\sin\operatorname{coam}\left(\frac{m\eta}{n}\right) \sin\operatorname{coam}\left(\frac{2m\eta}{n}\right) \ldots \sin\operatorname{coam}\left(\frac{n-1}{2}\,\frac{m\eta}{n}\right)\right\}^2,$$

worin m eine beliebige zu n relativ prime Zahl bedeutete,

$$\eta = \frac{\omega}{2}\,[pt' - q\,.\,16\,\xi + qt\tau]$$

war, wenn $pt' - q\,.\,16\,\xi$ und qt ebenfalls relativ prim waren, und endlich $\sqrt{k}$ und $\sqrt{c}$ jene eindeutigen durch die Quotienten der ϑ-Functionen gegebenen Werthe vorstellten; durch Quadratwurzelausziehung erhält man, wenn ausserdem $m = 2$ gesetzt wird,

$$\sqrt[4]{k} = \left(\sqrt[4]{c}\right)^n \sin\operatorname{coam}\frac{2\eta}{n} \sin\operatorname{coam}\frac{4\eta}{n} \ldots \sin\operatorname{coam}\frac{(n-1)\eta}{n},$$

und wenn man festsetzt, dass das Zeichen von $\sqrt[4]{c}$ so genommen werden soll, dass

---

$$u\alpha_0 = 16\,\xi$$
$$16\,x\alpha_0 + u'\beta_0 = -1$$
$$u\alpha_1 = n$$
$$16\,x\alpha_1 + u'\beta_1 = 0,$$

und es wird u als grösster gemeinsamer Theiler zwischen $16\,\xi$ und n, vorausgesetzt, dass n eine Primzahl ist, die Einheit sein, während $u' = n$, $\alpha_0 = 16\,\xi$, $\alpha_1 = n$ wird, und es bleiben daher nur die Gleichungen zu befriedigen

$$16\,x\,.\,16\,\xi + n\beta_0 = -1 \quad \text{und} \quad 16\,x + \beta_1 = 0;$$

hieraus geht hervor, dass, wenn $x = \xi$ sein soll, d. h. wenn die resultirende ψ-Function zu demselben Repräsentanten gehören soll, dem die zu Grunde gelegte φ-Function angehört,

$$(16\,\xi)^2 + n\beta_0 = -1 \quad \text{oder} \quad 1 + (16\,\xi)^2 \equiv 0 \pmod{n}$$

sein muss, d. h. es muss -1 Rest von n, also $n = 4m + 1$ und $16\,\xi$ die Auflösung der Congruenz

$$z^2 \equiv -1 \pmod{n}$$

sein; da diese Congruenz jedoch, wenn n eine Primzahl ist, nur zwei incongruente Auflösungen z_1 und $-z_1$ hat, so werden nur zwei Werthe von ξ, nämlich diejenigen, welche den beiden Gleichungen

$$16\,\xi = z_1 + k\,.\,n \quad \text{und} \quad 16\,\xi = -z_1 + k\,.\,n$$

genügen und zugleich $< n$ sind, so beschaffen sein, dass $x = \xi$, $u = 1$, $u' = n$ wird, dass also die Lösung

$$\varphi\left(\frac{\tau - 16\,\xi}{n}\right)$$

übergeht in

$$\left(\frac{2}{n}\right)\psi\left(\frac{\tau - 16\,\xi}{n}\right) = \psi\left(\frac{\tau - 16\,\xi}{n}\right),$$

da n von der Form $4m + 1$ sein musste.

$$\sqrt[4]{c} = \varphi(\tau)$$

ist, und in diesem Falle der entsprechende Werth von $\sqrt[4]{k}$ mit v bezeichnet werde, so ergiebt sich

$$(35)\quad v = (\sqrt[4]{c})^n \sin\operatorname{coam}\frac{2\eta}{n}\sin\operatorname{coam}\frac{4\eta}{n}\ldots\sin\operatorname{coam}\frac{(n-1)\eta}{n}.$$

Da aber ausserdem sich Werthe der vierten Wurzel aus dem transformirten Integralmodul als eindeutige φ-Functionen der transformirten ϑ-Moduln darstellen lassen in der Form

$$(36)\ \ldots\ldots\ldots\ldots \quad \sqrt[4]{k} = \varphi\left(\frac{t\tau - 16\xi}{t'}\right),$$

wenn die zugehörige Transformation durch das Schema

$$\begin{vmatrix} t & 0 \\ 16\xi & t' \end{vmatrix}$$

bezeichnet wird, so fragt es sich, wie die offenbar nur durch das Vorzeichen unterschiedenen Werthe (35) und (36) sich zu einander verhalten. Betrachten wir zuerst alle in der Form

$$\begin{vmatrix} 1 & 0 \\ 16\xi & n \end{vmatrix}$$

enthaltenen Repräsentanten, so wird man nach Früherem in (35)

$$\eta = \frac{\omega}{2}(\tau - 16\xi)$$

setzen dürfen*) und erhält

---

*) Es bedarf noch einer näheren Begründung, weshalb dieser Werth von η in (35) gesetzt werden darf, oder vielmehr es muss gefragt werden, ob alle andern Werthe von η, welche für diesen Repräsentanten in der Form

$$\eta = \frac{\omega}{2}[pn - 16\xi q + q\tau]$$

enthalten sind, den Werth von v nicht ändern, was aus der Transformationstheorie für $\sqrt{k}$ unmittelbar ersichtlich war, für die Quadratwurzel aus $\sqrt{k}$ aber folgendermassen eingesehen werden kann. Es ist nämlich nach der Definition der sin coam

$$\sin\operatorname{coam}\frac{2\eta}{n} = \sin\operatorname{coam}\left(p\omega + q\omega\frac{\tau - 16\xi}{n}\right) = \sin\operatorname{coam} q\omega\frac{\tau - 16\xi}{n},$$

$$\sin\operatorname{coam}\frac{4\eta}{n} = \sin\operatorname{coam}\left(2p\omega + 2q\omega\frac{\tau - 16\xi}{n}\right) = \sin\operatorname{coam} 2q\omega\frac{\tau - 16\xi}{n},$$

. . . .

$$\sin\operatorname{coam}\frac{(n-1)\eta}{n} = \sin\operatorname{coam}\left(\frac{n-1}{2}p\omega + \frac{n-1}{2}q\omega\frac{\tau - 16\xi}{n}\right)$$

$$= \sin\operatorname{coam}\frac{n-1}{2}q\omega\frac{\tau - 16\xi}{n},$$

und daher, wenn man berücksichtigt, dass

$$pn - 16\xi q \text{ und } q$$

relativ prim sein sollen, also q mit n keinen gemeinsamen Theiler haben darf, und somit die Zahlen

$$(37)\ .\quad v = (\sqrt[4]{c})^n \sin\operatorname{coam} \omega \frac{\tau - 16\xi}{n} \sin\operatorname{coam} 2\omega \frac{\tau - 16\xi}{n} \times$$
$$\ldots \sin\operatorname{coam} \frac{n-1}{2}\omega \frac{\tau - 16\xi}{n}$$

oder da

$$\sin\operatorname{coam} \frac{n-1}{2}\omega \frac{\tau-16\xi}{n} = \sin\operatorname{coam} \frac{\omega}{2} \frac{\tau-16\xi}{n},$$
$$\sin\operatorname{coam} \frac{n-3}{2}\omega \frac{\tau-16\xi}{n} = \sin\operatorname{coam} \frac{3\omega}{2} \frac{\tau-16\xi}{n}$$
$$\cdots\cdots\cdots\cdots\cdots$$

ist,

$$(38)\quad v = (\sqrt[4]{c})^n \sin\operatorname{coam} \frac{\omega}{2} \frac{\tau-16\xi}{n} \sin\operatorname{coam} \frac{2\omega}{2} \frac{\tau-16\xi}{n} \sin\operatorname{coam} \frac{3\omega}{2} \frac{\tau-16\xi}{n} \times$$
$$\ldots \sin\operatorname{coam} \frac{n-1}{2} \frac{\omega}{2} \frac{\tau-16\xi}{n}.$$

Dieser Ausdruck (38) soll nun mit dem Werthe

$$(39)\quad \varphi(\tau') = \varphi\left(\frac{\tau-16\xi}{n}\right) = \sqrt{2}\, q'^{\frac{1}{8}} \frac{(1+q'^2)(1+q'^4)(1+q'^6)\ldots}{(1+q')(1+q'^3)(1+q'^5)\ldots}$$

verglichen werden, in welchem

$$q' = e^{\pi i \tau'}, \quad \tau' = \frac{\tau - 16\xi}{n}$$

zu setzen ist, und zwar genügt es, dieselben, da sie sich nur durch das Vorzeichen unterscheiden können, für den speciellen Werth $c = 0$ zu prüfen. In diesem Falle ist aber, wie früher gezeigt worden,

$$\omega = 2\pi, \quad \omega' = \infty, \quad q = 0, \quad q' = 0,$$

und da nach den Productentwicklungen der neunzehnten Vorlesung

$$(40)\quad \sin\operatorname{coam} \frac{\omega x}{2\pi} = \frac{2}{\sqrt{c}}\, q^{\frac{1}{4}} \cos x \prod_1^\infty{}_n \frac{1 + 2q^{2n}\cos 2x + q^{4n}}{1 + 2q^{2n-1}\cos 2x + q^{4n-2}}$$

für unsere Annahme in

$$(41)\ \ldots\ldots\ \lim \sin\operatorname{coam} \frac{\omega x}{2\pi} = \lim \frac{2}{\sqrt{c}}\, q^{\frac{1}{4}} \cos x$$

übergeht, so wird, wenn in (41) statt x der Reihe nach

$$1\cdot q,\ 2\cdot q, \ldots \frac{n-1}{2}\cdot q$$

nach dem Modul n genommen die $\frac{n-1}{2}$ verschiedenen Reste

$$\pm 1,\ \pm 2, \cdots \pm \frac{n-1}{2}$$

lassen, durch Multiplication der obigen Gleichungen die Beziehung

$$\sin\operatorname{coam} \frac{2\eta}{n} \sin\operatorname{coam} \frac{4\eta}{n} \cdots \sin\operatorname{coam} \frac{n-1}{2} \frac{\eta}{n}$$
$$= \sin\operatorname{coam} \omega \cdot \frac{\tau-16\xi}{n} \sin\operatorname{coam} 2\omega \cdot \frac{\tau-16\xi}{n} \cdots \sin\operatorname{coam} \frac{n-1}{2}\omega \cdot \frac{\tau-16\xi}{n},$$

welche zeigt, dass der oben gewählte Werth für η dem Product der sin coam, also dem v denselben Werth giebt als der allgemeine.

$$\pi\,\frac{\tau-16\,\xi}{n},\quad 2\,\pi\,\frac{\tau-16\,\xi}{n},\ \ldots\ \frac{n-1}{2}\,\pi\,\frac{\tau-16\,\xi}{n}$$

gesetzt, die so entstehenden Ausdrücke mit einander multiplicirt werden und

$$\lim \cos\pi\,\frac{\tau-16\,\xi}{n}\,\cos 2\,\pi\,\frac{\tau-16\,\xi}{n}\,\cdots\,\cos\frac{n-1}{2}\,\pi\,\frac{\tau-16\,\xi}{n}\ \text{mit}\ P$$

bezeichnet wird, nach (38)

$$(42)\ \ldots\ldots\quad \lim v = \lim\left(\sqrt{c}\right)^n \frac{2^{\frac{n-1}{2}}}{\left(\sqrt{c}\right)^{\frac{n-1}{2}}}\cdot\left(q^{\frac{1}{4}}\right)^{\frac{n-1}{2}} P$$

sein; da aber $\sqrt[4]{c}$ der durch $\varphi(\tau)$ definirte Ausdruck sein sollte, der für unsern Fall in

$$2^{\frac{1}{2}}\lim q^{\frac{1}{8}}$$

übergeht, ferner

$$\lim\sqrt{c} = \lim\frac{\vartheta_2}{\vartheta_3} = 2\,q^{\frac{1}{4}}$$

und daher

$$\lim\frac{2^{\frac{n-1}{2}}\left(q^{\frac{1}{4}}\right)^{\frac{n-1}{2}}}{\left(\sqrt{c}\right)^{\frac{n-1}{2}}} = 1$$

ist, so folgt aus (42)

$$(43)\ \ldots\ldots\quad \lim v = \lim 2^{\frac{n}{2}}\,q^{\frac{n}{8}}\,P = \lim 2^{\frac{n}{2}}\,e^{\frac{\pi i n\tau}{8}}\,P,$$

welcher Ausdruck mit dem aus (39) sich ergebenden

$$(44)\ \ldots\quad \lim\varphi\left(\frac{\tau-16\,\xi}{n}\right) = \lim 2^{\frac{1}{2}}\,q'^{\frac{1}{8}} = \lim 2^{\frac{1}{2}}\,e^{\frac{\pi i}{8}\left(\frac{\tau-16\,\xi}{n}\right)}$$

zu vergleichen sein wird.

Nun ist aber

$$\lim\cos m\pi\left(\frac{\tau-16\,\xi}{n}\right) = \lim\frac{e^{m\pi\left(\frac{\tau-16\,\xi}{n}\right)i}+e^{-m\pi\left(\frac{\tau-16\,\xi}{n}\right)i}}{2}$$

$$= \lim\frac{e^{-m\pi\left(\frac{\tau-16\,\xi}{n}\right)i}}{2}\left(1+e^{2\,m\pi\left(\frac{\tau-16\,\xi}{n}\right)i}\right) = \lim\tfrac{1}{2}\,e^{-m\pi\left(\frac{\tau-16\,\xi}{n}\right)i},$$

also

$$\lim P = \lim\frac{1}{2^{\frac{n-1}{2}}}\,e^{-\left(1+2+3+\ldots+\frac{n-1}{2}\right)\left(\frac{\tau-16\,\xi}{n}\right)\pi i} = \lim\frac{e^{-\frac{n^2-1}{8}\left(\frac{\tau-16\,\xi}{n}\right)\pi i}}{2^{\frac{n-1}{2}}}$$

und daher nach (43)

$$(45)\quad \lim v = \lim 2^{\frac{1}{2}}\,e^{\frac{n\pi\tau i}{8}}\,.\,e^{-\frac{n^2-1}{8n}\tau\pi i}\,.\,e^{2\frac{n^2-1}{n}\xi\pi i} = \lim 2^{\frac{1}{2}}\,e^{\frac{\pi\tau i}{8n}}\,.\,e^{-\frac{2\,\xi\pi i}{n}},$$

so dass nach (44)

$$\lim v = \lim\varphi\left(\frac{\tau-16\,\xi}{n}\right)$$

wird, und daher für jedes τ

(46) . . . . $v = \varphi\left(\frac{\tau - 16\,\xi}{n}\right)$;

es fällt somit der für den Repräsentanten

$$\begin{vmatrix} 1 & 0 \\ 16\,\xi & n \end{vmatrix}$$

durch die Transformationstheorie gegebene Werth von $\sqrt[4]{k}$ mit dem durch die φ-Function für den transformirten ϑ-Modul gelieferten zusammen.

Betrachten wir zweitens den durch das Schema

$$\begin{vmatrix} n & 0 \\ 0 & 1 \end{vmatrix}$$

dargestellten Repräsentanten der nicht äquivalenten Klassen, so darf man nach Früherem

$$\eta = \frac{\omega}{2}$$

setzen*), und die beiden mit einander zu vergleichenden Werthe sind dann in der Form enthalten

(47) $v = (\sqrt[4]{c})^n \sin\operatorname{coam}\frac{\omega}{n} \sin\operatorname{coam}\frac{2\,\omega}{n} \cdots \sin\operatorname{coam}\frac{n-1}{2}\,\frac{\omega}{n}$

und

(48) . . . . $\varphi(\tau') = \varphi(n\tau) = 2^{\frac{1}{2}}\, q'^{\frac{1}{8}}\, \frac{(1+q'^2)(1+q'^4)\ldots}{(1+q')(1+q'^3)\ldots}$,

worin

$$q' = e^{\pi\tau' i} = e^{n\pi\tau i}$$

zu setzen ist. Um die Ausdrücke (47) und (48) wieder für unendlich kleine c mit einander zu vergleichen, setze man in (41) der Reihe nach für x die Werthe

$$\frac{2\,\pi}{n},\ \frac{4\,\pi}{n},\ \ldots\ \frac{(n-1)\,\pi}{n}$$

und erhält

$$\lim \sin\operatorname{coam}\frac{\omega}{n} \sin\operatorname{coam}\frac{2\,\omega}{n} \cdots \sin\operatorname{coam}\frac{n-1}{2}\,\frac{\omega}{n}$$

$$= \lim \frac{2^{\frac{n-1}{2}}\,(q^{\frac{1}{4}})^{\frac{n-1}{2}}}{(\sqrt{c})^{\frac{n-1}{2}}} \cos\frac{2\,\pi}{n} \cos\frac{4\,\pi}{n} \cdots \cos\frac{(n-1)\,\pi}{n},$$

also, da

---

*) wobei auch hier wie oben zu bemerken, dass der allgemeine Werth von $\frac{\eta}{n}$

$$\frac{\omega}{2}\left(\frac{p + qn\tau}{n}\right) = \left(q\tau + \frac{\tau}{n}\right)\frac{\omega}{2},$$

worin p und qn zu einander relativ prim sind, für v denselben Werth liefert, wie wenn für $\frac{\eta}{n}$ der eine in dieser Form enthaltene Werth $\frac{1}{n}$ gesetzt wird.

$$(49) \quad \ldots \quad \cos\frac{2\pi}{n}\cos\frac{4\pi}{n}\cdots\cos\frac{(n-1)\pi}{n} = \left(\frac{2}{n}\right)\frac{1}{2^{\frac{n-1}{2}}} \text{ *)}$$

ist, worin $\left(\frac{2}{n}\right)$ das Jacobi'sche Zeichen bedeutet,

$$(50) \quad \ldots \ldots \quad \lim v = \lim \left(\frac{2}{n}\right) 2^{\frac{1}{2}} q^{\frac{n}{8}} = \lim \left(\frac{2}{n}\right) 2^{\frac{1}{2}} e^{\frac{n\pi\tau i}{8}},$$

während aus dem oben aufgestellten Ausdrucke für $\varphi(\tau')$ die Gleichung folgt

$$(51) \quad \ldots\ldots\ldots \quad \lim \varphi(n\tau) = \lim 2^{\frac{1}{2}} e^{\frac{n\pi\tau i}{8}}$$

und daher die Beziehung

$$(52) \quad \ldots\ldots\ldots \quad v = \left(\frac{2}{n}\right)\varphi(n\tau);$$

die beiden Werthe fallen also zusammen, wenn das Jacobi'sche Zeichen der positiven Einheit gleich ist, während sie sich durch das Vorzeichen unterscheiden, wenn das Zeichen den Werth -1 hat.

Diese beiden speciellen Fälle der Repräsentanten nicht äquivalenter Klassen werden uns die Möglichkeit geben, die Vergleichung der durch die Ausdrücke

$$(53) \quad v = (\sqrt[4]{c})^n \sin\operatorname{coam}\frac{2\eta}{n}\sin\operatorname{coam}\frac{4\eta}{n}\cdots\sin\operatorname{coam}\frac{(n-1)\eta}{n}$$

und

$$(54) \quad \ldots\ldots\ldots \quad \sqrt[4]{k} = \varphi\left(\frac{t\tau - 16\xi}{t'}\right)$$

gegebenen Werthe, welche zu dem allgemeinen Schema eines Repräsentanten

---

*) Da nämlich für ein ungerades n

$$\frac{1+x^n}{1+x} = \left(x^2 + 2x\cos\frac{2\pi}{n} + 1\right)\left(x^2 + 2x\cos\frac{4\pi}{n} + 1\right)\cdots\left(x^2 + 2x\cos\frac{(n-1)\pi}{n} + 1\right)$$

ist, so wird, wenn man $x = i$ setzt,

1) für $n = 4\nu + 1$

$$1 = 2^{\frac{n-1}{2}} i^{2\nu}\cos\frac{2\pi}{n}\cos\frac{4\pi}{n}\cdots\cos\frac{(n-1)\pi}{n}$$

oder

$$\cos\frac{2\pi}{n}\cos\frac{4\pi}{n}\cdots\cos\frac{(n-1)\pi}{n} = \pm\frac{1}{2^{\frac{n-1}{2}}},$$

je nachdem n von der Form $8p+1$ oder $8p+5$ ist, und

2) für $n = 4\nu + 3$

$$-1 = 2^{\frac{n-1}{2}} i^{2\nu}\cos\frac{2\pi}{n}\cos\frac{4\pi}{n}\cdots\cos\frac{(n-1)\pi}{n}$$

oder

$$\cos\frac{2\pi}{n}\cos\frac{4\pi}{n}\cdots\cos\frac{(n-1)\pi}{n} = \pm\frac{1}{2^{\frac{n-1}{2}}},$$

je nachdem n von der Form $8p+7$ oder $8p+3$ ist.

$$(\alpha) \dots\dots\dots\dots\dots \begin{vmatrix} t & 0 \\ 16\xi & t' \end{vmatrix}$$

gehören, anzustellen, wobei wir wieder voraussetzen, dass die Transformationszahlen nicht alle einen gemeinsamen Theiler haben. Statt diese Transformation (α) anzuwenden, wollen wir nach einander die beiden durch die Schemata

$$\begin{vmatrix} t & 0 \\ 0 & 1 \end{vmatrix} \quad \text{und} \quad \begin{vmatrix} 1 & 0 \\ 16\xi & t' \end{vmatrix}$$

repräsentirten Transformationen ausführen. Die Anwendung der ersten Transformation

$$(\beta) \dots\dots\dots\dots\dots \begin{vmatrix} t & 0 \\ 0 & 1 \end{vmatrix}$$

giebt, wenn

$$\eta = \frac{\omega}{2}$$

gesetzt, und der dem obigen v analoge Werth der vierten Wurzel aus dem neuen Integralmodul mit w bezeichnet wird, die Gleichung

$$(55) \;.\; w = (\sqrt{c})^t \sin\operatorname{coam}\left(\frac{\omega}{t}, c\right) \sin\operatorname{coam}\left(\frac{2\,\omega}{t}, c\right) \cdots \sin\operatorname{coam}\left(\frac{t-1}{2}\,\frac{\omega}{t}, c\right),$$

während der durch die eindeutige Function des neuen ϑ-Moduls definirte Werth eben dieser Grösse nach dem Vorigen durch

$$\left(\frac{2}{t}\right) w$$

dargestellt sein wird.

Bezeichnet man nun die Perioden des durch die Transformation (β) erhaltenen Integrales mit ω_1 und ω_1', den zugehörigen Integralmodul mit λ und den transformirten ϑ-Modul mit τ_1, so wird nach den obigen Ausführungen die nunmehr angewandte Transformation

$$(\gamma) \dots\dots\dots\dots\dots \begin{vmatrix} 1 & 0 \\ 16\xi & t' \end{vmatrix}$$

für den durch die eindeutige Function des ϑ-Moduls definirten Werth von $\sqrt[4]{k}$ den folgenden in der Form des früheren v sich darstellenden Ausdruck ergeben

$$(56) \;.\; \sqrt[4]{k} = \left[\left(\frac{2}{t}\right) w\right]^{t'} \sin\operatorname{coam}\left(\omega_1\,\frac{\tau_1 - 16\,\xi}{t'}, \lambda\right) \sin\operatorname{coam}\left(2\,\omega_1\,\frac{\tau_1 - 16\,\xi}{t'}, \lambda\right) \times$$
$$\cdots \sin\operatorname{coam}\left(\frac{n-1}{2}\,\omega_1\,\frac{\tau_1 - 16\,\xi}{t'}, \lambda\right),$$

indem $\left(\frac{2}{t}\right) w$ den durch die eindeutige Function des ϑ-Moduls definirten Werth von $\sqrt[4]{\lambda}$ giebt, oder da

$$\tau_1 = t\tau, \quad tt' = n, \quad \omega = ta\omega_1,$$

wenn a den Multiplicator der ersten Transformation bedeutet, die Gleichung

$$(57)\quad \sqrt[4]{k} = \frac{2}{t}\,(\sqrt[4]{c})^n \left(\sin\operatorname{coam}\left(\frac{\omega}{t}, c\right) \sin\operatorname{coam}\left(\frac{2\,\omega}{t}, c\right) \ldots \sin\operatorname{coam}\left(\frac{n-1}{2}\,\frac{\omega}{t}, c\right)\right)^t \times$$
$$\sin\operatorname{coam}\left(\frac{\omega}{a}\,\frac{t\tau-16\,\xi}{n}, \lambda\right) \sin\operatorname{coam}\left(\frac{2\,\omega}{a}\,\frac{t\tau-16\,\xi}{n}, \lambda\right) \times$$
$$\ldots \sin\operatorname{coam}\left(\frac{t'-1}{2}\,\frac{\omega}{a}\,\frac{t\tau-16\,\xi}{n}, \lambda\right).$$

Nun ist aber nach den Gleichungen (44) und (46) der sechsundzwanzigsten Vorlesung, wenn $\eta = 1$ gesetzt und mit r irgend eine ganze Zahl bezeichnet wird,

$$\sin\operatorname{coam}\left(\frac{r\omega}{a}\,\frac{t\tau-16\,\xi}{n}, \lambda\right) = \frac{\cos\operatorname{am}\left(\frac{r\omega}{a}\,\frac{t\tau-16\,\xi}{n}, \lambda\right)}{\Delta\operatorname{am}\left(\frac{r\omega}{a}\,\frac{t\tau-16\,\xi}{n}, \lambda\right)}$$

$$= \frac{\cos\operatorname{am}\left(r\omega\,\frac{t\tau-16\,\xi}{n}, c\right)\left\{1 - \dfrac{\sin^2\operatorname{am}\left(r\omega\,\frac{t\tau-16\,\xi}{n}, c\right)}{\sin^2\operatorname{coam}\left(\frac{\omega}{t}, c\right)}\right\}}{\Delta\operatorname{am}\left(r\omega\,\frac{t\tau-16\,\xi}{n}, c\right)\left\{1 - c^2\sin^2\operatorname{am}\left(r\omega\,\frac{t\tau-16\,\xi}{n}, c\right)\sin^2\operatorname{coam}\left(\frac{\omega}{t}, c\right)\right\}} \times$$

$$\frac{\ldots\left\{1 - \dfrac{\sin^2\operatorname{am}\left(r\omega\,\frac{t\tau-16\,\xi}{n}, c\right)}{\sin^2\operatorname{coam}\left(\frac{t-1}{2}\,\frac{\omega}{t}, c\right)}\right\}}{\ldots\left\{1 - c^2\sin^2\operatorname{am}\left(r\omega\,\frac{t\tau-16\,\xi}{n}, c\right)\sin^2\operatorname{coam}\left(\frac{t-1}{2}\,\frac{\omega}{t}, c\right)\right\}}$$

und nach den Additionsformeln der ϑ-Functionen

$$\frac{\sin^2\operatorname{coam}\left(\frac{p\,\omega}{t}\right) - \sin^2\operatorname{coam}\left(r\,\omega\,\frac{t\tau-16\,\xi}{n}\right)}{1 - c^2\sin^2\operatorname{am}\left(r\,\omega\,\frac{t\tau-16\,\xi}{n}\right)\sin^2\operatorname{coam}\left(\frac{p\,\omega}{t}\right)}$$

$$= \frac{1}{c}\;\frac{\vartheta\left(\frac{2\,p}{t}\right)_2^2 \vartheta\left(2\,r\,\frac{t\tau-16\,\xi}{n}\right)_0^2 - \vartheta\left(\frac{2\,p}{t}\right)_3^2 \vartheta\left(2\,r\,\frac{t\tau-16\,\xi}{n}\right)_1^2}{\vartheta\left(\frac{2\,p}{t}\right)_3^2 \vartheta\left(2\,r\,\frac{t\tau-16\,\xi}{n}\right)_0^2 - \vartheta\left(\frac{2\,p}{t}\right)_2^2 \vartheta\left(2\,r\,\frac{t\tau-16\,\xi}{n}\right)_1^2}$$

$$= \frac{1}{c}\;\frac{\vartheta\left(2\,r\,\frac{t\tau-16\,\xi}{n} + \frac{2\,p}{t}\right)_2 \vartheta\left(2\,r\,\frac{t\tau-16\,\xi}{n} - \frac{2\,p}{t}\right)_2}{\vartheta\left(2\,r\,\frac{t\tau-16\,\xi}{n} + \frac{2\,p}{t}\right)_3 \vartheta\left(2\,r\,\frac{t\tau-16\,\xi}{n} - \frac{2\,p}{t}\right)_3}$$

$$= \sin\operatorname{coam}\left[\omega\left(r\,\frac{t\tau-16\,\xi}{n} + \frac{p}{t}\right)\right] \sin\operatorname{coam}\left[\omega\left(r\,\frac{t\tau-16\,\xi}{n} - \frac{p}{t}\right)\right];$$

es geht daher der obige Ausdruck (57) in den folgenden über:

$$(58)\quad \sqrt[4]{k} = \left(\frac{2}{t}\right)(\sqrt[4]{c})^n.\sin\operatorname{coam}\left(\frac{\omega}{t}, c\right)\sin\operatorname{coam}\left(\frac{2\,\omega}{t}, c\right)\ldots\sin\operatorname{coam}\left(\frac{t-1}{2}\,\frac{\omega}{t}, c\right)\times$$
$$\sin\operatorname{coam}\left(\omega\,\frac{t\tau-16\,\xi}{n}, c\right)\sin\operatorname{coam}\left(2\,\omega\,\frac{t\tau-16\,\xi}{n}, c\right)\ldots\sin\operatorname{coam}\left(\frac{t'-1}{2}\,\omega\,\frac{t\tau-16\,\xi}{n}, c\right)\times$$
$$\prod_{p=1,2,\ldots\frac{t-1}{2}} \cdot \prod_{r=1,2,\ldots\frac{t'-1}{2}} \sin\operatorname{coam}\left[\omega\left(r\,\frac{t\tau-16\,\xi}{n} + \frac{p}{t}\right), c\right]\sin\operatorname{coam}\left[\omega\left(r\,\frac{t\tau-16\,\xi}{n} - \frac{p}{t}\right), c\right]$$

oder auch in

$$(59)\qquad \sqrt[4]{k} = \left(\frac{2}{t}\right)(\sqrt[4]{c})^n \prod_{\varrho=1,2,\ldots\frac{n-1}{2}} \sin\operatorname{coam}\left(\varrho\,\omega\,\frac{t\tau-16\,\xi}{n}, c\right),$$

wie leicht ersichtlich, wenn man erwägt, dass ξ und t zu einander relativ prim vorausgesetzt werden, und, wenn ϱ ein Vielfaches von t' bedeutet, die Argumente der sin coam von der Form

$$\frac{p\,\omega}{t}$$

sind. Sind nun t und $16\,\xi$ relativ prim, so wird für die unmittelbare Anwendung der Transformation

$$\begin{vmatrix} t & 0 \\ 16\,\xi & t' \end{vmatrix}$$

nach Früherem

$$\eta = \frac{\omega}{2}(t\tau - 16\,\xi)$$

gesetzt werden dürfen, und es geht dann die mit v bezeichnete vierte Wurzel des Integralmoduls in

$$(60)\qquad v = (\sqrt[4]{c})^n \,.\, \sin\operatorname{coam}\omega\,\frac{t\tau-16\,\xi}{n}\,\sin\operatorname{coam}2\,\omega\,\frac{t\tau-16\,\xi}{n}\times$$
$$\ldots\sin\operatorname{coam}\frac{n-1}{2}\,\omega\,\frac{t\tau-16\,\xi}{n}$$

über, so dass, da der Ausdruck (59) die Grösse

$$\varphi\left(\frac{t\tau-16\,\xi}{t'}\right)$$

darstellt, der Ausdruck

$$(61)\;\ldots\ldots\ldots\ldots\qquad v = \left(\frac{2}{t}\right)\varphi\left(\frac{t\tau-16\,\xi}{t'}\right)$$

sich ergeben würde. Um einzusehen, dass dieselbe Relation auch statthat, wenn t und $16\,\xi$ nicht relativ prim sind, nehme man für η bei Anwendung der zweiten der oben bezeichneten Substitutionen

$$\begin{vmatrix} 1 & 0 \\ 16\,\xi & t' \end{vmatrix}$$

den Werth

$$\eta = \frac{\omega}{2}\left(q\tau_1 + pt' - q\,.\,16\,\xi\right),$$

worin $pt' - q\,.\,16\,\xi$ zu qt relativ prim sein soll, so wird in dem vorher erhaltenen Ausdrucke für $\sqrt[4]{k}$ das Argument von sin coam

$$\omega\left(r\,\frac{qt\tau + pt' - q\,.\,16\,\xi}{n} \pm \frac{p'}{t}\right)$$

lauten, und $\sqrt[4]{k}$ daher vermöge der Eigenschaft, dass, wie oben t zu $16\,\xi$, hier

$$pt' - q\,.\,16\,\xi \quad \text{zu} \quad q\,.\,t$$

relativ prim ist, in die Form

$$(62)\quad \sqrt[4]{k} = \left(\frac{2}{t}\right)(\sqrt[4]{c})^n \prod_{\varrho = 1, 2, \ldots \frac{n-1}{2}} \sin \operatorname{coam} \varrho\, \omega \left(\frac{q t \tau + p t' - q \cdot 16\, \xi}{n}\right)$$

gesetzt werden können, welches wieder von $\left(\frac{2}{t}\right)$ abgesehen genau der Werth von v ist.

Hieraus folgt allgemein, dass die durch die Ausdrücke

$$v = (\sqrt[4]{c})^n \sin \operatorname{coam} \frac{2\eta}{n} \sin \operatorname{coam} \frac{4\eta}{n} \ldots \sin \operatorname{coam} \frac{(n-1)\eta}{n}$$

und

$$\sqrt[4]{k} = \varphi\left(\frac{t\tau - 16\,\xi}{t'}\right)$$

gegebenen vierten Wurzelwerthe des transformirten Integralmoduls in der Beziehung

$$v = \left(\frac{2}{t}\right)\varphi\left(\frac{t\tau - 16\,\xi}{t'}\right)$$

zu einander stehen; die oben bewiesenen speciellen Fälle sind in diesem allgemeinen Satze enthalten. Um die v-Werthe als reine φ-Functionen einer Transformation n^{ten} Grades zu erhalten ohne den aus der positiven oder negativen Einheit bestehenden Factor, wende man auf die durch das Schema

$$\begin{vmatrix} t & 0 \\ 16\,\xi & t' \end{vmatrix}$$

dargestellte Transformation die lineare Transformation

$$\begin{vmatrix} t & 2h \\ 16 & m \end{vmatrix}$$

an, für welche $2h$ und m so zu bestimmen sind, dass

$$(63)\quad \ldots\ldots\ldots\ldots\quad mt - 32\,h = 1$$

ist, und erhält dann die Transformation n^{ten} Grades

$$(\mathrm{m})\quad \ldots\ldots\quad \begin{vmatrix} t^2 & 2\,ht \\ 16\,t' + 16\,\xi t & mt' + 32\,h\xi \end{vmatrix},$$

für welche die φ-Function des transformirten τ nach Gleichung (13), wie unmittelbar zu sehen, durch die Gleichung bestimmt ist

$$(64)\quad \ldots\quad \varphi\left(\frac{16\,t' + 16\,\xi t - t^2\tau}{-\,mt' - 32\,h\xi + 2\,ht\tau}\right) = \left(\frac{2}{t}\right)\varphi\left(\frac{t\tau - 16\,\xi}{t'}\right),$$

und diese Ausdrücke sind somit auch die Form, in der sich für einen beliebigen ungeradzahligen Transformationsgrad die v für sämmtliche Repräsentanten der nicht äquivalenten Klassen, in welchen die drei Zahlen ξ, t, t' keinen gemeinsamen Theiler haben, darstellen lassen.

Wir wollen endlich noch untersuchen, welchen Werth die φ-Function derjenigen Transformation annimmt, welche aus der successiven Anwendung von zwei Transformationen der Form (m) hervorgeht oder der Transformation

$$\begin{vmatrix} p^2 & 2hp \\ 16q + 16\xi p & mq + 32h\xi \end{vmatrix} \begin{vmatrix} p_1^2 & 2h_1p_1 \\ 16q_1 + 16\xi_1p_1 & m_1q_1 + 32h_1\xi_1 \end{vmatrix},$$

worin p, q, p_1, q_1 zu je zweien relativ prime ungerade Zahlen sein sollen, und die Zahlen m, h, m_1, h_1 den Gleichungen genügen

(65) . $mp - 32h = 1,$ (66) . $m_1p_1 - 32h_1 = 1.$

Indem nun der durch die erste Transformation erhaltene ϑ-Modul τ_1 sich in der Form

$$\tau_1 = \frac{16q + 16\xi p - p^2\tau}{2hp\tau - (mq + 32h\xi)}$$

ergiebt, und nach dem unmittelbar vorher gezeigten der Gleichung (64) gemäss der Ausdruck des φ für die aus beiden resultirende Transformation folgendermassen lautet

$$(67) \quad \ldots\ldots\ldots\ldots \left(\frac{2}{p_1}\right)\varphi\left(\frac{p_1\tau_1 - 16\xi_1}{q_1}\right)$$

$$= \left(\frac{2}{p_1}\right)\varphi\left(\frac{p_1(16q + 16\xi p) + 16\xi_1(mq + 32h\xi) - \tau(p_1p^2 + 32hp\xi_1)}{2hpq_1\tau - q_1(mq + 32h\xi)}\right),$$

so soll ein x und die Transformationszahlen einer linearen Transformation $\alpha, \beta, \gamma, \delta$ von der Beschaffenheit gesucht werden, dass die aus den Transformationen

$$\begin{vmatrix} pp_1 & 0 \\ 16x & qq_1 \end{vmatrix} \quad \text{und} \quad \begin{vmatrix} \alpha_0 & \alpha_1 \\ \beta_0 & \beta_1 \end{vmatrix},$$

worin

$$(68) \quad \ldots\ldots\ldots\ldots \alpha_0\beta_1 - \alpha_1\beta_0 = 1$$

ist, zusammengesetzte Transformation

$$\begin{vmatrix} pp_1\alpha_0 & pp_1\alpha_1 \\ 16x\alpha_0 + qq_1\beta_0 & 16x\alpha_1 + qq_1\beta_1 \end{vmatrix}$$

für die φ-Function einen Werth liefert, welcher von dem Factor $\left(\frac{2}{p_1}\right)$ abgesehen dem durch den Ausdruck (67) gegebenen gleich ist. Um die Möglichkeit dieser Bestimmung nachzuweisen, werden wir nur die Gleichungen zu erfüllen haben

(69) ..... $pp_1\alpha_0 = p_1p^2 + 32hp\xi_1,$

(70) ..... $pp_1\alpha_1 = 2hpq_1,$

(71) $16x\alpha_0 + qq_1\beta_0 = 16p_1(q + p\xi) + 16\xi_1(mq + 32h\xi),$

(72) $16x\alpha_1 + qq_1\beta_1 = q_1(mq + 32h\xi),$

aus denen sich für α_0 und α_1 die Ausdrücke ergeben

$$(73) \quad \ldots\ldots\ldots\ldots \alpha_0 = p + 32\xi_1\frac{h}{p_1},$$

$$(74) \quad \ldots\ldots\ldots\ldots \alpha_1 = 2q_1\frac{h}{p_1},$$

während die Grössen x, β_0, β_1 den beiden Gleichungen (71) und (72) genügen müssen, oder, was dasselbe ist, den Gleichungen (68) und (72).

Um zu zeigen, dass man die Gleichungen (68), (72), (73), (74) durch ganze Zahlen befriedigen kann, bestimme man das bei der ersten Transformation noch willkührlich gebliebene h, welches nur der Gleichung (65) genügen musste, so, dass es durch p_1 und q_1 theilbar, mit q jedoch relativ prim ist. Und diese Bestimmung ist möglich; denn bezeichne h_0 einen Werth des h aus Gleichung (65), so werden alle Werthe in der Form $h_0 + vp$ enthalten sein, worin v eine beliebige ganze Zahl bedeutet, und setzt man sodann

$$h_0 + vp = wp_1 q_1,$$

so ist, da p mit $p_1 q_1$ der Voraussetzung nach keinen gemeinsamen Theiler hat, das w stets bestimmbar, und es werden somit, wenn einer dieser Werthe mit w_0 bezeichnet wird, sämmtliche Werthe des h durch den Ausdruck

$$(w_0 + fp) p_1 q_1$$

darstellbar sein, worin f eine beliebige ganze Zahl bedeutet. Gesetzt nun, es wäre w_0 nicht selbst schon relativ prim zu q, so wird sich jedenfalls nach dem arithmetischen Hülfssatze der sechsundzwanzigsten Vorlesung ein f so bestimmen lassen, dass

$$w_0 + fp \text{ zu } q$$

relativ prim ist, da p mit q keinen gemeinsamen Theiler hat, und es wird dann das so bestimmte

$$h = (w_0 + fp) p_1 q_1$$

den drei geforderten Bedingungen genügen.

Nach diesen Bestimmungen ist aus (73) und (74) ersichtlich, dass α_0 eine ungerade, α_1 eine gerade ganze Zahl wird.

Was ferner die Gleichung (72) angeht, die mit Hülfe des vorher gefundenen Werthes von α_1 die Form annimmt

$$(75) \quad \ldots\ldots\ldots \quad 32 \frac{h}{p_1} x + q\beta_1 = mq + 32h\xi,$$

so wird diese, da $\frac{h}{p_1}$ mit q keinen gemeinsamen Theiler hat, stets auflösbar und die allgemeine Form der sich hieraus ergebenden Auflösungen die folgende sein

$$\beta_1 = B_1 + 32u\frac{h}{p_1}$$
$$x = x_1 - qu,$$

wenn u eine beliebige ganze Zahl vorstellt, und es wird sich nunmehr nur noch darum handeln, das u und β_0 so zu bestimmen, dass der Gleichung (68) genügt wird. Setzt man aber die oben gefundenen Werthe von α_1 und β_1 in diese Gleichung ein, so erhält man

$$32\alpha_0 \frac{h}{p_1} u - 2q_1 \frac{h}{p_1} \beta_0 = 1 - \alpha_0 B_1$$

oder

$$(76) \quad \ldots\ldots\ldots \quad 16\,\alpha_0 u - q_1 \beta_0 = \frac{1-\alpha_0 B_1}{2\dfrac{h}{p_1}},$$

und es wird daher, da q_1 der Voraussetzung nach in $\frac{h}{p_1}$ aufgeht, also zu

$$\alpha_0 = p + 32\,\xi_1 \frac{h}{p_1}$$

relativ prim ist, die Bestimmung der Grössen u und β_0 möglich sein, wenn nachgewiesen ist, dass die Grösse

$$\frac{1-\alpha_0 B_1}{2\dfrac{h}{p_1}}$$

eine ganze Zahl ist. Da aber B_1 und x_1 Lösungen von (75) sind, so besteht die Gleichung

$$32\frac{h}{p_1}x_1 + qB_1 = mq + 32\,h\,\xi$$

oder wegen

$$m = \frac{1+32\,h}{p}$$

die Beziehung

$$32\,px_1\frac{h}{p_1} = q\,(1-pB_1) + 32\,h\,(q+p\,\xi)$$

und daher

$$16\,px_1 = q\,\frac{1-pB_1}{2\dfrac{h}{p_1}} + 16\,(q+p\,\xi)\,p_1,$$

woraus ersichtlich, dass, weil $\frac{h}{p_1}$ und q relativ prim sind,

$$\frac{1-pB_1}{2\dfrac{h}{p_1}}$$

eine ganze Zahl ist. Da aber endlich

$$1-\alpha_0 B_1 = 1 - pB_1 - 32\,\xi_1 B_1 \frac{h}{p_1},$$

so folgt hieraus, dass auch $1-\alpha_0 B_1$ durch $2\frac{h}{p_1}$ theilbar ist.

Es ist somit gezeigt, dass sich aus den vorgelegten Gleichungen die Grössen α_0, α_1, β_0, β_1, x als ganze Zahlen bestimmen lassen und zwar α_0 und β_1 als ungerade, α_1 und β_0 als gerade Zahlen, von denen die letztere als Multiplum von 16, wie aus Gleichung (72) hervorgeht.

Bezeichnet man nun den der Transformation

$$\begin{vmatrix} pp_1 & 0 \\ 16\,x & qq_1 \end{vmatrix}$$

entsprechenden ϑ-Modul von τ', so wird das φ des aus eben dieser und der linearen

$$\begin{vmatrix} \alpha_0 & \alpha_1 \\ \beta_0 & \beta_1 \end{vmatrix}$$

zusammengesetzten Transformation nach (13)

$$\varphi\left(\frac{\beta_0 - \alpha_0\tau'}{\alpha_1\tau' - \beta_1}\right) = e^{-\frac{i\pi\alpha_0\beta_0}{8}}\left(\frac{2}{\alpha_0}\right)\varphi(\tau')$$

oder da $\beta_0 \equiv 0$ (mod. 16) und $\alpha_0 \equiv p$ (mod. 32)

$$\varphi\left(\frac{\beta_0 - \alpha_0\tau'}{\alpha_1\tau' - \beta_1}\right) = \left(\frac{2}{p}\right)\varphi(\tau') = \left(\frac{2}{p}\right)\varphi\left(\frac{pp_1\tau - 16x}{qq_1}\right),$$

und *es nimmt somit das φ der Transformation, welche aus denjenigen beiden zusammengesetzt ist, deren φ-Functionen durch die Werthe*

$$\left(\frac{2}{p}\right)\varphi\left(\frac{p\tau - 16\xi}{q}\right),\quad \left(\frac{2}{p_1}\right)\varphi\left(\frac{p_1\tau - 16\xi_1}{q_1}\right)$$

dargestellt werden, die Form an

$$\left(\frac{2}{pp_1}\right)\varphi\left(\frac{pp_1\tau - 16x}{qq_1}\right),$$

worin das x aus den ξ und ξ_1 nach den oben aufgestellten Gleichungen zu bestimmen ist.

Aehnliche Untersuchungen wie die für die φ-Function angestellten lassen sich genau in derselben Weise nach denselben Methoden für die ψ- und χ-Function durchführen, und man erkennt leicht, dass allgemein, wenn die in der Transformationstheorie gefundenen Ausdrücke, in denen $m = 2$ gesetzt wird,

$$(77) \quad v_1 = \frac{(\sqrt[4]{c_1})^n}{\Delta\,\mathrm{am}\,\frac{2\eta}{n}\,\Delta\,\mathrm{am}\,\frac{4\eta}{n}\cdots\Delta\,\mathrm{am}\,\frac{(n-1)\eta}{n}}$$

und

$$(78) \quad V = (\sqrt[4]{cc_1})^n\frac{\sin\mathrm{coam}\,\frac{2\eta}{n}\,\sin\mathrm{coam}\,\frac{4\eta}{n}\cdots\sin\mathrm{coam}\,\frac{(n-1)\eta}{n}}{\Delta\,\mathrm{am}\,\frac{2\eta}{n}\,\Delta\,\mathrm{am}\,\frac{4\eta}{n}\cdots\Delta\,\mathrm{am}\,\frac{(n-1)\eta}{n}}$$

sind, worin $\sqrt[4]{c_1}$ und $\sqrt[4]{cc_1}$ die durch die Grössen $\psi(\tau)$ und $\chi(\tau)$ definirten eindeutigen Functionen von t bedeuten, für die allgemeine Transformation n^{ten} Grades

$$\begin{vmatrix} t & 0 \\ 16\xi & t' \end{vmatrix}$$

die Gleichungen statthaben

$$(79) \quad v_1 = \left(\frac{2}{t'}\right)\psi\left(\frac{t\tau - 16\xi}{t'}\right)$$

$$(80) \quad V = \left(\frac{2}{n}\right)\chi\left(\frac{t\tau - 16\xi}{t'}\right),$$

und weiter werden sich ähnliche Sätze für die Zusammensetzung von Transformationen, wie es unmittelbar vorher für die φ-Function geschehen, für die ψ- und χ-Function entwickeln lassen.

Achtundzwanzigste Vorlesung.

Die Modulargleichungen.

Es wird sich in dieser Vorlesung darum handeln, diejenigen Gleichungen herzuleiten, deren Lösungen die vierten Wurzeln der zu den sämmtlichen Repräsentanten der nicht äquivalenten Klassen gehörigen Integralmoduln sind, wie sie durch die Grösse v der Transformationstheorie gegeben sind, und deren Coefficienten ganze rationale Functionen der vierten Wurzel u aus dem vorgelegten Integralmodul darstellen.

Um die Existenz dieser *Modulargleichungen* nachzuweisen, gehen wir zuerst von den Transformationen aus, deren *Grad n eine Primzahl* ist, und legen den Ausdruck zu Grunde

$$(1) \quad v_\alpha = u^n \sin\operatorname{coam}\frac{2\eta_\alpha}{n}\sin\operatorname{coam}\frac{4\eta_\alpha}{n}\cdots\sin\operatorname{coam}\frac{(n-1)\eta_\alpha}{n},$$

in welchem $u = \varphi(\tau)$ und

$$(2) \quad \eta_1 = \frac{\omega}{2}\tau,\ \eta_2 = \frac{\omega}{2}(\tau - 16\cdot 1),\cdots \eta_n = \frac{\omega}{2}(\tau - 16(n-1)),\ \eta_{n+1} = \frac{\omega}{2}$$

zu setzen sind. Da nun, wie aus den Additionsformeln der elliptischen Functionen ohne Mühe hergeleitet werden kann, übrigens in der dreissigsten Vorlesung über die Multiplication der elliptischen Functionen näher ausgeführt wird, sämmtliche Factoren

$$\sin\operatorname{coam}\frac{4\eta_\alpha}{n},\ \sin\operatorname{coam}\frac{6\eta_\alpha}{n},\ \ldots \sin\operatorname{coam}\frac{(n-1)\eta_\alpha}{n}$$

sich als rationale Functionen der Grösse $\sin\operatorname{coam}\frac{2\eta_\alpha}{n}$ ausdrücken lassen, so werden wir die $n+1$ Grössen v in der Form darstellen können

$$(3) \quad \ldots \quad v_1 = u^n f\left(\sin\operatorname{coam}\frac{2\eta_1}{n}\right),\ v_2 = u^n f\left(\sin\operatorname{coam}\frac{2\eta_2}{n}\right),$$
$$\ldots v_n = u^n f\left(\sin\operatorname{coam}\frac{2\eta_n}{n}\right),\ v_{n+1} = u^n f\left(\sin\operatorname{coam}\frac{2\eta_{n+1}}{n}\right).$$

Beachtet man aber ferner, dass nach früheren Auseinandersetzungen der Werth

$$v_\alpha = u^n \sin\operatorname{coam}\frac{m\eta_\alpha}{n}\sin\operatorname{coam}\frac{2m\eta_\alpha}{n}\cdots\sin\operatorname{coam}\frac{n-1}{2}\cdot\frac{m\eta_\alpha}{n}$$

unverändert bleibt, welchen zu n relativ primen Werth man auch dem m beilegt, so wird, indem man dem m die Werthe 2, 4, … $(n-1)$ giebt,

$$(4)\begin{cases} v_1 = u^n f\left(\sin\operatorname{coam}\frac{2\eta_1}{n}\right) = u^n f\left(\sin\operatorname{coam}\frac{4\eta_1}{n}\right) = \cdots = u^n f\left(\sin\operatorname{coam}\frac{(n-1)\eta_1}{n}\right) \\ v_2 = u^n f\left(\sin\operatorname{coam}\frac{2\eta_2}{n}\right) = u^n f\left(\sin\operatorname{coam}\frac{4\eta_2}{n}\right) = \cdots = u^n f\left(\sin\operatorname{coam}\frac{(n-1)\eta_2}{n}\right) \\ \cdots\cdots\cdots\cdots\cdots \\ v_{n+1} = u^n f\left(\sin\operatorname{coam}\frac{2\eta_{n+1}}{n}\right) = u^n f\left(\sin\operatorname{coam}\frac{4\eta_{n+1}}{n}\right) = \cdots = u^n f\left(\sin\operatorname{coam}\frac{(n-1)\eta_{n+1}}{n}\right) \end{cases}$$

sein, oder wenn r eine positive ganze Zahl bedeutet,

$$(5)\ldots\quad \frac{v_1^r + v_2^r + \cdots + v_{n+1}^r}{u^{nr}} = \frac{2}{n-1}\sum_{s,\alpha} f\left(\sin\operatorname{coam}\frac{2s\eta_\alpha}{n}\right)^r,$$

worin s die Werthe $1, 2, \ldots \frac{n-1}{2}$, α die Werthe $1, 2, \ldots n+1$ annimmt.

Da sich nun die Grössen

$$\frac{2s\eta_\alpha}{n},$$

deren Anzahl $\frac{n^2-1}{2}$ ist, wie aus den Gleichungen (2) unmittelbar zu ersehen, nicht nur um ganze Vielfache der Perioden ω und ω' unterscheiden, ausserdem aber der Ausdruck

$$\sin\operatorname{coam}\left(\frac{m\omega + 2m'\omega'}{n}\right)$$

für alle ganzzahligen Combinationen der m und m' überhaupt nur $\frac{n^2-1}{2}$ von einander verschiedene Werthe annimmt, die man sich aus den Combinationen

$$\begin{array}{ll} m: 1, 2, 3, \ldots \frac{n-1}{2} & m: 0 \\ m': 0, \pm 1, \pm 2, \ldots \pm\frac{n-1}{2} & m': 1, 2, 3, \ldots \frac{n-1}{2} \end{array}$$

entstanden denken kann, so wird sich die Grösse

$$\frac{v_1^r + v_2^r + \cdots + v_{n+1}^r}{u^{nr}}$$

als eine rationale symmetrische Function der Ausdrücke

$$\sin\operatorname{coam}\left(\frac{m\omega + 2m'\omega'}{n}\right)$$

darstellen lassen. Da sich nun aus den in der dreissigsten Vorlesung zu entwickelnden Multiplicationsformeln ergiebt, dass sich jede rationale symmetrische Function eben dieser Grössen als rationale Function des Quadrats des zugehörigen Integralmoduls c^2 ausdrücken lässt, so ist nachgewiesen, dass *für jedes ganzzahlige r der Ausdruck*

$$\frac{v_1^r + v_2^r + \cdots + v_{n+1}^r}{u^{nr}}$$

eine rationale Function von u^8 ist, und dass sich somit die Grössen

$$v_1, v_2, v_3, \ldots v_n, v_{n+1}$$

oder nach den Resultaten der letzten Vorlesung die Grössen

$$\varphi\left(\frac{\tau}{n}\right),\ \varphi\left(\frac{\tau-16}{n}\right),\ \varphi\left(\frac{\tau-2.16}{n}\right),\ \ldots\ \varphi\left(\frac{\tau-(n-1)\,16}{n}\right),\ \left(\frac{2}{n}\right)\varphi(n\tau)$$

als die Lösungen einer Gleichung n^{ten} Grades von der Form

$$(6)\ \ldots\ v^{n+1}+C_1\,v^n+C_2\,v^{n-1}+\cdots+C_n\,v+C_{n+1}=0$$

darstellen lassen, deren Coefficienten rationale Functionen von u sind.

Um den Existenzbeweis einer Modulargleichung auch auf zusammengesetzte Transformationsgrade zu erweitern, sei p eine Primzahl und die zu dem Transformationsgrade p gehörige Modulargleichung $p+1^{\text{ten}}$ Grades

$$(7)\ .\ w^{p+1}+C_1\,w^p+C_2\,w^{p-1}+\cdots+C_p\,w+C_{p+1}=0,$$

deren Lösungen nach dem eben bewiesenen Satze durch

$$\varphi\left(\frac{\tau-16\xi}{p}\right)\ \text{ und }\ \left(\frac{2}{p}\right)\varphi(p\tau)=\varphi\left(\frac{16-p^2\tau}{-m+2hp\tau}\right)\text{*)}$$

dargestellt sind, so erhält man, wenn auf jede dieser Lösungen sämmtliche durch die folgenden Schemata repräsentirte Transformationen

$$\begin{vmatrix} 1 & 0 \\ 16\xi' & q \end{vmatrix}\ \begin{vmatrix} q^2 & 2h'q \\ 16 & m' \end{vmatrix},$$

worin

$$m'q-32h'=1,$$

und q eine Primzahl ist, angewendet werden, für die φ, welche aus der Zusammensetzung dieser Transformationen mit allen den obigen Lösungen entsprechenden gleichgestalteten Transformationen hervorgehen, die folgende Gleichung

$$(8)\ \ldots\ v^{q+1}+B_1\,v^q+B_1\,v^{q-1}+\cdots+B_q\,v+B_{q+1}=0,$$

in der $B_1, B_2, \ldots B_{q+1}$ rationale Functionen von w sind, und w eine jede der Lösungen der Gleichungen (7) bedeutet. Eliminirt man nun zwischen den Gleichungen (7) und (8) die Grösse w, indem man, wenn

$$w_1,\ w_2,\ \ldots\ w_{p+1}$$

die Lösungen der Gleichung (7) und

$$B_1^{(\alpha)},\ B_2^{(\alpha)},\ \ldots\ B_{q+1}^{(\alpha)}$$

die der Lösung w_α entsprechenden Coefficienten der Gleichung (8) bezeichnen, das folgende Product bildet

$$\left[v^{q+1}+B_1^{(1)}v^q+\cdots+B_q^{(1)}v+B_{q+1}^{(1)}\right]\left[v^{q+1}+B_1^{(2)}v^q+\cdots+B_q^{(2)}v+B_{q+1}^{(2)}\right]\cdots$$
$$\cdots\left[v^{q+1}+B_1^{(p+1)}v^q+\cdots+B_q^{(p+1)}v+B_{q+1}^{(p+1)}\right]=0,$$

so wird die resultirende Gleichung

---

*) nach Gleichung (64) der letzten Vorlesung, wenn m und h der Gleichung genügen

$$mp-32h=1.$$

(9) $v^{(p+1)(q+1)} + A_1 v^{(p+1)(q+1)-1} + \cdots + A_{(p+1)(q+1)-1} v + A_{(p+1)(q+1)} = 0,$

in der die Grössen

$$A_1, A_2, \ldots A_{(p+1)(q+1)}$$

als symmetrische rationale Functionen der w rationale Functionen von u bedeuten, nach dem letzten die φ-Function betreffenden Satze der letzten Vorlesung die Lösungen

$$(\alpha) \quad \varphi\left(\frac{\tau - 16\xi_1}{pq}\right), \left(\frac{2}{p}\right) \varphi\left(\frac{p\tau - 16\xi_2}{q}\right), \left(\frac{2}{q}\right) \varphi\left(\frac{q\tau - 16\xi_3}{p}\right), \left(\frac{2}{pq}\right) \varphi(pq\tau)$$

haben, in denen ξ_1 der Reihe nach die Werthe $0, 1, 2, \ldots pq - 1$
ξ_2 „ „ „ „ „ $0, 1, 2, \ldots q - 1$
ξ_3 „ „ „ „ „ $0, 1, 2, \ldots p - 1$
annimmt.

Da nun aber diese Grössen nach (61) mit den durch den Ausdruck

$$(10) \quad . \quad v = u^n \sin \operatorname{coam} \frac{2\eta}{pq} \sin \operatorname{coam} \frac{4\eta}{pq} \cdots \sin \operatorname{coam} \frac{(pq-1)\eta}{pq}$$

gegebenen Werthen für alle die η übereinstimmen, welche den $(p+1)(q+1)$ Repräsentanten der nicht äquivalenten Klassen

$$\begin{vmatrix} 1 & 0 \\ 16\xi_1 & pq \end{vmatrix} \quad \begin{vmatrix} p & 0 \\ 16\xi_2 & q \end{vmatrix} \quad \begin{vmatrix} q & 0 \\ 16\xi_3 & p \end{vmatrix} \quad \begin{vmatrix} pq & 0 \\ 0 & 1 \end{vmatrix}$$

entsprechen, so folgt, dass für einen Transformationsgrad, der aus dem Producte zweier ungleicher Primzahlen besteht, eine Modulargleichung vom $(p+1)(q+1)^{\text{ten}}$ Grade existirt, deren Lösungen durch den Ausdruck (10) oder die Grössen (α) dargestellt werden.

Schliesst man in derselben Weise weiter, indem man eine dritte, vierte Primzahl u. s. w. zu Hülfe nimmt und wieder den die Zusammensetzung der φ-Function betreffenden Satz des vorigen Paragraphen anwendet, so gelangt man zu dem Satze,

dass einem beliebigen unpaaren Transformationsgrade ohne quadratische Theiler

$$n = pqr \ldots t,$$

worin $p, q, r, \ldots t$ verschiedene Primzahlen bedeuten, eine Modulargleichung vom Grade

$$\nu = (p+1)(q+1)(r+1) \ldots (t+1)$$

entspricht von der Form

$$(11) \quad . \quad . \quad v^\nu + C_1 v^{\nu-1} + C_2 v^{\nu-2} + \cdots + C_\nu v + C_{\nu+1} = 0,$$

in der $C_1, C_2, \ldots C_\nu, C_{\nu+1}$ rationale Functionen von u, und deren Lösungen dargestellt werden durch

$$v = u^n \sin \operatorname{coam} \frac{2\eta}{n} \sin \operatorname{coam} \frac{4\eta}{n} \cdots \sin \operatorname{coam} \frac{(n-1)\eta}{n},$$

worin η der Reihe nach die den einzelnen Repräsentanten entsprechenden, oben näher definirten Werthe annimmt, oder durch

$$\left(\frac{2}{t}\right)\varphi\left(\frac{t\tau-16\xi}{t'}\right),$$

worin für t ein jeder Divisor von n, $t'=\frac{n}{t}$, und für ξ eine jede Zahl aus der Reihe

$$0,\ 1,\ 2,\ \ldots\ t'-1$$

zu setzen ist.

Es bedarf nach obiger Schlussweise keiner weiteren Auseinandersetzung, dass, wenn die ungerade Zahl n quadratische Theiler hat, die Modulargleichung, welche als Eliminationsresultat definirt ist, gleiche Wurzeln haben wird, und dass diese Gleichung mit derjenigen, deren Lösungen durch die Grössen (α) gegeben sind, übereinstimmen wird, wenn die gleichen Wurzeln weggeschafft sind.

Nachdem die Existenz der Modulargleichungen nachgewiesen, und deren Lösungen in doppelter Form dargestellt worden, gehen wir dazu über, die Eigenschaften dieser Gleichungen zu untersuchen, und beginnen mit der Herleitung des von dem transformirten Modul freien Gliedes derselben.

Der Einfachheit der Darstellung wegen behandeln wir diese Frage zuerst für den Fall, dass der Grad der Transformation ν_1 eine Primzahl ist, dass somit, wenn

$$c_1,\ c_2,\ \ldots\ c_\nu,\ c_{\nu+1}$$

rationale Functionen von u bedeuten, die Modulargleichung in der Form darstellbar ist

$$v^{\nu_1+1}+c_1 v^{\nu_1}+\ldots+c_{\nu_1} v+c_{\nu_1+1}=0,$$

deren Lösungen nach dem Früheren durch

$$v=\varphi\left(\frac{\tau-16\xi}{\nu_1}\right)\quad\text{und}\quad v=\left(\frac{2}{\nu_1}\right)\varphi(\nu_1\tau)$$

oder durch

$$v=u^{\nu_1}\sin\operatorname{coam}\frac{2\eta}{\nu_1}\sin\operatorname{coam}\frac{4\eta}{\nu_1}\cdots\sin\operatorname{coam}\frac{(\nu_1-1)\eta}{\nu_1}$$

sich ausdrücken lassen, wenn

$$\eta=\frac{\omega}{2}(\tau-16\xi)\quad\text{und}\quad=\frac{\omega}{2}$$

gesetzt werden. Da nun c_{ν_1+1} das Product aller Lösungen v darstellt, also durch den Ausdruck bestimmt wird

$$c_{\nu_1+1}=u^{\nu_1(\nu_1+1)}\,\Pi\sin\operatorname{coam}\left(\frac{m\omega+2m'\omega'}{\nu_1}\right),$$

in welchem dem m und m' die oben angegebenen Werthecombinationen beizulegen sind, ausserdem aber, wie in der Lehre von der Multiplication sich leicht ergeben wird,

$$\Pi\sin\operatorname{coam}\left(\frac{m\omega+2m'\omega'}{\nu_1}\right)=\pm\left(\frac{1}{c}\right)^{\frac{\nu_1^2-1}{4}}=\pm\left(\frac{1}{u}\right)^{\nu_1^2-1}$$

ist, so folgt

$$(\varkappa) \;\ldots\ldots\; c_{\nu_1+1} = \pm\, u^{\nu_1(\nu_1+1)} \frac{1}{u^{\nu_1^2-1}} = \varepsilon\, u^{\nu_1+1},$$

worin ε die positive oder negative Einheit bedeutet, und $u = \varphi(\tau)$ sein soll. Um die Grösse ε zu bestimmen, stelle man die Lösung m der Modulargleichung durch die Grössen α dar, so dass

$$c_{\nu_1+1} = \left(\frac{2}{\nu_1}\right) \varphi(\nu_1\tau) \cdot \varphi\left(\frac{\tau}{\nu_1}\right) \cdot \varphi\left(\frac{\tau-16}{\nu_1}\right) \cdots \varphi\left(\frac{\tau-16(\nu_1-1)}{\nu_1}\right)$$

oder

$$c_{\nu_1+1} = \left(\frac{2}{\nu_1}\right) (\sqrt{2})^{\nu_1+1} q^{\frac{\nu_1+1}{8}} \prod_m \frac{1+q^{2m\nu_1}}{1+q^{(2m-1)\nu_1}} \cdot \prod_m \frac{1+q^{\frac{2m}{\nu_1}}}{1+q^{\frac{2m-1}{\nu_1}}} \cdot \prod_m \frac{1+\alpha^{2m} q^{\frac{2m}{\nu_1}}}{1+\alpha^{2m-1} q^{\frac{2m-1}{\nu_1}}} \cdots$$

$$\cdots \prod_m \frac{1+\alpha^{2m(\nu_1-1)} q^{\frac{2m}{\nu_1}}}{1+\alpha^{(2m-1)(\nu_1-1)} q^{\frac{2m-1}{\nu_1}}}$$

wird, während in Folge der Beziehung $(\varkappa)$

$$c_{\nu_1+1} = \varepsilon\, (\sqrt{2})^{\nu_1+1} q^{\frac{\nu_1+1}{8}} \prod_m \left(\frac{1+q^{2m}}{1+q^{2m-1}}\right)^{\nu_1+1}$$

ist, und eine Vergleichung dieser beiden Ausdrücke für sehr kleine u also auch sehr kleine q zeigt, dass

$$\varepsilon = \left(\frac{2}{\nu_1}\right)$$

oder dass

$$(12) \;\ldots\ldots\ldots\ldots\; c_{\nu_1+1} = \left(\frac{2}{\nu_1}\right) u^{\nu_1+1}$$

ist.

Sei nun

$$n = \nu_1 \,.\, \nu_2,$$

wo ν_1 und ν_2 Primzahlen bedeuten, so ist die zu n gehörige Modulargleichung das oben in bestimmter Weise definirte Eliminationsresultat aus den beiden zu den Primzahlen ν_1 und ν_2 gehörigen Modulargleichungen

$$v^{\nu_1+1} + c_1 v^{\nu_1} + \cdots + c_{\nu_1} v + c_{\nu_1+1} = 0$$
$$w^{\nu_2+1} + c_1' w^{\nu_2} + \cdots + c_{\nu_2}' w + c_{\nu_2+1} = 0,$$

in denen $c_1, c_2, \ldots c_{\nu_1+1}$ rationale Functionen von u, $c_1', c_2', \ldots c'_{\nu_2+1}$ ebensolche von v darstellen, oder mit Benutzung der vorher gefundenen Werthe

$$c_{\nu_1+1} = \left(\frac{2}{\nu_1}\right) u^{\nu_1+1}, \quad c'_{\nu_2+1} = \left(\frac{2}{\nu_2}\right) v^{\nu_2+1}$$

die Gleichung

$$\left[w^{\nu_2+1} + c_1' w^{\nu_2} + \cdots + \left(\frac{2}{\nu_2}\right) v_1^{\nu_2+1}\right]\left[w^{\nu_2+1} + c_1'' w^{\nu_2} + \cdots + \left(\frac{2}{\nu_2}\right) v_2^{\nu_2+1}\right] \cdots$$
$$\cdots \left[w^{\nu_2+1} + c_1^{(\nu_1+1)} w^{\nu_2} + \cdots + \left(\frac{2}{\nu_2}\right) v_{\nu_1+1}\right] = 0,$$

in welcher $v_1, v_2, \ldots v_{\nu_1+1}$ die $\nu_1 + 1$ Lösungen der zur Transformation ν_1^{ten} Grades gehörigen Modulargleichung vorstellen. Das von w freie Glied ist somit

$$\left(\frac{2}{\nu_2}\right)^{\nu_1+1}(v_1\, v_2 \ldots v_{\nu_1+1})^{\nu_2+1} = \left(\frac{2}{\nu_2}\right)^{\nu_1+1}\left(\frac{2}{\nu_1}\right)^{\nu_2+1} u^{(\nu_1+1)(\nu_2+1)} = u^{(\nu_1+1)(\nu_2+1)}.$$

Fährt man mit denselben Schlüssen fort, so findet man für den zusammengesetzten Transformationsgrad

$$n = \nu_1 \,.\, \nu_2 \ldots \nu_\varrho,$$

worin $\nu_1, \nu_2, \ldots \nu_\varrho$ Primzahlen bedeuten, als letztes Glied der Modulargleichung

$$u^{(\nu_1+1)(\nu_2+1)\,\ldots\,(\nu_\varrho+1)},$$

während, wenn n eine Primzahl ist, dasselbe durch

$$\left(\frac{2}{n}\right) u^{n+1}$$

dargestellt wird.

Wir können nun weiter einige wesentliche Eigenschaften der Modulargleichungen ermitteln, welche später für die Bildung derselben von Wichtigkeit sein werden.

Vor allen Dingen ist leicht zu sehen, dass, wenn statt der Grösse $u = \varphi(\tau)$ der Integralmodul

$$(\alpha) \quad \ldots\ldots\ldots\ldots\ldots \quad v = \varphi\left(\frac{\tau}{n}\right)$$

zu Grunde gelegt wird, die Anwendung der Transformation n^{ten} Grades zu einer Modulargleichung führt, deren Lösungen erhalten werden, wenn man auf den durch v bestimmten ϑ-Modul die Transformationen anwendet, deren φ-Functionen durch den Ausdruck

$$(\beta) \quad \ldots\ldots\ldots\ldots\ldots \quad \left(\frac{2}{\delta}\right) \varphi\left(\frac{\delta\tau - 16\,\xi_1}{\delta_1}\right)$$

bestimmt sind, wenn $\delta\delta_1 = n$ ist; für die eine in (β) enthaltene Transformation, welche in der Form

$$\left(\frac{2}{n}\right) \varphi(n\tau)$$

enthalten ist, würde sich, da für τ hierin $\frac{\tau}{n}$ zu setzen ist, der transformirte Modul

$$\left(\frac{2}{n}\right) \varphi(\tau)$$

ergeben, und es würde sich dieses Resultat so aussprechen lassen, dass, wenn man in die Modulargleichung statt u oder $\varphi(\tau)$ die eine Grösse v nämlich $\varphi\left(\frac{\tau}{n}\right)$ setzt, dieselbe unverändert bleibt,*) wenn man statt v die Grösse $\left(\frac{2}{n}\right)\varphi(\tau)$ oder $\left(\frac{2}{n}\right)u$ setzt. Aber es wird auch nicht schwer sein einzusehen, dass, welchen der zu den Repräsentanten gehörigen

*) da sie die Modulargleichung für die Transformation n^{ten} Grades darstellt.

transformirten Moduln man auch statt u setzen mag, die Modulargleichung unverändert bleiben wird, wenn man nur statt v die Grösse $\left(\frac{2}{n}\right) u$ setzt, oder um es einfacher auszudrücken, dass

die Modulargleichung unverändert bleibt, wenn v statt u und $\left(\frac{2}{n}\right) u$ statt v gesetzt wird.

Offenbar wird dieser Satz bewiesen sein, wenn die Irreductibilität der Modulargleichung festgestellt ist, oder wenn gezeigt ist, dass, wenn eine Gleichung von der Form existirt

$$(13) \quad \ldots\ldots \quad f\left(\varphi(\tau), \left(\frac{2}{\delta}\right) \varphi\left(\frac{\delta\tau - 16x}{\delta'}\right)\right) = 0,$$

diese auch bestehen muss, wenn

$$\left(\frac{2}{t}\right) \varphi\left(\frac{t\tau - 16\xi}{t'}\right) \text{ statt } \left(\frac{2}{\delta}\right) \varphi\left(\frac{\delta\tau - 16x}{\delta'}\right)$$

gesetzt wird, wobei $\delta\delta' = tt' = n$, x unter den Zahlen $0, 1, 2, \ldots \delta' - 1$, ξ unter $0, 1, 2, \ldots t' - 1$ sich befindet.

Um dies nachzuweisen, setzen wir an Stelle der willkührlichen Grösse τ

$$\tau - 16r$$

und erhalten aus (13), da die φ-Function sich nicht ändert, wenn das Argument um ein ganzzahliges Multiplum von 16 vermehrt wird,

$$(14) \quad \ldots\ldots \quad f\left(\varphi(\tau), \left(\frac{2}{\delta}\right) \varphi\left(\frac{\delta\tau - 16(x - r\delta)}{\delta'}\right)\right) = 0.$$

Da sich nun r so bestimmen lässt, dass

$$x - r\delta \equiv \xi_1 \pmod{\delta'},$$

worin ξ_1 eine beliebig gegebene ganze Zahl $< \delta'$ ist, so sieht man, dass die Gleichung (13) das Bestehen der Gleichung

$$(15) \quad \ldots\ldots \quad f\left(\varphi(\tau), \left(\frac{2}{\delta}\right) \varphi\left(\frac{\delta\tau - 16\xi_1}{\delta'}\right)\right) = 0$$

nach sich zieht für jedes $\xi_1 < \delta'$, dass also auch die Gleichung statthat

$$(16) \quad \ldots\ldots \quad f\left(\varphi(\tau), \left(\frac{2}{\delta}\right) \varphi\left(\frac{\delta\tau}{\delta'}\right)\right) = 0.$$

Wir wollen nunmehr zeigen, dass es eine lineare Substitution für τ

$$\frac{p + q\tau}{r + s\tau}$$

giebt, für welche

$$rq - ps = 1,$$

r und q ungerade, p und s gerade Zahlen sind (von denen die erste durch 16 theilbar), und so beschaffen, dass

$$\left(\frac{2}{\delta}\right) \varphi\left(\frac{\delta\tau}{\delta'}\right) \text{ in } \varphi\left(\frac{\tau}{\delta\delta'}\right) = \varphi\left(\frac{\tau}{n}\right)$$

übergeführt wird.

Da nämlich die dem Werthe

$$\left(\frac{2}{\delta}\right)\varphi\left(\frac{\delta\tau}{\delta'}\right)$$

entsprechende Transformation nach Früherem die folgende ist

$$\begin{vmatrix} \delta^2 & 2h\delta \\ 16\delta' & m\delta' \end{vmatrix},$$

worin

$$(\varkappa) \quad \ldots\ldots\ldots\ldots\ldots \quad m\delta - 32h = 1$$

ist, so wird die zugehörige φ-Function durch Einführung der oben angegebenen linearen Transformation in

$$\varphi\left(\frac{16\delta' - \delta^2\frac{p+q\tau}{r+s\tau}}{2h\delta\frac{p+q\tau}{r+s\tau} - m\delta'}\right)$$

übergehen, also wenn sie mit

$$\varphi\left(\frac{\tau}{n}\right)$$

identisch werden soll, die folgenden Bestimmungsgleichungen nach sich ziehen

$$\begin{aligned} -\delta^2 q + 16s\delta' &= 1 \\ -\delta^2 p + 16r\delta' &= 0 \\ 2h\delta q - m\delta' s &= 0 \\ 2h\delta p - m\delta' r &= n \end{aligned}$$

oder mit Benutzung von $(\varkappa)$

$$\begin{aligned} \delta q &= -m & p &= -16\delta' \\ s\delta' &= -2h & r &= -\delta^2. \end{aligned}$$

Da ferner

$$rq - ps = \frac{\delta^2 m}{\delta} - 32\frac{h\delta'}{\delta'} = m\delta - 32h = 1$$

ist, so wird es nur darauf ankommen, m und h so zu wählen, dass q und s ganze Zahlen werden, oder dass mit Hülfe von $(\varkappa)$:

$$m \equiv 0 \pmod{\delta} \qquad 1 - m\delta \equiv 0 \pmod{16\delta'}.$$

Setzt man aber $m = \delta y$, so geht die zweite Congruenz in

$$1 - \delta^2 y = 16\delta' z$$

über, welche Gleichung, da δ^2 und $16\delta'$ relativ prim, die Lösung haben wird

$$y = \eta + 16\delta'\lambda,$$

worin λ eine beliebige ganze Zahl bedeutet. Aus $(\varkappa)$ folgt aber für ein beliebiges ganzzahliges g

$$m = \mu + 32g,$$

und es folgt daraus

$$\mu + 32g = \delta\eta + 16\delta\delta'\lambda = \delta\eta + 16n\lambda.$$

Da aber

$$\mu = \frac{1 + 32 h_1}{\delta}, \quad \eta = \frac{1 - 16 \delta' \zeta}{\delta^2}$$

ist, wenn h_1 den zu μ gehörigen Werth von h, ζ den zu η gehörigen Werth von z bezeichnet, so wird

$$\mu - \delta \eta = \frac{16 (2 h_1 + \delta' \zeta)}{\delta},$$

also $\mu - \delta\eta$ eine durch 16 theilbare ganze Zahl sein. Daraus folgt, dass die Gleichung

$$\mu - \delta\eta = 16 n \lambda - 32 g$$

sich auflösen lässt, oder dass zwei ganze Zahlen λ und g so bestimmbar sind, dass die obigen Congruenzen befriedigt werden, also q und s ganze Zahlen sind. Es werden somit q und r ungerade, p und s gerade ganze Zahlen, von denen die erste durch 16 theilbar ist. Die Gleichung (16) geht daher durch jene Linearsubstitution für τ in

$$(17) \; \ldots\ldots\ldots \quad f\left(\varphi\left(\frac{p + q\tau}{r + s\tau}\right), \; \varphi\left(\frac{\tau}{n}\right)\right) = 0$$

über, oder da

$$q = -\frac{m}{\delta} = -y = -\eta - 16\delta'\lambda = \frac{16\delta'\zeta - 1}{\delta^2} - 16\delta'\lambda = \frac{16\delta'(\zeta - \delta^2\lambda) - 1}{\delta^2} \equiv 7 \pmod 8$$

ist, nach Gleichung (13) der letzten Vorlesung in

$$(18) \; \ldots\ldots\ldots\ldots \quad f\left(\varphi(\tau), \; \varphi\left(\frac{\tau}{n}\right)\right) = 0$$

Von dieser Gleichung aus werden wir aber leicht zu der allgemeinen, deren Existenz wir nachweisen wollten, gelangen können. Wendet man nämlich auf (18) wiederum die Linearsubstitution

$$\frac{p + q\tau}{r + s\tau}$$

an, so erhält man

$$f\left(\varphi\left(\frac{p + q\tau}{r + s\tau}\right), \; \varphi\left(\frac{p + q\tau}{rn + sn\tau}\right)\right) = 0,$$

und um

$$\varphi\left(\frac{p + q\tau}{rn + sn\tau}\right) \text{ mit } \left(\frac{2}{t}\right)\varphi\left(\frac{t\tau}{t'}\right) = \varphi\left(\frac{16t' - t^2\tau}{2ht\tau - mt'}\right),$$

worin

$$mt - 32h = 1$$

ist, zu identificiren, wird man nur die Gleichungen

$$p = 16t', \; q = -t^2, \; nr = -mt', \; ns = 2ht$$

zu erfüllen brauchen. Da nun

$$r = -\frac{m}{t}, \; s = \frac{mt - 1}{16t'}$$

ist, so werden, damit r und s ganze Zahlen sind, die Gleichungen

$$m = ty, \; mt - 1 = 16t'z$$

oder da

$$m = \mu + 32g,$$

die Beziehungen

$$\mu + 32g = ty,\ t^2 y - 1 = 16t'z$$

statthaben müssen. Da aber t^2 zu $16t'$ relativ prim ist, so folgt

$$y = \eta + 16t'w,$$

also

$$\mu + 32g = t\eta + 16nw,$$

und da, wenn h_1 den zu μ gehörigen Werth von h, ζ den dem η entsprechenden Werth von z bezeichnet,

$$\mu = \frac{1 + 32h_1}{t},\ t^2\eta - 1 = 16t'\zeta,$$

so ist

$$\mu - t\eta = \frac{32h_1 - 16t'\zeta}{t}$$

also

$$\mu - t\eta \equiv 0 \pmod{16},$$

und daher die Gleichung

$$\mu - t\eta = 16nw - 32g$$

auflösbar; es lässt sich also m stets so bestimmen, dass r und s ganze Zahlen werden. Wir erhalten daher die Gleichung

$$f\left(\varphi\left(\frac{p + q\tau}{r + s\tau}\right), \left(\frac{2}{t}\right)\varphi\left(\frac{t\tau}{t'}\right)\right) = 0$$

oder nach den Grössenbestimmungen von p, q, r, s

$$f\left(\varphi(\tau), \left(\frac{2}{t}\right)\varphi\left(\frac{t\tau}{t'}\right)\right) = 0$$

und nach den am Anfange dieses Beweises durchgeführten Schlüssen auch

(19) . . . . $$f\left(\varphi(\tau), \left(\frac{2}{t}\right)\varphi\left(\frac{t\tau - 16\xi}{t'}\right)\right) = 0,$$

wodurch die *Irreductibilität der Modulargleichung nachgewiesen ist,* da jede Gleichung, deren Coefficienten ebenfalls rationale Functionen von $u = \varphi(\tau)$ sind und die eine Lösung der Modulargleichung besitzt, alle Lösungen mit ihr gemein haben muss.

Der oben ermittelten Eigenschaft der Modulargleichung für eine Vertauschung der Grössen u und v wollen wir die Besprechung zweier anderen anschliessen, die unmittelbar aus den in der letzten Vorlesung gefundenen Eigenschaften der φ-Functionen sich ergeben werden. Legt man nämlich statt des ϑ-Moduls τ den Modul $\frac{\tau}{1+\tau}$, also statt u den Integralmodul $\frac{1}{u}$ zu Grunde und wendet auf diesen eine Transformation n^{ten} Grades an, so wird nach Gleichung (33) der letzten Vorlesung

$$\left(\frac{2}{t}\right)\varphi\frac{\left(t\frac{\tau}{1+\tau} - 16\xi\right)}{t'} = \frac{1}{\left(\frac{2}{u}\right)\varphi\left(\frac{u\tau - 16x}{u'}\right)},$$

und wendet man statt auf τ auf den ϑ-Modul $-\frac{1}{\tau}$ eine Transformation n^{ten} Grades an, setzt somit statt u die durch $\psi(\tau)$ definirte vierte Wurzel aus dem complementären Integralmodul u_1, so wird nach Gleichung (27)

$$\left(\frac{2}{t}\right)\varphi\left(\frac{t\left(-\frac{1}{\tau}\right)-16\xi}{t'}\right)=\left(\frac{2}{u'}\right)\psi\left(\frac{u\tau-16x}{u'}\right),$$

und diese beiden Sätze auf die Modulargleichungen übertragen liefern somit die beiden Theoreme:

Die Modulargleichung bleibt unverändert, wenn $\frac{1}{u}$ statt u, $\frac{1}{v}$ statt v gesetzt wird;

*die Modulargleichung bleibt unverändert, wenn u_1 statt u, v_1 statt v gesetzt wird.**)

Aus den drei für die Modulargleichungen ermittelten Eigenschaften wird es leicht sein, die Form der Modulargleichungen selbst herzustellen.

Zuerst ist leicht ersichtlich, dass, wenn wir die Modulargleichung in die Form bringen

$$C_\nu v^\nu + C_1 v^{\nu-1} + \cdots + C_{\nu-1} v \pm C_\nu u^\nu = 0,$$

welche sie nothwendig nach jenem Satze von dem Producte aller ihrer Lösungen haben muss, und in welcher $C_1, C_2, \ldots C_{\nu-1}, C_\nu u^\nu$ ganze rationale Functionen von u bedeuten, die Coefficienten keine höheren Potenzen von u als die ν^{te} enthalten dürfen, da die Modulargleichung für eine Vertauschung von u mit v und v mit $\left(\frac{2}{n}\right)u$ unverändert bleiben sollte; es wird somit C_ν eine Constante sein, und *die Modulargleichung daher die Gestalt haben*

$$(20) \quad \ldots\ldots \quad v^\nu + C_1 v^{\nu-1} + \cdots + C_{\nu-1} v \pm u^\nu = 0,$$

in welcher $C_1, C_2, \ldots C_{\nu-1}$ ganze Functionen von u bedeuten.

Es lässt sich aber die Form der Coefficienten noch näher feststellen. Da nämlich, wie oben nachgewiesen, wenn n eine Primzahl bedeutet,

$$\frac{v_1^r + v_2^r + \cdots + v_{n+1}^r}{u^{nr}}$$

eine rationale Function von u^8 ist, also, wenn s_r die r^{te} Potenzsumme der Lösungen der Modulargleichung darstellt,

$$s_r = u^{nr} f(u^8),$$

*) Welches die Repräsentanten der nicht äquivalenten Klassen sind, in deren reciproken resp. complementären Werth die Lösungen der Modulargleichungen für jene Substitutionen $\frac{1}{u}$ und u_1 übergehen, lässt sich aus den in der letzten Vorlesung gegebenen Bestimmungen von x, u, u' ersehen.

so folgt nach den bekannten Gleichungen zwischen den Potenzsummen und den Coefficienten einer Gleichung

$$s_1 + C_1 = 0$$
$$s_2 + s_1 C_1 + 2C_2 = 0$$
$$\cdot \quad \cdot \quad \cdot \quad \cdot \quad \cdot \quad \cdot \quad \cdot \quad \cdot \quad \cdot,$$

dass auch

$$(21) \quad \ldots\ldots\ldots\ldots \quad C_r = u^{nr} F(u^8)$$

ist, wo C_r eine ganze Function von u sein musste; und dass eben diese Beziehung auch für die Coefficienten der Modulargleichung eines zusammengesetzten Transformationsgrades besteht, geht daraus hervor, dass die Coefficienten dieser Gleichung als symmetrische rationale Functionen der Lösungen der zu den Primzahlfactoren gehörigen Modulargleichungen dargestellt wurden, und diese sich dann offenbar nach bekannten Sätzen über symmetrische Functionen in der Form der Gleichung (21) ergeben müssen.

Es hat somit die Modulargleichung die Form

$$(22) \quad v^\nu + v^{\nu-1} u^{m_1}(a_0 + a_1 u^8 + a_2 u^{16} + \cdots) + v^{\nu-2} u^{m_2}(b_0 + b_1 u^8 + b_2 u^{16} + \cdots)$$
$$+ \cdots + v u^{m_{\nu-1}}(n_0 + n_1 u^8 + n_2 u^{16} + \cdots) \pm u^\nu = 0,$$

worin die Grössen $m_1, m_2, \ldots m_{\nu-1}$ durch die Congruenzen bestimmt sind

$$(23) \quad \ldots\ldots\ldots \quad \begin{cases} m_1 \equiv n \pmod{8} \\ m_2 \equiv 2n \pmod{8} \\ \quad\vdots \\ m_{\nu-1} \equiv (\nu-1)n \pmod{8}, \end{cases}$$

und die als Coefficienten der v-Potenzen eintretenden Functionen von u höchstens vom Grade ν sind.

Ist nun aber die allgemeine Form der Coefficienten der Modulargleichung bestimmt, so ist es leicht diese Gleichung selbst herzustellen. Da nämlich

$$u = \sqrt{2}\,\sqrt[8]{q}\,[(1+q^2)(1+q^4)(1+q^6)\ldots]^2(1-q)(1-q^3)(1-q^5)\ldots$$
$$= \sqrt{2}\,\sqrt[8]{q}\,(1 - q + 2q^2 - 3q^3 + 4q^4 - \cdots)$$
$$u^2 = \sqrt{2^2}\,\sqrt[8]{q^2}\,(1 - q + 2q^2 - 3q^3 + 4q^4 - \cdots)^2$$
$$\cdot \quad \cdot \quad \cdot \quad \cdot \quad \cdot \quad \cdot \quad \cdot \quad \cdot \quad \cdot \quad \cdot \quad \cdot \quad \cdot \quad \cdot \quad \cdot \quad \cdot,$$

und ausserdem die Lösung der Modulargleichung, welche der Transformation

$$\begin{vmatrix} n & 0 \\ 0 & 1 \end{vmatrix}$$

zugehört, durch

$$v = \left(\frac{2}{n}\right)\sqrt{2}\,\sqrt[8]{q^n}\,(1 - q^n + 2q^{2n} - 3q^{3n} + 4q^{4n} - \cdots),$$

deren Quadrat durch

$$v^2 = \sqrt{2^2}\sqrt[8]{q^{2n}}\,(1 - q^n + 2q^{2n} - 3q^{3n} + 4q^{4n} - \cdots)^2,$$

. . . .

dargestellt wird, endlich die Irrationalitäten in Bezug auf q aus der Gleichung herausfallen, da

$$v^{\nu - p}\, u^{m_p} = \left(\sqrt[8]{q}\right)^{n(\nu - p)} \left(\sqrt[8]{q}\right)^{m_p} f(q),$$

wo $f(q)$ eine Function mit nur ganzen Potenzen von q bedeutet und

$$m_p \equiv pn \pmod{8}$$

ist, so werden wir mit Rücksicht darauf, dass höhere Potenzen von u als die ν^{te} in der Gleichung nicht vorkommen dürfen, nur so viel Glieder in den unendlichen Reihen zu entwickeln brauchen, als die Anzahl der zu bestimmenden Grössen

$$a_0,\ a_1,\ \ldots\ b_0,\ b_1,\ \ldots\ n_0,\ n_1,\ \ldots$$

nöthig macht, um dieselben dadurch, dass man die einzelnen Coefficienten der Potenzen von q verschwinden lässt, zu bestimmen. Um z. B. die Modulargleichung für die Transformation dritten Grades aufzustellen, werden drei Zahlen m_1, m_2, m_3 durch die Congruenzen zu bestimmen sein

$$m_1 \equiv 3 \quad m_2 \equiv 6 \quad m_3 \equiv 9 \equiv 1 \pmod{8},$$

und es folgt, da höhere Potenzen von u als die vierte nicht vorkommen dürfen, die Gleichung

$$v^4 + a_0 v^3 u^3 + b_0 v u - u^4 = 0.$$

Setzt man nun die obigen Reihenentwicklungen für u und v und deren Potenzen in diese Gleichung ein, so ergiebt sich

$$4q(1 - 4q^3 - 4q^6 + \cdots) - 8a_0 q(1 - 3q^3 - 9q^6 + \cdots)(1 - 3q - 9q^2 + \cdots)$$
$$- 2b_0(1 - q^3 + 2q^6 + \cdots)(1 - q + 2q^2 - \cdots) - 4(1 - 4q - 4q^2 + \cdots) = 0$$

und hieraus für a_0 und b_0 die Beziehungen

$$2b_0 = -4,\ 4 - 8a_0 + 2b_0 + 16 = 0 \quad \text{also} \quad a_0 = 2,\ b_0 = -2,$$

so dass die gesuchte Modulargleichung die Form annimmt

$$(24) \quad \ldots\ldots\ldots \quad v^4 - u^4 - 2uv(1 - u^2v^2) = 0.$$

Ebenso findet man die Modulargleichungen für die Transformationen 5ten, 7ten und 11ten Grades, indem wir sie nur in der aus der obigen Methode unmittelbar sich ergebenden Gestalt darstellen

$$(25) \quad .\ . \quad v^6 - u^6 - 4uv(1 - u^4v^4) + 5u^2v^2(v^2 - u^2) = 0$$

$$(26) \quad v^8 - 8u^7v^7 + 28u^6v^6 - 56u^5v^5 + 70u^4v^4 - 56u^3v^3 + 28u^2v^2 - 8uv + u^8 = 0$$

$$(27) \quad .\ \ v^{12} - u^3v^{11}(22 - 32u^8) + 44u^6v^{10} + 22uv^9(1 + 4u^8)$$
$$+ 165u^4v^8 + 132u^7v^7 + 44u^2v^6(1 - u^8)$$
$$- 132u^5v^5 - 165u^8v^4 - 22u^3v^3(4 + u^8) - 44u^6v^2 - uv(32 - 22u^8) - u^{12} = 0.$$

Nachdem die Modulargleichungen für einen unpaaren Transformationsgrad ohne quadratischen Theiler in der Form gefunden waren:

$$v^\nu + v^{\nu-1}u^{m_1}(a_0 + a_1 u^8 + a_2 u^{16} + \cdots) + v^{\nu-2}u^{m_2}(b_0 + b_1 u^8 + b_2 u^{16} + \cdots) + \cdots$$
$$+ v u^{m_{\nu}-1}(m_0 + m_1 u^8 + m_2 u^{16} + \cdots) \pm u^\nu = 0,$$

worin die Grössen $m_1, m_2, \ldots m_{\nu-1}$ den Congruenzen genügten

$$m_1 \equiv n,\ m_2 \equiv 2n,\ \ldots\ m_{\nu-1} \equiv (\nu - 1)n \pmod{8},$$

und die Lösungen durch den Ausdruck

$$v = u^n \sin\operatorname{coam}\frac{2\eta}{n}\sin\operatorname{coam}\frac{4\eta}{n}\cdots\sin\operatorname{coam}\frac{(n-1)\eta}{n}$$

oder

$$v = \left(\frac{2}{t}\right)\varphi\left(\frac{t\tau - 16\xi}{t'}\right)$$

dargestellt waren, wenn

$$\eta = \frac{\omega}{2}(qt\tau + pt' - q\,.\,16\xi)$$

und

$$pt' - q\,.\,16\xi \text{ und } qt$$

relativ prime Zahlen bedeuteten, stellen wir uns, um später die Discriminante der Modulargleichungen herstellen zu können, die Aufgabe, die Lösungen dieser Gleichung in der Umgebung der Punkte $u = 0$ und $u = 1$ zu entwickeln.

Nun folgt aber aus

$$\varphi(\tau) = 2^{\frac{1}{2}} q^{\frac{1}{8}} \frac{(1+q^2)(1+q^4)(1+q^6)\ldots}{(1+q)(1+q^3)(1+q^5)\ldots}$$
$$= 2^{\frac{1}{2}} q^{\frac{1}{8}} (1 - q + 2q^2 - 3q^3 + 4q^4 - \ldots)$$

oder aus

$$(28)\ \ldots\quad u = \varphi(\tau) = 2^{\frac{1}{2}} e^{\frac{\pi i \tau}{8}}(1 + e^{\pi i \tau} + 2e^{2\pi i \tau} - \cdots)$$

nach dem schon häufig angewandten Umkehrungsprincip der Reihen

$$e^{\frac{\pi i \tau}{8}} = \frac{u}{2^{\frac{1}{2}}} + A_1 u^9 + A_2 u^{17} + \cdots = \frac{u}{2^{\frac{1}{2}}}(1 + B_1 u^8 + B_2 u^{16} + \cdots),$$

welche Entwicklung in den dem Ausdrucke (28) analogen

$$(29)\ \ldots\ldots\ldots\ldots\quad v = \left(\frac{2}{t}\right)\varphi\left(\frac{t\tau - 16\xi}{t'}\right)$$
$$= \left(\frac{2}{t}\right) 2^{\frac{1}{2}} e^{\frac{\pi i \tau}{8}\frac{t}{t'}} e^{-\frac{2\pi i \xi}{t'}}\left\{1 - e^{\pi i \tau \frac{t}{t'}} e^{-\frac{16\pi i \xi}{t'}} + 2e^{2\pi i \tau\frac{t}{t'}} e^{-\frac{32\pi i \xi}{t'}} - \cdots\right\}$$

eingesetzt, v nach steigenden Potenzen von u in der Form entwickelt liefert

$$v = \left(\frac{2}{t}\right) 2^{\frac{1}{2}} \frac{u^{\frac{t}{t'}}}{2^{\frac{t}{2t'}}}(1 + C_1 u^8 + \cdots) e^{-\frac{2\pi i \xi}{t'}} \left\{1 - \frac{u^{\frac{8t}{t'}}}{2^{\frac{4t}{t'}}} e^{-\frac{16\pi i \xi}{t'}}(1 + D_1 u^8 + \cdots) + \right.$$
$$\left. \frac{2u^{\frac{16t}{t'}}}{2^{\frac{8t}{t'}}} e^{-\frac{32\pi i \xi}{t'}}(1 + E_1 u^8 + \cdots) + \cdots \right\}$$

oder auch

$$(30)\quad v=\left(\frac{2}{t}\right)\frac{1}{2^{\frac{t-t'}{2t'}}}u^{\frac{t}{t'}}e^{-\frac{2\pi i\xi}{t'}}\left\{1+\sum_{\alpha,\beta}r_{\alpha,\beta}\,u^{\frac{8\alpha t+8\beta t'}{t'}}e^{-\frac{16\pi i\alpha\xi}{t'}}\right\},$$

worin α und β positive ganze Zahlen bedeuten.

Um die Entwicklungen der Wurzeln der Modulargleichungen in der Umgebung des Punktes $u=1$ zu erhalten, gehen wir von dem oben bewiesenen Satze aus, dass die Modulargleichung unverändert bleibt, wenn u_1 statt u und v_1 statt v oder besser

$$\psi(\tau) \text{ statt } \varphi(\tau) \text{ und } \left(\frac{2}{s'}\right)\psi\left(\frac{s\tau-16x}{s'}\right) \text{ statt } \left(\frac{2}{t}\right)\varphi\left(\frac{t\tau-16\xi}{t'}\right)$$

gesetzt wird, worin s, s' nach oben angegebenen Gesetzen aus t, t', ξ zusammengesetzt sind. Daraus ergiebt sich aber mit Rücksicht auf die vorher gefundene Entwicklung (30), nachdem beide Seiten in die achte Potenz erhoben worden,

$$\varphi^8\left(\frac{s\tau-16x}{s'}\right)-1=\frac{1}{2^{\frac{4(t-t')}{t'}}}(u^8-1)^{\frac{t}{t'}}e^{-\frac{16\pi i\xi}{t'}}\left\{1-\sum_{\alpha,\beta}r_{\alpha\beta}(u^8-1)^{\frac{\alpha t+\beta t'}{t'}}e^{-\frac{16\pi i\alpha\xi}{t'}}\right\}^8$$

oder

$$(31)\quad\ldots\ldots\ldots\ldots\ldots\quad \varphi^8\left(\frac{s\tau-16x}{s'}\right)$$

$$=1+\frac{1}{2^{\frac{4(t-t')}{t'}}}(u^8-1)^{\frac{t}{t'}}e^{-\frac{16\pi i\xi}{t'}}\left\{1-\sum_{\alpha,\beta}r_{\alpha\beta}(u^8-1)^{\frac{\alpha t+\beta t'}{t'}}e^{-\frac{16\pi i\alpha\xi}{t'}}\right\}^8,$$

und es bleibt, um die achte Wurzel auszuziehen, nur zu untersuchen, welchen Werth

$$\varphi\left(\frac{s\tau-16x}{s'}\right)$$

annimmt, wenn $u=1$ wird.

Betrachten wir, um die Werthe der Wurzeln der Modulargleichung für den Fall, dass $u=1$ ist, zu ermitteln, zuerst den Repräsentanten

$$\begin{vmatrix}1 & 0\\ 0 & n\end{vmatrix}$$

besonders, so wird nach dem oben angegebenen Werthe von η in diesem Falle

$$\eta=\frac{\omega}{2}(q\tau+pn),$$

worin q und pn relativ prim sind, also auch

$$\eta=\omega'$$

gesetzt werden können, und man erhält somit als Werth für die zugehörige Lösung der Modulargleichung

$$v=u^n\sin\operatorname{coam}\frac{2\omega'}{n}\sin\operatorname{coam}\frac{4\omega'}{n}\cdots\sin\operatorname{coam}\frac{(n-1)\omega'}{n};$$

da aber nach dem zweiten Falle der in der vierundzwanzigsten Vorlesung behandelten linearen Transformation

$$\lim_{u^8=1} \sin\operatorname{coam}\left(\frac{2k\omega'}{n}, u^8\right) = \lim_{u_1=0} i \operatorname{tgam}\left(\frac{\frac{\omega}{4}-\frac{2k\omega'}{n}}{i}, u_1{}^8\right) = i \operatorname{tang}\left(\frac{\frac{\omega}{4}-\frac{2k\omega'}{n}}{i}\right)_{u=1}$$

oder

$$\lim_{u^8=1} \sin\operatorname{coam}\left(\frac{2k\omega'}{n}, u^8\right) = \left(\frac{1-e^{-2\left(\frac{\omega}{4}-\frac{2k\omega'}{n}\right)}}{1+e^{-2\left(\frac{\omega}{4}-\frac{2k\omega'}{n}\right)}}\right)_{\omega=\infty,\ \omega'=2\pi i} = 1$$

ist, so ergiebt sich für den oben bezeichneten Repräsentanten

(32) . . . . $v = (u^n)_{u^8=1}$.

Gehen wir nunmehr zu dem allgemeinen Repräsentanten

$$\begin{vmatrix} t & 0 \\ 16\xi & t' \end{vmatrix}$$

über, so wird man,

I. wenn t' und 16ξ relativ prim sind, zwei ganze Zahlen p und q so bestimmen können, dass

$$pt' - q \,.\, 16\xi = 1$$

ist, und es werden dann auch

$$pt' - q \,.\, 16\xi \text{ und } qt$$

relativ prim sein, so dass

$$\eta = \frac{\omega}{2}(qt\tau + 1) = \frac{\omega}{2} + qt\omega'$$

gesetzt werden kann,*) und es wird dann

$$\lim_{u^8=1} \sin\operatorname{coam}\frac{2k\eta}{n} = \lim_{u^8=1} \sin\operatorname{am}\left(\frac{\omega}{4}-\frac{k\omega}{n}-\frac{2kqt\omega'}{n}\right)$$
$$= i \operatorname{tang}\left(\frac{\frac{\omega}{4}-\frac{k\omega}{n}-\frac{2kqt\omega'}{n}}{i}\right)_{\omega=\infty,\ \omega'=2\pi i}$$

also

$$\lim_{u=1} \sin\operatorname{coam}\frac{2k\eta}{n} = \left(\frac{1-e^{-\frac{\omega}{2}+\frac{2k\omega}{n}+\frac{4kqt\omega'}{n}}}{1+e^{-\frac{\omega}{2}+\frac{2k\omega}{n}+\frac{4kqt\omega'}{n}}}\right)_{\omega=\infty,\ \omega'=2\pi i}$$
$$= \left(\frac{e^{\frac{\omega}{2}-\frac{2k\omega}{n}-\frac{4kqt\omega'}{n}}-1}{e^{\frac{\omega}{2}-\frac{2k\omega}{n}-\frac{4kqt\omega'}{n}}+1}\right)_{\omega=\infty,\ \omega'=2\pi i}$$

sein. Ist nun $\frac{n-1}{2}$ gerade, so wird

$$e^{-\frac{\omega}{2}+\frac{2k\omega}{n}} = e^{-\frac{\omega}{2}\left(1-\frac{4k}{n}\right)}$$

---

*) Der dem Repräsentanten

$$\begin{vmatrix} n & 0 \\ 0 & 1 \end{vmatrix}$$

entsprechende Fall ist in dem obigen enthalten, wenn

$$p = 1,\ q = 0$$

gesetzt wird.

den Werth Null annehmen, so lange $n - 4k > 0$ oder $k < \frac{n}{4}$ und

$$e^{\frac{\omega}{2} - \frac{2k\omega}{n}} = e^{\frac{\omega}{2}\left(1 - \frac{4k}{n}\right)}$$

gleich Null sein, wenn $k > \frac{n}{4}$, und es nehmen daher die ersten $\frac{n-1}{4}$ Factoren von v den Werth $+1$, die weiteren $\frac{n-1}{4}$ den Werth -1 an, so dass sich in diesem Falle

$$v = (-1)^{\frac{n-1}{4}} (u^n)_{u^8=1}$$

ergiebt, oder je nachdem $n \equiv 1$ oder $\equiv 5 \pmod{8}$,

$$v = (u^n)_{u^8=1} \quad \text{oder} \quad v = -(u^n)_{u^8=1}.$$

Ist dagegen $\frac{n-1}{2}$ ungerade, dann sind die ersten $\frac{n-3}{4}$ Factoren die positive, die folgenden $\frac{n+1}{4}$ Factoren die negative Einheit, und daher

$$v = (-1)^{\frac{n+1}{4}} (u^n)_{u^8=1},$$

oder je nachdem $n \equiv 7$ oder $\equiv 3 \pmod{8}$ ist,

$$v = (u^n)_{u^8=1} \quad \text{oder} \quad v = -(u^n)_{u^8=1},$$

somit in allen Fällen mit Hülfe des Jacobi'schen Zeichens

$$(33) \quad \ldots\ldots \quad v = (-1)^{\frac{n^2-1}{8}} (u^n)_{u^8=1} = \left(\frac{2}{n}\right) (u^n)_{u^8=1}.$$

Betrachten wir ferner den Fall

II., in welchem t' und 16ξ einen grössten gemeinsamen Theiler δ haben, so können wir uns nach früher gemachten Auseinandersetzungen die zum Repräsentanten

$$\begin{vmatrix} t & 0 \\ 16\xi & t' \end{vmatrix}$$

gehörige Transformation aus den beiden Transformationen

$$\begin{vmatrix} t & 0 \\ 16\xi & \frac{t'}{\delta} \end{vmatrix} \quad \text{und} \quad \begin{vmatrix} 1 & 0 \\ 0 & \delta \end{vmatrix}$$

zusammengesetzt denken, und erhalten somit in diesem Falle mit Hülfe der Zusammensetzung der beiden in (32) und (33) ausgesprochenen Resultate

$$(34) \quad \ldots\ldots \quad v = \left[\left(\frac{2}{\frac{tt'}{\delta}}\right) \left(u^{\frac{tt'}{\delta}}\right)_{u^8=1}\right]^{\delta} = \left(\frac{2}{\frac{n}{\delta}}\right) (u^n)_{u^8=1}.$$

Da nun auch

$$v = \left(\frac{2}{t}\right) \varphi\left(\frac{t\tau - 16\xi}{t'}\right)$$

ist, so folgt

$$\varphi\left(\frac{t\tau - 16\,\xi}{t'}\right) = \left(\frac{2}{t}\right)\left(\frac{2}{\frac{n}{\delta}}\right)(u^n)_{u^8=1}$$

oder auch, wie unmittelbar zu sehen,

$$(35) \quad \ldots\ldots\ldots \quad \varphi\left(\frac{t\tau - 16\,\xi}{t'}\right) = \left(\frac{2}{\frac{t'}{\delta}}\right)(u^n)_{u^8=1},$$

worin δ den grössten gemeinschaftlichen Theiler von t' und $16\,\xi$ bedeutet.

Hiermit lässt sich aber die Zeichenbestimmung in Gleichung (31) ausführen; denn setzt man dort $u^8 = 1$, so wird nach (35), wenn d den grössten gemeinschaftlichen Theiler zwischen s' und $16\,x$ bedeutet

$$\varphi\left(\frac{s\tau - 16\,x}{s'}\right) = \left(\frac{2}{\frac{s'}{d}}\right)(u^n)_{u^8=1},$$

und daher

$$\varphi\left(\frac{s\tau - 16\,x}{s'}\right)$$

$$= \left(\frac{2}{\frac{s'}{d}}\right)(u^n)_{u^8=1}\left\{1 + \frac{1}{2^{4\left(\frac{t-t'}{t'}\right)}}(u^8-1)^{\frac{t}{t'}}e^{-\frac{16\pi i\xi}{t'}}\left(1 - \sum_{\alpha,\beta} r_{\alpha\beta}(u^8-1)^{\frac{\alpha t+\beta t'}{t'}}e^{-\frac{16\pi i\alpha\xi}{t'}}\right)^8\right\}^{\frac{1}{8}},$$

oder endlich, wenn man berücksichtigt, dass

$$\left(\frac{2}{s}\right)\left(\frac{2}{\frac{s'}{d}}\right) = \left(\frac{2}{\frac{n}{d}}\right),$$

dass ferner nach den Auseinandersetzungen der letzten Vorlesung, wenn nur s und s' statt u und u' gesetzt werden,

$$s = \frac{16\,\xi}{\alpha} = \frac{t'}{\beta}, \quad s' = \frac{n\beta}{t'} = \beta t,$$

$$16\,x\beta = -s'\delta = -\beta t\delta \quad \text{oder} \quad 16\,x = -t\delta$$

ist, und somit der grösste gemeinschaftliche Theiler zwischen s' und $16\,x$ $d = t$ ist, die zum Repräsentanten

$$\begin{vmatrix} s & 0 \\ 16\,x & s' \end{vmatrix}$$

gehörige Lösung der Modulargleichung

$$v = \left(\frac{2}{s}\right)\varphi\left(\frac{s\tau - 16\,x}{s'}\right)$$

in der Form

$$(36)\ v = \left(\frac{2}{t'}\right)(u^n)_{u^8=1}\left\{1 + \frac{1}{2^{\frac{4(t-t')}{t'}}}(u^8-1)^{\frac{t}{t'}}e^{-\frac{16\pi i\xi}{t'}}\left(1 - \sum_{\alpha,\beta} r_{\alpha\beta}(u^8-1)^{\frac{\alpha t+\beta t'}{t'}}e^{-\frac{16\pi i\alpha\xi}{t'}}\right)^8\right\}^{\frac{1}{8}},$$

oder

$$(37)'\ v = \left(\frac{2}{t'}\right)(u^n)_{u^8=1}\left\{1 + \frac{1}{2^{\frac{4t}{t'}-1}}(u^8-1)^{\frac{t}{t'}}e^{-\frac{16\pi i\xi}{t'}}\left(1 - \sum_{\alpha,\beta} r_{\alpha\beta}(u^8-1)^{\frac{\alpha t+\beta t'}{t'}}e^{-\frac{16\pi i\alpha\xi}{t'}}\right)^8 + \cdots\right\}.$$

Um nun die Entwicklung von v nach steigenden Potenzen von $u - 1$ zu erhalten, braucht man nur

$$u^8 - 1 = 8(u-1)\left(1 + \tfrac{7}{2}(u-1) + \cdots + \tfrac{1}{8}(u-1)^7\right)$$

zu setzen, und findet

$$(38)\qquad v = \left(\frac{2}{t'}\right)\left\{1 + \frac{1}{2^{\frac{t}{t'}-1}}(u-1)^{\frac{t}{t'}} e^{-\frac{16\pi i \xi}{t'}}\left(1 + \sum_{\alpha,\beta} k_{\alpha\beta}(u-1)^{\frac{\alpha t + \beta t'}{t'}} e^{-\frac{16\pi i \alpha \xi}{t'}}\right)\right\}.$$

Mit Hülfe der Entwicklungen der Lösungen der Modulargleichung werden wir die höchste und niedrigste Dimension derselben bestimmen und die Discriminante bilden können. Ordnet man nämlich die linke Seite der Modulargleichung nach steigenden Dimensionen, so dass dieselbe unter der Annahme, dass die niedrigste Dimension die r^{te} ist, die Form annimmt

$$\begin{aligned} f(u,v) = 0 = {} & (A_0 u^r + A_1 u^{r-1} v + \cdots + A_r v^r) \\ & + (B_0 u^{r+1} + B_1 u^r v + \cdots + A_{r+1} v^{r+1}) \\ & + \cdots\cdots\cdots\cdots \end{aligned}$$

so wird, wenn $\frac{v}{u} = w$ und

$$\frac{f(u,v)}{u^r} = \varphi(u,v)$$

gesetzt wird,

$$\begin{aligned} \varphi(u,v) = 0 = {} & A_0 + A_1 w + \cdots + A_r w^r \\ & + u(B_0 + B_1 w + \cdots + B_{r+1} w^{r+1}) \\ & + \cdots\cdots\cdots\cdots, \end{aligned}$$

und daher die dem Werthe $u = 0$ entsprechenden Werthe von w durch die Gleichung bestimmt sein

$$A_0 + A_1 w + \cdots + A_r w^r = 0,$$

während die andern jedenfalls unendlich gross sind. Da aber nach Gleichung (30)

$$v = \left(\frac{2}{t}\right)\frac{1}{2^{\frac{t-t'}{2t'}}} u^{\frac{t}{t'}} e^{-\frac{2\pi i \xi}{t'}}\left\{1 + \sum_{\alpha,\beta} r_{\alpha,\beta} u^{\frac{8\alpha t + 8\beta t'}{t'}} e^{-\frac{16\pi i \alpha \xi}{t'}}\right\}$$

ist, so sieht man unmittelbar, dass

$$\left(\frac{v}{u}\right)_{u=0} = 0 \text{ oder } = \infty$$

ist, je nachdem $t >$ oder $< t'$ oder auch $t > \sqrt{n}$ oder $< \sqrt{n}$, und es folgt somit, dass, wenn mit $\varphi(n)$ die Anzahl der Theiler von n bezeichnet wird, welche grösser als $\sqrt{n}$ sind,

$$A_0 = 0,\quad A_1 = 0,\ \ldots\ A_{\varphi(n)-1} = 0,\quad A_{\varphi(n)+1} = 0,\quad A_r = 0$$

sein muss, und die Modulargleichung nach Dimensionen geordnet die Form annimmt

$$f(u, v) = 0 = A_{\varphi(n)}\, u^{r - \varphi(n)}\, v^{\varphi(n)}$$
$$+ (B_0 u^{r+1} + B_1 u^r v + \cdots + B_{r+1} v^{r+1}) + \cdots = 0.$$

Da aber, wie oben gezeigt worden, diese Gleichung unverändert bleibt, wenn v statt u und $\left(\frac{2}{n}\right) u$ statt v gesetzt wird, so folgt aus

$$f\left(v, \left(\frac{2}{n}\right) u\right) = A_{\varphi(n)} \left(\frac{2}{n}\right)^{\varphi(n)} u^{\varphi(n)}\, v^{r - \varphi(n)} + \cdots,$$

da das Glied niedrigster Dimension dasselbe geblieben sein muss,

$$r - \varphi(n) = \varphi(n) \quad \text{oder} \quad r = 2\varphi(n),$$

so dass die niedrigste Dimension der Modulargleichung durch die Zahl

$$2\varphi(n)$$

bestimmt wird. Berücksichtigt man endlich, dass die Modulargleichung unverändert bleibt, wenn $\frac{1}{u}$ statt u, $\frac{1}{v}$ statt v gesetzt, und mit

$$u^{S(n)}\, v^{S(n)}$$

die gesammte Gleichung multiplicirt wird, worin der Grad der Modulargleichung $S(n)$ bekanntlich durch die Summe aller Divisoren der Zahl n gegeben ist, so folgt, dass *die höchste Dimension der Modulargleichung durch den Ausdruck*

$$2\left(S(n) - \varphi(n)\right)$$

bestimmt ist.

Wir gehen nunmehr zur Untersuchung der Discriminante der Modulargleichung über, welche zu einem ungeraden Transformationsgrade ohne quadratische Theiler gehört, oder zur Ermittelung des Ausdruckes

$$D = \Pi (v_r - v_s)^2.$$

worin v_r und v_s die Wurzeln der Modulargleichung bedeuten.

Seien

$$\begin{vmatrix} t & 0 \\ 16\xi & t' \end{vmatrix} \quad \text{und} \quad \begin{vmatrix} \delta & 0 \\ 16x & \delta' \end{vmatrix}$$

die Repräsentanten zweier Klassen, zu denen die Lösungen v_r und v_s gehören, so werden in der Nähe von $u = 0$ die Entwicklungen von v_r und v_s

$$v_r = A u^{\frac{t}{t'}} + \cdots$$
$$v_s = B u^{\frac{\delta}{\delta'}} + \cdots$$

lauten, und, wenn $t > \delta$, also $t' < \delta'$ ist,

$$v_r - v_s = B u^{\frac{\delta}{\delta'}} + \text{steigende Pot. von } u$$

sein. Da nun jedem ξ δ' Werthe des x entsprechen, so werden in $\sqrt{D}$ $t'\delta'$ solcher Factoren vorkommen und daher vermöge dieser Factoren die u-Potenz heraustreten

$$u^{\frac{\delta}{\delta'}\cdot t'\delta'} = u^{\delta t'},$$

und dies gilt für alle Repräsentanten, für welche $t > \delta$ oder $\delta t' < n$ ist, so dass die Potenz

$$u^{\Delta(n)}$$

heraustritt, wenn

$$\Delta(n) = \Sigma\,\delta t'$$

nur der Beschränkung unterworfen ist, dass $\delta t' < n$ sein muss. Ist jedoch $t = \delta$, so wird

$$v_r - v_s = B u^{\frac{t}{t'}} + \text{steig. Pot. von } u,$$

und da t' solcher Repräsentanten existiren, also $\frac{t'(t'-1)}{1\,.\,2}$ solcher Producte vorkommen, so folgt, dass für die *einem* Repräsentanten angehörigen Verbindungen die Potenz

$$u^{\frac{t}{t'}\cdot\frac{t'(t'-1)}{1\,.\,2}} = u^{\frac{tt'}{2}-\frac{t}{2}}$$

heraustritt, und dass somit alle Repräsentanten den Factor

$$u^{\frac{1}{2}\Sigma tt' - \frac{1}{2}\Sigma t}$$

liefern, oder, da $tt' = n$, wenn die Anzahl der Divisoren von n mit $S'(n)$, ihre Summe wie oben mit $S(n)$ bezeichnet wird, sich die Potenz

$$u^{\frac{1}{2}nS'(n) - \frac{1}{2}S(n)}$$

ergiebt und somit, da D eine ganze Function der Coefficienten der Modulargleichung, also eine ganze Function von u ist,

$$D = \Pi(v_r - v_s)^2 = u^{nS'(n) - S(n) + 2\Delta(n)}\,.\,f(u),$$

worin $f(u)$ eine ganze Function von u bedeutet.

In welcher Potenz der Factor $u^8 - 1$ in der Discriminante enthalten ist, lässt sich aus der in der Gleichung (37) erhaltenen Entwicklung von v nach steigenden Potenzen von $u^8 - 1$ unmittelbar bestimmen; denn es werden offenbar die vorher gemachten Auseinandersetzungen auch hier gültig bleiben, wenn nur noch die vorherigen δ und t' der Bedingung unterworfen werden, dass $\left(\frac{2}{\delta}\right) = \left(\frac{2}{t'}\right)$, weil dann und nur dann das erste Glied in jener Entwicklung fortfällt, und sodann die den obigen entsprechenden Potenzen von $u^8 - 1$ heraustreten; setzt man daher

$$\Delta'(n) = \Sigma\,\delta t',$$

worin

$$\left(\frac{2}{\delta}\right) = \left(\frac{2}{t'}\right)$$

die Wahl der Divisoren, für welche $\delta t' < n$ sein muss, einschränkt, so hat die Discriminante die Form

$$\text{(m)}\quad D = \Pi(v_r - v_s)^2 = u^{nS'(n) - S(n) + 2\Delta(n)}\,(u^8 - 1)^{nS'(n) - S(n) + 2\Delta'(n)}\,\varphi(u^8),$$

worin $\varphi(u^8)$ eine ganze Function von u^8 bedeutet, wie aus der Form der Reihenentwicklung der Lösungen der Modulargleichung nach steigenden Potenzen von u unmittelbar ersichtlich ist. Um endlich noch den Grad der Function $\varphi(u^8)$ in Bezug auf u^8 zu bestimmen, kann man entweder die Lösungen der Modulargleichung in der Umgebung von $u = \infty$ nach fallenden Potenzen von u entwickeln und die höchste aus der Discriminante heraustretende Potenz von u bestimmen, wodurch man ohne Rücksicht auf den Grad der vorher behandelten Factoren unmittelbar den Grad der gesammten Discriminante erhält, oder man geht von dem Satze aus, dass die Modulargleichung unverändert bleibt, wenn $\frac{1}{u}$ statt u, $\frac{1}{v}$ statt v gesetzt wird und erhält dann unmittelbar aus (m) durch Substitution dieser Werthe den Grad von $\varphi(u^8)$ in der Form

$$8\nu = 2S(n)^2 - 2S(n) - 2\Big(nS'(n) - S(n) + 2\varDelta(n)\Big) - 8\Big(nS'(n) - S(n) - 2\varDelta'(n)\Big)$$

und zugleich das Resultat, dass $\varphi(u^8)$ ein reciprokes ganzes Polynom von u^8 sein muss, so dass sich jetzt, wenn

$$N = nS'(n) - S(n) + 2\varDelta(n),$$
$$N' = nS'(n) - S(n) + 2\varDelta'(n),$$
$$4\nu = S(n)^2 - S(n) - N - 4N'$$

gesetzt wird, die Discriminante in der Form ergiebt

$$(39)\quad D = \Pi(v_r - v_s)^2 = u^N (u^8 - 1)^{N'} (a_0 + a_1 u^8 + a_2 u^{16} + \cdots + a_\nu u^{8\nu}),$$

in der sie den Untersuchungen der u-Werthe, für welche die Discriminante verschwindet oder complexe Multiplication besteht, zu Grunde gelegt wird.

Ausser den Gleichungen zwischen den vierten Wurzeln aus dem gegebenen und dem transformirten Integralmodul, welche Modulargleichungen genannt werden, kommen noch andere Gleichungen für die algebraischen und zahlentheoretischen Anwendungen der elliptischen Functionen in Betracht, deren Lösungen aus Verbindungen jener Integralmoduln bestehen, und zwar sind dies besonders die Gleichungen zwischen den Grössen

$$U = \sqrt[4]{cc_1} \quad \text{und} \quad V = \sqrt[4]{kk_1},$$

deren Werthe schon oben durch die Gleichung (80) der letzten Vorlesung mit der χ-Function in der Form verbunden waren

$$V = \left(\frac{2}{n}\right) \chi\left(\frac{t\tau - 16\xi}{t'}\right).$$

Genau ebenso, wie es für die Modulargleichungen geschehen (und desshalb übergehen wir die weitere Ausführung) *), lässt sich zeigen,

---

*) Man findet die Durchführung in einer Arbeit des Verfassers: algebraische Untersuchungen aus der Theorie der elliptischen Functionen, Crelle 72.

dass einem beliebigen unpaaren Transformationsgrade ohne quadratische Theiler

$$n = pqr \dots t,$$

worin $p, q, r, \dots t$ Primzahlen bedeuten, eine Gleichung vom Grade

$$\nu = (p+1)(q+1)(r+1) \dots (t+1)$$

entspricht von der Form

(40) $$V^\nu + C_1 V^{\nu-1} + C_2 V^{\nu-2} + \cdots + C_{\nu-1} V + C_\nu = 0,$$

in der $C_1, C_2, \dots C_\nu$ rationale Functionen von U bedeuten, und deren Lösungen durch

(41) $$V = \left(\frac{2}{n}\right) U^n \frac{\sin\operatorname{coam}\frac{2\eta}{n}\sin\operatorname{coam}\frac{4\eta}{n}\cdots\sin\operatorname{coam}\frac{(n-1)\eta}{n}}{\Delta\operatorname{am}\frac{2\eta}{n}\,\Delta\operatorname{am}\frac{4\eta}{n}\cdots\Delta\operatorname{am}\frac{(n-1)\eta}{n}},$$

worin η der Reihe nach die den einzelnen Repräsentanten entsprechenden, früher angegebenen Werthe annimmt, oder durch

$$\chi\left(\frac{t\tau - 16\,\xi}{t'}\right),$$

worin für t ein jeder Divisor von n, $t' = \frac{n}{t}$ und für ξ eine jede Zahl aus der Reihe $1, 2, \dots t' - 1$ zu setzen ist, während

$$U = \chi(\tau)$$

ist.

Es lässt sich ebenso leicht zeigen,

dass das letzte Glied der (U, V)-Gleichung den Werth U^ν hat, dass diese Gleichung unverändert bleibt für eine Vertauschung von U und V,

dass die Coefficienten $C_1, C_2, \dots C_{\nu-1}$ ganze Functionen von U bedeuten, dass die (U, V)-Gleichung irreductibel ist,

dass die durch den Ausdruck

$$\chi\left(\frac{t\tau - 16\,\xi}{t'}\right)$$

dargestellte Lösung der (U, V)-Gleichung für den ursprünglichen ϑ-Modul τ bei der Verwandlung von τ in $-\frac{1}{\tau}$ oder von u in u_1 also von U in sich selbst in eine andere Lösung derselben Gleichung von der Form

$$\chi\left(\frac{\delta\tau - 16\,x}{\delta'}\right)$$

übergeht, in welcher δ der grösste gemeinschaftliche Theiler zwischen $16\,\xi$ und t', $\delta' = \frac{n}{\delta}$ und die Grösse x aus den Gleichungen

$$x = kt, \quad 16\,k \cdot \frac{16\,\xi}{\delta} + \frac{t'}{\delta}\beta_0 = -1$$

so zu bestimmen, dass sie unterhalb δ' liegt, dass die durch den Ausdruck

$$\chi\left(\frac{t\tau - 16\xi}{t'}\right)$$

*dargestellte Lösung der (U, V)-Gleichung bei der Verwandlung von τ in $\frac{\tau}{1+\tau}$ und also von U in $\frac{U}{u^3}e^{-\frac{i\pi}{8}}$ *) zur Lösung der zugehörigen (U, V)-Gleichung den Ausdruck*

$$\left(\frac{2}{t\,\delta}\right) e^{\frac{i\pi}{8}\alpha_1\beta_1} \frac{\chi\left(\frac{\delta\tau - 16x}{\delta'}\right)}{\varphi^3\left(\frac{\delta\tau - 16x}{\delta'}\right)}$$

hat, worin δ der grösste gemeinsame Theiler zwischen $16\xi - t$ und t', $\delta' = \frac{n}{\delta}$,

$$\alpha_0 = \frac{16\xi - t}{\delta}, \quad \alpha_1 = \frac{t'}{\delta},$$

ferner, wenn die unbestimmte Gleichung

$$16x + t\beta_1 = -\delta$$

durch die Werthe $x = x_1 + tm$, $\beta_1 = b_1 - 16m$ befriedigt wird, die ganze Zahl m der Gleichung genügen muss

$$16m(16\xi - t) - t'\beta_0 = b_1(16\xi - t) + \delta,$$

dass endlich die Form der (U, V)-Gleichung

$$(42) \quad \ldots \quad V^\nu + V^{\nu-1}U^{m_1}(a_0 + a_1U^8 + a_2U^{16} + \cdots) + V^{\nu-2}U^{m_2}(b_0 + b_1U^8 + b_2U^{16} + \cdots) + \cdots + VU^{m_{\nu-1}}(n_0 + n_1U^8 + n_2U^{16} + \cdots) + U^\nu = 0$$

ist, worin die Grössen $m_1, m_2, \ldots m_{\nu-1}$ durch die Congruenzen bestimmt sind

$$m_1 \equiv n, \quad m_2 \equiv 2n, \ \ldots \ m_{\nu-1} \equiv (\nu - 1)n \pmod{8},$$

und die als Coefficienten der V-Potenzen eintretenden Functionen von U höchstens vom Grade ν sind.

Die Ausrechnung der (U, V)-Gleichung für einen bestimmten Transformationsgrad geschieht wieder durch Einsetzen der Werthe von

$$\chi(\tau) \quad \text{und} \quad \chi(n\tau),$$

nachdem diese nach positiven steigenden Potenzen von q entwickelt sind, und man erhält z. B. für die Transformation dritten und fünften Grades die Gleichungen

$$(43) \quad V^4 + 4U^3V^3 - 2UV + U^4 = 0,$$

$$(44) \quad V^6 + 16U^5V^5 + 15U^2V^4 + 15U^4V^2 - 4UV + U^6 = 0.$$

*) nach dem dritten Hauptfalle der linearen Transformation der χ-Function.

Wir wollen am Schlusse dieser Vorlesung noch einer Differentialgleichung Erwähnung thun, welche zwischen dem gegebenen und transformirten Integralmodul besteht und unmittelbar aus den in der fünfundzwanzigsten Vorlesung entwickelten Gleichungen (3) und (7) hergeleitet werden kann.

Da nämlich nach den bekannten Transformationsbeziehungen

$$\tau' = \frac{b_0 - a_0\tau}{a_1\tau - b_1},$$

also durch Differentiation

$$(45) \quad \frac{d\tau'}{d\tau} = \frac{(a_0 + a_1\tau')^2}{n}$$

ist, wenn

$$a_0 b_1 - a_1 b_0 = n$$

gesetzt wird, da ferner nach Gleichung (16[a]) der dreiundzwanzigsten Vorlesung

$$\omega = a_0 a \Omega + 2\, a_1 a \Omega'$$

oder

$$a = \frac{\omega}{a_0 \Omega + 2\, a_1 \Omega'} = \frac{\frac{\omega}{\Omega}}{a_0 + a_1\tau'}$$

ist, so folgt aus (45)

$$(46) \quad \frac{d\tau'}{d\tau} = \frac{\omega^2}{\Omega^2} \cdot \frac{1}{n a^2},$$

oder durch Vergleichung mit dem Quotienten der aus Gleichung (7) der fünfundzwanzigsten Vorlesung folgenden Beziehungen

$$\frac{dc}{d\tau} = \frac{i c c_1^2 \omega^2}{8\pi} \quad \text{und} \quad \frac{dk}{d\tau'} = \frac{i k k_1^2 \Omega^2}{8\pi},$$

die Relation

$$\frac{1}{n a^2} = \frac{c(1 - c^2)}{k(1 - k^2)} \frac{dk}{dc}$$

oder auch

$$(47) \quad a^2 = \frac{1}{n} \frac{k(1 - k^2)}{c(1 - c^2)} \frac{dc}{dk},$$

ein Ausdruck, der in der folgenden Vorlesung vielfache Anwendung finden wird.

Es war ferner in der fünfundzwanzigsten Vorlesung nachgewiesen worden, dass das allgemeine Integral der Differentialgleichung

$$(48) \quad k(1 - k^2)\frac{d^2p}{dk^2} + (1 - 3k^2)\frac{dp}{dk} - kp = 0$$

in der Form enthalten ist

$$p = c\Omega + c'\Omega',$$

und es folgt somit, dass, weil

$$\frac{\omega}{a} = a_0\Omega + a_1\Omega'$$

ist, auch $p = \frac{\omega}{a}$ oder wenn

$$a = \frac{1}{b}$$

gesetzt wird, $p = b\omega$ der Gleichung (48) genügt, oder dass die Gleichung

$$k(1-k^2)\,b\,\frac{d^2\omega}{dk^2} + \frac{d\omega}{dk}\left[b(1-3k^2) + 2k(1-k^2)\frac{db}{dk}\right]$$
$$+\,\omega\left[k(1-k^2)\frac{d^2b}{dk^2} + (1-3k^2)\frac{db}{dk} - kb\right] = 0$$

oder auch

$$(49)\;.\quad b\omega\left[\frac{d\left((k-k^3)\frac{db}{dk}\right)}{dk} - kb\right] + \frac{d\left((k-k^3)\,b^2\frac{d\omega}{dk}\right)}{dk} = 0$$

identisch erfüllt wird. Da nun mit Hülfe der aus (47) folgenden Beziehung

$$b^2 = n\,\frac{c(1-c^2)\,dk}{k(1-k^2)\,dc}$$

sich

$$\frac{d\left((k-k^3)\,b^2\frac{d\omega}{dk}\right)}{dk} = \frac{d\left(n(c-c^3)\frac{dk}{dc}\frac{d\omega}{dk}\right)}{dk}$$
$$= \frac{d\left(n(c-c^3)\frac{d\omega}{dc}\right)}{dk} = \frac{d\left(n(c-c^3)\frac{d\omega}{dc}\right)}{dc}\,\frac{dc}{dk}$$

ergiebt, und die Differentialgleichung (48), welcher ω genügt, sich in die Form setzen lässt

$$\frac{d\left((c-c^3)\frac{d\omega}{dc}\right)}{dc} = c\omega,$$

somit die obige Relation in

$$\frac{d\left((k-k^3)\,b^2\frac{d\omega}{dk}\right)}{dk} = nc\omega\,\frac{dc}{dk}$$

übergeht, so lautet die Gleichung (49)

$$(50)\;.\quad b\left((k-k^3)\frac{d^2b}{dk^2} + (1-3k^2)\frac{db}{dk} - kb\right) + nc\,\frac{dc}{dk} = 0.$$

Substituirt man endlich hierin den oben für b gefundenen Werth, so erhält man die Differentialgleichung dritter Ordnung

$$(51)\;.\;.\;.\quad 2(dc\,d^3k - dk\,d^3c) - 3\left((dc\,d^2k)^2 - (dk\,d^2c)^2\right)$$
$$+\,(dc\,dk)^2\left[\left(\frac{1+k^2}{k-k^3}\,dk\right)^2 - \left(\frac{1+c^2}{c-c^3}\,dc\right)^2\right] = 0.$$

Neunundzwanzigste Vorlesung.

Die Multiplicatorgleichungen.

Wir gehen nunmehr zu einer zweiten Klasse von Gleichungen über, die in der Theorie der complexen Multiplication der elliptischen Functionen eine wichtige Rolle spielen, nämlich zu den Gleichungen, welche zwischen dem Multiplicator der Transformation und dem Integralmodul des zu transformirenden Integrals bestehen, und wollen vor allen Dingen im Folgenden, weil wir es zur Entwicklung der Eigenschaften dieser Klasse von Gleichungen später brauchen, die linearen Transformationsformeln für die Multiplicatoren kurz zusammenstellen, wie sie sich unmittelbar aus den in der vierundzwanzigsten Vorlesung gegebenen Formeln für die sechs Fälle der linearen Transformation dadurch herleiten lassen, dass man sich nur aus den dort gegebenen Transformationsformeln den Ausdruck

$$\frac{dy}{\sqrt{(1-y^2)(1-\varkappa^2 y^2)}}$$

bildet und mit

$$\frac{dx}{\sqrt{(1-x^2)(1-c^2 x^2)}}$$

vergleicht; wir erhalten folgende Zusammenstellung

$$\text{I.}\quad a_0 \equiv 1,\quad a_1 \equiv 0,\quad b_0 \equiv 0,\quad b_1 \equiv 1 \ (\text{mod. } 2),$$

$$a = e^{\frac{i\pi}{2}(a_0 - 1)}, \text{ im einfachsten Falle } a = 1,$$

$$\text{II.}\quad a_0 \equiv 0,\quad a_1 \equiv 1,\quad b_0 \equiv 1,\quad b_1 \equiv 0 \ (\text{mod. } 2),$$

$$a = e^{\frac{i\pi}{2}(a_0 + b_0 - 2)}, \text{ im einfachsten Falle } a = -i,$$

$$\text{III.}\quad a_0 \equiv 1,\quad a_1 \equiv 1,\quad b_0 \equiv 0,\quad b_1 \equiv 1 \ (\text{mod. } 2),$$

$$a = e^{-\frac{i\pi}{2}(a_0 b_0 + a_0 - 1)}\frac{1}{c}, \text{ im einfachsten Falle } a = \frac{1}{c},$$

$$\text{IV.}\quad a_0 \equiv 1,\quad a_1 \equiv 1,\quad b_0 \equiv 1,\quad b_1 \equiv 0 \ (\text{mod. } 2),$$

$$a = e^{\frac{i\pi}{2}(a_0 b_0 + a_0 - 1)}\frac{1}{c}, \text{ im einfachsten Falle } a = \frac{i}{c},$$

$$\text{V.}\quad a_0 \equiv 1,\quad a_1 \equiv 0,\quad b_0 \equiv 1,\quad b_1 \equiv 1 \ (\text{mod. } 2),$$

$$a = e^{\frac{i\pi}{2}(a_0 - 1)}\frac{1}{c_1}, \text{ im einfachsten Falle } a = \frac{1}{c_1},$$

VI. $a_0 \equiv 0, \quad a_1 \equiv 1, \quad b_0 \equiv 1, \quad b_1 \equiv 1 \pmod{2}$,

$$a = e^{\frac{i\pi}{2}(a_0 b_1 - a_0 a_1 - a_0 - b_0 + 2)} \frac{1}{c_1}, \text{ im einfachsten Falle } \frac{i}{c_1}.$$

Wir wollen nun zur Herleitung der Gleichungen zwischen dem Multiplicator und dem Integralmodul nicht von dem in der sechsundzwanzigsten Vorlesung gefundenen Werthe

$$(1) \quad a = (-)^{\frac{t'-1}{2}} \left\{ \frac{\sin\operatorname{coam}\frac{m\eta}{n} \sin\operatorname{coam}\frac{2m\eta}{n} \cdots \sin\operatorname{coam}\frac{n-1}{2}\frac{m\eta}{n}}{\sin\operatorname{am}\frac{m\eta}{n} \sin\operatorname{am}\frac{2m\eta}{n} \cdots \sin\operatorname{am}\frac{n-1}{2}\frac{m\eta}{n}} \right\}^2,$$

in welchem m eine beliebige zu n relativ prime Zahl bedeuten durfte, sondern von dem Ausdrucke

$$(2) \quad M = (-1)^{\frac{n-1}{2}} \left\{ \frac{\sin\operatorname{coam}\frac{2\eta}{n} \sin\operatorname{coam}\frac{4\eta}{n} \cdots \sin\operatorname{coam}\frac{(n-1)\eta}{n}}{\sin\operatorname{am}\frac{2\eta}{n} \sin\operatorname{am}\frac{4\eta}{n} \cdots \sin\operatorname{am}\frac{(n-1)\eta}{n}} \right\}^2 \text{*)}$$

ausgehen, der für alle die in den Schematen

$$\begin{vmatrix} 1 & 0 \\ 0 & n \end{vmatrix} \quad \begin{vmatrix} 1 & 0 \\ 16.1 & n \end{vmatrix} \quad \cdots \quad \begin{vmatrix} 1 & 0 \\ 16(n-1) & n \end{vmatrix}$$

---

*) Da

$$\sin\operatorname{coam} u = \frac{\cos\operatorname{am} u}{\Delta\operatorname{am} u},$$

also

$$\frac{\sin\operatorname{coam} u}{\sin\operatorname{am} u} = \frac{\cos\operatorname{am} u}{\sin\operatorname{am} u\, \Delta\operatorname{am} u} = -\frac{1}{\frac{d\log\cos\operatorname{am} u}{du}},$$

so lässt sich auch $\frac{1}{M}$ in die folgende Form setzen

$$\frac{1}{M} = \frac{(-1)^{\frac{n-1}{2}} n^{n-1}}{\{2.4\ldots(n-1)\}^2} \left\{ \frac{d\log\cos\operatorname{am}\frac{2\eta}{n}}{d\eta} \; \frac{d\log\cos\operatorname{am}\frac{4\eta}{n}}{d\eta} \cdots \frac{d\log\cos\operatorname{am}\frac{(n-1)\eta}{n}}{d\eta} \right\}^2.$$

Wir fügen ausserdem noch den Werth des Multiplicators durch ϑ-Functionen ausgedrückt hinzu, wie wir ihn später brauchen; da nämlich

$$\sin\operatorname{am}\frac{2r\eta}{n} = \frac{1}{\sqrt{c}} \frac{\vartheta\left(\frac{2r\varepsilon}{n}\right)_1}{\vartheta\left(\frac{2r\varepsilon}{n}\right)_0}, \quad \sin\operatorname{coam}\frac{2r\eta}{n} = \frac{1}{\sqrt{c}} \frac{\vartheta\left(\frac{2r\varepsilon}{n}\right)_2}{\vartheta\left(\frac{2r\varepsilon}{n}\right)_3}$$

ist, so erhält man den folgenden Ausdruck

$$M = (-1)^{\frac{n-1}{2}} \frac{\left\{\vartheta\left(\frac{2\varepsilon}{n}\right)_0 \vartheta\left(\frac{4\varepsilon}{n}\right)_0 \cdots \vartheta\left(\frac{(n-1)\varepsilon}{n}\right)_0\right\}^2}{\left\{\vartheta\left(\frac{2\varepsilon}{n}\right)_1 \vartheta\left(\frac{4\varepsilon}{n}\right)_1 \cdots \vartheta\left(\frac{(n-1)\varepsilon}{n}\right)_1\right\}^2} \times$$

$$\frac{\left\{\vartheta\left(\frac{2\varepsilon}{n}\right)_2 \vartheta\left(\frac{4\varepsilon}{n}\right)_2 \cdots \vartheta\left(\frac{(n-1)\varepsilon}{n}\right)_2\right\}^2}{\left\{\vartheta\left(\frac{2\varepsilon}{n}\right)_3 \vartheta\left(\frac{4\varepsilon}{n}\right)_3 \cdots \vartheta\left(\frac{(n-1)\varepsilon}{n}\right)_3\right\}^2}.$$

enthaltenen Repräsentanten der nicht äquivalenten Klassen einer Primzahltransformation mit (1) übereinstimmt, für den letzten Repräsentanten

$$\begin{vmatrix} n & 0 \\ 0 & 1 \end{vmatrix}$$

jedoch denselben oder den entgegengesetzten Werth giebt, je nachdem $n \equiv 1$ oder $\equiv 3 \pmod{4}$ ist. Nun sind

$$\sin\operatorname{coam}^2 \frac{2k\eta}{n} \quad \text{und} \quad \sin\operatorname{am}^2 \frac{2k\eta}{n}$$

für ungerade und gerade k, wie die nächste Vorlesung zeigen wird, rationale Functionen von $\sin\operatorname{coam}^2 \frac{2\eta}{n}$, und daher M in der Form darstellbar

$$M = f\left(\sin\operatorname{coam}^2 \frac{2\eta}{n}\right),$$

wenn f eine rationale Function bedeutet.

Da jedoch, wie man leicht aus (1), ähnlich, wie es in der letzten Vorlesung für den transformirten Integralmodul gezeigt war, ersieht, dass der Werth des Multiplicators unverändert bleibt, wenn man für m der Reihe nach die Zahlen

$$2, 4, \ldots n-1$$

setzt, so wird sich M als dieselbe rationale Function von

$$\sin\operatorname{coam}^2 \frac{4\eta}{n}, \quad \sin\operatorname{coam}^2 \frac{6\eta}{n}, \ldots \sin\operatorname{coam}^2 \frac{(n-1)\eta}{n}$$

ergeben, und wenn man nunmehr die in der letzten Vorlesung gemachten Schlüsse genau in derselben Weise hierauf anwendet, so folgt unmittelbar der Satz, dass

die $n+1$ Werthe des Multiplicators M für die Transformationen, welche den Repräsentanten der nicht äquivalenten Klassen einer Primzahltransformation entsprechen, die Lösungen einer Gleichung $n+1^{\text{ten}}$ Grades sind von der Form

$$M^{n+1} + C_1 M^n + C_2 M^{n-1} + \cdots + C_n M + C_{n+1} = 0, \tag{3}$$

deren Coefficienten $C_1, C_2, \ldots C_{n+1}$ rationale Functionen von c^2 bedeuten.

Diese Gleichung wollen wir die zur Transformation n (wenn n eine Primzahl ist) gehörige *Multiplicatorgleichung* nennen.

Zum Beweise der Existenz der Multiplicatorgleichung für einen zusammengesetzten Transformationsgrad sowie zur Herleitung des Ausdruckes für den Multiplicator als eindeutige Function des gegebenen und transformirten Integralmoduls ist es nöthig, die Gränzwerthe der Multiplicatoren zu bestimmen für den Fall, dass sich der Integralmodul des gegebenen Integrals der Null nähert.

Die Werthe der Multiplicatoren waren durch den Ausdruck gegeben

$$M = (-1)^{\frac{n-1}{2}} \left\{ \frac{\sin \operatorname{coam} \frac{2\eta}{n} \sin \operatorname{coam} \frac{4\eta}{n} \cdots \sin \operatorname{coam} \frac{(n-1)\eta}{n}}{\sin \operatorname{am} \frac{2\eta}{n} \sin \operatorname{am} \frac{4\eta}{n} \cdots \sin \operatorname{am} \frac{(n-1)\eta}{n}} \right\}^2,$$

welcher für verschwindende c in

$$(4) \; \ldots \ldots \; M = \frac{(-1)^{\frac{n-1}{2}}}{\left(\operatorname{tang} \frac{2\eta}{n} \operatorname{tang} \frac{4\eta}{n} \cdots \operatorname{tang} \frac{(n-1)\eta}{n}\right)^2}$$

übergeht.

Untersuchen wir erst die Werthe dieses Ausdrucks für eine Primzahltransformation, für welche

$$\eta = \frac{\omega}{2}(\tau - 16\,\xi) = \omega' - 16\,\xi \cdot \frac{\omega}{2}$$

und

$$\eta = \frac{\omega}{2}$$

ist, so dass für die ersten n Repräsentanten der nicht äquivalenten Klassen der Ausdruck für den Multiplicator in

$$(5) \quad M = \frac{(-1)^{\frac{n-1}{2}}}{\left\{\operatorname{tang} \frac{2\omega' - 2\,.\,16\,\xi\,\frac{\omega}{2}}{n} \cdot \operatorname{tang} \frac{4\omega' - 4\,.\,16\,\xi\,\frac{\omega}{2}}{n} \cdots \operatorname{tang} \frac{(n-1)\omega' - (n-1)\,16\,\xi\,\frac{\omega}{2}}{n}\right\}^2},$$

für den letzten in

$$(6) \; \ldots \ldots \; M = \frac{(-1)^{\frac{n-1}{2}}}{\left\{\operatorname{tang} \frac{\omega}{n} \operatorname{tang} \frac{2\omega}{n} \cdots \operatorname{tang} \frac{n-1}{2} \cdot \frac{\omega}{n}\right\}^2}$$

für verschwindende c übergeht.

Was nun den Gränzwerth des Ausdruckes (5) betrifft, so wird, da

$$\operatorname{tang} \frac{2\mu\omega' - \mu\,.\,16\,\xi\,.\,\omega}{n} = \frac{1}{i} \frac{e^{\frac{4\mu\omega' i}{n}} e^{-\frac{2\mu\,.\,16\,\xi\;\omega i}{n}} - 1}{e^{\frac{4\mu\omega' i}{n}} e^{-\frac{2\mu\,.\,16\,\xi\,.\,\omega i}{n}} + 1}$$

für $c = 0$ ($\omega = 2\pi$, $\omega' = i\infty$) den Werth i annimmt, für die ersten n Repräsentanten

$$M = \frac{(-1)^{\frac{n-1}{2}}}{(-1)^{\frac{n-1}{2}}} = 1$$

sein, während der Ausdruck (6) in

$$(7) \; \ldots \ldots \; M = \frac{(-1)^{\frac{n-1}{2}}}{\left\{\operatorname{tang} \frac{2\pi}{n} \operatorname{tang} \frac{4\pi}{n} \cdots \operatorname{tang} \frac{(n-1)\pi}{n}\right\}^2}$$

übergeht, oder da

$$\left\{\cos\frac{2\pi}{n}\cos\frac{4\pi}{n}\cdots\cos\frac{(n-1)\pi}{n}\right\}^2=\frac{1}{2^{n-1}},$$

$$\left\{\sin\frac{2\pi}{n}\sin\frac{4\pi}{n}\cdots\sin\frac{(n-1)\pi}{n}\right\}^2=\frac{n}{2^{n-1}}\,^{*)}$$

ist, den Werth

$$(8)\;\ldots\ldots\ldots\ldots\ldots\quad M=\frac{(-1)^{\frac{n-1}{2}}}{n}$$

annimmt.

Die Auffindung der Werthe des Multiplicators M für verschwindende c für den Fall, dass der Transformationsgrad eine beliebig zusammengesetzte ungerade Zahl ist, lässt sich nun zwar aus den obigen Auseinandersetzungen unmittelbar ableiten, doch wird es besser sein, diese Bestimmung erst später auszuführen.

Nachdem die Existenz einer Multiplicatorgleichung für einen primzahligen Transformationsgrad nachgewiesen, wollen wir hiervon ausgehend, ohne auf eine nähere Betrachtung des aus der Transformationstheorie hergenommenen Ausdruckes für M als Function von $\sin\operatorname{coam}\frac{2k\eta}{n}$ und $\sin\operatorname{am}\frac{2k\eta}{n}$ einzugehen, die Existenz einer solchen Gleichung für einen beliebigen unpaaren Transformationsgrad ohne quadratischen Theiler herleiten.

Sei p eine Primzahl und die zu dem Transformationsgrade p gehörige Multiplicatorgleichung

$$(8)\quad M^{p+1}+f_1(c^2)M^p+f_2(c^2)M^{p-1}+\cdots+f_p(c^2)M+f_{p+1}(c^2)=0,$$

worin

$$f_1(c^2),\quad f_2(c^2),\;\ldots\; f_{n+1}(c^2)$$

rationale Functionen von c^2 bedeuten, so wollen wir mit dieser Gleichung den durch Gleichung (47) der letzten Vorlesung gegebenen Ausdruck für den Multiplicator

$$(9)\;\ldots\ldots\ldots\ldots\quad M^2=\frac{1}{p}\,\frac{k(1-k^2)}{c(1-c^2)}\,\frac{dc}{dk}$$

verbinden, der, wenn für k der Reihe nach die $p+1$ Wurzeln der zum Transformationsgrade p gehörigen Modulargleichung gesetzt werden, die Quadrate der $p+1$ Lösungen der Gleichung (8) liefern wird. Man weiss nun, dass jedem Repräsentanten der nicht äquivalenten Klassen ein bestimmter transformirter Modul und ein dazu-

---

*) Die Richtigkeit dieser zweiten Gleichung leitet man unmittelbar daraus her, dass man in der Gleichung

$$\frac{x^n-1}{x-1}=\left(x-e^{-\frac{4\pi}{n}i}\right)\left(x-e^{\frac{4\pi}{n}i}\right)\left(x-e^{-\frac{8\pi}{n}i}\right)\left(x-e^{\frac{8\pi}{n}i}\right)\times$$
$$\ldots\left(x-e^{-\frac{2(n-1)\pi}{n}i}\right)\left(x-e^{\frac{2(n-1)\pi}{n}i}\right)$$

den Gränzübergang zu $x=1$ macht.

gehöriger Multiplicator entspricht, und es wird darauf ankommen, diesen Multiplicator als eindeutige Function des gegebenen und transformirten Integralmoduls darzustellen. Sucht man nämlich zwischen der linken Seite der Gleichung (8) und der linken Seite der auf Null gebrachten Gleichung (9) den grössten gemeinschaftlichen Theiler, so muss dieser Theiler in Bezug auf M vom ersten Grade sein und c sowohl als k rational enthalten. Denn dass die beiden Polynome für jedes der $p+1$ transformirten k einen gemeinsamen Theiler überhaupt haben, ist an sich klar, es könnte nur der Fall eintreten, dass bei der Division der Coefficient von M in dem letzten Reste sowie der von M freie Theil, die beide nur von k und c abhängen, vermöge der Modulargleichung verschwinden; dann würde aber der Ausdruck

$$M^2 - \frac{1}{p}\frac{k(1-k^2)}{c(1-c^2)}\frac{\partial c}{\partial k},$$

was auch k für einen Modul der Repräsentanten der nicht äquivalenten Klassen bedeuten mag, in (8) enthalten sein, weil die Modulargleichung eine irreductible ist, und es müsste also die Multiplicatorgleichung zu jeder Lösung auch den entgegengesetzten Werth als Lösung enthalten. Diese Eigenschaft kann jedoch die Multiplicatorgleichung für einen primzahligen Transformationsgrad nicht besitzen, da sie, wie oben nachgewiesen worden, für $c=0$ in die Form übergehen muss:

$$(M-1)^p\left(M - \frac{(-1)^{\frac{p-1}{2}}}{p}\right) = 0;$$

es folgt somit, dass der grösste gemeinsame Theiler zwischen jenen beiden Polynomen vom ersten Grade sein muss, mit andern Worten, dass sich M als eindeutige rationale Function von c^2 und dem zu demselben Repräsentanten gehörigen k^2 ausdrücken lässt.

Sei nun auf das Integral mit dem Modul c^2 eine Primzahltransformation vom Grade p ausgeübt, so mögen die den Repräsentanten der nicht äquivalenten Klassen entsprechenden transformirten Moduln mit

$$k_1,\ k_2,\ \ldots\ k_p,\ k_{p+1},$$

die entsprechenden Multiplicatoren mit

$$M_1,\ M_2,\ \ldots\ M_p,\ M_{p+1}$$

bezeichnet werden, so dass die Gleichung statthat

$$M^{p+1} + f_1(c^2)M^p + \cdots + f_p(c^2)M + f_{p+1}(c^2) = 0,$$

deren Lösungen $M_1,\ M_2,\ \ldots\ M_{p+1}$ sind.

Wird nun von neuem auf jedes der erhaltenen Integrale eine Primzahltransformation vom Grade q angewandt, so setzen sich sämmtliche Repräsentanten der nicht äquivalenten Klassen vom Grade p

$$\begin{vmatrix} 1 & 0 \\ 16\xi & p \end{vmatrix} \begin{vmatrix} p & 0 \\ 0 & 1 \end{vmatrix}$$

mit den ähnlichen vom Grade q

$$\begin{vmatrix} 1 & 0 \\ 16\xi_1 & q \end{vmatrix} \begin{vmatrix} q & 0 \\ 0 & 1 \end{vmatrix}$$

zu sämmtlichen Repräsentanten der nicht äquivalenten Klassen vom Grade pq

$$\begin{vmatrix} 1 & 0 \\ 16x_1 & pq \end{vmatrix} \quad \begin{vmatrix} p & 0 \\ 16x_2 & q \end{vmatrix} \quad \begin{vmatrix} q & 0 \\ 16x_3 & p \end{vmatrix} \quad \begin{vmatrix} pq & 0 \\ 0 & 1 \end{vmatrix}$$

zusammen, worin dem x_1 alle ganzzahligen Werthe $0, 1, 2, \dots pq-1$, dem x_2 die Werthe $0, 1, 2, \dots q-1$ und dem x_3 die Werthe $0, 1, 2, \dots p-1$ beigelegt werden.

Nach den bekannten Regeln der Zusammensetzung der Transformationen ist nämlich:

$$\begin{vmatrix} p & 0 \\ 0 & 1 \end{vmatrix} \begin{vmatrix} 1 & 0 \\ 16\xi_1 & q \end{vmatrix} = \begin{vmatrix} p & 0 \\ 16\xi_1 & q \end{vmatrix},$$

worin ξ_1 die Werthe $0, 1, 2, \dots q-1$ annimmt; ferner

$$\begin{vmatrix} p & 0 \\ 0 & 1 \end{vmatrix} \begin{vmatrix} q & 0 \\ 0 & 1 \end{vmatrix} = \begin{vmatrix} pq & 0 \\ 0 & 1 \end{vmatrix},$$

und

$$\begin{vmatrix} 1 & 0 \\ 16\xi & p \end{vmatrix} \begin{vmatrix} 1 & 0 \\ 16\xi_1 & q \end{vmatrix} = \begin{vmatrix} 1 & 0 \\ 16\xi + 16p\xi_1 & pq \end{vmatrix},$$

worin ξ die Werthe $0, 1, 2, \dots p-1$, ξ_1 die Werthe $0, 1, 2, \dots q-1$, also

$$\xi + p\xi_1$$

alle Werthe $0, 1, 2, \dots pq-1$ annimmt, wie es in der Transformation

$$\begin{vmatrix} 1 & 0 \\ 16x_1 & pq \end{vmatrix}$$

der Fall ist.

Endlich giebt die Zusammensetzung der noch übrigen beiden Schemata die folgende Transformation

$$\begin{vmatrix} 1 & 0 \\ 16\xi & p \end{vmatrix} \begin{vmatrix} q & 0 \\ 0 & 1 \end{vmatrix} = \begin{vmatrix} q & 0 \\ 16\xi q & p \end{vmatrix},$$

die freilich von dem obigen Repräsentanten

$$\begin{vmatrix} q & 0 \\ 16x_3 & p \end{vmatrix}$$

verschieden ist; da jedoch

$$\begin{vmatrix} q & 0 \\ 16x_3 & p \end{vmatrix} \begin{vmatrix} 1 & 0 \\ r & 1 \end{vmatrix} = \begin{vmatrix} q & 0 \\ 16x_3 + pr & p \end{vmatrix},$$

worin für ein gegebenes $x_3 < p$ stets ein $\xi < p$ so bestimmt werden kann, dass

$$16\,x_3 + pr = 16\,\xi\,q,$$

da p und q relativ prim sind, und sich r ausserdem als ein Multiplum von 16 ergiebt, so wird die durch Zusammensetzung erhaltene Transformation sich von dem Repräsentanten, der zum Grade $p\,q$ gehört, nur dadurch unterscheiden, dass auf den letzteren noch eine lineare Transformation von der Form

$$\begin{vmatrix} 1 & 0 \\ 16\,\varrho & 1 \end{vmatrix}$$

ausgeübt ist, welche jedoch, wie aus den linearen Transformationsformeln für die Quadratwurzel aus dem transformirten Modul und den Multiplicator unmittelbar ersichtlich ist, die Werthe dieser Grössen nicht ändert.

Es mögen nun die Multiplicatoren der neuen Transformation q^{ten} Grades, welche dem transformirten Modul k_1 entsprechen, mit

$$M_1^{(1)},\ M_2^{(1)},\ \ldots\ M_{q+1}^{(1)},$$

die dem k_2 entsprechen, mit

$$M_1^{(2)},\ M_2^{(2)},\ \ldots\ M_{q+1}^{(2)},$$

u. s. w. bezeichnet werden, so sind offenbar die Multiplicatoren des durch die Transformation $p\,q^{\text{ten}}$ Grades enthaltenen Integrales die folgenden:

$$(10)\ .\quad \begin{cases} M_1\,M_1^{(1)},\ M_1\,M_2^{(1)},\ \ldots\ M_1\,M_{q+1}^{(1)} \\ M_2\,M_1^{(2)},\ M_2\,M_2^{(2)},\ \ldots\ M_2\,M_{q+1}^{(2)} \\ \cdot\ \cdot\ \cdot\ \cdot\ \cdot\ \cdot\ \cdot\ \cdot\ \cdot\ \cdot\ \cdot\ \cdot\ \cdot\ \cdot\ \cdot\ \cdot \\ M_{p+1}\,M_1^{(p+1)},\ M_{p+1}\,M_2^{(p+1)},\ \ldots\ M_{p+1}\,M_{q+1}^{(p+1)}, \end{cases}$$

und es wird sich darum handeln, nachzuweisen, dass diese Grössen sich als die Lösungen einer Gleichung $(p+1)\,(q+1)^{\text{ten}}$ Grades darstellen lassen, deren Coefficienten rationale Functionen von c^2 sind. Dies geht jedoch aus dem Vorigen unmittelbar hervor. Denn bildet man die s^{te} Potenzsumme dieser Grössen

$$\begin{aligned} &\left(M_1^{(1)\,s} + M_2^{(1)\,s} + \cdots + M_{q+1}^{(1)\,s}\right) M_1^s \\ +&\left(M_1^{(2)\,s} + M_2^{(2)\,s} + \cdots + M_{q+1}^{(2)\,s}\right) M_2^s \\ +&\ \cdot\ \cdot\ \cdot\ \cdot\ \cdot\ \cdot\ \cdot\ \cdot\ \cdot\ \cdot\ \cdot\ \cdot\ \cdot\ \cdot \\ +&\left(M_1^{(p+1)\,s} + M_2^{(p+1)\,s} + \cdots + M_{q+1}^{(p+1)\,s}\right) M_{p+1}^s, \end{aligned}$$

so wird der erste Theil derselben

$$\left(M_1^{(1)\,s} + M_2^{(1)\,s} + \cdots + M_{q+1}^{(1)\,s}\right) M_1^s,$$

da $M_1^{(1)},\ M_2^{(1)},\ \ldots\ M_{q+1}^{(1)}$ die Lösungen einer Gleichung $q+1^{\text{ten}}$

Grades darstellen, deren Coefficienten rationale Functionen von k_1^2 sind, und M_1, wie vorher nachgewiesen, eine rationale Function von k_1^2 und c^2 ist*), sich als rationale Function von k_1^2 und c^2 darstellen lassen, und da die übrigen Theile jener s^{ten} Potenzsumme dieselben rationalen Functionen von k_2^2 und c^2, k_3^2 und c^2 etc. liefern, so wird die s^{te} Potenzsumme eine rationale symmetrische Function der Lösungen der Modulargleichung zwischen k^2 und c^2, also rational durch c^2 ausdrückbar sein, woraus unmittelbar hervorgeht, dass sich eine Gleichung vom $(p+1)(q+1)^{\text{ten}}$ Grade bilden lässt, deren Lösungen die obigen $(p+1)(q+1)$ Multiplicatoren der Repräsentanten der nicht äquivalenten Klassen, und deren Coefficienten rationale Functionen von c^2 sind.**) In ähnlicher Weise schliesst man

---

*) da auch

$$M^2 = \frac{1}{n} \frac{k^2(1-k^2)}{c^2(1-c^2)} \frac{\partial(c^2)}{\partial(k^2)}$$

und, wie nachher gezeigt werden soll, eine Gleichung $n+1^{\text{ten}}$ Grades zwischen k^2 und c^2 besteht.

**) Wir knüpfen hieran eine Ergänzung der oben angestellten Untersuchung über die Werthe der Multiplicatoren für den verschwindenden Integralmodul. Es war dort für einen primzahligen Transformationsgrad p nachgewiesen worden, dass p der Multiplicatoren den Werth 1 annehmen, während einer von ihnen $= \frac{(-1)^{\frac{p-1}{2}}}{p}$ wird, und man wird die zur Transformation $p\,q^{\text{ten}}$ Grades gehörigen aus der obigen Zusammenstellung (10) unmittelbar herleiten können, wenn man beachtet, dass sämmtliche Wurzeln der Modulargleichung verschwinden, wenn der zu Grunde gelegte Integralmodul Null wird; dass das letztere wirklich der Fall ist, geht schon daraus hervor, dass sich bekanntlich für einen Primzahlgrad der Transformation die Quadratwurzeln aus den transformirten Integralmoduln aus dem Ausdruck

$$\frac{2\left(q^{\frac{1}{4}} + q^{\frac{9}{4}} + q^{\frac{25}{4}} + \cdots\right)}{1 + 2q + 2q^4 + 2q^9 + \cdots}$$

herleiten lassen, wenn man der Reihe nach für q die Grössen

$$q^{\frac{1}{p}},\ \alpha q^{\frac{1}{p}},\ \alpha^2 q^{\frac{1}{p}},\ \ldots\ \alpha^{p-1} q^{\frac{1}{p}},\ q^p$$

setzt, worin α eine p^{te} Einheitswurzel bedeutet; denn wenn c sich der Null nähert, so verschwindet auch q, also auch $q^{\frac{1}{p}}$ etc. und daher der obige Ausdruck. Wenn nun aber auch wieder alle transformirten Moduln verschwinden, so werden die Grössen

$$M_1^{(1)},\ M_2^{(1)},\ \ldots\ M_{q+1}^{(1)}$$
$$M_1^{(2)},\ M_2^{(2)},\ \ldots\ M_{q+1}^{(2)} \text{ u. s. w.}$$

die Werthe

$$1,\ 1,\ \ldots\ 1,\ \frac{(-1)^{\frac{q-1}{2}}}{q}$$

weiter und gelangt somit zu dem Satze, *dass es für jeden unpaaren Transformationsgrad*

$$n = p q r \ldots$$

ohne quadratischen Theiler eine Gleichung des

$$(p+1)(q+1)(r+1)\ldots^{\text{ten}}$$

Grades giebt, deren Lösungen die zu den $(p+1)(q+1)(r+1)\ldots$ Repräsentanten der nicht äquivalenten Klassen gehörigen Multiplicatoren, und deren Coefficienten rationale Functionen von c^2 sind.

Zur Vervollständigung des vorher Gesagten mögen noch einige Bemerkungen über die Gleichungen zwischen k^2 und c^2 hinzugefügt werden.

Dass für die durch den Ausdruck

$$\text{(a)} \quad k^2 = (c^2)^n \left\{ \sin\operatorname{coam}\frac{2\eta}{n} \sin\operatorname{coam}\frac{4\eta}{n} \cdots \sin\operatorname{coam}\frac{(n-1)\eta}{n} \right\}^8$$

dargestellten Werthe, welche zu den $(p+1)(q+1)\ldots$ Repräsentanten der nicht äquivalenten Klassen gehören, eine Gleichung $(p+1)(q+1)\ldots^{\text{ten}}$ Grades existirt, deren Coefficienten ganze rationale Functionen von c^2 sind, geht aus der folgenden Betrachtung unmittelbar hervor. Bezeichnet man nämlich die Potenzsummen der Gleichung $(p+1)(q+1)\ldots^{\text{ten}}$ Grades zwischen u und v, deren Existenz nachgewiesen ist, mit s, so werden, wenn S die Potenzsumme der Ausdrücke (a) bedeutet, die Relationen gelten

---

annehmen, und es wird somit die Zusammenstellung (10) der Multiplicatoren für die Transformation $p\,q^{\text{ten}}$ Grades in

$$\begin{array}{c} 1,\ 1,\ \ldots\ 1,\ \dfrac{(-1)^{\frac{q-1}{2}}}{q} \\ 1,\ 1,\ \ldots\ 1,\ \dfrac{(-1)^{\frac{q-1}{2}}}{q} \\ \vdots \\ 1,\ 1,\ \ldots\ 1,\ \dfrac{(-1)^{\frac{q-1}{2}}}{q} \\ \dfrac{(-1)^{\frac{p-1}{2}}}{p},\ \dfrac{(-1)^{\frac{p-1}{2}}}{p},\ \ldots\ \dfrac{(-1)^{\frac{p-1}{2}}}{p},\ \dfrac{(-1)^{\frac{p-1}{2}+\frac{q-1}{2}}}{p\,q} \end{array}$$

übergehen, so dass die Multiplicatorgleichung des $(p+1)(q+1)^{\text{ten}}$ Grades $p\,q$ Lösungen hat, welche der Einheit gleich sind, q, welche $= \frac{(-1)^{\frac{p-1}{2}}}{p}$, p, welche $= \frac{(-1)^{\frac{q-1}{2}}}{q}$ und eine, welche $= \frac{(-1)^{\frac{p-1}{2}+\frac{q-1}{2}}}{p\,q}$ ist. Es ist klar, wie in derselben Weise die Werthe der Multiplicatoren für einen beliebigen Transformationsgrad zu bestimmen sind.

$$S_1 = s_8, \quad S_2 = s_{16}, \quad S_3 = s_{24}, \ldots$$

und da, wie oben nachgewiesen worden, der Grad eines jeden Gliedes von s_k in Bezug auf u

$$\equiv k \,.\, n \pmod{8}$$

ist, so wird offenbar der Grad eines jeden Gliedes von $S_1, S_2, \ldots$ durch 8 theilbar, d. h. sie selbst ganz und rational durch c^2 ausdrückbar sein, woraus aber diese Eigenschaft für die Coefficienten der zu bildenden Gleichung folgt.

Da ferner das letzte Glied der Modulargleichung zwischen u und v von der Form ist

$$\pm u^{(p+1)(q+1)\cdots},$$

so wird es in der Gleichung zwischen k^2 und c^2 die achte Potenz dieses Ausdruckes sein, und es wird somit die neue Gleichung zwischen k^2 und c^2, wenn

$$(p+1)(q+1)\cdots = \nu$$

gesetzt wird, die folgende Form haben:

$$(k^2)^\nu + f_1(c^2)(k^2)^{\nu-1} + f_2(c^2)(k^2)^{\nu-2} + \cdots + f_\nu(c^2)k^2 + (c^2)^\nu = 0,$$

wobei auch hierin, wie aus dem Satze für die Modulargleichungen zwischen u und v zu entnehmen, die ganzen Functionen von c^2 den Grad ν nicht erreichen können. Endlich lässt sich der Irreductibilitätsbeweis, da

$$c^2 = \varphi^8(\tau),$$
$$k^2 = \varphi^8\left(\frac{t\tau - 16\xi}{t'}\right)$$

ist, genau in der Weise, wie es für die (U, V)-Gleichung geschehen ist, herstellen oder auch unmittelbar aus der Irreductibilität der Gleichung zwischen u und v ableiten. Was die wirkliche Aufstellung der Gleichungen zwischen k^2 und c^2 betrifft, so unterliegt dieselbe keiner weitern Schwierigkeit, indem man nur wieder $c^2 = \varphi^8(\tau)$, $k^2 = \varphi^8(n\tau)$ einzusetzen und soviel Glieder zu berücksichtigen hat, als unbekannte Coefficienten in der Gleichung vorkommen.

Indem wir nun auf die Ermittelung des letzten Gliedes sowie der Form der übrigen Coefficienten der Modulargleichung näher eingehen, sei für einen primzahligen Transformationsgrad n die Multiplicatorgleichung zwischen M und c^2 die folgende:

$$(11) \quad M^{n+1} + C_1 M^n + C_2 M^{n-1} + \cdots + C_n M + C_{n+1} = 0,$$

in welcher $C_1, C_2, \ldots C_{n+1}$ rationale Functionen von c^2 bedeuten, und es wird sich zur Herleitung der weiteren Eigenschaften, sowie zur wirklichen Herstellung dieser Gleichungen vor Allem darum handeln, das von M freie Glied derselben zu ermitteln.

Nun ergiebt sich aber aus dem Ausdrucke

$$(12)\quad M = (-1)^{\frac{n-1}{2}} \left\{ \frac{\sin\operatorname{coam}\frac{2\eta}{n}\sin\operatorname{coam}\frac{4\eta}{n}\cdots\sin\operatorname{coam}\frac{(n-1)\eta}{n}}{\sin\operatorname{am}\frac{2\eta}{n}\sin\operatorname{am}\frac{4\eta}{n}\cdots\sin\operatorname{am}\frac{(n-1)\eta}{n}} \right\}^2,$$

dass

$$C_{n+1} = \frac{\Pi \sin\operatorname{coam}^2\left(\frac{m\omega + 2m'\omega'}{n}\right)}{\Pi \sin\operatorname{am}^2\left(\frac{m\omega + 2m'\omega'}{n}\right)},$$

worin den Zahlen m und m' die folgenden Werthecombinationen zuertheilt werden:

$$m: 1, 2, 3, \ldots \frac{n-1}{2}, \qquad\qquad m: 0,$$

$$m': 0, \pm 1, \pm 2, \cdots \pm \frac{n-1}{2}, \qquad m': 1, 2, \ldots \frac{n-1}{2},$$

und da, wie aus der nächsten Vorlesung hervorgeht,

$$\Pi \sin\operatorname{coam}^2\left(\frac{m\omega + 2m'\omega'}{n}\right) = \frac{1}{c^{\frac{n^2-1}{2}}},$$

$$\Pi \sin\operatorname{am}^2\left(\frac{m\omega + 2m'\omega'}{n}\right) = \frac{(-1)^{\frac{n-1}{2}} n}{c^{\frac{n^2-1}{2}}},$$

so wird

$$(13)\quad \ldots\ldots\ldots\ldots \quad C_{n+1} = \frac{(-1)^{\frac{n-1}{2}}}{n}.$$

Es ist nun leicht, hieraus den Werth des letzten Gliedes einer zu einem zusammengesetzten Transformationsgrade gehörigen Multiplicatorgleichung herzuleiten. Sei nämlich zuerst der Transformationsgrad $n = p \cdot q$, wo p und q Primzahlen bedeuten, so wird nach den vorher gemachten Auseinandersetzungen mit Beibehaltung der dort gebrauchten Bezeichnungen das Product der zu allen Repräsentanten der nicht äquivalenten Klassen gehörigen Multiplicatoren des Transformationsgrades $p\,q$ den folgenden Werth erhalten:

$$\left(M_1 M_2 \ldots M_{p+1}\right)^{q+1} \left(M_1^{(1)} M_2^{(1)} \ldots M_{q+1}^{(1)}\right) \left(M_1^{(2)} M_2^{(2)} \ldots M_{q+1}^{(2)}\right) \times \\ \ldots \left(M_1^{(p+1)} M_2^{(p+1)} \ldots M_{q+1}^{(p+1)}\right)$$

oder nach Gleichung (13)

$$\left(\frac{(-1)^{\frac{p-1}{2}}}{p}\right)^{q+1} \left(\frac{(-1)^{\frac{q-1}{2}}}{q}\right)^{p+1} = \frac{1}{p^{q+1}\, q^{p+1}}.$$

Ebenso folgt, wenn

$$n = p \cdot q \cdot r$$

ist, dass das letzte Glied der Multiplicatorgleichung den Werth hat

$$\frac{1}{p^{(q+1)(r+1)}\, q^{(p+1)(r+1)}\, r^{(p+1)(q+1)}}$$

u. s. w.

Es soll nunmehr nachgewiesen werden, dass sämmtliche Coefficienten der Multiplicatorgleichung ganze Functionen von c^2 sind.

Multiplicirt man nämlich die Multiplicatorgleichung unter der Voraussetzung, dass die Coefficienten gebrochene rationale Functionen von c^2 sind, mit dem kleinsten gemeinsamen Dividuus der Nenner derselben, wodurch die Gleichung die Form annehmen möge

$$(14)\quad f_0(c^2)\,M^\nu + f_1(c^2)\,M^{\nu-1} + f_2(c^2)\,M^{\nu-2} + \cdots + f_\nu(c^2)\,M$$
$$+ \frac{f_0(c^2)}{p^{(q+1)(r+1)}\,q^{(p+1)(r+1)}\cdots} = 0,$$

so ergäbe sich nothwendig daraus, dass Werthe von c^2 existiren, für welche der Transformationsmultiplicator Null oder unendlich wird, da alle diejenigen Werthe von c^2, welche der Gleichung

$$f_0(c^2) = 0$$

genügen, den höchsten und niedrigsten Coefficienten der Gleichung verschwinden lassen, also die Lösungen Null und Unendlich liefern. Es ist zu untersuchen, ob dies möglich ist. Sollte dies der Fall sein, so müsste, wie sich aus dem oben aufgestellten Ausdruck des Multiplicators mit Hülfe der ϑ-Functionen ergiebt, eine dieser ϑ-Functionen verschwinden, d. h. es müsste das Argument $\frac{2k\varepsilon}{n}$, worin $k \leqq \frac{n-1}{2}$ ist, eine der vier Formen

$$r + s\tau,$$
$$r - \tfrac{1}{2} + s\tau,$$
$$r + (s + \tfrac{1}{2})\tau,$$
$$r - \tfrac{1}{2} + (s + \tfrac{1}{2})\tau$$

annehmen. Da nun aber

$$\varepsilon = pb_1 - qb_0 - (pa_1 - qa_0)\tau,$$

worin $pb_1 - qb_0$ und $pa_1 - qa_0$ relative Primzahlen sind, so müsste, wenn

$$\tau = t + t'i$$

gesetzt wird, für die erste Annahme:

$$2k[pb_1 - qb_0 - (pa_1 - qa_0)t - (pa_1 - qa_0)t'i] = rn + snt + snt'i$$

sein; daraus folgt aber, dass

$$-2k(pa_1 - qa_0) = ns,$$

dass also, wenn der grösste gemeinschaftliche Theiler von k und n mit δ bezeichnet wird, $\frac{n}{\delta}$ in $pa_1 - qa_0$ aufgeht. Nun findet aber auch die Gleichung statt

$$2k(pb_1 - qb_0) = nr,$$

und es müsste somit auch $pb_1 - qb_0$ durch $\frac{n}{\delta}$ theilbar sein, was nicht angeht, da $pa_1 - qa_0$ und $pb_1 - qb_0$ relative Primzahlen sind.

Hat $\frac{2k\varepsilon}{n}$ die zweite Form, so dass

$$2k[pb_1 - qb_0 - (pa_1 - qa_0)t - (pa_1 - qa_0)t'i] = nr - \frac{n}{2} + nst + nst'i,$$

so folgt

$$-2k(pa_1 - qa_0) = ns,$$

also wieder $pa_1 - qa_0$ durch $\frac{n}{\delta}$ theilbar; sodann wäre aber auch

$$4k(pb_1 - qb_0) = 2nr - n,$$

also auch, da δ als grösster gemeinsamer Theiler von k und n eine ungerade Zahl ist, $pb_1 - qb_0$ durch $\frac{n}{\delta}$ theilbar und somit auch unmöglich.

Im dritten Falle wäre

$$-2k(pa_1 - qa_0) = n(s + \tfrac{1}{2}),$$

was nicht möglich ist, da n eine ungerade Zahl ist, und auf dieselbe Ungereimtheit führt die vierte Annahme. Es kann somit keine der vier ϑ-Functionen verschwinden, aus denen sich der Ausdruck für den Multiplicator M zusammensetzt, also auch keiner der Multiplicatoren Null oder unendlich sein, und es werden somit in der Multiplicatorgleichung

$$(15) \quad M^\nu + f_1(c^2)M^{\nu-1} + f_2(c^2)M^{\nu-2} + \cdots + f_{\nu-1}(c^2)M + \frac{1}{p^{(q+1)(r+1)\cdots} q^{(p+1)(r+1)\cdots} \cdots} = 0$$

die Coefficienten

$$f_1(c^2), \quad f_2(c^2), \quad \ldots \; f_{\nu-1}(c^2)$$

ganze Functionen von c^2 bedeuten.

Es soll nunmehr untersucht werden, in welche Werthe die Lösungen der Multiplicatorgleichung übergehen, wenn statt des Integralmoduls c^2 einer der transformirten Moduln k^2 gesetzt wird. Sei nun k^2 der dem transformirten ϑ-Modul

$$\frac{t\tau - 16\xi}{t'}$$

entsprechende Werth

$$\varphi^8\left(\frac{t\tau - 16\xi}{t'}\right),$$

so giebt es im Allgemeinen nach den Auseinandersetzungen der letzten Vorlesung zu jedem dieser Repräsentanten wieder einen und nur einen Repräsentanten einer nicht äquivalenten Transformationsklasse n^{ten} Grades von der Form

$$\begin{vmatrix} t' & 0 \\ 16x & t \end{vmatrix},$$

welcher als transformirten Integralmodul wieder c^2 erzeugt; da nun aber für die Multiplicatoren bekanntlich die Beziehung besteht:

$$(-1)^{\frac{t-1}{2}} M = \frac{\omega}{\Omega} \cdot \frac{1}{a_0 + a_1\tau'} = \frac{\omega}{\Omega} \cdot \frac{b_1 - a_1\tau}{n},$$

so wird, da $a_0 = t$, $a_1 = 0$, $b_0 = 16\,\xi$, $b_1 = t'$ ist,

$$(-1)^{\frac{t-1}{2}} M = \frac{\omega}{\Omega} \cdot \frac{t'}{n}$$

der zur Transformation

$$\begin{vmatrix} t & 0 \\ 16\,\xi & t' \end{vmatrix}$$

gehörige, und

$$(-1)^{\frac{t'-1}{2}} M' = \frac{\Omega}{\omega} \cdot \frac{t}{n}$$

der zur Transformation

$$\begin{vmatrix} t' & 0 \\ 16\,x & t \end{vmatrix}$$

gehörige Multiplicator sein; daraus folgt aber, dass

$$(-1)^{\frac{n-1}{2}} MM' = \frac{1}{n}$$

oder

$$(16) \quad \ldots\ldots\ldots\ldots\ldots \quad M' = \frac{(-1)^{\frac{n-1}{2}}}{nM}$$

ist, mit andern Worten, wenn man in die Multiplicatorgleichung, die zur Transformation n^{ten} Grades gehört, statt c^2 irgend einen der durch einen Repräsentanten der nicht äquivalenten Klassen transformirten Moduln und statt M in diese Gleichung $\frac{(-1)^{\frac{n-1}{2}}}{nM}$ setzt, so giebt es stets *ein* und *nur ein* M, welches mit einer Lösung der ursprünglichen Multiplicatorgleichung zusammenfällt. Es bestehen somit stets die beiden folgenden Gleichungen zusammen:

$$(17) \quad M^\nu + f_1(c^2) M^{\nu-1} + f_2(c^2) M^{\nu-2} + \cdots + f_{\nu-1}(c^2) M + \frac{1}{p^{(q+1)(r+1)\ldots}\, q^{(p+1)(r+1)\ldots}\ldots} = 0,$$

$$(18) \quad \frac{1}{n^\nu M^\nu} + f_1(k^2) \frac{(-1)^{\frac{n-1}{2}}}{n^{\nu-1} M^{\nu-1}} + f_2(k^2) \frac{1}{n^{\nu-2} M^{\nu-2}} + \cdots + f_{\nu-1}(k^2) \frac{(-1)^{\frac{n-1}{2}}}{\nu M} + \frac{1}{p^{(q+1)(r+1)\ldots}\, q^{(p+1)(r+1)\ldots}\ldots} = 0,$$

worin die *eine* gemeinsame Lösung dieser Gleichung der zu k^2 gehörige Multiplicator ist. Der grösste gemeinsame Theiler zwischen den linken Seiten der beiden Gleichungen würde wieder den oben anderweitig hergeleiteten Ausdruck für M als eindeutige Function von k^2 und c^2 liefern, während eine Elimination von M zwischen beiden Gleichungen eine Relation zwischen k^2 und c^2 liefern muss, welche durch die Modulargleichung befriedigt wird.

Es soll ferner untersucht werden, was aus den Lösungen der Multiplicatorgleichung wird, wenn auf c^2 die beiden Fundamentaltransformationen ersten Grades ausgeübt werden, oder wenn man statt der Grösse c^2 in die Multiplicatorgleichung

$$1 - c^2 \quad \text{und} \quad \frac{1}{c^2}$$

setzt.

Zur Behandlung des ersten Falles wenden wir die folgende Methode an:

Es sei ein Integral mit dem Modul $1 - c^2$ vorgelegt, und es werde auf dasselbe die durch das Schema

$$\begin{vmatrix} 0 & -1 \\ 1 & 0 \end{vmatrix}$$

dargestellte lineare Transformation angewandt, welche nach den oben für die lineare Transformation aufgestellten Beziehungen das Integral in ein anderes mit dem Modul c^2 und dem Multiplicator $-i$ überführt. Wird auf das jetzt erhaltene Integral die Transformation

$$\begin{vmatrix} t & 0 \\ 16\xi & t' \end{vmatrix}$$

ausgeübt, so mag die Multiplicatorgleichung für den Modul c^2 hierfür die Lösung M liefern, es wird dadurch das vorgelegte Integral mit dem Modul $1 - c^2$ durch die aus jenen beiden Transformationen zusammengesetzte Transformation

$$\text{(a)} \ldots\ldots \quad \begin{vmatrix} 0 & -1 \\ 1 & 0 \end{vmatrix} \begin{vmatrix} t & 0 \\ 16\xi & t' \end{vmatrix} = \begin{vmatrix} -16\xi & -t' \\ t & 0 \end{vmatrix}$$

in ein anderes mit dem Modul k^2 und dem Multiplicator

$$-(-1)^{\frac{t-1}{2}} \cdot iM$$

übergeführt sein.

Wir wollen jetzt wiederum auf das vorgelegte Integral mit dem Modul $1 - c^2$ die zuletzt erhaltene Transformation (a) anwenden, jedoch so, dass wir sie aus einer zu den Repräsentanten der nicht äquivalenten Klassen gehörigen Transformation und einer linearen zusammensetzen, also aus

$$\begin{vmatrix} u & 0 \\ 16x & u' \end{vmatrix} \quad \text{und} \quad \begin{vmatrix} \alpha_0 & \alpha_1 \\ \beta_0 & \beta_1 \end{vmatrix}.$$

Soll diese Transformation mit (a) identificirt werden, so ergeben sich die folgenden Bedingungsgleichungen:

$$(19) \ldots\ldots \quad u\alpha_0 = -16\xi,$$

$$(20) \ldots\ldots \quad u\alpha_1 = -t',$$

$$(21) \ldots\ldots \quad 16x\alpha_0 + u'\beta_0 = t,$$

$$(22) \ldots\ldots \quad 16x\alpha_1 + u'\beta_1 = 0,$$

woraus, wenn mit δ der grösste gemeinschaftliche Theiler von t' und ξ bezeichnet wird,

$$u = \delta, \quad u' = \frac{n}{\delta}, \quad \alpha_0 = -\frac{16\,\xi}{\delta}, \quad \alpha_1 = -\frac{t'}{\delta}$$

folgen, während die Gleichungen (21) und (22) in

$$(23) \quad \ldots\ldots\ldots\ldots \quad -16\,x\,.\,16\,\xi + n\beta_0 = t\delta,$$

$$(24) \quad \ldots\ldots\ldots\ldots \quad -16\,x + t\beta_1 = 0$$

übergehen. Da nun aus (24)

$$x = t\mu, \quad \beta_1 = 16\,\mu$$

folgt, wenn μ eine beliebige ganze Zahl bedeutet, so giebt Gleichung (23) die Beziehung

$$(25) \quad \ldots\ldots\ldots\ldots \quad -16\,\mu\,\frac{16\,\xi}{\delta} + \beta_0\,\frac{t'}{\delta} = 1,$$

welche, da $\frac{16\,\xi}{\delta}$ und $\frac{t'}{\delta}$ relativ prime Zahlen sind, stets auflösbar ist und, wie man unmittelbar sieht, in die Gleichung

$$\alpha_0\beta_1 - \beta_0\alpha_1 = 1$$

übergeht, also diese vier Zahlen als Transformationszahlen einer linearen Transformation definirt. Es mag sich aus (25)

$$\mu = \mu_1 + \frac{t'}{\delta}\,q$$

ergeben, so wird nur q so zu wählen sein, dass

$$x = t\mu = t\mu_1 + \frac{n}{\delta}\,q$$

positiv und $< u' < \frac{n}{\delta}$ wird, dann sind die Zahlen α_0, α_1, β_0, β_1 passend bestimmt als Transformationszahlen einer linearen Transformation und zwar

$\alpha_0 \equiv 0$ (mod. 16), $\beta_0 \equiv 1$ (mod. 2), $\alpha_1 \equiv 1$ (mod. 2), $\beta_1 \equiv 0$ (mod. 16),

also eine lineare Transformation, die zu dem Falle II. gehört und als Multiplicator den Ausdruck liefert

$$e^{\frac{i\pi}{2}(\beta_0 - 2)}.$$

Da nun aber, wie aus (25) hervorgeht, β_0 und $\frac{t'}{\delta}$ zu gleicher Zeit $\equiv 1$ oder $\equiv 3$ (mod. 4) sind, und im ersten Falle die Exponentialgrösse $-i$, im zweiten Falle $+i$ ist, so ergiebt sich der Multiplicator dieser linearen Transformation in der Form

$$-(-1)^{\frac{\frac{t'}{\delta}-1}{2}}\,i.$$

Wird nun die zur Transformation

$$\begin{vmatrix} u & 0 \\ 16\,x & u' \end{vmatrix}$$

gehörige Lösung der Multiplicatorgleichung, welche der auf den Modul $1-c^2$ ausgeübten Transformation n^{ten} Grades entspricht, mit M' bezeichnet, so ist der Multiplicator der aus den beiden Transformationen zusammengesetzten Transformation

$$\begin{vmatrix} -16\xi & -t' \\ t & 0 \end{vmatrix}$$

die Grösse

$$-(-1)^{\frac{\delta-1}{2}}(-1)^{\frac{\frac{t'}{\delta}-1}{2}} iM',$$

und es wird daher die Gleichung bestehen

$$-(-1)^{\frac{t-1}{2}} iM = -(-1)^{\frac{\delta-1}{2}}(-1)^{\frac{\frac{t'}{\delta}-1}{2}} iM',$$

d. h.

$$(26) \quad \ldots\ldots\ldots\ldots \quad M' = (-1)^{\frac{n-1}{2}} M;$$

mit andern Worten, wenn ein Repräsentant der nicht äquivalenten Klassen einer auf ein Integral mit dem Modul c^2 angewandten Transformation n^{ten} Grades den Multiplicator M liefert, so giebt es stets einen Repräsentanten der nicht äquivalenten Klassen einer Transformation desselben Grades, welche auf ein Integral mit dem Modul $1-c^2$ angewandt, den Multiplicator $(-1)^{\frac{n-1}{2}} M$ liefert, d. h. wenn wir in die Multiplicatorgleichung $1-c^2$ statt c^2 und $(-1)^{\frac{n-1}{2}} M$ statt M setzen, so müssen die beiden Gleichungen dieselben ν Lösungen haben; in welcher Weise dieselben mit einander correspondiren, wird durch die beiden Transformationen

$$\begin{vmatrix} t & 0 \\ 16\xi & t' \end{vmatrix} \quad \text{und} \quad \begin{vmatrix} u & 0 \\ 16x & u' \end{vmatrix}$$

angezeigt, deren Transformationszahlen durch die oben angegebenen Gleichungen mit einander verbunden sind.

Aus der eben hergeleiteten Eigenschaft, die sich auch so aussprechen lässt, dass zugleich mit der Multiplicatorgleichung

$$(27) \quad M^\nu + f_1(c^2)M^{\nu-1} + f_2(c^2)M^{\nu-2} + \cdots + f_{\nu-1}(c^2)M + \frac{1}{p^{(q+1)(r+1)\ldots}q^{(p+1)(r+1)\ldots}\ldots} = 0,$$

wenn $n \equiv 1 \pmod{4}$, die Gleichung

$$(28) \quad \ldots\ldots \quad M^\nu + f_1(1-c^2)M^{\nu-1} + f_2(1-c^2)M^{\nu-2} + \cdots + f_{\nu-1}(1-c^2)M + \frac{1}{p^{(q+1)(r+1)\ldots}q^{(p+1)(r+1)\ldots}\ldots} = 0,$$

wenn $n \equiv 3 \pmod{4}$, die Gleichung

$$(29) \quad \ldots\ldots \quad M^\nu + f_1(1-c^2)M^{\nu-1} + f_2(1-c^2)M^{\nu-2} + \cdots + f_{\nu-1}(1-c^2)M + \frac{1}{p^{(q+1)(r+1)\ldots}q^{(p+1)(r+1)\ldots}\ldots} = 0$$

besteht, lässt sich die Form der Functionen $f_\alpha(c^2)$ erkennen. Denn da die Wurzeln der beiden Gleichungen sämmtlich übereinstimmen, so wird, wenn $n \equiv 1 \pmod{4}$ ist, das folgende Gleichungssystem bestehen:

$$f_1(c^2) = f_1(1-c^2),\ f_2(c^2) = f_2(1-c^2),\ \ldots f_{\nu-1}(c^2) = f_{\nu-1}(1-c^2),$$

d. h. es sind diese Functionen ganze rationale Functionen von $c^2(1-c^2)$, so dass sich in diesem Falle die Multiplicatorgleichung in die Form setzen lässt:

$$(30)\quad \begin{cases} M^\nu + \varphi_1(c^2(1-c^2))\,M^{\nu-1} + \varphi_2(c^2(1-c^2))\,M^{\nu-2} + \cdots \\ \cdots + \varphi_{\nu-1}(c^2(1-c^2))\,M + \dfrac{1}{p^{(q+1)(r+1)\ldots}\,q^{(p+1)(r+1)\ldots}\ldots} = 0. \end{cases}$$

Ist dagegen $n \equiv 3 \pmod{4}$, so werden nur die mit geraden Indices behafteten Functionen jenen Bedingungen genügen, also auch ganze rationale Functionen von $c^2(1-c^2)$ sein, während sich für die mit ungeradem Index versehenen Functionen, welche die Gleichung

$$f_{2m+1}(c^2) = -f_{2m+1}(1-c^2)$$

befriedigen, schliessen lässt, dass sie die Form

$$\psi(c^2(1-c^2))(c^2-\tfrac{1}{2}) \quad \text{oder}$$
$$\varphi(c^2(1-c^2))(c_1{}^2-c^2)$$

haben, so dass für $n \equiv 3 \pmod{4}$ die Form der Multiplicatorgleichung die folgende ist:

$$(31)\quad \begin{cases} M^\nu + \varphi_1(c^2(1-c^2))(c_1{}^2-c^2)\,M^{\nu-1} + \varphi_2(c^2(1-c^2))\,M^{\nu-2} \\ + \varphi_3(c^2(1-c^2))(c_1{}^2-c^2)\,M^{\nu-3} + \cdots + \varphi_{\nu-1}(c^2(1-c^2))(c_1{}^2-c^2)\,M \\ \qquad + \dfrac{1}{p^{(q+1)(r+1)\ldots}\,q^{(p+1)(r+1)\ldots}\ldots} = 0. \end{cases}$$

Es soll nun ähnlich wie vorher untersucht werden, welche Verwandlung die Lösungen der Multiplicatorgleichung erleiden, wenn $\frac{1}{c^2}$ statt c^2 gesetzt wird.

Sei ein Integral mit dem Modul $\frac{1}{c^2}$ vorgelegt, so wird dasselbe durch die von dem Schema

$$\begin{vmatrix} 1 & 1 \\ 0 & 1 \end{vmatrix}$$

dargestellte lineare Transformation in ein anderes mit dem Integralmodul c^2 und dem Multiplicator c übergeführt. Wendet man nun auf das so erhaltene Integral irgend einen Repräsentanten der nicht äquivalenten Klassen $\begin{vmatrix} t & 0 \\ 16\xi & t' \end{vmatrix}$ der Transformation n^{ten} Grades an, so ergiebt sich ein Modul, welcher eine Lösung der zur Transformation n^{ten} Grades gehörigen Modulargleichung ist, und als Multiplicator eine Lösung der Multiplicatorgleichung, die mit M bezeichnet werden mag, so dass der Gesammtmultiplicator, welcher zu der aus der Zusammensetzung dieser beiden Transformationen entstandenen Transformation

$$\begin{vmatrix} t+16\xi & t' \\ 16\xi & t' \end{vmatrix}$$

gehört, durch den Ausdruck

$$(-1)^{\frac{t-1}{2}} Mc$$

dargestellt wird.

Wendet man nunmehr auf das vorgelegte Integral mit dem Modul $\frac{1}{c^2}$ zuerst einen Repräsentanten der nicht äquivalenten Klassen

$$\begin{vmatrix} u & 0 \\ 16x & u' \end{vmatrix}$$

der Transformation n^{ten} Grades an, so soll eine lineare Transformation

$$\begin{vmatrix} \alpha_0 & \alpha_1 \\ \beta_0 & \beta_1 \end{vmatrix}$$

gesucht werden, welche mit der obigen, in der noch u, u', x passend zu bestimmen sind, zusammengesetzt, die Transformation

$$\begin{vmatrix} t+16\xi & t' \\ 16\xi & t' \end{vmatrix}$$

giebt.

Da aber

$$\begin{vmatrix} u & 0 \\ 16x & u' \end{vmatrix} \begin{vmatrix} \alpha_0 & \alpha_1 \\ \beta_0 & \beta_1 \end{vmatrix} = \begin{vmatrix} u\alpha_0 & u\alpha_1 \\ 16x\alpha_0 + u'\beta_0 & 16x\alpha_1 + u'\beta_1 \end{vmatrix},$$

so ergeben sich die vier Gleichungen

(32) . . . . $u\alpha_0 = t + 16\xi,$

(33) . . . . $u\alpha_1 = t'$

(34) . . . . $16x\alpha_0 + u'\beta_0 = 16\xi,$

(35) . . . . $16x\alpha_1 + u'\beta_1 = t',$

und wenn man für u den grössten gemeinsamen Theiler δ zwischen

$$t + 16\xi \quad \text{und} \quad t'$$

wählt, so folgt

$$u = \delta, \; u' = \frac{n}{\delta}, \; \alpha_0 = \frac{t+16\xi}{\delta}, \; \alpha_1 = \frac{t'}{\delta},$$

während die Gleichungen (34) und (35) in die folgenden übergehen:

(36) . . . . $16x(t + 16\xi) + n\beta_0 = 16\xi\delta,$

(37) . . . . $16x + t\beta_1 = \delta.$

Nun sieht man unmittelbar, dass, wenn α_0, α_1, β_0, β_1 diesen Gleichungen genügen, die Bedingung der linearen Transformation

$$\alpha_0\beta_1 - \alpha_1\beta_0 = 1$$

befriedigt wird, und es folgt ferner aus (37), dass

$$x = x_1 + tv, \; \beta_1 = b - 16v,$$

worin v eine beliebige ganze Zahl bedeutet. Setzt man den Werth

$$16x = \delta - t(b - 16v)$$

in (36) ein, so ergiebt sich die Gleichung

$$16v(t + 16\xi) + t'\beta_0 = b(t + 16\xi) - \delta,$$

welche sich, da δ der grösste gemeinschaftliche Theiler zwischen $t + 16\xi$ und t' ist, stets auflösen lässt, und es folgen somit $\alpha_0, \alpha_1, \beta_0, \beta_1$ als lineare Transformationszahlen von der Form

$\alpha_0 \equiv 1 \pmod{2}$, $\alpha_1 \equiv 1 \pmod{2}$, $\beta_0 \equiv 0 \pmod{16}$, $\beta_1 \equiv 1 \pmod{2}$;

es gehört diese Transformation somit zu dem Falle III der linearen Transformation und liefert für den Multiplicator den Ausdruck

$$e^{-\frac{i\pi}{2}\left(\frac{t+16\xi}{\delta}-1\right)} \cdot \frac{1}{k'} = \left(\frac{-1}{\frac{t+16\xi}{\delta}}\right) \cdot \frac{1}{k'},$$

wenn k' denjenigen transformirten Modul bedeutet, welcher der Transformation n^{ten} Grades

$$\begin{vmatrix} u & 0 \\ 16x & u' \end{vmatrix},$$

angewandt auf ein Integral mit dem Modul $\frac{1}{c^2}$, entspricht. Da aber dieser Integralmodul, wie aus der Theorie der Modulargleichungen bekannt ist, im Allgemeinen dem reciproken Werthe eines andern der durch die Repräsentanten der nicht äquivalenten Klassen dargestellten Transformationen n^{ten} Grades, auf ein Integral mit dem Modul c^2 ausgeübt, gleich ist, so wird, wenn k^2 eine Lösung der Modulargleichung der Transformation n^{ten} Grades für c^2 angiebt, jener Multiplicator der Transformation jetzt folgendermassen lauten:

$$\left(\frac{-1}{\frac{t+16\xi}{\delta}}\right) \cdot k,$$

worin k, da die beiden zusammengesetzten Transformationen, als dieselbe Transformation auf dasselbe Integral ausgeübt, auch auf denselben transformirten Integralmodul führen müssen, diejenige Auflösung der zur Transformation n^{ten} Grades gehörigen Modulargleichung ist, welche der Transformation

$$\begin{vmatrix} t & 0 \\ 16\xi & t' \end{vmatrix}$$

entspricht, also das dem M zugeordnete k.

Wird nun die Lösung der Multiplicatorgleichung, in der $\frac{1}{c^2}$ statt c^2 gesetzt ist, und die der Transformation

$$\begin{vmatrix} u & 0 \\ 16x & u' \end{vmatrix}$$

entspricht, in der jetzt u, x, u' fest bestimmte Werthe haben, M'

genannt, so ist der Gesammtmultiplicator der aus den beiden Transformationen zusammengesetzten Transformation

$$(-1)^{\frac{\delta-1}{2}}\left(\frac{-1}{\frac{t+16\xi}{\delta}}\right) M'k = \left(\frac{-1}{t}\right) M'k,$$

und es muss sonach die Beziehung statthaben:

$$\left(\frac{-1}{t}\right) Mc = \left(\frac{-1}{t}\right) M'k$$

oder

$$M' = \frac{Mc}{k};$$

man wird somit, wenn man in der Multiplicatorgleichung $\frac{1}{c^2}$ statt c^2 setzt, die Grösse M in $\frac{Mc}{k}$ zu verwandeln haben, d. h. es wird eine Lösung der Multiplicatorgleichung für die auf ein Integral mit dem Modul $\frac{1}{c^2}$ angewandte Transformation n^{ten} Grades gleich sein einer einem andern, oben genau bestimmten, Repräsentanten der Transformation n^{ten} Grades entsprechenden Lösung der Multiplicatorgleichung für c^2 als Integralmodul, multiplicirt mit dem Quotienten aus dem ursprünglichen Modul c und demjenigen transformirten Modul k, welcher dem M für jenen Repräsentanten zugeordnet ist.

Der Beweis der Irreductibilität der Multiplicatorgleichungen für einen beliebigen unpaaren Transformationsgrad ohne quadratischen Theiler stützt sich wesentlich auf die Theorie der unendlich vielen Formen der ϑ-Functionen, welche in der vierundzwanzigsten Vorlesung durchgeführt worden, doch ist es zur Ausführung desselben nöthig, den Multiplicator selbst erst noch auf eine andere Form zu bringen.

Da nämlich die Periodengleichung besteht

$$\omega = a_0 a\Omega + 2a_1 a\Omega',$$

aus der folgt, dass

$$a = \frac{\frac{\omega}{\Omega}}{a_0 + a_1\tau'},$$

so ergiebt sich für die durch das Schema

$$\begin{vmatrix} t & 0 \\ 16\xi & t' \end{vmatrix}$$

dargestellten Repräsentanten der nicht äquivalenten Klassen der folgende Ausdruck für a:

(38) . . . . $a = \frac{1}{t}\,\frac{\omega}{\Omega}$,

oder da bekanntlich:

(39) . . . . $\omega = 2\pi\,\vartheta(0,\ \tau)_3{}^2$,

$$(40) \;\ldots\ldots\ldots\; \Omega = 2\pi\,\vartheta\left(0,\ \frac{t\tau - 16\,\xi}{t'}\right)_3^2$$

ist,

$$(41) \;\ldots\ldots\ldots\; a = \frac{1}{t}\,\frac{\vartheta\,(0,\ \tau)_3^2}{\vartheta\left(0,\ \frac{t\tau - 16\,\xi}{t'}\right)_3^2},$$

also

$$(42) \;\ldots\ldots\; M = \frac{(-1)^{\frac{t-1}{2}}}{t}\,\frac{\vartheta\,(0,\ \tau)_3^2}{\vartheta\left(0,\ \frac{t\tau - 16\,\xi}{t'}\right)_3^2},$$

so dass, wenn $c^2 = \varphi^8(\tau)$ gesetzt wird, die Multiplicatorgleichung, deren Irreductibilität nachgewiesen werden soll, die folgende Form annimmt:

$$(43) \;\ldots\; f\left(\varphi^8(\tau),\ \frac{(-1)^{\frac{t-1}{2}}}{t}\,\frac{\vartheta\,(0,\ \tau)_3^2}{\vartheta\left(0,\ \frac{t\tau - 16\,\xi}{t'}\right)_3^2}\right) = 0,$$

worin t jeden Theiler von n, $t' = \frac{n}{t}$ und ξ eine jede der Zahlen $0, 1, 2, \ldots t' - 1$ bedeuten soll. Angenommen nun, es hätte eine Gleichung mit (43) eine Lösung von der Form

$$\frac{(-1)^{\frac{\delta-1}{2}}}{\delta}\,\frac{\vartheta\,(0,\ \tau)_3^2}{\vartheta\left(0,\ \frac{\delta\tau - 16x}{\delta'}\right)_3^2}$$

gemein, so dass die Gleichung bestände

$$(44) \;\ldots\; F\left\{\varphi^8(\tau),\ \frac{(-1)^{\frac{\delta-1}{2}}}{\delta}\,\frac{\vartheta\,(0,\ \tau)_3^2}{\vartheta\left(0,\ \frac{\delta\tau - 16x}{\delta'}\right)_3^2}\right\} = 0,$$

so würde eine Substitution von $\tau + 16r$ statt τ sowohl die φ-Function als die ϑ-Function mit dem Modul τ unverändert lassen, während die Grösse $\frac{\delta\tau - 16x}{\delta'}$, wenn

$$x - r\delta \equiv x_1 \pmod{\delta'}$$

gesetzt wird, worin x_1 eine beliebige Zahl $< \delta'$ ist, in

$$\frac{\delta\tau - 16\,x_1}{\delta'}$$

übergeht, so dass aus Gleichung (44) unmittelbar folgt, dass

$$(45) \;\ldots\ldots\; F\left\{\varphi^8(\tau),\ \frac{(-1)^{\frac{\delta-1}{2}}}{\delta}\,\frac{\vartheta\,(0,\ \tau)_3^2}{\vartheta\left(0,\ \frac{\delta\tau}{\delta'}\right)_3^2}\right\} = 0$$

ist, wenn $x_1 = 0$ gesetzt worden, und aus dieser Gleichung wollen wir schliessen, dass auch der der Transformation

$$\begin{vmatrix} 1 & 0 \\ 0 & n \end{vmatrix}$$

zugehörige Multiplicator derselben genügt. Nun ist nach früheren Auseinandersetzungen unmittelbar zu sehen, dass eine lineare Substitution

$$\begin{vmatrix} a_0 & a_1 \\ b_0 & b_1 \end{vmatrix}$$

existirt, auf welche die Transformation

$$\begin{vmatrix} \delta & 0 \\ 0 & \delta' \end{vmatrix}$$

ausgeübt dasselbe Resultat hervorbringt wie die aus den beiden nachfolgenden Transformationen zusammengesetzte Transformation

$$\begin{vmatrix} 1 & 0 \\ 0 & n \end{vmatrix} \begin{vmatrix} \alpha_0 & \alpha_1 \\ \beta_0 & \beta_1 \end{vmatrix} = \begin{vmatrix} \alpha_0 & \alpha_1 \\ n\beta_0 & n\beta_1 \end{vmatrix},$$

wenn die Transformationszahlen in folgender Weise bestimmt werden:

$$\alpha_0 = \alpha_0'\delta,\quad \alpha_1 = \alpha_1' . 16\delta',\quad \beta_0 = 16\beta_0',\qquad \beta_1 = \beta_1',$$

$$a_0 = \alpha_0',\qquad a_1 = 16\alpha_1',\qquad b_0 = 16\delta'\beta_0',\quad b_1 = \delta\beta_1',$$

worin die Grössen α_0', α_1', β_0', β_1' nur so zu wählen sind, dass

$$\delta\alpha_0'\beta_1' - 16^2\delta'\alpha_1'\beta_0' = 1$$

ist. Wählen wir in unserem Falle

$$\alpha_0' = \alpha_1' = 1,$$

so wird die Gleichung (45) offenbar in die folgende übergehen:

$$(46)\ .\ .\ F\left\{\varphi^8\left(\frac{b_0 - a_0\tau}{a_1\tau - b_1}\right),\ \frac{(-1)^{\frac{\delta-1}{2}}}{\delta}\ \frac{\vartheta\left(0,\ \frac{b_0 - a_0\tau}{a_1\tau - b_1}\right)_3^2}{\vartheta\left(0,\ \dfrac{\beta_0 - \alpha_0\frac{\tau}{n}}{\alpha_1\frac{\tau}{n} - \beta_1}\right)_3^2}\right\} = 0.$$

Nun ist aber

$$\varphi^8\left(\frac{b_0 - a_0\tau}{a_1\tau - b_1}\right) = \varphi^8(\tau),$$

und wie leicht aus den Gleichungen (4) und (20) der vierundzwanzigsten Vorlesung zu ersehen, wenn

$$\sigma_1 = \sum_1^{a_1}{}_\varrho\, e^{-\frac{i\pi a_0}{a_1}\left(r_\varrho - \frac{a_1}{2}\right)^2}\qquad \sigma_2 = \sum_1^{\alpha_1}{}_\varrho\, e^{-\frac{i\pi\alpha_0}{\alpha_1}\left(r_\varrho - \frac{\alpha_1}{2}\right)^2}$$

gesetzt wird, da

$$\mathfrak{q} = b_0 b_1,\quad \mathfrak{m} = a_0 a_1$$

ist,

$$\vartheta\left(0,\ \frac{b_0 - a_0\tau}{a_1\tau - b_1}\right)_3^2 = C_1^2\,\vartheta(0,\tau)_3^2 = \sigma_1^2 : \frac{-i\,.\,16n}{\delta\beta_1' - 16\tau}\,\vartheta(0,\tau)_3^2$$

und

$$\vartheta\left(0,\ \dfrac{\beta_0 - \alpha_0\frac{\tau}{n}}{\alpha_1\frac{\tau}{n} - \beta_1}\right)_3^2 = C_2^2\,\vartheta\left(0,\ \frac{\tau}{n}\right)_3^2 = \sigma_2^2 : \frac{-i\,.\,16\delta' n}{\beta_1' - 16\,\delta'\,\frac{\tau}{n}}\,\vartheta\left(0,\ \frac{\tau}{n}\right)_3^2,$$

oder

$$(47)\quad \frac{(-1)^{\frac{\delta-1}{2}}}{\delta}\,\frac{\vartheta\left(0,\frac{b_0-a_0\tau}{a_1\tau-b_1}\right)_3^2}{\vartheta\left(0,\frac{\beta_0-\alpha_0\frac{\tau}{n}}{\alpha_1\frac{\tau}{n}-\beta_1}\right)_3^2} = (-1)^{\frac{\delta-1}{2}}\,\delta'\,\frac{\sigma_1^2}{\sigma_2^2}\,\frac{\vartheta(0,\tau)_3^2}{\vartheta\left(0,\frac{\tau}{n}\right)_3^2},$$

und es wird somit nur noch auf die Bestimmung des Verhältnisses der σ ankommen.

Nun ist aber nach Gleichung (32) der vierundzwanzigsten Vorlesung, wie eine einfache Ausrechnung ergiebt,

$$\sigma_1^2 = -i2^4$$

und

$$\sigma_2^2 = -i(-1)^{\frac{\delta-1}{2}}\,2^4\,\delta',$$

und hieraus folgt, wie leicht zu sehen,

$$\frac{\sigma_1^2}{\sigma_2^2} = \frac{(-1)^{\frac{\delta-1}{2}}}{\delta'},$$

und somit auch

$$\frac{(-1)^{\frac{\delta-1}{2}}}{\delta}\,\frac{\vartheta\left(0,\frac{b_0-a_0\tau}{a_1\tau-b_1}\right)_3^2}{\vartheta\left(0,\frac{\beta_0-\alpha_0\frac{\tau}{n}}{\alpha_1\frac{\tau}{n}-\beta_1}\right)_3^2} = \frac{\vartheta(0,\tau)_3^2}{\vartheta\left(0,\frac{\tau}{n}\right)_3^2};$$

es geht daher die Gleichung (46) über in

$$(48)\quad\ldots\ldots\ldots\ F\left\{\varphi^8(\tau),\ \frac{\vartheta(0,\tau)_3^2}{\vartheta\left(0,\frac{\tau}{n}\right)_3^2}\right\} = 0,$$

woraus also folgt, dass die Gleichung (44) auch die zur Transformation

$$\begin{vmatrix} 1 & 0 \\ 0 & n \end{vmatrix}$$

gehörige Wurzel der Multiplicatorgleichung zur Lösung hat.

Nun ist ferner ersichtlich, dass eine lineare Transformation

$$\begin{vmatrix} a_0 & a_1 \\ b_0 & b_1 \end{vmatrix}$$

existirt, auf welche die Transformation

$$\begin{vmatrix} 1 & 0 \\ 0 & n \end{vmatrix}$$

ausgeübt, dasselbe Resultat hervorbringt, als die aus den beiden nachfolgenden Transformationen zusammengesetzte Transformation

$$\begin{vmatrix} t & 0 \\ 0 & t' \end{vmatrix}\begin{vmatrix} \alpha_0 & \alpha_1 \\ \beta_0 & \beta_1 \end{vmatrix} = \begin{vmatrix} \alpha_0 t & \alpha_1 t \\ \beta_0 t' & \beta_1 t' \end{vmatrix},$$

wenn die Transformationszahlen den folgenden Bedingungen genügen:

$$a_0 = a_0' t, \quad a_1 = 16 a_1', \quad b_0 = 16 b_0' t', \quad b_1 = b_1',$$
$$\alpha_0 = a_0', \quad \alpha_1 = 16 a_1' t, \quad \beta_0 = 16 b_0', \quad \beta_1 = t b_1',$$

worin die Grössen a_0', a_1', b_0', b_1' so zu wählen sind, dass

$$t a_0' b_1' - 16^2 t' a_1' b_0' = 1$$

ist.

Wählen wir wieder

$$a_0' = a_1' = 1,$$

so wird die Gleichung (48) in die folgende übergehen:

$$(49) \;\ldots\ldots\; F\left\{\varphi^8\left(\frac{b_0 - a_0\tau}{a_1\tau - b_1}\right), \frac{\vartheta\left(0, \frac{b_0 - a_0\tau}{a_1\tau - b_1}\right)_3^2}{\vartheta\left(0, \frac{\beta_0 - \alpha_0\frac{t\tau}{t'}}{\alpha_1\frac{t\tau}{t'} - \beta_1}\right)_3^2}\right\} = 0.$$

Nun ist aber

$$\varphi^8\left(\frac{b_0 - a_0\tau}{a_1\tau - b_1}\right) = \varphi^8(\tau),$$

und ähnlich wie vorher

$$\vartheta\left(0, \frac{b_0 - a_0\tau}{a_1\tau - b_1}\right)_3^2 = C_1^2\,\vartheta(0, \tau)_3^2 = \sigma_1^2 : \frac{-i\,.\,16n}{b_1' - 16\tau} \times \vartheta(0, \tau)_3^2,$$

$$\vartheta\left(0, \frac{\beta_0 - \alpha_0\frac{t\tau}{t'}}{\alpha_1\frac{t\tau}{t'} - \beta_1}\right)_3^2 = C_2^2\,\vartheta\left(0, \frac{t\tau}{t'}\right)_3^2 = \sigma_2^2 : \frac{-i\,.\,16tn}{tb_1' - 16t\tau} \times \vartheta\left(0, \frac{t\tau}{t'}\right)_3^2,$$

oder

$$(50) \;\ldots\ldots\ldots\; \frac{\vartheta\left(0, \frac{b_0 - a_0\tau}{a_1\tau - b_1}\right)_3^2}{\vartheta\left(0, \frac{\beta_0 - \alpha_0\frac{t\tau}{t'}}{\alpha_1\frac{t\tau}{t'} - \beta_1}\right)_3^2} = \frac{\sigma_1^2}{\sigma_2^2}\,\frac{\vartheta(0, \tau)_3^2}{\vartheta\left(0, \frac{t\tau}{t'}\right)_3^2}.$$

Ferner ist

$$\sigma_1^2 = i(-1)^{\left(\frac{t+1}{2}\right)^2}\,2^4$$
$$\sigma_2^2 = i(-1)^t\,2^4 t$$

also

$$\frac{\sigma_1^2}{\sigma_2^2} = \frac{(-1)^{\frac{t-1}{2}}}{t},$$

und somit auch

$$\frac{\vartheta\left(0, \frac{b_0 - a_0\tau}{a_1\tau - b_1}\right)_3^2}{\vartheta\left(0, \frac{\beta_0 - \alpha_0\frac{t\tau}{t'}}{\alpha_1\frac{t\tau}{t'} - \beta_1}\right)_3^2} = \frac{(-1)^{\frac{t-1}{2}}}{t}\,\frac{\vartheta(0, \tau)_3^2}{\vartheta\left(0, \frac{t\tau}{t'}\right)_3^2}.$$

Es geht daher die Gleichung (47) über in

$$(51) \ldots\ldots\ldots F\left\{\varphi^8(\tau), \frac{(-1)^{\frac{t-1}{2}}}{t} \frac{\vartheta(0,\tau)_3^2}{\vartheta\left(0, \frac{t\tau}{t'}\right)_3^2}\right\} = 0,$$

woraus folgt, dass die Gleichung (44) die zur Transformation

$$\begin{vmatrix} t & 0 \\ 0 & t' \end{vmatrix},$$

also nach dem ersten Theile dieses Beweises auch die zur Transformation

$$\begin{vmatrix} t & 0 \\ 16\xi & t' \end{vmatrix}$$

gehörige Wurzel der Multiplicatorgleichung zur Lösung hat. Da die Gleichung (44) somit alle Lösungen der Multiplicatorgleichung zu Wurzeln haben muss, so ist die letztere irreductibel.

Es erübrigt endlich noch, eine Methode anzugeben, durch welche man für jeden unpaaren Transformationsgrad ohne quadratischen Theiler die zugehörige Multiplicatorgleichung wirklich herstellen kann, und zwar wird sich eine solche vermöge früher aufgestellter Beziehungen unmittelbar ergeben, wenn man erst den Grad der Coefficienten der Multiplicatorgleichung in Bezug auf den vorgelegten Integralmodul bestimmt haben wird.

Nun war aber oben gezeigt, dass, wenn man in der Multiplicatorgleichung

$$(52) \ldots\ldots M^\nu + f_1(c^2) M^{\nu-1} + f_2(c^2) M^{\nu-2} + \cdots + f_{\nu-1}(c^2) M + \frac{1}{p^{(q+1)(r+1)\ldots} q^{(p+1)(r+1)\ldots} \ldots} = 0$$

$\frac{1}{c^2}$ statt c^2 setzt, die Lösungen derselben in $\frac{Mc}{k}$ übergehen, oder dass für jedes durch einen Repräsentanten der nicht äquivalenten Klassen transformirte k die Gleichung

$$(53) \begin{cases} M^\nu \frac{c^\nu}{k^\nu} + f_1\left(\frac{1}{c^2}\right) M^{\nu-1} \frac{c^{\nu-1}}{k^{\nu-1}} + f_2\left(\frac{1}{c^2}\right) M^{\nu-2} \frac{c^{\nu-2}}{k^{\nu-2}} + \cdots \\ \cdots + f_{\nu-1}\left(\frac{1}{c^2}\right) M \frac{c}{k} + \frac{1}{p^{(q+1)(r+1)\ldots} q^{(p+1)(r+1)\ldots} \ldots} = 0 \end{cases}$$

mit der Gleichung (52) eine Lösung gemein hat.

Lässt man nun c verschwinden, so werden bekanntlich die Lösungen k der zur Transformation n^{ten} Grades gehörigen Modulargleichung ebenfalls verschwinden, während die M endliche, von Null verschiedene Werthe annehmen, welche gleich der Einheit oder Brüche sind, deren Zähler die positive oder negative Einheit und deren Nenner Producte aus den Primfactoren der Zahl n sind. Da nun auch die Gleichung (53) für die verschiedenen transformirten Werthe k dieselben Lösungen haben muss, also, wie für primzahlige Transformationsgrade leicht zu sehen, wenn $t' > t$, keins der Glieder unendlich werden darf, so wird sich hieraus unmittelbar eine obere Gränze für den Grad der Functionen

$$f_1(c^2),\ f_2(c^2) \dots f_{\nu-1}(c^2)$$

ergeben.

Da nämlich

$$k = \varphi^4\left(\frac{t\tau - 16\xi}{t'}\right) = 2^2 . e^{\frac{-8\pi i\xi}{t'}} . q^{\frac{t}{2t'}} \frac{\left(1 + e^{\frac{-32\pi i\xi}{t'}} . q^{\frac{2t}{t'}}\right)\left(1 + e^{\frac{-64\pi i\xi}{t'}} . q^{\frac{4t}{t'}}\right)\dots}{\left(1 + e^{\frac{-16\pi i\xi}{t'}} . q^{\frac{t}{t'}}\right)\left(1 + e^{\frac{-48\pi i\xi}{t'}} . q^{\frac{3t}{t'}}\right)\dots},$$

also für verschwindende c, wofür auch q sich der Null nähert,

$$(54) \quad \dots\dots\dots \quad \lim k = 2^2 . e^{\frac{-8\pi i\xi}{t'}} . \lim q^{\frac{t}{2t'}}$$

und

$$(55) \quad \dots\dots\dots \quad \lim c = 2^2 . \lim q^{\frac{1}{2}}$$

ist, so wird offenbar, wenn der Grad der Function

$$f_{\nu-p}(c^2)$$

in Bezug auf c^2 mit r bezeichnet wird, die Bedingung dafür, dass der Ausdruck

$$f_{\nu-p}\left(\frac{1}{c^2}\right)\frac{c^p}{k^p}$$

nicht unendlich wird, oder dass

$$\frac{q^{\frac{p}{2}}}{q^r . q^{\frac{pt}{2t'}}}$$

endlich bleibt, dadurch ausgedrückt werden, dass

$$\frac{p}{2} \geqq r + \frac{pt}{2t'} \quad \text{oder}$$

$$r \leqq \frac{p}{t'}\left(\frac{t'-t}{2}\right),$$

oder es wird, da ν der höchste Werth von p ist, die oberste Grenze des Grades eines jeden der Coefficienten der Multiplicatorgleichung durch den Ausdruck bestimmt sein

$$\frac{\nu}{t'}\left(\frac{t'-t}{2}\right),$$

wenn man noch der Einfachheit wegen t' und t so wählt, dass dieser Ausdruck den möglich grössten Werth erhält. Nun ist aber

$$\frac{\nu}{t'}\left(\frac{t'-t}{2}\right) = \frac{\nu}{2}\left(1 - \frac{t}{t'}\right) = \frac{\nu}{2} - \frac{\nu . n}{2t'^2}$$

und nimmt für $t' = n$ seinen grössten Werth an, so dass die oberste Gränze für den Grad eines Coefficienten durch den Ausdruck

$$\frac{\nu}{2} - \frac{\nu}{2n} = \frac{\nu}{2}\left(\frac{n-1}{n}\right)$$

gegeben ist. Da, wenn n eine Primzahl, $\nu = n + 1$ ist, so erhält man als oberste Gränze den Werth

$$\frac{n+1}{n}\left(\frac{n-1}{2}\right) = \frac{n-1}{2} + \frac{n-1}{2n}$$

oder den Werth $\frac{n-1}{2}$ *)

Nachdem nunmehr für die Multiplicatorgleichung (52) eine Zahl gefunden ist, die der Grad der einzelnen Coefficienten derselben nicht übersteigen kann, wird es leicht sein, diese Coefficienten selbst zu finden. Da nämlich nach Gleichung (42) für den Repräsentanten

$$\begin{vmatrix} n & 0 \\ 0 & 1 \end{vmatrix}$$

der Multiplicator durch den Ausdruck gegeben ist

$$M = \frac{(-1)^{\frac{n-1}{2}}}{n} \frac{\vartheta(0, \tau)_3^2}{\vartheta(0, n\tau)_3^2} = \frac{(-1)^{\frac{n-1}{2}}}{n} \frac{(1+2q+2q^4+2q^9+\cdots)^2}{(1+2q^n+2q^{4n}+2q^{9n}+\cdots)^2},$$

und ausserdem

$$c^2 = 2^4 q \left\{(1+q^2)(1+q^4)\ldots\right\}^{16} (1-q)^8 (1-q^3)^8 \ldots,$$

so werden, wenn man die Coefficienten der Multiplicatorgleichung in der Form annimmt

$$a_0 + a_1 c^2 + a_2 c^4 + \cdots + a_{\frac{n-1}{2}} c^{n-1},$$

in den obigen Ausdrücken für M, c^2 und deren Potenzen nur so viel Glieder zu entwickeln sein, als die Anzahl der unbestimmten Coefficienten

$$a_0, a_1, \ldots a_{\frac{n-1}{2}}, \quad b_0, b_1, \ldots b_{\frac{n-1}{2}}, \ldots m_0, m_1, \ldots m_{\frac{n-1}{2}}$$

nöthig macht, um die letzteren dadurch, dass man die Coefficienten der einzelnen Potenzen von q verschwinden lässt, zu bestimmen. Für die wirkliche Herstellung der Gleichungen ist zu beachten, dass die oben gefundene Form der Coefficienten der Multiplicatorgleichung

$$\varphi(c^2(1-c^2)) \quad \text{oder} \quad \varphi(c^2(1-c^2))(c^2_1 - c^2)$$

eine wesentliche Abkürzung der Rechnung gestattet.

Ich will nunmehr die Rechnung zur Herleitung der Muliplicatorgleichung, welche zur Transformation dritten Grades gehört, anstellen.

Da in diesem Falle die Multiplicatorgleichung die Form hat:

$$M^4 + a_0(1-2c^2)M^3 + a_1 M^2 + a_2(1-2c^2)M - \tfrac{1}{3} = 0,$$

indem $\frac{n-1}{2} = 1$ die oberste Gränze des Grades der Coefficienten liefert, so wird man, wenn man

---

*) Ich will bemerken, dass, wie leicht einzusehen, der Coefficient von M^n den Grad $\frac{n-1}{2}$ wirklich erreicht.

$$M = -\tfrac{1}{3}\frac{(1+2q+2q^4+\cdots)^2}{(1+2q^3+2q^{12}+\cdots)^2}$$

und

$$c^2 = 16q(1-8q+44q^2-192q^3-\cdots)$$

in die obige Gleichung einsetzt und einige leicht ersichtliche Reductionen vornimmt, die folgende Bestimmungsgleichung erhalten:

$$\begin{aligned}(1+16q+112q^2+\cdots) - 3a_0(1-32q+256q^2+\cdots)(1+12q+60q^2+\cdots)\\ +9a_1(1+8q+24q^2+\cdots)\\ -27a_2(1+4q+4q^2+\cdots)(1-32q+256q^2+\cdots)-27=0,\end{aligned}$$

oder, wenn man die Coefficienten von q^0, q^1, q^2 der Null gleich setzt, die drei Gleichungen:

$$\begin{aligned}1-3a_0+9a_1-27a_2-27&=0,\\ 16+60a_0+72a_1+756a_2&=0,\\ 112+204a_0+216a_1-3564a_2&=0,\end{aligned}$$

woraus sich

$$a_0 = -\tfrac{8}{3},\quad a_1 = 2,\quad a_2 = 0$$

ergiebt, und wir erhalten somit die zur Transformation dritten Grades gehörige Multiplicatorgleichung in der Form

$$M^4 - \tfrac{8}{3}(1-2c^2)M^3 + 2M^2 - \tfrac{1}{3} = 0.$$

Genau in derselben Weise erhält man die zur Transformation fünften Grades gehörige Multiplicatorgleichung, deren Coefficienten nur Functionen von $c^2(1-c^2)$ sein können:

$$M^6 + \tfrac{1}{5}(256c^2(1-c^2)-26)M^5 + 11M^4 - 12M^3 + 7M^2 - 2M + \tfrac{1}{5} = 0. —$$

Dreissigste Vorlesung.

Die Multiplication der elliptischen Functionen.

Nachdem wir einige algebraische Untersuchungen über verschiedene Klassen von Gleichungen aufgestellt haben, welche unmittelbar durch die Transformationstheorie geliefert wurden, wenden wir uns zu eben dieser Theorie wieder zurück und stellen uns die Frage, welche rationale Transformation ein beliebig vorgelegtes elliptisches Differential wieder auf ein ebensolches mit demselben Modul zurückführt, oder für welche a die Differentialgleichung

$$(1) \quad \ldots\ldots \quad \frac{dx}{\sqrt{(1-x^2)(1-c^2x^2)}} = a\frac{dy}{\sqrt{(1-y^2)(1-c^2y^2)}}$$

für ein beliebiges c^2 ein rationales Integral hat.

Für diesen Fall folgen offenbar aus den Gleichungen (16^a) der dreiundzwanzigsten Vorlesung als nothwendige Bedingungen für diese Art der rationalen Transformation, welche aus später unmittelbar ersichtlichen Gründen die *Multiplication* genannt wird, die folgenden:

$$(2) \quad \ldots\ldots\ldots\ldots \quad \begin{cases} \omega = a_0 a\omega + 2a_1 a\omega', \\ 2\omega' = b_0 a\omega + 2b_1 a\omega' \end{cases}$$

oder durch Division

$$(3) \quad \ldots \quad \tau = \frac{b_0 + b_1\tau}{a_0 + a_1\tau} \quad \text{oder} \quad a_1\tau^2 + (a_0 - b_1)\tau - b_0 = 0,$$

woraus sich unmittelbar, da die Existenz der Multiplication für ein beliebiges c^2, also auch für τ, die nicht nur Lösungen ganzzahliger quadratischer Gleichungen sind, gefordert wurde,

$$a_1 = 0, \quad a_0 - b_1 = 0, \quad b_0 = 0$$

ergiebt oder nach (2)

$$a = \frac{1}{a_0},$$

d. h. $\frac{1}{a}$ *muss für den Fall der rationalen Multiplication eine ganze Zahl sein*, und es wird sich daher jetzt nur noch für die Gleichung

$$(4) \quad \ldots\ldots \quad \frac{dy}{\sqrt{(1-y^2)(1-c^2y^2)}} = n\frac{dx}{\sqrt{(1-x^2)(1-c^2x^2)}},$$

in welcher c^2 beliebig und n eine willkührlich gegebene *ganze* Zahl ist, um die Untersuchung der Frage handeln, ob derselben stets durch ein rationales Integral genügt werden könne.

Zur Lösung des Multiplicationstheorems werden wir im Folgenden zwei wesentlich von einander verschiedene Methoden anwenden, von denen die erste, von dem Additionstheorem der ϑ-Functionen ausgehend, successive für wachsende ganzzahlige Multiplicatoren die Multiplicationsformeln liefert, die zweite, auf die oben durchgeführte Transformationstheorie sich stützend, unmittelbar die Lösung für einen beliebigen ganzzahligen Multiplicator ergeben wird.

Setzt man in den Additionsformeln der achtzehnten Vorlesung

$$(m+1)\,v \text{ für } u, \quad mv \text{ für } v,$$

so gehen dieselben über in:

$$(5)\quad \begin{cases} \vartheta_0^2 \,.\, \vartheta\big((2m+1)v\big)_0\, \vartheta(v)_0 \\ = \vartheta\big((m+1)v\big)_0^2\, \vartheta(mv)_0^2 - \vartheta\big((m+1)v\big)_1^2\, \vartheta(mv)_1^2, \\ \vartheta_0^2 \,.\, \vartheta\big((2m+1)v\big)_1\, \vartheta(v)_1 \\ = \vartheta\big((m+1)v\big)_1^2\, \vartheta(mv)_0^2 - \vartheta\big((m+1)v\big)_0^2\, \vartheta(mv)_1^2, \\ \vartheta_0^2 \,.\, \vartheta\big((2m+1)v\big)_2\, \vartheta(v)_2 \\ = \vartheta\big((m+1)v\big)_2^2\, \vartheta(mv)_0^2 - \vartheta\big((m+1)v\big)_3^2\, \vartheta(mv)_1^2, \\ \vartheta_0^2 \,.\, \vartheta\big((2m+1)v\big)_3\, \vartheta(v)_3 \\ = \vartheta\big((m+1)v\big)_3^2\, \vartheta(mv)_0^2 - \vartheta\big((m+1)v\big)_2^2\, \vartheta(mv)_1^2, \end{cases}$$

und setzt man ferner

$$mv \text{ für } u, \quad mv \text{ für } v,$$

so erhält man:

$$(6)\quad \begin{cases} \vartheta_0^3 \,.\, \vartheta(2mv)_0 = \vartheta(mv)_0^4 - \vartheta(mv)_1^4 \\ \vartheta_0 \,.\, \vartheta_2 \,.\, \vartheta_3 \,.\, \vartheta(2mv)_1 = 2\,\vartheta(mv)_0\, \vartheta(mv)_1\, \vartheta(mv)_2\, \vartheta(mv)_3 \\ \vartheta_0^2 \,.\, \vartheta_2 \,.\, \vartheta(2mv)_2 = \vartheta(mv)_2^2\, \vartheta(mv)_0^2 - \vartheta(mv)_3^2\, \vartheta(mv)_1^2 \\ \vartheta_0^2 \,.\, \vartheta_3 \,.\, \vartheta(2mv)_3 = \vartheta(mv)_3^2\, \vartheta(mv)_0^2 - \vartheta(mv)_2^2\, \vartheta(mv)_1^2. \end{cases}$$

Aus diesen Gleichungen erhalten wir nun successive die ϑ aller ganzen Vielfachen des Argumentes v. Denn das System (6) liefert zuerst

$$\vartheta(2v)_0,\ \vartheta(2v)_1,\ \vartheta(2v)_2,\ \vartheta(2v)_3$$

als rationale Functionen von

$$\vartheta(v)_0,\ \vartheta(v)_1,\ \vartheta(v_2),\ \vartheta(v)_3;$$

mit Hülfe dieser Ausdrücke erhält man aus dem Systeme (5) die Functionen:

$$\vartheta(3v)_0,\ \vartheta(3v)_1,\ \vartheta(3v)_2,\ \vartheta(3v)_3.$$

Dann weiter aus (2) die Grössen

$$\vartheta(4v)_0,\ \vartheta(4v)_1,\ \vartheta(4v)_2,\ \vartheta(4v)_3$$

u. s. w., endlich die Functionen

$$\vartheta(nv)_0, \; \vartheta(nv)_1, \; \vartheta(nv)_2, \; \vartheta(nv)_3$$

für jedes ganzzahlige n als rationale Functionen von

$$\vartheta(v)_0, \; \vartheta(v)_1, \; \vartheta(v)_2, \; \vartheta(v)_3,$$

deren Coefficienten rational aus ϑ_0, ϑ_2, ϑ_3 zusammengesetzt sind.

Gehen wir nun zu den elliptischen Functionen über, die sich aus der Division der obigen ϑ-Formeln ergeben, so erhält man, wenn

$$\frac{\omega}{2} v = u$$

gesetzt wird,

$$(7) \quad \left\{ \begin{aligned} & \sin \operatorname{am} (2m+1) u \\ & = \frac{1}{\sin \operatorname{am} u} \cdot \frac{\sin^2 \operatorname{am} (m+1) u - \sin^2 \operatorname{am} mu}{1 - c^2 \sin^2 \operatorname{am} (m+1) u \sin^2 \operatorname{am} mu}, \\ & \cos \operatorname{am} (2m+1) u \\ & = \frac{1}{\cos \operatorname{am} u} \cdot \frac{\cos^2 \operatorname{am} (m+1) u - \Delta^2 \operatorname{am} (m+1) u \sin^2 \operatorname{am} mu}{1 - c^2 \sin^2 \operatorname{am} (m+1) u \sin^2 \operatorname{am} mu}, \\ & \Delta \operatorname{am} (2m+1) u \\ & = \frac{1}{\Delta \operatorname{am} u} \cdot \frac{\Delta^2 \operatorname{am} (2m+1) u - c^2 . \cos^2 \operatorname{am} (m+1) u \sin^2 \operatorname{am} mu}{1 - c^2 \sin^2 \operatorname{am} (m+1) u \sin^2 \operatorname{am} mu}, \end{aligned} \right.$$

und ähnlich:

$$(8) \ldots \left\{ \begin{aligned} \sin \operatorname{am} 2 m u &= \frac{2 \sin \operatorname{am} mu \cos \operatorname{am} mu \, \Delta \operatorname{am} mu}{1 - c^2 \sin^4 \operatorname{am} mu}, \\ \cos \operatorname{am} 2 m u &= \frac{\cos^2 \operatorname{am} mu - \Delta^2 \operatorname{am} mu \sin^2 \operatorname{am} mu}{1 - c^2 \sin^4 \operatorname{am} mu}, \\ \Delta \operatorname{am} 2 m u &= \frac{\Delta^2 \operatorname{am} mu - c^2 \cos^2 \operatorname{am} mu \sin^2 \operatorname{am} mu}{1 - c^2 \sin^4 \operatorname{am} mu}. \end{aligned} \right.$$

Aus diesen Gleichungen kann man nun successive die Ausdrücke der drei elliptischen Functionen für ganze Vielfache der Argumente durch die drei elliptischen Functionen für die einfachen Argumente ableiten, und es werden die in diesen Formeln vorkommenden Constanten, wie man leicht sieht, ganze rationale Functionen von c^2 sein. Die allgemeine Form dieser Ausdrücke ist nicht schwer zu erkennen. Denn entwickelt man, um die Gestalt von $\sin \operatorname{am} u$, $\cos \operatorname{am} u$, $\Delta \operatorname{am} u$ festzustellen, die Multiplicationsformeln für die Vervielfachung mit 2, 3 und 4, so ergiebt sich:

$$\sin \operatorname{am} 2u = 2 \cos \operatorname{am} u \, \Delta \operatorname{am} u \cdot \frac{\sin \operatorname{am} u}{1 - c^2 \sin^4 \operatorname{am} u},$$

$$\cos \operatorname{am} 2u = \frac{1 - 2 \sin^2 \operatorname{am} u + c^2 \sin^4 \operatorname{am} u}{1 - c^2 \sin^4 \operatorname{am} u},$$

$$\Delta \operatorname{am} 2u = \frac{1 - 2 c^2 \sin^2 \operatorname{am} u + c^2 \sin^4 \operatorname{am} u}{1 - c^2 \sin^4 \operatorname{am} u},$$

$$\sin \operatorname{am} 3u = \sin \operatorname{am} u . \frac{3 - 4(1+c^2) \sin^2 \operatorname{am} u + 6 c^2 \sin^4 \operatorname{am} u - c^4 \sin^8 \operatorname{am} u}{1 - 6 c^2 \sin \operatorname{am} u + 4 c^2 (1 + c^2) \sin^6 \operatorname{am} u - 3 c^4 \sin^8 \operatorname{am} u},$$

$$\cos \mathrm{am}\, 3u = \cos \mathrm{am}\, u \,.\, \frac{1 - 4\sin^2 \mathrm{am}\, u + 6c^2 \sin^4 \mathrm{am}\, u - 4c^4 \sin^6 \mathrm{am}\, u + c^4 \sin^8 \mathrm{am}\, u}{1 - 6c^2 \sin^4 \mathrm{am}\, u + 4c^2(1 + c^2) \sin^6 \mathrm{am}\, u - 3c^4 \sin^8 \mathrm{am}\, u},$$

$$\Delta \mathrm{am}\, 3u = \Delta \mathrm{am}\, u \cdot \frac{1 - 4c^2 \sin^2 \mathrm{am}\, u + 6c^2 \sin^4 \mathrm{am}\, u - 4c^2 \sin^6 \mathrm{am}\, u + c^4 \sin^8 \mathrm{am}\, u}{1 - 6c^2 \sin^4 \mathrm{am}\, u + 4c^2 (1 + c^2) \sin^6 \mathrm{am}\, u - 3c^4 \sin^8 \mathrm{am}\, u},$$

$$\sin \mathrm{am}\, 4u = \frac{\begin{array}{r} 4 \sin \mathrm{am}\, u - 8(1 + c^2) \sin^3 \mathrm{am}\, u + 20c^2 \sin^5 \mathrm{am}\, u - 8(1 - c^2) c^2 \sin^7 \mathrm{am}\, u - 20c^4 \sin^9 \mathrm{am}\, u \\ + 8(1 + c^2) c^4 \sin^{11} \mathrm{am}\, u - 4c^6 \sin^{13} \mathrm{am}\, u \end{array}}{\begin{array}{r} 1 - 20c^2 \sin^4 \mathrm{am}\, u + 32(1 + c^2) c^2 \sin^6 \mathrm{am}\, u - 2(8 + 29c^2 + 8c^4) c^2 \sin^8 \mathrm{am}\, u \\ + 32(1 + c^2) c^4 \sin^{10} \mathrm{am}\, u - 20c^6 \sin^{12} \mathrm{am}\, u + c^8 \sin^{16} \mathrm{am}\, u \end{array}},$$

$$\cos \mathrm{am}\, 4u = \frac{\begin{array}{r} 1 - 8\sin^2 \mathrm{am}\, u + (8 + 5c^2) \sin^4 \mathrm{am}\, u - 8(3 + 4c^2) c^2 \sin^6 \mathrm{am}\, u + 2(27 + 2c^2) c^4 \sin^8 \mathrm{am}\, u \\ - 8(3 + 4c^2) c^4 \sin^{10} \mathrm{am}\, u + (8 + 5c^2) c^4 \sin^{12} \mathrm{am}\, u - 8c^6 \sin^{14} \mathrm{am}\, u + c^8 \sin^{16} \mathrm{am}\, u \end{array}}{\begin{array}{r} 1 - 20c^2 \sin^4 \mathrm{am}\, u + 32(1 + c^2) c^2 \sin^6 \mathrm{am}\, u - 2(8 + 29c^2 + 8c^4) c^2 \sin^8 \mathrm{am}\, u \\ + 32(1 + c^2) c^4 \sin^{10} \mathrm{am}\, u - 20c^6 \sin^{12} \mathrm{am}\, u + c^8 \sin^{16} \mathrm{am}\, u \end{array}},$$

$$\Delta \mathrm{am}\, 4u = \frac{\begin{array}{r} 1 - 8c^2 \sin^2 \mathrm{am}\, u + 4(5 + 2c^2) c^2 \sin^4 \mathrm{am}\, u - 8(4 + 3c^2) c^2 \sin^6 \mathrm{am}\, u + 2(8 + 27c^2 + 3c^4) c^2 \sin^8 \mathrm{am}\, u \\ - 8(4 + 3c^2) c^4 \sin^{10} \mathrm{am}\, u + 4(5 + 2c^2) c^6 \sin^{12} \mathrm{am}\, u - 8c^8 \sin^{14} \mathrm{am}\, u + c^8 \sin^{16} \mathrm{am}\, u \end{array}}{\begin{array}{r} 1 - 20c^2 \sin^4 \mathrm{am}\, u + 32(1 + c^2) c^2 \sin^6 \mathrm{am}\, u - 2(8 + 29c^2 + 8c^4) c^2 \sin^8 \mathrm{am}\, u \\ + 32(1 + c^2) c^4 \sin^{10} \mathrm{am}\, u - 20c^6 \sin^{12} \mathrm{am}\, u + c^8 \sin^{16} \mathrm{am}\, u \end{array}}.$$

Es ist somit der Zähler von $\sin \mathrm{am}\, 2u$ von dem Factor $\cos \mathrm{am}\, u \times \Delta \mathrm{am}\, u$ abgesehen eine unpaare Function von $\sin \mathrm{am}\, u$ vom Grade $2^2 - 3$, der Nenner eine paare vom Grade 2^2, der Zähler von $\sin \mathrm{am}\, 4u$ von $\cos \mathrm{am}\, u$ $\Delta \mathrm{am}\, u$ abgesehen eine unpaare Function von $\sin \mathrm{am}\, u$ vom Grade $4^2 - 3$, der Nenner eine paare vom Grade 4^2; für $\cos \mathrm{am}\, 2u$, $\Delta \mathrm{am}\, 2u$ sind Zähler und Nenner paare Functionen vom Grade 2^2, für $\cos \mathrm{am}\, 4u$, $\Delta \mathrm{am}\, 4u$ vom Grade 4^2. Ferner ist der Zähler von $\sin \mathrm{am}\, 3u$ eine unpaare Function vom Grade 3^2, der Nenner eine paare vom Grade $3^2 - 1$; die Zähler von $\cos \mathrm{am}\, 3u$, $\Delta \mathrm{am}\, 3u$, resp. von den Factoren $\cos \mathrm{am}\, u$, $\Delta \mathrm{am}\, u$ abgesehen, paare Functionen von $\sin \mathrm{am}\, u$ vom Grade $3^2 - 1$, die Nenner auch vom Grade $3^2 - 1$.

Wir wollen zeigen, dass das aus diesen Ausdrücken leicht zu entnehmende Entwicklungsgesetz für die elliptischen Functionen von vielfachen Argumenten allgemein richtig ist.

Das Gesetz lautet folgendermassen:

Der Zähler von $\sin \mathrm{am}\, 2ku$ ist von dem Factor $\cos \mathrm{am}\, u \,.\, \Delta \mathrm{am}\, u$ abgesehen eine unpaare Function von $\sin \mathrm{am}\, u$ vom Grade $(2k)^2 - 3$, der Nenner eine paare Function vom Grade $(2k)^2$. Für $\cos \mathrm{am}\, 2ku$ und $\Delta \mathrm{am}\, 2ku$ sind Zähler und Nenner paare Functionen vom Grade $(2k)^2$. Ferner ist der Zähler in der Entwicklung von $\sin \mathrm{am}\, (2k + 1) u$ eine unpaare Function von $\sin \mathrm{am}\, u$ vom Grade $(2k + 1)^2$, der Nenner eine paare vom Grade $(2k + 1)^2 - 1$; die Zähler von $\cos \mathrm{am}\, (2k + 1) u$, $\Delta \mathrm{am}\, (2k + 1) u$ sind resp. von den Factoren $\cos \mathrm{am}\, u$, $\Delta \mathrm{am}\, u$ abgesehen paare Functionen von $\sin \mathrm{am}\, u$ vom Grade $(2k + 1)^2 - 1$, die Nenner ebenfalls vom Grade $(2k + 1)^2 - 1$.

Um dieses Gesetz allgemein zu beweisen, nehmen wir an, es werde bis zu einer bestimmten Gränze, bis zur geraden Zahl $2m$ und zur ungeraden Zahl $2m + 1$ hin befolgt, es soll gezeigt werden, dass es auch für die nächste gerade Zahl $2m + 2$ und die nächste ungerade Zahl $2m + 3$ gültig bleibt, und zwar wollen wir diesen Beweis nur für die Function $\sin \operatorname{am} (2m + 3) u$ an dieser Stelle durchführen; genau dieselbe Methode führt auf die andern Functionen angewandt zum gleichen Resultate.

Bezeichnet man nämlich mit F_r eine ganze Function r^{ten} Grades von $\sin \operatorname{am} u$ mit nur ungeraden Potenzen dieser Grösse und mit f_s eine Function s^{ten} Grades mit nur geraden Potenzen von $\sin \operatorname{am} u$, so wird die erste der Gleichungen (3), welche, wenn $m + 1$ für m gesetzt wird, in

$$\sin \operatorname{am} (2m + 3) u = \frac{1}{\sin \operatorname{am} u} \cdot \frac{\sin^2 \operatorname{am} (m + 2) u - \sin^2 \operatorname{am} (m + 1) u}{1 - c^2 \sin^2 \operatorname{am} (m + 2) u \sin^2 \operatorname{am} (m + 1) u}$$

übergeht, für die Annahme, dass $m + 2$ eine gerade, also $m + 1$ eine ungerade Zahl, nach der gemachten Voraussetzung die Form annehmen:

$$(\alpha) \;.\;.\; \sin \operatorname{am} (2m + 3) u = \frac{\dfrac{F_{2(m+2)^2-3}}{f_{2(m+2)^2}} - \dfrac{F_{2(m+1)^2-1}}{f_{2(m+1)^2-2}}}{1 - c^2 \cdot \dfrac{f_{2(m+2)^2-2}}{f_{2(m+2)^2}} \cdot \dfrac{f_{2(m+1)^2}}{f_{2(m+1)^2-2}}}.$$

Somit wird der Grad des Zählers, der offenbar nach ungeraden Potenzen von $\sin \operatorname{am} u$ fortschreitet,

$$2(m + 2)^2 + 2(m + 1)^2 - 1 = 4m^2 + 12m + 9 = (2m + 3)^2$$

und der des Nenners, welcher eine gerade Function von $\sin \operatorname{am} u$ ist:

$$2(m + 2)^2 - 2 + 2(m + 1)^2 = 4m^2 + 12m + 8 = (2m + 3)^2 - 1$$

sein.

Ist umgekehrt $m + 2$ eine ungerade, also $m + 1$ eine gerade Zahl, so lautet die obige Gleichung:

$$(\beta) \;.\;.\; \sin \operatorname{am} (2m + 3) u = \frac{\dfrac{F_{2(m+2)^2-1}}{f_{2(m+2)^2-2}} - \dfrac{F_{2(m+1)^2-3}}{f_{2(m+1)^2}}}{1 - c^2 \cdot \dfrac{f_{2(m+2)^2}}{f_{2(m+2)^2-2}} \cdot \dfrac{f_{2(m+1)^2-2}}{f_{2(m+1)^2}}}.$$

und der Grad des Zählers, der nach ungeraden Potenzen von $\sin \operatorname{am} u$ fortschreitet, ist:

$$2(m + 2)^2 - 1 + 2(m + 1)^2 = (2m + 3)^2,$$

der des Nenners, welcher eine gerade Function von $\sin \operatorname{am} u$ ist,

$$2(m + 2)^2 + 2(m + 1)^2 - 2 = (2m + 3)^2 - 1.$$

Es ist somit das bis zu einer bestimmten Gränze hin als richtig angenommene Gesetz allgemein bewiesen.

Wir erhalten somit für $\sin \operatorname{am} nu$, wenn n ungerade ist, die Form:

$$\sin \operatorname{am} nu = \frac{a_1 \sin \operatorname{am} u + a_3 \sin^3 \operatorname{am} u + \cdots + a_{n^2} \sin^{n^2} \operatorname{am} u}{1 + b_2 \sin^2 \operatorname{am} u + b_4 \sin^4 \operatorname{am} u + \cdots + b_{n^2-1} \sin^{n^2-1} \operatorname{am} u},$$

und wenn n gerade, die Form:

$$\sin \operatorname{am} nu = \cos \operatorname{am} u \Delta \operatorname{am} u \cdot \frac{a_1 \sin \operatorname{am} u + a_3 \sin^3 \operatorname{am} u + \cdots + a_{n^2-3} \sin^{n^2-3} \operatorname{am} u}{1 + b_2 \sin^2 \operatorname{am} u + b_4 \sin^4 \operatorname{am} u + \cdots + b_{n^2} \sin^{n^2} \operatorname{am} u},$$

welche Ausdrücke, da sich in beiden Fällen für $u = 0$

$$a_1 = \left(\frac{\sin \operatorname{am} nu}{\sin \operatorname{am} u}\right)_{u=0} = n$$

ergiebt,

für ein *ungerades* n in:

$$(9)\quad \sin \operatorname{am} nu = n \cdot \frac{\sin \operatorname{am} u + A_3 \sin^3 \operatorname{am} u + A_5 \sin^5 \operatorname{am} u + \cdots + A_{n^2} \sin^{n^2} \operatorname{am} u}{1 + D_2 \sin^2 \operatorname{am} u + D_4 \sin^4 \operatorname{am} u + \cdots + D_{n^2-1} \sin^{n^2-1} \operatorname{am} u},$$

für eine *gerades* n in:

$$(10)\quad \sin \operatorname{am} nu = n \cos \operatorname{am} u \Delta \operatorname{am} u \cdot \frac{\sin \operatorname{am} u + A_3 \sin^3 \operatorname{am} u + A_5 \sin^5 \operatorname{am} u + \cdots + A_{n^2-3} \sin^{n^2-3} \operatorname{am} u}{1 + D_2 \sin^2 \operatorname{am} u + D_4 \sin^4 \operatorname{am} u + \cdots + D_{n^2} \sin^{n^2} \operatorname{am} u}$$

übergehen.

Setzt man, um Bestimmungsgleichungen für die Coefficienten zu erhalten, in den Ausdruck von $\sin \operatorname{am} nu$ für ein ungerades n

$$u + iC' \text{ statt } u,$$

so erhält man, da

$$\sin \operatorname{am} (u + iC') = \frac{1}{c \sin \operatorname{am} u}$$

$$\sin \operatorname{am} (nu + niC') = \frac{1}{c \sin \operatorname{am} nu}$$

ist, die folgende Gleichung:

$$\frac{1}{c \sin \operatorname{am} u} = n \cdot \frac{\frac{1}{c \sin \operatorname{am} u} + A_3 \cdot \frac{1}{c^3 \sin^3 \operatorname{am} u} + A_5 \cdot \frac{1}{c^5 \sin^5 \operatorname{am} u} + \cdots + A_{n^2} \cdot \frac{1}{c^{n^2} \sin^{n^2} \operatorname{am} u}}{1 + D_2 \cdot \frac{1}{c^2 \sin^2 \operatorname{am} u} + D_4 \cdot \frac{1}{c^4 \sin^4 \operatorname{am} u} + \cdots + D_{n^2-1} \frac{1}{c^{n^2-1} \sin^{n^2-1} \operatorname{am} u}}$$

oder:

$$\sin \operatorname{am} nu = \frac{1}{n} \cdot \frac{c^{n^2-1} \sin^{n^2} \operatorname{am} u + D_2 c^{n^2-3} \sin^{n^2-2} \operatorname{am} u + D_4 c^{n^2-5} \sin^{n^2-4} \operatorname{am} u + \cdots + D_{n^2-1} \sin \operatorname{am} u}{c^{n^2-1} \sin^{n^2-1} \operatorname{am} u + A_3 c^{n^2-3} \sin^{n^2-3} \operatorname{am} u + A_5 c^{n^2-5} \sin^{n^2-5} \operatorname{am} u + \cdots + A_{n^2}}.$$

Die Identificirung dieser Gleichung mit der oben für $\sin \operatorname{am} nu$ erhaltenen giebt die folgenden Beziehungen zwischen den Coefficienten des Zählers und Nenners:

$$n A_{n^2} = \frac{c^{n^2-1}}{n A_{n^2}} \quad \text{oder} \quad A_{n^2} = \frac{c^{\frac{n^2-1}{2}}}{n}$$

$$n A_{n^2-2} = \frac{D_2}{n A_{n^2}} c^{n^2-3} \quad \text{oder} \quad c^{n^2-3} D_2 = n A_{n^2-2}\, c^{\frac{n^2-1}{2}}$$

$$n A_{n^2-4} = \frac{D_4}{n A_{n^2}} \cdot c^{n^2-5} \quad \text{oder} \quad c^{n^2-5} D_4 = n A_{n^2-4} \cdot c^{\frac{n^2-1}{2}}$$

$$\vdots \qquad\qquad\qquad \vdots$$

$$n A_3 = \frac{D_{n^2-3}}{n A_{n^2}} c^2 \quad \text{oder} \quad c^2 D_{n^2-3} = n A_3\, c^{\frac{n^2-1}{2}}$$

$$n = \frac{D_{n^2-1}}{n A_{n^2}} \quad \text{oder} \quad D_{n^2-1} = n c^{\frac{n^2-1}{2}}.$$

Vergleicht man die Coefficienten im Nenner der beiden Formeln, so erhält man dieselben Relationen.

Ferner ist unmittelbar aus den Formeln (α) und (β) zu ersehen, dass im Nenner von sin am nu, wenn n eine ungerade Zahl ist, die niedrigste dort vorkommende Potenz von sin am u die vierte ist, dass also in unsern Formeln

$$D_2 = 0,$$

also auch nach den obigen Relationen

$$A_{n^2-2} = 0$$

wird.

Die noch unbestimmt gebliebenen Coefficienten des Zählers, welche, wie wir wissen, ganze rationale Functionen von c^2 sind, lassen sich berechnen, indem man die Gleichung für sin am nu mit dem Nenner der auf der rechten Seite derselben befindlichen rationalen Function von sin am u multiplicirt und beide Seiten nach Potenzen von u entwickelt. Wir werden später diese Coefficienten auf andere Weise bestimmen.

Um für sin am nu, wenn n gerade ist, ähnliche Relationen zwischen den Coefficienten der rationalen Function von sin am u herzuleiten, substituire man wieder

$$u + \frac{\omega'}{2} \text{ statt } u,$$

dann wird

$$\sin \operatorname{am}\left(u + \frac{\omega'}{2}\right) = \frac{1}{c \sin \operatorname{am} u}$$

$$\cos \operatorname{am}\left(u + \frac{\omega'}{2}\right) = \frac{-i c_1}{c \cos \operatorname{coam} u}$$

$$\varDelta \operatorname{am}\left(u + \frac{\omega'}{2}\right) = -i c \operatorname{tang} \operatorname{am} u$$

also

$$\cos \operatorname{am}\left(u + \frac{\omega'}{2}\right) \varDelta \operatorname{am}\left(u + \frac{\omega'}{2}\right) = -\frac{c_1 \operatorname{cotang} \operatorname{am} u}{c \cos \operatorname{coam} u} = -\frac{\cos \operatorname{am} u \, \varDelta \operatorname{am} u}{c \sin^2 \operatorname{am} u},$$

und da

$$\sin \operatorname{am}\left(nu + \frac{n\omega'}{2}\right) = \sin \operatorname{am} u,$$

weil n gerade ist, so wird sich aus der obigen Gleichung für sin am nu durch diese Substitution die folgende ergeben:

$$\sin \operatorname{am} nu = -n \,.\, \cos \operatorname{am} u \,.\, \varDelta \operatorname{am} u$$

$$\times \frac{\frac{1}{c \sin \operatorname{am} u} + \frac{A_3}{c^3 \sin^3 \operatorname{am} u} + \frac{A_5}{c^5 \sin^5 \operatorname{am} u} + \cdots + \frac{A_{n^2-3}}{c^{n^2-3} \sin^{n^2-3} \operatorname{am} u}}{c \sin^2 \operatorname{am} u + \frac{D_2}{c} + \frac{D_4}{c^3 \sin^2 \operatorname{am} u} + \cdots + \frac{D_{n^2}}{c^{n^2-1} \sin^{n^2-2} \operatorname{am} u}}$$

$$= -n \,.\, \cos \operatorname{am} u \, \varDelta \operatorname{am} u$$

$$\times \frac{c^{n^2-2} \sin^{n^2-3} \operatorname{am} u + A_3 c^{n^2-4} \sin^{n^2-5} \operatorname{am} u + A_5 c^{n^2-6} \sin^{n^2-7} \operatorname{am} u + \cdots + A_{n^2-3} c^2 . \sin \operatorname{am} u}{c^{n^2} \sin^2 \operatorname{am} u + c^{n^2-2} D_2 \sin^{n^2-2} \operatorname{am} u + c^{n^2-4} D_4 \sin^{n^2-4} \operatorname{am} u + \cdots D_{n^2}},$$

woraus man wieder durch Vergleichung mit dem oben gefundenen Ausdrucke die folgenden Relationen zwischen den Coefficienten des Zählers erhält:

$$n = -\frac{n A_{n^2-3} \cdot c^2}{D_{n^2}} \quad \text{oder} \quad \frac{c^2 A_{n^2-3}}{D_{n^2}} = -1$$

$$n A_3 = -\frac{n A_{n^2-5}\, c^4}{D_{n^2}} \quad \text{oder} \quad \frac{c^4 A_{n^2-5}}{D_{n^2}} = -A_3$$

$$\cdots\cdots\cdots\cdots\cdots\cdots$$

$$n A_{n^2-5} = -\frac{n A_3\, c^{n^2-4}}{D_{n^2}} \quad \text{oder} \quad \frac{c^{n^2-4} A_3}{D_{n^2}} = -A_{n^2-5}$$

$$n \,.\, A_{n^2-3} = -\frac{n\, c^{n^2-2}}{D_{n^2}} \quad \text{oder} \quad \frac{c^{n^2-2}}{D_{n^2}} = -A_{n^2-3},$$

und aus der ersten und letzten Gleichung:

$$D_{n^2} = c^{\frac{n^2}{2}}, \quad A_{n^2-3} = -c^{\frac{n^2-4}{2}}.$$

Ebenso liefert die Vergleichung der Nenner die Relationen:

$$D_2 = \frac{D_{n^2-2}}{D_{n^2}} \cdot c^2$$

$$D_4 = \frac{D_{n^2-4}}{D_{n^2}} \cdot c^4$$

$$\vdots$$

$$D_{n^2-2} = \frac{D_2}{D_{n^2}} \cdot c^{n^2-2}$$

$$D_{n^2} = \frac{c^{n^2}}{D_{n^2}},$$

wovon die letztere Gleichung für D_{n^2} den schon früher gefundenen Werth liefert.

Da endlich auch hier $D_2 = 0$ ist, so folgt aus der ersten Gleichung

$$D_{n^2-2} = 0.$$

Man erhält somit für den Zähler und Nenner jener rationalen Function von sin am u die Verhältnisse der Coefficienten der gleich weit vom Anfang und Ende abstehenden Glieder und wird sie selbst wieder durch Reihenentwicklung finden können.

In derselben Weise kann man cos am nu, $\varDelta$ am nu als rationale Functionen der drei elliptischen Transcendenten sin am u, cos am u, $\varDelta$ am u entwickeln und ähnliche Relationen zwischen den Coefficienten, die wieder ganze rationale Functionen von c^2 sind, genau nach derselben Methode herleiten.

Wir gehen nunmehr zu der Behandlung der Multiplication nach der zweiten Methode über, welche sich auf die Theorie der Transformation stützt, und mit Hülfe deren sich die Multiplicationsformeln unmittelbar aus den oben entwickelten Transformationsausdrücken herleiten lassen werden.

Wir bemerken zuerst, dass es zu jeder auf ein elliptisches Integral ausgeübten Transformation n^{ten} Grades, welche durch die Transformationszahlen

$$a_0, a_1, b_0, b_1$$

definirt sein mag, stets eine andere Transformation n^{ten} Grades giebt, welche das transformirte Integral wieder auf ein Integral mit dem ursprünglichen Modul zurückführt. Denn da der Modul sowie das Argument der transformirten ϑ-Function durch die Ausdrücke bestimmt werden:

$$\tau' = \frac{b_0 - a_0\tau}{a_1\tau - b_1}, \quad v' = \frac{nv}{b_1 - a_1\tau} = (a_0 + a_1\tau')\,v,$$

so wird offenbar die durch die Transformationszahlen

$$-b_1, a_1, b_0, -a_0$$

gegebene supplementäre Transformation n^{ten} Grades, wenn t und $\mathfrak{v}$ Modul und Argument der neuen transformirten ϑ-Function bezeichnen, die folgenden Beziehungen liefern:

$$t = \frac{b_0 + b_1\tau'}{a_1\tau' + a_0}, \quad \mathfrak{v} = \frac{nv'}{-a_0 - a_1\tau'}$$

oder mit Benutzung der oben für τ' und v' gefundenen Werthe:

$$t = \tau, \quad \mathfrak{v} = -nv.$$

Das neue transformirte ϑ lautet somit:

$$\vartheta(nv, \tau),$$

und man erhält den Satz, *dass man durch Anwendung einer Transformation und ihrer supplementären zur Multiplication gelangt.* *)

*) Es ist nicht unwesentlich, zu zeigen, dass unter den Transformationen, die zu einem bestimmten Grade n gehören, im Allgemeinen keine vorkommt, welche den Modul τ, der beliebig sein soll, unverändert lässt und das Argument mit einem Multiplicator behaftet, d. h. unmittelbar die Multiplication liefert.

Denn da

$$\tau' = \frac{b_0 - a_0\tau}{a_1\tau - b_1},$$

so müsste, wenn dies der Fall wäre, für dieses System von Transformationszahlen

$$\tau = \frac{b_0 - a_0\tau}{a_1\tau - b_1}$$

sein oder

$$a_1\tau^2 + (a_0 - b_1)\tau - b_0 = 0$$

für jedes beliebige τ befriedigt werden. Daraus würden aber für die Transformationszahlen die Bestimmungsgleichungen folgen:

$$a_1 = 0, \quad a_0 = b_1, \quad b_0 = 0,$$

welche in der That für τ' wieder den Werth τ und für das transformirte Argument v' den Werth:

Wir wollen nun die beiden einfachsten Transformationen auswählen, die successive auf ein beliebiges elliptisches Integral angewandt die Multiplication liefern.

Wendet man nämlich auf die ϑ-Function

$$\vartheta(v, \tau)_\alpha$$

die Transformation n^{ten} Grades an, welche durch das Schema

$$\begin{vmatrix} 1 & 0 \\ 0 & n \end{vmatrix}$$

repräsentirt ist, so sind das Argument und der Modul der transformirten ϑ-Function durch die Gleichung bestimmt:

$$\tau' = \frac{\tau}{n}, \quad v' = v,$$

und es lässt sich nach Früherem

$$\vartheta\left(v, \frac{\tau}{n}\right)_\alpha$$

als ganze homogene Function n^{ten} Grades zweier ϑ-Functionen des vorgelegten Integrales ausdrücken. Wendet man nun auf $\vartheta\left(v, \frac{\tau}{n}\right)_\alpha$ die durch das Schema

$$\begin{vmatrix} n & 0 \\ 0 & 1 \end{vmatrix}$$

dargestellte Transformation an, für welche der Modul der neuen ϑ-Function in den n-fachen und das Argument ebenfalls in das n-fache des früheren übergeht, so wird sich die neue ϑ-Function

$$\vartheta(nv, \tau)_\beta,$$

welche sich wieder als ganze homogene Function n^{ten} Grades zweier ϑ-Functionen von der Form

$$\vartheta\left(v, \frac{\tau}{n}\right)_\gamma$$

ausdrücken lässt, als ganze homogene Function des $n^{2\text{ten}}$ Grades durch die ursprünglichen ϑ-Functionen

$$\vartheta(v, \tau)$$

darstellen lassen.

Es ist klar, dass wir bei der wirklichen Ausführung der Multiplicationsformeln nach dieser Methode, sowie es in der Transformationstheorie geschehen, den Fall, in dem n ungerade, von dem, in welchem es gerade ist, sondern müssen.

---

liefern, während

$$v' = \frac{nv}{b_1 - a_1\tau} = \frac{n \cdot v}{b_1} = \frac{b_1^2 v}{b_1} = b_1 v$$

$$n = b_1^2$$

wird. Wir sehen somit, dass *nur*, wenn der Grad der Transformation ein vollständiges Quadrat ist, die Multiplication unter den Transformationen selbst vorkommt.

Sei also

1) n eine ungerade Zahl,

dann ist nach den Gleichungen (28) bis (31) der sechsundzwanzigsten Vorlesung, wenn dort:

$$a_0 = n, \quad a_1 = 0, \quad b_0 = 0, \quad b_1 = 1,$$
$$\varepsilon = b_1 - a_1 \tau = 1$$

gesetzt wird, und m eine zu n relativ prime Zahl bedeutet:

$$\vartheta(nv, \tau)_1 = C\vartheta\left(v, \frac{\tau}{n}\right)_1 \left[\vartheta\left(v, \frac{\tau}{n}\right)_1^2 \vartheta\left(\frac{m}{n}, \frac{\tau}{n}\right)_0^2 - \vartheta\left(v, \frac{\tau}{n}\right)_0^2 \vartheta\left(\frac{m}{n}, \frac{\tau}{n}\right)_1^2\right]$$
$$\left[\vartheta\left(v, \frac{\tau}{n}\right)_1^2 \vartheta\left(\frac{2m}{n}, \frac{\tau}{n}\right)_0^2 - \vartheta\left(v, \frac{\tau}{n}\right)_0^2 \vartheta\left(\frac{2m}{n}, \frac{\tau}{n}\right)_1^2\right] \cdots$$
$$\cdots \left[\vartheta\left(v, \frac{\tau}{n}\right)_1^2 \vartheta\left(\frac{n-1}{2} \cdot \frac{m}{n}, \frac{\tau}{n}\right)_0^2 - \vartheta\left(v, \frac{\tau}{n}\right)_0^2 \vartheta\left(\frac{n-1}{2} \cdot \frac{m}{n}, \frac{\tau}{n}\right)_1^2\right],$$

$$(-1)^{\frac{n-1}{2}} \vartheta(nv, \tau)_0 = C\vartheta\left(v, \frac{\tau}{n}\right)_0 \left[\vartheta\left(v, \frac{\tau}{n}\right)_0^2 \vartheta\left(\frac{m}{n}, \frac{\tau}{n}\right)_0^2 - \vartheta\left(v, \frac{\tau}{n}\right)_1^2 \vartheta\left(\frac{m}{n}, \frac{\tau}{n}\right)_1^2\right]$$
$$\left[\vartheta\left(v, \frac{\tau}{n}\right)_0^2 \vartheta\left(\frac{2m}{n}, \frac{\tau}{n}\right)_0^2 - \vartheta\left(v, \frac{\tau}{n}\right)_1^2 \vartheta\left(\frac{2m}{n}, \frac{\tau}{n}\right)_1^2\right] \cdots$$
$$\cdots \left[\vartheta\left(v, \frac{\tau}{n}\right)_0^2 \vartheta\left(\frac{n-1}{2} \cdot \frac{m}{n}, \frac{\tau}{n}\right)_0^2 - \vartheta\left(v, \frac{\tau}{n}\right)_1^2 \vartheta\left(\frac{n-1}{2} \cdot \frac{m}{n}, \frac{\tau}{n}\right)_1^2\right],$$

$$(-1)^{\frac{n-1}{2}} \vartheta(nv, \tau)_2 = C\vartheta\left(v, \frac{\tau}{n}\right)_2 \left[\vartheta\left(v, \frac{\tau}{n}\right)_2^2 \vartheta\left(\frac{m}{n}, \frac{\tau}{n}\right)_0^2 - \vartheta\left(v, \frac{\tau}{n}\right)_3^2 \vartheta\left(\frac{m}{n}, \frac{\tau}{n}\right)_1^2\right]$$
$$\left[\vartheta\left(v, \frac{\tau}{n}\right)_2^2 \vartheta\left(\frac{2m}{n}, \frac{\tau}{n}\right)_0^2 - \vartheta\left(v, \frac{\tau}{n}\right)_3^2 \vartheta\left(\frac{2m}{n}, \frac{\tau}{n}\right)_1^2\right] \cdots$$
$$\cdots \left[\vartheta\left(v, \frac{\tau}{n}\right)_2^2 \vartheta\left(\frac{n-1}{2} \cdot \frac{m}{n}, \frac{\tau}{n}\right)_0^2 - \vartheta\left(v, \frac{\tau}{n}\right)_3^2 \vartheta\left(\frac{n-1}{2} \cdot \frac{m}{n}, \frac{\tau}{n}\right)_1^2\right],$$

$$(-1)^{\frac{n-1}{2}} \vartheta(nv, \tau)_3 = C\vartheta\left(v, \frac{\tau}{n}\right)_3 \left[\vartheta\left(v, \frac{\tau}{n}\right)_3^2 \vartheta\left(\frac{m}{n}, \frac{\tau}{n}\right)_0^2 - \vartheta\left(v, \frac{\tau}{n}\right)_2^2 \vartheta\left(\frac{m}{n}, \frac{\tau}{n}\right)_1^2\right]$$
$$\left[\vartheta\left(v, \frac{\tau}{n}\right)_3^2 \vartheta\left(\frac{2m}{n}, \frac{\tau}{n}\right)_0^2 - \vartheta\left(v, \frac{\tau}{n}\right)_2^2 \vartheta\left(\frac{2m}{n}, \frac{\tau}{n}\right)_1^2\right] \cdots$$
$$\cdots \left[\vartheta\left(v, \frac{\tau}{n}\right)_3^2 \vartheta\left(\frac{n-1}{2} \cdot \frac{m}{n}, \frac{\tau}{n}\right)_0^2 - \vartheta\left(v, \frac{\tau}{n}\right)_2^2 \vartheta\left(\frac{n-1}{2} \cdot \frac{m}{n}, \frac{\tau}{n}\right)_1^2\right],$$

und wenn

$$a_0 = 1, \quad a_1 = 0, \quad b_0 = 0, \quad b_1 = n,$$
$$\varepsilon = \tau,$$

und p eine zu n relativ prime Zahl bedeutet, nach eben denselben Formeln:

$$\vartheta\left(v, \frac{\tau}{n}\right)_1 = C\vartheta(v, \tau)_1 \left[\vartheta(v, \tau)_1^2 \vartheta\left(\frac{p\tau}{n}, \tau\right)_0^2 - \vartheta(v, \tau)_0^2 \vartheta\left(\frac{p\tau}{n}, \tau\right)_1^2\right]$$
$$\left[\vartheta(v, \tau)_1^2 \vartheta\left(\frac{2p\tau}{n}, \tau\right)_0^2 - \vartheta(v, \tau)_0^2 \vartheta\left(\frac{2p\tau}{n}, \tau\right)_1^2\right] \cdots$$
$$\cdots \left[\vartheta(v, \tau)_1^2 \vartheta\left(\frac{n-1}{2} \cdot \frac{p\tau}{n}, \tau\right)_0^2 - \vartheta(v, \tau)_0^2 \vartheta\left(\frac{n-1}{2} \cdot \frac{p\tau}{n}, \tau\right)_1^2\right],$$

$$\vartheta\left(v, \frac{\tau}{n}\right)_0 = C\vartheta(v, \tau)_0 \left[\vartheta(v, \tau)_0^2\, \vartheta\left(\frac{p\tau}{n}, \tau\right)_0^2 - \vartheta(v, \tau)_1^2\, \vartheta\left(\frac{p\tau}{n}, \tau\right)_1^2\right]$$
$$\left[\vartheta(v, \tau)_0^2\, \vartheta\left(\frac{2p\tau}{n}, \tau\right)_0^2 - \vartheta(v, \tau)_1^2\, \vartheta\left(\frac{2p\tau}{n}, \tau\right)_1^2\right] \cdots$$
$$\cdots \left[\vartheta(v, \tau)_0^2\, \vartheta\left(\frac{n-1}{2}\cdot\frac{p\tau}{n}, \tau\right)_0^2 - \vartheta(v, \tau)_1^2\, \vartheta\left(\frac{n-1}{2}\cdot\frac{p\tau}{n}, \tau\right)_1^2\right],$$

$$\vartheta\left(v, \frac{\tau}{n}\right)_2 = C\vartheta(v, \tau)_2 \left[\vartheta(v, \tau)_2^2\, \vartheta\left(\frac{p\tau}{n}, \tau\right)_0^2 - \vartheta(v, \tau)_3^2\, \vartheta\left(\frac{p\tau}{n}, \tau\right)_1^2\right]$$
$$\left[\vartheta(v, \tau)_2^2\, \vartheta\left(\frac{2p\tau}{n}, \tau\right)_0^2 - \vartheta(v, \tau)_3^2\, \vartheta\left(\frac{2p\tau}{n}, \tau\right)_1^2\right] \cdots$$
$$\cdots \left[\vartheta(v, \tau)_2^2\, \vartheta\left(\frac{n-1}{2}\cdot\frac{p\tau}{n}, \tau\right)_0^2 - \vartheta(v, \tau)_3^2\, \vartheta\left(\frac{n-1}{2}\cdot\frac{p\tau}{n}, \tau\right)_1^2\right],$$

$$\vartheta\left(v, \frac{\tau}{n}\right)_3 = C\vartheta(v, \tau)_3 \left[\vartheta(v, \tau)_3^2\, \vartheta\left(\frac{p\tau}{n}, \tau\right)_0^2 - \vartheta(v, \tau)_2^2\, \vartheta\left(\frac{p\tau}{n}, \tau\right)_1^2\right]$$
$$\left[\vartheta(v, \tau)_3^2\, \vartheta\left(\frac{2p\tau}{n}, \tau\right)_0^2 - \vartheta(v, \tau)_2^2\, \vartheta\left(\frac{2p\tau}{n}, \tau\right)_1^2\right] \cdots$$
$$\cdots \left[\vartheta(v, \tau)_3^2\, \vartheta\left(\frac{n-1}{2}\cdot\frac{p\tau}{n}, \tau\right)_0^2 - \vartheta(v, \tau)_2^2\, \vartheta\left(\frac{n-1}{2}\cdot\frac{p\tau}{n}, \tau\right)_1^2\right].$$

Mit Hülfe dieser Ausdrücke lassen sich offenbar die vier ϑ-Functionen

$$\vartheta(nv, \tau)_\alpha$$

ganz und rational durch die vier ϑ-Functionen

$$\vartheta(v, \tau)_\beta$$

ausdrücken; und zwar sieht man unmittelbar aus den oben aufgestellten Formeln, dass sich

$$\vartheta(nv, \tau)_1 \text{ und } \vartheta(nv, \tau)_0$$

als homogene ganze Functionen des $n^{2\text{ten}}$ Grades von

$$\vartheta(v, \tau)_1 \text{ und } \vartheta(v, \tau)_0,$$

dagegen

$$\vartheta(nv, \tau)_2, \quad \vartheta(nv, \tau)_3$$

sich als eben solche Functionen von

$$\vartheta(v, \tau)_2, \quad \vartheta(v, \tau)_3$$

darstellen lassen.

Statt nun zur wirklichen Ausführung dieser Rechnung die in den letzten vier Gleichungen gegebenen Ausdrücke in die ersten vier einzusetzen, wollen wir ähnlich wie in der Theorie der Transformation eine ganze homogene Function des $n^{2\text{ten}}$ Grades von $\vartheta(v, \tau)_1$ und $\vartheta(v, \tau)_0$ bestimmen, welche für dieselben Werthe des v verschwindet, die $\vartheta(nv, \tau)_1$ zu Null machen.

Es wird aber offenbar

$$\vartheta(nv, \tau)_1$$

verschwinden, wenn v die Werthe

$$\frac{m + m'\tau}{n}$$

annimmt, worin m und m' alle Werthecombinationen aus den folgenden Zahlen beigelegt werden:

$$m: 0, \pm 1, \pm 2, \cdots \pm \frac{n-1}{2}$$

$$m': 0, \pm 1, \pm 2, \cdots \pm \frac{n-1}{2}.$$

Da die Zahl dieser Werthecombinationen gerade n^2 beträgt, und diese ausserdem wesentlich von einander verschieden sind, d. h. nicht bloss um ganze Zahlen oder ganze Vielfache des τ sich unterscheiden, so wird man die ganze homogene Function $n^{2\text{ten}}$ Grades der Grössen $\vartheta(v, \tau)_1$, $\vartheta(v, \tau)_0$ unmittelbar bilden können, indem man alle die Werthe des v kennt, für welche sie verschwindet.

Fasst man nun je zwei der Factoren zusammen, die für entgegengesetzte Werthe der Argumente verschwinden, so ergiebt sich offenbar die folgende Gleichung:

$$\vartheta(nv, \tau)_1 = C\vartheta(v)_1 \prod_{m, m'} \left\{ \vartheta(v)_1^2\, \vartheta\left(\frac{m + m'\tau}{n}\right)_0^2 - \vartheta(v)_0^2\, \vartheta\left(\frac{m + m'\tau}{n}\right)_1^2 \right\},$$

worin m die Werthe: $1, 2, 3, \cdots \frac{n-1}{2}$, m' die Werthe

$$0, \pm 1, \pm 2, \cdots \pm \frac{n-1}{2},$$

und wenn m den Werth 0 hat, m' die Werthe $1, 2, 3, \cdots \frac{n-1}{2}$ annimmt.

Statt nun in derselben Weise die drei andern Functionen

$$\vartheta(nv, \tau)_0, \quad \vartheta(nv, \tau)_2, \quad \vartheta(nv, \tau)_3$$

zu behandeln, wollen wir deren Ausdrücke aus der ebengefundenen Gleichung für $\vartheta(nv, \tau)_1$ durch Substitution von halben Perioden herleiten.

Setzt man nämlich

$$v + \frac{\tau}{2} \text{ für } v, \text{ also } nv + \left(\frac{n-1}{2} + \frac{1}{2}\right)\tau \text{ für } nv,$$

so erhält man:

$$(-1)^{\frac{n-1}{2}}\, \vartheta(nv, \tau)_0 = C\vartheta(v)_0 \prod_{m, m'} \left\{ \vartheta(v)_0^2\, \vartheta\left(\frac{m + m'\tau}{n}\right)_0^2 - \vartheta(v)_1^2\, \vartheta\left(\frac{m + m'\tau}{n}\right)_1^2 \right\}.$$

Substituirt man ferner

$$v - \frac{1}{2} \text{ für } v, \text{ also } nv - \left(\frac{n-1}{2}\right) - \frac{1}{2} \text{ für } nv,$$

so folgt:

$$(-1)^{\frac{n-1}{2}}\, \vartheta(nv, \tau)_2 = C\vartheta(v)_2 \prod_{m, m'} \left\{ \vartheta(v)_2^2\, \vartheta\left(\frac{m + m'\tau}{n}\right)_0^2 - \vartheta(v)_3^2\, \vartheta\left(\frac{m + m'\tau}{n}\right)_1^2 \right\}.$$

Endlich ergiebt sich durch Substitution von

$$v - \frac{1}{2} \text{ für } v, \text{ also } nv - \left(\frac{n-1}{2}\right) - \frac{1}{2} \text{ für } nv$$

aus der zweiten dieser Gleichungen:

$$(-1)^{\frac{n-1}{2}} \vartheta(nv, \tau)_3 = C\vartheta(v)_3 \prod_{m,m'} \left\{ \vartheta(v)_3{}^2 \vartheta\left(\frac{m+m'\tau}{n}\right)_0^2 - \vartheta(v)_2{}^2 \vartheta\left(\frac{m+m'\tau}{n}\right)_1^2 \right\},$$

worin dem m und m' wieder die eben näher bezeichneten Werthe beizulegen sind.

Die Constante erhält man, wenn man z. B. in der zweiten dieser Gleichungen das Argument verschwinden lässt, in der Form:

$$C = \frac{(-1)^{\frac{n-1}{2}}}{\vartheta_0{}^{n^2-1} \cdot \prod\limits_{m,m'} \vartheta\left(\frac{m+m'\tau}{n}\right)_0^2}.$$

Dividirt man nun die beiden ersten Gleichungen durch einander, so folgt, wenn man im Zähler innerhalb des Productes das Zeichen umkehrt:

$$\frac{\vartheta(nv,\tau)_1}{\vartheta(nv,\tau)_0} = (-1)^{\frac{n-1}{2}} \frac{\vartheta(v)_1}{\vartheta(v)_0} \prod_{m,m'} \left\{ \frac{\vartheta(v)_0{}^2 \vartheta\left(\frac{m+m'\tau}{n}\right)_1^2 - \vartheta(v)_1{}^2 \vartheta\left(\frac{m+m'\tau}{n}\right)_0^2}{\vartheta(v)_0{}^2 \vartheta\left(\frac{m+m'\tau}{n}\right)_0^2 - \vartheta(v)_1{}^2 \vartheta\left(\frac{m+m'\tau}{n}\right)_1^2} \right\},$$

oder wenn

$$\frac{\omega}{2} v = u$$

gesetzt wird,

$$\sin \operatorname{am} nu = (-1)^{\frac{n-1}{2}} \sin \operatorname{am} u \prod_{m,m'} \left\{ \frac{1 - \dfrac{\sin^2 \operatorname{am} u}{\sin^2 \operatorname{am} \left(\dfrac{m\frac{\omega}{2} + m'\omega'}{n}\right)}}{1 - c^2 \sin^2 \operatorname{am} u \sin^2 \operatorname{am} \left(\dfrac{m\frac{\omega}{2} + m'\omega'}{n}\right)} \right\} \times$$

$$\prod_{m,m'} \sin^2 \operatorname{am} \left(\frac{m\frac{\omega}{2} + m'\omega'}{n}\right) c^{\frac{n^2-1}{2}}.$$

Da sich nun für $u = 0$ hieraus die Beziehung ergiebt

$$(11) \quad \ldots \quad n = (-1)^{\frac{n-1}{2}} \prod_{m,m'} \sin^2 \operatorname{am} \left(\frac{m\frac{\omega}{2} + m'\omega'}{n}\right) c^{\frac{n^2-1}{2}},$$

so geht die letzte Geichung über in

$$(12) \quad \sin \operatorname{am} nu = n \sin \operatorname{am} u \prod_{m,m'} \left\{ \frac{1 - \dfrac{\sin^2 \operatorname{am} u}{\sin^2 \operatorname{am} \left(\dfrac{m\frac{\omega}{2} + m'\omega'}{n}\right)}}{1 - c^2 \sin^2 \operatorname{am} u \sin^2 \operatorname{am} \left(\dfrac{m\frac{\omega}{2} + m'\omega'}{n}\right)} \right\}.$$

Ebenso erhält man aus den oben aufgestellten ϑ-Formeln für das n-fache Argument

$$(13)\quad \cos\operatorname{am} nu = \cos\operatorname{am} u \prod_{m,m'} \left\{ \frac{1 - \dfrac{\sin^2\operatorname{am} u}{\sin^2\operatorname{coam}\left(\dfrac{m\frac{\omega}{2} + m'\omega'}{n}\right)}}{1 - c^2\sin^2\operatorname{am} u \sin^2\operatorname{am}\left(\dfrac{m\frac{\omega}{2} + m'\omega'}{n}\right)} \right\}$$

zugleich mit der Relation

$$(14) \ldots\ldots \left(\frac{c_1}{c}\right)^{\frac{n^2-1}{2}} = \prod_{m,m'} \cos^2\operatorname{am}\left(\frac{m\frac{\omega}{2} + m'\omega'}{n}\right),$$

und endlich

$$(15)\quad \Delta\operatorname{am} nu = \Delta\operatorname{am} u \prod_{m,m'} \left\{ \frac{1 - c^2\sin^2\operatorname{am} u \sin^2\operatorname{coam}\left(\dfrac{m\frac{\omega}{2} + m'\omega'}{n}\right)}{1 - c^2\sin^2\operatorname{am} u \sin^2\operatorname{am}\left(\dfrac{m\frac{\omega}{2} + m'\omega'}{n}\right)} \right\}$$

mit der Beziehung

$$(16) \ldots\ldots\ldots c_1^{\frac{n^2-1}{2}} = \prod_{m,m'} \Delta^2\operatorname{am}\left(\frac{m\frac{\omega}{2} + m'\omega'}{n}\right).$$

Sei nun

2) n eine gerade Zahl,

so bilde man wieder nach den früher entwickelten Principien die Ausdrücke von

$$\vartheta(nv, \tau)_0, \quad \vartheta(nv, \tau)_1, \quad \vartheta(nv, \tau)_2, \quad \vartheta(nv, \tau)_3$$

durch

$$\vartheta\left(v, \frac{\tau}{n}\right)_0, \quad \vartheta\left(v, \frac{\tau}{n}\right)_1, \quad \vartheta\left(v, \frac{\tau}{n}\right)_2, \quad \vartheta\left(v, \frac{\tau}{n}\right)_3$$

und drücke ferner wieder diese letzteren Functionen durch

$$\vartheta(v, \tau)_0, \quad \vartheta(v, \tau)_1, \quad \vartheta(v, \tau)_2, \quad \vartheta(v, \tau)_3$$

aus, so ergiebt sich, wie unmittelbar zu sehen, wenn man beachtet, dass

$$\vartheta(v)_2^2, \ \vartheta(v)_3^2 \text{ durch } \vartheta(v)_0^2, \ \vartheta(v)_1^2$$

linear und homogen ausdrückbar sind, dass, wenn M eine Constante bezeichnet:

$$\vartheta(nv, \tau)_1 = M.\vartheta(v, \tau)_0.\vartheta(v, \tau)_1.\vartheta(v, \tau)_2.\vartheta(v, \tau)_3.F\left\{\vartheta(v, \tau)_0, \vartheta(v, \tau)_1\right\},$$

worin

$$F\left\{\vartheta(v, \tau)_0, \ \vartheta(v, \tau)_1\right\}$$

ein ganze homogene Function des $n^2 - 4^{\text{ten}}$ Grades der Grössen

$$\vartheta(v, \tau)_0, \quad \vartheta(v, \tau)_1$$

vorstellt, die nur in geraden Potenzen in dieser Function vorkommen.

Statt nun diese Formel durch wirkliche Substitution zu entwickeln, wollen wir wieder die Nullwerthe der Function

$$\vartheta(nv, \tau)_1$$

benutzen, um uns eine Function von der eben festgestellten Form zu bilden.

Da alle Nullwerthe dieser Function durch den Ausdruck gegeben sind

$$\frac{m + m'\tau}{n},$$

worin m und m' beliebige ganze Zahlen sind, so werden wir, von den Combinationen:

$$0, 0;\ 0, \frac{n}{2};\ \frac{n}{2}, 0;\ \frac{n}{2}, \frac{n}{2}$$

abgesehen, von denen jede einen der Factoren

$$\vartheta(v)_0, \quad \vartheta(v)_1, \quad \vartheta(v)_2, \quad \vartheta(v)_3$$

verschwinden lässt, $n^2 - 4$ wesentlich von einander verschiedene Werthe des v aufzusuchen haben, für welche die Function $\vartheta(nv, \tau)_1$ zu Null wird. Diese sind offenbar alle Werthecombinationen aus den Zahlen:

$$m: 0, \qquad\qquad m: \pm 1, \pm 2, \cdots \pm\left(\frac{n}{2} - 1\right),$$

$$m': \pm 1, \pm 2, \cdots \pm\left(\frac{n}{2} - 1\right), \quad m': 0, \pm 1, \pm 2, \cdots \pm\left(\frac{n}{2} - 1\right),$$

$$m = -\frac{n}{2},$$

$$m' = -1, -2, \cdots -\left(\frac{n}{2} - 1\right),$$

$$m: +1, +2, \cdots +\left(\frac{n}{2} - 1\right), \quad m: -1, -2, \cdots -\left(\frac{n}{2} - 1\right),$$

$$m': \frac{n}{2}, \qquad\qquad m': -\frac{n}{2},$$

$$m: \frac{n}{2},$$

$$m': +1, +2, \cdots \left(\frac{n}{2} - 1\right),$$

so dass sich, wenn man die linearen Factoren, die sich nur durch das Vorzeichen des zweiten Summanden unterscheiden, zusammenfasst, der Ausdruck ergiebt:

$$\vartheta(nv, \tau)_1 = M \,.\, \vartheta(v)_0\, \vartheta(v)_1\, \vartheta(v)_2\, \vartheta(v)_3 \times$$
$$\prod_{m,\,m'} \left\{ \vartheta(v)_1{}^2\, \vartheta\left(\frac{m + m'\tau}{n}\right)_0^2 - \vartheta(v)_0{}^2\, \vartheta\left(\frac{m + m'\tau}{n}\right)_1^2 \right\},$$

worin dem m und m' alle Combinationen aus den folgenden Werthesystemen beizulegen sind:

$$m: 0,\ \frac{n}{2}, \qquad m: 1,\ 2,\ \cdots \frac{n}{2}-1,$$

$$m': 1,\ 2,\ \cdots \frac{n}{2}-1, \quad m': 0,\ \pm 1,\ \cdots \pm\left(\frac{n}{2}-1\right),\ \frac{n}{2};$$

und da sich hieraus der Werth der Constanten M in der folgenden Form bestimmt

$$M = \frac{(-1)^{\frac{n^2}{2}}\, n}{\vartheta_0^{\,n^2-3}\,\vartheta_2\,\vartheta_3 \prod\limits_{m,\,m'} \vartheta\left(\frac{m+m'\tau}{n}\right)_1^2},$$

so folgt die Gleichung:

$$\vartheta(nv,\tau)_1 = \frac{(-1)^{\frac{n^2}{2}}\, n}{\vartheta_0^{\,n^2-3}\,.\,\vartheta_2\,.\,\vartheta_3 \prod\limits_{m,\,m'} \vartheta\left(\frac{m+m'\tau}{n}\right)_1^2} \cdot \vartheta(v)_0\,\vartheta(v)_1\,\vartheta(v)_2\,\vartheta(v)_3 \times$$

$$\prod_{m,\,m'} \left\{\vartheta(v)_1^{\,2}\,\vartheta\left(\frac{m+m'\tau}{n}\right)_0^2 - \vartheta(v)_0^{\,2}\,\vartheta\left(\frac{m+m'\tau}{n}\right)_1^2\right\}.$$

Man sieht ferner aus den oben aufgestellten Gleichungen, dass sich

$$\vartheta(nv,\tau)_0$$

als homogene ganze Function des $n^{2\text{ten}}$ Grades der Grössen

$$\vartheta(v)_0,\quad \vartheta(v)_1$$

darstellen wird, welche nur in geraden Potenzen in dieser Function enthalten sind.

Nun wird aber diese Function für alle nv von der Form:

$$nv = \frac{\tau}{2} + m + m'\tau = \frac{2m+(2m'+1)\tau}{2},$$

oder für alle v von der Form

$$v = \frac{2m+(2m'+1)\tau}{2n}$$

und nur für diese verschwinden, und es wird daher, wenn man dem $2m$ und $2m'+1$ die folgenden Werthe beilegt:

$$2m: 0,\ n, \qquad 2m: 2,\ 4,\ 6,\ \ldots n-2,$$

$$2m'+1: 1,\ 3,\ 5,\ \ldots n-1, \quad 2m'+1: \pm 1,\ \pm 3,\ \cdots \pm(n-1),$$

die Gleichung statthaben:

$$\vartheta(nv,\tau)_0 = M_0 \prod \left\{\vartheta(v)_1^{\,2}\,\vartheta\left(\frac{2m+(2m'+1)\tau}{2n}\right)_0^2 - \vartheta(v)_0^{\,2}\,\vartheta\left(\frac{2m+(2m'+1)\tau}{2n}\right)_1^2\right\},$$

woraus sich für die Constante M_0 der Werth ergiebt:

$$M_0 = \frac{(-1)^{\frac{n^2}{2}}}{\vartheta_0^{\,n^2-1} \prod\limits_{m,\,m'} \vartheta\left(\frac{2m+(2m'+1)\tau}{2n}\right)_1^2}$$

und daher:

$$\vartheta(nv,\tau)_0 = \frac{(-1)^{\frac{n^2}{2}}}{\vartheta_0^{n^2-1}\cdot\prod\limits_{m,m'}\vartheta\left(\frac{2m+(2m'+1)\tau}{2n}\right)_1^2}\times$$

$$\prod_{m,m'}\left\{\vartheta(v)_1^2\,\vartheta\left(\frac{2m+(2m'+1)\tau}{2n}\right)_0^2-\vartheta(v)_0^2\,\vartheta\left(\frac{2m+(2m'+1)\tau}{2n}\right)_1^2\right\}.$$

In genau derselben Weise ergiebt sich:

$$\vartheta(nv,\tau)_2 = \frac{(-1)^{\frac{n^2}{2}}\vartheta_2}{\vartheta_0^{n^2}\cdot\prod\limits_{m,m'}\vartheta\left(\frac{(2m+1)+2m'\tau}{2n}\right)_1^2}\times$$

$$\prod_{m,m'}\left\{\vartheta(v)_1^2\,\vartheta\left(\frac{(2m+1)+2m'\tau}{2n}\right)_0^2-\vartheta(v)_0^2\,\vartheta\left(\frac{(2m+1)+2m'\tau}{2n}\right)_1^2\right\},$$

worin den Zahlen $2m+1, 2m'$ die folgenden Werthe beizulegen sind:
$2m+1: 1, 3, 5, \ldots n-1,$ $\quad 2m+1: 1, 3, 5, \ldots (n-1),$
$2m': 0, n,$ $\quad 2m': \pm 2, \pm 4, \ldots \pm(n-2),$
und endlich:

$$\vartheta(nv,\tau)_3 = \frac{(-1)^{\frac{n^2}{2}}\vartheta_3}{\vartheta_0^{n^2}\prod\limits_{m,m'}\vartheta\left(\frac{(2m+1)+(2m'+1)\tau}{2n}\right)_1^2}\times$$

$$\prod_{m,m'}\left\{\vartheta(v)_1^2\,\vartheta\left(\frac{(2m+1)+(2m'+1)\tau}{2n}\right)_0^2-\vartheta(v)_0^2\,\vartheta\left(\frac{(2m+1)+(2m'+1)\tau}{2n}\right)_1^2\right\},$$

worin die Zahlen $2m+1$, $2m'+1$ alle Werthecombinationen aus den Reihen bedeuten

$$2m+1: 1, 3, 5, \ldots (n-1),$$
$$2m'+1: \pm 1, \pm 3, \pm 5, \cdots \pm(n-1).$$

Geht man von diesen Multiplicationsformeln der ϑ-Functionen durch Division zu den elliptischen Functionen der vielfachen Argumente über, so erhält man für den Fall der geraden n die folgenden Beziehungen:

$$(17)\quad \sin\operatorname{am} nu = n\sin\operatorname{am} u\cos\operatorname{am} u\,\Delta\operatorname{am} u\,\frac{\prod\limits_{m,m'}\left\{1-\dfrac{\sin^2\operatorname{am} u}{\sin^2\operatorname{am}\left(\dfrac{2m\frac{\omega}{4}+2m'\frac{\omega'}{2}}{n}\right)}\right\}}{\prod\limits_{m,m'}\left\{1-\dfrac{\sin^2\operatorname{am} u}{\sin^2\operatorname{am}\left(\dfrac{2m\frac{\omega}{4}+(2m'+1)\frac{\omega'}{2}}{n}\right)}\right\}},$$

$$(18)\quad \cos\operatorname{am} nu = \frac{\prod\limits_{m,m'}\left\{1-\dfrac{\sin^2\operatorname{am} u}{\sin^2\operatorname{am}\left(\dfrac{(2m+1)\frac{\omega}{4}+2m'\frac{\omega'}{2}}{n}\right)}\right\}}{\prod\limits_{m,m'}\left\{1-\dfrac{\sin^2\operatorname{am} u}{\sin^2\operatorname{am}\left(\dfrac{2m\frac{\omega}{2}+(2m'+1)\frac{\omega'}{2}}{n}\right)}\right\}},$$

$$(17)\ .\ \Delta \operatorname{am} nu = \frac{\prod\limits_{m,m'} \left\{ 1 - \dfrac{\sin^2 \operatorname{am} u}{\sin^2 \operatorname{am} \left(\dfrac{(2m+1)\frac{\omega}{4} + (2m'+1)\frac{\omega'}{2}}{n} \right)} \right\}}{\prod\limits_{m,m'} \left\{ 1 - \dfrac{\sin^2 \operatorname{am} u}{\sin^2 \operatorname{am} \left(\dfrac{2m\frac{\omega}{4} + (2m'+1)\frac{\omega'}{2}}{n} \right)} \right\}},$$

worin den Zahlen $2m,\ 2m'$; $2m+1,\ 2m'$; $2m,\ 2m'+1$; $2m+1,\ 2m'+1$ die oben näher bezeichneten Werthecombinationen beizulegen sind.

Hiermit ist das Multiplicationsproblem für ungerade und gerade ganzzahlige Vielfache des Argumentes erledigt.

Einunddreissigste Vorlesung.

Die Division der elliptischen Functionen.

Es war in der letzten Vorlesung gezeigt worden, dass sich sin am nu als eine rationale Function von sin am u darstellen lässt, die für den Fall eines geraden n noch den Factor cos am u Δ am u besass; das Problem der *Division* der elliptischen Functionen beschäftigt sich damit, die elliptischen Functionen des n^{ten} Theiles des Argumentes durch die elliptischen Functionen des ganzen Argumentes auszudrücken, und da *für ungerade* n nach Gleichung (8) der letzten Vorlesung

$$(1)\quad n \sin \operatorname{am}\left(\frac{u}{n}\right)\left[A_{n^2} \sin^{n^2-1} \operatorname{am}\frac{u}{n} + A_{n^2-2}\sin^{n^2-3}\operatorname{am}\frac{u}{n} + \cdots + A_3 \sin^2\operatorname{am}\frac{u}{n} + 1\right]$$

$$- \sin\operatorname{am} u \left[D_{n^2-1}\sin^{n^2-1}\operatorname{am}\frac{u}{n} + \cdots + D_2 \sin^2\operatorname{am}\frac{u}{n} + 1\right] = 0,$$

für gerade n

$$(2)\quad . \quad \sin^2\operatorname{am} u \left[D^2_{n^2}\sin^{2n^2}\operatorname{am}\frac{u}{n} + \cdots + 2D_2\sin^2\operatorname{am}\frac{u}{n} + 1\right]$$

$$- n^2\left(1 - \sin^2\operatorname{am}\frac{u}{n}\right)\left(1 - c^2\sin^2\operatorname{am}\frac{u}{n}\right)\times$$

$$\left[A^2_{n^2-3}\sin^{2n^2-6}\operatorname{am}\frac{u}{n} + \cdots + 2A_3\sin^4\operatorname{am}\frac{u}{n} + \sin^2\operatorname{am}\frac{u}{n}\right] = 0$$

ist, so ist von selbst klar, dass sin am $\frac{u}{n}$ in allen Fällen eine algebraische Function von sin am u ist, es soll jedoch gezeigt werden, dass *diese algebraische Function sich durch Wurzelzeichen darstellen lässt oder dass die algebraische Divisionsgleichung durch Wurzelgrössen auflösbar* ist; es sei bemerkt, dass für ungerade n die algebraische Gleichung in Bezug auf sin am $\frac{u}{n}$ vom $n^{2\text{ten}}$ Grade, für gerade n vom $2n^{2\text{ten}}$ Grade ist und im letzten Falle nur gerade Potenzen von sin am $\frac{u}{n}$ enthalten wird.

Vor allen Dingen wird es leicht sein, sämmtliche Lösungen der Gleichungen (1) und (2) in einfachen Formen darzustellen, denn man sieht unmittelbar, dass, wenn man für u

$$u + p\omega + p'\omega'$$

setzt, für ungerade n, weil sin am u unverändert bleibt, auch

$$(\alpha) \ldots\ldots\ldots\ldots \quad x = \sin\operatorname{am}\left(\frac{u}{n} + \frac{p\omega + p'\omega'}{n}\right),$$

und weil $\sin^2\operatorname{am} u$ unverändert bleibt, für gerade n

$$(\beta) \ldots\ldots\ldots \quad x = \sin\operatorname{am}\left(\frac{u}{n} + \frac{p\frac{\omega}{2} + p'\omega'}{n}\right)$$

eine Lösung jener Gleichungen ist, und dass, wenn p die Werthe $0, 1, \ldots n-1$, p' die Werthe $0, 1, \ldots n-1$ annimmt, die n^2 Werthe von α alle Lösungen von (1) darstellen, während dieselben auch negativ genommen die übrigen n^2 Lösungen der Gleichung (2) liefern, wenn man sich in beiden Gleichungen die Grösse $\sin\operatorname{am}\frac{u}{n}$ durch x ersetzt denkt.

Um nun für die weitere Untersuchung den Fall des geraden n nicht berücksichtigen zu müssen, mag bemerkt werden, dass für $n = 2$ nach der letzten Vorlesung

$$(1 - c^2x^4)^2 \sin^2\operatorname{am} u = 4(1 - x^2)(1 - c^2x^2)x^2$$

oder

$$(1 - c^2x^4)^2(1 - \sin^2\operatorname{am} u) = (1 - 2x^2 + c^2x^4)^2,$$

woraus unmittelbar

$$x = \frac{1}{c}\sqrt{\frac{1 + \sqrt{1 + c^2\sin^2\operatorname{am} u}}{1 + \sqrt{1 - \sin^2\operatorname{am} u}}}$$

folgt, welche Grösse vermöge der doppelten Vorzeichen der Quadratwurzel die acht Werthe

$$\pm\sin\operatorname{am}\frac{u}{2}, \quad \pm\sin\operatorname{am}\left(\frac{u}{2} + \frac{\omega}{4}\right),$$

$$\pm\sin\operatorname{am}\left(\frac{u}{2} + \frac{\omega'}{2}\right), \quad \pm\sin\operatorname{am}\left(\frac{u}{2} + \frac{\omega}{4} + \frac{\omega'}{2}\right)$$

darstellt. Auf dieselbe Weise wird man $\sin\operatorname{am}\left(\frac{u}{4}\right)$ mit Hülfe von Quadratwurzeln durch $\sin\operatorname{am}\frac{u}{2}$, u. s. w., endlich $\sin\operatorname{am}\left(\frac{u}{2^n}\right)$ mit Hülfe von Quadratwurzeln durch $\sin\operatorname{am} u$ ausdrücken, so dass, wenn $n = 2^p n'$ ist, worin n' eine ungerade Zahl bedeutet, man nur $\sin\operatorname{am}\left(\frac{z}{n'}\right)$ mit Hülfe von Wurzelgrössen durch $\sin\operatorname{am}(z)$ wird auszudrücken haben, da $\sin\operatorname{am}\left(\frac{z}{n}\right)$ d. h. $\sin\operatorname{am}\left(\frac{z}{n'\cdot 2^p}\right)$ mit Hülfe von Quadratwurzeln durch $\sin\operatorname{am}\left(\frac{z}{n'}\right)$, also auch mit Hülfe von Wurzelgrössen durch $\sin\operatorname{am} z$ ausgedrückt erhalten wird. Es ist somit die Behandlung des Divisionsproblems auf ungerade Theiler zurückgeführt, die übrigens nach der obigen Bemerkung auch nur für Primzahlen ausgeführt zu werden brauchte.

Setzen wir nun statt n $2n + 1$ und stellen uns die Aufgabe

$$\sin\operatorname{am}\left(\frac{u}{2n+1}\right)$$

mit Hülfe von Wurzelgrössen durch sin am u auszudrücken; bezeichnen ω und ω' die früher definirten Elementarperioden, so setze man nach Abel

$$(3) \ldots \quad \varphi\left(\frac{u}{2n+1}\right)=\sum_{m=-n}^{m=+n}\sin\operatorname{am}\left(\frac{u}{2n+1}+\frac{m\omega}{2n+1}\right)$$

und, wenn α eine primitive $2n+1^{\text{te}}$ Einheitswurzel bedeutet,

$$(4) \ldots \quad \psi\left(\frac{u}{2n+1}\right)=\sum_{\mu=-n}^{\mu=+n}\alpha^{\mu}\,\varphi\left(\frac{u}{2n+1}+\frac{\mu\omega'}{2n+1}\right),$$

$$\psi_1\left(\frac{u}{2n+1}\right)=\sum_{\mu=-n}^{\mu=+n}\alpha^{\mu}\,\varphi\left(\frac{u}{2n+1}-\frac{\mu\omega'}{2n+1}\right).$$

Da aber

$$(5) \quad \varphi\left(\frac{u}{2n+1}\right)=\sin\operatorname{am}\frac{u}{2n+1}+\sum_{m=1}^{m=n}\left\{\sin\operatorname{am}\left(\frac{u}{2n+1}+\frac{m\omega}{2n+1}\right)+\sin\operatorname{am}\left(\frac{u}{2n+1}-\frac{m\omega}{2n+1}\right)\right\}$$

$$=\sin\operatorname{am}\frac{u}{2n+1}+\sum_{m=1}^{m=n}\frac{2\sin\operatorname{am}\frac{u}{2n+1}\cos\operatorname{am}\frac{m\omega}{2n+1}\,\Delta\operatorname{am}\frac{m\omega}{2n+1}}{1-c^2\sin^2\operatorname{am}\frac{u}{2n+1}\sin^2\operatorname{am}\frac{m\omega}{2n+1}}$$

eine rationale Function von sin am $\frac{u}{2n+1}$ ist, ferner

$$(6) \ldots \quad \varphi\left(\frac{u}{2n+1}\pm\frac{\mu\omega'}{2n+1}\right)=F\left(\sin\operatorname{am}\frac{u}{2n+1}\right)$$

$$\pm F_1\left(\sin\operatorname{am}\frac{u}{2n+1}\right)\sqrt{\left(1-\sin^2\operatorname{am}\frac{u}{2n+1}\right)\left(1-c^2\sin^2\operatorname{am}\frac{u}{2n+1}\right)}$$

wird, wenn F und F_1 rationale Functionen bedeuten, in welche die Grössen

$$\sin\operatorname{am}\left(\frac{\mu\omega'}{2n+1}\right) \quad \text{und} \quad \cos\operatorname{am}\left(\frac{\mu\omega'}{2n+1}\right)\Delta\operatorname{am}\left(\frac{\mu\omega'}{2n+1}\right)$$

eintreten, da

$$\sin\operatorname{am}\left(\frac{u}{2n+1}\pm\frac{\mu\omega'}{2n+1}\right)$$

$$=\frac{\sin\operatorname{am}\frac{u}{2n+1}\cos\operatorname{am}\frac{\mu\omega'}{2n+1}\,\Delta\operatorname{am}\frac{\mu\omega'}{2n+1}}{1-c^2\sin^2\operatorname{am}u\sin^2\operatorname{am}\frac{\mu\omega'}{2n+1}}$$

$$\pm\frac{\sin\operatorname{am}\frac{\mu\omega'}{2n+1}\sqrt{\left(1-\sin^2\operatorname{am}\frac{u}{2n+1}\right)\left(1-c^2\sin^2\operatorname{am}\frac{u}{2n+1}\right)}}{1-c^2\sin^2\operatorname{am}u\sin^2\operatorname{am}\frac{\mu\omega'}{2n+1}}$$

ist, so folgt

$$(7) \ldots \quad \psi\left(\frac{u}{2n+1}\right)=\sum_{\mu=-n}^{\mu=+n}\alpha^{\mu}F\left(\sin\operatorname{am}\frac{u}{2n+1}\right)$$

$$+\sqrt{\left(1-\sin^2\operatorname{am}\frac{u}{2n+1}\right)\left(1-c^2\sin^2\operatorname{am}\frac{u}{2n+1}\right)}\sum_{\mu=-n}^{\mu=+n}\alpha^{\mu}F_1\left(\sin\operatorname{am}\frac{u}{2n+1}\right),$$

$$(8) \ldots\ldots \quad \psi_1\left(\frac{u}{2n+1}\right) = \sum_{\mu=-n}^{\mu=+n} \alpha^\mu F\left(\sin \operatorname{am} \frac{u}{2n+1}\right)$$

$$-\sqrt{\left(1-\sin^2 \operatorname{am}\frac{u}{2n+1}\right)\left(1-c^2\sin^2 \operatorname{am}\frac{u}{2n+1}\right)} \sum_{\mu=-n}^{\mu=+n} \alpha^\mu F_1\left(\sin \operatorname{am}\frac{u}{2n+1}\right)$$

und somit

$$(9) \quad \psi\left(\frac{u}{2n+1}\right)\psi_1\left(\frac{u}{2n+1}\right) = B \quad \text{und} \quad \psi\left(\frac{u}{2n+1}\right)^{2n+1} + \psi_1\left(\frac{u}{2n+1}\right)^{2n+1} = 2A$$

rationale Functionen von $\sin \operatorname{am} \frac{u}{2n+1}$, die, wie wir gleich nachweisen werden, unverändert bleiben, wenn statt u

$$u + p\omega + p'\omega'$$

gesetzt wird. Denn, da nach (3), (4) und (5)

$$\varphi\left(\frac{u}{2n+1}\right), \quad \text{also auch} \quad \psi\left(\frac{u}{2n+1}\right) \quad \text{und} \quad \psi_1\left(\frac{u}{2n+1}\right)$$

unverändert bleiben, wenn u um $p\omega$ vermehrt wird, ferner, wie unmittelbar zu sehen,

$$\psi\left(\frac{u}{2n+1} + \frac{p'\omega'}{2n+1}\right) = \alpha^{-p'}\psi\left(\frac{u}{2n+1}\right)$$

und

$$\psi_1\left(\frac{u}{2n+1} + \frac{p'\omega'}{2n+1}\right) = \alpha^{p'}\psi_1\left(\frac{u}{2n+1}\right)$$

ist, so ist die Richtigkeit jener Behauptung ersichtlich, und die Grössen A und B desshalb nach dem Obigen symmetrische Functionen der in der Form

$$\sin \operatorname{am}\left(\frac{u}{2n+1} + \frac{p\omega + p'\omega'}{2n+1}\right)$$

enthaltenen Grössen also der Lösungen der Gleichung (1), in der nur $2n+1$ statt n zu setzen ist und *daher A und B rationale Functionen von $\sin \operatorname{am} u$*; es folgt aus (9) unmittelbar

$$(10) \quad \psi\left(\frac{u}{2n+1}\right) = \sqrt[2n+1]{A + \sqrt{A^2 - B^{2n+1}}} = \sum_{\mu=-n}^{\mu=+n} \alpha^\mu \varphi\left(\frac{u}{2n+1} + \frac{\mu\omega'}{2n+1}\right),$$

$$(11) \quad \psi_1\left(\frac{u}{2n+1}\right) = \sqrt[2n+1]{A - \sqrt{A^2 - B^{2n+1}}} = \sum_{\mu=-n}^{\mu=+n} \alpha^\mu \varphi\left(\frac{u}{2n+1} - \frac{\mu\omega'}{2n+1}\right).$$

Nennen wir die $2n$ complexen $2n+1^{\text{ten}}$ Einheitswurzeln

$$\alpha_1, \alpha_2, \ldots \alpha_{2n},$$

so ergeben sich, wenn wir dieselben statt α in (10) setzen und die zugehörigen ψ-Functionen mit Indices versehen, die folgenden Gleichungen

$$(12)\quad\begin{cases}\psi^{(1)}\left(\frac{u}{2n+1}\right)=\sqrt[2n+1]{A_1+\sqrt{A_1^2-B_1^{2n+1}}}=\sum\limits_{\mu=-n}^{\mu=+n}\alpha_1^\mu\,\varphi\left(\frac{u}{2n+1}+\frac{\mu\omega'}{2n+1}\right),\\ \psi^{(2)}\left(\frac{u}{2n+1}\right)=\sqrt[2n+1]{A_2+\sqrt{A_2^2-B_2^{2n+1}}}=\sum\limits_{\mu=-n}^{\mu=+n}\alpha_2^\mu\,\varphi\left(\frac{u}{2n+1}+\frac{\mu\omega'}{2n+1}\right),\\ \dots\dots\dots\dots\dots\dots\dots\dots\dots\dots\\ \psi^{(2n)}\left(\frac{u}{2n+1}\right)=\sqrt[2n+1]{A_{2n}+\sqrt{A_{2n}^2-B_{2n}^{2n+1}}}=\sum\limits_{\mu=-n}^{\mu=+n}\alpha_{2n}^\mu\,\varphi\left(\frac{u}{2n+1}+\frac{\mu\omega'}{2n+1}\right),\end{cases}$$

und wenn man mit diesen die aus (1) unmittelbar folgende zusammenstellt, indem man die Summe der Lösungen jener Gleichung in der Form ausdrückt *),

$$(13)\quad (2n+1)\sin\operatorname{am}u=\sum_{m=-n}^{m=+n}\sum_{\mu=-n}^{\mu=+n}\sin\operatorname{am}\left(\frac{u}{2n+1}+\frac{m\omega}{2n+1}+\frac{\mu\omega'}{2n+1}\right)$$
$$=\sum_{\mu=-n}^{\mu=+n}\varphi\left(\frac{u}{2n+1}+\frac{\mu\omega'}{2n+1}\right),$$

so folgt durch Addition der Gleichungen (11) und (12) nach bekannten Sätzen über die complexen Einheitswurzeln

$$(14)\quad\dots\dots\dots\dots\quad \varphi\left(\frac{u}{2n+1}\right)=\sin\operatorname{am}u$$
$$+\frac{1}{2n+1}\left[\sqrt[2n+1]{A_1+\sqrt{A_1^2-B_1^{2n+1}}}+\cdots+\sqrt[2n+1]{A^{2n}+\sqrt{A_{2n}^2-B_{2n}^{2n+1}}}\right],$$

welcher Ausdruck scheinbar $(2n+1)^{2n}$ verschiedene Werthe annimmt; es wird zu zeigen sein, dass die Zeichen der Wurzeln derart von einander abhängen, dass nur $2n+1$ wesentlich von einander verschiedene Werthe resultiren. Dies lässt sich aber ohne Schwierigkeit einsehen, wenn man erwägt, dass, weil α als primitive Einheitswurzel vorausgesetzt worden, die Grössen

$$\alpha_1,\ \alpha_2,\ \dots\ \alpha_{2n}$$

durch

$$\alpha,\ \alpha^2,\ \dots\ \alpha^{2n}$$

dargestellt werden können, und dass daher in Folge der oben gefundenen Beziehungen

---

*) da in der letzten Vorlesung für ungerade n die Beziehung

$$\frac{D_{n^2-1}}{n A_{n^2}}=n$$

gefunden war.

$$(15)\ \ldots \left\{\begin{aligned} \psi^{(\varkappa)}\left(\frac{u}{2n+1}+\frac{p'\omega'}{2n+1}\right) &= \alpha^{-\varkappa p'}\,\psi^{(\varkappa)}\left(\frac{u}{2n+1}\right), \\ \psi_1^{(\varkappa)}\left(\frac{u}{2n+1}+\frac{p'\omega'}{2n+1}\right) &= \alpha^{\varkappa p'}\,\psi_1^{(\varkappa)}\left(\frac{u}{2n+1}\right), \\ \psi^{(1)}\left(\frac{u}{2n+1}+\frac{p'\omega'}{2n+1}\right) &= \alpha^{-p'}\,\psi^{(1)}\left(\frac{u}{2n+1}\right), \\ \psi_1^{(1)}\left(\frac{u}{2n+1}+\frac{p'\omega'}{2n+1}\right) &= \alpha^{p'}\,\psi_1^{(1)}\left(\frac{u}{2n+1}\right) \end{aligned}\right.$$

ist. Denn bildet man die Functionen

$$(16)\ \ldots \left\{\begin{aligned} &\frac{\psi^{(\varkappa)}\left(\frac{u}{2n+1}\right)}{\psi^{(1)}\left(\frac{u}{2n+1}\right)^{\varkappa}}+\frac{\psi_1^{(\varkappa)}\left(\frac{u}{2n+1}\right)}{\psi_1^{(1)}\left(\frac{u}{2n+1}\right)^{\varkappa}} \\ &\frac{\psi^{(\varkappa)}\left(\frac{u}{2n+1}\right)}{\psi^{(1)}\left(\frac{u}{2n+1}\right)^{\varkappa-2n-1}}+\frac{\psi_1^{(\varkappa)}\left(\frac{u}{2n+1}\right)}{\psi_1^{(1)}\left(\frac{u}{2n+1}\right)^{\varkappa-2n-1}}, \end{aligned}\right.$$

welche nach (7) und (8) rationale Functionen von $\sin\operatorname{am}\left(\frac{u}{2n+1}\right)$ sind, so lehren die früheren Betrachtungen sowie die Relationen (15), dass eben diese Functionen (16) rationale symmetrische Functionen der Lösungen der Multiplicationsgleichung und daher rationale Functionen von $\sin\operatorname{am} u$ sind, welche wir mit

$$f(\sin\operatorname{am} u) \quad \text{und} \quad f_1(\sin\operatorname{am} u)$$

bezeichnen wollen. Dann folgt aber aus den Ausdrücken (16) mit Berücksichtigung von (10) und (11), dass

$$(17)\quad \psi^{(\varkappa)}\left(\frac{u}{2n+1}\right)=\psi^{(1)}\left(\frac{u}{2n+1}\right)^{\varkappa}\left[\frac{f_1(\sin\operatorname{am} u)-\left(A_1-\sqrt{A_1^2-B_1^{2n+1}}\right)f(\sin\operatorname{am} u)}{2\sqrt{A_1^2-B_1^{2n+1}}}\right],$$

so dass in den Gleichungen (12) also auch in (14) die Wurzelzeichen durch die Werthe der ersten Wurzel bestimmt sein werden, während das Zeichen der Quadratwurzel beliebig genommen werden kann.

Nachdem aber in (14) der Werth von $\varphi\left(\frac{u}{2n+1}\right)$ ermittelt worden, wird es sich jetzt darum handeln, denjenigen von $\sin\operatorname{am}\left(\frac{u}{2n+1}\right)$ daraus herzuleiten. Bildet man

$$(18)\ . \left\{\begin{aligned} \chi\left(\frac{u}{2n+1}\right) &= \sum_{m=-n}^{m=+n}\alpha^m \sin\operatorname{am}\left(\frac{u}{2n+1}+\frac{m\omega}{2n+1}\right), \\ \chi_1\left(\frac{u}{2n+1}\right) &= \sum_{m=-n}^{m=+n}\alpha^m \sin\operatorname{am}\left(\frac{u}{2n+1}-\frac{m\omega}{2n+1}\right), \end{aligned}\right.$$

so ist einerseits aus dem Additionstheorem der elliptischen Functionen ersichtlich, dass die Ausdrücke

$$(19)\quad \chi\left(\frac{u}{2n+1}\right)\chi_1\left(\frac{u}{2n+1}\right) \quad \text{und} \quad \chi\left(\frac{u}{2n+1}\right)^{2n+1}+\chi_1\left(\frac{u}{2n+1}\right)^{2n+1}$$

rationale Functionen von $\sin \operatorname{am} \frac{u}{2n+1}$ sind, andererseits folgt aus der Definition (18) unmittelbar, dass

$$(20) \quad \begin{cases} \chi\left(\frac{u}{2n+1} + \frac{\varkappa\omega}{2n+1}\right) = \alpha^{-\varkappa}\chi\left(\frac{u}{2n+1}\right), \\ \chi_1\left(\frac{u}{2n+1} + \frac{\varkappa\omega}{2n+1}\right) = \alpha^{\varkappa}\chi\left(\frac{u}{2n+1}\right) \end{cases}$$

oder dass die Ausdrücke (19) unverändert bleiben, wenn statt $\frac{u}{2n+1}$

$$\frac{u}{2n+1} + \frac{\varkappa\omega}{2n+1}$$

gesetzt wird, d. h. dass sie rationale symmetrische Functionen der Grössen

$$(\alpha) \quad \sin \operatorname{am}\left(\frac{u}{2n+1} \pm \frac{\varkappa\omega}{2n+1}\right)$$

sind, wenn $\varkappa$ die Werthe $-n, \ldots +n$ annimmt. Beachtet man jedoch, dass nach Gleichung (5), wenn $\sin \operatorname{am} \frac{u}{2n+1}$ als Unbekannte der Gleichung aufgefasst wird, alle $2n+1$ Lösungen dieser Gleichung durch den Ausdruck (α) dargestellt werden, weil die φ-Function sich nicht ändert, wenn u um $\varkappa\omega$ vermehrt wird, so folgt, dass die Ausdrücke (19) als symmetrische Functionen der Lösungen der Gleichung (5) sich rational durch $\varphi\left(\frac{u}{2n+1}\right)$ ausdrücken lassen, und man erhält somit, wenn man diese Functionen mit D und $2C$ bezeichnet,

$$(21) \quad \chi\left(\frac{u}{2n+1}\right) = \sqrt[2n+1]{C + \sqrt{C^2 - D^{2n+1}}} = \sum_{m=-n}^{m=+n} \alpha^m \sin \operatorname{am}\left(\frac{u}{2n+1} + \frac{m\omega}{2n+1}\right),$$

oder wie oben mit Einführung der $2n$ Einheitswurzeln und Hinzuziehung der Gleichung (3)

$$(22) \quad \sin \operatorname{am}\left(\frac{u}{2n+1}\right)$$

$$= \frac{1}{2n+1}\left[\varphi\left(\frac{u}{2n+1}\right) + \sqrt[2n+1]{C_1 + \sqrt{C_1^2 - D_1^{2n+1}}} + \cdots + \sqrt[2n+1]{C_{2n} + \sqrt{C_{2n}^2 - D_{2n}^{2n+1}}}\right].$$

Dass endlich dieser Ausdruck (22) nur $(2n+1)^2$ von einander verschiedene Werthe besitzt, wenn man $\varphi\left(\frac{u}{2n+1}\right)$ seine $2n+1$ verschiedenen Werthe und den $2n+1$ Wurzeln alle ihre Werthe beilegt, ist wieder genau ebenso, wie es oben für die φ-Function geschehen war, zu zeigen, indem wieder

$$\chi^{(\varkappa)}\left(\frac{u}{2n+1}\right) = \sqrt[2n+1]{C_\varkappa + \sqrt{C_\varkappa^2 - D_\varkappa^{2n+1}}}$$

$$= \left(\sqrt[2n+1]{C_1 + \sqrt{C_1^2 - D_1^{2n+1}}}\right)^{\varkappa}\left[\frac{f_2\left(\varphi\left(\frac{u}{2n+1}\right)\right) - \left(C_1 - \sqrt{C_1^2 - D_1^{2n+1}}\right) f_3\left(\varphi\left(\frac{u}{2n+1}\right)\right)}{2\sqrt{C_1^2 - D_1^{2n+1}}}\right]$$

wird, worin f_2 und f_3 rationale Functionen von $\varphi\left(\frac{u}{2n+1}\right)$ bedeuten.

Die in dem Ausdrucke (22) enthaltenen Grössen sind ausser sin am u und dem Integralmodul die constanten Grössen

$$\sin \text{am}\left(\frac{p\omega}{2n+1}\right), \quad \sin \text{am}\left(\frac{p'\omega'}{2n+1}\right), \quad \cos \text{am}\left(\frac{p\omega}{2n+1}\right), \quad \cos \text{am}\left(\frac{p'\omega'}{2n+1}\right),$$
$$\Delta \text{am}\left(\frac{p\omega}{2n+1}\right), \quad \Delta \text{am}\left(\frac{p'\omega'}{2n+1}\right),$$

welche offenbar nach dem Multiplicationstheorem sämmtlich bekannt sein werden, welchen der Werthe von 1 bis $2n$ man auch für p und p' setzen mag, wenn die Grössen

$$\sin \text{am}\left(\frac{\omega}{2n+1}\right) \quad \text{und} \quad \sin \text{am}\left(\frac{\omega'}{2n+1}\right)$$

ermittelt sind.

Es mag endlich noch mit wenigen Worten auf die Beschaffenheit der Gleichungen hingewiesen werden, welche die letztgenannten Grössen zu Lösungen haben, wenn wir voraussetzen, dass $2n+1$ eine Primzahl ist. Setzt man nämlich in Gleichung (1) $u = p\omega + p'\omega'$, wenn $2n+1$ statt n und $\sin \text{am}\left(\frac{u}{2n+1}\right) = x$ gesetzt wird, so werden die Lösungen der von dem Factor x befreiten Gleichung

$$(23) \quad A_{(2n+1)^2} x^{(2n+1)^2-1} + A_{(2n+1)^2-2} x^{(2n+1)^2-3} + \cdots + A_3 x^2 + 1 = 0$$

in der Form enthalten sein

$$(24) \quad \ldots\ldots\ldots \quad x = \sin \text{am}\left(\frac{p\omega + p'\omega'}{2n+1}\right),$$

oder die Lösungen der Gleichung

$$(25) \quad A_{(2n+1)^2} y^{\frac{(2n+1)^2-1}{2}} + A_{(2n+1)^2-2} y^{\frac{(2n+1)^2-3}{2}} + \cdots + A_3 y + 1 = 0$$

in der Form

$$(26) \quad \ldots\ldots\ldots \quad y = \sin^2 \text{am}\left(\frac{p\omega + p'\omega'}{2n+1}\right),$$

worin p und p' die Werthe

$$p: 0, \qquad\qquad p: 1, 2, \ldots n,$$
$$p': 1, 2, \ldots n, \qquad p': 0, \pm 1, \pm 2, \ldots \pm n$$

beizulegen sind. Es ist jedoch leicht einzusehen, dass man die Lösungen der Gleichung (25), welche vom $2n(n+1)^{\text{ten}}$ Grade ist, darstellen kann durch

$$\sin^2 \text{am}\,\frac{\omega}{2n+1}, \quad \sin^2 \text{am}\,\frac{2\omega}{2n+1}, \quad \sin^2 \text{am}\,\frac{3\omega}{2n+1}, \ldots\ldots \sin^2 \text{am}\,\frac{n\omega}{2n+1},$$
$$\sin^2 \text{am}\,\frac{\omega'}{2n+1}, \quad \sin^2 \text{am}\,\frac{2\omega'}{2n+1}, \quad \sin^2 \text{am}\,\frac{3\omega'}{2n+1}, \ldots\ldots \sin^2 \text{am}\,\frac{n\omega'}{2n+1},$$
$$\sin^2 \text{am}\,\frac{\omega+\omega'}{2n+1}, \quad \sin^2 \text{am}\,\frac{2(\omega+\omega')}{2n+1}, \quad \sin^2 \text{am}\,\frac{3(\omega+\omega')}{2n+1}, \ldots \sin^2 \text{am}\,\frac{n(\omega+\omega')}{2n+1},$$

$$\sin^2 \operatorname{am} \frac{\omega + 2\omega'}{2n+1}, \quad \sin^2 \operatorname{am} \frac{2(\omega + 2\omega')}{2n+1}, \quad \sin^2 \operatorname{am} \frac{3(\omega + 2\omega')}{2n+1}, \ldots \sin^2 \operatorname{am} \frac{n(\omega + 2\omega')}{2n+1},$$

$$\cdots\cdots\cdots\cdots\cdots\cdots\cdots\cdots$$

$$\sin^2 \operatorname{am} \frac{\omega + 2n\omega'}{2n+1}, \quad \sin^2 \operatorname{am} \frac{2(\omega + 2n\omega')}{2n+1}, \quad \sin^2 \operatorname{am} \frac{3(\omega + 2n\omega')}{2n+1}, \ldots \sin^2 \operatorname{am} \frac{n(\omega + 2n\omega')}{2n+1},$$

da zwei derartige Argumente nicht einander congruent sein können nach den Moduln $\frac{\omega}{2}$ und ω', oder, wenn a eine primitive Wurzel der Primzahl $2n+1$ ist, durch

$$\sin^2 \operatorname{am} \frac{\omega}{2n+1}, \quad \sin^2 \operatorname{am} a \frac{\omega}{2n+1}, \quad \sin^2 \operatorname{am} a^2 \frac{\omega}{2n+1}, \ldots \sin^2 \operatorname{am} a^{n-1} \frac{\omega}{2n+1},$$

$$\sin^2 \operatorname{am} \frac{\omega'}{2n+1}, \quad \sin^2 \operatorname{am} a \frac{\omega'}{2n+1}, \quad \sin^2 \operatorname{am} a^2 \frac{\omega'}{2n+1}, \ldots \sin^2 \operatorname{am} a^{n-1} \frac{\omega'}{2n+1},$$

$$\sin^2 \operatorname{am} \frac{\omega + \omega'}{2n+1}, \quad \sin^2 \operatorname{am} a \frac{\omega + \omega'}{2n+1}, \quad \sin^2 \operatorname{am} a^2 \frac{\omega + \omega'}{2n+1}, \ldots \sin^2 \operatorname{am} a^{n-1} \frac{\omega + \omega'}{2n+1},$$

$$\sin^2 \operatorname{am} \frac{\omega + 2\omega'}{2n+1}, \quad \sin^2 \operatorname{am} a \frac{\omega + 2\omega'}{2n+1}, \quad \sin^2 \operatorname{am} a^2 \frac{\omega + 2\omega'}{2n+1}, \ldots \sin^2 \operatorname{am} a^{n-1} \frac{\omega + 2\omega'}{2n+1},$$

$$\cdots\cdots\cdots\cdots\cdots\cdots\cdots\cdots$$

$$\sin^2 \operatorname{am} \frac{\omega + 2n\omega'}{2n+1}, \quad \sin^2 \operatorname{am} a \frac{\omega + 2n\omega'}{2n+1}, \quad \sin^2 \operatorname{am} a^2 \frac{\omega + 2n\omega'}{2n+1}, \ldots \sin^2 \operatorname{am} a^{n-1} \frac{\omega + 2n\omega'}{2n+1}.$$

Denn da a als primitive Wurzel der Primzahl $2n+1$ nach der Definition eine primitive Lösung der Congruenz

$$x^{2n} \equiv 1 \bmod . (2n+1)$$

ist, so ist leicht zu sehen, dass, wenn zwei Argumente sich nur um ganze Vielfache von $\frac{\omega}{2}$ und ω' unterscheiden, also die Beziehung stattfinden würde

$$(27) \ldots\ldots \quad \frac{a^{\varkappa}(\omega + r\omega')}{2n+1} = \pm \frac{a^{\varkappa_1}(\omega + r_1\omega')}{2n+1} + p\frac{\omega}{2} + p'\omega'$$

oder die Gleichungen

$$(28) \quad 2(a^{\varkappa} \mp a^{\varkappa_1}) = p(2n+1), \qquad (29) \quad a^{\varkappa} r \mp a^{\varkappa_1} r_1 = p'(2n+1),$$

aus (28) oder

$$2a^{\varkappa_1}(a^{\varkappa - \varkappa_1} \mp 1) = p(2n+1),$$

folgen würde, dass, da $a < 2n+1$ und eine primitive Wurzel von $2n+1$ ist, $2n+1$ in keinem der Factoren der linken Seite aufgehen kann und daher $\varkappa = \varkappa_1$ sein müsste; daraus würde sich aber aus (29) oder

$$a^{\varkappa}(r - r_1) = p'(2n+1)$$

eine Ungereimtheit ergeben, wenn nicht $r = r_1$ wäre, und es kann daher (27) nicht stattfinden.

Stellt nun aber das obige System sämmtliche Lösungen der Gleichung (25) dar, so folgt, weil $\sin^2 \operatorname{am} a . z$, wie aus den Gleichungen (1) und (2) unmittelbar sich ergiebt, eine rationale Function von $\sin^2 \operatorname{am} z$ ist, die wir mit Θ und deren Iterirung mit $\Theta^{\varkappa}$ bezeichnen wollen, dass, wenn wir die in der ersten Verticalreihe der obigen Zusammenstellung der Lösungen befindlichen Wurzeln mit

$$y_1, y_2, \ldots y_{2n+2}$$

bezeichnen, sämmtliche Lösungen der Gleichung (25) sich in das Schema bringen lassen

$$\begin{array}{lllll} y_1 & \Theta(y_1) & \Theta^2(y_1) & \ldots\ldots & \Theta^{n-1}(y_1), \\ y_2 & \Theta(y_2) & \Theta^2(y_2) & \ldots\ldots & \Theta^{n-1}(y_2), \\ \vdots & & & & \\ y_{2n+2} & \Theta(y_{2n-2}) & \Theta^2(y_{2n+2}) & \ldots & \Theta^{n-1}(y_{2n+2}), \end{array}$$

wobei zu bemerken, dass nach der Definition der primitiven Wurzel

$$\Theta^n(y_\alpha) = y_\alpha$$

ist. Lassen sich aber die Lösungen einer Gleichung in dieser Form schreiben, so folgt aus bekannten algebraischen Sätzen von Abel*), dass die Auflösung der Gleichung (25) abhängig ist von der Auflösung einer Gleichung $2n+2^{\text{ten}}$ Grades und von $2n+2$ Gleichungen des n^{ten} Grades, von denen eine jede die n-Grössen *einer* Horizontalreihe zu Lösungen hat, während ihre Coefficienten von den Lösungen jener Gleichung $2n+2^{\text{ten}}$ Grades abhängen, deren Coefficienten wiederum rationale Functionen des Integralmoduls sind. Es folgt dann aber ferner nach einem Satze von Abel, dass die Gleichung, deren Lösungen die Glieder einer Horizontalreihe sind, stets durch Wurzelzeichen algebraisch auflösbar ist, wie dies von demselben für alle Gleichungen, deren Lösungen sich durch iterirte rationale Functionen einer darstellen lassen, die wieder auf die erste Lösung zurückführen, nachgewiesen worden ist, und es ergiebt sich somit, dass *sich die Grössen*

$$\sin \operatorname{am}\left(\frac{\omega}{2n+1}\right) \quad \text{und} \quad \sin \operatorname{am}\left(\frac{\omega'}{2n+1}\right)$$

mit Hülfe von Wurzelzeichen durch die Lösungen einer einzigen Gleichung $2n+2^{\text{ten}}$ *Grades finden lassen.*

Die Untersuchung, wann diese Gleichung $2n+2^{\text{ten}}$ Grades algebraisch auflösbar ist oder wann die Lösungen der Theilungsgleichung für die Perioden durch Wurzelzeichen algebraisch darstellbar sind, hängt mit der Theorie der complexen Multiplication und mit schwierigen algebraischen und zahlentheoretischen Fragen zusammen, die einen grossen und wesentlichen Theil der Anwendungen der Theorie der elliptischen Functionen bilden.

---

*) welche derselbe in seiner Arbeit: mémoire sur une classe particulière d'équations resolubles algébriquement entwickelt hat.